“十一五”国家重点图书　计算机科学与技术学科前沿丛书

计算机科学与技术学科研究生系列教材（中文版）

智能控制理论与技术

（第2版）

孙增圻　邓志东　张再兴　编著

清华大学出版社

北京

内 容 简 介

本书系统地介绍了模糊控制、神经网络控制、专家控制、学习控制、分层递阶控制及智能优化方法等内容，每部分既自成体系，又互相联系，它们共同构成了智能控制理论和技术的主要内容。本书取材新颖，内容丰富，弥补了当前智能控制缺乏系统性资料的不足。

本书可作为信息、自动化及计算机应用等专业的本科生及研究生的教材及参考书，也可供有关教师和科技工作者学习参考。

图书在版编目(CIP)数据

智能控制理论与技术/孙增圻，邓志东，张再兴编著. —2版. —北京：清华大学出版社，2011.9（2025.1重印）

（计算机科学与技术学科前沿丛书. 计算机科学与技术学科研究生系列教材（中文版））

ISBN 978-7-302-24393-9

Ⅰ. ①智… Ⅱ. ①孙… ②邓… ③张… Ⅲ. ①智能控制—研究生—教材 Ⅳ. ①TP273

中国版本图书馆CIP数据核字(2010)第259006号

责任编辑：白立军　王冰飞
责任校对：时翠兰
责任印制：杨　艳

出版发行：清华大学出版社
　网　　址：https://www.tup.com.cn，https://www.wqxuetang.com
　地　　址：北京清华大学学研大厦A座　　**邮　　编**：100084
　社 总 机：010-83470000　　**邮　　购**：010-62786544
　投稿与读者服务：010-62776969，c-service@tup.tsinghua.edu.cn
　质 量 反 馈：010-62772015，zhiliang@tup.tsinghua.edu.cn
印 装 者：三河市龙大印装有限公司
经　　销：全国新华书店
开　　本：185mm×260mm　　**印　张**：28　　**字　　数**：680千字
版　　次：2011年9月第2版　　**印　　次**：2025年1月第10次印刷
定　　价：79.00元

产品编号：021206-03

"十一五"国家重点图书　计算机科学与技术学科前沿丛书

计算机科学与技术学科研究生系列教材

序

未来的社会是信息化的社会，计算机科学与技术在其中占据了最重要的地位，这对高素质创新型计算机人才的培养提出了迫切的要求。计算机科学与技术已经成为一门基础技术学科，理论性和技术性都很强。与传统的数学、物理和化学等基础学科相比，该学科的教育工作者既要培养学科理论研究和基本系统的开发人才，还要培养应用系统开发人才，甚至是应用人才。从层次上来讲，则需要培养系统的设计、实现、使用与维护等各个层次的人才。这就要求我国的计算机教育按照定位的需要，从知识、能力、素质三个方面进行人才培养。

硕士研究生的教育须突出“研究”，要加强理论基础的教育和科研能力的训练，使学生能够站在一定的高度去分析研究问题、解决问题。硕士研究生要通过课程的学习，进一步提高理论水平，为今后的研究和发展打下坚实的基础；通过相应的研究及学位论文撰写工作来接受全面的科研训练，了解科学研究的艰辛和科研工作者的奉献精神，培养良好的科研作风，锻炼攻关能力，养成协作精神。

高素质创新型计算机人才应具有较强的实践能力，教学与科研相结合是培养实践能力的有效途径。高水平人才的培养是通过被培养者的高水平学术成果来反映的，而高水平的学术成果主要来源于大量高水平的科研。高水平的科研还为教学活动提供了最先进的高新技术平台和创造性的工作环境，使学生得以接触最先进的计算机理论、技术和环境。高水平的科研也为高水平人才的素质教育提供了良好的物质基础。

为提高高等院校的教学质量，教育部最近实施了精品课程建设工程。由于教材是提高教学质量的关键，必须加快教材建设的步伐。为适应学科的快速发展和培养方案的需要，要采取多种措施鼓励从事前沿研究的学者参与教材的编写和更新，在教材中反映学科前沿的研究成果与发展趋势，以高水平的科研促进教材建设。同时应适当引进国外先进的原版教材，确保所有教学环节充分反映计算机学科与产业的前沿研究水平，并与未来的发展趋势相协调。

中国计算机学会教育专业委员会在清华大学出版社的大力支持下，进行了计算机科学与技术学科硕士研究生培养的系统研究。在此基础上组织来自多所全国重点大学的计算机专家和教授们编写和出版了本系列教材。作者们以自己多年来丰富的教学和科研经验为基础，认真研究和结合我国计算机科学与技术学科硕士研究生教育的特点，力图使本系列教材对我国计算机科学与技术学科硕士研究生的教学方法和教学内容的改革起引导作用。本系列教材的系统性和理论性强，学术水平高，反映科技新发展，具有合适的深度和广度。同时本系列教材两种语种（中文、英文）并存，三种版权（本版、外版、合作出版）形式并存，这在系列教材的出版上走出了一条新路。

相信本系列教材的出版,能够对提高我国计算机硕士研究生教材的整体水平,进而对我国大学的计算机科学与技术硕士研究生教育以及培养高素质创新型计算机人才产生积极的促进作用。

陈火旺

陈火旺现任国防科学技术大学教授、中国工程院院士。

前言

本书第1版于1997年出版，国内有不少单位将其作为教材或参考书。该书出版以来，我们仍一直从事这门课程的教学及相关领域的研究工作。十多年的教学和研究实践为本书的修订积累了丰富的素材。这次再版在保留原书框架的基础上，对内容做了适当的增删，使之更加精练、系统，并继续保持了内容的先进性。这次修改较大的是第2章、第3章和第7章。

智能控制是在人工智能及自动控制等多学科基础上发展起来的新兴的交叉学科，目前尚未建立起一套较完整的智能控制的理论体系，关于它所包含的技术内容也还没有取得比较一致的共识。本书仅是根据作者的认识和体会，就智能控制的理论和技术作尽可能全面的介绍，以弥补这方面缺乏系统性资料的不足。

本书在参考了国内外重要文献的基础上，对其主要内容加以系统总结和整理，同时也有部分内容是笔者研究工作的总结，如基于T-S模糊模型的系统分析与设计、BP网络学习算法的改进、模糊神经网络、递归神经网络、改进的遗传算法、遗传算法中的联结关系及基于联结关系检测的分布估计算法等。

本书第1章是绪论，简要介绍智能控制的发展概况、研究对象、基本结构、主要特点、采用的数学工具及包含的主要理论等。

第2章介绍模糊逻辑控制，在简要介绍模糊集合及模糊逻辑推理的基础上，重点介绍了模糊控制的基本原理、模糊控制系统的分析与设计以及自适应模糊控制等内容。

第3章介绍神经网络控制，重点介绍几种用于控制的神经网络模型，其中包括多层前馈网络、Hopfield网络、CMAC、B样条、RBF及模糊神经网络等；在此基础上系统地介绍了基于神经网络的建模与控制；最后介绍神经网络在机器人控制中的应用。

第4章介绍专家控制，主要介绍专家控制的基本原理、典型结构和当前的研究课题，最后介绍一种仿人智能控制。

第5章介绍学习控制，主要介绍基于模式识别的学习控制、基于迭代和重复的学习控制以及联结主义的学习控制。

第6章介绍分层递阶智能控制，重点介绍G. N. Saridis等人提出的由组织级、协调级和执行级所组成的分层递阶的智能控制结构和原理。

第7章介绍智能优化方法，主要包括遗传算法、粒子群优化算法、蚁群优化算法、人工免疫算法和分布估计算法等。

本书第1章、第2章、第6章、第3章3.1～3.5节和3.9节、第7章7.2节和7.6节由孙增圻编写,第3章3.6～3.8节、第7章7.1节和7.3～7.5节由邓志东编写,第4章、第5章由张再兴编写,邓志东为第5章及第3章3.1节提供了部分素材,全书由孙增圻统稿。

由于笔者的水平所限,书中尚存在一些不足和错误之处,欢迎读者批评指正。

编著者

2011年5月于清华大学

目录

第1章 绪论

1.1 智能控制的基本概念

顾名思义，智能控制是控制与智能的结合。从智能的角度，智能控制是智能科学与技术在控制中的应用；从控制的角度，智能控制是控制科学与技术向智能化发展的高级阶段。下面就它的研究对象、智能控制系统的主要特征以及研究的数学工具等问题进行简要的介绍。

1.1.1 智能控制的研究对象

智能控制主要用来解决那些用传统方法难以解决的复杂系统的控制问题。其中包括智能机器人系统、计算机集成制造系统（CIMS）、复杂的工业过程控制系统、航天航空控制系统、社会经济管理系统、交通运输系统、环保及能源系统等。具体地说，智能控制的研究对象通常具备以下一些特点。

1. 不确定性的模型

传统的控制是基于模型的控制，这里的模型包括控制对象和干扰的模型。对于传统控制通常认为模型已知或者经过辨识可以得到。而智能控制的对象通常存在严重的不确定性。这里所说的模型不确定性包含两层意思：一是模型未知或知之甚少；二是模型的结构和参数可能在很大范围内变化。无论哪种情况，传统方法都难以对它们进行控制，而这正是智能控制所要研究解决的问题。

2. 高度的非线性

在传统的控制理论中，线性系统理论比较成熟。对于具有高度非线性的控制对象，虽然也有一些非线性控制方法，但总的说来，非线性控制理论还不成熟，而且方法比较复杂。采用智能控制的方法往往可以较好地解决非线性系统的控制问题。

3. 复杂的任务要求

在传统的控制系统中，控制的任务或者是要求输出量为定值（调节系统），或者是要求输出量跟随期望的运动（跟踪系统），因此控制任务的要求比较单一。对于智能控制系统，任务的要求往往比较复杂。例如，在智能机器人系统中，它要求系统对一个复杂的任务具有自行规划和决策的能力，有自动躲避障碍运动到期望目标位置的能力。再如在复杂的工业过程控制系统中，它除了要求对各被控物理量实现定值调节外，还要求能实现整个系统的自动启停、故障的自动诊断以及紧急情况的自动处理等功能。

1.1.2 智能控制系统

智能控制系统是实现某种控制任务的一种智能系统。所谓智能系统是指具备一定智能行为的系统。具体地说,若对于一个问题的激励输入,能够产生合适的求解问题的响应,这样的系统便称为智能系统。例如,对于智能控制系统,激励输入是任务要求及反馈的传感信息等,产生的响应则是合适的决策和控制作用。

从系统的角度,智能行为也是一种从输入到输出的映射关系,这种映射关系难以用数学的方法精确地加以描述,因此它可看成是一种不依赖于模型的自适应估计。例如,一个钢琴家弹奏一支优美的乐曲,这是一种高级的智能行为,其输入是乐谱,输出是手指的动作和力度。输入和输出之间存在某种映射关系,这种映射关系可以定性地加以说明,但很难用数学的方法来精确地加以描述,因此很难由别的人来精确地加以复现。

G. N. 萨里迪斯(Saridis)给出了一种较为具体的定义:通过驱动自主智能机来实现目标的系统称为智能控制系统。这里智能机是指能够在结构化或非结构化、熟悉或不熟悉的环境中,自主地或有人参与地执行拟人任务的机器。

上面的定义仍然比较抽象,下面给出一个通俗但并不严格的定义:在一个控制系统中,如果控制器完成了分不清是机器还是人完成的任务,称这样的系统为智能控制系统。

1.1.3 智能控制系统的基本结构

智能控制系统的结构如图1.1所示。

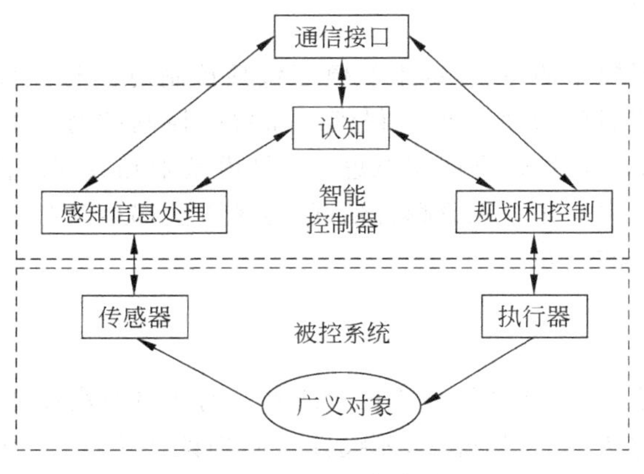

图1.1 智能控制系统的典型结构

在该系统中,广义对象包括通常意义下的控制对象和所处的外部环境。例如,对智能机器人系统,机器人手臂、被操作物体及其所处环境统称为广义对象。传感器则包括关节位置的传感器、力传感器,还可能包括触觉传感器、滑觉传感器或视觉传感器等。感知信息处理将传感器得到的原始信息加以处理,如视觉信息便要经过很复杂的处理才能获得有用信息。认知部分主要接收和储存知识、经验和数据,并对它们进行分析、推理,作出下一步行动的决策,送至规划和控制部分。通信接口除建立人机之间的联系外,也建立系统中各模块之间的联系。规划和控制是整个系统的核心,它根据给定的任务要求、反馈的信息及经验知识,进行自动搜索、推理决策、动作规划，最终产生具体的控制作用，经执行部件作用于控制对象。对于不同用途的智能控制系统，以上各部分的形式和功能可能存在较大的差异。

G. N. 萨里迪斯提出了智能控制系统的分层递阶的结构形式，如图 1.2 所示。其中执行级一般需要比较准确的模型，以实现具有一定精度要求的控制任务；协调级用来协调执行级的动作，它不需要精确的模型，但需具备学习功能以便在再现的控制环境中改善性能，并能接受上一级的模糊指令和符号语言；组织级将操作员的自然语言翻译成机器语言，并进行任务的组织决策和规划。在执行级中，识别的功能在于获得不确定的参数值或监督系统参数的变化。在协调级中，识别的功能在于根据执行级送来的测量数据和组织级送来的指令产生合适的协调作用。在组织级中，识别的功能在于翻译定性的命令和其他输入。

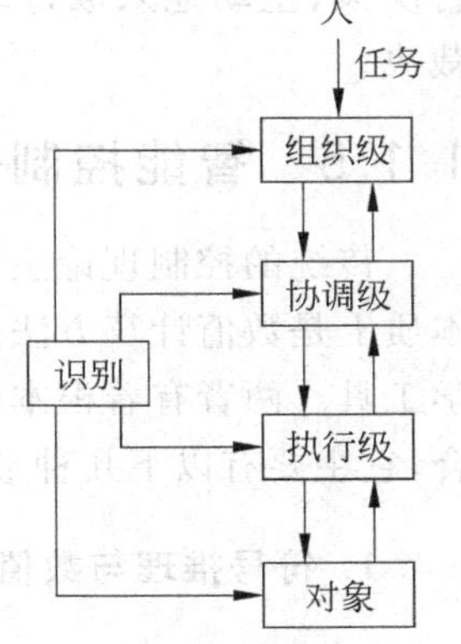

图 1.2 分层递阶智能控制系统的结构

该分层递阶的智能控制系统有两个明显的特点：对控制来讲，自上而下控制精度越来越高；对识别来讲，自下而上信息回馈越来越粗略。这种分层递阶的结构形式已被成功地应用于机器人的智能控制、交通系统的智能控制及管理等。

以上虽然给出了智能控制系统的几种定义，但是它并没有提出一个明确的界限，什么样的系统才算是智能控制系统。同时，即使是智能控制系统，其智能程度也有高有低。因此，下面给出智能控制系统应具备的一些功能特点。

1.1.4 智能控制系统的主要功能特点

1. 学习功能

一个系统，如果能对一个过程或其环境的未知特征所固有的信息进行学习，并将学习得到的经验或知识用于进一步的估计、分类、决策或控制，从而使系统的性能得到改善，那么就称该系统为学习系统。

具有学习功能的控制系统也称为学习控制系统，它主要强调其具备学习功能的特点。学习控制系统可看成是智能控制系统的一种。智能控制系统的学习功能可能有低有高，低层次的学习功能主要包括对控制对象参数的学习，高层次的学习则包括知识的更新和遗忘。

2. 适应功能

这里所说的适应功能比传统的自适应控制中的适应功能具有更广泛的含义，它包括更高层次的适应性。正如前面已经提到的，智能控制系统中的智能行为实质上是一种从输入到输出之间的映射关系。它可看成是不依赖模型的自适应估计，因此它应具有很好的适应性能。当系统的输入不是已经学习过的例子时，由于它具有插补功能，从而可给出合适的输出。甚至当系统中某些部分出现故障时，系统也能够正常工作。如果系统具有更高程度的智能，它还能自动找出故障甚至具备自修复的功能，从而体现了更强的适应性。

3. 组织功能

它指的是对于复杂的任务和分散的传感信息具有自行组织和协调的功能。该组织功能也表现为系统具有相应的主动性和灵活性，即智能控制器可以在任务要求的范围内自行决策、主动地采取行动；而当出现多目标冲突时，在一定的限制下，控制器可有权自行裁决。

1.1.5 智能控制研究的数学工具

传统的控制理论主要采用微分方程、状态方程以及各种变换等作为研究的数学工具，它本质上是数值计算方法。而人工智能则主要采用符号处理、一阶谓词逻辑等作为研究的数学工具。两者有着根本的区别。智能控制研究的数学工具则是上述两个方面的交叉和结合，它主要有以下几种形式。

1. 符号推理与数值计算的结合

例如，专家控制系统，它的上层是专家系统，采用人工智能中的符号推理方法。下层是传统的控制系统，采用的仍是数值计算方法。因此整个智能控制系统的数学研究工具是这两种方法的结合。

2. 离散事件系统与连续时间系统分析的结合

计算机集成制造系统(CIMS)和智能机器人便属于这种情况，它们是典型的智能控制系统。例如，在CIMS中，上层任务的分配和调度、零件的加工和传输等均可用离散事件系统理论来进行分析和设计；下层的控制，如机床及机器人的控制，则采用常规的连续时间系统分析方法。

3. 介于两者之间的方法

(1) 神经元网络。它通过许多简单的关系来实现复杂的函数关系，本质上是非线性的动力学系统，但它并不依赖于模型。

(2) 模糊集合论。它形式上是利用规则进行逻辑推理，但其逻辑取值可在0与1之间连续变化，采用数值的方法而非符号的方法进行处理。

以上两种方法，即神经网络和模糊集合论，在某些方面如逻辑关系、不依赖于模型等类似于人工智能的方法；而其他方面如连续取值和非线性动力学特性等则类似于通常的数值方法，即传统控制理论的数字工具。因而它们是介于二者之间的数学工具，且可能是进行智能控制研究的主要数学工具。

1.2 智能控制的发展概况

到了20世纪60年代，自动控制理论和技术的发展已渐趋成熟，而人工智能还只是个诞生不久的新兴技术。1966年J. M. 门德尔(Mendel)首先主张将人工智能用于飞船控制系统的设计。1971年著名学者傅京逊(K. S. Fu)从发展学习控制的角度首次正式提出智能控制这个新兴的学科领域。他的文章题目是："学习控制系统和智能控制系统：人工智能与自动控制的交叉"。他列举了以下3种智能控制系统的例子。

1. 人作为控制器的控制系统

图 1.3 所示为操纵驾驶杆以瞄准目标的手动控制系统。

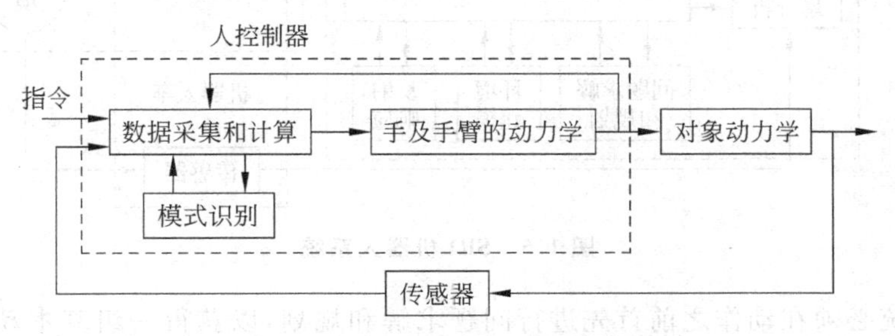

图 1.3　人作为控制器的控制系统

这里人作为控制器包含在闭环控制回路内。由于人具有识别、决策、控制等功能，因此对于不同的控制任务及不同的对象和环境情况，它具有自学习、自适应和自组织的功能，自动采用不同的控制策略以适应不同的情况。显然，这样的控制系统属于智能控制系统。

2. 人-机结合作为控制器的控制系统

在这样的控制系统中，机器（主要是计算机）完成那些连续进行的需要快速计算的常规控制任务。人则主要完成任务分配、决策、监控等任务。图 1.4 表示了一个由人-机结合作为控制器的遥控操作系统典型结构，它是另外一种类型的智能控制系统。

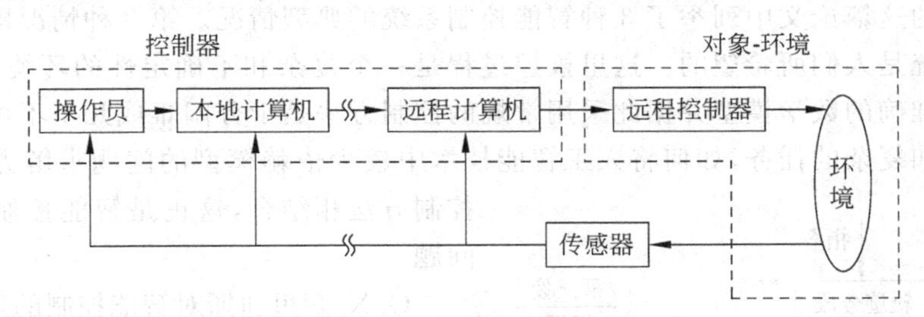

图 1.4　人-机结合作为控制器的遥控操作系统

3. 无人参与的智能控制系统

以上两种类型的智能控制系统均是有人参与的，许多智能控制的任务是由人完成的。我们更感兴趣的是如何将前面由人完成的那些功能变为由机器来完成，从而设计出无人参与的智能控制系统，或称自主智能控制系统。一个最典型的例子是自主机器人。图 1.5 表示了斯坦福研究所（SRI）机器人系统的结构。

在该控制系统中，控制器主要完成以下功能：问题求解和规划、环境建模、传感信息分析和反射响应。反射响应类似于常规控制器，它主要完成简单情况下的控制。该机器人本体由两个步进电机分别独立地驱动左右两个轮子，从而达到控制速度和方向的目的。在它前面装有摄像头和光学测距装置。本体与控制器之间通过无线方式进行通信。该系统所要完成的典型任务是在它运行的环境中重新排列一些简单的物体。为了完成这个特定的任

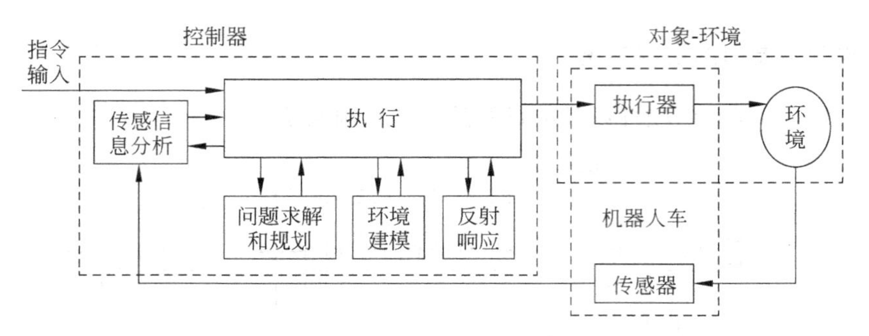

图 1.5 SRI 机器人系统

务,机器人系统必须在动作之前首先进行问题求解和规划,以获得一组基本动作序列,这些基本动作包括轮子运动、摄像头读数等。为了获得该动作序列以实现特定的任务,必须知道环境模型的知识,即执行一个基本动作后,环境的状态将如何变化。因此,通过分析使得在执行一系列的基本动作后,被控制的过程能够最终达到所需要的状态。随着动作的执行,环境模型也随之发生改变。所以必须随时记录和更新环境模型的信息,这实际上便是学习的过程。为了获得环境的模型并能对它不断更新,必须有相应的传感器和信息处理系统。这里视觉传感系统是有关模型信息的主要来源。对于简单的任务和环境模型,可以采用动态规划的方法来获得最优解。但是对于复杂的环境,必须用模式识别的方法来进行分析,这时必须采用启发式的问题求解步骤来确定可行的动作序列,这个动作序列不一定是最优的,它可通过学习过程来不断地加以改进。

傅京逊的这篇论文中列举了3种智能控制系统的典型情况。第3种情况即无人参与的智能控制系统是人们所希望的。这里被控过程是一个复杂和不确定性的环境,这时要建立被控过程的准确的数学模型并据此采用常规的控制方法是十分困难或几乎不可能的。对于复杂的环境和复杂的任务,如何将人工智能技术中较少依赖模型的问题求解方法与常规的控制方法相结合,这正是智能控制所要解决的问题。

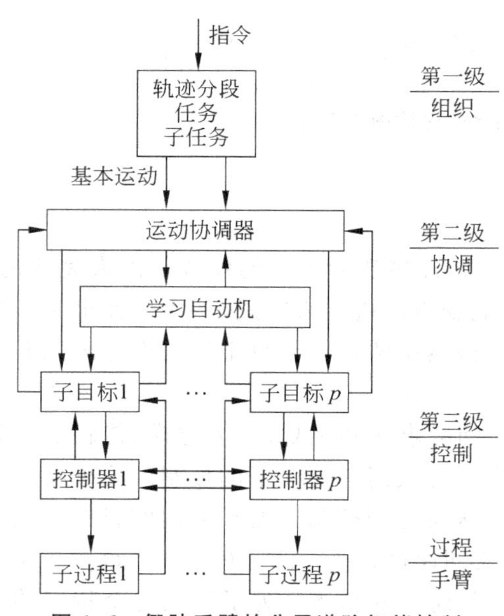

图 1.6 假肢手臂的分层递阶智能控制

G. N. 萨里迪斯对智能控制的发展做出了重要贡献,他在1977年出版了《Self-Organizing Control of Stochastic Systems》一书,1979年发表了综述文章"Toward the Realization of Intelligent Controls"。在这两篇著作中他从控制理论发展的观点,论述了从通常的反馈控制到最优控制、随机控制,再到自适应控制、自学习控制、自组织控制,并最终向智能控制这个更高阶段发展的过程。他首次提出了分层递阶的智能控制结构形式。图1.6所示为他及其同事所研制的一个由大脑来监督和指挥的具有 p 个自由度的仿生手臂的系统结构。该仿生手臂可用作假肢,也可用在危险环境中完成一些拟人的操作。当用作假肢时,它通过肌电信号直接从神经系统接受定性命令。当用于危险环境作业时，操作人员可根据对环境的观察给出定性命令。该系统可采用如图 1.6 所示的分层递阶的控制结构，其控制精度由下往上逐级地递减，智能程度递阶地增加。整个控制结构分成以下 3 个层次：语言组织级；模糊自动机作为协调级；一组自组织控制器作为控制级。

对于自组织控制级，取性能指标函数为

$$J = \sum_{i=1}^{p} \mu_i J_i(\alpha_i)$$

式中，$J_i(\alpha_i)$是子过程的性能指标；α_i 是反映子过程响应速度的调整系数；μ_i 是协调各子过程运动的调整系数。对每个子过程构造反馈控制

$$u_i(z) = K_i\phi(z_i) + C_i\varphi(z)$$

其中，第一项是不考虑耦合时子系统的最优控制；第二项表示与其他子系统非线性耦合有关的控制项。对于每个子过程采用扩展子区间算法来求出渐近最优系数 K_i 和 C_i。可见自组织控制级主要用来实现手的精确控制，基本上不具备智能。

协调级由模糊自动机来实现，模糊自动机可定义为一个 6 元组[$Z,Q,U,F,H,\boldsymbol{\xi}$]，其中 Z 为模糊输入的有限集合，Q 是状态的有限集合，U 是输出的有限集合，F 是状态转移函数，H 是输出函数，$\boldsymbol{\xi}$ 是赋给状态的隶属度向量。对于每一个模糊输入 z_k，相应地有一个隶属度转移矩阵 $\boldsymbol{Z}_k$ 来修改隶属度函数$\boldsymbol{\xi}$，这样的模糊自动机可以用来协调手臂的运动。它的输入是上层送下来的模糊输入指令，输出是基本运动的组合。根据这样的运动组合，手臂可以从起始状态运动到要求的终端状态。

按照上面的讨论，当给定模糊指令和终态时，模糊自动机可经过训练给出手臂的恰当的复合运动。它比自组织控制具有更高的智能。但是，操作人员大脑产生的指令可能是更为综合的任务形式。例如，要求拿一杯水来喝，这时需要有更高智能的一级来作为大脑和模糊自动机间的接口，它能将整个任务分段，对每段给定适当的终态 $\boldsymbol{x}_{\mathrm{d}}(T)$，并能处理由大脑传来的传感器反馈信息，评价任务的完成情况，在线地产生运动的组合、分段及方向改变等信息，从而减轻操作人员的负担。采用语言方法可以实现这种类型的信息处理，该方法用逻辑指令按一些预定的语法和句法，以类似于自然语言的方式来处理词汇链，从而可以根据更高层的复合指令产生出适当的指令串送到模糊自动机，最终产生出所需要的复合运动。

萨里迪斯等后来在分层递阶智能控制的理论和实践方面又做了大量的工作。对智能控制系统的 3 级结构作了明确的分工和定义。讨论了每一级的实现方法，建造了一个智能机器人的实验系统。在理论上的一个重要贡献是定义了熵作为整个智能控制系统的性能度量。对每一级定义了熵的计算方法，证明了在执行级的最优控制等价于使某种熵最小的控制方法。对于组织级和协调级的实现，又在原有的基础上进行了改进。在最新的工作中采用神经元网络中的 Boltzmann 机来实现组织级的功能，利用 Petri 网作为工具来实现协调级的功能。在萨里迪斯等人的倡议下，1985 年 8 月在美国纽约州的 Troy 召开了第一次智能控制学术讨论会，然后不久在 IEEE 的控制系统学会中成立了智能控制技术委员会，首任主席是萨里迪斯教授，从 1987 年起每年召开一次智能控制的国际学术会议。总之萨里迪斯等人为智能控制学科的建立和发展做出了重要贡献，尤其是他在分层递阶智能控制的理论和实践方面坚持不懈地做了大量的工作，分层递阶智能控制理论已成为智能控制理论中一个

相对比较成熟的重要分支。

在智能控制的发展过程中,另一个值得一提的著名学者是K.J.奥斯特洛姆(Aström),他在1986年发表的“Expert Control”的著名文章中,将人工智能中的专家系统技术引入到控制系统中,组成了另外一种类型的智能控制系统。在实际的控制系统中,核心的控制算法只是其中的一部分,它还需要许多其他的逻辑控制。例如,对于一个PID调节器来说,需要考虑操作员接口、手动与自动的平滑切换、参数突然改变所引起的过渡过程、执行部件的非线性影响、积分项引起的大摆动现象、上下限报警等问题。采用启发逻辑可用来解决这些问题。在控制软件中,这部分的程序要远远大于控制算法的程序量。即使在控制算法部分,也可针对不同的情况采用不同的控制算法来获得更为满意的控制性能,这也需要启发逻辑来实现这样的转换。

为了说明上面的概念,奥斯特洛姆的文章给出了一个简单的工业过程控制的例子来加以说明。设控制对象的差分算子模型为

$$Ay(t) = Bu(t) + Ce(t)$$

式中,u 是控制变量;y 是输出量;e 是白噪声;A、B、C 是算子多项式。最小方差控制为

$$Ru(t) = -Sy(t)$$

多项式 R 和 S 满足

$$z^{d-1}CB = AR + BS$$

其中 $d=\deg A-\deg B$。由于最小方差控制器要抵消控制对象的零点,因此要求控制对象为最小相位,即无零点和极点在单位圆外,而且即使所有的零点均在单位圆内,若很靠近单位圆周,则系统的响应中也将会出现纹波现象,因此在系统中需设置纹波监测器。当监测到有严重纹波现象时,可通过增大 d 来消除纹波现象。为了监测系统是否处于最小方差控制的状态,可以通过计算系统输出的相关函数来判别。因为这时系统的输出应为

$$y(t) = \lambda[e(t) + f_1 e(t-h) + \cdots + f_{d-1} e(t-dh+h)]$$

其中,$F=1+f_1 z^{-1}+\cdots+f_{d-1} z^{-(d-1)}=R/B$;$h$ 是采样周期。由于假定 $e(t)$ 是白噪声,所以 $y(t)$ 在不同时刻是不相关的。为此,可设置最小方差监测器来检测系统是否处于最小方差控制状态。

如果不能得到控制对象的精确模型,则可采用自校正调节器,在一定条件下它可收敛到最小方差控制器。这时必须引入参数估计器。为了获得准确的参数估计,必须有足够的激励。为此,须引入激励监测器。参数估计只适合于系统参数为常数或缓慢变化的情况。因此还需包括一个参数跳变检测器。当没有充足的激励时,便不能获得正确的参数估计,为此需提供一个扰动信号发生器。自校正控制需要已知以下的先验知识:采样周期 h、延迟拍数 d、多项式 R 的阶数 n_R、S 的阶数 n_S、遗忘因子 λ、初始估计 θ_0、初始方差 P_0 以及控制量的高低限。参数 d 十分关键,若估计太小可使系统不稳定。为此,可引入稳定性监视器来进行检测,通过计算协方差函数 $r_{yy}(\tau)$ 和 $r_{yu}(\tau)$ 可用来确定 n_R 和 n_S 是否足够大,于是系统中还需包含一个阶次监测器。

时间延时 dh 的估计准确与否对控制器的性能有很大影响。因此系统中还应包含 k_c-t_c 估计器。k_c 是系统临界振荡时的增益,t_c 是临界振荡周期,则 dh 近似为 $t_c/2$。

根据 k_c 和 t_c 还可以很容易地确定PID控制器的参数,因此可将PID控制作为备用控制。

对于以上所说的各种情况，可采用专家系统来进行统一的管理和决策。正常情况下系统采用最小方差控制。若检测到纹波现象较严重，则增大 d。若通过最小方差监测器监测到系统已不是处于最小方差控制状态，说明系统的模型不准确或参数发生了改变，则系统转入自校正调节状态，应启动参数估计器。同时启动激励监测器，看是否有足够的激励。若激励不足，启动扰动信号发生器。同时根据稳定性监视器来检测 dh 的估值的正确性。若系统稳定性能差，则启动 k_c-t_c 估计器，重估 dh。根据最小方差监测器可判断自校正控制是否已收敛到最小方差控制，若已收敛，则转入到最小方差控制。这一系列过程均可根据专家系统中的规则搜索来自动完成。

奥斯特洛姆所提出的专家控制将人工智能中的专家系统技术与传统的控制方法相结合，并吸取了这两者的长处，在实际中取得了明显的效果。事实上，自那以后已经有很多采用这种方法在实际中成功应用的报道。虽然，专家控制在理论上并没有新的发展和突破，但是，它作为智能控制的一种形式，在实际中有着很广阔的应用前景。

近年来，神经网络的研究得到了越来越多的关注和重视。它在控制中的应用也是其中的一个主要方面，由于神经网络在许多方面试图模拟人脑的功能，因此神经网络控制并不依赖于精确的数学模型，而显示出具有自适应和自学习的功能，因此它也是智能控制的一种典型形式。目前利用神经网络组成自适应控制以及它在机器人中的应用研究方面均取得了很多成果，显示出了广阔的应用前景。

模糊控制是又一类智能控制的形式。现代计算机虽然有着极高的计算速度和极大的存储能力，但却不能完成一些人看起来十分简单的任务。一个很重要的原因是人具有模糊决策和推理的功能，模糊控制正是试图模仿人的这种功能。1965 年，L. A. 扎德(Zadeh)首先提出了模糊集理论，为模糊控制奠定了基础。在其后的发展中已有很多模糊控制在实际中获得成功应用的例子。

在我国，重庆大学周其鉴等人从 20 世纪 80 年代初便开始仿人智能控制的研究，他们也为智能控制的发展做出了贡献。

目前智能控制主要包括模糊控制、神经网络控制、分层递阶智能控制、专家控制及学习控制等内容，其中尤以用计算智能方法与控制的结合为研究的热点。计算智能主要是指模糊系统、神经网络及进化计算等智能方法。人工神经网络从结构上模仿生物神经系统，因此它是最低层的仿人智能。模糊系统则从功能上模仿人的定性和模糊的推理和决策过程，因此它是较高层次的仿人智能。进化计算则模仿了生物的进化行为。

计算智能是主要基于数据和计算而非主要基于经验和推理的智能方法。因此，模糊控制和神经网络控制将是今后最经常采用和最重要的智能控制方法。

基于各种智能方法的智能控制具有各自的特点和应用场合，然而，融合各种智能方法而尽可能发挥各自的优势，将是今后智能控制的一个重要发展方向。例如，模糊系统与神经网络的结合可组成比单独的神经网络或单独的模糊系统性能更好的智能系统。

神经网络具有并行计算、分布式信息存储、容错能力强以及具备自适应学习功能等一系列优点。但神经网络不适于表达基于规则的知识，因此神经网络进行训练时，由于不能很好地利用已有的经验知识，常常只能将初始权值取为零或随机数，从而增加了网络的训练时间或者陷入非要求的局部极值。另外，模糊系统则比较适合于表达那些模糊或定性的知识，其推理方式比较类似于人的思维模式。但是一般说来模糊系统缺乏自学习和自适应能力。这两者的优势和不足正好是互补的,因此将两者结合可以充分发挥两者的长处。

智能控制作为一门新兴学科,现在还只是处于它的发展初期,理论体系尚不完善。本书只就已经发展起来的几个智能控制分支加以介绍,以反映智能控制的发展现状。

1.3 智能控制理论

智能控制是一多学科的交叉。傅京逊在1971年的文章中称它是人工智能与自动控制的交叉。后来萨里迪斯加进了运筹学,认为智能控制是人工智能、运筹学和自动控制三者的交叉,并用图1.7所示来形象地说明这一点。

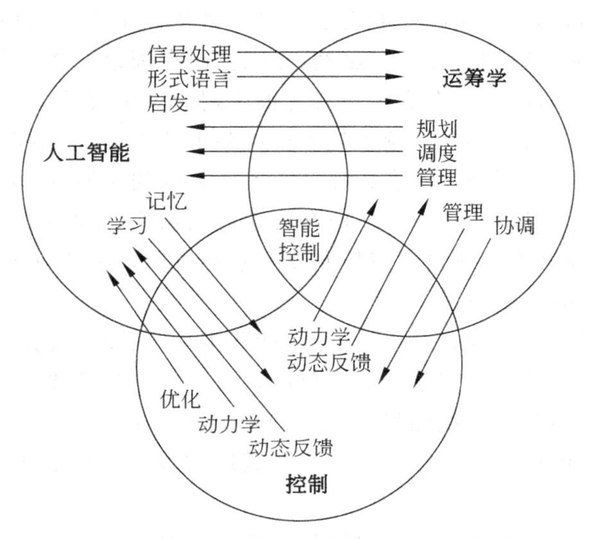

图1.7 智能控制的多学科交叉

图1.7主要针对分层递阶智能控制的情况。对于其他类型的智能控制,如专家控制、神经网络控制、模糊控制等,它所涵盖的学科领域不尽相同。下面列出各种智能控制系统所包含的理论内容。

1. 自适应和自学习控制

自适应和自学习控制是传统控制向纵深发展的高级阶段,它们也可看成初级的智能控制。同时它们也可构成分层递阶智能控制的底层控制级。

自适应控制是指在系统运行过程中,通过观测过程的输入和输出所获得的信息,能够逐渐减小系统的先验不确定性,而达到对系统的有效控制。自适应控制可由两种方法来实现:一种是给出明显的辨识来减小对象动力学所固有的不确定性;另一种则是设法减小和改进与系统性能直接相关的不确定性。这后一种情形,可以认为隐含地进行着系统辨识,因为所积累的关于对象的信息,可由控制器直接予以应用而不经过中间的模型。这两类自适应控制代表了两种不同的设计方法。

如果通过观测过程的输入和输出所获得的信息,能够减小过程参数的先验不确定性,则称该自适应控制为参数自适应控制或自校正控制;若减小的是与改进系统性能直接相关的不确定性，则称之为品质自适应控制或模型参考自适应控制。图 1.8 和图 1.9 分别表示了这两种控制方法的结构。

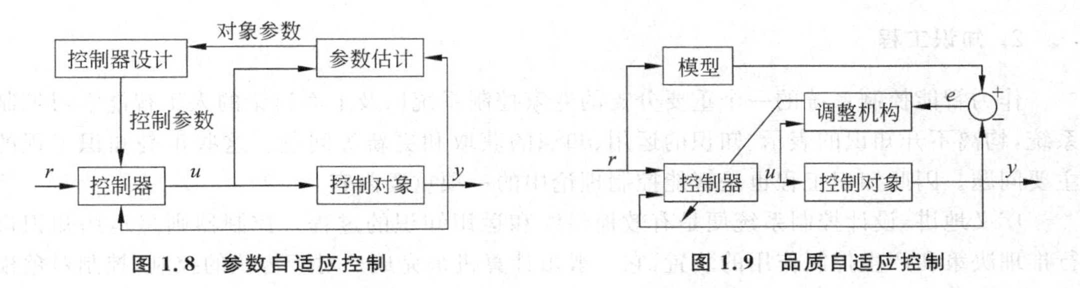

图 1.8 参数自适应控制 **图 1.9 品质自适应控制**

所谓学习控制系统是指：一个系统，如果能对一个过程或其环境的未知特征所固有的信息进行学习，并将其学得的信息用来控制一个具有未知特征的过程，称之为学习控制系统。图 1.10 表示了学习控制系统的一种结构。研究学习控制的最常用的方法有以下几种：

- 模式分类；
- 再励学习；
- 贝叶斯估计；
- 随机逼近；
- 随机自动机模型；
- 模糊自动机模型；
- 语言学方法等。

还有一种主要基于人工智能方法的学习控制系统，它主要借助于人工智能的学习原理和方法，通过不断获取新的知识来逐步改变系统的性能，其典型结构如图 1.11 所示。其中知识库主要用来存储知识，并具有知识更新的功能。学习环节具有采集环境信息、接受监督指导、进行学习推理和修改知识库功能。执行环节主要利用知识库的知识，进行识别、决策并采取相应行动。监督环节主要进行性能评价、监督学习环节及控制选例环节。选例环节的作用主要是从环境中选取有典型意义的事例或样本，作为系统的训练集或学习对象。

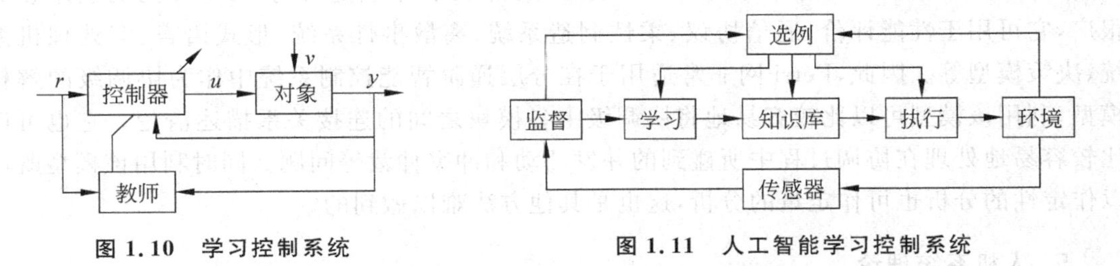

图 1.10 学习控制系统 **图 1.11 人工智能学习控制系统**

另外，还有一种基于重复性的学习控制，其典型结构如图 1.12 所示。其中，u_k 表示第 k 次运动的控制量，y_k 是实际输出，y_d 是期望的输出，e_k 是期望输出与实际输出之间的误

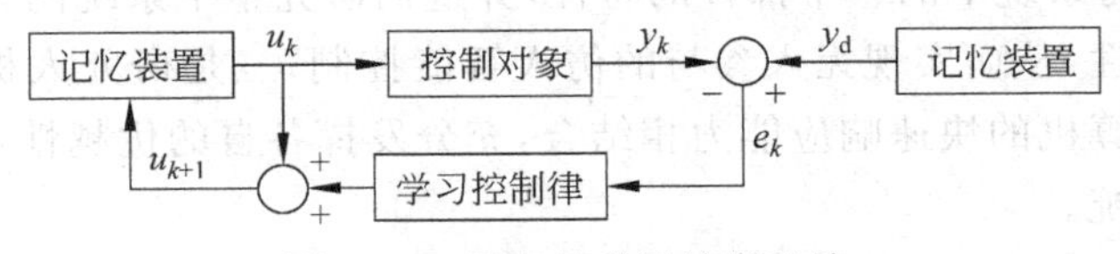

图 1.12 重复性学习控制系统

差。采用学习控制算法 $u_{k+1}=u_k+f(e_k)$，使得经过多次重复后，在 u_k 的作用下系统能够产生期望的输出。这里的主要问题是学习控制算法的收敛性问题。

2. 知识工程

作为智能控制系统的一个重要分支的专家控制系统以及上面讨论的人工智能学习控制系统，均离不开知识的表示、知识的运用、知识的获取和更新等问题。这些正是知识工程的主要问题。因此知识工程也是智能控制理论中的一项重要内容。

广义地讲，设计控制系统便是有效地组织和运用知识的过程。控制器则是运用知识进行推理决策和产生控制作用的装置，它一般由计算机来完成。对于传统的控制，控制对象模型及性能要求可以看成是用数值表示的知识。控制算法则是运用知识进行决策计算，以产生所需的控制作用。在智能控制系统中，有一部分是数值类型的知识，更主要的知识是一些经验、规则，它们是用符号形式来表示的。在这种情况下，设计控制器便是如何获取知识，如何运用知识进行推理、决策以产生有效的控制。在学习控制系统中，还有一个如何更新知识以实现学习的功能。

3. 信息熵

在分层递阶智能控制系统中，G. N. 萨里迪斯提出用熵作为整个系统的一个性能测度。因为在不同的层次以不同的形式包含了运动的不确定性。而熵正是采用概率模型时不确定性的一个度量。分层递阶智能控制系统的设计问题可以看成是以下的过程：在自上而下精度渐增、智能逐减的分层递阶系统中，寻求正确的决策和控制序列以使整个系统的总熵极小。可见，信息熵在分层递阶智能控制系统的分析和设计中起着十分重要的作用。

4. Petri 网

Petri 网是一种既是图形也是数学的建模工具。它主要用来描述和研究信息处理系统，这些系统往往具有以下特点：并发性、异步性、分布性和不确定性等。Petri 网的应用领域很广，它可用于性能评价、通信协议、柔性制造系统、离散事件系统、形式语言、多处理机系统、决策模型等。因此，Petri 网非常适用于在分层递阶智能控制系统中作为协调级的解析模型，利用该模型可以比较容易地将协调级中各模块之间的连接关系描述清楚。它也可以比较容易地处理在协调过程中所碰到的并发活动和冲突仲裁等问题。同时利用该模型既可以作定性的分析也可作定量的分析，这也是其他方法难以做到的。

5. 人机系统理论

人机结合的控制系统也是一种智能控制系统。研究系统中人机交互作用主要有3个目的：一是研究人作为系统中的一个部件的特性，并进而研究整个系统的行为；二是在系统中如何构造仿人的特性，从而实现无人参与的仿人智能控制；三是研究人机各自特性，将人的高层决策能力与计算机的快速响应能力相结合，充分发挥各自的优越性，有效地构造出人机结合的智能控制系统。

6. 形式语言与自动机

利用形式语言与自动机作为工具可以实现分层递阶智能控制系统中组织级和协调级的功能。在萨里迪斯的早期工作中，组织级是由一种语言翻译器来实现的，它将输入的定性指令映射为下层协调级可以执行的另一种语言。协调级则采用随机自动机来实现，这样的自动机也等价于一种形式语言。

形式语言和自动机理论作为处理符号指令的工具，在设计智能控制系统的上层结构时是常常需要用到的。

7. 大系统理论

智能控制系统中的分层递阶的控制思想是与大系统理论中的分层递阶和分解协调的思想一脉相承的。虽然大系统理论是传统控制理论在广度方面的发展，智能控制是传统控制理论在深度方向的发展，但二者仍有许多方面是相通的。因此可以将大系统控制理论的某些思想应用到智能控制系统的设计中。

8. 神经网络理论

神经网络研究的发展过程并不是一帆风顺的，有高潮也有低谷，有成绩也有挫折。近几年来的研究表明，神经网络在很多领域具有广阔的应用前景。它在智能控制中的应用是其中的一个重要方面。

正如前面已经提到的，神经网络是介于符号推理与数值计算之间的一种数学工具。它具有很好的适应能力和学习能力，因此它适合于用作智能控制的工具。从本质上看，神经网络是一种不依赖模型的自适应函数估计器。给定一个输入，可以得到一个输出，但它并不依赖于模型，即它并不需要知道输出和输入之间存在着怎样的数学关系。而通常的函数估计器是依赖于数学模型的，这是它与神经网络的一个根本区别。当给定的输入并不是原来训练的输入时，神经元网络也能给出合适的输出，即它具有插值功能或适应功能。人工智能专家系统在一定意义上也可将其看做不依赖模型的估计器，它将条件映射为相应的动作，它也不依赖于模型。在这一点上它与神经网络有共同之处，但是它采用的是符号处理方法，它不适用于数值的方法，也不能用硬件方法来实现。符号系统虽然也是随时间改变的，但是它没有导数，它不是一个动力学系统。当输入不是预先设计的情况时，它不能给出合适的输出，因而它不具备适应功能。在专家系统中，知识明显地表示为规则，而在神经网络中，知识是通过学习例子而分布地存储在网络中。正是由于这一点，神经网络具有很好的容错能力，当个别处理单元损坏时，对神经网络的整体行为只有很小的影响，而不会影响整个系统的正常工作。神经网络还特别适合于用来进行模式分类，因而它可用于基于模式分类的学习控制。

神经网络也是一种可以训练的非线性动力学系统，因而它呈现非线性动力学系统的许多特性，如李雅普诺夫稳定性、平衡点、极限环、平衡吸引子、混沌现象等。这些也都是在用神经网络组成智能控制系统时必须研究的问题。

9. 模糊集合论

自 1965 年 L. A. 扎德(Zadeh)提出模糊集合的概念以来，模糊集合理论发展十分迅速，并在许多领域中获得了应用。它在控制中的应用尤为引人注目。模糊系统不仅在工业控制中获得了广泛应用,而且也已扩展到其他领域,如地铁的自动化,照相镜头的自动聚焦,彩色电视的自动调节,冰箱的除霜,空调、洗衣机、吸尘器、交通信号灯及电梯的控制等。

由于模糊控制主要是模仿人的控制经验而不是依赖于控制对象的模型,因此模糊控制器实现了人的某些智能,因而它也是一种智能控制。

正如前面提到的,模糊集理论是介于逻辑计算与数值计算之间的一种数学工具。它形式上是利用规则进行逻辑推理,但其逻辑取值可在0与1之间连续变化,采用数值的方法而非符号的方法进行处理。符号处理方法可以直接用规则来表示结构性的知识,但是它却不能直接使用数值计算的工具,因而也不能用大规模集成电路来实现一个AI系统。而模糊系统可以兼具两者的优点,它可用数值的方法来表示结构性知识,从而用数值的方法来处理。因而可以用大规模集成电路来实现模糊系统。

与神经网络一样,模糊系统也可看成是一种不依赖于模型的自适应估计器。给定一个输入,便可得到一个合适的输出。它主要依赖于模糊规则和模糊变量的隶属度函数,而无需知道输出和输入之间的数学依存关系。

模糊系统也是一种可以训练的非线性动力学系统,因而也存在诸如稳定性等问题需要加以研究。

10. 优化理论

在学习控制系统中常常通过对系统性能的评判和优化来修改系统的结构和参数。在神经网络控制中也常常是根据使某种代价函数极小来选择网络的连接权系数。在分层递阶控制系统中,也是通过使系统的总熵最小来实现系统的优化设计。因此,优化理论也是智能控制理论的一个主要内容。

在优化理论中新近发展的各种进化算法在智能控制中发挥了重要作用。进化计算是一种全局随机寻优算法,它模仿生物的自然选择和遗传机制的进化过程,来逐步达到最好的结果。

其他仿生优化算法,如模拟蚂蚁群体觅食行为的蚁群算法和鸟类群体捕食行为的微粒群算法等也越来越多地在智能控制中发挥作用。

第 2 章 模糊逻辑控制

2.1 概述

2.1.1 模糊控制与智能控制

如第 1 章所述，由人作为控制器的控制系统是典型的智能控制系统，其中包含了人的高级智能活动。模糊控制在一定程度上模仿了人的控制，它不需要有准确的控制对象模型。因此它是一种智能控制的方法。

例如，一个操作员通过观察仪表显示对过程进行控制，仪表显示反映了过程的输出量。当操作员通过仪表观察到输出量发生变化时，他根据所积累的知识和操作经验作出决策，并采取相应的控制动作。这是一个从过程变化到控制行动之间的映射关系。这个映射是通过操作员的决策来实现的。这个决策过程并不是通过精确的定量计算，而是依靠定性或模糊的知识。例如，若控制的过程是水箱中的水温，检测仪表给出的是精确量，譬如 80℃，操作员将这个精确量转化为头脑中的概念量，比方说“温度偏高”，他使用这个概念与头脑中已有的控制经验和模式相匹配，得到“温度偏高应该加入较多冷却水”的推断，进而操作员需将“加入较多冷却水”这个模糊概念给出定量解释，譬如说加入冷却水的流量应为 $10m^3/h$，然后按此定量值控制执行装置，从而完成整个控制过程的一个循环。这里人采用了一种模糊的控制方法，其中包含了人的智能行为。显然人并不是按照某种控制算法加以精确计算的，而且人也不可能有这样的记忆和计算能力能在极短时间内完成较为复杂的计算。

本章所要介绍的模糊控制即是模仿上述人的控制过程，其中包含了人的控制经验和知识。因而从这个意义上，模糊控制也是一种智能控制。模糊控制方法既可用于简单的控制对象，也可用于复杂的过程。

2.1.2 模糊集合与模糊数学的概念

上面所举的人进行控制的例子中，“温度偏高”中的“偏高”、“加入较多冷却水”中的“较多”等都是一些模糊的概念，而利用这些模糊概念最终却能实现稳定的控制。如何描述这些模糊的概念，并对它们进行分析、推理，这正是模糊集合与模糊数学所要解决的问题。

模糊集合理论的产生和发展到现在不过是 40 多年的历史，但它已经逐步地渗入到自然科学和社会科学的各个领域，并且取得了令人瞩目的成果。笼统地说，模糊集合是一种特别定义的集合，它可用来描述模糊现象。有关模糊集合、模糊逻辑等的数学理论，称之为模糊数学。

模糊性也是一种不确定性，但它不同于随机性，所以模糊理论不同于概率论。模糊性通常是指对概念的定义以及语言意义的理解上的不确定性。例如,“老人”、“温度高”、“数量大”等所含的不确定性即为模糊性。可见,模糊性主要是人为的主观理解上的不确定性,而随机性则主要反映的是客观上的自然的不确定性,或者是事件发生的偶然性。偶然性与模糊性具有本质上的不同,它们是不同情况下的不确定性。例如,“明天有雨”的不确定性,是由今天的预测产生的,时间过去了,到明天就变成确定的了。再有“掷一下骰子是4点”的不确定性是根据掷之前推测发生的,实际做一下掷骰子实验,它就是确定的事件了。但是“老人”、“气温高”等的不确定性,即使时间过去了,即使做了实验,它仍然是不确定的,这是由语言意义模糊性的本质所确定的。

模糊集合是一种特别定义的集合,它与普通集合既有联系也有区别。对于普通集合来说,任何一个元素要么属于该集合,要么不属于该集合,非此即彼,界限分明,绝无模棱两可。而对于模糊集合来说,一个元素可以是既属于又不属于,亦此亦彼,界限模糊。例如,一个人到苹果园去摘苹果,如果规定比2两重的苹果算作“大”苹果,这是普通集合的概念。因此,若摘到一个2.5两的苹果,可以毫不犹豫地说这是一个“大”苹果,若摘到一个1.9两的苹果,也可以毫不犹豫地说它不是“大”苹果。这就是关于“大”的两值逻辑,是用精确的量作为边界来划分属于还是不属于该集合。如果规定差不多比2两重的苹果为“大”苹果,这是一个模糊集合的概念。这时若摘到一个2.5两的苹果,可以不假思索地算作“大”苹果。那么对于1.9两的苹果呢,这就需要人为地决定了。你可以说它不够“大”,但若这个苹果园中“大”的苹果不够多的话,将它勉强算作“大”苹果也不为过。这就是关于“大”的连续值逻辑,是用人为的量作为边界来划分属于还是不属于该集合。

从上述例子可以看到,模糊性是人们在社会交往和生产实践中经常使用的,它提供了定性与定量、主观与客观、模糊与清晰之间的一个人为折中。它既不同于确定性,也不同于偶然性和随机性。概率论是研究随机现象的,模糊数学则是研究模糊现象的,两者都属于不确定性数学。应当特别注意的一点是,不可认为模糊数学就是模糊的,实际上它的各项计算都是精确的,它是借助定量的方法研究模糊现象的工具。

2.1.3 模糊控制的发展和应用概况

美国教授扎德于1965年首先提出了模糊集合的概念,由此开创了模糊数学及其应用的新纪元。模糊控制是模糊集合理论应用的一个重要方面。1974年英国教授马丹尼(E. H. Mamdani)首先将模糊集理论应用于加热器的控制,其后产生了许多控制应用的例子。其中比较典型的有热交换过程的控制、暖水工厂的控制、污水处理过程控制、交通路口控制、水泥窑控制、飞船飞行控制、机器人控制、模型小车的停靠和转弯控制、汽车速度控制、水质净化控制、电梯控制、电流和核反应堆的控制,并且生产出了专用的模糊芯片和模糊计算机。在模糊控制的应用方面,日本走在了前列。日本在国内建立了专门的模糊控制研究所,日本仙台的一条地铁的控制系统采用了模糊控制的方法取得了很好的效果。日本还率先将模糊控制应用到日用家电产品的控制,如照相机、吸尘器、洗衣机等。目前模糊控制方法已在世界各地获得广泛的应用。

下面具体介绍几个典型的应用。

1. Sugeno 的模糊小车

M. Sugeno 设计了一个模型小车的模糊控制。这是模糊控制应用的一个典型例子。利用模糊控制的方法可使该小车沿着预先设定的弯曲的轨道停靠到车库指定位置。模糊控制的规则是通过向有经验的驾驶员学习而获得的。

2. 模糊自动火车运行系统

这是日本日立公司所开发的系统。自 1987 年 2 月,该系统已成功地在日本仙台的城市地铁系统获得应用。在该系统中,目标评估模糊控制器对每一条可能的控制命令的性能加以预测,然后基于熟练的操作员的经验选择其中可能最好的一条命令加以执行。该模糊系统包含了两种规则库:一种是关于恒速控制,它要求火车启动后维持恒速前进;另一种是火车自动停站的控制,它调节火车的速度以准确地停靠在车站的指定位置。这些规则是基于对运行的安全性、乘坐的舒适性、停放的准确性、能耗及运行时间等综合性能的评价。每一种规则库均包含 12 条规则,规则的前件是上述的综合性能评价,其后件根据性能的满意程度来决定所采取的控制行动。每 100ms 控制一次,运行结果表明,该模糊控制系统在乘坐的舒适性、停靠的准确性、能耗、运行时间及鲁棒性等方面均优于常规的 PID 控制。

3. 模糊自动集装箱吊车操纵系统

在该系统中,主要的性能指标为安全性、停放精度、集装箱摆动及吊运时间等。其中包含了两个主要的操作:台车操作和线绳操作。每一操作包含两个功能级:决策级和动作级。该模糊自动操纵系统在日本的北九州港进行了实地试验。试验结果表明,由一个不熟练的操作员来操纵的该模糊系统,其货物处理能力超过 30 个集装箱/小时,其操作性能、安全性、精确度等均可与非常有经验的操作员相媲美。

4. 模糊逻辑芯片和模糊计算机

第一个模糊逻辑芯片是 1985 年 AT&T 贝尔实验室的 Togai 和 Watanabe 设计的。该模糊推理芯片可以并行地处理 16 条规则。它由 4 部分组成:规则集存储器、推理处理单元、控制器、输入输出电路。规则集存储器是用静态随机存储器实现的,从而可动态地改变规则集。该芯片在 16MHz 的时钟下的执行速度可达 250K FLIPS。现在正在开发基于该芯片的模糊逻辑加速器(FLA)。1989 年 3 月,美国北卡罗利纳微电子中心的 Watanabe 设计制造了世界上最快的模糊逻辑芯片,该芯片包含有 688000 个晶体管,速度达到 580K FLIPS。

日本的 Yamaskawa 设计了一个模糊计算机的雏形。该模糊计算机由一个模糊存储器、一个推理机、一个 MAX 块、一个清晰化块及一个控制单元组成。模糊存储器存储语言模糊信息,推理机实现 MAX 和 MIN 操作。该模糊计算机能以高达 10M FLIPS 的速度处理模糊信息,它朝着真正的工业应用以及常识知识处理方向迈出了十分重要的一步。

模糊控制无论从理论和应用方面均已取得了很大的进展,但与常规控制理论相比,仍然显得很不成熟。当已知系统的模型时,已有比较成熟的常规控制理论和方法来分析和设计系统。但是目前尚未建立起有效的方法来分析和设计模糊系统,它还主要依靠经验和试凑。因此现在有许多人正在进行研究,试图把许多常规控制的理论和概念推广到模糊控制系统,如能控性、稳定性等。近来的另外一个研究方向则是如何使模糊控制器具有学习能力。在这方面,模糊逻辑与神经网络相结合是一个值得注意的动向,两者的结合既可以模拟人的控制功能,又可以如人那样具有较强的对环境变化的适应能力和学习能力。这是一个很有前途的发展方向。

2.2 模糊集合及其运算

2.2.1 模糊集合的定义及表示方法

上一节介绍了模糊性的概念。例如,到苹果园去摘"大苹果",这里"大苹果"便是一个模糊的概念。如果将"大苹果"看作是一个集合,则"大苹果"便是一个模糊集合。如前所述,若认为差不多比2两重的苹果称之为"大苹果",那么,2.5两的苹果应毫无疑问地属于"大苹果",如对此加以量化,则可设其属于的程度为1。2.1两苹果属于"大苹果"的程度譬如说为0.7,2两苹果属于"大苹果"的程度为0.5,1.9两的苹果属于"大苹果"的程度为0.3等。以后称属于的程度为隶属度函数,其值可在0~1之间连续变化。可见,隶属度函数反映了模糊集合中的元素属于该集合的程度。若模糊集合"大苹果"用大写字母A表示,隶属度函数用μ表示。A中的元素用x表示,则$\mu_A(x)$便表示x属于A的隶属度,对上面的数值例子可写成

$$\mu_A(2.5)=1,\mu_A(2.1)=0.7,\mu_A(2.0)=0.5,\mu_A(1.9)=0.3,\cdots$$

隶属度函数也可用图形来描述,如图2.1所示。

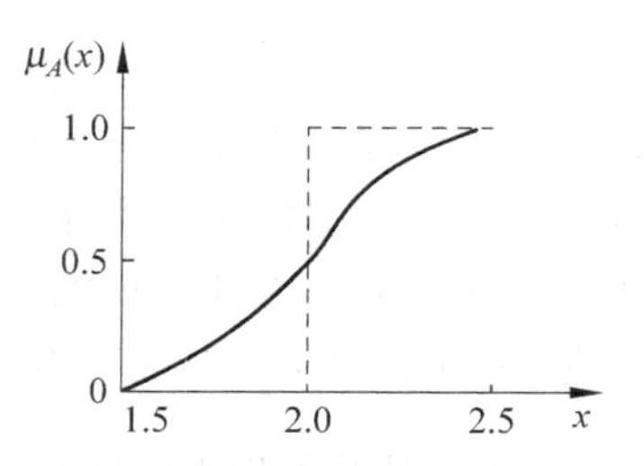

图2.1 模糊集合"大苹果"的隶属度函数

若将"大苹果"看成普通集合,即硬性规定凡比二两重的都算"大苹果",小于二两的都不算"大苹果",则其隶属度函数如图2.1中的虚线所示。它仅取两个值$\{0,1\}$。可见,普通集合是模糊集合的一个特例。由此不难给出以下的关于模糊集合的定义。

定义 给定论域X,$A=\{x\}$是X中的模糊集合的含义是,它是以

$$\mu_A: X\to[0,1]$$

这样的隶属度函数表示其特征的集合。若$\mu_A(x)$接近1,表示x属于A的程度高;若$\mu_A(x)$接近0,表示x属于A的程度低。

在上面的定义中,论域X指的是所讨论的事物的全体。如在摘苹果的例子中,论域X指的是重量$x>0$的全体。

模糊集合有很多种表示方法,最根本的是要将它所包含的元素及相应的隶属度函数表示出来。因此它可用以下的序偶形式来表示,即

$$A=\{(x,\mu_A(x))\mid x\in X\}$$

也可表示成以下更紧凑的形式,即

$$A=\begin{cases}\displaystyle\int_X\frac{\mu_A(x)}{x}, & X\text{ 连续}\\ \displaystyle\sum_{i=1}^{n}\frac{\mu_A(x_i)}{x_i}, & X\text{ 离散}\end{cases}$$

下面再举两个模糊集合的例子。

例 2.1　在整数 1,2,…,10 组成的论域中，即论域 $X=\{1,2,3,4,5,6,7,8,9,10\}$，设 A 表示模糊集合“几个”。并设各元素的隶属度函数依次为 $\mu_A(x)=\{0,0,0.3,0.7,1,1,0.7,0.3,0,0\}$，这里论域 X 是离散的，则 A 可表示为

$$A=\{(x,\mu_A(x))\mid x\in X\}$$
$$=\{(1,0),(2,0),(3,0.3),(4,0.7),(5,1),(6,1),(7,0.7),(8,0.3),(9,0),(10,0)\}$$

或者

$$A=\sum_{i=1}^{10}\frac{\mu_A(x_i)}{x_i}=\frac{0}{1}+\frac{0}{2}+\frac{0.3}{3}+\frac{0.7}{4}+\frac{1}{5}+\frac{1}{6}+\frac{0.7}{7}+\frac{0.3}{8}+\frac{0}{9}+\frac{0}{10}$$

例 2.2　若以年龄为论域，并设 $X=[0,200]$。设 O 表示模糊集合“年老”，Y 表示模糊集合“年轻”。已知“年老”和“年轻”的隶属度函数分别为

$$\mu_O(x)=\begin{cases}0 & 0\leqslant x\leqslant 50\\ \dfrac{1}{1+\left(\dfrac{5}{x-50}\right)^2} & 50<x\leqslant 200\end{cases}$$

$$\mu_Y(x)=\begin{cases}1 & 0\leqslant x\leqslant 25\\ \dfrac{1}{1+\left(\dfrac{x-25}{5}\right)^2} & 25<x\leqslant 200\end{cases}$$

其隶属度函数曲线如图 2.2 所示。

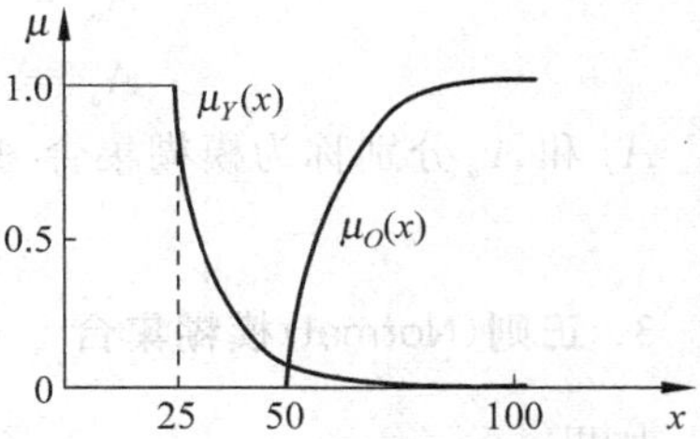

图 2.2　“年轻”和“年老”的隶属度函数

这里论域 X 是连续的，因而模糊集合 O 可表示为

$$O=\{(x,0)\mid 0\leqslant x\leqslant 50\}+\left\{\left(x,\frac{1}{1+\left(\dfrac{5}{x-50}\right)^2}\right)\middle|\ 50<x\leqslant 200\right\}$$

或者

$$O=\int_{0\leqslant x\leqslant 50}\frac{0}{x}+\int_{50<x\leqslant 200}\frac{\left[1+\left(\dfrac{5}{x-50}\right)^2\right]^{-1}}{x}$$

模糊集合 Y 可以表示为

$$Y=\{(x,1)\mid 0\leqslant x\leqslant 25\}+\left\{\left(x,\frac{1}{1+\left(\dfrac{x-25}{5}\right)^2}\right)\middle|\ 25<x\leqslant 200\right\}$$

或者

$$Y=\int_{0\leqslant x\leqslant 25}\frac{1}{x}+\int_{25<x\leqslant 200}\frac{\left[1+\left(\dfrac{x-25}{5}\right)^2\right]^{-1}}{x}$$

为了以后叙述方便，下面再介绍几个有关名词术语。

1. 台(Support)集合

它定义为

$$A_S = \{x \mid \mu_A(x) > 0\}$$

其意义为论域 X 中所有使 $\mu_A(x)>0$ 的 X 的全体。如在例 2.1 中,模糊集合"几个"的台集合为

$$A_S = \{3,4,5,6,7,8\}$$

在例 2.2 中,台集合为

$$A_S = \{x \mid 50 < x \leqslant 200\}$$

显然,台集合为普通集合,即

$$\mu_{A_S}(x) = \begin{cases} 1 & x \in A_S \\ 0 & x \notin A_S \end{cases}$$

今后,模糊集合可只在它的台集合上加以表示。如例 2.1 中的"几个"可表示为

$$A = \text{“几个”} = \frac{0.3}{3} + \frac{0.7}{4} + \frac{1}{5} + \frac{1}{6} + \frac{0.7}{7} + \frac{0.3}{8}$$

例 2.2 中的"年老"可表示为

$$O = \text{“年老”} = \int_{50<x\leqslant 200} \frac{\left[1+\left(\frac{5}{x-50}\right)^2\right]^{-1}}{x}$$

2. α 截集

它定义为

$$A_\alpha = \{x \mid \mu_A(x) > \alpha\} \quad \alpha \in [0,1)$$
$$A_{\bar{\alpha}} = \{x \mid \mu_A(x) \geqslant \alpha\} \quad \alpha \in (0,1]$$

A_α 和 $A_{\bar{\alpha}}$ 分别称为模糊集合 A 的强 α 截集和弱 α 截集。显然,α 截集也是普通集合,且

$$A_S = A_\alpha \mid_{\alpha=0}$$

3. 正则(Normal)模糊集合

如果

$$\max_{x\in X} \mu_A(x) = 1$$

则称 A 为正则模糊集合。

4. 凸(Convex)模糊集合

如果

$$\mu_A(\lambda x_1 + (1-\lambda)x_2) \geqslant \min(\mu_A(x_1), \mu_A(x_2))$$
$$x_2, x_2 \in X, \quad \lambda \in [0,1]$$

则称 A 为凸模糊集合。

5. 分界点(Crossover point)

使得 $\mu_A(x)=0.5$ 的点 x 称为模糊集合 A 的分界点。

6. 单点模糊集合(Singleton)

在论域 X 中,若模糊集合的台集合仅为一个点,且在该点的隶属度函数 $\mu_A=1$,则称

A 为单点模糊集合。

2.2.2　模糊集合的基本运算

1. 模糊集合的相等

若有两个模糊集合 A 和 B，对于所有的 $x \in X$，均有 $\mu_A(x)=\mu_B(x)$，则称模糊集合 A 与模糊集合 B 相等，记作 $A=B$。

2. 模糊集合的包含关系

若有两个模糊集合 A 和 B，对于所有的 $x \in X$，均有 $\mu_A(x) \leqslant \mu_B(x)$，则称 A 包含于 B 或 A 是 B 的子集，记作 $A \subseteq B$。

3. 模糊空集

若对所有 $x \in X$，均有 $\mu_A(x)=0$，则称 A 为模糊空集，记作 $A=\varnothing$。

4. 模糊集合的并集

若有 3 个模糊集合 A、B 和 C，对于所有的 $x \in X$，均有

$$\mu_C(x) = \mu_A(x) \vee \mu_B(x) = \max[\mu_A(x), \mu_B(x)]$$

则称 C 为 A 与 B 的并集，记为 $C=A \cup B$。

5. 模糊集合的交集

若有 3 个模糊集合 A、B 和 C，对于所有的 $x \in X$，均有

$$\mu_C(x) = \mu_A(x) \wedge \mu_B(x) = \min[\mu_A(x), \mu_B(x)]$$

则称 C 为 A 与 B 的交集，记为 $C=A \cap B$。

6. 模糊集合的补集

若有两个模糊集合 A 与 B，对于所有的 $x \in X$，均有

$$\mu_B(x) = 1 - \mu_A(x)$$

则称 B 为 A 的补集，记为 $B=\overline{A}$。

7. 模糊集合的直积(Cartesian product)

若有两个模糊集合 A 和 B，其论域分别为 X 和 Y，则定义在积空间 $X \times Y$ 上的模糊集合 $A \times B$ 为 A 和 B 的直积，其隶属度函数为

$$\mu_{A\times B}(x,y) = \min[\mu_A(x), \mu_B(y)]$$

或者

$$\mu_{A\times B}(x,y) = \mu_A(x)\mu_B(y)$$

两个模糊集合直积的概念可以很容易推广到多个集合。

例 2.3　设论域 $X=\{x_1,x_2,x_3,x_4\}$ 以及模糊集合

$$A=\frac{1}{x_1}+\frac{0.8}{x_2}+\frac{0.4}{x_3}+\frac{0.5}{x_4}$$

$$B=\frac{0.9}{x_1}+\frac{0.4}{x_2}+\frac{0.7}{x_4}$$

求 $A\cup B$、$A\cap B$、$\overline{A}$ 和 $\overline{B}$。

根据上面的定义,可以求得

$$A\cup B=\frac{1\vee 0.9}{x_1}+\frac{0.8\vee 0.4}{x_2}+\frac{0.4\vee 0}{x_3}+\frac{0.5\vee 0.7}{x_4}=\frac{1}{x_1}+\frac{0.8}{x_2}+\frac{0.4}{x_3}+\frac{0.7}{x_4}$$

$$A\cap B=\frac{1\wedge 0.9}{x_1}+\frac{0.8\wedge 0.4}{x_2}+\frac{0.4\wedge 0}{x_3}+\frac{0.5\wedge 0.7}{x_4}=\frac{0.9}{x_1}+\frac{0.4}{x_2}+\frac{0.5}{x_4}$$

$$\overline{A}=\frac{1-1}{x_1}+\frac{1-0.8}{x_2}+\frac{1-0.4}{x_3}+\frac{1-0.5}{x_4}=\frac{0.2}{x_2}+\frac{0.6}{x_3}+\frac{0.5}{x_4}$$

$$\overline{B}=\frac{1-0.9}{x_1}+\frac{1-0.4}{x_2}+\frac{1-0}{x_3}+\frac{1-0.7}{0.4}=\frac{0.1}{x_1}+\frac{0.6}{x_2}+\frac{1}{x_3}+\frac{0.3}{x_4}$$

2.2.3 模糊集合运算的基本性质

1. 分配律

$$A\cap(B\cup C)=(A\cap B)\cup(A\cap C)$$
$$A\cup(B\cap C)=(A\cup B)\cap(A\cup C)$$

2. 结合律

$$(A\cap B)\cap C=A\cap(B\cap C)$$
$$(A\cup B)\cup C=A\cup(B\cup C)$$

3. 交换律

$$A\cup B=B\cup A$$
$$A\cap B=B\cap A$$

4. 吸收律

$$(A\cap B)\cup A=A$$
$$(A\cup B)\cap A=A$$

5. 幂等律

$$A\cup A=A,\quad A\cap A=A$$

6. 同一律

$A\cup X=X$,$A\cap X=A$,$A\cup\varnothing=A$,$A\cap\varnothing=\varnothing$,其中 X 表示论域全集,$\varnothing$表示空集。

7. 达·摩根律

$$\overline{(A\cup B)}=\overline{A}\cap\overline{B},\quad \overline{(A\cap B)}=\overline{A}\cup\overline{B}$$

8. 双重否定律

$$\bar{\bar{A}} = A$$

以上运算性质与普通集合的运算性质完全相同，但是在普通集合中成立的排中律和矛盾律对于模糊集合不再成立，即

$$A \cup \bar{A} \neq X, \quad A \cap \bar{A} \neq \varnothing$$

9. α 截集到模糊集合的转换

$$A = \bigcup_{\alpha \in [0,1)} \alpha A_{\alpha} = \bigcup_{\alpha \in (0,1]} \alpha A_{\bar{\alpha}}$$

即

$$\mu_A(x) = \mathop{\mathrm{Sup}}_{\alpha \in [0,1)} [\alpha \wedge \mu_{A_\alpha}(x)] = \mathop{\mathrm{Sup}}_{\alpha \in (0,1]} [\alpha \wedge \mu_{A_{\bar{\alpha}}}(x)]$$

2.2.4 模糊集合的其他类型运算

在模糊集合的运算中，还常常用到其他类型的运算，下面列出主要的几种。

1. 代数和

若有 3 个模糊集合 A、B 和 C，对于所有的 $x \in X$，均有

$$\mu_C(x) = \mu_A(x) + \mu_B(x) - \mu_A(x)\mu_B(x)$$

则称 C 为 A 与 B 的代数和，记为 $C = A \hat{+} B$。上述说明也可简单地表达为

$$A \hat{+} B \leftrightarrow \mu_{A \hat{+} B}(x) = \mu_A(x) + \mu_B(x) - \mu_A(x)\mu_B(x)$$

2. 代数积

$$A \cdot B \leftrightarrow \mu_{A \cdot B}(x) = \mu_A(x)\mu_B(x)$$

3. 有界和

$$A \oplus B \leftrightarrow \mu_{A \oplus B}(x) = \min\{1, \mu_A(x) + \mu_B(x)\}$$

4. 有界差

$$A \ominus B \leftrightarrow \mu_{A \ominus B}(x) = \max\{0, \mu_A(x) - \mu_B(x)\}$$

5. 有界积

$$A \odot B \leftrightarrow \mu_{A \odot B}(x) = \max\{0, \mu_A(x) + \mu_B(x) - 1\}$$

6. 强制和(Drastic sum)

$$A \dot{\cup} B \leftrightarrow \mu_{A \dot{\cup} B}(x) = \begin{cases} \mu_A(x), & \mu_B(x) = 0 \\ \mu_B(x), & \mu_A(x) = 0 \\ 1, & \mu_A(x), \mu_B(x) > 0 \end{cases}$$

7. 强制积(Drastic product)

$$A \mathbin{\hat{\cap}} B \leftrightarrow \mu_{A \hat{\cap} B}(x) = \begin{cases} \mu_A(x), & \mu_B(x) = 1 \\ \mu_B(x), & \mu_A(x) = 1 \\ 0 & \mu_A(x), \mu_B(x) < 1 \end{cases}$$

2.3 模糊关系

在日常生活中经常听到诸如"A与B很相似"、"X比Y大很多"等描述模糊关系的语句。借助于模糊集合理论,可以定量地描述这些模糊关系。

2.3.1 模糊关系的定义及表示

定义 n元模糊关系R是定义在直积$X_1 \times X_2 \times \cdots \times X_n$上的模糊集合,它可表示为

$$\begin{aligned} R_{X_1 \times X_2 \times \cdots \times X_n} &= \{((x_1, x_2, \cdots, x_n), \mu_R(x_1, x_2, \cdots, x_n)) \mid \\ &\qquad (x_1, x_2, \cdots, x_n) \in X_1 \times X_2 \times \cdots \times X_n\} \\ &= \int_{X_1 \times X_2 \times \cdots \times X_n} \mu_R(x_1, x_2, \cdots, x_n)/(x_1, x_2, \cdots, x_n) \end{aligned}$$

以后用得较多的是$n=2$时的模糊关系。

例 2.4 设X是实数集合,并$x, y \in X$,对于"y比x大得多"的模糊关系R,其隶属度函数可以表示为

$$\mu_R(x, y) = \begin{cases} 0, & x \geqslant y \\ \dfrac{1}{1 + \left(\dfrac{10}{y - x}\right)^2}, & x < y \end{cases}$$

而对于"x和y大致相等"这样的模糊关系R,其隶属度函数可表示为

$$\mu_R(x, y) = \mathrm{e}^{-\alpha|x-y|}, \quad \alpha > 0$$

因为模糊关系也是模糊集合,所以它可用以上所述的表示模糊集合的方法来表示。此外,有些情况下,它还可以用矩阵和图的形式来更形象地加以描述。

当$X = \{x_1, x_2, \cdots, x_n\}$,$Y = \{y_1, y_2, \cdots, y_m\}$是有限集合时,定义在$X \times Y$上的模糊关系$R$可用以下的$n \times m$阶矩阵来表示。

$$\boldsymbol{R} = \begin{bmatrix} \mu_R(x_1, y_1) & \mu_R(x_1, y_2) & \cdots & \mu_R(x_1, y_m) \\ \mu_R(x_2, y_1) & \mu_R(x_2, y_2) & \cdots & \mu_R(x_2, y_m) \\ \vdots & & & \\ \mu_R(x_n, y_1) & \mu_R(x_n, y_2) & \cdots & \mu_R(x_n, y_m) \end{bmatrix}$$

这样的矩阵称为模糊矩阵,由于其元素均为隶属度函数,因此它们均在[0,1]中取值。

若用图来表示模糊关系时,则将x_i, y_j作为节点,在x_i到y_j的连线上标上$\mu_R(x_i, y_j)$的值,这样的图便称为模糊图。

例 2.5 设X为家庭成员中的儿子和女儿,Y为家庭成员中的父亲和母亲,对于"子女

与父母长得相似”的模糊关系 $\boldsymbol{R}$，可以用以下的模糊矩阵或如图 2.3 所示的模糊图来表示。

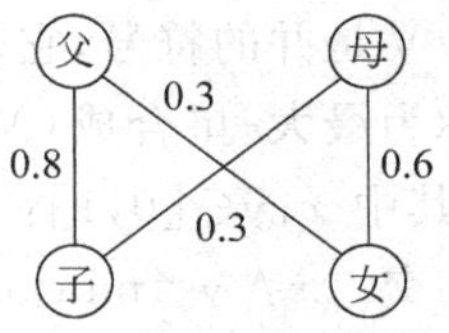

$$\boldsymbol{R}=\begin{matrix} & 父 & 母 \\ 子 & 0.8 & 0.3 \\ 女 & 0.3 & 0.6 \end{matrix}$$

图 2.3 例 2.5 的模糊图

下面再给出几个特殊的模糊关系及其矩阵表示。

- 逆模糊关系

$$\boldsymbol{R}^C \leftrightarrow \mu_{R^C}(y,x)=\mu_R(x,y)$$

- 恒等关系

$$\boldsymbol{I} \leftrightarrow \mu_I(x,y)=\begin{cases}1, & x=y \\ 0, & x\neq y\end{cases}$$

- 零关系

$$\boldsymbol{O} \leftrightarrow \mu_O(x,y)=0$$

- 全称关系(universe relation)

$$\boldsymbol{E} \leftrightarrow \mu_E(x,y)=1$$

若以上几个模糊关系均用模糊矩阵表示，则

$\boldsymbol{R}^C=\boldsymbol{R}^T$($\boldsymbol{R}$ 的转置)

$$\boldsymbol{I}=\begin{bmatrix}1 & 0 & 0 & \cdots & 0 \\ 0 & 1 & 0 & \cdots & 0 \\ \vdots & \vdots & \vdots & & \vdots \\ 0 & 0 & 0 & \cdots & 1\end{bmatrix}_{n\times n}, \quad \boldsymbol{O}=\begin{bmatrix}0 & 0 & 0 & \cdots & 0 \\ 0 & 0 & 0 & \cdots & 0 \\ \vdots & \vdots & \vdots & & \vdots \\ 0 & 0 & 0 & \cdots & 0\end{bmatrix}_{n\times m},$$

$$\boldsymbol{E}=\begin{bmatrix}1 & 1 & 1 & \cdots & 1 \\ 1 & 1 & 1 & \cdots & 1 \\ \vdots & \vdots & \vdots & & \vdots \\ 1 & 1 & 1 & \cdots & 1\end{bmatrix}_{n\times m}$$

2.3.2 模糊关系的合成

如前所述，模糊关系是定义在直积空间上的模糊集合，所以它也遵从一般模糊集合的运算规则，例如

包含：$R\subseteq S \leftrightarrow \mu_R(x,y)\leqslant \mu_S(x,y)$

并：$R\cup S \leftrightarrow \mu_{R\cup S}(x,y)=\mu_R(x,y)\vee \mu_S(x,y)$

交：$R\cap S \leftrightarrow \mu_{R\cap S}(x,y)=\mu_R(x,y)\wedge \mu_S(x,y)$

补：$\bar{R} \leftrightarrow \mu_{\bar{R}}(x,y)=1-\mu_R(x,y)$

下面介绍模糊关系的合成运算，它在模糊控制中有很重要的应用。

设 X、Y、Z 是论域，R 是 X 到 Y 的一个模糊关系，S 是 Y 到 Z 的一个模糊关系，则 R 到 S 的合成 T 也是一个模糊关系，记为 $T=R\circ S$，它具有隶属度

$$\mu_{R\circ S}(x,z)=\bigvee_{y\in Y}(\mu_R(x,y)*\mu_S(y,z))$$

其中$\vee$是并的符号,它表示对所有y取极大值或上界值,$*$是二项积的符号,因此上面的合成称为最大-星合成(Max-star composition)。其中二项积算子$*$可以定义为以下几种运算,其中$x,y\in[0,1]$:

交　$x\wedge y=\min\{x,y\}$

代数积　$x\cdot y=xy$

有界积　$x\odot y=\max\{0,x+y-1\}$

强制积　$x\,\cap\!\!\!\!\cdot\;\, y=\begin{cases}x, & y=1\\ y, & x=1\\ 0, & x,y<1\end{cases}$

若二项积采用求交运算,则

$$R\circ S\leftrightarrow\mu_{R\circ S}(x,z)=\bigvee_{y\in Y}(\mu_R(x,y)\wedge\mu_S(y,z))$$

这时称为最大-最小合成(Max-min composition),这是最常用的一种合成方法。

当论域X、Y、Z为有限时,模糊关系的合成可用模糊矩阵的合成来表示。设

$$\boldsymbol{R}=(r_{ij})_{n\times m},\quad \boldsymbol{S}=(s_{jk})_{m\times l},\quad \boldsymbol{T}=(t_{ik})_{n\times l}$$

则

$$t_{ik}=\bigvee_{j=1}^{m}(r_{ij}\wedge s_{jk})$$

例2.6　已知子女与父母的相似关系模糊矩阵为

$$\boldsymbol{R}=\begin{array}{c}\\ 子\\ 女\end{array}\begin{array}{c}\begin{matrix}父 & 母\end{matrix}\\ \begin{bmatrix}0.8 & 0.3\\ 0.3 & 0.6\end{bmatrix}\end{array}$$

父母与祖父母的相似关系的模糊矩阵为

$$\boldsymbol{S}=\begin{array}{c}\\ 父\\ 母\end{array}\begin{array}{c}\begin{matrix}祖父 & 祖母\end{matrix}\\ \begin{bmatrix}0.7 & 0.5\\ 0.1 & 0.1\end{bmatrix}\end{array}$$

要求子女与祖父母的相似关系模糊矩阵。

这是一个典型的模糊关系合成的问题。按最大-最小合成规则

$$\begin{aligned}\boldsymbol{T}=\boldsymbol{R}\circ\boldsymbol{S}&=\begin{bmatrix}0.8 & 0.3\\ 0.3 & 0.6\end{bmatrix}\circ\begin{bmatrix}0.7 & 0.5\\ 0.1 & 0.1\end{bmatrix}\\ &=\begin{bmatrix}(0.8\wedge 0.7)\vee(0.3\wedge 0.1) & (0.8\wedge 0.5)\vee(0.3\wedge 0.1)\\ (0.3\wedge 0.7)\vee(0.6\wedge 0.1) & (0.3\wedge 0.5)\vee(0.6\wedge 0.1)\end{bmatrix}\\ &=\begin{array}{c}\\ 子\\ 女\end{array}\begin{array}{c}\begin{matrix}祖父 & 祖母\end{matrix}\\ \begin{bmatrix}0.7 & 0.5\\ 0.1 & 0.1\end{bmatrix}\end{array}\end{aligned}$$

下面列出一些从合成关系得出的一些基本性质。

- $\boldsymbol{R}\circ\boldsymbol{I}=\boldsymbol{I}\circ\boldsymbol{R}=\boldsymbol{R}$
- $\boldsymbol{R}\circ\boldsymbol{O}=\boldsymbol{O}\circ\boldsymbol{R}=\boldsymbol{O}$
- 一般情况 $\boldsymbol{R}\circ\boldsymbol{S}\neq\boldsymbol{S}\circ\boldsymbol{R}$

- $(\boldsymbol{R}\circ\boldsymbol{S})\circ\boldsymbol{T}=\boldsymbol{R}\circ(\boldsymbol{S}\circ\boldsymbol{T})$
- $\boldsymbol{R}^{m+1}=\boldsymbol{R}^{m}\circ\boldsymbol{R}$
- $\boldsymbol{R}^{m+n}=\boldsymbol{R}^{m}\circ\boldsymbol{R}^{n}$
- $(\boldsymbol{R}^{m})^{n}=\boldsymbol{R}^{mn}$
- $\boldsymbol{R}\circ(\boldsymbol{S}\cup\boldsymbol{T})=(\boldsymbol{R}\circ\boldsymbol{S})\cup(\boldsymbol{R}\circ\boldsymbol{T})$
- $\boldsymbol{R}\circ(\boldsymbol{S}\cap\boldsymbol{T})=(\boldsymbol{R}\circ\boldsymbol{S})\cap(\boldsymbol{R}\circ\boldsymbol{T})$
- $\boldsymbol{S}\subseteq\boldsymbol{T}\rightarrow\boldsymbol{R}\circ\boldsymbol{S}\subseteq\boldsymbol{R}\circ\boldsymbol{T}$

2.4　模糊逻辑与近似推理

2.4.1　语言变量

语言是人们进行思维和信息交流的重要工具。语言可分为两种：自然语言和形式语言。人们日常所用的语言属自然语言。自然语言的特点是语义丰富、灵活，同时具有模糊性，如“这朵花很美丽”、“他很年轻”、“小张的个子很高”等。通常的计算机语言是形式语言。形式语言有严格的语法规则和语义，不存在任何的模糊性和歧义。带模糊性的语言称为模糊语言，如长、短、大、小、高、矮、年轻、年老、较老、很老、极老等。在模糊控制中，关于误差的模糊语言常见的有正大、正中、正小、正零、负零、负小、负中、负大等。

语言变量的取值不是精确的量值，而是用模糊语言表示的模糊集合。例如，若“年龄”看成是一个模糊语言变量，则它的取值不是确定的具体岁数，而是诸如“年幼”、“年轻”、“年老”等用模糊语言表示的模糊集合。

L. A. 扎德为语言变量给出了以下的定义：

语言变量由一个五元组$(x,T(x),X,G,M)$来表征。其中，x 是变量的名称；X 是 x 的论域；$T(x)$是语言变量值的集合，每个语言变量值是定义在论域 X 上的一个模糊集合；G 是语法规则，用以产生语言变量 x 值的名称；M 是语义规则，用于产生模糊集合的隶属度函数。

例如，若定义“速度”为语言变量，则 T(速度)可能为

$$T(\text{速度}) = \{\text{慢，适中，快，很慢，稍快，……}\}$$

上述每个模糊语言如慢、适中等是定义在论域上的一个模糊集合。设论域 $X=[0,160]$，则可认为大致低于 60km/h 为“慢”，80km/h 左右为“适中”，大于 100km/h 以上为“快”，……。这些模糊集合可以用图 2.4 所示的隶属度函数图来描述。

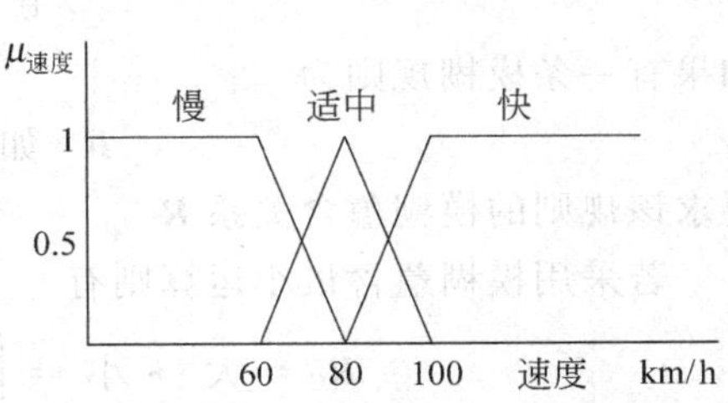

由于语言变量的取值是模糊集合，因此语言变量有时也称为模糊变量。

图 2.4　模糊语言变量“速度”的隶属度函数

如上所述，每个模糊语言相当于一个模糊集合，通常在模糊语言前面加上“极”、“非”、“相当”、“比较”、“略”、“稍微”的修饰词。其结果改变了该模糊语言的含义，相应的隶属度函数也要改变。例如，设原来的模糊语言为 A，其隶属度函数为 μ_A，则通常有

$$\mu_{极A}=\mu_A^4,\quad \mu_{非常A}=\mu_A^2,\quad \mu_{相当A}=\mu_A^{1.25}$$

$$\mu_{比较A}=\mu_A^{0.75},\quad \mu_{略A}=\mu_A^{0.5},\quad \mu_{稍微A}=\mu_A^{0.25}$$

2.4.2 模糊蕴含关系

在模糊系统中,最常见的模糊关系是模糊规则或模糊条件句的形式,即

"IF…THEN…"　或　"如果……则……"

它实质上是模糊蕴含关系。在近似推理中主要采用以下模糊蕴含推理方式:

前提1: x 是 A'

前提2: 如果 x 是 A 则 y 是 B

结论: y 是 B'

其中 A、A'、B、B' 均为模糊语言。横线上方是前提或条件,横线下方是结论。前提2"如果 x 是 A 则 y 是 B"表示了 A 与 B 之间的模糊蕴含关系,记为 $A\to B$。在普通的形式逻辑中 $A\to B$ 有严格的定义。但在模糊逻辑中 $A\to B$ 不是普通逻辑的简单推广。很多人对此进行了研究,并提出了许多定义的方法,在模糊逻辑控制中,最常用的是以下两种运算方法。

1) 模糊蕴含最小运算

$$\boldsymbol{R}_{\mathrm{C}}=A\to B=\int_{X\times Y}\mu_A(x)\wedge\mu_B(y)/(x,y)$$

2) 模糊蕴含积运算

$$\boldsymbol{R}_{\mathrm{P}}=A\to B=\int_{X\times Y}\mu_A(x)\mu_B(y)/(x,y)$$

下面通过一个具体例子来说明上述两种模糊蕴含运算。

设语言变量 $x,y\in\{0,1,2,3,4\}$,它们的取值分别为"大"、"中"、"小"。相应的隶属度分别为

$$小=\frac{1}{0}+\frac{0.5}{1}+\frac{0}{2}+\frac{0}{3}+\frac{0}{4}$$

$$中=\frac{0}{0}+\frac{0.5}{1}+\frac{1}{2}+\frac{0.5}{3}+\frac{0}{4}$$

$$大=\frac{0}{0}+\frac{0}{1}+\frac{0}{2}+\frac{0.5}{3}+\frac{1}{4}$$

如果有一条模糊规则为

$\boldsymbol{R}$: 如果 x 是大,则 y 是小

要求该规则的模糊蕴含关系 $\boldsymbol{R}$

若采用模糊蕴含最小运算则有

$$\begin{aligned}\boldsymbol{R}_{\mathrm{C}}&=大\to小=\int_{X\times Y}\mu_{大}(x)\wedge\mu_{小}(y)/(x,y)\\&=\mu_{R_{\mathrm{C}}}(x,y)=\mu_{大\to小}(x,y)=\mu_{大}(x)\wedge\mu_{小}(y)\\&=\min\{\mu_{大}(x),\mu_{小}(y)\}\end{aligned}$$

该例中 x 和 y 的论域均是离散的,因而模糊蕴含关系 $\boldsymbol{R}_{\mathrm{C}}$ 可用模糊矩阵来表示。为了运算方便,对于离散的模糊集合,也可用相应的模糊向量来表示。在该例中,模糊集合"大"和

"小"可表示成如下的模糊向量：

$$\text{大} = [0\quad 0\quad 0\quad 0.5\quad 1],\quad \text{小} = [1\quad 0.5\quad 0\quad 0\quad 0]$$

因而上面的模糊蕴含最小运算可变为下面的具体运算：

$$\boldsymbol{R}_{\mathrm{C}} = \text{大} \to \text{小} = \text{大}^{\mathrm{T}} \wedge \text{小} = \begin{bmatrix} 0 \\ 0 \\ 0 \\ 0.5 \\ 1 \end{bmatrix} \wedge [1\quad 0.5\quad 0\quad 0\quad 0]$$

$$= \begin{bmatrix} 0\wedge 1 & 0\wedge 0.5 & 0\wedge 0 & 0\wedge 0 & 0\wedge 0 \\ 0\wedge 1 & 0\wedge 0.5 & 0\wedge 0 & 0\wedge 0 & 0\wedge 0 \\ 0\wedge 1 & 0\wedge 0.5 & 0\wedge 0 & 0\wedge 0 & 0\wedge 0 \\ 0.5\wedge 1 & 0.5\wedge 0.5 & 0.5\wedge 0 & 0.5\wedge 0 & 0.5\wedge 0 \\ 1\wedge 1 & 1\wedge 0.5 & 1\wedge 0 & 1\wedge 0 & 1\wedge 0 \end{bmatrix}$$

$$= \begin{bmatrix} 0 & 0 & 0 & 0 & 0 \\ 0 & 0 & 0 & 0 & 0 \\ 0 & 0 & 0 & 0 & 0 \\ 0.5 & 0.5 & 0 & 0 & 0 \\ 1 & 0.5 & 0 & 0 & 0 \end{bmatrix}$$

若采用模糊蕴含积运算则有

$$\boldsymbol{R}_{\mathrm{P}} = \text{大} \to \text{小} = \int_{X\times Y} \mu_{\text{大}}(x)\mu_{\text{小}}(y)/(x,y)$$

$$= \text{大}^{\mathrm{T}} \cdot \text{小} = \begin{bmatrix} 0 \\ 0 \\ 0 \\ 0.5 \\ 1 \end{bmatrix} \cdot [1\quad 0.5\quad 0\quad 0\quad 0] = \begin{bmatrix} 0 & 0 & 0 & 0 & 0 \\ 0 & 0 & 0 & 0 & 0 \\ 0 & 0 & 0 & 0 & 0 \\ 0.5 & 0.25 & 0 & 0 & 0 \\ 1 & 0.5 & 0 & 0 & 0 \end{bmatrix}$$

2.4.3 近似推理

结论 B' 是根据模糊集合 A' 和模糊蕴含关系 $A\to B$ 的合成推导出来的，因此可得以下的近似推理关系，即

$$B = A \circ (A \to B) = A \circ \boldsymbol{R}$$

其中，$\boldsymbol{R}$ 为模糊蕴含关系，它可采用上面所列举的任何一种运算方法；"∘"是合成运算符。

下面通过一个具体例子来说明不同的模糊蕴含关系运算方法，并具体比较各自的推理结果。

例 2.7 若人工调节炉温，有以下的经验规则："如果炉温低，则应施加高电压"。试问当炉温为"低"、"非常低"、"略低"时，应施加怎样的电压？

解 这是典型的近似推理问题，设 x 和 y 分别表示模糊语言变量"炉温"和"电压"，并设 x 和 y 论域为

$$X = Y = \{1,2,3,4,5\}$$

设 A 表示炉温低的模糊集合，且有

$$A = \text{“炉温低”} = \frac{1}{1} + \frac{0.8}{2} + \frac{0.6}{3} + \frac{0.4}{4} + \frac{0.2}{5}$$

设 B 表示高电压的模糊集合，且有

$$B = \text{“高电压”} = \frac{0.2}{1} + \frac{0.4}{2} + \frac{0.6}{3} + \frac{0.8}{4} + \frac{1}{5}$$

从而模糊规则可表述为“如果 x 是 A 则 y 是 B”。设 A'分别表示 A、非常 A 和略 A，则上述问题便变为如果 x 是 A'，则 B'应是什么。下面分别用不同的模糊蕴含关系运算法来进行推理。

1. 模糊蕴含最小运算法 $\boldsymbol{R}_{\mathrm{C}}$

为了进行近似推理，首先需求模糊蕴含关系 $\boldsymbol{R}_{\mathrm{C}} = A \to B$。根据前面的定义

$$\boldsymbol{R}_{\mathrm{C}} \leftrightarrow \mu_{A\to B}(x,y) = \mu_A(x) \wedge \mu_B(y) = \min\{\mu_A(x), \mu_B(y)\}$$

该例中 x 和 y 的论域均是离散的，因而模糊蕴含关系 $\boldsymbol{R}_{\mathrm{C}}$ 可用模糊矩阵来表示。这里模糊集合 A 和 B 可表示成以下的模糊向量：

$$\boldsymbol{A} = [1 \quad 0.8 \quad 0.6 \quad 0.4 \quad 0.2]$$

$$\boldsymbol{B} = [0.2 \quad 0.4 \quad 0.6 \quad 0.8 \quad 1]$$

若采用最小运算法，则有

$$\boldsymbol{R}_{\mathrm{C}} = A \to B = \boldsymbol{A}^{\mathrm{T}} \wedge \boldsymbol{B} = \begin{bmatrix} 1 \\ 0.8 \\ 0.6 \\ 0.4 \\ 0.2 \end{bmatrix} \wedge [0.2 \quad 0.4 \quad 0.6 \quad 0.8 \quad 1]$$

$$= \begin{bmatrix} 1\wedge 0.2 & 1\wedge 0.4 & 1\wedge 0.6 & 1\wedge 0.8 & 1\wedge 1 \\ 0.8\wedge 0.2 & 0.8\wedge 0.4 & 0.8\wedge 0.6 & 0.8\wedge 0.8 & 0.8\wedge 1 \\ 0.6\wedge 0.2 & 0.6\wedge 0.4 & 0.6\wedge 0.6 & 0.6\wedge 0.8 & 0.6\wedge 1 \\ 0.4\wedge 0.2 & 0.4\wedge 0.4 & 0.4\wedge 0.6 & 0.4\wedge 0.8 & 0.4\wedge 1 \\ 0.2\wedge 0.2 & 0.2\wedge 0.4 & 0.2\wedge 0.6 & 0.2\wedge 0.8 & 0.2\wedge 1 \end{bmatrix}$$

$$= \begin{bmatrix} 0.2 & 0.4 & 0.6 & 0.8 & 1 \\ 0.2 & 0.4 & 0.6 & 0.8 & 0.8 \\ 0.2 & 0.4 & 0.6 & 0.6 & 0.6 \\ 0.2 & 0.4 & 0.4 & 0.4 & 0.4 \\ 0.2 & 0.2 & 0.2 & 0.2 & 0.2 \end{bmatrix}$$

下面是 A'取不同值时的推理结果。

1) $A' = A$

$$\boldsymbol{B}' = \boldsymbol{A}' \circ \boldsymbol{R}_{\mathrm{C}}$$

$$
=[1\quad 0.8\quad 0.6\quad 0.4\quad 0.2]\circ\begin{bmatrix}0.2 & 0.4 & 0.6 & 0.8 & 1\\ 0.2 & 0.4 & 0.6 & 0.8 & 0.8\\ 0.2 & 0.4 & 0.6 & 0.6 & 0.6\\ 0.2 & 0.4 & 0.4 & 0.4 & 0.4\\ 0.2 & 0.2 & 0.2 & 0.2 & 0.2\end{bmatrix}
$$

$$
=[0.2\quad 0.4\quad 0.6\quad 0.8\quad 1]
$$

其中每个元素是按最大-最小的合成规则计算出来的。例如,上式中的第一个元素是这样计算的:

$$
(1\wedge 0.2)\vee(0.8\wedge 0.2)\vee(0.6\wedge 0.2)\vee(0.4\wedge 0.2)\vee(0.2\wedge 0.2)
$$

$$
=0.2\vee 0.2\vee 0.2\vee 0.2\vee 0.2=0.2
$$

分析近似推理的结果知

$$
B'=\frac{0.2}{1}+\frac{0.4}{2}+\frac{0.6}{3}+\frac{0.8}{4}+\frac{1}{5}=\text{“高电压”}
$$

显然,推理结果满足人们的直觉判断。

2) $A'=A^2$

$$
\boldsymbol{B}'=\boldsymbol{A}'\circ\boldsymbol{R}_{\mathrm{C}}=\boldsymbol{A}^2\circ\boldsymbol{R}_{\mathrm{C}}
$$

$$
=[1\quad 0.64\quad 0.36\quad 0.16\quad 0.04]\circ\begin{bmatrix}0.2 & 0.4 & 0.6 & 0.8 & 1\\ 0.2 & 0.4 & 0.6 & 0.8 & 0.8\\ 0.2 & 0.4 & 0.6 & 0.6 & 0.6\\ 0.2 & 0.4 & 0.4 & 0.4 & 0.4\\ 0.2 & 0.2 & 0.2 & 0.2 & 0.2\end{bmatrix}
$$

$$
=[0.2\quad 0.4\quad 0.6\quad 0.8\quad 1]
$$

这时推理结果 B' 仍为“高电压”,它大体上仍然满足人们的直觉判断。

3) $A'=A^{0.5}$

$$
\boldsymbol{B}'=\boldsymbol{A}'\circ\boldsymbol{R}_{\mathrm{C}}=\boldsymbol{A}^{0.5}\circ\boldsymbol{R}_{\mathrm{C}}
$$

$$
=[1\quad 0.89\quad 0.77\quad 0.63\quad 0.45]\circ\begin{bmatrix}0.2 & 0.4 & 0.6 & 0.8 & 1\\ 0.2 & 0.4 & 0.6 & 0.8 & 0.8\\ 0.2 & 0.4 & 0.6 & 0.6 & 0.6\\ 0.2 & 0.4 & 0.4 & 0.4 & 0.4\\ 0.2 & 0.2 & 0.2 & 0.2 & 0.2\end{bmatrix}
$$

$$
=[0.2\quad 0.4\quad 0.6\quad 0.8\quad 1]
$$

这时推理结果 B' 仍为“高电压”,它也大体上满足人们的直觉判断。

2. 模糊蕴含积运算法 $\boldsymbol{R}_{\mathrm{P}}$

根据 $\boldsymbol{R}_{\mathrm{P}}\leftrightarrow\mu_{A\to B}(x,y)=\mu_A(x)\mu_B(y)$,可以求得

$$
\boldsymbol{R}_{\mathrm{P}}=A\to B=\boldsymbol{A}^{\mathrm{T}}\boldsymbol{B}
$$

$$=\begin{bmatrix}1\\0.8\\0.6\\0.4\\0.2\end{bmatrix}[0.2\quad 0.4\quad 0.6\quad 0.8\quad 1]=\begin{bmatrix}0.2 & 0.4 & 0.6 & 0.8 & 1\\0.16 & 0.32 & 0.48 & 0.64 & 0.8\\0.12 & 0.24 & 0.36 & 0.48 & 0.6\\0.08 & 0.16 & 0.24 & 0.32 & 0.4\\0.04 & 0.08 & 0.12 & 0.16 & 0.2\end{bmatrix}$$

1) $A'=A$

$$\boldsymbol{B}'=\boldsymbol{A}'\circ\boldsymbol{R}_{\mathrm{P}}=\boldsymbol{A}\circ\boldsymbol{R}_{\mathrm{P}}=[0.2\quad 0.4\quad 0.6\quad 0.8\quad 1]$$

2) $A'=A^2$

$$\boldsymbol{B}'=\boldsymbol{A}'\circ\boldsymbol{R}_{\mathrm{P}}=\boldsymbol{A}^2\circ\boldsymbol{R}_{\mathrm{P}}=[0.2\quad 0.4\quad 0.6\quad 0.8\quad 1]$$

3) $A'=A^{0.5}$

$$\boldsymbol{B}'=\boldsymbol{A}'\circ\boldsymbol{R}_{\mathrm{P}}=\boldsymbol{A}^{0.5}\circ\boldsymbol{R}_{\mathrm{P}}=[0.2\quad 0.4\quad 0.6\quad 0.8\quad 1]$$

在该例中,采用上述两种模糊蕴含运算法所推得的结果均比较符合人们的直觉判断。它也进一步说明了为什么在模糊控制中,最常用的是上述两种运算方法。虽然该例中上述两种方法推得的结果相同,但一般情况下两种方法推得的结果不一定相同。

2.4.4 句子连接关系的逻辑运算

1. 句子连接词 and

在模糊逻辑控制中,常常使用以下模糊推理方式:

前提1: x 是 A' and y 是 B'

前提2: 如果 x 是 A and y 是 B 则 z 是 C

结论: z 是 C'

与前面不同的是,这里模糊条件的假设部分是将模糊命题用"and"连接起来的。一般情况下可以有多个"and"将多个模糊命题连接在一起。

在前提2中的前提条件"x 是 A and y 是 B"可以看成是直积空间 $X\times Y$ 上的模糊集合,并记为 $A\times B$,其隶属度函数为

$$\mu_{A\times B}(x,y)=\min\{\mu_A(x),\mu_B(y)\}$$

或者

$$\mu_{A\times B}(x,y)=\mu_A(x)\mu_B(y)$$

这时的模糊蕴含关系可记为 $R=A\times B\rightarrow C$。

对于结论 C' 可用以下近似推理求出:

$$C'=(A'\times B')\circ R$$

其中,R 为模糊蕴含关系,它可用上面所定义的任何一种模糊蕴含运算方法;"$\circ$"为合成运算符。

2. 句子连接词 also

在模糊逻辑控制中,常常给出一系列的模糊控制规则,每一条规则都具有以下形式:"如果 x 是 A_i and y 是 B_i 则 z 是 C_i"($i=1,2,\cdots,n$),这些规则之间无先后次序之分。连接这些子句的连接词用"also"表示。这就要求对于"also"的运算具有能够任意交换和任意结

合的性质。在模糊控制中，"also"采用求并的运算，即

$$\boldsymbol{R}=\bigcup_{i=1}^{n}\boldsymbol{R}_i=\bigcup_{i=1}^{n}A_i\times B_i\rightarrow C_i$$

2.5　基于规则库的模糊推理

2.5.1　MIMO 模糊规则库的化简

对于多输入多输出(MIMO)系统，其规则库具有以下形式：

$$\boldsymbol{R}=\bigcup_{i=1}^{m}\boldsymbol{R}_{\text{MIMO}}^{i}$$

其中

$\boldsymbol{R}_{\text{MIMO}}^{i}$：如果 x_1 是 A_1^i and…and x_n 是 A_n^i

则(y_1 是 $B_1^i,\cdots,y_r$ 是 B_r^i)

它可表示为以下的模糊蕴含关系

$$\begin{aligned}\boldsymbol{R}_{\text{MIMO}}^{i}&:(A_1^i\times\cdots\times A_n^i)\rightarrow(B_1^i,\cdots,B_r^i)\\&=(A_1^i\times\cdots\times A_n^i)\rightarrow B_1^i,\cdots,(A_1^i\times\cdots\times A_n^i)\rightarrow B_r^i\end{aligned}$$

可见，一条 MIMO 模糊规则可以分解成多个 MISO 模糊规则。

于是规则库 $\boldsymbol{R}$ 可以表示为

$$\begin{aligned}\boldsymbol{R}&=\left\{\bigcup_{i=1}^{m}\boldsymbol{R}_{\text{MIMO}}^{i}\right\}=\left\{\bigcup_{i=1}^{m}\left[(A_1^i\times\cdots\times A_n^i)\rightarrow(B_1^i,\cdots,B_r^i)\right]\right\}\\&=\left\{\bigcup_{i=1}^{m}\left[(A_1^i\times\cdots\times A_n^i)\rightarrow B_1^i\right],\cdots,\bigcup_{i=1}^{m}\left[(A_1^i\times\cdots\times A_n^i)\rightarrow B_r^i\right]\right\}\\&=\left\{\bigcup_{i=1}^{r}\boldsymbol{R}_{\text{MISO}}^{i}\right\}\end{aligned}$$

可见规则库 $\boldsymbol{R}$ 可看成由 r 个子规则库所组成，每一个子规则库由 m 个多输入单输出(MISO)的规则所组成。由于每个子规则库是互相独立的，因此下面只需考虑其中一个 MISO 子规则库的近似推理问题。

2.5.2　模糊推理的一般步骤

不失一般性，考虑以下的两个输入一个输出的模糊系统：

输入：x 是 A' and y 是 B'

$\boldsymbol{R}_1$：如果 x 是 A_1 and y 是 B_1 则 z 是 C_1

also $\boldsymbol{R}_2$：如果 x 是 A_2 and y 是 B_2 则 z 是 C_2

⋮

also $\boldsymbol{R}_m$：如果 x 是 A_m and y 是 B_m 则 z 是 C_m

输出：z 是 C'

其中，x、y 和 z 是代表系统状态和控制量的语言变量；A_i、B_i 和 C_i 分别是 x、y 和 z 的模糊语言取值。x、y 和 z 的论域分别为 X、Y 和 Z。

模糊控制规则"如果 x 是 A_i and y 是 B_i 则 z 是 C_i"的模糊蕴含关系 $\boldsymbol{R}_i$ 定义为

$$\boldsymbol{R}_i = (A_i \text{ and } B_i) \rightarrow C_i$$

即

$$\mu_{R_i} = \mu_{(A_i \text{ and } B_i \rightarrow C_i)}(x, y, z) = [\mu_{A_i}(x) \text{ and } \mu_{B_i}(y)] \rightarrow \mu_{C_i}(z)$$

其中"A_i and B_i"是定义在 $X \times Y$ 上的模糊集合 $A_i \times B_i$,$\boldsymbol{R}_i = (A_i \text{ and } B_i) \rightarrow C_i$ 是定义在 $X \times Y \times Z$ 上的模糊蕴含关系。考虑 m 条模糊控制规则的总的模糊蕴含关系为(取连接词 also 为求并运算)

$$\boldsymbol{R} = \bigcup_{i=1}^{m} \boldsymbol{R}_i$$

最后求得推理的结论为

$$C' = (A' \text{ and } B') \circ R$$

其中

$$\mu_{(A' \text{ and } B')}(x, y) = \mu_{A'}(x) \wedge \mu_{B'}(y)$$

或者

$$\mu_{(A' \text{ and } B')}(x, y) = \mu_{A'}(x)\mu_{B'}(y)$$

"$\circ$"是合成运算符,通常采用最大-最小合成法。

2.5.3 论域为离散时模糊推理计算举例

例 2.8 已知一个双输入单输出的模糊系统,其输入量为 x 和 y,输出量为 z,其输入输出关系可用以下两条模糊规则描述:

$\boldsymbol{R}_1$:如果 x 是 A_1 and y 是 B_1 则 z 是 C_1

$\boldsymbol{R}_2$:如果 x 是 A_2 and y 是 B_2 则 z 是 C_2

现已知输入为 x 是 A' and y 是 B',试求输出量 z。这里 x、y、z 均为模糊语言变量,且已知

$$A_1 = \frac{1.0}{a_1} + \frac{0.5}{a_2} + \frac{0}{a_3}, \quad B_1 = \frac{1.0}{b_1} + \frac{0.6}{b_2} + \frac{0.2}{b_3}, \quad C_1 = \frac{1.0}{c_1} + \frac{0.4}{c_2} + \frac{0}{c_3}$$

$$A_2 = \frac{0}{a_1} + \frac{0.5}{a_2} + \frac{1.0}{a_3}, \quad B_2 = \frac{0.2}{b_1} + \frac{0.6}{b_2} + \frac{1.0}{b_3}, \quad C_2 = \frac{0}{c_1} + \frac{0.4}{c_2} + \frac{1.0}{c_3}$$

$$A' = \frac{0.5}{a_1} + \frac{1.0}{a_2} + \frac{0.5}{a_3}, \quad B' = \frac{0.6}{b_1} + \frac{1.0}{b_2} + \frac{0.6}{b_3}$$

解 由于这里所有模糊集合的元素均为离散量,所以模糊集合可用模糊向量来描述,模糊关系可用模糊矩阵来描述。

(1) 求每条规则的蕴含关系 $R_i = (A_i \text{ and } B_i) \rightarrow C_i \quad (i=1,2)$

若此处 A_i and B_i 采用求交运算,蕴含关系运算采用最小运算 $\boldsymbol{R}_{\mathrm{C}}$,则

$$A_1 \text{ and } B_1 = A_1 \times B_1 = \boldsymbol{A}_1^{\mathrm{T}} \wedge \boldsymbol{B}_1 = \begin{bmatrix} 1.0 \\ 0.5 \\ 0 \end{bmatrix} \wedge [1.0 \quad 0.6 \quad 0.2] = \begin{bmatrix} 1.0 & 0.6 & 0.2 \\ 0.5 & 0.5 & 0.2 \\ 0 & 0 & 0 \end{bmatrix}$$

为便于下面进一步的计算,可将 $A_1 \times B_1$ 的模糊矩阵表示成以下的向量:

$$\overline{\boldsymbol{R}}_{A_1 \times B_1} = [1.0 \quad 0.6 \quad 0.2 \quad 0.5 \quad 0.5 \quad 0.2 \quad 0 \quad 0 \quad 0]$$

则

$$\boldsymbol{R}_1 = (A_1 \text{ and } B_1) \rightarrow C_1 = \overline{\boldsymbol{R}}^{\mathrm{T}}_{A_1 \times B_1} \wedge C_1$$

$$= \begin{bmatrix} 1.0 \\ 0.6 \\ 0.2 \\ 0.5 \\ 0.5 \\ 0.2 \\ 0 \\ 0 \\ 0 \end{bmatrix} \wedge [1.0 \quad 0.4 \quad 0] = \begin{bmatrix} 1.0 & 0.4 & 0 \\ 0.6 & 0.4 & 0 \\ 0.2 & 0.2 & 0 \\ 0.5 & 0.4 & 0 \\ 0.5 & 0.4 & 0 \\ 0.2 & 0.2 & 0 \\ 0 & 0 & 0 \\ 0 & 0 & 0 \\ 0 & 0 & 0 \end{bmatrix}$$

仿照同样的步骤可以求得 $\boldsymbol{R}_2$ 为

$$\boldsymbol{R}_2 = \begin{bmatrix} 0 & 0 & 0 \\ 0 & 0 & 0 \\ 0 & 0 & 0 \\ 0 & 0.2 & 0.2 \\ 0 & 0.4 & 0.5 \\ 0 & 0.4 & 0.5 \\ 0 & 0.2 & 0.2 \\ 0 & 0.4 & 0.6 \\ 0 & 0.4 & 1.0 \end{bmatrix}$$

(2) 求总的模糊蕴含关系 $\boldsymbol{R}$

$$\boldsymbol{R} = \boldsymbol{R}_1 \cup \boldsymbol{R}_2 = \begin{bmatrix} 1.0 & 0.4 & 0 \\ 0.6 & 0.4 & 0 \\ 0.2 & 0.2 & 0 \\ 0.5 & 0.4 & 0.2 \\ 0.5 & 0.4 & 0.5 \\ 0.2 & 0.4 & 0.5 \\ 0 & 0.2 & 0.2 \\ 0 & 0.4 & 0.6 \\ 0 & 0.4 & 1.0 \end{bmatrix}$$

(3) 计算输入量的模糊集合 A' and B'

$$A' \text{ and } B' = A' \times B' = \boldsymbol{A}'^{\mathrm{T}} \wedge \boldsymbol{B}' = \begin{bmatrix} 0.5 \\ 1.0 \\ 0.5 \end{bmatrix} \wedge [0.6 \quad 1.0 \quad 0.6] = \begin{bmatrix} 0.5 & 0.5 & 0.5 \\ 0.6 & 1.0 & 0.6 \\ 0.5 & 0.5 & 0.5 \end{bmatrix}$$

$$\overline{\boldsymbol{R}}_{A' \times B'} = [0.5 \quad 0.5 \quad 0.5 \quad 0.6 \quad 1.0 \quad 0.6 \quad 0.5 \quad 0.5 \quad 0.5]$$

(4) 计算输出量的模糊集合

$$C = (A' \text{ and } B') \circ \boldsymbol{R} = \overline{\boldsymbol{R}}_{A' \times B'} \circ \boldsymbol{R}$$

$$=[0.5\quad 0.5\quad 0.5\quad 0.6\quad 1.0\quad 0.6\quad 0.5\quad 0.5\quad 0.5]\circ\begin{bmatrix}1.0 & 0.4 & 0\\0.6 & 0.4 & 0\\0.2 & 0.2 & 0\\0.5 & 0.4 & 0.2\\0.5 & 0.4 & 0.5\\0.2 & 0.4 & 0.5\\0 & 0.2 & 0.2\\0 & 0.4 & 0.6\\0 & 0.4 & 1.0\end{bmatrix}$$

$$=[0.5\quad 0.4\quad 0.5]$$

最后求得输出量 z 的模糊集合为

$$C'=\frac{0.5}{c_1}+\frac{0.4}{c_2}+\frac{0.5}{c_3}$$

2.5.4 模糊推理的性质

从上面的举例计算可以看出,当输入的维数较高,即有很多个模糊子句用 and 相连时,模糊推理的计算便较复杂。下面介绍模糊推理计算的一些有用的性质。

性质 2.1 若合成运算$\circ$采用最大-最小法或最大-积法,连接词 also 采用求并法,则$\circ$和 also 的运算次序可以交换,即

$$(A'\text{and }B')\circ\bigcup_{i=1}^{m}\boldsymbol{R}_i=\bigcup_{i=1}^{m}(A'\text{and }B')\circ\boldsymbol{R}_i$$

证明 先考虑合成运算$\circ$采用最大-最小合成法

$$C'=(A'\text{and }B')\circ\bigcup_{i=1}^{m}\boldsymbol{R}_i=(A'\text{and }B')\circ\bigcup_{i=1}^{m}(A_i\text{and }B_i\to C_i)$$

即

$$\begin{aligned}\mu_{C'}(z)&=[\mu_{A'}(x)\text{ and }\mu_{B'}(y)]\circ\max[\mu_{R_1}(x,y,z),\cdots,\mu_{R_m}(x,y,z)]\\&=\max_{x,y}\min\{[\mu_{A'}(x)\text{ and }\mu_{B'}(y)],\max[\mu_{R_1}(x,y,z),\cdots,\mu_{R_m}(x,y,z)]\}\\&=\max_{x,y}\max\{\min[(\mu_{A'}(x)\text{ and }\mu_{B'}(y)),\mu_{R_1}(x,y,z)],\cdots,\\&\quad\min[(\mu_{A'}(x)\text{ and }\mu_{B'}(y)),\mu_{R_m}(x,y,z)]\}\\&=\max\{[(\mu_{A'}(x)\text{ and }\mu_{B'}(y))\circ\mu_{R_1}(x,y,z)],\cdots,\\&\quad[(\mu_{A'}(x)\text{ and }\mu_{B'}(y))\circ\mu_{R_m}(x,y,z)]\}\end{aligned}$$

也就是说

$$\begin{aligned}C'&=[(A'\text{ and }B')\circ\boldsymbol{R}_1]\cup\cdots\cup[(A'\text{ and }B')\circ\boldsymbol{R}_m]\\&=\bigcup_{i=1}^{m}[(A'\text{ and }B')\circ\boldsymbol{R}_i]\\&=\bigcup_{i=1}^{n}[(A'\text{ and }B')\circ(A_i\text{ and }B_i\to C_i)]\\&=\bigcup_{i=1}^{n}C_i'\end{aligned}$$

其中

$$C'_i=(A'\ \text{and}\ B')\circ(A_i\ \text{and}\ B_i\to C_i)$$

对于"∘"表示最大-积合成法的情况，同样可以证得上述结论也成立。

例 2.9　利用性质 2.1 重新求解例 2.8。

解

$$\begin{aligned}C'&=C'_1\cup C'_2=[(A'\ \text{and}\ B')\circ\boldsymbol{R}_1]\cup[(A'\ \text{and}\ B')\circ\boldsymbol{R}_2]\\&=[\overline{\boldsymbol{R}}_{A'\times B'}\circ\boldsymbol{R}_1]\cup[\overline{\boldsymbol{R}}_{A'\times B'}\circ\boldsymbol{R}_2]\end{aligned}$$

在例 2.8 中，合成运算符"∘"采用的是最大-最小法，所以下面也采用同样的方法。

$$C'_1=\overline{\boldsymbol{R}}_{A'\times B'}\circ\boldsymbol{R}_1$$

$$=[0.5\quad 0.5\quad 0.5\quad 0.6\quad 1.0\quad 0.6\quad 0.5\quad 0.5\quad 0.5]\circ\begin{bmatrix}1.0&0.4&0\\0.6&0.4&0\\0.2&0.2&0\\0.5&0.4&0\\0.5&0.4&0\\0.2&0.2&0\\0&0&0\\0&0&0\\0&0&0\end{bmatrix}$$

$$=[0.5\quad 0.4\quad 0]$$

$$C'_2=\overline{\boldsymbol{R}}_{A'\times B'}\circ\boldsymbol{R}_2$$

$$=[0.5\quad 0.5\quad 0.5\quad 0.6\quad 1.0\quad 0.6\quad 0.5\quad 0.5\quad 0.5]\circ\begin{bmatrix}0&0&0\\0&0&0\\0&0&0\\0&0.2&0.2\\0&0.4&0.5\\0&0.4&0.5\\0&0.2&0.2\\0&0.4&0.6\\0&0.4&1.0\end{bmatrix}$$

$$=[0\quad 0.4\quad 0.5]$$

$$C'=C_1'\cup C_2'=[0.5\quad 0.4\quad 0.5]$$

可见所求结果与例 2.8 相同。

性质 2.2　若模糊蕴含关系采用 $\boldsymbol{R}_C$ 和 $\boldsymbol{R}_P$ 时，则有

$$(A'\ \text{and}\ B')\circ(A_i\ \text{and}\ B_i\to C_i)=[A'\circ(A_i\to C_i)]\cap[B'\circ(B_i\to C_i)]$$

证明　这里假设模糊蕴含关系采用 $\boldsymbol{R}_C$，合成运算采用最大-最小法，and 运算采用求交法，则

$$C'_i=(A'\ \text{and}\ B')\circ(A_i\ \text{and}\ B_i\to C_i)$$

$$\mu_{C'_i}=(\mu_{A'}\ \text{and}\ \mu_{B'})\circ(\mu_{A_i\times B_i}\to\mu_{C_i})$$

$$= (\mu_{A'} \text{ and } \mu_{B'}) \circ [\min(\mu_{A_i}, \mu_{B_i}) \rightarrow \mu_{C_i}]$$
$$= (\mu_{A'} \text{ and } \mu_{B'}) \circ \min[(\mu_{A_i} \rightarrow \mu_{C_i}), (\mu_{B_i} \rightarrow \mu_{C_i})]$$
$$= \max_{x,y} \min\{\min(\mu_{A'}, \mu_{B'}), \min[(\mu_{A_i} \rightarrow \mu_{C_i}), (\mu_{B_i} \rightarrow \mu_{C_i})]\}$$
$$= \max_{x,y} \min\{\min[\mu_{A'}, (\mu_{A_i} \rightarrow \mu_{C_i})], \min[\mu_{B'}, (\mu_{B_i} \rightarrow \mu_{C_i})]\}$$
$$= \min\{[\mu_{A'} \circ (\mu_{A_i} \rightarrow \mu_{C_i})], [\mu_{B'} \circ (\mu_{B_i} \rightarrow \mu_{C_i})]\}$$

也即

$$C_i' = [A' \circ (A_i \rightarrow C_i)] \cap [B' \circ (B_i \rightarrow C_i)]$$

采用类似的步骤可以证得当模糊蕴含关系采用 $\boldsymbol{R}_{\mathrm{P}}$ 时,上面的关系也成立。

例 2.10 利用性质 2.1 和性质 2.2,重新求解例 2.8。

解

$$A_1 \rightarrow C_1 = \begin{bmatrix} 1.0 \\ 0.5 \\ 0 \end{bmatrix} \wedge [1.0 \quad 0.4 \quad 0] = \begin{bmatrix} 1.0 & 0.4 & 0 \\ 0.5 & 0.4 & 0 \\ 0 & 0 & 0 \end{bmatrix}$$

$$A' \circ (A_1 \rightarrow C_1) = [0.5 \quad 1.0 \quad 0.5] \circ \begin{bmatrix} 1.0 & 0.4 & 0 \\ 0.5 & 0.4 & 0 \\ 0 & 0 & 0 \end{bmatrix} = [0.5 \quad 0.4 \quad 0]$$

$$B_1 \rightarrow C_1 = \begin{bmatrix} 1.0 \\ 0.6 \\ 0.2 \end{bmatrix} \wedge [1.0 \quad 0.4 \quad 0] = \begin{bmatrix} 1.0 & 0.4 & 0 \\ 0.6 & 0.4 & 0 \\ 0.2 & 0.2 & 0 \end{bmatrix}$$

$$B' \circ (B_1 \rightarrow C_1) = [0.6 \quad 1.0 \quad 0.6] \circ \begin{bmatrix} 1.0 & 0.4 & 0 \\ 0.6 & 0.4 & 0 \\ 0.2 & 0.2 & 0 \end{bmatrix} = [0.6 \quad 0.4 \quad 0]$$

$$C_1' = [A' \circ (A_1 \rightarrow C_1)] \cap [B' \circ (B_1 \rightarrow C_1)]$$
$$= [0.5 \quad 0.4 \quad 0] \cap [0.6 \quad 0.4 \quad 0] = [0.5 \quad 0.4 \quad 0]$$

同理,可以求得

$$C_2' = [A' \circ (A_2 \rightarrow C_2)] \cap [B' \circ (B_2 \rightarrow C_2)] = [0 \quad 0.4 \quad 0.5]$$

根据性质 2.1 有

$$C' = C_1' \cup C_2' = [0.5 \quad 0.4 \quad 0] \cup [0 \quad 0.4 \quad 0.5] = [0.5 \quad 0.4 \quad 0.5]$$

可见,所得结果与例 2.8 相同。

通过上例可看出,利用性质 2.2 可使计算简单。当用 and 连接的模糊子句很多时,用例 2.8 的方法计算总的模糊蕴含关系 R 很复杂,模糊矩阵的维数将很高。而利用性质 2.2,每个子模糊蕴含关系都比较简单,模糊矩阵的维数也较低,并不随 and 连接的模糊子句的个数增加而增加。

性质 2.3 对于 $C_i' = (A' \text{ and } B') \circ (A_i \text{ and } B_i \rightarrow C_i)$ 的推理结果可以用以下简洁的形式来表示,即

$$\mu_{C_i'}(z) = \alpha_i \wedge \mu_{C_i}(z), \quad \text{当模糊蕴含运算采用 } \boldsymbol{R}_{\mathrm{C}}$$

$$\mu_{C_i'}(z) = \alpha_i \mu_{C_i}(z), \quad \text{当模糊蕴含运算采用 } \boldsymbol{R}_{\mathrm{P}}$$

其中

$$\alpha_i = [\max_x(\mu_{A'}(x) \wedge \mu_{A_i}(x))] \wedge [\max_y(\mu_{B'}(y) \wedge \mu_{B_i}(y))]$$

证明 设模糊运算采用 $\boldsymbol{R}_{\mathrm{C}}$，合成运算采用最大-最小法，则根据性质 2.2 有

$$C_i' = (A' \text{ and } B') \circ (A_i \text{ and } B_i \to C_i) = [A' \circ (A_i \to C_i)] \cap [B' \circ (B_i \to C_i)]$$

$$\begin{aligned}
\mu_{C_i'}(z) &= \min\{\max_x \min[\mu_{A'}(x), (\mu_{A_i}(x) \to \mu_{C_i}(z))],\\
&\quad \max_y \min[\mu_{B'}(y), (\mu_{B_i}(y) \to \mu_{C_i}(z))]\}\\
&= \min\{\max_x \min[\mu_{A'}(x), \mu_{A_i}(x) \wedge \mu_{C_i}(z)], \max_y \min[\mu_{B'}(y), \mu_{B_i}(y) \wedge \mu_{C_i}(z)]\}\\
&= \min\{\max_x[\mu_{A'}(x) \wedge \mu_{A_i}(x) \wedge \mu_{C_i}(z)], \max_y[\mu_{B'}(y) \wedge \mu_{B_i}(y) \wedge \mu_{C_i}(z)]\}\\
&= [\max_x(\mu_{A'}(x) \wedge \mu_{A_i}(x) \wedge \mu_{C_i}(z))] \wedge [\max_y(\mu_{B'}(y) \wedge \mu_{B_i}(y) \wedge \mu_{C_i}(z))]\\
&= [\max_x(\mu_{A'}(x) \wedge \mu_{A_i}(x))] \wedge [\max_y(\mu_{B'}(y) \wedge \mu_{B_i}(y))] \wedge \mu_{C_i}(z)\\
&= \alpha_i \wedge \mu_{C_i}(z)
\end{aligned}$$

设模糊蕴含运算采用 $\boldsymbol{R}_{\mathrm{P}}$，则有

$$\begin{aligned}
\mu_{C_i'}(z) &= \min\{\max_x \min[\mu_{A'}(x), (\mu_{A_i}(x)\mu_{C_i}(z))], \max_y \min[\mu_{B'}(y), (\mu_{B_i}(y)\mu_{C_i}(z))]\}\\
&= \min\{\max_x[\mu_{A'}(x) \wedge \mu_{A_i}(x)\mu_{C_i}(z)], \max_y[\mu_{B'}(y) \wedge \mu_{B_i}(y)\mu_{C_i}(z)]\}\\
&= \max_x[\mu_{A'}(x) \wedge \mu_{A_i}(x)\mu_{C_i}(z)] \wedge \max_y[\mu_{B'}(y) \wedge \mu_{B_i}(y)\mu_{C_i}(z)]\\
&\approx \{\max_x[\mu_{A'}(x) \wedge \mu_{A_i}(x)] \wedge \max_y[\mu_{B'}(y) \wedge \mu_{B_i}(y)]\}\mu_{C_i}(z)\\
&= \alpha_i \mu_{C_i}(z)
\end{aligned}$$

推论 如果输入量的模糊集合是模糊单点(Singleton)，即 $A' = \dfrac{1}{x_0}, B' = \dfrac{1}{y_0}$，则有

$$\boldsymbol{R}_{\mathrm{C}}: \mu_{C_i'}(z) = \alpha_i \wedge \mu_{C_i}(z)$$

$$\boldsymbol{R}_{\mathrm{P}}: \mu_{C_i'}(z) = \alpha_i \mu_{C_i}(z)$$

其中

$$\alpha_i = \mu_{A_i}(x_0) \wedge \mu_{B_i}(y_0)$$

根据性质 2.3，这个推论的结论是显然的。

结合性质 2.2 和性质 2.3，可以得到

$$\boldsymbol{R}_{\mathrm{C}}: \mu_{C'}(z) = \bigcup_{i=1}^{n} \alpha_i \wedge \mu_{C_i}(z)$$

$$\boldsymbol{R}_{\mathrm{P}}: \mu_{C'}(z) = \bigcup_{i=1}^{n} \alpha_i \mu_{C_i}(z)$$

这里 α_i 可以看成是相应于第 i 条规则的加权因子，它也看成是第 i 条规则的适用程度，或者看成是第 i 条规则对模糊控制作用所产生的贡献的大小。这样的认识可以帮助对模糊控制机理的理解。

为了便于说明问题，假设有以下两条模糊控制规则

$\boldsymbol{R}_1$：如果 x 是 A_1 and y 是 B_1 则 z 是 C_1

$\boldsymbol{R}_2$：如果 x 是 A_2 and y 是 B_2 则 z 是 C_2

前面举例(例2.8至例2.10)说明了当x、y、z的论域为离散量且为有限时的推理计算方法。由于这时模糊集合可用模糊向量来表示,模糊关系可用模糊矩阵来表示,因此推理计算可表示成相应的向量和矩阵运算。

当x、y、z的论域为连续量时,模糊集合不能用模糊向量来表示,模糊关系也不能用模糊矩阵来表示。这时模糊推理计算需要根据前面所给出的一般的公式来进行计算。图2.5和图2.6表示了当论域为连续时模糊推理计算的方法,图2.5相应于模糊蕴含计算采用$\boldsymbol{R}_{\mathrm{C}}$的情况,图2.6相应于模糊蕴含计算用$\boldsymbol{R}_{\mathrm{P}}$的情况。图2.7和图2.8表示了输入为单点模糊集合时模糊推理的计算方法。

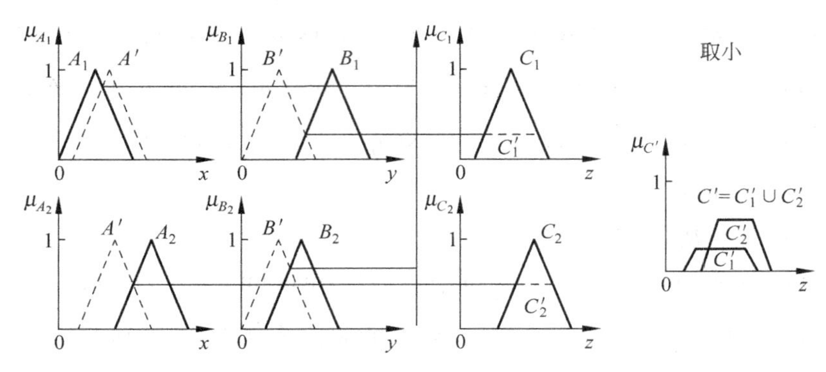

图2.5 采用$\boldsymbol{R}_{\mathrm{C}}$时的模糊推理计算

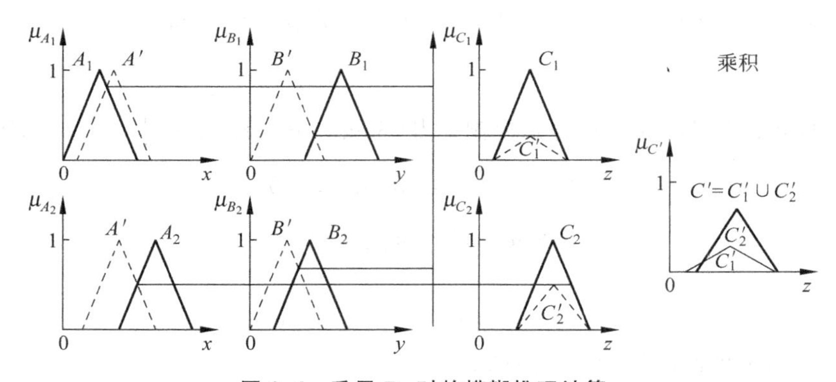

图2.6 采用$\boldsymbol{R}_{\mathrm{P}}$时的模糊推理计算

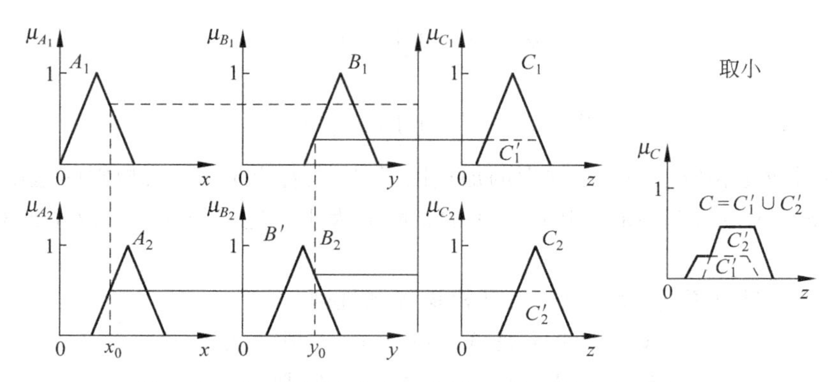

图2.7 输入为模糊单点且采用$\boldsymbol{R}_{\mathrm{C}}$时的模糊推理计算

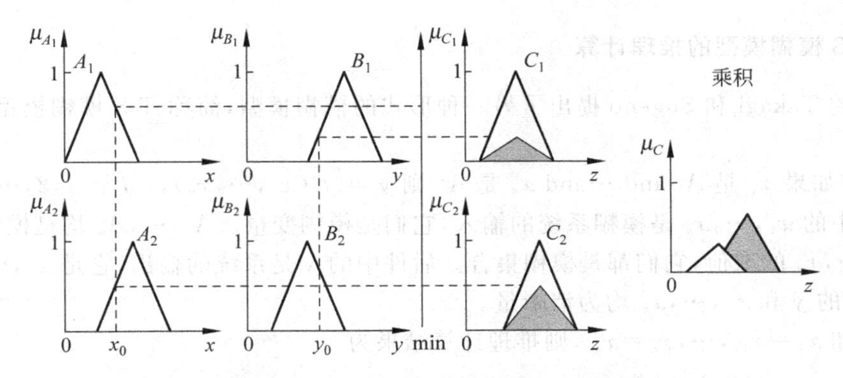

图 2.8　输入为模糊单点且采用 R_P 时的模糊推理计算

2.5.5　模糊控制中常见的两种模糊推理模型

1. Mamdani 模糊推理模型

1974 年英国教授 E. H. Mamdani 首先将模糊集理论应用于加热器的控制，其后产生了许多控制应用的例子。Mamdani 所采用的方法便是通过前面讨论的控制规则经过模糊推理来获得控制器的输出。

在这种推理方式中，模糊规则具有以下的一般形式：

$\boldsymbol{R}_i$：如果 x_1 是 A_1^i and … and x_n 是 A_n^i 则 y 是 B^i，　$i=1,2,\cdots,m$

其中 $x_1,\cdots,x_n,y$ 表示模糊系统的输入和输出变量，$A_1^i,\cdots,A_n^i,B^i$ 是变量 $x_1,\cdots,x_n,y$ 的取值，它们都是模糊集合。

该模糊规则反映了模糊控制器的输入与输出关系，因此称它为控制器的模糊模型。实际上，该模糊规则可以反映一般系统的输入和输出关系，因此也更一般地称其为系统的模糊模型。由于该模糊规则形式是由 Mamdani 首先提出来的，因而也称该模型为 Mamdani 模糊推理模型。

对于 Mamdani 模型模糊推理运算用得最多的是以下两种方法。

1）模糊蕴含运算采用最小运算 $\boldsymbol{R}_C$

这种模糊推理的运算方法就是上面讨论得较多的方法，即模糊蕴含运算采用 $\boldsymbol{R}_C$。从而有

$$\mu_{C_i'}(z)=\alpha_i \wedge \mu_{C_i}(z)$$

$$\mu_{C'}(z)=\bigcup_{i=1}^{m}\mu_{C_i'}(z)$$

α_i 可根据性质 2.3 及相应推论进行计算。图 2.5 和图 2.7 利用图形对这种模糊推理方法进行了解释。

2）模糊蕴含运算采用积运算 $\boldsymbol{R}_P$

$$\mu_{C_i'}(z)=\alpha_i\mu_{C_i}(z)$$

$$\mu_{C'}(z)=\bigcup_{i=1}^{m}\mu_{C_i'}(z)$$

α_i 可根据性质 2.3 及相应推论进行计算。图 2.6 和图 2.8 利用图形解释了该推理过程。

2. T-S 模糊模型的推理计算

日本的 Takagi 和 Sugeno 提出了另一种形式的模糊模型,简称 T-S 模糊模型。它的模糊规则为

$\boldsymbol{R}_i$:如果 x_1 是 A_1^i and …and x_n 是 A_n^i 则 $y = f_i(x_1,\cdots,x_n)$, $i = 1,2,\cdots,m$

其中前件中的 $x_1,\cdots,x_n$ 是模糊系统的输入,它们是模糊变量。$A_1^i,\cdots,A_n^i$ 均是模糊集合,它们是 $x_1,\cdots,x_n$ 的取值,它们都是模糊集合。后件中的 y 是系统的输出,它是 $x_1,\cdots,x_n$ 的函数,后件中的 y 和 $x_1,\cdots,x_n$ 均为清晰量。

若已知 $x_1=x_{10},\cdots,x_n=x_{n0}$,则推理计算结果为

$$y = \frac{\sum_{i=1}^{m}\alpha_i f_i(x_{10},\cdots,x_{n0})}{\sum_{i=1}^{m}\alpha_i} = \sum_{i=1}^{m}\bar{\alpha}_i f_i(x_{10},\cdots,x_{n0})$$

$$\bar{\alpha}_i = \frac{\alpha_i}{\sum_{i=1}^{m}\alpha_i}$$

其中

$$\alpha_i = \begin{cases} \mu_{A_1^i}(x_{10}) \wedge \mu_{A_2^i}(x_{20}) \wedge \cdots \wedge \mu_{A_n^i}(x_{n0}), & \text{取小} \\ \mu_{A_1^i}(x_{10})\mu_{A_2^i}(x_{20})\cdots\mu_{A_n^i}(x_{n0}), & \text{相乘} \end{cases}$$

可以看出,T-S 模糊模型与 Mamdani 模糊模型的不同在于模糊规则的后件。Mamdani 模糊模型的规则后件是模糊量,它的取值是一个模糊集合,是常值;T-S 模糊模型的规则后件是清晰量,它是前件变量的函数。

在用 T-S 模糊模型时,最常用的情况是规则后件是前件变量的线性函数,即

$\boldsymbol{R}_i$:如果 x_1 是 A_1^i and …and x_n 是 A_n^i 则 $y = p_{i0} + p_{i1}x_1 + \cdots + p_{in}x_n$

$i = 1,2,\cdots,m$

T-S 模糊模型规则后件中的变量也不一定必须与前件变量相同,一般情况下的模糊规则可以是以下的形式

$\boldsymbol{R}_i$:如果 z_1 是 A_1^i and …and z_q 是 A_q^i 则 $y = p_{i0} + p_{i1}x_1 + \cdots + p_{in}x_n$

$i = 1,2,\cdots,m$

其中 $z_1,\cdots,z_q$ 可能是系统可观测变量,$x_1,\cdots,x_n$ 是系统的状态变量。这时规则的适用度可用下式来计算

$$\alpha_i = \begin{cases} \mu_{A_1^i}(z_{10}) \wedge \mu_{A_2^i}(z_{20}) \wedge \cdots \wedge \mu_{A_q^i}(z_{q0}), & \text{取小} \\ \mu_{A_1^i}(z_{10})\mu_{A_2^i}(z_{20})\cdots\mu_{A_q^i}(z_{q0}), & \text{相乘} \end{cases}$$

2.6 基于 Mamdani 模型的模糊控制

2.6.1 模糊控制器的基本结构和组成

图 2.9 表示了基于 Mamdani 模型的模糊控制系统的基本结构。可以看到,该模糊控制器由模糊化、知识库、模糊推理和清晰化 4 部分组成。下面将逐一对它们进行介绍。

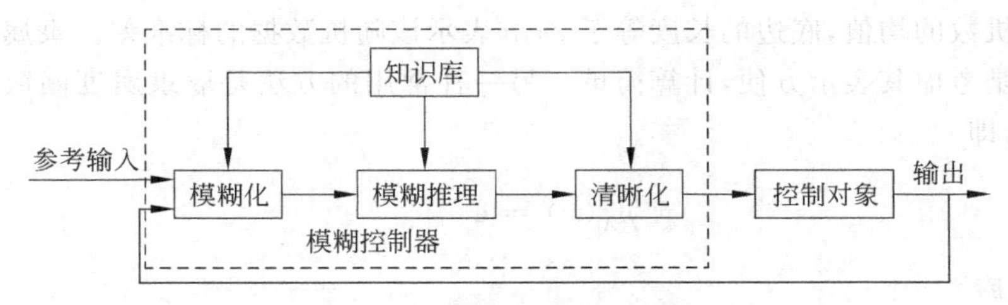

图 2.9 模糊控制器的结构

1. 模糊化

这部分的作用是将输入的清晰量转换成模糊化量。其中输入量包括外界的参考输入、系统的输出或状态等。模糊化的具体过程如下。

(1) 首先对这些输入量进行处理使其变成模糊控制器要求的输入量。例如,常见的情况是计算 $e=r-y$ 和 $\dot{e}=\mathrm{d}e/\mathrm{d}t$,其中 r 表示参考输入,y 表示系统输出,e 表示误差。有时为了减小噪声的影响,常常对 $\dot{e}$ 进行滤波后再使用,如可取 $\dot{e}=[s/(Ts+1)]e$。

(2) 将上述已经处理过的输入量进行尺度变换,使其变换到各自的论域范围。

(3) 由于模糊控制器中的模糊推理是基于对模糊集合的运算。因此对输入数据进行模糊化处理是必不可少的一步。将已经变换到论域范围的输入量进行模糊处理,使原先的清晰量变成模糊量,并用相应的模糊集合来表示。

在模糊控制中主要采用以下两种模糊化方法。

1) 单点模糊集合

如果输入量数据 x_0 是准确的,则通常将其模糊化为单点模糊集合。设该模糊集合用 A 表示,则有

$$\mu_A(x)=\begin{cases}1 & x=x_0\\ 0 & x\neq x_0\end{cases}$$

其隶属度函数如图 2.10 所示。

这种模糊化方法只是形式上将清晰量转变成了模糊量,而实质上它表示的仍是准确量。在模糊控制中,当测量数据准确时,采用这样的模糊化方法是十分自然和合理的。这种方法既方便又计算简单,所以绝大多数情况都是采用这种模糊化方法。

2) 三角形模糊集合

如果输入量数据存在随机测量噪声,这时模糊化运算相当于将随机量变换为模糊量。对于这种情况,可以取模糊量的隶属度函数为等腰三角形,如图 2.11 所示。三角形的顶点

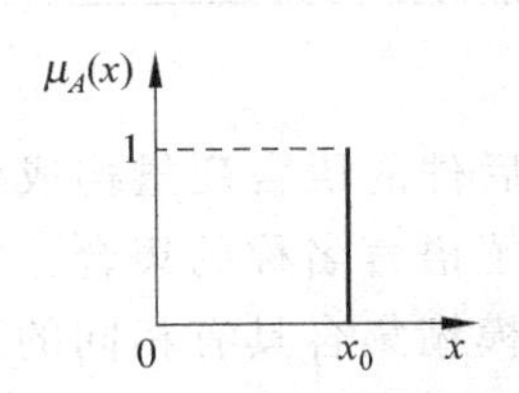

图 2.10 单点模糊集合的隶属度函数

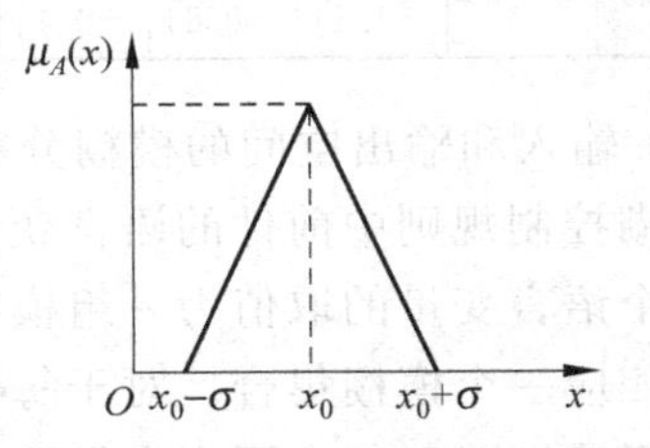

图 2.11 三角形模糊集合的隶属度函数

相应于该随机数的均值,底边的长度等于2σ,σ表示该随机数据的标准差。隶属度函数取为三角形主要是考虑其表示方便,计算简单。另一种常用的方法是取隶属度函数为正态分布的铃形函数,即

$$\mu_A(x) = e^{-\frac{(x-x_0)^2}{2\sigma^2}}$$

2. 知识库

知识库中包含了具体应用领域中的知识和要求的控制目标。它通常由数据库和模糊控制规则库两部分组成。数据库主要包括各语言变量的隶属度函数、尺度变换因子及模糊空间的分级数等。规则库包括了用模糊语言变量表示的一系列控制规则。它们反映了控制专家的经验和知识。

1) 数据库

(1) 输入量变换

对于实际的输入量,第一步首先需要进行尺度变换,将其变换到要求的论域范围。变换的方法可以是线性的,也可以是非线性的。例如,若实际的输入量为x_0^*,其变化范围为$[x_{\min}^*, x_{\max}^*]$,若要求的论域为$[x_{\min}, x_{\max}]$,若采用线性变换,则

$$x_0 = \frac{x_{\min}+x_{\max}}{2} + k\left(x_0^* - \frac{x_{\max}^*+x_{\min}^*}{2}\right)$$

$$k = \frac{x_{\max}-x_{\min}}{x_{\max}^*-x_{\min}^*}$$

其中k称为比例因子。

论域可以是连续的也可以是离散的。如果要求离散的论域,则需要将连续的论域离散化或量化。量化可以是均匀的,也可以是非均匀的。表2.1和表2.2分别表示均匀量化和非均匀量化的情形。

表2.1 均匀量化

量化等级	−6	−5	−4	−3	−2	−1	0	1	2	3	4	5	6
变化范围	≤−5.5	(−5.5 −4.5]	(−4.5 −3.5]	(−3.5 −2.5]	(−2.5 −1.5]	(−1.5 −0.5]	(−0.5 0.5]	(0.5 1.5]	(1.5 2.5]	(2.5 3.5]	(3.5 4.5]	(4.5 5.5]	>5.5

表2.2 非均匀量化

量化等级	−6	−5	−4	−3	−2	−1	0	1	2	3	4	5	6
变化范围	≤−3.2	(−3.2 −1.6]	(−1.6 −0.8]	(−0.8 −0.4]	(−0.4 −0.2]	(−0.2 −0.1]	(−0.1 0.1]	(0.1 0.2]	(0.2 0.4]	(0.4 0.8]	(0.8 1.6]	(1.6 3.2]	>3.2

(2) 输入和输出空间的模糊分割

模糊控制规则中前件的语言变量构成模糊输入空间,后件的语言变量构成模糊输出空间。每个语言变量的取值为一组模糊语言名称,它们构成了语言名称的集合。每个模糊语言名称相应一个模糊集合。对于每个语言变量,其取值的模糊集合具有相同的论域。模糊分割是要确定对于每个语言变量取值的模糊语言名称的个数,模糊分割的个数决定了模糊控制精细化的程度。这些语言名称通常均具有一定的含义。例如,NB:负大(Negative

Big);NM：负中(Negative Medium);NS：负小(Negative Small);ZE：零(Zero);PS：正小(Positive Small);PM：正中(Positive Medium);PB：正大(Positive Big)。图 2.12 表示了两个模糊分割的例子，论域均为[−1,+1]，隶属度函数的形状为三角形或梯形。图 2.12(a)所示为模糊分割较粗的情况，图 2.12(b)所示为模糊分割较细的情况。图中所示的论域为正则化(Normalization)的情况，即 $x\in[-1,+1]$，且模糊分割是完全对称的。这里假设尺度变换时已经作了预处理而变换成这样的标准情况。一般情况下，模糊语言名称也可为非对称和非均匀地分布。

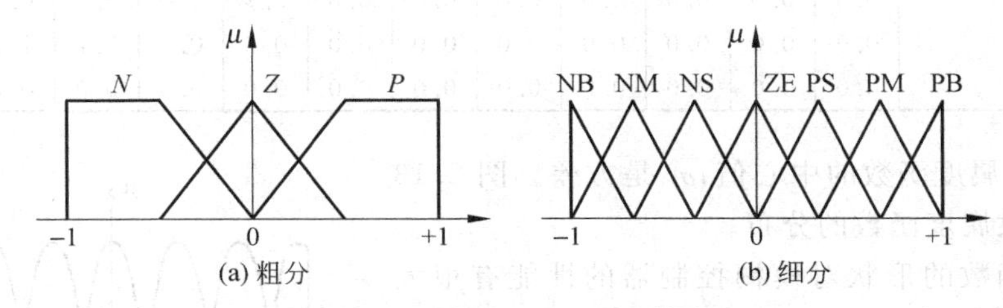

图 2.12 模糊分割的图形表示

模糊分割的个数也决定了最大可能的模糊规则的个数。例如，对于两输入单输出的模糊系统，x 和 y 的模糊分割数分别为 3 和 7，则最大可能的规则数为 $3\times7=21$。可见，模糊分割数越多，控制规则数也越多，所以模糊分割不可太细，否则需要确定太多的控制规则，这也是很困难的一件事。当然，模糊分割数太少将导致控制太粗略，难以对控制性能进行精细地调整。目前尚没有一个确定模糊分割数的指导性的方法和步骤，它仍主要依靠经验和试凑。

(3) 完备性

对于任意的输入，模糊控制器均应给出合适的控制输出，这个性质称为完备性。模糊控制的完备性取决于数据库或规则库。

① 数据库方面。对于任意的输入，若能找到一个模糊集合，使该输入对于该模糊集合的隶属度函数不小于 ε，则称该模糊控制器满足 ε-完备性。图 2.12 所示即为 $\varepsilon=0.5$ 的情况，这也是最常见的选择。

② 规则库方面。模糊控制的完备性对于规则库的要求是，对于任意的输入应确保至少有一个可适用的规则，而且规则的适用度应大于某个数，譬如说 0.5。根据完备性的要求，控制规则数不可太少。

(4) 模糊集合的隶属度函数

根据论域为离散和连续的不同情况，隶属度函数的描述也有以下两种方法。

① 数值描述方法。对于论域为离散，且元素个数为有限时，模糊集合的隶属度函数可以用向量或者表格的形式来表示。表 2.3 给出了用表格表示的一个例子。

在表 2.3 中，每一行表示一个模糊集合的隶属度函数。例如

$$\mathrm{NS}=\frac{0.3}{-4}+\frac{0.7}{-3}+\frac{1}{-2}+\frac{0.7}{-1}+\frac{0.3}{0}$$

② 函数描述方法。对于论域为连续的情况，隶属度常常用函数的形式来描述，最常见的有铃形函数、三角形函数、梯形函数等。下面给出铃形隶属度函数的解析式子，即

$$\mu_A(x)=\mathrm{e}^{-\frac{(x-x_0)^2}{2\sigma^2}}$$

表 2.3　数值方法描述的隶属度

隶属度＼元素 模糊集合	−6	−5	−4	−3	−2	−1	0	1	2	3	4	5	6
NB	1.0	0.7	0.3	0.0	0.0	0.0	0.0	0.0	0.0	0.0	0.0	0.0	0.0
NM	0.3	0.7	1.0	0.7	0.3	0.0	0.0	0.0	0.0	0.0	0.0	0.0	0.0
NS	0.0	0.0	0.3	0.7	1.0	0.7	0.3	0.0	0.0	0.0	0.0	0.0	0.0
ZE	0.0	0.0	0.0	0.0	0.3	0.7	1.0	0.7	0.3	0.0	0.0	0.0	0.0
PS	0.0	0.0	0.0	0.0	0.0	0.0	0.3	0.7	1.0	0.7	0.3	0.0	0.0
PM	0.0	0.0	0.0	0.0	0.0	0.0	0.0	0.0	0.3	0.7	1.0	0.7	0.3
PB	0.0	0.0	0.0	0.0	0.0	0.0	0.0	0.0	0.0	0.0	0.3	0.7	1.0

式中，x_0 是隶属度函数的中心值；σ^2 是方差。图 2.13 表示了铃形隶属度函数的分布。

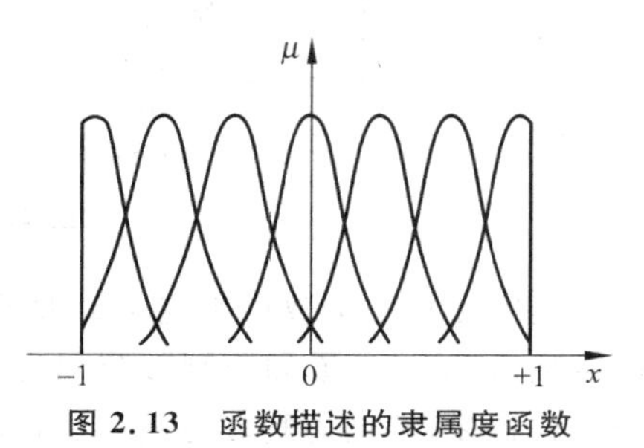

图 2.13　函数描述的隶属度函数

隶属度函数的形状对模糊控制器的性能有很大影响。当隶属度函数比较窄瘦时，控制较灵敏；反之，控制较粗略和平稳。通常当误差较小时，隶属度函数可取得较为窄瘦；误差较大时，隶属度函数可取得宽胖些。

2）规则库

模糊控制规则库是由一系列 if-then 型的模糊条件句所构成。条件句的前件为输入和状态，后件为控制变量。

（1）模糊控制规则的前件和后件变量的选择

模糊控制规则的前件和后件变量也即模糊控制器的输入和输出的语言变量。输出量即为控制量，它一般比较容易确定。输入量选什么及选几个则需要根据要求来确定。输入量比较常见的是误差 e 和它的导数 $\dot{e}$，有时还可以包括它的积分 $\int e\mathrm{d}t$ 等。输入和输出语言变量的选择及其隶属度函数的确定对于模糊控制器的性能有着十分关键的作用。它们的选择和确定主要依靠经验和工程知识。

（2）模糊控制规则的建立

模糊控制规则是模糊控制的核心。因此，如何建立模糊控制规则也就成为一个十分关键的问题。下面介绍 4 种建立模糊控制规则的方法。它们之间并不是互相排斥的，相反，若能结合这几种方法则可以更好地帮助建立模糊规则库。

① 基于专家的经验和控制工程知识。模糊控制规则具有模糊条件句的形式，它建立了前件中的状态变量与后件中的控制变量之间的联系。在日常生活中用于决策的大部分信息主要是基于语义的方式而非数值的方式。因此，模糊控制规则是对人类行为和进行决策分析过程的最自然的描述方式。这也就是它为什么采用 if-then 形式的模糊条件句的主要原因。

基于上面的讨论，通过总结人类专家的经验，并用适当的语言来加以表述，最终可表示成模糊控制规则的形式。一个典型的例子是，人们对人工控制水泥窑的操作手册进行总结归纳，最终建立起了模糊控制规则库。另一种方式是通过向有经验的专家和操作人员咨询，从而获得特定应用领域模糊控制规则的原型。在此基础上，再经一定的试凑和调整，可获得具有更好性能的控制规则。

② 基于操作人员的实际控制过程。在许多人工控制的工业系统中，很难建立控制对象的模型，因此用常规的控制方法对其进行设计和仿真比较困难。而熟练的操作人员却能成功地控制这样的系统。事实上，操作人员有意或无意地使用了一组 if-then 模糊规则来进行控制。但是他们往往并不能用语言明确地将它们表达出来，因此可以通过记录操作人员实际控制过程时的输入和输出数据，并从中总结出模糊控制规则。

③ 基于过程的模糊模型。控制对象的动态特性通常可用微分方程、传递函数、状态方程等数学方法来加以描述，这样的模型称为解析模型或清晰化模型。控制对象的动态特性也可以用语言的方法来描述，这样的模型称为模糊模型。基于对象的模糊模型，再根据对控制系统性能的要求，也能设计出相应的模糊控制规律。

④ 基于学习。模糊控制主要是用来模仿人的决策行为，因此也可设计成使它具备有类似于人的学习功能，即根据经验和知识产生模糊控制规则并对它们进行修改的能力。例如，可将模糊控制系统设计成具有分层递阶的结构，它包含有两个规则库。第一个规则库是一般的模糊控制的规则库，第二个规则库由宏规则组成，它能够根据对系统的整体性能要求来产生并修改一般的模糊控制规则，从而显示了类似人的学习能力。

(3) 模糊控制规则的类型

在模糊控制中，目前主要应用以下两种形式的模糊控制规则。

① 状态评估模糊控制规则。它具有以下的形式：

$$\boldsymbol{R}_i\text{：如果 } x_1 \text{ 是 } A_1^i \text{ and } \cdots \text{and } x_n \text{ 是 } A_n^i \text{ 则 } y \text{ 是 } B^i \quad i=1,2,\cdots,m$$

在现有的模糊控制系统中，多数情况均采用这种形式，它也就是所称的 Mamdani 模糊模型。

模糊控制规则的后件也可以是过程变量的函数，即

$$\boldsymbol{R}_i\text{：如果 } x_1 \text{ 是 } A_1^i \text{ and } \cdots \text{and } x_n \text{ 是 } A_n^i \text{ 则 } y = f_i(x_1,\cdots,x_n) \quad i=1,2,\cdots,m$$

它也就是前面所称的 **T-S** 模糊模型。

② 目标评估模糊控制规则。典型的形式如下：

$$\boldsymbol{R}_i\text{：如果}[u \text{ 是 } C_i \rightarrow (x \text{ 是 } A_i \text{ and } y \text{ 是 } B_i)]\text{则 } u \text{ 是 } C_i$$

其中 u 是系统的控制量，x 和 y 表示要求的状态和目标或者是对系统性能的评估，因而 x 和 y 的取值常常是"好"、"差"等模糊语言。对于每个控制命令 C_i，通过预测相应的结果(x, y)，从中选用最适合的控制规则。

上面的规则可进一步解释为：当控制命令选 C_i 时，如果性能指标 x 是 A_i，y 是 B_i 时，那么选用该条规则且将 C_i 取为控制器的输出。例如，用在日本仙台的地铁模糊自动火车运行系统中就采用了这种类型的模糊控制规则。列出其中典型的一条如"如果控制标志不改变则火车停在预定的容许区域，那么控制标志不改变"。

采用目标评估模糊控制规则，它对控制的结果加以预测，并根据预测的结果来确定采取的控制行动。因此，它本质上是一种模糊预报控制。本章一开始所介绍的模糊自动火车运行系统及模糊自动集装箱吊车操纵系统均采用了这样的控制方法。

(4) 模糊控制规则的其他性能要求

① 完备性。前面讨论数据库时已对其进行了讨论。所谓模糊控制规则的完备性即是

要求对于任意的输入应确保至少有一个可适用的规则,而且规则的适用程度应大于一定的数,譬如0.5。

② 模糊控制规则数。若模糊控制器的输入有 m 个,每个输入量的模糊分级数分别为 $n_1, n_2, \cdots, n_m$,则最大可能的模糊规则数为 $N_{\max}=n_1 n_2 \cdots n_m$,实际的模糊控制数应该取多少取决于很多因素,目前尚无普遍适用的一般步骤。总的原则是,在满足完备性的条件下,尽量取较少的规则数,以简化模糊控制器的设计和实现。

③ 模糊控制规则的一致性。模糊控制规则主要基于操作人员的经验,它取决于对多种性能的要求,而不同的性能指标要求往往互相制约,甚至是互相矛盾的。这就要求按这些指标要求确定的模糊控制不能出现互相矛盾的情况。

3. 模糊推理

前面一节已对模糊推理进行了专门的讨论,这里再扼要叙述如下。

由于多输入多输出(MIMO)模糊控制规则库可以分解成多个 MISO 模糊子规则库,因此只需考虑 MISO 子系统的模糊推理问题。

不失一般性,考虑两个输入一个输出的模糊控制器。设已建立的模糊控制规则库为

$\boldsymbol{R}_1$: 如果 x 是 A_1 and y 是 B_1 则 z 是 C_1

$\boldsymbol{R}_2$: 如果 x 是 A_2 and y 是 B_2 则 z 是 C_2

$\vdots$

$\boldsymbol{R}_m$: 如果 x 是 A_m and y 是 B_m 则 z 是 C_m

设已知模糊控制器的输入模糊量为:x 是 A' and y 是 B',则根据已知的输入及上述的模糊控制规则可以进行以下的模糊推理,得出用模糊集合 C' 表示的输出结果为

$$\boldsymbol{R}_i = (A_i \text{ and } B_i) \rightarrow C_i$$

$$\boldsymbol{R} = \bigcup_{i=1}^{m} \boldsymbol{R}_i$$

$$C' = (A' \text{ and } B') \circ \boldsymbol{R}$$

其中包括了3种主要的模糊逻辑运算:and 运算、合成运算"∘"和蕴含运算"→"。and 运算通常采用求交(取小)或求积(代数积)的方法;合成运算"∘"通常采用最大-最小或最大-积(代数积)的方法;蕴含运算"→"通常采用求交($\boldsymbol{R}_C$)或求积($\boldsymbol{R}_P$)的方法。

4. 清晰化

以上通过模糊推理得到的结果仍是模糊量,而对于实际的控制则必须为清晰量。因此需要将模糊量转换成清晰量,这就是清晰化计算所要完成的任务。清晰化计算通常有以下几种方法。

1) 最大隶属度法

若输出量模糊集合 C' 的隶属度函数只有一个峰值,则取隶属度函数的最大值为清晰值,即

$$\mu_{C'}(z_0) \geqslant \mu_{C'}(z), \quad z \in Z$$

其中 z_0 表示清晰值。若输出量的隶属度函数有多个极值,则取这些极值的平均值为清晰值。

例 2.11　已知输出量 z_1 的模糊集合为

$$C_1'=\frac{0.1}{2}+\frac{0.4}{3}+\frac{0.7}{4}+\frac{1.0}{5}+\frac{0.7}{6}+\frac{0.3}{7}$$

z_2 的模糊集合为

$$C_2'=\frac{0.3}{-4}+\frac{0.8}{-3}+\frac{1}{-2}+\frac{1}{-1}+\frac{0.8}{0}+\frac{0.3}{1}+\frac{0.1}{2}$$

求相应的清晰量 z_{10} 和 z_{20}。

解　根据最大隶属度法，很容易求得

$$z_{10}=\mathrm{df}(z_1)=5$$

$$z_{20}=\mathrm{df}(z_2)=\frac{-2-1}{2}=-1.5$$

其中 df(.)表示进行清晰化计算(Defuzzification)的算子符号。

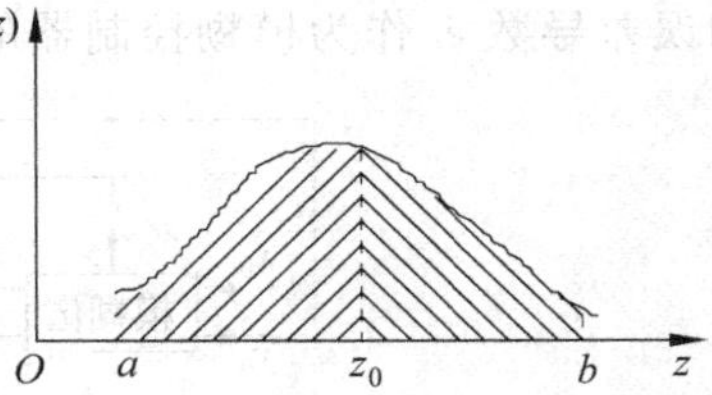

2）中位数法

如图 2.14 所示，采用中位数法是取 $\mu_{C'}(z)$的中位数作为 z 的清晰量，即 $z_0=\mathrm{df}(z)=\mu_{C'}(z)$的中位数，它满足

$$\int_a^{z_0}\mu_{C'}(z)\mathrm{d}z=\int_{z_0}^{b}\mu_{C'}(z)\mathrm{d}z$$

图 2.14　清晰化计算的中位数法

也就是说，以 z_0 为分界，$\mu_{C'}(z)$与 z 轴之间面积两边相等。

3）加权平均法

这种方法取 $\mu_{C'}(z)$的加权平均值为 z 的清晰值，即

$$z_0=\mathrm{df}(z)=\frac{\int_a^b z\mu_{C'}(z)\mathrm{d}z}{\int_a^b \mu_{C'}(z)\mathrm{d}z}$$

它类似于重心的计算，所以也称重心法。对于论域为离散的情况则有

$$z_0=\frac{\sum_{i=1}^{m} z_i\mu_{C'}(z_i)}{\sum_{i=1}^{m}\mu_{C'}(z_i)}$$

例 2.12　题设条件同例 2.11，用加权平均法计算清晰值 z_{10} 和 z_{20}。

解

$$z_{10}=\frac{0.1\times2+0.4\times3+0.7\times4+1\times5+0.7\times6+0.3\times7}{0.1+0.4+0.7+1+0.7+0.3}=4.84$$

$$z_{20}=\frac{0.3\times(-4)+0.8\times(-3)+1\times(-2)+1\times(-1)+0.8\times0+0.3\times1+0.1\times2}{0.3+0.8+1+1+0.8+0.3+0.1}$$

$$=-1.42$$

在以上各种清晰化方法中，加权平均法应用最为普遍。

在求得清晰值 z_0 后，还需经尺度变换变为实际的控制量。变换的方法可以是线性的，也可以是非线性的。若 z_0 的变化范围为$[z_{\min},z_{\max}]$，实际控制量的变化范围为$[u_{\min},u_{\max}]$，若采用线性变换，则

$$u=\frac{u_{\max}+u_{\min}}{2}+k\left(z_0-\frac{z_{\max}+z_{\min}}{2}\right)$$

$$k=\frac{u_{\max}-u_{\min}}{z_{\max}-z_{\min}}$$

其中 k 称为比例因子。

2.6.2 模糊控制的离线计算

当输入量经过量化后,它的论域便由连续变为离散且个数是有限的。因此可以针对输入情况的不同组合离线计算出相应的控制量,从而组成一张控制表,实际控制时只要直接查这张控制表即可,在线的运算量是很少的。这种离线计算和在线查表的模糊控制方法比较容易满足实时控制的要求。图2.15表示了这种模糊控制系统的结构,图中假设采用误差 e 和误差导数 $\dot{e}$ 作为模糊控制器的输入量,这是最常见的情况。

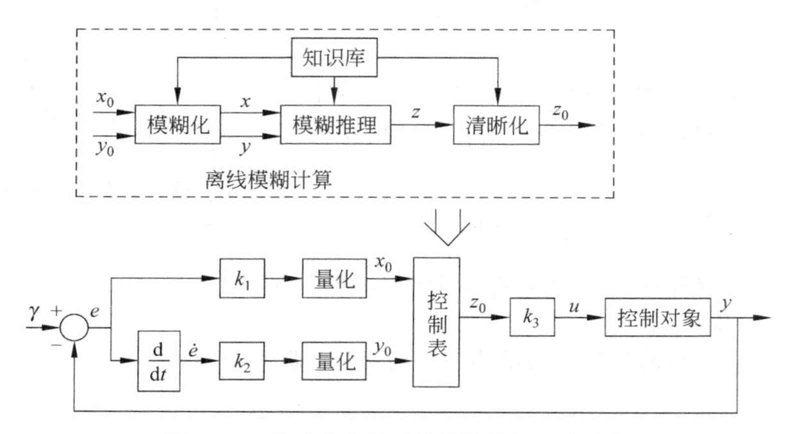

图2.15 论域为离散时的模糊控制系统结构

设 e、$\dot{e}$ 和 u 是模糊控制器实际的输入和输出量,x_0、y_0 和 z_0 是经比例变换且量化后的离散量,这里量化的功能是将比例变换后的连续值经四舍五入变为整数量。x、y 和 z 是相应的模糊量。图中 k_1、k_2 和 k_3 为尺度变换的比例因子。设 e、$\dot{e}$ 和 u 的实际变化范围分别为$[-e_m, e_m]$、$[-\dot{e}_m, \dot{e}_m]$和$[-u_m, u_m]$,并设 x、y 和 z 的论域为

$$\{-n_i, -n_i+1, \cdots, 0, 1, \cdots, n_i\}, \quad i=1,2,3$$

则

$$k_1=\frac{n_1}{e_m}, \quad k_2=\frac{n_2}{\dot{e}_m}, \quad k_3=\frac{u_m}{n_3}$$

从 x_0、y_0 到 z_0 的模糊推理计算过程可采用前面已经讨论过的方法进行。由于 x_0、y_0 的个数是有限的,因此可以将它们的所有可能的组合情况事先计算出来(即图中的离线模糊计算部分),再将计算的结果列成一张控制表。实际控制时只需查询该控制表即可由 x_0、y_0 求得 z_0。求得 z_0 后再经比例变换 k_3 变成实际的控制量。

在该例中,控制器的输入为 e 和 $\dot{e}$,因此它相当于是非线性的PD控制,k_1、k_2 分别是比例项和导数项前面的比例系数,它们对系统性能有很大影响,要仔细地加以选择。k_3 串联于系统的回路中,它直接影响整个回路的增益,因此 k_3 也对系统的性能有很大影响,一般说

来，k_3 选得越大，系统反应越快。但过大有可能使系统不稳定。

下面通过一个具体例子来说明离线模糊计算的过程。设

$$X,Y,Z \in \{-6,-5,-4,-3,-2,-1,0,1,2,3,4,5,6\}$$

$T(x)=$ {NB(负大),NM(负中),NS(负小),NZ(负零),PZ(正零),PS(正小),PM(正中),PB(正大)}

$T(y)=T(z)=$ {NB,NM,NS,ZE,PS,PM,PB}

设表 2.4 表示语言变量 x 的隶属度函数。y 和 z 的隶属度函数同表 2.3。

表 2.4　语言变量 x 的隶属度函数

隶属度 \ x / 模糊集合	−6	−5	−4	−3	−2	−1	0	1	2	3	4	5	6
NB	1.0	0.8	0.7	0.4	0.1	0.0	0.0	0.0	0.0	0.0	0.0	0.0	0.0
NM	0.2	0.7	1.0	0.7	0.3	0.0	0.0	0.0	0.0	0.0	0.0	0.0	0.0
NS	0.0	0.1	0.3	0.7	1.0	0.7	0.2	0.0	0.0	0.0	0.0	0.0	0.0
NZ	0.0	0.0	0.0	0.0	0.1	0.6	1.0	0.0	0.0	0.0	0.0	0.0	0.0
PZ	0.0	0.0	0.0	0.0	0.0	0.0	1.0	0.6	0.1	0.0	0.0	0.0	0.0
PS	0.0	0.0	0.0	0.0	0.0	0.0	0.2	0.7	1.0	0.7	0.3	0.1	0.0
PM	0.0	0.0	0.0	0.0	0.0	0.0	0.0	0.0	0.2	0.7	1.0	0.7	0.3
PB	0.0	0.0	0.0	0.0	0.0	0.0	0.0	0.0	0.1	0.4	0.7	0.8	1.0

表 2.3 和表 2.4 是一种表示离散论域的模糊集合及其隶属度函数的简洁形式。例如，对于表 2.4，它表示

$$\mathrm{NB}=\frac{1.0}{-6}+\frac{0.8}{-5}+\frac{0.7}{-4}+\frac{0.4}{-3}+\frac{0.1}{-2}$$

$$\mathrm{NM}=\frac{0.2}{-6}+\frac{0.7}{-5}+\frac{1.0}{-4}+\frac{0.7}{-3}+\frac{0.3}{-2}$$

$$\vdots$$

$$\mathrm{PB}=\frac{0.1}{2}+\frac{0.4}{3}+\frac{0.7}{4}+\frac{0.8}{5}+\frac{1.0}{6}$$

设表 2.5 所示为该模糊控制器所采用的模糊控制规则。

表 2.5　模糊控制规则表

z \ y / x	NB	NM	NS	ZE	PS	PM	PB
NB	NB	NB	NB	NB	NM	ZE	ZE
NM	NB	NB	NB	NB	NM	ZE	ZE
NS	NM	NM	NM	NM	ZE	PS	PS
NZ	NM	NM	NS	ZE	PS	PM	PM
PZ	NM	NM	NS	ZE	PS	PM	PM
PS	NS	NS	ZE	PM	PM	PM	PM
PM	ZE	ZE	PM	PB	PB	PB	PB
PB	ZE	ZE	PM	PB	PB	PB	PB

表 2.5 是表示模糊控制规则的简洁形式。该表中共包含 56 条规则，由于 x 的模糊分割

数为8,y的模糊分割数为7,所以该表包含了最大可能的规则数。一般情况下,规则数可以少于56,这时表中相应栏内可以为空。表2.5所表示的规则依次为

$\boldsymbol{R}_1$:如果 x 是 NB and y 是 NB 则 z 是 NB

$\boldsymbol{R}_2$:如果 x 是 NB and y 是 NM 则 z 是 NB

⋮

$\boldsymbol{R}_{56}$:如果 x 是 PB and y 是 PB 则 z 是 PB

设已知输入为 x_0 和 y_0,模糊化运算采用单点模糊集合,则相应的输入量模糊集合 A' 和 B' 分别为

$$\mu_{A'}(x)=\begin{cases}1 & x=x_0\\ 0 & x\neq x_0\end{cases},\quad \mu_{B'}(y)=\begin{cases}1 & y=y_0\\ 0 & y\neq y_0\end{cases}$$

根据前面介绍的模糊推理方法及性质,可求得输出量的模糊集合 C' 为(假设 and 用求交法,also 用求并法,合成用最大-最小法,模糊蕴含用求交法)

$$\begin{aligned}C'&=(A'\times B')\circ\boldsymbol{R}=(A'\times B')\circ\bigcup_{i=1}^{56}\boldsymbol{R}_i\\&=\bigcup_{i=1}^{56}(A'\times B')\circ[(A_i\times B_i)\rightarrow C_i]\\&=\bigcup_{i=1}^{56}[A'\circ(A_i\rightarrow C_i)]\cap[B'\circ(B_i\rightarrow C_i)]\\&=\bigcup_{i=1}^{56}C_{iA}'\cap C_{iB}'=\bigcup_{i=1}^{56}C_i'\end{aligned}$$

下面以 $x_0=-6, y_0=-6$ 为例说明计算过程。

$$\boldsymbol{R}_{1A}=A_1\rightarrow C_1=A_{NB}\rightarrow C_{NB}=\begin{bmatrix}1\\0.8\\0.7\\0.4\\0.1\\0\\ \vdots\\0\end{bmatrix}\wedge\begin{bmatrix}1 & 0.7 & 0.3 & 0 & \cdots & 0\end{bmatrix}$$

$$=\begin{bmatrix}1 & 0.7 & 0.3 & \\0.8 & 0.7 & 0.3 & \\0.7 & 0.7 & 0.3 & 0\\0.4 & 0.4 & 0.3 & \\0.1 & 0.1 & 0.1 & \\ & & & \\ & 0 & & 0\end{bmatrix}_{13\times13}$$

$$C_{1A}'=A'\circ(A_1\rightarrow C_1)=[1\quad 0\quad\cdots\quad 0]\circ R_{1A}=[1\quad 0.7\quad 0.3\quad 0\quad\cdots\quad 0]$$

$$\boldsymbol{R}_{1B}=B_1\to C_1=B_{\mathrm{NB}}\to C_{\mathrm{NB}}=\begin{bmatrix}1.0\\0.7\\0.3\\0\\\vdots\\0\end{bmatrix}\wedge\begin{bmatrix}1 & 0.7 & 0.3 & 0 & \cdots & 0\end{bmatrix}$$

$$=\begin{bmatrix}1 & 0.7 & 0.3 & \\ 0.7 & 0.7 & 0.3 & \mathbf{0}\\ 0.3 & 0.3 & 0.3 & \\ & \mathbf{0} & & \mathbf{0}\end{bmatrix}_{13\times13}$$

$$C'_{1B}=B'\circ(B_1\to C_1)=[1\quad 0\quad \cdots\quad 0]\circ\boldsymbol{R}_{1B}=[1\quad 0.7\quad 0.3\quad 0\quad \cdots\quad 0]$$

$$C'_1=C'_{1A}\cap C'_{1B}=[1\quad 0.7\quad 0.3\quad 0\quad \cdots\quad 0]$$

$$\boldsymbol{R}_{2A}=A_2\to C_2=A_{\mathrm{NB}}\to C_{\mathrm{NB}}=R_{1A}$$

$$C'_{2A}=A'\circ(A_2\to C_2)=C'_{1A}$$

$$\boldsymbol{R}_{2B}=B_2\to C_2=B_{\mathrm{NM}}\to C_{\mathrm{NB}}=\begin{bmatrix}0.3\\0.7\\1.0\\0.7\\0.3\\\vdots\\0\end{bmatrix}\wedge\begin{bmatrix}1 & 0.7 & 0.3 & 0 & \cdots & 0\end{bmatrix}$$

$$=\begin{bmatrix}0.3 & 0.3 & 0.3 & \\ 0.7 & 0.7 & 0.3 & \\ 1 & 0.7 & 0.3 & \mathbf{0}\\ 0.3 & 0.3 & 0.3 & \\ & \mathbf{0} & & \mathbf{0}\end{bmatrix}_{13\times13}$$

$$C'_{2B}=B'\circ(B_2\to C_2)=B'\circ R_{2B}=[0.3\quad 0.3\quad 0.3\quad 0\quad \cdots\quad 0]$$

$$C'_2=C'_{2A}\cap C'_{2B}=[0.3\quad 0.3\quad 0.3\quad 0\quad \cdots\quad 0]$$

$$C'_{1B}=B'\circ(B_1\to C_1)=[1\quad 0\quad \cdots\quad 0]\circ\boldsymbol{R}_{1B}=[1\quad 0.7\quad 0.3\quad 0\quad \cdots\quad 0]$$

$$C'_1=C'_{1A}\cap C'_{1B}=[1\quad 0.7\quad 0.3\quad 0\quad \cdots\quad 0]$$

按同样的方法可依次求出 $C'_3, C'_4, \cdots, C'_{56}$，并最终求得

$$C'=\bigcup_{i=1}^{56}C'_i=[1\quad 0.7\quad 0.3\quad 0\quad \cdots\quad 0]$$

对所求得的输出量模糊集合进行清晰化计算(用加权平均法)得

$$z_0=\mathrm{df}(z)=\frac{1\times(-6)+0.7\times(-5)+0.4\times(-4)}{1+0.7+0.3}=-5.35$$

按照同样的步骤，可以计算出当 x_0、y_0 为其他组合时的输出量 z_0。最后可列出如表 2.6 所示的实时查询的控制表。

表 2.6 控制表

x_0 \ z_0 y_0	−6	−5	−4	−3	−2	−1	0	1	2	3	4	5	6
−6	−5.35	−5.24	−5.35	−5.24	−5.35	−5.24	−4.69	−4.26	−2.71	−2	−1.29	0	0
−5	−5	−4.95	−5	−4.95	−5	−4.95	−3.86	−3.71	−2.36	−1.79	−1.12	0.24	0.23
−4	−4.69	−4.52	−4.69	−4.52	−4.69	−4.52	−3.05	−2.93	−1.94	−1.42	−0.69	0.64	0.58
−3	−4.26	−4.26	−4.26	−4.26	−4.26	−4.26	−2.93	−2.29	−1.42	−0.94	−0.25	1	1
−2	−4	−4	−3.78	−3.76	−3.47	−3.42	−2.43	−1.79	−0.44	−0.04	0.16	1.6	1.63
−1	−4	−4	−3.36	−3.08	−2.47	−2.12	−1.5	−1.05	0.26	1.91	2.33	2.92	2.92
0	−3.59	−3.55	−2.93	−2.6	−0.96	−0.51	0	0.51	0.96	2.6	2.93	3.55	3.59
1	−2.92	−2.92	−2.33	−1.91	−0.26	1.05	1.5	2.12	2.47	3.08	3.36	4	4
2	−1.63	−1.6	−0.16	0.04	0.44	1.79	2.43	3.42	3.47	3.76	3.78	4	4
3	−1	−1	0.25	0.94	1.42	2.29	2.93	4.26	4.26	4.26	4.26	4.26	4.26
4	−0.58	−0.64	0.69	1.42	1.94	2.93	3.05	4.52	4.69	4.52	4.69	4.52	4.69
5	−0.23	−0.24	1.12	1.79	2.36	3.71	3.86	4.95	5	4.95	5	4.95	5
6	0	0	1.29	2	2.71	4.26	4.69	5.24	5.35	5.24	5.35	5.24	5.35

2.6.3 模糊控制的在线计算

如果计算机的计算能力许可,上面的模糊控制离线计算过程也可以在线进行。但是,如果进行在线计算,则可以不需要进行输入的量化过程,从而可以避免由于输入量化而引起的误差。同时模糊变量的隶属度也可以用连续函数来表示。下面介绍模糊控制在线计算的过程。

前面已经介绍过,对于多输入多输出(MIMO)的模糊规则可以分解为多个多输入单输出(MISO)的模糊规则。因此,不失一般性,下面只讨论 MISO 的模糊控制。

图 2.16 所示为一基于 Mamdani 模型的 MISO 模糊控制器的原理结构。其中 $\boldsymbol{x}\in R^n$,$u\in R$。

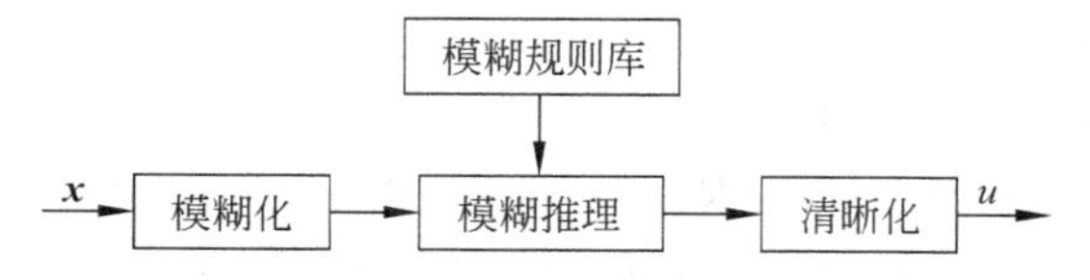

图 2.16 基于 Mamdani 模型的模糊控制器原理结构

设输入向量 $\boldsymbol{x}=[x_1 \quad x_2 \quad \cdots \quad x_n]^{\mathrm{T}}$,每个分量 x_i 均为模糊语言变量,并设

$$T(x_i)=\{A_i^1, A_i^2, \cdots, A_i^{m_i}\}, \quad i=1,2,\cdots,n$$

其中 $A_i^j(j=1,2,\cdots,m_i)$是 x_i 的第 j 个语言变量值,它是定义在论域 X_i 上的一个模糊集合。相应的隶属度函数为 $\mu_{A_i^j}(x_i)(i=1,2,\cdots,n;j=1,2,\cdots,m_i)$。

输出量 u 也为模糊语言变量且 $T(u)=\{B^1, B^2, \cdots, B^{m_u}\}$。其中 $B^j(j=1,2,\cdots,m_u)$是 u 的第 j 个语言变量值,它是定义在论域 U 上的模糊集合。相应的隶属度函数为 $\mu_{B^j}(u)$。

设描述输入与输出关系的模糊规则为

$$\boldsymbol{R}_i: 如果 x_1 是 A_1^i \text{ and } x_2 是 A_2^i \cdots \text{ and } x_n 是 A_n^i 则 u 是 B^i$$

其中 $i=1,2,\cdots,m$，m 表示规则总数，$m\leqslant m_1m_2\cdots m_n$。

若输入量采用单点模糊集合的模糊化方法，则对于给定的输入 $\boldsymbol{x}$，可以求得对于每条规则的适用度为

$$\alpha_i=\mu_{A_1^i}(x_1)\wedge\mu_{A_2^i}(x_2)\wedge\cdots\wedge\mu_{A_n^i}(x_n)$$

或

$$\alpha_i=\mu_{A_1^i}(x_1)\mu_{A_2^i}(x_2)\cdots\mu_{A_n^i}(x_n)$$

通过模糊推理可得对于每一条模糊规则的输出量模糊集合 B_i 的隶属度函数为

$$\mu_{B_i}(u)=\alpha_i\wedge\mu_{B^i}(u)$$

或

$$\mu_{B_i}(u)=\alpha_i\mu_{B^i}(u)$$

从而输出量总的模糊集合为

$$B=\bigcup_{i=1}^{m}B_i$$

$$\mu_B(u)=\bigvee_{i=1}^{m}\mu_{B_i}(u)$$

若采用加权平均的清晰化方法，则可求得输出的清晰化量为

$$u=\frac{\int_{U_u}u\mu_B(u)\mathrm{d}u}{\int_{U_u}\mu_B(u)\mathrm{d}u}$$

由于计算上式的积分很麻烦，实际计算时通常用下面的近似公式，即

$$u=\frac{\sum_{i=1}^{m}u_{C_i}\mu_{B_i}(u_{C_i})}{\sum_{i=1}^{m}\mu_{B_i}(u_{C_i})}$$

其中 u_{C_i} 是模糊集合 B_i 的清晰化值，它通常是 $\mu_{B_i}(u)$ 取最大值的点，它一般也就是隶属度函数的中心点。显然

$$\mu_{B_i}(u_{C_i})=\max_u\mu_{B_i}(u)\triangleq\alpha_i$$

从而输出量的表达式可变为

$$u=\sum_{i=1}^{m}u_{C_i}\bar{\alpha}_i$$

其中

$$\bar{\alpha}=\frac{\alpha_i}{\sum_{i=1}^{m}\alpha_i}$$

表示第 i 条规则的规一化后的适用度。

2.6.4　模糊控制系统的分析和设计

1. 控制对象的模糊模型表示

定义凡采用模糊控制器的系统称为模糊控制系统。对于模糊控制器，它不是如常规的

控制器那样,采用微分方程、传递函数或状态方程等精确的数学描述,而是通过定义模糊变量、模糊集合及相应的隶属度函数,采用一组模糊条件句来描述输入与输出之间的映射关系。这种用模糊条件句来表示的输入与输出关系称为模糊模型,也称语言模型。在模糊控制系统中,若控制对象也用模糊模型表示,则称系统为纯粹的模糊系统;若控制对象采用常规的数学模型来表示,则称系统为混合的模糊系统。

由于模糊控制器已经是模糊模型表示,所以这里主要讨论如图2.17所示的控制对象的模型表示。

u → 控制对象$\boldsymbol{R}_{\mathrm{P}}$ → y

图2.17 控制对象的模糊模型

1)输入与输出模型

对于连续的控制对象,其模糊模型可采用以下的模糊条件句来描述:

$\boldsymbol{R}_i$:如果 y 是 A_0^i and…and $y^{(n-1)}$ 是 A_{n-1}^i and u 是 B_0^i and…and $u^{(m)}$ 是 B_m^i,则

$$y^{(n)}\text{ 是 }C^i,\quad i=1,2,\cdots,N$$

上述模糊条件句也可写为以下的向量形式

$$\boldsymbol{R}_i:\text{如果 }\bar{\boldsymbol{y}}\text{ 是 }A^i\text{ and }\bar{\boldsymbol{u}}\text{ 是 }B^i\text{,则 }y^{(n)}\text{ 是 }C^i,i=1,2,\cdots,N$$

其中

$$\bar{\boldsymbol{y}}=[y\quad \dot{y}\quad \cdots\quad y^{(n-1)}]^{\mathrm{T}},\quad \bar{\boldsymbol{u}}=[u\quad \dot{u}\quad \cdots\quad u^{(m)}]^{\mathrm{T}},\quad A^i=A_0^i\times A_1^i\times\cdots\times A_{n-1}^i$$

$$B^i=B_0^i\times B_1^i\times\cdots\times B_m^i$$

上述模糊模型可写成

$$\boldsymbol{R}_{\mathrm{P}}=\bigcup_{i=1}^{N}(A^i\times B^i)\rightarrow C^i$$

$$C'=(A'\times B')\circ\boldsymbol{R}_{\mathrm{P}}$$

它也可写成

$$\boldsymbol{R}_{\mathrm{P}}=(\bar{\boldsymbol{y}}\times\bar{\boldsymbol{u}})\rightarrow y^{(n)}$$

$$y^{(n)}=(\bar{\boldsymbol{y}}\times\bar{\boldsymbol{u}})\circ\boldsymbol{R}_{\mathrm{P}}$$

该模糊模型相当于常规的高阶微分方程模型。

对于离散的控制对象,其模糊模型可表示为

$$\boldsymbol{R}_i:\text{如果 }\bar{\boldsymbol{y}}(k)\text{是 }A^i\text{ and }\bar{\boldsymbol{u}}(k)\text{是 }B^i\text{,则 }y(k+1)\text{是 }C^i$$

其中

$$\bar{\boldsymbol{y}}(k)=[y(k)\quad y(k-1)\quad \cdots\quad y(k-n+1)]^{\mathrm{T}}$$

$$\bar{\boldsymbol{u}}(k)=[u(k)\quad u(k-1)\quad \cdots\quad u(k-m)]^{\mathrm{T}}$$

A^i 和 B^i 的意义同上。它也可写成

$$\boldsymbol{R}_{\mathrm{P}}=[\bar{\boldsymbol{y}}(k)\times\bar{\boldsymbol{u}}(k)]\rightarrow y(k+1)$$

$$y(k+1)=[\bar{\boldsymbol{y}}(k)\times\bar{\boldsymbol{u}}(k)]\circ\boldsymbol{R}_{\mathrm{P}}$$

该模糊模型相当于常规的高阶差分方程模型。

2)状态空间模型

对于连续的控制对象,其模糊模型可采用以下的模糊条件句来描述。

状态:如果 $\boldsymbol{x}$ 是 A^i and $\boldsymbol{u}$ 是 B^i,则 $\dot{\boldsymbol{x}}$ 是 C^i

输出:如果 $\boldsymbol{x}$ 是 A^i 则 $\boldsymbol{y}$ 是 D^i

其中 $\boldsymbol{x}=[x_1\quad x_2\quad \cdots\quad x_n]^{\mathrm{T}}$,$\boldsymbol{u}=[u_1\quad u_2\quad \cdots\quad u_m]^{\mathrm{T}}$,$\boldsymbol{y}=[y_1\quad y_2\quad \cdots\quad y_r]^{\mathrm{T}}$。也可写成以下形式

$$\begin{cases}\dot{\boldsymbol{x}} = (\boldsymbol{x} \times \boldsymbol{u}) \circ \boldsymbol{R}_{\mathrm{S}} \\ \boldsymbol{y} = \boldsymbol{x} \circ \boldsymbol{R}_{\mathrm{O}}\end{cases}$$

其中 $\boldsymbol{R}_{\mathrm{S}} = \boldsymbol{x} \times \boldsymbol{u} \to \dot{\boldsymbol{x}}$，$\boldsymbol{R}_{\mathrm{O}} = \boldsymbol{x} \to \boldsymbol{y}$。

可见，该模糊模型相当于常规的连续状态空间模型。相应的离散状态空间模型可表示为

$$\begin{cases}\boldsymbol{x}(k+1) = [\boldsymbol{x}(k) \times \boldsymbol{u}(k)] \circ \boldsymbol{R}_{\mathrm{S}} \\ \boldsymbol{y}(k) = \boldsymbol{x}(k) \circ \boldsymbol{R}_{\mathrm{O}}\end{cases}$$

2. 模糊系统分析

1) 稳定性分析

稳定性是控制系统的一个最基本的性能要求，因此如何分析系统的稳定性是控制理论中的一个重要内容。常规的稳定性理论比较成熟，内容相当丰富，而模糊控制系统的稳定性理论尚较缺乏，下面介绍其中的一些内容。

首先分析控制对象的稳定性。若给定控制对象的离散模糊模型为

$$y(k+1) = [\bar{\boldsymbol{y}}(k) \times \bar{\boldsymbol{u}}(k)] \circ \boldsymbol{R}_{\mathrm{P}}$$

其中

$$\bar{\boldsymbol{y}}(k) = [y(k) \quad y(k-1) \quad \cdots \quad y(k-n+1)]^{\mathrm{T}},$$

$$\bar{\boldsymbol{u}}(k) = [u(k) \quad u(k-1) \quad \cdots \quad u(k-m)]^{\mathrm{T}}$$

$$\boldsymbol{R}_{\mathrm{P}} = [\bar{\boldsymbol{y}}(k) \times \bar{\boldsymbol{u}}(k)] \to y(k+1)$$

上面的模型可以进一步增广为以下的向量形式，即

$$\bar{\boldsymbol{y}}(k+1) = [\bar{\boldsymbol{y}}(k) \times \bar{\boldsymbol{u}}(k)] \circ \bar{\boldsymbol{R}}_{\mathrm{P}}$$

其中

$$\bar{\boldsymbol{y}}(k+1) = [y(k+1) \quad y(k) \quad \cdots \quad y(k-n+2)]^{\mathrm{T}}$$

$$\bar{\boldsymbol{R}}_{\mathrm{P}} = [\bar{\boldsymbol{y}}(k) \times \bar{\boldsymbol{u}}(k)] \to \bar{\boldsymbol{y}}(k+1)$$

$$\mu_{\bar{R}_{\mathrm{P}}}[\bar{y}(k), \bar{u}(k), \bar{y}(k+1)] = \mu_{R_{\mathrm{P}}}[\bar{y}(k), \bar{u}(k), y(k+1)]$$

对于上述模糊模型，相应的隶属度函数具有以下关系，即

$$\begin{aligned}\mu_{\bar{\boldsymbol{y}}(k+1)} &= \max_{\bar{\boldsymbol{y}}(k), \bar{\boldsymbol{u}}(k)} [(\mu_{\bar{\boldsymbol{y}}(k)} \wedge \mu_{\bar{\boldsymbol{u}}(k)}) \wedge \mu_{\bar{R}_{\mathrm{P}}}(\bar{\boldsymbol{y}}(k), \bar{\boldsymbol{u}}(k), \bar{\boldsymbol{y}}(k+1))] \\ &= \max_{\bar{\boldsymbol{y}}(k), \bar{\boldsymbol{u}}(k)} \min[\mu_{\bar{\boldsymbol{y}}(k)}, \mu_{\bar{\boldsymbol{u}}(k)}, \mu_{\bar{R}_{\mathrm{P}}}(\bar{\boldsymbol{y}}(k), \bar{\boldsymbol{u}}(k), \bar{\boldsymbol{y}}(k+1))] \\ &= \max_{\bar{\boldsymbol{y}}(k)} \min\{\mu_{\bar{\boldsymbol{y}}(k)}, \max_{\bar{\boldsymbol{u}}(k)} \min[\mu_{\bar{\boldsymbol{u}}(k)}, \mu_{\bar{R}_{\mathrm{P}}}(\bar{\boldsymbol{y}}(k), \bar{\boldsymbol{u}}(k), \bar{\boldsymbol{y}}(k+1))]\}\end{aligned}$$

上式表明有以下的关系成立，即

$$\bar{\boldsymbol{y}}(k+1) = [\bar{\boldsymbol{y}}(k) \times \bar{\boldsymbol{u}}(k)] \circ \bar{\boldsymbol{R}}_{\mathrm{P}} = \bar{\boldsymbol{y}}(k) \circ [\bar{\boldsymbol{u}}(k) \circ \boldsymbol{R}_{\bar{\mathrm{P}}}] = \bar{\boldsymbol{y}}(k) \circ \bar{\boldsymbol{u}}(k) \circ \boldsymbol{R}_{\bar{\mathrm{P}}}$$

为了验证在某一输入情况下的稳定性，令 $\bar{\boldsymbol{u}}(k) = \bar{\boldsymbol{u}}_{\mathrm{C}}$ 为常量，从而上式变为

$$\bar{\boldsymbol{y}}(k+1) = \bar{\boldsymbol{y}}(k) \circ [\bar{\boldsymbol{u}}_{\mathrm{C}} \circ \boldsymbol{R}_{\bar{\mathrm{P}}}]$$

令

$$\boldsymbol{R}'_{\bar{\mathrm{P}}} = \bar{\boldsymbol{u}}_{\mathrm{C}} \circ \boldsymbol{R}_{\bar{\mathrm{P}}}$$

则上式变为

$$\bar{\boldsymbol{y}}(k+1) = \bar{\boldsymbol{y}}(k) \circ \boldsymbol{R}'_{\bar{\mathrm{P}}}$$

若已知系统的初始条件为 $\bar{\boldsymbol{y}}(0)$，则由上式得

$$\bar{\boldsymbol{y}}(1)=\bar{\boldsymbol{y}}(0)\circ\boldsymbol{R}'_{\mathrm{P}}$$
$$\bar{\boldsymbol{y}}(2)=\bar{\boldsymbol{y}}(1)\circ\boldsymbol{R}'_{\mathrm{P}}=\bar{\boldsymbol{y}}(0)\circ\boldsymbol{R}'_{\mathrm{P}}\circ\boldsymbol{R}'_{\mathrm{P}}=\bar{\boldsymbol{y}}(0)\circ(\boldsymbol{R}'_{\mathrm{P}})^2$$
$$\vdots$$
$$\bar{\boldsymbol{y}}(k)=\bar{\boldsymbol{y}}(0)\circ(\boldsymbol{R}'_{\mathrm{P}})^k$$

由此可见，若 $\lim\limits_{k\to\infty}(\boldsymbol{R}'_{\mathrm{P}})^k=\lim\limits_{k\to\infty}(\bar{u}_{\mathrm{C}}\circ\boldsymbol{R}_{\bar{\mathrm{P}}})^k=\boldsymbol{R}'_{\infty}$ 为常量，则可判定系统是稳定的。否则，若当 $k\to\infty$ 时有 $(\boldsymbol{R}'_{\mathrm{P}})^k=(\boldsymbol{R}'_{\mathrm{P}})^{k+k_0}$，则可判定系统是振荡的，且振荡周期 $T=k_0T_0$，T_0 为采样周期。

下面考虑如图2.18所示的闭环系统的稳定性，其中模糊控制器的模糊模型为

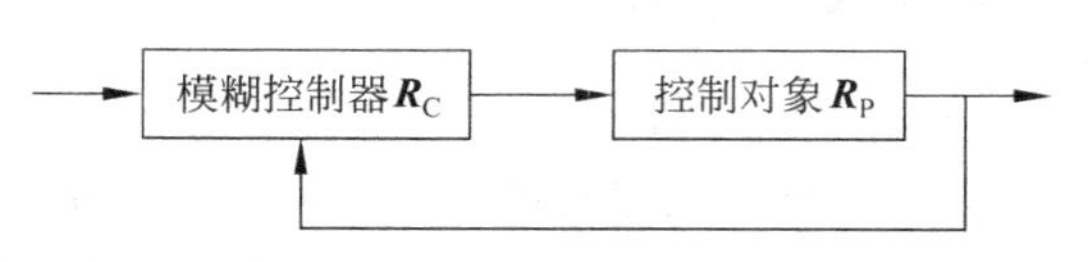

图2.18 闭环系统的模糊模型

$$\begin{aligned}\bar{\boldsymbol{u}}(k)&=[\bar{\boldsymbol{y}}(k)\times r(k)]\circ\boldsymbol{R}_{\mathrm{C}}\\&=\bar{\boldsymbol{y}}(k)\circ[r(k)\circ\boldsymbol{R}_{\mathrm{C}}]\\&=\bar{\boldsymbol{y}}(k)\circ r(k)\circ\boldsymbol{R}_{\mathrm{C}}\end{aligned}$$

注意：它也是增广模型，其中

$$\bar{\boldsymbol{u}}(k)=[u(k)\quad u(k-1)\quad\cdots\quad u(k-m)]^{\mathrm{T}}$$

控制对象的模糊模型为

$$\bar{\boldsymbol{y}}(k+1)=[\bar{\boldsymbol{u}}(k)\times\bar{\boldsymbol{y}}(k)]\circ\boldsymbol{R}_{\mathrm{P}}=\bar{\boldsymbol{u}}(k)\circ\bar{\boldsymbol{y}}(k)\circ\boldsymbol{R}_{\mathrm{P}}$$

代入控制器模型可得闭环系统的模糊模型为

$$\bar{\boldsymbol{y}}(k+1)=\bar{\boldsymbol{y}}(k)\circ r(k)\circ\boldsymbol{R}_{\mathrm{C}}\circ\bar{\boldsymbol{y}}(k)\circ\boldsymbol{R}_{\mathrm{P}}$$

令

$$C=r(k)\circ\boldsymbol{R}_{\mathrm{C}}$$

则上式变为

$$\bar{\boldsymbol{y}}(k+1)=\bar{\boldsymbol{y}}(k)\circ C\circ\bar{\boldsymbol{y}}(k)\circ\boldsymbol{R}_{\mathrm{P}}$$

为了检验系统在某确定输入下的稳定性，可令 $r(k)$ 为常数，从而 C 也为常数。设系统的初始条件为 $\bar{\boldsymbol{y}}(0)$，则由上式可依次推得

$$\bar{\boldsymbol{y}}(1)=\bar{\boldsymbol{y}}(0)\circ C\circ\bar{\boldsymbol{y}}(0)\circ\boldsymbol{R}_{\mathrm{P}}=\bar{\boldsymbol{y}}(0)\circ T_0,\quad T_0=C\circ\bar{\boldsymbol{y}}(0)\circ\boldsymbol{R}_{\mathrm{P}}$$
$$\begin{aligned}\bar{\boldsymbol{y}}(2)&=\bar{\boldsymbol{y}}(1)\circ C\circ\bar{\boldsymbol{y}}(1)\circ\boldsymbol{R}_{\mathrm{P}}=\bar{\boldsymbol{y}}(0)\circ T_0\circ C\circ\bar{\boldsymbol{y}}(0)\circ T_0\circ\boldsymbol{R}_{\mathrm{P}}\\&=\bar{\boldsymbol{y}}(0)\circ T_1,\quad T_1=T_0\circ C\circ\bar{\boldsymbol{y}}(0)\circ T_0\circ\boldsymbol{R}_{\mathrm{P}}\end{aligned}$$
$$\vdots$$
$$\begin{aligned}\bar{\boldsymbol{y}}(k+1)&=\bar{\boldsymbol{y}}(k)\circ C\circ\bar{\boldsymbol{y}}(k)\circ\boldsymbol{R}_{\mathrm{P}}=\bar{\boldsymbol{y}}(0)\circ T_{k-1}\circ C\circ\bar{\boldsymbol{y}}(0)\circ T_{k-1}\circ\boldsymbol{R}_{\mathrm{P}}\\&=\bar{\boldsymbol{y}}(0)\circ T_k,\quad T_k=T_{k-1}\circ C\circ\bar{\boldsymbol{y}}(0)\circ T_{k-1}\circ\boldsymbol{R}_{\mathrm{P}}\end{aligned}$$

由此可见，若 $\lim\limits_{k\to\infty}T_k=T_{\infty}$ 为常量，则可判定闭环系统是稳定的；否则，若当 $k\to\infty$ 时有 $T_k=T_{k+k_0}$，则可判定系统是振荡的，且振荡周期 $T=k_0T_0$，T_0 为采样周期。

以上所进行的稳定性分析均是针对纯粹的模糊控制系统，即控制对象及控制器均采用模糊模型表示。但在实际问题中经常遇到的是混合的模糊系统，即控制对象采用常规的数学模型，控制器是模糊模型。这时可以有以下两种方法来分析该混合模糊系统的稳定性。

(1) 利用模糊系统辨识的方法将控制对象变换为模糊模型表示。它不仅适用于控制对象解析模型已知的情况，更重要的是它也适用于解析模型未知的情况，这时可根据实验测得

的输入、输出数据来辨识出控制对象的模糊模型。采用模糊神经网络来对系统模糊辨识是一种较为简单易行的方法。关于模糊神经网络的内容将在下一章中介绍。在求得控制对象的模糊模型后，整个系统变为纯粹的模糊模型，从而可利用上面介绍的方法来进行稳定性的分析。

(2) 将控制器的模糊模型变为确定性的模型，从而混合模糊系统变为常规的控制系统，进而采用常规的方法来对系统进行稳定性分析。一个典型的情况是：当模糊控制器经离线计算后得到一张可在线查询的控制表时，这时的模糊控制器可看成为一个多级继电特性的非线性控制器。这时可按照一般的非线性系统来对系统进行稳定性分析。最常用的方法是采用描述函数法，即求出非线性控制器部分的描述函数。假设控制对象是线性的，则可通过绘制系统的 Nyquist 图来判定系统是否存在自持振荡，以及所产生自持振荡的频率和幅度。

2) 模糊相平面分析

相平面分析法是分析非线性二阶系统的一种直观的图解方法。该方法也可以推广到模糊系统。虽然这种方法只适用于二阶系统，但很大一类系统均可用二阶系统来近似。

设单输入单输出二阶系统的模糊模型用以下的模糊条件句来描述：

$$\boldsymbol{R}_i：如果\ y\ 是\ A_0^i\ \text{and}\ \dot{y}\ 是\ A_1^i\ \text{and}\ u\ 是\ B^i\ 则\ \ddot{y}\ 是\ C^i$$

$i=1,2,\cdots,N$。它也可表示为

$$\ddot{y}=(y\times\dot{y}\times u)\circ\boldsymbol{R}_{\mathrm{P}}$$

模糊相平面法是通过图形的方法在相平面上显示每一条件句的影响来说明整个系统的动态特性。例如，考虑其中的一个条件句为上面所给出的 $\boldsymbol{R}_i$，对于条件句中的每一个模糊集合均定义了相应的隶属度函数，即 $\mu_{A_0^i}(y)$、$\mu_{A_1^i}(\dot{y})$、$\mu_{B^i}(u)$ 及 $\mu_{C^i}(\ddot{y})$ 均为已知。定义该模糊条件句在相平面上的作用中心区域 $(y,\dot{y})$ 为

$$(y_0:\ \underset{y}{\forall}\mu_{A_0^i}(y)=1,\dot{y}_0:\ \underset{\dot{y}}{\forall}\mu_{A_1^i}(\dot{y})=1)$$

该模糊条件句的总的影响区域为

$$(y:\ \underset{y}{\forall}\mu_{A_0^i}(y)>0,\dot{y}:\ \underset{\dot{y}}{\forall}\mu_{A_1^i}(\dot{y})>0)$$

一般情况下，在点 $(y,\dot{y})$ 处的相点运动方向角为 $\tan\alpha=\lim\limits_{\Delta y\to 0}\dfrac{\Delta\dot{y}}{\Delta y}=\lim\limits_{\Delta t\to 0}\left(\dfrac{\Delta\dot{y}}{\Delta t}\Big/\dfrac{\Delta y}{\Delta t}\right)=\dfrac{\ddot{y}}{\dot{y}}$，对于模糊系统，在模糊条件句的作用中心区域的相点运动方向角可以通过清晰化方法求得

$$\tan\alpha=\frac{\mathrm{df}(C^i)}{\mathrm{df}(A_1^i)}$$

例 2.13 考虑以下的一条模糊条件句：

$\boldsymbol{R}_i$：如果 y 是 NS and $\dot{y}$ 是 PM and u 是 PM 则 $\ddot{y}$ 是 PS。其中各模糊语言值的隶属度函数如图 2.19 所示。画出对应该模糊条件句的相点运动方向。

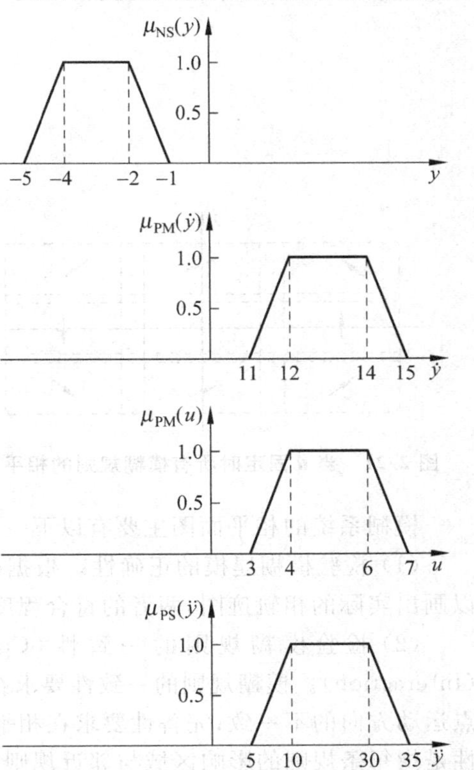

图 2.19 例 2.13 中模糊变量语言值的隶属度函数

根据上面的讨论,可以求得 $\tan\alpha=\dfrac{\mathrm{df}[\mu_{\mathrm{PS}}(\ddot{y})]}{\mathrm{df}[\mu_{\mathrm{PM}}(\dot{y})]}=\dfrac{20}{13}=1.54$,$\alpha=57°$。

由此并根据所给已知条件可画出该模糊条件句的作用中心区域、总的影响区域及相点的运动方向,如图 2.20 所示。

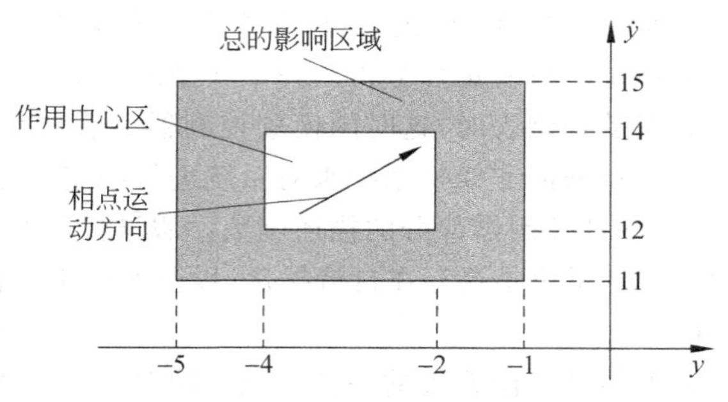

图 2.20 例 2.13 中 R_i 的相平面图

上面的例子只画出了一条模糊规则的相平面图。按照同样的方法可以画出当 u 为常数(在上例中 u=PM)时的所有模糊规则的相平面图,如图 2.21 所示,利用该相平面图,可以大致画出对于给定的初始条件的相轨迹。

图 2.21 所示为当 u 固定为某一常数值时的相平面图,当 u 取不同值时可以画出不同的相平面图,将这些相平面图重叠在一起可以获得如图 2.22 所示的三维相平面图组。

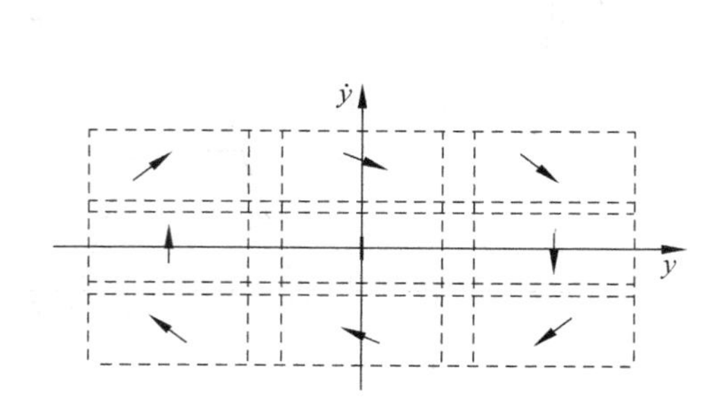

图 2.21 当 u 固定时所有模糊规则的相平面图

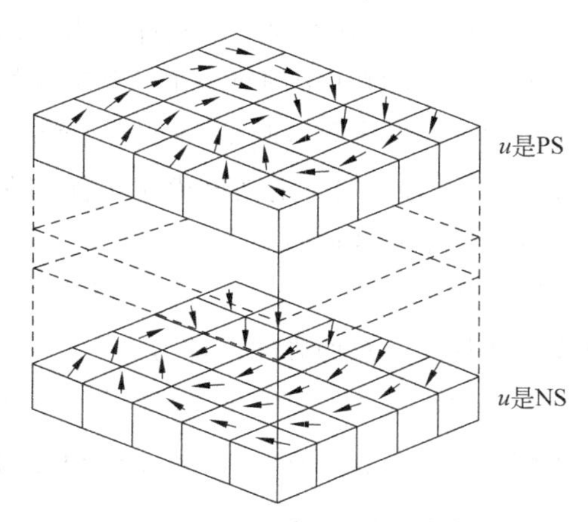

图 2.22 三维相平面图组

模糊系统的相平面图主要有以下一些用途。

(1) 检验模糊建模的正确性。根据模糊模型可以画出模糊相平面图,根据实测数据可以画出实际的相轨迹图,两者的符合程度可用来检验模糊建模的正确性。

(2) 检验模糊规则的一致性(Consistency)、完备性(Completeness)以及交互性(Interaction)。模糊规则的一致性要求在相平面图上同一区域或非常靠近的区域不存在相点运动方向的不一致;完备性要求在相平面的每个区域至少属于一条规则的影响区域,交互性是指每条规则的影响区域与邻近规则的影响区域具有一定程度的互相重叠。

(3) 帮助设计控制规则。三维图可用来确定在不同的状态时应采用怎样的控制才能获得满意的相轨迹。从而可从图形上直观地确定出模糊控制规则。

(4) 检验系统的稳定性和分析系统的性能。利用相平面图可以大致画出对于给定初始条件的相轨迹，根据该相轨迹可以判断系统的稳定性。若相轨迹终止在一点，说明系统是稳定的；若相轨迹最终形成极限环，说明系统产生自持振荡。若系统稳定，可根据相轨迹确定系统的动态响应性能(过渡过程时间和超调量等)。

(5) 若期望的闭环特性是用语言模型来描述的，则可以通过画出它的相平面图来校核所给闭环特性的正确性。

例 2.14　考虑以下的二阶系统

$$\ddot{y} = (y \times \dot{y} \times u) \circ \boldsymbol{R}_{\mathrm{P}}$$

已知控制量输入 $u_0=6.6$，初始条件 $(y_0, \dot{y}_0)=(-4, -30)$，各量的语言值及相应的隶属度函数如图 2.23 所示，描述该系统的模糊语言规则如表 2.7 所示，其中“＊”处表示不存在相应的规则。该模型可以通过模糊自适应辨识方法获得。用相平面图来验证模糊建模的正确性。

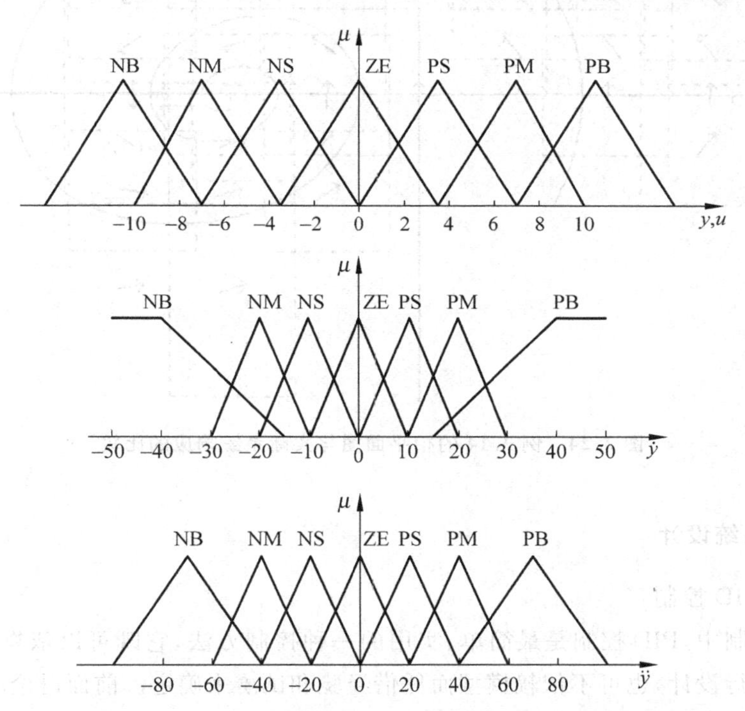

图 2.23　例 2.14 中模糊变量的语言值及相应的隶属度函数

表 2.7　描述系统模型的模糊规则表

$\ddot{y}$ \ y / $\dot{y}$	NB	NM	NS	ZE	PS	PM	PS
PB	*	PB	PB	PB	NB	NM	NB
PM	PB	PB	PB	*	*	*	NB
PS	PB	PB	PB	*	PM	NS	NM
ZE	PB	PB	*	PB	PB	ZE	NM
NS	PB	*	*	*	PB	PS	NM
NM	*	*	*	*	PB	PM	NS
NB	*	*	*	*	*	PB	PM

根据给定的模型规则及相应的隶属度函数,可以画出相应的模糊相平面图如图 2.24 所示。此时由于隶属度函数均为三角形,因而每一模糊规则的作用中心区域为一个点。图中同时画出了实际的相轨迹图。可见,两者有很好的符合程度,从而验证了所辨识的模糊模型的正确性。

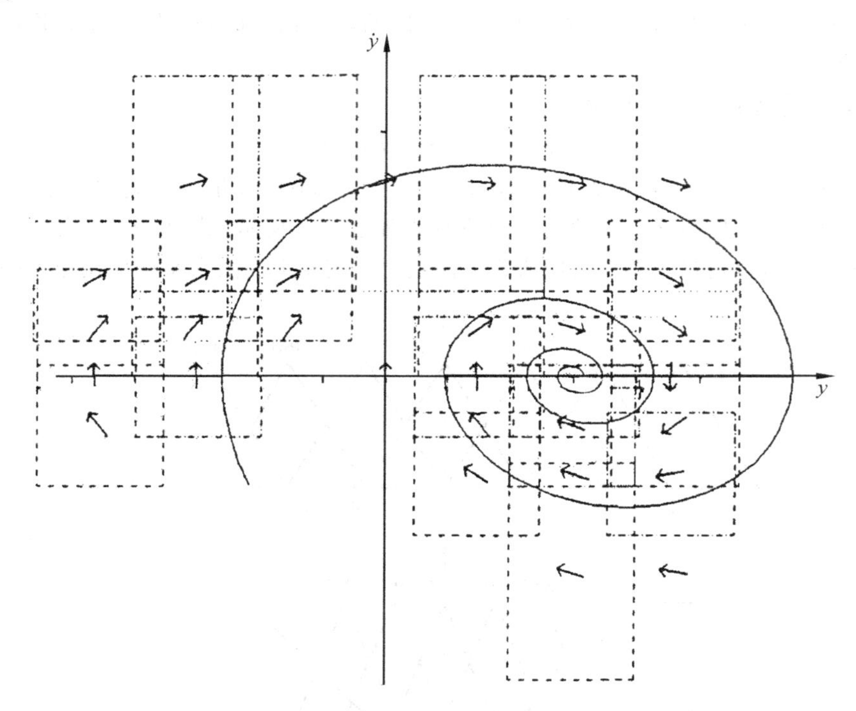

图 2.24 例 2.14 的相平面图与实际系统响应的比较

3. 模糊系统设计

1) 模糊 PID 控制

在常规控制中,PID 控制是最简单、实用的一种控制方法,它既可以依靠数学模型通过解析的方法进行设计,也可不依赖模型而凭借经验和试凑来确定。前面讨论的模糊控制,一般均假设用误差 e、误差变化 Δe(或误差导数)作为模糊控制的输入量,因而它本质上相当于一种非线性 PD 控制。为了消除稳态误差,也需加入积分控制,图 2.25 画出了两种典型的模糊 PID 控制的结构,其中图 2.25(a)所示为常规的模糊 PID 控制,图 2.25(b)所示为增量模糊 PID 控制。

在如图 2.25 所示的典型结构中,模糊控制器有 3 个输入。若每个输入量分 7 个等级,则最多可能需要 $7^3=343$ 条模糊规则,而当输入量为两个时,最多只需要 $7^2=49$ 条模糊规则。可见,增加一个输入量将大大增加模糊控制器设计和计算的复杂性,为此可以考虑采用如图 2.26 所示的变形结构,它同样可以实现模糊 PID 控制的功能。

在图 2.26 所示的变形结构中,采用两个模糊控制器,其中一个是常见的 PD 控制器,它有两个输入,最多需 49 条规则(仍假设每个变量分 7 个等级)。另外一个是模糊 P 控制,它

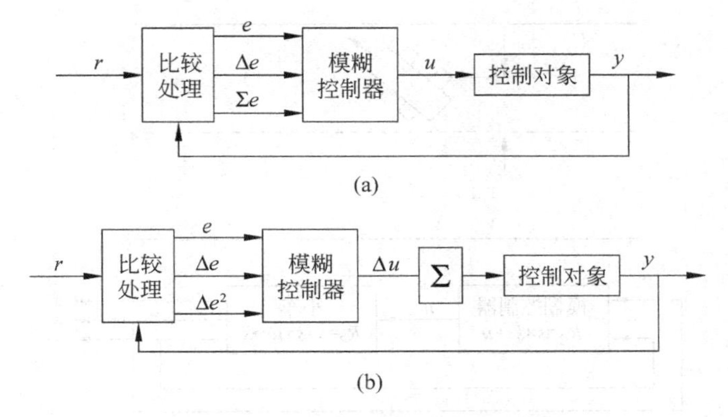

图 2.25 典型的模糊 PID 控制结构

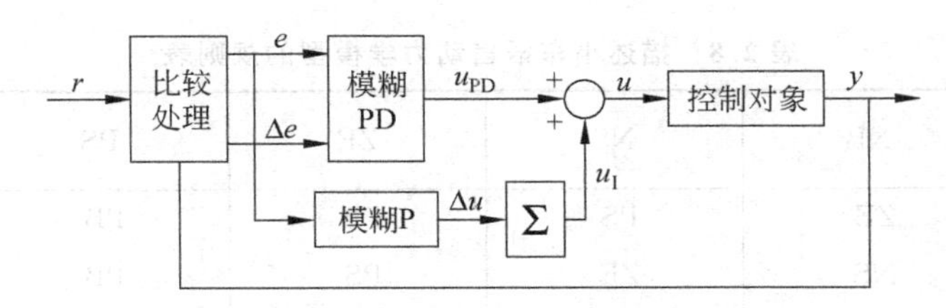

图 2.26 模糊 PID 控制的变形结构

只有一个输入，最多只需 7 条规则。因此总共最多只需 56 条规则，而图 2.25 所示的典型结构最多需 343 条规则。可见这种变形结构比通常的模糊 PD 并未增加太大的复杂性，同时它也实现了模糊 PID 控制的功能。

2）基于语言模型求逆的模糊控制器设计

对于如图 2.27 所示的常规控制系统，若已知控制对象模型及期望的闭环系统特性，则可以设计控制器为 $D(s)=\dfrac{1}{G(s)}=\dfrac{M(s)}{1-M(s)}$，即根据期望的闭环特性及开环对象特性的逆即可求得。对于模糊系统，也可依照同样的思路设计模糊控制器，即

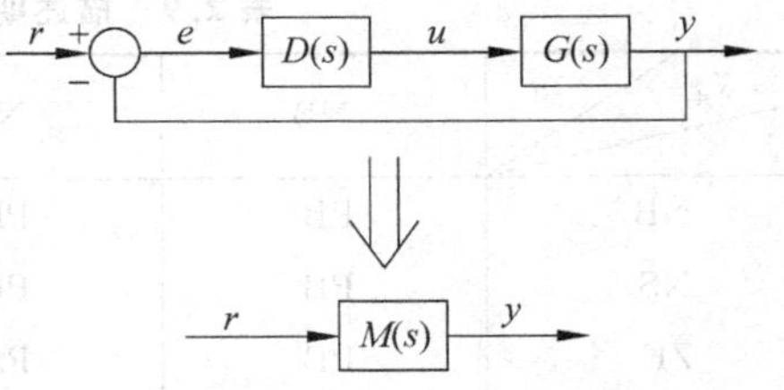

图 2.27 控制系统的常规结构

$$（开环对象）\times（期望闭环特性）\rightarrow（模糊控制器）$$

其中也需要求开环对象的逆特性。由于开环特性是用语言模型来描述的，因此这种设计方法需要对语言模型求逆。

下面通过对如图 2.28 所示的自动小车侧向模糊控制的设计为例来说明这种方法。图中 s 表示小车关于自由通道中心线的侧向偏移，控制的目标是要求$(s,\dot{s})\rightarrow 0$，即要求小车尽量沿着通道的中心线行进。

表 2.8 和表 2.9 分别给出了小车的语言动力学模型和期望的闭环语言动力学模型。图 2.29 给出了各语言变量关于各语言值的隶属度函数。由于小车动力学模型与 s 无关，所以表 2.8 中缺 s 项。

根据期望的闭环语言动力学模型可以画出如图 2.30 所示的相平面图。从该相平面图

件,相轨迹均能收敛到原点。

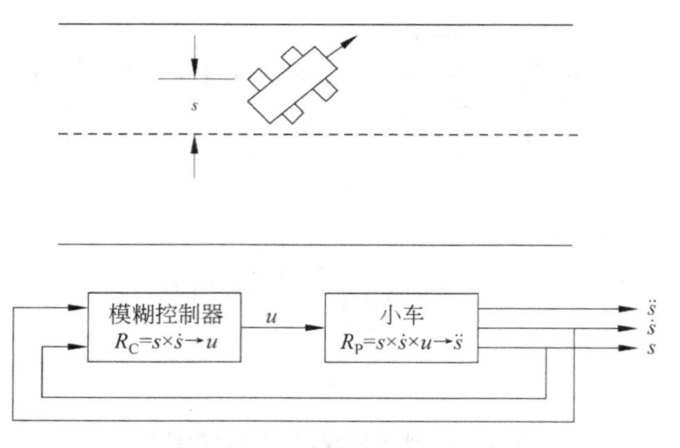

图 2.28 自动小车的侧向控制

表 2.8 描述小车语言动力学模型的规则表

$\ddot{s}$ \ u / $\dot{s}$	NB	NS	ZE	PS	PB
NB	ZE	PS	PB	PB	PB
NS	NS	ZE	PS	PB	PB
ZE	NB	NS	ZE	PS	PB
PS	NB	NB	NS	ZE	PS
PB	NB	NB	NB	NS	ZE

表 2.9 描述期望闭环语言动力学模型的规则表

$\ddot{s}_d$ \ u / $\dot{s}$	NB	NS	ZE	PS	PB
NB	PB	PB	PB	PB	NS
NS	PB	PB	PS	PS	NS
ZE	PB	PS	ZE	NS	NB
PS	PS	NS	NS	NB	NB
PB	PS	NB	NB	NB	NB

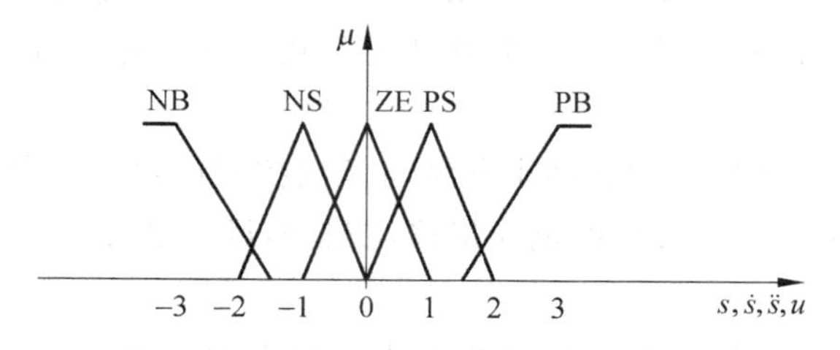

图 2.29 各语言变量值的隶属度函数

可以看出,描述闭环特性的规则库是完备的、一致的,闭环系统是稳定的,对于任意的初始条件,相轨迹均能收敛到原点。

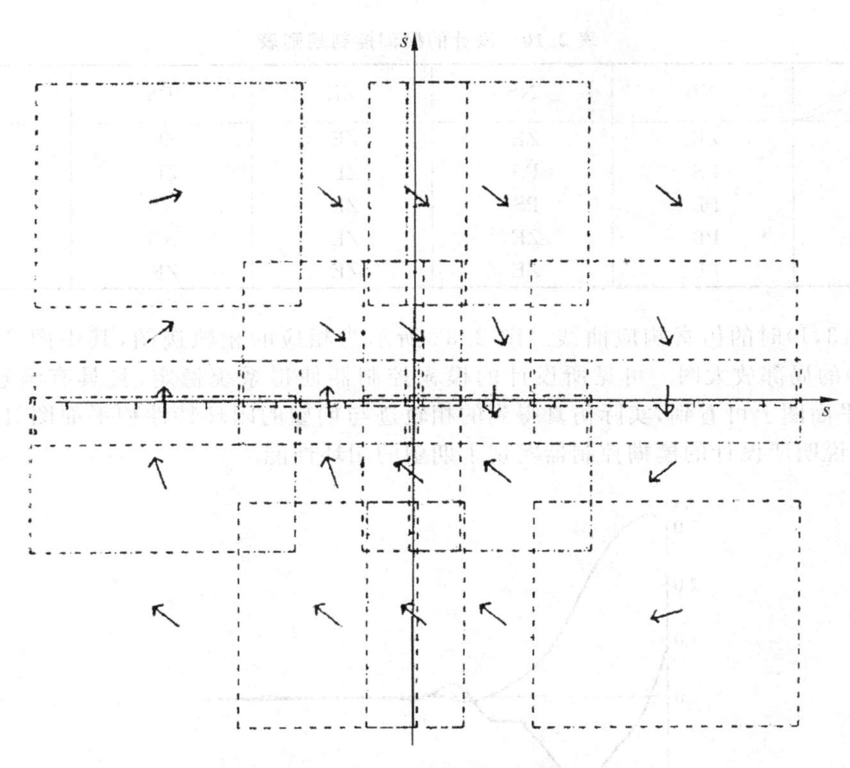

图 2.30　期望闭环特性的相平面图

下面根据小车模型及期望的闭环特性求取控制规则库，即 $s\times\dot{s}\rightarrow u$。由于每个变量均分为 5 个模糊等级，因而最多需求取 25 条控制规则，具体步骤如下：

(1) 选定$(s,\dot{s})$对，在期望的闭环特性规则表中找到相应的 $\ddot{s}_d$。

(2) 取 $\ddot{s}=\ddot{s}_d$，在小车模型的规则表中根据$(\dot{s},\ddot{s})$求取相应的 u，这是语言模型求逆的过程，即已知小车模型 $\dot{s}\times u\rightarrow\ddot{s}$ 求取它的逆模型 $\dot{s}\times\ddot{s}\rightarrow u$。在这一步中可能出现以下 3 种情况：

- 根据$(\dot{s},\ddot{s})$找到一个 u，这个 u 便是要求的解。
- 根据$(\dot{s},\ddot{s})$可以找到多个 u，这时通常取最小的 u 作为要求的解以尽量减小控制能量。
- 根据$(\dot{s},\ddot{s})$找不到合适的 u，这时取最近的解来代替，若有多个最近解，则取其中的最小解。

下面举两个具体例子来说明具体求取的过程。

(1) 取$(s,\dot{s})=$(PS,PB)，查期望特性规则表 2.9 得 $\ddot{s}_d=$NB。取 $\ddot{s}=\ddot{s}_d=$NB，再由$(\dot{s},\ddot{s})=$(PB,NB)查小车模型规则表 2.8 得 $u=$NB/NS/ZE，这时出现了多解的情况，取最小的解 $u=$ZE。

(2) 取$(s,\dot{s})=$(NB,PB)，查期望特性规则表 2.9 得 $\ddot{s}_d=$PS，取 $\ddot{s}=\ddot{s}_d=$PS，再由$(\dot{s},\ddot{s})=$(PB,PS)查小车模型规则表 2.8 无解，取最近解$(\dot{s},\ddot{s})=$(PB,ZE)$\rightarrow u=$PB 来代替，这时相当于将 $\ddot{s}=$PS 用邻近的 ZE 来代替。若 $\ddot{s}$ 不变，$\dot{s}$ 用邻近的 PS 代替也可得出同样的 u(=PB)。

按照上面的步骤，最后设计出该系统的模糊控制规则表如表 2.10 所示。

利用所设计的模糊控制器，对模糊控制系统进行仿真，图 2.31 画出了当初始条件

表 2.10　设计的模糊控制规则表

$\dot{s}$ \ u \ s	NB	NS	ZE	PS	PB
NB	ZE	ZE	ZE	ZE	NB
NS	PS	PS	ZE	ZE	NB
ZE	PB	PS	ZE	NS	NB
PS	PB	ZE	ZE	NS	NS
PB	PB	ZE	ZE	ZE	ZE

$(s_0, \dot{s}_0)=(3,1)$时的仿真响应曲线。图 2.32 所示为相应的相轨迹图,其中图 2.32(b)是图 2.32(a)的局部放大图。可见所设计的模糊控制器使得系统稳定,且具有满意的性能。同时从相平面图上可看到,实际仿真得到的相轨迹与期望的闭环特性相平面图具有良好的符合程度,说明所设计的模糊控制器实现了期望的闭环性能。

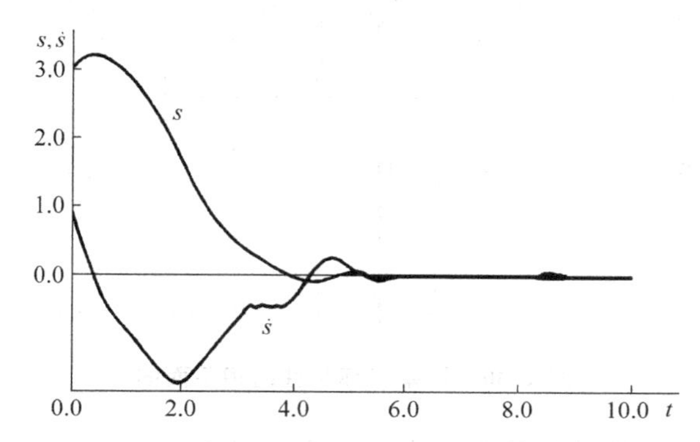

图 2.31　给定初始条件下的系统响应

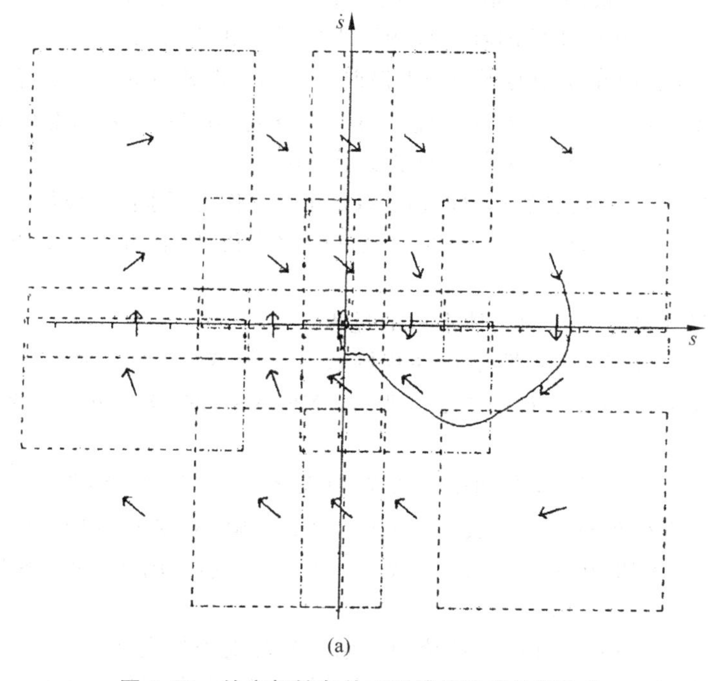

图 2.32　给定初始条件下系统的响应的相轨迹

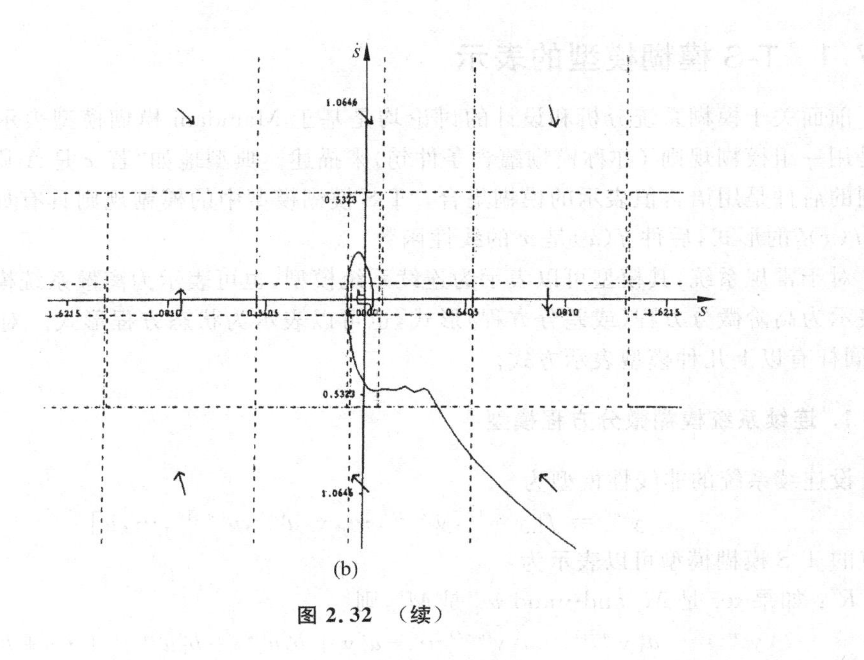

(b)

图 2.32 (续)

2.7 基于 T-S 模型的模糊控制

基于 Mamdani 模型的模糊控制是一个将专家或操作人员定性的语言控制规则转化为定量控制的过程。Mamdani 模糊规则的前件和后件均是用语言表示的模糊集合,通过模糊推理首先得到控制量的模糊集合,再通过清晰化得到确定的控制量。该控制方法模拟了人的控制过程,它不要求已知受控对象的数学模型,控制过程的物理意义比较清楚,实现也比较容易,这些是基于 Mamdani 模型的模糊控制的主要优点。但是,基于 Mamdani 模型的模糊控制不要求受控对象的数学模型,并不等于可以对受控对象一无所知。要设计一个具有良好控制效果的模糊控制器,仍需要对受控对象的特性有一定的了解,这些了解可能是一些模糊的、定性的或经验的规则或知识。

然而,基于 Mamdani 模型的模糊控制也存在以下缺点:

(1) 对于维数较高的复杂系统,需要很多的模糊控制规则,而且规则数随系统维数呈指数增长,这时很难根据操作人员的经验来给出这些规则。

(2) 缺乏系统的方法来设计基于 Mamdani 模型的模糊控制系统和分析该系统的稳定性。

(3) 基于 Mamdani 模型的模糊控制缺乏自适应和自学习的能力。

Mamdani 模型的模糊规则前件和后件均是用语言表示的模糊集合,而 T-S 模糊模型的模糊规则的前件是模糊集合,后件则为前件变量(或与其相关的量)的线性函数。

由于在 T-S 模糊模型中,模糊规则的后件是采用线性方程式描述的,因此,便于采用传统的线性系统的控制策略来设计控制器,也便于采用传统控制理论中分析稳定性的方法来分析模糊控制系统的稳定性。

2.7.1 T-S 模糊模型的表示

前面关于模糊系统分析和设计的讨论均是基于 Mamdani 模糊模型表示。即该模糊模型是用一组模糊规则(亦称模糊蕴含条件句)来描述。典型地如“若 x 是 A 则 y 是 B”,这些规则的后件是用语言值表示的模糊集合。T-S 模糊模型中的模糊规则具有如“若 x 是 A 则 $y=f(x)$”的形式,后件 $f(x)$是 x 的线性函数。

对于常规系统,其模型可以表示为连续系统模型,也可表示为离散系统模型。它们又可以表示为高阶微分方程(或差分方程)形式,也可以表示为状态方程形式。对于 T-S 模糊模型,同样有以上几种模型表示方式。

1. 连续系统模糊微分方程模型

设连续系统的非线性模型为

$$y^{(n)} = f[y^{(n-1)}, y^{(n-2)}, \cdots, y, u^{(m)}, u^{(m-1)}, \cdots, u]$$

相应的 T-S 模糊模型可以表示为

R^i:如果 w_1 是 M_1^i and…and w_q 是 M_q^i,则

$$y_i^{(n)} = -a_1^i y^{(n-1)} - a_2^i y^{(n-2)} \cdots - a_n^i y + b_0^i u^{(m)} + b_1^i u^{(m-1)} + \cdots + b_m^i u$$

$$i = 1,2,\cdots,l$$

其中 $w_1, w_2, \cdots, w_q$ 是与系统状态相关的量,它可以是系统的状态,也可以是系统状态的组合,通常它们是系统中可以观测或容易得到的量。

若模糊化采用模糊单点运算,模糊蕴含关系采用相乘运算,则模糊推理计算的结果为

$$y^{(n)} = \frac{\sum_{i=1}^{l} \alpha_i y_i^{(n)}}{\sum_{i=1}^{l} \alpha_i} = \sum_{i=1}^{l} \bar{\alpha}_i y_i^{(n)}, \quad \bar{\alpha}_i = \frac{\alpha_i}{\sum_{i=1}^{l} \alpha_i}$$

根据模糊直积(前件中的 and)是采用取小还是相乘运算,α_i 可以求得为

$$\alpha_i = \begin{cases} M_1^i(w_1) \wedge M_2^i(w_2) \wedge \cdots \wedge M_q^i(w_q), & \text{取小} \\ M_1^i(w_1) M_2^i(w_2) \cdots M_q^i(w_q), & \text{相乘} \end{cases}$$

这里定义符号 $M_j^i(w_i)$为 w_i 属于 M_j^i 的隶属度函数,即 $M_j^i(w_i) \equiv \mu_{M_j^i}(w_i)$。显然,$\bar{\alpha}_i$ 表示归一化后第 i 条规则的适用度。

若令

$$\boldsymbol{w} = \begin{bmatrix} w_1 \\ w_2 \\ \vdots \\ w_q \end{bmatrix}, \quad \boldsymbol{M}^i = M_1^i \times M_2^i \times \cdots \times M_q^i$$

即 $\boldsymbol{w}$ 表示前件变量空间中的向量,$\boldsymbol{M}^j$ 表示前件变量空间中的模糊子空间集合。则上述模型可简记为

R^i:如果 $\boldsymbol{w}$ 是 $\boldsymbol{M}^i$,则

$$y_i^{(n)} = -a_1^i y^{(n-1)} - a_2^i y^{(n-2)} \cdots - a_n^i y + b_0^i u^{(m)} + b_1^i u^{(m-1)} + \cdots + b_m^i u$$

$$i = 1,2,\cdots,l$$

若模糊化采用模糊单点运算,模糊蕴含关系采用相乘运算,则模糊推理计算的结果为

$$y^{(n)}=\frac{\sum_{i=1}^{l}\alpha_i y_i^{(n)}}{\sum_{i=1}^{l}\alpha_i}=\sum_{i=1}^{l}\bar{\alpha}_i y_i^{(n)},\quad \alpha_i=M^i(\boldsymbol{w}),\quad \bar{\alpha}_i=\frac{\alpha_i}{\sum_{i=1}^{l}\alpha_i}$$

式中,α_i 为 $\boldsymbol{w}$ 属于 M^i 的隶属度;$\bar{\alpha}_i$ 为归一化后第 i 条规则的适用度。

将各模糊子系统的模型(模糊规则后件)代入上式,可得整个系统的非线性模型为

$$y^{(n)}=-a_1 y^{(n-1)}-a_2 y^{(n-2)}\cdots-a_a y+b_0 u^{(m)}+b_1 u^{(m-1)}+\cdots+b_m u$$

$$a_j=\sum_{i=1}^{l}\bar{\alpha}_i a_j^i,j=1,\cdots,n;\quad b_j=\sum_{i=1}^{l}\bar{\alpha}_i b_j^i,j=0,1,\cdots,m$$

称该模型为连续系统的模糊微分方程模型。

对于上述模糊模型可作以下的物理解释:将整个前件变量空间分为 l 个模糊子空间集合 $\boldsymbol{M}^i(i=1,2,\cdots,l)$。对于每个模糊子空间,系统的动力学特性可用一个局部线性模型来描述。整个系统动力学特性则是这些局部线性模型的加权和。换句话说,该模型表示方法的实质在于:一个整体非线性的动力学模型可以看成是许多个局部线性模型的模糊逼近。

2. 连续系统模糊状态方程模型

设连续系统的非线性模型为

$$\begin{cases}\dot{\boldsymbol{x}}=\boldsymbol{f}(\boldsymbol{x},\boldsymbol{u})\\ \boldsymbol{y}=\boldsymbol{g}(\boldsymbol{x},\boldsymbol{u})\end{cases}$$

相应的 T-S 模糊模型可以表示为

R^i:如果 $\boldsymbol{w}$ 是 $\boldsymbol{M}^i$,则

$$\begin{cases}\dot{\boldsymbol{x}}^i=\boldsymbol{A}_i\boldsymbol{x}+\boldsymbol{B}_i\boldsymbol{u}\\ \boldsymbol{y}^i=\boldsymbol{C}_i\boldsymbol{x}+\boldsymbol{D}_i\boldsymbol{u}\end{cases},\quad i=1,2,\cdots,l$$

若模糊化采用模糊单点运算,模糊蕴含关系采用相乘运算,则模糊推理计算的结果为

$$\begin{cases}\dot{\boldsymbol{x}}=\frac{\sum_{i=1}^{l}\alpha_i\dot{\boldsymbol{x}}^i}{\sum_{i=1}^{l}\alpha_i}=\sum_{i=1}^{l}\bar{\alpha}_i\dot{\boldsymbol{x}}^i\\ \boldsymbol{y}=\frac{\sum_{i=1}^{l}\alpha_i\boldsymbol{y}^i}{\sum_{i=1}^{l}\alpha_i}=\sum_{i=1}^{l}\bar{\alpha}_i\boldsymbol{y}^i\end{cases},\quad \alpha_i=M^i(\boldsymbol{w}),\quad \bar{\alpha}_i=\frac{\alpha_i}{\sum_{i=1}^{l}\alpha_i}$$

将各模糊子系统的模型(模糊规则后件)代入上式,可得整个系统的非线性模型为

$$\begin{cases}\dot{\boldsymbol{x}}=\boldsymbol{A}\boldsymbol{x}+\boldsymbol{B}\boldsymbol{u}\\ \boldsymbol{y}=\boldsymbol{C}\boldsymbol{x}+\boldsymbol{D}\boldsymbol{u}\end{cases}$$

$$\boldsymbol{A}=\sum_{i=1}^{l}\bar{\alpha}_i\boldsymbol{A}_i,\quad \boldsymbol{B}=\sum_{i=1}^{l}\bar{\alpha}_i\boldsymbol{B}_i,\quad \boldsymbol{C}=\sum_{i=1}^{l}\bar{\alpha}_i\boldsymbol{C}_i,\quad \boldsymbol{D}=\sum_{i=1}^{l}\bar{\alpha}_i\boldsymbol{D}_i,$$

称该模型为连续系统的模糊状态方程模型。

3. 离散系统模糊差分方程模型

设系统的非线性模型为

$$y(k)=f[y(k-1),y(k-2),\cdots,y(k-n),u(k-d),\cdots,u(k-d-m)]$$

$d=n-m\geqslant 0$ 表示系统从控制量到输出量之间延迟的拍数。相应的 T-S 模糊模型可以表示为

R^i：如果 $\boldsymbol{w}$ 是 $\boldsymbol{M}^i$，则

$$y^i(k)=-a_1^i y(k-1)-\cdots-a_n^i y(k-n)+b_0^i u(k-d)+\cdots b_m^i u(k-d-m)$$

$$i=1,2,\cdots,l$$

若模糊化采用模糊单点运算，模糊蕴含关系采用相乘运算，则模糊推理计算的结果为

$$y(k)=\frac{\sum_{i=1}^{l}\alpha_i y^i(k)}{\sum_{i=1}^{l}\alpha_i}=\sum_{i=1}^{l}\bar{\alpha}_i y^i(k),\quad \alpha_i=M^i(\boldsymbol{w}),\quad \bar{\alpha}_i=\frac{\alpha_i}{\sum_{i=1}^{l}\alpha_i}$$

式中，α_i 表示 $\boldsymbol{w}$ 属于 $\boldsymbol{M}^i$ 的隶属度；$\bar{\alpha}_i$ 表示归一化后第 i 条规则的适用度。

将各模糊子系统的模型(模糊规则后件)代入上式，可得整个系统的非线性模型为

$$y(k)=-a_1 y(k-1)-\cdots-a_n y(k-n)+b_0 u(k-d)+\cdots b_m u(k-d-m)$$

$$a_j=\sum_{i=1}^{l}\bar{\alpha}_i a_j^i,j=1,\cdots,n;\quad b_j=\sum_{i=1}^{l}\bar{\alpha}_i b_j^i,j=0,1,\cdots,m$$

称该模型为离散系统的模糊差分方程模型。

4. 离散系统模糊状态方程模型

设系统的非线性模型为

$$\begin{cases}\boldsymbol{x}(k+1)=\boldsymbol{f}(\boldsymbol{x}(k),\boldsymbol{u}(k))\\ \boldsymbol{y}(k)=\boldsymbol{g}(\boldsymbol{x}(k),\boldsymbol{u}(k))\end{cases}$$

相应的 T-S 模糊模型可以表示为

R^i：如果 $\boldsymbol{w}$ 是 $\boldsymbol{M}^i$，则

$$\begin{cases}\boldsymbol{x}^i(k+1)=\boldsymbol{F}_i\boldsymbol{x}(k)+\boldsymbol{G}_i\boldsymbol{u}(k)\\ \boldsymbol{y}^i(k)=\boldsymbol{C}_i\boldsymbol{x}(k)+\boldsymbol{D}_i\boldsymbol{u}(k)\end{cases},\quad i=1,2,\cdots,l$$

若模糊化采用模糊单点运算，模糊蕴含关系采用相乘运算，则模糊推理计算的结果为

$$\begin{cases}\boldsymbol{x}(k+1)=\dfrac{\sum_{i=1}^{l}\alpha_i\boldsymbol{x}^i(k+1)}{\sum_{i=1}^{l}\alpha_i}=\sum_{i=1}^{l}\bar{\alpha}_i\boldsymbol{x}^i(k+1)\\ \boldsymbol{y}(k)=\dfrac{\sum_{i=1}^{l}\alpha_i\boldsymbol{y}^i(k)}{\sum_{i=1}^{l}\alpha_i}=\sum_{i=1}^{l}\bar{\alpha}_i\boldsymbol{y}^i(k)\end{cases},\quad \alpha_i=M^i(\boldsymbol{w}),\quad \bar{\alpha}_i=\frac{\alpha_i}{\sum_{i=1}^{l}\alpha_i}$$

将各模糊子系统的模型(模糊规则后件)代入上式，可得整个系统的非线性模型为

$$\begin{cases} \boldsymbol{x}(k+1) = \boldsymbol{F}\boldsymbol{x}(k) + \boldsymbol{G}\boldsymbol{u}(k) \\ \boldsymbol{y}(k) = \boldsymbol{C}\boldsymbol{x}(k) + \boldsymbol{D}\boldsymbol{u}(k) \end{cases}$$

$$\boldsymbol{F} = \sum_{i=1}^{l} \bar{\alpha}_i \boldsymbol{F}_i, \quad \boldsymbol{G} = \sum_{i=1}^{l} \bar{\alpha}_i \boldsymbol{G}_i, \quad \boldsymbol{C} = \sum_{i=1}^{l} \bar{\alpha}_i \boldsymbol{C}_i, \quad \boldsymbol{D} = \sum_{i=1}^{l} \bar{\alpha}_i \boldsymbol{D}_i,$$

称该模型为离散系统的模糊状态方程模型。

5. T-S模糊模型的通用逼近性

上面介绍了T-S模糊模型的几种表示方式，它们可以描述一般的非线性系统模型。但是对于任意的非线性系统，是否都可以用T-S模糊模型来表示，也就是说，T-S模糊模型是否能够逼近任意的非线性系统，即它是否可以作为非线性系统模型的通用逼近器，这是需要回答的问题。许多学者对此进行了研究，并得到以下的结论。

以离散系统为例，考虑以下的一般非线性系统

$$\boldsymbol{x}(k+1) = \boldsymbol{f}[\boldsymbol{x}(k), \boldsymbol{u}(k)]$$

式中，$\boldsymbol{x}$ 为 n 维状态向量；$\boldsymbol{u}$ 为 m 维控制向量。假设 $\boldsymbol{f}[\boldsymbol{x}(k), \boldsymbol{u}(k)]$ 满足 $\boldsymbol{f}[0,0]=0$ 及 $\boldsymbol{f}[\boldsymbol{x}(k), \boldsymbol{u}(k)]$ 关于 $\boldsymbol{x}$ 和 $\boldsymbol{u}$ 的2阶导数连续。

设有下面的离散T-S模糊模型：

R^i：如果 $\boldsymbol{w}$ 是 $\boldsymbol{M}^i$，则

$$\boldsymbol{x}^i(k+1) = \boldsymbol{F}_i \boldsymbol{x}(k) + \boldsymbol{G}_i \boldsymbol{u}(k) + \boldsymbol{a}_i, \quad i = 1, 2, \cdots, l$$

即

$$\boldsymbol{x}(k+1) = \boldsymbol{F}(\boldsymbol{w})\boldsymbol{x}(k) + \boldsymbol{G}(\boldsymbol{w})\boldsymbol{u}(k) + \boldsymbol{a}(\boldsymbol{w}) = \hat{\boldsymbol{f}}[\boldsymbol{x}(k), \boldsymbol{u}(k)]$$

$$\boldsymbol{F}(\boldsymbol{w}) = \sum_{i=1}^{l} \bar{\alpha}_i \boldsymbol{F}_i, \quad \boldsymbol{G}(\boldsymbol{w}) = \sum_{i=1}^{l} \bar{\alpha}_i \boldsymbol{G}_i, \quad \boldsymbol{a}(\boldsymbol{w}) = \sum_{i=1}^{l} \bar{\alpha}_i \boldsymbol{a}_i$$

$$\alpha_i = M^i(\boldsymbol{w}), \quad \bar{\alpha}_i = \frac{\alpha_i}{\sum_{i=1}^{l} \alpha_i}, \quad \bar{\alpha}_i \geqslant 0, \quad \sum_{i=1}^{l} \bar{\alpha}_i = 1$$

如果假定前件变量 $\boldsymbol{w}=\boldsymbol{x}$，那么可以证明，T-S模糊模型 $\hat{\boldsymbol{f}}[\boldsymbol{x}(k), \boldsymbol{u}(k)]$ 是满足前述假定条件的任意非线性函数 $\boldsymbol{f}[\boldsymbol{x}(k), \boldsymbol{u}(k)]$ 在紧致集上的通用逼近器，即

对于定义在紧致集 $\boldsymbol{X} \times \boldsymbol{U} \subset \boldsymbol{R}^n \times \boldsymbol{R}^m$ 上任意的非线性函数 $\boldsymbol{f}(\boldsymbol{x}, \boldsymbol{u})$ 和任意的 $\varepsilon > 0$，一定存在T-S模糊模型 $\hat{\boldsymbol{f}}(\boldsymbol{x}, \boldsymbol{u})$，使得

$$d_\infty[\boldsymbol{f}(\boldsymbol{x}, \boldsymbol{u}) - \hat{\boldsymbol{f}}(\boldsymbol{x}, \boldsymbol{u})] = \sup_{\boldsymbol{x} \in \boldsymbol{X}, \boldsymbol{u} \in \boldsymbol{U}} [\| \boldsymbol{f}(\boldsymbol{x}, \boldsymbol{u}) - \hat{\boldsymbol{f}}(\boldsymbol{x}, \boldsymbol{u}) \|] < \varepsilon$$

文献[31]进一步证明了，在T-S模糊模型中当 $\boldsymbol{a}_i = 0 (i=1,2,\cdots,l)$ 时，T-S模糊模型 $\hat{\boldsymbol{f}}[\boldsymbol{x}(k), \boldsymbol{u}(k)]$ 仍然是满足前述假定条件的任意非线性函数 $\boldsymbol{f}[\boldsymbol{x}(k), \boldsymbol{u}(k)]$ 在紧致集上的通用逼近器。今后所采用的T-S模糊模型均假定 $\boldsymbol{a}_i = 0 (i=1,2,\cdots,l)$，即方程右边不存在常数项的情况，这种齐次形式便于模糊控制系统的分析与设计。

2.7.2 T-S模糊模型的建模

对于一个实际的系统，如何获得它的T-S模糊模型，这是后面进一步讨论基于T-S模糊模型的控制系统分析和设计需要首先解决的问题。

常规的建模方法主要有两种,一种是机理建模,即根据对系统动力学特性的了解,直接列写出描述该特性的微分方程,再以此为基础,将其转换到要求的模型表示形式。另一种是系统辨识(System Identification)的方法,即对控制对象施加一定的试验信号,测量其输入和输出数据,通过对这些数据进行分析计算,从而辨识出系统的模型。系统辨识建模方法又包括结构辨识和参数估计两个步骤,即首先需要确定模型的结构,然后在此基础上再确定出模型中的具体参数。机理建模的方法比较适合于连续系统的建模,如果需要可以进一步将其离散化而获得离散模型。系统辨识的建模方法比较适合于离散系统的建模。

T-S 模糊模型的建模方法也有机理建模和系统辨识两种建模方法。下面对它们进行具体讨论。

1. 机理建模

T-S 模糊模型的机理建模方法可以分解为以下几个步骤。

(1) 根据对系统动力学特性的了解,建立该系统的解析模型,该模型一般为非线性模型。

(2) 确定 T-S 模糊模型的前件变量,前件变量可以是系统的状态变量,但用得较多的是用系统中可以观测或容易得到的量。

(3) 将前件变量空间进行模糊分割。这里有很大的选择余地,如模糊子空间是分得粗一点还是细一点,是均匀分割还是非均匀分割,隶属度函数是取三角形、梯形还是菱形,是对称还是非对称等。模糊分割的粗细决定了模糊规则的个数,它也决定了将来模糊控制器设计和实现的复杂程度。所以,为了降低设计和实现的复杂性,在满足要求的基础上应尽量减少模糊子空间的个数。在简单情况下可以采用均匀分割的方法。但一般情况下应根据模型特性,对于不同的区域采用不同粒度的分割,其原则是当模型特性变化比较剧烈时应分割得细一点,模型特性变化比较平缓时应分割得粗一点。隶属度函数通常取对称形式。

(4) 在每个模糊子空间的中心点处对系统的解析非线性模型进行局部线性化,该局部线性化模型即为所在模糊子空间所对应的模糊规则后件子系统的线性模型。

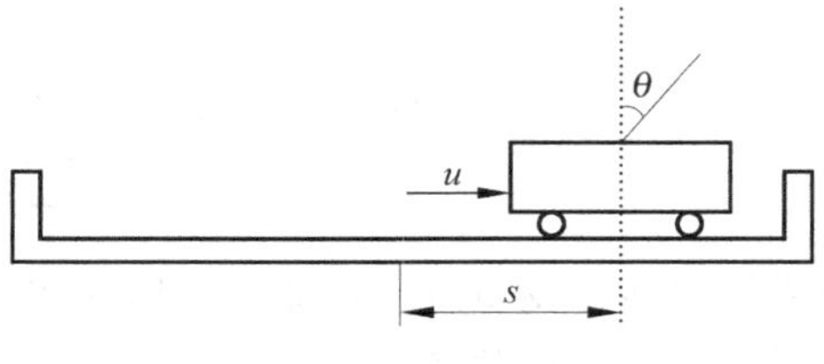

图 2.33 单倒立摆系统

下面通过如图 2.33 所示的单倒立摆系统为例来说明上面的建模过程。

1) 建立该系统的解析模型

取状态变量 $x_1=\theta, x_2=\dot{\theta}$ 以及 $x_3=s, x_4=\dot{s}$,可以求得该单倒立摆系统的动力学方程为

$$
\begin{cases}
\dot{x}_1 = x_2, \\
\dot{x}_2 = \dfrac{1.0}{[(M+m)(J+ml^2)-m^2l^2\cos^2 x_1]}\cdot[-f_1(M+m)x_2 - m^2l^2x_2^2\sin x_1\cos x_1 \\
\qquad + f_0 mlx_4\cos x_1 + (M+m)mgl\sin x_1 - ml\cos x_1 u], \\
\dot{x}_3 = x_4, \\
\dot{x}_4 = \dfrac{1.0}{[(M+m)(J+ml^2)-m^2l^2\cos^2 x_1]}\cdot[f_1 mlx_2\cos x_1 + (J+ml^2)mlx_2^2\sin x_1 \\
\qquad - f_0(J+ml^2)x_4 - m^2gl^2\sin x_1\cos x_1 + (J+ml^2)u],
\end{cases}
$$

式中，x_1 表示摆杆与铅垂线的夹角(rad)；x_2 表示摆杆的角速度(rad/s)；x_3 表示小车的位移(m)；x_4 表示小车的速度(m/s)；$g=9.8\text{m/s}^2$ 是重力加速度常数；m 是摆杆质量(kg)；M 是小车质量(kg)；f_0 是小车的摩擦系数[N/(m·s)]；f_1 是摆杆的摩擦系数[N/(rad·s)]；l 是摆杆质心到转轴的距离(m)；J 是摆杆绕其质心的转动惯量(kg·m²)；u 是施加于小车上的力(N)。它们的具体参数为：$M=1.3282\text{kg}$，$m=0.22\text{kg}$，$f_0=22.915\text{N/(m·s)}$，$f_1=0.007056\text{N/(rad·s)}$，$l=0.304\text{m}$，$J=0.004963\text{kg·m}^2$。

2）确定 T-S 模糊模型的前件变量

显然上面所建的模型是非线性模型，其非线性特性主要随 $x_1=\theta$ 的改变而改变，因此这里选择 $x_1=\theta$ 作为前件变量。

3）将前件变量空间进行模糊分割

这里前件变量只有一个，根据该具体问题，为了使设计工作简单化，应该采用尽可能少的模糊规则，因此将前件变量 x_1 分割为 $M^1=$"大约为 0"和 $M^2=$"大约为 $\pm\frac{\pi}{3}$" 两个模糊集合，相应的隶属度取为

$$\alpha_1 = M^1[x_1(t)] = \left\{1.0-\frac{1.0}{1.0+\mathrm{e}^{-7.0\left[x_1(t)-\frac{\pi}{6}\right]}}\right\}\cdot\frac{1.0}{1.0+\mathrm{e}^{-7.0\left[x_1(t)+\frac{\pi}{6}\right]}},$$

$$\alpha_2 = M^2[x_1(t)] = 1.0-\alpha_1[x_1(t)]$$

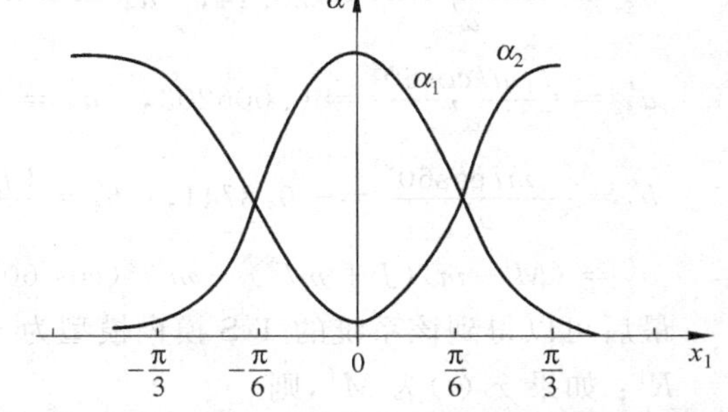

图 2.34　单倒立摆系统前件变量的模糊分割

其隶属度曲线如图 2.34 所示。因为这里 $\alpha_1+\alpha_2=1$，因此显然有 $\bar{\alpha}_i=\alpha_i$，$i=1,2$。

4）在每个模糊子空间的中心点处对系统的解析非线性模型进行局部线性化

可以得到以下两个局部线性模型。

子系统 1：

$$\begin{cases}\dot{\boldsymbol{x}}^1(t)=\boldsymbol{A}_1\boldsymbol{x}(t)+\boldsymbol{B}_1u(t)\\ \boldsymbol{y}^1(t)=\boldsymbol{C}_1\boldsymbol{x}(t)\end{cases}$$

$$\boldsymbol{A}_1=\begin{bmatrix}0.0 & 1.0 & 0.0 & 0.0\\ a_{21} & a_{22} & 0.0 & a_{24}\\ 0.0 & 0.0 & 0.0 & 1.0\\ a_{41} & a_{42} & 0.0 & a_{44}\end{bmatrix},\quad \boldsymbol{B}_1=\begin{bmatrix}0.0\\ b_2\\ 0.0\\ b_4\end{bmatrix},\quad \boldsymbol{C}_1=\begin{bmatrix}1.0 & 0.0 & 0.0 & 0.0\\ 0.0 & 0.0 & 1.0 & 0.0\end{bmatrix}$$

$$a_{21}=\frac{(M+m)mgl}{a}=31.18,\quad a_{22}=\frac{-f_1(M+m)}{a}=-0.3149$$

$$a_{24}=\frac{f_0ml}{a}=44.18,\quad a_{41}=\frac{-m^2gl^2}{a}=-1.2637$$

$$a_{42}=\frac{f_1ml}{a}=0.0136,\quad a_{44}=\frac{-f_0(J+ml^2)}{a}=-16.71$$

$$b_2=\frac{-ml}{a}=-1.928,\quad b_4=\frac{(J+ml^2)}{a}=0.7291$$

$$a=(M+m)(J+ml^2)-m^2l^2=0.03469$$

子系统2：

$$\begin{cases}\dot{\boldsymbol{x}}^2(t)=\boldsymbol{A}_2\boldsymbol{x}(t)+\boldsymbol{B}_2u(t)\\ \boldsymbol{y}^2(t)=\boldsymbol{C}_2\boldsymbol{x}(t)\end{cases}$$

$$\boldsymbol{A}_2=\begin{bmatrix}0.0&1.0&0.0&0.0\\a'_{21}&a'_{22}&0.0&a'_{24}\\0.0&0.0&0.0&1.0\\a'_{41}&a'_{42}&0.0&a'_{44}\end{bmatrix},\quad \boldsymbol{B}_2=\begin{bmatrix}0.0\\b'_2\\0.0\\b'_4\end{bmatrix},\quad \boldsymbol{C}_2=\begin{bmatrix}1.0&0.0&0.0&0.0\\0.0&0.0&1.0&0.0\end{bmatrix},$$

$$a'_{21}=\frac{\dfrac{3\sqrt{3}}{2\pi}(M+m)mgl}{a'}=23.53,\quad a'_{22}=\frac{-f_1(M+m)}{a'}=-0.2872$$

$$a'_{24}=\frac{f_0ml\cos60^\circ}{a'}=20.14,\quad a'_{41}=\frac{-\dfrac{3\sqrt{3}}{2\pi}m^2gl^2\cos60^\circ}{a'}=-0.4767$$

$$a'_{42}=\frac{f_1ml\cos60^\circ}{a'}=0.006203,\quad a'_{44}=\frac{-f_0(J+ml^2)}{a'}=-14.75$$

$$b'_2=\frac{-ml\cos60^\circ}{a'}=-0.8741,\quad b'_4=\frac{(J+ml^2)}{a'}=0.6648$$

$$a'=(M+m)(J+ml^2)-m^2l^2(\cos 60^\circ)^2=0.03804$$

最后可以得到该系统的T-S模糊模型为

R^1：如果 $x_1(t)$ 为 M^1，则

$$\begin{cases}\dot{\boldsymbol{x}}^1(t)=\boldsymbol{A}_1\boldsymbol{x}(t)+\boldsymbol{B}_1u(t)\\ \boldsymbol{y}^1(t)=\boldsymbol{C}_1\boldsymbol{x}(t)\end{cases}$$

R^2：如果 $x_1(t)$ 为 M^2，则

$$\begin{cases}\dot{\boldsymbol{x}}^2(t)=\boldsymbol{A}_2\boldsymbol{x}(t)+\boldsymbol{B}_2u(t)\\ \boldsymbol{y}^2(t)=\boldsymbol{C}_2\boldsymbol{x}(t)\end{cases}$$

2. 系统辨识建模

T-S模糊模型的系统辨识建模方法可以分解为以下步骤。

(1) 采集待建模系统的输入输出数据。所采集的数据应能覆盖感兴趣的空间范围，且数据不能太稀疏，否则将不能正确反映模型特性；但数据也不必要太稠密，否则将增加建模的工作量。

(2) 确定T-S模糊模型的前件变量，这与机理建模中的第②步是一样的。

(3) 将前件变量空间进行模糊分割。这一点非常关键，它直接影响建模的精度和效率。这一步的要求与机理建模中的第③步是一样的，所不同的是，这里是根据系统的输入与输出数据而非根据系统的解析模型来进行模糊分割。模糊分割的原则是采用尽量少的模糊子空间数(等于模糊规则数)来尽可能好地拟合系统的输入与输出数据，这是一个十分重要和值得研究的问题，已有很多文献对此进行了专门的研究。目前用得较多的是采用模糊聚类方法来划分模糊子空间。

(4) 根据系统的输入与输出数据来估计模糊子系统线性模型中的参数或同时估计前件

变量的隶属度参数。上面第③步可以看成是系统的结构辨识，这一步则是系统的参数估计。为了便于进行参数估计的计算，系统通常表示为离散系统的模糊差分方程模型，即

R^i：如果 w 是 $\boldsymbol{M}^i$，则

$$y(k) = -a_1^i y(k-1) - \cdots - a_n^i y(k-n) + b_0^i u(k-d) + \cdots b_m^i u(k-d-m)$$

$$i = 1,2,\cdots,l$$

利用最小二乘估计等参数估计方法或利用后面第 3 章介绍的模糊神经网络方法可以估计出各后件子系统的模型参数。

根据需要，也可以很容易将上面的模糊差分方程模型转换为下面的模糊状态方程模型。

R^i：如果 w 是 $\boldsymbol{M}^i$，则

$$\begin{cases} \boldsymbol{x}^i(k+1) = \boldsymbol{F}_i\boldsymbol{x}(k) + \boldsymbol{G}_i\boldsymbol{u}(k) \\ \boldsymbol{y}^i(k) = \boldsymbol{C}_i\boldsymbol{x}(k) + D_i\boldsymbol{u}(k) \end{cases}, i = 1,2,\cdots,l$$

若采用能控标准形的实现方式，对于 $d=n-m>0$ 的情况则有

$$\boldsymbol{F}_i = \begin{bmatrix} 0 & & \\ \vdots & \boldsymbol{I}_{n-1} & \\ 0 & & \\ -a_n^i & \cdots & -a_1^i \end{bmatrix}, \quad \boldsymbol{G}_i = \begin{bmatrix} 0 \\ \vdots \\ 0 \\ 1 \end{bmatrix}, \quad \boldsymbol{C}_i = [b_m^i \cdots b_0^i \quad 0 \cdots 0]$$

$$D_i = 0$$

对于 $d=n-m=0$ 的情况则有

$$\boldsymbol{F}_i = \begin{bmatrix} 0 & & \\ \vdots & \boldsymbol{I}_{n-1} & \\ 0 & & \\ -a_n^i & \cdots & -a_1^i \end{bmatrix}, \quad \boldsymbol{G}_i = \begin{bmatrix} 0 \\ \vdots \\ 0 \\ 1 \end{bmatrix}, \quad \boldsymbol{C}_i = [\bar{b}_1^i \cdots \bar{b}_n^i],$$

$$D_i = b_0^i, \quad \bar{b}_j^i = b_j^i - b_0^i a_j^i (j = 1,2,\cdots,n)$$

2.7.3 基于模糊状态方程模型的系统稳定性分析

1. 连续系统

设系统的外参考输入为 0，则连续系统可用下面的模糊状态方程模型来表示，即

R^i：如果 w 是 $\boldsymbol{M}^i$，则

$$\dot{\boldsymbol{x}}^i = \boldsymbol{H}_i\boldsymbol{x}, \quad i = 1,2,\cdots,l$$

若模糊化采用模糊单点运算，模糊蕴含关系采用相乘运算，则模糊推理计算的结果为

$$\dot{\boldsymbol{x}} = \frac{\sum_{i=1}^{l}\alpha_i\dot{\boldsymbol{x}}^i}{\sum_{i=1}^{l}\alpha_i} = \frac{\sum_{i=1}^{l}\alpha_i\boldsymbol{H}_i\boldsymbol{x}}{\sum_{i=1}^{l}\alpha_i} = \sum_{i=1}^{l}\bar{\alpha}_i\boldsymbol{H}_i\boldsymbol{x}, \quad \alpha_i = \boldsymbol{M}^i(w), \quad \bar{\alpha}_i = \frac{\alpha_i}{\sum_{i=1}^{l}\alpha_i}$$

式中，α_i 表示 w 属于 $\boldsymbol{M}^i$ 的隶属度；$\bar{\alpha}_i$ 是第 i 条规则的归一化后的适用度。

下面给出判断该系统稳定性的一个充分条件。

定理 2.1 对于上面描述的连续模糊系统，如果存在一个共同的正定矩阵 $\boldsymbol{P}$，对于所有的子系统均有 $\boldsymbol{H}_i^{\mathrm{T}}\boldsymbol{P}+\boldsymbol{P}\boldsymbol{H}_i<0(i=1,2,\cdots,l)$。则所讨论模糊系统的平衡状态是全局渐近稳

定的。

证明 考虑以下的标量函数 $V[\boldsymbol{x}(t)]$

$$V[\boldsymbol{x}(t)] = \boldsymbol{x}^{\mathrm{T}}(t)\boldsymbol{P}\boldsymbol{x}(t)$$

由于已假定 $\boldsymbol{P}$ 为正定矩阵,因而 $V[\boldsymbol{x}(t)]$ 为正定函数。进而求

$$\begin{aligned}\dot{V}[\boldsymbol{x}(t)] &= \dot{\boldsymbol{x}}^{\mathrm{T}}(t)\boldsymbol{P}\boldsymbol{x}(t) + \boldsymbol{x}^{\mathrm{T}}(t)\boldsymbol{P}\dot{\boldsymbol{x}}(t) \\ &= \Big[\sum_{i=1}^{l}\bar{\alpha}_i\boldsymbol{H}_i\boldsymbol{x}(t)\Big]^{\mathrm{T}}\boldsymbol{P}\boldsymbol{x}(t) + \boldsymbol{x}^{\mathrm{T}}(t)\boldsymbol{P}\sum_{i=1}^{l}\bar{\alpha}_i\boldsymbol{H}_i\boldsymbol{x}(t) \\ &= \sum_{i=1}^{l}\bar{\alpha}_i\boldsymbol{x}^{\mathrm{T}}(t)(\boldsymbol{H}_i^{\mathrm{T}}\boldsymbol{P} + \boldsymbol{P}\boldsymbol{H}_i)\boldsymbol{x}(t)\end{aligned}$$

根据定理条件对所有 i 有:$\boldsymbol{H}_i^{\mathrm{T}}\boldsymbol{P}+\boldsymbol{P}\boldsymbol{H}_i<0$,从而显然有 $\dot{V}[\boldsymbol{x}(t)]<0$。根据李雅普诺夫稳定性理论,该模糊系统是全局渐近稳定的,从而定理得证。

上述定理当 $l=1$ 时便退化为通常的线性连续系统的稳定性判据。对于能用分段线性函数来逼近的非线性系统,这时可将模糊条件句中前件的模糊集合用普通集合来代替,这时 α^i 的取值为0或1,从而该定理也可用于用分段线性来近似的一类非线性系统的稳定性分析。而该定理所给出的稳定性分析更具一般性,它适合用于任何能用T-S模糊模型逼近的非线性系统的稳定性分析。

需要特别提醒的一点是:若每个子系统均稳定,即对每个子系统均能找到正定矩阵 $\boldsymbol{P}_i$ 使 $\boldsymbol{H}_i^{\mathrm{T}}\boldsymbol{P}_i+\boldsymbol{P}_i\boldsymbol{H}_i<0(i=1,2,\cdots,l)$,并不能保证整个系统一定稳定。而必须找到一个共同的正定矩阵 $\boldsymbol{P}$,使得 $\boldsymbol{H}_i^{\mathrm{T}}\boldsymbol{P}+\boldsymbol{P}\boldsymbol{H}_i<0(i=1,2,\cdots,l)$ 才能保证整个系统的稳定性。因此它是一个比较苛刻的条件,根据该定理条件判断系统稳定性具有很大的保守性。为此已有很多文献对此进行了研究,并给出了一些较少保守性的判断稳定性的条件。

上述定理只是判断系统稳定性的充分条件。当找不到共同的正定矩阵 $\boldsymbol{P}$ 满足上述定理条件时,并不能由此定理来判定所设系统是否稳定。

下面给出存在共同的正定矩阵 $\boldsymbol{P}$ 的一个必要条件。

定理2.2 对于上面描述的连续系统,如果存在一个共同的正定矩阵 $\boldsymbol{P}$,对于所有的子系统均有 $\boldsymbol{H}_i^{\mathrm{T}}\boldsymbol{P}+\boldsymbol{P}\boldsymbol{H}_i<0(i=1,2,\cdots,l)$,且每个 $\boldsymbol{H}_i$ 均为非奇异矩阵,则对于任意 $i,j=1,2,\cdots,l$,$\boldsymbol{H}_i+\boldsymbol{H}_j$ 一定为稳定矩阵,即 $\boldsymbol{H}_i+\boldsymbol{H}_j$ 的特征值均在左半平面。

证明 根据定理条件,对所有 i 和 j

$$\boldsymbol{H}_i^{\mathrm{T}}\boldsymbol{P} + \boldsymbol{P}\boldsymbol{H}_i < 0$$

$$\boldsymbol{H}_j^{\mathrm{T}}\boldsymbol{P} + \boldsymbol{P}\boldsymbol{H}_j < 0$$

将以上两式相加得

$$(\boldsymbol{H}_i + \boldsymbol{H}_j)^{\mathrm{T}}\boldsymbol{P} + \boldsymbol{P}(\boldsymbol{H}_i + \boldsymbol{H}_j) < 0$$

它说明对于任意 $i,j=1,2,\cdots,l$,$\boldsymbol{H}_i+\boldsymbol{H}_j$ 均为稳定矩阵。从而定理得证。

推广上面的证明过程,显然可很容易得到下列推论。

推论 对于上面描述的连续模糊系统,如果存在一个共同的正定矩阵 $\boldsymbol{P}$,对于所有的子系统均有 $\boldsymbol{H}_i^{\mathrm{T}}\boldsymbol{P}+\boldsymbol{P}\boldsymbol{H}_i<0(i=1,2,\cdots,l)$,且每个 $\boldsymbol{H}_i$ 均为非奇异矩阵,则对于任意 $i,j,\cdots,k=1,2,\cdots,l$,$\boldsymbol{H}_i+\boldsymbol{H}_j+\cdots+\boldsymbol{H}_k$ 一定为稳定矩阵。

上面的定理和推论给出了是否存在共同正定矩阵 $\boldsymbol{P}$ 的必要条件,对于一个具体问题,

若能找到一个 $\boldsymbol{H}_i+\boldsymbol{H}_j+\cdots+\boldsymbol{H}_k$ 是不稳定的，则说明一定不存在共同的正定矩阵 $\boldsymbol{P}$。因而可不必做徒劳无益的工作来继续寻找共同的正定矩阵 $\boldsymbol{P}$。

2. 离散系统

设系统的外参考输入为 0，则离散系统可用以下模糊状态方程模型来表示。

R^i：如果 $\boldsymbol{w}$ 是 $\boldsymbol{M}^i$，则

$$\boldsymbol{x}^i(k+1)=\boldsymbol{H}_i\boldsymbol{x}(k),\quad i=1,2,\cdots,l$$

若模糊化采用模糊单点运算，模糊蕴含关系采用相乘运算，则模糊推理计算的结果为

$$\boldsymbol{x}(k+1)=\frac{\sum_{i=1}^{l}\alpha_i\boldsymbol{x}^i(k+1)}{\sum_{i=1}^{l}\alpha_i}=\frac{\sum_{i=1}^{l}\alpha_i\boldsymbol{H}_i\boldsymbol{x}(k)}{\sum_{i=1}^{l}\alpha_i}=\sum_{i=1}^{l}\bar{\alpha}_i\boldsymbol{H}_i\boldsymbol{x}(k),\quad \alpha_i=\boldsymbol{M}^i(\boldsymbol{w}),$$

$$\bar{\alpha}_i=\frac{\alpha_i}{\sum_{i=1}^{l}\alpha_i}$$

α_i 表示 $\boldsymbol{w}$ 属于 $\boldsymbol{M}^i$ 的隶属度，同时它也是第 i 条规则的适用度。

下面给出判断该系统稳定性的一个充分条件。

定理 2.3 对于上面描述的离散模糊系统，如果存在一个共同的正定矩阵 $\boldsymbol{P}$，对于所有的每条规则所描述的子系统均有 $\boldsymbol{H}_i^{\mathrm{T}}\boldsymbol{P}\boldsymbol{H}_i-\boldsymbol{P}<0(i=1,2,\cdots,l)$。则所论模糊系统的平衡状态是全局渐近稳定的。

证明 考虑下面的标量函数

$$V[\boldsymbol{x}(k)]=\boldsymbol{x}^{\mathrm{T}}(k)\boldsymbol{P}\boldsymbol{x}(k)$$

由于已假定 $\boldsymbol{P}$ 为正定矩阵，因而 $V[\boldsymbol{x}(k)]$ 为正定函数。进而求

$$\begin{aligned}
\Delta V[\boldsymbol{x}(k)]&=V[\boldsymbol{x}(k+1)]-V[\boldsymbol{x}(k)]=\boldsymbol{x}^{\mathrm{T}}(k+1)\boldsymbol{P}\boldsymbol{x}(k+1)-\boldsymbol{x}^{\mathrm{T}}(k)\boldsymbol{P}\boldsymbol{x}(k)\\
&=\Big[\sum_{i=1}^{l}\bar{\alpha}_i\boldsymbol{H}_i\boldsymbol{x}(k)\Big]^{\mathrm{T}}\boldsymbol{P}\Big[\sum_{j=1}^{l}\alpha_j\boldsymbol{H}_j\boldsymbol{x}(k)\Big]-\boldsymbol{x}^{\mathrm{T}}(k)\boldsymbol{P}\boldsymbol{x}(k)\\
&=\boldsymbol{x}^{\mathrm{T}}(k)\Big[\sum_{i=1}^{l}\bar{\alpha}_i\boldsymbol{H}_i^{\mathrm{T}}\boldsymbol{P}\sum_{j=1}^{l}\bar{\alpha}_j\boldsymbol{H}_j-\boldsymbol{P}\Big]\boldsymbol{x}(k)\\
&=\sum_{i,j=1}^{l}\bar{\alpha}_i\bar{\alpha}_j\boldsymbol{x}^{\mathrm{T}}(k)(\boldsymbol{H}_i^{\mathrm{T}}\boldsymbol{P}\boldsymbol{H}_j-\boldsymbol{P})\boldsymbol{x}(k)\\
&=\Big[\sum_{i=1}^{l}(\bar{\alpha}_i)^2\boldsymbol{x}^{\mathrm{T}}(k)(\boldsymbol{H}_i^{\mathrm{T}}\boldsymbol{P}\boldsymbol{H}_i-\boldsymbol{P})\boldsymbol{x}(k)\\
&\quad+\sum_{i<j}^{l}\bar{\alpha}_i\bar{\alpha}_j\boldsymbol{x}^{\mathrm{T}}(k)(\boldsymbol{H}_i^{\mathrm{T}}\boldsymbol{P}\boldsymbol{H}_j+\boldsymbol{H}_j^{\mathrm{T}}\boldsymbol{P}\boldsymbol{H}_i-2\boldsymbol{P})\boldsymbol{x}(k)\Big]
\end{aligned}$$

根据定理已知条件，上式中第一项小于零，下面来考察第二项。

$$\begin{aligned}
&\boldsymbol{H}_i^{\mathrm{T}}\boldsymbol{P}\boldsymbol{H}_j+\boldsymbol{H}_j^{\mathrm{T}}\boldsymbol{P}\boldsymbol{H}_i-2\boldsymbol{P}\\
&=-(\boldsymbol{H}_i-\boldsymbol{H}_j)^{\mathrm{T}}\boldsymbol{P}(\boldsymbol{H}_i-\boldsymbol{H}_j)+\boldsymbol{H}_i^{\mathrm{T}}\boldsymbol{P}\boldsymbol{H}_i+\boldsymbol{H}_j^{\mathrm{T}}\boldsymbol{P}\boldsymbol{H}_j-2\boldsymbol{P}\\
&=[-(\boldsymbol{H}_i-\boldsymbol{H}_j)^{\mathrm{T}}\boldsymbol{P}(\boldsymbol{H}_i-\boldsymbol{H}_j)]+[\boldsymbol{H}_i^{\mathrm{T}}\boldsymbol{P}\boldsymbol{H}_i-\boldsymbol{P}]+[\boldsymbol{H}_j^{\mathrm{T}}\boldsymbol{P}\boldsymbol{H}_j-\boldsymbol{P}]
\end{aligned}$$

由于假设 $\boldsymbol{P}$ 是正定矩阵，所以上式第一项不大于零。根据定理条件，上式第二项和第三项

均小于零,所以总的式子小于零。也即前面 $\Delta V[\boldsymbol{x}(k)]$ 式子中的第二项也小于零。因而推得 $\Delta V[\boldsymbol{x}(k)]<0$。根据李雅普诺夫稳定性理论,该模糊系统是全局渐近稳定的,从而定理得证。

上述定理只是判断系统稳定性的充分条件。当找不到共同的正定矩阵 $\boldsymbol{P}$ 满足上述定理条件时,并不能由此定理来判定所设系统是否稳定。

下面给出存在共同的正定矩阵 $\boldsymbol{P}$ 的一个必要条件。

定理 2.4 对于上面描述的离散模糊系统,如果存在一个共同的正定矩阵 $\boldsymbol{P}$,对于所有的子系统均有 $\boldsymbol{H}_i^{\mathrm{T}}\boldsymbol{P}\boldsymbol{H}_i-\boldsymbol{P}<0(i=1,2,\cdots,l)$,且每个 $\boldsymbol{H}_i$ 均为非奇异矩阵,则对于任意 $i,j=1,2,\cdots,l$,$\boldsymbol{H}_i\boldsymbol{H}_j$ 一定为稳定矩阵,即 $\boldsymbol{H}_i\boldsymbol{H}_j$ 的特征值均在单位圆内。

证明 根据定理条件,$\boldsymbol{H}_i^{\mathrm{T}}\boldsymbol{P}\boldsymbol{H}_i-\boldsymbol{P}<0(i=1,2,\cdots,l)$,有

$$\boldsymbol{H}_i^{\mathrm{T}}\boldsymbol{P}\boldsymbol{H}_i<\boldsymbol{P},\quad \boldsymbol{P}<(\boldsymbol{H}_i^{\mathrm{T}})^{-1}\boldsymbol{P}\boldsymbol{H}_i^{-1}$$

对任意 i 均成立。显然也有

$$\boldsymbol{P}<(\boldsymbol{H}_j^{\mathrm{T}})^{-1}\boldsymbol{P}\boldsymbol{H}_j^{-1}$$

对任意 j 也成立,结合上面两式得

$$\boldsymbol{H}_i^{\mathrm{T}}\boldsymbol{P}\boldsymbol{H}_i<\boldsymbol{P}<(\boldsymbol{H}_j^{\mathrm{T}})^{-1}\boldsymbol{P}\boldsymbol{H}_j^{-1}$$

即

$$\boldsymbol{H}_i^{\mathrm{T}}\boldsymbol{P}\boldsymbol{H}_i<(\boldsymbol{H}_j^{\mathrm{T}})^{-1}\boldsymbol{P}\boldsymbol{H}_j^{-1},\quad \boldsymbol{H}_j^{\mathrm{T}}\boldsymbol{H}_i^{\mathrm{T}}\boldsymbol{P}\boldsymbol{H}_i\boldsymbol{H}_j<\boldsymbol{P},$$
$$\boldsymbol{H}_j^{\mathrm{T}}\boldsymbol{H}_i^{\mathrm{T}}\boldsymbol{P}\boldsymbol{H}_i\boldsymbol{H}_j-\boldsymbol{P}<0,\quad (\boldsymbol{H}_i\boldsymbol{H}_j)^{\mathrm{T}}\boldsymbol{P}\boldsymbol{H}_i\boldsymbol{H}_j-\boldsymbol{P}<0$$

它说明对于任意 $i,j=1,2,\cdots,l$,$\boldsymbol{H}_i\boldsymbol{H}_j$ 均为稳定矩阵。从而定理得证。

推广上面的证明过程,显然可得到下面的推论。

推论 对于上面描述的离散模糊系统,如果存在一个共同的正定矩阵 $\boldsymbol{P}$,对于所有的子系统均有 $\boldsymbol{H}_i^{\mathrm{T}}\boldsymbol{P}\boldsymbol{H}_i-\boldsymbol{P}<0(i=1,2,\cdots,l)$,且每个 $\boldsymbol{H}_i(i=1,2,\cdots,l)$ 均为非奇异矩阵,则对于任意 $i,j,\cdots,k=1,2,\cdots,l$,$\boldsymbol{H}_i\boldsymbol{H}_j\cdots\boldsymbol{H}_k$ 一定为稳定矩阵。

上面的定理和推论给出了是否存在共同正定矩阵 $\boldsymbol{P}$ 的必要条件,对于一个具体问题,若能找到一个 $\boldsymbol{H}_i\boldsymbol{H}_j\cdots\boldsymbol{H}_k$ 是不稳定的,则说明一定不存在共同的正定矩阵 $\boldsymbol{P}$。

例如,已知离散模型的两个子系统矩阵为

$$\boldsymbol{H}_1=\begin{bmatrix}1 & -0.5\\ 1 & 0\end{bmatrix},\quad \boldsymbol{H}_2=\begin{bmatrix}-1 & -0.5\\ 1 & 0\end{bmatrix}$$

不难验证 $\boldsymbol{H}_1$ 和 $\boldsymbol{H}_2$ 均是稳定的。但对于

$$\boldsymbol{H}_1\boldsymbol{H}_2=\begin{bmatrix}-1.5 & -0.5\\ -1.0 & -0.5\end{bmatrix}$$

可以求得其两个特征值为 -0.135 和 -1.865,因而它是不稳定的,从而根据上面的定理可以断定不存在共同的正定矩阵 $\boldsymbol{P}$,使得 $\boldsymbol{H}_i^{\mathrm{T}}\boldsymbol{P}\boldsymbol{H}_i-\boldsymbol{P}<0(i=1,2)$。

为了判断模糊系统的稳定性,需要寻找共同的正定矩阵 $\boldsymbol{P}$。由定理 2.1 和定理 2.3 可以看出,求解 $\boldsymbol{P}$ 需要求解一组线性矩阵不等式,所以文献中经常称求解共同的正定矩阵 $\boldsymbol{P}$ 为 LMI(Linear Matrix Inequality)求解问题,在 MATLAB 工具箱中有专门的软件包可用来求解 LMI 问题。

下面介绍求解共同的正定矩阵 $\boldsymbol{P}$ 的一个方法(以离散模型为例)。

(1) 对 $i=1,2,\cdots,l$,求正定矩阵 $\boldsymbol{P}_i$ 以使得 $\boldsymbol{H}_i^{\mathrm{T}}\boldsymbol{P}_i\boldsymbol{H}_i-\boldsymbol{P}_i<0$。具体做法是,设定一正定

矩阵 $\boldsymbol{Q}_i$，求解离散李雅普诺夫方程 $\boldsymbol{P}_i=\boldsymbol{H}_i^{\mathrm{T}}\boldsymbol{P}_i\boldsymbol{H}_i+\boldsymbol{Q}_i$，若 $\boldsymbol{H}_i$ 是稳定的，即可求得正定矩阵 $\boldsymbol{P}_i$。

(2) 检验是否存在 $\boldsymbol{P}_j\in(\boldsymbol{P}_i\mid i=1,2,\cdots,l)$，以使得对所有 i 有 $\boldsymbol{H}_i^{\mathrm{T}}\boldsymbol{P}_j\boldsymbol{H}_i-\boldsymbol{P}_j<0$，若存在，则$\boldsymbol{P}=\boldsymbol{P}_j$；若不存在，则返回(1)，重设 $\boldsymbol{Q}_i$ 重复上述步骤。

2.7.4 基于模糊状态方程模型的平滑控制器设计

1. 连续系统

1) 模糊控制器设计

设已知连续控制对象的模糊状态方程模型为

R_{P}^i：如果 $\boldsymbol{w}$ 是 $\boldsymbol{M}^i$，则

$$\begin{cases}\dot{\boldsymbol{x}}^i=\boldsymbol{A}_i\boldsymbol{x}+\boldsymbol{B}_i\boldsymbol{u}\\ \boldsymbol{y}^i=\boldsymbol{C}_i\boldsymbol{x}+\boldsymbol{D}_i\boldsymbol{u}\end{cases},i=1,2,\cdots,l$$

式中，R_{P}^i 表示控制对象的第 i 条模糊规则；$\boldsymbol{M}^i$ 表示第 i 个模糊子空间；l 是规则个数。

若模糊化采用模糊单点运算，模糊蕴含关系采用相乘运算，则模糊推理计算的结果为

$$\begin{cases}\dot{\boldsymbol{x}}=\dfrac{\sum\limits_{i=1}^{l}\alpha_i\dot{\boldsymbol{x}}^i}{\sum\limits_{i=1}^{l}\alpha_i}=\sum\limits_{i=1}^{l}\bar{\alpha}_i\dot{\boldsymbol{x}}^i\\ \boldsymbol{y}=\dfrac{\sum\limits_{i=1}^{l}\alpha_i\boldsymbol{y}^i}{\sum\limits_{i=1}^{l}\alpha_i}=\sum\limits_{i=1}^{l}\bar{\alpha}_i\boldsymbol{y}^i\end{cases},\quad \alpha_i=M^i(\boldsymbol{w}),\quad \bar{\alpha}_i=\frac{\alpha_i}{\sum\limits_{i=1}^{l}\alpha_i}$$

由于 α^i 为第 i 条规则的适用度，显然有

$$\alpha_i=M^i(\boldsymbol{w})\geqslant 0,\quad \sum_{i=1}^{l}\alpha_i>0,\quad \sum_{i=1}^{l}\bar{\alpha}_i=1$$

进而可求得控制对象的总的模型为

$$\begin{cases}\dot{\boldsymbol{x}}=\boldsymbol{A}\boldsymbol{x}+\boldsymbol{B}\boldsymbol{u}\\ \boldsymbol{y}=\boldsymbol{C}\boldsymbol{x}+\boldsymbol{D}\boldsymbol{u}\end{cases}$$

$$\boldsymbol{A}=\sum_{i=1}^{l}\bar{\alpha}_i\boldsymbol{A}_i,\quad \boldsymbol{B}=\sum_{i=1}^{l}\bar{\alpha}_i\boldsymbol{B}_i,\quad \boldsymbol{C}=\sum_{i=1}^{l}\bar{\alpha}_i\boldsymbol{C}_i,\quad \boldsymbol{D}=\sum_{i=1}^{l}\bar{\alpha}_i\boldsymbol{D}_i,$$

这里 $\bar{\alpha}_i(\boldsymbol{w})$表示第 i 条规则的归一化后的适用度。

从上面的总的模型表示可以看出，整个控制对象的状态方程形式上似乎仍是线性模型，但其系数矩阵 $\boldsymbol{A}$、$\boldsymbol{B}$、$\boldsymbol{C}$、$\boldsymbol{D}$ 均为状态 $\boldsymbol{w}$ 的函数，因而实质上描述的是非线性模型。为反映该模型的非线性本质，上述模型可表示为

$$\begin{cases}\dot{\boldsymbol{x}}=\boldsymbol{A}(\boldsymbol{w})\boldsymbol{x}+\boldsymbol{B}(\boldsymbol{w})\boldsymbol{u}\\ \boldsymbol{y}=\boldsymbol{C}(\boldsymbol{w})\boldsymbol{x}+\boldsymbol{D}(\boldsymbol{w})\boldsymbol{u}\end{cases}$$

若整个状态空间的模糊分割数为 1，即 $l=1$ 时，上述的模糊模型即退化为通常的线性状态空间模型。从而常规的线性模型可看成上述模糊模型的一个特例。

对于上面的控制对象模型，由于它是用局部的线性模型来描述的，因此可以考虑对于每

一个线性子系统首先设计一个局部的线性状态反馈控制器。例如，可以采用极点配置设计方法或线性二次型最优控制的设计方法来设计这样的状态反馈控制器。因此模糊控制器可以表示为下面的模糊模型。

$$R_C^i：若\ \boldsymbol{w}\ 是\ M^i，则\ \boldsymbol{u}(t)=-\boldsymbol{L}_i\boldsymbol{x}(t)$$

$i=1,2,\cdots,l$。其中 R_C^i 表示控制器的第 i 条规则，整个系统的控制规律则为各个子系统局部反馈控制的加权和，即

$$\boldsymbol{u}(t)=-\boldsymbol{L}\boldsymbol{x}(t)$$

$$\boldsymbol{L}=\sum_{i=1}^{l}\bar{\alpha}_i(\boldsymbol{w})\boldsymbol{L}_i$$

$\bar{\alpha}_i(\boldsymbol{w})$的意义同前，即它表示第 i 条规则的归一化后的适用度。

可以看出，系统总的控制规律是各模糊子系统控制规律的加权求和，因此系统总的控制规律在不同的模糊子空间之间是平滑过渡的，而不会出现切换或跳变的情况。因此，称这样设计出来的控制器是平滑的模糊控制器。

由上面的式子可以看出，整个控制器形式上似乎仍是线性状态反馈，但反馈系数矩阵 $\boldsymbol{L}$ 为状态 $\boldsymbol{w}$ 的函数，因而实质上它是一种非线性控制。为反映该控制的非线性本质，上述控制器也可明显地表示为

$$\boldsymbol{u}(t)=-\boldsymbol{L}(\boldsymbol{w})\boldsymbol{x}(t)$$

以上是根据局部的线性子系统来加以设计的，整个系统是否稳定需要加以检验。

结合整个系统的模糊动态模型及控制规律，可得整个系统的模糊状态方程表示为

$$\begin{cases}\dot{\boldsymbol{x}}(t)=\boldsymbol{A}\boldsymbol{x}(t)+\boldsymbol{B}\boldsymbol{u}(t)=(\boldsymbol{A}-\boldsymbol{B}\boldsymbol{L})\boldsymbol{x}(t)\\ \boldsymbol{y}(t)=\boldsymbol{C}\boldsymbol{x}(t)+\boldsymbol{D}\boldsymbol{u}(t)=(\boldsymbol{C}-\boldsymbol{D}\boldsymbol{L})\boldsymbol{x}(t)\end{cases}$$

系统的稳定性取决于上面第一个方程，将其展开为

$$\begin{aligned}\dot{\boldsymbol{x}}(t)&=\Big(\sum_{i=1}^{l}\bar{\alpha}_i\boldsymbol{A}_i-\sum_{i=1}^{l}\bar{\alpha}_i\boldsymbol{B}_i\sum_{j=1}^{l}\bar{\alpha}_j\boldsymbol{L}_j\Big)\boldsymbol{x}(t)\\
&=\left(\frac{\sum_{i=1}^{l}\alpha_i\boldsymbol{A}_i}{\sum_{i=1}^{l}\alpha_i}-\frac{\sum_{i=1}^{l}\sum_{j=1}^{l}\alpha_i\alpha_j\boldsymbol{B}_i\boldsymbol{L}_j}{\sum_{i=1}^{l}\alpha_i\sum_{j=1}^{l}\alpha_j}\right)\boldsymbol{x}(t)\\
&=\frac{\sum_{i=1}^{l}\sum_{j=1}^{l}\alpha_i\alpha_j(\boldsymbol{A}_i-\boldsymbol{B}_i\boldsymbol{L}_j)}{\sum_{i=1}^{l}\sum_{j=1}^{l}\alpha_i\alpha_j}\boldsymbol{x}(t)\\
&=\sum_{i=1}^{l}\sum_{j=1}^{l}\bar{\alpha}_i\bar{\alpha}_j\boldsymbol{H}_{ij}\boldsymbol{x}(t),\quad \boldsymbol{H}_{ij}=\boldsymbol{A}_i-\boldsymbol{B}_i\boldsymbol{L}_j\end{aligned}$$

根据定理2.1，如果存在一个共同的正定矩阵 $\boldsymbol{P}_1$，使得

$$\boldsymbol{H}_{ij}^{\mathrm{T}}\boldsymbol{P}_1+\boldsymbol{P}_1\boldsymbol{H}_{ij}<0,\quad i,j=1,2,\cdots,l$$

则整个系统是全局渐近稳定的。

可以看出，为了求解 $\boldsymbol{P}_1$，总共需要求解 l^2 个矩阵不等式。考虑到 $\boldsymbol{P}_1$ 为对称矩阵，上面判断稳定性的充分条件可以简化如下。

如果存在共同的正定矩阵 $\boldsymbol{P}_1$，使得

$$\boldsymbol{H}_{ii}^{\mathrm{T}}\boldsymbol{P}_1 + \boldsymbol{P}_1\boldsymbol{H}_{ii} < 0, \quad i = 1,2,\cdots,l$$

$$\left(\frac{\boldsymbol{H}_{ij}+\boldsymbol{H}_{ji}}{2}\right)^{\mathrm{T}}\boldsymbol{P}_1 + \boldsymbol{P}_1\left(\frac{\boldsymbol{H}_{ij}+\boldsymbol{H}_{ji}}{2}\right) < 0, \quad i < j \leqslant l$$

则整个系统是全局渐近稳定的。

可以看出，这时为了求解 $\boldsymbol{P}_1$，总共只需要求解 $l(l+1)/2$ 个矩阵不等式。

定理 2.2 及其推论给出了存在共同的正定矩阵 $\boldsymbol{P}_1$ 的必要条件，它可以用来帮助确定是否存在这样的 $\boldsymbol{P}_1$。即若 $\boldsymbol{H}_{ij}$ 均为非奇异矩阵，若对于 $i,j,m,n,\cdots,p,q=1,2,\cdots,l$，若能找到一个 $\boldsymbol{H}_{ij}+\boldsymbol{H}_{mn}+\cdots+\boldsymbol{H}_{pq}$ 是不稳定的，则说明一定不存在共同的正定矩阵 $\boldsymbol{P}_1$。

2）模糊观测器设计

上面设计的控制器要求全部状态反馈，对于许多实际系统这是难以实现的。为此也需要构造观测器，即根据能测量的输出量来重构或估计系统的状态，然后再反馈估计的系统状态。

设控制对象的模糊模型仍同前，由于它是用局部的线性模型来描述的，因此可以考虑对于每一个线性子系统首先设计一个局部的线性状态观测器。然后让总的观测器为各局部线性状态观测器的加权求和。例如，可以采用极点配置设计方法或线性最优估计的设计方法来设计这样的局部线性状态观测器。若各模糊子系统是局部能观的，因此模糊观测器可以表示为下面的模糊模型。

R_{O}^i：若 $\boldsymbol{x}(t)$是 $\boldsymbol{M}^i$，则

$$\dot{\hat{\boldsymbol{x}}}(t) = \boldsymbol{A}_i\hat{\boldsymbol{x}}(t) + \boldsymbol{B}_i\boldsymbol{u}(t) + \boldsymbol{K}_i[\boldsymbol{y}(t) - \hat{\boldsymbol{y}}(t)], \quad i = 1,2,\cdots,l$$

式中，R_{O}^i 表示模糊观测器的第 i 条规则；$\boldsymbol{y}(t)$是系统的实际输出，即

$$\boldsymbol{y}(t) = \sum_{i=1}^{l}\overline{\alpha}_i\boldsymbol{C}_i\boldsymbol{x}(t) + \sum_{i=1}^{l}\overline{\alpha}_i\boldsymbol{D}_i\boldsymbol{u}(t) = \boldsymbol{C}\boldsymbol{x}(t) + \boldsymbol{D}\boldsymbol{u}(t)$$

$\hat{\boldsymbol{y}}(t)$是系统的估计输出，即

$$\hat{\boldsymbol{y}}(t) = \sum_{i=1}^{l}\overline{\alpha}_i\boldsymbol{C}_i\hat{\boldsymbol{x}}(t) + \sum_{i=1}^{l}\overline{\alpha}_i\boldsymbol{D}_i\boldsymbol{u}(t) = \boldsymbol{C}\hat{\boldsymbol{x}}(t) + \boldsymbol{D}\boldsymbol{u}(t)$$

$\boldsymbol{K}_i$ 是按局部子系统$(\boldsymbol{A}_i,\boldsymbol{C}_i)$所设计的观测器增益矩阵。已设$(\boldsymbol{A}_i,\boldsymbol{C}_i)$是能观的，则采用极点配置或状态最优估计方法等，可以设计出稳定的局部线性状态观测器，即$(\boldsymbol{A}_i-\boldsymbol{K}_i\boldsymbol{C}_i)$的极点均在单位圆内。

采用如前所述的典型模糊推理方法，可得整个系统的观测器方程为

$$\begin{aligned}\dot{\hat{\boldsymbol{x}}}(t) &= \sum_{i=1}^{l}\overline{\alpha}_i\boldsymbol{A}_i\hat{\boldsymbol{x}}(t) + \sum_{i=1}^{l}\overline{\alpha}_i\boldsymbol{B}_i\boldsymbol{u}(t) + \sum_{i=1}^{l}\overline{\alpha}_i\boldsymbol{K}_i[\boldsymbol{y}(t) - \hat{\boldsymbol{y}}(t)] \\ &= \boldsymbol{A}\hat{\boldsymbol{x}}(k) + \boldsymbol{B}\boldsymbol{u}(k) + \boldsymbol{K}[\boldsymbol{y}(k) - \hat{\boldsymbol{y}}(k)]\end{aligned}$$

其中

$$\boldsymbol{K} = \sum_{i=1}^{l}\overline{\alpha}_i\boldsymbol{K}_i$$

是整个系统的观测器增益矩阵。

整个系统的观测器方程的稳定性是需要加以检验的。只有它是稳定的，即重构的状态能收敛到实际的状态，才能实现观测器的功能。

将观测器方程与控制对象方程相比较，求出状态估计误差方程为

$$\dot{\tilde{x}}(t)=\dot{x}(t)-\dot{\hat{x}}(t)=(A-KC)\tilde{x}(t)=\Big[\sum_{i=1}^{l}\bar{\alpha}_iA_i-\sum_{i=1}^{l}\bar{\alpha}_iK_i\sum_{j=1}^{l}\bar{\alpha}_jC_j\Big]\tilde{x}(t)$$

$$=\left(\frac{\sum_{i=1}^{l}\alpha_iA_i}{\sum_{i=1}^{l}\alpha_i}-\frac{\sum_{i=1}^{l}\sum_{j=1}^{l}\alpha_i\alpha_jK_iC_j}{\sum_{i=1}^{l}\alpha_i\sum_{j=1}^{l}\alpha_j}\right)\tilde{x}(t)=\frac{\sum_{i=1}^{l}\sum_{j=1}^{l}\alpha_i\alpha_j(A_i-K_iC_j)}{\sum_{i=1}^{l}\sum_{j=1}^{l}\alpha_i\alpha_j}\tilde{x}(t)$$

$$=\sum_{i=1}^{l}\sum_{j=1}^{l}\bar{\alpha}_i\bar{\alpha}_jS_{ij}\tilde{x}(t),\quad S_{ij}=A_i-K_iC_j$$

可见,如果存在一个共同的正定矩阵 P_2,使得

$$S_{ij}^{\mathrm{T}}P_2+P_2S_{ij}<0,\quad i,j=1,2,\cdots,l$$

或者

$$S_{ii}^{\mathrm{T}}P_2+P_2S_{ii}<0,\quad i=1,2,\cdots,l$$

$$\left(\frac{S_{ij}+S_{ji}}{2}\right)^{\mathrm{T}}P_2+P_2\left(\frac{S_{ij}+S_{ji}}{2}\right)<0,\quad i<j\leqslant l$$

则整个观测器方程是全局渐近稳定的,即 $\hat{x}(t)$ 最终可以收敛到 $x(t)$。

3) 分离性原理

在设计控制器时假设全部状态可用于反馈,如果能找到一个公共的正定矩阵 P_1 满足判别稳定性的充分条件,则系统是全局渐近稳定的。但实现时反馈的是观测器的估计状态,而非系统的实际状态,那么系统是否仍然全局渐近稳定?这是需要加以检验的。

对于线性系统,若采用常规的设计方法,状态反馈和观测器设计可以分开进行,即若单独的状态反馈控制和观测器都是稳定的,那么整个系统也一定是稳定的,这就是著名的分离性原理。

对于非线性系统,这里采用模糊状态反馈控制和模糊观测器的设计方法,分离性原理是否成立?这就是下面要讨论的问题。

为了检验整个系统的稳定性,首先需要写出整个系统的模糊模型。考虑到反馈的是估计状态而非实际状态,将系统各部分模型归纳如下。

控制对象

$$\begin{cases}\dot{x}=Ax+Bu\\ y=Cx+Du\end{cases}$$

$$A=\sum_{i=1}^{l}\bar{\alpha}_iA_i,\quad B=\sum_{i=1}^{l}\bar{\alpha}_iB_i,\quad C=\sum_{i=1}^{l}\bar{\alpha}_iC_i,\quad D=\sum_{i=1}^{l}\bar{\alpha}_iD_i,$$

观测器

$$\dot{\hat{x}}(t)=A\hat{x}(k)+Bu(k)+K[y(k)-\hat{y}(k)],\quad K=\sum_{i=1}^{l}\bar{\alpha}_iK_i$$

状态反馈

$$u(t)=-L\hat{x}(t),\quad L=\sum_{i=1}^{l}\bar{\alpha}_iL_i$$

已经求得状态估计的误差方程为

$$\dot{\tilde{x}}(t)=\sum_{i=1}^{l}\sum_{j=1}^{l}\bar{\alpha}_i\bar{\alpha}_jS_{ij}\tilde{x}(t),\quad S_{ij}=A_i-K_iC_j$$

结合以上方程，可将控制对象的状态方程重写为

$$\begin{aligned}\dot{\boldsymbol{x}} &= \boldsymbol{A}\boldsymbol{x}+\boldsymbol{B}\boldsymbol{u}=\boldsymbol{A}\boldsymbol{x}-\boldsymbol{B}\boldsymbol{L}\hat{\boldsymbol{x}}=\boldsymbol{A}\boldsymbol{x}-\boldsymbol{B}\boldsymbol{L}(\boldsymbol{x}-\tilde{\boldsymbol{x}})\\ &=(\boldsymbol{A}-\boldsymbol{B}\boldsymbol{L})\boldsymbol{x}+\boldsymbol{B}\boldsymbol{L}\tilde{\boldsymbol{x}}=\sum_{i=1}^{l}\sum_{j=1}^{l}\bar{\alpha}_i\bar{\alpha}_j\boldsymbol{H}_{ij}\boldsymbol{x}+\sum_{i=1}^{l}\sum_{j=1}^{l}\bar{\alpha}_i\bar{\alpha}_j\boldsymbol{B}_i\boldsymbol{L}_j\tilde{\boldsymbol{x}}\\ \boldsymbol{H}_{ij}&=\boldsymbol{A}_i-\boldsymbol{B}_i\boldsymbol{L}_j\end{aligned}$$

若取整个系统的状态为 $\boldsymbol{x}$ 和 $\tilde{\boldsymbol{x}}$，则可写出整个系统的状态方程为

$$\begin{cases}\dot{\boldsymbol{x}}=\displaystyle\sum_{i=1}^{l}\sum_{j=1}^{l}\bar{\alpha}_i\bar{\alpha}_j\boldsymbol{H}_{ij}\boldsymbol{x}+\sum_{i=1}^{l}\sum_{j=1}^{l}\bar{\alpha}_i\bar{\alpha}_j\boldsymbol{B}_i\boldsymbol{L}_j\tilde{\boldsymbol{x}}, & \boldsymbol{H}_{ij}=\boldsymbol{A}_i-\boldsymbol{B}_i\boldsymbol{L}_j\\ \dot{\tilde{\boldsymbol{x}}}(t)=\displaystyle\sum_{i=1}^{l}\sum_{j=1}^{l}\bar{\alpha}_i\bar{\alpha}_j\boldsymbol{S}_{ij}\tilde{\boldsymbol{x}}(t), & \boldsymbol{S}_{ij}=\boldsymbol{A}_i-\boldsymbol{K}_i\boldsymbol{C}_j\end{cases}$$

下面的定理可以来判断该系统的稳定性。

定理 2.5　对于上式所表示的系统，如果存在两个标量函数 $V(\boldsymbol{x})$：$R^n\to R$ 和 $\tilde{V}(\tilde{\boldsymbol{x}})$：$R^n\to R$，以及正实数 γ_1、γ_2、γ_3、γ_4、$\tilde{\gamma}_1$、$\tilde{\gamma}_2$、$\tilde{\gamma}_3$ 和 $\tilde{\gamma}_4$，使得

(1) $\gamma_1\|\boldsymbol{x}\|^2\leqslant V(\boldsymbol{x})\leqslant\gamma_2\|\boldsymbol{x}\|^2$，$\tilde{\gamma}_1\|\tilde{\boldsymbol{x}}\|^2\leqslant\tilde{V}(\tilde{\boldsymbol{x}})\leqslant\tilde{\gamma}_2\|\tilde{\boldsymbol{x}}\|^2$

(2) $\left(\dfrac{\partial V(\boldsymbol{x})}{\partial\boldsymbol{x}}\right)^{\mathrm{T}}\displaystyle\sum_{i=1}^{l}\sum_{j=1}^{l}\bar{\alpha}_i\bar{\alpha}_j\boldsymbol{H}_{ij}\boldsymbol{x}\leqslant-\gamma_3\|\boldsymbol{x}\|^2$

$\left(\dfrac{\partial\tilde{V}(\tilde{\boldsymbol{x}})}{\partial\tilde{\boldsymbol{x}}}\right)^{\mathrm{T}}\displaystyle\sum_{i=1}^{l}\sum_{j=1}^{l}\bar{\alpha}_i\bar{\alpha}_j\boldsymbol{S}_{ij}\tilde{\boldsymbol{x}}\leqslant-\tilde{\gamma}_3\|\tilde{\boldsymbol{x}}\|^2$

(3) $\left\|\dfrac{\partial V(\boldsymbol{x})}{\partial\boldsymbol{x}}\right\|\leqslant\gamma_4\|\boldsymbol{x}\|$，$\left\|\dfrac{\partial\tilde{V}(\tilde{\boldsymbol{x}})}{\partial\tilde{\boldsymbol{x}}}\right\|\leqslant\tilde{\gamma}_4\|\tilde{\boldsymbol{x}}\|$

则整个系统是全局渐近稳定的。

证明　可以求得 $V(\boldsymbol{x})$ 对时间 t 的导数为

$$\begin{aligned}\dot{V}(\boldsymbol{x})&=\left(\frac{\partial V(\boldsymbol{x})}{\partial\boldsymbol{x}}\right)^{\mathrm{T}}\dot{\boldsymbol{x}}\\ &=\left(\frac{\partial V(\boldsymbol{x})}{\partial\boldsymbol{x}}\right)^{\mathrm{T}}\sum_{i=1}^{l}\sum_{j=1}^{l}\bar{\alpha}_i\bar{\alpha}_j\boldsymbol{H}_{ij}\boldsymbol{x}+\left(\frac{\partial V(\boldsymbol{x})}{\partial\boldsymbol{x}}\right)^{\mathrm{T}}\sum_{i=1}^{l}\sum_{j=1}^{l}\bar{\alpha}_i\bar{\alpha}_j\boldsymbol{B}_i\boldsymbol{L}_j\tilde{\boldsymbol{x}}\\ &\leqslant-\gamma_3\|\boldsymbol{x}\|^2+\left\|\frac{\partial V(\boldsymbol{x})}{\partial\boldsymbol{x}}\right\|\sum_{i=1}^{l}\sum_{j=1}^{l}\|\boldsymbol{B}_i\boldsymbol{L}_j\|\,\|\tilde{\boldsymbol{x}}\|\\ &\leqslant-\gamma_3\|\boldsymbol{x}\|^2+\gamma_4\sum_{i=1}^{l}\sum_{j=1}^{l}\|\boldsymbol{B}_i\boldsymbol{L}_j\|\,\|\tilde{\boldsymbol{x}}\|\,\|\boldsymbol{x}\|\end{aligned}$$

设 $\displaystyle\sum_{i=1}^{r}\sum_{j=1}^{r}\|\boldsymbol{B}_i\boldsymbol{L}_j\|=a$，则

$$\begin{aligned}\dot{V}(\boldsymbol{x})&\leqslant-\frac{\gamma_3}{2}\|\boldsymbol{x}\|^2-\frac{\gamma_3}{2}\|\boldsymbol{x}\|^2+\gamma_4 a\|\tilde{\boldsymbol{x}}\|\,\|\boldsymbol{x}\|\\ &=-\frac{\gamma_3}{2}\|\boldsymbol{x}\|^2-\frac{\gamma_3}{2}\left[\|\boldsymbol{x}\|^2-\frac{2\gamma_4}{\gamma_3}a\|\tilde{\boldsymbol{x}}\|\,\|\boldsymbol{x}\|+\left(\frac{\gamma_4}{\gamma_3}a\|\tilde{\boldsymbol{x}}\|\right)^2-\left(\frac{\gamma_4}{\gamma_3}a\|\bar{\boldsymbol{x}}\|\right)^2\right]\\ &\leqslant-\frac{\gamma_3}{2}\|\boldsymbol{x}\|^2+\frac{\gamma_4^2}{2\gamma_3}a^2\|\tilde{\boldsymbol{x}}\|^2\\ &\leqslant-\frac{\gamma_3}{2\gamma_2}V(\boldsymbol{x})+\frac{\gamma_4^2a^2}{2\gamma_3\tilde{\gamma}_1}\tilde{V}(\tilde{\boldsymbol{x}})\end{aligned}$$

$\widetilde{V}(\widetilde{\boldsymbol{x}})$对时间 t 的导数为

$$\dot{\widetilde{V}}(\widetilde{\boldsymbol{x}})=\left(\frac{\partial\widetilde{V}(\widetilde{\boldsymbol{x}})}{\partial\widetilde{\boldsymbol{x}}}\right)^{\mathrm{T}}\dot{\widetilde{\boldsymbol{x}}}=\left(\frac{\partial\widetilde{V}(\widetilde{\boldsymbol{x}})}{\partial\widetilde{\boldsymbol{x}}}\right)^{\mathrm{T}}\sum_{i=1}^{r}\sum_{j=1}^{r}\bar{\alpha}_i\bar{\alpha}_j\boldsymbol{S}_{ij}\widetilde{\boldsymbol{x}}\leqslant-\widetilde{\gamma}_3\|\widetilde{\boldsymbol{x}}\|^2\leqslant-\frac{\widetilde{\gamma}_3}{\widetilde{\gamma}_2}\widetilde{V}(\widetilde{\boldsymbol{x}})$$

因此,可以得到

$$\begin{bmatrix}\dot{V}(\boldsymbol{x})\\\dot{\widetilde{V}}(\widetilde{\boldsymbol{x}})\end{bmatrix}\leqslant\begin{bmatrix}-\dfrac{\gamma_3}{2\gamma_2} & \dfrac{\gamma_4^2a^2}{2\gamma_3\widetilde{\gamma}_1}\\0 & -\dfrac{\widetilde{\gamma}_3}{\widetilde{\gamma}_2}\end{bmatrix}\begin{bmatrix}V(\boldsymbol{x})\\\widetilde{V}(\widetilde{\boldsymbol{x}})\end{bmatrix}=\boldsymbol{A}\begin{bmatrix}V(\boldsymbol{x})\\\widetilde{V}(\widetilde{\boldsymbol{x}})\end{bmatrix}$$

其中

$$\boldsymbol{A}=\begin{bmatrix}-\dfrac{\gamma_3}{2\gamma_2} & \dfrac{\gamma_4^2a^2}{2\gamma_3\widetilde{\gamma}_1}\\0 & -\dfrac{\widetilde{\gamma}_3}{\widetilde{\gamma}_2}\end{bmatrix}$$

显然,$\boldsymbol{A}$ 的特征值均在左半平面,因而有

$$\lim_{t\to\infty}V(\boldsymbol{x})\to0,\quad\lim_{t\to\infty}\widetilde{V}(\widetilde{\boldsymbol{x}})\to0$$

根据定理假设条件(1),必然有

$$\lim_{t\to\infty}\boldsymbol{x}(t)\to0,\quad\lim_{t\to\infty}\widetilde{\boldsymbol{x}}(t)\to0$$

从而表明,满足定理条件的系统是全局渐近稳定的。

如果取

$$V(\boldsymbol{x})=\boldsymbol{x}^{\mathrm{T}}\boldsymbol{P}_1\boldsymbol{x},\quad\widetilde{V}(\widetilde{\boldsymbol{x}})=\widetilde{\boldsymbol{x}}^{\mathrm{T}}\boldsymbol{P}_2\widetilde{\boldsymbol{x}}$$

由于在设计模糊状态反馈控制及模糊观测器时假设已找到共同的正定矩阵 $\boldsymbol{P}_1$ 和 $\boldsymbol{P}_2$,因此显然 $V(\boldsymbol{x})$和 $\widetilde{V}(\widetilde{\boldsymbol{x}})$满足定理条件(1),即

$$\gamma_1\|\boldsymbol{x}\|^2\leqslant V(\boldsymbol{x})\leqslant\gamma_2\|\boldsymbol{x}\|^2,\quad\widetilde{\gamma}_1\|\widetilde{\boldsymbol{x}}\|^2\leqslant\widetilde{V}(\widetilde{\boldsymbol{x}})\leqslant\widetilde{\gamma}_2\|\widetilde{\boldsymbol{x}}\|^2$$

现在考虑定理条件(2)

$$\begin{aligned}\left(\frac{\partial V(\boldsymbol{x})}{\partial\boldsymbol{x}}\right)^{\mathrm{T}}\sum_{i=1}^{l}\sum_{j=1}^{l}\bar{\alpha}_i\bar{\alpha}_j\boldsymbol{H}_{ij}\boldsymbol{x}&=\left(\frac{\partial(\boldsymbol{x}^{\mathrm{T}}\boldsymbol{P}_1\boldsymbol{x})}{\partial\boldsymbol{x}}\right)^{\mathrm{T}}\sum_{i=1}^{l}\sum_{j=1}^{l}\bar{\alpha}_i\bar{\alpha}_j\boldsymbol{H}_{ij}\boldsymbol{x}\\&=2\boldsymbol{x}^{\mathrm{T}}\boldsymbol{P}_1\sum_{i=1}^{l}\sum_{j=1}^{l}\bar{\alpha}_i\bar{\alpha}_j\boldsymbol{H}_{ij}\boldsymbol{x}\\&=\sum_{i=1}^{l}\sum_{j=1}^{l}\bar{\alpha}_i\bar{\alpha}_j(2\boldsymbol{x}^{\mathrm{T}}\boldsymbol{P}_1\boldsymbol{H}_{ij}\boldsymbol{x})\\&=\sum_{i=1}^{l}\sum_{j=1}^{l}\bar{\alpha}_i\bar{\alpha}_j\boldsymbol{x}^{\mathrm{T}}(\boldsymbol{H}_{ij}^{\mathrm{T}}\boldsymbol{P}_1+\boldsymbol{P}_1\boldsymbol{H}_{ij})\boldsymbol{x}\end{aligned}$$

由于 $\boldsymbol{P}_1$ 为设计模糊状态反馈控制时所找到的共同的正定矩阵,它满足 $\boldsymbol{H}_{ij}^{\mathrm{T}}\boldsymbol{P}_1+\boldsymbol{P}_1\boldsymbol{H}_{ij}<0$ $(i,j=1,2,\cdots,l)$,因而

$$\left(\frac{\partial V(\boldsymbol{x})}{\partial\boldsymbol{x}}\right)^{\mathrm{T}}\sum_{i=1}^{l}\sum_{j=1}^{l}\bar{\alpha}_i\bar{\alpha}_j\boldsymbol{H}_{ij}\boldsymbol{x}=\sum_{i=1}^{l}\sum_{j=1}^{l}\bar{\alpha}_i\bar{\alpha}_j\boldsymbol{x}^{\mathrm{T}}(\boldsymbol{H}_{ij}^{\mathrm{T}}\boldsymbol{P}_1+\boldsymbol{P}_1\boldsymbol{H}_{ij})\boldsymbol{x}<0$$

即有

$$\left(\frac{\partial V(\boldsymbol{x})}{\partial \boldsymbol{x}}\right)^{\mathrm{T}} \sum_{i=1}^{l} \sum_{j=1}^{l} \bar{\alpha}_i \bar{\alpha}_j \boldsymbol{H}_{ij} \boldsymbol{x} \leqslant -\gamma_3 \| \boldsymbol{x} \|^2$$

同理，不难验证

$$\left(\frac{\partial \widetilde{V}(\widetilde{\boldsymbol{x}})}{\partial \widetilde{\boldsymbol{x}}}\right)^{\mathrm{T}} \sum_{i=1}^{l} \sum_{j=1}^{l} \bar{\alpha}_i \bar{\alpha}_j \boldsymbol{S}_{ij} \widetilde{\boldsymbol{x}} \leqslant -\widetilde{\gamma}_3 \| \widetilde{\boldsymbol{x}} \|^2$$

也成立。

由于

$$\frac{\partial V(\boldsymbol{x})}{\partial \boldsymbol{x}} = 2\boldsymbol{P}_1 \boldsymbol{x}, \quad \frac{\partial \widetilde{V}(\widetilde{\boldsymbol{x}})}{\partial \widetilde{\boldsymbol{x}}} = 2\boldsymbol{P}_2 \widetilde{\boldsymbol{x}}$$

显然它满足定理条件(3)，即

$$\left\| \frac{\partial V(\boldsymbol{x})}{\partial \boldsymbol{x}} \right\| \leqslant \gamma_4 \| \boldsymbol{x} \|, \quad \left\| \frac{\partial \widetilde{V}(\widetilde{\boldsymbol{x}})}{\partial \widetilde{\boldsymbol{x}}} \right\| \leqslant \widetilde{\gamma}_4 \| \widetilde{\boldsymbol{x}} \|$$

从而说明，当设计模糊状态反馈控制及模糊观测器时已找到共同的正定矩阵 $\boldsymbol{P}_1$ 和 $\boldsymbol{P}_2$，并取 $V(\boldsymbol{x})=\boldsymbol{x}^{\mathrm{T}}\boldsymbol{P}_1\boldsymbol{x}$，$\widetilde{V}(\widetilde{\boldsymbol{x}})=\widetilde{\boldsymbol{x}}^{\mathrm{T}}\boldsymbol{P}_2\widetilde{\boldsymbol{x}}$ 时，它满足定理 2.5 的条件，因此前面分别设计模糊状态反馈控制和模糊观测器得到的总的闭环系统是全局渐近稳定的。也就是说，这时分离性原理也是成立的，即可以独立地设计模糊状态反馈控制和模糊观测器，只要分别满足稳定条件，就能保证总的闭环系统是全局渐近稳定的。这里的分离性原理可以看成是常规线性系统分离性原理的推广。

2. 离散系统

1) 模糊控制器设计

设已知离散控制对象的模糊状态方程模型为

R_{P}^i：如果 $\boldsymbol{w}$ 是 $\boldsymbol{M}^i$，则

$$\begin{cases} \boldsymbol{x}^i(k+1) = \boldsymbol{F}_i \boldsymbol{x}(k) + \boldsymbol{G}_i \boldsymbol{u}(k) \\ \boldsymbol{y}^i(k) = \boldsymbol{C}_i \boldsymbol{x}(k) + \boldsymbol{D}_i \boldsymbol{u}(k) \end{cases}, \quad i = 1,2,\cdots,l$$

式中，R_{P}^i 表示控制对象的第 i 条模糊规则；$\boldsymbol{M}^i$ 表示第 i 个模糊子空间；l 是规则个数。

若模糊化采用模糊单点运算，模糊蕴含关系采用相乘运算，则可得模糊推理计算的结果为

$$\begin{cases} \boldsymbol{x}(k+1) = \dfrac{\sum_{i=1}^{l} \alpha_i \boldsymbol{x}^i(k+1)}{\sum_{i=1}^{l} \alpha_i} = \sum_{i=1}^{l} \bar{\alpha}_i \boldsymbol{x}^i(k+1) \\ \boldsymbol{y}(k) = \dfrac{\sum_{i=1}^{l} \alpha_i \boldsymbol{y}^i(k)}{\sum_{i=1}^{l} \alpha_i} = \sum_{i=1}^{l} \bar{\alpha}_i \boldsymbol{y}^i(k) \end{cases}, \quad \alpha_i = \boldsymbol{M}^i(\boldsymbol{w}), \quad \bar{\alpha}_i = \frac{\alpha_i}{\sum_{i=1}^{l} \alpha_i}$$

显然有

$$\alpha_i = \boldsymbol{M}^i(\boldsymbol{w}) \geqslant 0, \quad \sum_{i=1}^{l} \alpha_i > 0, \quad \sum_{i=1}^{l} \bar{\alpha}_i = 1$$

进而可求得控制对象的总的模型为

$$\begin{cases}\boldsymbol{x}(k+1)=\boldsymbol{F}\boldsymbol{x}(k)+\boldsymbol{G}\boldsymbol{u}(k)\\ \boldsymbol{y}(k)=\boldsymbol{C}\boldsymbol{x}(k)+\boldsymbol{D}\boldsymbol{u}(k)\end{cases}$$

$$\boldsymbol{F}=\sum_{i=1}^{l}\bar{\alpha}_i\boldsymbol{F}_i,\quad \boldsymbol{G}=\sum_{i=1}^{l}\bar{\alpha}_i\boldsymbol{G}_i,\quad \boldsymbol{C}=\sum_{i=1}^{l}\bar{\alpha}_i\boldsymbol{C}_i,\quad \boldsymbol{D}=\sum_{i=1}^{l}\bar{\alpha}_i\boldsymbol{D}_i,$$

这里 $\bar{\alpha}_i$ 表示第 i 条规则的归一化后的适用度。

对于上面的控制对象模型,由于它是用局部的线性模型来描述的,因此可以考虑对于每一个线性子系统首先设计一个局部的线性状态反馈控制器。例如,可以采用极点配置设计方法或线性二次型最优控制的设计方法来设计这样的状态反馈控制器。因此模糊控制器可以表示为下面的模糊模型。

$$R_{\mathrm{C}}^i:\text{若 } \boldsymbol{w} \text{ 是 } \boldsymbol{M}^i,\text{则 } \boldsymbol{u}(k)=-\boldsymbol{L}_i\boldsymbol{x}(k)$$

$i=1,2,\cdots,l$。其中,R_{C}^i 表示控制器的第 i 条规则,整个系统的控制规律则为各个子系统局部反馈控制的加权和,即

$$\boldsymbol{u}(k)=-\boldsymbol{L}\boldsymbol{x}(k)$$

$$\boldsymbol{L}=\sum_{i=1}^{l}\bar{\alpha}_i(\boldsymbol{w})\boldsymbol{L}_i$$

$\bar{\alpha}_i(\boldsymbol{w})$的意义同前,即它表示第 i 条规则的归一化后的适用度。

以上是根据局部的线性子系统来加以设计的,整个系统是否稳定需要加以检验。

结合控制对象的模型及控制规律,可得整个系统的模糊状态方程为

$$\begin{cases}\boldsymbol{x}(k+1)=\boldsymbol{F}\boldsymbol{x}(k)+\boldsymbol{G}\boldsymbol{u}(k)=(\boldsymbol{F}-\boldsymbol{G}\boldsymbol{L})\boldsymbol{x}(k)\\ \boldsymbol{y}(k)=\boldsymbol{C}\boldsymbol{x}(k)+\boldsymbol{D}\boldsymbol{u}(k)=(\boldsymbol{C}-\boldsymbol{D}\boldsymbol{L})\boldsymbol{x}(k)\end{cases}$$

系统的稳定性取决于上面第一个方程,将其展开为

$$\begin{aligned}\boldsymbol{x}(k+1)&=\Big(\sum_{i=1}^{l}\bar{\alpha}_i\boldsymbol{F}_i-\sum_{i=1}^{l}\bar{\alpha}_i\boldsymbol{G}_i\sum_{j=1}^{l}\bar{\alpha}_j\boldsymbol{L}_j\Big)\boldsymbol{x}(k)\\&=\left(\frac{\sum_{i=1}^{l}\alpha_i\boldsymbol{F}_i}{\sum_{i=1}^{l}\alpha_i}-\frac{\sum_{i=1}^{l}\sum_{j=1}^{l}\alpha_i\alpha_j\boldsymbol{G}_i\boldsymbol{L}_j}{\sum_{i=1}^{l}\alpha_i\sum_{j=1}^{l}\alpha_j}\right)\boldsymbol{x}(k)\\&=\frac{\sum_{i=1}^{l}\sum_{j=1}^{l}\alpha_i\alpha_j(\boldsymbol{F}_i-\boldsymbol{G}_i\boldsymbol{L}_j)}{\sum_{i=1}^{l}\sum_{j=1}^{l}\alpha_i\alpha_j}\boldsymbol{x}(k)=\sum_{i=1}^{l}\sum_{j=1}^{l}\bar{\alpha}_i\bar{\alpha}_j\boldsymbol{H}_{ij}\boldsymbol{x}(k)\end{aligned}$$

其中

$$\bar{\alpha}_i=\frac{\alpha_i}{\sum_{i=1}^{l}\alpha_i},\quad \bar{\alpha}_j=\frac{\alpha_j}{\sum_{j=1}^{l}\alpha_j},\quad \boldsymbol{H}_{ij}=\boldsymbol{F}_i-\boldsymbol{G}_i\boldsymbol{L}_j$$

根据定理2.3,如果存在一个共同的正定矩阵 $\boldsymbol{P}_1$,使得

$$\boldsymbol{H}_{ij}^{\mathrm{T}}\boldsymbol{P}_1\boldsymbol{H}_{ij}-\boldsymbol{P}_1<0,\quad i,j=1,2,\cdots,l$$

或者

$$H_{ii}^{\mathrm{T}}P_1H_{ii}-P_1<0,\quad i=1,2,\cdots,l$$

$$\left(\frac{H_{ij}+H_{ji}}{2}\right)^{\mathrm{T}}P_1\left(\frac{H_{ij}+H_{ji}}{2}\right)-P_1<0,\quad i<j\leqslant l$$

则整个系统是全局渐近稳定的。

定理 2.4 及其推论给出了存在共同的正定矩阵 P_1 的必要条件,它可以用来帮助确定是否存在这样的 P_1。即若 H_{ij} 均为非奇异矩阵,若对于 $i,j,m,n,\cdots,p,q=1,2,\cdots,l$,若能找到一个 $H_{ij}H_{mn}\cdots H_{pq}$ 是不稳定的,则说明一定不存在共同的正定矩阵 P_1。

2) 模糊观测器设计

设控制对象的模糊模型仍同前,由于它是用局部的线性模型来描述的,因此可以考虑对于每一个线性子系统首先设计一个局部的线性状态观测器。然后让总的观测器为各局部线性状态观测器的加权求和。例如,可以采用极点配置设计方法或线性最优估计的设计方法来设计这样的局部线性状态观测器。设各模糊子系统是局部能观的,因此模糊观测器可以表示为下面的模糊模型。

R_{O}^i:若 $x(k)$是 M^i,则

$$\hat{x}(k+1)=F_i\hat{x}(k)+G_iu(k)+K_i[y(k)-\hat{y}(k)]$$

$i=1,2,\cdots,l$。其中,R_{O}^i 表示模糊观测器的第 i 条规则,$y(k)$是系统的实际输出,即

$$y(k)=\sum_{i=1}^{l}\bar{\alpha}_iC_ix(k)+\sum_{i=1}^{l}\bar{\alpha}_iD_iu(k)=Cx(k)+Du(k)$$

$\hat{y}(k)$是系统的估计输出,即

$$\hat{y}(k)=\sum_{i=1}^{l}\bar{\alpha}_iC_i\hat{x}(k)+\sum_{i=1}^{l}\bar{\alpha}_iD_iu(k)=C\hat{x}(k)+Du(k)$$

K_i 是按局部子系统(F_i,C_i)所设计的观测器增益矩阵。已设(F_i,C_i)是能观的,则采用极点配置或状态最优估计方法等,可以设计出稳定的局部线性状态观测器,即($F_i-K_iC_i$)的极点均在单位圆内。

采用如前所述的典型模糊推理方法,可得整个系统的观测器方程为

$$\begin{aligned}\hat{x}(k+1)&=\sum_{i=1}^{l}\bar{\alpha}_iF_i\hat{x}(k)+\sum_{i=1}^{l}\bar{\alpha}_iG_iu(k)+\sum_{i=1}^{l}\bar{\alpha}_iK_i[y(k)-\hat{y}(k)]\\&=F\hat{x}(k)+Gu(k)+K[y(k)-\hat{y}(k)]\end{aligned}$$

其中

$$K=\sum_{i=1}^{l}\bar{\alpha}_iK_i$$

是整个系统的观测器增益矩阵。

整个系统的观测器方程的稳定性是需要加以检验的。只有它是稳定的,即重构的状态能收敛到实际的状态,才能实现观测器的功能。

将观测器方程与控制对象方程相比较,求出状态估计误差方程为

$$\tilde{x}(k+1)=x(k+1)-\hat{x}(k+1)=(F-KC)\tilde{x}(k)$$

$$=\left[\sum_{i=1}^{l}\bar{\alpha}_i\boldsymbol{F}_i-\sum_{i=1}^{l}\bar{\alpha}_i\boldsymbol{K}_i\sum_{j=1}^{l}\bar{\alpha}_j\boldsymbol{C}_j\right]\tilde{\boldsymbol{x}}(k)=\left(\frac{\sum_{i=1}^{l}\alpha_i\boldsymbol{F}_i}{\sum_{i=1}^{l}\alpha_i}-\frac{\sum_{i=1}^{l}\sum_{j=1}^{l}\alpha_i\alpha_j\boldsymbol{K}_i\boldsymbol{C}_j}{\sum_{i=1}^{l}\alpha_i\sum_{j=1}^{l}\alpha_j}\right)\tilde{\boldsymbol{x}}(k)$$

$$=\frac{\sum_{i=1}^{l}\sum_{j=1}^{l}\alpha_i\alpha_j(\boldsymbol{F}_i-\boldsymbol{K}_i\boldsymbol{C}_j)}{\sum_{i=1}^{l}\sum_{j=1}^{l}\alpha_i\alpha_j}\tilde{\boldsymbol{x}}(k)=\sum_{i=1}^{l}\sum_{j=1}^{l}\bar{\alpha}_i\bar{\alpha}_j\boldsymbol{S}_{ij}\tilde{\boldsymbol{x}}(k)$$

其中

$$\bar{\alpha}_i=\frac{\alpha_i}{\sum_{i=1}^{l}\alpha_i},\quad \bar{\alpha}_j=\frac{\alpha_j}{\sum_{j=1}^{l}\alpha_j},\quad \boldsymbol{S}_{ij}=\boldsymbol{F}_i-\boldsymbol{K}_i\boldsymbol{C}_j$$

如果存在一个共同的正定矩阵 $\boldsymbol{P}_2$,使得

$$\boldsymbol{S}_{ij}^{\mathrm{T}}\boldsymbol{P}_2\boldsymbol{S}_{ij}-\boldsymbol{P}_2<0,\quad i,j=1,2,\cdots,l$$

或者

$$\boldsymbol{S}_{ii}^{\mathrm{T}}\boldsymbol{P}_2\boldsymbol{S}_{ii}-\boldsymbol{P}_2<0,\quad i=1,2,\cdots,l$$

$$\left(\frac{\boldsymbol{S}_{ij}+\boldsymbol{S}_{ji}}{2}\right)^{\mathrm{T}}\boldsymbol{P}_2\left(\frac{\boldsymbol{S}_{ij}+\boldsymbol{S}_{ji}}{2}\right)-\boldsymbol{P}_2<0,\quad i<j\leqslant l$$

则整个观测器方程是全局渐近稳定的,即 $\hat{\boldsymbol{x}}(k)$最终可以收敛到 $\boldsymbol{x}(k)$。

上面介绍的是预报观测器的设计方法,也可采用类似的方法来设计现时观测器和降阶观测器。

3) 分离性原理

对于离散系统,分离性原理是否成立也需要进行检验,因此需要首先写出整个系统的模糊模型。考虑到反馈的是估计状态而非实际状态,将系统各部分模型归纳如下。

控制对象

$$\begin{cases}\boldsymbol{x}(k+1)=\boldsymbol{F}\boldsymbol{x}(k)+\boldsymbol{G}\boldsymbol{u}(k)\\ \boldsymbol{y}(k)=\boldsymbol{C}\boldsymbol{x}(k)+\boldsymbol{D}\boldsymbol{u}(k)\end{cases}$$

$$\boldsymbol{F}=\sum_{i=1}^{l}\bar{\alpha}_i\boldsymbol{F}_i,\quad \boldsymbol{G}=\sum_{i=1}^{l}\bar{\alpha}_i\boldsymbol{G}_i,\quad \boldsymbol{C}=\sum_{i=1}^{l}\bar{\alpha}_i\boldsymbol{C}_i,\quad \boldsymbol{D}=\sum_{i=1}^{l}\bar{\alpha}_i\boldsymbol{D}_i,$$

观测器

$$\hat{\boldsymbol{x}}(k+1)=\boldsymbol{F}\hat{\boldsymbol{x}}(k)+\boldsymbol{G}\boldsymbol{u}(k)+\boldsymbol{K}[\boldsymbol{y}(k)-\hat{\boldsymbol{y}}(k)],\quad \boldsymbol{K}=\sum_{i=1}^{l}\bar{\alpha}_i\boldsymbol{K}_i$$

状态反馈

$$\boldsymbol{u}(k)=-\boldsymbol{L}\hat{\boldsymbol{x}}(k),\quad \boldsymbol{L}=\sum_{i=1}^{l}\bar{\alpha}_i\boldsymbol{L}_i$$

已经求得状态估计的误差方程为

$$\tilde{\boldsymbol{x}}(k+1)=\sum_{i=1}^{l}\sum_{j=1}^{l}\bar{\alpha}_i\bar{\alpha}_j\boldsymbol{S}_{ij}\tilde{\boldsymbol{x}}(k),\quad \boldsymbol{S}_{ij}=\boldsymbol{F}_i-\boldsymbol{K}_i\boldsymbol{C}_j$$

结合以上方程,可将控制对象的状态方程重写为

$$\boldsymbol{x}(k+1)=\boldsymbol{F}\boldsymbol{x}(k)+\boldsymbol{G}\boldsymbol{u}(k)=\boldsymbol{F}\boldsymbol{x}(k)-\boldsymbol{G}\boldsymbol{L}\hat{\boldsymbol{x}}(k)=\boldsymbol{F}\boldsymbol{x}(k)-\boldsymbol{G}\boldsymbol{L}[\boldsymbol{x}(k)-\tilde{\boldsymbol{x}}(k)]$$

$$=(F-GL)x(k)+GL\tilde{x}(k)=\sum_{i=1}^{l}\sum_{j=1}^{l}\bar{\alpha}_i\bar{\alpha}_j H_{ij}x(k)+\sum_{i=1}^{l}\sum_{j=1}^{l}\bar{\alpha}_i\bar{\alpha}_j G_iL_j\tilde{x}(k)$$

$$H_{ij}=F_i-G_iL_j$$

若取整个系统的状态为 $x(k)$ 和 $\tilde{x}(k)$，则可写出整个系统的状态方程为

$$\begin{cases}x(k+1)=\sum_{i=1}^{l}\sum_{j=1}^{l}\bar{\alpha}_i\bar{\alpha}_j H_{ij}x(k)+\sum_{i=1}^{l}\sum_{j=1}^{l}\bar{\alpha}_i\bar{\alpha}_j G_iL_j\tilde{x}(k),H_{ij}=F_i-G_iL_j\\ \tilde{x}(k+1)=\sum_{i=1}^{l}\sum_{j=1}^{l}\bar{\alpha}_i\bar{\alpha}_j S_{ij}\tilde{x}(k),S_{ij}=F_i-K_iC_j\end{cases}$$

取两个标量函数

$$V[x(k)]=x^{\mathrm{T}}(k)P_1x(k),\quad \tilde{V}[\tilde{x}(k)]=\tilde{x}^{\mathrm{T}}(k)P_2\tilde{x}(k)$$

显然有

$$c_1\mid x(k)\mid^2\leqslant V[x(k)]\leqslant c_2\mid x(k)\mid^2,\quad \tilde{c}_1\mid \tilde{x}(k)\mid^2\leqslant\tilde{V}[\tilde{x}(k)]\leqslant\tilde{c}_2\mid\tilde{x}(k)\mid^2$$

$$c_1,c_2,\tilde{c}_1,\tilde{c}_2>0$$

进而求

$$\begin{aligned}\Delta V[x(k)]&=V[x(k+1)]-V[x(k)]=x^{\mathrm{T}}(k+1)P_1x(k+1)-x^{\mathrm{T}}(k)P_1x(k)\\&=x^{\mathrm{T}}(k)\Big[\sum_{i=1}^{l}\sum_{j=1}^{l}\sum_{s=1}^{l}\sum_{t=1}^{l}\bar{\alpha}_i\bar{\alpha}_j\bar{\alpha}_s\bar{\alpha}_t(H_{ij}^{\mathrm{T}}P_1H_{st}-P_1)\Big]x(k)\\&\quad+2x^{\mathrm{T}}(k)\Big[\sum_{i=1}^{l}\sum_{j=1}^{l}\sum_{s=1}^{l}\sum_{t=1}^{l}\bar{\alpha}_i\bar{\alpha}_j\bar{\alpha}_s\bar{\alpha}_tH_{ij}^{\mathrm{T}}P_1(G_sL_t)\Big]\tilde{x}(k)\\&\quad+\tilde{x}^{\mathrm{T}}(k)\Big[\sum_{i=1}^{l}\sum_{j=1}^{l}\sum_{s=1}^{l}\sum_{t=1}^{l}\bar{\alpha}_i\bar{\alpha}_j\bar{\alpha}_s\bar{\alpha}_t(G_iL_j)^{\mathrm{T}}P_1(G_sL_t)\Big]\tilde{x}(k)\\&\leqslant -c_3\mid x(k)\mid^2+2\sum_{i=1}^{l}\sum_{j=1}^{l}\sum_{s=1}^{l}\sum_{t=1}^{l}\|H_{ij}^{\mathrm{T}}P_1(G_sL_t)\|\,\|\tilde{x}(k)\|\,\|x(k)\|\\&\quad+\sum_{i=1}^{l}\sum_{j=1}^{l}\sum_{s=1}^{l}\sum_{t=1}^{l}\|(G_iL_j)^{\mathrm{T}}P_1(G_sL_t)\|\,\|\tilde{x}(k)\|^2,\quad c_3>0\end{aligned}$$

取

$$\sum_{i=1}^{l}\sum_{j=1}^{l}\sum_{s=1}^{l}\sum_{t=1}^{l}\|H_{ij}^{\mathrm{T}}P_1(G_sL_t)\|=b_1,\quad \sum_{i=1}^{l}\sum_{j=1}^{l}\sum_{s=1}^{l}\sum_{t=1}^{l}\|(G_iL_j)^{\mathrm{T}}P_1(G_sL_t)\|=b_2$$

则

$$\begin{aligned}\Delta V[x(k)]&\leqslant -c_3\|x(k)\|^2+2b_1\|\tilde{x}(k)\|\,\|x(k)\|+b_2\|\tilde{x}(k)\|^2\\&=-\frac{c_3}{2}\|x(k)\|^2-\frac{c_3}{2}\|x(k)\|^2+2b_1\|\tilde{x}(k)\|\,\|x(k)\|+b_2\|\tilde{x}(k)\|^2\\&=-\frac{c_3}{2}\|x(k)\|^2-\frac{c_3}{2}\Big[\Big(\|x(k)\|^2-\frac{2b_1}{c_3}\|\tilde{x}(k)\|\Big)^2\\&\quad-\Big(\frac{2b_1}{c_3}\|\tilde{x}(k)\|\Big)^2\Big]+b_2\|\tilde{x}(k)\|^2\\&\leqslant-\frac{c_3}{2}\|x(k)\|^2+\Big(\frac{2b_1^2}{c_3}+b_2\Big)\|\tilde{x}(k)\|^2\\&\leqslant-\frac{c_3}{2c_2}V[x(k)]+\Big(\frac{2b_1^2}{\tilde{c}_1c_3}+\frac{b_2}{\tilde{c}_1}\Big)\tilde{V}[\tilde{x}(k)]\end{aligned}$$

$$\begin{aligned}\Delta\widetilde{V}[\widetilde{\boldsymbol{x}}(k)] &= \widetilde{V}[\widetilde{\boldsymbol{x}}(k+1)]-\widetilde{V}[\widetilde{\boldsymbol{x}}(k)] = \widetilde{\boldsymbol{x}}^{\mathrm{T}}(k+1)\boldsymbol{P}_2\widetilde{\boldsymbol{x}}(k+1)-\widetilde{\boldsymbol{x}}^{\mathrm{T}}(k)\boldsymbol{P}_2\widetilde{\boldsymbol{x}}(k)\\ &= \widetilde{\boldsymbol{x}}^{\mathrm{T}}(k)\Big[\sum_{i=1}^{l}\sum_{j=1}^{l}\sum_{s=1}^{l}\sum_{t=1}^{l}\bar{\alpha}_i\bar{\alpha}_j\bar{\alpha}_s\bar{\alpha}_t(\boldsymbol{S}_{ij}^{\mathrm{T}}\boldsymbol{P}_2\boldsymbol{S}_{st}-\boldsymbol{P}_2)\Big]\widetilde{\boldsymbol{x}}(k)\\ &\leqslant -\widetilde{c}_3\|\widetilde{\boldsymbol{x}}(k)\|^2 \leqslant -\frac{\widetilde{c}_3}{\widetilde{c}_2}\widetilde{V}[\widetilde{\boldsymbol{x}}(k)],\ \widetilde{c}_3>0\end{aligned}$$

因此

$$\begin{bmatrix}V[\boldsymbol{x}(k+1)]\\ \widetilde{V}[\widetilde{\boldsymbol{x}}(k+1)]\end{bmatrix}\leqslant \boldsymbol{A}\begin{bmatrix}V[\boldsymbol{x}(k)]\\ \widetilde{V}[\widetilde{\boldsymbol{x}}(k)]\end{bmatrix},$$

其中

$$\boldsymbol{A}=\begin{bmatrix}1-\dfrac{c_3}{2c_2} & \dfrac{2b_1^2}{\widetilde{c}_1c_3}+\dfrac{b_2}{\widetilde{c}_1}\\ 0 & 1-\dfrac{\widetilde{c}_3}{\widetilde{c}_2}\end{bmatrix}$$

显然,可以选择充分大的 c_2 和 $\widetilde{c}_2$,使得矩阵 $\boldsymbol{A}$ 的所有特征值的绝对值满足

$$\|\lambda_i(\boldsymbol{A})\|<1,\quad i=1,2$$

因而有

$$\lim_{k\to\infty}V[\boldsymbol{x}(k)]=\boldsymbol{x}^{\mathrm{T}}(k)\boldsymbol{P}_1\boldsymbol{x}(k)\to 0$$

$$\lim_{k\to\infty}\widetilde{V}[\widetilde{\boldsymbol{x}}(k)]=\widetilde{\boldsymbol{x}}^{\mathrm{T}}(k)\boldsymbol{P}_2\widetilde{\boldsymbol{x}}(k)\to 0$$

也即有

$$\lim_{t\to\infty}\boldsymbol{x}(k)\to 0,\quad \lim_{t\to\infty}\widetilde{\boldsymbol{x}}(k)\to 0$$

从而表明,采用模糊状态反馈和模糊观测器设计的整个系统是全局渐近稳定的,即这时的分离性原理仍然成立。

3. 举例

对于如图2.33所示的单倒立摆系统,在2.7.1小节中已经求得它的T-S模糊模型为

R_{P}^1:如果 $x_1(t)$ 为 M^1(大约为0),则

$$\begin{cases}\dot{\boldsymbol{x}}(t)=\boldsymbol{A}_1\boldsymbol{x}(t)+\boldsymbol{B}_1u(t)\\ \boldsymbol{y}_1(t)=\boldsymbol{C}_1\boldsymbol{x}(t)\end{cases}$$

R_{P}^2:如果 $x_1(t)$ 为 $M^2\left(\text{大约为}\pm\dfrac{\pi}{3}\right)$,则

$$\begin{cases}\dot{\boldsymbol{x}}(t)=\boldsymbol{A}_2\boldsymbol{x}(t)+\boldsymbol{B}_2u(t)\\ \boldsymbol{y}_2(t)=\boldsymbol{C}_2\boldsymbol{x}(t)\end{cases}$$

其中

$$\boldsymbol{A}_1=\begin{bmatrix}0.0 & 1.0 & 0.0 & 0.0\\ 31.18 & -0.3149 & 0.0 & 44.18\\ 0.0 & 0.0 & 0.0 & 1.0\\ -1.2637 & 0.0136 & 0.0 & -16.71\end{bmatrix},\quad \boldsymbol{B}_1=\begin{bmatrix}0.0\\ -1.928\\ 0.0\\ 0.7291\end{bmatrix},$$

$$\boldsymbol{C}_1=\begin{bmatrix}1.0 & 0.0 & 0.0 & 0.0\\ 0.0 & 0.0 & 1.0 & 0.0\end{bmatrix},$$

$$A_2=\begin{bmatrix}0.0 & 1.0 & 0.0 & 0.0\\ 23.53 & -0.2872 & 0.0 & 20.14\\ 0.0 & 0.0 & 0.0 & 1.0\\ -0.4767 & 0.006203 & 0.0 & -14.75\end{bmatrix},\quad B_2=\begin{bmatrix}0.0\\ -0.8741\\ 0.0\\ 0.6648\end{bmatrix},$$

$$C_2=\begin{bmatrix}1.0 & 0.0 & 0.0 & 0.0\\ 0.0 & 0.0 & 1.0 & 0.0\end{bmatrix},$$

采用前面介绍的方法来设计下面的模糊控制规律

R_C^1：如果 $x_1(t)$ 为 M^1（大约为 0），则 $u(t)=-L_1x(t)$

R_C^2：如果 $x_1(t)$ 为 $M^2\left(\text{大约为}\pm\frac{\pi}{3}\right)$，则 $u(t)=-L_2x(t)$

如希望每个子系统的闭环极点设置为[−7.0 −3.0 −6.0 −1.0]，则按极点配置的设计方法可以求得每个子系统的控制规律为

$$L_1=[-69.1679\quad -12.8245\quad -6.6685\quad -33.9422]$$

$$L_2=[-145.225\quad -30.0898\quad -8.8434\quad -37.5585]$$

通过求解下面的矩阵不等式

$$H_{ij}^{\mathrm{T}}P_1+P_1H_{ij}<0,\quad H_{ij}=A_i-B_iL_j,\quad i,j=1,2$$

求得共同的正定矩阵 P_1 为

$$P_1=\begin{bmatrix}1.936 & 0.3599 & 0.2236 & 0.3525\\ 0.3599 & 0.07628 & 0.04388 & 0.06841\\ 0.2236 & 0.04388 & 0.03834 & 0.05138\\ 0.3525 & 0.06841 & 0.05138 & 0.08003\end{bmatrix}$$

由于这里不是每个状态都能测量得到，所以采用前面介绍的方法来设计以下的模糊观测器

R_O^1：如果 $x_1(t)$ 为 M^1（大约为 0），则

$$\dot{\hat{x}}(t)=A_1\hat{x}(t)+B_1u(t)+K_1[y(t)-\hat{y}(t)]$$

R_O^2：如果 $x_1(t)$ 为 $M^2\left(\text{大约为}\pm\frac{\pi}{3}\right)$，则

$$\dot{\hat{x}}(t)=A_2\hat{x}(t)+B_2u(t)+K_2[y(t)-\hat{y}(t)]$$

如希望每个子系统的观测器极点设置为[−36.0 −32.0 −34.0 −30.0]，则按极点配置的设计方法可以求得每个子系统的观测器增益矩阵为

$$K_1=\begin{bmatrix}69.0462 & 34.6898\\ 1239.2391 & 1703.4629\\ 0.7808 & 45.9292\\ 12.0342 & 207.7951\end{bmatrix}\quad K_2=\begin{bmatrix}68.0757 & 16.8997\\ 1176.4956 & 862.6384\\ 0.4915 & 48.4011\\ 8.5666 & 270.5840\end{bmatrix}$$

通过求解以下的矩阵不等式

$$S_{ij}^{\mathrm{T}}P_1+P_1S_{ij}<0,\quad S_{ij}=A_i-K_iC_j,\quad i,j=1,2$$

求得共同的正定矩阵 P_2 为

$$P_2=\begin{bmatrix}2.005 & -0.04221 & 1.755 & 0.03306\\ -0.04221 & 0.001798 & -0.03839 & -0.004042\\ 1.755 & -0.03839 & 2.479 & 0.02062\\ 0.03306 & -0.004042 & 0.02062 & 0.01388\end{bmatrix}$$

求得最终的控制规律为

$$R_C^1:\text{如果 } x_1(t) \text{ 为 } M^1(\text{大约为 } 0),\text{则 } u(t)=-\boldsymbol{L}_1\hat{\boldsymbol{x}}(t)$$

$$R_C^2:\text{如果 } x_1(t) \text{ 为 } M^2\left(\text{大约为 } \pm\frac{\pi}{3}\right),\text{则 } u(t)=-\boldsymbol{L}_2\hat{\boldsymbol{x}}(t)$$

也即总的控制规律为

$$u(t)=-\bar{\alpha}_1\boldsymbol{L}_1\hat{\boldsymbol{x}}(t)-\bar{\alpha}_2\boldsymbol{L}_2\hat{\boldsymbol{x}}(t),$$

其中 $\bar{\alpha}_1$ 和 $\bar{\alpha}_2$ 分别是模糊规则 1 和模糊规则 2 归一化后的隶属度,本例中定义的隶属度函数为

$$\alpha_1[x_1(t)]=\left\{1.0-\frac{1.0}{1.0+\mathrm{e}^{-7.0\left[x_1(t)-\frac{\pi}{6}\right]}}\right\}\cdot\frac{1.0}{1.0+\mathrm{e}^{-7.0\left[x_1(t)+\frac{\pi}{6}\right]}},$$

$$\alpha_2[x_1(t)]=1.0-\bar{\alpha}_1[x_1(t)]$$

其形状如图 2.34 所示,显然,这里有 $\bar{\alpha}_i=\alpha_i,i=1,2$。

根据定理 2.5 可知,该非线性控制器能够保证该系统(T-S 模糊模型+模糊控制器+模糊观测器)的稳定性,为了检验该非线性控制器的性能,将这个非线性控制器用于控制单倒立摆系统进行仿真,图 2.35 给出了该闭环系统在初始条件 $x_1(0)=60.0°$和 $x_2(0)=x_3(0)=x_4(0)=0.0$ 时的响应曲线。

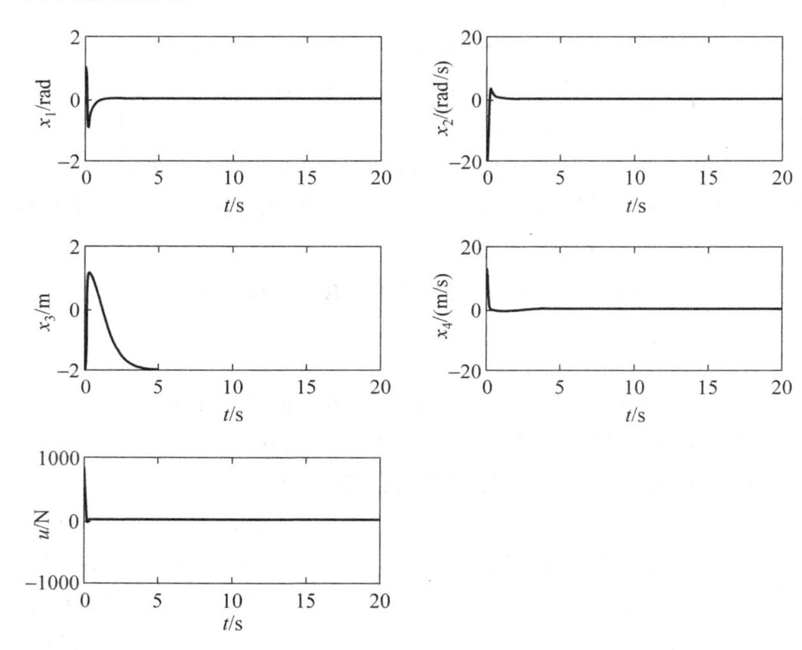

图 2.35 初始条件 $x_1(0)=60.0°$和 $x_2(0)=x_3(0)=x_4(0)=0.0$ 时的系统响应

2.7.5 基于模糊状态方程模型的切换控制器设计

下面介绍另一种模糊控制器的设计方法,其全局控制采用起主导作用的子系统的局部控制。所谓主导作用的子系统是指系统当前的工作点属于该子系统的隶属度函数最大。当系统的工作点由主要属于一个子系统转移到主要属于另一个子系统时,系统的控制将由原来子系统的局部控制切换到新的子系统的局部控制,控制可能发生跳变。因而称这样的控

制为切换控制。

1. 连续系统

1）模糊控制器设计

设连续系统的模型同前，即

R_{P}^{i}：如果 $\boldsymbol{w}$ 是 $\boldsymbol{M}^{i}$，则

$$\begin{cases}\dot{\boldsymbol{x}}^{i}=\boldsymbol{A}_{i}\boldsymbol{x}+\boldsymbol{B}_{i}\boldsymbol{u}\\ \boldsymbol{y}^{i}=\boldsymbol{C}_{i}\boldsymbol{x}+\boldsymbol{D}_{i}\boldsymbol{u}\end{cases},\quad i=1,2,\cdots,l$$

式中，R_{P}^{i} 表示控制对象的第 i 条模糊规则；$\boldsymbol{M}^{i}$ 表示第 i 个模糊子空间；l 是规则个数。

控制对象的总的模型为

$$\begin{cases}\dot{\boldsymbol{x}}=\boldsymbol{A}\boldsymbol{x}+\boldsymbol{B}\boldsymbol{u}\\ \boldsymbol{y}=\boldsymbol{C}\boldsymbol{x}+\boldsymbol{D}\boldsymbol{u}\end{cases}$$

$$\boldsymbol{A}=\sum_{i=1}^{l}\bar{\alpha}_{i}\boldsymbol{A}_{i},\quad \boldsymbol{B}=\sum_{i=1}^{l}\bar{\alpha}_{i}\boldsymbol{B}_{i},\quad \boldsymbol{C}=\sum_{i=1}^{l}\bar{\alpha}_{i}\boldsymbol{C}_{i},\quad \boldsymbol{D}=\sum_{i=1}^{l}\bar{\alpha}_{i}\boldsymbol{D}_{i},$$

这里 $\bar{\alpha}_{i}$ 表示第 i 条规则归一化后的适用度。

对每个模糊子系统均设计一个局部控制，即

$$R_{\mathrm{C}}^{i}：若\ \boldsymbol{w}\ 是\ \boldsymbol{M}^{i}，则\ \boldsymbol{u}_{i}(t)=-\boldsymbol{L}_{i}\boldsymbol{x}(t)$$

$i=1,2,\cdots,l$，R_{C}^{i} 表示控制器的第 i 条规则。取总的控制为起主导作用的子系统的局部控制，即

$$\boldsymbol{u}(t)=\boldsymbol{u}_{k}(t)=-\boldsymbol{L}_{k}\boldsymbol{x}(t)$$

式中，k 表示起主导作用的子系统的标号；$\boldsymbol{L}_{k}$ 是起主导作用子系统的反馈控制规律，即

$$\bar{\alpha}_{k}(\boldsymbol{w})=\max_{i}\{\bar{\alpha}_{i}(\boldsymbol{w}),\quad i=1,2,\cdots,l\}$$

将该控制规律代入控制对象模型，得闭环系统方程为

$$\begin{aligned}\dot{\boldsymbol{x}}(t)&=\boldsymbol{A}\boldsymbol{x}(t)-\boldsymbol{B}\boldsymbol{L}_{k}\boldsymbol{x}(t)=(\boldsymbol{A}-\boldsymbol{B}\boldsymbol{L}_{k})\boldsymbol{x}(t)=\Big(\sum_{i=1}^{l}\bar{\alpha}_{i}\boldsymbol{A}_{i}-\sum_{i=1}^{l}\bar{\alpha}_{i}\boldsymbol{B}_{i}\boldsymbol{L}_{k}\Big)\boldsymbol{x}(t)\\ &=\sum_{i=1}^{l}\bar{\alpha}_{i}(\boldsymbol{A}_{i}-\boldsymbol{B}_{i}\boldsymbol{L}_{k})\boldsymbol{x}(t)=\sum_{i=1}^{l}\bar{\alpha}_{i}\boldsymbol{H}_{ik}\boldsymbol{x}(t),\boldsymbol{H}_{ik}=\boldsymbol{A}_{i}-\boldsymbol{B}_{i}\boldsymbol{L}_{k}\end{aligned}$$

设每个模糊子系统$(\boldsymbol{A}_{i},\boldsymbol{B}_{i})$是局部能控的，则一定可以设计出局部反馈控制 $\boldsymbol{L}_{i}$，以使得 $\boldsymbol{H}_{ii}=\boldsymbol{A}_{i}-\boldsymbol{B}_{i}\boldsymbol{L}_{i}$ 是稳定的，即一定存在正定对称矩阵 $\boldsymbol{P}_{i}$ 和 $\boldsymbol{Q}_{i}$，满足下面的李雅普诺夫方程

$$\boldsymbol{H}_{ii}^{\mathrm{T}}\boldsymbol{P}_{i}+\boldsymbol{P}_{i}\boldsymbol{H}_{ii}=-\boldsymbol{Q}_{i}$$

取

$$\boldsymbol{P}=\sum_{i=1}^{l}\beta_{i}\boldsymbol{P}_{i},\beta_{i}>0\quad 或\quad \boldsymbol{P}=\sum_{i=1}^{l}\boldsymbol{P}_{i}$$

并令

$$\boldsymbol{Q}_{ik}=\boldsymbol{H}_{ik}^{\mathrm{T}}\boldsymbol{P}+\boldsymbol{P}\boldsymbol{H}_{ik}$$

定义

$$\lambda_{ik}=\lambda_{\max}(\boldsymbol{Q}_{ik})$$

为 $\boldsymbol{Q}_{ik}$ 的最大特征值，则可给出下面的稳定性的定理。

定理 2.6 对于上面所描述的连续模糊系统，如果对于 $k=1,2,\cdots,l$ 均有

$$\sum_{i=1}^{l}\bar{\alpha}_i\lambda_{ik} < 0$$

则整个闭环系统是渐近稳定的。

证明 选取李雅普诺夫函数为

$$V = \boldsymbol{x}^{\mathrm{T}}(t)\boldsymbol{P}\boldsymbol{x}(t)$$

结合上面的闭环系统方程,对 V 求导数得

$$\begin{aligned}\dot{V}[\boldsymbol{x}(t)] &= \dot{\boldsymbol{x}}^{\mathrm{T}}(t)\boldsymbol{P}\boldsymbol{x}(t) + \boldsymbol{x}^{\mathrm{T}}(t)\boldsymbol{P}\dot{\boldsymbol{x}}(t) = \boldsymbol{x}^{\mathrm{T}}(t)\left[\sum_{i=1}^{l}\bar{\alpha}_i\boldsymbol{H}_{ik}^{\mathrm{T}}\boldsymbol{P} + \boldsymbol{P}\sum_{i=1}^{l}\bar{\alpha}_i\boldsymbol{H}_{ik}\right]\boldsymbol{x}(t) \\ &= \boldsymbol{x}^{\mathrm{T}}(t)\left[\sum_{i=1}^{l}\bar{\alpha}_i(\boldsymbol{H}_{ik}^{\mathrm{T}}\boldsymbol{P} + \boldsymbol{P}\boldsymbol{H}_{ik})\right]\boldsymbol{x}(t) = \boldsymbol{x}^{\mathrm{T}}(t)\left[\sum_{i=1}^{l}\bar{\alpha}_i\boldsymbol{Q}_{ik}\right]\boldsymbol{x}(t) \\ &\leqslant \boldsymbol{x}^{\mathrm{T}}(t)\left[\sum_{i=1}^{l}\bar{\alpha}_i\lambda_{\max}(\boldsymbol{Q}_{ik})\right]\boldsymbol{x}(t) = \boldsymbol{x}^{\mathrm{T}}(t)\left[\sum_{i=1}^{l}\bar{\alpha}_i\lambda_{ik}\right]\boldsymbol{x}(t) < 0\end{aligned}$$

可见,只要满足定理条件,即可保证 $\dot{V}<0$,从而保证整个闭环系统是渐近稳定的。该定理条件也是充分条件,如果上面条件不满足,还可以选择不同的 β_i 再试。

定理条件也可重写为

$$\sum_{\substack{i=1\\ i\neq k}}^{l}\bar{\alpha}_i\lambda_{ik} < -\bar{\alpha}_k\lambda_{kk}$$

可以看出,为了尽可能比较容易地满足上述定理条件,当第 k 条规则起主要作用(即第 k 个模糊子系统为主导子系统)时,其他规则的作用应尽可能地小。也就是说,各模糊集合的隶属度函数重叠部分应尽量少。

然而在有些情况下,上面的定理条件不一定能满足,因而也就难以确保按上述方法所设计的系统的稳定性。为此可考虑加入一附加的补偿控制来使系统稳定。例如,取控制规律为

$$\boldsymbol{u}(t) = \boldsymbol{u}_{\mathrm{f}}(t) + \boldsymbol{u}_{\mathrm{s}}(t)$$

式中,$\boldsymbol{u}_{\mathrm{f}}(t)$为按上述方法所设计的控制;$\boldsymbol{u}_{\mathrm{s}}(t)$为补偿控制部分。将上述代入控制对象模型可得整个系统的方程为

$$\begin{aligned}\dot{\boldsymbol{x}}(t) &= \sum_{i=1}^{l}\bar{\alpha}_i\boldsymbol{H}_{ik}\boldsymbol{x}(t) + \boldsymbol{B}\boldsymbol{u}_{\mathrm{s}}(t) \\ &= \bar{\alpha}_i\boldsymbol{H}_{kk}\boldsymbol{x}(t) + \sum_{\substack{i=1\\ i\neq k}}^{l}\bar{\alpha}_i\boldsymbol{H}_{ik}\boldsymbol{x}(t) + \boldsymbol{B}\boldsymbol{u}_{\mathrm{s}}(t) \\ &= \bar{\alpha}_i\boldsymbol{H}_{kk}\boldsymbol{x}(t) + \overline{\boldsymbol{H}}_{kk}\boldsymbol{x}(t) + \boldsymbol{B}\boldsymbol{u}_{\mathrm{s}}(t), \quad \overline{\boldsymbol{H}}_{kk} = \sum_{\substack{i=1\\ i\neq k}}^{l}\bar{\alpha}_i\boldsymbol{H}_{ik}\end{aligned}$$

取李雅普诺夫函数为

$$V = \boldsymbol{x}^{\mathrm{T}}(t)\boldsymbol{P}\boldsymbol{x}(t)$$

其中

$$\boldsymbol{P} = \sum_{i=1}^{l}\beta_i\boldsymbol{P}_i, \beta_i > 0 \quad \text{或} \quad \boldsymbol{P} = \sum_{i=1}^{l}\boldsymbol{P}_i$$

同时让

$$\bar{P}_k = \sum_{\substack{i=1\\i\neq k}}^{l}\beta_i P_i \quad 或 \quad \bar{P}_k = \sum_{\substack{i=1\\i\neq k}}^{l} P_i$$

显然有 $P=\beta_k P_k+\bar{P}_k$ 或 $P=P_k+\bar{P}_k$。令

$$\bar{Q}_k = H_{kk}^{\mathrm{T}}\bar{P}_k + \bar{P}_k H_{kk}$$

则结合上述状态方程可求得

$$\begin{aligned}
\dot{V}[x(t)] &= \dot{x}^{\mathrm{T}}(t)Px(t) + x^{\mathrm{T}}(t)P\dot{x}(t)\\
&= [\bar{\alpha}_k H_{kk}x(t) + \bar{H}_{kk}x(t) + Bu_{\mathrm{s}}(t)]^{\mathrm{T}}Px(t)\\
&\quad + x^{\mathrm{T}}(t)P[\bar{\alpha}_k H_{kk}x(t) + \bar{H}_{kk}x(t) + Bu_{\mathrm{s}}(t)]\\
&= \bar{\alpha}_k\beta_k x^{\mathrm{T}}(t)(H_{kk}^{\mathrm{T}}P_k + P_k H_{kk})x(t) + \bar{\alpha}_k x^{\mathrm{T}}(t)(H_{kk}^{\mathrm{T}}\bar{P}_k + \bar{P}_k H_{kk})x(t)\\
&\quad + 2x^{\mathrm{T}}(t)P[\bar{H}_{kk}x(t) + Bu_{\mathrm{s}}(t)]\\
&= -\bar{\alpha}_k\beta_k x^{\mathrm{T}}(t)Q_k x(t) + \bar{\alpha}_k x^{\mathrm{T}}(t)\bar{Q}_k x(t) + 2x^{\mathrm{T}}(t)P[\bar{H}_{kk}x(t) + Bu_{\mathrm{s}}(t)]
\end{aligned}$$

取

$$u_{\mathrm{s}}(t) = \begin{cases} -\dfrac{1}{2}[B^{\mathrm{T}}Px(t)x^{\mathrm{T}}(t)PB]^{-1}B^{\mathrm{T}}Px(t)[\bar{\alpha}_k x^{\mathrm{T}}(t)\bar{Q}_k x(t) & \\ \quad + 2x^{\mathrm{T}}(t)P\bar{H}_{kk}x(t)], & |B^{\mathrm{T}}Px(t)x^{\mathrm{T}}(t)PB| \neq 0 \\ 0, & |B^{\mathrm{T}}Px(t)x^{\mathrm{T}}(t)PB| = 0 \end{cases}$$

则

$$\dot{V}[x(t)] = -\bar{\alpha}_k\beta_k x^{\mathrm{T}}(t)Q_k x(t)$$

由于 Q_k 为正定矩阵，所以有 $\dot{V}<0$，从而可确保整个系统的全局渐近稳定。

2）模糊观测器设计

设控制对象的模糊模型仍同前，由于它是用局部的线性模型来描述的，因此可以考虑对于每一个线性子系统首先设计一个局部的线性状态观测器，即

R_{O}^{i}：若 $x(t)$ 是 M^i，则

$$\dot{\hat{x}}(t) = A_i\hat{x}(t) + B_i u(t) + K_i[y(t) - \hat{y}(t)], \quad i = 1,2,\cdots,l$$

然后让总的观测器采用起主导作用的子系统的局部模糊观测器，即

$$\dot{\hat{x}}(t) = A\hat{x}(t) + Bu(t) + K_k[y(t) - \hat{y}(t)], \quad A = \sum_{i=1}^{l}\bar{\alpha}_i A_i, \quad B = \sum_{i=1}^{l}\bar{\alpha}_i B_i$$

其中，K_k 是起主导作用的局部子系统的观测器增益矩阵，即

$$\bar{\alpha}_k = \max_i\{\bar{\alpha}_i, \ i = 1,2,\cdots,l\}$$

可以求得状态估计的误差方程为

$$\begin{aligned}
\dot{\tilde{x}}(t) &= \dot{x}(t) - \dot{\hat{x}}(t) = Ax(t) + Bu(t) - \{A\hat{x}(t) + Bu(t) + K_k[y(t) - \hat{y}(t)]\}\\
&= (A - K_k C)\tilde{x}(t) = \sum_{i=1}^{l}\bar{\alpha}_i(A_i - K_k C_i)\tilde{x}(t)\\
&= \sum_{i=1}^{l}\bar{\alpha}_i S_{ki}\tilde{x}(t), \quad S_{ki} = A_i - K_k C_i
\end{aligned}$$

设每个模糊子系统(A_i, C_i)是局部能观的，则一定可设计出局部的观测器增益矩阵 K_i，以使得 $S_{ii}=A_i-K_iC_i$ 的特征根均在左半平面，即一定存在正定对称矩阵 P_i 和 Q_i，满足以下的李

雅普诺夫方程

$$S_{ii}^{\mathrm{T}}P'_i+P'_iS_{ii}=-Q'_i$$

取

$$P'=\sum_{i=1}^{l}\beta_iP'_i,\quad \beta_i>0\quad 或\quad P'=\sum_{i=1}^{l}P'_i$$

并令

$$Q'_{ki}=S_{ki}^{\mathrm{T}}P'+P'S_{ki}$$

定义

$$\lambda'_{ki}=\lambda_{\max}(Q'_{ki})$$

为 Q'_{ki} 的最大的特征值。则可给出下面的稳定性定理。

定理 2.7 对于上面所描述的连续模糊观测器系统,如果对于 $i=1,2,\cdots,l$ 均有

$$\sum_{i=1}^{l}\bar{\alpha}_i\lambda'_{ki}<0$$

即

$$\sum_{\substack{i=1\\i\neq k}}^{l}\bar{\alpha}_i\lambda'_{ki}<-\bar{\alpha}_k\lambda'_{ki}$$

则整个模糊观测器系统是全局渐近稳定的,即 $\hat{x}(t)$ 最终可以收敛到 $x(t)$。

该定理的证明过程与定理2.6类似,此处从略。

3) 分离性原理

结合上面设计的模糊控制规律和模糊观测器,最后可得整个系统的控制为

$$u(t)=-L_k\hat{x}(t)$$

$$\dot{\hat{x}}(t)=A\hat{x}(t)+Bu(t)+K_k[y(t)-\hat{y}(t)],\quad A=\sum_{i=1}^{l}\bar{\alpha}_iA_i,\quad B=\sum_{i=1}^{l}\bar{\alpha}_iB_i$$

其中,L_k 和 K_k 是起主导作用的局部子系统的状态反馈矩阵和观测器增益矩阵。

若取整个系统的状态为 x 和 $\tilde{x}$,则可求得总的闭环系统模型为

$$\begin{cases}\dot{x}=\sum_{i=1}^{l}\bar{\alpha}_iH_{ik}x+\sum_{i=1}^{l}\bar{\alpha}_iB_iL_k\tilde{x},\quad H_{ik}=A_i-B_iL_k\\ \dot{\tilde{x}}(t)=\sum_{i=1}^{l}\bar{\alpha}_iS_{ki}\tilde{x}(t),\quad S_{ki}=A_i-K_kC_i\end{cases}$$

定理 2.8 对于上式所表示的系统,如果存在两个标量函数 $V(x):R^n\rightarrow R$ 和 $\tilde{V}(\tilde{x}):R^n\rightarrow R$,以及正实数 γ_1、γ_2、γ_3、γ_4、$\tilde{\gamma}_1$、$\tilde{\gamma}_2$、$\tilde{\gamma}_3$ 和 $\tilde{\gamma}_4$,使得

(1) $\gamma_1\|x\|^2\leqslant V(x)\leqslant\gamma_2\|x\|^2$,$\tilde{\gamma}_1\|\tilde{x}\|^2\leqslant\tilde{V}(\tilde{x})\leqslant\tilde{\gamma}_2\|\tilde{x}\|^2$

(2) $\left(\dfrac{\partial V(x)}{\partial x}\right)^{\mathrm{T}}\sum_{i=1}^{l}\bar{\alpha}_iH_{ik}x\leqslant-\gamma_3\|x\|^2$

$\left(\dfrac{\partial\tilde{V}(\tilde{x})}{\partial\tilde{x}}\right)^{\mathrm{T}}\sum_{i=1}^{l}\bar{\alpha}_iS_{ki}\tilde{x}\leqslant-\tilde{\gamma}_3\|\tilde{x}\|^2$

(3) $\left\|\dfrac{\partial V(x)}{\partial x}\right\|\leqslant\gamma_4\|x\|$,$\left\|\dfrac{\partial\tilde{V}(\tilde{x})}{\partial\tilde{x}}\right\|\leqslant\tilde{\gamma}_4\|\tilde{x}\|$

则整个系统是全局渐近稳定的。

证明 可以求得 $V(\boldsymbol{x})$ 对时间 t 的导数为

$$\dot{V}(\boldsymbol{x})=\left(\frac{\partial V(\boldsymbol{x})}{\partial \boldsymbol{x}}\right)^{\mathrm{T}}\dot{\boldsymbol{x}}=\left(\frac{\partial V(\boldsymbol{x})}{\partial \boldsymbol{x}}\right)^{\mathrm{T}}\sum_{i=1}^{l}\bar{\alpha}_i\boldsymbol{H}_{ik}\boldsymbol{x}+\left(\frac{\partial V(\boldsymbol{x})}{\partial \boldsymbol{x}}\right)^{\mathrm{T}}\sum_{i=1}^{l}\bar{\alpha}_i\boldsymbol{B}_i\boldsymbol{L}_k\tilde{\boldsymbol{x}}$$

$$\leqslant-\gamma_3\|\boldsymbol{x}\|^2+\left\|\frac{\partial V(\boldsymbol{x})}{\partial \boldsymbol{x}}\right\|\sum_{i=1}^{l}\|\boldsymbol{B}_i\boldsymbol{L}_k\|\,\|\tilde{\boldsymbol{x}}\|$$

$$\leqslant-\gamma_3\|\boldsymbol{x}\|^2+\gamma_4\sum_{i=1}^{l}\|\boldsymbol{B}_i\boldsymbol{L}_k\|\,\|\tilde{\boldsymbol{x}}\|\,\|\boldsymbol{x}\|$$

设 $\sum_{i=1}^{l}\|\boldsymbol{B}_i\boldsymbol{L}_k\|=a$，则

$$\dot{V}(\boldsymbol{x})\leqslant-\frac{\gamma_3}{2}\|\boldsymbol{x}\|^2-\frac{\gamma_3}{2}\|\boldsymbol{x}\|^2+\gamma_4 a\|\tilde{\boldsymbol{x}}\|\,\|\boldsymbol{x}\|$$

$$=-\frac{\gamma_3}{2}\|\boldsymbol{x}\|^2-\frac{\gamma_3}{2}\Bigg[\|\boldsymbol{x}\|^2-\frac{2\gamma_4}{\gamma_3}a\|\tilde{\boldsymbol{x}}\|\,\|\boldsymbol{x}\|+\left(\frac{\gamma_4}{\gamma_3}a\|\tilde{\boldsymbol{x}}\|\right)^2-\left(\frac{\gamma_4}{\gamma_3}a\|\tilde{\boldsymbol{x}}\|\right)^2\Bigg]$$

$$\leqslant-\frac{\gamma_3}{2}\|\boldsymbol{x}\|^2+\frac{\gamma_4^2}{2\gamma_3}a^2\|\tilde{\boldsymbol{x}}\|^2$$

$$\leqslant-\frac{\gamma_3}{2\gamma_2}V(\boldsymbol{x})+\frac{\gamma_4^2a^2}{2\gamma_3\tilde{\gamma}_1}\tilde{V}(\tilde{\boldsymbol{x}})$$

$\tilde{V}(\tilde{\boldsymbol{x}})$ 对时间 t 的导数为

$$\dot{\tilde{V}}(\tilde{\boldsymbol{x}})=\left(\frac{\partial \tilde{V}(\tilde{\boldsymbol{x}})}{\partial \tilde{\boldsymbol{x}}}\right)^{\mathrm{T}}\dot{\tilde{\boldsymbol{x}}}=\left(\frac{\partial \tilde{V}(\tilde{\boldsymbol{x}})}{\partial \tilde{\boldsymbol{x}}}\right)^{\mathrm{T}}\sum_{i=1}^{l}\bar{\alpha}_i\boldsymbol{S}_{ki}\tilde{\boldsymbol{x}}\leqslant-\tilde{\gamma}_3\|\tilde{\boldsymbol{x}}\|^2\leqslant-\frac{\tilde{\gamma}_3}{\tilde{\gamma}_2}\tilde{V}(\tilde{\boldsymbol{x}})$$

因此，可以得到

$$\begin{bmatrix}\dot{V}(\boldsymbol{x})\\ \dot{\tilde{V}}(\tilde{\boldsymbol{x}})\end{bmatrix}\leqslant\begin{bmatrix}-\dfrac{\gamma_3}{2\gamma_2} & \dfrac{\gamma_4^2a^2}{2\gamma_3\tilde{\gamma}_1}\\ 0 & -\dfrac{\tilde{\gamma}_3}{\tilde{\gamma}_2}\end{bmatrix}\begin{bmatrix}V(\boldsymbol{x})\\ \tilde{V}(\tilde{\boldsymbol{x}})\end{bmatrix}=\boldsymbol{A}\begin{bmatrix}V(\boldsymbol{x})\\ \tilde{V}(\tilde{\boldsymbol{x}})\end{bmatrix}$$

其中

$$\boldsymbol{A}=\begin{bmatrix}-\dfrac{\gamma_3}{2\gamma_2} & \dfrac{\gamma_4^2a^2}{2\gamma_3\tilde{\gamma}_1}\\ 0 & -\dfrac{\tilde{\gamma}_3}{\tilde{\gamma}_2}\end{bmatrix}$$

显然，$\boldsymbol{A}$ 的特征值均在左半平面，因而有

$$\lim_{t\to\infty}V(\boldsymbol{x})\to 0,\quad \lim_{t\to\infty}\tilde{V}(\tilde{\boldsymbol{x}})\to 0$$

根据定理假设条件(1)，必然有

$$\lim_{t\to\infty}\boldsymbol{x}(t)\to 0,\quad \lim_{t\to\infty}\tilde{\boldsymbol{x}}(t)\to 0$$

从而表明，满足定理条件的系统是全局渐近稳定的。

如果取

$$V(\boldsymbol{x}) = \boldsymbol{x}^{\mathrm{T}}\boldsymbol{P}\boldsymbol{x}, \quad \widetilde{V}(\widetilde{\boldsymbol{x}}) = \widetilde{\boldsymbol{x}}^{\mathrm{T}}\boldsymbol{P}'\widetilde{\boldsymbol{x}}$$

式中,$\boldsymbol{P}$ 和 $\boldsymbol{P}'$ 为前面设计模糊状态反馈控制及模糊观测器时所定义。显然它们都是正定矩阵,因此 $V(\boldsymbol{x})$ 和 $\widetilde{V}(\widetilde{\boldsymbol{x}})$ 满足定理条件(1),即

$$\gamma_1 \|\boldsymbol{x}\|^2 \leqslant V(\boldsymbol{x}) \leqslant \gamma_2 \|\boldsymbol{x}\|^2, \quad \widetilde{\gamma}_1 \|\widetilde{\boldsymbol{x}}\|^2 \leqslant \widetilde{V}(\widetilde{\boldsymbol{x}}) \leqslant \widetilde{\gamma}_2 \|\widetilde{\boldsymbol{x}}\|^2$$

同时由于

$$\frac{\partial V(\boldsymbol{x})}{\partial \boldsymbol{x}} = 2\boldsymbol{P}\boldsymbol{x}, \quad \frac{\partial \widetilde{V}(\widetilde{\boldsymbol{x}})}{\partial \widetilde{\boldsymbol{x}}} = 2\boldsymbol{P}'\widetilde{\boldsymbol{x}}$$

显然,它们满足定理条件(3),即

$$\left\|\frac{\partial V(\boldsymbol{x})}{\partial \boldsymbol{x}}\right\| \leqslant \gamma_4 \|\boldsymbol{x}\|, \quad \left\|\frac{\partial \widetilde{V}(\widetilde{\boldsymbol{x}})}{\partial \widetilde{\boldsymbol{x}}}\right\| \leqslant \widetilde{\gamma}_4 \|\widetilde{\boldsymbol{x}}\|$$

现在考虑定理条件(2)

$$\begin{aligned}\left(\frac{\partial V(\boldsymbol{x})}{\partial \boldsymbol{x}}\right)^{\mathrm{T}} \sum_{i=1}^{l} \bar{\alpha}_i \boldsymbol{H}_{ik}\boldsymbol{x} &= \left(\frac{\partial (\boldsymbol{x}^{\mathrm{T}}\boldsymbol{P}\boldsymbol{x})}{\partial \boldsymbol{x}}\right)^{\mathrm{T}} \sum_{i=1}^{l} \bar{\alpha}_i \boldsymbol{H}_{ik}\boldsymbol{x} = 2\boldsymbol{x}^{\mathrm{T}}\boldsymbol{P}\sum_{i=1}^{l} \bar{\alpha}_i \boldsymbol{H}_{ik}\boldsymbol{x} \\ &= \sum_{i=1}^{l} \boldsymbol{x}^{\mathrm{T}} 2\bar{\alpha}_i \boldsymbol{P}\boldsymbol{H}_{ik}\boldsymbol{x} = \sum_{i=1}^{l} \bar{\alpha}_i \boldsymbol{x}^{\mathrm{T}} (\boldsymbol{H}_{ik}^{\mathrm{T}}\boldsymbol{P} + \boldsymbol{P}\boldsymbol{H}_{ik})\boldsymbol{x}\end{aligned}$$

前面单独设计控制规律是为了确保系统的稳定性,有(见定理2.6)

$$\boldsymbol{Q}_{ik} = \boldsymbol{H}_{ik}^{\mathrm{T}}\boldsymbol{P} + \boldsymbol{P}\boldsymbol{H}_{ik}, \quad \lambda_{ik} = \lambda_{\max}(\boldsymbol{Q}_{ik}), \quad \sum_{i=1}^{l} \bar{\alpha}_i \lambda_{ik} < 0$$

从而有

$$\begin{aligned}\left(\frac{\partial V(\boldsymbol{x})}{\partial \boldsymbol{x}}\right)^{\mathrm{T}} \sum_{i=1}^{l} \bar{\alpha}_i \boldsymbol{H}_{ik}\boldsymbol{x} &= \sum_{i=1}^{l} \bar{\alpha}_i \boldsymbol{x}^{\mathrm{T}} (\boldsymbol{H}_{ik}^{\mathrm{T}}\boldsymbol{P} + \boldsymbol{P}\boldsymbol{H}_{ik})\boldsymbol{x} \\ &= \sum_{i=1}^{l} \bar{\alpha}_i \boldsymbol{x}^{\mathrm{T}} \boldsymbol{Q}_{ik}\boldsymbol{x} \leqslant \boldsymbol{x}^{\mathrm{T}} \Big(\sum_{i=1}^{l} \bar{\alpha}_i \lambda_{ik}\Big)\boldsymbol{x} < 0\end{aligned}$$

也即有

$$\left(\frac{\partial V(\boldsymbol{x})}{\partial \boldsymbol{x}}\right)^{\mathrm{T}} \sum_{i=1}^{l} \bar{\alpha}_i \boldsymbol{H}_{ik}\boldsymbol{x} \leqslant -\gamma_{3k} \|\boldsymbol{x}\|^2$$

取 $\gamma_3 = \min\limits_{k=1,2,\cdots,l} \gamma_{3k}$,则显然有

$$\left(\frac{\partial V(\boldsymbol{x})}{\partial \boldsymbol{x}}\right)^{\mathrm{T}} \sum_{i=1}^{l} \bar{\alpha}_i \boldsymbol{H}_{ik}\boldsymbol{x} \leqslant -\gamma_3 \|\boldsymbol{x}\|^2$$

同理,根据单独设计观测器时的条件,即 $\boldsymbol{Q}'_{ki} = \boldsymbol{S}_{ki}^{\mathrm{T}}\boldsymbol{P}' + \boldsymbol{P}'\boldsymbol{S}_{ki}$,$\lambda'_{ki} = \lambda_{\max}(\boldsymbol{Q}'_{ki})$,$\sum\limits_{i=1}^{l} \bar{\alpha}_i \lambda'_{ki} < 0$,不难验证

$$\left(\frac{\partial \widetilde{V}(\widetilde{\boldsymbol{x}})}{\partial \widetilde{\boldsymbol{x}}}\right)^{\mathrm{T}} \sum_{i=1}^{l} \bar{\alpha}_i \boldsymbol{S}_{ki}\widetilde{\boldsymbol{x}} \leqslant -\widetilde{\gamma}_3 \|\widetilde{\boldsymbol{x}}\|^2$$

也成立。

从而说明,在连续系统中基于T-S模型分别设计切换型控制器和观测器时,只要分别满足稳定条件,并取 $V(\boldsymbol{x}) = \boldsymbol{x}^{\mathrm{T}}\boldsymbol{P}\boldsymbol{x}$,$\widetilde{V}(\widetilde{\boldsymbol{x}}) = \widetilde{\boldsymbol{x}}^{\mathrm{T}}\boldsymbol{P}'\widetilde{\boldsymbol{x}}$ 时,即能满足定理2.8的条件,因此前面分别设计模糊状态反馈控制和模糊观测器得到的总的闭环系统是全局渐近稳定的。也就是说,这时分离性原理也是成立的,即可以独立地设计模糊状态反馈控制和模糊观测器,只要

分别满足稳定条件,就能保证总的闭环系统是全局渐近稳定的。

2. 离散系统

1) 模糊控制器设计

设连续系统的模型同前,即

R_{P}^{i}:如果 $\boldsymbol{w}$ 是 $\boldsymbol{M}^{i}$,则

$$\begin{cases}\boldsymbol{x}^{i}(k+1)=\boldsymbol{F}_{i}\boldsymbol{x}(k)+\boldsymbol{G}_{i}\boldsymbol{u}(k)\\ \boldsymbol{y}^{i}(k)=\boldsymbol{C}_{i}\boldsymbol{x}(k)+\boldsymbol{D}_{i}\boldsymbol{u}(k)\end{cases},\quad i=1,2,\cdots,l$$

式中,R_{P}^{i} 表示控制对象的第 i 条模糊规则;$\boldsymbol{M}^{i}$ 表示第 i 个模糊子空间;l 是规则个数。

控制对象的总的模型为

$$\begin{cases}\boldsymbol{x}(k+1)=\boldsymbol{F}\boldsymbol{x}(k)+\boldsymbol{G}\boldsymbol{u}(k)\\ \boldsymbol{y}(k)=\boldsymbol{C}\boldsymbol{x}(k)+\boldsymbol{D}\boldsymbol{u}(k)\end{cases}$$

$$\boldsymbol{F}=\sum_{i=1}^{l}\bar{\alpha}_{i}\boldsymbol{F}_{i},\quad \boldsymbol{G}=\sum_{i=1}^{l}\bar{\alpha}_{i}\boldsymbol{G}_{i},\quad \boldsymbol{C}=\sum_{i=1}^{l}\bar{\alpha}_{i}\boldsymbol{C}_{i},\quad \boldsymbol{D}=\sum_{i=1}^{l}\bar{\alpha}_{i}\boldsymbol{D}_{i},$$

这里 $\bar{\alpha}_{i}$ 表示第 i 条规则归一化后的适用度。

对每个模糊子系统均设计一个局部控制,即

$$R_{\mathrm{C}}^{i}:\text{若 } \boldsymbol{w} \text{ 是 } \boldsymbol{M}^{i},\text{则 } \boldsymbol{u}_{i}(k)=-\boldsymbol{L}_{i}\boldsymbol{x}(k)$$

$i=1,2,\cdots,l$,R_{C}^{i} 表示控制器的第 i 条规则。取总的控制为起主导作用的子系统的局部控制,即

$$\boldsymbol{u}(k)=\boldsymbol{u}_{k}(k)=-\boldsymbol{L}_{k}\boldsymbol{x}(k)$$

式中,k 表示起主导作用的子系统的标号;$\boldsymbol{L}_{k}$ 是起主导作用子系统的反馈控制规律,即

$$\bar{\alpha}_{k}(\boldsymbol{w})=\max_{i}\{\bar{\alpha}_{i}(\boldsymbol{w}),\quad i=1,2,\cdots,l\}$$

将该控制规律代入控制对象模型方程得

$$\boldsymbol{x}(k+1)=\boldsymbol{F}\boldsymbol{x}(k)-\boldsymbol{G}\boldsymbol{L}_{k}\boldsymbol{x}(k)=(\boldsymbol{F}-\boldsymbol{G}\boldsymbol{L}_{k})\boldsymbol{x}(k)=\Big(\sum_{i=1}^{l}\bar{\alpha}_{i}\boldsymbol{F}_{i}-\sum_{i=1}^{l}\bar{\alpha}_{i}\boldsymbol{G}_{i}\boldsymbol{L}_{k}\Big)\boldsymbol{x}(k)$$

$$=\sum_{i=1}^{l}\bar{\alpha}_{i}(\boldsymbol{F}_{i}-\boldsymbol{G}_{i}\boldsymbol{L}_{k})\boldsymbol{x}(k)=\sum_{i=1}^{l}\bar{\alpha}_{i}\boldsymbol{H}_{ik}\boldsymbol{x}(k),\quad \boldsymbol{H}_{ik}=\boldsymbol{F}_{i}-\boldsymbol{G}_{i}\boldsymbol{L}_{k}$$

设每个模糊子系统$(\boldsymbol{F}_{i},\boldsymbol{G}_{i})$是局部能控的,则一定可以设计出局部反馈控制 $\boldsymbol{L}_{i}$,以使得 $\boldsymbol{H}_{ii}=\boldsymbol{F}_{i}-\boldsymbol{G}_{i}\boldsymbol{L}_{i}$ 是稳定的,即一定存在正定对称矩阵 $\boldsymbol{P}_{i}$ 和 $\boldsymbol{Q}_{i}$,满足下面的李雅普诺夫方程,即

$$\boldsymbol{H}_{ii}^{\mathrm{T}}\boldsymbol{P}_{i}\boldsymbol{H}_{ii}-\boldsymbol{P}_{i}=-\boldsymbol{Q}_{i}$$

取

$$\boldsymbol{P}=\sum_{i=1}^{l}\beta_{i}\boldsymbol{P}_{i},\quad \beta_{i}>0\quad\text{或}\quad \boldsymbol{P}=\sum_{i=1}^{l}\boldsymbol{P}_{i}$$

并令

$$\boldsymbol{Q}_{ik}=\boldsymbol{H}_{ik}^{\mathrm{T}}\boldsymbol{P}\boldsymbol{H}_{ik}-\boldsymbol{P}$$

定义

$$\lambda_{ik}=\lambda_{\max}(\boldsymbol{Q}_{ik})$$

为 $\boldsymbol{Q}_{ik}$ 的最大的特征值,则可给出下面的稳定性定理。

定理 2.9　对于上面所描述的离散模糊系统,如果对于 $k=1,2,\cdots,l$ 均有

$$\sum_{i=1}^{l}\sum_{j=1}^{l}\bar{\alpha}_i\bar{\alpha}_j\lambda_{ik}<0$$

则整个闭环系统是渐近稳定的。

证明 选取李雅普诺夫函数为

$$V=\boldsymbol{x}^{\mathrm{T}}(k)\boldsymbol{P}\boldsymbol{x}(k)$$

则有

$$\begin{aligned}
\Delta V[\boldsymbol{x}(k)] &= V[\boldsymbol{x}(k+1)]-V[\boldsymbol{x}(k)]=\boldsymbol{x}^{\mathrm{T}}(k+1)\boldsymbol{P}\boldsymbol{x}(k+1)-\boldsymbol{x}^{\mathrm{T}}(k)\boldsymbol{P}\boldsymbol{x}(k)\\
&=\boldsymbol{x}^{\mathrm{T}}(k)\Big[\sum_{i=1}^{l}\bar{\alpha}_i\boldsymbol{H}_{ik}^{\mathrm{T}}\boldsymbol{P}\sum_{j=1}^{l}\bar{\alpha}_j\boldsymbol{H}_{jk}\Big]\boldsymbol{x}(k)-\boldsymbol{x}^{\mathrm{T}}(k)\sum_{i=1}^{l}\bar{\alpha}_i\sum_{j=1}^{l}\bar{\alpha}_j\boldsymbol{P}\boldsymbol{x}(k)\\
&=\boldsymbol{x}^{\mathrm{T}}(k)\Big[\sum_{i=1}^{l}\sum_{j=1}^{l}\bar{\alpha}_i\bar{\alpha}_j(\boldsymbol{H}_{ik}^{\mathrm{T}}\boldsymbol{P}\boldsymbol{H}_{jk}-\boldsymbol{P})\Big]\boldsymbol{x}(k)\\
&=\boldsymbol{x}^{\mathrm{T}}(k)\Big[\sum_{i=1}^{l}\bar{\alpha}_i^2(\boldsymbol{H}_{ik}^{\mathrm{T}}\boldsymbol{P}\boldsymbol{H}_{ik}-\boldsymbol{P})+\sum_{i<j}^{l}\bar{\alpha}_i\bar{\alpha}_j(\boldsymbol{H}_{ik}^{\mathrm{T}}\boldsymbol{P}\boldsymbol{H}_{jk}+\boldsymbol{H}_{jk}^{\mathrm{T}}\boldsymbol{P}\boldsymbol{H}_{ik}-2\boldsymbol{P})\Big]\boldsymbol{x}(k)\\
&=\boldsymbol{x}^{\mathrm{T}}(k)\Big\{\sum_{i=1}^{l}\bar{\alpha}_i^2\boldsymbol{Q}_{ik}+\sum_{i<j}^{l}\bar{\alpha}_i\bar{\alpha}_j[-(\boldsymbol{H}_{ik}-\boldsymbol{H}_{jk})^{\mathrm{T}}(\boldsymbol{H}_{ik}-\boldsymbol{H}_{jk})\\
&\qquad+(\boldsymbol{H}_{ik}^{\mathrm{T}}\boldsymbol{P}\boldsymbol{H}_{ik}-\boldsymbol{P})+(\boldsymbol{H}_{jk}^{\mathrm{T}}\boldsymbol{P}\boldsymbol{H}_{jk}-\boldsymbol{P})]\Big\}\boldsymbol{x}(k)\\
&\leqslant\boldsymbol{x}^{\mathrm{T}}(k)\Big\{\sum_{i=1}^{l}\bar{\alpha}_i^2\boldsymbol{Q}_{ik}+\sum_{i<j}^{l}\bar{\alpha}_i\bar{\alpha}_j(\boldsymbol{Q}_{ik}+\boldsymbol{Q}_{jk})\Big\}\boldsymbol{x}(k)\\
&=\boldsymbol{x}^{\mathrm{T}}(k)\Big\{\sum_{i=1}^{l}\sum_{j=1}^{l}\bar{\alpha}_i\bar{\alpha}_j\boldsymbol{Q}_{ik}\Big\}\boldsymbol{x}(k)\\
&\leqslant\boldsymbol{x}^{\mathrm{T}}(k)\Big\{\sum_{i=1}^{l}\sum_{j=1}^{l}\bar{\alpha}_i\bar{\alpha}_j\lambda_{\max}(\boldsymbol{Q}_{ik})\Big\}\boldsymbol{x}(k)\\
&=\boldsymbol{x}^{\mathrm{T}}(k)\Big\{\sum_{i=1}^{l}\sum_{j=1}^{l}\bar{\alpha}_i\bar{\alpha}_j\lambda_{ik}\Big\}\boldsymbol{x}(k)
\end{aligned}$$

所以只要定理条件满足,即可保证 $\Delta V[\boldsymbol{x}(k)]<0$,从而保证整个闭环系统是渐近稳定的。如果上面条件不满足,可以选择不同的 β_i 再试。

定理条件也可重写为

$$\sum_{\substack{i=1\\ i\neq k}}^{l}\sum_{\substack{j=1\\ i\neq k}}^{l}\bar{\alpha}_i\bar{\alpha}_j\lambda_{ik}<-\bar{\alpha}_k^2\lambda_{kk}$$

可以看出,为了尽可能比较容易地满足上述定理条件,当第 k 条规则起主要作用(即第 k 个模糊子系统为主导子系统)时,其他规则的作用应尽可能地小。

然而在有些情况下,上面的定理条件不一定能满足,因而也就难以确保按上述方法所设计的系统的稳定性。这时也可通过加入附加的补偿控制来使系统稳定。具体方法与连续系统时类似。

2) 模糊观测器设计

设控制对象的模糊模型仍同前,由于它是用局部的线性模型来描述的,因此可以考虑对于每一个线性子系统首先设计一个局部的线性状态观测器,然后让总的观测器采用起主导作用的子系统的局部模糊观测器,即

R_{O}^{i}:若 $\boldsymbol{x}(t)$ 是 $\boldsymbol{M}^{i}$,则

$$x(k+1)=F_i\hat{x}(k)+G_iu(k)+K_i[y(k)-\hat{y}(k)]$$

$i=1,2,\cdots,l$。取整个系统的观测器方程为

$$\hat{x}(k+1)=F\hat{x}(k)+Gu(k)+K_k[y(k)-\hat{y}(k)],\quad F=\sum_{i=1}^{l}\bar{\alpha}_iF_i,\quad G=\sum_{i=1}^{l}\bar{\alpha}_iG_i$$

式中,K_k 是起主导作用的局部子系统的观测器增益矩阵,即

$$\bar{\alpha}_k=\max_i\{\bar{\alpha}_i,\quad i=1,2,\cdots,l\}$$

状态估计的误差方程为

$$\begin{aligned}\tilde{x}(k+1)&=x(k+1)-\hat{x}(k+1)\\&=Fx(k)+Gu(k)-\{F\hat{x}(k)+Gu(k)+K_k[y(k)-\hat{y}(k)]\}\\&=(F-K_kC)\tilde{x}(k)=\sum_{i=1}^{l}\bar{\alpha}_iS_{ki}\tilde{x}(k),S_{ki}=F_i-K_kC_i\end{aligned}$$

设每个模糊子系统(F_i,C_i)是局部能观的,则一定可设计出局部的观测器增益矩阵 K_i,以使得 $S_{ii}=F_i-K_iC_i$ 的特征根均在左半平面,即一定存在正定对称矩阵 P'_i和 Q'_i,满足下面的李雅普诺夫方程

$$S_{ii}^{\mathrm{T}}P'_iS_{ii}-P'_i=-Q'_i$$

取

$$P'=\sum_{i=1}^{l}\beta_iP'_i,\quad \beta_i>0\quad 或\quad P'=\sum_{i=1}^{l}P'_i$$

并令

$$Q'_{ki}=S_{ki}^{\mathrm{T}}P'S_{ki}-P$$

定义

$$\lambda'_{ki}=\lambda_{\max}(Q'_{ki})$$

为 Q'_{ki} 的最大的特征值。则可给出下面的稳定性定理。

定理 2.10 对于上面所描述的离散模糊观测器系统,如果对于 $i=1,2,\cdots,l$ 均有

$$\sum_{j=1}^{l}\sum_{i=1}^{l}\bar{\alpha}_i\bar{\alpha}_j\lambda'_{ki}<0$$

即

$$\sum_{\substack{i=1\\i\neq k}}^{l}\sum_{\substack{j=1\\j\neq k}}^{l}\bar{\alpha}_i\bar{\alpha}_j\lambda'_{ki}<-\bar{\alpha}_k^2\lambda'_{kk}$$

则整个模糊观测器系统是全局渐近稳定的。

该定理的证明过程与定理 2.9 类似,此处从略。

3) 分离性原理

结合上面设计的模糊控制规律和模糊观测器,最后可得整个系统的控制为

$$u(k)=-L_k\hat{x}(k)$$

$$\hat{x}(k+1)=F\hat{x}(k)+Gu(k)+K_k[y(k)-\hat{y}(k)],\quad F=\sum_{i=1}^{l}\bar{\alpha}_iF_i,\quad G=\sum_{i=1}^{l}\bar{\alpha}_iG_i$$

式中,L_k 和 K_k 是起主导作用的局部子系统的状态反馈矩阵和观测器增益矩阵。

若取整个系统的状态为 x 和 $\tilde{x}$,则可求得总的闭环系统模型为

$$\begin{cases} \boldsymbol{x}(k+1)=\sum_{i=1}^{l}\bar{\alpha}_i\boldsymbol{H}_{ik}\boldsymbol{x}(k)+\sum_{i=1}^{l}\bar{\alpha}_i\boldsymbol{G}_i\boldsymbol{L}_k\tilde{\boldsymbol{x}}(k), \quad \boldsymbol{H}_{ik}=\boldsymbol{F}_i-\boldsymbol{G}_i\boldsymbol{L}_k \\ \tilde{\boldsymbol{x}}(k+1)=\sum_{i=1}^{l}\bar{\alpha}_i\boldsymbol{S}_{ki}\tilde{\boldsymbol{x}}(k), \quad \boldsymbol{S}_{ki}=\boldsymbol{F}_i-\boldsymbol{K}_k\boldsymbol{C}_i \end{cases}$$

取两个标量函数

$$V(\boldsymbol{x}(k))=\boldsymbol{x}^{\mathrm{T}}(k)\boldsymbol{P}\boldsymbol{x}(k), \quad \widetilde{V}(\tilde{\boldsymbol{x}}(k))=\tilde{\boldsymbol{x}}^{\mathrm{T}}(k)\boldsymbol{P}'\tilde{\boldsymbol{x}}(k)$$

式中,$\boldsymbol{P}$ 和 $\boldsymbol{P}'$ 为前面设计模糊状态反馈控制及模糊观测器时所定义,显然它们都是正定矩阵,因此 $V(\boldsymbol{x})$ 和 $\widetilde{V}(\tilde{\boldsymbol{x}})$ 满足

$$c_1\|\boldsymbol{x}(k)\|^2\leqslant V[\boldsymbol{x}(k)]\leqslant c_2\|\boldsymbol{x}(k)\|^2, \quad \tilde{c}_1\|\tilde{\boldsymbol{x}}(k)\|^2\leqslant \widetilde{V}[\tilde{\boldsymbol{x}}(k)]\leqslant \tilde{c}_2\|\tilde{\boldsymbol{x}}(k)\|^2$$

$$c_1,c_2,\tilde{c}_1,\tilde{c}_2>0$$

进而求

$$\begin{aligned} \Delta V(\boldsymbol{x}(k)) &= V(\boldsymbol{x}(k+1))-V(\boldsymbol{x}(k))=\boldsymbol{x}^{\mathrm{T}}(k+1)\boldsymbol{P}\boldsymbol{x}(k+1)-\boldsymbol{x}^{\mathrm{T}}(k)\boldsymbol{P}\boldsymbol{x}(k) \\ &= \Big(\sum_{i=1}^{l}\bar{\alpha}_i\boldsymbol{x}^{\mathrm{T}}(k)\boldsymbol{H}_{ik}^{\mathrm{T}}+\sum_{i=1}^{l}\bar{\alpha}_i\tilde{\boldsymbol{x}}^{\mathrm{T}}(k)\boldsymbol{L}_k^{\mathrm{T}}\boldsymbol{G}_i^{\mathrm{T}}\Big)\boldsymbol{P}\Big(\sum_{j=1}^{l}\bar{\alpha}_j\boldsymbol{H}_{jk}\boldsymbol{x}(k) \\ &\quad +\sum_{j=1}^{l}\bar{\alpha}_j\boldsymbol{G}_j\boldsymbol{L}_k\tilde{\boldsymbol{x}}(k)\Big)-\boldsymbol{x}^{\mathrm{T}}(k)\boldsymbol{P}\boldsymbol{x}(k) \\ &= \boldsymbol{x}^{\mathrm{T}}(k)\Big[\sum_{i=1}^{l}\sum_{j=1}^{l}\bar{\alpha}_i\bar{\alpha}_j(\boldsymbol{H}_{ik}^{\mathrm{T}}\boldsymbol{P}\boldsymbol{H}_{jk}-\boldsymbol{P})\Big]\boldsymbol{x}(k) \\ &\quad +2\boldsymbol{x}^{\mathrm{T}}(k)\Big[\sum_{i=1}^{l}\sum_{j=1}^{l}\bar{\alpha}_i\bar{\alpha}_j\boldsymbol{H}_{ik}^{\mathrm{T}}\boldsymbol{P}\boldsymbol{G}_j\boldsymbol{L}_k\Big]\tilde{\boldsymbol{x}}(k) \\ &\quad +\tilde{\boldsymbol{x}}^{\mathrm{T}}(k)\Big[\sum_{i=1}^{l}\sum_{j=1}^{l}\bar{\alpha}_i\bar{\alpha}_j(\boldsymbol{G}_i\boldsymbol{L}_k)^{\mathrm{T}}\boldsymbol{P}(\boldsymbol{G}_j\boldsymbol{L}_k)\Big]\tilde{\boldsymbol{x}}(k) \end{aligned}$$

根据定理2.9的证明过程,有

$$\boldsymbol{x}^{\mathrm{T}}(k)\Big[\sum_{i=1}^{l}\sum_{j=1}^{l}\bar{\alpha}_i\bar{\alpha}_j(\boldsymbol{H}_{ik}^{\mathrm{T}}\boldsymbol{P}\boldsymbol{H}_{jk}-\boldsymbol{P})\Big]\boldsymbol{x}(k)\leqslant \boldsymbol{x}^{\mathrm{T}}(k)\Big\{\sum_{i=1}^{l}\sum_{j=1}^{l}\bar{\alpha}_i\bar{\alpha}_j\boldsymbol{Q}_{ik}\Big\}\boldsymbol{x}(k)$$

从而可求得 $\Delta V(\boldsymbol{x}(k))$ 满足

$$\begin{aligned} \Delta V(\boldsymbol{x}(k)) &\leqslant \boldsymbol{x}^{\mathrm{T}}(k)\Big\{\sum_{i=1}^{l}\sum_{j=1}^{l}\bar{\alpha}_i\bar{\alpha}_j\boldsymbol{Q}_{ik}\Big\}\boldsymbol{x}(k)+2\boldsymbol{x}^{\mathrm{T}}(k)\Big[\sum_{i=1}^{l}\sum_{j=1}^{l}\bar{\alpha}_i\bar{\alpha}_j\boldsymbol{H}_{ik}^{\mathrm{T}}\boldsymbol{P}\boldsymbol{G}_j\boldsymbol{L}_k\Big]\tilde{\boldsymbol{x}}(k) \\ &\quad +\tilde{\boldsymbol{x}}^{\mathrm{T}}(k)\Big[\sum_{i=1}^{l}\sum_{j=1}^{l}\bar{\alpha}_i\bar{\alpha}_j(\boldsymbol{G}_i\boldsymbol{L}_k)^{\mathrm{T}}\boldsymbol{P}(\boldsymbol{G}_j\boldsymbol{L}_k)\Big]\tilde{\boldsymbol{x}}(k) \\ &\leqslant \boldsymbol{x}^{\mathrm{T}}(k)\Big[\sum_{i=1}^{l}\sum_{j=1}^{l}\bar{\alpha}_i\bar{\alpha}_j\lambda_{ki}\Big]\boldsymbol{x}(k)+2\Big[\sum_{i=1}^{l}\sum_{j=1}^{l}\|\boldsymbol{H}_{ik}^{\mathrm{T}}\boldsymbol{P}\boldsymbol{G}_j\boldsymbol{L}_k\|\Big]\|\tilde{\boldsymbol{x}}(k)\|\ \|\boldsymbol{x}(k)\| \\ &\quad +\Big[\sum_{i=1}^{l}\sum_{j=1}^{l}\|(\boldsymbol{G}_i\boldsymbol{L}_k)^{\mathrm{T}}\boldsymbol{P}(\boldsymbol{G}_j\boldsymbol{L}_k)\|\Big]\|\tilde{\boldsymbol{x}}(k)\|^2 \\ &\leqslant -c_3\|\boldsymbol{x}(k)\|^2+2\Big[\sum_{i=1}^{l}\sum_{j=1}^{l}\|\boldsymbol{H}_{ik}^{\mathrm{T}}\boldsymbol{P}\boldsymbol{G}_j\boldsymbol{L}_k\|\Big]\|\tilde{\boldsymbol{x}}(k)\|\ \|\boldsymbol{x}(k)\| \\ &\quad +\Big[\sum_{i=1}^{l}\sum_{j=1}^{l}\|(\boldsymbol{G}_i\boldsymbol{L}_k)^{\mathrm{T}}\boldsymbol{P}(\boldsymbol{G}_j\boldsymbol{L}_k)\|\Big]\|\tilde{\boldsymbol{x}}(k)\|^2, \quad c_3>0 \end{aligned}$$

设 $\sum_{i=1}^{l}\sum_{j=1}^{l}\|\boldsymbol{H}_{ik}^{\mathrm{T}}\boldsymbol{P}\boldsymbol{G}_j\boldsymbol{L}_k\|=b_1$，$\sum_{i=1}^{l}\sum_{j=1}^{l}\|(\boldsymbol{G}_i\boldsymbol{L}_k)^{\mathrm{T}}\boldsymbol{P}(\boldsymbol{G}_j\boldsymbol{L}_k)\|=b_2$，则

$$\begin{aligned}
\Delta V(\boldsymbol{x}(k)) &\leqslant -c_3\|\boldsymbol{x}(k)\|^2+2b_1\|\tilde{\boldsymbol{x}}(k)\|\|\boldsymbol{x}(k)\|+b_2\|\tilde{\boldsymbol{x}}(k)\|^2\\
&=-\frac{c_3}{2}\|\boldsymbol{x}(k)\|^2-\frac{c_3}{2}\Big[\|\boldsymbol{x}(k)\|^2-\frac{4b_1}{c_3}\|\tilde{\boldsymbol{x}}(k)\|\|\boldsymbol{x}(k)\|\\
&\quad+\Big(\frac{2b_1}{c_3}\|\tilde{\boldsymbol{x}}(k)\|\Big)^2\Big]+\Big(\frac{2b_1^2}{c_3}+b_2\Big)\|\tilde{\boldsymbol{x}}(k)\|^2\\
&\leqslant-\frac{c_3}{2}\|\boldsymbol{x}(k)\|^2+\Big(\frac{2b_1^2}{c_3}+b_2\Big)\|\tilde{\boldsymbol{x}}(k)\|^2\\
&\leqslant-\frac{c_3}{2c_2}V(\boldsymbol{x}(k))+\Big(\frac{2b_1^2}{\tilde{c}_1c_3}+\frac{b_2}{\tilde{c}_1}\Big)\tilde{V}(\tilde{\boldsymbol{x}}(k))
\end{aligned}$$

不难推得

$$\begin{aligned}
\Delta\tilde{V}(\tilde{\boldsymbol{x}}(k)) &=\tilde{\boldsymbol{x}}^{\mathrm{T}}(k+1)\boldsymbol{P}'\tilde{\boldsymbol{x}}(k+1)-\tilde{\boldsymbol{x}}^{\mathrm{T}}(k)\boldsymbol{P}'\tilde{\boldsymbol{x}}(k)\\
&=\tilde{\boldsymbol{x}}^{\mathrm{T}}(k)\Big[\sum_{i=1}^{l}\sum_{j=1}^{l}\bar{\alpha}_i\bar{\alpha}_j(\boldsymbol{S}_{ki}^{\mathrm{T}}\boldsymbol{P}'\boldsymbol{S}_{kj}-\boldsymbol{P}')\Big]\tilde{\boldsymbol{x}}(k)\\
&\leqslant\tilde{\boldsymbol{x}}^{\mathrm{T}}(k)\sum_{i=1}^{l}\sum_{j=1}^{l}\bar{\alpha}_i\bar{\alpha}_j\boldsymbol{Q}'_{ki}\tilde{\boldsymbol{x}}(k)\\
&\leqslant\tilde{\boldsymbol{x}}(k)\sum_{i=1}^{l}\sum_{j=1}^{l}\bar{\alpha}_i\bar{\alpha}_j\lambda'_{ki}\tilde{\boldsymbol{x}}(k)\\
&\leqslant-\tilde{c}_3\|\tilde{\boldsymbol{x}}(k)\|^2\leqslant-\frac{\tilde{c}_3}{\tilde{c}_2}\tilde{V}(\tilde{\boldsymbol{x}}(k)),\quad \tilde{c}_3>0
\end{aligned}$$

因此，可以得到

$$\begin{bmatrix}V(\boldsymbol{x}(k+1))\\ \tilde{V}(\tilde{\boldsymbol{x}}(k+1))\end{bmatrix}\leqslant\begin{bmatrix}1-\dfrac{c_3}{2c_2} & \dfrac{2b_1^2}{\tilde{c}_1c_3}+\dfrac{b_2}{\tilde{c}_1}\\ 0 & 1-\dfrac{\tilde{c}_3}{\tilde{c}_2}\end{bmatrix}\begin{bmatrix}V(\boldsymbol{x}(k))\\ \tilde{V}(\tilde{\boldsymbol{x}}(k))\end{bmatrix}=\boldsymbol{A}\begin{bmatrix}V(\boldsymbol{x}(k))\\ \tilde{V}(\tilde{\boldsymbol{x}}(k))\end{bmatrix}$$

其中

$$\boldsymbol{A}=\begin{bmatrix}1-\dfrac{c_3}{2c_2} & \dfrac{2b_1^2}{\tilde{c}_1c_3}+\dfrac{b_2}{\tilde{c}_1}\\ 0 & 1-\dfrac{\tilde{c}_3}{\tilde{c}_2}\end{bmatrix}$$

显然，可以选择充分大的 c_2 和 $\tilde{c}_2$，使得矩阵 $\boldsymbol{A}$ 的所有特征值均在单位圆内，因而有

$$\lim_{t\to\infty}V(\boldsymbol{x}(k))\to 0,\quad \lim_{t\to\infty}\tilde{V}(\tilde{\boldsymbol{x}}(k))\to 0$$

所以有

$$\lim_{t\to\infty}\boldsymbol{x}(k)\to 0,\quad \lim_{t\to\infty}\tilde{\boldsymbol{x}}(k)\to 0$$

从而表明，采用模糊状态反馈和模糊观测器设计的整个系统是全局渐近稳定的，即这时的分离性原理仍然成立。

3. 举例

下面举两个例子来说明前面介绍的模糊切换控制器设计方法。

例 2.15 设已知模糊控制对象为

R_P^1：若 $y(t)$是 N(负)，则

$$\begin{cases} \dot{\boldsymbol{x}} = \boldsymbol{A}_1\boldsymbol{x} + \boldsymbol{B}_1\boldsymbol{u} \\ y = \boldsymbol{C}_1\boldsymbol{x} \end{cases}$$

R_P^2：若 $y(t)$是 P(正)，则

$$\begin{cases} \dot{\boldsymbol{x}} = \boldsymbol{A}_2\boldsymbol{x} + \boldsymbol{B}_2\boldsymbol{u} \\ y = \boldsymbol{C}_2\boldsymbol{x} \end{cases}$$

其中

$$\boldsymbol{A}_1 = \begin{bmatrix} 0 & 1 \\ -2.484 & 2.391 \end{bmatrix}, \quad \boldsymbol{B}_1 = \begin{bmatrix} 0 \\ 1 \end{bmatrix}, \quad \boldsymbol{C}_1 = [1.227 \quad 0]$$

$$\boldsymbol{A}_2 = \begin{bmatrix} 0.5 & 1 \\ -4.425 & -4.722 \end{bmatrix}, \quad \boldsymbol{B}_2 = \begin{bmatrix} 0 \\ 1 \end{bmatrix}, \quad \boldsymbol{C}_2 = [2.025 \quad 0]$$

其归一化隶属度函数分别为

$$\alpha_1(y) = \mu_N(y) = 1 - \frac{1}{1 + e^{-2(y-0.5)}}$$

$$\alpha_2(y) = \mu_P(y) = \frac{1}{1 + e^{-2(y-0.5)}}$$

这里显然有：$\alpha_i = \bar{\alpha}_i (i=1,2)$。

设选择两个子系统的闭环特征方程为

$$s^2 + 7.07s + 25 = 0$$

则可分别求得各自的状态反馈控制增益为

$$\boldsymbol{L}_1 = [22.516, 9.461], \quad \boldsymbol{L}_2 = [24.36, 2.848]$$

求解下面的李雅普诺夫方程

$$\boldsymbol{H}_{ii}^{\mathrm{T}}\boldsymbol{P}_i + \boldsymbol{P}_i\boldsymbol{H}_{ii} = -\boldsymbol{Q}_i$$

其中 $\boldsymbol{H}_{ii} = \boldsymbol{A}_i - \boldsymbol{B}_i\boldsymbol{L}_i, i=1,2$。取 $\boldsymbol{Q}_1 = \boldsymbol{Q}_2 = \boldsymbol{I}$(单位矩阵)，则可解得

$$\boldsymbol{P}_1 = \begin{bmatrix} 1.9802 & 0.0200 \\ 0.0200 & 0.0736 \end{bmatrix}, \quad \boldsymbol{P}_2 = \begin{bmatrix} 2.5767 & 0.0621 \\ 0.0621 & 0.0743 \end{bmatrix}$$

取 $\boldsymbol{P} = \boldsymbol{P}_1 + \boldsymbol{P}_2$，计算

$$\boldsymbol{Q}_{ki} = \boldsymbol{H}_{ik}^{\mathrm{T}}\boldsymbol{P} + \boldsymbol{P}\boldsymbol{H}_{ik}, \quad \boldsymbol{H}_{ik} = \boldsymbol{A}_i - \boldsymbol{B}_i\boldsymbol{L}_k$$

$$\lambda_{ki} = \lambda_{\max}(\boldsymbol{Q}_{ki})$$

其中 $i=1,2$ 及 $k=1,2$，最后算得

$$\lambda_{11} = -1.8911, \quad \lambda_{22} = -0.1309, \quad \lambda_{21} = 0.2032, \quad \lambda_{12} = 0.0963$$

检验定理 2.6 的条件，当 $k=1(\alpha_1 > \alpha_2)$时

$$0.2032\alpha_2 < 1.8911\alpha_1$$

成立。当 $k=2(\alpha_2 > \alpha_1)$时

$$0.0963\alpha_1 < 0.1309\alpha_2$$

成立。因而满足定理条件，说明整个闭环系统是渐近稳定的。

该例中设两个状态均可测，因而不需要观测器。图 2.36 显示了当 $\boldsymbol{x}(0)=[1.0\quad 1.0]^{\mathrm{T}}$ 时的仿真结果。

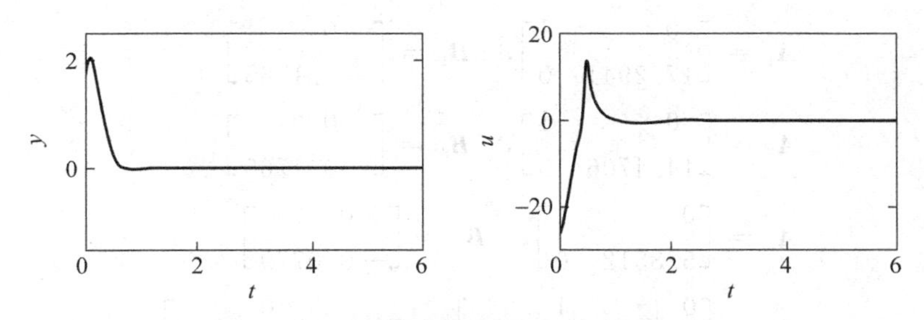

图 2.36 采用模糊切换控制器时系统的响应

为了比较，图 2.37 给出了只用状态反馈增益 L_2 时系统的响应。

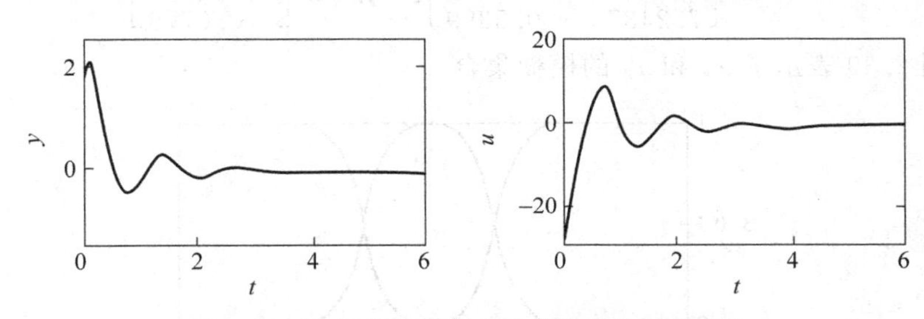

图 2.37 只用单个状态反馈增益时的系统响应

通过比较可以看出，上面所给出的模糊控制器设计方法给出了较好的结果。

例 2.16 这是一个单倒立摆的平衡控制问题。已知摆的动力学方程为

$$\dot{x}_1 = \dot{x}_2$$

$$\dot{x}_2 = \frac{g\sin(x_1) - amlx_2^2\sin(2x_1)/2 - a\cos(x_1)u}{4l/3 - aml\cos^2(x_1)}$$

式中，x_1 表示摆与垂直线的偏角；x_2 表示角速度；$g=9.8\mathrm{m/s^2}$ 是重力加速度；m 是摆的质量；$2l$ 是摆的长度；$a=1/(m+M)$，M 是小车的质量；u 是应用于小车的作用力。该例中，$m=2\mathrm{kg}$，$M=8\mathrm{kg}$，$2l=1\mathrm{m}$。

通过在(x_1,x_2)平面的不同点，对上述非线性模型进行局部线性化，可以求得以下模糊模型。

R_{P}^1：若 x_1 是零附近 and x_2 是零附近，则

$$\dot{\boldsymbol{x}} = \boldsymbol{A}_1\boldsymbol{x} + \boldsymbol{B}_1 u$$

R_{P}^2：若 x_1 是零附近 and x_2 是±4 附近，则

$$\dot{\boldsymbol{x}} = \boldsymbol{A}_2\boldsymbol{x} + \boldsymbol{B}_2 u$$

R_{P}^3：若 x_1 是$\pm\pi/3$ 附近 and x_2 是零附近，则

$$\dot{\boldsymbol{x}} = \boldsymbol{A}_3\boldsymbol{x} + \boldsymbol{B}_3 u$$

R_{P}^4：若 x_1 是 $\pi/3$ 附近 and x_2 是 4 附近，or x_1 是$-\pi/3$ 附近 and x_2 是-4 附近，则

$$\dot{\boldsymbol{x}} = \boldsymbol{A}_4\boldsymbol{x} + \boldsymbol{B}_4 u$$

R_P^5：若 x_1 是 $\pi/3$ 附近 and x_2 是 -4 附近，or x_1 是 $-\pi/3$ 附近 and x_2 是 4 附近，则

$$\dot{\boldsymbol{x}} = \boldsymbol{A}_5 \boldsymbol{x} + \boldsymbol{B}_5 u$$

其中

$$\boldsymbol{A}_1 = \begin{bmatrix} 0 & 1 \\ 17.2941 & 0 \end{bmatrix}, \quad \boldsymbol{B}_1 = \begin{bmatrix} 0 \\ -0.1765 \end{bmatrix}$$

$$\boldsymbol{A}_2 = \begin{bmatrix} 0 & 1 \\ 14.4706 & 0 \end{bmatrix}, \quad \boldsymbol{B}_2 = \begin{bmatrix} 0 \\ -0.1765 \end{bmatrix}$$

$$\boldsymbol{A}_3 = \begin{bmatrix} 0 & 1 \\ 5.8512 & 0 \end{bmatrix}, \quad \boldsymbol{B}_3 = \begin{bmatrix} 0 \\ -0.0779 \end{bmatrix}$$

$$\boldsymbol{A}_4 = \begin{bmatrix} 0 & 1 \\ 7.2437 & 0.5399 \end{bmatrix}, \quad \boldsymbol{B}_4 = \begin{bmatrix} 0 \\ -0.0779 \end{bmatrix}$$

$$\boldsymbol{A}_5 = \begin{bmatrix} 0 & 1 \\ 7.2437 & -0.5399 \end{bmatrix}, \quad \boldsymbol{B}_5 = \begin{bmatrix} 0 \\ -0.0779 \end{bmatrix}$$

图 2.38 和图 2.39 表示了 x_1 和 x_2 的模糊集合。

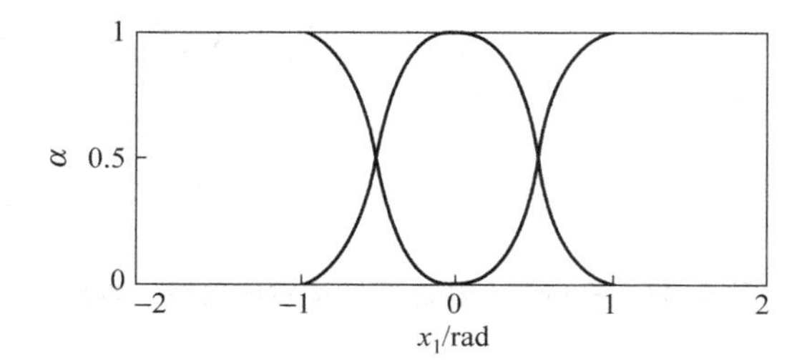

图 2.38　x_1 的模糊集合

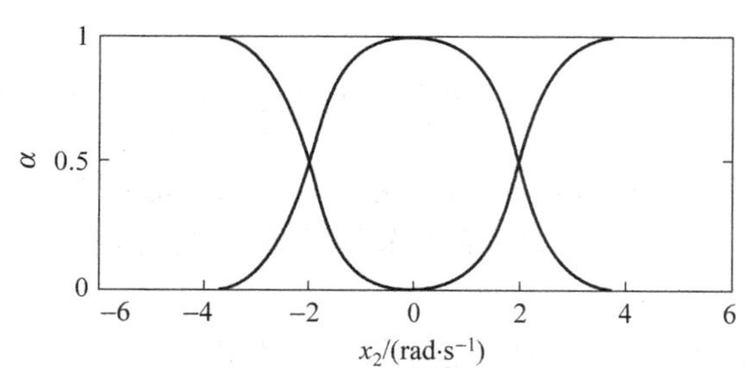

图 2.39　x_2 的模糊集合

对每个局部模型的期望闭环极点选为($-4\pm j5.457$)，它相当于 10%的超调量和 1s 的过渡过程时间。从而可以求得每个子系统的局部反馈增益矩阵为

$$\boldsymbol{L}_1 = [-357.4135 \quad -45.3333]$$

$$\boldsymbol{L}_2 = [-341.4135 \quad -45.3333]$$

$$\boldsymbol{L}_3 = [-662.5861 \quad -102.6667]$$

$$\boldsymbol{L}_4 = [-680.4563 \quad -109.5949]$$

$$\boldsymbol{L}_5 = [-680.4563 \quad -95.7385]$$

该例中选择 $\boldsymbol{P}=\sum_{i=1}^{5}\beta_i\boldsymbol{P}_i$，其中，$\beta_i$ 的选择为 $\beta_1=0.5$，$\beta_2=\beta_3=\beta_4=\beta_5=0.2$。$\beta_1$ 相当于平衡点状态的系数，因而给予了较大的权重。

对该例进行大量的仿真表明，当 $x_1(0)\in(-80°,80°)$ 及 $x_2(0)=0$ 时，不管是否采用补偿控制均能使摆倒立平衡。但当 $x_1(0)>85°$ 或 $x_1(0)<-85°$ 时，若不加补偿控制则不能使摆倒立平衡。加了补偿控制后，任何情况下均能使摆倒立平衡。图 2.40 和图 2.41 显示了两种情况下的仿真结果。可以看出，加上补偿控制后可以确保闭环系统的稳定性。

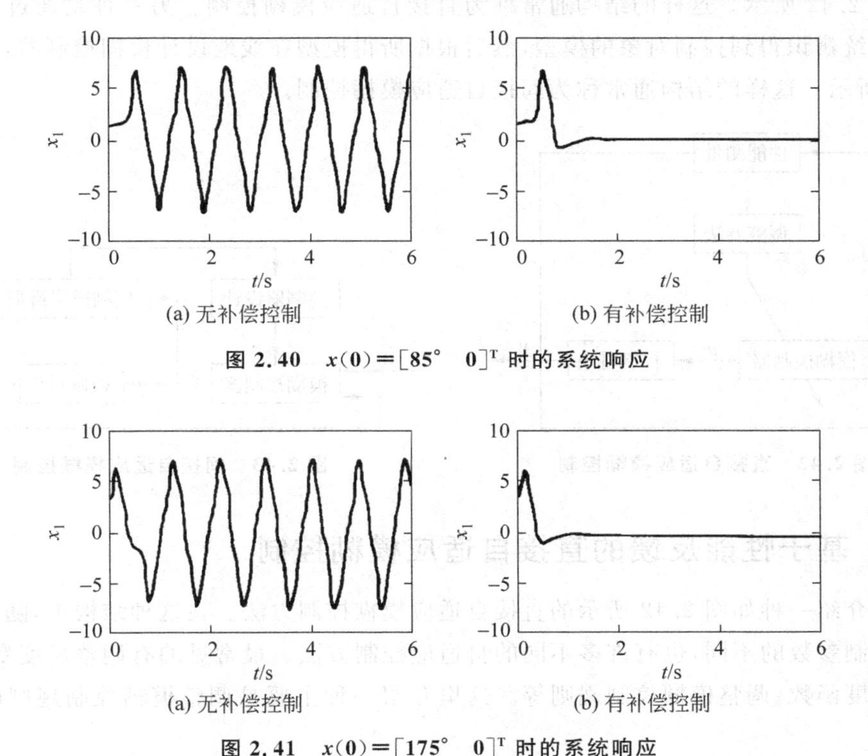

(a) 无补偿控制　　(b) 有补偿控制

图 2.40　$x(0)=[85°\quad 0]^{\mathrm{T}}$ 时的系统响应

(a) 无补偿控制　　(b) 有补偿控制

图 2.41　$x(0)=[175°\quad 0]^{\mathrm{T}}$ 时的系统响应

本节介绍了基于 T-S 模型的模糊系统建模、稳定性分析和控制设计的问题。其基本思想是将模糊方法与常规的线性控制系统理论相结合，建立常规控制与模糊系统控制之间的联系，采用线性控制系统理论来解决非线性系统的控制问题。

2.8　自适应模糊控制

模糊控制器的设计主要不依靠被控对象的模型，但是它却非常依靠控制专家或操作人员的经验和知识。模糊控制器的结构非常适于表示人的定性或模糊的经验和知识，这样的经验和知识通常采用 IF-THEN 的模糊条件句(控制规则)来表示。若缺乏这样的控制经验，很难期望它能获得满意的控制效果。仿照常规的控制方法，也许可以采用自适应控制的方法来解决这个问题。

模糊控制器能够比较容易地将人的控制经验融入到控制器中，这是它一个非常突出的优点。但是由于采用了 IF-THEN 的控制规则，它不便于控制参数的学习和调整，这一点应该说是模糊控制器的缺点。也正是由于这一点,它使得构造自适应的模糊控制器相对较难。由于神经网络具有易于学习和参数调整的优点,因此模糊控制与神经网络相结合可以吸取两者的优点,构成具有良好性能的模糊神经网络自适应控制。关于这方面内容将在下一章详细介绍。本章只扼要介绍几种典型的自适应模糊控制方法。

与常规自适应控制的结构类似,自适应模糊控制也主要有两类不同的结构形式。一种是根据实际系统性能与要求性能之间的偏差,通过一定的方法来直接调整控制器的参数,其结构如图2.42所示。这样的结构通常称为直接自适应模糊控制。另一种是通过在线地进行模糊系统辨识得到控制对象的模型,然后根据所得模型在线地设计模糊控制器,其结构如图2.43所示。这样的结构通常称为间接自适应模糊控制。

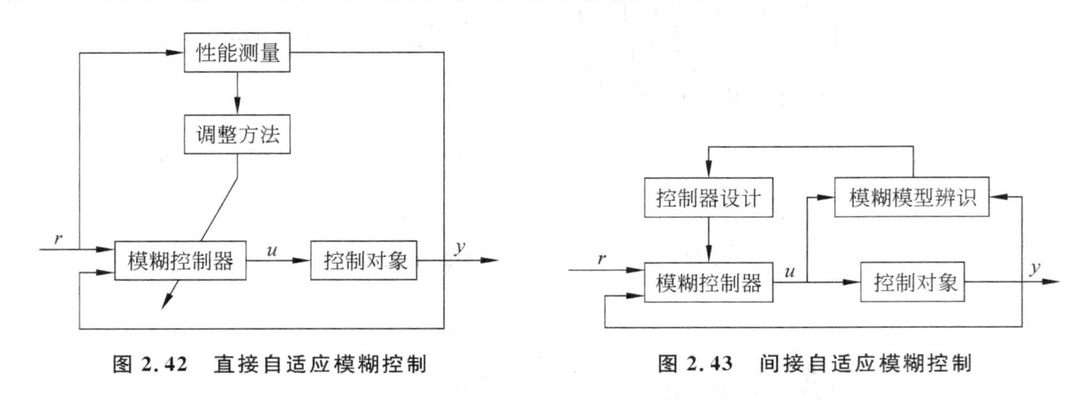

图2.42 直接自适应模糊控制　　图2.43 间接自适应模糊控制

2.8.1 基于性能反馈的直接自适应模糊控制

本节介绍一种如图2.42所示的直接自适应模糊控制方法。在这种结构中,随着可调整的模糊控制参数的不同,也有许多不同的自适应控制方法。最常见的有调整尺度变换因子、调整隶属度函数、调整模糊控制规则等。这里介绍一种主要是调整模糊控制规则的自适应控制方法。

1. 性能测量

对于常规的控制系统,其控制系统性能通常用过渡过程时间、超调量及积分指标(如ISE、ITAE)等性能指标来描述,常规的自适应控制便是要找到这些指标与控制作用之间的联系。由于模糊逻辑控制器的非线性本质,要找出这些指标与模糊控制器控制作用之间的联系是十分困难的。然而,找出系统的局部性能与最近的控制作用之间的联系是可能的。

对控制系统的性能要求是多方面的,如尽量短的过渡过程时间、尽量小的超调量、零稳态误差及尽量小的控制作用等。有些要求如尽量小的控制作用与尽量短的过渡过程时间,它们之间是互相矛盾的。这些矛盾的指标要求可以用一个期望的闭环系统的响应或一个参考的模型响应来加以统一描述。控制器的性能与控制对象输出之间的联系可以通过输出误差及变化量等输出状态加以测量,并由此确定出对控制作用所需的修正量。对于模糊控制系统,这样的性能测量可以用表2.11所示的语言规则来描述。该语言规则的前件为误差e及误差变化Δe,后件为期望的输出修正量。若给定各模糊变量的论域范围及模糊语言值的隶属度函数，表 2.11 所示的规则描述也可转换成表 2.12 所示的直接数字查表。

表 2.11 语言变量描述的性能测量

P (Δe \ e)	NB	NM	NS	ZE	PS	PM	PB
NB	NB	NB	NB	NB	NM	NS	ZE
NM	NB	NB	NM	NM	NS	ZE	PS
NS	NB	NM	NM	NS	ZE	PS	PM
ZE	NB	NM	NS	ZE	PS	PM	PB
PS	NM	NS	ZE	PS	PM	PM	PB
PM	NS	ZE	PS	PM	PM	PB	PB
PB	ZE	PS	PM	PB	PB	PB	PB

表 2.12 性能测量的直接数字查表

P (Δe \ e)	−6	−5	−4	−3	−2	−1	0	1	2	3	4	5	6
−6	−6	−6	−6	−6	−6	−6	−6	−5	−4	−3	−2	−1	0
−5	−6	−6	−6	−5.5	−5	−5	−5	−4	−3	−2	−1	0	1
−4	−6	−6	−6	−5	−4	−4	−4	−3	−2	−1	0	1	2
−3	−6	−5.5	−5	−4.5	−4	−3.5	−3	−2	−1	0	1	2	3
−2	−5.5	−5	−4	−4	−4	−3	−2	−1	0	1	2	3	4
−1	−5.5	−5	−4	−3.5	−3	−2	−1	0	1	2	3	4	5
0	−5	−4.5	−4	−3	−2	−1	0	1	2	3	4	5	6
1	−4.5	−4	−3	−2	−1	0	1	2	3	3.5	4	5	6
2	−4	−3	−2	−1	0	1	2	3	4	4	4	5	6
3	−3	−2	−1	0	1	2	3	3.5	4	4.5	5	5.5	6
4	−2	−1	0	1	2	3	4	4	4	5	6	6	6
5	−1	0	1	2	3	4	4.5	5	5	5.5	6	6	6
6	0	1	2	3	4	4.5	5	5.5	5.5	6	6	6	6

由表 2.11 和表 2.12 可以看出，表中的右斜上对角线是不需要进行修正的区域，它表明这时不需要对模糊控制规则进行修改，系统已达到期望的闭环性能。事实上，这时的闭环系统性能可以具体求出。当系统处于零修正区域时，有

$$e + \Delta e = 0$$

这里 e 和 Δe 均为经尺度变换后的量，设 $e = K_e \bar{e}$，$\Delta e = K_{\Delta e} \Delta \bar{e}$（$K_e$ 和 $K_{\Delta e}$ 表示尺度变换因子），上式变为

$$K_e \bar{e} + K_{\Delta e} \Delta \bar{e} = 0$$

注意到 $\bar{e} = r - y$，并设参考输入 r 为常数，则上式可进一步化为

$$K_e y + K_{\Delta e} T \dot{y} = K_e r$$

式中，T 为采样周期，写成传递函数形式，则有

$$\frac{y}{r} = \frac{1}{T_m s + 1}$$

其中，$T_m = K_{\Delta e} T / K_e$。可见若系统处于零修正区域，闭环系统为时间常数为 T_m 的一阶响

应,从而通过适当设定 K_e、$K_{\Delta e}$ 和 T,可以获得要求的闭环系统响应。

类似地,若设定模糊控制器的输入为 e、Δe 和 $\Delta^2 e$,则相应的零修正区域为

$$e + \Delta e + \Delta^2 e = 0$$

类似地可以求得

$$\frac{y}{r} = \frac{\omega_n^2}{s^2 + 2\zeta\omega_n s + \omega_n^2}$$

其中 $\omega_n = \sqrt{\dfrac{K_e}{K_{\Delta^2 e} T^2}}$,$\zeta = \dfrac{K_{\Delta e}}{2\sqrt{K_e K_{\Delta^2 e}}}$。

通过适当地选择 K_e、$K_{\Delta e}$、$K_{\Delta^2 e}$ 和 T,可以获得要求的二阶响应。

2. 控制对象的增量模型

上面的性能测量给出了为达到期望的系统性能所需要的输出修正量。为了实现自适应控制,需要将该输出修正量变换为所需的控制修正量,因而它需要对控制对象的特性有一定的了解。其中主要有以下几个问题。

(1) 需要知道过去哪一时刻的控制量影响当前时刻的系统性能,这就需要知道控制对象的延迟时间 dT(T 为采样周期,d 为延迟的拍数),它决定了应对哪一时刻的控制作用加以修正。它取决于系统的动力学特性,对于高阶系统,也许需要对过去一系列时刻的控制作用加以修正。

(2) 对于多变量系统,对于给定的输出修正量,需要知道应修正哪一个输入控制作用以及所需的修正量。多变量系统带来了输入与输出之间的交叉耦合,因而需要知道控制对象的增量模型,即控制对象输出对输入的雅可比矩阵 $\boldsymbol{J}$,从而可求得相应于控制输入的修正量应为

$$P_i(kT) = \boldsymbol{J}^{-1} P_o(kT)$$

式中,$P_o(kT)$ 表示输出修正量;$P_i(kT)$ 表示输入修正量。这里对于增量模型 $\boldsymbol{J}$ 并不要求很准确。

(3) 如何修改控制规则库,以实现所要求的修正。这是下面需要详细讨论的问题。

3. 控制规则库的修正

设 $e(kT-dT)$、$\Delta e(kT-dT)$、$u(kT-dT)$ 表示 d 拍之前的误差、误差变化及控制量。根据上面的讨论,已求得 $P_i(kT)$ 为控制输入的校正量,也就是说,为使在 kT 时刻获得期望的响应性能,$(k-d)T$ 时刻的控制量应为 $u(kT-dT)+P_i(kT)$,将这些量模糊化得

$$E(kT - dT) = \text{fz}[e(kT - dT)]$$
$$\Delta E(kT - dT) = \text{fz}[\Delta e(kT - dT)]$$
$$U(kT - dT) = \text{fz}[u(kT - dT)]$$
$$V(kT - dT) = \text{fz}[u(kT - dT) + P_i(kT)]$$

这里一般不采用单点模糊集合,而采用三角模糊集合的模糊化方法(具体方法见2.6.1小节),以使每次修正不只是一个点,而是该点附近一个局部区域,从而增强自适应控制的泛化能力。经如此模糊化后,原来的控制相当于执行了以下控制规则。

若 $e(kT-dT)$ 是 $E(kT-dT)$ and $\Delta e(kT-dT)$ 是 $\Delta E(kT-dT)$,则 u 是 $U(kT-dT)$

该控制规则需修改为

若 $e(kT-dT)$是 $E(kT-dT)$ and $\Delta e(kT-dT)$是 $\Delta E(kT-dT)$，则 u 是 $V(kT-dT)$

写成模糊关系矩阵则为

$$\boldsymbol{R}_1(kT)=E(kT-dT)\times\Delta E(kT-dT)\times U(kT-dT)$$

$$\boldsymbol{R}_2(kT)=E(kT-dT)\times\Delta E(kT-dT)\times V(kT-dT)$$

设 kT 时刻控制器的总模糊关系矩阵为 $\boldsymbol{R}(kT)$，修改后的模糊关系矩阵为 $\boldsymbol{R}(kT+T)$，则为实现上述修正可使

$$\boldsymbol{R}(kT+T)=[\boldsymbol{R}(kT)\wedge\overline{\boldsymbol{R}}_1(kT)]\vee\boldsymbol{R}_2(kT)$$

式中，$\overline{\boldsymbol{R}}(kT)$是 $\boldsymbol{R}(kT)$的补。根据所测得的误差 $e(kT)$、误差变化 $\Delta e(kT)$，将它们模糊化后与 $\boldsymbol{R}(kT+T)$进行合成运算，便得模糊控制量 $U(kT)$，再对 $U(kT)$进行清晰化运算便得清晰控制量 $\boldsymbol{u}(kT)$。每一采样时刻都按照这样的步骤进行计算，便实现了自适应模糊控制的功能。

这种方法的缺点是：原有的控制规则丢失了，而且难以恢复；计算工作量大，且需占用较多的存储容量；$\boldsymbol{R}_1(kT)$和 $\boldsymbol{R}_2(kT)$是稀疏矩阵，浪费很多计算时间；对于多变量系统，关系矩阵 $\boldsymbol{R}(kT)$非常庞大。

上述第一条缺点并不是本质的，在模糊推理计算中，模糊关系矩阵是最关键的，是否保留了原来的控制规则并不重要。最后一条缺点并不是自适应模糊控制方法带来的，即使对于通常的模糊控制计算，当输入维数很高时也存在 R 很庞大的缺点。第二、三条缺点实质上是一条，即是第三条所引起。这一缺点可通过在具体计算中采取措施可在一定程度上加以克服。该自适应模糊控制方法虽然有上述一些缺点，但对于较为简单的系统且计算速度和容量许可的情况下，这种方法还是可行的。

为了确保自适应模糊控制不产生发散的响应，恰当地选取初始的模糊控制规则是很重要的，下面几条规则是必须遵循的。

(1) R_0：若 e 是 ZE(零) and Δe 是 ZE，则 u 是 ZE。这条规则保证当输出等于期望值时是系统的平衡状态。

(2) R_1：若$(e,\Delta e)$符号相同时，则 u 也应具有相同的符号。这些规则确保系统输出能快速地收敛到设定值。

(3) 控制规则库必须是对称的，即 $R(e,\Delta e)=-R(-e,-\Delta e)$，以便改善系统的收敛特性及控制超调。

4. 尺度变换因子的选择

输入尺度变换因子$(K_e,K_{\Delta e},K_{\Delta^2 e})$决定了在性能测量以及控制规则库中模糊变量的论域。根据前面的讨论，它们可以根据期望的闭环响应性能来进行选择，这样的选择并不是唯一的，可以有很多种组合来达到同样的性能要求。

由于输入尺度变换是将实际的输入量变换为模糊变量的论域，因而变换因子直接取决于容许的最大输入量及模糊变量论域量化的分级数。所以开始可将它们选择为

$$K_e=\frac{e_{\mathrm{m}}}{\overline{e}_{\mathrm{m}}},\quad K_{\Delta e}=\frac{\Delta e_{\mathrm{m}}}{\Delta\overline{e}_{\mathrm{m}}},\quad K_{\Delta^2 e}=\frac{\Delta^2 e_{\mathrm{m}}}{\Delta^2\overline{e}_{\mathrm{m}}}$$

式中，e_{m}、Δe_{m}、$\Delta^2 e_{\mathrm{m}}$ 表示模糊变量的论域；$\overline{e}_{\mathrm{m}}$、$\Delta\overline{e}_{\mathrm{m}}$ 和 $\Delta^2\overline{e}_{\mathrm{m}}$ 表示实际输入量的最大变化范

围。类似地,输出尺度变换因子可初选为

$$K_u = \frac{\overline{u}_m}{u_m}$$

式中,u_m 表示模糊控制器输出的论域;$\overline{u}_m$ 是实际控制量的最大变化范围。

以上是根据实际量的变化范围及论域大小所初选的尺度变换因子。这些参数对系统的性能有很大影响,它们可以在自适应控制过程中根据性能的要求作适当的调整。

研究表明,这些尺度变换因子对系统的性能具有以下影响。

(1) K_e 小将引起较大的稳态误差,有时由于在平衡位置的不灵敏而可能导致自持振荡;K_e 大将导致超调量变大。

(2) $K_{\Delta e}$ 小将使系统响应性能变差及模糊关系 $R(kT)$ 收敛变慢;$K_{\Delta e}$ 大将导致上升时间增加、稳态误差增加及超调量减少。

(3) 增加 $K_{\Delta^2 e}$ 导致上升时间和超调量的增加。

(4) 当控制对象的延迟拍数 d 增加时,为了使 $R(kT)$ 有好的收敛特性,必须相应增加 $K_{\Delta e}$ 和 $K_{\Delta^2 e}$。

(5) K_u 小将导致上升时间增加和 $R(kT)$ 的收敛速度加快;K_u 变大其作用相反。

如果选取尺度变换因子或论域大小是误差 e 的函数,则往往可以改善系统的动态响应性能和模糊关系的收敛特性。一般说来,增加系统的增益将提高系统的稳态精度,而暂态响应的性能变差。为此,可以在开始(即误差较大)时采用小的增益,当系统输出接近设定点时再转入高增益。采用以对数标度的非线性量化方法可以达到相同的效果。

5. 设计步骤

由图 2.42 可见,该自适应模糊控制由两级组成:下面一级是基本的模糊控制级,上面是自适应级。下面具体介绍它们的设计步骤。

1) 基本模糊控制级

(1) 确定实际输入量的最大变化范围 $\overline{e}_m$、$\Delta\overline{e}_m$ 和 $\Delta^2\overline{e}_m$ 和模糊变量 e、Δe 和 $\Delta^2 e$ 的论域。采用如上面所讨论的尺度变换及非线性量化方法将实际的输入量变换为论域范围的模糊变量。

(2) 确定模糊语言值及相应的隶属度函数。

(3) 给出表 2.11 所示的性能测量语言变量描述及表 2.12 所示的直接数字查表。

(4) 按照前面所给出的几条原则,恰当地选取初始模糊控制规则。

2) 自适应级

(1) 确定控制对象的增量模型 J 和延迟拍数 d。

(2) 根据实际输入量的范围及论域大小初选尺度变换因子 K_e、$K_{\Delta e}$ 和 $K_{\Delta^2 e}$。

(3) 根据零修正区域的条件,检验所选变换因子是否满足闭环系统的性能要求,若不满足,可对它们作适当的调整。

(4) 检验对于初选参数系统是否稳定,若系统不稳定可适当增加 $K_{\Delta e}$ 和减少 $K_{\Delta^2 e}$ 以保证初始系统是稳定的。

(5) 若初始系统稳定但动态响应性能不满足要求,按照图 2.44 所示的流程图对系统进行自适应控制,其中除了自适应调整控制规则库外(实际上是调整模糊关系 R),重点标示了调整尺度变换增益参数的过程。

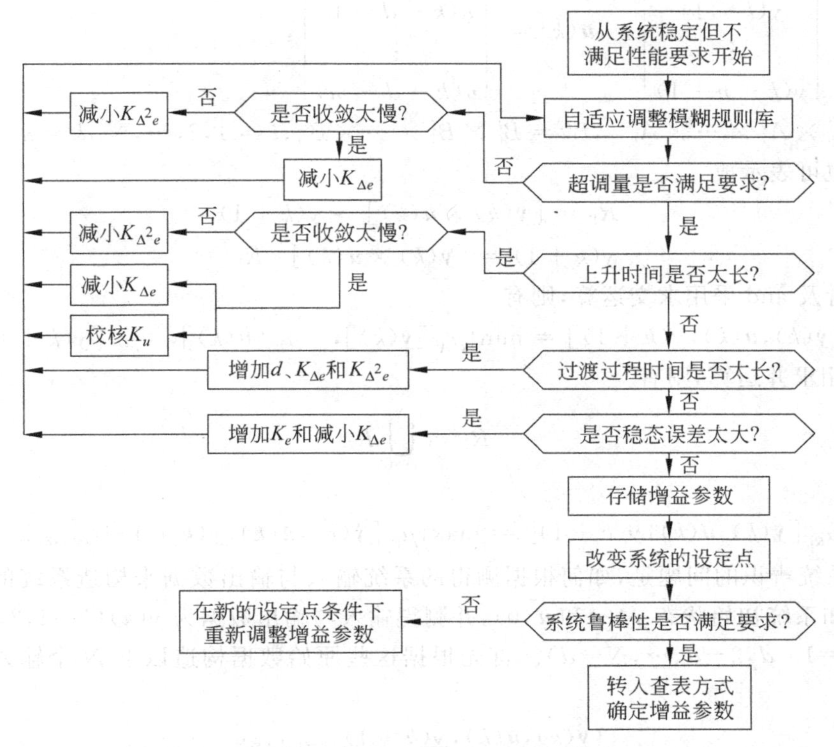

图 2.44　自适应模糊控制尺度变换增量参数调整流程图

(6) 将自适应调整获得的结果参数存储起来，当设定点改变时重复上述步骤，最后可获得尺度变换增益参数与设定点的对应关系表。实际运行时可通过查表方式来确定这些增益参数。当运行条件非表中给定的状态时，可通过插值的方式来确定参数。

2.8.2　基于模糊模型求逆的间接自适应模糊控制

本节介绍图 2.43 所示的间接模糊自适应控制方法。该方法首先在线地辨识控制对象的模糊模型，然后利用该模型并根据期望的闭环系统性能设计出模糊控制器。该方法主要有以下一些优点。

(1) 通过明显地包括模型辨识可以检测到模型参数的突然变化以及跟踪模型参数随时间变化的特性，这对于智能故障诊断是非常有用的。

(2) 将模型辨识与控制器设计的过程相分离，可以将模型或参数辨识的收敛性与控制器的性能及系统的稳定性分析分开进行。这实质上是一种模糊形式的分离性原理。

(3) 可以改变控制器的性能指标来适应不同的环境限制，而并不影响模型规则库。

1. 自适应模糊模型辨识

若考虑离散模型，其模糊关系可以表示为

$$R_i\text{：如果 } \bar{\boldsymbol{y}}(k)\text{是 } A^i \text{ and } \bar{\boldsymbol{u}}(k)\text{是 } B^i\text{，则 } y(k+1)\text{是 } C^i$$

其中

$$\bar{\boldsymbol{y}}(k)=\begin{bmatrix} y(k) \\ y(k-1) \\ \vdots \\ y(k-n+1) \end{bmatrix},\quad \bar{\boldsymbol{u}}(k)=\begin{bmatrix} u(k-d) \\ u(k-d-1) \\ \vdots \\ u(k-d-m) \end{bmatrix},$$

$$A^i = A_0^i \times A_1^i \times \cdots \times A_{n-1}^i, B^i = B_0^i \times B_1^i \times \cdots \times B_m^i, i=1,2,\cdots,N, d=n-m \geqslant 0$$

上述模型也可表示成

$$R_{\mathrm{P}} = [\bar{\boldsymbol{y}}(k) \times \bar{\boldsymbol{u}}(k)] \rightarrow y(k+1)$$

$$y(k+1) = [\bar{\boldsymbol{y}}(k) \times \bar{\boldsymbol{u}}(k)] \circ R_{\mathrm{P}}$$

若模糊蕴含及 and 采用求交运算,则有

$$\mu_{R^i}[\bar{\boldsymbol{y}}(k), \bar{\boldsymbol{u}}(k), y(k+1)] = \min\{\mu_{A^i}[\bar{\boldsymbol{y}}(k)],\quad \mu_{B^i}[\bar{\boldsymbol{u}}(k)],\quad \mu_{C^i}[y(k+1)]\}$$

若 also 采用求并运算,则有

$$R_{\mathrm{P}} = \bigcup_{i=1}^{N} R_i$$

即

$$\mu_{R_{\mathrm{P}}}[\bar{\boldsymbol{y}}(k), \bar{\boldsymbol{u}}(k), y(k+1)] = \max\{\mu_{R_i}[\bar{\boldsymbol{y}}(k), \bar{\boldsymbol{u}}(k), y(k+1)]\}_{i=1,2,\cdots,N}$$

模糊系统辨识的问题是,如何根据测得的系统输入与输出数据来构造系统的模糊关系 R_{P}。设已知系统初始状态 $\bar{\boldsymbol{y}}(0)$ 和 $\bar{\boldsymbol{u}}(0)$,并测得输入与输出数据为 $y(k)(k=1,2,\cdots,N+1)$ 和 $u(k)(k=1-d,2-d,\cdots,N-d)$。首先根据这些原始数据构造以下 N 个输入与输出数据组,即

$$\{\bar{\boldsymbol{y}}(k), \bar{\boldsymbol{u}}(k), y(k+1)\}_{k=1,2,\cdots,N}$$

对每一数据组均考虑为一条模糊规则 R^i,其中 A^i、B^i 和 C^i 取为由这些数据经模糊化得到的模糊集合。这里模糊化方法一般不采用单点模糊集合而采用三角形模糊集合,数据所在位置为模糊集合的中心点。

在获得 N 条模糊规则 $R^i(i=1,2,\cdots,N)$后,即可按照上面给出的方法构造系统总的模糊关系 R_{P}。

上面介绍的方法是对 N 组数据成批处理而获得系统的模糊模型,它相当于常规系统辨识中的批处理算法。这样的批处理算法适用于定常模型的离线辨识,而不适于时变系统的在线辨识。为便于自适应控制,可仿照常规系统的方法,采用以下模糊系统辨识的递推算法,即

$$R_{\mathrm{P}}(k+1) = \lambda R_{\mathrm{P}}(k) \cup R_{k+1}$$

式中,$0<\lambda<1$,λ 称为遗忘因子;R_{k+1}是由新获取的第 $k+1$ 组数据所建立的模型关系,即

$$R_{k+1} = [\bar{\boldsymbol{y}}(k+1) \times \bar{\boldsymbol{u}}(k+1)] \rightarrow y(k+2)$$

注意这里 R_{k+1}可以是上式的只一组新数据所获得的模糊关系,也可以是多组数据所获得的模糊模型,设新获得 s 组数据,则

$$R_{k+1} = \bigcup_{i=1}^{s} R_{k+1}^i$$

式中,R_{k+1}^i表示第 i 组新数据所获得的模糊关系。

以上考虑的是离散模型的模糊辨识,对于连续模型可以得到类似的结果,即

$$R_{\mathrm{P}}(k+1) = \lambda R_{\mathrm{P}}(k) \cup R_{k+1}$$

其中,$R_{k+1}=(\bar{\boldsymbol{y}}_{k+1} \times \bar{\boldsymbol{u}}_{k+1}) \rightarrow y_{k+1}^{(n)}$,且定义

$$\bar{\boldsymbol{y}}_{k+1}=\begin{bmatrix}y_{k+1}\\ \dot{y}_{k+1}\\ \vdots\\ y_{k+1}^{(n-1)}\end{bmatrix},\quad \bar{\boldsymbol{u}}_{k+1}=\begin{bmatrix}u_{k+1}\\ \dot{u}_{k+1}\\ \vdots\\ u_{k+1}^{(m)}\end{bmatrix}$$

这里的下标 $k+1$ 表示第 $k+1$ 组数据。类似地，这里 R_{k+1} 也可表示多组数据所获得的模糊模型。

在具体应用上述自适应模糊系统辨识方法时，尚有以下几个问题需要进一步讨论。

(1) 当输入数据主要集中在输入信号空间的某一区域时，采用上述递推计算方法将导致在该区域之外的模糊关系逐渐衰减直至到零，这是不希望的。为了避免这种情况，应考虑只对输入数据附近的区域进行修改。为此，可设置当

$$\min\{\mu_{A^i}[\bar{\boldsymbol{y}}(k)],\mu_{B^i}[\bar{\boldsymbol{u}}(k)]\}\geqslant\theta$$

时才进行上述递推关系的修改。

(2) 遗忘因子 λ 的选择。λ 在 0～1 之间选择，当 λ 选择较大时，收敛较慢；但 λ 取得太小时，虽然收敛比较快，但对于数据噪声也比较敏感，这是不希望的，因此应恰当地选择 λ 的大小。

(3) 占用存储量大小。对于上述离散或连续模型，模糊关系 R_{P} 的维数为 $n+m+2$($\bar{\boldsymbol{y}}(k)$—n 维，$\bar{\boldsymbol{u}}(k)$—$m+1$ 维，$y(k+1)$—1 维)，若每一维的量化等级数为 q，则总共需 q^{n+m+2} 个存储空间来存储隶属度函数。量化等级数越多，模型表示越准确。因此这里需在存储容量与模型精度之间进行折中选择。

(4) 模型精度与泛化能力。前面提到每个测量数均模糊化为一个三角形模糊集合。三角形越窄瘦，当数据足够多时，所获得的模型有可能越准确。相反，三角形越宽时，泛化能力越强。因此应适当选择三角形的宽度，它至少应大于 2 倍的量化步长。

(5) 自适应模糊辨识算法的收敛性。由于算法中包含了取小和取大的非线性操作，所以严格地证明算法的收敛性是很困难的。但若取小运算改用相乘且隶属度函数用 k 阶基样条函数，则上述辨识算法的收敛性是可以得到证明的。

下面举一个非常简单的例子来说明利用上述方法进行模糊系统辨识的过程。

例 2.17　设有非线性的输入与输出关系为 $y=u^2$，且该模型是未知的，通过测量获得该模型的输入与输出数据如表 2.13 所示。要求根据这些量测数据建立它的模糊模型。

(1) 对实际的输入与输出数据进行量化。设将输入和输出都均匀地量化为 6 个等级，则量化后的输入与输出数据将变为表 2.14 所示。

表 2.13　待建模型的输入与输出数据

u	0	1	2	3	4	5
y	0	1	4	9	16	25

表 2.14　量化后的输入与输出数据

u^*	0	1	2	3	4	5
y^*	0	0	5	10	15	25

(2) 每一组数据相当一条模糊规则，即

R_1：如果 u^* 是 A^1，则 y^* 是 B^1

R_2：如果 u^* 是 A^2，则 y^* 是 B^1

R_3：如果 u^* 是 A^3，则 y^* 是 B^2

R_4: 如果 u^* 是 A^4,则 y^* 是 B^3

R_5: 如果 u^* 是 A^5,则 y^* 是 B^4

R_6: 如果 u^* 是 A^6,则 y^* 是 B^6

其中,A^i 和 B^i 是根据量化后的输入与输出数据用三角形模糊集合的模糊化方法而求得的模糊集合,其宽度取为2(这里定义三角形底边长的一半为宽度)。A^i 和 B^i 的具体隶属度函数如表2.15和表2.16所示,或如图2.45和图2.46所示。

表 2.15　输入量的列表隶属度函数

A^i \ μ \ u^*	0	1	2	3	4	5
A^1	1	0.5	0	0	0	0
A^2	0.5	1	0.5	0	0	0
A^3	0	0.5	1	0.5	0	0
A^4	0	0	0.5	1	0.5	0
A^5	0	0	0	0.5	1	0.5
A^6	0	0	0	0	0.5	1

表 2.16　输出量的列表隶属度函数

B^i \ μ \ y^*	0	5	10	15	20	25
B^1	1	0.5	0	0	0	0
B^2	0.5	1	0.5	0	0	0
B^3	0	0.5	1	0.5	0	0
B^4	0	0	0.5	1	0.5	0
B^5	0	0	0	0.5	1	0.5
B^6	0	0	0	0	0.5	1

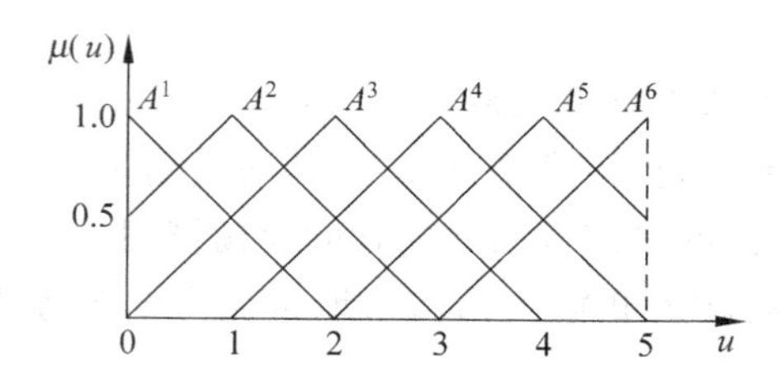

图 2.45　输入量的隶属度函数曲线

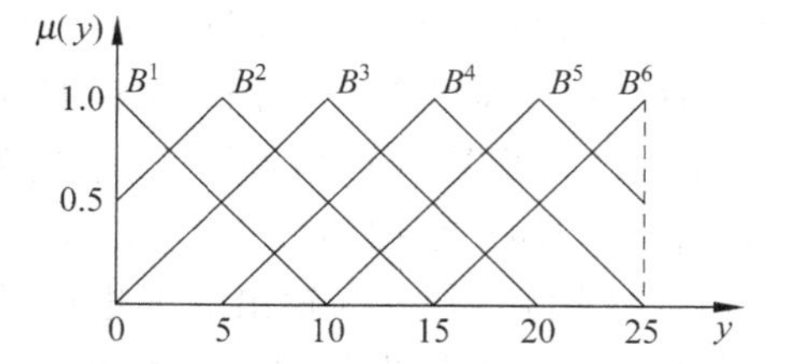

图 2.46　输出量的隶属度函数曲线

(3) 计算模糊关系矩阵 $\boldsymbol{R}$。若用批处理算法,则

$$\boldsymbol{R} = \bigcup_{i=1}^{6} R_i$$

若用递推算法,即

$$R(k+1) = \lambda R(k) \cup R_{k+1}$$

$k=0,1,\cdots,5$。不难求得

$$\boldsymbol{R}_1 = \boldsymbol{A}^1 \rightarrow \boldsymbol{B}^1$$

$$
= \begin{bmatrix} 1 \\ 0.5 \\ 0 \\ 0 \\ 0 \\ 0 \end{bmatrix} \wedge [1 \quad 0.5 \quad 0 \quad 0 \quad 0 \quad 0] = \begin{bmatrix} 1 & 0.5 & 0 & 0 & 0 & 0 \\ 0.5 & 0.5 & 0 & 0 & 0 & 0 \\ 0 & 0 & 0 & 0 & 0 & 0 \\ 0 & 0 & 0 & 0 & 0 & 0 \\ 0 & 0 & 0 & 0 & 0 & 0 \\ 0 & 0 & 0 & 0 & 0 & 0 \end{bmatrix}
$$

按照同样的方法可求出 R_2—R_6。将它们代入上面批处理算法或递推算法(在用递推算法时只在 $\mu_{A^i}(u) \geqslant 0.5$ 时才进行修正,并取 $R(0)=0$ 及 $\lambda=1$)均得到

$$
\boldsymbol{R} = \begin{bmatrix} 1 & 0.5 & 0 & 0 & 0 & 0 \\ 1 & 0.5 & 0.5 & 0 & 0 & 0 \\ 0.5 & 1 & 0.5 & 0.5 & 0 & 0 \\ 0.5 & 0.5 & 1 & 0.5 & 0.5 & 0 \\ 0 & 0.5 & 0.5 & 1 & 0.5 & 0.5 \\ 0 & 0 & 0.5 & 0.5 & 0.5 & 1 \end{bmatrix}
$$

(4) 校核所求模型的精度。利用以下模糊逻辑推理计算过程

$$
u \xrightarrow{\text{量化}} u^* \xrightarrow{\text{模糊化}} U^* \xrightarrow{\text{合成运算}} Y^* = U^* \circ \boldsymbol{R} \xrightarrow{\text{清晰化}} y
$$

可以根据给定的 u 推理计算出 y。这里模糊化采用单点模糊集合,清晰化采用最大隶属度法。所得结果如表 2.17 和图 2.47 所示。

表 2.17　模糊建模的精度校核

u	0	1	2	3	4	5
$y_{实}$	0	1	4	9	16	25
$y_{估}$	0	0	5	10	15	25

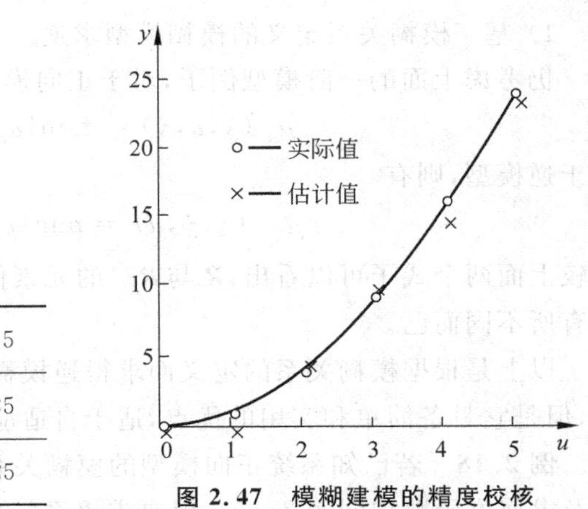

图 2.47　模糊建模的精度校核

从该例可以看出,利用上述模糊建模的方法可以获得对未知模型的估计。虽然估计的结果有一定的误差,但该误差可随着量化级数的增加而减少。当然建模精度是与存储量的要求相矛盾的,需折中考虑。

该例还说明了模糊辨识方法的另一突出优点,它不需要事先知道模型的非线性特性的结构形式。而常规的参数估计或曲线拟合需事先给定函数的形式,然后再进行参数的最优估计。

2. 模糊模型求逆

在 2.6.4 小节中,结合小车的模糊控制介绍了基于语言模型求逆的模糊控制器的设计。

本节介绍的自适应模糊控制也是基于模型求逆。所以这里首先介绍模糊模型求逆的方法。

若对于以下一阶系统模型

R_i：如果 y 是 A^i and u 是 B^i,则 $\dot{y}$ 是 C^i,$i=1,2,\cdots,N$。也即

$$\boldsymbol{R} = (y \times u) \rightarrow \dot{y}$$

这里 $\boldsymbol{R}$ 称为该一阶系统的正向模糊模型。该正向模型可以根据输入量 u 及当前状态 y 求出输出量 $\dot{y}$,即

$$\dot{y} = (y \times u) \circ \boldsymbol{R}$$

该模型的逆问题是：若已知 y 及 $\dot{y}$,如何根据已知的正向模型求出对应输入量 u,即要求

$$\boldsymbol{R}^{-1} = (y \times \dot{y}) \rightarrow u$$

或写成模糊规则形式为

$$R_i^{-1}\text{：如果 } y \text{ 是 } A^i \text{ and } \dot{y} \text{ 是 } C^i\text{,则 } u \text{ 是 } B^i, i=1,2,\cdots,N$$

由于基于模糊关系 $\boldsymbol{R}$ 的正向推理计算中主要包含了取小和取大的运算,这是严重的非线性运算关系,而且其输入与输出关系并非一一对应的,即可能许多组输入对应同一个输出。因此,从模糊数学的角度,求模糊关系的逆模型即根据给定的输出找到所有可能的输入是十分复杂的。已有不少文献给出了一些模糊关系求逆的方法。许多方法由于计算过于复杂而不适于自适应控制中的在线计算,这里将不予介绍,下面介绍两种较为简单、实用的方法。

1) 基于模糊关系定义的模糊模型求逆

仍考虑上面的一阶模型例子,对于正向模型有

$$\mu_{R_i}(y,u,\dot{y}) = \min\{\mu_{A^i}(y),\mu_{B^i}(u),\mu_{C^i}(\dot{y})\}$$

对于逆模型,则有

$$\mu_{R_i^{-1}}(y,\dot{y},u) = \min\{\mu_{A^i}(y),\mu_{C^i}(\dot{y}),\mu_{B^i}(u)\}$$

比较上面两个式子可以看出,$\boldsymbol{R}$ 与 $\boldsymbol{R}^{-1}$ 的元素值是完全相同的,只不过它们在其中的排列次序有所不同而已。

以上是根据模糊关系的定义而求得逆模糊关系。虽然从数学的角度它并不是非常严格的,但是它具备简单和实用的优点,适于自适应控制的在线计算。

例 2.18 若已知系统正向模型的模糊关系 $\boldsymbol{R}$ 为例 2.17 求得的,且已知 u 和 y 量化方法及隶属度函数均同例 2.17。现要求该系统的逆模糊关系 $\boldsymbol{R}^{-1}$,且利用 $\boldsymbol{R}^{-1}$ 计算当 $y=0$,1,4,9,16,25 时所对应的 u 值。

根据例 2.17,已求得

$$\boldsymbol{R}(u,y) = \begin{bmatrix} 1 & 0.5 & 0 & 0 & 0 & 0 \\ 1 & 0.5 & 0.5 & 0 & 0 & 0 \\ 0.5 & 1 & 0.5 & 0.5 & 0 & 0 \\ 0.5 & 0.5 & 1 & 0.5 & 0.5 & 0 \\ 0 & 0.5 & 0.5 & 1 & 0.5 & 0.5 \\ 0 & 0 & 0.5 & 0.5 & 0.5 & 1 \end{bmatrix}$$

则相应的逆模糊关系为

$$R^{-1}(y,u)=\begin{bmatrix}1 & 1 & 0.5 & 0.5 & 0 & 0\\ 0.5 & 0.5 & 1 & 0.5 & 0.5 & 0\\ 0 & 0.5 & 0.5 & 1 & 0.5 & 0.5\\ 0 & 0 & 0.5 & 0.5 & 1 & 0.5\\ 0 & 0 & 0 & 0.5 & 0.5 & 0.5\\ 0 & 0 & 0 & 0 & 0.5 & 1\end{bmatrix}$$

利用以下模糊推理计算过程

$$y\xrightarrow{\text{量化}}y^{*}\xrightarrow{\text{模糊化}}Y^{*}\xrightarrow{\text{合成运算}}U^{*}=Y^{*}\circ R^{-1}\xrightarrow{\text{清晰化}}u$$

可以根据给定的 y 计算出 u。这里量化采用最近的量化值 y^{*} 来替代 y,模糊化采用单点模糊集合,清晰化采用最大隶属度法,所得结果如表 2.18 所示。可见它与实际值是非常接近的。

表 2.18 基于逆模型计算的结果

y	0	1	4	9	16	25
$u_{实}$	0	1	2	3	4	5
$u_{估}$	0.5	0.5	2	3	4	5

2) 基于插值的模糊模型求逆

仍考虑前面给出的一阶系统模型,已知正向模型为

$$R=(y\times u)\rightarrow\dot{y}$$

现在已知 y 及 $\dot{y}$ 求输入量 u。这里介绍的插值法是不直接求逆模糊关系 R^{-1},而仍利用正模糊关系 R 进行正方向的推理计算。具体方法是:固定 y 不变用不同的 u 作为输入量,利用正向模糊推理计算出不同的 $\dot{y}$。例如,令 $u=u_i$,计算出相应的 $\dot{y}_i(i=1,2,\cdots,n)$。若给定的 $\dot{y}$ 位于 $\dot{y}_i$ 内,则用内插法求出相应的 u;若 $\dot{y}$ 位于 $\dot{y}_i$ 之外,则可用外推法求出相应的 u。

例 2.19 若已知系统正向模型模糊关系 R 仍为例 2.17 求得的所示,且已知 u 和 y 的量化方法及隶属度函数均同例 2.17。现要求利用插值法计算当 $y=12$ 时所对应的 u 值。

根据例 2.17,已求得当 $u=0,1,2,3,4,5$ 时相应的 y 值如表 2.17 和图 2.47 所示。现要求 $y=12$,采用线性内插可以求得 $u=3.43$。理论值 $u_{理}=\sqrt{12}=3.46$,可见它们也是比较接近的。

上面介绍了两种模糊模型求逆的方法。显然第一种方法更为简单,它只需一次合成运算。而第二种方法需多次合成运算,然后还要进行插值计算。但第一种方法要求规则是完备的,否则对于未建模的区域,则可能导致完全错误的结果。而插值法对于未建模的区域则可通过外推法得到合适的结果。

例如,对于例 2.17,若缺少数据$(u,y)=(5,25)$,则求得

$$R(u,y)=\bigcup_{i=1}^{5}R_i(u,y)=\begin{bmatrix}1 & 0.5 & 0 & 0 & 0 & 0\\ 1 & 0.5 & 0.5 & 0 & 0 & 0\\ 0.5 & 1 & 0.5 & 0 & 0 & 0\\ 0.5 & 0.5 & 1 & 0.5 & 0.5 & 0\\ 0 & 0.5 & 0.5 & 1 & 0.5 & 0.5\\ 0 & 0 & 0.5 & 0.5 & 0.5 & 1\end{bmatrix}$$

当$y=25$时,按照第一种方法求得$u=0$(理论值应$u=5$),该结果显然是错误的,其原因是在$(u,y)=(5,25)$的附近没有相应的规则。所以它不能获得正确的推理结果。若按照第二种方法,参照图2.47,采用线性外推可求得$u=7.3$。这时虽与理论值有较大误差,但不是错误的结果。这时若采用二次函数外推可得$u=5$,结果是非常准确的。

3. 控制器设计

在2.6.4小节中,结合自动小车的模糊控制介绍了基于语言模型求逆的模糊控制器设计方法。下面给出更加一般的结果,它是自适应模糊控制的一个重要组成部分。

暂时先不考虑自适应控制,画出一般的模糊控制系统如图2.48所示。问题是已知控制对象模型R_P及期望性能R设计模糊控制器。

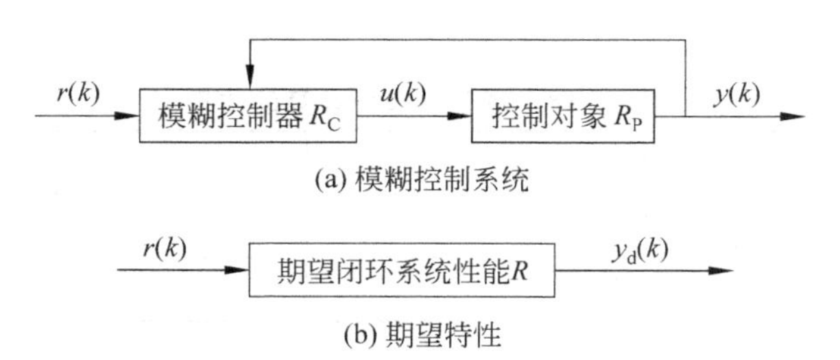

图2.48 模糊控制系统及期望特性

设已知控制对象的模糊模型为

$$y(k+1)=[\bar{\boldsymbol{y}}(k)\times\bar{\boldsymbol{u}}(k-1)\times u(k)]\circ R_P$$

其中

$$\bar{\boldsymbol{y}}(k)=[y(k)\quad y(k-1)\quad\cdots\quad y(k-n+1)]^T$$

$$\bar{\boldsymbol{u}}(k-1)=[u(k-d-1)\quad u(k-d-2)\quad\cdots\quad u(k-d-m)]^T$$

这里考虑的是最一般的情况。很多情况下可能无$\bar{\boldsymbol{u}}(k-1)$项。

设已知期望的闭环系统性能为

$$y_d(k+1)=[\bar{\boldsymbol{r}}(k)\times\bar{\boldsymbol{y}}(k)]\circ R$$

其中,$\bar{\boldsymbol{r}}(k)=[r(k)\quad r(k-1)\quad\cdots\quad r(k-n+1)]^T$,$r(k)$为参考输入。

模糊控制器的计算过程如下:

(1) 首先根据期望的闭环系统特性计算出期望的输出

$$y_d(k+1)=[\bar{\boldsymbol{r}}(k)\times\bar{\boldsymbol{y}}(k)]\circ R$$

(2) 根据控制对象的逆模型计算出控制量

$$\begin{aligned}u(k)&=[y_d(k+1)\times\bar{\boldsymbol{y}}(k)\times\bar{\boldsymbol{u}}(k-1)]\circ R_P^{-1}\\&=\{[\bar{\boldsymbol{r}}(k)\times\bar{\boldsymbol{y}}(k)]\circ R\times\bar{\boldsymbol{y}}(k)\times\bar{\boldsymbol{u}}(k-1)\}\circ R_P^{-1}\\&=[\bar{\boldsymbol{r}}(k)\times\bar{\boldsymbol{y}}(k)\times\bar{\boldsymbol{u}}(k-1)]\circ R_C\end{aligned}$$

可见这一步需要用到模糊模型的求逆,前面已对此进行了专门的讨论,并给出了两种简单、实用的方法。

图2.49形象地画出了模糊控制器的计算过程。

上面以离散模型为例介绍了模糊控制器的计算过程。对于连续模型其计算过程是类似的。例如,对于如2.6.4小节的自动小车的模糊控制,小车的动力学模型为

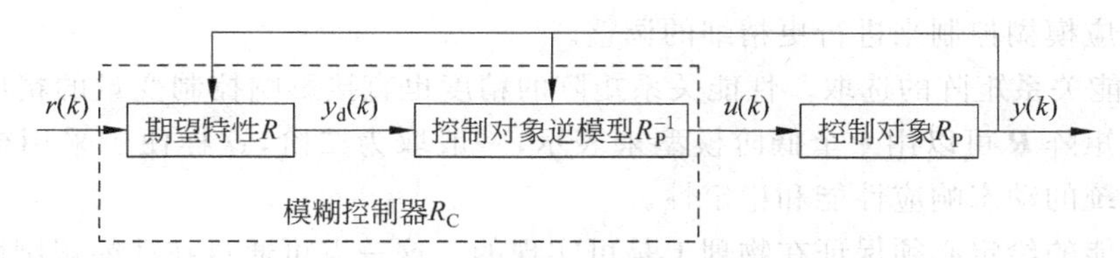

图 2.49 模糊控制器的计算过程

$$\ddot{y} = (y \times \dot{y} \times u) \circ R_P$$

期望的闭环特性为

$$\ddot{y}_d = (y \times \dot{y}) \circ R$$

根据小车动力学模型的逆模型,可以求得模糊控制器为

$$u = (y \times \dot{y} \times \ddot{y}_d) \circ R_P^{-1} = [y \times \dot{y} \times (y \times \dot{y}) \circ R] \circ R_P^{-1} = (y \times \dot{y}) \circ R_C$$

4. 自适应模糊控制器

将上面讨论的在线模糊模型辨识与控制器设计组合在一起便构成如图 2.43 所示的间接自适应模糊控制。结合图 2.49 可以画出较为具体的结构,如图 2.50 所示。

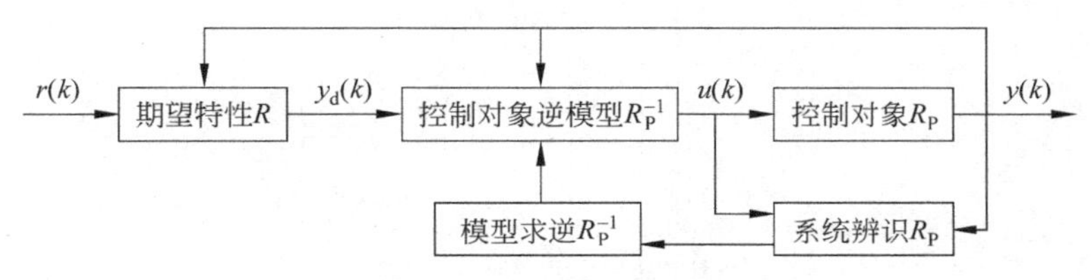

图 2.50 间接自适应模糊控制

在图 2.50 所示的自适应控制结构中包含了两个反馈回路:控制器回路和模型修正回路。控制器回路根据输出量反馈来确定所需的控制量 $u(k)$,以达到期望的系统性能 R。模型修正回路利用输入与输出数据来自适应地修正控制对象模型。为了降低模型对输出噪声的灵敏度,模型修正回路的时间常数必须选取得足够大,它可以通过调整遗忘因子 λ 来实现。λ 越大,修正回路的时间常数也越大,这里也有与常规的自适应控制相一致的要求:内回路的响应速度要远远快于外回路的参数调整速度。

两个反馈回路稳定性问题必须加以考虑。前面介绍了模型修正过程的稳定性问题:在一定的条件下,模型的收敛性是能够得到保证的。控制回路的稳定性直接受模型求逆及期望性能规则集的影响。控制器的设计是基于所建模型是准确的假设,因此期望特性的收敛性是影响控制回路稳定性的主要因素,它可以通过前面 2.6.4 小节所介绍的方法来进行分析。

在自适应模糊控制的实现过程中,还有一些问题需要具体加以考虑。

(1) 模型表示所需的存储量与输出精度的折中考虑。这里模糊模型采用模糊规则库及相应的模糊关系来表示,若每个变量量化的分辨率越高,则输出的精度也越高,同时它要求的存储容量也越大。因而两者是矛盾的。所以应适当选择量化的分级数。一个较好的解决方法是采用非线性的量化方法或者采用混合控制的方法。所谓混合控制的方法,是指在远离平衡点时采用上述的自适应模糊控制,而在平衡点附近时采用常规的 PID 控制或分辨率更高的自适应模糊控制来进行更精细的调整。

(2) 性能关系矩阵的选取。性能关系矩阵的精度也直接影响控制变量的精度。通常期望性能关系矩阵 $\boldsymbol{R}$ 可以用一个低阶模型来表示，一般取为二阶，这样便于采用模糊相平面法来分析系统的动态响应性能和稳定性。

期望性能的给定必须保证在物理上是可实现的。这一点可通过在性能规则库中选取与状态变量相同的论域来保证。这样对于输出变量导数的任何要求都限制在实际范围内。

(3) 模型求逆方法的选取。前面已经对此进行过讨论。基于模糊关系定义的方法要求正向模型的规则集比较完备。它比较适合于参数变化较小的情况。当起始规则很少甚至没有的情况下，基于插值法的求逆方法仍能给出较好的结果。

(4) 一步预报控制。间接自适应控制方法中，在一个采样周期内要在线地完成模型辨识及控制器设计的计算任务，因而可能产生较大的计算延时，即送出控制量比采集到输出量延迟一段时间。当该计算延时与采样周期相比不可忽略时，它使系统的性能明显变差。这时可采用一步预报的控制方式，即首先预报出下一时刻测量值，根据该预报测量值事先计算出下一时刻控制量。这样当到达下一采样时刻时，可立即将控制量送出。

第3章 神经网络控制

本章主要讨论人工神经网络(以后简称神经网络)在系统建模及控制方面的应用。神经网络控制是一种基本上不依赖于定量模型的控制方法,它比较适用于那些具有不确定性或高度非线性的控制对象,并具有较强的适应和学习功能,因而神经网络控制是智能控制的一个重要分支领域。

本章首先介绍几种可用于控制的神经网络模型,然后介绍它们在系统建模及控制中的应用,最后专门介绍它在机器人控制中的应用。

3.1 概述

3.1.1 神经元模型

1. 神经元与突触的神经生理学基础

1) 生物神经元

生物神经系统包括中枢神经系统和外周神经系统。中枢神经系统主要由神经元(Neuron)与神经胶质细胞(Neuroglial cell)两大类细胞组成。神经元也称神经细胞,是进行神经信息接收、产生、传递与处理,并获得认知、思维、情感等复杂高级功能的基石。人类大脑皮层约有140亿个神经元。如图3.1所示,典型的神经元可分为胞体(Soma或Cell body)和突起两大部分。胞体外面为细胞膜,内含细胞质和细胞核;突起包括树突(Dendrite)和轴突(Axon)。

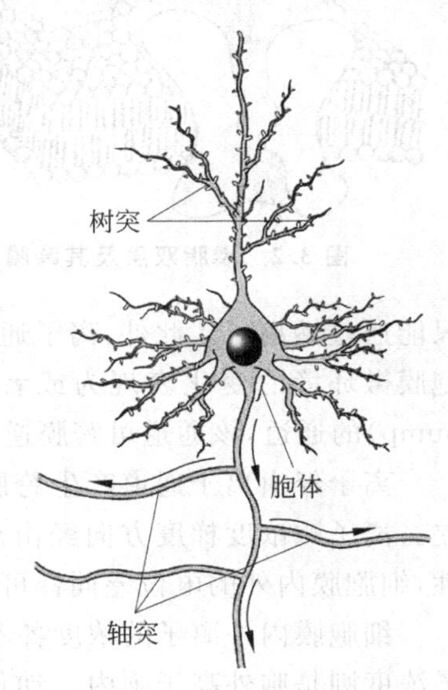

图3.1 生物神经元

在细胞尺度上,神经元胞体表面的细胞膜发挥着重要的作用。细胞膜不仅将细胞质与细胞核包裹于胞体内,而且能够阻止细胞外的某些物质进入膜内。神经元细胞膜上嵌有多种类型的蛋白质或称受体,它们可以将膜内外的带电离子等泵进或泵出。而跨膜蛋白质则形成膜孔,能选择性地允许带电离子经由膜孔进出胞体。神经元细胞膜的特性,对动作电位的产生具有重要作用。

树突负责神经信息的传入,数量较多,形态各异,较为粗短,反复分支,并覆盖着许多称之为受体的特殊蛋白质,它与神经元之间信息的传递内容密切相关。目前有关树突形态与神经元功能之间关系的研究,已成为神经生理学的重要研究内容之一。

轴突负责神经信息的传出，数量上通常仅有一条，形态上细长均匀，轴突的长度可短至1mm，也可长达1m。轴突末端常常有分支，称为轴突侧枝。每个侧枝的末梢部位膨大呈球状，称为轴突末梢或突触小体。轴突始自轴丘，初段裸露没有髓鞘包裹，其细胞膜的钠通道密度最大，产生动作电位的阈值最低，是动作电位的产生之地。轴突离开胞体一段距离后，才获得各段髓鞘包裹和郎飞氏结，成为神经纤维。

突触(Synapse)是神经元之间进行信息传递的部位，是神经信息记忆的主要功能单元。突触的信息传递是单向的。根据信息传递机制的不同，突触可分为化学突触和电突触两类。化学突触占大多数，电突触仅占少数。对于化学突触，位于突触前神经元轴突末梢内的囊泡将释放神经递质(Neurotransmitter)。这些神经递质扩散穿越突触间隙，与突触后神经元细胞膜上的特异性受体蛋白相结合，从而导致离子通透性的改变，并进而引起动作电位的产生。

神经元胞体的形态、大小及突起的种类、数量与长度差异很大。胞体在形态上可分为星形、锥体形、球形和梭形等。其突起包括假单极、双极和多极。例如，对单极星形细胞和多极锥体细胞，它们的电特性各不相同。星形细胞在去极化电流注入过程中，总是以相对稳定的频率产生动作电位，而大部分锥体细胞在刺激初始产生高频动作电位，之后哪怕刺激依然很强烈，其动作电位的频率仍会逐渐下降。

2) 动作电位

神经元通过电信号——动作电位(Action potential)传递信息。动作电位由离子的跨膜运动产生，也称为神经冲动(Impulse)或发放(Spike)。下面将简要介绍产生动作电位的主要过程。

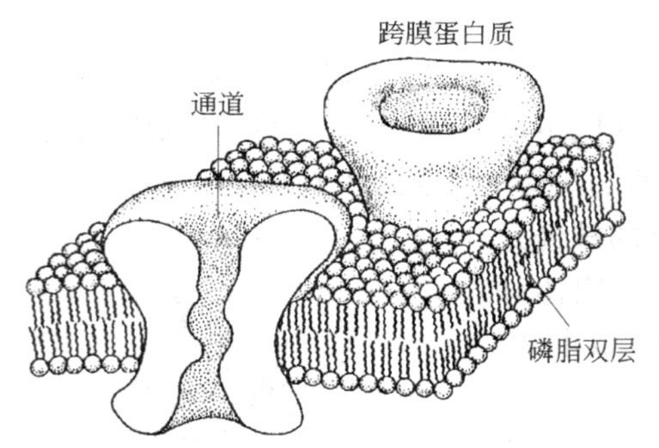

图3.2　磷脂双层及其跨膜蛋白

如图3.2所示，神经元表面的细胞膜经由磷脂双层(Phospholipid bilayer)分为细胞内和细胞外。细胞内外存在大量的水分子和带电离子，如带正电的钠离子 Na^+、钾离子 K^+ 和钙离子 Ca^{2+}，以及带负电的氯离子 Cl^- 等。带电离子通过细胞膜上的离子通道进出细胞。离子通道由镶嵌在磷脂双层的蛋白质构成。这些蛋白质结构的不同使得离子通道具有不同的选择性。例如，钾离子通道只能通过钾离子，而钠离子通道只能通过钠离子。此外，离子通道还具有门控(Gating)这一重要性质，即离子通道将随着细胞膜微环境的变化表现为或者开放或者关闭。跨膜蛋白质还形成一类称为离子泵(Ion pump)的通道，该通道可跨膜逆离子浓度梯度转运离子。

离子经由离子通道产生跨膜运动。产生该运动的驱动力之一是细胞膜内外离子浓度差。离子顺浓度梯度方向经由离子通道的流动称为扩散(Diffusion)。由于离子的带电极性，细胞膜内外的电位差同样可导致离子经由离子通道产生跨膜运动。

细胞膜内外离子的浓度各不相同。静息时钾离子浓度胞内高于胞外，而钠离子和钙离子浓度则是胞外高于胞内。动作电位产生过程中的“钠进钾出”造成的膜内外离子浓度变化，可借助离子泵进行恢复。钠-钾离子泵通过降解机体内的生物能源腺苷三磷酸(ATP)时产生的化学能，逆浓度梯度分别转运钾离子和钠离子，重新导致钠离子富集于胞外而钾离子富集于胞内。而钙离子泵则将钙离子跨膜转运至胞外，使得其富集于胞外。

根据离子浓度的差值，由 Nernst 方程可计算出各个离子的平衡电位。所谓平衡电位是指平衡离子浓度梯度的电位差，用 E_{ion} 表示。以钾离子为例，假设细胞膜只存在钾离子通道。由于离子泵的机制使得胞内钾离子的浓度高于胞外，跨膜的钾离子通道使得胞内的钾离子顺着浓度梯度方向由胞内流向胞外。细胞外正电荷的聚集使得细胞内外产生跨膜的电位差。胞内钾离子浓度的减少使得其负电荷越来越多，从而又会吸引钾离子通过钾离子通道返回胞内。当吸引钾离子返回胞内的电力与驱动它们向胞外运动的扩散力相等，就达到平衡状态。此时平衡钾离子由于浓度差而产生扩散运动的电位差就称为钾离子平衡电位。一般而言，钾离子平衡电位约为 $E_K=-80\text{mV}$，钠离子的平衡电位约为 $E_{Na}=62\text{mV}$。

神经元在不产生动作电位时具有稳定的膜电位差，称为静息电位。此时称神经元处于静息状态或称极化状态。在静息状态时，细胞膜会有不同的离子通道处于开放状态，如允许钾离子和钠离子通透。静息状态下神经元胞膜对各类离子的通透性不同。如果已知神经元对各类离子的相对通透性，则可由 Goldman 方程计算出神经元的静息电位。静息电位值约为-65mV，即神经元胞内比胞外更负。可以观察到，神经元在静息时的电位值更接近于钾离子的平衡电位，这是因为在静息状态时，钾离子的通透性远高于其他离子的通透性。

当向神经元注入一定大小的电流，将会引起神经元产生动作电位。输入电流将使膜电位的值逐渐增大。当膜电位超过某个阈值时，电压门控钠通道打开。由于此时膜内侧存在的负电位，胞外大量的钠离子将迅速涌入胞内，导致细胞膜快速去极化，如图 3.3 所示。当胞内电位逐渐升高而接近钠离子平衡电位时，电压门控钠通道将关闭，以阻止钠离子继续流入胞内。此时电压门控钾通道则会及时打开。由于膜被去极化，因此将产生一个对钾离子的巨大驱动力使得钾离子由离子通道流出胞外，从而导致膜电位重新变负，这一过程称为超极化，如图 3.4 所示。动作电位的产生过程大约持续 1ms。之后，离子泵将钠离子泵出胞外，而将钾离子泵入胞内，以使胞内外的离子浓度恢复为动作电位产生前的水平。

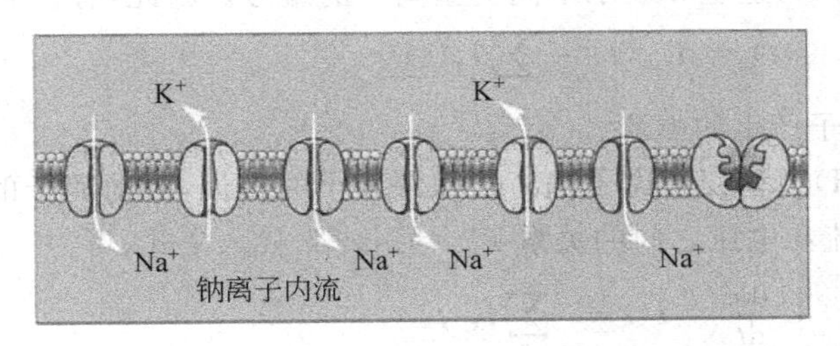

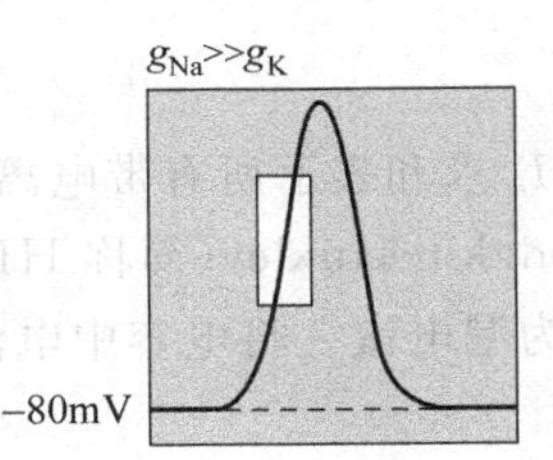

图 3.3　动作电位去极化过程中钠离子内流

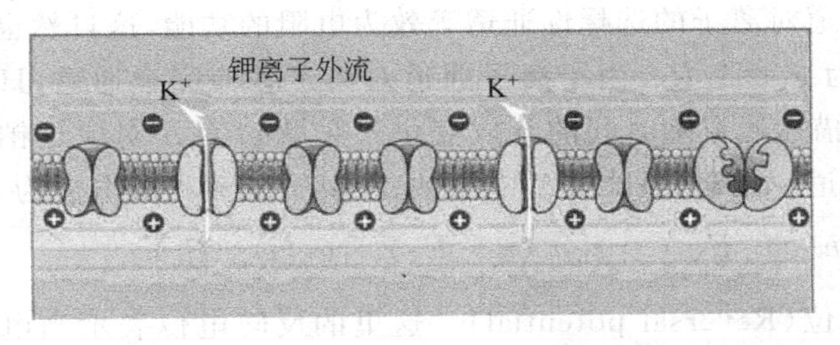

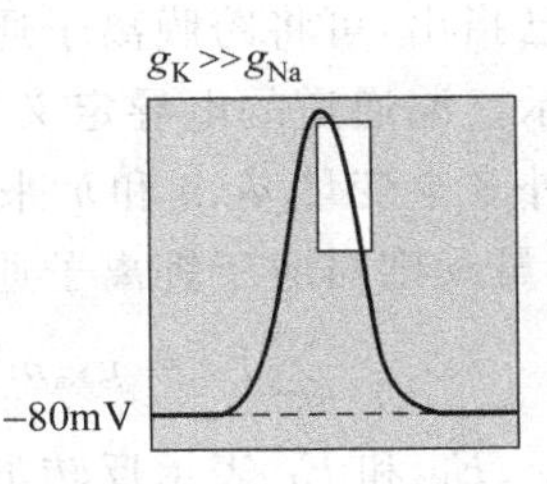

图 3.4　动作电位超极化过程中钾离子外流

动作电位可沿着轴突一直传导到轴突末梢，进而引发突触传递。可以将这一传导过程想象成导火线的燃烧。动作电位传导的一个主要特点是不衰减性，也就是说动作电位在轴丘产生时的值与传递至轴突末梢后的值基本相同。

一般地，大脑在接受外界信息后，将通过神经元的动作电位编码相关信息。但目前对于神经元编码的具体机制并不清楚。例如，究竟是神经元的频率编码信息还是动作电位发生时间也参与编码信息，又或者是一群神经元还是单个神经元编码信息等，都存在较大的争议。

3）神经元动力学方程

Hodgkin 与 Huxley 通过实验发现了3种不同类型的离子电流，并建立了产生动作电位的数学模型。他们的这一工作获得了1952年的诺贝尔奖。这是利用数学模型解释神经生理学实验结果的典范。

前已指出，胞膜将神经元分为胞内和胞外。一般情况下，胞内壁存有许多的负电荷，而胞外壁则存有相应的正电荷。这样可以将细胞膜看做为存储电荷的电容。类似地，由带电离子在胞内外的浓度差值而形成的电位差可视为电池，而膜对离子的选择性通透则可视为电阻。神经元的这些特性可大致等效为如图3.5所示的电路。

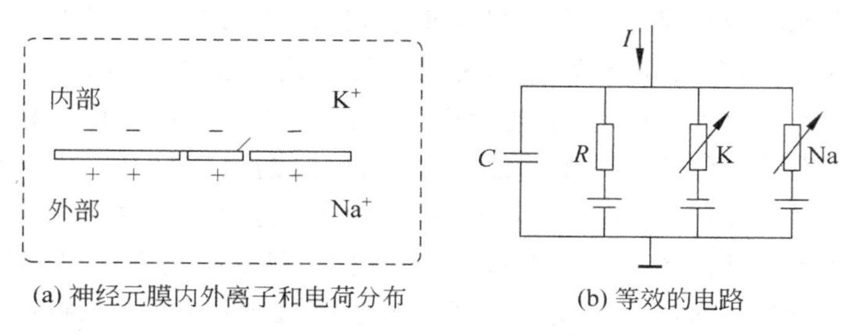

(a) 神经元膜内外离子和电荷分布　　(b) 等效的电路

图3.5　HH模型的等效电路

考察图3.5所示的电路。由 Kirchhoff 定律可知，通过胞膜的总电流 I 等于膜电容产生的电流 I_{cap} 加上所有离子的电流 I_k，这里 k 表示不同类型离子的编号。因此，有

$$I(t) = I_{cap}(t) + \sum_k I_k(t)$$

式中对 I_k 求和表示所有带电离子产生的电流。

Hodgkin-Huxley（简称 HH）模型仅考虑了钠离子和钾离子的电流，其他离子的电流则合并称为漏电流。将电容中电流和电压之间的关系 $I_{cap}=C\mathrm{d}u/\mathrm{d}t$ 代入上式，可得

$$C\frac{\mathrm{d}u}{\mathrm{d}t} = I(t) - \sum_k I_k(t)$$

式中，C 为电容常数；u 为电容电压（即膜电位）。

前已指出，可将跨膜离子通道对离子的选择性通透等效为电阻的功能，这自然也可由电导来表示。漏通道的电导定义为 $g_L=1/R$。由于离子通道对离子并非完全通透，HH 模型利用另外3个变量 m、n 和 h 来描述通道随时间的开放变化。变量 m 和 h 对应于钠离子通道，而变量 n 则对应于钾离子通道。此时，HH 模型中的钠、钾离子电流和漏电流为

$$\sum_k I_k = g_{Na}m^3h(u-E_{Na}) + g_K n^4(u-E_K) + g_L(u-E_L)$$

式中，E_{Na}、E_K 和 E_L 表示反转电位（Reversal potential）。这里的反转电位表示当电压施加于某个离子达到平衡电位时，使得电流方向发生变化的电压值。钠、钾离子的电导 g_{Na} 和 g_K

同样为经验常数。它们的取值如表3.1所示。

表3.1 HH模型的参数

x	E_x/mV	g_x/(ms/cm^2)	x	E_x/mV	g_x/(ms/cm^2)
Na	115	120	L	10.6	0.3
K	−12	36			

上述表示通道开放状况的3个变量m、n和h，被称之为门控变量。其动力学方程可分别描述如下：

$$\frac{\mathrm{d}m}{\mathrm{d}t}=\alpha_m(u)(1-m)-\beta_m(u)m$$

$$\frac{\mathrm{d}n}{\mathrm{d}t}=\alpha_n(u)(1-n)-\beta_n(u)n$$

$$\frac{\mathrm{d}h}{\mathrm{d}t}=\alpha_h(u)(1-h)-\beta_h(u)h$$

式中，$\alpha_x(u)$和$\beta_x(u)$是膜电压u的经验函数。Hodgkin与Huxley给出了它们的具体表达式，如表3.2所示。以上各式连同表3.1、表3.2一起，就组成了完整的HH模型。

表3.2 HH模型的辅助方程

x	$\alpha_x(u)$	$\beta_x(u)$
n	$(0.1-0.01u)/(\exp(1-0.1u)-1)$	$0.125\exp(-u/80)$
m	$(2.5-0.1u)/(\exp(2.5-0.1u)-1)$	$4\exp(-u/18)$
h	$0.07\exp(-u/20)$	$1/(\exp(3-0.1u)+1)$

下面将根据门控变量的变化来考察HH模型如何模拟动作电位的产生。门控变量m和n随着膜电位的增加而增加，而门控变量h则随着膜电位的增加而减小。因此，如果外界刺激引起膜电位增加，钠离子通道的电导将增加(门控变量m)，钠离子将会从胞外进入胞内，从而使膜电位进一步增大。当膜电位升至足够大后，膜电位为上升相，即如图3.6所

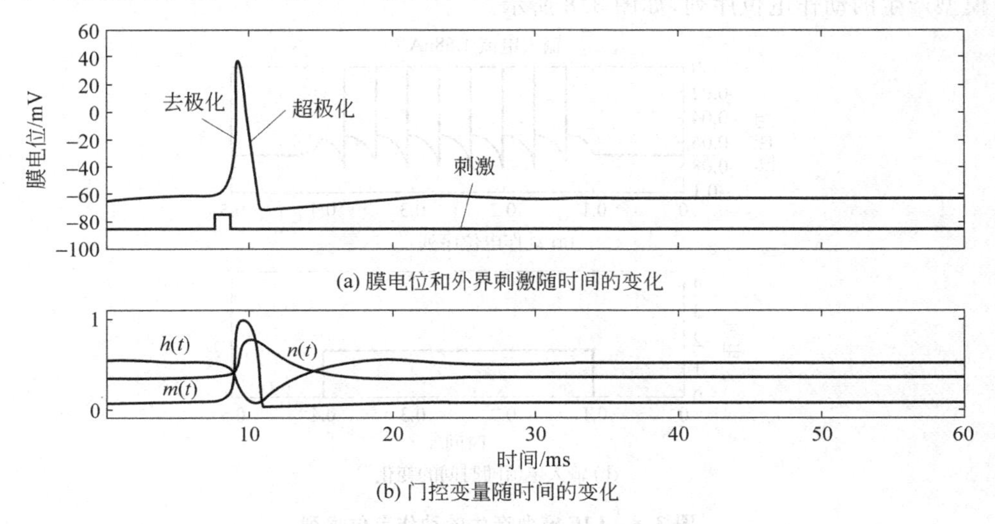

(a) 膜电位和外界刺激随时间的变化

(b) 门控变量随时间的变化

图3.6 HH模型下的动作电位

示的去极化。当膜电位处于某个很高的值后，钠离子通道的电导将关闭，而引起这一变化的就是门控变量 h。同时，钾离子通道将打开(门控变量 n 增大)，钾离子外流导致超极化，膜电位处于下降相。这一过程便是一个动作电位产生的完整过程。

当外界刺激不足以引起神经元离子通道发生以上的变化时，神经元将处于静息状态。而当给予神经元持续的刺激，则会连续产生动作电位序列，如图3.7所示。

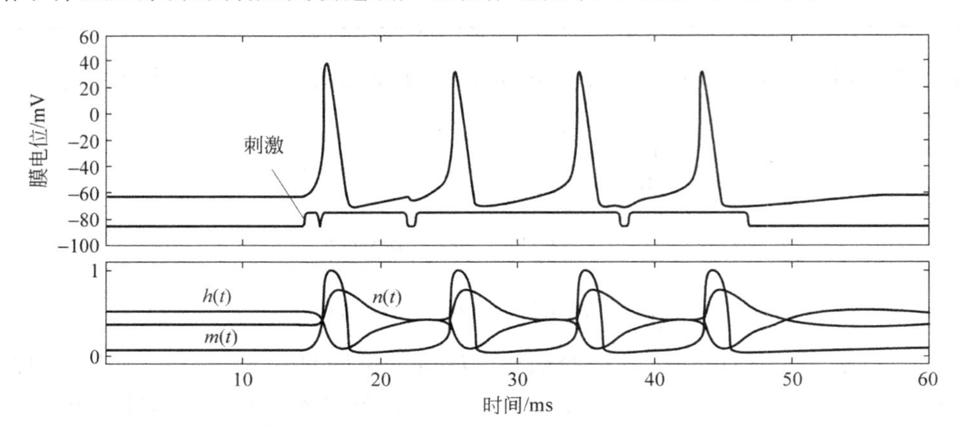

图3.7 HH模型下的动作电位序列

由于在实际应用中HH方程过于复杂，往往使用一类简化的动作电位产生模型，称为漏整合后发放(Leaky Integrate-and-Fire，LIF)模型。LIF模型简化了神经元产生动作电位的许多神经生理学细节，而仅仅通过比较膜电位与一个阈值电位之间的关系来决定是否发放动作电位。膜电位的计算公式为

$$\tau_m \frac{du}{dt} = E_r - u + R_m I_e$$

式中，u 为神经元膜电位；E_r 为静息电位；τ_m 为膜时间常数；R_m 为膜电阻；I_e 为输入电流。当 u 的值达到阈值电位 θ 后，神经元将产生一个动作电位，然后将膜电位重置为 u_{reset}。利用LIF模型产生的动作电位序列，如图3.8所示。

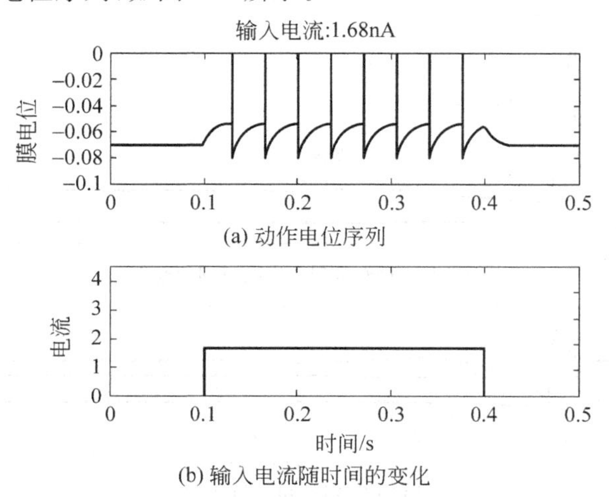

图3.8 LIF模型产生的动作电位序列

(仿真中使用的参数为 $E_r=-0.07\text{V}$，$R_m=10^7\Omega$，$\tau_m=0.01$，$\theta=-0.054\text{V}$，$u_{reset}=-0.080\text{V}$)

4）突触及其可塑性

突触是神经元的轴突末梢与另一个神经元的连接部位，它是大脑实现学习和记忆的基石。神经系统主要包含化学突触和电突触。中枢神经系统中的突触类型主要为化学突触，电突触较少。按照连接部位的不同，突触又可分为轴突-树突型、轴突-胞体型、轴突-轴突型和树突-树突型等多种结构形式。突触中传递信息的神经递质则包括多种兴奋性神经递质和多种抑制性神经递质。下面将介绍信息是如何通过化学突触在神经元之间进行传递的。

突触前膜和突触后膜之间的间隙宽度为20～50nm。间隙内的纤维性胞外蛋白基质将突触前后膜相互黏附。突触的前侧通常是轴突末梢，之中有许多直径约为50nm的由膜包围的球体，称为突触囊泡。它们中存储着神经递质或神经调质。这些神经递质即是将信息传递至突触后神经元的活性化学物质。典型的神经递质包括氨基丁酸（GABA）、谷氨酸（包括AMPA和NMDA），以及多巴胺、乙酰胆碱和去甲肾上腺素等。神经递质或调质种类繁多，功能复杂，与许多神经疾病和认知功能密切相关。

当动作电位传递至突触前神经元的轴突末梢时，将会打开末梢膜上的电压门控钙离子通道，使得胞外的钙离子内流。钙离子的内流导致末梢中的囊泡与末梢膜融合并释放出其中的神经递质至突触间隙。这些释放出的神经递质与镶嵌在突触后神经元膜上的特异性蛋白质分子（受体）相结合，从而打开突触后膜上的离子通道，致使相应的离子流入突触后神经元，从而完成信息的传递，如图3.9所示。

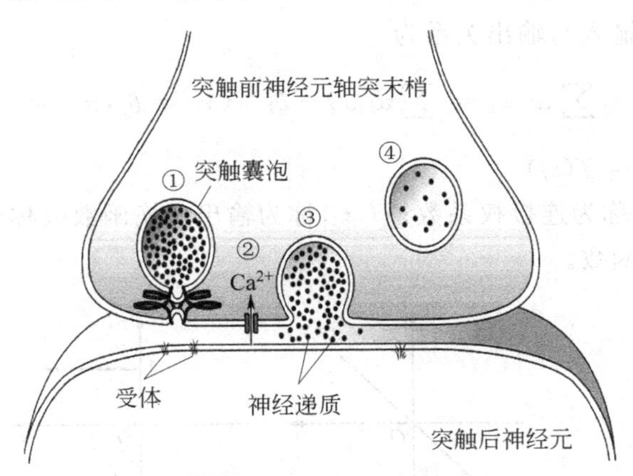

图3.9　化学突触的信息传递过程

突触前轴突末梢中囊泡释放的神经递质将与突触后跨膜蛋白绑定，这些蛋白称为递质门控离子通道，也就是不同神经递质的绑定会引起该通道选择性地允许某类离子通道处于打开状态。例如，若释放的神经递质为兴奋性的谷氨酸递质，则会引起突触后神经元的去极化，产生兴奋性突触后电位（Excitatory PostSynaptic Potential，EPSP），而抑制性神经递质GABA的释放则会导致突触后神经元的超极化，产生抑制性突触后电位（Inhibitory PostSynaptic Potential，IPSP）。导致突触后神经元去极化的神经元称为兴奋性神经元，而引起突触后神经元超极化的神经元则称为抑制性神经元。大脑中兴奋性神经元与抑制性神经元数量之比为4∶1。

此外，突触前神经元的动作电位还会引起突触传递效能的变化，这种变化称为突触的可塑性。它是人工神经网络学习算法的神经生理学基础。按照传递效能的增加和减少,可将突触的可塑性分为长时程增强(Long-Term Potentiation,LTP)和长时程减弱(Long-Term Depression,LTD)。

LTP是由于同步地刺激突触前神经元和突触后神经元而导致的突触传递效能的长时间增强,这种增强过程将持续几个小时或者更长。而LTD则是突触传递效能的长时间减弱。引起LTD效应的可以是对突触的强刺激或者是持续的弱刺激,这种刺激将导致突触后受体的密度减少。

还有一类重要的突触可塑性是与突触前神经元及突触后神经元动作电位产生的相对时间有关,称为依赖发放时间的可塑性(Spike-Timing-Dependent Plasticity,STDP)。当突触前神经元的动作电位发生在突触后神经元动作电位之前,则突触的可塑性表现为LTP。而当突触前神经元的动作电位发生在突触后神经元动作电位之后,突触的可塑性则表现为LTD。产生STDP的时间窗约为50ms,这也就是突触前后神经元发放的时间差。目前有关STDP与神经网络特性的关系及其对行为的影响,是神经生理学和理论神经科学的研究热点之一。

2. 人工神经元模型

人工神经网络是利用数学模型来模拟生物神经网络的某些结构和功能。图3.10是最典型的人工神经元模型,通常称为MP模型。

该神经元模型的输入与输出关系为

$$s_j = \sum_{i=0}^{n} w_{ji} x_i = \sum_{i=1}^{n} w_{ji} x_i - \theta_j \quad (x_0 = \theta_j, w_{j0} = -1)$$

$$y_j = f(s_j)$$

式中,θ_j 称为阈值;w_{ji} 称为连接权系数;$f(\cdot)$称为输出变换函数或称激发函数。图3.11表示了几种常见的变换函数。

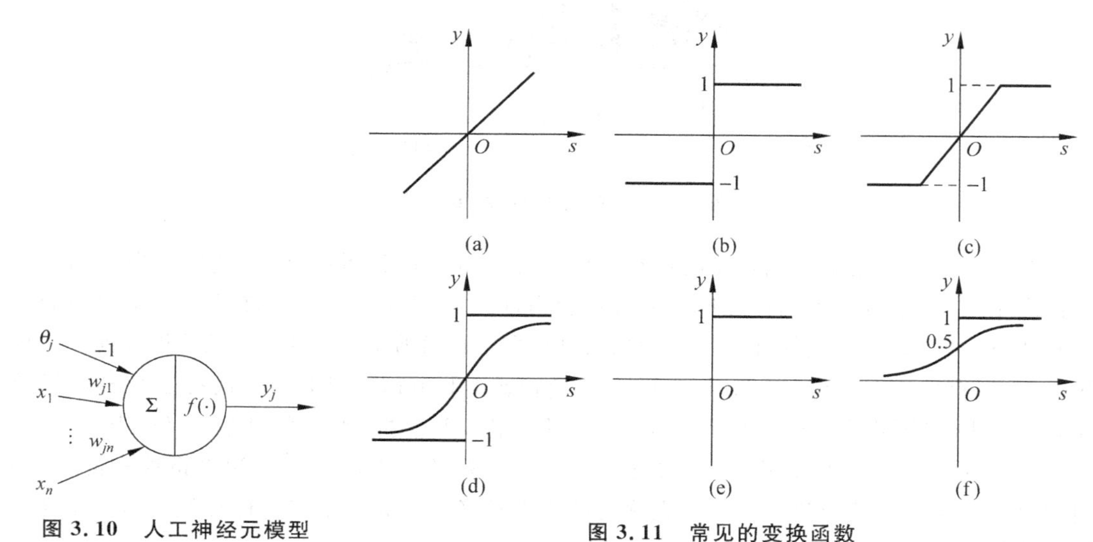

图3.10 人工神经元模型

图3.11 常见的变换函数

在图 3.11 中，各变换函数的解析表达式分别为

1）比例函数

$$y=f(x)=s$$

2）符号函数

$$y=f(s)=\begin{cases}1 & s\geqslant 0\\ -1 & s<0\end{cases}$$

3）饱和函数

$$y=f(s)=\begin{cases}1 & s\geqslant \dfrac{1}{k}\\ ks & -\dfrac{1}{k}\leqslant s<\dfrac{1}{k}\\ -1 & s<-\dfrac{1}{k}\end{cases}$$

4）双曲函数

$$y=f(s)=\frac{1-\mathrm{e}^{-\mu s}}{1+\mathrm{e}^{-\mu s}}$$

5）阶跃函数

$$y=f(s)=\begin{cases}1 & s\geqslant 0\\ 0 & s<0\end{cases}$$

6）S 形函数

$$y=f(s)=\frac{1}{1+\mathrm{e}^{-\mu s}}$$

3.1.2　人工神经网络

人工神经网络是一个并行和分布式的信息处理网络结构，该网络结构一般由许多个神经元组成，每个神经元有一个单一的输出，它可以连接到很多其他的神经元，其输入有多个连接通路，每个连接通路对应一个连接权系数。

严格说来，神经网络可看成是一个具有以下性质的有向图。

(1) 每个结点有一个状态变量 x_j。

(2) 结点 i 到结点 j 有一个连接权系数 w_{ji}。

(3) 对于每个结点有一个阈值 θ_j。

(4) 对于每个结点定义一个变换函数 $f_j[x_i,w_{ji},\theta_j(i\neq j)]$，最常见的情形为

$$f\left(\sum_i w_{ji}x_i-\theta_j\right)$$

图 3.12 表示了两个典型的神经网络结构，图 3.12(a)所示为前馈型网络，图 3.12(b)所示为反馈型网络。

人工神经网络可以看成是生物神经网络的一种模拟和近似。可以有两种不同的模拟方式：一种是从结构和实现机理方面进行模拟，它涉及生物学、生理学、心理学、物理及化学等多个基础学科。由于生物神经网络的结构和机理相当复杂，现在距离完全认识它们还相距甚远；另一种是从功能上加以模拟，即尽量使得人工神经网络具有生物神经网络的某些功能特性，如学习、识别、控制等功能。本书着重于后者，主要介绍几种典型的人工神经网络模

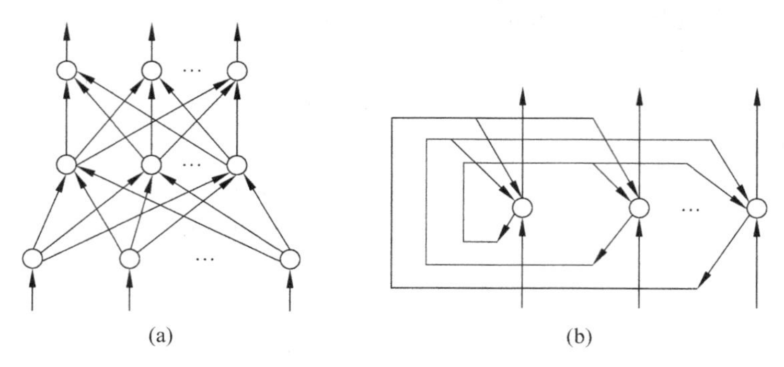

图3.12 典型的神经网络结构

型，并重点研究它们在系统建模及控制方面的应用。

3.1.3 生物神经网络系统与计算机处理信息的比较

计算机具有快速计算的能力，这是人所远远不能比拟的。而人的学习、决策和识别等方面的能力则远远超过计算机。下面通过对这两者在处理信息方面的比较来说明产生这些差别的原因。

1. 处理速度

计算机处理单个信息的时间约为ns级(如Cray计算机约为4.2ns)。而人脑神经元对外部激励的响应时间大约在ms级。可见，计算机处理单个信息的时间要比人脑大约快10^6倍。

2. 处理顺序

虽然计算机处理单个信息的速度比人脑快很多，但对有些问题如识别、决策等，计算机却没有人脑快。其根本的原因在于计算机处理信息的顺序是串行的，而人脑处理信息是并行的。正是由于这一点，才使得人脑具有很强的综合处理信息的能力。

3. 处理单元的数目及复杂程度

人脑是一个十分复杂的生物组织，据估计它具有$10^{11}\sim10^{14}$个神经元，每个神经元与$10^3\sim10^4$个其他神经元相连接。如果设想脑神经系统是人工神经网络的最终的模拟对象，那么便需要数量非常巨大的人工神经元处理单元才能使人工神经网络具有类似人脑的高级信息处理的功能。

除了脑神经元的数量十分巨大外，单个脑神经元的构造也是很复杂的，它远远不是前述人工神经元模型所实现的那种简单关系。

4. 知识存储

在计算机中，知识是静态地存储在编有地址的记忆单元中，新的信息破坏老的信息。而在人脑中，知识存储在神经元之间的连接关系中，新的知识用来调整这种连接关系，而不是破坏这种连接关系。概括说来，知识在人脑中具有适应性，而在计算机中只是严格的替换关系。由此可以解释为什么人脑具有综合概括的能力，而计算机却缺乏这种能力。

5. 容错能力

人脑具备较好的容错能力，个别神经元的损坏并不影响整体的性能。而通常的计算机却不具备容错能力，CPU或存储器的损坏都将导致整体系统的实质性破坏。

6. 运行控制

在计算机中有一个中央处理单元来控制所有的活动和对所有的信息进行存取操作，它实质上产生了信息处理的一个瓶颈，同时也使得一旦控制部件产生故障而导致整个系统的失效。而在脑神经系统中，不存在这样的中央控制单元来控制每一个神经元的活动。每个神经元只受与它相连接的一部分神经元的影响，而不受其他部分神经元的控制和影响。

3.1.4 神经网络的发展概况

1943年心理学家W. McCulloch和数理逻辑学家W. Pitts首先提出了一个简单的神经网络模型，其神经元的输入与输出关系为

$$y_j = \text{sign}\left(\sum_i w_{ji}x_i - \theta_j\right)$$

其中输入、输出均为二值量，w_{ji}为固定的权值。利用该简单网络可以实现一些逻辑关系。虽然该模型过于简单，但它为进一步的研究打下了基础。

1949年D.O. Hebb首先提出了一种调整神经网络连接权的规则，通常称为Hebb学习规则。其基本思想是，当两个神经元同时兴奋或同时抑制时，则它们之间的连接强度便增加。用式子表示即为

$$w_{ji} = \begin{cases} \sum_{k=1}^{n} x_i^{(k)} x_j^{(k)} & i \neq j \\ 0 & i = j \end{cases}$$

或者$w_{ij}(k+1) = w_{ij}(k) + x_i^{(k+1)} x_j^{(k+1)}$，其中$x_i^k$表示第$i$个神经元在第$k$次触发下的状态，$x_i^k=1$表示神经元处于兴奋状态，$x_i^k=-1$或$x_i^k=0$表示神经元处于抑制状态。该学习规则的意义为，连接权的调整正比于两个神经元活动状态的乘积，连接权是对称的，神经元到自身的连接权为零。现在仍有不少神经网络采用这样的学习规则。

1958年F. Rosenblatt等人研究了一种特殊类型的神经网络，称为“感知器”(Perceptron)。他们认为这是生物系统感知外界传感信息的简化模型。该模型主要用于模式分类，并一度引起人们的广泛兴趣。

1969年M. Minsky和S. Papert发表了名为《感知器》的专著。他们在这一专著中指出了简单的线性感知器的功能是有限的，它无法解决线性不可分的两类样本的分类问题。典型的例子如“异或”计算，即简单的线性感知器不可能实现“异或”的逻辑关系。要解决这个问题，必须加入隐层结点。但是对于多层网络，如何找到有效的学习算法在当时还是一个难以解决的问题。因此它使得整个20世纪70年代神经网络的研究处于低潮。

美国物理学家J.J. Hopfield在1982年和1984年发表了两篇神经网络的文章，引起了

很大的反响。他提出了一种反馈互联网,并定义了一个能量函数,它是神经元的状态和连接权的函数,利用该网络可以求解联想记忆和优化计算的问题。该网络后来称为Hopfield网,最典型的例子是应用该网络成功地求解了旅行商最优路径问题。

1986年D.E. Rumelhart和J.L. Mcclelland等提出了多层前馈网的反向传播算法(Back Bropagation,简称BP算法),相应的网络简称BP网络。该算法解决了前述感知器所不能解决的问题。

Hopfield网络和反向传播算法的提出使人们看到了神经元网络的前景和希望。1987年在美国召开了第一届国际神经网络会议,它掀起了神经网络研究的热潮,许多研究人员都企图找到神经网络在各自领域的应用。

神经网络控制也是从这个背景下发展起来的,自20世纪80年代后期以来,神经网络控制已取得很大进展。本章着重介绍在这方面的研究工作和主要成果。

3.2 前馈神经网络

对于图3.12所示的神经网络,它具有分层的结构。最下面一层是输入层,中间是隐层,最上面一层是输出层。其信息从输入层依次向上传递,直至输出层。这样的结构称为前馈网络。这是神经网络中的一种典型结构。

3.2.1 感知器网络

感知器是最简单的前馈网络,它主要用于模式分类,也可用在基于模式分类的学习控制和多模态控制中。

1. 单层感知器网络

图3.13所示为单层的感知器网络结构。

图中$\boldsymbol{x}=[x_1 \quad x_2 \quad \cdots \quad x_n]^{\mathrm{T}}$是输入特征向量,$w_{ji}$是$x_i$到$y_j$的连接权,输出量$y_j(j=1,2,\cdots,m)$是按照不同特征的分类结果。由于按不同特征的分类是互相独立的,因而可以取出其中的一个神经元来讨论,如图3.14所示。其输入到输出的变换关系为

$$s_j = \sum_{i=1}^{n} w_{ji}x_i - \theta_j$$

$$y_j = f(s_j) = \begin{cases} 1 & s_j \geqslant 0 \\ 0 & s_j < 0 \end{cases}$$

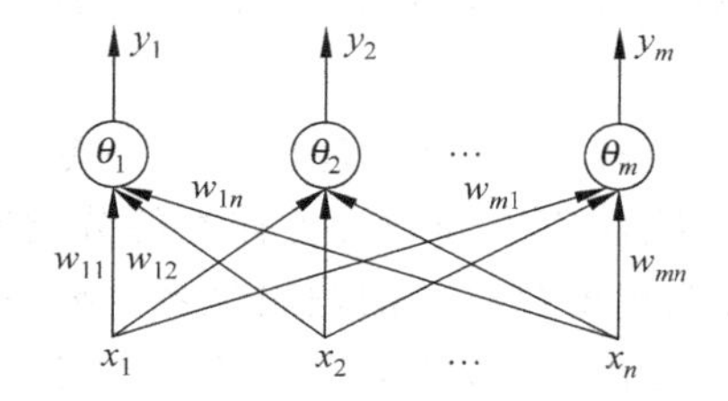

图3.13 单层感知器网络

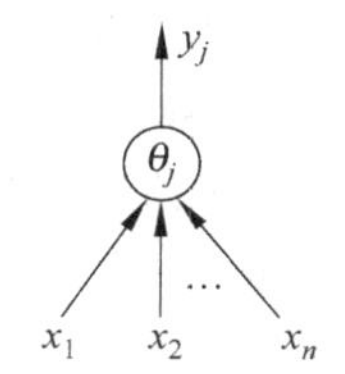

图3.14 单个神经元的感知器

若有 P 个输入样本 $x^p(p=1,2,\cdots,P)$，经过该感知器的输出 y_j 只有两种可能，即 1 和 -1，从而说明它将输入模式分成了两类。若将 $x^p(p=1,2,\cdots,P)$ 看成是 n 维空间的 P 个点，则该感知器将该 P 个点分成了两类，它们分属于 n 维空间的两个不同的部分。

为便于说明，下面以二维空间为例，如图 3.15 所示，设图中的"○"和"×"表示输入的特征向量点，其中"○"和"×"表示具有不同特征的两类向量。现在要求用单个神经元感知器将其分类。

根据感知器的变换关系，可知分界线的方程为

$$w_1x_1+w_2x_2-\theta=0$$

显然，这是一条直线方程。它说明，只有那些线性可分模式类才能用感知器来加以区分。如图 3.16 所示的异或关系，显然它是线性不可分的。因此单层感知器不可能将其正确分类。历史上，Minshy 正是利用这个典型例子指出了感知器的致命弱点，从而导致了 20 世纪 70 年代神经元网络的研究低潮。

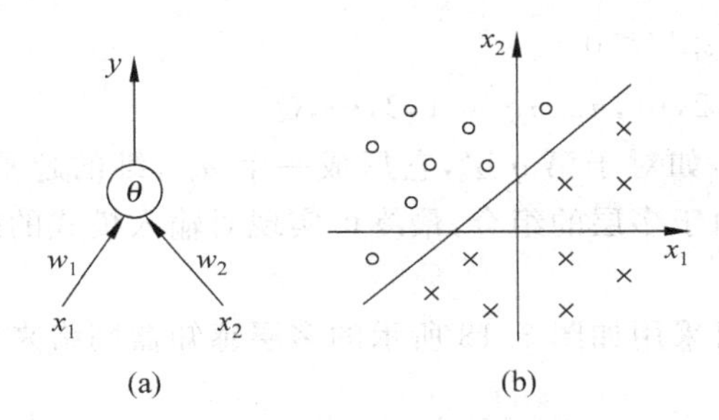

图 3.15 二维输入的感知器

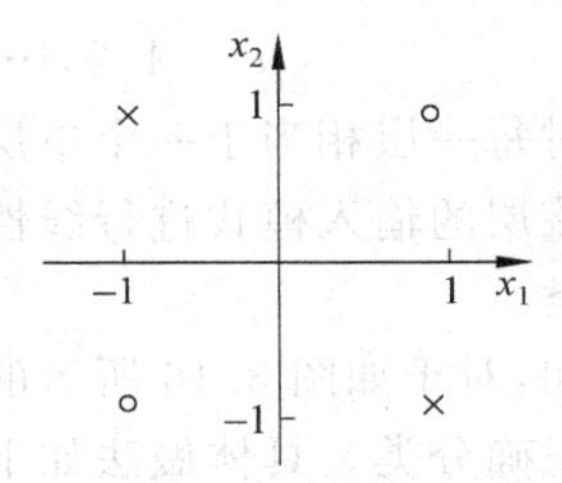

图 3.16 异或关系的线性不可分

从图 3.15 可以看出，若输入模式是线性可分的，则可以找到无穷多条直线来对其进行正确的分类。现在的问题是，如果已知一组输入样本模式以及它们所属的特征类，如何找出其中一条分界线能够对它们进行正确的分类。对于一般情况其问题可描述为：已知输入与输出样本 x_p 和 $d_p(p=1,2,\cdots,P)$，这里 x_p 和 d_p 表示第 p 组输入向量和期望的输出。问题是如何设计感知器网络的连接权 $w_i(i=1,2,\cdots,n)$ 和 θ，以使该网络能实现正确的分类。也就是说，如何根据样本对连接权和阈值进行学习和调整。这里样本相当于"教师"，所以这是一个有监督的学习问题。下面给出一种学习算法。

(1) 随机地给定一组连接权 $w_i(0)$，$k=0$。

(2) 任取其中一组样本 x_p 和 d_p，计算

$$s=\sum_{i=0}^{n}w_ix_{pi}\quad(\text{设取 } x_{p0}=1, w_0=-\theta)$$

$$y_p=f(s)=\begin{cases}1 & s\geqslant 0\\ -1 & s<0\end{cases}$$

(3) 按下式调整连接权

$$w_i(k+1)=w_i(k)+\alpha(d_p-y_p)x_{pi}\quad i=1,2,\cdots,n$$

其中取 $\alpha>0$，α 称为学习率。

(4) 在样本集中选取另外一组样本，并让 $k+1\rightarrow k$，重复上述(2)～(4)的过程，直到

$$w_i(k+1)=w_i(k)\quad i=1,2,\cdots,n$$

可以证明，该学习算法收敛的充分必要条件是输入样本是线性可分的。同时学习率 α 的选取也是十分关键的。α 选取太小，学习太慢；α 太大，学习过程可能出现修正过头从而产生振荡。

2. 多层感知器网络

根据上面的讨论，对于如图 3.16 所示的线性不可分的输入模式，只用单层感知器网络不可能对其实现正确的区分，这时可采用如图 3.17 所示的多层感知器网络。其中第 1 层为输入层，有 n_1 个神经元；第 Q 层为输出层，有 n_Q 个输出，中间层为隐层。该多层感知器网络的输入与输出变换关系为

$$s_i^{(q)} = \sum_{j=0}^{n_{q-1}} w_{ij}^{(q)} x_j^{(q-1)} \quad (x_0^{(q-1)} = \theta_i^{(q)}, w_{i0}^{(q)} = -1)$$

$$x_i^{(q)} = f(s_i^{(q)}) = \begin{cases} 1 & s_i^{(q)} \geqslant 0 \\ -1 & s_i^{(q)} < 0 \end{cases}$$

$$i = 1,2,\cdots,n_q; \quad j = 1,2,\cdots,n_{q-1}; q = 1,2,\cdots,Q$$

这时每一层相当于一个单层感知器网络，如对于第 q 层，它形成一个 n_{q-1} 维的超平面，它对于该层的输入模式进行线性分类，但是由于多层的组合，最终可实现对输入模式的较复杂的分类。

例如，对于如图 3.16 所示的异或关系，可采用如图 3.18 所示的多层感知器网络来实现对它的正确分类。具体做法如下。

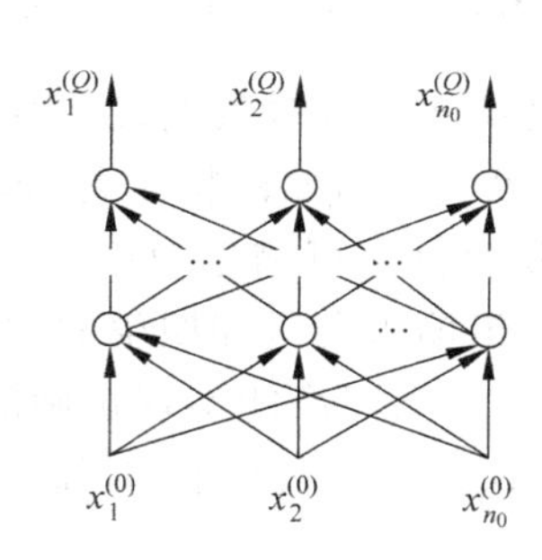

图 3.17 多层感知器网络

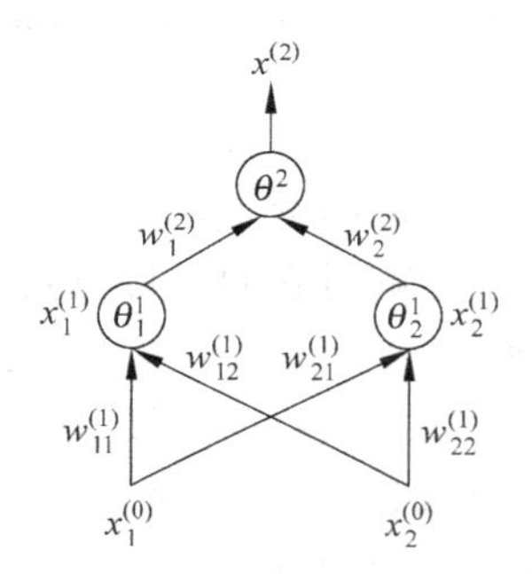

图 3.18 实现异或关系的多层感知器网络

(1) 利用上述学习算法，设计连接权系数 $w_{11}^{(1)}$ 和 $w_{12}^{(1)}$，以使得其分界线为图 3.19(a)中的 L_1，即 L_1 的直线方程为

$$w_{11}^{(1)} x_1^{(0)} + w_{12}^{(1)} x_2^{(0)} - \theta_1^{(1)} = 0$$

且相应于 P_2 的输出为 1，相应于 P_1、P_3 和 P_4 的输出为 −1。

(2) 设计连接权系数 $w_{21}^{(1)}$ 和 $w_{22}^{(1)}$，以使得其分界线为图 3.19(a)中的 L_2，且使得相应于 P_1、P_2 和 P_3 的输出为 1，相应于 P_4 的输出为 −1。

(3) 在 $x_1^{(1)}$ 和 $x_2^{(1)}$ 平面中[见图 3.19(b)]，这时只有 3 个点 Q_1、Q_2 和 Q_3，括弧中标出了所对应的第一层的输入模式。Q_1、Q_2 和 Q_3 是第二层(即神经元 $x^{(2)}$)的输入模式。现在只要设计连接权系数 $w_1^{(2)}$ 和 $w_2^{(2)}$，以使得其分界线为图 3.19(b)中的 L_3，即可将 Q_2 与 Q_1、Q_3 区分开来，即将(P_1，P_3)与(P_2，P_4)区分开来，从而正确地实现异或关系。

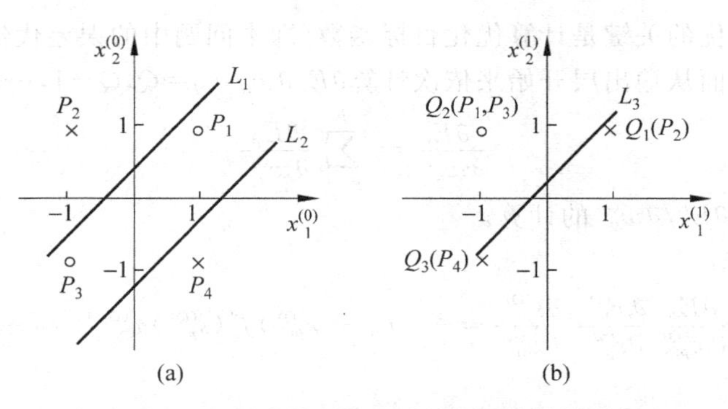

图 3.19　实现异或关系多层感知器网络的模式划分

可见，适当地设计多层感知器网络可以实现任意形状的划分。

3.2.2　BP 网络

前面介绍的感知器网络中神经元的变换函数采用的是如图 3.11(b)所示的符号函数，因此输出的是二值量。它主要用于模式分类。这里所要介绍的多层前馈网络具有如图 3.17 所示相同的结构，这时神经元的变换函数采用如图 3.11(f)所示的 S 形函数，因此输出量是 0～1 之间的连续量，它可实现从输入到输出的任意的非线性映射。由于连接权的调整采用的是反向传播(Back Propagation)的学习算法，因此该网络也称为 BP 网络。

在图 3.13 所示的多层前馈网络中，第 1 层为输入层，第 Q 层为输出层，中间各层为隐层。设第 q 层($q=1,2,\cdots,Q$)的神经元个数为 n_q，输入到第 q 层的第 i 个神经元的连接权系数为 $w_{ij}^{(q)}$ ($i=1,2,\cdots,n_q$；$j=1,2,\cdots,n_{q-1}$)。该网络的输入与输出变换关系为

$$s_i^{(q)} = \sum_{j=0}^{n_{q-1}} w_{ij}^{(q)} x_j^{(q-1)} \quad (x_0^{(q-1)} = \theta_i^{(q)}, w_{i0}^{(q)} = -1)$$

$$x_i^{(q)} = f(s_i^{(q)}) = \frac{1}{1+\mathrm{e}^{-\mu s_i^{(q)}}}$$

$$i = 1,2,\cdots,n_q; \quad j = 1,2,\cdots,n_{q-1}; \quad q = 1,2,\cdots,Q$$

设给定 P 组输入输出样本 $\boldsymbol{x}_p^{(0)} = [x_{p1}^{(0)}\ x_{p2}^{(0)} \cdots x_{p,n_0}^{(0)}]^{\mathrm{T}}$，$\boldsymbol{d}_p = [d_{p1}\ d_{p2} \cdots d_{p,n_Q}]^{\mathrm{T}}$，($p=1,2,\cdots,P$)，利用该样本集首先对 BP 网络进行训练，即对网络的连接权系数进行学习和调整，以使该网络尽量实现给定的输入与输出映射关系。经过训练的 BP 网络，对于不是样本集中的输入也能给出合适的输出。该性质称为泛化(Generalization)功能。从函数拟合的角度，它说明 BP 网络具有插值功能。下面介绍连接权系数的学习方法。

设取拟合误差的代价函数为

$$E = \frac{1}{2}\sum_{p=1}^{P}\sum_{i=1}^{n_Q}(d_{pi} - x_{pi}^{(Q)})^2 = \sum_{p=1}^{P} E_p$$

即

$$E_p = \frac{1}{2}\sum_{i=1}^{n_Q}(d_{pi} - x_{pi}^{(Q)})^2$$

问题是如何调整连接权系数以使代价函数 E 最小。优化计算的方法很多，比较典型的是采用一阶梯度法，即最速下降法。下面具体介绍这种方法。

一阶梯度法寻优的关键是计算优化目标函数(即本问题中的误差代价函数)E对寻优参数的一阶导数。下面从输出层开始来依次计算$\partial E/\partial w_{ij}^{(q)}$ $(q=Q,Q-1,\cdots,1)$,由于

$$\frac{\partial E}{\partial w_{ij}^{(q)}}=\sum_{p=1}^{P}\frac{\partial E_p}{\partial w_{ij}^{(q)}}$$

所以下面着重讨论$\partial E_p/\partial w_{ij}^{(q)}$的计算。

对于第Q层有

$$\frac{\partial E_p}{\partial w_{ij}^{(Q)}}=\frac{\partial E_p}{\partial x_{pi}^{(Q)}}\frac{\partial x_{pi}^{(Q)}}{\partial s_{pi}^{(Q)}}\frac{\partial s_{pi}^{(Q)}}{\partial w_{ij}^{(Q)}}=-(d_{pi}-x_{pi}^{(Q)})f'(s_{pi}^{(Q)})x_{pj}^{(Q-1)}=-\delta_{pi}^{(Q)}x_{pj}^{(Q-1)}$$

其中

$$\delta_{pi}^{(Q)}=-\frac{\partial E_p}{\partial s_{pi}^{(Q)}}=(d_{pi}-x_{pi}^{(Q)})f'(s_{pi}^{(Q)})$$

$x_{pi}^{(Q)}$、$s_{pi}^{(Q)}$及$x_{pj}^{(Q-1)}$表示利用第p组输入样本所算得的结果。

对于第$Q-1$层有

$$\begin{aligned}\frac{\partial E_p}{\partial w_{ij}^{(Q-1)}}&=\frac{\partial E_p}{\partial x_{pi}^{(Q-1)}}\frac{\partial x_{pi}^{(Q-1)}}{\partial w_{ij}^{(Q-1)}}=\left(\sum_{k=1}^{n_Q}\frac{\partial E_p}{\partial s_{pk}^{(Q)}}\frac{\partial s_{pk}^{(Q)}}{\partial x_{pi}^{(Q-1)}}\right)\frac{\partial x_{pi}^{(Q-1)}}{\partial s_{pi}^{(Q-1)}}\frac{\partial s_{pi}^{(Q-1)}}{\partial w_{ij}^{(Q-1)}}\\&=\left(\sum_{k=1}^{n_Q}-\delta_{pk}^{(Q)}w_{ki}^{(Q)}\right)f'(s_{pi}^{(Q-1)})x_{pj}^{(Q-2)}=-\delta_{pi}^{(Q-1)}x_{pj}^{(Q-2)}\end{aligned}$$

其中$\delta_{pi}^{(Q-1)}=-\dfrac{\partial E_p}{\partial s_{pi}^{(Q-1)}}=\left(\sum_{k=1}^{n_Q}\delta_{pk}^{(Q)}w_{ki}^{(Q)}\right)f'(s_{pi}^{(Q-1)})$。

显然,它是反向递推计算的公式,即首先计算出$\delta_{pk}^{(Q)}$,然后再由上式递推计算出$\delta_{pi}^{(Q-1)}$。依次类推,可继续反向递推计算出$\delta_{pi}^{(q)}$和$\partial E_p/\partial w_{ij}^{(q)}$,$(q=Q-2,\cdots,1)$。在$\delta_{pi}^{(q)}$的表达式中包含了导数项$f'(s_{pi}^{(q)})$,由于假定$f(\cdot)$为S形函数,所以其导数可求得

$$x_{pi}^{(q)}=f(s_{pi}^{(q)})=\frac{1}{1+\mathrm{e}^{-\mu s_{pi}^{(q)}}}$$

$$f'(s_{pi}^{(q)})=\frac{\mu\mathrm{e}^{-\mu s_{pi}^{(q)}}}{(1+\mathrm{e}^{-\mu s_{pi}^{(q)}})^2}=\mu f(s_{pi}^{(q)})[1-f(s_{pi}^{(q)})]=\mu x_{pi}^{(q)}(1-x_{pi}^{(q)})$$

最后可归纳出BP网络的学习算法为

$$w_{ij}^{(q)}(k+1)=w_{ij}^{(q)}(k)+\alpha D_{ij}^{(q)}(k)\quad \alpha>0$$

$$D_{ij}^{(q)}(k)=\sum_{p=1}^{P}\delta_{pi}^{(q)}x_{pj}^{(q-1)}$$

$$\delta_{pi}^{(q)}=\left(\sum_{k=1}^{n_{q+1}}\delta_{pk}^{(q+1)}w_{ki}^{(q+1)}\right)\mu x_{pi}^{(q)}(1-x_{pi}^{(q)})$$

$$\delta_{pi}^{(Q)}=(d_{pi}-x_{pi}^{(Q)})\mu x_{pi}^{(Q)}(1-x_{pi}^{(Q)})$$

$$q=Q,Q-1,\cdots,1;\quad i=1,2,\cdots,n_q;\quad j=1,2,\cdots,n_{q-1}$$

由于该算法是反向递推(Back Propagation)计算的,因而通常称该多层前馈网络为BP网络。该网络实质上是对任意非线性映射关系的一种逼近,由于采用的是全局逼近的方法,因而BP网络具有较好的泛化能力。

从以上的讨论可以看出,对于给定的样本集,目标函数E是全体连接权系数$w_{ij}^{(q)}$的函数。因此,要寻优的参数$w_{ij}^{(q)}$个数比较多,也就是说,目标函数E是关于连接权的一个非常

复杂的超曲面，这就给寻优计算带来一系列的问题。其中一个最大的问题是收敛速度慢。由于待寻优的参数太多，必然导致收敛速度慢的缺点。第二个严重缺陷是局部极值问题，即 E 的超曲面可能存在多个极值点。按照上面的寻优算法，它一般收敛到初值附近的局部极值。

总括起来，BP 网络的主要优点如下：

(1) 只要有足够多的隐层和隐结点，BP 网络可以逼近任意的非线性映射关系。

(2) BP 网络的学习算法属于全局逼近的方法，因而它具有较好的泛化能力。

它的主要缺点如下：

(1) 收敛速度慢。

(2) 局部极值问题。

(3) 难以确定隐层和隐结点的个数。

可以证明，只要有足够多的隐层和隐结点，BP 神经网络可以逼近任意非线性映射关系。但是如何根据特定的问题来具体确定网络的结构尚无很好的方法，仍需要凭借经验和试凑。

BP 网络能够实现输入与输出的非线性映射关系，但它并不依赖于模型。其输入与输出之间的关联信息分布地存储于连接权中。由于连接权的个数很多，个别神经元的损坏只对输入与输出关系有较小的影响，因此 BP 网络显示了较好的容错性。

BP 网络由于其很好的逼近非线性映射的能力，因而它可应用于信息处理、图像识别、模型辨识及系统控制等多个方面。对于控制方面的应用，其很好的逼近特性和泛化能力是一个优势。而收敛速度慢却是一个很大的缺点，这一点难以满足具有适应功能的实时控制的要求。

3.2.3　BP 网络学习算法的改进

前面提到，BP 网络的一个严重的缺点是收敛速度太慢，它影响了该网络在许多方面的实际应用。为此，许多人对 BP 网络的学习算法进行了广泛的研究，提出了许多改进的算法。下面介绍典型的几种。

1. 引入动量项

上述标准 BP 算法实质上是一种简单的最速下降静态寻优算法，在修正 $w_{ij}^{(q)}(k)$ 时，只是按 k 时刻的负梯度方式进行修正，而没有考虑以前积累的经验，即以前时刻的梯度方向，从而常常使学习过程发生振荡，收敛缓慢。为此，可采用以下改进算法。

$$w_{ij}^{(q)}(k+1) = w_{ij}^{(q)}(k) + \alpha[(1-\eta)D_{ij}^{(q)}(k) + \eta D_{ij}^{(q)}(k-1)]$$

式中，$D_{ij}^{(q)}(k) = -\partial E/\partial w_{ij}^{(q)}(k)$，为 k 时刻的负梯度；α 为学习率，$\alpha>0$；η 为动量项因子，$0\leqslant\eta<1$。

该方法所加入的动量项实质上相当于阻尼项，它减小了学习过程的振荡趋势，改善了收敛性，这是目前应用比较广泛的一种改进算法。

2. 变尺度法

标准的 BP 学习算法采用的是一阶梯度法，因而收敛较慢。若采用二阶梯度法，则可以

大大改善收敛性。二阶梯度法的算法为

$$w(k+1)=w(k)-\alpha[\nabla^2 E(k)]^{-1}\nabla E(k)\quad 0<\alpha\leqslant 1$$

这里 w 既可表示连接权系数,也可表示用连接权系数为元素的连接权向量,同时为了表示简单起见,省略了它的上下标。其中

$$\nabla E(k)=\frac{\partial E}{\partial w(k)},\quad \nabla^2 E(k)=\frac{\partial^2 E}{\partial w^2(k)}$$

虽然二阶梯度法具有比较好的收敛性,但是它需要计算 E 对 w 的二阶导数,这个计算量是很大的。所以一般不直接采用二阶梯度法,而常常采用变尺度法或共轭梯度法,它们具有如二阶梯度法收敛较快的优点,而又无须直接计算二阶梯度。下面具体给出变尺度法的算法。

$$\begin{aligned}
&w(k+1)=w(k)+\alpha H(k)D(k)\\
&H(k)=H(k-1)-\frac{\Delta \boldsymbol{w}(k)\Delta \boldsymbol{w}^{\mathrm{T}}(k)}{\Delta \boldsymbol{w}^{\mathrm{T}}(k)\Delta \boldsymbol{D}(k)}-\frac{H(k-1)\Delta \boldsymbol{D}(k)\Delta \boldsymbol{D}^{\mathrm{T}}(k)H(k-1)}{\Delta \boldsymbol{D}^{\mathrm{T}}(k)H(k-1)\Delta \boldsymbol{D}(k)}\\
&\Delta \boldsymbol{w}(k)=w(k)-w(k-1)\\
&\Delta \boldsymbol{D}(k)=D(k)-D(k-1)
\end{aligned}$$

3. 变步长法

一阶梯度法寻优收敛较慢的一个重要原因是 α(学习率)不好选择。若 α 选得太小,收敛太慢;若 α 选得太大,则有可能修正过头,导致振荡甚至发散。下面给出的变步长法即是针对这个问题而提出的。

$$\begin{aligned}
&w(k+1)=w(k)+a(k)D(k)\\
&a(k)=2^l a(k-1)\\
&l=\mathrm{sgn}[D(k)D(k-1)]
\end{aligned}$$

这里 w 表示某个连接权系数。上面的算法说明,当连续两次迭代其梯度方向相同时,表明下降太慢,这时可使步长加倍;当连续两次迭代其梯度方向相反时,表明下降过头,这时可使步长减半。当需要引入动量项时,上述算法的第二项可修改为

$$w(k+1)=w(k)+\alpha(k)[(1-\eta)D(k)+\eta D(k-1)]$$

在使用该算法时,由于步长在迭代过程中自适应进行调整,因此对于不同的连接权系数实际采用了不同的学习率,也就是说误差代价函数 E 在超曲面上在不同的方向按照各自比较合理的步长向极小点逼近。

3.2.4 神经网络的训练

前面介绍了感知器和BP两种前馈型网络,它们主要用于模式分类和函数估计,它们可应用于许多方面。基于神经网络的系统建模和控制是其中的一个重要方面。

神经网络主要有以下一些特点。

(1) 具有自适应功能。它主要是根据所提供的数据,通过学习和训练,找出输入和输出之间的内在联系,从而求得问题的解答,而不是依靠对问题的先验知识和规则,因而它具有很好的适应性。

(2) 具有泛化功能。它能够处理那些未经训练过的数据,而获得相应于这些数据的合

适的解答。同样，它能够处理那些有噪声或不完全的数据，从而显示了很好的容错能力。对于许多实际问题来说，泛化能力是非常有用的，因为现实世界所获得的数据常常受到噪声的污染或残缺不全。

(3) 非线性映射功能。现实的问题常常是非常复杂的，各种因素之间互相影响，呈现出复杂的非线性关系，神经元网络为处理这些问题提供了有用的工具。

(4) 高度并行处理。神经网络的处理是高度并行的，因此用硬件实现的神经网络的处理速度可远远高于通常的计算机。

与常规的计算机程序相比较，神经网络主要基于所测量的数据对系统进行建模、估计和逼近，它可应用于如分类、预测及模式识别等众多方面，如函数映射是功能建模的一个典型例子。

传统的计算机程序也可完成类似的任务，在某些方面它们可以互相替代。然而更主要的是它们各有所长。传统的计算机程序比较适合于那些需要高精度的数值计算或者需要符号处理的那些任务。例如，财务管理和计算，它比较适合于采用计算机程序，而不适合于采用神经网络。对于那些几乎没有规则、数据不完全或者多约束优化问题，则适合于用神经网络，如用神经网络来控制一个工业过程便是这样的例子，对于这种情况很难定义规则，历史数据很多而且充满噪声，准确的计算是毫无必要的。

某些情况下应用神经网络会存在严重的缺陷。当所给数据不充分或不存在可学习的映射关系时，神经网络可能找不到满意的解。其次，有时很难估价神经网络给出的结果。神经网络中的连接权系数是千万次数据训练后的结果，对它的意义很难给出明显的解释，它对输出结果的影响也是非常复杂的。神经网络的训练是很慢的，而且有时需要付出很高的代价。这是由于需要收集、分析和处理大量的训练数据，同时还需要相当的经验来选择合适的参数。

神经网络在实际应用时的执行时间也是需要加以检验的。执行时间取决于连接权的个数，它大体与网络结点数的平方成正比。因此，网络结点的稍许增加便可能引起执行时间的很大增加。对于有些应用问题尤其是控制，太大的执行时间则可能阻碍它的实时应用。这种情况下必须采用专用的硬件。

总之，应根据实际问题的特点来确定是采用神经网络还是常规的计算机程序，这两者可以结合起来使用。例如，神经网络可用作一个大的应用程序中的一个组成部分，其作用类似于可调用的一个函数，应用程序将一组数据传给神经网络，神经网络将结果返回给应用程序。

下面讨论训练神经网络的具体步骤和几个实际问题。

1) 产生数据样本集

为了成功地开发出神经网络，产生数据样本集是第一步，这也是十分重要和关键的一步。这里包括原始数据的收集、数据分析、变量选择及数据的预处理，只有经过这些步骤后，才能对神经网络进行有效的学习和训练。

首先要在大量的原始测量数据中确定出最主要的输入模式。例如，若两个输入具有很强的相关性，则只需取其中一个作为输入，这就需要对原始数据进行统计分析，检验它们之间的相关性。又如工业过程可能记录了成百上千个压力、温度和流量数据。这时就需要对它们进行相关分析，找出其中一两个最主要的量作为输入。

在确定了最重要的输入量后，需进行尺度变换和预处理。尺度变换常常将它们变换到[−1, 1]或[0, 1]的范围。在进行尺度变换前必须先检查是否存在异常点(或称野点)，这些点必须剔除。通过对数据的预处理分析还可以检验其是否存在周期性、固定变化趋势或其他关系。对数据的预处理就是要使得经变换后的数据对于神经网络更容易学习和训练。例如，在过程控制中，采用温度的增量或导数比用温度值本身更能说明问题，也更容易找出变量之间的实质联系。在进行数据预处理时主要用到信号处理或特征抽取技术，如计算数据的和、差、倒数、乘幂、求根、对数、平均、滑动平均及傅里叶变换等。甚至于神经网络本身也可以作为数据预处理的工具，为另一个神经网络准备数据。

对于一个复杂问题应该选择多少数据，这也是一个很关键的问题。系统的输入与输出关系就包含在这些数据样本中。所以一般说来，取的数据越多，学习和训练的结果便越能正确反映输入与输出关系。但是选太多的数据将增加收集、分析数据及网络训练所付出的代价。当然，选太少的数据则可能得不到正确的结果。事实上数据的多少取决于许多因素，如网络的大小、网络测试的需要及输入与输出的分布等。其中网络大小最关键。通常较大的网络需要较多的训练数据。一个经验规则是：训练模式应是连接权总数的5～10倍。

在神经网络训练完成后，需要有另外的测试数据来对网络加以检验，测试数据应是独立的数据集合。最简单的方法是：将收集到的可用数据随机地分成两部分，譬如说其中2/3用于网络的训练，另外1/3用于将来的测试，随机选取的目的是为了尽量减小这两部分数据的相关性。

影响数据大小的另一个因素是输入模式和输出结果的分布，对数据预先加以分类可以减少所需的数据量；相反，数据稀薄不匀甚至互相覆盖则势必要增加数据量。

2）确定网络的类型和结构

在训练神经网络之前，首先要确定所选用的网络类型。前面只介绍了两种类型的前馈型网络，问题相对比较简单。若主要用于模式分类，尤其是线性可分的情况，则可采用较为简单的感知器网络，若主要用于函数估计，则可应用BP网络。实际上，神经网络的类型很多，需根据问题的性质和任务的要求来合适地选择网络类型。一般是从已有的网络类型中选用一种比较简单而又能满足要求的网络，若新设计一个网络类型来满足问题的要求往往比较困难。

在网络的类型确定后，剩下的问题就是选择网络的结构和参数。以BP网络为例，需选择网络的层数、每层的结点数、初始权值、阈值、学习算法、数值修改频度、结点变换函数及参数、学习率及动量项因子等参数。这里有些项的选择有一些指导原则，但更多的是靠经验和试凑。

对于具体问题若确定了输入和输出变量后，网络输入层和输出层的结点个数也便随之确定了。对于隐层的层数可首先考虑只选择一个隐层。剩下的问题是如何选择隐层的结点数。其选择原则是：在能正确反映输入与输出关系的基础上，尽量选取较少的隐层结点数，而使网络尽量简单。具体选择可有以下两种方法。

(1) 先设置较少的结点，对网络进行训练，并测试网络的逼近误差(后面还将介绍训练和测试的具体方法），然后逐渐增加结点数，直到测试的误差不再有明显的减小为止。

（2）先设置较多的结点，在对网络进行训练时，采用以下的误差代价函数

$$E_{\mathrm{f}}=\frac{1}{2}\sum_{p=1}^{P}\sum_{i=1}^{n_Q}(d_{pi}-x_{pi}^{(Q)})^2+\varepsilon\sum_{q=1}^{Q}\sum_{i=1}^{n_q}\sum_{j=1}^{n_{q-1}}|w_{ij}^{(q)}|$$

$$=E+\varepsilon\sum_{q,i,j}|w_{ij}^{(q)}|$$

其中 E 仍与以前的定义相同，它表示输出误差的平方和。引入第二项的作用是为了使训练后的连接权系数尽量小。可以求得这时 E_{f} 对 $w_{ij}^{(q)}$ 的梯度为

$$\frac{\partial E_{\mathrm{f}}}{\partial w_{ij}^{(q)}}=\frac{\partial E}{\partial w_{ij}^{(q)}}+\varepsilon\mathrm{sgn}(w_{ij}^{(q)})$$

利用该梯度可以求得相应的学习算法。利用该学习算法，在训练过程中只有那些确实必要的连接权才予以保留，而那些不很必要的连接将逐渐衰减为零。最后可去掉那些影响不大的连接权和相应的结点，从而得到一个适当规模的网络结构。

若采用上述任一方法选择得到的隐层结点数太多。这时可考虑采用两个隐层。为了达到相同的映射关系，采用两个隐层的结点总数常常可比只用一个隐层时少。

3）训练和测试

最后一步是对网络进行训练和测试，在训练过程中对训练样本数据需要反复地使用。对所有样本数据正向运行一次并反传修改连接权一次称为一次训练（或一次学习），这样的训练需要反复地进行下去，直至获得合适的映射结果。通常训练一个网络需要成百上千次。

特别应该注意的一点是，并非训练的次数越多，越能得到正确的输入与输出的映射关系。训练网络的目的在于找出蕴含在样本数据中的输入和输出之间的本质联系，从而对于未经训练的输入也能给出合适的输出，即具备泛化功能。由于所收集的数据都是包含噪声的，训练的次数过多，网络将包含噪声的数据都记录了下来，在极端情况下，训练后的网络可以实现相当于查表的功能。但是对于新的输入数据却不能给出合适的输出，也即并不具备很好的泛化功能。网络的性能主要用它的泛化能力来衡量，它并不是用对训练数据的拟合程度来衡量。因此需要用一组独立的数据来加以测试和检验。在用测试数据检验时，保持连接权系数不改变，只用该数据作为网络的输入，正向运行该网络，检验输出的均方误差。实际操作时应该训练和测试交替进行，即每训练一次，同时用测试数据测试一遍，画出均方误差随训练次数的变化曲线，如图 3.20 所示。

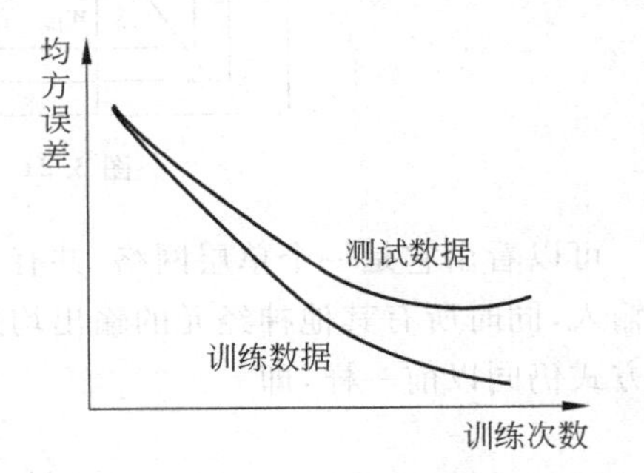

图 3.20　均方误差随训练次数变化曲线

从误差曲线可以看出，在用测试数据检验时，均方误差开始逐渐减小，当训练次数再增加时，测试检验误差反而增加。误差曲线上极小点所对应的即为恰当的训练次数，若再训练即为“过度训练”了。

对于网络隐层结点数的选择如果采用试验法，也必须将训练与测试相结合，最终也用测试误差来衡量网络的性能。均方误差与隐层结点数也有与图 3.20 相类似的关系，因此也不是结点数越多越好。

网络的结点数对网络的泛化能力有很大影响，结点数太多，它倾向于记住所有的训练数据，包括噪声的影响，反而降低了泛化能力；而结点数太少，它不能拟合样本数据，因而也谈不上有较好的泛化能力。选择结点数的原则是：选择尽量少的结点数以实现尽量好的泛化能力。

在用试验法选择其他参数时也必须最终检验测试数据的误差。例如，初始权值的选择，一般可用随机法产生。为避免局部极值问题，可选取多组初始权值。最后选用最好的一种，这里也是靠检验测试数据误差来进行比较。

3.3 反馈神经网络

本节讨论如图3.13所示的反馈型神经网络。反馈网络是一种动态网络，它需要工作一段时间才能达到稳定。该网络主要用于联想记忆和优化计算。由于该网络是首先由Hopfield提出的，因此通常称它为Hopfield网。根据网络的输出是离散量或是连续量，Hopfield网络也分为离散和连续的两种。下面分别对它们进行讨论。

3.3.1 离散Hopfield网络

1. 网络的结构和工作方式

离散Hopfield网络的结构如图3.21所示。

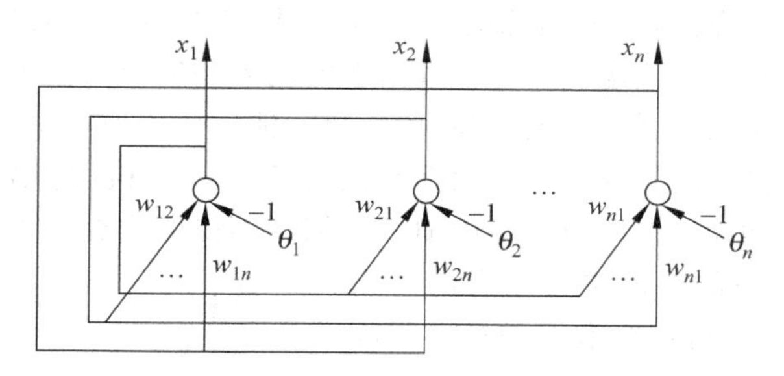

图3.21 离散Hopfield网络结构

可以看出它是一个单层网络，共有n个神经元结点，每个结点输出均连接到其他神经元的输入，同时所有其他神经元的输出均连到该神经元的输入。对于每一个神经元结点，其工作方式仍同以前一样，即

$$\begin{cases} s_i = \sum_{j=1}^{n} w_{ij} x_j - \theta_i \\ x_i = f(s_i) \end{cases}$$

式中，$i=j$时，$w_{ij}=0$；θ_i为阈值；$f(\cdot)$是变换函数。对于离散Hopfield网络，$f(\cdot)$通常取为二值函数，即

$$f(s) = \begin{cases} 1 & s \geqslant 0 \\ -1 & s < 0 \end{cases}$$

或

$$f(s)=\begin{cases}1 & s\geqslant 0\\0 & s<0\end{cases}$$

整个网络有以下两种工作方式。

(1) 异步方式。每次只有一个神经元结点进行状态的调整计算，其他结点的状态均保持不变，即

$$\begin{cases}x_i(k+1)=f\left(\sum_{j=1}^{n}w_{ij}x_j(k)-\theta_i\right)\\x_j(k+1)=x_j(k) \quad j\neq i\end{cases}$$

其调整次序可以随机选定，也可按规定的次序进行。

(2) 同步方式。所有的神经元结点同时调整状态，即

$$x_i(k+1)=f\left(\sum_{j=1}^{n}w_{ij}x_j(k)-\theta_i\right) \quad \forall i$$

上述同步计算方式也可写成以下矩阵形式，即

$$\boldsymbol{x}(k+1)=\boldsymbol{f}(\boldsymbol{W}\boldsymbol{x}(k)-\boldsymbol{\theta})$$

式中，$\boldsymbol{x}=[x_1 \quad x_2 \quad x_n]^{\mathrm{T}}$ 和 $\boldsymbol{\theta}=[\theta_1 \quad \theta_2 \quad \cdots \quad \theta_n]^{\mathrm{T}}$ 是向量；$\boldsymbol{W}$ 是由 w_{ij} 所组成的 $n\times n$ 矩阵；$\boldsymbol{f}(\boldsymbol{s})$ 是向量函数，它表示 $\boldsymbol{f}(\boldsymbol{s})=[f(s_1) \quad f(s_2) \quad \cdots \quad f(s_n)]^{\mathrm{T}}$。

该网络是动态反馈网络，其输入是网络的状态初值，即

$$\boldsymbol{x}(0)=[x_1(0) \quad x_2(0) \quad \cdots \quad x_n(0)]^{\mathrm{T}}$$

输出是网络的稳定状态 $\lim\limits_{k\to\infty}\boldsymbol{x}(k)$。

2. 稳定性和吸引子

从上述工作过程可以看出，离散 Hopfield 网络实质上是一个离散的非线性动力学系统。因此如果系统是稳定的，则它可以从任一初态收敛到一个稳定状态；若系统是不稳定的，由于网络结点输出点只有 1 和 −1(或 1 和 0)两种状态，因而系统不可能出现无限发散，只可能出现限幅的自持振荡或极限环。

若将稳态视为一个记忆样本，那么初态朝稳态的收敛过程便是寻找记忆样本的过程。初态可认为是给定样本的部分信息，网络改变的过程可认为是从部分信息找到全部信息，从而实现了联想记忆的功能。

若将稳态与某种优化计算的目标函数相对应，并作为目标函数的极小点。那么初态朝稳态的收敛过程便是优化计算过程。该优化计算是在网络演变过程中自动完成的。

1) 稳定性

定义 3.1 若网络的状态 $\boldsymbol{x}$ 满足 $\boldsymbol{x}=\boldsymbol{f}(\boldsymbol{W}\boldsymbol{x}-\boldsymbol{\theta})$，则称 $\boldsymbol{x}$ 为网络的稳定点或吸引子。

定理 3.1 对于离散 Hopfield 网络，若按异步方式调整状态，且连接权矩阵 $\boldsymbol{W}$ 为对称矩阵，则对于任意初态，网络都最终收敛到一个吸引子。

证明 定义网络的能量函数为

$$E(k)=-\frac{1}{2}\sum_{i=1}^{n}\sum_{j=1}^{n}w_{ij}x_ix_j+\sum_{i=1}^{n}x_i\theta_i=-\frac{1}{2}\boldsymbol{x}^{\mathrm{T}}(k)\boldsymbol{W}\boldsymbol{x}(k)+\boldsymbol{x}^{\mathrm{T}}(k)\boldsymbol{\theta}$$

由于神经元结点的状态只能取 1 和 −1(或 1 和 0)两种状态，因此上述定义的能量函数 $E(k)$ 是有界的。令 $\Delta E(k)=E(k+1)-E(k)$，$\Delta\boldsymbol{x}(k)=\boldsymbol{x}(k+1)-\boldsymbol{x}(k)$，则

$$\begin{aligned}\Delta E(k) &= E(k+1)-E(k)\\ &= -\frac{1}{2}[\boldsymbol{x}(k)+\Delta\boldsymbol{x}(k)]^{\mathrm{T}}\boldsymbol{W}[\boldsymbol{x}(k)+\Delta\boldsymbol{x}(k)]+[\boldsymbol{x}(k)+\Delta\boldsymbol{x}(k)]^{\mathrm{T}}\boldsymbol{\theta}\\ &\quad -\left[-\frac{1}{2}\boldsymbol{x}^{\mathrm{T}}(k)\boldsymbol{W}\boldsymbol{x}(k)+\boldsymbol{x}^{\mathrm{T}}(k)\boldsymbol{\theta}\right]\\ &= -\Delta\boldsymbol{x}^{\mathrm{T}}(k)\boldsymbol{W}\boldsymbol{x}(k)-\frac{1}{2}\Delta\boldsymbol{x}^{\mathrm{T}}(k)\boldsymbol{W}\Delta\boldsymbol{x}(k)+\Delta\boldsymbol{x}^{\mathrm{T}}(k)\boldsymbol{\theta}\\ &= -\Delta\boldsymbol{x}^{\mathrm{T}}(k)[\boldsymbol{W}\boldsymbol{x}(k)-\boldsymbol{\theta}]-\frac{1}{2}\Delta\boldsymbol{x}^{\mathrm{T}}(k)\boldsymbol{W}\Delta\boldsymbol{x}(k)\end{aligned}$$

由于假定为异步工作方式,因此可设第 k 时刻只有第 i 个神经元调整状态,即

$\Delta\boldsymbol{x}(k)=[0\cdots0\ \Delta x_i(k)\ 0\cdots0]^{\mathrm{T}}$,代入上式则有

$$\Delta E(k)=-\Delta x_i(k)\left[\sum_{j=1}^{n}w_{ij}x_j(k)-\theta_i\right]-\frac{1}{2}\Delta x_i^2 w_{ii}$$

令 $s_i(k)=\sum_{j=1}^{n}w_{ij}x_j(k)-\theta_i$,则

$$\begin{aligned}\Delta E(k) &= -\Delta x_i(k)\left[s_i(k)+\frac{1}{2}\Delta x_i(k)w_{ii}\right]\\ &= -\Delta x_i(k)s_i(k)\quad w_{ii}=0\end{aligned}$$

设神经元结点取1和-1两种状态,则

$$x_i(k+1)=f[s_i(k)]=\begin{cases}1 & s_i(k)\geqslant 0\\ -1 & s_i(k)<0\end{cases}$$

下面考虑 $\Delta x_i(k)$ 可能出现的各种情况:

(1) $x_i(k)=-1, x_i(k+1)=f[s_i(k)]=1$,这时有 $\Delta x_i(k)=2, s_i(k)\geqslant 0$,从而 $\Delta E(k)\leqslant 0$。

(2) $x_i(k)=1, x_i(k+1)=f[s_i(k)]=-1$,这时有 $\Delta x_i(k)=-2, s_i(k)<0$,从而 $\Delta E(k)<0$。

(3) $x_i(k)=x_i(k+1)=1$ 或 $x_i(k)=x_i(k+1)=-1$,这时有 $\Delta x_i(k)=0$,从而 $\Delta E(k)=0$。

可见,在任何情况下均有 $\Delta E(k)\leqslant 0$,由于 $E(k)$ 有下界,所以 $E(k)$ 将收敛到一常数。

下面需考察 $E(k)$ 收敛到常数时是否对应于网络的吸引子。根据上述分析,当 $\Delta E(k)=0$ 时,相应于以下两种情况之一:

a. $x_i(k+1)=x_i(k)=1$ 或 $x_i(k+1)=x_i(k)=-1$。

b. $x_i(k)=-1, x_i(k+1)=1, s_i(k)=0$。

对于情况a,表明 x_i 已进入稳定态;对于情况b,网络继续演变时 $x_i=1$ 也将不会再变化,因为若 x_i 由1再变回-1,则有 $\Delta E<0$,这与 $E(k)$ 已收敛到常数相矛盾。所以网络最终将收敛到吸引子。

上述分析时假设 $w_{ii}=0$,实际上不难看出,当 $w_{ii}>0$ 时上述结论仍成立,而且收敛过程将更快。

上面证明时假设神经元结点取1和-1两种状态,不难验证当 x 取1和0两种状态时,上述结论也是成立的。

定理3.2　对于离散Hopfield网络,若按同步方式调整状态,且连接权矩阵 $\boldsymbol{W}$ 为非负定对称矩阵,则对于任意初态,网络都最终收敛到一个吸引子。

证明　前已求得

$$\begin{aligned}\Delta E(k) &= E(k+1) - E(k)\\ &= -\Delta \boldsymbol{x}^{\mathrm{T}}(k)[\boldsymbol{W}\boldsymbol{x}(k) - \boldsymbol{\theta}] - \frac{1}{2}\Delta \boldsymbol{x}^{\mathrm{T}}(k)\boldsymbol{W}\Delta \boldsymbol{x}(k)\\ &= -\Delta \boldsymbol{x}^{\mathrm{T}}(k)\boldsymbol{s}(k) - \frac{1}{2}\Delta \boldsymbol{x}^{\mathrm{T}}(k)\boldsymbol{W}\Delta \boldsymbol{x}(k)\\ &= -\sum_{i=1}^{n}\Delta x_i(k)s_i(k) - \frac{1}{2}\Delta \boldsymbol{x}^{\mathrm{T}}(k)\boldsymbol{W}\Delta \boldsymbol{x}(k)\end{aligned}$$

前已证得，$\forall i$，必有 $-\Delta x_i(k)s_i(k)\leqslant 0$，因此只要 $\boldsymbol{W}$ 为非负定矩阵即有 $\Delta E(k)\leqslant 0$，也即 $E(k)$ 最终将收敛到一个常数值，并按照上面同样的分析可说明网络将最终收敛到一个吸引子。

可见对于同步方式，它对连接权矩阵 $\boldsymbol{W}$ 的要求更高了。若不满足 $\boldsymbol{W}$ 为非负定对称矩阵的要求，则网络可能出现自持振荡即极限环。

由于异步工作方式比同步方式有更好的稳定性，使用时较多采用异步工作方式。异步方式的主要缺点是失去了神经网络并行处理的优点。

2）吸引子的性质

(1) 若 $\boldsymbol{x}$ 是网络的一个吸引子，且 $\forall i, \theta_i = 0, \sum_{j=1}^{n} w_{ij}x_j \neq 0$，则 $-\boldsymbol{x}$ 也一定是该网络的吸引子。

证明　由于 $\boldsymbol{x}$ 是吸引子，即 $\boldsymbol{x}=\boldsymbol{f}[\boldsymbol{W}\boldsymbol{x}]$，从而有 $\boldsymbol{f}[\boldsymbol{W}(-\boldsymbol{x})]=\boldsymbol{f}[-\boldsymbol{W}\boldsymbol{x}]=-\boldsymbol{f}[\boldsymbol{W}\boldsymbol{x}]=-\boldsymbol{x}$，即 $-\boldsymbol{x}$ 也是该网络的吸引子。

(2) 若 $\boldsymbol{x}^{(a)}$ 是网络的吸引子，则与 $\boldsymbol{x}^{(a)}$ 的海明距离 $d_{\mathrm{H}}(\boldsymbol{x}^{(a)},\boldsymbol{x}^{(b)})=1$ 的 $\boldsymbol{x}^{(b)}$ 一定不是吸引子，海明距离定义为两个向量中不相同的元素个数。

证明　不失一般性，设 $x_1^{(a)}\neq x_1^{(b)}, x_i^{(a)}=x_i^{(b)}\,(i=2,3,\cdots,n)$。因为 $w_{11}=0$，所以有

$$x_1^{(a)} = f\Big[\sum_{j=2}^{n} w_{1j}x_j^{(a)} - \theta_1\Big] = f\Big[\sum_{j=2}^{n} w_{1j}x_j^{(b)} - \theta_1\Big] \neq x_1^{(b)}$$

所以 $x^{(b)}$ 一定不是网络的吸引子。

推论　若 $\boldsymbol{x}^{(a)}$ 是网络的吸引子，且 $\forall i, \theta_i = 0, \sum_{j=1}^{n} w_{ij}x_j^{(a)} \neq 0$，则 $d_{\mathrm{H}}(\boldsymbol{x}^{(a)},\boldsymbol{x}^{(b)}) = n-1$ 的 $\boldsymbol{x}^{(b)}$ 一定不是吸引子。

证明　若 $d_{\mathrm{H}}(\boldsymbol{x}^{(a)},\boldsymbol{x}^{(b)})=n-1$，则 $d_{\mathrm{H}}(-\boldsymbol{x}^{(a)},\boldsymbol{x}^{(b)})=1$。根据性质(1)，$\boldsymbol{x}^{(a)}$ 是网络的吸引子，$-\boldsymbol{x}^{(a)}$ 也是网络的吸引子，根据性质(2)，$\boldsymbol{x}^{(b)}$ 一定不是吸引子。

3）吸引域

为了能实现正确的联想记忆，对于每个吸引子应该有一定的吸引范围，这个吸引范围便称为吸引域。下面给出较严格的定义。

定义 3.2　若 $\boldsymbol{x}^{(a)}$ 是吸引子，对于异步方式，若存在一个调整次序可以从 $\boldsymbol{x}$ 演变到 $\boldsymbol{x}^{(a)}$，则称 $\boldsymbol{x}$ 弱吸引到 $\boldsymbol{x}^{(a)}$；若对于任意调整次序都可以从 $\boldsymbol{x}$ 演变到 $\boldsymbol{x}^{(a)}$，则称 $\boldsymbol{x}$ 强吸引到 $\boldsymbol{x}^{(a)}$。

定义 3.3　对所有 $\boldsymbol{x}\in R(\boldsymbol{x}^{(a)})$ 均有 $\boldsymbol{x}$ 弱(强)吸引到 $\boldsymbol{x}^{(a)}$，则称 $\boldsymbol{x}\in R(\boldsymbol{x}^{(a)})$ 为 $\boldsymbol{x}^{(a)}$ 的弱(强)吸引域。

对于同步方式，由于无调整次序问题，所以相应的吸引域也无强弱之分。

对于异步方式，对同一个状态，若采用不同的调整次序，有可能弱吸引到不同的吸引子。

3. 连接权的设计

为了保证 Hopfield 网络在异步方式工作时能稳定收敛,连接权矩阵 $\boldsymbol{W}$ 应是对称的。若要保证同步方式收敛,则要求 $\boldsymbol{W}$ 为非负定矩阵,这个要求比较高。因而设计 $\boldsymbol{W}$ 一般只保证异步方式收敛。另外一个要求是对于给定的样本必须是网络的吸引子,而且要有一定的吸引域,这样才能正确实现联想记忆功能。为了实现上述功能,通常采用 Hebb 规则来设计连接权。

设给定 m 个样本 $\boldsymbol{x}^{(k)}(k=1, 2,\cdots,m)$,并设 $\boldsymbol{x}\in\{-1,1\}^n$,则按 Hebb 规则设计的连接权为

$$w_{ij}=\begin{cases}\sum\limits_{k=1}^{m}x_i^{(k)}x_j^{(k)} & i\neq j\\ 0 & i=j\end{cases}$$

或

$$\begin{cases}w_{ij}(k)=w_{ij}(k-1)+x_i^{(k)}x_j^{(k)} & k=1,2,\cdots,m\\ w_{ij}(0)=0, & w_{ii}=0\end{cases}$$

写成矩阵形式则为

$$\boldsymbol{W}=[\boldsymbol{x}^{(1)}\ \boldsymbol{x}^{(2)}\cdots\boldsymbol{x}^{(m)}]\begin{bmatrix}\boldsymbol{x}^{(1)\mathrm{T}}\\ \boldsymbol{x}^{(2)\mathrm{T}}\\ \vdots\\ \boldsymbol{x}^{(m)\mathrm{T}}\end{bmatrix}-m\boldsymbol{I}$$

$$=\sum_{k=1}^{m}\boldsymbol{x}^{(k)}\boldsymbol{x}^{(k)\mathrm{T}}-m\boldsymbol{I}=\sum_{k=1}^{m}(\boldsymbol{x}^{(k)}\boldsymbol{x}^{(k)\mathrm{T}}-\boldsymbol{I})$$

其中 $\boldsymbol{I}$ 为单位矩阵。

当网络结点状态为 1 和 0 两种状态,即 $\boldsymbol{x}\in\{0,1\}^n$ 时,相应的连接权为

$$w_{ij}=\begin{cases}\sum\limits_{k=1}^{m}(2x_i^{(k)}-1)(2x_j^{(k)}-1) & i\neq j\\ 0 & i=j\end{cases}$$

或

$$\begin{cases}w_{ij}(k)=w_{ij}(k-1)+(2x_i^{(k)}-1)(2x_j^{(k)}-1) & k=1,2,\cdots,m\\ w_{ij}(0)=0,\quad w_{ii}=0\end{cases}$$

写成矩阵形式则为

$$\boldsymbol{W}=\sum_{k=1}^{m}(2\boldsymbol{x}^{(k)}-\boldsymbol{b})(2\boldsymbol{x}^{(k)}-\boldsymbol{b})^{\mathrm{T}}-m\boldsymbol{I}$$

其中 $\boldsymbol{b}=[1\quad 1\quad \cdots\quad 1]^{\mathrm{T}}$。

显然,上面所设计的连接权矩阵满足对称性的要求。下面进一步分析所给样本是否为网络的吸引子,这一点是十分重要的。下面以 $\boldsymbol{x}\in\{-1,1\}^n$ 的情况为例进行分析。

若 m 个样本 $\boldsymbol{x}^{(k)}(k=1, 2,\cdots, m)$是两两正交的,即

$$\begin{cases}\boldsymbol{x}^{(i)\mathrm{T}}\boldsymbol{x}^{(j)}=0 & i\neq j\\ \boldsymbol{x}^{(i)\mathrm{T}}\boldsymbol{x}^{(i)}=n\end{cases}$$

则有

$$Wx^{(k)} = (\sum_{i=1}^{m} x^{(i)} x^{(i)\mathrm{T}} - mI) x^{(k)} = \sum_{i=1}^{m} x^{(i)} x^{(i)\mathrm{T}} x^{(k)} - m x^{(k)}$$
$$= n x^{(k)} - m x^{(k)} = (n-m) x^{(k)}$$

可见，只要满足 $n-m>0$，便有

$$f[Wx^{(k)}] = f[(n-m)x^{(k)}] = x^{(k)}$$

也即 $x^{(k)}$ 是网络的吸引子。

若 m 个样本 $x^{(k)}(k=1,2,\cdots,m)$ 不是两两相交，且设向量之间的内积为 $x^{(i)\mathrm{T}} x^{(j)} = \beta_{ij}$，显然 $\beta_{ii}=n\ (i=1,2,\cdots,m)$。则有

$$Wx^{(k)} = \sum_{i=1}^{m} x^{(i)} x^{(i)\mathrm{T}} x^{(k)} - m x^{(k)} = (n-m) x^{(k)} + \sum_{\substack{i=1 \\ i\neq k}}^{m} x^{(i)} \beta_{ik}$$

取其中第 j 个元素

$$[Wx^{(k)}]_j = (n-m) x_j^{(k)} + \sum_{\substack{i=1 \\ i\neq k}}^{m} x_j^{(i)} \beta_{ik}$$

若能使得 $\forall j$ 有

$$n-m > \left| \sum_{\substack{i=1 \\ i\neq k}}^{m} x_j^{(i)} \beta_{ik} \right|$$

则 $x^{(k)}$ 是网络的吸引子。上式右端可进一步化为

$$\left| \sum_{\substack{i=1 \\ i\neq k}}^{m} x_j^{(i)} \beta_{ik} \right| \leqslant \sum_{\substack{i=1 \\ i\neq k}}^{m} |\beta_{ik}| \leqslant (m-1)\beta_m$$

其中 $\beta_m \triangleq |\beta_{ik}|_{\max}$。进而若能使得 $n-m>(m-1)\beta_m$，即

$$m < \frac{n+\beta_m}{1+\beta_m}$$

则可以保证所有的样本均为网络的吸引子。

若 m 个样本满足

$$\alpha n \leqslant d_{\mathrm{H}}(x^{(i)}, x^{(j)}) \leqslant (1-\alpha) n$$

其中，$i,j=1,2,\cdots,m, i\neq j, 0<\alpha<0.5$，则有

$$|\beta_{ij}| \leqslant n - 2\alpha n = \beta_m$$

从而得出 m 个样本均为网络吸引子的条件为

$$m < \frac{2n(1-\alpha)}{1+n(1-2\alpha)}$$

注意，上式仅为充分条件。当不满足上述条件时，需要具体检验才能确定。

4. 记忆容量

所谓记忆容量，是指在网络结构参数一定的条件下，要保证联想功能的正确实现，网络所能存储的最大的样本数。也就是说，给定网络结点数 n，样本数 m 最大可为多少，这些样本向量不仅本身应为网络的吸引子，而且应有一定的吸引域，这样才能实现联想记忆的功能。

记忆容量不仅与结点数 n 有关,它还与连接权的设计有关,适当地设计连接权可以提高网络的记忆容量。记忆容量还与样本本身的性质有关,对于用 Hebb 规则设计连接权的网络,如果输入样本是正交的,则可以获得最大的记忆容量。实际问题的样本不可能都是正交的,所以在研究记忆容量时通常都假设样本向量是随机的。

记忆容量还与要求的吸引域大小有关,要求的吸引域越大,则记忆容量便越小。一个样本向量 $\boldsymbol{x}^{(k)}$ 的吸引域可以看成是以该向量为中心的球体。若在该球体中的向量 $\boldsymbol{x}^{(s)}$ 满足 $d_{\mathrm{H}}(\boldsymbol{x}^{(s)},\boldsymbol{x}^{(k)})\leqslant \alpha n, 0\leqslant\alpha<0.5$,则称 α 为吸引半径。

对于给定的网络,严格的分析并确定其记忆容量不是一件很容易的事情。Hopfield 曾提出了一个数量范围,即

$$m \leqslant 0.15n$$

按照样本为随机分布的假设所作的理论分析表明,当 $n\to\infty$ 时,其记忆容量为

$$m \leqslant \frac{(1-2\alpha)^2 n}{2\ln n}$$

式中 α 为要求的吸引半径。

上面提到,当样本为两两正交时可以有最大的记忆容量。对于一般的记忆样本,可以通过改进连接权的设计来提高记忆容量。下面介绍其中的一种方法。

设给定 m 个样本向量 $\boldsymbol{x}^{(k)}(k=1, 2, \cdots, m)$,首先组成以下的 $n\times(m-1)$ 阶矩阵

$$\boldsymbol{A} = [\boldsymbol{x}^{(1)}-\boldsymbol{x}^{(m)}, \boldsymbol{x}^{(2)}-\boldsymbol{x}^{(m)}, \cdots, \boldsymbol{x}^{(m-1)}-\boldsymbol{x}^{(m)}]$$

对 $\boldsymbol{A}$ 进行奇异值分解

$$\boldsymbol{A} = \boldsymbol{U\Sigma V}^{\mathrm{T}}$$

其中

$$\boldsymbol{\Sigma} = \begin{bmatrix} \boldsymbol{S} & 0 \\ 0 & 0 \end{bmatrix}, \quad \boldsymbol{S} = \mathrm{diag}(\sigma_1 \quad \sigma_2 \quad \cdots \quad \sigma_r)$$

式中,$\boldsymbol{U}$ 是 $n\times n$ 正交矩阵;$\boldsymbol{V}$ 是 $(m-1)\times(m-1)$ 正交矩阵。$\boldsymbol{U}$ 可表示成

$$\boldsymbol{U} = [\boldsymbol{u}_1\ \boldsymbol{u}_2 \cdots \boldsymbol{u}_r \quad \boldsymbol{u}_{r+1} \cdots\ \boldsymbol{u}_n]$$

$\boldsymbol{u}_1, \boldsymbol{u}_2, \cdots, \boldsymbol{u}_r$ 是对应于非零奇异值 $\sigma_1, \sigma_2, \cdots, \sigma_r$ 的左奇异向量,且组成了 $\boldsymbol{A}$ 的值域空间的正交基;$\boldsymbol{u}_{r+1}, \cdots, \boldsymbol{u}_n$ 是 $\boldsymbol{A}$ 的值域的正交补空间的正交基。

按以下方法组成连接权矩阵 $\boldsymbol{W}$ 和阈值向量 $\boldsymbol{\theta}$,即

$$\boldsymbol{W} = \sum_{k=1}^{r} \boldsymbol{u}_k \boldsymbol{u}_k^{\mathrm{T}}$$

$$\boldsymbol{\theta} = \boldsymbol{W}\boldsymbol{x}^{(m)} - \boldsymbol{x}^{(m)}$$

显然,按上述方法求得的连接权矩阵是对称的。因而可保证异步工作方式的稳定性。下面进一步证明给定的样本向量 $\boldsymbol{x}^{(k)}(k=1,2,\cdots,m)$ 都是吸引子。

由于 $\boldsymbol{u}_1\ \boldsymbol{u}_2 \cdots\ \boldsymbol{u}_r$ 是 $\boldsymbol{A}$ 的值域空间的正交基,所以 $\boldsymbol{A}$ 中的任一向量 $\boldsymbol{x}^{(k)}-\boldsymbol{x}^{(m)}(k=1, 2,\cdots,m-1)$ 均可表示为 $\boldsymbol{u}_1\ \boldsymbol{u}_2 \cdots\ \boldsymbol{u}_r$ 的线性组合,即

$$\boldsymbol{x}^{(k)} - \boldsymbol{x}^{(m)} = \sum_{i=1}^{r} \alpha_i \boldsymbol{u}_i$$

由于 $\boldsymbol{U}$ 为正交矩阵,所以 $\boldsymbol{u}_1\ \boldsymbol{u}_2 \cdots\ \boldsymbol{u}_n$ 为互相正交的单位向量,从而对任一向量 $\boldsymbol{u}_i(i=1, 2,\cdots,r)$ 有

$$\boldsymbol{W}\boldsymbol{u}_i = \sum_{k=1}^{r}\boldsymbol{u}_k\boldsymbol{u}_k^{\mathrm{T}}\boldsymbol{u}_i = \boldsymbol{u}_i$$

进而有

$$\boldsymbol{W}(\boldsymbol{x}^{(k)} - \boldsymbol{x}^{(m)}) = \boldsymbol{W}\sum_{i=1}^{r}\alpha_i\boldsymbol{u}_i = \sum_{i=1}^{r}\alpha_i(\boldsymbol{W}\boldsymbol{u}_i) = \sum_{i=1}^{r}\alpha_i\boldsymbol{u}_i = \boldsymbol{x}^{(k)} - \boldsymbol{x}^{(m)}$$

对于任一样本向量 $\boldsymbol{x}^{(k)}(k=1,2,\cdots,m-1)$，有

$$\boldsymbol{W}\boldsymbol{x}^{(k)} - \boldsymbol{\theta} = \boldsymbol{W}\boldsymbol{x}^{(k)} - \boldsymbol{W}\boldsymbol{x}^{(m)} + \boldsymbol{x}^{(m)} = \boldsymbol{W}(\boldsymbol{x}^{(k)} - \boldsymbol{x}^{(m)}) + \boldsymbol{x}^{(m)} = \boldsymbol{x}^{(k)}$$

从而有

$$\boldsymbol{f}(\boldsymbol{W}\boldsymbol{x}^{(k)} - \boldsymbol{\theta}) = \boldsymbol{f}(\boldsymbol{x}^{(k)}) = \boldsymbol{x}^{(k)}$$

对于第 m 个样本 $\boldsymbol{x}^{(m)}$ 有

$$\boldsymbol{W}\boldsymbol{x}^{(m)} - \boldsymbol{\theta} = \boldsymbol{W}\boldsymbol{x}^{(m)} - \boldsymbol{W}\boldsymbol{x}^{(m)} + \boldsymbol{x}^{(m)} = \boldsymbol{x}^{(m)}$$

从而有

$$\boldsymbol{f}(\boldsymbol{W}\boldsymbol{x}^{(m)} - \boldsymbol{\theta}) = \boldsymbol{f}(\boldsymbol{x}^{(m)}) = \boldsymbol{x}^{(m)}$$

以上推证过程说明，按照这种方法设计的连接权矩阵，可以使得所有的样本 $\boldsymbol{x}^{(k)}(k=1,2,\cdots,m)$ 均为网络的吸引子。而并不要求它们两两正交，也就是说，按此设计提高了网络的记忆容量。

5. 举例

设离散 Hopfield 网络的结构如图 3.21 所示。其中 $n=4,\theta_i=0(i=1,2,3,4)$，$m=2$，两个样本为

$$\boldsymbol{x}^{(1)} = \begin{bmatrix}1\\1\\1\\1\end{bmatrix}, \quad \boldsymbol{x}^{(2)} = \begin{bmatrix}-1\\-1\\-1\\-1\end{bmatrix}$$

首先根据 Hebb 规则求得连接权矩阵为

$$\boldsymbol{W} = \boldsymbol{x}^{(1)}\boldsymbol{x}^{(1)\mathrm{T}} + \boldsymbol{x}^{(2)}\boldsymbol{x}^{(2)\mathrm{T}} - 2\boldsymbol{I} = \begin{bmatrix}0&2&2&2\\2&0&2&2\\2&2&0&2\\2&2&2&0\end{bmatrix}$$

这里 $d_{\mathrm{H}}(\boldsymbol{x}^{(1)},\boldsymbol{x}^{(2)})=4$，相当于 $\alpha=0$，显然它不满足上面给出的充分条件。$\boldsymbol{x}^{(1)}$ 和 $\boldsymbol{x}^{(2)}$ 是否是网络的吸引子需具体加以检验：

$$\boldsymbol{f}(\boldsymbol{W}\boldsymbol{x}^{(1)}) = \boldsymbol{f}\begin{bmatrix}6\\6\\6\\6\end{bmatrix} = \begin{bmatrix}1\\1\\1\\1\end{bmatrix} = \boldsymbol{x}^{(1)} \quad \boldsymbol{f}(\boldsymbol{W}\boldsymbol{x}^{(2)}) = \boldsymbol{f}\begin{bmatrix}-6\\-6\\-6\\-6\end{bmatrix} = \begin{bmatrix}-1\\-1\\-1\\-1\end{bmatrix} = \boldsymbol{x}^{(2)}$$

可见，两个样本 $\boldsymbol{x}^{(1)}$ 和 $\boldsymbol{x}^{(2)}$ 均为网络的吸引子。事实上，由于 $\boldsymbol{x}^{(2)}=-\boldsymbol{x}^{(1)}$，只要其中一个是吸引子，那么另一个也必为吸引子。

下面再考察这两个吸引子是否具有吸引能力，即是否具备联想记忆的功能。

(1) 设 $\boldsymbol{x}(0)=\boldsymbol{x}^{(3)}=[-1 \quad 1 \quad 1 \quad 1]^{\mathrm{T}}$，显然它比较靠近 $\boldsymbol{x}^{(1)}$。下面用异步方式按 1、2、

3、4 的调整次序来演变网络：

$$x_1(1)=f\Big(\sum_{j=1}^{n}w_{1j}x_j(0)\Big)=f(6)=1$$

$$x_2(1)=x_2(0)=1,\quad x_3(1)=x_3(0)=1,\quad x_4(1)=x_4(0)=1$$

即 $\boldsymbol{x}(1)=[1\quad 1\quad 1\quad 1]^{\mathrm{T}}=\boldsymbol{x}^{(1)}$。可见，按异步方式只需调整一步即收敛到 $\boldsymbol{x}^{(1)}$。

(2) 设 $\boldsymbol{x}(0)=\boldsymbol{x}^{(4)}=[1\quad -1\quad -1\quad -1]^{\mathrm{T}}$，显然它比较靠近 $\boldsymbol{x}^{(2)}$。下面仍用异步方式按 1、2、3、4 的调整次序演变网络：

$$x_1(1)=f\Big(\sum_{j=1}^{n}w_{1j}x_j(0)\Big)=f(-6)=-1$$

$$x_2(1)=x_2(0)=-1,\quad x_3(1)=x_3(0)=-1,\quad x_4(1)=x_4(0)=-1$$

即 $\boldsymbol{x}(1)=[-1\quad -1\quad -1\quad -1]^{\mathrm{T}}=\boldsymbol{x}^{(2)}$。可见，也只调整一步便收敛到 $\boldsymbol{x}^{(2)}$。

(3) 设 $\boldsymbol{x}(0)=\boldsymbol{x}^{(5)}=[1\quad 1\quad -1\quad -1]^{\mathrm{T}}$，这时它与 $\boldsymbol{x}^{(1)}$ 和 $\boldsymbol{x}^{(2)}$ 的海明距离均为 2。若按 1、2、3、4 的次序调整网络可得

$$x_1(1)=f\Big(\sum_{j=1}^{n}w_{1j}x_j(0)\Big)=f(-2)=-1$$

$$x_i(1)=x_i(0),\quad i=2,3,4$$

即 $\boldsymbol{x}(1)=[-1\quad 1\quad -1\quad -1]^{\mathrm{T}}$。

$$x_2(2)=f\Big(\sum_{j=1}^{n}w_{2j}x_j(1)\Big)=f(-6)=-1$$

$$x_i(2)=x_i(1),\quad i=1,3,4$$

即 $\boldsymbol{x}(2)=[-1\quad -1\quad -1\quad -1]^{\mathrm{T}}=\boldsymbol{x}^{(2)}$。可见，此时 $\boldsymbol{x}^{(5)}$ 收敛到了 $\boldsymbol{x}^{(2)}$。

若按 3、4、1、2 的次序调整网络可得

$$x_3(1)=f\Big(\sum_{j=1}^{n}w_{3j}x_j(0)\Big)=f(2)=1$$

$$x_i(1)=x_i(0),\quad i=1,2,4$$

即 $\boldsymbol{x}(1)=[1\quad 1\quad 1\quad -1]^{\mathrm{T}}$

$$x_4(2)=f\Big(\sum_{j=1}^{n}w_{4j}x_j(1)\Big)=f(6)=1$$

$$x_i(2)=x_i(1),\quad i=1,2,3$$

即 $\boldsymbol{x}(1)=[1\quad 1\quad 1\quad 1]^{\mathrm{T}}=\boldsymbol{x}^{(1)}$。可见，此时 $\boldsymbol{x}^{(5)}$ 收敛到了 $\boldsymbol{x}^{(1)}$。

从上面的具体计算可以看出，对于不同的调整次序，$\boldsymbol{x}^{(5)}$ 既可弱收敛到 $\boldsymbol{x}^{(1)}$ 也可弱收敛到 $\boldsymbol{x}^{(2)}$。

下面对该例应用同步方式进行计算，仍取 $\boldsymbol{x}(0)$ 为 $\boldsymbol{x}^{(3)}$、$\boldsymbol{x}^{(4)}$ 和 $\boldsymbol{x}^{(5)}$ 3 种情况。

(1) $\boldsymbol{x}(0)=\boldsymbol{x}^{(3)}=[-1\quad 1\quad 1\quad 1]^{\mathrm{T}}$

$$\boldsymbol{x}(1)=\boldsymbol{f}[\boldsymbol{W}\boldsymbol{x}(0)]=\boldsymbol{f}(\boldsymbol{W}\boldsymbol{x}^{(3)})=\boldsymbol{f}\begin{bmatrix}6\\2\\2\\2\end{bmatrix}=\begin{bmatrix}1\\1\\1\\1\end{bmatrix}$$

$$x(2)=f[Wx(1)]=f\begin{bmatrix}6\\6\\6\\6\end{bmatrix}=\begin{bmatrix}1\\1\\1\\1\end{bmatrix}$$

可见，此时 $x^{(3)}$ 收敛到了 $x^{(1)}$。

(2) $x(0)=x^{(4)}=[1\quad -1\quad -1\quad -1]^{\mathrm{T}}$

$$x(1)=f[Wx(0)]=f\begin{bmatrix}-6\\-2\\-2\\-2\end{bmatrix}=\begin{bmatrix}-1\\-1\\-1\\-1\end{bmatrix}$$

$$x(2)=f[Wx(1)]=f\begin{bmatrix}-6\\-6\\-6\\-6\end{bmatrix}=\begin{bmatrix}-1\\-1\\-1\\-1\end{bmatrix}$$

可见，此时 $x^{(4)}$ 收敛到了 $x^{(2)}$。

(3) $x(0)=x^{(5)}=[1\quad 1\quad -1\quad -1]^{\mathrm{T}}$

$$x(1)=f[Wx(0)]=f\begin{bmatrix}-2\\-2\\2\\2\end{bmatrix}=\begin{bmatrix}-1\\-1\\1\\1\end{bmatrix}$$

$$x(2)=f[Wx(1)]=f\begin{bmatrix}2\\2\\-2\\-2\end{bmatrix}=\begin{bmatrix}1\\1\\-1\\-1\end{bmatrix}$$

可见，它将在两个状态间跳跃，产生极限环为 2 的自持振荡。若根据前面的稳定性分析，由于此时连接权矩阵 W 不是非负定矩阵，所以出现了振荡。

3.3.2　连续 Hopfield 网络

1. 网络的结构和工作方式

连续的 Hopfield 网络也是单层的反馈网络，其结构仍如图 3.21 所示，对于每一个神经元结点，其工作方式为

$$\begin{cases}s_i=\sum_{j=1}^{n}w_{ij}x_j-\theta_i\\ \dfrac{\mathrm{d}y_i}{\mathrm{d}t}=-\dfrac{1}{\tau}y_i+s_i\\ x_i=f(y_i)\end{cases}\qquad 或\qquad \begin{cases}\dfrac{\mathrm{d}y_i}{\mathrm{d}t}=-\dfrac{1}{\tau}y_i+\sum_{j=1}^{n}w_{ij}x_j-\theta_i\\ x_i=f(y_i)\end{cases}$$

这里，同样假定 $w_{ij}=w_{ji}$，它与离散的 Hopfield 网络相比，这里多了中间一个式子，该式是一阶微分方程，相当于一阶惯性环节。s_i 是该环节的输入，y_i 是该环节的输出。对于离

散的 Hopfield 网络,中间的式子也可看成为 $y_i=s_i$。它们之间的另一个差别是第三个式子一般不再是二值函数,而一般取 S 形函数,即当 $x_i\in(-1,1)$时取

$$x_i = f(y_i) = \frac{1-\mathrm{e}^{-\mu y_i}}{1+\mathrm{e}^{-\mu y_i}}$$

当 $x_i\in(0,1)$时,取

$$x_i = f(y_i) = \frac{1}{1+\mathrm{e}^{-\mu y_i}}$$

它们都是连续的单调上升的函数,如图 3.22 所示。

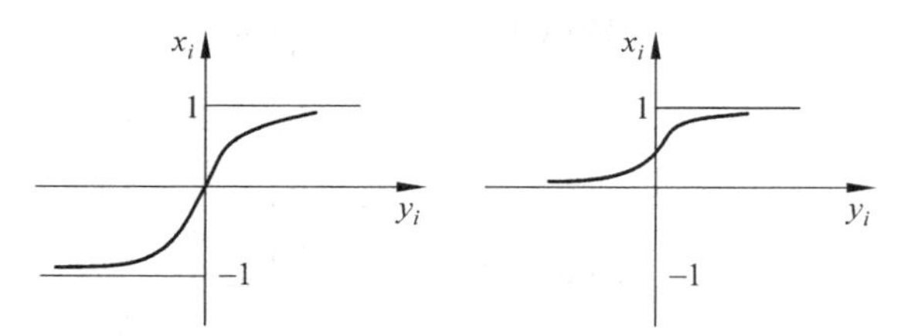

图 3.22 变换函数 $x_i=f(y_i)$

Hopfield 利用模拟电路设计了一个连续 Hopfield 网络的电路模型。图 3.23 表示了由运算放大器电路实现的一个结点的模型。

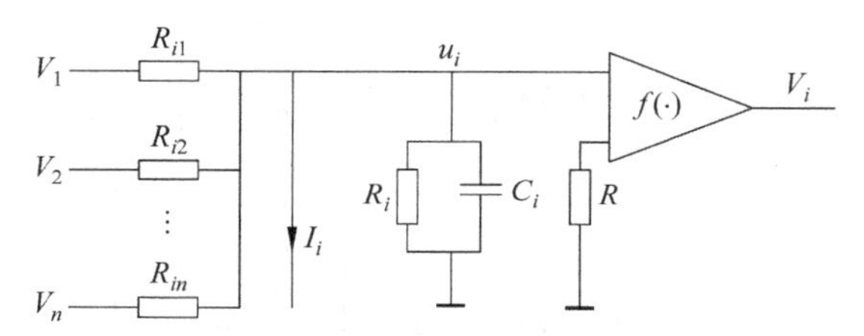

图 3.23 连续 Hopfield 网络的一个神经元结点的电路模型

根据图 3.23 可以列出以下电路方程,即

$$\begin{cases} C_i \dfrac{\mathrm{d}u_i}{\mathrm{d}t} + \dfrac{u_i}{R_i} + I_i = \displaystyle\sum_{j=1}^{n} \dfrac{V_j - u_i}{R_{ij}} \\ V_i = f(u_i) \end{cases}$$

经整理得

$$\begin{cases} \dfrac{\mathrm{d}u_i}{\mathrm{d}t} = -\dfrac{1}{R_i' C_i} u_i + \displaystyle\sum_{j=1}^{n} \dfrac{1}{R_{ij} C_i} V_j - \dfrac{I_i}{C_i} \\ V_i = f(u_i) \end{cases}$$

其中

$$\frac{1}{R_i'} = \frac{1}{R_i} + \sum_{j=1}^{n} \frac{1}{R_{ij}}$$

若令 $x_i=V_i$, $y_i=u_i$, $\tau=R_i'C_i$, $w_{ij}=\dfrac{1}{R_{ij}C_i}$, $\theta_i=\dfrac{I_i}{C_i}$,则上式化为

$$\begin{cases} \dfrac{\mathrm{d}y_i}{\mathrm{d}t} = -\dfrac{1}{\tau} y_i + \displaystyle\sum_{j=1}^{n} w_{ij} x_j - \theta_i \\ x_i = f(y_i) \end{cases}$$

可以看出，连续 Hopfield 网络实质上是一个连续的非线性动力学系统，它可用一组非线性微分方程来描述。当给定初始状态，通过求解非线性微分方程组即可求得网络状态的运动轨迹。若系统是稳定的，则它最终可收敛到一个稳定状态。若用图 3.23 所示的硬件来实现，则这个求解非线性微分方程的过程将由该电路自动完成，其求解速度是非常快的。

2. 稳定性

定义连续 Hopfield 网络的能量函数为

$$E=-\frac{1}{2}\sum_{i=1}^{n}\sum_{j=1}^{n}w_{ij}x_ix_j+\sum_{i=1}^{n}x_i\theta_i+\sum_{i=1}^{n}\frac{1}{\tau_i}\int_0^{x_i}f^{-1}(\eta)\mathrm{d}\eta$$

$$=-\frac{1}{2}\boldsymbol{x}^{\mathrm{T}}\boldsymbol{W}\boldsymbol{x}+\boldsymbol{x}^{\mathrm{T}}\boldsymbol{\theta}+\sum_{i=1}^{n}\frac{1}{\tau_i}\int_0^{x_i}f^{-1}(\eta)\mathrm{d}\eta$$

该能量函数的表达式与离散 Hopfield 网络的定义是完全相同的。对于离散 Hopfield 网络，由于 $f(\cdot)$是二值函数，所以第三项的积分项为零。由于 $x_i\in(-1,1)$或 $x_i\in(0,1)$，因此上述定义的能量函数 E 是有界的。因此，只需证实 $\mathrm{d}E/\mathrm{d}t\leqslant 0$，即可说明系统是稳定的。

$$\frac{\mathrm{d}E}{\mathrm{d}t}=\sum_{i=1}^{n}\frac{\partial E}{\partial x_i}\frac{\mathrm{d}x_i}{\mathrm{d}t}$$

根据上述 E 的表达式可以求得

$$\frac{\partial E}{\partial x_i}=-\sum_{j=1}^{n}w_{ij}x_j+\theta_i+\frac{1}{\tau_i}f^{-1}(x_i)=-\sum_{j=1}^{n}w_{ij}x_j+\theta_i+\frac{1}{\tau_i}y_i=-\frac{\mathrm{d}y_i}{\mathrm{d}t}$$

代入上式得

$$\frac{\mathrm{d}E}{\mathrm{d}t}=\sum_{i=1}^{n}\left(-\frac{\mathrm{d}y_i}{\mathrm{d}t}\frac{\mathrm{d}x_i}{\mathrm{d}t}\right)=-\sum_{i=1}^{n}\left(\frac{\mathrm{d}y_i}{\mathrm{d}x_i}\frac{\mathrm{d}x_i}{\mathrm{d}t}\frac{\mathrm{d}x_i}{\mathrm{d}t}\right)=-\sum_{i=1}^{n}\frac{\mathrm{d}y_i}{\mathrm{d}x_i}\left(\frac{\mathrm{d}x_i}{\mathrm{d}t}\right)^2$$

前面已假设 $x_i=f(y_i)$是单调上升函数，如图 3.22 所示。显然它的反函数 $y_i=f^{-1}(x_i)$也为单调上升函数，即有 $\mathrm{d}y_i/\mathrm{d}x_i>0$。同时$(\mathrm{d}x_i/\mathrm{d}t)^2\geqslant 0$，因而有

$$\frac{\mathrm{d}E}{\mathrm{d}t}\leqslant 0\quad\text{仅当所有 } x_i \text{ 均为常数时才取等号}$$

根据李雅普诺夫稳定性理论，该网络系统一定是渐近稳定的。即随着时间的演变，网络状态总是朝 E 减小的方向运动，一直到 E 取得极小值，这时所有的 x_i 变为常数，也即网络收敛到稳定状态。

3. 求解 TSP 问题举例

连续 Hopfield 网络主要用来进行优化计算。因此，如何设计连接权系数及其他参数需根据具体问题来加以确定。下面以 Hopfield 神经网络应用于 TSP(Travelling Salesman Problem)为例加以说明。

TSP 问题是人工智能中的一个难题：推销员要到 n 个城市去推销产品，要求推销员每个城市都要去到，且只能去一次，如何规划路线才能使所走的路程最短，这是一个典型的组合优化问题。下面要解决的问题是如何恰当地描述该问题，使其适合于用 Hopfield 网络来求解。正是由于 Hopfield 成功地求解了 TSP 问题，才使得人们对神经网络再次引起了广泛的兴趣。

设使用 n^2 神经元结点组成如表 3.3 所示的方阵排列(以 $n=5$ 为例)。

表 3.3　使用 n^2 神经元结点组成的方阵排列

城市名＼路径	1	2	3	4	5
A	0	1	0	0	0
B	0	0	0	1	0
C	1	0	0	0	0
D	0	0	0	0	1
E	0	0	1	0	0

每个神经元采用以下S形变换函数,即

$$x_{\alpha i}=\frac{1}{1+\mathrm{e}^{-\mu s_{\alpha i}}}$$

其中 $\alpha\in\{A,B,C,D,E\}$,$i\in\{1,2,3,4,5\}$。这里取较大的 μ,以使S形函数比较陡峭,从而稳态时 $x_{\alpha i}$ 能够趋于1或0。

在方阵中A、B、C、D、E表示城市名称,1、2、3、4、5表示路径顺序。为了保证每个城市只去一次,方阵每行只能有一个元素为1,其余为零。为了在某一时刻只能经一个城市,方阵中每列也只能有一个元素为1,其余为零。为使每个城市必须经过一次,方阵中1的个数总和必须为 n。对于所给方阵,其相应的路径顺序为C→A→E→B→D→C,所走的距离为 $d=d_{\mathrm{CA}}+d_{\mathrm{AE}}+d_{\mathrm{EB}}+d_{\mathrm{BD}}+d_{\mathrm{DC}}$。

根据路径最短的要求及上述约束条件,可以写出总的能量函数为

$$\begin{aligned}E=&\rho_1\sum_{\alpha}\sum_{\beta\neq\alpha}\sum_{i}d_{\alpha\beta}x_{\alpha i}x_{\beta,i+1}+\frac{\rho_2}{2}\sum_{i}\sum_{\alpha}\sum_{\beta\neq\alpha}x_{\alpha i}x_{\beta i}\\&+\frac{\rho_3}{2}\sum_{\alpha}\sum_{i}\sum_{j\neq i}x_{\alpha i}x_{\alpha j}+\frac{\rho_4}{2}\Big(\sum_{\alpha}\sum_{i}x_{\alpha i}-n\Big)^2\\&+\sum_{\alpha}\sum_{i}\frac{1}{\tau_{\alpha i}}\int_0^{x_{\alpha i}}f^{-1}(\eta)\mathrm{d}\eta\end{aligned}$$

其中第一项反映了路径的总长度。例如,当 $\alpha=C,\beta=A,i=1$,且神经网络状态如上面方阵排列时,有 $d_{\alpha\beta}x_{\alpha i}x_{\beta,i+1}=d_{\mathrm{CA}}x_{\mathrm{C1}}x_{\mathrm{A2}}$,注意此处若 $i+1>n$ 时,用1代 $i+1$;第二项反映了"方阵的每一列只能有一个元素为1"的要求;第三项反映了"方阵的每一行只能有一个元素为1"的要求;第四项反映了"方阵中1的个数总和为 n"的要求;第五项是Hopfield网络本身的要求;ρ_1、ρ_2、ρ_3、ρ_4 是各项的加权系数。

根据上式可以求得

$$\frac{\partial E}{\partial x_{\alpha i}}=\rho_1\sum_{\beta\neq\alpha}d_{\alpha\beta}x_{\beta,i+1}+\rho_2\sum_{\beta\neq\alpha}x_{\beta i}+\rho_3\sum_{j\neq i}x_{\alpha j}+\rho_4\Big(\sum_{\alpha}\sum_{i}x_{\alpha i}-n\Big)+\frac{1}{\tau_{\alpha i}}f^{-1}(x_{\alpha i})$$

根据前面连续Hopfield网络稳定性的分析,应有以下关系成立,即

$$\frac{\mathrm{d}y_{\alpha i}}{\mathrm{d}t}=-\frac{\partial E}{\partial x_{\alpha i}}$$

代入上式得

$$\frac{\mathrm{d}y_{\alpha i}}{\mathrm{d}t}=-\frac{1}{\tau_{\alpha i}}y_{\alpha i}-\rho_1\sum_{\beta\neq\alpha}d_{\alpha\beta}x_{\beta,i+1}-\rho_2\sum_{\beta\neq\alpha}x_{\beta i}-\rho_3\sum_{j\neq i}x_{\alpha j}-\rho_4\Big(\sum_{\alpha}\sum_{i}x_{\alpha i}-n\Big)$$

令

$$\begin{cases} w_{\alpha i,\beta j} = -\rho_1 d_{\alpha\beta}\delta_{j,i+1}(1-\delta_{\alpha\beta}) - \rho_2\delta_{ij}(1-\delta_{\alpha\beta}) - \rho_3\delta_{\alpha\beta}(1-\delta_{ij}) - \rho_4 \\ \theta_{\alpha i} = -\rho_4 n \end{cases}$$

式中 $\delta_{\alpha\beta}$、δ_{ij} 是离散 δ 函数，即

$$\delta_{ij} = \begin{cases} 1 & i = j \\ 0 & i \neq j \end{cases}$$

从而可写出标准的 Hopfield 网络形式为

$$\begin{cases} \dfrac{\mathrm{d}y_{\alpha i}}{\mathrm{d}t} = -\dfrac{1}{\tau_{\alpha i}}y_{\alpha i} + \sum\limits_{\beta}\sum\limits_{j} w_{\alpha i,\beta j}x_{\beta j} - \theta_i \\ x_{\alpha i} = f(y_{\alpha i}) \end{cases}$$

据此可构成连续的 Hopfield 网络，并适当地给定 $x_{\alpha i}(0)$（若无先验知识，可随机给定），运行该神经网络，其稳态解即为所要求的解。

3.3.3 Boltzmann 机

Boltzmann 机是一种随机神经网络，也是一种反馈型神经网络，它在很多方面与离散 Hopfield 网类似。Boltzmann 机可用于模式分类、预测、组合优化及规划等方面。

1. 网络的结构和工作方式

在结构上，Boltzmann 机是单层的反馈网络，形式上与离散 Hopfield 网一样，具有对称的连接权系数，即 $w_{ij}=w_{ji}$ 且 $w_{ii}=0$。但功能上，Boltzmann 可以看成是多层网络，其中一部分结点是输入结点，一部分是输出结点，还有一部分是隐结点。隐结点不与外界发生联系，它主要用来实现输入与输出之间的高阶联系。

Boltzmann 机是一个随机神经网络，这是与 Hopfield 网络的最大区别。图 3.24 表示了其中一个神经元结点的示意图。

它的工作方式为

$$s_i = \sum_{i=1}^{n} w_{ij}x_j - \theta_i, \quad p_i = \frac{1}{1+\mathrm{e}^{-s_i/T}}$$

其中 p_i 是 $x_i=1$ 的概率，$x_i=0$（或 $x_i=-1$）的概率为

$$1-p_i = \frac{\mathrm{e}^{-s_i/T}}{1+\mathrm{e}^{-s_i/T}}$$

显然 p_i 是 S 形函数。T 越大，曲线越平坦；T 越小，曲线越陡峭。参数 T 通常称为“温度”。图 3.25 表示 S 形曲线随参数 T 变化的情况。当 $T\to 0$ 时，S 形函数便趋于二值函数，随机神经网络便退化为确定性网络，即与确定性 Hopfield 网络具有同样的工作方式。

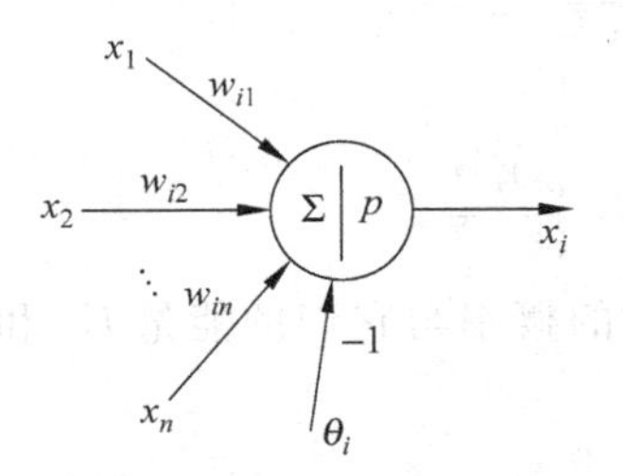

图 3.24 Boltzmann 机的单个神经元

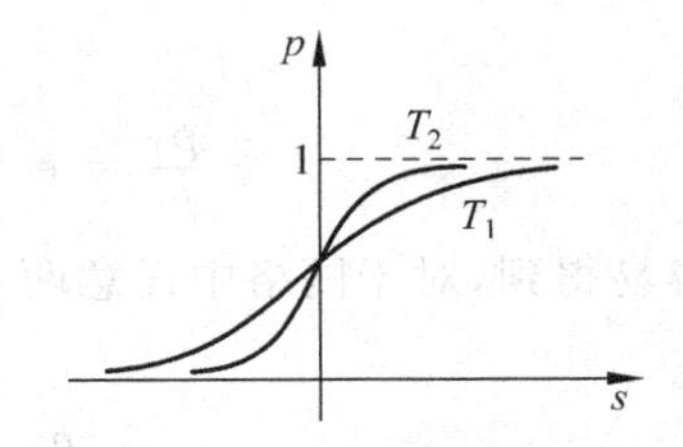

图 3.25 S 形曲线随温度的变化

与 Hopfield 网一样，对 Boltzmann 机也定义网络的能量函数如下：

$$E = -\frac{1}{2}\sum_{i=1}^{n}\sum_{j=1}^{n} w_{ij}x_ix_j + \sum_{i=1}^{n} x_i\theta_i = -\frac{1}{2}\boldsymbol{x}^{\mathrm{T}}\boldsymbol{W}\boldsymbol{x} + \boldsymbol{x}^{\mathrm{T}}\boldsymbol{\theta}$$

Boltzmann 机也有两种类型的工作方式：同步方式和异步方式。下面只考虑异步工作方式。

若考虑第 i 个神经元的状态发生变化，根据前面讨论 Hopfield 网络时所作的推导，有

$$\Delta E_i = -\Delta x_i\left(\sum_{j=1}^{n} w_{ij}x_j - \theta_i\right) = -\Delta x_i s_i$$

$x_i=1$ 的概率为

$$p_i = \frac{1}{1+\mathrm{e}^{-s_i/T}}$$

若 $s_i>0$，则 $p_i>0.5$，即有较大的概率取 $x_i=1$，若原来 $x_i=1$，则 $\Delta x_i=0$，$\Delta E_i=0$，若原来 $x_i=0$，则$\Delta x_i>0$，$\Delta E_i<0$；若 $s_i<0$，则 $p_i<0.5$，即有较大的概率取 $x_i=0$，若原来 $x_i=0$，则 $\Delta x_i=0$，$\Delta E_i=0$，若原来 $x_i=1$，则 $\Delta x_i<0$，$\Delta E_i<0$。

可见，不管以上何种情况，随着系统状态的演变，从概率的意义上说，系统的能量总是朝减小的方向变化，所以系统最后总能稳定到能量的极小点附近。由于这是随机网络，在能量极小点附近，系统也不会停止在某一个固定的状态。

由于神经元状态按概率取值，因此以上分析只是从概率意义上说网络的能量总的趋势是朝着减小的方向演化，但在有些神经元状态可能按小概率取值，从而使能量增加，在有些情况下这对跳出局部极值是有好处的。这也是 Boltzmann 机与 Hopfield 网的另一个不同之处。

为了有效地演化到网络能量函数的全局极小点，通常采用模拟退火的方法。即开始采用较高的温度 T，此时各状态出现概率的差异不大，比较容易跳出局部极小点进入到全局极小点附近。然后再逐渐减小温度 T，各状态出现概率的差别逐渐拉大，从而一方面可较准确地运动到能量的极小点，同时也阻止它跳出该最小点。

根据前面的结果，当 x_i 由 1 变为 0 时，$\Delta x_i=-1$，则

$$\Delta E_i = E\,|_{x_i=0} - E\,|_{x_i=1} = E_0 - E_1 = -\Delta x_i\left(\sum_{j=1}^{n} w_{ij}x_j - \theta_i\right) = \sum_{j=1}^{n} w_{ij}x_j - \theta_i = s_i$$

设 $x_i=1$(其他状态不变)的概率为 p_1，相应的能量函数为 E_1，$x_i=0$(其他状态不变)的概率为 p_0，相应的能量函数为 E_0。

$$p_1 = \frac{1}{1+\mathrm{e}^{-s_i/T}} = \frac{1}{1+\mathrm{e}^{-\Delta E_i/T}}$$

$$p_0 = 1-p_1 = \frac{\mathrm{e}^{-\Delta E_i/T}}{1+\mathrm{e}^{-\Delta E_i/T}}$$

显然有

$$\frac{p_0}{p_1} = \mathrm{e}^{-\Delta E_i/T} = \mathrm{e}^{-(E_0-E_1)/T} = \frac{\mathrm{e}^{-E_0/T}}{\mathrm{e}^{-E_1/T}}$$

推广之容易得到，对于网络中任意两个状态 α 和 β 出现的概率与它们的能量 E_α 和 E_β 之间也满足

$$\frac{p_\alpha}{p_\beta} = \mathrm{e}^{-(E_\alpha-E_\beta)/T} = \frac{\mathrm{e}^{-E_\alpha/T}}{\mathrm{e}^{-E_\beta/T}}$$

这正好是 Boltzmann 分布。也就是该网络称为 Boltzmann 机的来由。

从以上结果可以看出,Boltzmann 机处于某一状态的概率主要取决于在此状态下的能量,能量越低,概率越大;同时此概率还取决于温度参数 T,T 越大,不同状态出现概率的差异便越小,较容易跳出能量的局部极小点而到达全局的极小点;T 越小时情形正相反。这也就是采用模拟退火方法寻求全局最优的原因所在。

与 Hopfield 网相似,Boltzmann 机的实际运行也分为两个阶段:第一阶段是学习和训练阶段,即根据学习样本对网络进行训练,将知识分布地存储于网络的连接权中;第二阶段是工作阶段,即根据输入运行网络得到合适的输出,这一步实质上是按照某种机制将知识提取出来。

2. 网络的学习和训练

网络学习目的是通过给出一组学习样本,经学习后得到 Boltzmann 机各种神经元之间的连接权。设 Boltzmann 机共有 n 个结点,其中 m 个是输入和输出结点,其余 $r=n-m$ 个是隐结点。设 $\boldsymbol{x}_\alpha$ 表示 m 维输入和输出结点向量,$\boldsymbol{y}_\beta$ 表示 r 维结点向量,$\boldsymbol{x}_\alpha \wedge \boldsymbol{y}_\beta$ 表示整个网络的状态向量。同时设 $p^+(\boldsymbol{x}_\alpha)$ 表示学习样本出现的概率,即输入与输出结点约束为 $\boldsymbol{x}_\alpha$ 时的概率。$\boldsymbol{x}_\alpha$ 最多可为 2^m 个,所以 $p^+(\boldsymbol{x}_\alpha)$ 也为 2^m 个。对于学习样本数少于 2^m 个时,可取其余未给定样本的概率为 0。设 $p^+(\boldsymbol{x}_\alpha)$ 均为已知,且有

$$\sum_{\alpha=1}^{2^m} p^+(\boldsymbol{x}_\alpha) = 1$$

设 $p^-(\boldsymbol{x}_\alpha)$ 表示系统无约束时出现的概率,对网络进行学习的目的便是调整连接权,以使得 $p^-(\boldsymbol{x}_\alpha)$ 尽可能与 $p^+(\boldsymbol{x}_\alpha)$ 相一致。定义

$$G = \sum_{\alpha=1}^{2^m} p^+(\boldsymbol{x}_\alpha) \ln\left[\frac{p^+(\boldsymbol{x}_\alpha)}{p^-(\boldsymbol{x}_\alpha)}\right]$$

为 $p^-(\boldsymbol{x}_\alpha)$ 与 $p^+(\boldsymbol{x}_\alpha)$ 相一致的度量,G 是一个非负量,仅当 $p^+(\boldsymbol{x}_\alpha)=p^-(\boldsymbol{x}_\alpha)$ 时才有 $G=0$。因此下面的问题变为寻求连接权系数,以使 G 取极小值。根据上式可以求得

$$\frac{\partial G}{\partial w_{ij}} = -\sum_{\alpha=1}^{2^m} \frac{p^+(\boldsymbol{x}_\alpha)}{p^-(\boldsymbol{x}_\alpha)} \frac{\partial p^-(\boldsymbol{x}_\alpha)}{\partial w_{ij}}$$

根据上述假定有

$$p^-(\boldsymbol{x}_\alpha) = \sum_{\beta=1}^{2^r} p^-(\boldsymbol{x}_\alpha \wedge \boldsymbol{y}_\beta) = \frac{\sum_{\beta=1}^{2^r} \mathrm{e}^{-E_{\alpha\beta}/T}}{\sum_{\lambda=1}^{2^m} \sum_{\mu=1}^{2^r} \mathrm{e}^{-E_{\lambda\mu}/T}}$$

式中 $E_{\alpha\beta}$ 表示网络状态为 $\boldsymbol{x}_\alpha \wedge \boldsymbol{y}_\beta$ 时的能量,即(设神经元阈值 $\theta_i=0$)

$$E_{\alpha\beta} = -\frac{1}{2}\sum_{i=1}^{n}\sum_{j=1}^{n} w_{ij} x_i^{\alpha\beta} x_j^{\alpha\beta}$$

$$E_{\lambda\mu} = -\frac{1}{2}\sum_{i=1}^{n}\sum_{j=1}^{n} w_{ij} x_i^{\lambda\mu} x_j^{\lambda\mu}$$

式中,$x_i^{\alpha\beta}$ 表示 n 维状态向量 $\boldsymbol{x}_\alpha \wedge \boldsymbol{y}_\beta$ 的第 i 个分量;$x_i^{\lambda\mu}$ 表示 n 维状态向量 $\boldsymbol{x}_\lambda \wedge \boldsymbol{y}_\mu$ 的第 i 个分量,进而求得

$$\frac{\partial p^-(\boldsymbol{x}_\alpha)}{\partial w_{ij}}=\frac{-\frac{1}{T}\sum_{\beta=1}^{2^r}\mathrm{e}^{-E_{\alpha\beta}/T}(-x_i^{\alpha\beta}x_j^{\alpha\beta})\sum_{\lambda=1}^{2^m}\sum_{\mu=1}^{2^r}\mathrm{e}^{-E_{\lambda\mu}/T}+\frac{1}{T}\sum_{\lambda=1}^{2^m}\sum_{\mu=1}^{2^r}\mathrm{e}^{-E_{\lambda\mu}/T}(-x_i^{\lambda\mu}x_j^{\lambda\mu})\sum_{\beta=1}^{2^r}\mathrm{e}^{-E_{\alpha\beta}/T}}{\left(\sum_{\lambda=1}^{2^m}\sum_{\mu=1}^{2^r}\mathrm{e}^{-E_{\lambda\mu}/T}\right)^2}$$

$$=\frac{1}{T}\left[\sum_{\beta=1}^{2^r}p^-(\boldsymbol{x}_\alpha\wedge\boldsymbol{x}_\beta)x_i^{\alpha\beta}x_j^{\alpha\beta}-p^-(\boldsymbol{x}_\alpha)\sum_{\lambda=1}^{2^m}\sum_{\mu=1}^{2^r}p^-(\boldsymbol{x}_\lambda\wedge\boldsymbol{x}_\mu)x_i^{\lambda\mu}x_j^{\lambda\mu}\right]$$

将上式代入前面$\partial G/\partial w_{ij}$的表达式中得到

$$\frac{\partial G}{\partial w_{ij}}=-\sum_{\alpha=1}^{2^m}\frac{p^+(\boldsymbol{x}_\alpha)}{p^-(\boldsymbol{x}_\alpha)}\frac{\partial p^-(\boldsymbol{x}_\alpha)}{\partial w_{ij}}=-\frac{1}{T}\left[\sum_{\alpha=1}^{2^m}\sum_{\beta=1}^{2^r}\frac{p^+(\boldsymbol{x}_\alpha)}{p^-(\boldsymbol{x}_\alpha)}p^-(\boldsymbol{x}_\alpha\wedge\boldsymbol{x}_\beta)x_i^{\alpha\beta}x_j^{\alpha\beta}\right.$$

$$\left.-\left(\sum_{\alpha=1}^{2^m}p^+(\boldsymbol{x}_\alpha)\right)\sum_{\lambda=1}^{2^m}\sum_{\mu=1}^{2^r}p^-(\boldsymbol{x}_\lambda\wedge\boldsymbol{x}_\mu)x_i^{\lambda\mu}x_j^{\lambda\mu}\right]$$

由于

$$p^+(\boldsymbol{x}_\alpha\wedge\boldsymbol{y}_\beta)=p^+(\boldsymbol{y}_\beta\mid\boldsymbol{x}_\alpha)p^+(\boldsymbol{x}_\alpha)$$
$$p^-(\boldsymbol{x}_\alpha\wedge\boldsymbol{y}_\beta)=p^-(\boldsymbol{y}_\beta\mid\boldsymbol{x}_\alpha)p^-(\boldsymbol{x}_\alpha)$$
$$p^+(\boldsymbol{y}_\beta\mid\boldsymbol{x}_\alpha)=p^-(\boldsymbol{y}_\beta\mid\boldsymbol{x}_\alpha)$$

所以

$$\frac{p^+(\boldsymbol{x}_\alpha)}{p^-(\boldsymbol{x}_\alpha)}p^-(\boldsymbol{x}_\alpha\wedge\boldsymbol{y}_\beta)=p^+(\boldsymbol{x}_\alpha\wedge\boldsymbol{y}_\beta)$$

又已知 $\sum_{\alpha=1}^{2^m}p^+(\boldsymbol{x}_\alpha)=1$，代入前面式子得

$$\frac{\partial G}{\partial w_{ij}}=-\frac{1}{T}\left[\sum_{\alpha=1}^{2^m}\sum_{\beta=1}^{2^r}p^+(\boldsymbol{x}_\alpha\wedge\boldsymbol{y}_\beta)x_i^{\alpha\beta}x_j^{\alpha\beta}-\sum_{\lambda=1}^{2^m}\sum_{\mu=1}^{2^r}p^-(\boldsymbol{x}_\lambda\wedge\boldsymbol{y}_\mu)x_i^{\lambda\mu}x_j^{\lambda\mu}\right]$$
$$=-\frac{1}{T}(p_{ij}^+-p_{ij}^-)$$

式中，p_{ij}^+ 表示网络受到学习样本的约束且系统达到平衡状态时第 i 个和第 j 个神经元同时为1的概率；p_{ij}^- 表示系统为自由态且达到平衡时第 i 个和第 j 个神经元同时为1的概率。

最后归纳出Boltzmann机网络学习的步骤如下。

(1) 随机设定网络的连接权初值 $w_{ij}(0)$。

(2) 按照已知的概率 $p^+(\boldsymbol{x}_\alpha)$，依次给定学习样本，在学习样本的约束下按照模拟退火程序运行网络直至到达平衡状态，统计出各 p_{ij}^+。在无约束条件下按同样的步骤并同样的次数运行网络，统计出各 p_{ij}^-。

(3) 按下述公式修改 w_{ij}

$$w_{ij}(k+1)=w_{ij}(k)+\alpha(p_{ij}^+-p_{ij}^-)\quad\alpha>0$$

重复上述步骤，直到 $p_{ij}^+-p_{ij}^-$ 小于一定的容限。

3.4 局部逼近神经网络

神经网络可以有各种分类方法。例如，前面介绍了前馈神经网络和反馈神经网络，这主要是从网络的结构来划分的。神经网络控制主要应用神经网络的函数逼近功能。若从这个

角度，神经网络可分为全局逼近神经网络和局部逼近神经网络。对于输入空间的任何一点，如果神经网络的任何一个连接权系数都对输出有影响，则称该神经网络为全局逼近网络。前面介绍的多层前馈网络是全局逼近网络的典型例子。对于每个输入、输出数据对，网络的每一个连接权均需进行调整，从而导致全局逼近网络学习速度很慢的缺点。这个缺点对于控制来说常常是不可容忍的。若对输入空间的某个局部区域，只有少数几个连接权影响网络的输出，则称该网络为局部逼近网络。对于每个输入、输出数据对，只有少量的连接权需要进行调整，从而使局部逼近网络具有学习速度快的优点，这一点对于控制来说是至关重要的。CMAC、B 样条、RBF 以及某些模糊神经网络是局部逼近神经网络的典型例子，下面对它们进行具体地介绍。

3.4.1 CMAC 神经网络

CMAC 网络是 J. Salbus 于 1975 年最先提出来的，它是小脑模型关节控制器(Cerebellar Model Arculation Controller)的简称。它是仿照小脑如何控制肢体运动的原理而建立的神经网络模型，因此 CMAC 最初主要用来求解机械手的关节运动，其后进一步将它用于机器人控制、模式识别、信号处理及适应控制等，其中 W. T. Miller 等已将其成功地应用于机械手的实时动态轨迹跟踪。

1. CMAC 的结构及工作原理

CMAC 由一个固定的非线性输入层和一个可调的线性输出层所组成。其结构如图 3.26 所示。

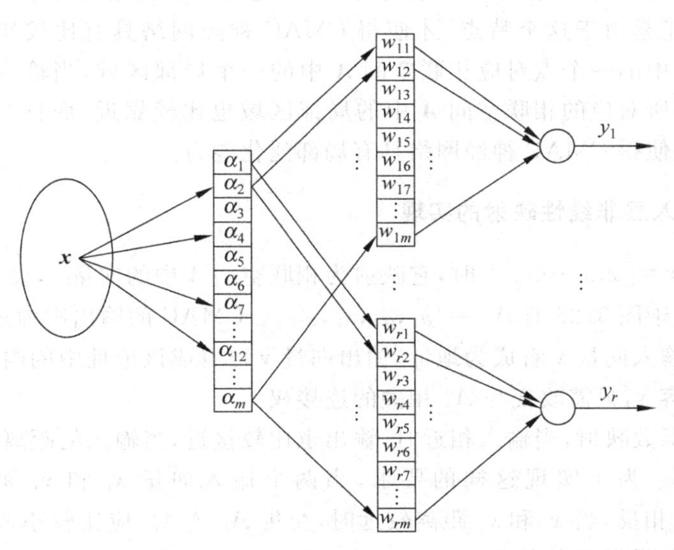

图 3.26　CMAC 的原理结构

设 CMAC 所要逼近的函数映射关系为

$$\boldsymbol{y}=\boldsymbol{f}(\boldsymbol{x})$$

其中 $\boldsymbol{x}=[x_1 x_2 \cdots x_n]^{\mathrm{T}}$，$\boldsymbol{y}=[y_1 y_2 \cdots y_r]^{\mathrm{T}}$。在 CMAC 中用如图 3.26 所示的两个映射来实现。

1) $\boldsymbol{s}:\boldsymbol{x}\to\boldsymbol{A}$,即$\boldsymbol{\alpha}=\boldsymbol{s}(\boldsymbol{x})$

这是图3.26中输入层所实现的功能。其中$\boldsymbol{\alpha}=[\alpha_1\alpha_2\cdots\alpha_m]^{\mathrm{T}}$是$m$维相联空间$\boldsymbol{A}$中的向量。$\boldsymbol{\alpha}$的元素只取两个值1或0。对于某个特定的$\boldsymbol{x}$,只有少数元素为1,大部分元素为0。可见$\boldsymbol{\alpha}=\boldsymbol{s}(\boldsymbol{x})$实现的是一个特定的非线性映射。该非线性映射是在设计网络时便确定了的。输入空间中的一个点对应于$\boldsymbol{\alpha}$中的几个元素为1,也即对应相联空间$\boldsymbol{A}$中的一个局部区域。后面还将详细讨论该非线性映射的具体实现。

2) $\boldsymbol{p}:\boldsymbol{A}\to\boldsymbol{y},\boldsymbol{y}=\boldsymbol{p}(\boldsymbol{\alpha})=\boldsymbol{W\alpha}$

它也是图3.26中输出层所实现的功能。其中

$$\boldsymbol{W}=\begin{bmatrix} w_{11} & w_{12} & \cdots & w_{1m} \\ \vdots & \vdots & & \vdots \\ w_{r1} & w_{r2} & \cdots & w_{rm} \end{bmatrix},\quad \boldsymbol{\alpha}=\begin{bmatrix} \alpha_1 \\ \vdots \\ \alpha_m \end{bmatrix}$$

可见输出层实现的是线性映射。其中连接权$w_{ij}(i=1,2,\cdots,r;j=1,2,\cdots,m)$是可以调整的参数。对于第$i$个输出,则有

$$y_i=p_i(\boldsymbol{\alpha})=\sum_{j=1}^{m}w_{ij}\alpha_j\quad i=1,2,\cdots,r$$

类似于BP网络的误差反传算法,CMAC神经网络的连接权学习算法为

$$w_{ij}(k+1)=w_{ij}(k)+\beta(y_i^{\mathrm{d}}-y_i)\alpha_j/\boldsymbol{\alpha}^{\mathrm{T}}\boldsymbol{\alpha}$$

式中β为学习率。可以证明当$0<\beta<2$时可保证该迭代学习算法的收敛性(下面介绍B样条神经网络时将对此详加讨论)。y_i^{d}和y_i分别表示第i个输出分量的期望值和实际值。由于向量$\boldsymbol{\alpha}$中只有少量几个元素为1,其余均为零,因此在一次数据训练中只有少量的连接权需要进行调整。正是由于这个特点,才使得CMAC神经网络具有比较快的学习速度。同时,由于输入空间中的一个点对应相联空间$\boldsymbol{A}$中的一个局部区域,当输入空间中的两个点比较靠近时,它们所对应的相联空间$\boldsymbol{A}$中的局部区域也比较靠近,而且互相有重叠。正是由于这个特点,才使得CMAC神经网络具有局部泛化能力。

2. CMAC输入层非线性映射的实现

当输入向量$\boldsymbol{x}=[x_1x_2\cdots x_n]^{\mathrm{T}}$时,它映射为相联空间$\boldsymbol{A}$中的向量$\boldsymbol{\alpha}$,设$A^*$表示$\boldsymbol{A}$中非零元素的集合,则对于图3.26有$A^*=\{\alpha_2,\alpha_4,\alpha_7,\alpha_{12}\}$。CMAC的输出则为这些非零元素的加权和。因此可将输入向量$\boldsymbol{x}$看成为地址,输出向量$\boldsymbol{y}$可看成该地址中的内容,对于任意输入$\boldsymbol{x}$,若要改变其内容$\boldsymbol{y}$,只需改变与A^*相关的连接权。

对于一般的函数映射,当输入相近时,输出也比较接近,当输入的距离较远时,相应的输出是互不相关的。为了实现这样的要求,当两个输入向量$\boldsymbol{x}_i$和$\boldsymbol{x}_j$距离相近时,交集$A_i^*\wedge A_j^*$应较大;相反,当$\boldsymbol{x}_i$和$\boldsymbol{x}_j$距离较远时,交集$A_i^*\wedge A_j^*$应比较小或为空集。输入空间的距离用以下海明距离来表示

$$H_{ij}=\sum_{k=1}^{n}|x_{ik}-x_{jk}|$$

其中x_{ik}和x_{jk}分别表示输入向量$\boldsymbol{x}_i$和$\boldsymbol{x}_j$的第k个分量。也就是说,当H_{ij}较小时,$A_i^*\wedge A_j^*$应较大;H_{ij}较大时,$A_i^*\wedge A_j^*$应较小或为空。为了实现这一点,必须要求相联空间$\boldsymbol{A}$的元素个数(用$|A_p|$表示)应远远大于A^*中的元素个数(用$|A^*|$表示)。通常选$|A_p|=$

$100|A^*|$。

对于上面的选择是否能够保证对于输入空间的每个点均存在唯一的映射 $\boldsymbol{x}\to\boldsymbol{A}$ 是需要加以检验的。假设输入向量 $\boldsymbol{x}$ 的每个分量均可取 q 个不同的值，则输入总共可能有 q^n 个不同的模式。设 $u=|A^*|$，$v=|A_p|/|A^*|$，则 A^* 可能的组合为

$$c_{uv}^{u}=\frac{(uv)!}{u!(uv-u)!}>\frac{(uv-u)^u}{u!}>\frac{(uv-u)^u}{u^u}=(v-1)^u$$

若对上面的选择有 $v=100$，只需 $q^n<99^{|A^*|}$，则一定能够保证存在唯一的映射 $\boldsymbol{x}\to\boldsymbol{A}$。

为了实现上面的要求，CMAC 输入层的非线性映射可进一步分解为以下两步：

$$\boldsymbol{x}\to\boldsymbol{M},\quad \boldsymbol{M}\to\boldsymbol{A}$$

对于输入向量 $\boldsymbol{x}$ 的每个分量 $x_i(i=1,2,\cdots,n)$，首先按下面的方法将其转换成二进制变量 $\boldsymbol{m}_i$。

(1) $\boldsymbol{m}_i$ 必须有且只有一个区间段的位值均为 1，其余位值为 0。作为举例，表 3.4 列出了输入量 $\boldsymbol{x}$ 转换为 $\boldsymbol{m}$ 的结果，如当 $3\leqslant\boldsymbol{x}\leqslant6$ 时 f 的位值为 1，其余情况为 0。

表 3.4　$\boldsymbol{x}\to\boldsymbol{M}$ 映射举例

	$\boldsymbol{m}$											
$\boldsymbol{x}$	a	b	c	d	e	f	g	h	i	j	k	l
1	1	1	1	1	0	0	0	0	0	0	0	0
2	0	1	1	1	1	0	0	0	0	0	0	0
3	0	0	1	1	1	1	0	0	0	0	0	0
4	0	0	0	1	1	1	1	0	0	0	0	0
5	0	0	0	0	1	1	1	1	0	0	0	0
6	0	0	0	0	0	1	1	1	1	0	0	0
7	0	0	0	0	0	0	1	1	1	1	0	0
8	0	0	0	0	0	0	0	1	1	1	1	0
9	0	0	0	0	0	0	0	0	1	1	1	1

(2) 在任何一个 $\boldsymbol{m}_i$ 中位值为 1 的个数(记为 $|\boldsymbol{m}_i^*|$)均等于 $|A^*|$，即 $|\boldsymbol{m}_i^*|=|A^*|$。例如，在表 3.4 中，$|\boldsymbol{m}_i^*|=4$。

(3) 将 $\boldsymbol{m}^*$ 中的位名与 $\boldsymbol{x}$ 的对应关系列成表，如表 3.5 所示。其中只要保持同一位名在同一列中的位置不变，其余次序可以是任意的。

表 3.5　$\boldsymbol{x}\to\boldsymbol{M}$ 映射的简化形式

$\boldsymbol{x}$	$\boldsymbol{m}^*$	$\boldsymbol{x}$	$\boldsymbol{m}^*$
1	a,b,c,d	6	i,f,g,h
2	e,b,c,d	7	i,j,g,h
3	e,f,c,d	8	i,j,k,h
4	e,f,g,d	9	i,j,k,l
5	e,f,g,h		

对于如表 3.5 所示的一维情况，输入 x_i 和 x_j 的距离 $H_{ij}<|A_j^*|$ 时，它与 $A_i^*\wedge A_j^*$ 之间有以下关系：$H_{ij}=|A_i^*|-|A_i^*\wedge A_j^*|$。

例如,若 $x_1=1, x_2=3$,则 $A_1^* \wedge A_2^*=\{c,d\}$, $|A_1^*|=4$,因而有 $H_{12}=|A_1^*|-|A_1^* \wedge A_2^*|=2$。上面以一维情况为例说明了 $\boldsymbol{x} \to \boldsymbol{M}$ 映射方法,对于多维情况,有

$$\boldsymbol{x} \to \boldsymbol{M}=\begin{cases} x_1 \to \boldsymbol{m}_1^* \\ x_2 \to \boldsymbol{m}_2^* \\ \vdots \\ x_n \to \boldsymbol{m}_n^* \end{cases}$$

以二维情况为例,设 $\boldsymbol{x}=[\boldsymbol{x}_1 \boldsymbol{x}_2]^{\mathrm{T}}$,并设 $1 \leqslant x_1 \leqslant 5$ 和 $1 \leqslant x_2 \leqslant 7$,并选 $|A^*|=4$。首先按上面介绍的方法,实现以下两个映射:$\boldsymbol{x}_1 \to \boldsymbol{m}_1^*$ 和 $\boldsymbol{x}_2 \to \boldsymbol{m}_2^*$,结果如表3.6所示。

表3.6 二维向量 $x \to m^*$ 的映射

$\boldsymbol{x}_1$	$\boldsymbol{m}_1^*$	$\boldsymbol{x}_2$	$\boldsymbol{m}_2^*$
1	A,B,C,D	1	a,b,c,d
2	E,B,C,D	2	e,b,c,d
3	E,F,C,D	3	e,f,c,d
4	E,F,G,D	4	e,f,g,d
5	E,F,G,H	5	e,f,g,h
		6	i,f,g,h
		7	i,j,g,h

当输入向量超过一维时,将每个 $\boldsymbol{m}_i^*$ 的元素相应组合起来便可求得 A^*。例如,若 $x_1=2$ 和 $x_2=4$,根据表3.6有:$m_1^*=\{E,B,C,D\}$ 和 $m_2^*=\{e,f,g,d\}$。于是对于 $\boldsymbol{x}=[2 \quad 4]^{\mathrm{T}}$ 得到 $A^*=\{Ee,Bf,Cg,Dd\}$。表3.7给出了所有可能的情况。

表3.7 二维向量 $x \to A^*$ 的映射

$\boldsymbol{x}_2$ \ $\boldsymbol{x}_1$		A,B,C,D	E,B,C,D	E,F,C,D	E,F,G,D	E,F,G,H
		1	2	3	4	5
a,b,c,d	1	Aa,Bb,Cc,Dd	Ea,Bb,Cc,Dd	Ea,Fb,Cc,Dd	Ea,Fb,Gc,Dd	Ea,Fb,Gc,Hd
e,b,c,d	2	Ae,Bb,Cc,Dd	Ee,Bb,Cc,Dd	Ee,Fb,Cc,Dd	Ee,Fb,Gc,Dd	Ee,Fb,Gc,Hd
e,f,c,d	3	Ae,Bf,Cc,Dd	Ee,Bf,Cc,Dd	Ee,Ff,Cc,Dd	Ee,Ff,Gc,Dd	Ee,Ff,Gc,Hd
e,f,g,d	4	Ae,Bf,Cc,Dd	Ee,Bf,Cg,Dd	Ee,Ff,Cg,Dd	Ee,Ff,Gg,Dd	Ee,Ff,Gg,Hd
e,f,g,h	5	Aa,Bb,Cg,Dh	Ee,Bf,Cg,Dh	Ee,Ff,Cg,Dh	Ee,Ff,Gg,Dh	Ee,Ff,Gg,Hh
i,f,g,h	6	Ai,Bf,Cg,Dh	Ei,Bf,Cg,Dh	Ei,Ff,Cg,Dh	Ei,Ff,Gg,Dh	Ei,Ff,Gg,Hh
i,j,g,h	7	Ai,Bj,Cg,Dh	Ei,Bj,Cg,Dh	Ei,Fj,Cg,Dh	Ei,Fj,Gg,Dh	Ei,Fj,Gg,Hh

从表3.7可以看到,对于二维的情况也存在与一维情况同样的结果:输入向量越靠近,即 H_{ij} 越小,$|A_i^* \wedge A_j^*|$ 便越大。例如,$\boldsymbol{x}_1=[3 \quad 5]^{\mathrm{T}}$,$\boldsymbol{x}_2=[3 \quad 2]^{\mathrm{T}}$,$H_{12}=3$,$A_1^* \wedge A_2^*=\{Ee\}$,$|A^*|=4$,从而有 $H_{12}=3=|A^*|-|A_1^* \wedge A_2^*|$。检验表3.7可以发现,虽然上面的关系并不总成立,但是当 $\boldsymbol{x}_1$ 与 $\boldsymbol{x}_2$ 的距离增加时,绝不会出现 $|A_1^* \wedge A_2^*|$ 也增加的情况。

上面所介绍的实现 $\boldsymbol{x} \to A$ 的映射的方法可以推广至更高维的情况。而且 $\boldsymbol{x}_1$ 与 $\boldsymbol{x}_2$ 越接近,$|A_1^* \wedge A_2^*|$ 便越大,这个关系也总是成立的。

3. CMAC网络存储的哈希编码

按照上面介绍的方法,当输入向量维数很高时,相联空间 $\boldsymbol{A}$ 的维数将更大。例如,若 n

维向量 $\boldsymbol{x}$ 的每个分量取 q 个不同的值，则 $\boldsymbol{A}$ 的维数将是 q^n，若 $q=50$，$n=10$，则需要 50^{10} 的存储单元，这是一个太大的数目，实际上是不可能实现的。可见 CMAC 神经网络所需容量随输入维数呈指数增长，这是它的一个很大的缺点。事实上，在相联空间 $\boldsymbol{A}$ 中只有很少元素为 1，绝大多数元素为 0，因此 $\boldsymbol{A}$ 是一个稀疏矩阵。另外，对于相距较远的输入向量，它们所对应 A^* 若有很小的概率产生重叠也不会产生太大的影响。鉴于此，可以将维数很大的相联空间 $\boldsymbol{A}$ 映射到一个维数少得多的空间 $\boldsymbol{A}_p$。哈希编码(Hash-coding)可用来实现这样的映射。

哈希编码是计算机中压缩稀疏矩阵的一个常用技术。当在一个大的存储区域稀疏地存储一些数据时，可以通过哈希编码将其压缩存储到一个小的存储区域。在这里就是要将稀疏地存储于 $\boldsymbol{A}$ 中的 A^* 通过哈希编码将其压缩存储到小的存储 $\boldsymbol{A}_p$ 中，具体可通过一个产生伪随机数的程序来实现，将在存储区域 $\boldsymbol{A}$ 的地址作为该伪随机数产生程序的变量，产生的随机数限制在一个较小的整数范围，该随机数便作为小存储区域 $\boldsymbol{A}_p$ 的地址。因此 $\boldsymbol{A}\rightarrow\boldsymbol{A}_p$ 是一个多对少的映射。

哈希编码的这种多对少的映射特性可能导致在大存储区域的不同的数据映射为小存储区域的同一地址。这个现象称为碰撞。若用程序产生的随机数的随机性能较好，则可尽量减少这种碰撞现象，但要完全避免是不可能的。

对于 CMAC 神经网络来说，这种碰撞现象称为学习的互相干扰，虽然不希望出现这个问题，但它也并不是一个十分严重的问题。它与相邻输入所产生的 A^* 重叠本质上是一样的，通过数据样本的重复训练可以解决这个问题。

另外，哈希编码所产生碰撞现象的概率也是很小的。例如，若 $|\boldsymbol{A}_p|=2000$，$|A^*|=20$，则对于同一输入向量 $\boldsymbol{x}$ 所对应的 A^* 的不同元素映射到 $\boldsymbol{A}_p$ 中同一地址概率为

$$\frac{1}{2000}+\frac{2}{2000}+\cdots+\frac{19}{2000}\approx 0.1$$

可见这个概率是很小的。另外，当输入向量 $\boldsymbol{x}_1$ 与 $\boldsymbol{x}_2$ 相距较远，有 $A_1^*\wedge A_2^*=\varnothing$，但经过哈希编码后，可能出现 $A_{p1}^*\wedge A_{p2}^*\neq\varnothing$，即 A_{p1}^* 与 A_{p2}^* 有重叠，这是另外一种碰撞现象，也是不希望的。例如，对于上面的例子($|\boldsymbol{A}_p|=2000$，$|A^*|=20$)，可以求得

$$\text{prob}(|A_{p1}^*\wedge A_{p2}^*|=0)=0.818$$
$$\text{prob}(|A_{p1}^*\wedge A_{p2}^*|=1)=0.165$$
$$\text{prob}(|A_{p1}^*\wedge A_{p2}^*|=2)=0.016$$
$$\text{prob}(|A_{p1}^*\wedge A_{p2}^*|\geqslant 3)=0.001$$

可见，对于原先无重叠的情况经哈希编码后出现重叠的概率是很小的，即使出现也只是极少量元素的重叠，它对 CMAC 的性能影响很小。

对于一个实际问题应恰当地选取 $|A^*|$ 和 $|A_p|$，$|A^*|$ 选得较小可使计算量减小，且学习速度加快，但同时也减小了泛化能力。$|A_p|$ 太小，则增加了上面所述碰撞现象的概率，但太大则要求太多的存储容量。因而 $|A^*|$ 和 $|A_p|$ 的选择应折中考虑。

CMAC 神经网络输入层的非线性映射是事先确定的，训练时只需局部地调整输出层的连接权，而这些连接权与输出只是简单的线性关系，因此在输入数据充分激发的情况下，可保证学习算法的收敛性及快速的收敛速度。从而使该网络尤其适于自适应建模与控制。

3.4.2　B样条神经网络

上面介绍的CMAC神经网络,其输出可表示为(单输出)

$$y=\sum_{j=1}^{m} w_j \alpha_j(\boldsymbol{x})$$

式中,$\alpha_j(\boldsymbol{x})$表示输入层非线性映射所得相联空间向量$\boldsymbol{\alpha}$的第j个分量;w_j是与此分量相关联的连接权。上面式子也可换一种角度来理解,对单输入情况,$\alpha_j(\boldsymbol{x})(j=1,2,\cdots,m)$可以看成一系列矩形基函数,两个输入时$\alpha_j(\boldsymbol{x})$可看成是长方体基函数等,$w_j$则可看成是与第$j$个基函数$\alpha_j(\boldsymbol{x})$相关联的连接权。例如,对于如表3.4所示的映射,其相应的基函数可如图3.27所示。

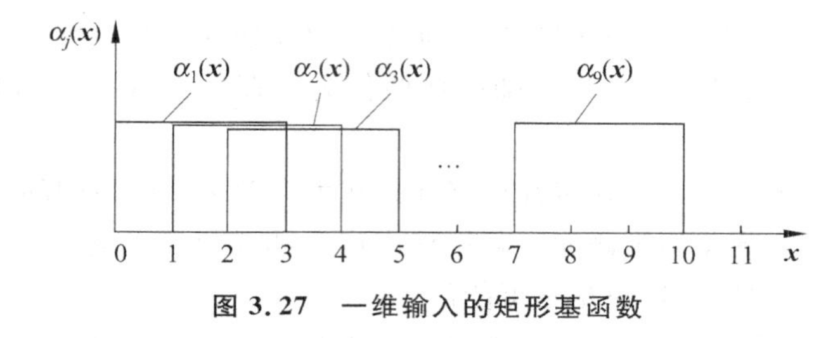

图3.27　一维输入的矩形基函数

由于CMAC神经网络是一种类似感知器的相联记忆网络,因此这样的基函数也称感受域(Receptive field)子函数。若采用这样的观点,CMAC的神经网络也可如图3.28所示。

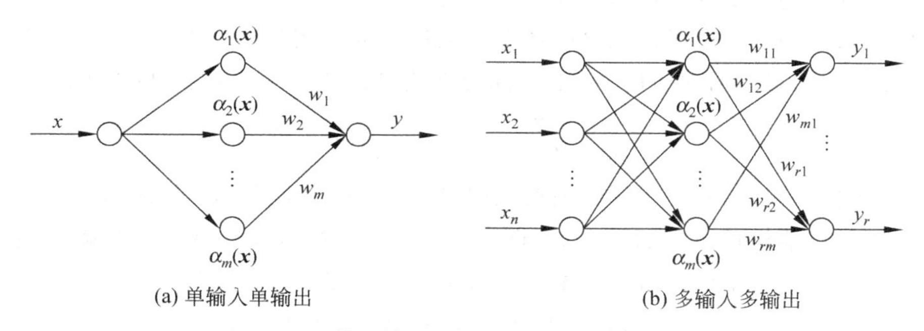

图3.28　基于基函数解释的CMAC神经网络

由于CMAC神经网络的基函数形状非常简单,因而它具有实现容易、学习速度快的优点。然而也正是由于这一点,它的输出只能用台阶形函数来逼近一个光滑函数,因而逼近的精度不高。为了提高逼近精度就必须提高分辨率,而提高分辨率更进一步增加了对存储容量的要求,它们是互相矛盾的。同时,显然CMAC也不能学习所逼近函数的导数。下面要介绍的B样条神经网络便是针对CMAC这些缺点而设计的,有时也将它们称为BMAC神经网络。

1. B样条神经网络的基函数

B样条神经网络是基于样条函数插值的原理而设计的神经网络。因此它的基函数是由一些局部的多项式组成。例如,上述的CMAC即可看成是由一阶基函数组成的最简单的

B 样条神经网络。CMAC 的基函数可看成是局部的零阶多项式。

1）输入空间的分割

为了定义 B 样条神经网络的基函数，需要首先定义对输入空间进行分割的方法。设输入向量为 $\boldsymbol{x}=[x_1 x_2 \cdots x_n]^{\mathrm{T}}$，$x_i \in I_i$，$I_i$ 为一有限区间，定义 $I_i=\{x_i : x_i^{\min} \leqslant x_i \leqslant x_i^{\max}\}$。

对该区间进行以下分割：

$$x_i^{\min} < \lambda_{i,1} \leqslant \lambda_{i,2} \leqslant \cdots \leqslant \lambda_{i,m_i} < x_i^{\max}$$

其中 $\lambda_{i,j}$ 称为 x_i 的第 j 个内结点，同样也可定义 $\lambda_{i,j}$ 的外结点：

$$\cdots \lambda_{i,-1} \leqslant \lambda_{i,0} \leqslant x_i^{\min} \quad x_i^{\max} \leqslant \lambda_{i,m_i+1} \leqslant \lambda_{i,m_i+2} \cdots$$

一般情况下，所有左边的外结点均置于 $x_i^{\min}$，所有右边的外结点均置于 $x_i^{\max}$。若两结点在同一位置，则称该结点为重结点。所有这些结点将整个区间 I_i 分为以下 m_i+1 个子区间 $I_{i,j}(0 \leqslant j \leqslant m_i)$

$$I_{i,j}=x_i:\begin{cases} x_i \in [\lambda_{i,j},\lambda_{i,j+1}) & j=0,1,\cdots,m_i-1 \\ x_i \in [\lambda_{i,j},\lambda_{i,j+1}] & j=m_i \end{cases}$$

2）单变量基函数

首先考虑一维输入时基函数的构成。设 $N_j^k(x)$ 为定义在 $\lambda_{j-kd},\lambda_{j-kd+1},\cdots,\lambda_j$ 上的 k 阶基函数，从而有感受域函数 $\alpha_j(x)=N_j^k(x)$。这里 d 称为扩展系数。若这些结点重合在一起，则 $N_j^k(x)=0$，否则它用以下递阶关系进行计算，即

$$N_j^k(x)=\left(\frac{x-\lambda_{j-kd}}{\lambda_{j-d}-\lambda_{j-kd}}\right)N_{j-d}^{k-1}(x)+\left(\frac{\lambda_j-x}{\lambda_j-\lambda_{j-(k-1)d}}\right)N_j^{k-1}(x)$$

$$N_j^1(x)=\begin{cases}1 & x \in [\lambda_{j-d},\lambda_j) \\ 0 & x \notin [\lambda_{j-d},\lambda_j)\end{cases}$$

上面定义的基函数具有以下性质。

(1) 正定性：$N_j^k(x)>0, x \in [\lambda_{j-kd},\lambda_J)$。

(2) 紧密性：$N_j^k(x)=0, x \notin [\lambda_{j-kd},\lambda_J)$。

(3) 归一性：$\dfrac{1}{d}\sum\limits_j N_j^k(x)=1, x \in I$。

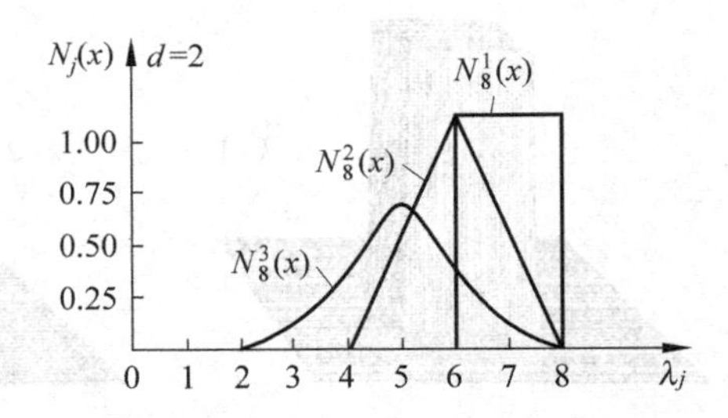

图 3.29　B 样条神经网络的基函数

图 3.29 画出了当 $d=2$，$k=1, 2, 3$ 时基函数的图形。可以看出它们的形状类似于模糊集合的隶属度函数。不难验证，对于单结点情况，当 $k \geqslant 2$ 时，$N_j^k(x)$ 以及它的直到 $k-2$ 阶导数在 x 的整个区间上都是连续的。

根据上面的基函数的表达式，可以求得该基函数的各阶导数为

$$\frac{\mathrm{d}^s N_j^k(x)}{\mathrm{d}x^s} \triangleq {}^{(s)}N_j^k(x)=\frac{{}^{(s-1)}N_{j-d}^{k-1}(x)}{\lambda_{j-d}-\lambda_{j-kd}}-\frac{{}^{(s-1)}N_j^{k-1}(x)}{\lambda_j-\lambda_{j-(k-1)d}}$$

$${}^{(0)}N_j^1(x)=\begin{cases}1 & x \in [\lambda_{j-d},\lambda_j) \\ 0 & x \notin [\lambda_{j-d},\lambda_j)\end{cases}$$

B 样条神经网络具有如图 3.28 所示相同的结构，若对于单输入单输出则有

$$y=\sum_{j=1}^{m} w_j N_j^k(x)$$

从而很容易求得神经输出对输入的导数为

$$\frac{\mathrm{d}^s y}{\mathrm{d}x^s} \triangleq y^{(s)} = \sum_{j=1}^{m} w_j^{(s)} N_j^k(x)$$

这个导数信号对于控制是很有用的。

3) 多变量基函数

设输入向量 $\boldsymbol{x} \in R^n$,则定义多维变量基函数为

$$\alpha_{j_1 j_2 \cdots j_n}(\boldsymbol{x}) = \prod_{i=1}^{n} N_{i,j_i}^{k_i}(x_i)$$

其中 $N_{i,j_i}^{k_i}(x_i)$表示 $x_i(i=1,2,\cdots,n)$的第 $j_i(j_i=1,2,\cdots,m_i)$个单变量基函数,并设 x_i 的基函数的阶数为 k_i,扩展系数为 d_i。多维变量基函数的总数为

$$m = \prod_{i=1}^{n} m_i$$

可见,多维变量基函数总数是每个坐标分量基函数个数相乘的结果。

不难看出,多维变量基函数也满足以下的性质:

(1) 正定性:$\alpha_{j_1 j_2 \cdots j_n}(\boldsymbol{x}) > 0, \forall i \quad x_i \in [\lambda_{i,j_i - k_i d_i}, \lambda_{i,j_i})$。

(2) 紧密性:$\alpha_{j_1 j_2 \cdots j_n}(\boldsymbol{x}) = 0, \exists i \quad x_i \notin [\lambda_{i,j_i - k_i d_i}, \lambda_{i,j_i})$。

(3) 归一性:$\frac{1}{d} \sum_{j_1=1}^{m_1} \sum_{j_2=1}^{m_2} \cdots \sum_{j_n=n}^{m_n} \alpha_{j_1 j_2 \cdots j_n}(\boldsymbol{x}) = 1, d = \prod_{i=1}^{n} d_i$。

(4) 连续性:设 $k=\min\{k_1, k_2, \cdots, k_n\}$,则当 $k \geqslant 2$ 时,$\alpha_{j_1 j_2 \cdots j_n}(\boldsymbol{x})$以及它的直到 $k-2$ 阶导数在整个输入空间均连续。

图 3.30 展示出了 3 个二维变量基函数的例子,其中 $k_1=k_2=k$ 分别等于 1、2、3。

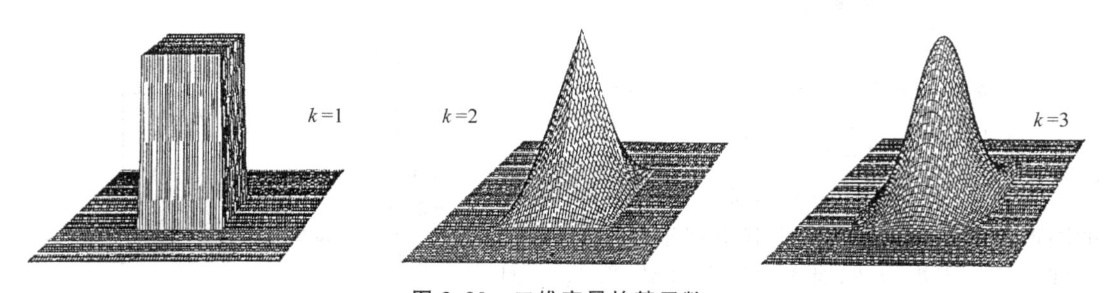

图 3.30 二维变量的基函数

根据以上分析可以看出,多维 B 样条神经网络需要占用

$$m = \prod_{i=1}^{n} m_i$$

个存储单元,它随着输入维数的增加而呈指数增长。所以一般也需采用如前面介绍的哈希编码方法来压缩存储量。

2. B 样条神经网络的工作原理及学习算法

B 样条神经网络的结构仍如图 3.30 所示。从图中可以看出,该网络从输入到输出的映射可分为以下两步。

1） $\boldsymbol{x} \to \boldsymbol{\alpha}(\boldsymbol{x})$

这是图 3.30 中输入层所实现的功能，其中$\boldsymbol{\alpha}(\boldsymbol{x})=[\alpha_1(\boldsymbol{x}) \quad \alpha_2(\boldsymbol{x}) \quad \cdots \quad \alpha_m(\boldsymbol{x})]^{\mathrm{T}}$ 是 m 维相联空间 $\boldsymbol{A}$ 中的向量，$\alpha_j(\boldsymbol{x})$表示对于给定的输入 $\boldsymbol{x}$ 所对应的第 j 个基函数。由于基函数的紧密性和正定性，$\boldsymbol{\alpha}(\boldsymbol{x})$中只有

$$\rho = \prod_{i=1}^{n} k_i d_i$$

个元素非零，且其值在 0～1 之间，其余元素均为零。若令 $k_i=k$ 和 $d_i=1(i=1,2,\cdots,n)$，则 $\rho=k^n$。可见，$\boldsymbol{\alpha}(\boldsymbol{x})$中只有少数元素非零，大部分元素为 0。根据前面关于基函数的定义，$\boldsymbol{\alpha}(\boldsymbol{x})$是可以很容易计算出来的，其中$\boldsymbol{\alpha}(\boldsymbol{x})$中的每一个非零元素，是由 n 个单变量基函数值相乘的结果。

可见，$\boldsymbol{\alpha}(\boldsymbol{x})$实现的是一个特定的非线性映射，该非线性映射是设计网络时便确定了的，即与此有关的参数 m_i、k_i 和 $d_i(i=1,2,\cdots,n)$需要事先设计。

2） $\boldsymbol{\alpha}(\boldsymbol{x}) \to \boldsymbol{y}$，$\boldsymbol{y}=\boldsymbol{W}\boldsymbol{\alpha}(\boldsymbol{x})$

这是图 3.30 中输出层所实现的功能，其中

$$\boldsymbol{W} = \begin{bmatrix} w_{11} & w_{12} & \cdots & w_{1m} \\ \vdots & \vdots & & \vdots \\ w_{r1} & w_{r2} & \cdots & w_{rm} \end{bmatrix}, \quad \boldsymbol{\alpha}(\boldsymbol{x}) = \begin{bmatrix} \alpha_1(\boldsymbol{x}) \\ \alpha_2(\boldsymbol{x}) \\ \cdots \\ \alpha_m(\boldsymbol{x}) \end{bmatrix}$$

可见输出层是线性映射。其中连接权 $w_{ij}(i=1,2,\cdots,r;j=1,2,\cdots,m)$是可以调整的参数，对于第 i 个输出有

$$y_i = \sum_{j=1}^{m} w_{ij}\alpha_j(\boldsymbol{x}) \quad i=1,2,\cdots,r$$

若令 $\boldsymbol{w}_i=[w_{i1}\, w_{i2} \cdots w_{in}]$表示矩阵 $\boldsymbol{W}$ 的第 i 行，则上式也可表示为

$$y_i = \boldsymbol{w}_i \boldsymbol{\alpha}(\boldsymbol{x})$$

这里采用与 CMAC 神经网络相同的连接权学习算法，即

$$w_{ij}(l+1) = w_{ij}(l) + \beta[y_i^{\mathrm{d}} - y_i(l)]\alpha_j(\boldsymbol{x}) / \boldsymbol{\alpha}^{\mathrm{T}}(\boldsymbol{x})\boldsymbol{\alpha}(\boldsymbol{x})$$

也可写成以下的向量形式

$$\boldsymbol{w}_i(l+1) = \boldsymbol{w}_i(l) + \beta[y_i^{\mathrm{d}} - y_i(l)]\boldsymbol{\alpha}^{\mathrm{T}}(\boldsymbol{x}) / \boldsymbol{\alpha}^{\mathrm{T}}(\boldsymbol{x})\boldsymbol{\alpha}(\boldsymbol{x})$$

式中，y_i^{d} 表示第 i 个输出量的期望值；$y_i(l)$表示第 i 个输出量第 l 次计算的实际输出值；β 是学习率。前面在介绍 CMAC 神经网络时已给出，当 $0<\beta<2$ 时可确保迭代学习算法的收敛性。下面对这一点加以具体的说明。

令 $e_i(l)=y_i^{\mathrm{d}}-y_i(l)=y_i^{\mathrm{d}}-\boldsymbol{w}_i(l)\boldsymbol{\alpha}(\boldsymbol{x})$，则

$$\begin{aligned}\Delta e_i(l) &= e_i(l+1) - e_i(l) = [y_i^{\mathrm{d}} - y_i(l+1)] - [y_i^{\mathrm{d}} - y_i(l)] \\ &= -[y_i(l+1) - y_i(l)] = -[\boldsymbol{w}_i(l+1) - \boldsymbol{w}_i(l)]\boldsymbol{\alpha}(\boldsymbol{x}) \\ &= -\Delta \boldsymbol{w}_i(l)\boldsymbol{\alpha}(\boldsymbol{x})\end{aligned}$$

上面的向量形式连接权学习算法可改写为

$$\Delta \boldsymbol{w}_i(l) = \beta e_i(l)\boldsymbol{\alpha}^{\mathrm{T}}(\boldsymbol{x}) / \boldsymbol{\alpha}^{\mathrm{T}}(\boldsymbol{x})\boldsymbol{\alpha}(\boldsymbol{x})$$

将该式代入上面的式子可得

$$\Delta e_i(l) = -\beta e_i(l)\boldsymbol{\alpha}^{\mathrm{T}}(\boldsymbol{x})\boldsymbol{\alpha}(\boldsymbol{x}) / \boldsymbol{\alpha}^{\mathrm{T}}(\boldsymbol{x})\boldsymbol{\alpha}(\boldsymbol{x}) = -\beta e_i(l)$$

上式可进一步变为

$$e_i(l+1)=(1-\beta)e_i(l)$$

根据离散系统的稳定性条件，当$|1-\beta|<1$即$0<\beta<2$时，上面迭代过程是稳定的，即

$$\lim_{l\to\infty}e_i(l)=0$$

这也就是前面给出的结论，为了使$e_i(l)$单调衰减，通常只取$0<\beta<1$。

学习率β在0～1之间的具体选取还需要折中地加以考虑：选取较大的β值可使收敛加快，从而更适合时变系统的建模，而选取较小的β值可以使得所建模型对测量和建模噪声较不敏感。

3.4.3　径向基函数神经网络

径向基函数神经网络也称 RBF(Radial Basis Function)神经网络，它也是一种局部逼近的神经网络。

RBF 神经网络也具有如图 3.30 所示的同样的网络结构。它与 CMAC 及 B 样条神经网络不同之处在于基函数的选取。

这里所选取的基函数为

$$\alpha_j(\boldsymbol{x})=\psi_j(\|\boldsymbol{x}-\boldsymbol{c}_j\|/\sigma_j)$$

式中，$\boldsymbol{c}_j$是第j个基函数的中心点；σ_j是一个可以自由选择的参数，它决定了该基函数围绕中心点的宽度；$\|\boldsymbol{x}-\boldsymbol{c}_j\|$是向量$\boldsymbol{x}-\boldsymbol{c}_j$的范数，它通常表示$\boldsymbol{x}$和$\boldsymbol{c}_j$之间的距离；$\psi_j$是一个径向对称的函数，它在$\boldsymbol{c}_j$处有一个唯一的最大值，随着$\|\boldsymbol{x}-\boldsymbol{c}_j\|$的增大，$\psi_j$迅速衰减到零。对于给定的输入$\boldsymbol{x}\in R^n$，只有一小部分中心靠近$\boldsymbol{x}$的处理单元被激活。

前面介绍的 B 样条基函数可以看成是一种 RBF 基函数，但最常用的 RBF 基函数是高斯(Gaussian)基函数，即

$$\alpha_j(\boldsymbol{x})=\psi_j(\|\boldsymbol{x}-\boldsymbol{c}_j\|/\sigma_j)=\mathrm{e}^{-\frac{\|\boldsymbol{x}-\boldsymbol{c}_j\|^2}{\sigma_j^2}}$$

如图 3.30 所示，RBF 神经网络也由两层组成：输入层实现从$\boldsymbol{x}\to\alpha_j(\boldsymbol{x})=\psi_j(\|\boldsymbol{x}-\boldsymbol{c}_j\|/\sigma_j)$的非线性映射，输出层实现从$\alpha_j(\boldsymbol{x})$到$\boldsymbol{y}$的线性映射，即

$$\boldsymbol{y}=\boldsymbol{W}\boldsymbol{\alpha}(\boldsymbol{x})$$

或

$$y_i=\sum_{j=1}^{m}w_{ij}\alpha_j(\boldsymbol{x})\quad i=1,2,\cdots,r$$

其连接权的学习算法仍同前，即

$$w_{ij}(l+1)=w_{ij}(l)+\beta[y_i^{\mathrm{d}}-y_i(l)]\alpha_j(\boldsymbol{x})/\boldsymbol{\alpha}^{\mathrm{T}}(\boldsymbol{x})\boldsymbol{\alpha}(\boldsymbol{x})$$

由于$\alpha_j(\boldsymbol{x})$为高斯函数，因而对任意$\boldsymbol{x}$均有$\alpha_j(\boldsymbol{x})>0$，从而失去局部调整权值的优点。而事实上当$\boldsymbol{x}$远离$\boldsymbol{c}_j$时，$\alpha_j(\boldsymbol{x})$已非常小，因此可作为0对待。因此实际上只当$\alpha_j(\boldsymbol{x})$大于某一数值(如0.05)时才对相应的权值$w_{ij}$进行修改。经这样处理后 RBF 神经网络也同样具备局部逼近网络学习收敛快的优点。

上面学习算法中的学习率β的选取仍同前，即选取$0<\beta<2$时可确保迭代学习算法的收敛性。而实际上通常只取$0<\beta<1$。

RBF 神经网络采用高斯基函数具有以下一些优点：

(1) 表示形式简单,即使对于多变量输入也不增加太多的复杂性。

(2) 径向对称。

(3) 光滑性好,任意阶导数均存在。

(4) 由于该基函数表示简单且解析性好,因而便于进行理论分析。

高斯基函数也具有如B样条基函数的正定性,而不具备紧密性。这是该基函数的一个主要缺点。但采用如前面所述的近似处理($\alpha_j(\boldsymbol{x})$小于某一小数时即取其为0),可一定程度上克服该缺点。

3.5 模糊神经网络

通过前面各节的讨论可知,神经网络具有并行计算、分布式信息存储、容错能力强以及具备自适应学习功能等一系列优点。正是由于这些优点,神经网络的研究受到广泛的关注并吸引了许多研究工作者的兴趣。但一般说来,神经网络不适于表达基于规则的知识,因此在对神经网络进行训练时,由于不能很好地利用已有的经验知识,常常只能将初始权值取为零或随机数,从而增加了网络的训练时间或者陷入非要求的局部极值。这是神经网络的一个不足。

另外,模糊逻辑也是一种处理不确定性、非线性和其他不适定问题(Ill-posed problem)的有力工具。它比较适合于表达那些模糊或定性的知识,其推理方式比较类似于人的思维模式。以上这些都是模糊逻辑的显著优点。但是一般说来,模糊系统缺乏自学习和自适应能力。虽然2.8节介绍了自适应模糊控制,但可以看出,要设计和实现模糊系统的自适应控制是比较困难的。

基于上述讨论可见,若能将模糊逻辑与神经网络适当地结合起来,吸取两者的长处,则可组成比单独的神经网络系统或单独的模糊系统性能更好的系统。下面介绍用神经网络来实现模糊系统的两种结构。

3.5.1 基于Mamdani模型的模糊神经网络

在模糊系统中,模糊模型的表示主要有两种:一种是模糊规则的后件是输出量的某一模糊集合,如NB、PB等,这是最经常碰到的情况,通常称它为Mamdani模糊模型;另一种是模糊规则的后件,是输入语言变量的函数,典型的情况是输入变量的线性组合。由于该方法是Takagi和Sugeno首先提出来的,因此通常称它为模糊系统的T-S模型。下面首先讨论基于Mamdani模型的模糊神经网络。

1. 模糊系统的Mamdani模型

在第2章中已经介绍过,对于多输入多输出(MIMO)的模糊规则可以分解为多个多输入单输出(MISO)的模糊规则。因此,不失一般性,下面只讨论MISO模糊系统。

图3.31所示为一基于标准模型的MISO模糊系统的原理结构。其中$\boldsymbol{x}\in R^n$,$y\in R$。如果该模糊系统的输出作用于一个控制对象,那么它的作用便是一个模糊逻辑控制器。

设输入向量$\boldsymbol{x}=[x_1 \quad x_2 \quad \cdots \quad x_n]^{\mathrm{T}}$,每个分量$x_i$均为模糊语言变量,并设

$$T(x_i)=\{A_i^1,A_i^2,\cdots,A_i^{m_i}\} \quad i=1,2,\cdots,n$$

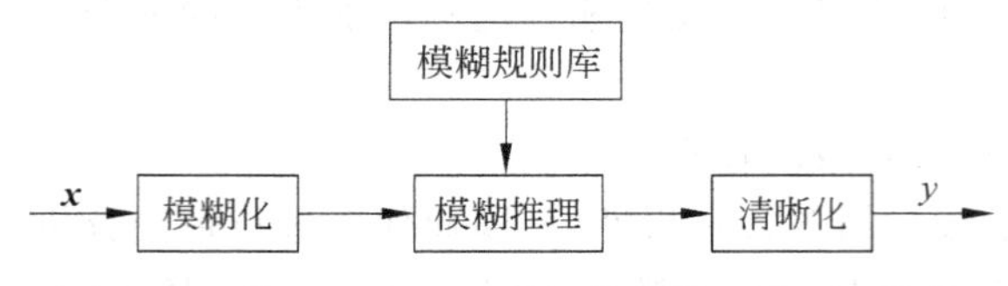

图 3.31 基于 Mamdani 模型的模糊系统原理结构

式中 $A_i^{j_i}(j_i=1,2,\cdots,m_i)$ 是 x_i 的第 j_i 个语言变量值,它是定义在论域 U_i 上的一个模糊集合。相应的隶属度函数为 $\mu_{A_i^{j_i}}(x_i)$ $(i=1,2,\cdots,n;j_i=1,2,\cdots,m_i)$。

输出量 y 也为模糊语言变量且 $T(y)=\{B^1,B^2,\cdots,B^{m_y}\}$。其中 $B^s(s=1,2,\cdots,m_y)$ 是 y 的第 s 个语言变量值,它是定义在论域 U_y 上的模糊集合。相应的隶属度函数为 $\mu_{B^s}(y)$。

设描述输入与输出关系的模糊规则为

$$R_j:\text{如果 } x_1 \text{ 是 } A_1^{j_1} \text{ and } x_2 \text{ 是 } A_2^{j_2} \cdots \text{ and } x_n \text{ 是 } A_n^{j_n}\text{,则 } y \text{ 是 } B^j$$

其中 $j=1,2,\cdots,m$,m 表示规则总数,$m\leqslant\prod_{i=1}^{n}m_i$。

若输入量采用单点模糊集合的模糊化方法,则对于给定的输入 $\boldsymbol{x}$,可以求得对于每条规则的适用度为

$$\alpha_j=\mu_{A_1^{j_1}}(x_1)\wedge\mu_{A_2^{j_2}}(x_2)\cdots\wedge\mu_{A_n^{j_n}}(x_n)$$

或

$$\alpha_j=\mu_{A_1^{j_1}}(x_1)\mu_{A_2^{j_2}}(x_2)\cdots\mu_{A_n^{j_n}}(x_n)$$

通过模糊推理可得对于每一条模糊规则的输出量模糊集合 B_j 的隶属度函数为

$$\mu_{B_j}(y)=\alpha_j\wedge\mu_{B^j}(y)$$

或

$$\mu_{B_j}(y)=\alpha_j\mu_{B^j}(y)$$

从而输出量总的模糊集合为

$$B=\bigcup_{j=1}^{m}B_j,\quad \mu_B(y)=\bigvee_{j=1}^{m}\mu_{B_j}(y)$$

若采用加权平均的清晰化方法,则可求得输出的清晰化量为

$$y=\frac{\int_{U_y}y\mu_B(y)\mathrm{d}y}{\int_{U_y}\mu_B(y)\mathrm{d}y}$$

由于计算上式的积分很麻烦,实际计算时通常用下面的近似公式

$$y=\frac{\sum_{j=1}^{m}y_{c_j}\mu_{B_j}(y_{c_j})}{\sum_{j=1}^{m}\mu_{B_j}(y_{c_j})}$$

式中 y_{c_j} 是使 $\mu_{B_j}(y)$ 取最大值的点,它一般也就是隶属度函数的中心点。显然

$$\mu_{B_j}(y_{c_j})=\max_{y}\mu_{B_j}(y)\triangleq\alpha_j$$

从而输出量的表达式可变为

$$y = \sum_{j=1}^{m} y_{c_j} \bar{\alpha}_j, \quad \bar{\alpha}_j = \frac{\alpha_j}{\sum_{j=1}^{m} \alpha_j}$$

2. 模糊神经网络的结构

根据上面给出的模糊系统的模糊模型，可设计出如图3.32所示的模糊神经网络结构。图中所示为MIMO系统，它是上面所讨论的MISO情况的简单推广。

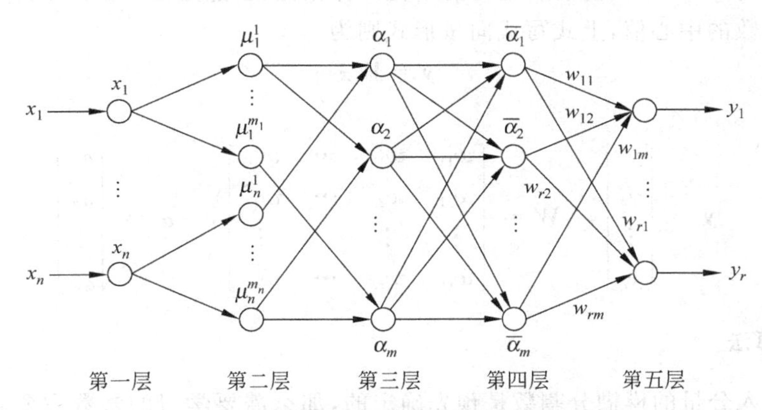

图3.32 基于标准模型的模糊神经网络结构

图中第一层为输入层。该层的各个结点直接与输入向量的各分量 x_i 连接，它起着将输入值 $\boldsymbol{x}=[x_1 \quad x_2 \quad \cdots \quad x_n]^{\mathrm{T}}$ 传送到下一层的作用。该层的结点数 $N_1=n$。

第二层每个结点代表一个语言变量值，如NB、PS等。它的作用是计算各输入分量属于各语言变量值模糊集合的隶属度函数 $\mu_i^{j_i}(=\mu_{A_i^{j_i}}(x_i))$，$i=1,2,\cdots,n$；$j_i=1,2,\cdots,m_i$。$n$ 是输入量的维数，m_i 是 x_i 的模糊分割数。例如，若隶属函数采用高斯函数表示的铃形函数，则

$$\mu_i^{j_i} = \mathrm{e}^{-\frac{(x_i - c_{ij_i})^2}{\sigma_{ij_i}^2}}$$

式中 c_{ij_i} 和 σ_{ij_i} 分别表示隶属度函数的中心和宽度。该层的结点总数 $N_2 = \sum_{i=1}^{n} m_i$。

第三层的每个结点代表一条模糊规则，它的作用是用来匹配模糊规则的前件，计算出每条规则的适用度，即

$$\alpha_j = \min\{\mu_1^{j_1}, \mu_2^{j_2}, \cdots, \mu_n^{j_n}\}$$

或

$$\alpha_j = \mu_1^{j_1} \mu_2^{j_2} \cdots \mu_n^{j_n}$$

其中 $j_1 \in \{1,2,\cdots,m_1\}$，$j_2 \in \{1,2,\cdots,m_2\}$，$\cdots$，$j_n \in \{1,2,\cdots,m_n\}$，$j=1,2,\cdots,m$，$m = \sum_{i=1}^{n} m_i$。该层的结点总数 $N_3=m$。对于给定的输入，只有在输入点附近的那些语言变量值才有较大的隶属度值，远离输入点的语言变量值的隶属度或者很小(高斯隶属度函数)或者为0(三角形隶属度函数)。当隶属度函数很小(如小于0.05)时近似取为0。因此在 α_j 中只有少量结点输出非0，而多数结点的输出为0，这一点与前面介绍的局部逼近网络是类似的。

第四层的结点数与第三层相同，即 $N_4=N_3=m$，它所实现的是归一化计算，即

$$\bar{\alpha}_j=\alpha_j\Big/\sum_{j=1}^{m}\alpha_j \quad j=1,2,\cdots,m$$

第五层是输出层，它所实现的是清晰化计算，即

$$y_i=\sum_{j=1}^{m}w_{ij}\bar{\alpha}_j \quad i=1,2,\cdots,r$$

与前面所给出的 Mamdani 模糊模型的清晰化计算相比较，这里的 w_{ij} 相当于 y_i 的第 j 个语言值隶属度函数的中心值，上式写成向量形式则为

$$\boldsymbol{y}=\boldsymbol{W}\bar{\boldsymbol{\alpha}}$$

其中

$$\boldsymbol{y}=\begin{bmatrix}y_1\\y_2\\\vdots\\y_r\end{bmatrix},\quad \boldsymbol{W}=\begin{bmatrix}w_{11}&w_{12}&\cdots&w_{1m}\\w_{21}&w_{22}&\cdots&w_{2m}\\\vdots&\vdots&&\vdots\\w_{r1}&w_{r2}&\cdots&w_{rm}\end{bmatrix},\quad \bar{\boldsymbol{\alpha}}=\begin{bmatrix}\bar{\alpha}_1\\\bar{\alpha}_2\\\vdots\\\bar{\alpha}_m\end{bmatrix}$$

3. 学习算法

假设各输入分量的模糊分割数是预先确定的，那么需要学习的参数主要是最后一层的连接权 $w_{ij}(i=1,2,\cdots,r;j=1,2,\cdots,m)$，以及第二层的隶属度函数的中心值 c_{ij_i} 和宽度 σ_{ij_i} $(i=1,2,\cdots,n;j=1,2,\cdots,m_i)$。

上面所给出的模糊神经网络本质上也是一种多层前馈网络，所以可以仿照 BP 网络用误差反传的方法来设计调整参数的学习算法。为了导出误差反传的迭代算法，需要对每个神经元的输入与输出关系加以形式化地描述。

设图 3.33 表示模糊神经网络中第 q 层第 j 个结点。

其中，结点的纯输入

$$s_j^{(q)}=f_j^{(q)}(x_1^{(q-1)},x_2^{(q-1)},\cdots,x_{n_{q-1}}^{(q-1)};w_{j1}^{(q)},w_{j2}^{(q)},\cdots,w_{jn_{q-1}}^{(q)})$$

结点的输出

$$x_j^{(q)}=g^{(q)}(s_j^{(q)})$$

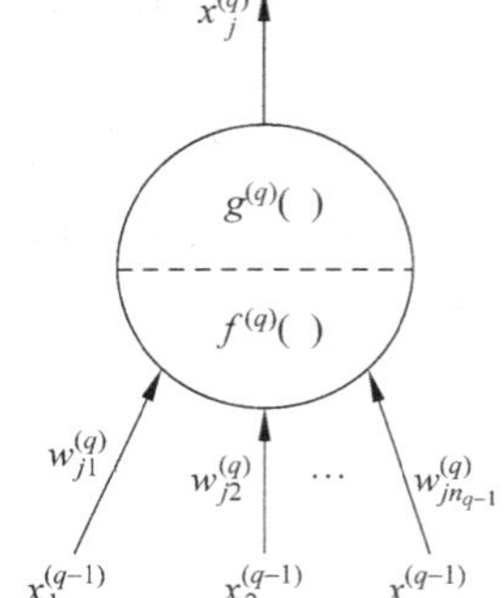

图 3.33　单个神经元结点的基本结构

对于一般的神经元结点，通常有

$$s_j^{(q)}=f_j^{(q)}(\cdot)=\sum_{i=0}^{n_{q-1}}w_{ji}^{(q)}x_i^{(q-1)}$$

$$x_j^{(q)}=g^{(q)}(s_j^{(q)})=\frac{1}{1+\mathrm{e}^{-\mu s_j^{(q)}}}$$

而对于图 3.32 所示的模糊神经网络，其神经元结点的输入与输出函数则具有较为特殊的形式。下面具体给出它的每一层的结点函数。

第一层

$$s_i^{(1)}=x_i^{(0)}=x_i,x_i^{(1)}=g_i^{(1)}(s_i^{(1)})=s_i^{(1)} \quad i=1,2,\cdots,n$$

第二层

$$s_{ij_i}^{(2)} = f_{ij_i}^{(2)}(\cdot) = -\frac{(x_i^{(1)} - c_{ij_i})^2}{\sigma_{ij_i}^2}, \quad x_{ij_i}^{(2)} = \mu_i^{j_i} = g_{ij_i}^{(2)}(s_{ij_i}^{(2)}) = e^{s_{ij_i}^{(2)}} = e^{-\frac{(x_i - c_{ij_i})^2}{\sigma_{ij_i}^2}}$$

$$i = 1,2,\cdots,n; \quad j_i = 1,2,\cdots,m_i$$

第三层

$$s_j^{(3)} = f_j^{(3)}(\cdot) = \min\{x_{1j_1}^{(2)}, x_{2j_2}^{(2)}, \cdots, x_{nj_n}^{(2)}\} = \min\{\mu_1^{j_1}, \mu_2^{j_2}, \cdots, \mu_n^{j_n}\},$$

或者

$$s_j^{(3)} = f_j^{(3)}(\cdot) = x_{1j_1}^{(2)} x_{2j_2}^{(2)} \cdots x_{nj_n}^{(2)} = \mu_1^{j_1} \mu_2^{j_2} \cdots \mu_n^{j_n},$$

$$x_j^{(3)} = \alpha_j = g_j^{(3)}(s_j^{(3)}) = s_j^{(3)} \quad j = 1,2,\cdots,m, \quad m = \prod_{i=1}^{n} m_i$$

第四层

$$s_j^{(4)} = f_j^{(4)}(\cdot) = x_j^{(3)} \Big/ \sum_{i=1}^{m} x_i^{(3)} = \alpha_j \Big/ \sum_{i=1}^{m} \alpha_i, \quad x_j^{(4)} = \bar{\alpha}_j = g_j^{(4)}(s_j^{(4)}) = s_j^{(4)}$$

$$j = 1,2,\cdots,m$$

第五层

$$s_i^{(5)} = f_i^{(5)}(\cdot) = \sum_{j=1}^{m} w_{ij} x_j^{(4)} = \sum_{j=1}^{m} w_{ij} \bar{\alpha}_j,$$

$$x_i^{(5)} = y_i = g_i^{(5)}(s_i^{(5)}) = s_i^{(5)} \quad i = 1,2,\cdots,r$$

设取误差代价函数为

$$E = \frac{1}{2} \sum_{i=1}^{r} (y_{di} - y_i)^2$$

其中 y_{di} 和 y_i 分别表示期望输出和实际输出。下面给出误差反传算法来计算 $\frac{\partial E}{\partial w_{ij}}$、$\frac{\partial E}{\partial c_{ij_i}}$ 和 $\frac{\partial E}{\partial \sigma_{ij_i}}$，然后利用一阶梯度寻优算法来调节 w_{ij}、c_{ij_i} 和 σ_{ij_i}。

首先计算

$$\delta_i^{(5)} \triangleq -\frac{\partial E}{\partial s_i^5} = -\frac{\partial E}{\partial y_i} = y_{di} - y_i$$

进而求得

$$\frac{\partial E}{\partial w_{ij}} = \frac{\partial E}{\partial s_i^{(5)}} \frac{\partial s_i^{(5)}}{\partial w_{ij}} = -\delta_i^{(5)} x_j^{(4)} = -(y_{di} - y_i)\bar{\alpha}_j$$

再计算

$$\delta_j^{(4)} \triangleq -\frac{\partial E}{\partial s_j^{(4)}} = -\sum_{i=1}^{r} \frac{\partial E}{\partial s_i^{(5)}} \frac{\partial s_i^{(5)}}{\partial x_j^{(4)}} \frac{\partial x_j^{(4)}}{\partial s_j^{(4)}} = \sum_{i=1}^{r} \delta_i^{(5)} w_{ij}$$

$$\delta_j^{(3)} \triangleq -\frac{\partial E}{\partial s_j^{(3)}} = -\sum_{k=1}^{m} \frac{\partial E}{\partial s_k^{(4)}} \frac{\partial s_k^{(4)}}{\partial x_j^{(3)}} \frac{\partial x_j^{(3)}}{\partial s_j^{(3)}} = \frac{1}{\left(\sum_{i=1}^{m} \alpha_i\right)^2} \left(\delta_j^{(4)} \sum_{\substack{i=1 \\ i \neq j}}^{m} x_i^{(3)} - \sum_{\substack{k=1 \\ k \neq j}}^{m} \delta_k^{(4)} x_k^{(3)}\right)$$

$$= \frac{1}{\left(\sum_{i=1}^{m} \alpha_i\right)^2} \left(\delta_j^{(4)} \sum_{\substack{i=1 \\ i \neq j}}^{m} \alpha_i - \sum_{\substack{k=1 \\ k \neq j}}^{m} \delta_k^{(4)} \alpha_k\right)$$

$$\delta_{ij_i}^{(2)} \triangleq -\frac{\partial E}{\partial s_{ij_i}^{(2)}} = -\sum_{k=1}^{m} \frac{\partial E}{\partial s_k^{(3)}} \frac{\partial s_k^{(3)}}{\partial x_{ij_i}^{(2)}} \frac{\partial x_{ij_i}^{(2)}}{\partial s_{ij_i}^{(2)}} = \sum_{k=1}^{m} \delta_k^{(3)} P_{ij_i} e^{s_{ij_i}^{(2)}} = \sum_{k=1}^{m} \delta_k^{(3)} P_{ij_i} e^{-\frac{(x_i - c_{ij_i})^2}{\sigma_{ij_i}^2}}$$

当 $s_k^{(3)}$ 采用取小运算时,则当 $x_{ij_i}^{(2)}=\mu_i^{j_i}$ 是第 k 个规则结点输入的最小值时,

$$P_{ij_i}=\frac{\partial s_k^{(3)}}{\partial x_{ij_i}^{(2)}}=\frac{\partial s_k^{(3)}}{\partial \mu_i^{j_i}}=1,\quad 否则\quad P_{ij_i}=\frac{\partial s_k^{(3)}}{\partial x_{ij_i}^{(2)}}=\frac{\partial s_k^{(3)}}{\partial \mu_i^{j_i}}=0$$

当 $s_k^{(3)}$ 采用相乘运算时,则当 $x_{ij_i}^{(2)}=\mu_i^{j_i}$ 是第 k 个规则结点的一个输入时,

$$P_{ij_i}=\frac{\partial s_k^{(3)}}{\partial x_{ij_i}^{(2)}}=\frac{\partial s_k^{(3)}}{\partial \mu_i^{j_i}}=\prod_{\substack{k=1\\k\neq i}}^{n}\mu_k^{j_k},\quad 否则\quad P_{ij_i}=\frac{\partial s_k^{(3)}}{\partial x_{ij_i}^{(2)}}=\frac{\partial s_k^{(3)}}{\partial \mu_i^{j_i}}=0$$

从而可得所求一阶梯度为

$$\frac{\partial E}{\partial c_{ij_i}}=\frac{\partial E}{\partial s_{ij_i}^{(2)}}\frac{\partial s_{ij_i}^{(2)}}{\partial c_{ij_i}}=-\delta_{ij_i}^{(2)}\frac{2(x_i-c_{ij_i})}{\sigma_{ij_i}^2}$$

$$\frac{\partial E}{\partial \sigma_{ij_i}}=\frac{\partial E}{\partial s_{ij_i}^{(2)}}\frac{\partial s_{ij_i}^{(2)}}{\partial \sigma_{ij_i}}=-\delta_{ij_i}^{(2)}\frac{2(x_i-c_{ij_i})^2}{\sigma_{ij_i}^3}$$

在求得所需的一阶梯度后,最后可给出参数调整的学习算法为

$$w_{ij}(k+1)=w_{ij}(k)-\beta\frac{\partial E}{\partial w_{ij}}\quad i=1,2,\cdots,r;\quad j=1,2,\cdots,m$$

$$c_{ij_i}(k+1)=c_{ij_i}(k)-\beta\frac{\partial E}{\partial c_{ij_i}}\quad i=1,2,\cdots,n;\quad j_i=1,2,\cdots,m_i$$

$$\sigma_{ij_i}(k+1)=\sigma_{ij_i}(k)-\beta\frac{\partial E}{\partial \sigma_{ij_i}}\quad i=1,2,\cdots,n;\quad j_i=1,2,\cdots,m_i$$

其中 $\beta>0$ 为学习率。

该模糊神经网络也和 BP 网络及 CMAC 等一样,本质上也是实现从输入到输出的非线性映射。它和 BP 网络一样在结构上都是多层前馈网,学习算法都是通过误差反传的方法;它和 CMAC 等一样都属于局部逼近网络。下面通过一个非线性函数映射的例子来说明该网络的性能及它与标准 CMAC 的比较。

4. 举例

设有下面的二维非线性函数

$$f(x_1,x_2)=\sin(\pi x_1)\cos(\pi x_2)$$

其中 $x_1\in[-1,1]$,$x_2\in[-1,1]$。现用上面给出的模糊神经网络来实现该非线性映射。

设将输入量 x_1 和 x_2 均分为 8 个模糊等级,它们对应于从 NL 到 PL 的 8 个模糊语言名称,即 $m_1=m_2=8$。取各个模糊等级的隶属度函数如图 3.34 所示。这里假设隶属度函数的形状已经预先给定,所要调整的参数只是输出层的连接权值 $w_i(i=1,2,\cdots,m)$。

为了对模糊神经网络进行训练,需要选取训练样本。这里按 $\Delta x_1=\Delta x_2=0.1$ 的间隔均匀取点,用上面的解析式进行理论计算,得到 400 组输入与输出的样本数据。利用这些样本数据对如图 3.32 所示的模糊神经网络(其中 $n=2,m_1=m_2=8,m=64,r=1$)进行训练,通过调整输出层的连接权 $w_i(i=1,2,\cdots,m)$,最后得到误差的学习曲线如图 3.35(a)所示,图中示出了学习率 $\beta=0.70$ 和 0.25 的两种情况,显然取较大的 β 收敛也较快。图 3.35(b)所示为经 20 次学习后模糊神经网络所实现的输入与输出映射的三维图形。为了显示网络的泛化能力,计算网络输出时采用了不同于训练时的数据(取 $\Delta x_1=\Delta x_2=0.12$)。为了比较,图中同时给出了按解析式计算得到的理论结果的三维图形。可以看出,模糊神经网络的逼近效果是很好的。

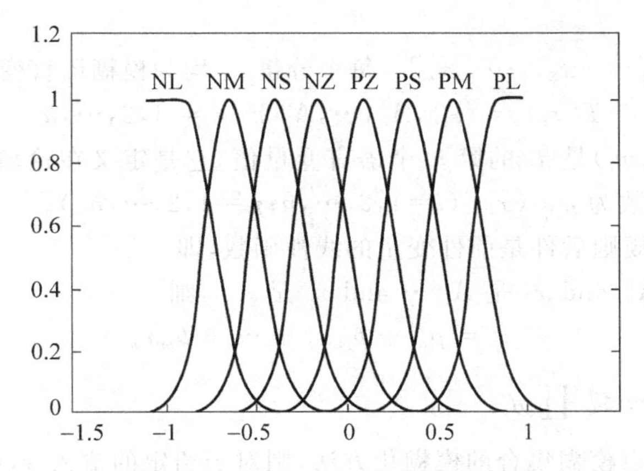

图 3.34 输入 x_1 和 x_2 隶属度函数

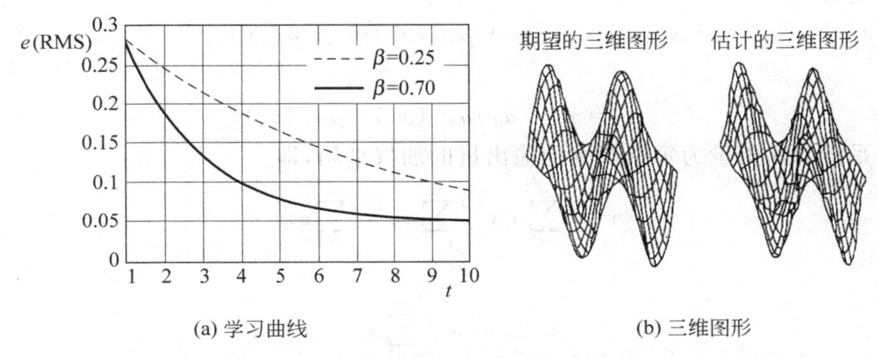

(a) 学习曲线 (b) 三维图形

图 3.35 模糊神经网络的误差学习曲线及输入与输出的三维图形

为了将模糊神经网络与 CMAC 进行比较，图 3.36 显示了这两种神经网络在相同样本集下对该函数进行逼近的比较。可以看出，模糊神经网络给出了比 CMAC 明显好的结果：模糊神经网络的最终逼近误差（均方根误差）为 0.0526，而 CMAC 的最终逼近误差为 0.3502。

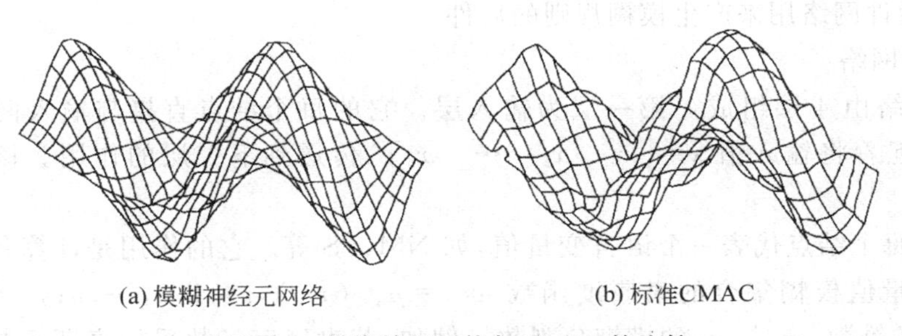

(a) 模糊神经元网络 (b) 标准CMAC

图 3.36 模糊神经网络与 CMAC 的比较

3.5.2 基于 T-S 模型的模糊神经网络

1. 模糊系统的 T-S 模型

由于 MIMO 的模糊规则可分解为多个 MISO 模糊规则，因此下面也只讨论 MISO 模糊系统的模型。

设输入向量 $\boldsymbol{x}=[x_1 \quad x_2 \quad \cdots \quad x_n]^{\mathrm{T}}$，每个分量 x_i 均为模糊语言变量。并设

$$T(x_i)=\{A_i^1,A_i^2,\cdots,A_i^{m_i}\} \quad i=1,2,\cdots,n$$

其中 $A_i^{j_i}(j_i=1,2,\cdots,m_i)$ 是 x_i 的第 j_i 个语言变量值，它是定义在论域 U_i 上的一个模糊集合。相应的隶属度函数为 $\mu_{A_i^{j_i}}(x_i)$ $(i=1,2,\cdots,n;j_i=1,2,\cdots,m_i)$。

T-S模型的模糊规则后件是前件变量的线性函数，即

R_j：如果 x_1 是 $A_1^{j_1}$ and x_2 是 $A_2^{j_2}\cdots$ and x_n 是 $A_n^{j_n}$，则

$$y_j=p_{j0}+p_{j1}x_1+\cdots+p_{jn}x_n$$

其中 $j=1,2,\cdots,m,m\leqslant\prod_{i=1}^{n}m_i$。

若输入量采用单点模糊集合的模糊化方法，则对于给定的输入 $\boldsymbol{x}$，可以求得对于每条规则的适用度为

$$\alpha_j=\mu_{A_1^{j_1}}(x_1)\wedge\mu_{A_2^{j_2}}(x_2)\cdots\wedge\mu_{A_n^{j_n}}(x_n)$$

或

$$\alpha_j=\mu_{A_1^{j_1}}(x_1)\mu_{A_2^{j_2}}(x_2)\cdots\mu_{A_n^{j_n}}(x_n)$$

模糊系统的输出量为每条规则的输出量的加权平均，即

$$y=\sum_{j=1}^{m}\alpha_j y_j\Big/\sum_{j=1}^{m}\alpha_j=\sum_{j=1}^{m}\bar{\alpha}_j y_j$$

其中

$$\bar{\alpha}_j=\alpha_j\Big/\sum_{j=1}^{m}a_j$$

2. 模糊神经网络的结构

根据上面给出的模糊模型，可以设计出如图3.37所示的模糊神经网络结构。图中所示为MIMO系统，它是上面讨论的MISO系统的简单推广。

由图3.37可见，该网络由前件网络和后件网络两部分组成，前件网络用来匹配模糊规则的前件，后件网络用来产生模糊规则的后件。

1) 前件网络

前件网络由4层组成。第一层为输入层。它的每个结点直接与输入向量的各分量 x_i 连接，它起着将输入值 $\boldsymbol{x}=[x_1 \quad x_2 \quad \cdots \quad x_n]^{\mathrm{T}}$ 传送到下一层的作用。该层的结点数 $N_1=n$。

第二层每个结点代表一个语言变量值，如NM、PS等。它的作用是计算各输入分量属于各语言变量值模糊集合的隶属度函数 $\mu_i^{j_i}(=\mu_{A_i^{j_i}}(x_i))$，$i=1,2,\cdots,n;j_i=1,2,\cdots,m_i$。$n$ 是输入量的维数，m_i 是 x_i 的模糊分割数。例如，若隶属度函数采用高斯函数表示的铃形函数，则

$$\mu_i^{j_i}=\mathrm{e}^{-\frac{(x_i-c_{ij_i})^2}{\sigma_{ij_i}^2}}$$

式中 c_{ij_i} 和 σ_{ij_i} 分别表示隶属度函数的中心和宽度。该层的结点总数 $N_2=\sum_{i=1}^{n}m_i$。

第三层的每个结点代表一条模糊规则，它的作用是匹配模糊规则的前件，计算出每条规

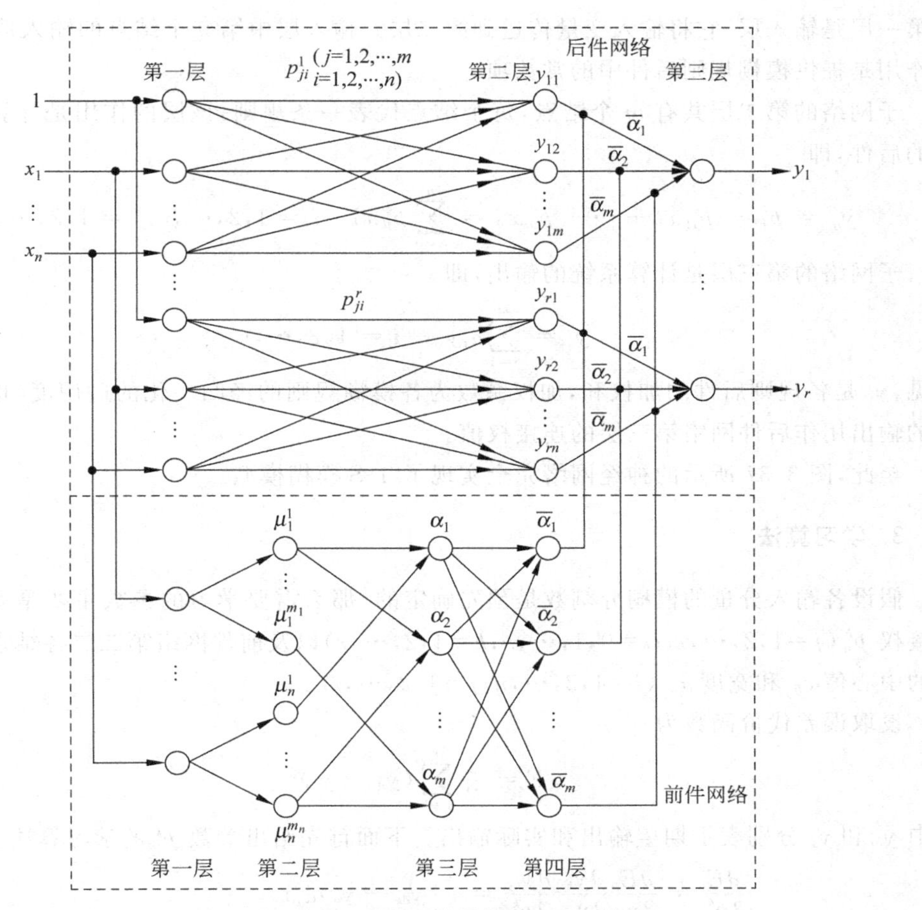

图 3.37　基于 T-S 模型的模糊神经网络结构

则的适用度，即

$$\alpha_j = \min\{\mu_1^{j_1}, \mu_2^{j_2}, \cdots, \mu_n^{j_n}\}$$

或

$$\alpha_j = \mu_1^{j_1}\mu_2^{j_2}\cdots\mu_n^{j_n}$$

其中 $j_1 \in \{1,2,\cdots,m_1\}$，$j_2 \in \{1,2,\cdots,m_2\}$，$\cdots$，$j_n \in \{1,2,\cdots,m_n\}$，$j=1,2,\cdots,m$，$m=\prod_{i=1}^{n} m_i$。该层的结点总数 $N_3=m$。对于给定的输入，只有在输入点附近的语言变量值才有较大的隶属度值，远离输入点的语言变量值的隶属度或者很小（高斯隶属度函数）或者为 0（三角形隶属度函数）。当隶属度函数很小（如小于 0.05）时近似取为 0。因此在 α_j 中只有少量结点输出非 0，而多数结点的输出为 0，这一点类似于局部逼近网络。

第四层的结点数与第三层相同，即 $N_4=N_3=m$，它所实现的是归一化计算，即

$$\bar{\alpha}_j = \alpha_j \Big/ \sum_{j=1}^{m} \alpha_j \quad j = 1,2,\cdots,m$$

2）后件网络

后件网络由 r 个结构相同的并列子网络所组成，每个子网络产生一个输出量。子网络

的第一层是输入层,它将输入变量传送到第二层。输入层中第0个结点的输入值 $x_0=1$,它的作用是提供模糊规则后件中的常数项。

子网络的第二层共有 m 个结点,每个结点代表一条规则,该层的作用是计算每一条规则的后件,即

$$y_{ij}=p_{j0}^{i}+p_{j1}^{i}x_1+\cdots+p_{jn}^{i}x_n=\sum_{k=0}^{n}p_{jk}^{i}x_k \quad i=1,2,\cdots,r;j=1,2,\cdots,m$$

子网络的第三层是计算系统的输出,即

$$y_i=\sum_{j=1}^{m}\bar{\alpha}_j y_{ij} \quad i=1,2,\cdots,r$$

可见,y_i 是各规则后件的加权和,加权系数为各模糊规则的经归一化的适用度,也即前件网络的输出用作后件网络第三层的连接权值。

至此,图3.37所示的神经网络完全实现了T-S模糊模型。

3. 学习算法

假设各输入分量的模糊分割数是预先确定的,那么需要学习的参数主要是后件网络的连接权 $p_{ji}^{k}(j=1,2,\cdots,m;i=0,1,\cdots,n;k=1,2,\cdots,r)$ 以及前件网络第二层各结点隶属度函数的中心值 c_{ij_i} 和宽度 $\sigma_{ij_i}(i=1,2,\cdots,n;j=1,2,\cdots,m_i)$。

设取误差代价函数为

$$E=\frac{1}{2}\sum_{i=1}^{r}(y_{di}-y_i)^2$$

式中 y_{di} 和 y_i 分别表示期望输出和实际输出。下面首先给出参数 p_{ji}^{k} 的学习算法。

$$\frac{\partial E}{\partial p_{ji}^{k}}=\frac{\partial E}{\partial y_k}\frac{\partial y_k}{\partial y_{kj}}\frac{\partial y_{kj}}{\partial p_{ji}^{k}}=-(y_{dk}-y_k)\bar{\alpha}_j x_i$$

$$p_{ji}^{k}(l+1)=p_{ji}^{k}(l)-\beta\frac{\partial E}{\partial p_{ji}^{k}}=p_{ji}^{k}(l)+\beta(y_{dk}-y_k)\bar{\alpha}_j x_i$$

其中,$j=1,2,\cdots,m;i=0,1,\cdots,n;k=1,2,\cdots,r$。

下面讨论 c_{ij_i} 和 σ_{ij_i} 的学习问题,这时可将参数 p_{ji}^{k} 固定。从而图3.37可以简化为如图3.38所示。这时每条规则的后件在简化结构中变成了最后一层的连接权。

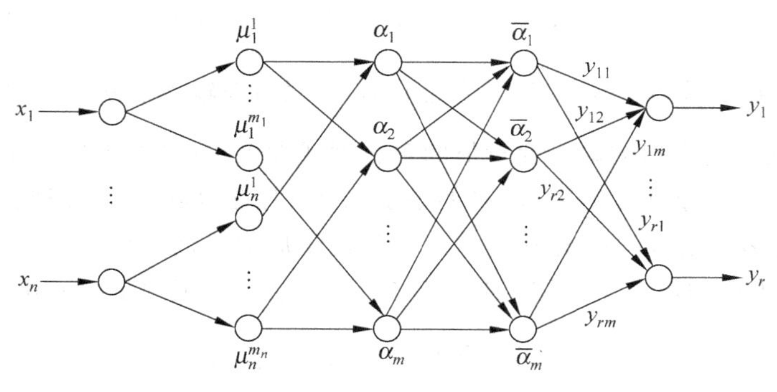

图3.38 基于T-S模型的模糊神经网络简化结构

比较图 3.38 与图 3.32 可以发现，该简化结构与基于 Mamdani 模型的模糊神经网络具有完全相同的结构，这时只需令最后一层的连接权 $y_{ij}=w_{ij}$，则完全可以借用前面已得的结果，即

$$\delta_i^{(5)}=y_{di}-y_i \quad i=1,2,\cdots,r$$

$$\delta_j^{(4)}=\sum_{i=1}^{r}\delta_i^{(5)}y_{ij} \quad j=1,2,\cdots,m$$

$$\delta_j^{(3)}\triangleq\frac{1}{\left(\sum_{i=1}^{m}\alpha_i\right)^2}\left(\delta_j^{(4)}\sum_{\substack{i=1\\i\neq j}}^{m}\alpha_i-\sum_{\substack{k=1\\k\neq j}}^{m}\delta_k^{(4)}\alpha_k\right) \quad j=1,2,\cdots,m$$

$$\delta_{ij_i}^{(2)}=\sum_{k=1}^{m}\delta_k^{(3)}P_{ij_i}\mathrm{e}^{-\frac{(x_i-c_{ij_i})^2}{\sigma_{ij_i}^2}} \quad i=1,2,\cdots,n; \quad j_i=1,2,\cdots,m_i$$

其中当 and 采用取小运算时，则当 $\mu_i^{j_i}$ 是第 k 个规则结点输入的最小值时 $P_{ij_i}=1$，否则 $P_{ij_i}=0$；当 and采用相乘运算时，则当 $\mu_i^{j_i}$ 是第 k 个规则结点的一个输入时 $P_{ij_i}=\prod_{\substack{k=1\\k\neq i}}^{n}\mu_k^{j_k}$，否则 $P_{ij}=0$。

最后求得

$$\frac{\partial E}{\partial c_{ij_i}}=-\delta_{ij_i}^{(2)}\frac{2(x_i-c_{ij_i})}{\sigma_{ij_i}^2}$$

$$\frac{\partial E}{\partial \sigma_{ij_i}}=-\delta_{ij_i}^{(2)}\frac{2(x_i-c_{ij_i})^2}{\sigma_{ij_i}^3}$$

$$c_{ij_i}(k+1)=c_{ij_i}(k)-\beta\frac{\partial E}{\partial c_{ij_i}}$$

$$\sigma_{ij_i}(k+1)=\sigma_{ij_i}(k)-\beta\frac{\partial E}{\partial \sigma_{ij_i}}$$

式中，$\beta>0$ 为学习率；$i=1,2,\cdots,n$；$j_i=1,2,\cdots,m_i$。

对于上面介绍的两种模糊神经网络，当给定一个输入时，网络(或前件网络)第三层的 $\boldsymbol{\alpha}=[\alpha_1 \quad \alpha_2 \quad \cdots \quad \alpha_m]^{\mathrm{T}}$ 中只有少量元素非 0，其余大部分元素均为 0。因而，从 $\boldsymbol{x}$ 到 $\boldsymbol{\alpha}$ 的映射与 CMAC、B 样条及 RBF 神经网络的输入层的非线性映射非常类似。所以该模糊神经网络也是局部逼近网络。其中第二层的隶属度函数类似于感受域函数或基函数。

模糊神经网络虽然也是局部逼近网络，但它是按照模糊系统模型建立的，网络中的各个结点及所有参数均有明显的物理意义，因此这些参数的初值可以根据系统的模糊或定性的知识来加以确定，然后利用上述的学习算法可以很快收敛到要求的输入、输出关系，这是模糊神经网络与前面单纯的神经网络相比的优点所在。同时由于它具有神经网络的结构，因而参数的学习和调整比较容易，这是它与单纯的模糊逻辑系统相比的优点所在。

基于 T-S 模型的模糊神经网络可以从另一角度来认识它的输入与输出映射关系。若各输入分量的分割是精确的，即相当于隶属度函数为互相拼接的超矩形函数，则网络的输出相当于是原光滑函数的分段线性近似，即相当于用许多块超平面来拟合一个光滑曲面。网络中的 p_{ij}^k 参数便是这些超平面方程的参数，这样只有当分割越精细时，拟合才能越准确。

而实际上这里的模糊分割互相之间是有重叠的,因此即使模糊分割数不多,也能获得光滑和准确的曲面拟合。基于上面的理解,可以帮助选取网络参数的初值。例如,若根据样本数据或根据其他先验知识已知输出曲面的大致形状时,可根据这些形状来进行模糊分割。若某些部分曲面较平缓,则相应部分的模糊分割可粗些;反之若某些部分曲面变化剧烈,则相应部分的模糊分割需要精细些。在各分量的模糊分割确定后,可根据各分割子区域所对应的曲面形状用一个超平面来近似,这些超平面方程的参数即作为 p_{ij}^{k} 的初值。由于网络还要根据给定样本数据进行学习和训练。因而初值参数的选择并不要求很精确。但是根据上述的先验知识所作的初步选择却是非常重要的,它可避免陷入不希望的局部极值并大大提高收敛的速度,这一点对于实时控制是尤为重要的。

3.6 递归神经网络

前面介绍了前馈神经网络和反馈神经网络。下面将介绍另一种类型的神经网络,即递归神经网络(Recurrent Neural Network,RNN)。

3.6.1 引言

迄今为止的人工神经网络模型通常可以划分为前馈神经网络、反馈神经网络和递归神经网络,如图3.39所示。但也有将其划分为前馈神经网络和递归神经网络两类的,其中反馈神经网络可看作为递归神经网络类型的一种特殊情形。

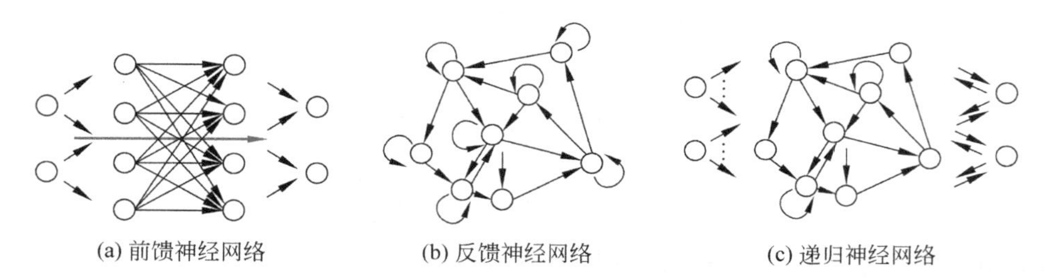

图3.39 3种类型神经网络模型的典型结构

如图3.39所示,前馈神经网络一般由输入层、中间隐层与输出层等多层神经元组成,各层之间的连接具有方向性,即信号由输入层经由(多个)隐层向前传送到输出层,且每层的神经元之间无侧向连接。在理论上,前馈神经网络能以任意精度逼近任意非线性映射,可通过学习实现对静态输入输出映射(函数)的逼近。根据逼近特性,前馈神经网络又可分为全局逼近神经网络和局部逼近神经网络。误差反向传播算法(BP)是前馈神经网络最典型的监督学习算法,相应的网络被直接称为BP网络。目前在有关人工神经网络的文献中,绝大部分涉及前馈神经网络。此类网络结构已被广泛地应用于非线性函数逼近与模式分类等许多实际问题中。

反馈神经网络为单层结构,无输入层与输出层。网络中的所有神经元相互连接(包括自连接)且至少存在一条反馈递归通路。若各神经元两两全部连接,且均有自连接反馈,则称其为全连接反馈神经网络,否则称为部分连接的反馈神经网络。部分连接的反馈神经网络可视为全连接网络当某些连接权为零时的特例。Hopfield网络是最典型的反馈神经网络。

目前,此类网络已被广泛地应用于相联记忆与优化计算等实际问题中。

相比之下,递归神经网络可认为是上述两类网络结构的综合。它既有输入层与输出层,也有全连接或部分连接的中间隐层。在理论上,递归神经网络能够通过学习以任意精度逼近任意非线性动态系统。递归神经网络目前已有多种类型的学习算法,但均无代表性。典型的网络结构包括 Elman 网络与 ESN 网络。由于一切生物神经网络都具有递归特性,且面对的许多问题都是动态系统问题,因此目前此类网络的研究已引起了较多的重视,出现了许多性能优异的新型动态递归神经网络,极具发展潜力,可广泛应用于动态系统与逆动态系统辨识、滤波与预测、模式分类、时间序列建模、相联记忆、数据压缩、连续语音识别、过程控制、故障诊断与监测、机器人控制和视频数据分析等。

3.6.2 Elman 网络

1. 基本 Elman 递归神经网络

与反馈神经网络类似,递归神经网络也可分为完全递归与部分递归网络。在完全递归网络中,所有的前馈与反馈连接权都可以进行修正。而在部分递归网络中,反馈连接经由一组所谓上下文或场景(Context)单元构成,相应的连接权不可以修正。这里的上下文单元记忆隐层过去的状态,并且在下一时刻连同网络输入,一起作为隐层单元的输入。这一性质使部分递归网络具有动态记忆的能力。

1) 网络结构

在递归神经网络中,Elman 网络(Elman,1990)具有最简单的结构,它可采用标准 BP 算法或动态反向传播算法进行学习。一个基本 Elman 网络的结构示意图如图 3.40 所示。

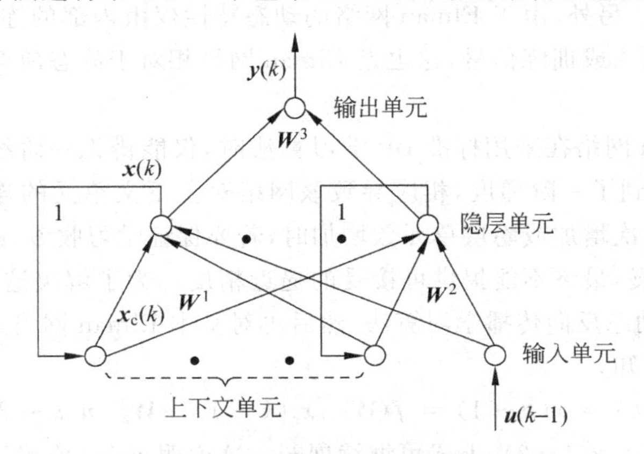

图 3.40 基本 Elman 网络的结构示意图

从图中可以看出,Elman 网络除输入层、隐层及输出层单元外,还有一个独特的上下文单元。与通常的多层前馈网络相同,输入层单元仅起信号传输作用,输出层单元起线性加权和作用,隐层单元可有线性或非线性激发函数。而上下文单元则用来记忆隐层单元前一时刻的输出值,可认为是一个一步时延算子。因此这里的前馈连接部分可进行连接权修正,而递归部分则是固定的,即不能进行学习修正,从而此 Elman 网络仅是部分递归的。

具体地说,网络在 k 时刻的输入不仅包括目前的输入值 $\boldsymbol{u}(k-1)$,而且还包括隐层单元前一时刻的输出值 $\boldsymbol{x}(k-1)$,即 $\boldsymbol{x}_c(k)$。这时,网络仅是一个前馈网络,可由上述输入通过前向传播产生输出，标准的BP算法可用来进行连接权修正。在训练结束之后，k时刻隐层的输出值将通过递归连接部分，反传回上下文单元，并保留到下一个训练时刻($k+1$时刻)。在训练开始时，隐层的输出值可取为其最大范围的一半。例如，当隐层单元取为Sigmoid函数时，此初始值可取为0.5，当隐层单元为双曲正切函数时，则可取为0。

下面对Elman网络所表达的数学模型进行分析。

如图3.40所示，设网络的外部输入为$\boldsymbol{u}(k-1)\in R^r$，输出为$\boldsymbol{y}(k)\in R^m$，若记隐层的输出为$\boldsymbol{x}(k)\in R^n$，则有以下非线性状态空间表达式成立，即

$$\boldsymbol{x}(k)=\boldsymbol{f}(\boldsymbol{W}^1\boldsymbol{x}_c(k)+\boldsymbol{W}^2\boldsymbol{u}(k-1))$$
$$\boldsymbol{x}_c(k)=\boldsymbol{x}(k-1)$$
$$\boldsymbol{y}(k)=\boldsymbol{g}(\boldsymbol{W}^3\boldsymbol{x}(k))$$

式中，$\boldsymbol{W}^1$、$\boldsymbol{W}^2$、$\boldsymbol{W}^3$分别表示上下文单元到隐层、输入层到隐层，以及隐层到输出层的连接权矩阵；$\boldsymbol{f}(\cdot)$和$\boldsymbol{g}(\cdot)$分别为隐层单元和输出单元的激发函数所组成的非线性向量函数。

特别地，当隐层单元和输出单元的激发函数采用线性函数且令隐层及输出层的阈值为0时，则可得到以下线性状态空间表达式，即

$$\boldsymbol{x}(k)=\boldsymbol{W}^1\boldsymbol{x}(k-1)+\boldsymbol{W}^2\boldsymbol{u}(k-1)$$
$$\boldsymbol{y}(k)=\boldsymbol{W}^3\boldsymbol{x}(k)$$

这里隐层单元的个数就是状态变量的个数，也即是系统的阶次。

显然，当网络用于单输入单输出系统时，只需一个输入单元和一个输出单元。即使考虑到这时的n个上下文单元，隐层的输入也仅有$n+1$个。这与将上述状态方程化为差分方程，并利用静态网络进行辨识时需要$2n$个输入相比，无疑有较大的减少。特别是当n较大时，这种减少更明显。另外，由于Elman网络的动态特性仅由内部的连接提供，因此它无需直接使用状态作为输入或训练信号，这也是Elman网络相对于静态前馈网络的优越之处。

2) 学习算法

上述基本Elman网络在采用标准BP学习算法时，仅能辨识一阶线性动态系统。原因是标准BP算法只用到了一阶梯度，相应导致该网络对上下文单元的连接权的学习稳定性变差。因此当系统阶次增加或隐层单元数增加时，若要保证学习收敛，则相应的学习率应变小，以致收敛速度变慢，最终不能提供可接受的逼近精度。为了解决这个问题，下面先介绍基本Elman网络的动态反向传播学习算法，然后再对基本Elman网络进行扩展。

由上面的式子可知，

$$\boldsymbol{x}_c(k)=\boldsymbol{x}(k-1)=\boldsymbol{f}(\boldsymbol{W}_{k-1}^1\boldsymbol{x}_c(k-1)+\boldsymbol{W}_{k-1}^2\boldsymbol{u}(k-2))$$

又由于$\boldsymbol{x}_c(k-1)=\boldsymbol{x}(k-2)$，上式可继续展开。这说明$\boldsymbol{x}_c(k)$依赖于过去不同时刻的连接权$\boldsymbol{W}_{k-1}^1,\boldsymbol{W}_{k-2}^1,\cdots$，或者说$\boldsymbol{x}_c(k)$是一个动态递推过程。因此可将相应推得的反向传播算法称为动态反向传播学习算法。

考虑以下总体误差目标函数

$$E=\sum_{p=1}^N E_p$$

其中，$E_p=\dfrac{1}{2}(\boldsymbol{y}_d(k)-\boldsymbol{y}(k))^{\mathrm{T}}(\boldsymbol{y}_d(k)-\boldsymbol{y}(k))$。

对隐层到输出层的连接权$\boldsymbol{W}^3$求偏导数，即

$$\frac{\partial E_p}{\partial w_{ij}^3}=-(y_{di}(k)-y_i(k))\frac{\partial y_i(k)}{\partial w_{ij}^3}=-(y_{di}(k)-y_i(k))g'_i(\cdot)x_j(k)$$

令 $\delta_i^0=(y_{di}(k)-y_i(k))g'_i(\cdot)$，则

$$\frac{\partial E_p}{\partial w_{ij}^3}=-\delta_i^0 x_j(k)\quad i=1,2,\cdots,m;\quad j=1,2,\cdots,n$$

对输入层到隐层的连接权 $\boldsymbol{W}^2$ 求偏导数，即

$$\frac{\partial E_p}{\partial w_{jq}^2}=\frac{\partial E_p}{\partial x_j(k)}\frac{\partial x_j(k)}{\partial w_{jq}^2}=\sum_{i=1}^{m}(-\delta_i^0 w_{ij}^3)f'_j(\cdot)u_q(k-1)$$

同样令 $\delta_j^h=\sum_{i=1}^{m}(\delta_i^0 w_{ij}^3)f'_j(\cdot)$，则有

$$\frac{\partial E_p}{\partial w_{jq}^2}=-\delta_j^h u_q(k-1)\quad j=1,2,\cdots,n;\quad q=1,2,\cdots,r$$

类似地，对上下文单元到隐层的连接权 $\boldsymbol{W}^1$，有

$$\frac{\partial E_p}{\partial w_{jl}^1}=-\sum_{i=1}^{m}(\delta_i^0 w_{ij}^3)\frac{\partial x_j(k)}{\partial w_{jl}^1}\quad j=1,2,\cdots,n;\quad l=1,2,\cdots,n$$

注意到上面的式子，$\boldsymbol{x}_c(k)$ 依赖于连接权 w_{il}^1，故

$$\begin{aligned}\frac{\partial x_j(k)}{\partial w_{jl}^1}&=\frac{\partial}{\partial w_{jl}^1}\left(f_j\left(\sum_{i=1}^{n}w_{ji}^1 x_{ci}(k)+\sum_{i=1}^{r}w_{ji}^2 u_i(k-1)\right)\right)\\&=f'_j(\cdot)\left\{x_{cl}(k)+\sum_{i=1}^{n}w_{ji}^1\frac{\partial x_{ci}(k)}{\partial w_{jl}^1}\right\}\\&=f'_j(\cdot)\left\{x_l(k-1)+\sum_{i=1}^{n}w_{ji}^1\frac{\partial x_i(k-1)}{\partial w_{jl}^1}\right\}\end{aligned}$$

上式实际构成了梯度 $\partial x_j(k)/\partial w_{jl}^1$ 的动态递推关系，这与沿时间反向传播的学习算法类似(Werbos，1988)。由于

$$\Delta w_{ij}=-\eta\frac{\partial E_p}{\partial w_{ij}}$$

故基本 Elman 网络的动态反向传播学习算法可归纳为

$$\Delta w_{ij}^3=\eta\delta_i^0 x_j(k)\quad i=1,2,\cdots,m;\quad j=1,2,\cdots,n$$

$$\Delta w_{jq}^2=\eta\delta_i^h x_q(k-1)\quad j=1,2,\cdots,n;\quad q=1,2,\cdots,r$$

$$\Delta w_{jl}^1=\eta\sum_{i=1}^{m}(\delta_i^0 w_{ij}^3)\frac{\partial x_j(k)}{\partial w_{jl}^1}\quad j=1,2,\cdots,n;\quad l=1,2,\cdots,n$$

$$\frac{\partial x_j(k)}{\partial w_{jl}^1}=f'_j(\cdot)\left\{x_l(k-1)+\sum_{i=1}^{n}w_{ji}^1\frac{\partial x_i(k-1)}{\partial w_{jl}^1}\right\}$$

这里

$$\delta_i^0=(y_{di}(k)-y_i(k))g'_i(\cdot)$$

$$\delta_j^h=\sum_{i=1}^{m}(\delta_i^0 w_{ij}^3)f'_j(\cdot)$$

当 $x_l(k-1)$ 与连接权 w_{jl}^1 之间的依赖关系可以忽略时，由于

$$\partial x_j(k)/\partial w_{jl}^1=f'_j(\cdot)x_{cl}(k)=f'_j(\cdot)x_l(k-1)$$

则上述算法就退化为以下标准 BP 学习算法，即

$$\Delta w_{ij}^3 = \eta \delta_i^0 x_j(k) \quad i = 1,2,\cdots,m; \quad j = 1,2,\cdots,n$$
$$\Delta w_{jq}^2 = \eta \delta_j^h u_q(k-1) \quad j = 1,2,\cdots,n; \quad q = 1,2,\cdots,r$$
$$\Delta w_{jl}^1 = \eta \delta_j^h x_{cl}(k) \quad j = 1,2,\cdots,n; \quad l = 1,2,\cdots,n$$

2. 修改的 Elman 网络

1) 网络结构

图 3.41 给出了一种修改的 Elman 网络的结构示意图。这是解决高阶系统辨识的更好方案。

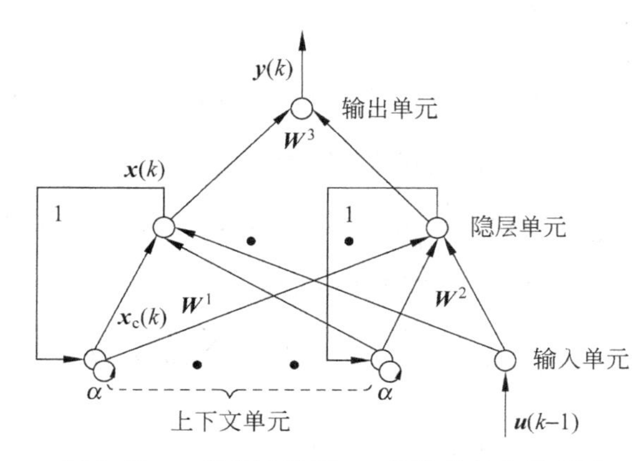

图 3.41 一种修改的 Elman 网络的结构示意图

比较图 3.40 及图 3.41 可以看出,两者的不同之处在于:修改的 Elman 网络在上下文单元中,有一个固定增益 α 的自反馈连接。因此,上下文单元在 k 时刻的输出,将等于隐层在 $k-1$ 时刻的输出加上上下文单元在 $k-1$ 时刻输出值的 α 倍,即

$$x_{cl}(k) = \alpha x_{cl}(k-1) + x_l(k-1) \quad l = 1,2,\cdots,n$$

式中,$x_{cl}(k)$和 $x_l(k)$分别表示第 l 个上下文单元和第 l 个隐层单元的输出;α 为自连接反馈增益。显然,当固定增益 α 为零时,修改的 Elman 网络就退化为基本的 Elman 网络。

与前面的式子类似,由修改的 Elman 网络描述的非线性状态空间表达式为

$$\boldsymbol{x}(k) = \boldsymbol{f}(\boldsymbol{W}^1 \boldsymbol{x}_c(k) + \boldsymbol{W}^2 \boldsymbol{u}(k-1))$$
$$\boldsymbol{x}_c(k) = \boldsymbol{x}(k-1) + \alpha \boldsymbol{x}_c(k-1)$$
$$\boldsymbol{y}(k) = \boldsymbol{g}(\boldsymbol{W}^3 \boldsymbol{x}(k))$$

2) 学习算法

由于对上下文单元增加了自反馈连接,修改的 Elman 网络可利用标准 BP 学习算法辨识高阶动态系统。与基本 Elman 网络的相关推导完全相同,容易得到修改的 Elman 网络的标准 BP 学习算法为

$$\Delta w_{ij}^3 = \eta \delta_i^0 x_j(k) \quad i = 1,2,\cdots,m; \quad j = 1,2,\cdots,n$$
$$\Delta w_{jq}^2 = \eta \delta_j^h u_q(k-1) \quad j = 1,2,\cdots,n; \quad q = 1,2,\cdots,r$$
$$\Delta w_{jl}^1 = \eta \sum_{i=1}^{m} (\delta_i^0 w_{ij}^3) \frac{\partial x_j(k)}{\partial w_{jl}^1} \quad j = 1,2,\cdots,n; \quad l = 1,2,\cdots,n$$

如前所述,由于在推导修改的 Elman 网络的标准 BP 算法时,不考虑 $x_{cl}(k)$与 w_{jl}^1之间

的依赖关系，故

$$\partial x_j(k)/\partial w_{jl}^1 = f'_j(\cdot)x_{cl}(k)$$

代入前面的式子，得

$$f'_j(\cdot)x_{cl}(k) = f'_j(\cdot)x_l(k-1) + \alpha f'_j(\cdot)x_{cl}(k-1)$$

因而有

$$\frac{\partial x_j(k)}{\partial w_{jl}^1} = f'_j(\cdot)x_l(k-1) + \alpha\frac{\partial x_j(k-1)}{\partial w_{jl}^1}$$

将上式与前面的式子比较，两者非常相近。这就回答了为什么修改的 Elman 网络只利用标准 BP 学习算法，就能达到基本 Elman 网络利用动态反传算法所达到的效果，即能有效地辨识高于一阶的动态系统。

3.6.3 ESN 网络

H. Jaeger 等人提出了一种新的递归神经网络模型，即所谓的回声状态网络(Echo State Network，ESN)，可广泛应用于函数逼近、混沌时间序列的预测以及非线性动态系统的建模等。ESN 模型将一个完全随机的状态池(State reservoir)作为隐层。该隐层通常可由数千个内部神经元组成。ESN 网络部分地反映了大脑学习机制的某些特点，具有更加有效的学习算法和更强的非线性动态系统逼近能力。例如，利用 ESN 网络预测混沌时间序列时，其逼近精度甚至可比以前的方法提高 2400 倍左右。但是，为了达到这样的逼近能力，ESN 必须满足所谓的回声状态特性(Echo state property)。根据 Jaeger 等的定义，当且仅当该网络在经历短暂的暂态过程后，当前的网络状态由输入唯一确定，则称 ESN 具有回声状态特性。Jaeger 等进一步证明，此时状态池连接权矩阵的谱半径必须小于 1，并以此作为 ESN 具有回声状态特性的充分条件。显然，在将 ESN 用来逼近高度非线性的动态系统时，其逼近能力与它的存储容量——或更确切地说，与其短期记忆直接相关。谱半径越大，网络对脉冲输入的响应衰退越慢，网络的存储能力就越强。在这种情况下，ESN 可以获得更加有效的计算能力和更好的逼近能力。换言之，谱半径将较大地影响 ESN 的逼近能力。

1. 网络结构

ESN 模型的网络结构如图 3.42 所示，同样由输入层、隐层(状态池)和输出层组成。

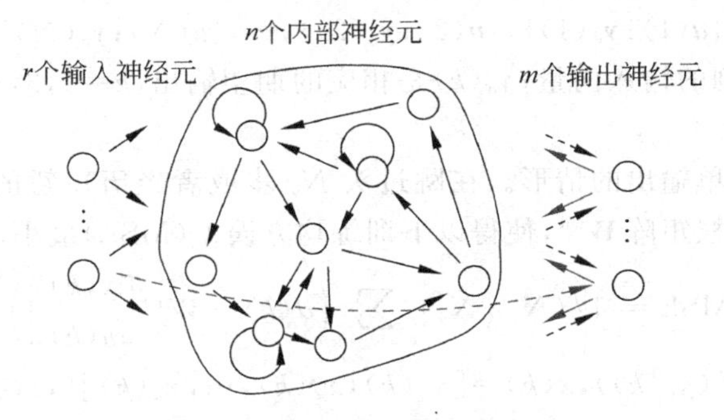

图 3.42 ESN 模型的网络结构

ESN 网络状态池内部神经元的状态方程为

$$\boldsymbol{x}(k+1)=\boldsymbol{f}(\boldsymbol{W}^{\mathrm{res}}\boldsymbol{x}(k)+\boldsymbol{W}^{\mathrm{in}}\boldsymbol{u}(k+1)+\boldsymbol{W}^{\mathrm{fb}}\boldsymbol{y}(k)+\boldsymbol{v}(k))$$

式中,$\boldsymbol{f}=[f_1,f_2,\cdots,f_n]^{\mathrm{T}}$ 为 n 个内部神经元的激发函数;$\boldsymbol{W}^{\mathrm{res}}$ 为 $n\times n$ 维的状态池连接权矩阵;$\boldsymbol{W}^{\mathrm{in}}$ 为 $n\times r$ 维的输入连接权矩阵;$\boldsymbol{W}^{\mathrm{fb}}$ 为 $n\times m$ 维的反馈连接权矩阵;$\boldsymbol{v}(k)$ 为 $n\times 1$ 维的噪声向量。

一般地,$\boldsymbol{f}$ 可取为双曲正切函数 tanh(·),此时

$$\boldsymbol{x}(k+1)=\tanh(\boldsymbol{W}^{\mathrm{res}}\boldsymbol{x}(k)+\boldsymbol{W}^{\mathrm{in}}\boldsymbol{u}(k+1)+\boldsymbol{W}^{\mathrm{fb}}\boldsymbol{y}(k)+\boldsymbol{v}(k))$$

相应的网络输出可计算为

$$\boldsymbol{y}(k)=\tanh\left(\boldsymbol{W}^{\mathrm{out}}\begin{bmatrix}\boldsymbol{x}(k)\\\boldsymbol{u}(k)\end{bmatrix}\right)$$

式中 $\boldsymbol{W}^{\mathrm{out}}$ 为 $m\times(n+r)$ 维的输出连接权矩阵。

2. 回声状态

在一定的条件下,ESN 网络的状态 $\boldsymbol{x}(k)$ 是该网络的无穷历史输入序列 $\{\cdots,\boldsymbol{u}(k-1),\boldsymbol{u}(k)\}$ 的函数,并由其唯一确定。更精确地说,在一定的条件下,存在一个回声函数 $\boldsymbol{E}=[e_1,e_2,\cdots,e_N]^{\mathrm{T}}$,这里 $e_i:U^{-N}\to R$,使得对所有左无穷历史输入序列 $\{\cdots,\boldsymbol{u}(k-1),\boldsymbol{u}(k)\}\in U^{-N}$,当前的网络状态为

$$\boldsymbol{x}(k)=\boldsymbol{E}\{\cdots,\boldsymbol{u}(k-1),\boldsymbol{u}(k)\}$$

下面分别给出存在与不存在回声状态的充分条件。

定理 3.3 假定 ESN 网络中各内部神经元的激发函数均为 Sigmoid 函数,且输出神经元的激发函数为 tanh(·)。①若状态池连接权矩阵 $\boldsymbol{W}^{\mathrm{res}}$ 满足 $\sigma_{\max}(\boldsymbol{W}^{\mathrm{res}})<1$,这里 $\sigma_{\max}(\boldsymbol{W}^{\mathrm{res}})$ 为 $\boldsymbol{W}^{\mathrm{res}}$ 的最大奇异值,则该网络对所有的允许输入 $\boldsymbol{u}$ 均存在回声状态;②若状态池连接权矩阵 $\boldsymbol{W}^{\mathrm{res}}$ 的谱半径 $|\lambda_{\max}(\boldsymbol{W}^{\mathrm{res}})|>1$,其中 $\lambda_{\max}(\boldsymbol{W}^{\mathrm{res}})$ 为 $\boldsymbol{W}^{\mathrm{res}}$ 的具有最大绝对值的特征值,且零输入序列 $\boldsymbol{u}(k)=0$ 为允许输入序列,则该网络不存在回声状态。

推论 若 ESN 网络的状态池连接权矩阵 $\boldsymbol{W}^{\mathrm{res}}$ 的谱半径小于 1,即 $|\lambda_{\max}(\boldsymbol{W}^{\mathrm{res}})|<1$,则该网络是渐近稳定的。

3. 学习算法

给定训练样本集为

$$\{\boldsymbol{u}(1);\boldsymbol{y}_{\mathrm{d}}(1)\},\{\boldsymbol{u}(2);\boldsymbol{y}_{\mathrm{d}}(2)\},\cdots,\{\boldsymbol{u}(N);\boldsymbol{y}_{\mathrm{d}}(N)\}$$

式中,$\boldsymbol{u}(k)$ 表示 k 时刻的输入向量;$\boldsymbol{y}_{\mathrm{d}}(k)$ 是相应的期望输出,$k=1,2,\cdots,N$,且 N 为训练样本集的最大长度。

不妨考虑单输入单输出的情形。在跳过头 N_0 步或者经历短暂的过渡过程时间后,则可通过计算输出连接权矩阵 $\boldsymbol{W}^{\mathrm{out}}$,使得以下训练均方误差(MSE)最小,即

$$\mathrm{MSE}=1/(N-N_0)\sum_{k=N_0+1}^{N}\left(d(k)-\boldsymbol{W}^{\mathrm{out}}\begin{bmatrix}\boldsymbol{x}(k)\\u(k)\end{bmatrix}\right)^2$$

这里,$d(k)=(\tanh)^{-1}(y_{\mathrm{d}}(k))$,$\boldsymbol{x}(k)=[x_1(k),x_2(k),\cdots,x_n(k)]^{\mathrm{T}}$,$1\leqslant N_0<N$,且 n 表示回声状态变量的维数。

显然,这是一个典型的线性回归问题,可直接利用广义伪逆矩阵的方法进行计算,即 $1\times(n+1)$ 维输出连接权矩阵为

$$\boldsymbol{W}^{\text{out}}=(\boldsymbol{M}^{-1}\boldsymbol{D})^{\mathrm{T}}$$

式中，T代表转置，且$(N-N_0)\times(n+1)$维矩阵$\boldsymbol{M}$和$(N-N_0)\times 1$维矩阵$\boldsymbol{D}$分别构造为

$$\boldsymbol{M}=\begin{bmatrix} x_1(N_0+1) & \cdots & x_n(N_0+1) & u(N_0+1) \\ x_1(N_0+2) & \cdots & x_n(N_0+2) & u(N_0+2) \\ \vdots & \cdots & \vdots & \vdots \\ x_1(N) & \cdots & x_n(N) & u(N) \end{bmatrix}$$

$$\boldsymbol{D}=[d(N_0+1)\quad d(N_0+2)\quad \cdots \quad d(N)]^{\mathrm{T}}$$

在实际计算中，可使用MATLAB的Pinv伪逆函数得到广义逆矩阵$\boldsymbol{M}^{-1}$，然后通过一步计算即可得到输出连接权矩阵$\boldsymbol{W}^{\text{out}}$。由于ESN仅有线性输出连接权需要进行学习，因此即使是对具有数千个内部神经元的大规模网络，也可实现在线学习。

4. Mackey-Glass系统应用举例

具有时延的Mackey-Glass（MG）动态系统，是一个具有代表性的标准测试问题（Benchmark），可用于验证模型对于非线性混沌时间序列的预测能力。MG系统的时延微分方程为

$$\frac{\mathrm{d}x}{\mathrm{d}t}=\frac{0.2x(t-\tau)}{1+x(t-\tau)^{10}}-0.1x(t)$$

式中，x表示状态；τ为时延。显然，随着时延τ的加大，MG系统的复杂性也将随之增加。特别地，当$\tau\geqslant 17$时，其解为混沌时间序列。

1）构造训练样本集与测试样本集

为了构造训练样本集和测试样本集，可使用MATLAB中的dde23函数来求解该时延微分方程。此时，相应的绝对精度可设定为1e－16，且可采用固定步长为1.0（不使用dde23的默认值）。当$\tau=17$时，在求解得到的所有时间序列中，首先去掉起初的1000步数据，以消除初始冲刷或暂态过程的影响，然后取第1001～3000步的时间序列作为训练样本集。同时将第3084步作为测试点，并独立运行100次，获得相应的测试误差MSE。

2）设定网络结构

为了构建ESN网络，首先以[－1,1]的均匀分布随机生成连接度为1%的1000×1000的状态池连接权矩阵，并使其谱半径为0.8。对此单输入单输出网络，输入连接权矩阵与反馈连接权矩阵分别由[－0.2,0.2]、[－1,1]的均匀分布预先随机设定。

3）训练与测试过程

对前述的训练样本集，首先去掉对应于暂态过程的最初1000个样本，然后对之后的长度为2000的训练样本，利用MATLAB中的求伪逆函数Pinv计算出相应的广义逆矩阵$\boldsymbol{M}^{-1}$，然后即可得到输出连接权矩阵$\boldsymbol{W}^{\text{out}}$。需要说明的是，在计算回声状态$\boldsymbol{x}(k)$的过程中，加入了幅度为1.0e－10的均匀分布噪声$\boldsymbol{v}(k)$。实验结果表明，噪声的加入可有效地增加网络训练的稳定性。

此时，训练均方误差

$$\text{MSE}_{\text{train}}=\frac{1}{2000}\sum_{k=1001}^{3000}\left(\tanh^{-1}y_{\mathrm{d}}(k)-\boldsymbol{W}^{\text{out}}\begin{bmatrix}\boldsymbol{x}(k)\\ \boldsymbol{u}(k)\end{bmatrix}\right)^2\approx 1.2\mathrm{e}-15$$

最后在$k=3084$的测试点，对训练得到的ESN网络进行100次独立的测试。对于每一

次独立的测试,前面的3000步均与上面相同进行网络的学习训练。从3001步开始则进入预测或测试阶段。此时自由运行ESN网络而不再与期望输出 $y_d(k)$ 或 $d(k)$ 进行比较,即不再进行学习。在 $k=3084$ 的测试点,即在预测阶段的第84步,将训练后的ESN网络的实际输出 $y(3084)$ 与相应的期望输出 $d(3084)$ 进行比较。经过100次独立运行,可求得以下测试归一化均方根误差为

$$\mathrm{NRMSE}_{84}=\sqrt{\sum_{i=1}^{100}\frac{(d(3084)-y(3084))^2}{100\sigma^2}}\approx 0.000\,025$$

式中 σ^2 为MG信号的方差。图3.43(a)给出了训练后的ESN网络在预测阶段的实际输出(虚线)与期望输出(实线)。可以看出,两者几乎完全重叠。图3.43(b)给出了回声状态池中3个神经元 $x_i(k)$ 在学习过程中的变化情况。

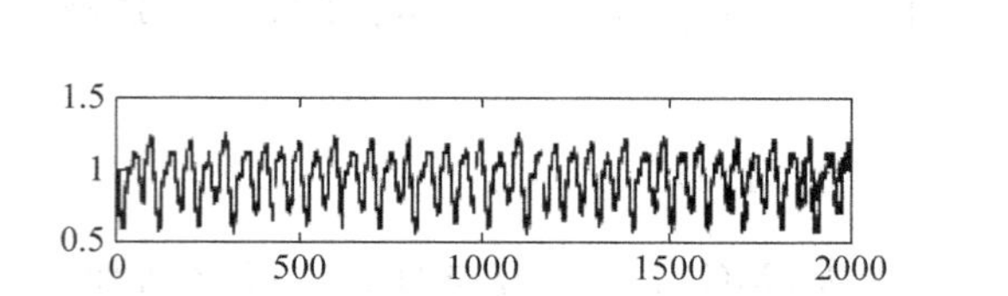

(a) 训练后的ESN网络之预测结果与实际值的比较

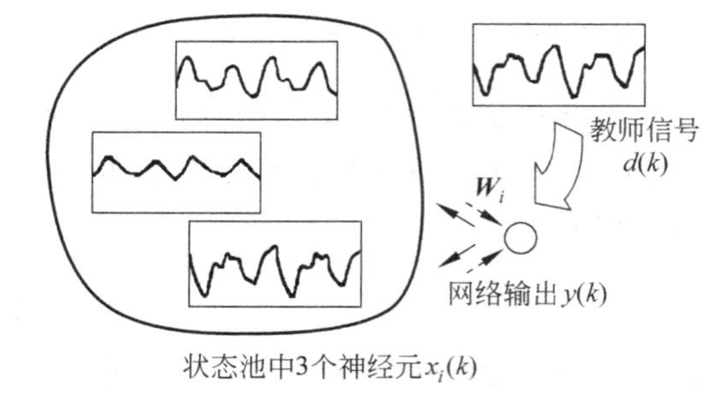

(b) 回声状态池中3个内部神经元 $x_i(k)$ 在学习过程中的变化情况

图3.43 ESN网络的训练与测试

3.6.4 SHESN网络

近几年来,真实世界中的大量复杂网络,如线虫(C. Elegans)的神经系统、细胞与代谢网络、万维网、电子布告栏系统(BBS)、互联网骨干网、电力输送网络、引文网络及许多社会网络,人们都发现了小世界现象和无标度特性。Watts和Strogatz首次提出了小世界网络,它被定义为一个具有较短平均特征路径长度的高度集聚网络。小世界网络的概念源自20世纪60年代末Milgram的工作,即著名的"六度分离原则"。与同构网络或指数网络不同的是,网络连接的无标度分布具有幂律的形式。这意味着,一个无标度网络中的大多数结点只有稀疏的连接,仅少数结点具有稠密的连接。小世界效应和无标度特性的发现,直接推动了复杂网络理论的迅猛发展,并被认为是决定不同类型复杂网络,包括生物网络和脑功能网络的普适规律。另外,生物神经系统不仅具有海量的神经元,而且具有递归通路、稀疏随机连接及突触权的局部修正,这种系统与目前的大多数人工神经网络模型,如BP网络、Hopfield网络和Vapnik的支持向量机(SVM)均有很大的不同。一般来说,在各种实际应用中,传统的人工神经网络,无论是前馈网络、反馈网络还是递归网络,都最多只使用了几十个神经元,且隐层神经元的数量往往是根据所考虑问题的不同而进行的先验选择。通常,这些网络的学习速度较慢,且只能得到次优解。最近,一些新的具有复杂网络特性的神经网络模型,引起了许多研究人员的关注。已经提出了具有小世界特性或具有无标度分布的相联记忆网络。与随机的Hopfield网络相比,在相同的连接度下,此类相联记忆网络在记忆容

量等方面都表现出了更好的性能。类似地，对于混沌动态系统的同步问题，无论是小世界效应还是无标度特征，都可以使系统的同步效应更加有效和鲁棒。所有这些研究结果都表明，这两种复杂性对复杂系统的群体动态行为可产生很大的影响。

通过研究将各种复杂性引入 ESN 状态池的可能性，相应的计算模型或可体现生物大脑中更多的学习机制。迄今为止的研究表明，只具有小世界特征而没有无标度特征的状态池，相应的小世界 ESN 模型，其逼近能力并不好。而仅仅引入无尺度特征的状态池，也未能有效改善网络的性能。

通过扩展 ESN 网络的状态池，使其同时具有无标度分布和小世界特性。新的状态池可以包含数以千计的相互稀疏连接的内部神经元。下面重点介绍状态池产生的自然增长法则和对网络复杂性的分析。这种无标度高聚集网络已成功地应用于 Mackey-Glass 动态系统的预测问题中。实验结果表明，该新型复杂网络模型允许更大的可行谱半径，从而大大地改进了回声状态特性，进一步增强了对高度复杂动态系统的逼近能力。

1. SHESN 网络

与完全正则连接的 Elman 网络和完全随机连接的 ESN 网络不同，这里给出的无标度高聚集回声状态网络(SHESN)具有自然演变或生长的状态池。SHESN 网络一般包括 3 个层，即一个输入层、一个状态池(或一个动态隐层)和一个输出层。新的状态池由规则逐步生长产生。事实上，将新的状态池引入到 SHESN 的结构中，可使其同时具有很多自然演变特点，包括结点出度(神经元结点输出的连接数)的无标度或幂律分布、高聚集系数、较短的平均特征路径长度和分布递阶的体系结构等。

1) 网络结构

SHESN 的网络结构如图 3.44 所示。在时间步 k，输入层接收一个 r 维的输入向量 $\boldsymbol{u}(k)=[u_1(k),u_2(k),\cdots,u_r(k)]^{\mathrm{T}}$，然后通过一个 $n\times r$ 的输入连接权矩阵 $\boldsymbol{W}^{\mathrm{in}}$ 传递给状态池中所有的内部神经元。在输入层中，第 i 个神经元直接连接到输入向量 $\boldsymbol{u}(k)$ 中的第 i 个元素 $u_i(k)$，其输出等于对应的输入 $u_i(k)$。在新的状态池(隐层)中，所有 n 个内部神经元通过一个 $n\times n$ 的状态池连接权矩阵 $\boldsymbol{W}^{\mathrm{res}}$ 进行稀疏连接。每一个内部神经元的输出称之为一个状态，相应的状态向量记为 $\boldsymbol{x}(k)=[x_1(k),x_2(k),\cdots,x_n(k)]^{\mathrm{T}}$。输出层的神经元通过一个 $m\times(n+r)$ 的输出连接权矩阵 $\boldsymbol{W}^{\mathrm{out}}$，在 SHESN 网络输入 $u_i(k)(i=1,2,\cdots,r)$ 驱动的状态池中，基于所有的状态产生一个 m 维的输出向量 $\boldsymbol{y}(k)=[y_1(k),y_2(k),\cdots,y_m(k)]^{\mathrm{T}}$，并以此作

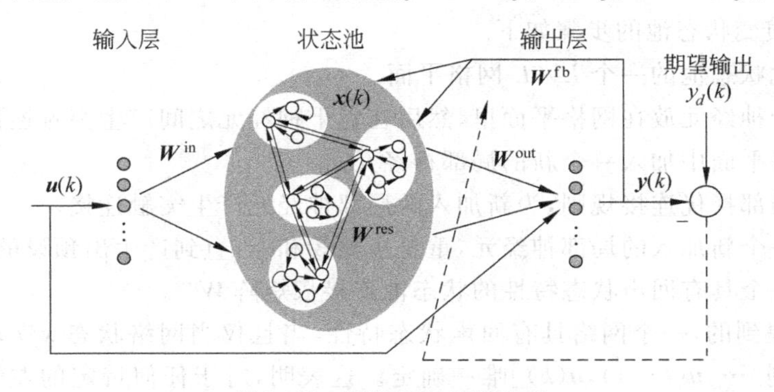

图 3.44　SHESN 的网络结构

为整个SHESN的输出。同时,网络输出向量 $\boldsymbol{y}(k)$ 通过一个 $n\times m$ 的反馈连接权矩阵 $\boldsymbol{W}^{\mathrm{fb}}$ 回馈到所有内部神经元。通常最后两层神经元的激发函数都设置为 tanh(·)。输入连接权矩阵 $\boldsymbol{W}^{\mathrm{in}}$ 和反馈连接权矩阵 $\boldsymbol{W}^{\mathrm{fb}}$ 都按照均匀分布预先随机指定,输出连接权矩阵 $\boldsymbol{W}^{\mathrm{out}}$ 则使用监督学习进行调整。不过,此处的状态池连接权矩阵 $\boldsymbol{W}^{\mathrm{res}}$ 是按照自然演变规则产生的,而不是像前面的ESN网络那样完全由随机产生。

SHESN网络的向前传播方程为

$$\boldsymbol{x}(k+1)=\tanh(\boldsymbol{W}^{\mathrm{res}}\boldsymbol{x}(k)+\boldsymbol{W}^{\mathrm{in}}\boldsymbol{u}(k+1)+\boldsymbol{W}^{\mathrm{fb}}\boldsymbol{y}(k)+\boldsymbol{v}(k))$$

$$\boldsymbol{y}(k)=\tanh\left(\boldsymbol{W}^{\mathrm{out}}\begin{bmatrix}\boldsymbol{x}(k)\\\boldsymbol{u}(k)\end{bmatrix}\right)$$

式中 $\boldsymbol{v}(k)$ 是在内部神经元的激发函数中添加的噪声(阈值)。

SHESN的框架利用类似于其他递归神经网络的结构,实现了一种自适应动态系统,且可使SHESN至少具有快速的学习速度和逼近非线性动态系统能力。

2) SHESN状态池的自然增长模型

生物大脑的一些有趣的自然现象,如小世界性质和无标度特征,都没有反映在随机连接的ESN状态池中。然而,许多研究表明,具有小世界效应或无标度分布的神经网络模型,在吸引子的记忆容量和同步效应等方面均表现出了优良的性能。目前还没有任何其他神经网络,能根据自然增长规律同时包含这两个典型的复杂性指标。

此外,生物网络和其他许多复杂的网络也都具有递阶和分布的结构。例如,大脑中的神经元结构化成许多功能模块,如大脑皮层的功能柱。互联网通常包含了许多个域(Domain),其中每个域都是由大量的局部结点组成的。要仿真这样一个通用的互联网结构,一般可使用所谓BRITE模型。BRITE模型实际是由A. Medina等人提出的一个参数化的互联网拓扑发生器。基于BRITE模型中的基本思想,提出了一种可用来产生SHESN状态池的自然增长规则。需要注意的是,在BRITE模型中,构造性的骨干结点的初始配置和择优连接方法的使用,对于无标度网络的增量增长是至关重要的。不过,使用BRITE模型不可能产生任何小世界网络。

受BRITE模型的启发,SHESN状态池的初始拓扑被设计成具有一组充分连接的骨干结点,其中每组代表了一个潜在的域。然后提出了一套自然增长规则来产生SHESN的状态池,通过使该状态池同时具有小世界效应和无标度特性,以期得到一个逼近能力超过ESN的网络。

产生自然演变状态池的步骤如下。

(1) 初始化状态池的一个 $L\times L$ 网格平面。

(2) 把骨干神经元放在网格平面里,然后在骨干神经元之间产生突触连接。

(3) 在网格平面中加入一个新的局部神经元。

(4) 使用局部择优连接规则,为新加入的局部神经元产生突触连接。

(5) 对每一个新加入的局部神经元,重复步骤③和④,直到产生出预设的神经元总数。

(6) 产生一个具有回声状态特性的状态池连接权矩阵 $\boldsymbol{W}^{\mathrm{res}}$。

正如前面提到的,一个网络具有回声状态特性,当且仅当网络状态 $\boldsymbol{x}(k)$ 由任意一个左无穷的输入序列 $[\cdots,\boldsymbol{u}(k-1),\boldsymbol{u}(k)]$ 唯一确定。这表明,对于任何特定的左无穷输入序列,所有用前面的公式更新的状态序列 $[\cdots,\boldsymbol{x}(k-1),\boldsymbol{x}(k)]$ 和 $[\cdots,\boldsymbol{x}'(k-1),\boldsymbol{x}'(k)]$,都有

$x(k)=x'(k)$或者说$e(k)=x(k)-x'(k)=0$。因此，回声状态特性意味着内部神经元的状态池反映了驱动信号的系统变化。

下面对产生自然演变状态池的主要步骤做进一步的详细说明。

(1) 初始化状态池的一个$L\times L$网格平面。为了能容纳所有n个内部神经元，$L\times L$的网格平面或者说容量为$L\times L$的状态池需要足够大($n\ll L\times L$)。通过使用随机动态增长模型，将n个内部神经元逐步分配到状态池的$L\times L$个网格中。在增长过程中，不同的内部神经元不能放置在同一格子上，并且不得超出网格平面。

(2) 骨干神经元(Backbone neuron)和相应的突触连接的产生。在生成状态池的过程中，将内部神经元分为两类：骨干神经元和局部神经元。通常情况下，骨干神经元的数量要比局部神经元少很多。在后面的举例中，状态池中大约1%的神经元是骨干神经元。设在网格平面上随机生成的每一个骨干神经元的坐标为(x_b,y_b)，从而大致确定了所有内部神经元的空间分布。此外，定义网格平面中的域为由骨干神经元和在它周围的局部神经元组成的内部神经元的集合。若干的域则组成了整个状态池。

骨干神经元n_b的空间分布需要满足两个限制条件：一是不同的骨干神经元不允许落在状态池网格平面上的同一个位置；二是任意两个骨干神经元之间的最短距离必须大于一个给定的阈值，使得相应产生的域彼此分开。例如，在后面的举例中将设置此阈值为30。最后，骨干神经元之间通过一个权重全连接，这个权重一般随机设置成[-1,1]集合中的一个有理数。

(3) 新的局部神经元的增量增长。首先随机选取一个骨干神经元，假定其坐标是(x_b,y_b)，然后按照下式的Pareto重尾分布(Bounded Pareto heavy-tailed distribution)，在网格平面上为骨干神经元周围的局部神经元生成坐标，即

$$P(v)=\frac{ak^a}{1-(k/Q)^a}v^{-a-1}\quad k\leqslant v\leqslant Q$$

式中，$P(v)$表示新的局部神经元距离骨干神经元为v的概率；a表示$p(v)$的形状参数；k和Q分别表示v的最小值和最大值。

如果一个局部神经元距离自己的骨干神经元要比距离另外一个骨干神经元远，那么则认为这个局部神经元处于另外一个由距离最近的骨干神经元所构成的域中，这样可使得增量增长的新的局部神经元不会发生冲突。不过按照上述方法这种情况很少发生。这样产生的局部神经元大都分布在靠近骨干神经元的空间里，内部神经元的这种空间分布与人类大脑的网络分布极其相似。

(4) 使用择优连接规则生成新的局部神经元的突触连接。根据择优连接规则，任何新加入的局部神经元总是优先与已经有很多突触连接的神经元建立连接。具体地说，一个神经元与另外一个神经元建立连接的概率，与已存在的神经元的出度成正比。考虑前面介绍的域的概念，可以采用一种局部择优连接的新的策略。

将包含新的局部神经元的域定义为当前域，将该局部神经元允许连接的其他神经元集合定义为它的候选邻居。假设存在一个圆，它的中心是这个新的局部神经元，它的半径是当前域中这个局部神经元与骨干神经元的欧氏距离。因此可在当前域中选择那些在这个圆中的神经元作为这个新的局部神经元的候选邻居。显然，骨干神经元总是当前域中距离新的局部神经元最远的那个候选邻居。

令 n_c 表示一个新加入的局部神经元的突触连接数,参数 n_c 控制了当前域中连接的稀疏程度。此外,令 n_1 表示当前域中神经元的个数,n_2 表示新的局部神经元在当前域中的候选邻居的个数,显然 $n_1 \geqslant n_2$。

下面是具体的局部择优连接规则。

(1) 如果 $n_c \geqslant n_1$,则新的局部神经元和当前域中所有的神经元全连接。

(2) 如果 $n_2 \leqslant n_c < n_1$,则重新定义候选邻居为当前域中所有神经元的集合,而不同于前面只使用在圆内的那些神经元,新的局部神经元与候选邻居神经元 i 的连接概率可通过以下公式计算,即

$$\frac{d_i}{\sum_{j \in C} d_j}$$

式中,d_j 表示神经元 j 的出度;C 是新的局部神经元的候选邻居集合。

(3) 如果 $n_c \leqslant n_2$,则新的局部神经元与候选邻居连接的概率同上式。

总之,局部择优连接规则对生成网络的小世界和无标度特性都有贡献。新的局部神经元往往是候选邻居的中心,被选中的候选邻居对改进网络的集聚系数具有很大帮助。

3) SHESN 的复杂性分析

根据前面所述的自然增长模型,下面举例如何递增生成一个 SHESN 的状态池。网络拓扑参数给定如下:状态池容量为 $L \times L = 300 \times 300 = 90000$,内部神经元个数为 $n = 1000$,骨干神经元的个数 $n_b = 10$,每一个局部神经元的连接数 $n_c = 5$。另外给定 Pareto 重尾分布的参数如下:$a = 1, k = 1, Q = 90000$。采用上面给出的生成步骤,最后得到自然演化状态池的空间分布如图 3.45 所示。这样一个状态池的谱半径和稀疏连接度分别为 2.105 和 0.979%。

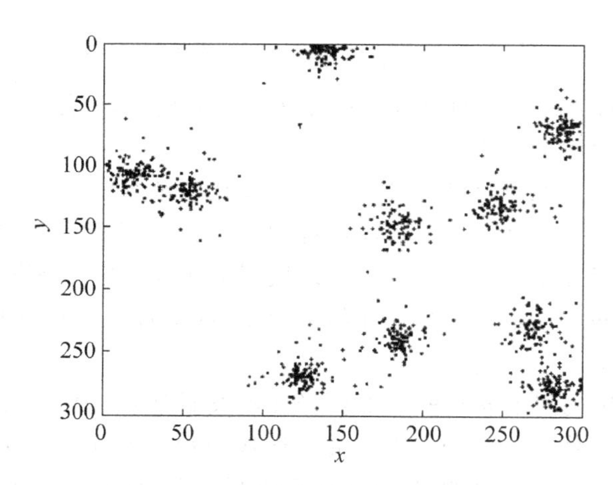

图 3.45 自然演化状态池的空间分布

下面对该 SHESN 的状态池做进一步的分析。

(1) 空间分布式递阶结构

如图 3.45 所示,1000 个内部神经元放置在 300×300 的网格平面上,组成 10 个清晰的簇或域。每个域包含一个骨干神经元和围绕在其周围的局部神经元。很显然,这个自然演化状态池的网络拓扑是一个空间递阶的分布式结构。它有以下几个独特的性质。

① 新的动态状态池由若干个域组成，该域可视为最高层次的宏神经元，它们通过骨干神经元完全连接到对方。骨干神经元之间的域间突触连接的数量远小于状态池的全部连接数量，这是因为骨干神经元所占的比例很小。

② 在每一个域内或在一个稍低的层次上，局部神经元的域内连接数量要远大于域间连接数量。

③ 根据①和②，每一个域的动态特性是相对独立的。

④ 状态池的所有内部神经元分布在 $L\times L$ 的网格平面上（$L\times L\gg n$）。初始时，输入层上的每个神经元与网格平面上的所有 $L\times L$ 个结点连接。当 n 个内部结点根据自然增长规则生成后，每个输入神经元和 n 个内部神经元之间的输入连接权矩阵可以按照均匀分布随机产生。同时，将每一个输入神经元和不是内部神经元的网格结点之间的所有输入权值设置为 0。因此，输入连接权矩阵反映了内部神经元的空间分布。图 3.46 所示为输入神经元和 n 个内部神经元之间的连接分布。

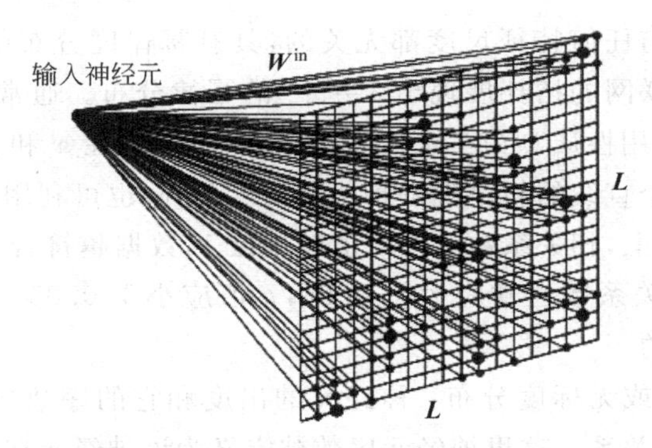

图 3.46　输入神经元和内部神经元之间的连接分布

（2）小世界现象

该自然演化状态池网络由 1000 个内部神经元组成，具有 1000×1000 的状态池连接权矩阵 $\boldsymbol{W}^{\mathrm{res}}$，其稀疏连接度为 0.979%。因此，它显然是一个大规模稀疏复杂网络。

定义平均特征路径长度 $L(p)$ 为两个内部神经元之间的平均距离，它是对所有神经元之间距离取平均的结果。$L(p)$ 反映了复杂网络的有效大小，是网络的全局属性。集聚系数 $C(p)$ 是网络的局部属性，用来衡量一个神经元的两个邻居神经元也是互为邻居的可能性。假设状态池的内部神经元 v 拥有 k_{v} 个与它连接的邻居神经元，令 n_{a} 表示与神经元 v 有连接关系的邻居神经元之间的实际连接数，n_{t} 表示与神经元 v 有连接关系的邻居神经元之间的所有可能的连接数，则神经元 v 的集聚系数 C_i 定义为 $C_i=n_{\mathrm{a}}/n_{\mathrm{t}}=2n_{\mathrm{a}}/(k_{\mathrm{v}}(k_{\mathrm{v}}-1))$。因此，整个状态池网络的集聚系数 $C(p)$ 是所有神经元集聚系数 C_i 的平均值。

平均特征路径长度 $L(p)$ 和集聚系数 $C(p)$ 是表征复杂网络拓扑结构具有小世界现象的主要参数。

对于上面讨论的 SHESN，可计算出平均特征路径长度 $L(p)=3.7692$，集聚系数 $C(p)=0.2303$。为了比较，对于完全随机连接的 ESN 网络，使用同样的内部神经元个数 1000 和同样的稀疏连接度 1%，可计算出其平均特征路径长度和集聚系数分别为：$L_{\mathrm{random}}=3.2668$，$C_{\mathrm{random}}=0.0112$。这个结果表明 $L(p)$ 几乎和 L_{random} 一样小，但是 $C(p)$ 却比 C_{random} 大很多。换言之,新的SHESN的状态池同样具有较短的特征路径长度,但却具有更高的集聚系数。因此,这里的新状态池确实是一个小世界复杂网络。

表3.8给出了网络中10个域的平均特征路径长度和集聚系数。与同样条件的完全随机网络相比,可以看出,每一个域也都是小世界子网络。

表3.8 10个域的小世界和无标度特性分析

域	1	2	3	4	5	6	7	8	9	10
大小	103	108	88	91	104	86	99	114	85	122
特征路径长度	2.0041	2.0043	1.9432	1.9761	1.9678	1.9886	1.9486	2.0723	1.9837	2.0399
集聚系数	0.4082	0.4691	0.4653	0.4569	0.3957	0.4392	0.4558	0.3701	0.4167	0.3955
相关系数	0.9875	0.9843	0.9909	0.9850	0.9901	0.9891	0.9843	0.9847	0.9852	0.9821

(3) 无标度特性

众所周知,幂律是与任何特征尺度都无关的,具有幂律度分布的网络被称为无标度网络。实验研究发现,互联网的拓扑展现出$y=x^{-\alpha}$的幂律分布。通常,幂律指数α用来描述网络拓扑结构的一些通用性质。为了求出幂律指数,可首先在x和y的对数坐标上对两个变量进行直线拟合,这个直线的斜率就是幂律指数。此外,也可利用Pearson相关系数来判断幂律是否存在。实际上,相关系数的绝对值越接近1,数据越符合幂律分布。对数坐标上一个好的直线拟合,相关系数通常应大于0.95,p值应小于0.05。一般来讲,如果p值很小,则说明是显著相关的。

考虑以下两个幂律或无标度分布:神经元的出度和它的序数(Rank)以及神经元个数与神经元的出度之间的关系。这里神经元序数被定义为该神经元在按出度降序排列中的位置。这两个关系均可在上面所述的演化状态池中观测到。

图3.47利用对数图给出了内部神经元的出度与序数的关系。用MATLAB中Corrcoef函数计算得到相关系数为0.988和p值为0。序数的幂律指数R,也即拟合直线的斜率为0.59,它与互联网拓扑结构的结果相吻合。

此外,表3.8还给出了每一个域的相关系数。结果表明,每一个域,即底层的子网络也具有幂律特性。

类似地,图3.48给出了内部神经元个数与出度之间的关系。计算得到相关系数为0.979,p值为0。这种情况下,计算得到网络的出度幂律指数$O=2.41$。实际上,自然界中的绝大多数复杂网络,如生物网络,其出度幂律指数通常在2.0~3.0之间。这表明,SHESN在幂律分布方面表现出一些生物学特征。

4) 学习算法

如前所述,为了保持回声状态特性,状态池连接权矩阵$\boldsymbol{W}^{\text{res}}$必须予以精心的选择。同时,输入连接权矩阵和反馈连接权矩阵需要在可行的范围内随机设定。但是,输出连接权矩阵必须使用监督学习进行调整。

换言之,当构造出了满足回声状态特性的SHESN网络结构后,必须通过计算输出连接权矩阵来逼近训练样本集。

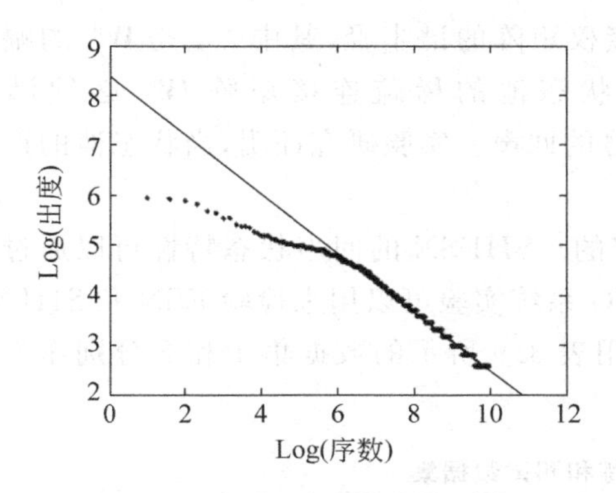

图 3.47 神经元出度与序数对数图

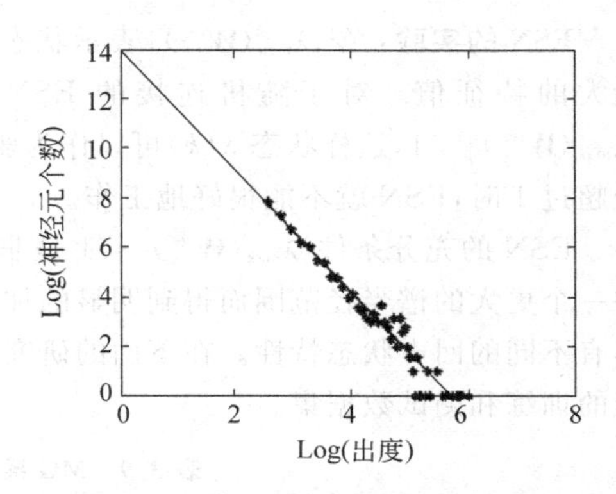

图 3.48 神经元个数与出度对数图

具体的 SHESN 学习算法，可采用前述与 ESN 相同的一步计算方法，也可采用类似于 Elman 的基于梯度的误差反向传播迭代算法。

2. 应用举例

为了进行比较分析，这里使用了与前述 ESN 应用相同的实例，即利用对 MG 动态系统的应用来说明 SHESN 网络具有增强的回声状态特性，并具有更强的动态逼近能力。

1）数据集的准备

与 ESN 网络的应用类似，此时训练数据集和测试数据集可构造如下：将时间序列的前 2200 个点作为训练数据集，而测试数据集仅包括 2200～2400 数据段。

2）测试判据

在测试阶段，通过 100 次独立运行，在一个特定的测试点上，或者对所有的数据点，对 SHESN 网络的逼近精度进行评估。

若用前 n_t 组采样数据作为训练数据，选用其后的 84 组数据

$$\{u(n_t+1);y_d(n_t+1)\},\{u(n_t+2);y_d(n+2)\},\cdots,\{u(n_t+84);y_d(n_t+84)\}$$

作为测试数据，选择 $k=n_t+84$ 作为测试点，并完成 100 次独立的测试，每一次测试都使用新生成的 SHESN，然后按照下式计算归一化均方根误差作为测试误差

$$\mathrm{NRMSE}_{84}=\left(\frac{\sum_{l=1}^{100}(y_d^l(n_t+84)-y^l(n_t+84))^2}{\sum_{l=1}^{100}(y_d^l(n_t+84))^2}\right)^{1/2}$$

式中 $y^l(k)$ 是第 l 次测试时 SHESN 的实际输出。

3）增强的回声状态特性

在完全随机的 ESN 方法中，状态池是稀疏和随机连接的，所有内部神经元和输出神经元均具有 Sigmoid 激发函数，比如取 tanh(·)。状态池中内部神经元的输出称为状态。使用前面所述的非线性状态方程，状态池的状态序列 $X=\{\cdots,\boldsymbol{x}(k-1),\boldsymbol{x}(k)\}$ 对应于一个左无限的输入序列 $U=\{\cdots,u(k-1),u(k)\}$。如果状态池具有渐近稳定状态，则状态 $\boldsymbol{x}(k)$ 就称为回声状态。一般来讲，ESN 具有回声状态特性当且仅当状态 $\boldsymbol{x}(k)$ 由左无穷序列 $\{\cdots,u(k-1),u(k)\}$ 唯一确定。换言之，回声状态特性意味着对于输入序列 U，在 ESN 的允许状态集合 X 中存在一个回声状态。

ESN 的实验：令$|\lambda_{\max}(\boldsymbol{W}^{res})|$表示状态池连接权矩阵的谱半径，其中$\lambda_{\max}$是$\boldsymbol{W}^{res}$的幅值最大的特征值。对于随机连接的 ESN，ESN 状态池的稀疏连接矩阵$\boldsymbol{W}^{res}$必须满足$|\lambda_{\max}(\boldsymbol{W}^{res})|<1$，这样状态$\boldsymbol{x}(k)$可以作为驱动信号的回声。实验研究证明，当状态池的谱半径超过 1 时，ESN 就不能很好地工作。

ESN 的充分条件$|\lambda_{\max}(\boldsymbol{W}^{res})|<1$是非常保守的。SHESN 的回声状态特性可以通过允许一个更大的谱半径范围而得到明显的加强。MG 系统实验可以用来检验 ESN 和 SHESN 具有不同的回声状态特性。在下面的研究中，使用表 3.9 所示的数据集 1 和 2 分别作为实验的训练和测试数据集。

表 3.9 MG 系统的训练和测试数据集

采样数据集	时延 τ	转换式
1	17	$\tanh(x-1)$
2	30	$0.3\tanh(x-1)+0.2$
3～17	17～31	$0.3\tanh(x-1)+0.2$

现构造一个有 500 个内部神经元且稀疏连接度为 1% 的 ESN 状态池。添加的噪声$v(k)$按$[-0.0008,0.0008]$上的均匀分布随机产生。输入矩阵$\boldsymbol{W}^{in}$和反馈矩阵$\boldsymbol{W}^{fb}$都按$[-1,1]$上的均匀分布随机设定。输出矩阵$\boldsymbol{W}^{out}$使用前面所述的监督学习方法得到。然后按上面给出的公式计算 NRMSE_{84}，且谱半径从 0.1 开始增加，步长为 0.1。实验结果如图 3.49(a)、(b)所示。从图中可以明显看出，当谱半径大于 1 时，ESN 开始变得不稳定。

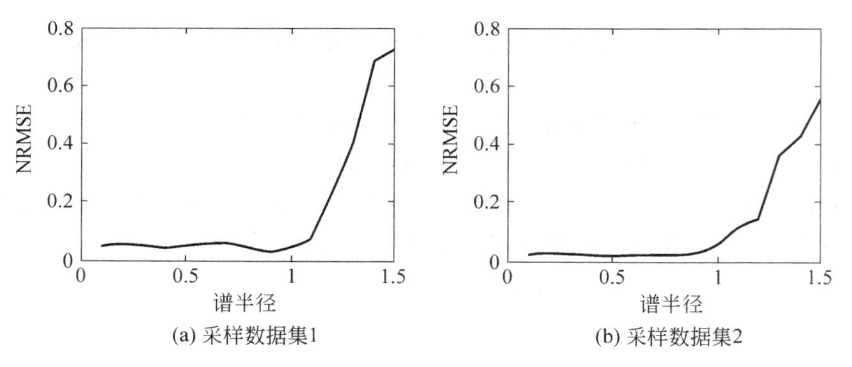

(a) 采样数据集1　　(b) 采样数据集2

图 3.49 ESN 网络的 NRMSE_{84} 测试误差与谱半径的关系

SHESN 的实验：选择状态池的容量为$L\times L=200\times200=40000$，内部神经元的个数为$n=500$，骨干神经元的个数为$n_b=5$，新的局部神经元的连接数为$n_c=5$。噪声$v(k)$按$[-0.0008,0.0008]$上的均匀分布随机生成。输入矩阵$\boldsymbol{W}^{in}$和反馈矩阵$\boldsymbol{W}^{fb}$均按$[-1,1]$上的均匀分布随机设定。输出连接权矩阵$\boldsymbol{W}^{out}$使用监督学习方法得到。实验结果如图 3.50(a)、(b)所示。

结果表明 SHESN 可以有一个更大的谱半径范围。即使谱半径$|\lambda_{\max}(\boldsymbol{W}^{res})|$明显大于 1，SHESN 的状态仍具有输入信号的回声功能。和 ESN 的结果相比，SHESN 大大提高了回声状态特性。如图 3.50 所示，SHESN 的谱半径的上限可以高达 6.0。

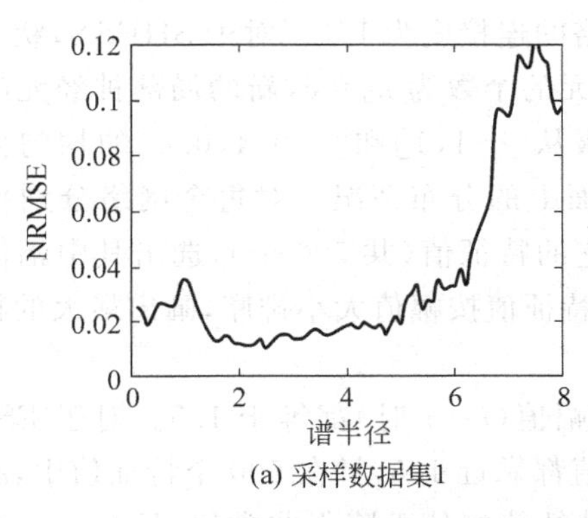

(a) 采样数据集1

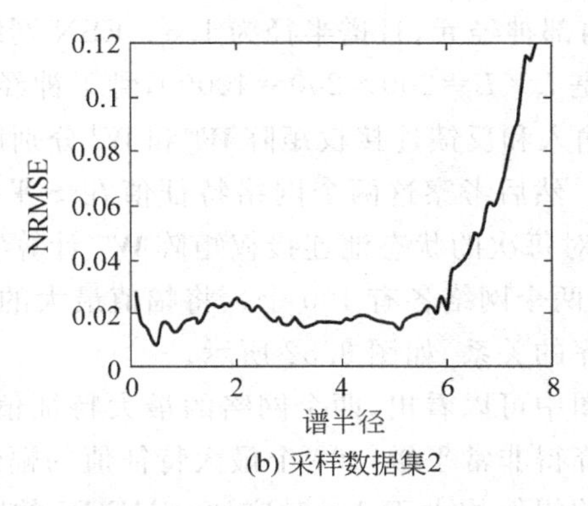

(b) 采样数据集2

图 3.50 SHESN 网络的 $NRMSE_{84}$ 测试误差与谱半径的关系

4）对非线性动态系统的逼近能力

为了比较 SHESN 和 ESN 对动态系统的逼近能力，使用表 3.9 中的数据集 3～17，其中的时延相应地从 17 变为 31。为了便于比较，对两种网络都使用了相同的网络拓扑结构和参数。唯一的不同是对自然演变的状态池设计了不同的谱半径。在这个实验中，基于数据集3～17 的SHESN 的谱半径设置为 2.7，随机连接的 ESN 设置成 0.8。实验结果如图 3.51 所示。

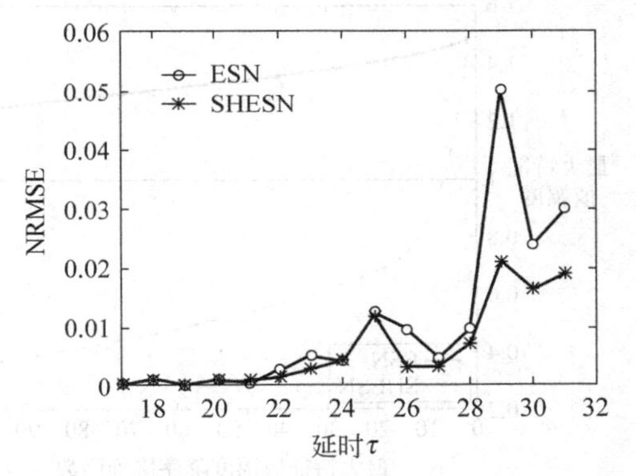

图 3.51 MG 系统的测试误差 NRMSE 与时延 τ 的关系

对于 MG 系统，时延 τ 越大，系统的非线性越严重。特别地，当 $\tau \geqslant 17$ 时，MG 系统产生了混沌时间序列。因此，随着 τ 的增加，无论是使用 ESN/SHESN 还是其他的模型，逼近 MG 系统都变得十分困难。从图 3.51 中可以看出，当 $\tau \geqslant 26$ 时，SHESN 的误差明显小于 ESN 的误差。在 $\tau \geqslant 26$ 的情况下，MG 系统呈现出很强的非线性，而且需要有更为强大的短期记忆能力。SHESN 确实获得了较好的结果。

从图 3.51 还可以看出，当 $\tau=17 \sim 25$ 时，SHESN 和 ESN 表现了几乎相同的逼近效果。但是，当 τ 增加到 26 或者更高时，SHESN 显示出了比 ESN 更强的逼近非线性系统的能力。而此时由于系统的非线性程度加剧，问题的解决也变得非常困难。例如，当 $\tau=29$ 时，相较于 ESN，SHESN 的优越性能表现得更为明显。这是因为谱半径越大，动态状态池的计算能力越强。从而使得 SHESN 的稳定回声状态能逼近更复杂的非线性动态系统。

3．讨论

对于 ESN，当稀疏状态池矩阵 $\boldsymbol{W}^{\text{res}}$ 满足 $|\lambda_{\max}(\boldsymbol{W}^{\text{res}})| \geqslant 1$ 时，ESN 不能维持回声状态特性。而具有自然演变状态池的 SHESN，通过允许使用更大的谱半径，可较大地改善其回声状态特性。

为了解释上述现象，可考察对状态池网络动态系统具有主导作用的特征值分布。首先生成具有随机状态池的 ESN 网络和具有自然演变状态池的 SHESN 网络，它们均含有

500个内部神经元,且谱半径为1.5。ESN网络的连接度为1%。对于SHESN,状态池的最大容量是$L\times L=200\times 200=40000$,骨干神经元的个数为$n_b=5$,新的局部神经元的连接数$n_c=1$,输入和反馈连接权矩阵$\boldsymbol{W}^{in}$和$\boldsymbol{W}^{fb}$分别服从[−1,1]和[−0.4,0.4]的均匀分布被随机设定。然后考察这两个网络特征值在z平面上的分布情况。对每个网络分别独立运行100次,对每次的状态池连接权矩阵$\boldsymbol{W}^{res}$计算它的特征值(共500个),选出其中幅值最大的特征值(两个网络各有100个),将幅值最大的特征值按幅值大小排序,画出最大的特征值幅值与排序的关系,如图3.52所示。

从图中可以看出,两个网络的最大特征值幅值($i=1$时)都等于1.5。对于ESN网络,曲线下降得非常平缓,100个最大特征值的幅值都靠近1.5,且在500个特征值中,有207个特征值的幅值均大于1。对应地,SHESN的特征值幅值下降得非常快,且在500个特征值中,只有6个(占1.2%)特征值的幅值大于1。特别地,SHESN网络的100个最大特征值的分布服从幂律分布,相关系数为0.989,p值为0,其对数关系如图3.53所示。这说明,尽管SHESN的谱半径大于1,但特征值的幅值按指数关系迅速减小,绝大多数在单位圆以内,并且接近z平面的原点。

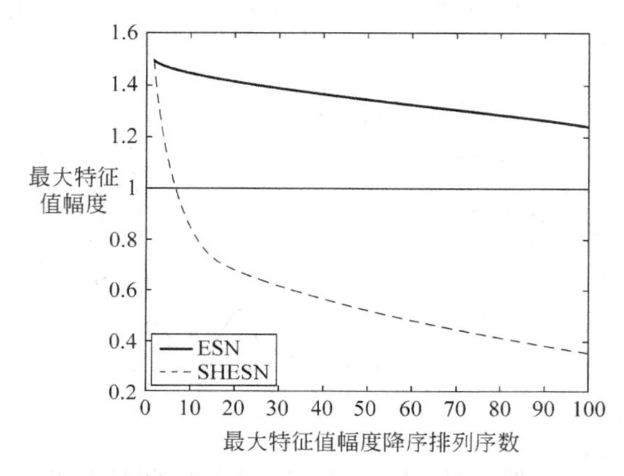

图3.52 谱半径为1.5时最大特征值幅值与降序排列序数的关系

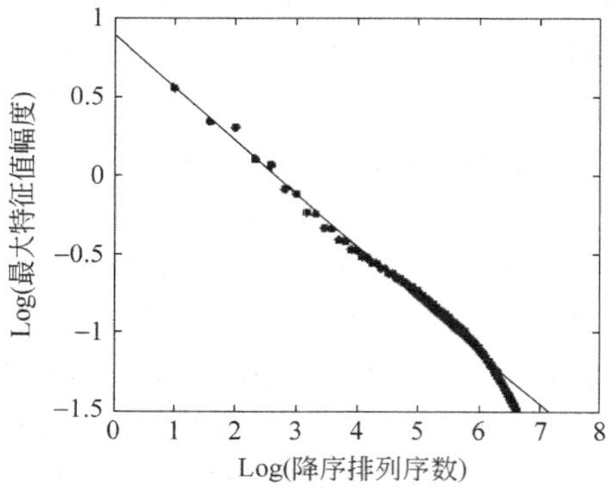

图3.53 最大特征值幅值与降序排列序数的对数图

上述实验也说明,SHESN网络的逼近性能对于随机扰动噪声具有很强的鲁棒性。实际上,特征值的幂律分布保证了即使当SHESN的谱半径很大时,也只有很少的特征值在单位圆之外,而绝大部分特征值由于幅值急剧下降而具有很小的值。在单位圆中,大部分特征值都接近z平面的原点,而正是由于这些特征值在系统中发挥了主导特征的作用,因此保证了系统即使在具有很大噪声的情况下,也具有全局收敛性。

SHESN网络实际是一个扩展的ESN模型。实验结果表明,相对于Jaeger等提出的完全随机连接的ESN网络,SHESN网络能显著地改善网络的回声状态特性,且可提高对高度复杂非线性动态系统的逼近精度。这种自然增长的递归神经网络可包含成千上万个内部神经元,且在许多方面表现出与生物神经系统相类似的特点,如状态池的无标度分布与小世界特性等。未来的若干研究方向包括:SHESN网络的同步效应;将SHESN网络发展成为功能柱集群神经网络模型;研究SHESN网络基于吸引子的人工认知新模型等,并进一步扩展SHESN网络的应用范围。

3.7 基于神经网络的系统建模与辨识

前面各节介绍了各种神经网络。从本节开始，将着重讨论神经网络在系统建模、辨识与控制中的应用。

3.7.1 概述

人工或计算神经网络迄今已经历了半个世纪的研究，出现了数十种主要的网络结构和各种各样的网络学习算法。前面已指出，其中最具代表性的有MP模型（McCulloch and Pitts，1943）、Hebb规则（Hebb，1949）、Perceptron感知机（Rosenblatt，1957）、Adaline（Widrow，1960）、Hopfield网络（Hopfield等，1984；1986）、BP网络（Rumelhart等，1985）、Boltzmann机及高阶Boltzmann机（Hinton等，1984；1985）、ART（Grossberg等，1986）、SOM（Kohonen，1984）、Neocognitron（Fukushima，1980）、CMAC（Albus，1975）、BMAC（Lane，1992）、RBF（Sanner和Slotine，1984）、动态BP网络（Werbos，1990）、Elman网络（Elman，1990）、Jordan网络（Jordan，1986）、ESN网络（Jaeger等，2004）及模糊神经网络等。相应的学习算法包括：多层前馈神经网络的标准BP算法（SBP）及其各种变形、自适应变步长学习算法、最小二乘学习算法、二阶学习算法、高阶快速学习算法（如基于Kalman滤波的学习算法），以及能克服局部极小值的趋药性（Chemotaxis）算法和遗传算法（GA）；Hopfield网络的不动点学习算法、轨迹（Trajectory）学习算法和动态规划学习算法；Boltzmann机的模拟退火和快速模拟退火学习算法；多层网络的竞争学习算法；ART网络的Grossberg学习算法；SOM网络的Kohonen学习算法；Neocognitron网络的福岛（Fukushima）学习算法等；以及模糊神经网络的再励学习算法与梯度学习算法等。

神经网络在系统建模、辨识与控制中的应用，大致以1985年Rumelhart的突破性研究为界。在极短的时间内，神经网络就以其独特的非传统表达方式和固有的学习能力，引起了控制界的普遍重视，并取得了一系列重要结果。迄今为止已经覆盖了控制理论中的绝大多数问题，如系统建模与辨识、PID参数的整定、极点配置、内模控制、优化设计、预测控制、最优控制、自适应控制、滤波与预测、容错控制、模糊控制、专家控制和学习控制等。它甚至还应用于与控制有关的其他问题，如A/D、D/A转换、矩阵求逆、Jacobian矩阵计算、QR分解、Lyapunov方程和Riccati方程求解等。

神经网络应用于控制领域的主要吸引力在于以下几点。

（1）多层前馈神经网络能够以任意精度逼近任意非线性映射，递归神经网络能够以任意精度逼近任意动态系统，这给复杂系统的建模带来了一种新的、非传统的表达工具。

（2）固有的学习能力降低了不确定性，增加了适应环境变化的泛化能力。

（3）并行计算特点，使其有潜力快速实现大量复杂的控制算法（目前还有待于神经网络芯片技术的进步）。

（4）分布式信息存储与处理结构，从而具有独特的容错性。

（5）能够同时融合定量与定性数据，使其能够利用连接主义的结构，将传统控制方法与符号主义的人工智能相结合。

（6）多输入多输出的结构模型可方便地应用于多变量控制系统。

然而,经过1989年前后出现的研究高潮以后,单纯使用前馈神经网络的辨识与控制方法的研究,已有停滞不前的趋势。究其原因主要是因为:近年来,前馈神经网络本身的研究,如网型等未再有根本性的突破,专门适合于控制问题的动态神经网络仍有待进一步发展;神经网络的泛化能力不足,制约了控制系统的鲁棒性;网络本身的黑箱式内部知识表达方式,使其不能利用初始经验进行学习,易于陷入局部极小值;分布并行计算的潜力还有赖于硬件实现技术的进步。

另一方面,模糊逻辑理论作为一种符号处理方法,为人类抽象的认知过程,如思维和推理等深度智能提供了较系统的数学基础,能够模拟人类的某些定性的语言属性,可表达认知不确定性下的推理机制,但缺乏有效的学习算法;而连接主义的神经网络虽有很强的学习能力,但就其本质来说,一般只能模拟人类低层的感知能力,相比之下仅有较低的智能,因此神经网络根本无法达到人们原来寄予的过高期望,即能够完全超越已陷入困境的经典人工智能方法,使基于神经网络的智能控制方法取代或普遍优于其他智能控制系统。

为了提供与生物神经系统智能控制行为具有更大相似性的智能控制方法,同时也为了克服神经网络控制方法的前述困难,将模糊逻辑(包括专家系统)与神经网络结合,发展模糊神经网络控制方法,已经成为模糊控制或神经网络控制研究的主要发展趋势。这种将两者以递阶方式融合起来的新网络模型及其控制方法,能够提供更加有效的智能行为、学习能力、自适应特点、并行机制和高度灵活性,使其能够更成功地处理各种不确定的、复杂的、不精确的和近似的控制问题。

在系统介绍神经网络控制方法之前,将首先讲述神经网络在系统建模与辨识中的应用,以此作为前者的基础和必要准备。在本节将从函数逼近理论的角度,首先讨论前馈神经网络对非线性映射的逼近能力。然后介绍利用多层静态网络,建立非线性系统的正向与逆动力学模型。最后给出利用动态递归网络和模糊神经网络对动态时间系统建模的方法。

3.7.2 逼近理论与网络建模

作为一种非传统的表达方式,神经网络可用来建立系统的输入输出模型,它们或者作为被控对象的正向或逆动力学模型,或者建立控制器的逼近模型,或者用以描述性能评价估计器。

状态空间表达式可以完全描述线性系统的全部动态行为,也可给出非线性系统的一般但却难以分析与设计的表达式。除此以外,对于线性系统,传递函数矩阵提供了定常系统的黑箱式输入输出模型。在时域中,利用自回归滑动平均模型(ARMA),通过各种参数估计方法,也可给出系统的输入输出描述。但对于非线性系统,基于非线性自回归滑动平均模型(NARMA),却难以找到一个恰当的参数估计方法,传统的非线性控制系统辨识方法在理论研究和实际应用中都存在极大的困难。

相比之下,神经网络在这方面显示出明显的优越性。由于神经网络具有通过学习逼近任意非线性映射的能力,将神经网络应用于非线性系统的建模与辨识,可不受非线性模型类的限制,而且便于给出工程上易于实现的学习算法。

在控制问题的研究中,运用最为普遍的神经网络是多层前馈神经网络,这主要是因为这种网络具有逼近任意非线性映射的能力。

逼近理论是数学中的经典问题,如Volterra级数等多项式逼近已被广泛应用于非线性控制系统(Schetzen,1980)。一般说来,最佳逼近问题需要首先解决逼近的存在性,即 f 需满足什么样的条件,才能用什么样的 $\hat{f}$ 以任意精度逼近。此外逼近的唯一性,以及最佳逼近元的构造等也是急需解决的重要问题。

在讨论神经网络逼近理论之前,首先简单地介绍泛函中的若干基本概念,并且不加证明地引述两个重要的逼近定理。

1. **预备知识**

定义 3.4(线性赋范空间) 假定 $\boldsymbol{X}$ 为一线性空间,$\|\cdot\|$ 为定义在 $\boldsymbol{X}$ 上的实函数。如果对 $\forall \boldsymbol{x},\boldsymbol{y}\in \boldsymbol{X},\alpha\in R$,有

(1) $\|\boldsymbol{x}\|\geqslant 0$,

(2) $\|\boldsymbol{x}\|=0$,当且仅当 $\boldsymbol{x}=0$,

(3) $\|\alpha\boldsymbol{x}\|=|\alpha|\|\boldsymbol{x}\|$,

(4) $\|\boldsymbol{x}+\boldsymbol{y}\|\leqslant\|\boldsymbol{x}\|+\|\boldsymbol{y}\|$,

则称 $\|\boldsymbol{x}\|$ 为 $\boldsymbol{X}$ 上的度量或范数,并将定义了向量范数的线性空间($\boldsymbol{X},\|\boldsymbol{x}\|$)称为线性赋范空间。

若线性赋范空间中任一收敛向量序列的极限均属于此线性赋范空间,则称此线性赋范空间为完备的线性赋范空间,或称 Banach 空间。可以证明,欧氏空间 R^n、C^n 和 l^p 空间($p=1,2,\cdots,\infty$)都是 Banach 空间。

在线性赋范空间里,$\|\boldsymbol{x}-\boldsymbol{y}\|$ 表示 $\boldsymbol{x}$ 和 $\boldsymbol{y}$ 的距离。对于 n 维欧氏空间 R^n,若记 $\boldsymbol{x}=(x_1,x_2,\cdots,x_n)^{\mathrm{T}}$ 为 R^n 中的任一元素,则称

$$\|\boldsymbol{x}\|_1=\sum_{i=1}^{n}|x_i| \quad \|\boldsymbol{x}\|_2=\sqrt{\sum_{i=1}^{n}x_i^2} \quad \|\boldsymbol{x}\|_\infty=\max_i|x_i|$$

分别为 R^n 的 1 范数,欧氏范数(2 范数)和 Chebychev 范数(∞范数)。

定义 3.5(列紧性) 线性赋范空间 $\boldsymbol{X}$ 的子集 $\boldsymbol{D}$ 被称为列紧的,如果 $\boldsymbol{D}$ 中的任意点列在 $\boldsymbol{X}$ 中都有一个收敛子列。若这个子列还收敛到 $\boldsymbol{D}$ 中的点,则称 $\boldsymbol{D}$ 为自列紧的。显然,$\boldsymbol{X}$ 的自列紧子集必是有界闭集。

容易证明,线性赋范空间 $\boldsymbol{X}$ 中的每个有限维有界闭子集 $\boldsymbol{D}$ 都是自列紧的。换句话说,此时 $\boldsymbol{D}$ 中的每个无穷点列都有一个收敛于 $\boldsymbol{D}$ 中某一点的子序列。例如,设 $\boldsymbol{D}$ 为 n 维欧氏空间 R^n 中的一个有界闭集,即

$$\boldsymbol{D}=\{(x_1,x_2,\cdots,x_n)\mid -\infty<a_i\leqslant x_i<b_i<\infty,\quad i=1,2,\cdots,n\}$$

则 $\boldsymbol{D}$ 为 $\boldsymbol{X}$ 的自列紧子空间。为叙述简洁起见,若不作特别声明,下面的记号 $\boldsymbol{D}$ 均指此定义。

定义 3.6(稠密子集) 线性赋范空间 $\boldsymbol{X}$ 的子集 $\boldsymbol{E}$ 被称为在 $\boldsymbol{X}$ 中的稠密子集,如果对 $\forall\boldsymbol{x}\in\boldsymbol{X},\forall\varepsilon>0,\exists\boldsymbol{y}\in\boldsymbol{E}$,使得 $\|\boldsymbol{x}-\boldsymbol{y}\|<\varepsilon$。或者说,对 $\forall\boldsymbol{x}\in\boldsymbol{X},\exists\{\boldsymbol{x}_n\}\subset\boldsymbol{E}$,使得 $\boldsymbol{x}_n\rightarrow\boldsymbol{x}$。

定义 3.7(函数空间) 函数空间 $\boldsymbol{C}(\boldsymbol{D})$ 被定义为由 R^n 的列紧子集 $\boldsymbol{D}$ 上所有实值连续函数组成的集合。容易看出,函数空间 $\boldsymbol{C}(\boldsymbol{D})$ 不仅是线性赋范空间,而且在 Chebychev 范数意义下还是 Banach 空间。进一步可以证明,若 $\varphi_1,\varphi_2,\cdots,\varphi_n$ 是线性赋范空间 $\boldsymbol{C}(\boldsymbol{D})$ 的线性无关基函数,则由此扩张成的线性子空间 $\boldsymbol{B}=\mathrm{span}\{\varphi_1,\varphi_2,\cdots,\varphi_n\}$ 也必是自列紧空间,这里的函数 φ_i 可以是一些简单和容易计算的函数,如多项式、三角函数、有理函数和分段多项

式等。

对于动态系统，函数空间 $C[a,b]$ 被定义为有界闭区间 $[a,b]$ 上所有实值连续函数 $f(x(t))$ 组成的集合，相应的 L_1 范数、L_2 范数和 ∞ 范数分别定义为

$$\| f \|_1 = \int_a^b | f(x) | \mathrm{d}x \quad \| f \|_2 = \left(\int_a^b | f(x) |^2 \mathrm{d}x \right)^{1/2}$$

$$\| f \|_\infty = \max_{a \leqslant t \leqslant b} | f(x(t)) |$$

定义 3.8(最佳逼近) 给定线性赋范空间 $\boldsymbol{X}=(\boldsymbol{X}, \| \cdot \|)$，$\boldsymbol{B}$ 为 $\boldsymbol{X}$ 的一个列紧子集，对于 $\forall f \in \boldsymbol{X}$，存在 $\varphi \in \boldsymbol{B} \subset \boldsymbol{X}$，使得

$$\| f - \varphi^* \| = \inf_{\varphi \in \boldsymbol{B}} \| f - \varphi \|$$

则称 φ^* 为 $\boldsymbol{B}$ 中对 f 的最佳逼近元。

进一步地，取线性赋范空间 $\boldsymbol{X}=\boldsymbol{C}[a,b]$，线性子空间 $\boldsymbol{B}=\mathrm{span}\{\varphi_1,\varphi_2,\cdots,\varphi_n\}$，范数 $\| f \|_\infty = \max\limits_{a \leqslant t \leqslant b} | f(x(t)) |$，则函数空间 $\boldsymbol{C}[a,b]$ 关于 $\| \cdot \|_\infty$ 的最佳逼近问题，称为Chebychev意义下的最佳逼近或称最佳一致逼近。类似地，若范数取为 L_2 范数，则称为最小二乘意义下的最佳逼近。

为了讨论最佳逼近的存在性，下面不加证明地给出以下定理。

定理 3.4(Weierstrass) (Burkill，1970；Yosida，1971；Rudin，1976)假定 $\boldsymbol{X}$ 是线性赋范空间，$\boldsymbol{D} \subset \boldsymbol{X}$ 为 n 维列紧子空间，$\boldsymbol{C}(\boldsymbol{D})$ 为定义在 $\boldsymbol{D}$ 上的连续函数空间，具有度量 $\| \cdot \|$，设 $\boldsymbol{B}=\mathrm{span}\{\varphi_1,\varphi_2,\cdots,\varphi_n\}$ 为多项式线性子空间，则对于 $\forall f \in \boldsymbol{C}(\boldsymbol{D})$，必存在多项式 $p^* \in \boldsymbol{B}$，使对 $\forall x \in \boldsymbol{D}$，一致地有

$$\| f - p^* \| < \varepsilon$$

即 p^* 为 f 的最佳逼近多项式，这里 $\varepsilon > 0$ 为任意给定的常数。这实际指出，由多项式全体组成的集合 $\boldsymbol{B}$ 在函数空间 $\boldsymbol{C}(\boldsymbol{D})$ 中稠密。

现在考虑函数空间 $\boldsymbol{C}[a,b]$ 在需要满足插值条件时的最佳逼近问题，这实际是一个 $f(x(t))$ 基于区间 $[a,b]$ 中插值点 $t_1,t_2,\cdots,t_N$ 的内插问题。由上述定理容易得到以下推论。

推论 3.4 若有界函数 $f \in \boldsymbol{C}[a,b]$，$E=\{t_1,t_2,\cdots,t_N\}$ 为 $[a,b]$ 中的点列，则存在最小二乘逼近多项式 $p^*(t)$，使 $\sum\limits_{i=1}^{k} | f(x(t_i)) - p^*(t_i) |^2$ 在所有多项式中极小。进一步地，存在最佳一致逼近多项式 $p^*(t)$，使 $\max\limits_{0 \leqslant i \leqslant k} | f(x(t_i)) - p^*(t_i) |$ 在所有多项式中极小。

值得指出的是，根据范数选择的不同，也可有其他不同类型的多项式逼近。它们在本质上都可解释为在适当定义范数的线性空间中最小范数问题，或非约束最优化问题。

Weierstrass定理保证了多项式最佳逼近的存在性，因此也称为多项式最佳逼近存在定理。为了适合于神经网络分析之用，可将其一般化为以下定理。

定理 3.5(Stone-Weierstrass定理) (Burkill，1970；Rudin，1976)假定 $\boldsymbol{X}$ 是线性赋范空间，$\boldsymbol{D} \subset \boldsymbol{X}$ 为 n 维列紧子空间，$\boldsymbol{C}(\boldsymbol{D})$ 为定义在 $\boldsymbol{D}$ 上的Banach空间，具有度量 $\| \cdot \|$。若 $\boldsymbol{B}$ 为 $\boldsymbol{C}(\boldsymbol{D})$ 的子代数，即满足

(1) $\boldsymbol{B}$ 含有恒一函数 $g(x)=1$。

(2) $\boldsymbol{B}$ 为可分的，即对 $\boldsymbol{D}$ 中任意两个点 $x_1 \neq x_2$，存在 $g(x) \in \boldsymbol{B}$，使得 $g(x_1) \neq g(x_2)$。

(3) $\boldsymbol{B}$ 为代数闭包，即对 $\boldsymbol{B}$ 中任意两个函数 g、h，均有 gh 及 $\alpha g + \beta h$ 也在 $\boldsymbol{B}$ 中，这里 α、β 为实常数，从而 $\boldsymbol{B}$ 在Banach空间 $\boldsymbol{C}(\boldsymbol{D})$ 中是稠密的。

对于 $\forall f \in \boldsymbol{C}(\boldsymbol{D})$，在子代数 $\boldsymbol{B}$ 中必存在一个函数 $g(x)$，使对 $\forall x \in \boldsymbol{D}$，一致地有

$$\| f(x) - g(x) \| < \varepsilon$$

这里 $\varepsilon > 0$ 为任意给定的常数。

上述定理可以进一步推广到非线性函数 $f(x)$ 为间断可测实值函数的情形，即对列紧集 $\boldsymbol{D}$ 上几乎处处有界的函数 f，总可以找到一个连续函数序列 g_r，使其几乎处处收敛于 f

$$\lim_{r \to \infty} \| f - g_r \| = 0$$

由此可见，由基本模块或计算模块组成的无限大的神经网络，总可以一致地逼近 $\boldsymbol{C}(\boldsymbol{D})$ 中的任意函数，而一个有限大的网络，则只能精确地逼近 $\boldsymbol{D}$ 中某个子集上的函数。

2. 多层前馈神经网络的逼近能力

从逼近理论的角度来看，多层前馈神经网络(MLP)实际是一个带学习参数的非线性映射 $g(\boldsymbol{w},x)$ 的集合 $\boldsymbol{B}$，以及相应对权参数向量 $\boldsymbol{w}$ 的学习算法所组成的连接主义表达。由上述 Stone-Weierstrass 定理可知，一个连续或间断可测实值函数 $f(x)$，总可以由一个神经网络任意充分地逼近，其条件是当且仅当该逼近网络 $\boldsymbol{B}$ 为 $\boldsymbol{C}(\boldsymbol{D})$ 的子代数。为此必须使 MLP 满足以下 3 个条件。

(1) MLP 应具有产生 $g(\boldsymbol{w},x)=1$ 的能力。这在许多情况下都是存在的。例如，令输出阈值单元相应的连接权为 1，而令其他所有连接权为零，或通过一个单位输出激发函数，并令输入为零等，均可实现这一条件。

(2) 可分性条件。这在 MLP 中相当于要求逼近网络具有泛化能力，即所谓不同输入产生不同输出(若 $x_1 \neq x_2 \in \boldsymbol{D}$，则 $g(w,x_1) \neq g(w,x_2) \in \boldsymbol{B}$)，这显然也可保证。

(3) 代数闭包条件要求 MLP 能产生函数的和与积。相加是显然的，因为这可以通过增加一层输出神经元，将两个网络 $g \in \boldsymbol{B}, h \in \boldsymbol{B}$ 的输出简单相加即可，显然增加了一层的 MLP 也属于 $\boldsymbol{B}$，即 $\alpha g + \beta h \in \boldsymbol{B}$。为得到两个函数的积，可以对输出神经元激发函数引入一个变换，例如可通过指数函数、对数函数等将 g、h 表示成一个函数和的形式，这在 MLP 中也是经常使用的。这一条件实际上相当于要求逼近网络 $\boldsymbol{B}$ 在 Banach 空间 $\boldsymbol{C}(\boldsymbol{D})$ 中是稠密的。换句话说，满足上述 3 个条件的神经网络，必可以任意精度逼近任意非线性连续或分断连续函数。

为了具体说明起见，现在对多层前馈神经网络，引入所谓全局逼近神经网络与局部逼近神经网络的概念。

考虑一非线性输入输出过程，其输入为 $\boldsymbol{x} \in R^n$，输出为 $y \in R$，组成相应的输入输出训练集 $\{\boldsymbol{x}, y\}$。神经网络 $g(\boldsymbol{x},\boldsymbol{w})$ 通过学习自适应地完成对映射 $f: \boldsymbol{x} \to y$ 的逼近。由于该映射可认为是一个超曲面 $\Gamma \subset R^n \times R$，$\{\boldsymbol{x}, y\}$ 为 Γ 上的点，因此网络的逼近实际上是对离散空间点 $\{\boldsymbol{x}, y\}$ 的基于基函数的最佳拟合过程。所谓全局逼近神经网络就是在整个输入空间上的逼近，如 BP 网络、GMDH 等。而局部逼近神经网络则是在输入空间中某条状态轨迹附近的逼近，如 CMAC、B 样条、RBF 和模糊神经网络等。在结构上，两者的区别在于：后者从输入空间到隐层为固定非线性，从隐层到输出为线性自适应，而前者两层均为非线性自适应。这两类前馈神经网络也可基于定义在权空间 $\boldsymbol{w} \in R^p$ 上的误差超曲面 $E \subset R^p \times R$，进行相应的解释。由于局部逼近网络关于连接权 w_i 为线性的，其误差超曲面将只有唯一的全局极小点，因此学习速度较快。

有关前馈神经网络逼近理论的研究，已给出了若干结果(Cybenko，1988；Funahashi，

1989;Hornik,1989;Carrol,1989)。已经证明,全局逼近网络集合 B_1 与局部逼近网络集合 B_2,是否在 Banach 空间 $\boldsymbol{C}(\boldsymbol{D})$ 中稠密且满足 Stone-Weierstrass 定理的其他条件,将决定于相应的激发函数类 $\boldsymbol{\phi}(\cdot)$ 和 $\boldsymbol{\psi}(\cdot)$ 的选择。一般说来,在两种情况下,选择均值非零且 $L^p(D)$ 范数 $\left(\|f\|_p=\left\{\int_D|f|^p\right\}^{1/p},1\leqslant p<\infty\right)$ 有限的函数,如指数衰减函数、Sigmoid 函数和 Gaussian 基函数等,均可使集合 B_1、B_2 为 $\boldsymbol{C}(\boldsymbol{D})$ 的子代数(Stinchcombe 和 White,1989)。然而这并不意味着集合 B_1、B_2 也是最佳逼近。为了提供最佳逼近,需要证明该逼近集也是存在集,而这通常又只需证明它们是列紧集。进一步研究表明,由于局部逼近网络类 B_2 是通过基函数 $\boldsymbol{\psi}(\cdot)$ 的有限线性组合构成的逼近函数,它们显然是闭集和有界集,从而也就是列紧集和存在集。另外,如果赋范线性空间 $\boldsymbol{C}(\boldsymbol{D})$ 是严格凸的,则由逼近理论可知,此最佳逼近同时也是唯一的。不幸的是,全局逼近网络类 B_1 关于连接权 w_i 为非线性的,因此 B_1 既非存在集,也非唯一逼近,尽管它完全满足 Stone-Weierstrass 定理。

在具体实现时,前馈神经网络的这种逼近能力,实际受到隐层数及隐层单元数的限制。换句话说,对任意非线性函数,到底需要多少隐层数及隐层单元数,才能以任意精度逼近?例如,可以直观地说,具有两个隐层的网络,肯定比单个隐层的网络具有更高的逼近精度和泛化能力,而且在总体上可以有更少的计算单元。又如,径向基函数神经网络(RBF)将比具有 Sigmoid 函数的 BP 网络,具有更佳的逼近能力。但这些都是以增加计算复杂性作为代价的。事实上,逼近精度往往还与拟逼近的函数类型以及训练集有关。对此复杂问题,目前尚无系统的结果。

利用静态多层前馈神经网络建立系统的输入输出模型,本质上是基于网络的逼近能力,通过学习获知系统差分方程中的未知非线性函数。多层前馈网络的这种逼近能力,除了连接主义的优点外,从理论上说,不会超过其他传统的逼近方法。

3.7.3 利用多层静态网络的系统辨识

神经网络作为系统的一种非传统黑箱式表达工具,其内部结构完全可不为人所知。换句话说,利用神经网络对系统进行建模时,最好能做到不先验假定系统的模型。但遗憾的是,利用目前的静态多层前馈神经网络尚不能做到这一点。对于拟辨识的动力学系统,必须预先给出定阶的差分方程(如 NARMA 模型)。

系统辨识中的一个重要问题是系统的可辨识性,即对于一个给定的模型类,是否能在此模型类内足够表达所研究的系统(Ljung,1983;1987)。神经网络缺乏这样的具体理论结果。以后假定所选择的神经网络,能够足够地表达相应的系统。

1. 正向模型

所谓正向模型是指利用多层前馈神经网络,通过训练或学习,使其能够表达系统正向动力学特性的模型。图 3.54 给出了获得系统正向模型的网络结构示意图。其中神经网络与待辨识系统并联,两者的输出误差,即预测误差 $e(t)$ 用作网络的训练信号。显然,这是一个典型的有人监督学习问题,实际系统作为教师,

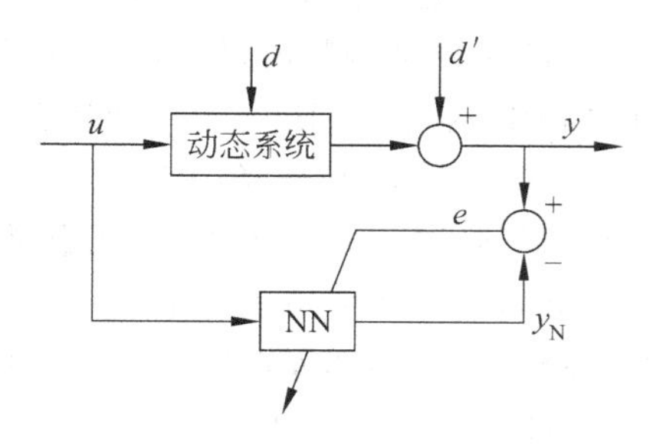

图 3.54 正向模型

向神经网络提供学习算法所需的期望输出。对于全局逼近的前馈网络结构，可根据拟辨识系统的不同而选择不同的学习算法。如当系统是被控对象或传统控制器时，一般可选择 BP 学习算法及其各种变形，这时代替被控对象的神经网络，可用来提供控制误差的反向传播通道，或直接替代传统控制器，如 PID 控制器等。而当系统为性能评价器时，则可选择再励学习算法。不过这里的网络结构并不局限于上述选择，也可选择局部逼近的神经网络，如小脑模型关节控制器(CMAC)等。

由于在控制系统中，拟辨识的对象通常是动态系统，因此这里就存在一个如何进行动态建模的问题。一个办法是对网络本身引入动态环节，如已介绍的动态递归网络，或者在神经元中引入动态特性。另一个办法，也就是目前通常采用的方法，即首先假定拟辨识对象为线性或非线性离散时间系统，或者人为地离散化为这样的系统，利用 NARMA 模型

$$y(t+1)=f[y(t),\cdots,y(t-n+1);u(t),\cdots,u(t-m+1)]$$

以便在将 $u(t),\cdots,u(t-m+1),y(t),\cdots,y(t-n+1)$ 作为网络的增广输入，$y(t+1)$ 作为输出时，利用静态前馈网络学习上述差分方程中的未知非线性函数 $f(\cdot)$。显然，这时无法表达对象的干扰部分，除非对干扰也建立相应的差分方程模型类。

2. 逆模型

建立动态系统的逆模型，在神经网络控制中起着关键的作用，并且得到了最广泛的应用。这将在后面进行详细的介绍。

下面首先讨论神经网络逆建模的输入输出结构，然后介绍两类具体的逆建模方法。

假定前面的非线性函数 f 可逆，容易推出

$$u(t)=f^{-1}[y(t),\cdots,y(t-n+1),y(t+1);u(t-1),\cdots,u(t-m+1)]$$

注意上式中出现了 $t+1$ 时刻的输出值 $y(t+1)$。由于在 t 时刻不可能知道 $y(t+1)$，因此可用 $t+1$ 时刻的期望输出 $y_d(t+1)$ 来代替 $y(t+1)$。对于期望输出而言，其任意时刻的值总可以预先求出。此时，上式成为

$$u(t)=f^{-1}[y(t),\cdots,y(t-n+1),y_d(t+1);u(t-1),\cdots,u(t-m+1)]$$

同样地，$u(t-1),\cdots,u(t-m+1),y(t),\cdots,y(t-n+1),y_d(t+1)$ 可作为网络的增广输入，$u(t)$ 可作其输出。这样，利用静态前馈神经网络进行逆建模，也就成了学习逼近上述差分方程中的未知非线性函数 $f^{-1}(\cdot)$。

1) 直接逆建模

直接逆建模也称广义逆学习(Generalized inverse learning)，如图 3.55 所示。从原理上说，这是一种最简单的方法。由图中可以看出，拟辨识系统的输出作为网络的输入，网络输出与系统输入比较，相应的输入误差用来进行训练，因而网络将通过学习建立系统的逆模型。不过所辨识的非线性系统有可能是不可逆的，这时利用上述方法，就将得到一个不正确的逆模型。因此，在建立系统的逆模型时，可逆性必须首先假定。

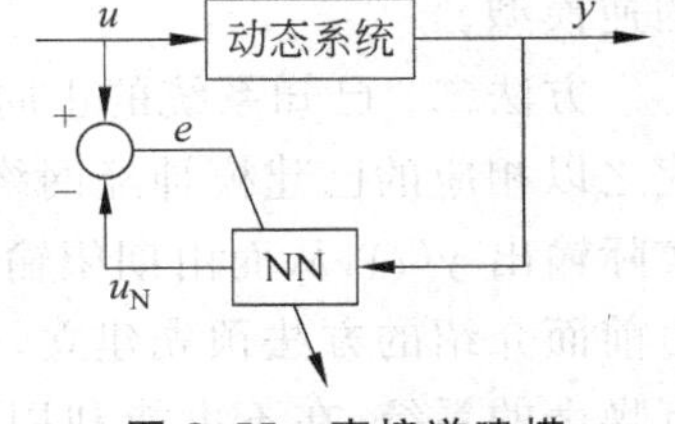

图 3.55　直接逆建模

为了获得良好的逆动力学特性，网络学习时所需的样本集，一般应妥为选择，使其比未知系统的实际运行范围更大。但实际工作时的输入信号很难先验给定，因为控制目标是使

系统的输出具有期望的运动，对于未知被控系统，期望输入不可能给出。另外，在系统辨识中为保证参数估计算法一致收敛，必须提供持续激励的输入信号。尽管对传统自适应控制，已经提出了许多确保持续激励的条件，但对神经网络，这一问题仍有待进一步研究。由于实际工作范围内的系统输入 $u(t)$ 不可能预先定义，而相应的持续激励信号又难以设计，这就使该法在应用时，有可能给出一个不可靠的逆模型，为此可以采用以下建模方法。

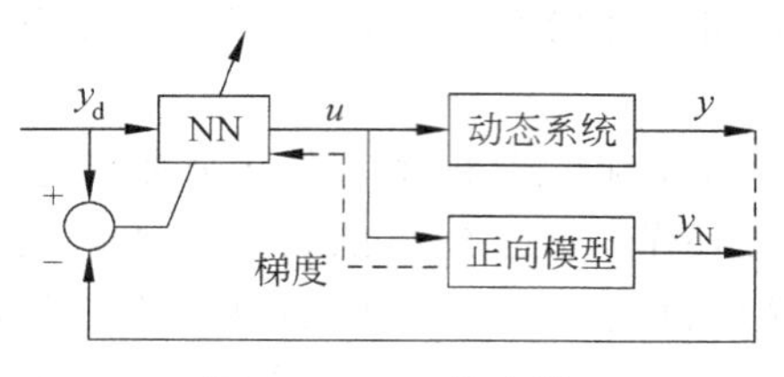

图 3.56 正-逆建模

2）正-逆建模

正-逆建模也称狭义逆学习(Specialized inverse learning)。如图 3.56 所示，这时网络 NN 位于待辨识的系统前面，并与之串联。网络的输入为系统的期望输出 $y_d(t)$，训练误差或者为期望输出与系统实际输出 $y(t)$ 之差，或者为与已建模神经网络正向模型的输出 $y_N(t)$ 之差，即

$$e(t) = y_d(t) - y(t)$$

或

$$e(t) = y_d(t) - y_N(t)$$

其中神经网络正向模型可用前面讨论的方法给出。

该法的特点是：通过使用系统已知的正向动力学模型，或增加使用已建模的神经网络正向模型，以避免再次采用系统输入作为训练信号，使神经网络 NN 可以沿期望轨迹(输出)附近进行学习。这就从根本上克服了使用系统输入作为训练信号所带来的问题。此外，对于系统不可逆的情况，利用此法也可通过学习得到一个具有期望性能的特殊的逆模型(Jordan 和 Rumelhart，1991)。

这类建模方法有 3 种不同的实现途径。

方法一：直接利用系统的实际输出与期望输出之差作为网络逆模型的训练误差。但存在的主要问题是，这时必须知道待辨识系统的正向动力学模型，以便借之反传误差，这显然与系统解析模型未知矛盾。既然系统的解析模型已知，似可由此直接推得系统的逆模型，再去辨识系统的逆模型已无必要。不过当系统的精确模型无法确知，推导其逆模型又显得过于烦琐时，利用神经网络进行辨识，仍不失为一种较好的选择。事实上，Jordan 与 Rumelhart(1991)已经证明，即使系统的解析模型不太精确，利用此法也可望得到一个精确的逆模型。

方法二：已知系统的正向模型毕竟有悖于这里讨论的辨识问题，因此可考虑将此系统代之以相应的已建模神经网络正向模型，即用神经网络正向模型的输出 $y_N(t)$ 代替系统的实际输出 $y(t)$，从而由期望输出 $y_d(t)$ 与 $y_N(t)$ 形成训练误差。这里的神经网络正向模型可由前面介绍的方法预先建立，显然可由它提供误差的反向传播通道。相比之下，此法适宜于有噪声的系统，在不可能利用实际系统已知模型的情形下，该法显示出其优越性。缺点是 $y_N(t)$ 不可能完全相等于实际输出 $y(t)$，神经网络正向模型的建模误差，必然影响待辨识逆模型的精度。

方法三：如图 3.56 所示，这时仍然利用系统的实际输出构成训练误差，但反向传播通道则由神经网络正向模型提供。由于正向模型仅起误差梯度信息的反向传播作用，即使有一点误差，也不是至关重要的，它一般只影响逆模型神经网络的收敛速度。显然，这种方法

综合了前两种方法的优点，同时还克服了它们的缺点。

3.7.4 利用动态网络的系统辨识

如前所述，利用静态多层前馈网络对动态系统进行辨识，实际是将动态时间建模问题变换为静态空间建模问题，这就必然出现诸多问题。如需要先验假定系统的 NARMA 模型类，需要对结构模型进行定阶，特别是随着系统阶次的增加或阶次未知时，迅速膨胀的网络结构，将使学习收敛速度更加缓慢。此外，较多的输入结点也将使相应的辨识系统对外部噪声特别敏感。

相比之下，动态递归神经网络提供了一种较具潜力的选择，代表了神经网络建模、辨识与控制的发展方向。

在 3.6.2 小节介绍了一种修改的 Elman 动态递归神经网络。下面将举例给出修改 Elman 网络在线性动态系统辨识中的应用。

考虑以下 3 阶线性动态系统

$$G(s)=\frac{K}{(s+1)(s+2)(s+3)}$$

假定该系统未知，为了辨识其正向动力学模型，不妨采用图 3.54 所示的系统辨识结构。在仿真中，400 个数据的样本集由均匀分布产生，即网络的输入由具均匀分布的随机数产生，训练准则为输出的均方根(RMS)误差。若取自反馈增益 $\alpha=0.65$，标准 BP 算法的学习率取 $\eta=0.01$，动量项取 $\alpha'=0.1$，采样周期 $T=0.1\mathrm{s}$，网络结构采用 $1\times4\times1$。则在经过 200 000 次学习迭代后，可使 RMS 误差 $E=0.025685$。

3.7.5 利用模糊神经网络的系统辨识

可以证明，3.5 节所介绍的两种模糊神经网络均具有非线性映射的任意逼近能力，因此它们也可用于系统的建模。例如，若采用图 3.57 所示的结构，模糊神经网络可用来辨识系统的正动力学模型。下面以基于 T-S 模型的模糊神经网络为例来介绍建模的方法。

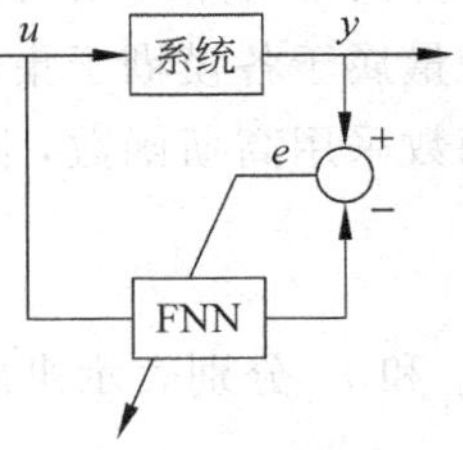

图 3.57 模糊神经网络辨识系统的正动力学模型

设系统的非线性模型为(以离散系统为例)

$$y(k)=f[y(k-1),y(k-2),\cdots,y(k-n),\\ u(k-d),\cdots,u(k-d-m)]$$

其中 $d=n-m\geqslant0$。描述该系统输入输出关系的模糊规则可表示为

R_j：如果 w_1 是 $M_1^{j_1}$ and $\cdots$ and w_q 是 $M_q^{j_q}$，则

$$y^j(k)=-a_1^jy(k-1)-\cdots-a_n^jy(k-n)+b_0^ju(k-d)+\cdots+b_m^ju(k-d-m)$$

式中，$w_1,\cdots,w_q$ 是可测的前件变量，$j_1\in\{1,2,\cdots,m_1\},\cdots,j_q\in\{1,2,\cdots,m_q\}$，$l=\prod_{i=1}^{q}m_i$，$j=1,2,\cdots,l$。

采用上一章所介绍的模糊推理方法，可求得系统的输出为

$$y(k)=\frac{\sum_{j=1}^{l}\alpha_j y^j(k)}{\sum_{j=1}^{l}\alpha_j},\quad \alpha_j=\prod_{i=1}^{q}M_i^{j_i}(w_i)\quad(\text{“AND”采用相乘算子})$$

式中 $M_i^{j_i}(w_i)$ 表示 w_i 属于 $M_i^{j_i}$ 的隶属度函数。

该非线性系统可以采用图3.58所示的模糊神经网络来加以辨识。该网络由前件网络和后件网络两部分组成，前件网络用来匹配模糊规则的前件，后件网络用来产生模糊规则后件。

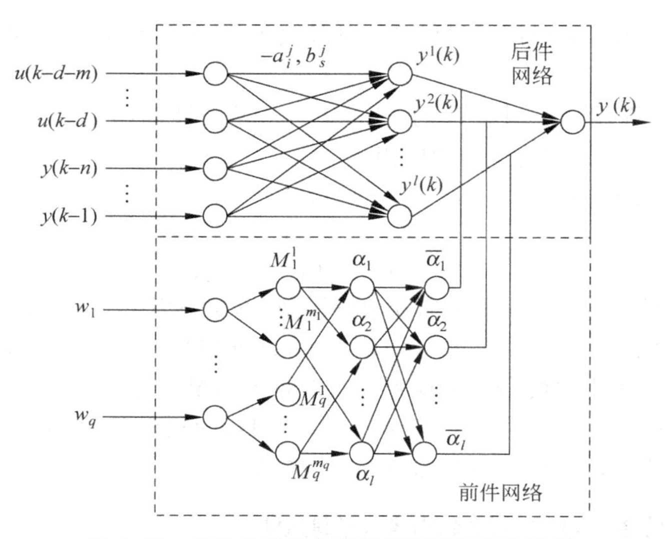

图3.58 离散非线性系统的模糊神经网络模型

前件网络的第一层为输入层。第二层每个结点表示一个模糊子集，它的作用是计算各输入分量属于各模糊子集的隶属度函数 $M_i^{j_i}(w_i)$，这里 $i=1,2,\cdots,q;j_i=1,2,\cdots,m_i$。若隶属度函数采用高斯函数，则

$$M_i^{j_i}(w_i)=\mathrm{e}^{-\frac{(w_i-c_{ij_i})^2}{\sigma_{ij_i}^2}}$$

式中 c_{ij_i} 和 σ_{ij_i} 分别表示隶属度函数的中心和宽度。

第三层用来匹配模糊规则前件，计算出每条规则的适用度，即 $\alpha_j=\prod_{i=1}^{q}M_i^{j_i}(w_i)$。第四层是进行归一化计算，即 $\bar{\alpha}_j=\alpha_j\Big/\sum_{j=1}^{l}\alpha_j$。如图3.58所示，$\bar{\alpha}_j$ 被用作后件网络第三层的连接权。

后件网络的第一层是输入层，第二层用来计算每一条规则的后件，即

$$y^j(k)=-a_1^j y(k-1)-\cdots-a_n^j y(k-n)+b_0^j u(k-d)+\cdots b_m^j u(k-d-m)$$
$$j=1,2,\cdots,l$$

第三层计算系统的输出，即

$$y(k)=\sum_{j=1}^{l}\bar{\alpha}_j y^j(k)$$

可见，$y(k)$ 是各规则后件输出的加权和，加权系数为各模糊规则的归一化适用度，也

即前件网络的输出用作后件网络第三层的连接权值。

若在系统的工作空间取得输入输出样本数据，则可利用以下学习算法对该模糊神经网络进行训练。

取误差代价函数为

$$E=\frac{1}{2}(y_d(k)-y(k))^2$$

式中 $y_d(k)$和 $y(k)$分别表示期望输出和实际输出。若采用一阶梯度法寻优，则可求得后件网络的参数学习算法为

$$\frac{\partial E}{\partial a_i^j}=[y_d(k)-y(k)]\bar{\alpha}_j y(k-i)$$

$$\frac{\partial E}{\partial b_s^j}=-[y_d(k)-y(k)]\bar{\alpha}_j u(k-d-s)$$

$$a_i^j(t+1)=a_i^j(t)-[y_d(k)-y(k)]\bar{\alpha}_j y(k-i)$$

$$b_s^j(t+1)=b_s^j(t)+[y_d(k)-y(k)]\bar{\alpha}_j u(k-d-s)$$

$$j=1,2,\cdots,l;\quad i=1,2,\cdots,n;\quad s=1,2,\cdots,m$$

若采用一阶梯度法寻优，并利用前馈神经网络的误差反传算法，则可求得前件网络的参数学习算法为

$$\delta^{(5)}=y_d(k)-y(k)$$

$$\delta_j^{(4)}=\delta^{(5)}y^j\quad j=1,2,\cdots,m$$

$$\delta_j^{(3)}=\frac{1}{\left(\sum_{i=1}^{m}\alpha_i\right)^2}\left(\delta_j^{(4)}\sum_{\substack{i=1\\i\neq j}}^{m}\alpha_j-\sum_{\substack{i=1\\i\neq j}}^{m}\delta_i^{(4)}\alpha_i\right)\quad j=1,2,\cdots,m$$

$$\delta_{ij_i}^{(2)}=\sum_{k=1}^{m}\delta_k^{(3)}P_{ij_i}\mathrm{e}^{-\frac{(w_i-c_{ij_i})^2}{\sigma_{ij_i}^2}}\quad i=1,2,\cdots,q;\ j_i=1,2,\cdots,m_i$$

这里当 $u_i^{j_i}$ 是第 k 个规则结点的一个输入时，$P_{ij_i}=\prod_{\substack{k=1\\k\neq i}}^{q}u_k^{j_k}$，否则 $P_{ij}=0$。

$$\frac{\partial E}{\partial c_{ij_i}}=-\delta_{ij_i}^{(2)}\frac{2(w_i-c_{ij_i})}{\sigma_{ij_i}^2}$$

$$\frac{\partial E}{\partial \sigma_{ij_i}}=-\delta_{ij_i}^{(2)}\frac{2(w_i-c_{ij_i})^2}{\sigma_{ij_i}^3}$$

$$c_{ij_i}(k+1)=c_{ij_i}(k)-\beta\frac{\partial E}{\partial c_{ij_i}}$$

$$\sigma_{ij_i}(k+1)=\sigma_{ij_i}(k)-\beta\frac{\partial E}{\partial c_{ij_i}}$$

其中，$\beta>0$ 为学习率，$i=1,2,\cdots,q;\ j_i=1,2,\cdots,m_i$。

上述所辨识的模糊模型的物理意义为：可测变量 w 空间划分为 l 个模糊子空间 $M^j=M_1^{j_1}\times M_2^{j_2}\times\cdots\times M_q^{j_q}(j_i=1,2,\cdots,m_i;j=1,2,\cdots,l)$，相邻模糊子空间互相有重叠(取决于隶属度函数的选取)。对于每一个模糊子空间，系统的局部模型可用一 n 维线性差分方程来描述，而系统的总的输出则为各局部线性模型输出的加权和。利用 T-S 模型，一个非线性模型可以看成许多个线性模型的模糊逼近。

由于每个子系统的模型是用差分方程描述的,所以该 T-S 模型也称差分方程模糊模型。上面的局部线性差分方程模型,也可以很容易变换成相应的离散系统状态方程。此时,上面的模糊规则可改写为

R_j:如果 $\boldsymbol{w}$ 是 M^j,则

$$\begin{cases}\boldsymbol{x}(k+1)=\boldsymbol{F}_j\boldsymbol{x}(k)+\boldsymbol{G}_j\boldsymbol{u}(k)\\ \boldsymbol{y}^j(k)=\boldsymbol{C}_j\boldsymbol{x}(k)+D_j\boldsymbol{u}(k)\end{cases}$$

若采用能控标准形的实现,则有($d=n-m>0$)

$$\boldsymbol{F}_j=\begin{bmatrix}0 & \\ \vdots & I_{n-1}\\ 0 & \\ -a_n^j\cdots & -a_1^j\end{bmatrix},\quad \boldsymbol{G}_j=\begin{bmatrix}0\\ \vdots\\ 0\\ 1\end{bmatrix},\quad \boldsymbol{C}_j=[b_m^j\cdots b_0^j\quad 0\cdots 0],\quad D_j=0$$

上述模型称为系统的状态方程模糊模型。

类似地,也可利用基于 T-S 模型的模糊神经网络来辨识连续系统的模糊模型。此时,相应的微分方程模糊模型可表示为

R_j:如果 $\boldsymbol{w}$ 是 M^j,则

$$y_j^{(n)}=-a_1^j y^{(n-1)}-\cdots-a_n^j y+b_0^j u^{(m)}+b_1^j u^{(m-1)}+\cdots+b_m^j u$$

其中,$j=1,2,\cdots,l$。

状态方程模糊模型可表示为

R_j:如果 $\boldsymbol{w}$ 是 M^j,则

$$\begin{cases}\dot{\boldsymbol{x}}=A_j\boldsymbol{x}+B_j\boldsymbol{u}\\ \boldsymbol{y}^j=C_j\boldsymbol{x}+D_j\boldsymbol{u}\end{cases}\quad j=1,2,\cdots,l$$

若在系统的工作空间,事先已取得足够多的输入输出样本数据,则可利用上面的学习算法对该模糊神经网络进行反复的学习和训练,最后即可得到该系统的 T-S 模糊模型参数。

也可利用上面的算法对模糊神经网络进行在线的学习和训练。每当获得一组新的输入输出样本数据,就用上面的算法计算一遍,来更新该系统的 T-S 模糊模型参数。它尤其适用于系统参数缓慢变化而需要进行自适应控制的情况。

在利用模糊神经网络进行建模获得系统的 T-S 模糊模型后,就可以按照第 2 章所介绍的基于 T-S 模型的模糊控制方法,对控制系统进行设计和稳定性分析。

3.8 神经网络控制

3.8.1 概述

上面介绍了动态系统正向与逆模型的建模方法,这些方法在相当程度上构成了神经网络控制结构的设计基础。从本小节开始将转而研究神经网络控制方法。

对神经网络控制的研究,可从人脑控制行为的神经生理学与认知心理学研究中得到启发,因为这是人工神经网络及其控制方法所追求的终结目标。近期的研究结果已揭示出人脑的结构和功能特征,在某种意义上表现为一个控制器(Albus,1975;Ito,1984;Kawato 等,

1987)。事实上,人类神经中枢系统对手臂、双足及体姿的控制,其表现也可以是如此的完美,如杂技表演人员和体操运动员。不管需完成的身体控制任务是多么复杂和具有挑战性,如高难度的体操动作,人脑并不需要操作对象与环境的定量数学模型,也无需求解任何微分方程,但须长期艰苦训练。生物神经网络控制系统对不确定、复杂、不精确和近似问题的控制能力,是大多数传统控制方法所难以达到的。

尽管目前的人工神经网络控制方法,与上述目标仍相距遥远。然而,相对于一般的控制方法,神经网络控制系统所特有的学习能力、潜在的分布并行计算特点,以及对多传感信息的处理性能等,仍使其具有许多潜在的优势。由于目前使用的人工神经网络,不论是网型、学习算法或是网络规模等,比真实的生物神经系统,仍极其原始和简单,这就使相应的控制方法出现了许多暂时难以克服的困难。如前所述,单纯使用神经网络的控制方法的研究,目前甚至有停滞不前的趋势。原因很多,除人们一开始对它寄予的期望过高外,主要是因为:近年来,神经网络本身的研究,如网型等未再有根本性的突破,专门适合于控制问题的动态神经网络仍有待进一步发展;神经网络的泛化能力不足,制约了控制系统的鲁棒性;网络本身的黑箱式内部知识表达方式,使其不能利用初始经验进行学习,易于陷入局部极小值;分布并行计算的潜力还有赖于硬件实现技术的进步等。

尽管如此,目前对神经网络及其控制方法的研究,仍然方兴未艾。前已指出,将模糊逻辑、专家系统和机器学习等符号处理方法融合进神经网络方法,发展具有不同知识粒度的连接主义与符号主义综合集成系统仍极具潜力,可以说代表了神经网络及其控制方法的主要发展趋势。

本书将主要致力于目前已有的典型方法。首先讨论基于神经网络的若干典型控制结构方案,或对其归纳分类,然后针对实际控制问题,具体介绍3种有一定代表性的全局逼近、局部逼近和模糊神经网络控制系统。书中的许多内容均取自于作者的研究结果。

3.8.2 神经网络控制结构

迄今为止,已提出和使用了大量的有关神经网络的控制方法与结构。由于分类方法的不同,结果也有所不同。这里不可能罗列出所有方法,但典型的控制结构至少包括以下方案:神经网络监督控制(或称神经网络学习控制);神经网络自适应控制(自校正控制与模型参考控制,含直接与间接自适应控制);神经网络内模控制;神经网络预测控制;神经网络自适应评判控制(或称神经网络再励控制)等。神经网络控制结构方案的研究,构成了神经网络控制方法的设计基础。

1. 神经网络监督控制

一般地说,当被控对象的解析模型未知或部分未知时,利用传统的控制理论设计控制器是极其困难的。但这并不等于该系统是不可控的。在许多实际控制问题中,人工控制或PID控制可能是唯一的选择。但在工况条件极其恶劣,或控制任务只是一些单调、重复和繁重的简单操作时,有必要应用自动控制器代替上述手工操作。

取代人工控制的途径大致有两种。一是将手工操作中的经验总结成普通的规则或模糊规则,然后构造相应的专家控制器或模糊控制器,这已在前面各章中讲述。二是在知识难以表达的情况下,应用神经网络学习人的控制行为,即对人工控制器建模,然后用此神经网络控制器代替之。

这种通过对人工或传统控制器进行学习,然后用神经网络控制器取代或逐渐取代原控制器的方法,称为神经网络监督控制或复现控制。

图3.59给出了这类神经网络控制方法的结构方案。

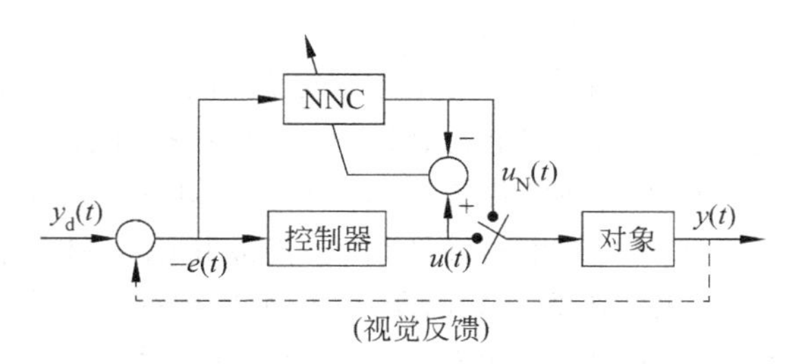

图3.59 神经网络监督控制(Ⅰ)

从图中可以看出,神经网络监督控制实际就是建立人工控制器的正向模型。经过训练,神经网络将记忆该控制器的动态特性,并且接受传感信息输入,最后输出与人工控制器相似的控制作用。但此法的缺点是,人工控制器是靠视觉反馈进行控制的,在用神经网络控制器进行控制后,由于缺乏视觉反馈,由此构成的控制系统实际是一个开环系统,这就使其稳定性和鲁棒性均得不到保证。

为此可考虑在传统控制器,如PID控制器基础上,再增加一个神经网络控制器,如图3.60所示。此时神经网络控制器实际是一个前馈控制器,因此它建立的是被控对象的逆模型。由图中容易看出,神经网络控制器通过向传统控制器的输出进行学习,在线调整自己,目标是使反馈误差$e(t)$或$u_1(t)$趋近于零,从而使自己逐渐在控制作用中占据主导地位,以便最终取代反馈控制器的作用。但与上述结构不同,这里的反馈控制器仍然存在,一旦系统出现干扰等,反馈控制器仍然可以重新起作用。因此,采用这种神经网络前馈加传统反馈的监督控制方法,不仅可确保控制系统的稳定性和鲁棒性,而且可有效地提高系统的精度和自适应能力。

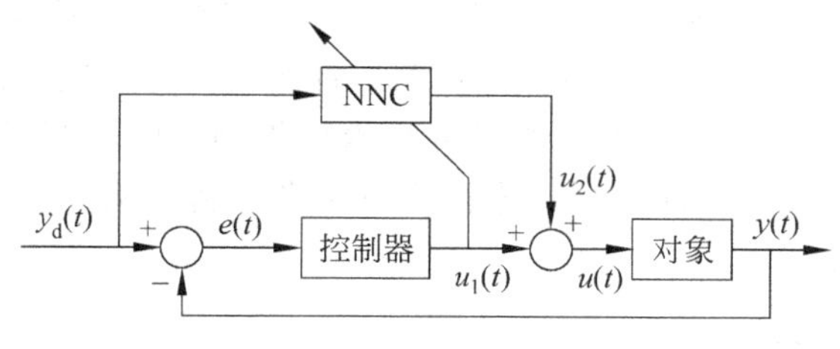

图3.60 神经网络监督控制(Ⅱ)

2. 神经网络直接逆控制

顾名思义,神经网络直接逆控制就是将被控对象的神经网络逆模型,直接与被控对象串联起来,以便使期望输出(即网络输入)与对象实际输出之间的传递函数等于1,从而在将此网络作为前馈控制器后,使被控对象的输出为期望输出。直接逆控制已被应用于机器人控制。例如,Miller基于CMAC网络,利用直接逆控制,使PUMA机械手的跟踪精度达到0.01的数量级。

神经网络直接逆控制在结构上与前述的逆模型辨识有许多相似之处。显然，该方法的可用性在相当程度上取决于逆模型的准确程度。由于缺乏反馈，简单连接的直接逆控制将缺乏鲁棒性。为此，一般应使其具有在线学习能力，即逆模型的连接权必须能够在线修正。

图3.61给出了两种结构方案。在图3.61(a)中，NN1和NN2具有完全相同的网络结构（逆模型），并且采用相同的学习算法，即NN1和NN2的连接权都沿$E=\frac{1}{2}\sum_k \boldsymbol{e}^{\mathrm{T}}(k)\boldsymbol{e}(k)$的负梯度方向进行在线修正。上述评价函数也可采用其他更一般的加权形式，这时的结构方案如图3.61(b)所示。

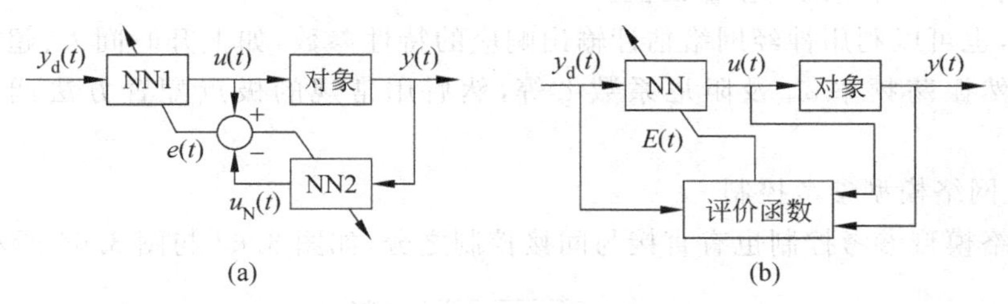

图3.61 神经网络直接逆控制

3. 神经网络自适应控制

与传统自适应控制相同，神经网络自适应控制也可分为自校正控制(STC)与模型参考控制(MRAC)两种。两者的区别是：自校正控制将根据对系统正向和(或)逆模型辨识的结果，直接调节控制器内部参数，使系统满足给定的性能指标。而在模型参考控制中，闭环控制系统的期望性能由一个稳定的参考模型描述，定义它为$\{r(t), y^m(t)\}$输入-输出对，控制系统的目的就是要使被控对象的输出$y(t)$一致渐近地趋近于参考模型的输出，即

$$\lim_{t\to\infty}\| y(t)-y^m(t)\| \leqslant \varepsilon$$

式中ε是一个给定的小正数。

1) 神经网络自校正控制

神经网络自校正控制也分为间接与直接控制。它们的根本区别在于，前者使用常规控制器，离线辨识的神经网络估计器需要具有足够高的建模精度；而后者则同时使用神经网络控制器和神经网络估计器，其中估计器可进行在线修正。

(1) 直接自校正控制

神经网络直接自校正控制，有时也称为神经网络直接逆控制，它们本质上是完全一致的。其结构框图如图3.61所示。

(2) 间接自校正控制

神经网络间接自校正自适应控制的结构如图3.62所示。

不失一般性，假定被控对象为以下单变量仿射非线性系统

$$y_{k+1}=f(y_k)+g(y_k)u_k$$

若利用神经网络对非线性函数$f(y_k)$和$g(y_k)$进行离线辨识，得到具有足够逼近精度的估计值$\hat{f}(y_k)$和$\hat{g}(y_k)$，则常规控制律可直接给出为

$$u_k=[y_{d,k+1}-\hat{f}(y_k)]/\hat{g}(y_k)$$

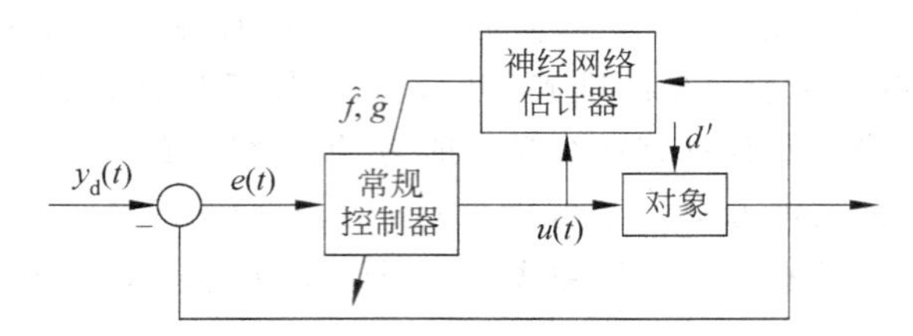

图3.62 神经网络间接自校正自适应控制

式中 $y_{d,k+1}$ 为 $k+1$ 时刻的期望输出值。

类似地,也可以利用神经网络估计输出响应的特性参数,如上升时间 t_s、超调量 σ,或二阶系统的自然振荡频率 ω_n 及阻尼系数 ζ 等,然后用常规的极点配置方法调整控制器的参数。

2) 神经网络模型参考控制

神经网络模型参考控制也有直接与间接控制之分,如图3.63与图3.64所示。

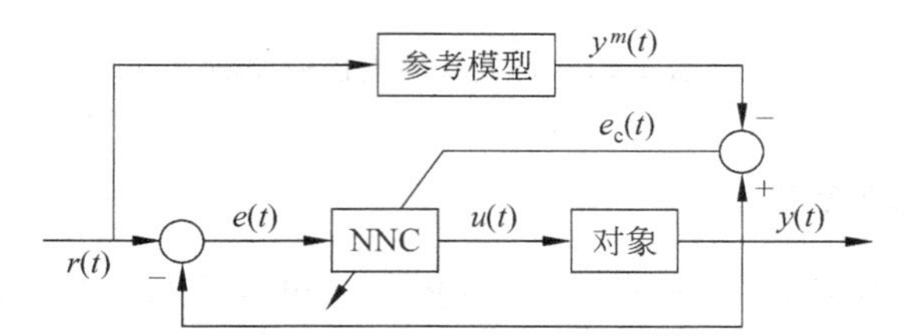

图3.63 神经网络直接模型参考自适应控制

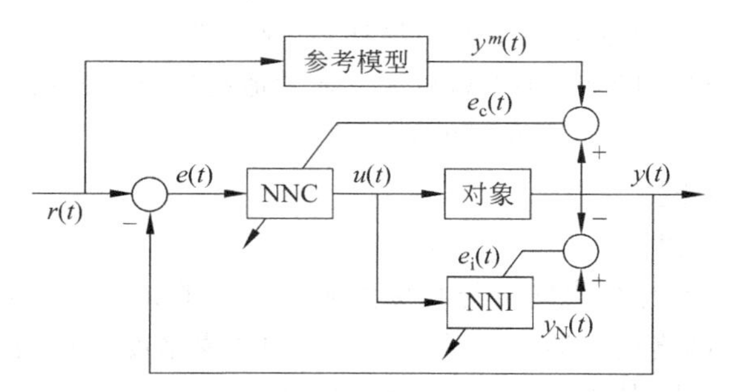

图3.64 神经网络间接模型参考自适应控制

(1) 直接模型参考控制

由图3.63可知,在神经网络直接模型参考控制中,神经网络控制器的作用是使被控对象与参考模型输出之差 $e_c(t)=y(t)-y^m(t)\to 0$ 或 $e_c(t)$ 的二次型最小。与正-逆建模中的方法一类似,误差 $e_c(t)$ 的反向传播必须确知被控对象的数学模型,这给NNC的学习修正带来了许多问题。为此,可采用其中的方法二、方法三,这就构成了下面的间接模型参考控制。

(2) 间接模型参考控制

如图3.64所示,神经网络估计器NNI首先离线辨识被控对象的正向模型,并可由 $e_i(t)$ 进行在线学习修正。显然,NNI可为NNC提供误差 $e_c(t)$ 或其梯度的反向传播通道。由于参考模型输出可视为期望输出,因此在对象部分已知的情况下,若将NNC改为常规控制器,此法将与前面介绍的间接自校正控制方法类同。

4. 神经网络内模控制

经典的内模控制将被控系统的正向模型和逆模型直接加入反馈回路，已证明该方法具有许多好的性质，并已深入分析了内模控制的鲁棒性和稳定性(Morari，1989)，它已发展成为非线性控制的一种重要方法(Economou，1986)。

在内模控制中，系统的正向模型与实际系统并联，两者输出之差被用作反馈信号，此反馈信号又由前馈通道的滤波器及控制器进行处理。由内模控制的性质可知，该控制器直接与系统的逆有关，而引入滤波器的目的则是为了获得期望的鲁棒性和跟踪响应。图3.65给出了内模控制的神经网络实现。其中，被控对象的正向模型及控制器(逆模型)均由神经网络实现，滤波器仍然是常规的线性滤波器。

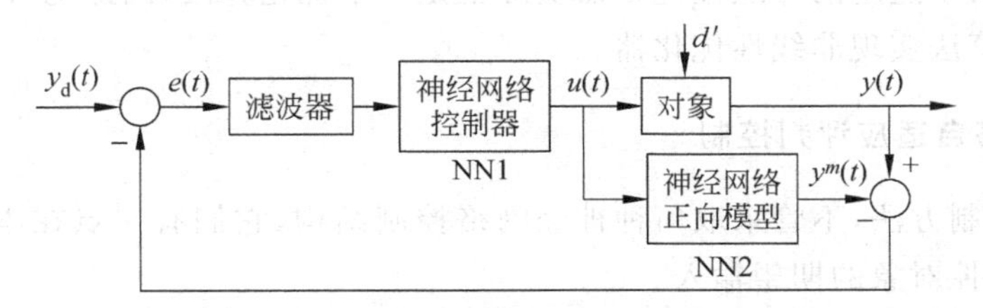

图3.65 神经网络内模控制

5. 神经网络预测控制

预测控制，又称基于模型的控制，是20世纪70年代后期发展起来的一类新型计算机控制算法。该方法的特征是预测模型、滚动优化和反馈校正。已经证明，该方法对非线性系统具有期望的稳定性能(Keerthi，1986；Mayne，1990)。

图3.66所示为神经网络预测控制的结构方案，其中神经网络预测器建立了非线性被控对象的预测模型，并可在线学习修正。利用此预测模型就可以由目前的控制输入 $u(t)$，预报出被控系统在将来一段时间范围内的输出值

$$y(t+j \mid t) \quad j = N_1, N_1+1, \cdots, N_2$$

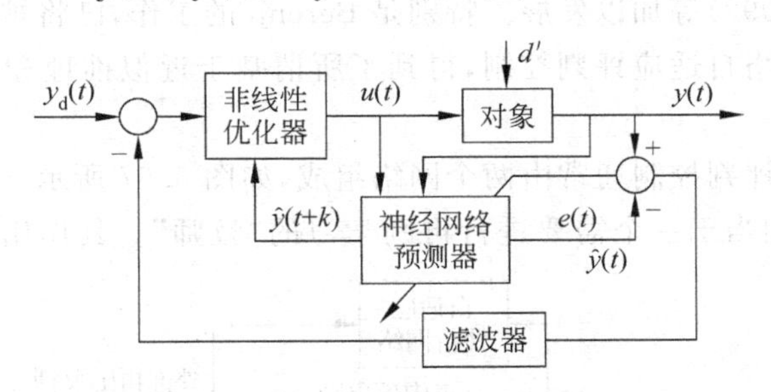

图3.66 神经网络预测控制

式中，N_1、N_2 分别称为最小与最大输出预报时间，反映了所考虑的跟踪误差和控制增量的时间范围。定义 $t+j$ 时刻的预报误差为

$$e(t+j) = y_d(t+j) - y(t+j \mid t)$$

则非线性优化器将使以下二次型性能指标极小，以便得到适宜的控制作用 $u(t)$，即

$$J=\sum_{j=N_1}^{N_2}e^2(t+j)+\sum_{j=1}^{N_2}\lambda_j\Delta u^2(t+j-1)$$

这里,$\Delta u(t+j-1)=u(t+j-1)-u(t+j-2)$,且 λ 为控制加权因子。

神经网络预测控制的算法如下。

(1) 计算未来的期望输出序列 $y_d(t+j), j=N_1, N_1+1, \cdots, N_2$。

(2) 利用神经网络预测模型,产生预报输出 $y(t+j|t), j=N_1, N_1+1, \cdots, N_2$。

(3) 计算预报误差 $e(t+j)=y_d(t+j)-y(t+j|t), j=N_1, N_1+1, \cdots, N_2$。

(4) 极小化性能指标 J,获得最优控制序列 $u(t+j), j=0,1,2,\cdots,N_2$。

(5) 采用第一控制量 $u(t)$,然后返回到(1)。

顺便指出,由于这里的非线性优化器实际上是一个优化算法,因此也可利用动态反馈网络,来代替这一算法实现非线性优化器。

6. 神经网络自适应评判控制

上述各种控制方法,不管采取何种神经网络控制结构,它们有一点在本质上是共同的,即都要求提供被控对象的期望输入。

神经网络的学习方法一般可分成3种类型:监督学习、再励学习与无监督学习。监督学习虽有最高的学习效率,但它需要教师提供网络的期望输出,对于神经网络控制器,也就是需要提供期望的控制信号。一般说来,控制的目标就是要找到被控系统的这一期望输入。在系统模型未知或部分未知的情况下,显然这是难以预先提供的。无监督学习利用网络的输入数据构造内部教师模型,不再接收其他信息,相当于自组织聚类方法,但学习效率十分低下。再励学习(Reinforcement learning)介于两者之间,只需要系统的一个标量评价值,这在缺乏被控系统的精确观测值,只能获得定性的信息反馈时,显然是十分有用的。

作为人与动物行为的一种普遍机制,"再励"这一术语最早源于心理学。它的一般性理论与随机自动机理论有关。早期工作可追溯到 Bush 等(1958)及 Tsetlin(1973)所得结果。

神经网络自适应评判控制,首先由 Barto 等(1983)提出,然后由 Anderson(1989)及 Berenji(1989;1990;1992)等加以发展。特别是 Berenji 的工作,已将神经网络自适应评判控制发展为模糊神经网络自适应评判控制,得到了所谓基于近似推理和再励学习的 ARIC 及 GARIC 系统。

神经网络自适应评判控制通常由两个网络组成,如图3.67所示。其中自适应评价网络在整个控制系统中,相当于一个需要进行再励学习的"教师"。其作用有二:一是通过不断

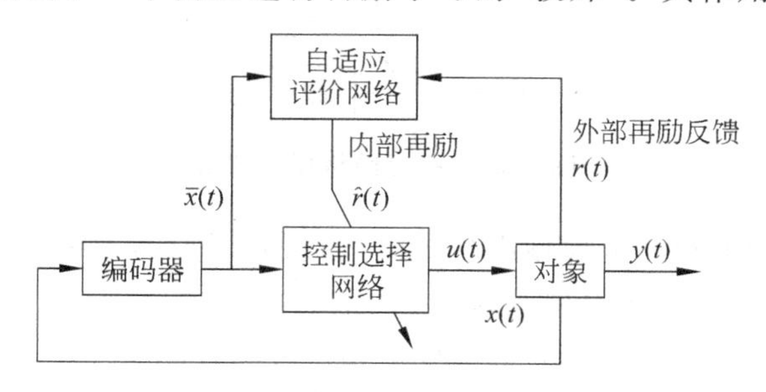

图 3.67 神经网络自适应评判控制

的奖励、惩罚等再励学习，使自己逐渐成为一个“合格”的教师，其再励学习算法的收敛性已得到证明；二是在学习完成后，根据被控系统目前的状态及外部再励反馈信号 $r(t)$，如倒立摆成功与失败的信号(0/1)，产生一再励预测信号 $p(t)$，并进而给出内部再励信号 $\hat{r}(t)$，以期对目前控制作用的效果作出评价。控制选择网络的作用相当于一个在内部再励信号指导下进行学习的多层前馈神经网络控制器。该网络在进行上述学习后，将根据编码后的系统状态，在允许控制集中选择下一步的控制作用。控制选择网络也可以是一个模糊神经网络控制器。

由这里可以看出，神经网络自适应评判控制与人脑的控制与决策过程比较接近，除应随时了解一些定性信息外，它完全不需要被控系统的先验定量模型，特别适合于许多具有高度非线性和严重不确定性的复杂系统的控制。

3.8.3 基于全局逼近神经网络的控制

1. 引言

前面已经研究了各种典型的神经网络模型，并且系统地介绍了神经网络控制结构方案。下面将结合具体的控制问题，从全局逼近、局部逼近的角度，分别给出 3 种实际的神经网络控制系统。在有关的讨论中，将侧重于控制学习算法的推导和实际结果的分析。

在介绍多层前馈神经网络时，已讨论了全局和局部逼近神经网络。已经指出，全局逼近网络是在整个权空间上对误差超曲面的逼近，即对输入空间中的任意一点，任意一个或多个连接权的变化都会影响到整个网络的输出，其泛化能力遍及全空间，如 BP 网络等。由于在全局逼近网络中，每一个训练样本都会使所有连接权发生变化，这就使相应的学习收敛速度极其缓慢。当网络规模较大时，这一特点使其实际上难以在线应用。而局部逼近网络只是对输入空间一个局部邻域中的点，才有少数相关连接权发生变化，如 CMAC、B 样条、RBF 和模糊神经网络等。鉴于在每次训练中只是修正少量连接权，而且可修正的连接权是线性的，因此其学习速度极快，并且可保证权空间上误差超平面的全局收敛特性。

正是由于全局与局部逼近神经网络的上述区别，使相应构成的神经网络控制系统，在选择结构方案和控制学习方法时，存在不同的侧重和考虑。将神经网络控制方法划分为基于全局与局部逼近网络的控制系统，既反映了各自的特点，同时又体现了迄今神经网络控制方法的发展过程。

值得指出的是，只考虑这两类网络的不同特点，在前述神经网络控制结构方案中，选择全局或局部逼近的神经网络，便可构成各种基于全局逼近或局部逼近网络的控制系统。显然已无需再针对这种新的类型划分，对其结构方案作重复性的论述了。本书之所以专门列写出这几小节，一是试图突出这种划分的特点，二是尝试通过某些具体系统的研究，使在一般性地介绍各种典型控制结构方案后，能够对整个神经网络控制系统有一个更加系统的了解。

2. 基于全局逼近神经网络的异步自学习控制系统

早期的工作大多假定对象为线性或非线性离散时间系统，或人为地离散化为这样的系统，以便利用全局逼近的静态 BP 网络学习差分方程中的未知非线性函数，从而获得控制作用的正向传播和输出误差的反向传播等。由此将网络作为被控对象的正向或逆动力学模型,或者作为神经网络控制器,或者作为性能评价估计器,以便构成各种控制结构方案。典型的结果如应用于倒立摆的具有再励学习的自适应评判控制(Barto,1988; Anderson,1989;Lee 和 Berenji,1989)、自校正非线性控制(Chen,1989)、模型参考非线性控制(Narendra,1990)、非线性内模控制(Hunt,1991)与非线性系统辨识(Chen,1990)等。此外,将静态 BP 网络与动态环节相结合构成的所谓沿时间传播的动态 BP 网络(Werbos,1990),以及前已指出的能描述状态空间表达式的部分递归网络,如 Elman 网络(Elman, 1990)、Jordan 网络(Jordan, 1986),实际上也都是全局逼近网络,由此构成的控制系统也都具有基于全局逼近网络控制方法的特点。

下面将结合两关节机械手的控制,具体讨论一种利用全局逼近网络的异步自学习控制系统。

不失一般性,考虑以下非线性连续时间闭环系统

$$\dot{\boldsymbol{x}}_k(t) = \boldsymbol{f}(\boldsymbol{x}_k(t), \boldsymbol{u}_k(t), t)$$

$$\boldsymbol{y}_k(t) = \boldsymbol{g}(x_k(t), t)$$

式中,$\boldsymbol{x}_k(t) \in R^n$ 为 t 时刻第 k 步学习时的状态;$\boldsymbol{y}_k(t) \in R^m$ 为输出;$\boldsymbol{u}_k(t) \in R^r$ 为控制输入。

取异步自学习控制律为

$$\boldsymbol{u}_{k+1}(t) = \boldsymbol{u}_k(t) + \boldsymbol{\phi}(\boldsymbol{e}_k(t), t)$$

式中,$\boldsymbol{\phi}(\cdot,\cdot)$为异步自学习控制算子,且输出误差定义为

$$\boldsymbol{e}_k(t) = \boldsymbol{y}_{\mathrm{d}}(t) - \boldsymbol{y}_k(t)$$

式中,$\boldsymbol{y}_{\mathrm{d}}(t)$为给定的期望输出;$k=0,1,\cdots$为学习迭代次数。

由第5章的"学习控制"可知,异步自学习控制的基本思想是:第 $k+1$ 次学习时的输入 $\boldsymbol{u}_{k+1}(t)$将基于第 k 次学习时的经验$\boldsymbol{\phi}(\boldsymbol{e}_k(t), t)$和输入 $\boldsymbol{u}_k(t)$获得,并且随着其中"有效"经验的不断积累而使 $\boldsymbol{e}_k(t) \to 0$ 或 $\boldsymbol{y}_k(t) \to \boldsymbol{y}_{\mathrm{d}}(t), k \to \infty$。从而可望使实际输出经过"学习"而逐渐逼近其期望输出。

典型的异步自学习控制方法包括早期的 PID 型学习控制,以及后来发展的最优学习控制、随机学习控制和自适应学习控制等,它们的本质区别在于学习算子$\boldsymbol{\phi}(\cdot,\cdot)$的具体形式不同,$\boldsymbol{\phi}(\cdot,\cdot)$的选择需保证相应的学习收敛性。

基于上述讨论,下面将尝试利用全局逼近神经网络,通过定义二次型 Lyapunov 函数及相应的代价函数,以实现对学习算子$\boldsymbol{\phi}(\cdot,\cdot)$的逼近,从而构成所谓神经网络异步自学习控制系统。

若 $\boldsymbol{P} \in R^{m \times m}$ 为正定对称加权矩阵,设 Lyapunov 函数为

$$v(\boldsymbol{e}_k(t)) = \boldsymbol{e}_k^{\mathrm{T}}(t)\boldsymbol{P}\boldsymbol{e}_k(t)$$

相应的代价函数定义为

$$J = \frac{(v(\boldsymbol{e}_{k+1}(t)) - v(\hat{\boldsymbol{e}}_{k+1}(t)))^2}{v(\hat{\boldsymbol{e}}_{k+1}(t))}$$

式中,$\hat{e}_{k+1}(t)$为由学习动态特性的网络模型给出的输出误差,此网络模型由 BP 网络实现,可首先利用典型的异步自学习控制方法,如 PID 型学习控制进行离线学习。而 $\boldsymbol{e}_{k+1}(t)$则由以下收敛模型给出:

$$\boldsymbol{e}_{k+1}(t) = \boldsymbol{A}_{\mathrm{c}}\boldsymbol{e}_k(t)$$

式中，$A_c \in R^{m\times m}$ 为 Hurwitz 矩阵，它可有预先配置的极点或期望的收敛性能，相当于一个参考模型。

易知，这时

$$\frac{\partial J}{\partial \boldsymbol{u}_k(t)} = \frac{\partial J}{\partial \hat{\boldsymbol{y}}_{k+1}(t)} \frac{\partial \hat{\boldsymbol{y}}_{k+1}(t)}{\partial \boldsymbol{u}_k(t)}$$

上式右端的第一项可由上面的式子推得

$$\frac{\partial J}{\partial \hat{\boldsymbol{y}}_{k+1}(t)} = \frac{\partial J}{\partial \hat{\boldsymbol{e}}_{k+1}(t)} \frac{\partial \hat{\boldsymbol{e}}_{k+1}(t)}{\partial \hat{\boldsymbol{y}}_{k+1}(t)} = 2\left[\left(\frac{v(\boldsymbol{e}_{k+1}(t))}{v(\hat{\boldsymbol{e}}_{k+1}(t))}\right)^2 - 1\right]\hat{\boldsymbol{e}}_k^{\mathrm{T}}(t)\boldsymbol{P}$$

而第二项则可由学习动态特性的网络模型反向传播给出，这与 BP 算法思路类似，只是对连接权 $w_{ij}(t)$的修正改成了对输入 $\boldsymbol{u}_k(t)$的学习修正。此时

$$\frac{\partial \hat{y}_{k+1,i}(t)}{\partial u_{k,l}(t)} = \sum_{j=1}^{m_{\mathrm{H}}} \frac{\partial \hat{y}_{k+1,i}(t)}{\partial o_j^{\mathrm{H}}} \frac{\partial o_j^H}{\partial \mathrm{net}_j^H} \frac{\partial \mathrm{net}_j^{\mathrm{H}}}{\partial u_{k,l}(t)} = \sum_{j=1}^{m_{\mathrm{H}}} \boldsymbol{\delta}_j o_j^{\mathrm{H}}(1 - o_j^H) w_{jl}^{\mathrm{H}}$$

式中，$\boldsymbol{\delta}_j = \hat{y}_{k+1,i}(1-\hat{y}_{k+1,i})w_{ij}^{\mathrm{o}}$为反向传播到隐层的广义误差；$\hat{y}_{k+1,i}(t)$表示 $y_{k+1}(t)$的第 i 个分量；$u_{k,l}(t)$表示 $u_k(t)$的第 l 个分量；o_j^{H} 表示隐层第 j 个神经元的输出；$\mathrm{net}_j^{\mathrm{H}}$ 表示隐层第 j 个神经元的净输入；m_{H} 表示隐层神经元的个数。相应的神经网络异步自学习控制律为

$$\boldsymbol{u}_{k+1}(t) = \boldsymbol{u}_k(t) - \eta \frac{\partial J}{\partial \boldsymbol{u}_k(t)} + \alpha(\boldsymbol{u}_k(t) - \boldsymbol{u}_{k-1}(t))$$

这里 $\eta>0$，$0\leqslant\alpha<1$ 与 BP 算法类似，分别为学习率和动量项参数，它们可进一步采用各种高阶快速学习算法。

图 3.68 给出了神经网络异步自学习控制系统的方框图。

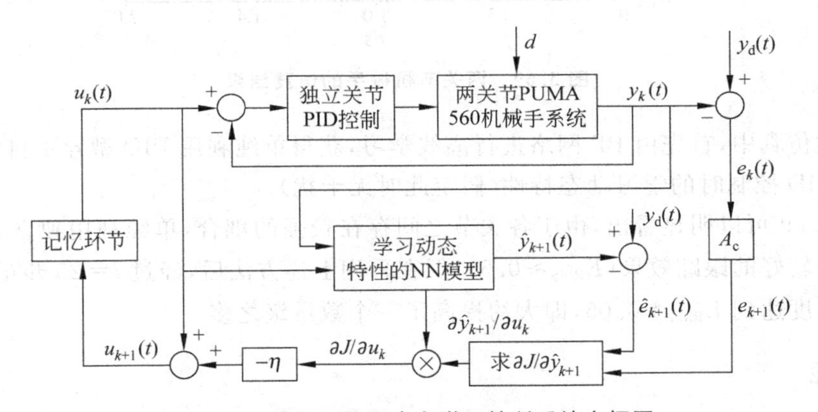

图 3.68 神经网络异步自学习控制系统方框图

现证明上述神经网络控制系统的稳定性。考虑到上面式子的 Lyapunov 函数的正定性，根据 Lyapunov 稳定性理论可知，这时只需证明其时间导数负定即可。

事实上，由上面式子容易得到

$$\begin{aligned}\Delta v(\boldsymbol{e}_k(t)) &= v(\boldsymbol{e}_{k+1}(t)) - v(\boldsymbol{e}_k(t)) = \boldsymbol{e}_{k+1}^{\mathrm{T}}(t)\boldsymbol{P}\boldsymbol{e}_{k+1}(t) - \boldsymbol{e}_k^{\mathrm{T}}(t)\boldsymbol{P}\boldsymbol{e}_k(t) \\ &= \boldsymbol{e}_k^{\mathrm{T}}(t)(\boldsymbol{A}_c^{\mathrm{T}}\boldsymbol{P}\boldsymbol{A}_c - \boldsymbol{P})\boldsymbol{e}_k(t) = -\boldsymbol{e}_k^{\mathrm{T}}(t)\boldsymbol{Q}\boldsymbol{e}_k(t)\end{aligned}$$

因要求 $\Delta v(\boldsymbol{e}_k(t))$负定，故 $\boldsymbol{Q}$ 必须正定，即 Lyapunov 方程 $\boldsymbol{A}_c^{\mathrm{T}}\boldsymbol{P}\boldsymbol{A}_c - \boldsymbol{P} = -\boldsymbol{Q}$，在给定正定对称矩阵 $\boldsymbol{Q}$ 时，需存在唯一正定解 $\boldsymbol{P}$，而这可由 $\boldsymbol{A}_c$ 为 Hurwitz 矩阵予以保证，从而即可证得此神经网络异步自学习控制系统为学习渐近收敛(稳定)。

3. 两关节机械手的仿真结果

以PUMA560机械手关节2(肩关节)和关节3(肘关节)的轨迹跟踪控制为例。图3.69给出了当随机干扰$\sigma_d=0.1$时的仿真结果(即非重复情形)。这里取仿真时间$T_f=2s$,采样周期$T=0.001s$;独立关节PID控制的各参数整定为$K_{P1}=76.6, K_{D1}=40.8, K_{I1}=40.0$(关节2),$K_{P2}=57.7, K_{D2}=15.7, K_{I2}=40.0$(关节3);PID型异步自学习控制各学习因子选择为$KL_{P1}=0.2, KL_{D1}=KL_{I1}=0$(关节2),$KL_{P2}=0.2, KL_{D2}=KL_{I2}=0$(关节3);$A_c=0.707$;BP网络的学习率$\eta=0.87$,动量项参数$\alpha=0.7$;初始条件$\theta_{10}=\theta_{20}=0$;跟踪精度要求为$E_{RMS,1}=E_{RMS,2}=0.05$;最大控制力矩限制为$\boldsymbol{\tau}_{max,1}=520Nm$(关节2),$\boldsymbol{\tau}_{max,2}=260Nm$(关节3)。

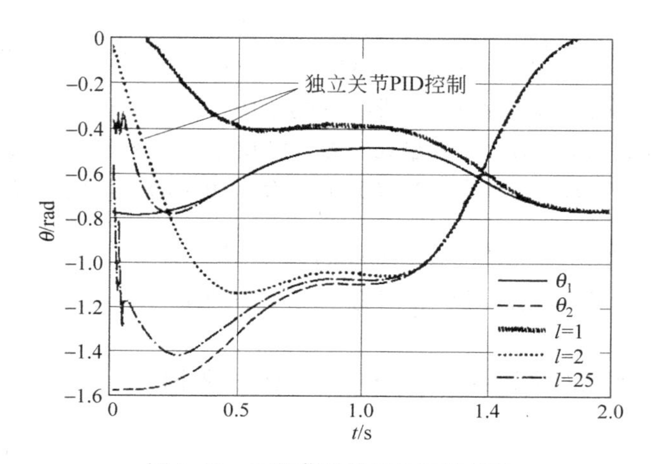

图3.69 两关节机械手的仿真结果

在上述仿真中,首先由BP网络进行离线学习,获得单纯利用PID型异步自学习控制和独立关节PID控制时的学习动态特性(假定此时无干扰)。

从图3.69可以明显看出,由于各关节之间存在较强的耦合,单纯利用独立关节PID控制不能取得较好的跟踪效果($E_{RMS}\approx0.5$),但在采用上述方法后,经过$l=25$步的学习,就可使相应的精度达到$E_{RMS}\approx0.05$,即大约提高了一个数量级之多。

4. 讨论

由于神经网络控制器实际上是一个非线性控制器,因此一般难以对其进行稳定性分析。前已指出,全局逼近网络在控制系统中的作用,主要体现在两个方面:一是提供一个类似于传统控制器的神经网络控制器;二是为神经网络控制器进行在线学习,提供性能指标关于控制误差梯度的反向传播通道,如需要建立被控对象的正向网络模型等。除此之外,结合稳定性分析,对神经网络控制结构方案进行特别设计,常常可以为困难的分析问题提供一个有效的解决途径。本节的例子较好地说明了这一点。

从理论上说,相对于在权空间上局部逼近误差超曲面的网络而言,全局逼近网络在总体上具有更大泛化能力。但对我们最感兴趣的轨迹附近,就某一局部而言,当误差超曲面比较复杂时,由于全局逼近网络存在严重的局部极值问题,再加之其缓慢的学习收敛速度,其泛化能力往往还不如局部逼近网络,因为后者对局部的逼近是线性"全局"最优的。一般说来,在基于全局逼近网络的控制系统中,缺乏鲁棒性和在线学习能力较差通常成为其实际应用的两个限制性"瓶颈"问题。

3.8.4　基于局部逼近神经网络的控制

近来的进展主要集中在采用局部逼近网络构成的控制系统。主要结果包括：小脑模型关节控制器(CMAC)控制(Albus, 1975; Miller, 1987, 1989, 1990; Kraft, 1990),此法已广泛应用于机器人控制。网络的特点是局部逼近,学习速度快,可以实时应用。不足之处是采用间断超平面对非线性超曲面的逼近,可能精度不够,同时也得不到相应的导数估计;采用高阶 B 样条的 BMAC(Lane,1992)控制,则部分弥补了 CMAC 的不足,但计算量略有增加;基于高斯径向基函数(RBF)网络的直接自适应控制(Poggio,1984; Sanner 和 Slotine,1991),这是有关非线性动态系统的神经网络控制方法中较为系统、逼近精度最高的一种方法。但它需要的固定或可调连接权太多,且高斯径向非线性函数的计算也太多,利用目前的串行计算机进行仿真实现时,计算量与内存过大,很难实时实现。其他基于局部逼近网络或相联网络的方法,如模糊神经网络控制系统,将在下一节专门予以介绍。

1. 指标驱动的 CMAC 控制

前面已经讨论了 CMAC 神经网络,下面将针对一类带参数变化的未知单输入单输出系统,介绍一种基于如上升时间、超调量、稳态误差等时域指标的 CMAC 间接自校正控制系统。

与图 3.62 类似,图 3.70 给出了指标驱动 CMAC 控制系统的结构方案示意图。

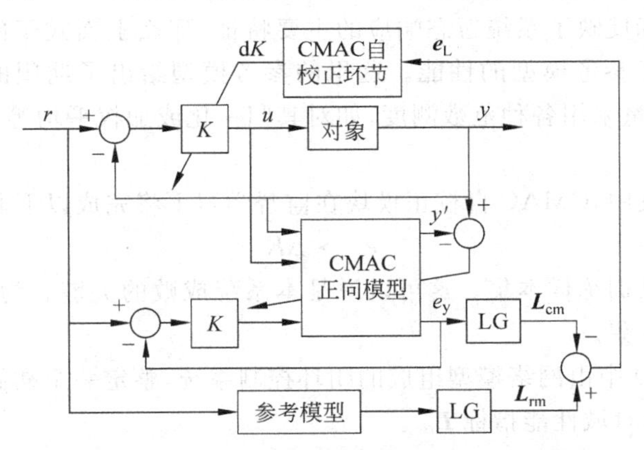

图 3.70　指标驱动 CMAC 控制系统的结构方案

从图中可以看出,该系统可分为 4 个部分：常规控制器与单位反馈;对象的 CMAC 正向模型;指标误差计算环节;CMAC 自校正模块。系统中采用两个 CMAC 模块,一个用于建立被控对象的正向网络模型,另一个用作神经网络非线性映射器。CMAC 正向模型与参考模型的输出用来产生指标误差向量。CMAC 自校正模块将此指标误差映射为控制器增益变化,从而修正相应的控制规律。

为了简单起见,这里的常规控制器采用比例控制器。若采用 PID 控制器,则只需再增加两个 CMAC 自校正模块,或直接采用具有3个输出的 CMAC 自校正模块,以便网络输出对应于 PID 3个分量的变化。对于比较复杂的控制对象,可进一步采用非线性 PID 控制或其他自校正控制律。

与此同时,CMAC 正向模型将在线地学习被控系统的动态特性,如果可能,它还将学习传感器和执行机构的动态模型。前面已指出,这需要提供某些先验知识,如系统的阶次等,以便给出差分方程的结构模型。

在指标误差计算环节中,首先由两个指标生成模块 LG(Label Generation)分别根据闭环正向模型与参考模型的每个响应曲线,计算各自的时域指标向量,然后完成以下的指标误差计算,即

$$\boldsymbol{e}_{\mathrm{L}} = \boldsymbol{L}_{\mathrm{rm}} - \boldsymbol{L}_{\mathrm{cm}}$$

式中 $\boldsymbol{L}_{\mathrm{cm}}$、$\boldsymbol{L}_{\mathrm{rm}}$ 分别为闭环正向模型与参考模型的时域指标向量。该环节在功能上相当于模式识别中的特征抽取。

核心的 CMAC 自校正模块,将此指标误差向量映射为比例控制的增益变化,以便对控制器进行学习修正。众所周知,人们习惯使用并且具有明确物理意义的时域与频域指标等与控制规律之间的关系,不可能存在任何解析关系。在这种情况下,应用神经网络通过学习建立两者的非线性映射关系,可能是一种较好的选择。

一般说来,指标向量可以分成两类,即品质指标与控制约束。对于定常或时变系统的主要动态特性,这里采用上升时间、超调、稳态误差等时域指标描述。针对具体的应用,当然也可以采用其他类型的指标。而控制约束则反映了实际所能采取的最大控制量。将这些数字量作为系统性能的特征,既符合习惯使用的性能表达,同时又能大大地压缩所需的数据训练量。

如果说上述指标反映了系统暂态响应的主要特征,那么上面式子的指标误差向量则体现了控制系统相对于参考模型的性能。这里的参考模型给出了期望的时域指标。进一步地,可以对此误差向量采用各种范数测度,如对其归一化或加权平均等,以便获得更加简洁、有效的性能指标。

在上述结构方案中,CMAC 自校正模块在监督学习下将完成以下非线性映射

$$e_{\mathrm{L}} \rightarrow \Delta K$$

难点是如何提供训练样本集。这可以说是本系统成败的关键。为此采用以下的方法,离线地提供训练样本集。

(1) 对于图 3.70 中由网络模型组成的闭环控制系统,整定一个初始比例增益 K_0。

(2) 给定期望的时域性能指标 $\boldsymbol{L}_{\mathrm{rm}}$。

(3) 令 $r(t)=1(t)$,给出闭环网络模型的单位阶跃响应,计算相应的时域性能指标 $L_{\mathrm{cm},0}$,从而得到指标误差向量 $\boldsymbol{e}_{\mathrm{L},0}$。

(4) 在可能的工作范围内,以一定的量化等级,将控制器增益 ΔK 进行摄动,按(3)得到相应的指标误差向量 $\boldsymbol{e}_{\mathrm{L},i}$,并记录下此对样本,这里 $i=1,2,\cdots,N$。

上述样本集反映了指标误差向量 $\boldsymbol{e}_{\mathrm{L},i}$ 与控制器增益 ΔK 之间的点集映射关系。然而用这 N 对样本集训练 CMAC 自校正模块,可能存在一个严重的问题,即在线工作时,某个指标误差向量可能根本不出现在训练样本集中,从而有可能使网络的输出为0。这个问题不单是本系统存在,在前面介绍的所有全局或局部逼近网络中都会出现此类问题,这实际上体

现了网络是否具有足够的泛化能力。

应该注意，这里得到的 CMAC 自校正模块是否真正有效，还将取决于参考模型或期望的性能指标是否选择合理，即对于给定的控制器和增益范围，系统是否真能达到这一指标。例如，对二阶系统，就不能要求在比例控制下能同时达到超调量为 0 和稳态误差为 0。

上述方法简单、实用，比较接近于在设计 PID 控制时所采用的经验。它通过学习来建立响应与 PID 增益之间的关系。显然，这种映射关系在进行大量离线训练之后，尚需进行在线学习。此外，它不需要指定 CMAC 网络的参数化结构模型。

2. 结果与讨论

该方法已实际应用于燃气涡轮发动机系统。在 Pham 等(1995)进行的仿真研究中，使用了数字控制系统与采样模型。被控对象假定为二阶线性系统，其参数任意选择为 ω_n=1.0，ζ=0.3。参考模型选为比例增益为 6.5 时的闭环等价系统。CMAC 自校正模块训练样本集的容量 $N=17$。初始增益 $P_0=5.0$。增益变化范围[1.0，9.0]，步长为 0.5。指标误差向量 $\boldsymbol{e}_L$ 由超调量 σ、上升时间 t_s，以及稳态误差 SSE 组成。采用单位阶跃响应。8 个仿真结果如表 3.10 所示，其中 P_i 为初始控制增益。表 3.11 给出了分别对应于上述 8 个仿真的每次迭代时的增益值。

表 3.10　仿真结果

	P_i	ω_n^p, ζ^p	P_{ref}	ω_n^{ref}, ζ^r	$\boldsymbol{e}_L$ 初值	$\boldsymbol{e}_L$ 终值
1	3.0	1.0，0.3	6.5	1.0，0.3	23.09，−8.90，−0.10	0.34，−0.42，0.00
2	3.0	0.8，0.5	6.5	1.0，0.3	36.50，−12.61，−0.34	15.41，0.85，−0.22
3	3.0	1.2，0.2	6.5	1.0，0.3	14.88，−11.66，0.08	−1.03，−0.85，0.10
4	3.0	0.8，0.2	6.5	1.0，0.3	14.91，−13.85，−0.24	−0.30，−2.50，−0.18
5	3.0	1.2，0.5	6.5	1.0，0.3	36.46，−10.40，0.00	14.96，0.70，0.08
6	3.0	1.0，0.3	5.0	1.2，0.4	9.64，−7.24，−0.18	−0.45，−2.28，−0.14
7	3.0	1.0，0.3	OL	1.0，0.3	16.26，−25.74，0.88	16.26，−25.74，0.88
8	3.0	1.2，0.4	6.5	1.2，0.4	22.95，−12.15，−0.08	1.02，−0.33，−0.02

表 3.11　8 个仿真结果中每次迭代时的增益值

在线迭代次数	仿真 1	仿真 2	仿真 3	仿真 4	仿真 5	仿真 6	仿真 7	仿真 8
0	3.00	3.00	3.00	3.00	3.00	3.00	3.00	3.00
1	5.30	5.59	4.56	5.57	4.64	5.30	—	5.45
2	6.58	5.62	5.10	5.21	5.87	5.13	—	6.19
3	6.44	—	4.99	5.04	5.98	4.97	—	—
4	6.40	—	—	4.90	—	4.81	—	—
5	6.38	—	—	4.77	—	4.65	—	—
6	—	—	—	4.68	—	4.49	—	—
7	—	—	—	—	—	4.33	—	—
8	—	—	—	—	—	4.18	—	—
9	—	—	—	—	—	4.03	—	—
10	—	—	—	—	—	3.98	—	—

从表3.11中可以看出,当增益变化ΔP落入某个预先设定的阈值后,如这里的0.02,学习过程必定收敛。现在来分析表3.10所示的仿真结果。

在第1个仿真结果中,对象和参考模型具有同样的参数,因此有可能得到零指标误差。由表3.11可知,此时自校正过程只需5次迭代即可完成,其中全部变化值的95%发生在前两步。在第2～5个仿真例子中,让对象参数与参考模型略有不同,此时指标误差虽迅速减小,但不会到0。在第6个仿真结果中,选择参考模型参数使其与对象模型略有不同,这时收敛速度明显减慢,尽管在第一步已发生了65%的变化。在第7个仿真结果中,对给定的二阶被控系统,选择了一个"坏"的期望指标,即要求其响应具有大的上升时间和零稳态误差,此时由于CMAC网络表现出对该指标误差"无知",从而导致网络输出为0。最后一个仿真例子说明了映射特性或网络拓扑的重要性。此时虽然所选参数与前几次仿真不同,但系统不仅可获得零指标误差,而且只需大约两步就可达到。

通过考察样本数据,可进一步归纳出期望映射$e_L \to \Delta P$之间的定性关系,即

$$
\begin{array}{ccc}
e_L & & \Delta P \\
+,\ -,\ - & \to & + \\
0,\ 0,\ 0 & \to & 0 \\
-,\ +,\ + & \to & -
\end{array}
$$

本小节介绍了一种利用CMAC自校正模块的比例控制间接自适应系统。仿真结果表明,该方法简单、实用,具有明显的几何意义,可进一步推广为PID控制或其他自校正控制,以便应用于更加一般的时变线性系统或非线性系统。

综上所述,作为另外一种处理非线性、不确定性的有力工具,神经网络控制方法在不长的时间内已取得长足的进展,尽管人们已认识到它的许多局限性。例如,网络本身的黑箱式内部知识表达,使其不能利用初始经验进行学习,易于陷入局部极小值;分布并行计算的优点还有赖于硬件实现技术的进步等。但作为一种控制方法,存在的主要问题如下。

(1) 缺乏一种专门适合于控制问题的动态神经网络。上述方法,不论是全局逼近还是局部逼近的方法,就其本质都是用静态网络处理连续时间动态系统的控制问题,这就不可避免地带来了差分模型的定阶及网络规模随阶次迅速增加的复杂性问题。

(2) 鲁棒性较差使其较少实际应用。神经网络的泛化能力在相当大的程度上决定了控制系统的鲁棒性。全局逼近方法的泛化能力受大量局部极值与缓慢学习收敛速度的制约,而上述局部逼近方法则受存储容量与实时性的严重限制,这种矛盾无法用上述网络模型解决。

3.8.5　模糊神经网络控制

1. 引言

目前,将符号主义的模糊逻辑与连接主义的神经网络结合,发展模糊神经网络控制方法(Lee,C. C. 和 Berenji,H. R.,1989;Lin,C.-T.,1991;Nomura,H., 1992;Hayashi,Y.,1992;Jang,J. S.,1992),为上述困难的解决带来了新的希望。一般说来,利用连接主义表达的模糊逻辑控制器,必然引入了学习机制,同时也给这种局部逼近网络带来了诸多结合的优点,如存储容量的减小,泛化能力的增加,以及连接主义结构的容错性等。特别地,模糊逻辑

处理连续时间动态系统的能力,可能为动态神经网络的研究带来根本性的出路。因此,无论从模糊控制,还是从神经网络控制研究的角度来看,两者的结合(大致还包括专家系统)可以说代表了该领域未来的主要发展方向。

模糊神经网络主要有3种结构:输入信号为普通变量,连接权为模糊变量;输入信号为模糊变量,连接权为普通变量;输入信号与连接权均为模糊变量。它们尚可根据网型及学习算法中的点积运算是使用模糊逻辑运算(Fuzzy logic operations),还是使用模糊算术运算(Fuzzy arithmetic operations),而分成常规(Regular)和混合(Hybrid)型模糊神经网络。

有关模糊神经网络的想法是由S. C. Lee及E. T. Lee首先提出的(1974,1975),他们基于0~1之间的中间值,推广了MP模型。1990年Takagi在一篇综述文章中讨论了神经网络与模糊逻辑的融合问题,但当时除Keller(1985)提出在感知机中加入隶属度函数以及Yamakawa的模糊神经元(1989)外,有关的研究工作极少。此后,Yamakawa(1990,1992),特别是Gupta(1990~1992)提出了大量的模糊神经元模型。但大量的工作主要集中在网型和学习算法的研究上。如C. C. Lee及H. R. Berenji基于近似推理和再励学习的ARIC(1989~1992)及GARIC(1992~1994)、J. S. Jang的基于自适应网络的模糊推理系统ANFIS(1992),以及基于ART的模糊ARTMAP(Carpenter等,1992)等。不过这些结果采用的主要是网型I,或者说仅是由神经网络实现的模糊逻辑控制器,这就使其不能充分发挥模糊神经网络将高层次的符号主义与具感知功能的连接主义结合的优点。

本小节将在3.5节讨论的基础上,进一步介绍模糊神经网络控制系统。出于与前两小节同样的理由,这里将侧重于具体系统的研究,而不会涉及全面系统的讨论。

2. 具有再励学习的神经网络模糊BOX控制系统

BOX算法首先是针对倒立摆控制提出的(Michie和Chambers,1968)。它的基本思想是经过量化,把问题空间(如倒立摆的状态空间)分解为确定数量的非重叠区域(BOX),然后假定每个BOX中含有一个局部精灵(Local demon)。若将倒立摆直至失败的时间作为性能指标,则此局部精灵将相对于该性能指标进行学习,以确定状态进入某个BOX时,如何选择控制作用(向左或向右),并且对失败时间进行估计。而全局精灵(Global demon)则始终监视系统状态,并且在出现失败时警戒局部精灵向失败学习。但Michie与Chambers的上述BOX算法简单地将状态空间量化为互不重叠的BOX,使BOX之间没有作任何泛化,而且如何进行划分也需要更多的先验知识。

为了克服上述困难,本小节通过对各个状态变量定义输入隶属度函数,以便将各个BOX的刚性边界扩展为重叠的模糊柔性边界,即采用所谓模糊BOX来分割问题空间,并利用神经网络予以实现。如此不但解决了简单量化所带来的信息丢失,而且增加了重要的泛化能力,并且可以通过神经网络的学习机制,对模糊BOX的空间位置分布进行学习修正。图3.71给出了神经网络模糊BOX控制系统的一般框图。

从图中可以看出,该系统主要由控制评价网络(CEN)与控制选择网络(CSN)组成。模糊BOX分割环节将状态空间划分为$N_{\mathrm{B}}=\prod_{i=1}^{n}N_i$个模糊BOX,并输出各模糊BOX的点火强度或规则适用度α_j,其中N_i为第i个状态变量x_i所对应的语言变量值的个数,$i=1,2,\cdots,n$;$j=1,2,\cdots,N_{\mathrm{B}}$。因此,模糊BOX实质上就是前述的模糊子空间,可实现对非线性状

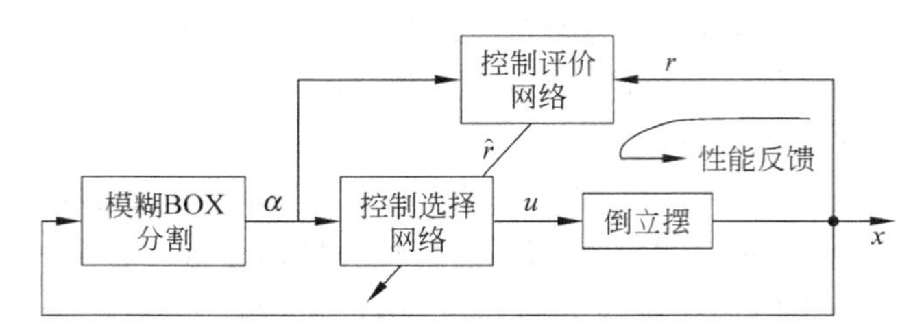

图 3.71　神经网络模糊 BOXES 控制系统的一般框图

态空间的有界分割。

1) 控制评价网络(Control Evaluation Network,CEN)

该网络在整个控制系统中相当于一个需要进行再励学习的"教师"。其作用有二:一是对系统的状态进行评价,给出相应的再励预测,并进一步给出用以指导 CSN 进行学习的内部再励信号;二是利用再励学习,对 N_a 个具有非零点火强度的模糊 BOX(即状态进入的各模糊 BOX)进行评分(Score),以获知哪个模糊 BOX 是"安全的"(评分高),哪个是"危险的"(评分低),其中 $N_a \leqslant N_B$,这部分内容将在稍后叙述。

进一步地,假定 CSN 在施加控制作用 $u(t)$之后,系统的新状态为 $\boldsymbol{x}(t+1)$,相应的点火强度为 $\alpha(t+1)$。此时,CEN 将对此新状态进行评价,即有

$$p(t+1)=\sum_{i=1}^{N_B} v_i(t)\alpha_i(t+1)$$

这里,$p(t+1)$一般称为再励预测(Prediction of reinforcement)、再励期望或加权评分,且 $v_i(t)$为第 i 个模糊 BOX 在 t 时刻的评分,它实际上也就是 CEN 的连接权。

故利用前一时刻的 $p(t)$及外部再励信号 $r(t+1)$,内部或直觉再励信号可计算为

$$\hat{r}(t+1)=\begin{cases}0 & \text{初态}\\ r(t+1)-p(t) & \text{失败}\\ r(t+1)+\gamma p(t+1)-p(t) & \text{成功}\end{cases}$$

式中 $0<\gamma\leqslant 1$ 为折扣率(Discount rate),它实际上反映了对当前评价的置信度(Witten,1977)。一般可取 $\gamma=0.9\sim0.95$。

对倒立摆控制问题,这里假定外部再励信号为

$$r(t+1)=\begin{cases}-1 & \text{失败}\\ 0 & \text{成功}\end{cases}$$

由上面两式可知:①当倒立摆未失败时,由于 $r(t+1)=0$,故 $\hat{r}(t+1)=\gamma p(t+1)-p(t)$,即 $\hat{r}(t+1)$为当前状态的再励预测(折扣 γ)与前一时刻再励预测之差。因此若假设 $\gamma=1$时,$\hat{r}(t+1)$增加意味着这是奖励事件(Rewarding event),$\hat{r}(t+1)$减少则意味着这是惩罚事件(Penalizing event);②当失败发生时,由于失败状态不可能出现在任意模糊 BOX 中(由定义),因此失败时所有 $\alpha_j(t+1)=0$,从而由前面式子,$p(t+1)=0$。又此时 $r(t+1)=-1$,故 $\hat{r}(t+1)=-1-p(t)$,即一个不可预测的失败将导致 $\hat{r}(t+1)$为负。

2) 控制选择网络(Control Selection Network,CSN)

该网络的作用相当于一个在 CEN 内部再励信号指导下进行学习的模糊控制器,但有以下两个特点:一是每个模糊 BOX 均对应一条模糊规则,因此表征输入输出语言变量之间

关系的模糊规则(定性关系)已隐含定义在各模糊 BOX 中,不再有通常的连接结构,虽然这种关系在量级上仍然可以通过学习调整;二是为了利用链式法则推出相应的学习算法,CSN 采用了这里提出的局部拟 COA 清晰化法。

3) 局部拟 COA 清晰化方法(Defuzzification)

通常使用的清晰化方法有3种,即最大判据法(The Max Criterion Method)、MOM 法(The Mean of Maximum Method)和 COA 法(The Center of Area Method)。一般说来,COA 法(重心法)能产生一个更加优越的结果(Larkin,L. I.,1985),但此方法难以给出一个完整的解析公式,使应用链式法则推导学习算法时遇到较大的困难。

为了绕开上述困难,自然可联想到使用其他模糊规则,如利用 T-S 型的模糊规则。但利用 Mamdani 型模糊规则的方法,由于物理意义明确,在输入输出语言变量之间的定性关系十分清楚的前提下,则仍然不失为一种好方法。

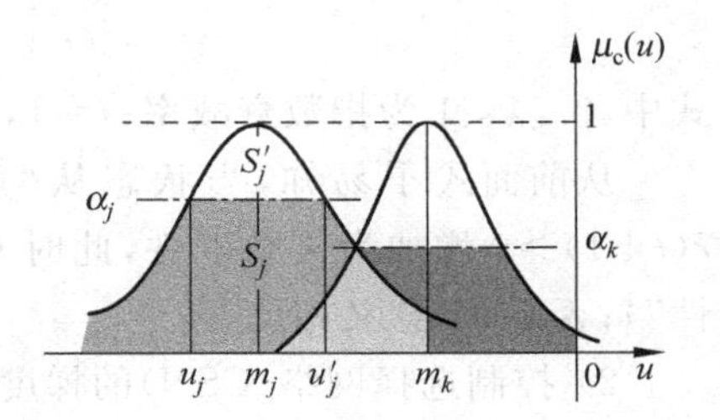

图 3.72 局部拟 COA 清晰化方法

为了在这种情况下也能得到相应的学习算法,采取了两项措施:如图 3.72 所示,对 S'_j 的面积简单地用一个三角形的面积近似,从而可得到重心的解析公式,这就是所谓对 COA 法的拟解析化;不考虑输出隶属度函数的交叉重叠,而是通过学习获得相同的效果,这就是"局部"的含义。

此时,容易推得

$$S'_j = (1-\alpha_j)\sigma_j\sqrt{\ln \alpha_j^{-1}}$$

从而

$$S_j = \begin{cases} \sqrt{\pi}\sigma_j - S'_j & \alpha_j \neq 0 \\ 0 & \alpha_j = 0 \end{cases}$$

令

$$\overline{S}_j = \frac{S_j}{\sum_{k=1}^{N_a} S_k} = \frac{\sqrt{\pi}\sigma_j - (1-\alpha_j)\sigma_j\sqrt{\ln \alpha_j^{-1}}}{\sum_{k=1}^{N_a}\left[\sqrt{\pi}\sigma_k - (1-\alpha_k)\sigma_k\sqrt{\ln \alpha_k^{-1}}\right]}$$

故 CSN 的清晰化控制作用为

$$u = \frac{\sum_{j=1}^{N_a} m_j S_j}{\sum_{k=1}^{N_a} S_k} = \sum_{j=1}^{N_a} m_j \overline{S}_j$$

式中 N_a 为由状态 $\boldsymbol{x}(t)$ 激活的具有非零点火强度的模糊 BOX 的个数。

3. 再励学习算法

1) 控制评价网络(CEN)的再励学习算法

前已指出,$\hat{r}(t+1)$ 的变化反映了对成功或失败事件的奖励或惩罚。事实上,这将通过以下再励学习算法反映到 CEN 对 N_a 个模糊 BOX 的评分上,即根据 $\hat{r}(t+1)$ 的变化,也将对评分 v_i 进行奖惩,故有

$$v_i(t+1) = v_i(t) + \beta\hat{r}(t+1)\bar{e}_i(t)$$

式中,$0<\beta\leqslant 1$ 为 CEN 的学习率;$\bar{e}_i(t)$称为传导性迹(Eligibility trace),且 $i=1,2,\cdots,N_a$。

突触递质的传导性(Eligibility)是由 Klopf 的理论首先提出的(1972),更早期的工作可在 Farley 和 Clark(1954)及 Minsky(1954)的文献中找到。它实质上反映了人脑遗忘(或记忆)与刺激频度之间的关系。简单地说,可将各模糊 BOX 的 $\bar{e}_i(t)$视为该 BOX 被激活或被状态进入的频度。

为了简单起见,这里只产生一个按指数衰减的传导性迹。它可由以下线性差分方程描述为

$$\bar{e}_j(t+1) = \lambda\bar{e}_j(t) + (1-\lambda)\alpha_j(t)$$

式中,$0\leqslant\lambda<1$ 为指数衰减率;$j=1,2,\cdots,N_B$。

从前面式子易知,当状态从"危险的"BOX(评分低)到"安全的"BOX(评分高)时,$\hat{r}(t+1)>0$ 增加为奖励事件,此时 CEN 也将奖励评分 $v_i(t+1)$,使其增加(指出其"安全性");否则,则意义相反。

2) 控制选择网络(CSN)的梯度型学习算法

若将 CEN 给出的再励预测 $p(t+1)$作为指导 CSN 进行学习的性能指标,则 CSN 的控制选择策略或输出隶属度函数的变化(中心、宽度)需使 $p(t+1)$为最大,为此可采用通常的链式法则推导出相应的梯度型学习公式。

由前面的式子

$$\frac{\partial u}{\partial m_j} = \bar{S}_j$$

$$\frac{\partial u}{\partial \sigma_j} = m_j\frac{\partial \bar{S}_j}{\partial \sigma_j} = m_j\frac{\partial \bar{S}_j}{\partial S_j}\frac{\partial S_j}{\partial \sigma_j} = \frac{m_j}{\sum_{k=1}^{N_a} S_k}(1-\bar{S}_j)\left[\sqrt{\pi} - (1-\alpha_j)\sqrt{\ln \alpha_j^{-1}}\right]$$

又由于

$$\frac{\partial p(t+1)}{\partial m_j} = \frac{\partial p(t+1)}{\partial u}\frac{\partial u}{\partial m_j}, \quad \frac{\partial p(t+1)}{\partial \sigma_j} = \frac{\partial p(t+1)}{\partial u}\frac{\partial u}{\partial \sigma_j}$$

尽管 $u(t)$对 m_j 和 σ_j 的依赖是直接的,但 $p(t+1)$与控制作用 $u(t)$之间只有间接的关系,难以推出显式的解析表达式。事实上,当 $u(t)$作用时,首先需经被控对象的动态过程产生新状态 $\boldsymbol{x}(t+1)$,然后再经 CEN 的传递才能得到 $p(t+1)$。因此可近似取

$$\frac{\partial p(t+1)}{\partial u} \approx \operatorname{sign}\left(\frac{\hat{r}(t+1)}{u(t)-u(t-1)}\right)$$

故相应的梯度型学习算法为

$$m_j(t+1) = m_j(t) + \eta\hat{r}(t+1)\frac{\partial p(t+1)}{\partial m_j},$$

$$\sigma_j(t+1) = \sigma_j(t) + \eta\hat{r}(t+1)\frac{\partial p(t+1)}{\partial \sigma_j}$$

式中,$0<\eta\leqslant 1$ 为 CSN 的学习率;$j=1,2,\cdots,N_B$。

由上述两式可知,作为体现奖惩的性能指标,$\hat{r}(t+1)$的变化不仅影响到 CEN 的评分,而且也将影响到 CSN 对控制作用的选择,或对输出隶属度函数的奖惩。总之,输出隶属度函数的变化或 CSN 对控制作用的选择,需沿模糊 BOX 再励预测的梯度方向,使其从任意位

置移动到更“安全”或评分更高的模糊 BOX。

4. 在倒立摆控制中的应用

应该指出，迄今为止相当多的模糊神经网络都是结合控制问题，特别是倒立摆控制问题提出的(Lee，1989～1991；Hayashi，1989；Berenji，1991～1993；Lin，1991；Jang，1992)。作为智能控制研究中的一个经典对象，在倒立摆问题中应用神经网络方法，首推 Widrow 等人(1964，1987)的工作。但较具代表性的结果则主要是由美国加州大学柏克利分校，以 L. A. Zadeh 为首的“fuzzy group”作出的。如 C. C. Lee 与 H. R. Berenji 基于近似推理和再励学习的 ARIC(1989～1992)及 GARIC(1992～1994)，以及 J. S. Jang 的基于自适应网络的模糊推理系统 ANFIS(1992)等。他们从模糊逻辑的角度分别发展了 Barto(1983)与 Anderson(1989)等人以及 Werbos(1990)等人的结果。而 Barto，特别是 Anderson 后来的结果，则是研究有关倒立摆再励学习控制的早期经典之作。

图 3.73 给出了一级倒立摆的示意图。

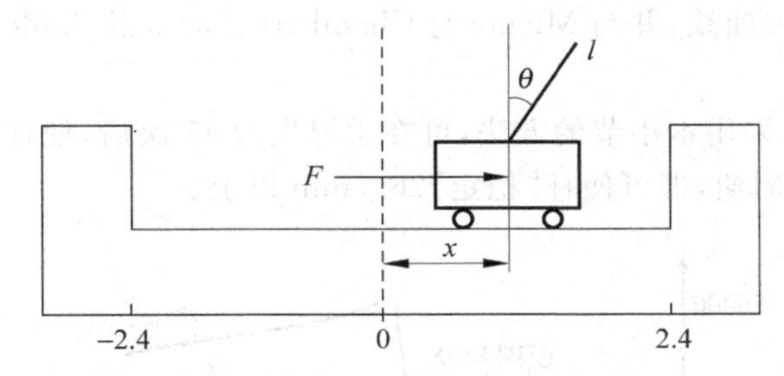

图 3.73 倒立摆系统示意图

考虑摩擦时倒立摆的运动方程可由以下非线性微分方程描述。

$$\ddot{\theta}=\frac{g\sin\theta+\cos\theta\left[\dfrac{-F-m_{\mathrm{p}}l\dot{\theta}^{2}\sin\theta+\mu_{\mathrm{c}}\operatorname{sgn}(\dot{x})}{m_{\mathrm{c}}+m_{\mathrm{p}}}\right]-\dfrac{\mu_{\mathrm{p}}\dot{\theta}}{m_{\mathrm{p}}l}}{l\left[\dfrac{4}{3}-\dfrac{m_{\mathrm{p}}\cos^{2}\theta}{m_{\mathrm{c}}+m_{\mathrm{p}}}\right]}$$

$$\ddot{x}=\frac{F+m_{\mathrm{p}}l[\dot{\theta}^{2}\sin\theta-\ddot{\theta}\cos\theta]-\mu_{\mathrm{c}}\operatorname{sgn}(\dot{x})}{m_{\mathrm{c}}+m_{\mathrm{p}}}$$

其中典型数据为：$g=9.8\mathrm{m/s^2}$(重力加速度)，$m_{\mathrm{c}}=1.0\mathrm{kg}$(小车质量)，$m_{\mathrm{p}}=0.1\mathrm{kg}$(杆的质量)，$l=0.5\mathrm{m}$(杆的半长)，$\mu_{\mathrm{c}}=0.0005$(小车相对于导轨的摩擦系数)，$\mu_{\mathrm{p}}=0.000\,002$(杆相对于小车的摩擦系数)。$F$ 为作用于小车上的力，它相当于图 3.71 中的 u，其他符号与通常约定相同。

若令 $a_1=(m_{\mathrm{p}}/m)l\dot{\theta}^{2}\sin\theta$，$a_2=(m_{\mathrm{p}}/m)l\ddot{\theta}\cos\theta$，$a=\ddot{x}$，$a_{\mathrm{F}}=(1/m)F$，这里 $m=m_{\mathrm{c}}+m_{\mathrm{p}}$。则容易得到以下倒立摆方程的简化形式，即

$$\ddot{\theta}=\frac{3}{4l}\left(g\sin\theta-a\cos\theta\,\frac{1}{m_{\mathrm{p}}l}\mu_{\mathrm{p}}\dot{\theta}\right),$$

$$\ddot{x}=a_{\mathrm{F}}+a_1-a_2-\frac{1}{m}\mu_{\mathrm{c}}\operatorname{sgn}(\dot{x})$$

进一步地，设 $\boldsymbol{x}=[\theta\ \dot{\theta}\ x\ \dot{x}]^{\mathrm{T}}$，则有以下状态方程为

$$\dot{x}_1 = x_2$$
$$\dot{x}_2 = f_1 = \frac{3}{4l}\left(g\sin x_1 - a\cos x_1 - \frac{1}{m_p l}\mu_p x_2\right)$$
$$\dot{x}_3 = x_4$$
$$\dot{x}_4 = f_2 = a_F + a_1 - a_2 - \frac{1}{m}\mu_c \text{sgn}(x_4)$$

其中,$f_1=\ddot{\theta}$,$f_2=a$。

在上述动态方程的仿真中,采用了自动变步长 Runge-Kutta-Fehlberg 数值积分法。采样周期 $T=20$ms。失败状态(Failure)定义为 $|\theta|>12°$ 或 $|x|>2.4$m。初始条件取为 $\theta(t_0)=2°$,其他均为 0。

倒立摆状态空间各模糊 BOX 分割的定义,以及输出隶属度函数与 9+4 条简单模糊规则,在此从略。

仿真时 CEN 与 CSN 的各参数选择为:$\eta=0.7,\gamma=0.95,\beta=0.5,\lambda=0.8$。图 3.74 给出了采用本方法的学习曲线,并与 Michie 与 Chambers、Barto 及 Anderson 的仿真结果进行了比较。

从图中可以看出,采用本小节的方法,可在学习失败 47 次后,使杆直至失败的时间达到大约 80 000 多个采样周期,即可使杆"稳定"26.7min 以上。

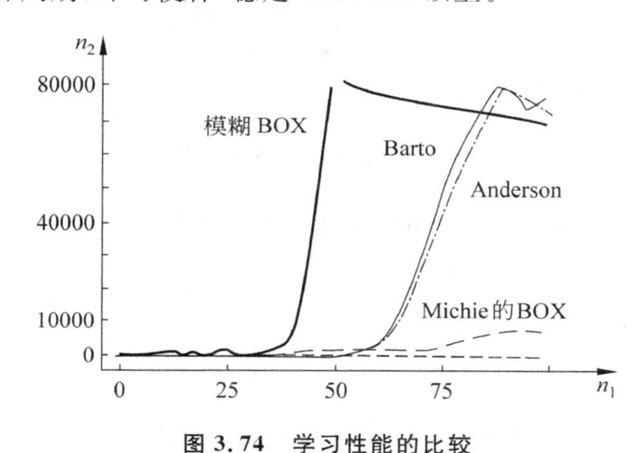

图 3.74 学习性能的比较

n_1—试验次数;n_2—直到失败的时间步

5. 讨论

上面具体研究了神经网络模糊 BOX 再励学习控制系统。其基本思路是:利用模糊 BOX 分割问题空间,使每个模糊 BOX 不仅具有 CEN 给出的评分,含有作为控制作用的输出语言变量,而且整个模糊 BOX 还隐含定义了模糊规则库。为了得到 CSN 的学习算法,文中还提出了局部拟 COA 清晰化算法,并成功地将此再励学习控制系统应用于倒立摆系统的控制中。进一步的研究包括:模糊 BOX 空间分割的自组织学习算法;模糊 BOX 的微分流形描述,以及由此对 FLC、CMAC、BMAC、RBF 及各种模糊神经网络进行的统一的稳定性与鲁棒性分析;将该法推广应用于多关节机械手的非线性自适应控制等。

总的看来,神经网络与模糊逻辑,作为处理信息的不确定性、非线性和不适定性(Ill-defined)，乃至模拟人脑感知与思维功能的两种最重要的工具，存在着许多相似之处。例如，它们本质上都表达了一个高度非线性的输入与输出关系，输出都不再是AI符号逻辑系统中的二值布尔代数值，都具有泛化能力(Generalization ability)，并且FLC中的输入隶属度函数与神经元的感受野(Receptive field)，清晰化时的加权平均法与神经网络的乘积和之间，在原理上也都具有相同的作用。因此，设想将两者的优点结合起来，发展模糊神经网络(FNN)，必将为复杂系统的控制问题提供一种更加有力的工具。

3.8.6 有待解决的问题

迄今为止，神经网络控制的研究，无论从理论到应用都取得了许多可喜的进展，应该说是相当惊人的。但必须看到，人们对生物神经系统的研究与了解还比较有限，所使用的形式神经网络模型无论从结构还是网络规模，都是真实神经网络的极简单模拟，因此神经网络控制的研究还非常原始，而迄今的结果也大都停留在仿真或实验室研究阶段，完整、系统的理论体系，以及大量艰难而富有挑战性的理论问题尚未解决，真正在线应用成功的实例也有待进一步发展。

从总体上来看，今后的研究应致力于以下几个方面。

(1) 基础理论性研究，包括神经网络的统一网络结构与通用学习算法，网络的层数、单元数、激发函数的类型、逼近精度与拟逼近非线性映射之间的关系，持续激励与收敛，神经网络控制系统的稳定性、能控性、能观性及鲁棒性等。

(2) 研究专门适合于控制问题的动态神经网络模型，解决相应产生的对动态网络的逼近能力与学习算法问题。

(3) 神经网络控制算法的研究，特别是研究适合于神经网络分布式并行计算特点的快速学习算法。

(4) 对成熟的网络结构与学习算法，研制相应的神经网络控制专用芯片。

3.9 神经网络在机器人控制中的应用

前面介绍了基于神经网络的系统建模与控制的一般方法。原理上，神经网络可以应用于控制的各个方面。但神经网络应用于机器人控制是研究得最多也是成果取得最多的一个方面。所以本节着重讨论这方面的问题。

广义上讲，机器人控制主要包括以下3个方面内容：任务规划、路径规划和运动控制。任务规划处理有关作业的信息，它根据作业的要求规划出较具体的子任务或动作序列。路径规划则是在给定起点、终点、中间点以及某些必要的限制条件下，规划出机械手末端所要经过的路径点的序列。这些限制条件可能包括速度和加速度的限制或者避碰的要求等。运动控制则是根据给定的路径点及机器人的运动学和动力学特性，求出适当的关节力矩来产生所需要的运动。对于以上3个方面的问题，原则上均可以用神经网络来加以实现，且确实已有不少人在这方面进行研究工作。而目前研究较多的则主要在后两个方面，即路径规划和运动控制。所以本节也只讨论这两方面的问题。

3.9.1 神经网络运动学控制

机器人控制之所以比较困难,其主要原因在于要求的运动轨迹是在直角坐标空间中给定的,而实际的运动却是通过安装在关节上的驱动部件来实现,因而需要将机械手末端在直角坐标空间的运动变换到关节的运动,也就是需要进行逆运动学的计算。这个计算取决于机器人的手臂参数及所使用的算法。但是我们知道,对于具有四肢的动物(包括人),他们运动时很自然地便完成了从目标空间到驱动器(肌肉)坐标的转换。这个变换一方面是在基因中先天编好的,另一方面它又是通过后天的学习来不断地加以完善的。该生物系统的运动控制为机器人的神经网络控制提供了很好的参考模型。这种控制不需要各个变量之间准确的解析关系模型,而只要通过对大量例子的训练即可实现。

1. 基于特征网络的运动学控制

在基于运动学的机器人控制方法中,分解运动速度的方法是比较典型的一种。它是一种在直角坐标空间(相对于关节坐标空间)进行闭环控制的方法。对于那些需要准确轨迹跟踪的任务(如弧焊等),必须采用这样的控制方法。分解运动速度控制的系统结构如图3.75所示。

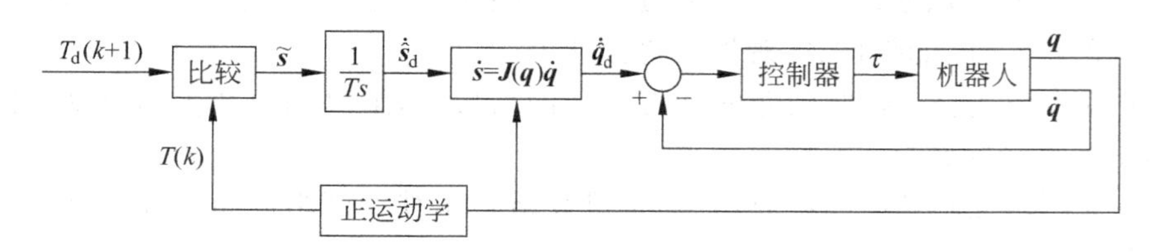

图3.75 分解运动速度控制的系统结构

可以看出,其中最关键的部分是速度逆运动学计算,即计算

$$\dot{\boldsymbol{q}} = \boldsymbol{J}^{-1}(\boldsymbol{q})\,\dot{s}$$

因此,该控制方法有时也称为逆雅可比控制。此式的计算不仅需要有效的雅可比矩阵求逆算法,而且需要知道机器人的运动学参数。如果采用神经网络,则可不必知道这些参数。因此它可作为求解速度逆运动学的另外一种具有吸引力的方法。

对于上式的非线性关系,若采用通常的神经网络,则该网络的输入为$\dot{s}$和$\boldsymbol{q}$,输出为$\dot{\boldsymbol{q}}$。一般情况下,它是$2n$到n的映射,对于6自由度的机器人,则具有12个输入和6个输出。对于这样一个多输入多输出且高度非线性的映射,必须要有足够多的训练样本才能学习到所需要的非线性映射关系。例如,若每个输入变量选取10个值,则总共就需取10^{12}个样本。对这么多的样本进行训练是非常困难的。而取过分少的样本则可能学不到所需要的非线性映射关系。为此可采用如图3.76所示的两个网络。其中左面的网络称为功能网络,它实现如上式所示的计算。这是一个线性网络,其输出结点无偏置项,且激发函数即为$f(x)=x$。该网络共有n^2个连接权,它恰好对应于$\boldsymbol{J}^{-1}(\boldsymbol{q})$的$n^2$个元素。右面的网络称为特征网络。它由$n^2$个解耦的子网络所组成,每个子网络有$n$个输入1个输出。也就是说,每个子网络负责学习矩阵$\boldsymbol{J}^{-1}(\boldsymbol{q})$中的一个元素。$n$个输入量对于每个子网络都是相同的。每个子网络均有两个隐层。隐层和输出层结点均选择S形激发函数。这样就将一个 n 到 n^2 的映射问题简化为 n^2 个 n 到1的函数映射,从而大大简化了学习问题。而且这 n^2 个子网络可以并列地学习。因此,增加自由度只是增加要学习的函数的数目。

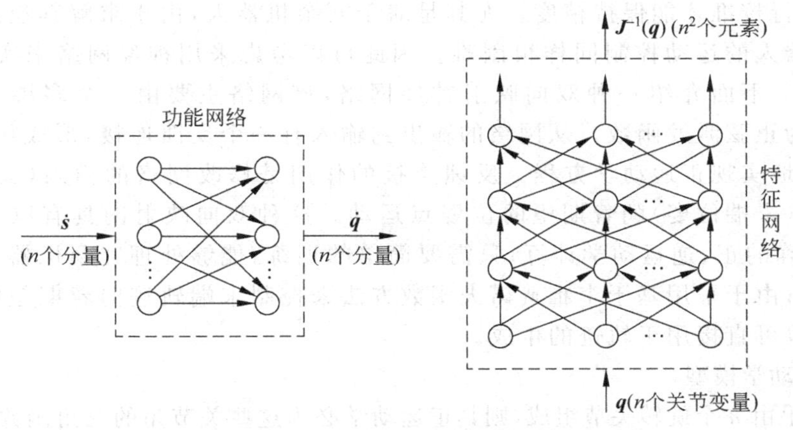

图3.76 用于机器人逆运动学的神经网络

图3.77显示了采用如图3.76所示的特征网络和采用 $\dot{s}$ 和 q 作为输入和 $\dot{q}$ 作为输出的标准前馈网络这两种情况下进行学习的仿真结果。机械手采用PUMA560的3个自由度模型,共采用400个随机产生的样本。特征网络选择各层的结点数为3-25-15-9,学习率和动量项因子分别取0.0003和0.9。为了比较,标准网络各层的结点数为6-25-15-3,即两种情况下隐层的结点数是相同的,学习率和动量项因子也与上面相同。

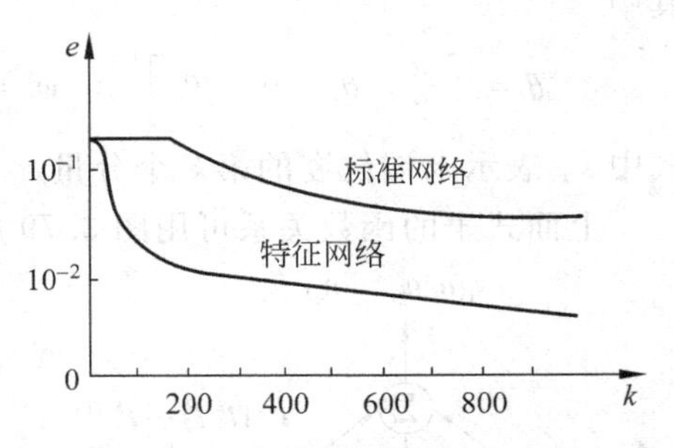

图3.77 3自由度机械手的学习曲线

e—误差;k—学习次数

由图3.77可看出,基于特征网络的学习性能明显优于标准网络。在经过1000次学习后,标准网络和基于特征网络的均方根误差分别为0.0303和0.0036,在开始200次的学习过程中,基于特征网络的学习性能的改善尤为明显。

图3.78表示了利用神经网络进行机器人运动学控制的系统结构,它与图3.75所示的分解运动速度控制具有完全相同的结构,只不过这时的速度逆运动学计算由神经网络来实现。

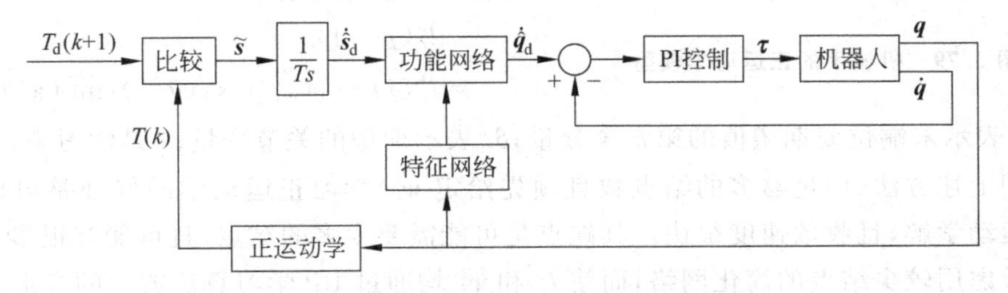

图3.78 基于神经网络的运动学控制

2. 基于双向映射神经元网络的运动学控制

通常的机器人运动学控制主要是基于正、逆运动学的计算。它不仅计算麻烦而且需要经常进行校准才能保持精度。尤其是对于冗余机器人，由于求解其逆运动学很困难，因此机器人的运动控制同样很困难。因此可以考虑采用神经网络来实现正、逆运动学的计算。下面介绍一种双向映射神经网络，该网络主要由一个多层前馈网络组成，其隐层为正弦激发函数。从网络的输出到输入有一个反馈连接，形成循环回路，正向网络严格地实现正运动学方程。反馈连接的作用是修改网络的输入(关节变量)以使网络输出(末端位姿)朝着期望的位姿点运动。这种双向映射网具有以下一系列优点：提供精确的正、逆运动学计算；只需要简单的训练；能够处理冗余机器人逆运动学的多解问题；由于采用基于李雅普诺夫函数方法来控制末端轨迹向着期望的位姿点运动，因而它也可直接用于轨迹的生成。

1) 正运动学模型

设机械手由 n 个旋转关节组成，则其正运动学必为这些关节角的三角函数的组合。一般情况下可写成

$$\bar{s}_k(\boldsymbol{\theta}) = \sum_{i=1}^{m} l_i^k \sin\left[(\boldsymbol{w}_i^k)^{\mathrm{T}}\boldsymbol{\theta}\right] \quad k = 1,2,\cdots,n$$

其中

$$\boldsymbol{\theta} = \begin{bmatrix} \frac{\pi}{2} & \theta_1 & \cdots & \theta_n \end{bmatrix}^{\mathrm{T}}, \quad \boldsymbol{w}_i^k = [w_{i0}^k \quad w_{i1}^k \quad \cdots \quad w_{in}^k]^{\mathrm{T}} \quad w_{ij} \in \{-1,0,1\}$$

式中 $\bar{s}_k$ 表示末端位姿的第 k 个分量。

上面式子的函数关系可用图3.79所示的多层前馈网络来实现，其中隐层取正弦函数为激发函数，它可实现上面式子的准确关系，而通常的S形激发函数只能实现函数的近似。

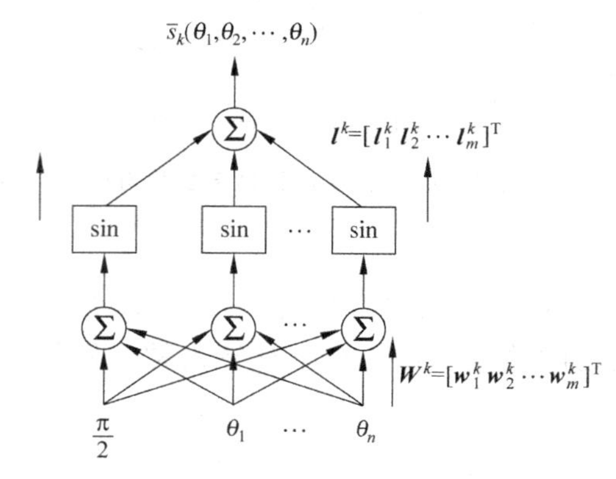

图3.79 机械手的正运动学模型

为了实现上面的关系，正弦隐层结点的最大个数为 3^n。当机械手的某些关节为滑移关节时，相应的 θ_i 取为常数，而将某些 l_i^k 处理为变量。

根据机械手的具体结构，$\boldsymbol{w}_i^k$ 可以预先设置。剩下的问题便是估计参数 l_i^k。它可用以下的最小方差算法来计算，即

$$l_i^k(j+1) = l_i^k(j) + \eta(\bar{s}_k^{\mathrm{d}} - \bar{s}_k(\boldsymbol{\theta}^{\mathrm{d}}))\sin[(\boldsymbol{w}_i^k)^{\mathrm{T}}\boldsymbol{\theta}^{\mathrm{d}}]$$

式中，$\bar{s}_k^{\mathrm{d}}$ 表示末端位姿期望值的第 k 个分量；$\boldsymbol{\theta}^{\mathrm{d}}$ 表示期望的关节变量；η 是学习率。

采用上述方法(用足够多的结点数且预先给定 $\boldsymbol{w}_i^k$)学习正运动学的好处是可以获得精确的正运动学解，且收敛速度很快。其缺点是可能需要太多的结点，且可能有很多为零。因此可以考虑用较少结点的简化网络，而使 l_i^k 和 $\boldsymbol{w}_i^k$ 均通过BP学习算法或它的变形来加以确定。采用这种简化网络的缺点是训练时间长且不能获得精确解，而且有时还可能陷于局部的极值。为此可采用一种递阶的自组织学习算法，它通过监控网络的性能，自动地增补隐层

的结点。

2）基于李雅普诺夫函数的逆运动学求解

可以通过计算正运动学来迭代求解逆运动学，其基本思路如图 3.80 所示。若迭代算法是收敛的(用控制系统的术语，即系统是稳定的)，则最终有 $\tilde{\boldsymbol{s}}\to 0$，即 $\bar{\boldsymbol{s}}=\bar{\boldsymbol{s}}^{\mathrm{d}}$，从而$\boldsymbol{\theta}$便为所求逆运动学解。

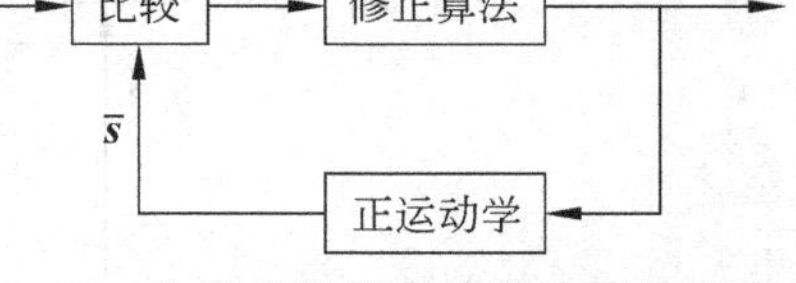

图 3.80 迭代求解逆运动学的基本思路

取李雅普诺夫函数

$$V=\frac{1}{2}\tilde{\boldsymbol{s}}^{\mathrm{T}}\tilde{\boldsymbol{s}}+\frac{1}{2}\tilde{\boldsymbol{\theta}}^{\mathrm{T}}\tilde{\boldsymbol{\theta}}$$

式中，$\tilde{\boldsymbol{s}}$ 表示 $\bar{\boldsymbol{s}}^{\mathrm{d}}$ 与 $\bar{\boldsymbol{s}}$ 之间的误差向量；$\bar{\boldsymbol{s}}^{\mathrm{d}}$ 是期望的位姿；$\bar{\boldsymbol{s}}$ 是实际的位姿；$\tilde{\boldsymbol{\theta}}=\boldsymbol{\theta}^{\mathrm{d}}-\boldsymbol{\theta}$，$\boldsymbol{\theta}$ 是实际关节向量，$\boldsymbol{\theta}^{\mathrm{d}}$是关节空间的限制向量。

对上式求导得

$$\dot{V}=\left(\frac{\partial V}{\partial\boldsymbol{\theta}}\right)^{\mathrm{T}}\dot{\boldsymbol{\theta}}=-\left(\tilde{\boldsymbol{s}}^{\mathrm{T}}\frac{\partial\tilde{\boldsymbol{s}}}{\partial\boldsymbol{\theta}}+\tilde{\boldsymbol{\theta}}^{\mathrm{T}}\right)\dot{\boldsymbol{\theta}}=-(\tilde{\boldsymbol{s}}^{\mathrm{T}}\bar{\boldsymbol{J}}+\tilde{\boldsymbol{\theta}}^{\mathrm{T}})\dot{\boldsymbol{\theta}}$$

式中 $\bar{\boldsymbol{J}}$ 为雅可比矩阵，若取

$$\dot{\boldsymbol{\theta}}=\frac{1}{2}\frac{\|\tilde{\boldsymbol{s}}\|^{2}}{\|\bar{\boldsymbol{J}}^{\mathrm{T}}\tilde{\boldsymbol{s}}+\tilde{\boldsymbol{\theta}}\|^{2}}(\bar{\boldsymbol{J}}^{\mathrm{T}}\tilde{\boldsymbol{s}}+\tilde{\boldsymbol{\theta}})$$

代入前面式子得

$$\dot{V}=-\frac{1}{2}\|\tilde{\boldsymbol{s}}\|^{2}$$

由于$\dot{V}<0$，所以系统是渐近稳定的，并最终达到 $\tilde{\boldsymbol{s}}\to 0$。从而实现了所要求的逆运动学计算。上面计算$\dot{\boldsymbol{\theta}}$ 的式子便是所要求的修正算法。该式中需要用到 $\bar{\boldsymbol{J}}$，它也可以用图 3.81 所示的神经元网络来实现，其方法类似于正运动学的计算，且它可以利用正运动学计算网络的部分结果。图 3.81 中 $\boldsymbol{W}^{k}$ 与前面是相同的。

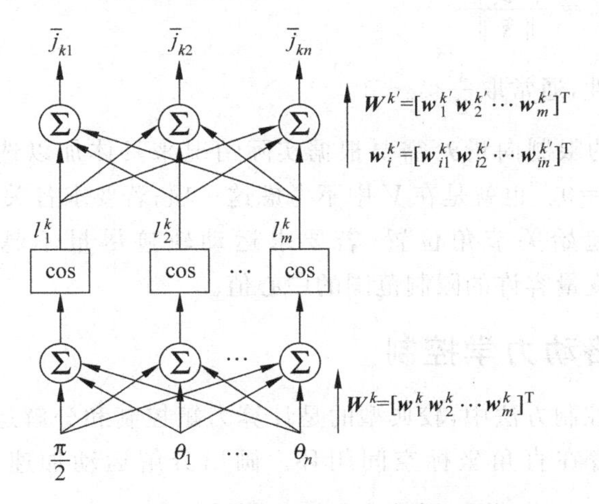

图 3.81 计算雅可比矩阵的神经网络

图 3.82 表示利用双向映射神经元网络计算逆运动学的总的结构。

在具体计算时还必须注意以下几个问题。

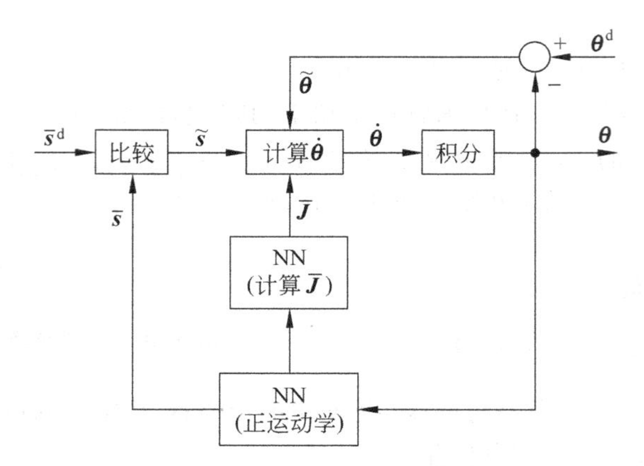

图 3.82 利用双向映射神经网络计算逆运动学

(1) 当 $\tilde{s}\neq 0$ 而 $\tilde{s}^{\mathrm{T}}\boldsymbol{J}+\tilde{\boldsymbol{\theta}}^{\mathrm{T}}=0$ 时,V 到达它的一个局部极值点,此时 $\|\dot{\boldsymbol{\theta}}\|\rightarrow\infty$。在该点 $\boldsymbol{\theta}$ 将出现一个跳变,它对跳出局部极值点是有好处的。但是要采取适当的限制措施,避免使 $\boldsymbol{\theta}$ 越出工作空间。

(2) 当 $\tilde{s}$ 接近 0 时,由于在 V 的表达式中第二项起主要作用,从而使 $\boldsymbol{\theta}$ 不是直接朝使 $\tilde{s}=0$ 的方向移动。为克服此问题,可在李雅普诺夫函数中加入拉格朗日乘子,即

$$V(\lambda,\boldsymbol{\theta})=\frac{\lambda}{2}\tilde{s}^{\mathrm{T}}\tilde{s}+\frac{1}{2}\tilde{\boldsymbol{\theta}}^{\mathrm{T}}\tilde{\boldsymbol{\theta}}$$

当 $\tilde{s}$ 越接近 0,λ 便越变大,为了实现这一点,可取

$$\dot{\boldsymbol{\theta}}=\frac{\lambda\left(\frac{1}{2}\|\tilde{s}\|^{2}\right)^{\alpha}+\frac{1}{2}\|\tilde{s}\|\,\|\tilde{\boldsymbol{\theta}}\|}{\|\lambda\bar{\boldsymbol{J}}^{\mathrm{T}}\tilde{s}+\tilde{\boldsymbol{\theta}}\|^{2}}(\lambda\bar{\boldsymbol{J}}^{\mathrm{T}}\tilde{s}+\tilde{\boldsymbol{\theta}})$$

$$\dot{\lambda}=\frac{\|\tilde{\boldsymbol{\theta}}\|}{\|\tilde{s}\|}$$

其中 α 用来控制收敛性,通常取 $\frac{1}{2}<\alpha<1$。

(3) 关节空间中的限制向量 $\boldsymbol{\theta}^{\mathrm{d}}$ 需要根据实际情况来具体加以选择。若无特殊限制要求,则可选 $\boldsymbol{\theta}^{\mathrm{d}}=\boldsymbol{\theta}$,即 $\tilde{\boldsymbol{\theta}}=0$。也就是在 V 中不考虑这一项;若要求各关节转过的角度尽量小,则可选 $\boldsymbol{\theta}^{\mathrm{d}}=\boldsymbol{\theta}^{\circ}$,$\boldsymbol{\theta}^{\circ}$ 为起始关节角位置;若要求运动轨迹尽量不越出工作空间,则可选 $\boldsymbol{\theta}^{\mathrm{d}}=\boldsymbol{\theta}^{\mathrm{m}}$,$\boldsymbol{\theta}^{\mathrm{m}}$ 表示关节变量容许的限制范围的中心值。

3.9.2 神经网络动力学控制

在机器人动力学控制方法中,较典型的是计算力矩控制和分解运动加速度控制。前者在关节空间闭环,后者在直角坐标空间闭环。画出分解运动加速度控制的系统结构如图 3.83 所示。

在图 3.83 中

$$\ddot{s}^{*}_{\mathrm{d}}=\ddot{s}_{\mathrm{d}}+\boldsymbol{K}_{1}(\dot{s}_{\mathrm{d}}-\dot{s})+\boldsymbol{K}_{2}\tilde{s}$$

式中 $\tilde{s}$ 表示 $\bar{s}_{\mathrm{d}}$ 与 $\bar{s}$ 之间的误差向量。

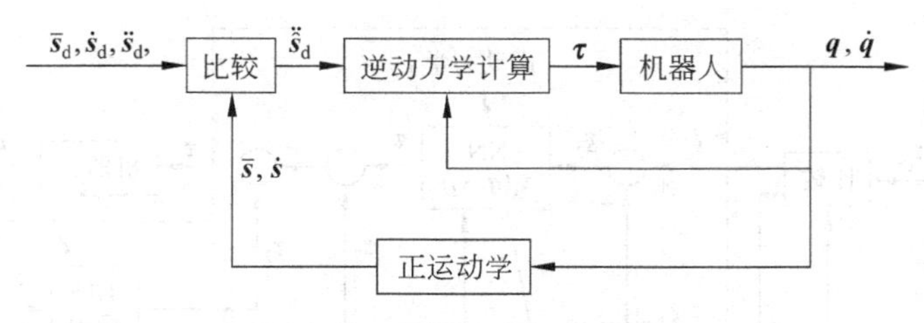

图 3.83 分解运动加速度控制

若机器人的动力学模型表示为

$$H(q)\ddot{q}+h(q,\dot{q})+G(q)=\tau$$

式中，$H(q)$表示机器人的惯性矩阵；$h(q,\dot{q})$表示离心力和哥氏力项；$G(q)$表示重力项；τ为关节力矩向量，则

$$\tau=H(q)J^{-1}(q)[\ddot{s}_d-\dot{J}(q,\dot{q})\dot{q}]+h(q,\dot{q})+G(q)$$

可得整个系统的误差方程为

$$\ddot{\tilde{s}}+K_1\dot{\tilde{s}}+K_2\tilde{s}=0$$

可见，只要K_1和K_2为正定对角矩阵，整个系统是完全解耦且渐近稳定的。

在上面的控制结构中，关键是逆动力学计算。这里主要有两个方面的问题：一是计算工作量很大，难以满足实时控制的要求；二是需要知道机器人的运动学和动力学参数。要获得这些参数，尤其是动力学参数往往是很困难的。采用神经网络来实现逆动力学的计算，原则上可以克服上述两个问题。由于神经网络的并行计算的特点，它可以满足实时性的要求，同时它是通过输入、输出的数据样本经过学习而实现动力学的非线性关系，因而它并不依赖机器人的参数。

当神经网络所实现的函数非常复杂且非线性很严重时，学习所需的时间也将非常长。机器人逆动力学即属于这样的情况。它的输入是$\ddot{s}_d$、q、$\dot{q}$，输出是τ。对于6自由度机器人，共有18个输入和6个输出。若要覆盖整个工作空间，其训练数据样本的个数将非常大，实际上是难以实现的。在前面讨论逆运动学时，采用特征网络和功能网络相分离的方法来减小训练样本的个数。这里也可采用类似的方法，即将整个系统分解为多个子系统，分别对每个子系统进行学习，可以使问题得以简化。针对上面的式子具体分解的方法为

$$\ddot{s}_1(q,\dot{q})=\dot{J}(q,\dot{q})\dot{q}$$

$$\ddot{s}_2=\ddot{s}_d-\ddot{s}_1$$

$$\tau_1=H(q)J^{-1}(q)\ddot{s}_2$$

$$\tau_2=h(q,\dot{q})$$

$$\tau_3=G(q)$$

$$\tau=\tau_1+\tau_2+\tau_3$$

根据上述分解，可以画出用神经网络实现的控制结构如图3.84所示。

图3.84中共有4个神经网络（若正运动学也用神经网络实现，则共5个），这时每个神经网络的输入维数减小了，而且结构也简单了。因此学习会比较容易。图3.84是一种在线学习的结构，适合于实时控制。但是初始连接权系数的选择很关键，如果距离太远，可能很

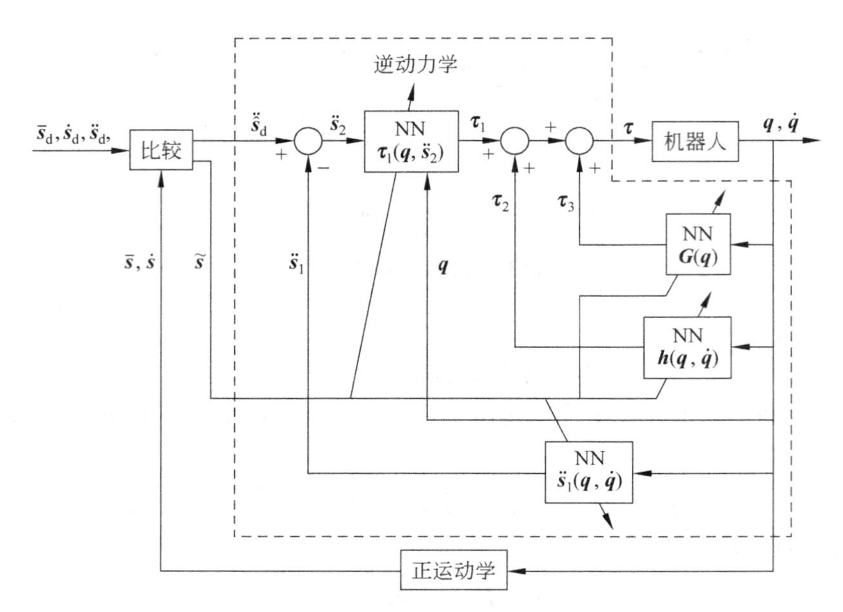

图 3.84 基于功能分解的神经网络控制

难收敛到要求的值。因此,实际上通常先采用图 3.85 所示的结构进行离线学习,然后再用到图 3.84 所示的结构。

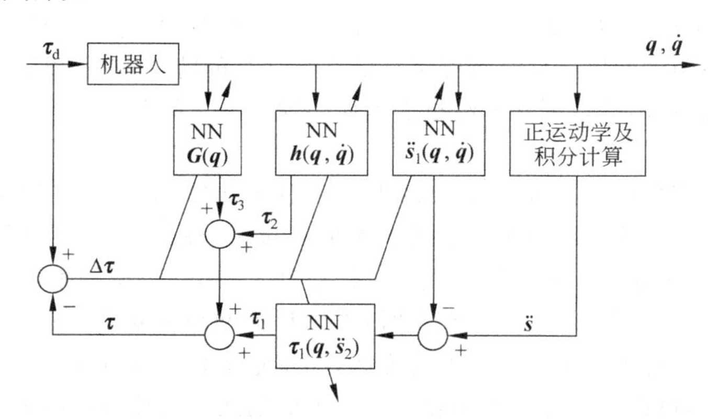

图 3.85 基于功能分解的神经网络离线学习结构

以上讨论的均为直角坐标空间闭环情况。由于综合考虑了整个系统,因而输入、输出维数很高,学习起来很困难。若考虑关节空间闭环,并忽略关节间的耦合作用,那么输入输出的维数将大为减小,学习也将容易得多。图 3.86 表示了独立关节神经网络自适应控制的结构。

图 3.86 所表示的只是其中一个关节的控制结构,对于 6 个关节的机械手,则共有 6 个这样的控制结构。每个关节的控制器由两个神经网络组成。

这里 NN1 起控制器的作用,NN2 主要是为了得到一个正向的动力学模型,以使得 $\Delta q_{ri}=q_{ri}-q_i$ 和 $\Delta\dot{q}_{ri}=\dot{q}_{ri}-\dot{q}_i$ 能反向传播得到 $\Delta\tau_i$。这里 NN2 共有 3 个输入:τ_i、q_i 和 $\dot{q}_i$,输出为偏差 Δq_i 和 $\Delta\dot{q}_i$。

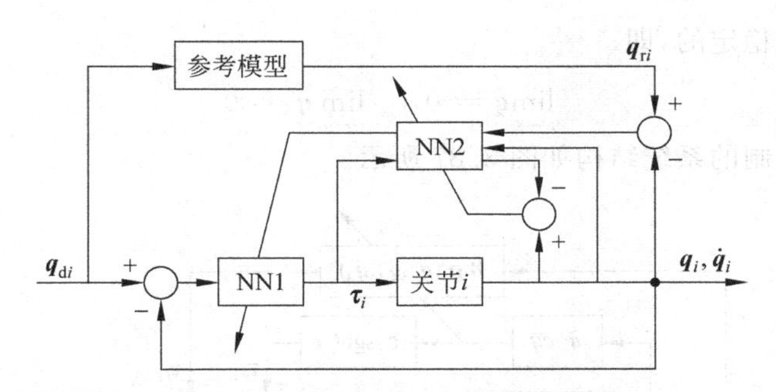

图3.86 独立关节神经网络自适应控制

以上给出了神经网络动力学控制的两种结构。图3.84是基于功能分解的方法用多个子神经网络实现了机器人的逆动力学,并按照分解运动加速度的控制结构实现了机器人的神经网络动力学控制。该控制结构的优点是考虑了整个机器人的动力学特性,同时通过功能分解使计算复杂性得到一定程度的简化。主要的问题是难以根据所能测量的量来调整这些子神经网络连接权。图3.86是一种独立关节的神经网络自适应控制结构。它的主要优点是结构简单、实现容易,主要问题是未考虑关节间的耦合动力学特性。以上两种结构还有一个共同的特点,即神经网络担负了全部的控制器任务,这就对神经网络初始权值的设置提出了较高的要求,所设置的初始权值必须确保系统能够稳定地运行,然后在运行过程中再不断地加以调整和完善。也就是说,这种控制结构对于神经网络的离线训练提出了更高的要求。

针对上面所提到的问题。下面给出一种将常规控制与神经网络控制相结合的结构。设机器人的动力学模型仍为

$$\boldsymbol{H}(\boldsymbol{q})\ddot{\boldsymbol{q}}+\boldsymbol{h}(\boldsymbol{q},\dot{\boldsymbol{q}})+\boldsymbol{G}(\boldsymbol{q})=\boldsymbol{\tau}$$

所采用的控制规律为

$$\boldsymbol{\tau}=\boldsymbol{K}_{\mathrm{p}}\tilde{\boldsymbol{q}}+\boldsymbol{K}_{\mathrm{d}}\dot{\tilde{\boldsymbol{q}}}+\boldsymbol{W}\boldsymbol{\alpha}(\boldsymbol{q}_{\mathrm{d}},\dot{\boldsymbol{q}}_{\mathrm{d}},\ddot{\boldsymbol{q}}_{\mathrm{d}})+\boldsymbol{\varepsilon}_{\mathrm{m}}\mathrm{sgn}(\dot{\tilde{\boldsymbol{q}}}+c\tilde{\boldsymbol{q}})$$

$$\dot{\boldsymbol{W}}=\boldsymbol{\Gamma}[(\dot{\tilde{\boldsymbol{q}}}+c\tilde{\boldsymbol{q}})^{\mathrm{T}}\boldsymbol{\alpha}(\boldsymbol{q}_{\mathrm{d}},\dot{\boldsymbol{q}}_{\mathrm{d}},\ddot{\boldsymbol{q}}_{\mathrm{d}})]$$

其中 $\tilde{\boldsymbol{q}}=\boldsymbol{q}_{\mathrm{d}}-\boldsymbol{q}$,$\dot{\tilde{\boldsymbol{q}}}=\dot{\boldsymbol{q}}_{\mathrm{d}}-\dot{\boldsymbol{q}}$;$\boldsymbol{K}_{\mathrm{p}}$、$\boldsymbol{K}_{\mathrm{d}}$ 及$\boldsymbol{\Gamma}$均为对称正定矩阵(通常取正定对角矩阵)。

可以看出,上面的控制规律由3部分组成,即

$$\boldsymbol{\tau}=\boldsymbol{\tau}_{\mathrm{fb}}+\boldsymbol{\tau}_{\mathrm{ff}}+\boldsymbol{\tau}_{\mathrm{sm}}$$

其中

$$\boldsymbol{\tau}_{\mathrm{fb}}=\boldsymbol{K}_{\mathrm{p}}\tilde{\boldsymbol{q}}+\boldsymbol{K}_{\mathrm{d}}\dot{\tilde{\boldsymbol{q}}}$$

是常规的PD反馈控制

$$\boldsymbol{\tau}_{\mathrm{ff}}=\boldsymbol{W}\boldsymbol{\alpha}(\boldsymbol{q}_{\mathrm{d}},\dot{\boldsymbol{q}}_{\mathrm{d}},\ddot{\boldsymbol{q}}_{\mathrm{d}})$$

是神经网络前馈控制,它实现以下的逆动力学特性

$$\boldsymbol{W}\boldsymbol{\alpha}(\boldsymbol{q}_{\mathrm{d}},\dot{\boldsymbol{q}}_{\mathrm{d}},\ddot{\boldsymbol{q}}_{\mathrm{d}})=\boldsymbol{H}(\boldsymbol{q}_{\mathrm{d}})\ddot{\boldsymbol{q}}_{\mathrm{d}}+\boldsymbol{h}(\boldsymbol{q}_{\mathrm{d}},\dot{\boldsymbol{q}}_{\mathrm{d}})+\boldsymbol{G}(\boldsymbol{q}_{\mathrm{d}})$$

$$\boldsymbol{\tau}_{\mathrm{sm}}=\boldsymbol{\varepsilon}_{\mathrm{m}}\mathrm{sgn}(\dot{\tilde{\boldsymbol{q}}}+c\tilde{\boldsymbol{q}})$$

是滑动模态控制,它主要用来增强系统的鲁棒性。其中$\boldsymbol{\varepsilon}_{\mathrm{m}}$取神经网络拟合误差的上界值。

可以证明,当$\boldsymbol{K}_{\mathrm{p}}$和$\boldsymbol{K}_{\mathrm{d}}$是充分大的正定矩阵、$c$是充分小的正常数时,该控制规律可确

保闭环系统是渐近稳定的,即

$$\lim_{t\to\infty}\tilde{\boldsymbol{q}} = 0, \quad \lim_{t\to\infty}\dot{\tilde{\boldsymbol{q}}} = 0$$

画出该神经网络控制的系统结构如图3.87所示。

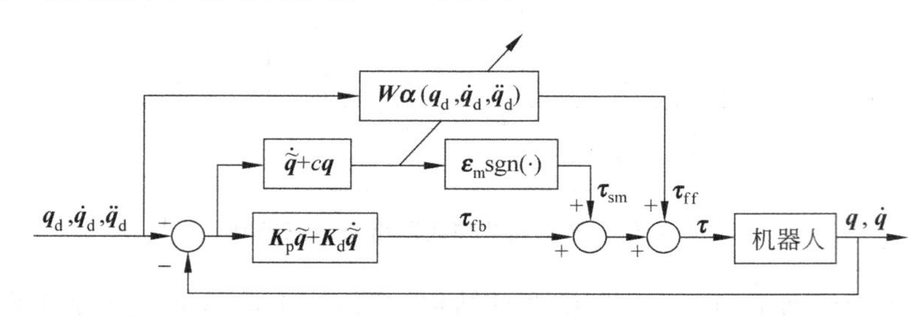

图3.87 神经网络前馈控制与常规的反馈控制相结合的机器人控制系统结构

在该控制结构中的神经网络可用前面介绍过的任何一种局部逼近网络,即CMAC、B样条、RBF或模糊神经网络等。该神经网络的学习也可分为两种情况。

第一种情况是在接入控制系统之前需进行离线的学习和训练。这时首先需取得在实际工作轨迹附近的一组训练数据。这些数据可通过实验或仿真得到,然后根据这些数据样本对其进行离线学习,其学习算法为

$$w_{ij}(k+1) = w_{ij}(k) + \beta[\tau_i^{\mathrm{d}} - (\boldsymbol{\tau}_{\mathrm{ff}})_i]\alpha_j / \boldsymbol{\alpha}^{\mathrm{T}}\boldsymbol{\alpha} \quad i = 1,2,\cdots,r; \quad j = 1,2,\cdots,m$$

式中,r为机器人的关节数;m为基函数(或称感受域函数)的个数;τ_i^{d}是第i个关节的期望力矩,$(\boldsymbol{\tau}_{\mathrm{ff}})_i$是神经网络的第$i$个输出;$\alpha_j$是第$j$个基函数,它是网络输入量$\boldsymbol{q}_{\mathrm{d}}$、$\dot{\boldsymbol{q}}_{\mathrm{d}}$和$\ddot{\boldsymbol{q}}_{\mathrm{d}}$的函数;$\beta$为学习率,为了确保学习算法的收敛性,可取$0<\beta<2$,实际上通常取$0<\beta<1$。

第二种情况是该神经网络接入控制系统后进行在线学习,其学习算法如前面的式子所示。实际计算时可采用以下的迭代学习算法

$$w_{ij}(k+1) = w_{ij}(k) + \gamma(\dot{\tilde{\boldsymbol{q}}}_i + c\tilde{\boldsymbol{q}}_i)\boldsymbol{\alpha}_j$$

3.9.3 神经网络路径规划

路径规划问题是要找到一条从起始位置到目标位置的无碰撞路径,通常解决这个问题的方法是首先构造一个数据结构来表示工作空间,然后通过对这个数据结构的搜索寻找到一条无碰撞的路径。已提出的方法主要有位形空间法、图搜索法、拓扑法等。但是这些方法通常存在组合爆炸的问题,而且从二维寻优问题扩展到三维寻优问题也存在很大的困难。

这里介绍一种神经网络,它是并列连接网络结构。它可以实时地进行无碰撞路径规划。该网络对一系列的路径点进行规划,其目标是使得整个路径的长度尽量短,同时又要尽可能远离障碍物。从数学的观点,它等效于优化一个代价函数,该代价函数由路径长度和碰撞罚函数两部分组成。之所以适合于并行计算,主要因为:障碍物是用连接模型来表示的;单个路径点运动的计算只需用到局部的信息。该网络可以处理将物体视为一个质点的情况,同时也可将其处理为能平移和旋转的三维实体。最后,该网络结合模拟退火算法可以解决局部极值的问题。

1. 无碰撞路径的表示

如图 3.88 所示，无碰撞路径可用一系列中间点来表示，相邻点之间用线段相连。这样表示有以下好处：可通过指定足够多的点来达到任意的精度；可将原始问题分解为一组统一的规模较小的任务，在这些小任务中，问题仅仅变为要关心一个点与障碍物的关系；由于将路径规划问题局限为一系列路径点，从而便于实现大量的并行和分布计算。

为了对路径与障碍物之间的碰撞性质加以量化，一条路径的碰撞罚函数定义为各路径点的碰撞罚函数之和，而一个点的碰撞罚函数是通过它对各个障碍物的神经网络表示得到的。其基本想法是，障碍物均假设为多面体，它可用一组线性不等式来表示，于是在障碍物中的点必定满足所有不等式的限制。

图 3.89 表示了一个这样的神经网络。底层的 3 个结点分别表示给定路径点的坐标 x、y 和 z，中间层的每个结点相应于障碍物的一个不等式限制条件：底层和中间层的连接权系数就等于不等式中 x、y、z 前面的系数，中间层每个结点的阈值等于相应不等式中的常数项。中间层到顶层的连接权均为 1，顶层结点的阈值取为不等式的个数减去 0.5 后的负数。

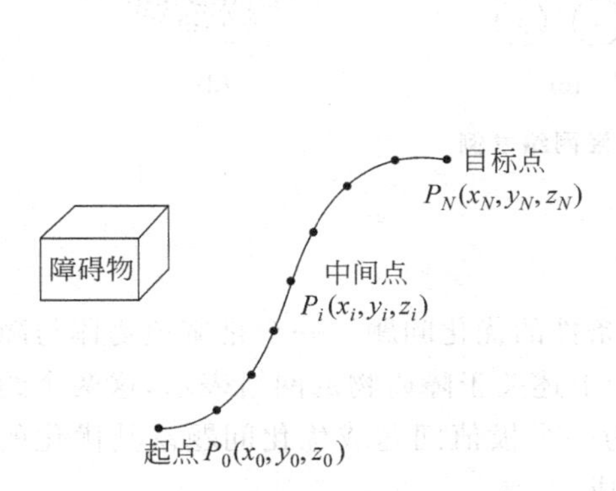

图 3.88 用一系列路径点来表示的路径

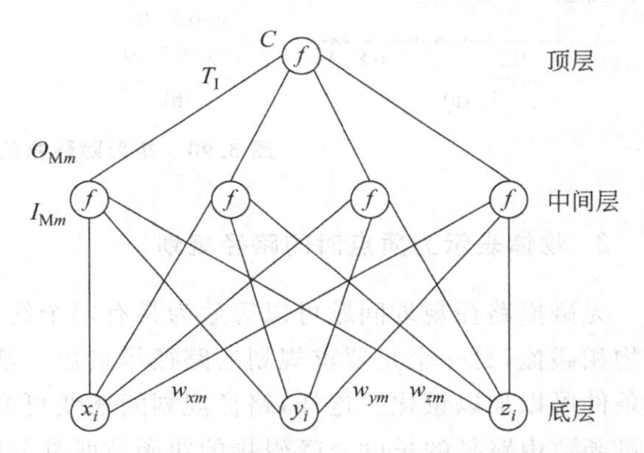

图 3.89 计算到一个障碍物的罚函数的神经网络

该连续网络的运算关系为

$$C = f(T_I)$$

$$T_I = \sum_{m=1}^{M} O_{Mm} + \theta_T$$

$$O_{Mm} = f(I_{Mm})$$

$$I_{Mm} = w_{xm}x_i + w_{ym}y_i + w_{zm}z_i + \theta_{Mm}$$

式中，C 为顶层结点输出；T_I 为顶层结点输入；θ_T 为顶层结点阈值；O_{Mm} 为中间层第 m 个结点的输出；I_{Mm} 为中间层第 m 个结点的输入；I_{Mm} 为中间层第 m 个结点的阈值；w_{xm}、w_{ym}、w_{zm} 为第 m 个不等式限制条件的系数。

当空间的一个点的坐标(x, y, z)从底层输入时，且设中间层和顶层结点的激发函数为阶跃函数，则中间层的每个结点便决定该点是否满足它的限制条件，若满足则输出为 1，否则输出为 0。若所有中间点均满足，则顶层输出为 1，它表示该点在障碍物内。若中间点检测出其中至少有一个不满足限制条件，顶层输出便为 0，它表示该点在障碍物外。激发函数采用阶跃函数可检测空间点是否与障碍物相碰，但不能检测出它距离障碍物的远近程度。

因此,通常取激发函数为常用的S形函数,即

$$f(x)=\frac{1}{1+\mathrm{e}^{-x/T}}$$

这样顶层输出将在0～1之间连续变化,它反映了空间给定点与障碍物可能产生碰撞的程度。输出数越大,说明该点越接近障碍物的中心;数越小,说明该点越远离障碍物。

图3.90给出了一个具体例子。其中图3.90(a)表示了一个矩形的障碍物,图3.90(b)是描述该障碍物的4个不等式限制条件,图3.90(c)表示相应的神经网络,连接线旁的数字表示相应的连接权系数,圆圈中的数学表示相应结点的阈值。图3.90(d)表示该障碍物的碰撞罚函数的三维图形,其中取 $T=0.05$。通过改变 T,可用来调整罚函数的形状,它对改善寻优算法的性能有很重要的作用,这一点下面还要讨论。

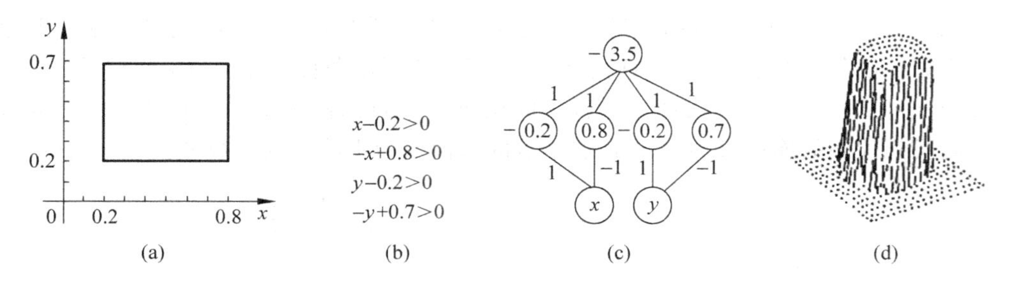

图3.90 矩形障碍物的神经网络举例

2. 物体表示为质点时的路径规划

无碰撞路径规划问题可以等效为具有两个约束条件的优化问题。一个是避免物体与障碍物相碰撞,另一个是要求规划的路径尽量短。基于上述关于障碍物的网络表示,这两个约束条件可以加以量化。这样,路径规划问题便可变为一个极值问题或优化问题。其优化的能量函数由路径的长度及障碍物的罚函数两部分组成。

如果物体用一个点表示,则路径的碰撞罚函数定义为所有路径点的碰撞函数之和。每个点的碰撞罚函数可通过相应的连接网络来计算。相应于碰撞罚函数的这部分能量可表示为

$$E_c=\sum_{i=1}^{N}\sum_{k=1}^{K}C_i^k$$

式中,K 是障碍物的个数;N 是路径点的个数;C_i^k 表示第 i 个路径点 P_i 对第 k 个障碍物的碰撞罚函数。

图3.91表示了计算 E_c 的神经网络结构。可以看出,该网络的计算对于每个路径点和每个障碍物都是并列的,即所有 C_i^k 可以同时计算。

相应于路径长度这部分能量定义为所有线段长度的平方之和。即对于所有路径点 $P_i(x,y,z)$,$i=1,2,\cdots,N$,定义

$$E_l=\sum_{i=1}^{N-1}L_i^2=\sum_{i=1}^{N-1}[(x_{i+1}-x_i)^2+(y_{i+1}-y_i)^2+(z_{i+1}-z_i)^2]$$

式中,L_i 表示第 i 个线段的长度;E_l 表示整个路径的长度。

整条路径的总能量定义为

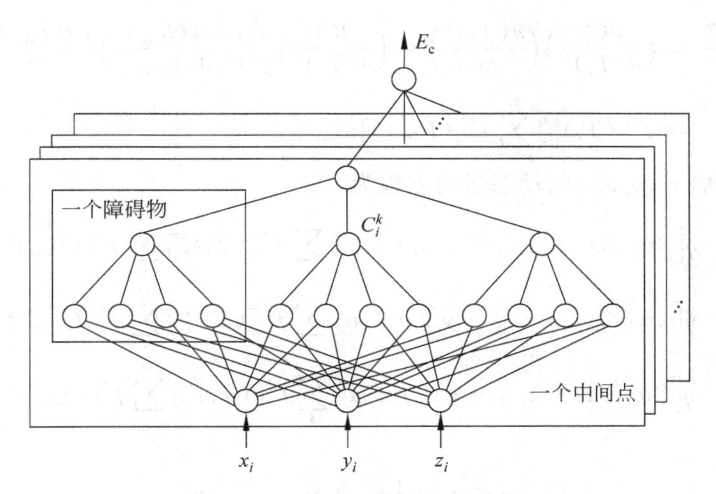

图 3.91　碰撞罚函数联结网络结构

$$E = w_l E_l + w_c E_c$$

式中 w_l 和 w_c 分别表示对每一部分的加权。

使整个能量 E 极小便意味着该路径的长度较短，并较少可能与障碍物相碰撞，这正是所希望的目标。由于整个能量是各个路径点函数，因此通过移动每个路径点，使其朝着能量减小的方向运动，最终便能获得总能量最小的路径。求 E 对时间的导数得

$$\begin{aligned}\dot{E} &= \sum_i (\nabla_{pi} E)^{\mathrm{T}} \dot{p}_i \\ &= \sum_i \left\{ \left[w_l \left(\frac{\partial L_i^2}{\partial x_i} + \frac{\partial L_{i-1}^2}{\partial x_i} \right) + w_c \sum_k \frac{\partial C_i^k}{\partial x_i} \right] \dot{x}_i + \left[w_l \left(\frac{\partial L_i^2}{\partial y_i} + \frac{\partial L_{i-1}^2}{\partial y_i} \right) + w_c \sum_k \frac{\partial C_i^k}{\partial y_i} \right] \dot{y}_i \right. \\ &\quad \left. + \left[w_l \left(\frac{\partial L_i^2}{\partial z_i} + \frac{\partial L_{i-1}^2}{\partial z_i} \right) + w_c \sum_k \frac{\partial C_i^k}{\partial z_i} \right] \dot{z}_i \right\}\end{aligned}$$

若取

$$\dot{x}_i = -\eta \left[w_l \left(\frac{\partial L_i^2}{\partial x_i} + \frac{\partial L_{i-1}^2}{\partial x_i} \right) + w_c \sum_k \frac{\partial C_i^k}{\partial x_i} \right]$$

$$\dot{y}_i = -\eta \left[w_l \left(\frac{\partial L_i^2}{\partial y_i} + \frac{\partial L_{i-1}^2}{\partial y_i} \right) + w_c \sum_k \frac{\partial C_i^k}{\partial y_i} \right]$$

$$\dot{z}_i = -\eta \left[w_l \left(\frac{\partial L_i^2}{\partial z_i} + \frac{\partial L_{i-1}^2}{\partial z_i} \right) + w_c \sum_k \frac{\partial C_i^k}{\partial z_i} \right]$$

其中 η 取为正数，则

$$\dot{E} = -\frac{1}{\eta} \sum_i (\dot{x}_i^2 + \dot{y}_i^2 + \dot{z}_i^2) < 0$$

可见 E 将逐渐减小，直至 $\dot{x}_i = 0$，$\dot{y}_i = 0$ 和 $\dot{z}_i = 0$ 时才有 $\dot{E} = 0$，这时 E 取得最小值。所得结果即为要求的路径。

根据上面的式子有

$$\frac{\partial L_i^2}{\partial x_i} + \frac{\partial L_{i-1}^2}{\partial x_i} = -2x_{i+1} + 4x_i - 2x_{i-1}$$

$$\frac{\partial C_i^k}{\partial x_i}=\left(\frac{\partial C_i^k}{\partial (T_1)_i^k}\right)\left(\frac{\partial (T_1)_i^k}{\partial x_i}\right)=\left(\frac{\partial C_i^k}{\partial (T_1)_i^k}\right)\sum_{m=1}^{M}\left(\frac{\partial (O_{\mathrm{M}m})_i^k}{\partial (I_{\mathrm{M}m})_i^k}\right)\left(\frac{\partial (I_{\mathrm{M}m})_i^k}{\partial x_i}\right)$$

$$=f'[(T_1)_i^k]\sum_{m=1}^{M}f'[(I_{\mathrm{M}m})_i^k]w_{xm}^k$$

从而得关于点 $P_i(x_i,y_i,z_i)$ 的动态运动方程为

$$\dot{x}_i=-\eta\left[2w_1(2x_i-x_{i-1}-x_{i+1})+w_c\sum_k f'[(T_1)_i^k]\sum_{m=1}^{M}f'[(I_{\mathrm{M}m})_i^k]w_{xm}^k\right]$$

$$\dot{y}_i=-\eta\left[2w_1(2y_i-y_{i-1}-y_{i+1})+w_c\sum_k f'[(T_1)_i^k]\sum_{m=1}^{M}f'[(I_{\mathrm{M}m})_i^k]w_{ym}^k\right]$$

$$\dot{z}_i=-\eta\left[2w_1(2z_i-z_{i-1}-z_{i+1})+w_c\sum_k f'[(T_1)_i^k]\sum_{m=1}^{M}f'[(I_{\mathrm{M}m})_i^k]w_{zm}^k\right]$$

其中

$$f'(\cdot)=\frac{1}{T}f(\cdot)[1-f(\cdot)]$$

以上推证过程非常类似于BP算法。其差别在于,该算法优化的变量是网络的输入,而在标准的BP算法中优化的变量是连接权系数。

3. 物体表示为多面体时的路径规划

上述算法可以很容易地推广到物体表示为多面体的情况。这时有两个不同的特点需要考虑:当物体沿路径运动时,不仅要考虑物体的移动,同时也要考虑物体的转动;在计算物体关于障碍物的碰撞罚函数时,应该考虑物体上的许多点,而不只是一个点。

当只用一个点来表示物体时,只需一个点 $P_i(x_i,y_i,z_i)$ 即可表示物体的位置,现在需要用固结在物体上的一个坐标系来描述该物体的位置和姿态。定义 $P_i(x_i,y_i,z_i)$ 为该坐标系的原点在基坐标中的位置,采用滚动角 γ、俯仰角 β 和偏转角 α 表示该坐标系的姿态或方位。以后所说路径点即指的是该坐标系的位置和姿态,它共6个分量。图3.92表示了物体沿路径的位姿表示。

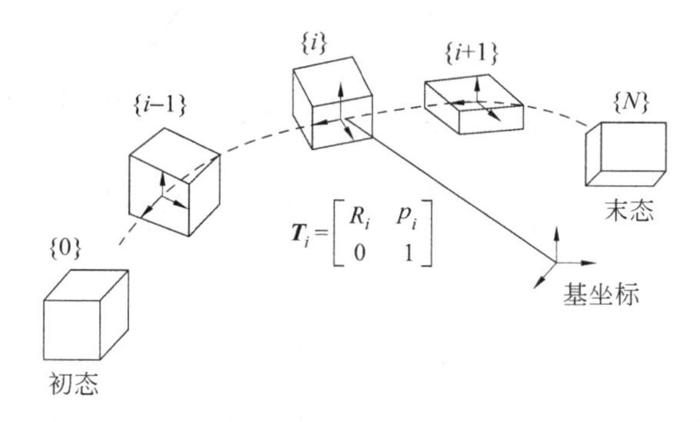

图3.92 物体沿路径的位姿表示

为了确定物体与障碍物的碰撞程度,可在物体上选择测试点,则该物体的碰撞罚函数即为所有这些测试点的碰撞罚函数之和。这些测试点相对于物体坐标系是固定的,而相对基坐标的位姿可由下式确定,即

$$\boldsymbol{q}_{i,j}=\boldsymbol{R}_i\boldsymbol{p}_j^{\mathrm{t}}+\boldsymbol{p}_i$$

式中，$\boldsymbol{p}_j^{\mathrm{t}}=(x_j^{\mathrm{t}}\quad y_j^{\mathrm{t}}\quad z_j^{\mathrm{t}})^{\mathrm{T}}$ 为物体上第 j 个测试点相对于物体坐标系的位置向量；$\boldsymbol{q}_{i,j}=[X_{i,j}\quad Y_{i,j}\quad Z_{i,j}]^{\mathrm{T}}$ 为物体上第 j 个测试点在第 i 个路径点时相对于基坐标的位置向量；$\boldsymbol{p}_i(x_i,y_i,z_i)$为物体坐标系原点在第 i 个路径点时的位置向量；$\boldsymbol{R}_i$ 为物体坐标系在第 i 个路径点时的姿态矩阵。

容易求得

$$\boldsymbol{R}_i=\boldsymbol{R}_z(\gamma)\boldsymbol{R}_y(\beta)\boldsymbol{R}_x(\alpha)=\begin{bmatrix}\mathrm{c}\gamma_i\mathrm{c}\beta_i & \mathrm{c}\gamma_i\mathrm{s}\beta_i\mathrm{s}\alpha_i-\mathrm{s}\gamma_i\mathrm{c}\alpha_i & \mathrm{c}\gamma_i\mathrm{s}\beta_i\mathrm{c}\alpha_i+\mathrm{s}\gamma_i\mathrm{s}\alpha_i\\ \mathrm{s}\gamma_i\mathrm{c}\beta_i & \mathrm{s}\gamma_i\mathrm{s}\beta_i\mathrm{s}\alpha_i+\mathrm{c}\gamma_i\mathrm{c}\alpha_i & \mathrm{s}\gamma_i\mathrm{s}\beta_i\mathrm{c}\alpha_i-\mathrm{c}\gamma_i\mathrm{s}\alpha_i\\ -\mathrm{s}\beta & \mathrm{c}\beta_i\mathrm{s}\alpha_i & \mathrm{c}\beta_i\mathrm{c}\alpha_i\end{bmatrix}$$

式中采用了简记符号 $\mathrm{c}x\triangleq\cos x$，$\mathrm{s}x\triangleq\sin x$。这样根据前面的式子便可计算出物体上各测试点在基坐标中的位置，将它作为神经网络的输入便可计算出所对应的碰撞罚函数。

基于上面的分析，可求得该物体沿路径的总的能量函数为

$$E=w_{\mathrm{l}}E_{\mathrm{l}}+w_{\mathrm{c}}E_{\mathrm{c}}=w_{\mathrm{l}}\sum_{i=1}^{N-1}L_i^2+w_{\mathrm{c}}\sum_{i=1}^{N}\sum_{j=1}^{J}\sum_{k=1}^{K}C_{i,j}^k$$

式中，L_i 表示第 $i-1$ 个路径点物体坐标系原点到第 i 个路径点物体坐标系原点间的距离；$C_{i,j}^k$表示第 i 个路径点上第 j 个测试点对第 k 个障碍物的碰撞罚函数，类似前面将物体作为质点时的分析，通过对 E 求导，可以建立起使总能量趋向极小的各变量的动态运动方程如下：

$$\dot{x}_i=-\eta_{\mathrm{t}}\left[2w_{\mathrm{l}}(2x_i-x_{i-1}-x_{i+1})+w_{\mathrm{c}}\sum_j\sum_k\frac{\partial C_{i,j}^k}{\partial x_i}\right]$$

$$\dot{y}_i=-\eta_{\mathrm{t}}\left[2w_{\mathrm{l}}(2y_i-y_{i-1}-y_{i+1})+w_{\mathrm{c}}\sum_j\sum_k\frac{\partial C_{i,j}^k}{\partial y_i}\right]$$

$$\dot{z}_i=-\eta_{\mathrm{t}}\left[2w_{\mathrm{l}}(2z_i-z_{i-1}-z_{i+1})+w_{\mathrm{c}}\sum_j\sum_k\frac{\partial C_{i,j}^k}{\partial z_i}\right]$$

$$\dot{\alpha}_i=-\eta_{\mathrm{r}}\left[w_{\mathrm{c}}\sum_j\sum_k(\nabla_{Q_{i,j}}C_{i,j}^k)^{\mathrm{T}}R_\alpha\boldsymbol{p}_j^{\mathrm{t}}\right]$$

$$\dot{\beta}_i=-\eta_{\mathrm{r}}\left[w_{\mathrm{c}}\sum_j\sum_k(\nabla_{Q_{i,j}}C_{i,j}^k)^{\mathrm{T}}R_\beta\boldsymbol{p}_j^{\mathrm{t}}\right]$$

$$\dot{\gamma}_i=-\eta_{\mathrm{r}}\left[w_{\mathrm{c}}\sum_j\sum_k(\nabla_{Q_{i,j}}C_{i,j}^k)^{\mathrm{T}}R_\gamma\boldsymbol{p}_j^{\mathrm{t}}\right]$$

其中

$$\nabla_{Q_{i,j}}C_{i,j}^k=\left[\frac{\partial C_{i,j}^k}{\partial X_{i,j}}\ \frac{\partial C_{i,j}^k}{\partial Y_{i,j}}\ \frac{\partial C_{i,j}^k}{\partial Z_{i,j}}\right]^{\mathrm{T}}$$

$$\frac{\partial C_{i,j}^k}{\partial X_{i,j}}=f'[(T_1)_{i,j}^k]\sum_{m=1}^{M}f'[(I_{\mathrm{M}m})_{i,j}^k]w_{xm}^k$$

$$\frac{\partial C_{i,j}^k}{\partial Y_{i,j}}=f'[(T_1)_{i,j}^k]\sum_{m=1}^{M}f'[(I_{\mathrm{M}m})_{i,j}^k]w_{ym}^k$$

$$\frac{\partial C_{i,j}^k}{\partial Z_{i,j}}=f'[(T_1)_{i,j}^k]\sum_{m=1}^{M}f'[(I_{\mathrm{M}m})_{i,j}^k]w_{zm}^k$$

$$\boldsymbol{R}_\alpha=\frac{\partial\boldsymbol{R}_i}{\partial\alpha}=\begin{bmatrix}0 & \mathrm{c}\gamma_i\mathrm{s}\beta_i\mathrm{c}\alpha_i+\mathrm{s}\gamma_i\mathrm{s}\alpha_i & -\mathrm{c}\gamma_i\mathrm{s}\beta_i\mathrm{s}\alpha_i+\mathrm{s}\gamma_i\mathrm{c}\alpha_i\\ 0 & \mathrm{s}\gamma_i\mathrm{s}\beta_i\mathrm{c}\alpha_i-\mathrm{c}\gamma_i\mathrm{s}\alpha_i & -\mathrm{s}\gamma_i\mathrm{s}\beta_i\mathrm{s}\alpha_i-\mathrm{c}\gamma_i\mathrm{c}\alpha_i\\ 0 & \mathrm{c}\gamma_i\mathrm{c}\alpha_i & -\mathrm{c}\beta_i\mathrm{s}\alpha_i\end{bmatrix}$$

$$\boldsymbol{R}_{\beta}=\frac{\partial \boldsymbol{R}_{i}}{\partial \beta_{i}}=\begin{bmatrix} -\mathrm{c}\gamma_{i}\mathrm{s}\beta_{i} & \mathrm{c}\gamma_{i}\mathrm{c}\beta_{i}\mathrm{s}\alpha_{i} & \mathrm{c}\gamma_{i}\mathrm{c}\beta_{i}\mathrm{c}\alpha_{i} \\ -\mathrm{s}\gamma_{i}\mathrm{s}\beta_{i} & \mathrm{s}\gamma_{i}\mathrm{c}\beta_{i}\mathrm{s}\alpha_{i} & \mathrm{s}\gamma_{i}\mathrm{c}\beta_{i}\mathrm{c}\alpha_{i} \\ -\mathrm{c}\beta_{i} & -\mathrm{s}\beta_{i}\mathrm{s}\alpha_{i} & -\mathrm{s}\beta_{i}\mathrm{c}\alpha_{i} \end{bmatrix}$$

$$\boldsymbol{R}_{\gamma}=\frac{\partial \boldsymbol{R}_{i}}{\partial \gamma}=\begin{bmatrix} -\mathrm{s}\gamma_{i}\mathrm{c}\beta_{i} & -\mathrm{s}\gamma_{i}\mathrm{s}\beta_{i}\mathrm{s}\alpha_{i}-\mathrm{c}\gamma_{i}\mathrm{c}\alpha_{i} & -\mathrm{s}\gamma_{i}\mathrm{s}\beta_{i}\mathrm{c}\alpha_{i}+\mathrm{c}\gamma_{i}\mathrm{s}\alpha_{i} \\ \mathrm{c}\gamma_{i}\mathrm{s}\beta_{i} & \mathrm{c}\gamma_{i}\mathrm{s}\beta_{i}\mathrm{s}\alpha_{i}-\mathrm{s}\gamma_{i}\mathrm{c}\alpha_{i} & \mathrm{c}\gamma_{i}\mathrm{s}\beta_{i}\mathrm{c}\alpha_{i}+\mathrm{s}\gamma_{i}\mathrm{s}\alpha_{i} \\ 0 & 0 & 0 \end{bmatrix}$$

4. 避免局部极值问题的模拟退火方法

在前面所介绍的寻优算法中很可能存在局部极值问题。也就是说,由路径长度及碰撞罚函数所组成的总能量函数可能有多个极值点,因而有可能停留在某个局部极小点,而不能确保总能量一定达到全局的极小点。局部极小点所对应的路径可能比最优路径要长很多,或者不能完全躲避障碍物。为此需要设法找到一种能够跳出局部极值的方法。

模拟退火方法是一种可以跳出局部极值的有效方法,它能够解决诸如旅行商等多种优化问题。所谓模拟退火就是模拟金属退火的过程,即首先用高温将金属熔化,然后逐渐缓慢冷却,直到形成良好的晶体结构,也就是进入一种具有最小能量的状态。

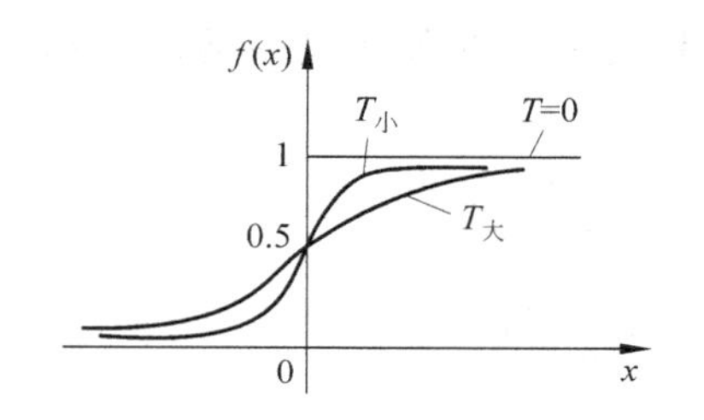

图 3.93 S形激发函数 $f(x)=1/(1-\mathrm{e}^{-x/T})$ 随 T 的变化

模拟退火方法也可用于路径规划算法以避免局部极值。具体实现时是通过改变前面式子所示的S形激发函数中的参数 T,它相当于金属退火中的温度。如图3.93所示,当 T 很大时,S形曲线比较平坦,T 较小时,S形曲线比较陡峭,当 $T\to 0$ 时,S形曲线趋向阶跃函数。S形激发函数影响总的碰撞罚函数,当 T 较大时,罚函数能量曲面在障碍物的边界处变化较平缓,这时它只是粗略地反映障碍物的形状。这时在障碍物内部,罚函数能量曲面有一定的斜度。因此,当路径点位于障碍物内部时,由于能量函数曲面有一定斜度,它将驱使该路径点向低洼的方向运动。而当 T 非常小时,罚函数网络像一个开关:路径点在障碍物内部时它输出1,路径点在障碍物外部时它输出0。罚函数能量曲面除了在障碍物的边界处很陡峭外,其余地方均很平坦,这就使得路径点很难穿过障碍物运动。正是利用了参数 T 与罚函数能量曲面的这种关系,通过开始用较高的"温度"T,然后逐渐减小 T,从而达到模拟退火的效果。

可以证明,当"温度"T 按以下规律

$$\frac{T_{\mathrm{a}}(t)}{T_{0}}=\frac{1}{\lg(1+t)}$$

变化时,退火一定能达到全局的极小值。式中,T_0 是起始的高温度;$T_{\mathrm{a}}(t)$ 是随时间变化的人为设置的温度。由于按上式变化收敛速度较慢,所以可采用以下的模拟退火规律,即

$$\frac{T_{\mathrm{a}}(t)}{T_{0}}=\frac{1}{1+t}$$

采用该规律大大加快了收敛速度,缩短了路径规划的计算时间,但不一定能确保获得全局的最优。

5. 仿真举例

图 3.94 所示为一较为简单的情况：平面中有两个障碍物，物体表示为质点，初始路径可以任意选择，这里选为从起点到终点的直线，如图 3.94(a)所示。图 3.94(b)表示了碰撞罚函数的形状。由于罚函数在障碍物边界处变化很陡。因此，靠近边界处的点的运动远远快于其他地方的点。图 3.94(c)说明了路径点的收敛过程，图 3.94(d)显示了最终的无碰撞路径。

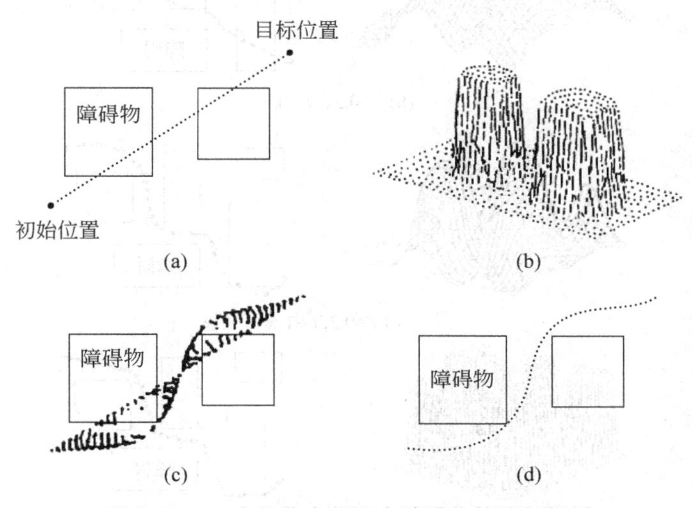

图 3.94　一个物体点与两个障碍物的路径规划

图 3.95 是另外一个仿真的例子，说明了若不采用模拟退火方法，它将收敛到局部极值。这里共有 5 个障碍物，并且靠得比较近。物体也看作为质点。图 3.95(a)显示了当时的碰撞罚函数，图 3.95(b)显示了最后寻优得到的结果，显然它们留在一个局部极值上。这是因为初始的路径点有一部分是在障碍物的内部，那里的碰撞罚函数曲面非常平坦，因而不足以驱使位于其上的路径点运动到障碍物之外。

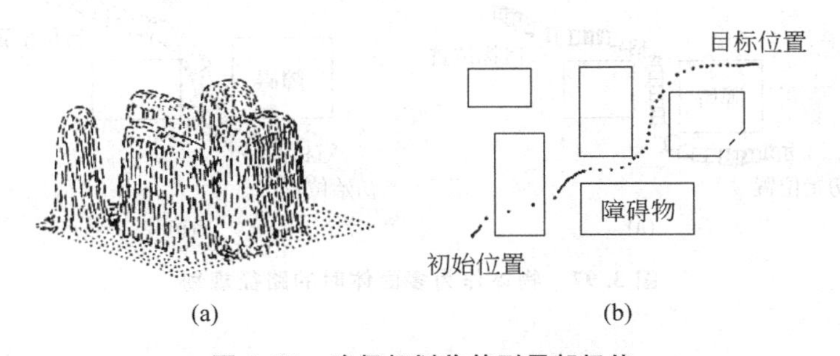

图 3.95　路径规划收敛到局部极值

对于上面同样的问题，若采用模拟退火方法，开始用足够高的“温度”T，然后逐渐减小 T，那么那些原在障碍物内的路径点即可走出障碍物，并最终收敛到最优的无碰撞路径。图 3.96 显示了碰撞罚函数及相应的路径点的运动在退火过程中随时间的变化。起始 $T_0=0.5$，逐渐变化到 $T=0.1$。

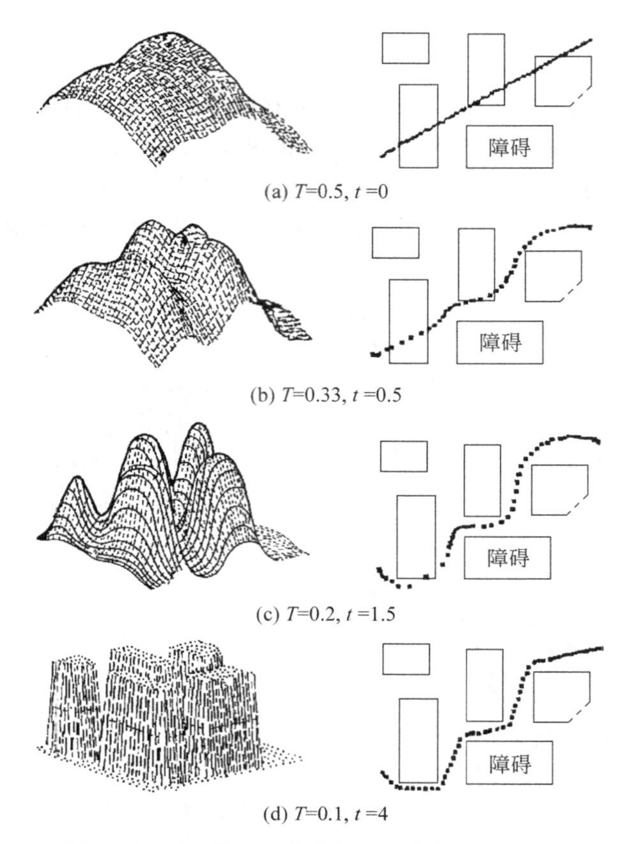

(a) T=0.5, t =0

(b) T=0.33, t =0.5

(c) T=0.2, t =1.5

(d) T=0.1, t =4

图 3.96 利用模拟退火路径规划收敛到全局极值

以上例子中物体均视为质点。图 3.97 显示了将物体视为多面体时进行路径规划的仿真结果。图 3.97(a)表示了一个矩形物体只容许平移的情况,图 3.93(b)表示了既可平移又可旋转的路径规划结果。为了获得较为安全的路径,物体上应选取足够多的测试点。

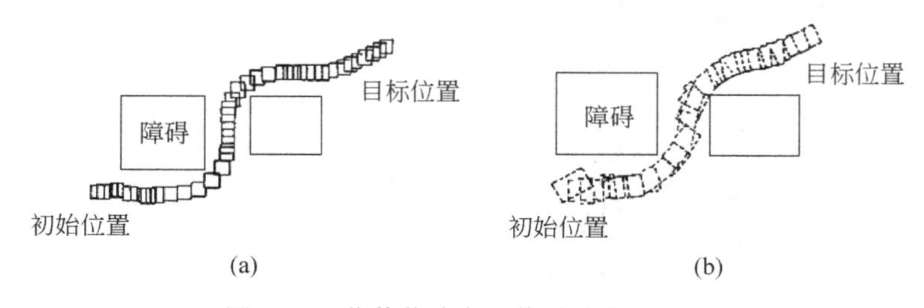

(a) (b)

图 3.97 物体作为多面体时的路径规划

6. 小结

这里介绍的用神经网络进行路径规划提供了一种大规模并行计算的方法。因此,增加路径点及障碍物的个数只是增加网络的规模,而并不增加总的计算时间。为了提高所规划的路径的精度,可以增加路径点的个数。也可以适当地将物体放大,设置一个虚拟的边界,以求获得更大的安全系数。

处理三维路径规划比处理二维路径规划要多处理一个位置变量和两个姿态变量。由于上面所说的并行计算的特点，所以处理三维路径规划问题也并不带来额外的复杂性。因此二维路径规划问题可看成是三维路径规划的特例，即将其中的一个位置变量和两个姿态变量取为常数即可。因而上述规划算法既可适用于三维也可适用于二维情况，而无需修正。当从二维扩展到三维时，采用常规的路径规划算法将带来很大的复杂性。

如前所述，采用如前面式子所示的快速模拟退火步骤在障碍物较密集的情况仍可能停留在局部极值，这时一部分路径可能穿越障碍。这种情况可以通过检查路径点间的距离检测出来，因为无碰撞路径段的路径点大致上是均匀分布的。对于所检测出的穿越障碍物的部分路径，可再次使用上面的寻优算法，直至最终找到满足要求的无碰撞路径。

总之，将神经网络方法用于路径规划具有以下优点：算法所固有的并行性可用并列硬件来实现，对于有较多障碍物，有较多路径点以及物体上有较多测试点的情况，该路径规划方法也可达到实时应用的程度；算法的并行性也使得所规划的路径可以达到很高的精度而并不增加计算时间；该算法既可用于二维规划，也可用于三维规划，而无需附加的修正；由于采用了模拟退火方法，从而可解决局部极值问题。

同时也应看到，该神经网络的路径规划方法也有一定的局限性，它只适用于环境是已知的情况，且障碍物必须是静止的。对于环境信息部分已知或障碍物运动的情况，必须对上述算法加以修正，这是需要进一步研究的问题。

本节讨论了用神经网络实现机器人运动学控制、动力学控制及路径规划。神经网络在机器人控制中的应用尚不止这些，其他如基于传感器的机器人控制、机器人的手-眼系统等也可用神经网络来实现，并已有不少人在这方面做了很多研究工作。

利用神经网络方法控制机器人的很大优点是它不需要预先知道机器人的确切参数。但如果能够将神经网络方法与获得的知识及有关启发信息结合在一起，并加以充分利用，则有可能产生更好的机器人智能控制方法。

第4章 专家控制

专家控制是智能控制的一个重要分支。

专家控制的实质是使系统的构造和运行都基于控制对象和控制规律的各种专家知识，而且要以智能的方式来利用这些知识，求得受控系统尽可能地优化和实用化。因此，专家控制又称为基于知识的控制或专家智能控制。

专家控制目前尚未形成系统的理论体系。本章主要介绍专家控制的基本思想，典型实例的工作原理，以及有关的研究课题。

4.1 概述

4.1.1 专家控制的由来

传统的自动控制学科从经典控制理论发展到现代控制理论，并出现了自适应控制等高级控制技术，取得了巨大的进展。这些进展主要源于数学分析和数值计算这两个方面的理论和技术。例如，从控制系统的实践环节看，辨识、分析、仿真、设计等都产生了许多新的思想、概念、方法和算法，而"实现"这一环节基本上都从模拟方式发展为数字方式。

然而可以看到，传统控制系统的结构基本没有改变，仍然是机器单独作用的反馈控制。在设定值确定之后，系统的运行排斥了人的干预，人机之间缺乏交互。系统的性能是离线监控的。如果出现故障，只能停机，进行离线处理。更值得注意的是，传统控制系统的机制基本上也没有改变，仍然是单纯地执行各种控制规律算法。系统对于控制对象在环境中的参数、结构的变化缺乏应变能力，对于控制器的参数、结构缺乏合适的调整方法。

传统控制理论的不足，在于它必须依赖于受控对象或过程的严格的数学模型，试图针对精确模型来求取最优的控制效果。实际的受控对象或过程存在着许多难以建模的因素。完善的模型一般都难以用解析表示，模型过于简化往往又不足以解决实际问题。

20世纪80年代初，正当人工智能中的专家系统技术方兴未艾之际，自动控制领域的学者和工程师开始把专家系统的思想和方法引入控制系统的研究及其工程应用。专家系统是一种基于知识的系统，它主要面临的是各种非结构化问题，尤其能处理定性的、启发式或不确定的知识信息，经过各种推理过程达到系统的任务目标。专家系统技术的特点为解决传统控制理论的局限性提供了重要的启示。二者的结合导致了专家控制这种新颖的控制系统设计和实现的方法。

4.1.2 专家系统

专家系统是一种人工智能的计算机程序系统，这些程序软件具有相当于某个专门领域的专家的知识和经验水平，以及解决专门问题的能力。

自从1977年Feigenbaum在第5届国际人工智能大会上提出“知识工程”的概念以来，知识获取、知识表示和知识利用等技术逐渐形成人工智能研究的一大分支。Feigenbaum认为，人的智能活动，包括理解、解决问题的能力，甚至学习能力，都完全依靠知识。特定知识的处理和运用是智能行为的核心问题。基于知识推理的专家系统，作为知识工程的研究范例，已经开创了人工智能中尤其活跃而且富有成效的应用领域。目前，专家系统的开发不但早已走出了实验室，而且成为软件产业的一个新分支——知识产业。知识工程的理论、技术和方法，与其他人工智能的研究成果一样，对智能控制的形成和发展提供了重要的借鉴。

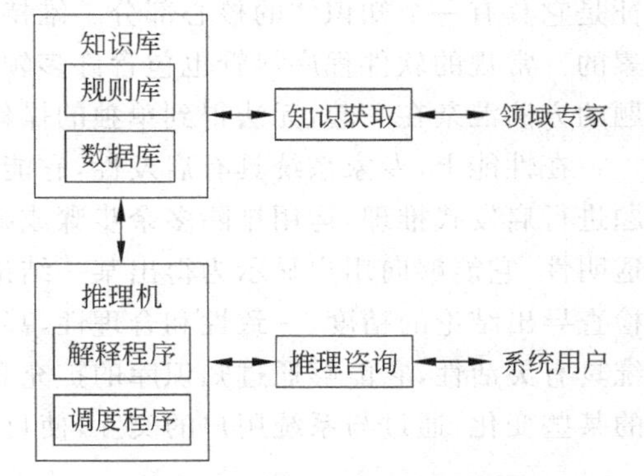

图4.1 专家系统的基本组成

1. 专家系统的基本组成

专家系统的基本组成结构如图4.1所示。

由图4.1可知，知识库和推理机是专家系统中两个主要的组成要素。

知识库存放着作为专家经验的判断性知识。例如，表达建议、推断、命令、策略的产生式规则等，用于某种结论的推理、问题的求解，以及对于推理、求解知识的各种控制知识。知识库中还包括另一类叙述性知识，也称为数据，用于说明问题的状态、有关的事实和概念以及当前的条件及常识等。

完整的知识库还应包括具有管理功能的软件系统，主要用于对知识条目的查询、检索、增删、修改和扩充等操作。

推理机实际上是一个运用知识库中提供的两类知识，基于某种通用的问题求解模型，进行自动推理、求解问题的计算机软件系统。它包括一个解释程序，用于决定如何使用判断性知识推导新的知识，还包括一个调度程序，用于决定判断性知识的使用次序。推理机的具体构造取决于问题领域的特点，及专家系统中知识表示和组织的方法。

推理机的运行可以根据不同的控制策略：从原始数据和已知条件推断出结论的方法称为正向推理或数据驱动策略；先提出结论或假设，然后寻找支持这个结论或假设的条件或证据，如若成功则结论成立，否则再重新假设，这种方法称为反向推理或目标驱动策略；运用正向推理帮助系统提出假设，再运用反向推理寻找证据，这种方法即为双向推理或混合控制。

推理机通过“推理咨询”机构与系统用户相联系，形成了专家系统与系统用户之间的人机接口。系统可以输入并“理解”用户有关领域问题的咨询提问，再向用户输出问题求解的结论，并对推理过程作出解释。人机之间的交互信息一般要在机器内部表达形式与人可接受的形式(如自然语言、图文等)之间进行转换。

2. 专家系统的特点

专家系统通过某种知识获取手段，把人类专家的领域知识和经验技巧移植到计算机中，并且模拟人类专家的推理、决策过程，表现出求解复杂问题的人工智能。它与传统的计算技术和常规的软件程序相比，具有显著的特点。

在功能上，专家系统是一种知识信息处理系统，而不是数值信息计算系统。它依靠知识表示技术确定问题的求解途径，而不是基于数学描述方法建立处理对象的计算模型；它主要采用知识推理的各种方法求解问题，制定决策，而不是在固定程序控制下通过执行指令完成求解任务。

在结构上，专家系统的两个主要组成部分——知识库和推理机，是独立构造、分离组织，但又相互作用的。这不能简单地看作是一种编程技巧，而是说明一个知识基系统的首要特征是它具有一个知识体的核心部分。维持专家系统的知识是明确的，可存取的，而且是可积累的。常规的软件程序尽管也包含许多领域知识，但这些知识往往是隐含的，它们与求解问题的方法混杂在一起，无法得到单独的操作和控制。

在性能上，专家系统具有启发性，它能够运用专家的经验知识对不确定的或不精确的问题进行启发式推理，运用排除多余步骤或减少不必要计算的思维捷径和策略；专家系统具有透明性，它能够向用户显示为得出某一结论而形成的推理链，运用有关推理的知识(元知识)检查导出结论的精度、一致性和合理性，甚至提出一些证据来解释或证明它的推理；专家系统具有灵活性，它能够通过知识库的扩充和更新提高求解专门问题的水平或适应环境对象的某些变化，通过与系统用户的交互，使自身的性能得到评价和监护。

3. 知识的表示

知识表示、知识获取和知识推理是人工智能知识工程的重要课题。其中，知识表示是专家系统在构造方法上区别于常规程序系统的特征。专家知识的表达形式反映领域问题的性质，影响到知识的获取、知识的操作和利用。

有关知识表示的详尽讨论可见人工智能的各种专著，以下扼要列举专家系统中知识表示的常用形式。

1) 产生式规则

产生式规则的一般形式为“条件→行动”或“前提→结论”，即用“IF-THEN”语句表示一个知识项。

产生式规则的左半部一般为若干事实的逻辑积，确定了规则可应用的先决条件，右半部描述了规则的先决条件得到满足时所采取的行动或得出的结论，据此可对数据库进行操作，生成新的状态。产生式规则的先决条件不断与数据库中的事实进行匹配，在顺序执行规则的同时就形成推理链。产生式规则的推理机制是以演绎推理为基础的。

以著名的化学专家系统 DENDRAL(E. Feigenbaum，1968)、医学专家系统 MYCIN(E. Shortliffe 等，1972)和地质探矿专家系统 PROSPECTOR(SRI，1981)为典范，产生式规则已成为专家系统中最流行的知识表示方法，这类系统一般又称为基于规则的系统或产生式系统。

2) 框架

框架是一种主要表示叙述性知识的数据结构，通常用于描述事物、概念的固定不变的若干方面。一个框架由各个描述方面的槽组成，每个槽可有若干侧面，而每个侧面又可有若干个属性值，如此形成一个具有嵌套的连接表：

(框架名)
  (槽 1) (侧面 11) (值 111) (值 112)

(侧面 12) (值 121) (值 122) …
⋮
(槽 2) (侧面 21) (值 211) (值 212) …
(侧面 22) (值 221) (值 222) …
⋮
⋮

框架的内容可根据需要取舍。框架的侧面可以是“值”侧面(属性值已知的侧面),或者是“默认”侧面(填入默认值供属性不明确时用),或者是“如果需要”侧面(填入计算属性值的过程信息),或者是“如果加入”侧面(填入说明是否启动“如果需要”侧面中的过程)。框架可以链接起来组成具有层次结构的框架系统。基于框架表示的专家系统有肺病诊断系统WHEEZE(D. Smith 等,1980)。数学专家系统 AM(D. B. Lenat, 1976)采用框架和产生式规则相结合表示知识。

3) 语义网络

语义网络是通过概念及其相互间语义关系,图解表示知识的网络。其中,结点表示事物或事件的概念,结点间用弧连接,弧上加有标记说明语义关系。另外,结点可以是变量,通过增加中间结点可以使语义网络表示多元关系。基于语义网络的最简单的推理是通过继承关系得到结点事物的属性值。

基于语义网络表示的专家系统有自然语言问答系统 NLQS(Simmons, 1973), PROSPECTOR 系统用语义网络和规则共同表示知识。

4) 过程

知识的过程表示法是将某一专门知识及其使用方法表达为一个求解子问题的过程,即子程序。在进行知识推理时,只需调用这些子程序。

应用过程表示的有回答系统 SIR(B. Raphael, 1968)、SHRDLU(T. Winograd, 1972)等。

知识表示方法还有谓词逻辑、状态空间、概念从属、脚本、知识表达语言 KRL 等。

4.1.3 专家控制的研究状况和分类

1. 研究状况

知识工程的思想和专家系统技术推动了传统控制的发展。

1984 年,在布达佩斯召开的 IFAC(International Federation of Automatic Control)第9届世界大会上,J. Zaborszky 提出了系统科学的一般结构,如图 4.2 所示。这种概念结构明确地从知识的观点改变了对控制系统的传统描述,认为系统的功能和构成实际上主要是一个专家系统。1986 年,美国 52 位专家教授在加州桑塔卡拉拉大学召开了控制界的“高峰”会议,发表了共同的观点。

1980 年以后,专家系统技术在控制问题中的应用研究逐渐增多。例如,LISP 机公司研制的用于蒸馏塔过程控制的分布式实时专家系统 PICON(R. L. Moore 等,1984),用于核反应堆环境辅助决策的专家系统 REACTOR(M. Gallanti 等,1982—1983),利用专家系统对飞行控制系统控制规律进行再组合的研究(T. L. Trankle 和 L. Z. Markosian,1985)等。另外,专家系统的技术还被应用于传统的 PID 调节器和自适应控制器,如性能自适应 PID 控

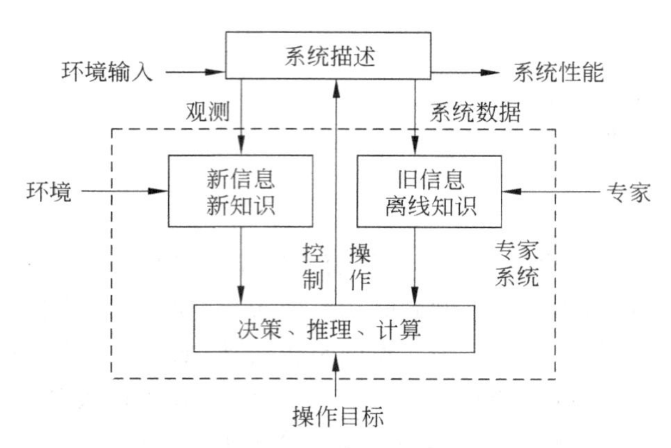

图 4.2　系统科学的一般结构

制器 EXACT(E. H. Bristol,1977;T. W. Kraus 和 T. J. Myron, 1984)、PI 控制器的实时专家调节器(B. Porter 等,1987)等。

在 1984 年的 IFAC 第 9 届世界大会上仅有 6 篇有关专家系统用于控制问题的研究文章,而到 1987 年 IFAC 的第 10 届世界大会上就有了 49 篇文章,而且设专门会议讨论有关问题。随后一些著名刊物纷纷增设专刊。专家系统以及其他人工智能技术在实时控制中的应用研究逐渐成为几十年来控制工程领域的一个新潮流。

随着智能控制学科方向的发展,我国有关专家控制技术的研究工作也非常活跃。例如,基于专家知识的智能控制研究及其在造纸过程控制中的应用(胡恒章、倪先锋等,1988—1989),智能控制器与锅炉专家控制系统的研究(郭晨,1991),专家控制系统在精馏控制中的应用(王建华、刘鸿强、潘日芳,1987)。特别是,在多方面研制实用系统的基础上,还提出了仿人智能控制理论(周其鉴、李祖枢等,1983 年起)。

一般认为,专家控制研究的突出代表应首推瑞典学者 K. J. Åström。他对于自动控制理论的研究很有造诣,尤其在自适应控制方面。1983 年,他发表"Implementation of an Autotuner Using Expert System Ideas"一文,明确建立了将专家系统技术引入自动控制的思想,随后开展了原型系统的实验。1986 年,他在"Expert Control"一文中正式提出了"专家控制"的概念,阐述了比较深入、完整的见解。Åström 的研究成果对于专家控制技术的发展应用起到重要的先导作用,体现着专家控制技术的原理本质和功能特点。本章有关专家控制的主要内容以 Åström 的工作为背景。

2. 类型

对于专家控制及其实现的研究可以有不同的分类看法。

根据专家系统技术在控制系统中的功能结构,可分为直接式专家控制和间接式专家控制。直接式专家控制系统中,领域专家的控制知识和经验被用来直接控制生产过程或调节受控对象,常规的控制器或调节器被代之以一个模拟手动操作功能的专家系统,直接给出控制信号。这种控制方法适用于模型不充分、不精确,甚至不存在的复杂过程。而在间接式专家控制系统中,各种高层决策的控制知识和经验被用来间接地控制生产过程或调节受控对象,常规的控制器或调节器受到一个模拟控制工程师智能的专家系统的指导、协调或监督。

专家系统技术与常规控制技术的结合可以非常紧密，二者共同作用方能完成优化控制规律，适应环境变化的功能；专家系统的技术也可以用来管理、组织若干常规控制器，为设计人员或操作人员提供辅助决策作用。一般认为，紧密型的间接式专家控制研究具有典型的意义。

根据专家系统技术在控制系统中应用的复杂程度，可以分为专家控制系统和专家式智能控制器。专家控制系统具有全面的专家系统结构、完善的知识处理功能，同时又具有实时控制的可靠性能。这种系统知识库庞大、推理机复杂，还包括知识获取子系统和学习子系统，人机接口要求较高。而专家式智能控制器是专家控制系统的简化，针对具体的控制对象或过程，专注于启发式控制知识的开发，设计较小的知识库，简单的推理机制，甚至采用“Case by Case”的方式，省去复杂的人机对话接口等。当专家控制系统功能的完备性、结构的复杂性与工业过程的控制的实时性之间存在矛盾时，专家式智能控制器是合适的选择，但它与专家控制系统在基本功能上是没有本质区别的。

还可以根据专家系统的知识表示技术或推理方式对专家控制的实现系统进行分类，如产生式、框架式、串行推理、并行推理等。专家系统技术与大系统理论相结合，还可以设计多级、多层、多段专家控制系统。

基于模糊规则的控制也可以与专家系统技术相结合，形成所谓专家式模糊控制的研究，如利用一个专家控制器根据系统动态特性知识去修改模糊控制表的参数等。

有关仿人智能控制的一些研究旨在宏观结构和行为功能上对“人”（控制专家）进行模拟，其中结合运用了专家系统等人工智能技术与传统控制理论、方法。这类研究与专家控制有关，本章也将给予扼要的介绍。

4.2　专家控制的基本原理

到目前为止，专家控制并没有明确的公认定义。粗略地说，专家控制是指将专家系统的设计规范和运行机制与传统控制理论和技术相结合而成的实时控制系统设计、实现方法。

4.2.1　专家控制的功能目标

专家控制的功能目标是模拟、延伸、扩展“控制专家”的思想、策略和方法。

所谓“控制专家”，既指一般自动控制技术的专门研究者、设计师、工程师，也指具有熟练操作技能的控制系统操作人员。他们的控制思想、策略和方法包括成熟的理论方法、直觉经验和手动控制技能。专家控制并不是对传统控制理论和技术的排斥、替代，而是对它的包容和发展。专家控制不仅可以提高常规控制系统的控制品质，拓宽系统的作用范围，增加系统功能，而且可以对传统控制方法难以奏效的复杂过程实现闭环控制。

专家控制的理想目标是实现这样一个控制器或控制系统：

(1) 能够满足任意动态过程的控制需要，包括时变的、非线性的、受到各种干扰的控制对象或生产过程。

(2) 控制系统的运行可以利用对象或过程的一些先验知识，而且只需要最少量的先验知识。

(3) 有关对象或过程的知识可以不断地增加、积累，据以改进控制性能。

(4) 有关控制的潜在知识以透明的方式存放，能够容易地修改和扩充。

(5) 用户可以对控制系统的性能进行定性的说明,如“速度尽可能快”、“超调要小”等。

(6) 控制性能方面的问题能够得到诊断,控制闭环中的单元,包括传感器和执行机构等的故障可以得到检测。

(7) 用户可以访问系统内部的信息,并进行交互,如对象或过程的动态特性、控制性能的统计分析、限制控制性能的因素以及对当前采用的控制作用的解释等。

专家控制的上述目标可以看作是一种比较含糊的功能定义,它们覆盖了传统控制在一定程度上可以达到的功能,但又超过了传统控制技术。作一个形象的比喻,专家控制试图在控制闭环中“加入”一个富有经验的控制工程师,系统能为他提供一个“控制工具箱”,即可对控制、辨识、测量、监视、诊断等方面的各种方法和算法选择自便,运用自如,而且透明地面向系统外部的用户。

按照专家控制的功能目标,并考虑其具体实现,应当注意到,专家控制虽然引用了专家系统的思想和技术,但它与一般的专家系统还有着重要的差别。

(1) 通常的专家系统只完成专门领域问题的咨询功能,它的推理结果一般用于辅助用户的决策;而专家控制则要求能对控制动作进行独立和自动的决策,它的功能一定要具有连续的可靠性和较强的抗干扰性。

(2) 通常的专家系统一般处于离线工作方式,而专家控制则要求在线地获取动态反馈信息,联机完成控制,它的功能一定要具有使用的灵活性和符合要求的实时性。

4.2.2 控制作用的实现

专家控制所实现的控制作用是控制规律的解析算法与各种启发式控制逻辑的有机结合。

可以简单地说,传统控制理论和技术的成就和特长在于它针对精确描述的解析模型进行精确的数值求解,即它的着眼点主要限于设计和实现控制系统的各种核心算法。

例如,经典的PID控制就是一个精确的线性方程所表示的算法,即

$$u(t) = K_{\mathrm{P}}e(t) + \frac{1}{T_{\mathrm{I}}}\int e(t)\,\mathrm{d}t + T_{\mathrm{D}}\,\frac{\mathrm{d}}{\mathrm{d}t}e(t)$$

式中,$u(t)$为控制作用信号;$e(t)$为误差信号;K_{P}为比例系数;$K_{\mathrm{I}}=\frac{1}{T_{\mathrm{I}}}$为积分系数;$K_{\mathrm{D}}=T_{\mathrm{D}}$为微分系数。控制作用的大小取决于误差的比例项、积分项和微分项,K_{P}、K_{I}、K_{D}的选择取决于受控对象或过程的动态特性。适当地整定PID的3个系数,可以获得比较满意的控制效果,即使系统具有合适的稳定性、静态和动态特性。应该指出,PID的控制效果实际上是比例、积分、微分3种控制作用的折中。PID控制算法由于其简单、可靠等特点,一直是工业控制中应用最广泛的传统技术。

再考虑作为一种高级控制形态的参数自适应控制。相应的系统结构如图4.3所示,其中具有两个回路。内环回路由受控对象或过程以及常规的反馈控制器组成;外环回路由参数估计和控制器设计这两部分组成。参数估计部分对受控模型的动态参数进行递推估计,控制器设计部分根据受控对象参数的变化对控制器参数进行相应的调节。当受控对象或过程的动力学特性由于内部不确定性或外部环境干扰不确定性而发生变化时,自适应控制能自动地校正控制作用,从而使控制系统尽量保持满意的性能。参数估计和控制器设计主要

由各种算法实现，统称为自校正算法。

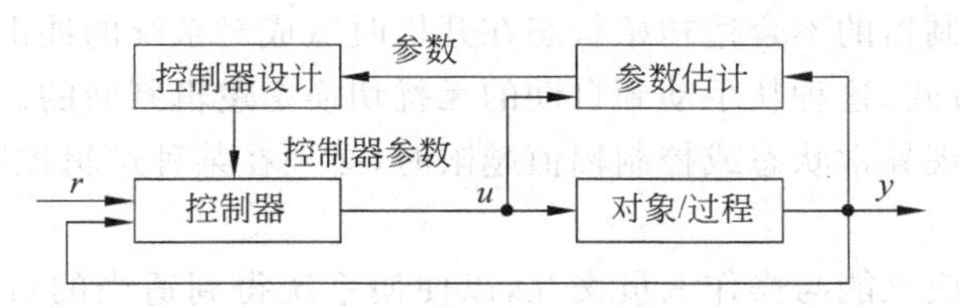

图 4.3 参数自适应控制系统

无论简单的 PID 控制或是复杂的自适应控制，要在很大的运行范围内取得完美的控制效果，都不能孤立地依靠算法的执行，因为这些算法的四周还包围着许多启发式逻辑；而且要使实际系统在线运行，具有完整的功能，还需要并不能表示为数值算法的各种推理控制逻辑。

传统控制技术中存在的启发式控制逻辑可以列举如下。

1）控制算法的参数整定和优化

例如，对于不精确模型的 PID 控制算法，参数整定常常运用 Ziegler-Nichols 规则，即根据开环 Nyquist 曲线与负实轴的交点所表示的临界增量（K_c）和临界周期（t_c）来确定 K_P、K_I、K_D 的经验取值。这种经验规则本身就是启发式的，而且在通过试验来求取临界点的过程中，还需要许多启发式逻辑才能恰当使用上述规则。

至于控制器参数的校正和优化，更属于启发式。例如，被称为专家 PID 控制器的 EXACT（Bristol，1983；Kraus 和 Myron，1984；Carmon，1986），就是通过对系统误差的模式识别，分别识别出过程响应曲线的超调量、阻尼比和衰减振荡周期，然后根据用户事先设定好的超调量、阻尼等约束条件，在线校正 K_P、K_I 和 K_D 这 3 个参数，直至过程的响应曲线为某种指标下的最佳响应曲线。

2）不同算法的选择决策和协调

例如，参数自适应控制，系统有两个运行状态：控制状态和调节状态。当系统获得受控模型的一定的参数条件时，可以使用不同的控制算法，如最小方差控制、极点配置控制、PID 控制等。如果模型不准确或参数发生变化，系统则需转为调节状态，引入适当的激励，启动参数估计算法。如果激励不足，则需引入扰动信号。如果对象参数发生跳变，则需对估计参数重新初始化。如果由于参数估计不当造成系统不稳定，则需启发一种 K_c-t_c 估计器重新估计参数。最后如果发现自校正控制已收敛到最小方差控制，则转入控制状态。另外，K_c-t_c 估计器的 K_c 和 t_c 值同时也起到对备用的 PID 控制的参数整定作用。由上可知，参数自适应控制中涉及众多的辨识和控制算法，不同算法之间的选择、切换和协调都是依靠启发式逻辑进行监控和决策的。

3）未建模动态的处理

例如，PID 控制中，系统元件的非线性并未考虑。当系统起停或设定值跳变时，由于元件的饱和等特性，在积分项的作用下系统输出将产生很大超调，形成弹簧式的大幅度振荡，为此需要进行逻辑判断才能防止，即若误差过大，则取消积分项。

又如，当不希望执行部件过于频繁动作时，可利用逻辑实现的带死区的 PID 控制等。

4）系统在线运行的辅助操作

在核心的控制算法以外，系统的实际运行还需要许多重要的辅助操作，这些操作功能一般都是由启发式逻辑决定的。

例如,为避免控制器的不合适初始状态在开机时造成对系统的冲击,一般采用从手动控制切入自动控制的方式,这种从手动到自动的无扰切换是逻辑判断的。

又如,当系统出现异常状态或控制幅值越限时,必须在某种逻辑控制下进行报警和现场处理。

更进一步,系统应该能与操作人员交互,以便使系统得到适当的对象先验知识,使操作人员了解并监护系统的运行状态等。

传统控制技术对于上述种种启发式控制逻辑,或者并没有作深入的揭示,或者采取了回避的态度,或者以专门的方式进行个别处理。专家控制的基本原理正是面对这些启发式逻辑,试图采用形式化的方法,将这些启发式逻辑组织起来,进行一般的处理,从它们与核心算法的结合上使传统控制表现出较好的智能性。

总之,与传统控制技术不同,专家控制的作用和特点在于依靠完整描述的受控过程知识,求取良好的控制性能。

4.2.3 设计规范和运行机制

专家控制的设计规范是建立数学模型与知识模型相结合的广义知识模型,它的运行机制是包含数值算法在内的知识推理。专家控制的设计规范和运行机制是专家系统技术的基本原则在控制问题中的应用。

1. 控制的知识表示

专家控制把控制系统总的看作为基于知识的系统,系统包含的知识信息内容如图4.4所示。

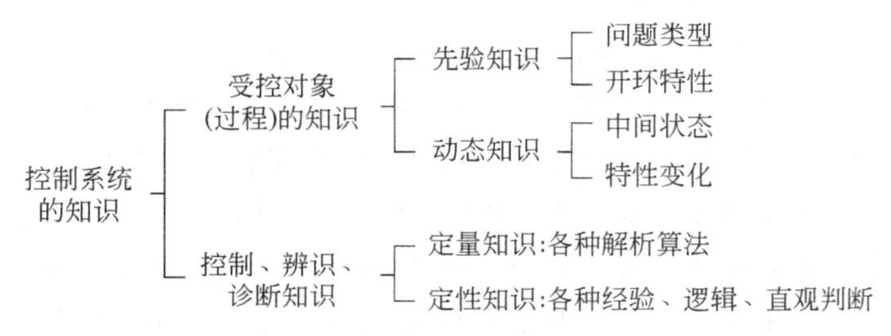

图4.4 系统包含的知识信息内容

按专家系统知识库的构造,有关控制的知识可以分类组织,形成数据库和规则库。

1) 数据库

数据库中包括以下内容。

(1) 事实。已知的静态数据,如传感器测量误差、运行阈值、报警阈值、操作序列的约束条件以及受控对象或过程的单元组态等。

(2) 证据。测量到的动态数据,如传感器的输出值、仪器仪表的测试结果等。证据的类型是各异的,常常带有噪声、延迟,也可能是不完整的,甚至相互之间有冲突。

(3) 假设。由事实和证据推导得到的中间状态,作为当前事实集合的补充,如通过各种参数估计算法推得的状态估计等。

(4) 目标。系统的性能目标,如对稳定性的要求、对静态工作点的寻优、对现有控制规律是否需要改进的判断等。目标既可以是预定的(静态目标),也可以根据外部命令或内部运行状况在线地建立(动态目标)。各种目标实际上形成了一个大的阵列。

上述控制知识的数据通常用框架形式表示。

2) 规则库

规则库实际上是专家系统中判断性知识集合及其组织结构的代名词。对于控制问题中各种启发式控制逻辑,一般常用产生式规则表示:

IF (控制局势) THEN (操作结论)

其中,控制局势即为事实、证据、假设和目标等各种数据项表示的前提条件;操作结论即为定性的推理结果。应该指出,在通常的专家系统中,产生式规则的前提条件是知识条目,推理结果或者是往数据库中增加一些新的知识条目,或者是修改数据库中其他某些原有的知识条目。而在专家控制中,产生式规则的推理结果可以是对原有控制局势知识条目的更新,还可以是某种控制、估计算法的激活。

专家控制中的产生式规则可看做是系统状态的函数。但由于数据库的概念比控制理论中的"状态"具有更广泛的内容,因而产生式规则要比通常的传递函数含义更丰富。

判断性知识往往需要几种不同的表示形式。例如,对于包含大量序列成分的子问题,知识用过程式表示就比规则自然得多。

专家控制中的规则库常常构造成"知识源"的组合。一个知识源中包含了同属于某个子问题的规则,这样可以使搜索规则的推理过程得到简化,而且这种模块化结构更便于知识的增删或更新。

知识源实际上是基本问题求解单元的一种广义化知识模型,对于控制问题来说,它综合表达了形式化的控制操作经验和技巧,可供选用的一些解析算法,对于这些算法的运用时机和条件的判断逻辑,以及系统监控和诊断的知识等。

2. 控制的推理模型

专家控制中的问题求解机制可以表示为以下的推理模型,即

$$U = f(E, K, I)$$

式中,$U=\{u_1, u_2, \cdots, u_m\}$为控制器的输出作用集;$E=\{e_1, e_2, \cdots, e_n\}$为控制器的输入集;$K=\{k_1, k_2, \cdots, k_p\}$为系统的数据项集;$I=\{i_1, i_2, \cdots, i_q\}$为具体推理机构的输出集。而$f$为一种智能算子,它可以一般地表示为

IF E AND K THEN (IF I THEN U)

即根据输入信息E和系统中的知识信息K进行推理,然后根据推理结果I确定相应的控制行为U。这里智能算子的含义使用了产生式的形式,这是因为产生式结构的推理机制能够模拟任何一般的问题求解过程。实际上智能算子也可以基于其他知识表达形式(语义网络、谓词逻辑、过程等)来实现相应的推理方法。

专家控制推理机制的控制策略一般仅仅用到正向推理是不够的。当不能通过自动推导得到结论时,就需要使用反向推理的方式,去调用前链控制的产生式规则知识源或者过程式知识源验证这一结论。

4.3 专家控制系统的典型结构

不少研究工作者认为，专家控制系统没有统一的体系结构，至少目前还没有形成。本节将要介绍的是Åström等人建立的原型系统(K. J. Åström 等，1986；K.-E. Årze′n，1990)的结构。这个系统是研究专家控制的概念方法的实验原型，从中体现的基本原理具有典型性。

4.3.1 系统结构

1. 总体结构及其特点

一个专家控制系统的总体结构如图4.5所示。

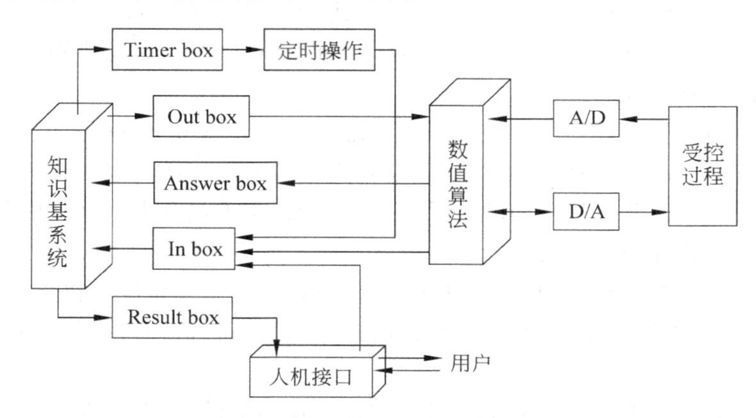

图4.5 专家控制系统的典型结构

图示的典型结构具有以下特点：

(1) 两类知识及其处理过程分离构造。系统的控制器主要由两大部分组成。其中数值算法部分包含的是定量的解析知识，进行数值计算，可按常规编程，它与受控过程直接相连；另一部分是知识基子系统，所包含的是定性的启发式知识，进行符号推理，按专家系统的设计规范编码，它通过数值算法与受控过程间接相连。算法知识作为一种控制作用，它的具体内容没有必要硬性地转换成符号的逻辑关系存入知识库，而与知识基子系统中的定性知识混杂在一起。这种分离构造方式体现了知识按属性分别表示的原则，而且还体现了智能控制系统的分层递阶原则。数值计算快速、精确，在下层直接作用于受控过程，而定性推理较慢、粗略，在上层对数值算法进行决策、协调和组织。

(2) 3个子过程并发运行。数值算法、知识基系统、人机通信为3个独立子过程，在具体的计算机实现中是并发运行的，但数值算法拥有最高级的优先权。人机通信与知识基系统直接交互，而与数值算法间接联系。控制按采样周期进行，可中断人机会话的处理。这种并发运行的机制体现了专家控制功能的有机结合，也保证了系统的实时性。

2. 数值算法

数值算法部分实际上是一个算法库，由控制、辨识和监控3类算法组成。

控制算法根据控制配置命令（来自知识基系统）和测量信号计算控制信号，如PID算法、极点配置算法、离散滤波器算法和最小方差算法等。控制算法一次运行一种。

辨识算法和监控算法在某种意义上是从数值信号流中抽取特征信息，可以看做是滤波器或特征抽取器，仅当系统运行状况发生某种变化时，才向知识基系统中发送信息。在稳态运行期间，知识基系统是闲置的，整个系统按传统控制方式运行。辨识算法、监控算法中可包括延时反馈算法、递推最小二乘算法及水平交叉检测器等。

上述3类算法都具有一致的编程格式和合适的接口，以便增添新的候选算法，扩充算法库。

3. 内部过程通信

系统的3个运行子过程之间的通信是通过下列5个"邮箱"进行的。

(1) Out box。将控制配置命令、控制算法的参数变更值以及信息发送请求从知识基系统送往数值算法部分。

(2) In box。将算法执行结果、检测预报信号，对于信息发送请求的答案、用户命令以及定时中断信号分别从数值算法，人机接口，以及定时操作部分送往知识基系统。这些信息具有优先级说明，并形成先入先出的队列。在知识基系统内部另有一个邮箱，进入的信息按照优先级排序插入待处理信息，以便尽快处理最重要的问题。

(3) Answer box。传送数值算法对知识基系统的信息发送请求的通信应答信号。

(4) Result box。传送知识基系统发出的人机通信结果，包括用户对知识库的编辑、查询、算法执行原因、推理根据、推理过程跟踪等系统运行情况的解释。

(5) Timer box。用于发送知识基系统内部推理过程需要的定时等待信号，供定时操作部分处理。

4. 知识基系统的内部组织和推理机制

知识基系统主要由一组知识源、黑板机构和调度器3部分组成，如图4.6所示。整个知识基系统是基于所谓的黑板模型进行问题求解的。

1) 黑板模型

黑板模型是一种高度结构化的问题求解模型，用于"适时"问题求解，即在最适当的时机运用知识进行推理。它的特点是能够决定什么时候使用知识、怎样使用知识。黑板模型除了将适时推理作为运用知识的策略外，还规定了领域知识的组织方法，其中包括知识源这种知识模型以及数据库的层次结构等。

黑板模型的基本思想和工作方式可以用一种"拼板游戏"来说明。一群游戏者站在一块大黑板前，每人手里都有一些不同尺寸、形状的拼板。开始时已有若干拼板粘附在黑板上，形成一个拼接图形。然后，每个游戏者根据自己手中的拼板以及黑板上的拼接图形，独立判断是否往黑板上粘附手中某块拼板，从而修改拼接图形，直至产生终结游戏的拼接图形。在游戏过程中，并没有事先规定的拼接次序，黑板上拼接图形的每次变更就提供了其他拼板的

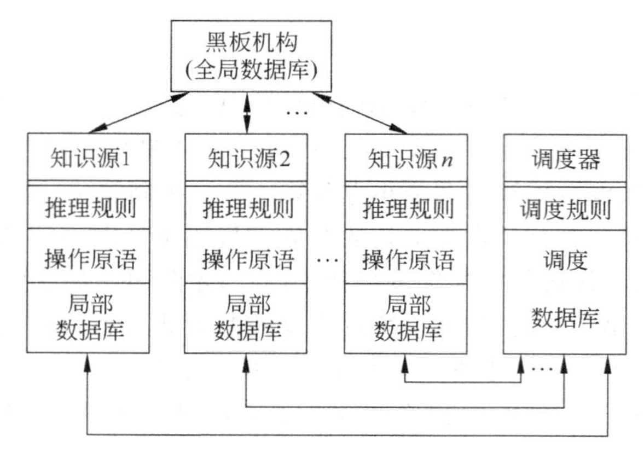

图4.6 知识基系统的组织

拼接可能,拼接图形协调着游戏者的配合行为;游戏的秩序可以有一个监督者来维持,他根据一些策略来选择每次走向黑板粘附拼板的游戏者,如首先举手请求的游戏者先拼接,或能使孤立拼接图形相连的拼板拥有者先拼接等。

最早研究应用黑板模型的是著名的语音理解专家系统 HEARSAY-Ⅱ(L. D. Erman 等,1971—1976)。该系统可以识别在1000个词汇范围内的连续语音。对于讲话者通过话筒输入的要求查询科技文献的口语句子,系统能作出解释的完全正确率和语义正确率分别达到74%和91%。HEARSAY-Ⅱ系统的工作原理是利用符号推理来帮助信号处理。它有关声学、语音学、语义学、词汇、语法等各方面知识组织成10多个知识源,对语音信息生成各种局部解释,在"黑板"上逐步评价和修改这些解释,最后将具有最大值评价函数的解释作为输出的推理结果。

黑板模型的思想和结构已广泛运用于专家系统和人工智能的其他领域。

以下介绍黑板模型在本节提出的专家控制系统典型结构中的具体运用。

2) 知识源

知识源是与控制问题子任务有关的一些知识模块。可以把它们看做是不同子任务问题领域的小专家。一个控制问题的子任务划分是自然的,如控制器设计(不同的控制算法)、建模及模型验证、各种监控方法、信号历史情况的统计等。应该指出,知识源所表示的是各种数值算法所涉及的启发式逻辑,而不是算法本身的具体内容。

每个知识源都具有比较完整的知识库结构:

(1) 推理知识——"if…then"产生式规则,条件部分是全局数据库(黑板)或是局部数据库(知识源内设)中的状态描述,动作、结论部分主要是对黑板信息或局部数据库内容的添加或修改。这些规则可按前向链或后向链方式控制推理。推理知识也可以用过程式表示。

(2) 局部数据库——存放与子任务相关的中间推理结果,用框架表示,其中各个槽的值即为这些中间结果。

(3) 操作原语——一类是对全局或局部数据库内容的增添、删除和修改操作,另一类是对本知识源或其他知识源的控制操作,包括激活、中止和固定时间间隔等待或条件等待(例如,停止知识源的工作,直到黑板上出现某项内容或某个其他知识源才结束运行)。

作为以参数自适应控制为背景的专家控制系统,有关的子任务可形成以下几个知识源。

主要控制知识源包括最小方差控制、最小方差监控器、纹波监测器及阶数监控器。

备份控制知识源包括 PID 控制、K_c-t_c 控制器。

估计知识源包括参数估计、估计监控器、激励监控器、扰动信号产生器、跳变检测器。

自校正知识源即自动调整调节。

学习知识源即获取调节器参数、平滑并存储调节器参数、测试调度条件。

主监控知识源包括稳定性监控器、均值和方差计算。

3）黑板机构

黑板是一个全局数据库，即各个知识源都可以访问的公共关系数据库。它存放、记录了包括事实、证据、假设和目标所说明的静态、动态数据。这些数据分别为不同的知识源所关注。通过知识源的访问，整个数据库起到在各个知识源之间传递信息的作用；通过知识源的推理，数据信息得到增删、修改、更新。

在 HEARSAY-Ⅱ中，黑板被组织成一个层次结构，由下至上为参数、片段、音词汇、词汇序列和短语等6个信息层。每一层上的主要信息是表示语音理解问题的部分解，即一些在特定层次上解释语音信号的假设。知识源的推理活动是利用本层或其他层上的信息，在本层或层间进行信息转换，即在每一层上找出能够正确解释语音信号的假设。由于高层信息可以看做是若干较低层上信息的抽象，因此，推理活动一旦在高层上找到了正确的假设，语音理解过程就结束。HEARSAY-Ⅱ的黑板层次结构方法具有一般性。

在本节介绍的专家控制系统中，黑板信息类似地被组织成若干数据平面，以下举例说明两种称之为“事件表”和“假设表”的数据平面。

（1）事件表是最重要的数据平面。

按照专家系统技术，可采用“事件驱动”这种处理时变环境的惯常方法。根据进入事件表事件的特征，在监控作用的引导下将提出合适的动作。事件可以是知识源对原有事件的操作结果，也可以从外部进入处理过程。事件的类型主要有：受控过程的某些阈值；操作人员的指令；对于受控过程状况的新假设；对原有假设的修改；改变控制方式的请求；对于控制方式变化的“通告”；以及操作人员的信息请求等。

不同的事件表为不同的知识源提供数据。面向主要控制知识源的事件表格式如表4.1所示。其中 Time 为时间，u 和 y 分别为控制信号和输出信号的均值，σ_u 和 σ_y 分别为 u 和 y 的标准偏差，Stable 为稳定性监控器的结果，Regulator type 为调节器类型。若有需要，最大偏差和最小偏差也可列入该表。当控制方式(手动控制、备份控制、最小方差控制或自校正控制等)改变或设定值改变时，事件表中就生成一个具体条目。根据上述事件表，知识源就可以进行有关受控过程特性的推理。例如，均值 u 与 y 间的关系及其随时间的变化，标准偏差与 u 的关系，控制方式的切换形式，在设置点发生大的变化之后系统是否进入调节方式，大部分时间所用的是哪些控制方式，系统的性能是否随时间和控制方式的变化而出现大的变化。

表4.1 主监控事件表

#	Time	u	σ_u	y	σ_y	Stable	Regulator type

面向备份控制知识源的事件表如表4.2所示。其中，K_c 为临界增益，t_c 为临界周期，P、

I、D为PID参数。当系统进入备份控制方式或处于备份控制方式而进行K_c-t_c校正时，就形成事件表。表中包括K_c、t_c，又包括PID参数，目的是使系统可以修改PID控制的设计。

在常增益最小方差控制周期内生成的主要数据形成的事件表如表4.3所示。其中包括最小方差控制的最优控制律(参见绪论1.2节)中多项式R和S的阶数n_R和n_S，延迟拍数h，采样周期d以及调节器参数Parameters。

表4.2　备份控制事件表

#	Time	K_c	t_c	P	I	D

表4.3　最小方差控制事件表

#	Time	n_R	n_S	d	h	Parameters

结合表4.1和表4.3可以进行的推理有所用的最小方差调节器的结构及其与运行状态的关系、所得到的性能中是否存在某种形式等。

面向参数估计知识源的事件表如表4.4所示。其中包括运行状态OC、干扰Perturb，以及表4.3中的参数。当参数估计周期性地执行或者按照需要(根据运行状态的变化)时，有关数据就进入表4.4中。利用该表可以为考虑参数的变化及其是否与运行状态有关而进行推理。

表4.4　参数估计事件表

#	Time	OC	Perturb	h	d	n_R	n_S	Parameters

(2) 假设表是另一种重要的数据平面。

假设是对于受控过程运行状态的理解和推测，将各类假设进行适当的组织就形成了假设表。这里采用了逐层抽象的层次结构组织方式。较低层次的假设，主要涉及对于传感器数据的直接推导。例如，根据表4.1列出的当前控制均值和方差，就很容易导出“控制误差较小”之类的假设。较高层次的假设可以是对受控过程当前稳定性程度的估计，这类假设要利用数值计算或启发式经验规则。

对于抽象层次较高的假设，一般要求与控制工程师进行交互，以便将他的推断能力与机器的推断能力相融合。控制工程师应能利用系统赖以推理的理论根据，如表达推理知识的产生式规则。为此，在构造系统的数据库时，可以在事件表中附上有关的推理规则编号，数据库支持这种技术检索、审查的功能。

黑板数据库的知识表示都采用框架式，复杂的框架系统能提供合适的层次结构。

4) 调度器

调度器的作用是根据黑板的变化激活适当的知识源，并形成有次序的调度队列。

激活知识源可以采用串行或并行激活的方式，从而形成多种不同的调度策略。

串行激活方式又分3种。

(1) 相继触发。一个激活的知识源的操作结果作为另一个知识源的触发条件，自然激活，此起彼伏。

(2) 预定顺序。按控制过程的某种原理，预先编一个知识源序列，依次触发，如初始调节、在检测到不同的报警状态时系统返回到稳态控制方式等情况。

(3) 动态生成顺序。对知识源的激活顺序进行在线规划。每个知识源都可以附上一个目标状态和一个初始状态,激活一个知识源即为系统状态的一次转移,通过逐步地比较系统的期望状态与知识源的目标状态,以及系统的当前状态与知识源的初始状态,就可以规划出状态转移的序列,即动态生成了知识源的激活序列。

并行激活方式即为同时激活一个以上的知识源。例如,系统处于稳态控制方式时,一个知识源负责实际控制算法的执行,而另外一些知识源同时实现多方面的监控作用。

调度器的结构类似于一个知识库。其中包括一个调度数据库,用框架形式记录着各个知识源的激活状态的信息,以及某些知识源等待激活的条件信息。调度器内部的规则库包括了体现各种调度策略的产生式规则,例如:

"if a KS is ready and no other KS is running then run this KS"。

整个调度器的工作所需要的时间信息(知识源等待激活、彼此中断等)是由定时操作部分(见图4.5)提供的。

4.3.2 系统实现

1. 编程语言

知识基子系统总体构架是用面向对象的程序设计语言 Flavors(H. I. Cannon, 1982)以及前向链产生式系统 YAPS(Alten, 1983)实现的。

1) Flavors

Flavors 是 Lisp 语言的扩充。它允许面向对象的程序设计。在人工智能技术的实现方法中,对于知识基系统的设计,正在从基于规则的机制朝着面向对象与利用规则匹配相混合的机制发展。

使用面向对象的程序设计方法,就是把要构造的软件程序系统表示成对象集。所谓对象,是将常规软件设计中的一组数据和操作这些数据的一组过程作为整体看待而构成的一个独立单位。对象具有用"属性"表示的状态,还具有"行为"。当一个对象接收到其他对象发送的"消息"时,它就履行指定的操作。对象附有称之为"方法"的操作过程,它们对发送来的消息作出响应,并决定对象的行为。

对象可以分为两种形式:"类"和"实例"。具有相同结构和操作行为的对象可以归并在一起,用类统一描述,称之为类对象(在 Flavors 系统中即为 flavor);由类生成新的对象的过程称为实例化,生成的对象称为该类的实例。或实例对象。一个类对象(flavor)描述了为相应实例对象所共有的属性和方法。一个 flavor 可以是一个或多个其他 flavor 的子类,子类对象继承这个(这些)flavor 的属性和方法。一个类的子类实际上就是比这个类更为具体、特殊的类,类与子类的关系可以形成一个层次结构,如图4.7所示。

对于面向对象的程序设计方法可参见有关文献。

2) YAPS

YAPS(E. M. Allen, 1983)是一个前向链产生式系统,它与作为专家系统工具的 OPS 语言家族相仿,带有一种优化的步进式模式匹配算法。YAPS 的重要特点是,它被写成一个类对象 flavor,在它的数据库中可有实例对象,这些实例对象可为其他 YAPS 系统。

通常 YAPS 系统仅允许包含数字、原子及 flavor 实例对象的任意嵌套表作为它的数据

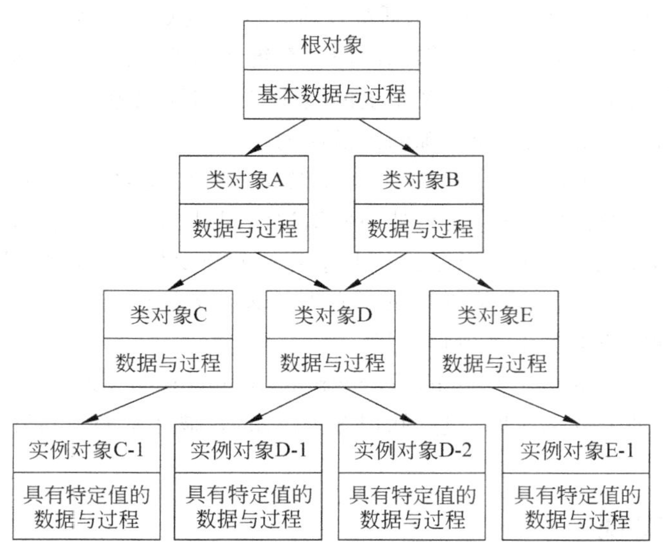

图 4.7 类的层次结构

库元素。在此处的应用中,YAPS系统已有所扩充和修改。它的数据库中还允许有以对象-属性的集合形式描述的简单框架。另外,它还对数据库元素的增添进行自动解释。

2. 调度器的实现

调度器被实现为一个类对象flavor,它作为一个YAPS flavor的子类而继承其属性和方法。不同形式的知识源在调度器中分别有一些flavor与之对应。每个具体的知识源是相应flavor的一个实例,在调度器的数据库中以框架的表示形式被存放。在这种框架中包含有说明该知识源表示形式的属性,如是前向链产生式规则,或是过程式知识,还包含说明该知识源的状态的属性,以及说明实现该知识源的flavor实例的属性。

各个具体的知识源与调度器之间的交互是通过消息传递进行的,知识源flavor应该提供方法来对这些消息作出响应。

调度策略是用一些产生式规则表示的,例如:

```
(P Schedule 1
    (frame knowledge-source
        status active
        state ready
        instance-x)
(~(frame knowledge-source
        state tunning))
→
(modify 1 state running
  (← -x 'run))
```

上述这条规则中,条件部分有两项,必须同时满足。其中一个条件是“若存在一个status属性值为‘active’、state属性值为‘ready’的知识源框架”,第二个条件是“若不存在

state 属性值为'running'的任何框架"。如果这两个条件都满足,那么第一个条件中所指的框架就变为"running"状态,即将一条"run"消息送给作为 flavor 实例的知识源。在规则中,模式匹配变量-x 是满足第一个条件的框架的 instance 属性值,表示了接受消息的 flavor 实例。

3. 知识源的实现

所有以产生式规则表示的前向链知识源或后向链知识源都被实现为 flavor 实例,这些实例继承 YAPS flavor 的属性和方法。面向对象的程序设计方法为正向推理和反向推理提供了方便。

以过程式表示的知识源是用 Lisp 函数实现的。这些 Lisp 函数的中间计算结果都要保存起来,这样可以使过程式知识的推理能够根据需要得到中断和挂起的控制。

导致知识源变为待执行状态(即其 state 属性值为"ready")的是各种事件。其中包括外部事件——由定时操作部分、人机接口或数值算法部分发送来的消息等,以及内部事件——全局数据库元素的增添或修改等。

4.4 专家控制的示例

上一节介绍的专家控制系统已经在 VAX 11/780 上进行了数字仿真,实现了一种基于继电控制的 PID 自校正控制方法(K. J. Åström 和 T. Hägghund, 1984)。仿真实验说明了这种智能控制方法的可行性,也验证了系统组织结构的必要性和合理性。由于恰当而清楚地表示了这种自动调节器方法中的启发式逻辑,而且逻辑与算法分离组织共同作用,系统显示了许多优于传统控制方法和传统编程方法的特点。本节将要介绍的是该系统的部分工作原理及其具体实现。

4.4.1 自动调整过程

系统的控制原理结构如图 4.8 所示。

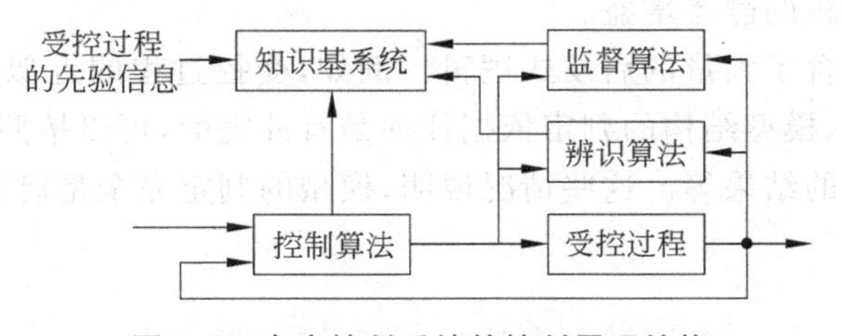

图 4.8 专家控制系统的控制原理结构

系统所实现的控制分为两种运行方式:自动调整方式和在线适应控制方式。在自动调整方式下,系统完成不同的调节试验,从而求得受控过程的动力学特性,然后运用这些特性信息设计合适的控制器。在在线适应控制方式下,系统对控制器进行监视,必要时可改变控制器的参数,或者设计新的控制器。

本小节仅介绍系统的自动调整运行方式。

1. 概述

系统根据开环 Nyquist 曲线上相位分别为 0°、−90°和−180°的 3 点的有关知识,按照一种基于继电器的 PID 自动调整原理进行工作,其工作流程如图 4.9 所示。

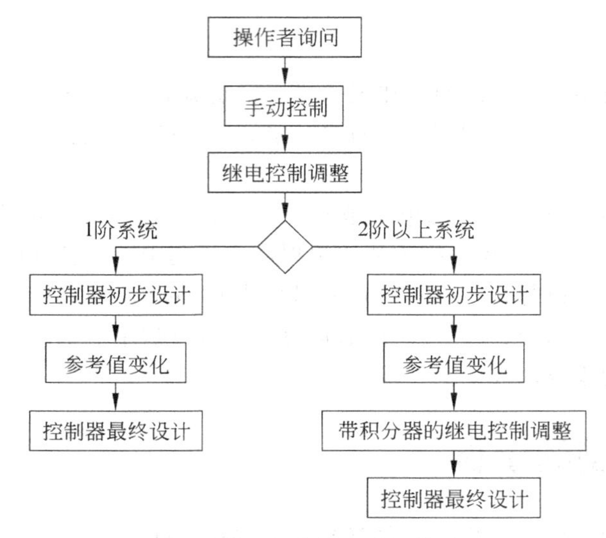

图 4.9 基于 3 点的自动调整过程

系统开始运行时,先询问用户(操作者)有关受控过程的先验知识,其中包括主导时间常数的估计值、最大允许的相对稳态误差、主要的控制目标、对于设置点的快速响应或者对于负载干扰的良好的抑制性。然后,系统要求用户对过程进行手动控制,直到它在期望的运行工作点上处于稳态。此时,系统进行继电控制实验,即使控制过程发生等幅的自励振荡,完成有关的测试和推断。根据实验结果,受控过程可以得到分类:或者属于二阶或高阶模型,或者属于近似的一阶模型。对于二阶或高阶模型,系统将在反馈闭环中插入一个积分器,再进行继电控制实验,以便求取 Nyquist 曲线上的−90°相位点。如果改变控制的参考值,系统还可以求得受控过程的静态增益。

自动调整过程包含了大量的启发式逻辑。例如,受控过程的近似模型可以在自动调整过程的不同阶段求取,模型结构的判定依据往往是有冲突的,可以按照不同的原则来计算模型参数而且得到不同的结果等。这些情况说明,模型的判定完全是启发式的。

2. 手动控制

用户对受控过程的手动控制,是为了启动系统的运行,并且使受控过程达到期望的运行工作点上的稳态。这样,系统就可以在稳态工作点附近对它进行控制。在两个采样时间间隔(采样周期取为主导时间常数)的范围内,比较受控过程的输出平均值,控制器就可以证实是否达到稳态。噪声的量值可确定为受控过程最大输出与最小输出的差值。

3. 继电控制实验

在继电控制特性中,滞后时间 ε 由噪声量值决定。继电控制非线性环节造成的自励振荡度也由噪声决定。在振荡的前半个周期内，继电控制特性的幅值从零开始增大到某个默认幅值，或者增大到误差信号超过期望的振荡幅度为止。

在自励振荡稳定后，就可以进行实验测试。如图 4.10 所示，测试的量包括：两个相继半周期的长度；在两个半周期上的振幅峰值；误差信号达到其最大值的时间 τ；以及误差信号在一个周期内的 6 个等距离采样点 θ_0、θ_1、θ_2、θ_3、θ_4、θ_5。只要在半周期上取 3 个值就可以决定自励振荡的二阶脉冲传递函数 $H(z)=(b_1z+b_2)/(z^2-az)$(K. J. Åström 和 T. Hägglund, 1987)。

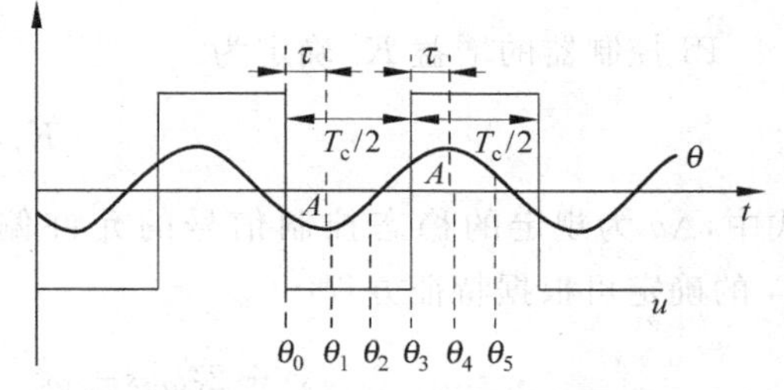

图 4.10 继电控制振荡的测试

4. 振荡分析

由继电控制自励振荡可以求得受控过程频率特性 $G(j\omega)$ 在振荡频率处的幅值和相位。而由描述函数的幅角可以求取略小于 $-180°$ 的相位估计值。对于具有低阶动态特性的系统，这种估计值往往较差。较好的估计可以按下式计算，即

$$\arg G(j\omega_c)=-\frac{\pi}{2}-\frac{2\pi\tau}{T_c}$$

式中，ω_c 为振荡频率；T_c 为振荡周期。

根据描述函数的近似分析，对于正弦输出的过程，上式中的 $\tau=T_c/4$，即相位估计值 $\arg G(j\omega_c)=-\pi$。对于一阶系统，$\tau=0$，$\arg G(j\omega_c)=-\pi/2$。继电特性的等效增益为

$$K_c=\frac{4d}{\pi A}$$

式中，d 为继电特性的幅值；A 为测量到的误差峰值。从而受控过程的幅频特性估计为

$$|G(j\omega_c)|=\frac{\pi A}{4d}$$

5. 一阶系统

如果 $\tau/T_c<0.05$，受控过程就可用一阶系统来近似，即 $G(s)=K_P/(1+Ts)$。在这种情况下，连续模型将根据离散模型 $H(z)=b_1/(z-a)$ 来计算。通过比较振荡频率处的相位计算值与量测相位的估计值，模型的合理性可以得到核实。振荡周期的量测值也需要与理论计算值进行比较。对于一阶系统 $G(s)=K_P(1+Ts)$，振荡周期的计算值为

$$T_c=-2T\ln\frac{K_Pd-\varepsilon}{K_Pd+\varepsilon}\approx\frac{4\varepsilon T}{K_Pd}$$

通过量测得到的离散模型可能具有不实际的参数，如 $0<a<1$。这样，连续模型的参数 K_P 和 T 就无法计算了。但是根据上式可算出二者的比值。

为了得到完整的连续模型，必须确定 K_P 和 T 这两个参数中的一个。为此，可以根据已有的知识粗算出一个控制器，并且使参考值作很小的变化。于是就可以通过量测稳态控制信号的差计算出稳态增益 K_c。具体方法如下。

假设受控过程具有积分环节的特性，即 $G(s)=K_I/s$。K_I 可根据上式确定，即

$$T_c = \frac{4\varepsilon}{dK_I}$$

PI 控制器的增益 K_I 确定为

$$K_I = \frac{\Delta u}{\Delta n}$$

式中，Δu 为规定的稳态控制信号的允许偏差；Δn 为量测到的噪声变化范围。积分时间 T_I 的确定可根据特征方程

$$s^2 + 2\xi\omega_0^2 s + \omega_0^2 = s^2 + KK_I s + \frac{KK_I}{T_I}$$

因此

$$T_I = \frac{4\xi^2}{KK_I}$$

当得到稳态增益的一个估计时，就要调整 T_I，使它满足特征方程

$$s^2 + 2\xi\omega_0 s + \omega_0 = s^2 + \frac{(1 + KK_P)}{T}s + \frac{KK_P}{TT_I}$$

上述设计也可用于一开始就得到一个完整的一阶模型的情况。如果带有比例控制的稳态误差 $1/(1+KK_P)$ 小于规定的稳定误差的允许值时，积分项可以省去。

6. 高阶系统

根据受控过程的延时与离散模型的采样间隔之间的关系，可以有 3 种模型，其一般形式为

$$H_i(z) = \frac{b_1 z + b_2}{z^i (z - a)}$$

式中 $i=1,2,3$。究竟选取哪一种模型，取决于 τ 的值以及 3 种情况下的模型系数。相应的连续模型为

$$G(s) = \frac{K_P \mathrm{e}^{-sL}}{Ts + 1}$$

它与受控过程在振荡频率附近的真实频率特性是一致的。

如同一阶系统的情况，通过比较振荡频率处的相位计算值与量测相位的估计值，比较振荡周期的量测值与理论计算值，模型的合理性就可以得到核实。

按照 Ziegler-Nichols 规则设计一个 PI 控制器，由此也可以确定稳态增益。

7. 带有积分环节的继电控制实验

如前所述，对于高阶系统要进行第二次继电控制实验，即在反馈环中插入一个积分环节。对大多数物理过程来说，随着频率的增加，Bode 图的幅频、相频曲线是递减的。因此，当加入积分环节后，振荡频率减小，而振荡幅度就将变大。

积分环节可以插在继电器环节的前面或后面。插在前面的方式有不少好处：实验的鲁棒性变得更强；反馈到继电环节的信号可以在计算机内处理，因而可以取很高的值；积分环节对于量测噪声还具有低通滤波器的效果。

为积分环节选取一个正确的初始值是一个重要的问题。为了使周期性振荡尽快地收敛，应将积分环节初始化为积分误差的峰值。但这个值事先并不知道。在实验中，可以根据

在没有使用积分环节时量测到的振荡幅度进行估计。

8. 振荡的进一步分析

当继电控制产生的振荡稳定时，要进行类似以前(见“3. 继电控制实验”)那样的量测。所不同的是，对于振荡曲线形状的量测 $\theta_0,\cdots,\theta_5$，是在真实的误差信号上形成的。开环 Nyquist 曲线上新的一点也利用以前的方法来求得。还可以求得一个离散时间的模型，用来近似真实受控过程在振荡频率附近的动态特性。近似模型的合理性也用原先的方法核实。

使模型 $G(s)=K_P e^{-sL}/(Ts+1)$ 满足被量测的稳态 $G(0)$ 以及相位为 $-90°$ 的振荡点，可以得到第 3 个模型，即近似表示真实受控过程在频率接近于零时的动态特性模型。

9. 模型的最终选取

根据已经得到的信息可以选择系统的最终模型：或者是一个带有延时的一阶系统 $G(s)=K_P e^{-sL}/(Ts+1)$，或者是一个二阶系统 $G(s)=K_P/(s^2+a_1 s+a_2)$。一阶模型针对具有主导延时的过程以及具有高阶动态特性的过程，如 $G(s)=1/(Ts+1)^n$（n 有较大的值）。二阶模型针对具有二阶动态特性的过程。

最终模型的选取规则如下：

(1) 如果 $\tau>0.8T_c/4$，则选取带有延时的一阶模型。这条规则针对具有主导延时和高阶特性的情况。

(2) 如果频率特性曲线在 $-90°$ 点处的量值与在 $-180°$ 点处的量值比较接近，而且在 $-180°$ 处的频率大约是在 $-90°$ 处频率的 2 倍，则选取一阶模型。这条规则针对具有主导延时情况。

(3) 如果在 $-180°$ 处的频率大约是在 $-90°$ 处频率的 2 倍，则选取一阶模型。这条规则针对具有高阶特性的过程。

(4) 如果带有延时的 3 种一阶模型的参数值比较接近，则选取一阶模型。这条规则针对具有一阶动态特性及具有延时过程。

(5) 否则选取二阶模型。

10. 最终模型的计算

根据选定的最终模型的类别，可以运用不同的方法来计算模型中的参数。如果是根据上述规则(4)选定的一阶模型，就取模型参数的平均值。在其他情况下，模型是有歧义的，因而并不清楚哪一个模型可以信赖。鉴于此，最终模型的参数就要根据量测到的频率点来计算。如果模型满足 $-180°$ 点和稳态增益，那么最终参数就取为该模型中的参数与满足 $-90°$ 点和稳态增益的原先得到的模型参数的平均值。如果最终选定的是二阶模型，可以使模型满足 $-180°$ 和稳态增益，从而得到模型参数。

11. 控制的最终设计

模型不同，控制的设计方法也不同。如果最终模型是带有延时的一阶系统，而且 $L>1.5T$，那么就可以采用极点配置的设计方法。采样间隔可选为 L，两个离散的极点位于

0.2处。对于受控过程的输出 y,可以使用一个数字低通滤波器。这种离散设计方法是有局限性的。例如,采样间隔就相当长,也即干扰不能立即检测出来。

如果最终选取定的是二阶模型,就可设计一个PID控制器,其闭环特征方程为

$$(s^2+2\xi\omega_0 s+\omega_0^2)(s+\omega_0)=0$$

其中,ξ 取为默认值0.707,ω_0 可以根据PID控制器中 K 的选择来隐式地求得。稳态增益 K 满足

$$K(1+N)=\frac{\Delta u}{\Delta n}$$

式中,N 为PID控制微分部分的低通滤波器的滤波因子,N 的默认值为5。

如果最终模型是带有延时的一阶系统,而且 $L\leqslant 1.5T$,那可用主导极点的设计方法(K. J. Åström 和 T. Hägglund,1988)。极点配置可采用PI、PD或PID控制。若为PI控制器 $G_R(s)=(K+K_I/s)$,则要使 K 和 K_I 的选择能得到一对共轭的主导极点,即满足

$$1+\left(K+\frac{K_I}{-\xi\omega_0\pm j\omega_0\sqrt{1-\xi^2}}\right)\times G(-\xi\omega_0\pm j\omega_0\sqrt{1-\xi^2})=0$$

其中,ξ 是指定的,而 ω_0 是设计参数。选取不同的 ω_0 来求解上式,可以得到一套控制器参数。对于PD控制器,也能得到类似的方程。对于PID控制器,极点选择为 $s=-\xi\omega_0\pm j\omega_0\sqrt{1-\xi^2}$ 和 $s=-\omega_0$,这样得到的方程与PI情况类似。

如上所述,为PI、PD、PID控制器选择不同的设计参数 ω_0,将形成3套控制器参数。对于每一套参数,可以确定一个最好的控制器。对于PI和PID控制器,ω_0 的选择要使得积分增益 K_I 在一定的约束条件下取得最大值,约束条件是:所有的控制器参数必须为正值,而且 ω_0 不能选得太大,否则将导致负实轴上的附加闭环极点向原点移动,从而破坏了所选极点的主导位置。对于PD控制器,ω_0 的选择要使得比例增益 K 在同样的约束条件下取得最大值。

究竟应该选择什么类型的控制器,这取决于不同的侧重考虑:控制目标是强调对于设置点的快速响应还是强调对于负载干扰的良好抑制性。如果最重要的是快速设置点响应,那就应该选择 ω_0 具有最大值的控制器。而且如果是PD控制器符合这一条件,那还必须保证稳态误差的值是可接受的;否则就应在最好的PID与最好的PI控制器之间作以下选择:如果 $0.7\omega_{0_{PID}}>\omega_{0_{PI}}$,那就选择PID控制器,否则选择PI控制器。此处规定0.7作为比较系数的理由是希望尽量不选择比较复杂的PID控制器。

在强调对于负载干扰的抑制性时,也首先考虑PD控制器。如果稳态误差可以接受,则选择PD控制器;否则就要在最好的PID与最好的PI控制器之间选择:如果 $0.7K_{I_{PID}}>K_{I_{PI}}$,那就选择PID控制器,否则选择PI控制器。

4.4.2 自动调整过程的实现

为了用基于知识的控制方法实现上述自动调整过程,应该把总的问题分解为两部分:所涉及的数值算法以及表示为知识源的控制知识。

1. 数值算法

自动调整过程所用到的数值算法如下。

(1) PID 控制器，以及线性离散控制器

$$R(q)u(k) = T(q)y_{\mathrm{ref}}(k) - S(q)y(k)$$

式中 R、S、T 为前向平移算子 q 的多项式。

(2) 继电控制算法，以及振荡分析器，用于继电控制实验。

(3) 统计算法，用以计算受控过程输出量的平均值、方差、最大值和最小值、控制误差及控制信号。

(4) 水平交叉检测算法，用以指示一个信号与某个水平值的交叉，量测这个信号达到水平值的时间。

(5) 二阶滤波器，可经过参数化而成为低通、高通、带通滤波器或者陷波滤波器。

2. 知识源

自动调整过程所用到的知识源可以组织如下。

(1) 询问用户知识源，向用户(操作者)询问有关受控过程特性和控制要求说明的一些问题。

(2) 手动控制监督知识源，监视手动控制。

(3) 继电控制监视知识源，对继电控制实验进行初始化和监视工作，完成继电控制实验的初步分析。

(4) 建模知识源，包含对受控过程建模以及对核实模型合理性的有关知识，如通过频率特性的测试建立模型、离散模型与连续模型之间的转换、最终模型的选取等。

(5) 控制设计知识源，包含设计控制方法的有关知识，如控制问题的性能描述、控制结构的选择、控制参数的计算等。

(6) 控制监视知识源，负责处理对于不同控制器的手动改变参数的命令。

(7) 解释知识源，对于受控过程和控制器有关问题生成解释。

(8) Y-统计知识源，对过程输出和误差进行统计。

(9) U-统计知识源，对控制信号进行统计。

以上知识源中，除了询问用户知识源是采用后向链产生式规则的表示方式，其余知识表示方式都采用前向链产生式规则。每个前向链知识源中包含 5～15 条规则。另外，还有一个专门的过程式知识源负责自动调整过程的知识源组合调度。

4.5　专家控制技术的研究课题

专家控制系统要完全做到实用化，还存在着许多有待研究和解决的技术课题，其中有些课题也反映了专家系统技术本身的发展。

4.5.1　实时推理

专家控制系统必须在线地获取动态信息，实时地进行过程控制。比起通常的专家系统，专家控制系统尤其需要研究实时推理问题。

1. 实时推理的特征

(1) 非单调推理(Non-monotonic reasoning)。人的思维推理过程具有非单调性,随着认识过程的进行,知识并不是单调地积累,而是有所否定、修正,有所调整、更新。专家控制的推理系统运行在一个动态环境中,所获得的传感器信息以及经过推导得到的事实都在动态地变化。因此,各种数据知识不可能持久,合法性随时间减弱。而且,由于外来事件的影响,合法的数据知识甚至可能变成不合法。这样,为了维持对于环境认识的一致性,推理系统必须能自动撤回或取消失去时效的推理论断。

(2) 异步事件的处理(Asynchronous events)。动态环境中的事件往往不是同时发生的,而且没有时间上的规律性。因此,推理系统必须具有接收和处理这些异步事件的能力。例如,中断正在进行的重要性程度较低的事件处理过程,转向新的处理过程;或者将新的事件加入动态知识库,专注于当前最重要的事件,根据原有的事实继续推理。

(3) 按时序推理(Temporal reasoning)。动态环境中,时间是一个重要的变量。系统必须能够恰当地表示知识的时效性,在不同的时间区间上推理过去、现在或未来的事件;而且还能对事件发生的时间次序进行推理。

(4) 带有时间约束的推理(Reasoning under time constraints)。出于实时控制的需要,系统的推理过程必须及时,在需要结论时推理过程保证能提供结论;而且推理过程必须限时,在限定的时间内推理过程应能提供尽可能好的解。因而推理系统要能对推理过程所需的时间作出估计,要能对推断结论的优劣以及不同的推理策略的优劣作出度量。

(5) 并行推理(Parallel reasoning)。并行性是指两个或多个事件在同一时间间隔内发生的现象。问题求解任务一般都可以自然地看作是对一系列并发事件同时进行推理的活动组合,在同一推理活动中也往往需要对多个知识因素(如产生式规则中的前提项)同时进行确认,这些情况都要求系统具有并行推理的能力。因此,推理机制中要解决不同推理活动的同步问题。在条件不具备时要能提供“挂起”某些事件的操作,等待一段固定时间,或者直至另外某个事件发生,然后再进行“解挂”操作。

(6) 不确定推理(Uncertain reasoning)。动态过程的实时控制中存在着大量的带有不确定性的知识。例如,系统中的随机性信息,启发式逻辑中的定性知识,由于传感器数据丢失造成的不完备信息等。因此,推理系统必须解决证据的不确定性问题、结论的不确定性问题以及多个规则支持同一事实时的不确定性问题。

(7) 其他。由于实际的过程控制都处于复杂、多变的运行环境之下,知识库的规模难免庞大,为缩短知识检索和匹配的时间,实时推理需要建立相应的实时操作知识库。由于处理符号信息的人工智能语言一般都不能快速处理数字信息,针对过程控制中存在大量数字计算的特点,实时推理的软件环境还需要把人工智能语言与过程语言结合起来,统一置于一个实时的多任务操作系统之下。最后实时推理要求系统的执行速度足够快,尽管速度快并不等于一定实时,但快速完成各种操作毕竟是实时系统的重要前提。

2. 实时推理方法的研究举例

完全满足实时推理的各方面需要是极为困难的,但研究实践中也提出了把问题解决到一定程度的方法。

对于带有时间效应的知识条目，在表示方法上应标注时间信息，以便于推理机按照时序进行推理。一般常用的方法是把知识条目表示成四元组（事实，特性，取值，时间）的形式，其中的“时间”信息标明了“事实”存在的有效期限。例如，在G2（Gensym，1987）系统中，每个测量数据都附有它的有效期限。这种时间期限可以传播到根据测量数据推导所得的事实。测量数据的有效性随着时间衰退，因而得到周期性的修改。这种方法可解决数据有效性所导致的非单调推理问题。G2系统是美国Gensym公司的产品，用Common Lisp语言编写，具有时序推理、突发事件处理、知识保持、实时调度、内部过程通信等能力，可用作专家控制系统的开发工具。

为了更有效地调用大量存在的动态时变数据信息，加快推理速度，可采用在推理机前附加一个数据调度器的方法（T. Murayame等，1989；B. Hayes-Roth和R. Washington，1989）。推理机将当前推理状态的信息传送给调度器，调度器根据这些信息对输入数据进行筛选和优先级排序，然后将推理机所需要的优先级最高的数据送给推理机，数据接收处理过程与推理过程并行工作，提高了推理的实时性。

对于并行推理活动，专家系统开发工具Muse（CCI，1987）采用了按知识源形式构造系统的方法。对于不同知识源的控制由一个“议程”机构来处理，它允许知识源之间的相互中断。实际上，本章所介绍的专家控制典型结构的原型系统就运用了这种方法。

针对带有时间约束的推理，一种“递进推理”的策略（M. L. Wright等，1986）是很有效的。系统的推理机把一个推理过程按其复杂程度分成几个不同的递进层次。顶层的推理演算最简单，层次越深推理费用越大，而且越能得到比较精确的推理结论。因此，在实时决策的过程中，推理机首先从顶层出发，如果时间约束允许，就递进地进入较深层次的推理，以便求取精确的解；如果时限已到，当前较高层次的决策就被接受，这样在充分运用推理时间的前提下得到了尽可能精确的推理结论。

由LISP Machine Inc.研制的实时专家控制系统PICON（Moore等，1984）多方面体现了过程控制中的实时推理功能。PICON最初用于蒸馏塔上的实时报警和咨询处理。它由一个高速数据处理系统和一个专家系统组成，与分布式过程控制系统相连。PICON选用Lambda/PLUS LISP机，其中LISP处理机用于专家系统的运行，完成高层的监控和诊断功能；还有MC68010处理器用于高速采集数据及低层的对过程检测和报警进行规则推理，MC68010处理器中备有实时智能机器环境RTIME。上述两个处理机可并行运行。PICON的硬件结构和软件环境相结合，可监视多达20000个过程变量和报警信号，可支持时序推理、并行推理、多系统通信、用户通信、面向图形的知识获取等多项功能。

4.5.2 知识获取

专家控制系统是一种基于知识的系统。与专家系统一样，专家控制系统的性能首先取决于它所拥有的领域知识的水平，其中涉及这些知识的类型、获取方法以及通过学习得到补充和更新等问题。

1. 浅层知识与深层知识的结合

从知识表达的结构层次上看，专家知识可分为浅层知识（Shallow knowledge）和深层知识（Deep knowledge）两大类。

所谓浅层知识,是指表示数据与行为、激励与响应之间的某种经验联系的知识,也可称为经验知识。熟练的操作人员、工程师和领域专家所具有的各种经验估计、启发式逻辑等都属于浅层知识(浅层知识的常用表达形式是产生式规则)。基于浅层知识,可以从已知条件和观察数据出发,直接推断出常见局势特征的最强联想或结论,进行以征兆为依据的浅层推理。因此,浅层知识具有启发性强、计算机表达容易、推理过程短及效率高等优点。

所谓深层知识,是指深入表示事物的结构、行为和功能等方面的基本模型的知识,也可称模型知识。各种物理定律、因果关系都属于深层知识,如说明电子线路元器件性质的基本原理(第一原理)、欧姆定律和基尔霍夫定理(第二原理)等(深层知识一般难以用规则形式表示)。基于深层知识,可以在遇到没有经验可循的新的运行局势时,或者遇到意料之外的运行局势时,从事物的基本概念出发分析、推断,即进行以特性为依据的深层推理。这种推理是间接的,实时性差,但是深层知识具有知识表示的条理性和完备性以及问题求解的灵活性和精确性。

浅层知识和深层知识都是人类专家认知事物的结果,二者的兼备是基于知识的系统发展的需要,能使系统的功能更接近于人类专家的水平。问题在于如何恰当地在知识的表示和运用方面将浅层知识与深层知识进行有机的结合。一般的思想是将知识结构"由上而下"地按层次组织,"由浅(上)入深(下)"地按需要运用,任何一个层次的知识都可以形成一个问题求解过程。这种"分层递阶"的思想实际上贯穿于智能控制的各个方面,但是具体的构造和处理方法需要针对问题领域设计,在浅层知识与深层知识的优、缺点之间进行折中。

应当指出,无论是浅层知识还是深层知识,都存在知识获取问题,浅层知识出于专家经验,知识工程师往往不容易从专家那里获得足够的资料,而且按运行局势的分类也很复杂。深层知识依赖于事物的模型,在模型带有不确定性的情况下,深层知识的抽象和提炼就非常困难。

2. 专家经验知识的获取

知识获取是指在人工智能和知识工程系统中机器如何获取知识的问题。获取专家系统工作所需要的知识,并将知识构造成可用的形式是研制专家系统的主要"瓶颈"之一。专家控制系统不但需要控制理论的知识,而且还需要控制专家的经验知识,它同样面临着知识获取这一难题。

控制专家的直觉、技巧和启发式逻辑等经验知识可以有两种状态:显知识状态,即知识处于能用语言表达或能用文字描述的状态;潜知识状态,即知识蕴涵在人的行为感觉或控制过程中,而处于一种"只可意会,不可言传"的状态。处于显知识状态或潜知识状态的经验知识可分别简称为显知识或潜知识,如骑自行车的直觉经验中就包含许多潜知识。显知识可以通过向控制专家直接咨询来获取,经过编辑形成规则等表达形式。而潜知识由于难以通过文字或语言的明确传授来得到,因而成为"瓶颈"问题的关键。

显知识与潜知识之间没有绝对的界限。如果能将潜知识中的因果关系分析清楚,并能用语言、文字加以表述,那么潜知识就可以转化为显知识。对显知识的深入分析也会使其中又包含许多潜知识。例如,一种明确的控制规律,整体上它属于显知识,但其中某些控制参数的设置问题就可能涉及一些潜知识。随着显知识中包含的潜知识向显知识转化,对问题的认识也就逐步深化。

潜知识获取的困难主要在于一个复杂问题包含着众多的潜知识，而这些潜知识之间往往彼此关联、相互耦合，而且分不清制约因素的主次，无法进行分析描述。

根据对专家经验中显知识和潜知识的上述研究认识，我国的张明廉、沈程智、何卫东等于 1992 年提出了一种“归约规则法”，探讨经验获取，仿人控制的解决途径。

归约规则法基于人工智能中的问题归约原理(Problem reduing principle)，即一个复杂问题的求解过程可以这样来进行：把复杂问题逐步化简分解为一系列次复杂问题，直到若干已有解决方案的简单的本原问题，如图 4.11 所示。解决本原问题后，依照逆过程进行综合，就可以解决复杂问题本身。

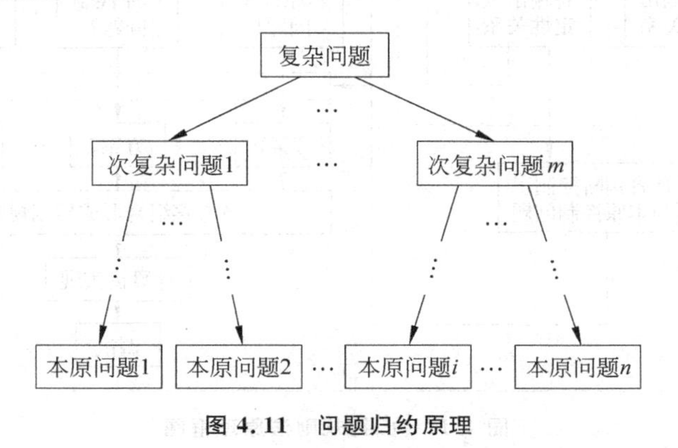

图 4.11　问题归约原理

归约规则法把归约原理的思想用于控制经验潜知识的获取，其间需经过 3 个步骤：对知识的输入与输出信息进行形式化描述；对融入复杂问题中的潜知识进行归约化简；对知识的输入与输出关系进行因果分析，最后得出某种映射规则。归约规则法获取经验知识并用于求解控制问题的原理如图 4.12 所示。

在图 4.12 中，含有大量潜知识的复杂控制问题的求解体现在两个方面。一方面是控制目标的归约分解，直至化简为本原控制问题，这些本原控制问题中包含的潜知识较少，或者可以根据控制专家的经验得到解决方案，或者可以通过对输入输出信息进行形式化描述直接得出某种映射关系从而形成解决方案。另一方面，还需要对复杂控制问题中的被控对象进行定性分析，以便确定实现控制目标的约束。被控对象的定性分析可以分解为输入输出定性关系以及各输出量之间定性关系的因果分析。这两种分析的结果要用来指导控制目标的归约，以便得到相关度较小的各本原问题，使它们的求解方案之间的制约影响尽可能小。这两种分析的结果同时还要提供给控制专家(或系统设计者)，用以判断依次分解的控制子目标是否成为本原控制问题。这种判断还要参考控制规则的调试结果。

由上可知，复杂控制问题求解过程的两个方面——被控对象定性分析和控制目标归约，是相互作用、相互影响的。定性分析过程把被控对象的定性知识与控制目标相结合，融入归约过程，使一些原来不易表述的控制经验潜知识化为显知识。而随着目标问题归约过程的进行所得到的有关问题的认识也会影响对被控对象的定性分析，即随着矛盾分析的化简，对被控对象有更深入的了解。

总之，归约规则法通过把复杂控制问题化简为本原问题，针对本原问题向控制专家咨询，这为经验知识获取提供了一种有效途径。这种有效性已在倒立摆控制的复杂问题求解

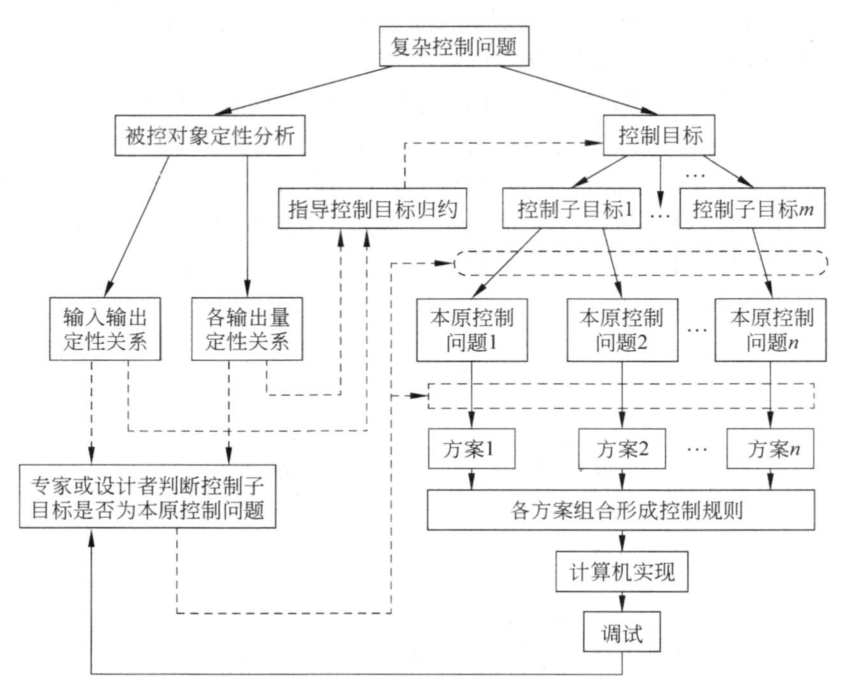

图 4.12 归约规则法原理框图

中得到了验证。在归约最优性(使本原控制问题相关度最小)、本原问题解决方案与控制规则间关系、归约深度等方面,归约规则法还有待进一步研究。

3. 动态知识获取

专家控制系统是一种基于知识的系统。它得益于所具有的专家知识,提供有效的控制,但在系统出现超出已有知识范围的异常情况时,就可能发生失控。专家控制系统不是专家,由于知识存储容量的限制、知识获取方法的困难等原因,它不可能包含专家的全部知识,因此需要具有某种在线、实时的学习能力,即动态环境中的知识获取能力,实际上,领域专家的知识也是要通过学习来积累的。

专注于学习功能的学习控制系统将在下一章讨论。一般的专家控制系统的学习功能可以通过在线获取信息以及通过人机交互接受新的知识条目来进行,在系统内部主要体现为知识库的自动更新和扩充,以及根据新的情况自动生成新的规则。这里涉及的实际上也是专家系统技术需要研究的难题。

专家控制系统与一般的专家系统不同,它是一种动态系统。通常情况下,专家控制系统的运行节奏是由它自身决定的,而不为操作人员所左右。因此,在人机交互的过程中,操作人员必须能够随时"跟上"系统或"超前"于系统,而不是让受控过程停下来等待操作人员的作用。这样,人机交互就需要在一种中断机制下工作,具备产生于人、机两方面的高级中断能力。其次,工业过程的现场环境中往往有多个操作人员,他们从不同侧面监视系统的运行,而又在同一个人机接口下工作。因此,必须对"多人一机"的人机交互提供动态知识的协调、组织能力。另外,过程控制系统常常有大量的检测点,通过在线获取的信息还必须保证知识的实时性和一致性。上述有关动态知识的获取和处理问题在 PICON 系统中得到了一定程度的研究。

在知识库的自动更新和扩充方面，主要涉及知识的同化和调整等知识库的管理问题。例如，当新获取的知识与知识库里原有的知识发生矛盾、冲突时，就需要根据某种原则进行取舍，或者通过人机会话进行裁决；当发现新旧知识形成冗余时，就需要通过某种机制消除冗余；当表明新知识在语义上独立，在形式、规范上一致时，就需要自动地把这些知识加入到知识库中，而且需要首先通过某种方法把它们变为规则等知识表示形式。知识的调整问题包括知识的重新整理、语义精炼、知识的分组和排序等操作。上述有关知识库的管理问题可参见知识工程方面的文献。

总之，专家控制系统的知识获取给实时知识工程技术提出了许多新的课题。

4.5.3 专家控制系统的稳定性分析

稳定性是工程控制系统最基本、最重要的品质属性。简单地说，系统受到扰动而偏离平衡状态时，如在扰动消失后系统能由初始偏差状态回复到平衡状态，则是稳定的，否则是不稳定的。传统的控制理论对稳定性给予极大的重视，认为这是系统分析与综合设计中的重要问题。基于严格的数学模型，控制理论对于线性系统的稳定性已有了一般的分析方法和判据，而对于非线性系统，只限于特定的系统、特定的方法。

专家控制系统的稳定性分析是一个研究中的难题。这是因为，它涉及的对象具有不确定性或非线性，它实现的控制基于知识模型，而其中的经验知识具有启发式逻辑、模糊逻辑，因此，专家控制系统本质上是非线性的。控制理论中已有的稳定性分析无法直接用于专家控制系统。

以下列举几种专家控制系统稳定性分析的研究方法。

1. 不稳定指示器

从某种意义上说，专家控制的基本根据就是对系统性能的监控，因此对于不稳定性的及时提早检测尤为重要。但问题是对于不稳定性的出现和发生缺乏明确的定义，因而只能用启发式的方法加以研究。一种“稳定性指标”法(G. T. Russel 和 M. Malcolm，1976)把控制误差平方的短期均值与参考输入平方的短期均值进行比较，如果前者的增长比后者快，则认为是不稳定的。但这种方法的决策方程中包含一种“任意”系数，它实际上决定于系统参数。另一种方法(C. G. Nelser，1985)通过对输出的短期均值与输出的绝对值均值之间的关系导出一种指标，但只是表明了振荡而不是不稳定。

J. Gertler 和 H-S. Chang 指出，不稳定性可通过对象输出量的连续增加幅值是否具有振荡性来描述。对象输出幅值有 4 种类型(见图 4.13)：增幅振荡——表明不稳定；等幅振荡(系统内存在极限环)——也表明不稳定，衰减振荡——表明过渡过程；恒值输出——表明稳态。

针对上述 4 种类型的输出，可以设计一种不稳定性指示器，对系统是否稳定进行启发式的分析。这种指示器中包括：趋势分析器——分析对象输出幅度；“整流”器——对检测信号进行绝对值运算或平方运算；平滑器——对“检波”信号进行滤波。“整流”器和平滑器的作用是对振荡或非振荡输出给出一种统一的表示。

1）输出趋势的获取和分析

如图 4.14 所示，对象输出 $y(t)$的趋势可以由两个不同时间区间上的均值 $h_1(t)$与 $h_2(t)$

之差 $h(t)$ 来测量，即

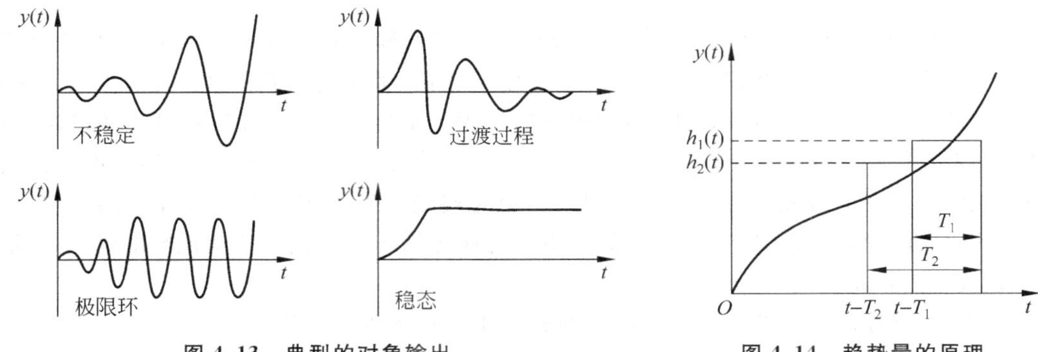

图 4.13　典型的对象输出

图 4.14　趋势量的原理

$$h(t)=h_1(t)-h_2(t)=\frac{1}{T_1}\int_{t-T_1}^{t}y(\tau)\mathrm{d}\tau-\frac{1}{T_2}\int_{t-T_2}^{t}y(\tau)\mathrm{d}\tau$$

式中，时间区间 $T_2>T_1>0$；$h(t)$ 为"趋势量"它具有以下两条重要性质。

首先，趋势量 $h(t)$ 与输出量 $y(t)$ 的导数具有近似的比例关系。设 $y(t)$ 可近似为线性系统的输出，如果系统不存在多重极点，那么 $y(t)$ 为指数函数和指数-三角函数的组合。对于指数分量 $y(t)=\mathrm{e}^{\alpha t}$，就有

$$h(t)=\frac{\mathrm{e}^{\alpha t}}{\alpha\left[\frac{1}{T_1}(1-\mathrm{e}^{\alpha T_1})-\frac{1}{T_2}(1-\mathrm{e}^{\alpha T_2})\right]}$$

式中，α 为 $\mathrm{e}^{\alpha t}$ 的时间常数，如果 T_1、T_2 相对于 $\frac{1}{\alpha}$ 较小，那么指数函数可近似为它的 Taylor 级数的前 3 项，即取 $\mathrm{e}^{\alpha t}=1+\alpha T+\alpha^2T^2/2$，$T=T_1$（或 T_2），这样上式可变为

$$h(t)=\frac{1}{2}(T_1-T_2)\alpha\mathrm{e}^{\alpha t}$$

而 $\alpha\mathrm{e}^{\alpha t}$ 可视为 $\mathrm{e}^{\alpha t}$ 的导数，于是

$$h(t)=\frac{1}{2}(T_1-T_2)\frac{\mathrm{d}y(t)}{\mathrm{d}t}$$

对指数余弦函数分量 $y(t)=\mathrm{e}^{\alpha t}\cos(\omega t+\phi)$ 在写成复数形式 $y(t)=\frac{1}{2}\left[\mathrm{e}^{(\alpha+\mathrm{j}\omega)t+\mathrm{j}\phi}+\mathrm{e}^{(\alpha-\mathrm{j}\omega)t-\mathrm{j}\phi}\right]$ 形式后，仍然可得到同样的结论

$$h(t)=\frac{1}{2}(T_1-T_2)[\alpha\mathrm{e}^{\alpha t}\cos(\omega t+\phi)-\omega\mathrm{e}^{\alpha t}\sin(\omega t+\phi)]=\frac{1}{2}(T_1-T_2)\frac{\mathrm{d}y(t)}{\mathrm{d}t}$$

此处，不但要求 T_1、T_2 相对小于 $\frac{1}{\alpha}$（包络线时间常数），而且要小于 $\frac{2\pi}{\omega}$（余弦函数周期），即为了得到较好的近似，与 T_1、T_2 相对应的两个"窗口"只能覆盖输出振荡周期很小的一段。

其次，趋势量 $h(t)$ 消除了作用在输出量 $y(t)$ 上的瞬时干扰（如突然的跳变或脉冲），因而，从不稳定性指示的观点看，$h(t)$ 比观察 $y(t)$ 的导数更合适。瞬时干扰对输出量导数的影响是非常严重的，但对 $h(t)$ 的影响却可得到极大的平滑。例如，对于图 4.15(a)所示的脉冲对趋势量的影响为：

若脉冲跨越两个"窗口"，$h(t)=cd(T_2-T_1)T_1T_2$

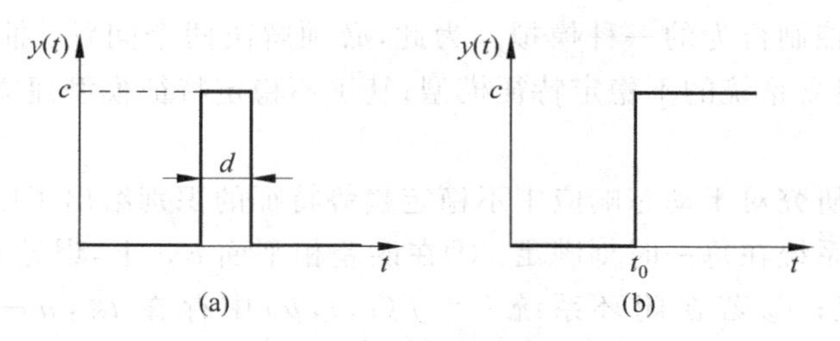

图 4.15 典型的瞬时干扰

若脉冲仅位于 T_2“窗口”，$h(t)=-cd/T_2$

而对于图 4.15(b)所示的阶跃对趋势量的影响为

若阶跃跨越两个“窗口”，$h(t)=c(t-t_0)(T_2-T_1)/T_1T_2$

若阶跃仅位于 T_2“窗口”，$h(t)=c[1-(t-t_0)/T_2]$

最大的影响是当阶跃发生于小“窗口”的左极限处，即 $t-t_0=T_1$，这时有

$$h(t)=c(T_2-T_1)/T_2$$

趋势量的分析可以用数字滤波器来实现。

2)“整流”和平滑

“整流”和平滑操作可以先于或者后随趋势分析，如图 4.16 所示。对于图 4.16(a)，趋势分析器接收的是经“整流”和平滑的输出量。如果是非振荡的，“整流”不起作用，而平滑将造成某种时延；如果是振荡，则被“整流”为单边波形，而其高次谐波、噪声、干扰就被衰减。这样输入趋势分析器的是与对象输出成比例的信号。上述方式无法检测极限环。对于图 4.16(b)，趋势量要被“整流”和平滑。如果是非振荡的，则造成某种时延；如果是振荡的，则趋势量还取决于“窗口”长度(相对于振荡周期)。为了有较好的灵敏度，大“窗口”(T_2)不能超过振荡周期的一半。这种方式可以检测极限环，但掩盖了趋势量的方向(导数的正、负号)。

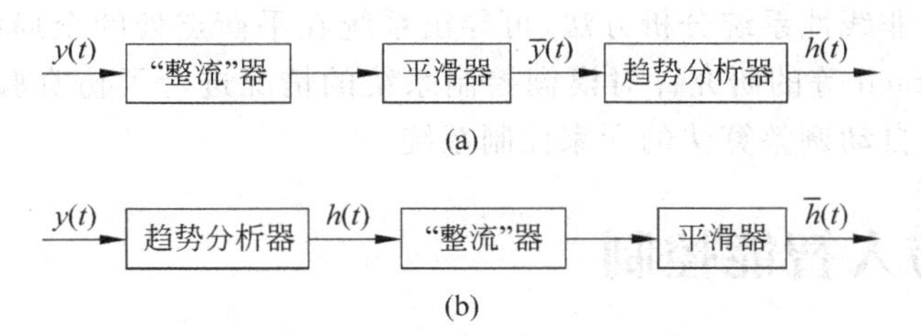

图 4.16 不稳定指示器的组合

2. 智能控制系统的稳定性监控

这种研究认为，包括专家控制在内的智能控制系统都含有记忆的非线性和变结构控制，而且由于对象和环境的不确定性，难以对系统的稳定性作出离线分析，无法得到系统稳定裕度的解析表达，因此难以研究稳定性特征与系统稳定程度之间的定量关系。但是，系统的输出是控制作用与被控对象内部特征的综合反映，系统不稳定趋势的出现总是一定的特征反映到系统的响应之中，在手动控制中，控制操作者总是能根据输出的不稳定特征，作出在线的预估判断，并以相应的控制策略消除这种不稳定趋势，在线保证系统的稳定性，稳定性监

控就是对人的这种控制行为的一种模拟。为此,必须解决两个问题:抽取反映系统稳定性趋势的特征信息,建立系统的不稳定特征模型;基于不稳定特征模型建立相应的监控模态集和推理规则集。

稳定性监控的研究对于动态响应中不稳定趋势特征的识别给出了以下结论:

如果智能控制系统在每一时刻满足:①在误差相平面 $e\text{-}\dot{e}$ 上,误差相轨迹绕原点运动,或直接收敛于原点;②若在闭环系统 $\dot{e}=f(e,t,u)$ 中存在 t_{2n},$n\in$ 非负整数,使 $\dot{e}=f(e,t_{2n},u)=0$,则在区间 $[t_{2n},t_{2(n+1)}]$ 内存在唯一的 t_{2n+1},使 $\frac{\mathrm{d}}{\mathrm{d}}te(t)=\frac{\mathrm{d}}{\mathrm{d}t}f(e,t_{2n},u)=0$,且 $|e(t_{2n+1}-\tau)|\geqslant|e(t_{2n+1}+\tau)|$,$\tau\in[t_{2n+1},t_{2(n+1)}]$;③$\frac{\mathrm{d}}{\mathrm{d}e}\dot{e}(t)<0$。那么系统是稳定的。

上述结论是系统稳定的充分条件,当系统输出不满足上述条件时,系统可能具有不稳定趋势。由于 $\dot{e}(t)$ 在相位上超前 $e(t)$,因而上述的稳定性判断是一种超前的预估判断,这为在线校正系统提供了可能。例如,在系统的零状态阶跃响应中,当 $e(t)$ 接近零时,就可以判断系统是否出现不稳定趋势,而无须等到 $e(t)$ 的第二个极值点出现或 $e(t)$ 单调升降超过允许阈值。因此,特征量 $\mathrm{d}\dot{e}(t)/\mathrm{d}e$ 是反映系统稳定性的一个重要特征。

3. 全局分析的稳定性指标

J. Aracil 等认为,任何基于规则控制的系统都是一种非线性系统,这主要是因为控制闭环中包含了逻辑单元。这类系统可以表示为具有非线性控制律 $u=\phi(x)$ 的如图 4.17 所示的闭环结构。

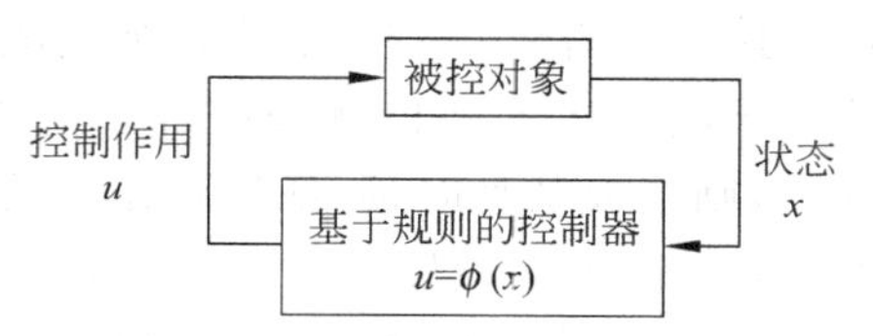

图 4.17 基于规则控制的系统

系统的状态方程可表示为

$$\dot{\boldsymbol{x}}=\boldsymbol{f}(\boldsymbol{x})+B\phi(\boldsymbol{x})$$

式中 $\boldsymbol{f}(\boldsymbol{x})$ 为单调递增的对象函数(线性或非线性),系统以原点为平衡点,即 $\boldsymbol{f}(0)=0,\phi(0)=0$。利用一种全局矢量场的非线性系统分析方法,可导出系统在平衡点处的全局稳定性指标和相对稳定性指标。J. Aracil 等的研究针对模糊控制系统的情况进行了仿真验证,并认为这种方法可以推广到基于自动调整算法的专家控制系统。

4.6 一种仿人智能控制

广义上,各种智能控制方法研究的共同点就是使工程控制系统具有某种"仿人"的智能,即研究人脑的微观或宏观的结构功能,并把它移植到工程控制系统。事实上,控制理论本身的研究就是从模仿人的控制行为开始的,迄今为止世界上最高级的控制器还是人类自身。K. S. Fu 阐述智能控制的研究背景时,首先提出的是人作为控制器的系统。

早在 20 世纪 80 年代,我国的周其鉴、李祖枢、陈民岫等就提出了仿人智能控制的研究方向。他们认为:应将对人脑的宏观结构功能模拟与对人控制器的行为功能模拟结合,仿人智能控制器的研究应从分层递阶智能控制系统的最低层次(运行控制级)着手,直接对人的控制经验、技巧和各种直觉推理逻辑进行测辨、概括和总结,编制成各种简单实用、精度高、鲁棒性强、能实时运行的控制算法,用于实际控制系统。这种仿人智能控制的研究与专家控制密切相关,本节将介绍它的理论方法和要点。

4.6.1 概念和定义

1. 特征模型

智能控制系统的特征模型 Φ 是对系统动态特性的一种定性与定量相结合的描述,是针对控制问题求解和控制指标的不同要求对系统动态信息空间 Σ 的一种划分。如此划分出的每一区域分别表示系统运动的一种特征动态 ϕ_i,特征模型为全体特征状态的集合。

$$\phi=\{\phi_1,\phi_2,\cdots,\phi_n\},\quad \phi_i\in\Sigma$$

在图4.18(a)所示的系统动态信息空间 Σ 中,每一块区域都对应于图4.18(b)中系统偏差响应曲线上的一段,表明系统正处于某种特征运动状态。例如,特征状态

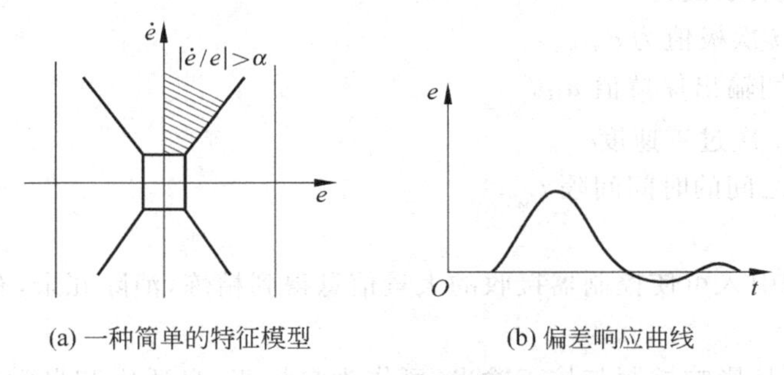

(a) 一种简单的特征模型　　(b) 偏差响应曲线

图4.18 特征状态的示例

$$\phi_1=\{e\cdot\dot{e}\geqslant 0\cap|\dot{e}/e|>\alpha\cap|e|>\delta_1\cap|\dot{e}|>\delta_2\}$$

就表明系统正处于受扰动作用以较大速度偏离目标值的状态。式中 α、δ_1 和 δ_2 为阈值。

从上式可以看出,特征状态由一些特征基元的组合描述。设特征基元集为

$$Q=\{q_1,q_2,\cdots,q_n\}$$

基元 q_i 的常用表示设为

$$q_1: e\cdot\dot{e}\geqslant 0;q_2:|\dot{e}/e|>\alpha;q_3:|e|<\delta_1;q_4:|e|>M_1;q_5:|\dot{e}|<\delta_2;$$

$$q_6:|\dot{e}|>M_2;q_7:e_{m_i-1}\cdot e_m>0;\ q_8:|e_{m_i-1}/e_m|\geqslant 1;\cdots$$

式中,α、δ_1、δ_2、M_1 和 M_2 均为阈值;e_{m_i} 为误差的第 i 次极值。

若特征模型和特征基元集分别以向量表示,即

$$\boldsymbol{\Phi}=(\phi_1\phi_2\cdots\phi_n),\boldsymbol{Q}=(q_1q_2\cdots q_m)$$

则二者的关系可表示为

$$\boldsymbol{\Phi}=\boldsymbol{P}\odot\boldsymbol{Q}$$

式中 $\boldsymbol{P}$ 为一关系矩阵,其元素 p_{ij} 可取−1、0或1这3个值,分别表示取反、取零和取正。符号⊙表示"与"的矩阵相乘关系。例如

$$\phi_i=[(p_{i1}\cdot q_1)\cap(p_{i2}\cdot q_2)\cap\cdots\cap(p_{im}\cdot q_m)]$$

当除 $p_{i1}=1$,$p_{i2}=-1$ 之外的 $\boldsymbol{P}$ 的第 i 行元素全为零时,$\phi_i=[e\cdot\dot{e}\geqslant 0\cap|\dot{e}/e|\leqslant\alpha]$。

总之,反映系统运动状态的所有特征信息构成了系统的特征模型,成为控制器应有的先验知识。

2. 特征辨识

特征辨识是仿人智能控制器依据特征模型$\boldsymbol{\Phi}$对采样信息进行在线处理、模式识别，从而确定系统当前处于什么样的特征状态的过程。

3. 特征记忆

特征记忆是指仿人智能控制器对一些特征信息的记忆，这些特征信息或者集中地表示了控制器前期决策与控制的效果，或者集中地反映了控制任务的要求以及被控对象的性质。所记忆的特征信息称为特征记忆量，其集合记为

$$\Lambda = \{\lambda_1, \lambda_2, \cdots, \lambda_p\} \quad \lambda_i \in \Sigma$$

特征记忆量的常用表示设为

λ_1：误差的第i次极值为e_{m_i}。

λ_2：控制器前期输出保持值u_H。

λ_3：误差的第i次过零速度$\dot{e}_{0_i}$。

λ_4：误差极值之间的时间间隔t_{e_m}。

…

特征记忆量的引入可使控制器接收的大量信息得到精炼，消除冗余，有效地利用控制器的存储容量。

特征记忆可直接影响控制与校正输出，可作为自校正、自适应和自学习的根据，也可作为系统稳定性监控的依据。

4. 控制(决策)模态

控制(决策)模态是仿人智能控制器的输入信息和特征记忆量与输出信息之间的某种定量或定性的映射关系。控制(决策)模态的集合记为

$$\Psi = \{\psi_1, \psi_2, \cdots, \psi_l\}$$

其中，定量映射关系Ψ_i可表示为

$$\Psi_i: u_i = f_i(e, \dot{e}, \lambda_i, \cdots) \quad u_i \in U \quad (\text{输出信息集})$$

定性映射关系Ψ_j可表示为

$$\Psi_j: f_j \rightarrow \text{IF}(\text{条件})\text{THEN}(\text{操作})$$

人的控制策略是灵活多变的，不仅因对象而异，而且对同一对象在不同的动态响应状态下或不同的控制要求下也会采取不同的控制策略。这种多变的策略表现为多样的控制(决策)模态，称为多模态控制(决策)。

4.6.2 原理和结构

1. 仿人智能控制的基本原理

在人参与的控制过程中，经验丰富的操作者不是依靠对象的数学模型，而是根据对象的某些定性知识以及自己积累的操作经验进行推理，并且在线确定或变换控制策略。简而言之，人(控制专家)的控制(决策)过程实质上是一种启发式的直觉推理过程。

仿人智能控制方法的基本原理是模仿人的启发式直觉推理逻辑，即通过特征辨识判断系统当前所处的特征状态，确定控制（决策）的策略，进行多模态控制（决策）。

特征辨识和多模态控制实际上是一种具有二次映射关系的信息处理过程。其中的一次映射是特征模型到控制（决策）模态集的映射，即

$$\Omega: \Phi \rightarrow \Psi, \quad \Omega = \{\omega_1, \omega_2, \cdots, \omega_l, \cdots, \omega_s\}$$

这是一种定性映射，模仿人的启发式直觉推理，可用产生式规则表示为

$$\omega_i: \text{IF } \phi_i \text{ THEN } \psi_i$$

再一次映射是控制（决策）模态本身所包含的映射，即

$$\Psi: R \rightarrow U, \quad \Psi = \{\psi_1, \psi_2, \cdots, \psi_i, \cdots, \psi_r\}$$

式中，R 为控制器输入信息集合 E 与特征记忆量集合 Λ 的并；U 为控制器输出信息的集合。如 4.6.1 小节所述，这一次映射或者表示为定量映射，或者表示为定性映射。

为简化起见，上述二次映射关系可定义为两个三重序元关系。设仿人智能控制过程表示为 IC，则有

$$\text{IC} = (\Phi, \Psi, \Omega), \quad \Psi = (R, U, F)$$

式中 F 表示控制（决策）模态包含的映射关系。

控制模态集 Ψ 也应是仿人智能控制器的先验知识。实际上每一控制模态都可由一些模态基元构成。例如，在运行控制这一层次上，相应的控制模态集中，常用的模态基元表示有

m_1：比例控制模态基元 $K_{\mathrm{P}}e$。

m_2：微分控制模态基元 $K_{\mathrm{D}}\dot{e}$。

m_3：积分控制模态基元 $K_{\mathrm{I}}\int e\mathrm{d}t$。

m_4：峰值误差和控制基元模态 $K\sum_{i=1}^{n} e_{\mathrm{m}_i}$。

m_5：保持控制模态基元 u_{H}。

m_6：磅-磅控制模态基元 $\pm u_{\max}$。

…

设输出信息集 $\boldsymbol{U}$ 也表示输出量的向量，$\boldsymbol{M}$ 为由控制模态基元组成的向量，则有

$$\Psi: \boldsymbol{U} = \boldsymbol{L}\boldsymbol{M}$$

式中 $\boldsymbol{L}$ 为关系矩阵，元素只有 -1、0、1 这 3 种，由此构成的控制模态就可以有

Ψ_1：比例微分加保持 $u = u_{\mathrm{H}} + K_{\mathrm{P}}e + K_{\mathrm{D}}\dot{e}$。

Ψ_2：开环保持 $u = K\sum_{i=1}^{n} e_{\mathrm{m}_i}$。

Ψ_3：磅-磅控制 $u = \pm u_{\max}$。

…

2. 仿人智能控制器的结构

仿人智能控制器可表示为一种高阶产生式系统结构，它由目标级产生式和间接级产生式组成，具体的结构是分层递阶的，并遵照层次随“智能增加而精度降低”的原则。较高层解

决较低层中的状态描述、操作变更及规则选择等问题,间接影响整个控制问题的求解。这种高阶产生式系统结构实际上是一种分层信息处理与决策机构。

图4.19表示了一个单元控制器的二阶产生式系统结构。

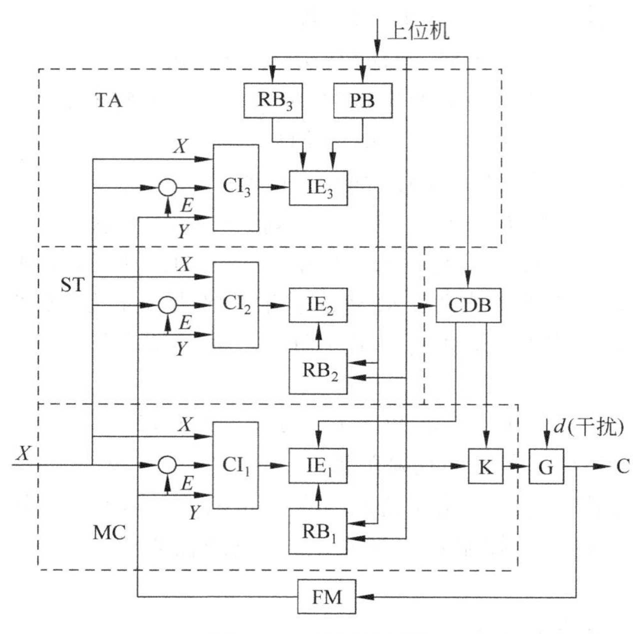

图 4.19 单元控制器

在图4.19中,运行控制层MC是目标级产生式,直接面对实时控制问题,构成0阶产生式系统;参数校正层ST属间接级产生式,解决MC中控制模态的自校正问题,对实时控制起间接作用,ST与MC一起构成一阶产生式系统;任务适应层TA也属间接级产生式,解决MC、ST中特征模型、推理规则、控制模态的选择和修改,以及自学习生成的问题,它更间接地影响实时控制,TA、MC和ST一起构成二阶产生式系统。系统的每层结构都有各自的数据库DB、规则库RB、特征辨识器CI和推理机IE,层间信息交换通过公共数据库完成。这种紧耦合的并行运行机制便于实现快速的自适应和自学习控制。

图4.19所示的单元控制器各层都用二次映射关系来描述,即

$$\mathrm{IC}=(\Phi,\Psi,\Omega),\quad \Psi=(R,U,F)$$

其中,$\Phi=\{\Phi_1,\Phi_2,\Phi_3\}$,$R=\{R_1,R_2,R_3\}$,$\Psi=\{\Psi_1,\Psi_2,\Psi_3\}$,$U=\{U_1,U_2,U_3\}$,$\Omega=\{\Omega_1,\Omega_2,\Omega_3\}$,$F=\{F_1,F_2,F_3\}$。

式中各量的下标“1”、“2”、“3”分别相应于MC、ST、TA的层次序号(下同)。

在MC和ST中,特征辨识器CI_1和CI_2按照各自的特征模型Φ_1和Φ_2,根据给定输入X,经滤波器FM处理后得到系统输出Y及系统输出误差Y等在线信息,判别系统当前所处的特征运动状态,再通过推理机IE_1和IE_2,分别由规则集Ω_1和Ω_2直接映射到控制模态集Ψ_1和参数校正模态集Ψ_2,激励相应的控制模态和参数校正模态,进而完成输入到控制或校正输出的映射。若对象G是多变量系统,需经协调器K协调后完成控制任务。

在TA中,总规则库RB_3存放着有关领域控制专家的先验知识,以及实现自学习功能的元知识(Φ_3,Ψ_3,Ω_3)。PB是控制性能指标库,存放着预先设置好的各种直观的性能指标

（如上升时间、超调量等）和瞬态指标。

TA 的主要功能是任务适应和自学习寻优，即完成(Φ_1,Ψ_1,Ω_1)和(Φ_2,Ψ_2,Ω_2)的自组织、自修正和自生成过程，初投入运行时，TA 首先通过试探控制来积累足够的信息，按照已有的先验知识选择或初始划分特征信息空间，形成初始的$(\Phi_{10},\Psi_{10},\Omega_{10})$和$(\Phi_{20},\Psi_{20},\Omega_{20})$。然后在控制中完成 MC 和 ST 的任务适应和自学习寻优，其过程可描述为产生式

$$\text{IF } \{\Phi'_3,\Lambda,P_b\} \text{ THEN } \{\Phi_1,\Psi_1,\Omega_1\} \text{ and } \{\Phi_2,\Psi_2,\Omega_2\}$$

式中，Φ'_3为任务适应或自学习的特征模型；Λ 为特征记忆集；P_b 为问题求解的目标集。运行中若任务或对象类型发生变化，TA 首先通过变化了的特征模型 Φ''_3确定新的目标集 P'_b，并结合控制中形成的新的特征记忆集 Λ'，对 MC 和 ST 进行增删或修改，这种过程可表示为产生式

$$\text{IF } \Phi''_3 \text{ THEN } P'_b$$

$$\text{IF } \{\Phi''_3,\Lambda',P'_b\} \text{ THEN } \{\Phi'_1,\Psi'_1,\Omega'_1\} \text{ and } \{\Phi'_2,\Psi'_2,\Omega'_2\}$$

任务适应和自学习寻优过程结束后，TA 成为一个稳定性监控器。它根据对系统不稳定的特征模型的判别，确定消除不稳定因素的措施。

4.6.3 仿人智能控制的特点

总结上述仿人智能控制方法的原理和结构，可归纳为以下特点。

（1）分层的信息处理和决策机构。

（2）在线的特征辨识和特征记忆。

（3）开、闭环控制，正、负反馈控制和定性决策与定量控制结合的多模态控制。

（4）启发式直觉推理逻辑的运用。

具体地，启发式直觉推理逻辑可由人工智能的产生式规则描述；在线特征辨识和特征记忆依据特征模型进行，而特征模型的建立与模式识别、知识获取和表示的技术密切相关；多模态控制建立在经典控制理论基础上，各种控制模态的设计充分利用了控制理论的成果；分层递阶的信息处理和决策机构可依靠计算机硬件和软件的发展得到支持。

仿人智能控制的方法还表明，智能控制的研究目标不是被控对象，而是控制器如何对控制专家的经验行为和知识结构的模仿；辨识和建模的目标不是对象的数学模型，而是整个系统的动态特征模型和控制器定性与定量结合的知识模型。

对于本节介绍的仿人智能控制方法，重庆大学智能控制研究室已对一些控制对象的控制器进行了设计和仿真，并对基于特征辨识和特征记忆的多模态控制（决策）所导致的新问题进行了研究，如多性能指标优化、控制器的能控性、推理的可达性和可信度、稳定性监控及系统智商的量测等。

第5章 学习控制

学习是人类获取知识的主要形式，是人类智能的显著标志，是人类提高智能水平的基本途径。因此，学习也是智能控制的重要属性。这里主要指自学习，即自动获取知识、积累经验、不断更新和扩充知识，以改善性能。

学习控制是智能控制的一个重要的研究分支。K. S. Fu把学习控制与智能控制相提并论，从发展学习控制的角度首先提出智能控制的概念(K. S. Fu，1971)。他推崇在控制问题中引入拟人的自学习功能，研究各种机器系统可以实现的学习机制。

学习控制与自适应控制一样，是传统控制技术发展的高级形态，但随着智能控制的兴起和发展，已被看做是脱离传统范畴的新技术、新方法，可形成一类独立的智能控制系统。

学习的概念含义丰富而又难以确切界定，因而学习控制的研究目前也缺乏系统的理论表达。

5.1 概述

5.1.1 学习控制问题的提出

智能控制的任务也可以这样来表达：要使闭环控制系统在相当广泛的运行条件范围内，在相当广泛的运行事件范围内，保持系统的完善功能和期望性能。而实现这一任务的困难是，受控对象和系统的性能目标具有一定的复杂性和不确定性。例如，受控对象通常存在非线性和时变性；尤其是受控对象的动力学特性往往建模不良，也可能是设计者主观上未能完整表达所致，或者是客观上无法得到对象的合适模型；其他还有多输入多输出、高阶结构、复杂的性能目标函数、运行条件有约束、测量不完全和部件发生故障等因素。

学习控制的作用是为了解决主要由于对象的非线性和系统建模不良所造成的不确定性问题，即努力降低这种缺乏必要的先验知识给系统控制带来的困难。

K. S. Fu指出，在设计一个工程控制系统时，如果受控对象或过程的先验知识全部是已知的，而且能确定地描述，那么从合适的常规控制到最优控制的各种方法都可利用，求得满意的控制性能；如果受控对象或过程的先验知识是全部地或者局部地已知，但只能得到统计的描述(如概率分布、密度函数等)，那么就要利用随机设计或统计设计技术来解决控制问题；然而如果受控对象或过程的先验知识是全部未知的或者局部未知的，这时就谈不上完整的建模，传统的优化控制设计方法就无法进行，甚至常规控制方法也不能简单地使用。

对于先验知识未知的情况，可以采取两种不同的解决方法。一种是忽略未知部分的先验知识，或者对这些知识预先猜测而把它们视同已知，这样就可以基于知识“已知”来设计控制，采取保守的控制原则，安于低效和次优的结果；另一种方法是在运行过程中对未知信息进行估计，基于估计信息采用优化控制方法，如果这种估计能逐渐逼近未知信息的真实情况，那么就可与已知全部先验知识一样，得到满意的优化控制性能。

由于对未知信息的估计逐步改善而导致控制性能的逐步改善，这就是学习控制。

应当指出，学习控制所面临的系统特性在一定环境条件下实际上是确定的，而不是不确定的，只是在于事先并不清楚，但随着过程的进展可以设法弄清楚。换言之，不可知的信息无法学习，学习是对事先未知的规律性知识的学习。

5.1.2 学习控制的表述

学习这一概念在日常生活中使用极其广泛，非常通俗，目前没有公认的统一定义。人们从不同的学科角度、不同的理解层次来表述学习、学习控制和学习控制系统。

Wiener 从物种随时间变异的现象给出了学习的最一般的定义(Wiener，1965)：具有生存能力的动物，是那些在它的个体的一生中，能被它所经历的环境所改造的动物。一个能繁殖的动物，至少能够产生与它自己大略相似的动物，虽然这种动物不会完全相似到随时间的推移而不再发生变化的程度。如果这种变化是自我可遗传的，则就有了一种能受自然选择的原料。如果这种变化以某种行为形式显现出来，则只要该行为不是有害的，则这种变化就会一代一代地继续下去。这种从一代到下一代的变化形式就称为种族学习或系统发育学习，而特定个体中发生的行为变化或行为学习，则称为个体发育学习。

Shannon 对于学习的定义考虑了所有可能的个体发育学习中的一个子集(R. M. Glorioso，1975)：假定一个有机体或一台机器处于某类环境中，或者同该类环境有联系，而且假定存在一个对该环境是“成功”的量度或“自适应”的量度。进一步假定，这种量度在时间上是比较局部的量度，即人们能在比该有机体生命期短的时间内，测定这个成功的量度。如果对于所考虑的这类环境，这种局部的成功量度有随时间而改善的趋向，那么可以说，相对于所选择的成功量度，该有机体或机器正在为适应这类环境而学习着。

Osgood 从生理学角度表述了学习的定义(R. M. Glorioso，1975)：所谓学习是指在同类特征的重复情境中，有机体个体靠自己的自适应性，使自己的行为和在竞争反应中的选择不断地改变、增强。这类选择变异是由个体的经验形成的。

上述定义对于学习本质的认识，有助于在工程控制系统中研究开发学习功能。

K. S. Fu 详细阐述了学习控制的意义，指出学习控制器的任务是在系统运行中估计未知的信息并基于这种估计的信息确定最优控制，逐步改进系统的性能(K. S. Fu，1970)。

Y. Z. Tsypkin 把系统中的学习一词理解为一种过程，通过重复各输入信号并从外部校正该系统，从而使系统对于特定的输入信号具有特定的响应。而自学习就是不具有外来校正的学习，或即不具惩罚和奖励的学习(Y. Z. Tsykin，1966)。

G. N. Saridis 认为，如果一个系统能对一个过程或其环境的未知特征所固有的信息进行学习，并将得到的经验用于进一步估计、分类、决策或控制，从而使系统的品质得到改善，那就称此系统为学习系统。而学习系统将其得到的学习信息用于控制具有未知特征的过程，就成为学习控制系统(G. N. Saridis，1977)。

综合上述各种解释，有一种比较完整、规范的学习控制表述是值得推荐的：

一个学习控制系统是具有这样一种能力的系统，它能通过与控制对象和环境的闭环交互作用,根据过去获得的经验信息,逐步改进系统自身的未来性能(L. Walter 和 J. A. Farrell,1992)。

这种表述说明了学习控制的一般特点:

(1) 有一定的自主性。学习控制系统的性能是自我改进的。

(2) 是一种动态过程。学习控制系统的性能随时间而变,性能的改进在与外界反复作用的过程中进行。

(3) 有记忆功能。学习控制系统需要积累经验,用以改进其性能。

(4) 有性能反馈。学习控制系统需要明确它的当前性能与某个目标性能之间的差距,施加改进操作。

5.1.3 学习控制与自适应控制

自适应控制也是一种解决系统不确定性问题的方法。简单地说,自适应控制系统能适应系统的环境条件或对象特性的变化,它根据对可达的输入输出量的在线观测信息,自动校正或调整控制器的参数和性能,使系统保持在最优的或满意的工作状态。

自适应控制与学习控制处理不确定性问题都是基于在线的参数调整算法,都要使用与环境、对象闭环交互得到的实验信息。但二者对于不确定性问题处理的程度、着重点和目的存在着重要的区别。

自适应控制着眼于瞬时观点,它的目标是针对干扰和动态特性随时间变化的情况,维持某种期望的闭环性能。实际中当系统的工作点出现变化时,动态特性随时间变化的现象可能是由于非线性引起的。大多数自适应控制的规律一般都不能在很广的范围内把控制作用表示为当前运行状态的函数,因此它的控制器是缺乏记忆的,即使是时不变的非线性特性,而且是以前经历过的特性,它也要重新适应,补偿所有的瞬时变化。进一步,甚至在理想的环境下,每当对象特性变化时,自适应过程的动态特性还会引起期望控制作用的滞后。这就意味着不合适的控制作用也可能持续一段时间。对于时不变的非线性对象特性,不合适的控制作用导致的不必要的过渡过程,从而造成控制性能的下降。而对于线性的动态特性,如果变化非常快,仅依靠自适应作用也可能无法维持期望的控制性能。

相比之下,学习控制要求把过去的经验与过去的控制局势相联系,能针对一定的控制局势来调用适当的经验。学习控制强调记忆,而且记忆的是控制作用表示为运行状态的函数的经验信息。因此,学习控制对于那些单纯依赖于运行状态的对象特性变化具有较快的反应。这种情况典型地表现为非线性特性。

从智能控制的观点看,适应过程与学习过程各具特色、功能互补。自适应过程适用于缓慢的时变特性以及新型的控制局势,而对于非线性严重的问题则往往失效;学习控制适合于建模不良的非线性特性,但不宜用于时变动态特性。为此,有一种看法主张控制系统实际上需要由3个子系统组成:一个先验的补偿器(常规反馈环)、一个自适应环和一个学习环(J. Sklansky,1966)。

5.1.4 学习控制的研究状况和分类

工程上对于学习的研究起源于人工智能中对学习机制的模拟。一条途径是基于人脑结构模型来模拟人的形象思维。20世纪40年代初,McCulloch 和 Pitts 就提出了一种最基本的神经元突触模型。60多年来,已发表数百种神经元模型和神经网络模型。这些学习模型具有联想和分布记忆的特征,与非线性动力学关系密切,导致了非线性问题的学习控制的发展。另一条途径是基于人脑的外部功能来模拟人的逻辑思维。50年代末,Samuel研制了能与人对弈而且能积累经验的跳棋程序。60年代,Feigenbaum的语言学习模型表明从参数学习到概念学习的发展。70年代中,Buchanan和Mitchell的Meta-DENDRAL系统等研究表明从孤立概念的符号学习到知识基系统的结构学习。80年代以来,深入研究了示例式、观察式、发现式、类比式等多种学习机制,并提供了一些可以应用的工具式学习系统。以上阶段的研究形成了"机器学习"的人工智能学科分支,它以知识为中心,综合应用知识的表达、存储、推理等技术,是自动知识获取的重要手段。

人工智能对于学习的研究有力地推动了学习控制理论的发展。60年代以来,学习控制的研究方向主要有3类。

1. 基于模式识别的学习控制

这一方向主要起源于人工神经元的研究,采用的方法基本上是模式识别,着重于参数的自学习控制。

K. S. Narendra等最先研究了基于性能反馈进行校正的方法(1962);其后由F. W. Smith提出了一种利用自适应模式识别技术的开关控制方法(1964);F. B. Smith研究了一种可训练飞行控制系统的控制方法(1964),A. R. Bute推出学习Bang-Bang调节器(1964);A. M. Mendel等进一步将可训练阈值逻辑(模式分类器)方法应用于控制系统(1968)。

M. D. Waltz和K. S. Fu将线性再励技术引入学习控制系统,被认为是在控制系统中最早应用了人工智能启发式方法。这类研究是基于模式识别的学习控制的另一个思路。J. M. Mendel根据这类方法研究了一个卫星的精确姿态控制问题(1966)。

K. S. Fu还首先提出了利用Bayes学习估计的方法(1965)。对于这类自学习控制系统,Y. Z. Tsypkin等还研究了随机逼近方法,并利用随机自动机构成学习系统的模型,J. S. Riordo讨论了Markov学习模型(1969)。

总之,随着基于模式识别的参数自学习控制方法的发展,出现了利用模式分类器、再励学习、Bayes学习、随机逼近、随机自动机、模糊自动机和语义学方法的各种学习控制系统。

2. 基于迭代和重复的学习控制

这一方向主要针对在一定周期内作重复运行的系统,它不但与传统的控制理论相联系,而且可导出易于工程实现的简单的学习控制规律。

这类方法最早见之于日本学者内山的一篇有关机器人控制的论文(1978)。其后,井上和中野等从频域角度将其发展为重复自学习控制(1980);有本、川村和宫崎等又将内山的初步研究结果理论化为时域的迭代自学习控制。自此,这类方法主要从时域、频域两方面开始得到独立的研究和发展。

主要在时域中发展的迭代自学习控制应用较广,成果较多。有本等研究了迭代自学习控制与逆系统,有界实性、灵敏度和最优调节等问题的关系,深刻地指出这种自学习过程实质上是逼近逆系统的过程。一些研究者随后又提出了多变量系统的最优迭代自学习控制、离散时间系统的迭代自学习控制、自适应迭代自学习控制以及非线性系统的迭代自学习控制等方法。

主要在频域中发展的重复自学习控制只适用于有界连续周期性期望输出的精确伺服跟踪问题,应用面较窄,研究不够深入。这类方法实际上是围绕稳定条件的逐步放宽和学习控制系统的综合这两方面问题展开的,有关在多变量系统、离散时间系统中的运用问题也得到了研究。

迭代与重复自学习控制分别在时域、频域中研究,但基本思想是一致的,都是基于系统不变性的假设、基于记忆系统间断的重复训练过程。鉴于此,我国的邓志东将这两种方法统一起来,提出了一种异步自学习控制理论,建立了包含更多新内容的体系和框架(算子描述、L_2 稳定与渐近稳定,系统周期不变性的约束等)。有关方法已针对3轴运动模拟台正弦振动失真的补偿问题进行了仿真实验(邓志东,1991)。

3. 联结主义学习控制

主要基于人工神经元网络机制的联结主义是人工智能学科领域中近年来蓬勃发展的一大学派。联结主义与学习控制的结合已被认为是一种新型的学习控制方法,它与基于知识推理的符号主义学习方法(机器学习)相比,更具有效性。

W. L. Baker 和 J. A. Farrell 在1990年前后提出了联结主义学习控制系统(Connectionist learning control systems)的概念,论述了它的理论方法。这种方法把控制系统看作是从对象输出和控制目标到控制作用的映射,学习就是一种自动地综合多变量函数映射的过程,而学习过程的根据则是某种优化原则以及在运行中逐步积累的经验信息,学习过程的实现是通过系统参数和结构的选择调整完成的。

联结主义的学习机制源于生物学和行为科学,在神经元网络等方面的研究中也得到了大量实践。本章中有关内容将侧重介绍 W. L. Baker 和 J. A. Farrell 研究的理论方法要点。

5.2 基于模式识别的学习控制

基于模式识别的学习控制方法的基本思想是,针对先验知识不完全的对象和环境,将控制局势进行分类,确定这种分类的决策,根据不同的决策切换控制作用的选择,通过对控制器性能估计来引导学习过程,从而使系统总的性能得到逐步改善。

5.2.1 学习控制系统的一般形式

J. Sklansky 认为,学习控制系统是具有3个反馈环的层次结构。底层是简单反馈环,包括一个补偿器,它提供控制作用;中间层是自适应环,包括一个模式识别器,它对补偿器进行调整,以响应对象动态特性变化的估计;高层是学习环,包括一个“教师”(一种控制器),它对模式识别器进行训练,以作出最优或近似最优的识别。这种学习控制系统的原理框图如图5.1所示(J. Sklansky,1966)。

在图5.1中,补偿器由多路开关和控制作用的并行单元组成,G_i 的选择由模式识别器的结果信号来确定。模式识别器中的特征检测器敏感对象的动态特性变化,将这些变化转换为一组特征(动态特性参数的估计、状态变量的估计等)。分类器把每一组特征与一个模式类别相联系,这种联系将为 G_i 的选择提供激发信号,也可用来按照某种预定的规则直接

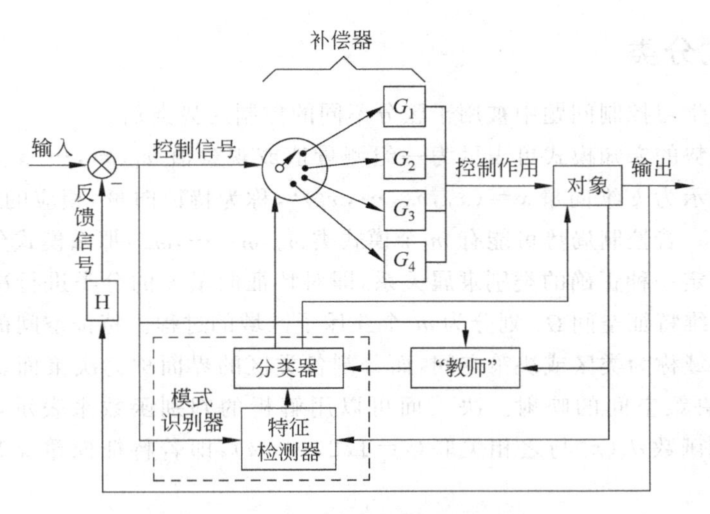

图 5.1 学习控制器的原理框图

激发对受控对象的调节。"教师"监视系统的性能,并调整模式类别在特征空间中的界面,体现学习在控制中的作用。"教师"送往模式识别器的调整作用是一种再励信号,它根据计算所得的性能指标对分类器进行"奖励"或"惩罚"。

在这种学习控制系统中,如果对象的参数在稳定范围内变化,而且外部干扰统计上也是稳态的,那么仅有简单的反馈环就足够了。如对象参数变化剧烈,出现不稳定的干扰,那么借助于模式识别器进行参数估计,起用自适应控制,就能使问题得到缓解。但是在大多数情况下,对象变化和环境干扰的统计特性是未知的,模式识别器并不可能事先得到充分的设计。这样学习环就提供一种"在线"设计模式识别器的能力,整个系统中同时存在学习和控制的作用。

K. S. Fu 更一般地把学习控制系统表示成图 5.2 所示的形式。

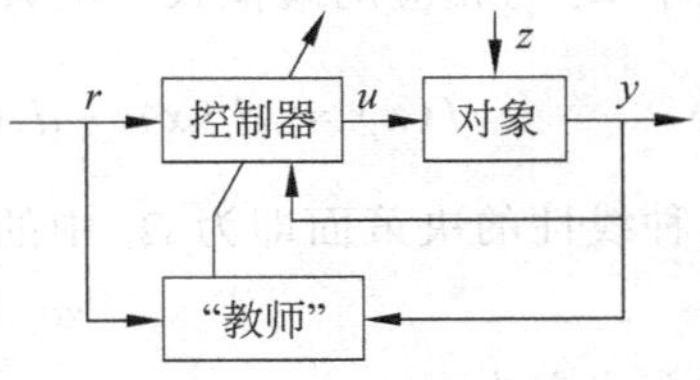

图 5.2 学习控制系统

如图 5.2 所示,受到环境干扰的对象特性设为未知或不全已知,控制器将针对某个最优控制律来学习(估计)所需要的未知信息,如果学得的信息收敛于真实信息,控制器也将逐步地逼近最优控制。"教师"的作用是评估控制器的性能,从而引导控制器完成学习过程,使得系统总的性能逐渐改进。这里的"教师"具有外部监督的功能。如果具有这种监督,则称为"有监督的学习",或称"训练",或称"离线学习";如果没有(或不需要)这种监督,则称为"无监督的学习"或称"在线学习"。有监督的学习过程中通常确切地知道期望的系统输出或期望的最优控制作用,控制器可以据以修改控制策略或控制参数从而改进系统性能。在无监督的学习过程中,或者需要考虑所有可能的答案(如后面将介绍的 Bayes 学习中的混合密度法),或者利用性能测量的方法来引导学习过程(即所谓的性能反馈法)。

在图 5.2 所示形式的学习控制系统中,学习到的信息同样看做是控制器的经验,被用来遇到类似控制局势时对控制品质加以改进。因此,对控制局势的分类就成为基于模式识别的学习控制器的一项主要功能。

5.2.2 模式分类

模式分类在学习控制问题中被用于区分不同的控制局势类别。

假设控制局势的未知模式可表示为一组测量值或观察值 $x_1,x_2,\cdots,x_k$，这 k 个值称为特征。特征可表示为 k 维向量 $\boldsymbol{x}=(x_1,x_2,\cdots,x_k)^{\mathrm{T}}$，称为特征向量，相应的向量空间 Ω_x 称为特征向量空间。若控制局势可能有 m 个模式类 $\omega_1,\omega_2,\cdots,\omega_m$，那么模式分类就是对给定的特征向量 $\boldsymbol{x}$ 指定一种正确的类别隶属关系，即对特征向量 $\boldsymbol{x}$ 的分类进行决策。模式分类的操作就是将 k 维特征空间 Ω_x 划分为 m 个互斥子区域的过程。特征空间的这种聚集同类特征向量的子区域称为类区或决策空间，而分割各类区的界面称为决策面。模式分类确定了从 Ω_x 空间到决策空间的映射。决策面可以用解析的判别函数来表示，每一个模式类 ω_i 都有一个判别函数 $d_i(\boldsymbol{x})$ 与之相关联($i=1,2,\cdots,m$)，即若特征向量 $\boldsymbol{x}$ 属于模式类 ω_i，则有

$$d_i(\boldsymbol{x}) > d_j(\boldsymbol{x}), \quad \forall j \neq i$$

于是，模式类 ω_i 与 ω_j 之间的决策面可表示为方程

$$d_i(\boldsymbol{x}) - d_j(\boldsymbol{x}) = 0$$

以下介绍几种重要的判别函数。

1. 线性判别函数

判别函数可以选择为特征 $x_1,x_2,\cdots,x_k$ 的线性函数，即

$$d_i(\boldsymbol{x}) = \sum_{r=1}^{k} w_{ir}x_r + w_{i,k+1} \quad i=1,2,\cdots,m$$

式中 w_{ir} 为相应的阈值权。决策面方程为

$$f(\boldsymbol{x}) = d_i(\boldsymbol{x}) - d_j(\boldsymbol{x}) = \sum_{r=1}^{k}(w_{ir}-w_{jr})x_r + (w_{i,k+1}-w_{j,k+1}) = 0$$

这种线性的决策面即为 Ω_x 中的超平面。若令

$$w_r = w_{ir} - w_{jr} \quad r=1,2,\cdots,k+1$$

则上式变为

$$\sum_{r=1}^{k} w_r x_r + w_{k+1} = 0$$

根据上式，对于 $m=2$ 就可以很容易地借助于阈值逻辑单元实现一个2-类线性分类器。如图5.3所示，若 $\boldsymbol{x}$ 属于 ω_1，分类器的输出则为+1，这是因为

$$d_1(\boldsymbol{x}) - d_2(\boldsymbol{x}) = \sum_{r=1}^{k} w_r x_r + w_{k+1} > 0$$

则若 $\boldsymbol{x}$ 属于 ω_1，分类器的输出则为−1，因为

$$d_1(\boldsymbol{x}) - d_2(\boldsymbol{x}) = \sum_{r=1}^{k} w_r x_r + w_{k+1} < 0$$

仿此，对于 $m>2$，可把若干个阈值逻辑单元并联在一起形成 m-类线性分类器，如图5.4所示，其输出值为+1与−1的组合，用于区分 m 类不同的模式。

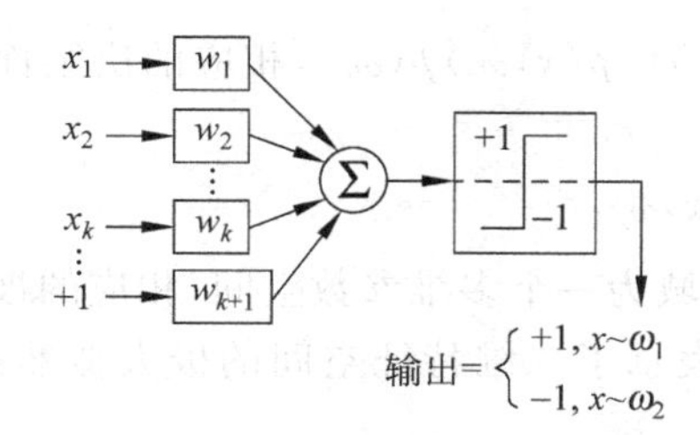

图 5.3 2-类线性分类器

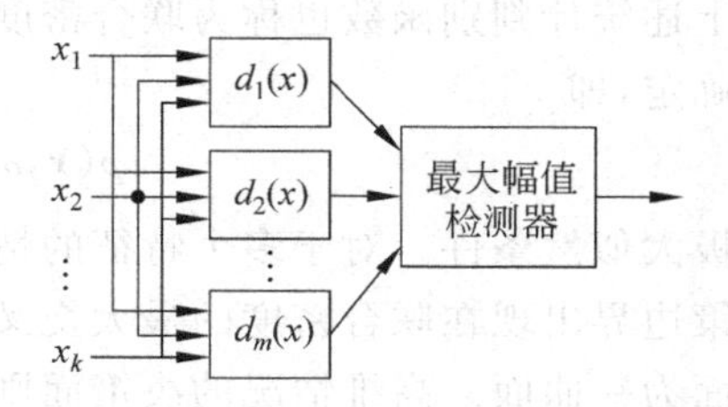

图 5.4 m-类线性分类器

2. 多项式判别函数

判别函数可以选择为特征 $x_1, x_2, \cdots, x_k$ 的 n 阶($n>1$)多项式。当 $n=2$ 时,有

$$d_i(x) = \sum_{r=1}^{k} w_{rp} x_r^2 + \sum_{r=1}^{k-1}\sum_{q=r+1}^{k} w_{rq} x_r x_q + \sum_{r=1}^{k} w_r x_r + w_{N+1}$$

式中,$N=k+k(k-1)/2+k=k(k+3)/2$。令 $\boldsymbol{A}$ 为元素是 a_{ij} 的矩阵,对于 $j,i=1,2,\cdots,k$,有

$$a_{ij} = \begin{cases} w_{ij}, & i \neq j \\ \frac{1}{2} w_{ij}, & i = j \end{cases}$$

令 $\boldsymbol{B}$ 为元素是 $b_j = w_j (j=1,2,\cdots,k)$ 的行向量,则多项式判别函数可表示为

$$d_i(\boldsymbol{x}) = \boldsymbol{x}^{\mathrm{T}} \boldsymbol{A} \boldsymbol{x} + \boldsymbol{x}^{\mathrm{T}} \boldsymbol{B} + C$$

式中 $C = w_{N+1}$。这样 ω_i 与 ω_j 之间的决策面一般为一超双曲面。特殊情况下则为超球面或超椭球面。

3. 统计判别函数

如果考虑特征值中混杂噪声的情况,特征向量 $\boldsymbol{x}$ 则为一随机变量。这时可选择统计判别函数为

$$d_i(\boldsymbol{x}) = p(\boldsymbol{x} \mid \omega_i) p(\omega_i) \quad i = 1,2,\cdots,m$$

式中,$p(\omega_i)$为类 ω_i 的先验概率;$p(\boldsymbol{x}|\omega_i)$为类 ω_i 的条件概率密度。利用 Bayes 公式有

$$p(\omega_i \mid \boldsymbol{x}) = \frac{p(\boldsymbol{x} \mid \omega_i) p(\omega_i)}{\sum_{i=1}^{m} p(\boldsymbol{x} \mid \omega_i) p(\omega_i)}$$

式中 $p(\omega_i|\boldsymbol{x})$称为后验条件概率。

可以证明,以上两式作为划分模式类别的判别函数,即为统计决策理论中具有 0-1 损失函数的 Bayes 决策规则,即具有最小错误率或最小风险的 Bayes 决策规则。根据这种判别函数构成的 Bayes 分类器如图 5.5 所示。

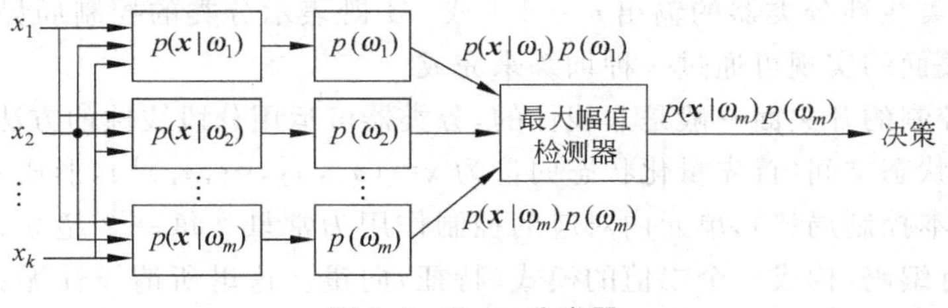

图 5.5 Bayes 分类器

上述统计判别函数也称为联合密度,记为 $p(\boldsymbol{x},\omega_i)=p(\boldsymbol{x}|\omega_i)p(\omega_i)$,相应的决策面可由下式确定,即

$$p(\boldsymbol{x},\omega_i) = \max_{1\leqslant j\leqslant m} p(\boldsymbol{x},\omega_j)$$

称为极大似然条件。对于多个特征的情况,联合密度域为一个多维参数空间,相应的极大似然决策边界出现在联合密度的最大交叉处。图5.6表示了二维特征空间的极大似然条件,决策面为一曲面。高维情况的决策面则为超曲面。

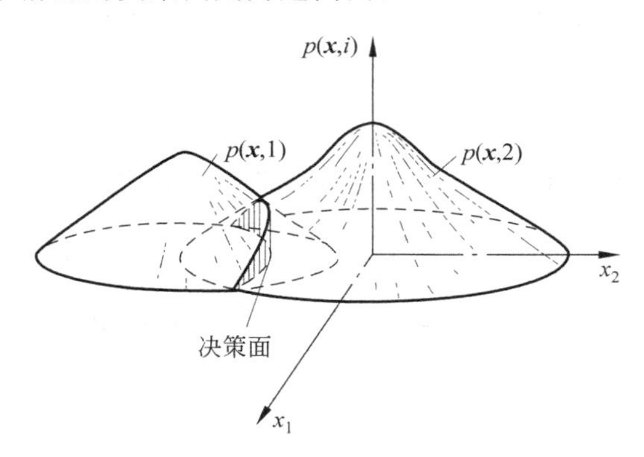

图5.6 二维极大似然条件

5.2.3 可训练控制器

图5.3所示的2-类线性分类器可作为一种可训练控制器来使用,并实现一种时间最优学习控制系统,如图5.7所示。

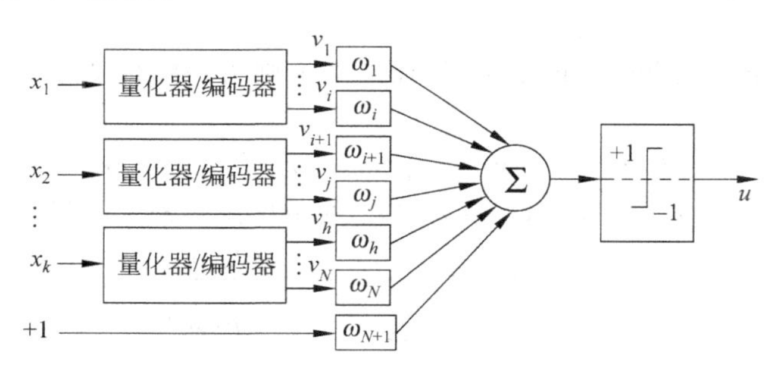

图5.7 可训练控制器

特征空间 Ω_x 划分等价于状态空间的划分,状态空间中的开关面相应于特征空间中的决策面,而状态空间或特征空间中的类区则相应于不同的控制局势或模式类。对于时间最优控制系统,2-类线性分类器的输出 $u=+1$ 或 -1 既表示分类的控制局势,又表示控制作用的切换。开关面的实现可通过一种训练来完成。

时间最优控制的开关面一般是非线性的,分类器可运用分段线性的方法加以近似实现。如图5.7所示,状态空间(首先量化状态向量为 $\boldsymbol{x}=(x_1,x_2,\cdots,x_k)^{\mathrm{T}}$),形成一个个超立方体的基本单元(基本控制局势),单元内对应的控制作用为常量。每一个超立方体单元又用线性无关的码进行编码,构成一个二值的模式(特征)向量。这里所谓线性无关编码是指所有的模式向量都是线性无关的,否则可通过每个模式向量加入一个+1来实现。可以证明,经

过这样编码之后，图 5.7 所示的控制器将以任意精度（通过增加量化水平）逼近开关面

$$f(x_1, x_2, \cdots, x_k) = 0$$

其中 f 不含任何交叉乘积项。

上述可训练控制器的学习能力是通过调整阈值权向量 $\boldsymbol{w}=(w_1 \quad w_2 \quad \cdots \quad w_N \quad w_{N+1})^{\mathrm{T}}$ 来实现的。若令 $N+1$ 维向量 $\boldsymbol{v}=(v_1 \quad v_2 \quad \cdots \quad v_{N+1})^{\mathrm{T}}$，则输出为

$$u = \begin{cases} +1, f(\boldsymbol{v}) > 0 \\ -1, f(\boldsymbol{v}) < 0 \end{cases}$$

式中

$$f(\boldsymbol{v}) = \boldsymbol{v}\boldsymbol{w}^{\mathrm{T}}$$

一般说来，开关面并非先验已知的，但它可由训练样本集隐含确定。这里的训练样本集是由状态空间中有限个点（控制局势）组成的，而状态空间的最优控制 u^* 是已知的。特别是，状态空间中的这些点正好位于最优轨迹 $\boldsymbol{x}^*(t)$。当把这些点从空间 Ω_x 转换到 Ω_v 中时，就确定了一个训练集 $T=\{\boldsymbol{v}(j), u^*(j)\}$，$j=1,2,\cdots,L$。如果把 T 分解为两个子集 T_1 和 T_2；其中 $u^*=+1$ 的 $\boldsymbol{v}(j)$ 的所有元素都属于 T_1，而 $u^*=-1$ 的 $\boldsymbol{v}(j)$ 的所有元素都属于 T_2，那么就有

$$\begin{cases} \boldsymbol{v}^{\mathrm{T}}\boldsymbol{w} > 0 \quad \forall \boldsymbol{v} \in T_1 \\ \boldsymbol{v}^{\mathrm{T}}\boldsymbol{w} < 0 \quad \forall \boldsymbol{v} \in T_2 \end{cases}$$

这样，训练集 T 作为实际遇到的控制局势的典型样本，就可用来确定阈值权向量 $\boldsymbol{w}$，而 $\boldsymbol{w}$ 又可用来分类其他的控制局势。

在实际应用时，训练集 T 是从大量具有代表性的 $\{\boldsymbol{x}^*, u^*\}$ 中获取的，其中最优控制 u^* 可通过建立高阶模型并且模拟各种环境干扰由计算机仿真获得，它实际上相当于一个"教师"的作用。

此外，在实际训练过程中，阈值权向量 $\boldsymbol{w}$ 是根据训练集中每一新出现的模式向量以及相应的期望输出改变的。这时，依次向控制器提供训练模式，一直到能对所有的模式向量（表示控制局势）进行正确地分类，或者一直到分类错误数目趋近于某一稳态值。在每次不正确分类后，权的变化均为 $\alpha\boldsymbol{w}$。围绕系数的 α 选择问题，可采用"最小均方误差训练法"或"错误校正训练法"等算法。

5.2.4　线性再励学习控制

心理学家认为，一个系统的具有某种特定目标的性能的任何有规律的变化都是"学习"。一般可用互斥而又完备的响应类 $\omega_1, \omega_2, \cdots, \omega_m$ 来描述系统性能的变化。令 p_i 为第 i 类响应 ω_i 发生的概率，系统性能的变化可表示为响应概率集 $\{p_i\}$ 的再励，这种再励的数学表示为

$$p_i(n+1) = \alpha p_i(n) + (1-\alpha)\lambda_i(n) \quad n = 0,1,2,\cdots;\ i = 1,2,\cdots,m$$

式中 $p_i(n)$ 表示在观察到输入 $\boldsymbol{x}$ 的时刻 n 出现 ω_i 的概率；$0<\alpha<1$，$0\leqslant\lambda_i(n)\leqslant 1$ 而且

$$\sum_{i=1}^{m} \lambda_i(n) = 1$$

由于 $p_i(n+1)$ 与 $p_i(n)$ 之间为线性关系，以上两式常称为线性再励学习算法。

容易证明，若 $\lambda_i(n)=\lambda_i$，则有

$$p_i(n)=\alpha^n p_i(o)+(1-\alpha^n)\lambda_i$$
$$\lim_{n\to\infty}p_i(n)=\lambda_i$$

式中,λ_i 是 $p_i(n)$的极限概率。从而 $\lambda_i(n)$一般应该与根据时刻 n 的输入 $\boldsymbol{x}$ 估计到的性能信息有关。在学习控制系统中,学习控制器的输入 $\boldsymbol{x}$ 通常是受控对象的输出,而 ω_i 则直接表示第 i 个控制作用。这样 $\lambda_i(n)$可看作是与第 i 类响应(控制作用)相联系的归一化性能指标。在某些简单的情况下,$\lambda_i(n)$可为0或1,表示由于第 i 个控制作用而导致的系统性能是满意的或不满意的;或者可表示控制器在时刻 n 对输入 $\boldsymbol{x}$ 作出的决策(即分类)正确或不正确。一般说来,如果第 i 个控制作用是期望的控制,则可证明 $p_i(n)$将收敛于它的最大值($n\to\infty$)。

线性再励学习算法已应用于控制系统的设计。在线性再励控制器的设计中,控制器的响应类 $\omega_i(i=1,2,\cdots,m)$即为相应的允许控制作用,而控制器的性能,即对不同控制局势的控制作用的品质,则可根据对象的输入与输出进行评估。在对象和环境干扰的先验信息不完全的情况下,所设计的控制器将在每一时刻学习最优控制作用,学习过程可由当时估计的系统性能来引导,因而控制器就能进行"在线"地学习。线性再励学习控制系统的原理框图如图5.8所示。

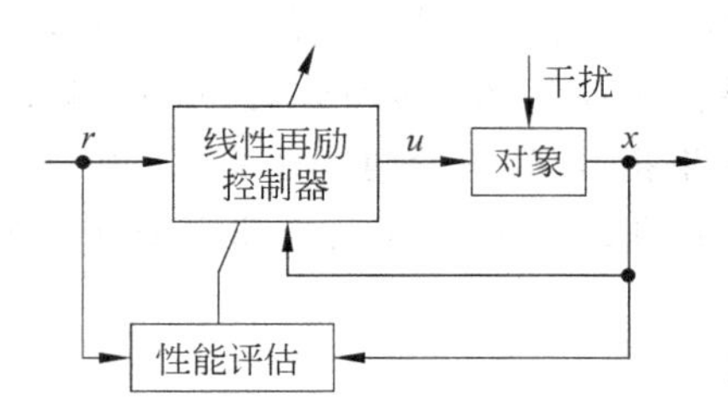

图5.8 线性再励学习控制系统

5.2.5 Bayes学习控制

在利用动态规划或统计决策理论设计随机最优控制器时,通常需要知道系统环境参数或对象输出的概率分布。考虑以下状态方程表示的离散随机系统,即

$$\boldsymbol{x}(n+1)=\boldsymbol{g}(\boldsymbol{x}(n),u(n))$$

式中,$\boldsymbol{x}(n)$为时刻 n 的状态向量(随机变量);$u(n)$为时刻 n 的控制作用。问题的提法是:寻找最优控制 $u=u^*$,使以下性能指标

$$I_n(u)=E\left\{\sum_{n=1}^{N}F[\boldsymbol{x}(n),u(n-1)]\right\}$$

极小。为此可利用具有已知概率密度 $p(\boldsymbol{x})$的动态规划方法。类似于统计模式识别中的情况,如果概率分布或密度函数未知或不全已知,则控制器的设计可以首先估计(学习)未知密度函数,然后根据估计信息实现控制律。如果这种估计逼近真实函数,则控制律也逼近最优控制律。所谓Bayes学习控制,就是利用一种基于Bayes定理的迭代方法来估计(学习)未知的密度函数信息。

1. 具有监督的Bayes学习控制

设要学习的概率密度函数为 $p(\boldsymbol{x}|\omega_i)$,其中 ω_i 表示第 i 类控制局势。令 $\boldsymbol{x}(1)$,$\boldsymbol{x}(2)$,$\cdots$,$\boldsymbol{x}(n)$为已知控制局势类属(设属于 ω_i)的 n 个特征(学习样本)。这是一种具有外部监督(离线训练)的学习。

如果 $p(\boldsymbol{x}|\omega_i)$已知,但某些参数 $\boldsymbol{\theta}$ 未知,那问题就变为对给定特征 $\boldsymbol{x}(1),\boldsymbol{x}(2),\cdots,\boldsymbol{x}(n)$估计参数 $\boldsymbol{\theta}$。由于 $\boldsymbol{\theta}$ 未知,因此可假定 $\boldsymbol{\theta}$ 为具有某个先验分布的随机变量。

利用 Bayes 定理，参数$\boldsymbol{\theta}$的后验密度可根据其先验密度函数和由样本集提供的信息来计算，即

$$\begin{aligned} & p[\boldsymbol{\theta} \mid \omega_i, \boldsymbol{x}(1), \cdots, \boldsymbol{x}(n)] \\ = & \frac{p[\boldsymbol{x}(n) \mid \omega_i, \boldsymbol{\theta}, \boldsymbol{x}(1), \cdots, \boldsymbol{x}(n-1)] p[\boldsymbol{\theta} \mid \omega_i, \boldsymbol{x}(1), \cdots, \boldsymbol{x}(n-1)]}{p[\boldsymbol{x}(n) \mid \omega_i, \boldsymbol{x}(1), \cdots, \boldsymbol{x}(n-1)]} \end{aligned}$$

例如，若 $p(\boldsymbol{x} \mid \omega_i)$是均值向量为 $\boldsymbol{M}$，协方差矩阵为 $\boldsymbol{K}$ 的高斯分布，而未知参数$\boldsymbol{\theta}$是均值向量 $\boldsymbol{m}$，设$\boldsymbol{\theta}$的先验分布 $p_0(\boldsymbol{\theta} \mid \omega_i)$也是高斯分布，其初始均值向量为 $\boldsymbol{m}(0)$，初始协方差矩阵为$\boldsymbol{\Phi}(0)$。那么在取得了第一次样本测量后，就有

$$p[\boldsymbol{\theta} \mid \omega_i, \boldsymbol{x}(1)] = \frac{p[\boldsymbol{x}(1) \mid \omega_i, \boldsymbol{\theta}] p_0(\boldsymbol{\theta} \mid \omega_i)}{p[\boldsymbol{x}(1) \mid \omega_i]}$$

由于假设 $p_0(\boldsymbol{\theta} \mid \omega_i)$为高斯分布，则乘积 $p[\boldsymbol{x}(1) \mid \omega_i, \boldsymbol{\theta}] p_0[\boldsymbol{\theta} \mid \omega_i]$亦为高斯分布，这样上式的计算将得到简化。利用高斯分布的上述性质，重复运用 Bayes 定理，在几次学习样本之后，可得到估计$\boldsymbol{\theta} = \boldsymbol{m}$ 的递推公式，即

$$\begin{aligned} \boldsymbol{m}(n) &= \boldsymbol{K}[\boldsymbol{\Phi}(n-1) + \boldsymbol{K}]^{-1} \boldsymbol{m}(n-1) + \boldsymbol{\Phi}(n-1)[\boldsymbol{\Phi}(n-1) + \boldsymbol{K}]^{-1} \boldsymbol{x}(n) \\ \boldsymbol{\Phi}(n) &= \boldsymbol{K}[\boldsymbol{\Phi}(n-1) + \boldsymbol{K}]^{-1} \boldsymbol{\Phi}(n-1) \end{aligned}$$

利用 $p_0(\boldsymbol{\theta} \mid \omega_i)$的先验初始估计 $\boldsymbol{m}(0)$和$\boldsymbol{\Phi}(0)$，以上两式就变为

$$\begin{aligned} \boldsymbol{m}(n) &= n^{-1} \boldsymbol{K}[\boldsymbol{\Phi}(0) + n^{-1} \boldsymbol{K}]^{-1} \boldsymbol{m}(0) + \boldsymbol{\Phi}(0)[\boldsymbol{\Phi}(0) + n^{-1} \boldsymbol{K}]^{-1} < \boldsymbol{x} > \\ \boldsymbol{\Phi}(n) &= n^{-1} \boldsymbol{K}[\boldsymbol{\Phi}(0) + n^{-1} \boldsymbol{K}]^{-1} \boldsymbol{\Phi}(0) \end{aligned}$$

式中 $< \boldsymbol{x} > = \frac{1}{n} \sum_{i=1}^{n} \boldsymbol{x}(i)$ 为样本均值。

$\boldsymbol{m}(n)$的表达式表明，均值向量 $\boldsymbol{m}(n)$的第 n 次估计可解释为先验均值向量 $\boldsymbol{m}(0)$和样本信息$< \boldsymbol{x} >$的加权平均。当 $n \to \infty$时，$\boldsymbol{m}(n) \to < \boldsymbol{x} >$而且$\boldsymbol{\Phi}(n) \to 0$，这就意味着估计 $\boldsymbol{m}(n)$将逼近真实的均值向量 $\boldsymbol{m}$。类似地，如果协方差矩阵 $\boldsymbol{K}$ 未知，或者 $\boldsymbol{m}$ 和 $\boldsymbol{K}$ 都未知，这时也可应用 Bayes 学习方法。

2. 无监督的 Bayes 学习控制

如果不能得到学习样本 $\boldsymbol{x}(1), \cdots, \boldsymbol{x}(n)$的正确分类，那么必须运用一种无监督（在线训练）的学习。此时每一个特征 $\boldsymbol{x}(i)$可能属于 m 类控制局势中的任何一类。比较一般的方法是根据各种可能分类的概率密度函数构造一个混合密度（或分布），即

$$p(\boldsymbol{x} \mid \boldsymbol{\theta}, P) = \sum_{i=1}^{m} p_i p(\boldsymbol{x} \mid \omega_i, \theta_i)$$

式中 θ_i 为与 $p(\boldsymbol{x} \mid \omega_i)$相关联的未知参数，而

$$\boldsymbol{\theta} = \{\theta_i;\ i = 1, \cdots, m\}, \quad P = \{p_i;\ i = 1, \cdots, m\}$$

令 $B = (\boldsymbol{\theta}, P)$，并认为未标明类别的样本序列 $\boldsymbol{x}(1), \cdots, \boldsymbol{x}(n)$是从概率密度为 $p(\boldsymbol{x})$的混合体中独立抽样得到的，经过逐次应用 Bayes 定理后就有

$$\begin{aligned} & p[B \mid \boldsymbol{x}(1), \cdots, \boldsymbol{x}(n)] \\ = & \frac{p[\boldsymbol{x}(n) \mid \boldsymbol{x}(1), \cdots, \boldsymbol{x}(n-1), B] p[B \mid \boldsymbol{x}(1), \cdots, \boldsymbol{x}(n-1)]}{p[\boldsymbol{x}(n) \mid \boldsymbol{x}(1), \cdots, \boldsymbol{x}(n-1)]} \end{aligned}$$

这里需要选择一个先验概率 $p_0(B)$，使其在 B 的真值处不等于 0。

另外，必须强调对于给定混合密度类型的可识别性，以便保证能唯一地学习未知参数。

混合密度 $p(\boldsymbol{x}|\boldsymbol{\theta},P)$ 是否能识别实际上是一个唯一性问题，即对于第 i 个参数条件是密度函数 $\{p(\boldsymbol{x}|\omega_i,\theta_i)\}$ 以及参数 $\boldsymbol{\theta}$ 和 P 的集合，混合密度 $p(\boldsymbol{x}|\boldsymbol{\theta},P)$ 必须能唯一地确定参数集 $\{\theta_i\}$ 和 $\{p_i\}$。显然，在这种无监督的学习中如果混合密度不能唯一地由 $\{\theta_i\}$ 和 $\{p_i\}$ 来刻画(即不可识别)，那么基于混合密度的估计问题就无解。

5.2.6 基于模式识别的其他学习控制方法

1. 随机逼近法学习控制

这是一种更一般的采用性能反馈的学习方法，是随机逼近过程在控制器设计中的应用。这种方法的基本思想是控制器利用随机逼近过程，针对每一类控制局势来学习最优的控制作用。其中首先要对系统性能进行合适的估计，使这种估计能引导学习过程。由于对象和环境的特征一般是未知的或不全已知的，当然实际上不可能得到精确的性能指标。为此，必须适当地选择一个瞬时性能估计，使得系统的学习过程在这一估计的引导下，最终能保证相对于总体性能指标的最优性。一些随机逼近算法就用来首先估计这种瞬时性能指标，然后再度利用随机逼近法，根据这一指标学习相应的最优控制律。

随机逼近法在线学习控制的主要结果最早由 Z. J. Nikolic 和 K. S. Fu 于 1968 年给出，随后由 J. S. Riordon 提出的自适应自动机控制器可认为是这种方法的推广，更一般的和更完全的方法可见于 G. N. Saridis 对于轨道卫星姿态控制问题的研究，所得到的基于随机搜索算法的扩展子空间在线控制方法，对于工作在随机环境而且对象动态特性未知的控制，可给出一个满意的全局渐近最优解。

2. 随机自动机模型学习控制

线性再励学习控制方法实质上是描述了一类在随机环境中具有未知动态特性系统的学习问题。实际上，随机自动机的功能可用再励算法进行描述，而再励学习的模型则可由随机自动机提供。

在控制论中自动机是指在离散时间内，对离散数据符号进行运算的一类抽象系统。而随机自动机即指自动机未来的状态并不由初态和输入信号唯一确定，系统可以从同一状态和输入出发，按不同的概率转移到不同的状态，得到不同的输出值。

随机自动机可以表示为五元组(Y,Q,U,F,G)，其中 $Y=\{y^k\}$ 为输入有限集，$Q=\{q^k\}$ 为状态有限集，$U=\{u^k\}$ 为输出有限集，而 F 为转移状态的随机函数，G 为输出函数(确定或随机)，即

$$\begin{cases} q(n+1)=F[y(n),q(n)] \\ u(n)=G[q(n)] \end{cases}$$

对于任一输入 $y^k(n)$，F 可表示为一个状态转移概率矩阵 $\boldsymbol{M}^k(n)$，它的元素定义为随机状态的转移概率，即

$$\begin{cases} p_{ij}^k(n)=P\{q(n+1)=q^j \mid q(n)=q^i,y(n)=y^k\} \\ \sum_{j=1}^{r} p_{ij}^k(n)=1 \quad i,j=1,2,\cdots,r \end{cases}$$

上式可理解为试图达到某一预定目标的非线性再励算法，因而随机自动机可以作为再励学

习系统的模型，这一模型指出了为改进系统的在线性能，转移概率所应作的修改。而这些概率的修改反过来又是通过再励算法进行的，整个再励学习正是自动机的功能。即如果外界（“教师”）对自动机的某次状态转移施行奖励（惩罚），那么相应的状态转移概率就会上升（下降），而其他的状态转移概率就会下降（上升）。

3. 模糊自动机和模糊学习控制

与形式语言可推广到模糊语言一样，有限自动机的概念也可推广到模糊自动机。一个模糊自动机可表示为五元组(I,V,Q,f,g)，其中I为输入有限集$\{i\}$，V为输出有限集$\{v\}$，Q为状态有限集$\{q\}$，f为$Q\times I\times Q$空间中模糊集的隶属度函数，即$f: Q\times I\times Q\to[0,1]$，$g$为$V\times I\times Q$空间模糊集的隶属度函数，即$g: V\times I\times Q\to[0,1]$。

通常，f称为直接模糊转移函数，$f_{\mathrm{A}}(q_l,i_j,q_m)$表示当输入为$i_j$时，从状态$q_l$转移到$q_m$（模式A）的隶属度。若记$q(k)=q_l$，$q(k+1)=q_m$，$i(k)=i_j$，则有

$$f_{\mathrm{A}}(q_l,i_j,q_m)=f\{q(k)=q_l,i(k)=i_j,q(k+1)=q_m\}$$

显然，当隶属度为1时，表明这种转移存在；当隶属度为0时，则表示这种转移不存在。或设A定义为给定输入时状态转移过程的模糊集，且X表示三元组(q_i,i_k,q_m)，就有：如果$f_{\mathrm{A}}(X)\geqslant\alpha$，则$X$属于$A$（真）；如果$f_{\mathrm{A}}(X)\leqslant\beta$，则$X$不属于$A$（假）；如果$\beta>f_{\mathrm{A}}(X)<\alpha$，则$X$相对于$A$不确定，这里$0<\beta<\alpha<1$。

一般说来，隶属度函数f可依赖于k，也可与k无关。前者称为平稳模糊转移函数，或称为非平稳模糊转移函数。通常模糊自动机的学习行为是由非平稳模糊转移函数描述的。

类似于随机自动机模型的学习控制，也可基于自动机构成一种无监督的（在线）学习控制方法。考虑离散时间受控对象

$$\boldsymbol{x}(k+1)=\Phi_{k+1}[\boldsymbol{x}(k),\ u(k+1)]$$

式中，$\boldsymbol{x}(k)$和$\boldsymbol{x}(k+1)\in\Omega_x=\{x_i\mid i=1,2,\cdots,p\}$，$u(k)\in\Omega_u=\{u_i\mid i=1,2,\cdots,p\}$；$\boldsymbol{x}(k+1)$为施加控制作用$u(k+1)$时对象的可测响应。假设$\Phi_{k+1}$未知则控制作用$u(k+1)$的瞬时性能评价函数为

$$Z(k+1)=g[\boldsymbol{x}(k),\ u(k+1),\ \boldsymbol{x}(k+1)]$$

这里$0<Z(k)<T$，$k=1,2,\cdots$。

控制的目的就是要使Z的样本平均$M_{r+1}[Z\mid u(k),\boldsymbol{x}(k),u(k+1)]$极小。为此需要对每一个控制策略的样本平均进行估计。设在观察$u(k)=u_j$和$\boldsymbol{x}(k)=\boldsymbol{x}_j$后，施加控制作用$u(k+1)=u_l$，则有样本平均的估计

$$\hat{M}_{k+1}(Z\mid u_j,\boldsymbol{x}_i,u_l)=\frac{N}{N+1}\hat{M}_k(Z\mid u_j,\boldsymbol{x}_i,u_l)+\frac{1}{N+1}Z(k+1)$$

$$\hat{M}_{k+1}(Z\mid u_j,\boldsymbol{x}_i,u_h)=\hat{M}_k(Z\mid u_j,\boldsymbol{x}_i,u_h)$$

其中$h=1,2,\cdots,P$，$h\neq l$，$N=N(j,i,l)$表示$u(k)=u_j$，$\boldsymbol{x}(k)=\boldsymbol{x}_i$和$u(k+1)=u_l$出现的次数。这时

$$\hat{f}_{k+1}(u_l\mid u_j,\boldsymbol{x}_i)=1-\frac{\hat{M}_{k+1}(Z\mid u_j,\boldsymbol{x}_i,u_l)}{T}$$

上式把具有极大隶属度的控制作用与使Z的样本均值极小化过程联系起来了。

4. 递阶语义学习控制系统

将句法模式识别中的语义学方法应用于递阶系统的学习控制系统，就可构成一种递阶语义学习控制系统。

一般说来，采用形式文法描述的句法模式识别不但兼具统计模式识别处理随机环境的能力，而且还能给出模式的数学描述。这里的形式文法按照 Chomsky 的分类，通常包括 0 型、1 型、2 型和 3 型文法，它们分别与图灵机、线性有界自动机、非确定下推机和有限自动机等价。因此在这种意义上前述基于随机自动机和模糊自动机的学习控制系统，都可以用形式语言或语义学的方法进行描述分析，即可发展为相应的语义学习控制系统。

J. H. Graham 和 G. N. Saridis 于 1982 年针对机器人的递阶控制提出了一种统一的递阶语义学习控制方法。整个递阶结构的每一级都以形式文法予以表达，各级之间控制指令的匹配则利用语义决策图来完成，其中每个语义决策图本身都包括了某种学习算法(如线性再励、随机逼近、Bayes 学习等)。这就使得整个系统不但可以在递阶结构的最高层将人的定性指令(高级语言)翻译(细化)成一系列对象级指令，而且学习算法还可使系统适应于环境与对象动态特性的随机变化。

5.2.7 研究课题

本节介绍的基于模式识别的各种学习控制算法只是一些基本原理要点，深入的研究一直在进行着。可以看出，这些学习算法的主要差别在于它们需要的先验信息不同，所牵涉的计算技术不同。所谓有监督的学习方法与无监督的学习方法在实际运用中往往是结合的：有监督的学习首先通过离线的训练(计算机仿真或人机交互)获取尽可能多的先验信息，然后由无监督的学习负责随机环境下的在线学习。

有些研究中的课题可以列举如下。

1. 非稳态环境中的学习

大多数学习方法只是适用于稳态环境(估计稳态参数)。由于对象动态特性可能有不稳定的(未知的)环境干扰，因而需要研究这种非稳态环境中的学习问题。例如，如果非稳态环境可以用有限个不同的稳态环境来近似(形成“开关环境”)，那么就能通过模式识别和混合分解的技术对这些稳态环境加以辨识，然后再施用相应学习算法。另外，非线性再励算法也可采用，只是要克服在分析方面的数学困难。

2. 学习速率的改进

基于模式识别的学习算法一般是相当慢的，对于快速反应系统，可以适当利用一些先验知识，如对象的动力学方程形式、参数变化的范围、环境干扰的类型等，而开发新的快速算法更为必要。

3. 停止规则

学习控制算法一般都需要证明其渐近收敛性，即当学习样本数趋近于无穷时，应获得真实的参数。实际中,有限时间的运行只能得到很小的样本数。这样学得的信息就显得很重要。因此除了收敛性以外,还必须研究有限次重复学习算法的性质。另外,如果能预先说明系统满意的容许性能(通常不是最优的),那么需要某种停止规则,使得学习过程停止在必要的时刻。

4. 学习的层次结构

在复杂的学习过程中,可以用几种学习算法构成相关而又不同的信息获取层次。低层学习的性能依赖于高层学习得到的信息。如果高层学习总是产生正确的信息,那么低层学习就仅取决于所采用的算法,而高层学习如果采用与低层学习不同的另一种算法,它一般产生的正确信息只能渐近地趋于完备。在这种情况下,即使每一层的学习算法都是收敛的,也必须特别注意学习系统的总的收敛性问题。利用多种学习算法的系统的性能是深入研究的课题。

5.3　基于迭代和重复的学习控制

基于迭代和重复的学习控制针对一类特定的系统但又不依赖系统的精确数学模型,它通过反复训练的方式进行自学习,使系统逐步逼近期望的输出。这类方法可导致结构简单的学习控制器。它在时域中的发展即为“迭代自学习控制”,在频域中的发展即为“重复自学习控制”。“异步自学习控制”方法将两者有机地统一起来,提出了一些新的理论观点。

5.3.1　迭代和重复自学习控制的基本原理

以下介绍由有本和井上等分别研究的迭代和重复自学习控制的基本原理要点。

1. 迭代自学习控制

考虑以下的线性定常系统

$$\begin{cases} \boldsymbol{R}\ddot{\boldsymbol{x}}(t)+\boldsymbol{Q}\dot{\boldsymbol{x}}(t)+\boldsymbol{P}\boldsymbol{x}(t)=\boldsymbol{u}(t) \\ \boldsymbol{y}(t)=\dot{\boldsymbol{x}}(t) \end{cases}$$

式中,$\boldsymbol{x}(t)$、$\boldsymbol{u}(t)$和 $\boldsymbol{y}(t)$分别为 n 维状态变量、控制变量和输出变量,且均为实变量;$\boldsymbol{R}$、$\boldsymbol{Q}$ 和 $\boldsymbol{P}$ 分别为 $n\times n$ 的对称正定实矩阵,它们均为未知的系统矩阵。已知系统的初始条件为

$$\boldsymbol{x}(0)=\boldsymbol{x}_0,\dot{\boldsymbol{x}}(0)=\dot{\boldsymbol{x}}_0=\boldsymbol{y}_\mathrm{d}(0)$$

这里 $\boldsymbol{y}_\mathrm{d}(0)$是定义在有限区间$[0,T]$上的期望轨迹输出。可以看出,所讨论的系统是一种速度跟踪伺服系统。

迭代自学习控制的基本思想是,基于多次重复训练(运行),只要能保证训练过程的系统不变性,控制作用的确定可在模型不确定的情况下获得有规律的原则,使系统的实际输出逼近期望输出。图 5.9 描述了这种方法的迭代运行结构和过程。

如图 5.9 所示,若第 k 次训练时期望输出与实际输出的误差为

$$\boldsymbol{e}_k(t)=\boldsymbol{y}_\mathrm{d}(t)-\boldsymbol{y}_k(k)\quad t\in(0,T)$$

第 $k+1$ 次训练的输入控制 $\boldsymbol{u}_{k+1}(t)$则为第 k 次训练的输入控制 $\boldsymbol{u}_k(k)$与输出误差 $\boldsymbol{e}_k(t)$的加权和

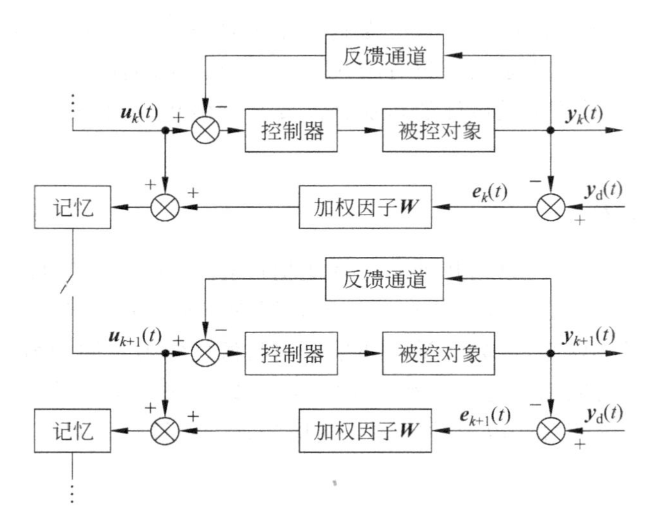

图 5.9　迭代自学习控制的运行

$$\boldsymbol{u}_{k+1}(t)=\boldsymbol{u}_k(t)+\boldsymbol{W}\boldsymbol{e}_k(t)$$

迭代自学习控制方法已经证明,设每次重复训练时都满足初始条件 $\boldsymbol{e}_k(0)=0$,当$k\to\infty$,即重复训练次数足够多时,可有 $\boldsymbol{e}_k(t)\to 0$,即实际输出能逼近期望输出,即

$$\boldsymbol{y}_k(t)\to\boldsymbol{y}_d(t)$$

迭代自学习控制系统中,控制作用的学习是通过对以往控制经验(控制作用与误差的加权和)的记忆实现的。算法的收敛性依赖于加权因子 $\boldsymbol{W}$ 的确定。这种学习系统的核心是系统不变性的假设以及基于记忆单元的间断的重复训练过程,它的学习控制律极为简单,可实现训练间隙的离线计算,因而不但有较好的实时性,而且对干扰和系统模型的变化具有一定的鲁棒性。

2. 重复自学习控制

考察图 5.10 所示的周期信号产生器,其中 $e_1(t)$为定义在$[-T,0]$上的初始函数。显然,任何周期为 T 的周期信号 $e_2(t)$都可由这样的纯时延环节 e^{-Ts}产生。这种周期信号产生器的闭环传递函数为

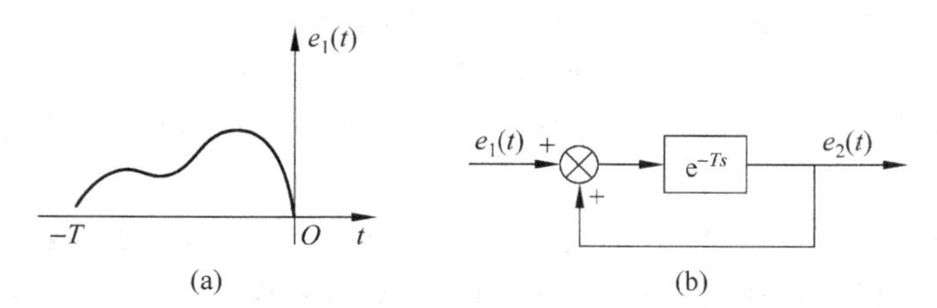

图 5.10　周期信号产生器

$$F(s)=\frac{\mathrm{e}^{-Ts}}{1-\mathrm{e}^{-Ts}}$$

由内模原理可知(S. Hara 和 Y. Yamamoto,1985),如果将 $F(s)$包括在一个闭环系统内,则可实现对外部周期信号的渐近跟踪性能。这种具有 $F(s)$的控制器称为重复控制器,

而具有这种重复控制器的系统称为重复自学习控制系统，如图 5.11 所示。

在图 5.11 中，$Y_d(s)$、$Y(s)$分别为期望输出和实际输出，$D(s)$为未知的有界连续外部干扰，它与 $Y_d(s)$、$Y(s)$同为周期是 T 的周期信号。$U(s)$为控制作用，$G(s)$为前馈或反馈补偿后的被控系统的传递函数。由图可得

$$Y(s) = G(s)U(s) + D(s)$$

$$U(s) = e^{-Ts}[U(s) + E(s)]$$

$$E(s) = Y_d(s) - Y(s)$$

由以上 3 式可导出

$$E(s) = e^{-Ts}[1 - G(s)]E(s) + Y_{d0}(s)$$

其中 $Y_{d0}(s)$称为等价期望输出，即

$$Y_{d0}(s) = (1 - e^{-Ts})[Y_d(s) - D(s)]$$

上式可表示为图 5.12 所示的系统，它与图 5.11 所示的系统等价。

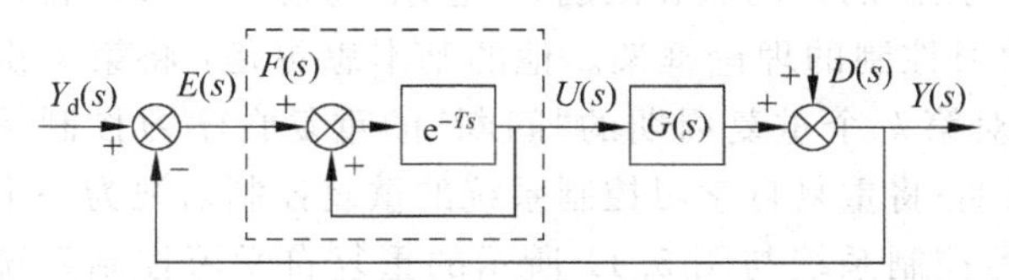

图 5.11　重复自学习控制系统

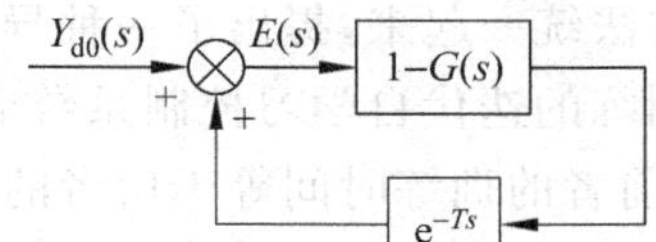

图 5.12　重复自学习控制系统的等价系统

通过讨论图 5.12 所示的等价系统的有界输入、有界输出稳定性，可以说明重复自学习控制系统的误差收敛条件或稳定条件。

等价系统的表达式两边求 Laplace 逆变换，可得

$$y_{d0}(t) = [y_d(t) - y_d(t-T)] - [d(t) - d(t-T)]$$

由于期望输出 $y_d(t)$和干扰输入 $d(t)$为具有相同周期 T 的有界连续周期函数($t \geqslant 0$)，则由上式可知

$$y_{d0}(t) = \begin{cases} y_d(t) - d(t) & 0 \leqslant t \leqslant T \\ 0 & t > T \end{cases}$$

这说明等价期望输出 $y_{d0}(t)$为 L_2 函数。据此，如果用 $\| G(s) \|_\infty = \sup\limits_\omega |G(j\omega)|$ 表示渐近稳定的传递函数 $G(s)$的范数，则由小增益定理可知，若 $G(s) \in R\_$，且 $\| 1 - G(j\omega) \|_\infty < 1$，再考虑到 $|e^{-j\omega T}| = 1$，则必得偏差 $e(t)$有界的结论，即

$$e(t) \in L_2$$

进一步，在对纯时延环节 e^{-Ts} 加入低通滤波器和前馈环节后，就可证明

$$\lim_{t \to \infty} e(t) = 0$$

即说明误差 $e(t)$是一致收敛的。

总之，上述重复自学习控制的基本思想是，基于重复控制器的作用，经过多个周期的重复训练(运行)，只要能保证系统的周期不变性，控制作用的确定可在干扰不确定的情况下获得有规律的原则，使系统的实际输出逼近期望输出。具体地，设第 k 个周期训练时期望输出与实际输出的误差为

$$e_k(t) = y_d(t) - y_k(t) \quad t \in [(k-1)T, kT]$$

则第 $k+1$ 个周期训练的输入控制 $u_{k+1}(t)$ 为第 k 个周期训练的输入控制 $u_k(t)$ 与输出误差 $e_k(t)$ 的加权和,即

$$u_{k+1}(t) = u_k(t) + \boldsymbol{W}e_k(t)$$

根据前面讨论的误差收敛性,当 $k\to\infty$ 时,系统的实际输出可逼近期望输出。

类似于迭代自学习控制系统,重复自学习控制系统中控制作用的学习也是通过对以往控制经验的记忆实现的。这种方法与迭代自学习控制的区别在于:它仅对周期性期望输出成立,各次训练的系统不变性退化为周期的不变性,记忆功能由重复控制器体现,它对控制作用的修正是连续的,不再具有间断离线计算的特点。

5.3.2 异步自学习控制

1. 基本概念

考虑到迭代自学习控制和重复自学习控制的共同点和区别,邓志东(邓志东,1991)将这两种方法统一起来,提出了一种异步自学习控制的理论框架。他的基本思想是:将第 k 次重复训练的迭代自学习控制系统看成是对第 k 个重复周期的"间断"的重复自学习控制系统,且前者的训练时间等于后者的重复周期;将重复自学习控制系统的重复控制器视为一个记忆系统。这样图5.9所示的迭代自学习控制系统与图5.11所示的重复自学习控制系统完全等价,而迭代自学习控制系统的期望输出 $y_d(t)$ 可认为是以训练时间为重复周期的周期性有界连续信号。

异步自学习控制系统的基本结构如图5.13所示。其中 $y_d(t)$ 是周期为 T 的有界连续期望输出,$u_k(t)$、$u_{k+1}(t)$ 分别是第 k 次、第 $k+1$ 次迭代的参考输入,$y_k(t)$ 是第 k 次迭代的闭环控制系统实际输出,$e_k(t)$ 定义为第 k 次迭代的输出偏差 $e_k(t)=y_d(t)-y_k(t)$。另外,$t\in[(k-1)T,kT]$,$k=1,2,\cdots$,T 为迭代学习周期。

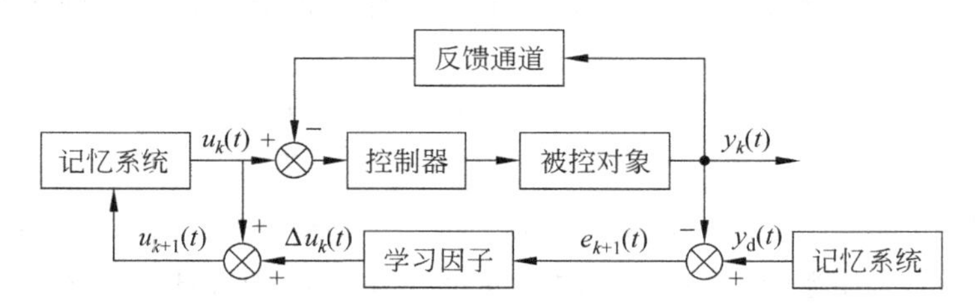

图5.13 异步自学习控制系统

异步自学习控制基于以下一些假设:①异步自学习闭环控制系统是定常系统或是周期时变系统。若将学习周期 T 视为"间断"学习的训练时间,这一假设对周期时变系统的限制可放宽为一般的时变系统而更具一般性;②期望输出 $y_d(t)$ 是学习周期为 T 的有界连续周期信号。这一假设将保证学习控制规律的稳定性或输出偏差 $e_k(t)$ 的收敛性,可通过对学习周期初始时刻的重定位方法得以解决;③学习控制满足初始条件 $e_k(0)=0$,$k=1,2,\cdots$。

可以看出,迭代自学习控制和重复自学习控制实际上是异步自学习控制的特例,即分别是具有"间断"和"连续"学习的异步自学习控制。其中,连续时间系统的异步自学习控制也可表示为二维离散形式。这时图5.13中的 $u_k(t)$、$y_k(t)$、$y_d(t)$ 和 $e_k(t)$ 分别由 $u(k,i)$、$y(k,i)$、$y_d(i)$ 和 $e(k,i)$ 替代,$k=1,2,\cdots$;$i=0,1,\cdots,l-1$;$T=l\tau$ 且 T 为学习周期,τ 为采样

周期。

异步自学习控制的“异步”含义是，第 $k+1$ 步的参考输入总是基于第 k 步以前的经验，即存在不同步或异步。另外，在二维离散形式中一般有 $T\neq t$，这也含有异步之意。

2. 基本原理

1）问题的算子描述

设反馈闭环控制系统的输入、输出算子形式为

$$y_k(t) = T_P u_k(t) \quad t\in[(k-1)T,\ kT],\quad k=1,2,\cdots \tag{5-1}$$

显然，若此闭环系统稳定，则必对应 T_P 有界。

假设系统的期望输出 $\boldsymbol{y}_d\in C^1[(k-1)T,kT]$，系统的输出偏差为 $\boldsymbol{e}_k(t)=\boldsymbol{y}_d(t)-\boldsymbol{y}_k(t)$，$t\in[(k-1)T,kT]$，$k=1,2,\cdots$，则由图5.13可知，在第 k 次学习时，参考输入 $u_k(t)$ 与修正量 $\Delta u_k(t)$ 之和将存储在记忆系统中，并作为第 $k+1$ 次学习时的给定输入，即

$$u_{k+1}(t) = u_k(t)+\Delta u_k(t) = u_k(t)+\boldsymbol{T}_L\boldsymbol{e}_k(t) \quad k=1,2,\cdots \tag{5-2}$$

式中，T_L 为学习算子；$\Delta u_k(t)=T_L\boldsymbol{e}(t)$ 实际上是第 k 次学习时的偏差加权量，也即第 k 次学习时已积累的经验。

异步自学习控制的目标是：第 $k+1$ 次学习时的输入能基于第 k 次学习时的输入和偏差加权量获得，并且随着有效经验的不断积累，最终使

$$\boldsymbol{e}_k(t)\to 0,\quad k\to\infty$$

或

$$\boldsymbol{y}_k(t)\to\boldsymbol{y}_d(t)\quad (k-1)T\leqslant t\leqslant kT$$

即使闭环系统的实际输出经过学习而逐渐逼近期望输出。

2）稳定性与一致收敛性

由式(5-1)可得

$$\boldsymbol{e}_k(t) = \boldsymbol{y}_d(t)-\boldsymbol{y}_k(t) = \boldsymbol{y}_d(t)-T_P u_k(t) \tag{5-3}$$

将式(5-2)代入式(5-3)，有

$$\begin{aligned}\boldsymbol{e}_{k+1}(t) &= \boldsymbol{y}_d(t)-T_P[u_k(t)+T_L\boldsymbol{e}_k(t)] = [\boldsymbol{y}_d(t)-T_P u_k(t)]-T_P T_L\boldsymbol{e}_k(t)\\ &= \boldsymbol{e}_k(t)-T_P T_L\boldsymbol{e}_k(t) = (1-T_P T_L)\boldsymbol{e}_k(t)\end{aligned} \tag{5-4}$$

式中“1”为恒同算子。若令 $T_e=1-T_P T_L$，称为误差传播算子，则式(5-4)可写为

$$\boldsymbol{e}_{k+1}(t) = T_e\boldsymbol{e}_k(t) \tag{5-5}$$

式(5-5)表明，可以对 T_e 讨论 $\boldsymbol{e}_k(t)$ 的一致收敛性。

定义5.1 若学习误差一致减小，即对任何 $k=1,2,\cdots$ 都有

$$\|\boldsymbol{e}_{k+1}(t)\|\leqslant\theta\|\boldsymbol{e}_k(t)\|\quad 0\leqslant\theta\leqslant 1,\quad (k-1)T\leqslant t\leqslant kT$$

其中 $\|\cdot\|$ 为定义在Banach空间 E 上的范数，则称由式(5-1)、式(5-2)表示的异步自学习控制系统 Σ_L 是稳定的。

定义5.2 异步自学习控制系统 Σ_L 是 L_2 稳定的，如果 $\boldsymbol{e}_k(t)\in L_2$ 或

$$\int_0^\infty \boldsymbol{e}_{k+1}^T(t)\boldsymbol{e}_{k+1}(t)\,dt<\int_0^\infty \boldsymbol{e}_k^T(t)\boldsymbol{e}_k(t)\,dt \tag{5-6}$$

显然，这里的 L_2 稳定实际就是有界输入有界输出稳定。

定义 5.3 异步自学习控制系统 Σ_L 是渐近稳定的，如果对任何 $t \in [(k-1)T, kT]$，都有

$$\boldsymbol{e}_k(t) \to 0, \quad k \to \infty$$

换言之，学习误差（输出偏差）$\boldsymbol{e}_k(t)$ 的一致收敛性与 Σ_L 的渐近稳定性是完全等价的概念。此外，若 Σ_L 是渐近稳定的，则 Σ_L 也必是 L_2 稳定的，但反之不一定成立。

定理 5.1 异步自学习控制系统 Σ_L 为 L_2 稳定的充分条件是

$$(1 - T_e^* T_e)\boldsymbol{x} \geqslant 0 \quad \boldsymbol{x} \in E \tag{5-7}$$

其中 E 为 $L_2[0,\infty]$ 空间，$T_e \in B(E)$（有界线性算子空间），且 T_e^* 为 T_e 的共轭算子。

证明 假设 Σ_L 为 L_2 稳定，则由式(5-6)、式(5-4)可得

$$\int_0^\infty [T_e \boldsymbol{e}_k(t)]^T [T_e \boldsymbol{e}_k(t)] dt < \int_0^\infty \boldsymbol{e}_k^T(t) \boldsymbol{e}_k(t) dt$$

考虑到 $L_2[0,\infty]$ 为自共轭空间，则有

$$\int_0^\infty \boldsymbol{e}_k^T(t) T_e^* T_e \boldsymbol{e}_k(t) dt < \int_0^\infty \boldsymbol{e}_k^T(t) \boldsymbol{e}_k(t) dt$$

即有

$$\int_0^\infty \boldsymbol{e}_k^T(t)(1 - T_e^* T_e) \boldsymbol{e}_k(t) dt > 0$$

而上式成立的一个充分条件为

$$(1 - T_e^* T_e)\boldsymbol{x} \geqslant 0 \quad x \in E$$

（证毕）

特别地，若 $L_2[0,\infty]$ 为复赋范线性空间，即从频域的角度上考虑上述异步自学习控制系统的稳定性问题，则式(5-5)可写为

$$E_{k+1}(s) = \boldsymbol{S}(s) E_k(s)$$

其中，$\boldsymbol{E}_s(s)$ 为 $\boldsymbol{e}_k(t)$ 的 Laplace 变换，且

$$\boldsymbol{S}(s) = \boldsymbol{I}_m - \boldsymbol{H}(s)\boldsymbol{L}(s) \tag{5-8}$$

式中，$\boldsymbol{H}(s)$ 为 $m \times m$ 阶闭环传递函数矩阵，$\boldsymbol{L}(s)$ 为 $m \times m$ 阶学习矩阵；$\boldsymbol{S}(s)$ 称为 $m \times m$ 阶误差传递矩阵。这样式(5-7)就变为

$$1 - \boldsymbol{S}^H(s)\boldsymbol{S}(s) \geqslant 0$$

可以证明，误差传递矩阵 $\boldsymbol{S}(s)$ 就是 LQ 问题中的灵敏度矩阵。

3) 学习过程与逆系统逼近

下面将表明，异步自学习控制系统的学习过程本质上是通过重复学习而逐渐逼近其逆系统的过程。

定理 5.2 （川村等，1985）设 T_E 为定义在 Banach 空间 E 上的有界线性算子，则当 $\| 1 - T_E \| < 1$ 时，T_E 的唯一有界线性逆算子 T_E^{-1} 存在，且可由以下 Neumann 级数表示为

$$T_E^{-1} y = \lim_{n \to \infty} [1 + (1 - T_E) + (1 - T_E)^2 + \cdots + (1 - T_E)^n y]$$

式中 $y \in E_1$（定理证明从略）。

设 $u_1(t) = T_L y_d(t)$，则由式(5-3)可知

$$\boldsymbol{e}_1(t) = \boldsymbol{y}_d(t) - T_P T_L \boldsymbol{y}_d(t) = (1 - T_P T_L) \boldsymbol{y}_d(t)$$

再由式(5-4)可得

$$\boldsymbol{e}_k(t) = (1 - T_P T_L)^k \boldsymbol{y}_d(t)$$

这样,第 $k+1$ 次学习时的给定输入为

$$\begin{aligned} u_{k+1}(t) &= u_k(t) + T_L \boldsymbol{e}_k(t) = u_1(t) + T_L \boldsymbol{e}_1(t) + T_L \boldsymbol{e}_2(t) + \cdots + T_L \boldsymbol{e}_k(t) \\ &= T_L[\boldsymbol{y}_d(t) + \boldsymbol{e}_1(t) + \boldsymbol{e}_2(t) + \cdots + \boldsymbol{e}_k(t)] \\ &= T_L[1 + (1 - T_P T_L) + (1 - T_P T_L)^2 + \cdots + (1 - T_P T_L)^k]\boldsymbol{y}_d(t) \end{aligned} \tag{5-9}$$

进一步假定 $T_E = T_P T_L \in B(E)$(如 T_L 为常数算子),则由定理 5.1 可知

$$\| 1 - T \|_2 = \| 1 - T_P T_L \|_2 = \| T_e \|_2 < 1$$

再对式(5-9)两边取极限,则由定理 5.2 可得

$$\begin{aligned} \lim_{k\to\infty} u_{k+1}(t) &= T_L \lim_{k\to\infty}[1 + (1 - T_E)^2 + \cdots + (1 - T_E)^k]\boldsymbol{y}_d(t) = T_L T_E^{-1} \boldsymbol{y}_d(t) \\ &= T_L (T_P T_L)^{-1} \boldsymbol{y}_d(t) = T_P^{-1} \boldsymbol{y}_d(t) \end{aligned}$$

即

$$u_k(t) = T_P^{-1} \boldsymbol{y}_d(t) \quad k \to \infty$$

上式与式(5-1)的对照比较表明,本质上异步自学习控制系统的学习过程就是逐渐构成逆系统的过程,且其学习次数相当于 Neumann 级数展开的阶次,因而随着学习次数的增加,异步自学习控制系统就逐步逼近逆系统,或者说实际输出 $\boldsymbol{y}_k(t)$ 愈加逼近期望输出 $\boldsymbol{y}_d(t)$。

5.3.3 异步自学习控制时域法

异步自学习控制时域法是指在时间域内的研究,主要以时域表达式为描述与分析的方法,它可包括表示为二维形式的连续与离散时间的两类系统。

1. 学习因子选择的一个充分条件

包括迭代和重复自学习控制在内,异步自学习控制的特点主要体现在“记忆系统”和“学习因子”两个环节上。记忆系统将输出误差延时一个学习周期,它对学习系统的影响是结构性的,而学习因子将直接决定系统的学习稳定性(误差的一致收敛性)和学习动态品质(学习收敛速度)。异步自学习控制系统的设计在某种意义上就是学习因子的设计。

假设图 5.13 所示的异步自学习控制系统中的被控对象为完全能控且无零点的系统,其状态方程为

$$\dot{\boldsymbol{x}}^{(k)}(t) = \boldsymbol{A}\boldsymbol{x}^{(k)}(t) + \boldsymbol{B}\boldsymbol{u}_1^{(k)}(t) \tag{5-10}$$

式中,$(k-1)T \leqslant t \leqslant kT$,$T$ 为学习周期($k=1,2,\cdots$);$\boldsymbol{A}$、$\boldsymbol{B}$ 分别为 $n\times n$、$m\times m$ 实矩阵,$(\boldsymbol{A},\boldsymbol{B})$完全能控。定义二次型性能指标

$$J = \int_0^\infty [\boldsymbol{x}^{(k)\mathrm{T}}(t)\boldsymbol{Q}\boldsymbol{x}^{(k)}(t) + \boldsymbol{u}_1^{(k)\mathrm{T}}(t)\boldsymbol{R}\boldsymbol{u}_1^{(k)}(t)]\mathrm{d}t \tag{5-11}$$

式中,$\boldsymbol{Q}$、$\boldsymbol{R}$ 分别为 $n\times n$、$m\times m$ 正定实矩阵。根据现代控制理论中的 LQ 问题可知,使上述性能指标极小的最优状态反馈为 $\boldsymbol{u}_1^{(k)*}(t) = -\boldsymbol{K}^* \boldsymbol{x}^{(k)}(t)$,且

$$\boldsymbol{K}^* = \boldsymbol{R}^{-1}\boldsymbol{B}^{\mathrm{T}}\boldsymbol{P}$$

式中 $\boldsymbol{P}$ 为 $n\times n$ 实矩阵,它是满足一个 Riccati 矩阵方程的唯一正定解,方程形如

$$\boldsymbol{P}\boldsymbol{A} + \boldsymbol{A}^{\mathrm{T}}\boldsymbol{P} - \boldsymbol{P}\boldsymbol{B}\boldsymbol{R}^{-1}\boldsymbol{B}^{\mathrm{T}}\boldsymbol{P} + \boldsymbol{Q} = 0$$

因而若将 $\boldsymbol{K}^*$ 看成输出矩阵并写成传递函数的形式,则前向通道的传递函数矩阵为

$$\boldsymbol{G}(s) = \boldsymbol{K}^* \boldsymbol{G}_0(s) = \boldsymbol{K}^* (\boldsymbol{S}\boldsymbol{I} - \boldsymbol{A})^{-1}\boldsymbol{B}$$

这里 $\boldsymbol{G}_0(s)$表示被控对象的 $m\times m$ 传递函数矩阵。从而

$$\boldsymbol{y}^{(k)}(t)=\boldsymbol{K}^*\boldsymbol{x}^{(k)}(t)$$

$$\boldsymbol{u}_1^{(k)}(t)=-\boldsymbol{y}^{(k)}(t)$$

且

$$\boldsymbol{y}_{\mathrm{d}}^{(k)}(t)=\boldsymbol{K}^*\boldsymbol{x}_{\mathrm{d}}^{(k)}(t)$$

式中 $\boldsymbol{x}_{\mathrm{d}}^{(k)}$ 为期望状态,相应的结构框图如图 5.14(a)所示。

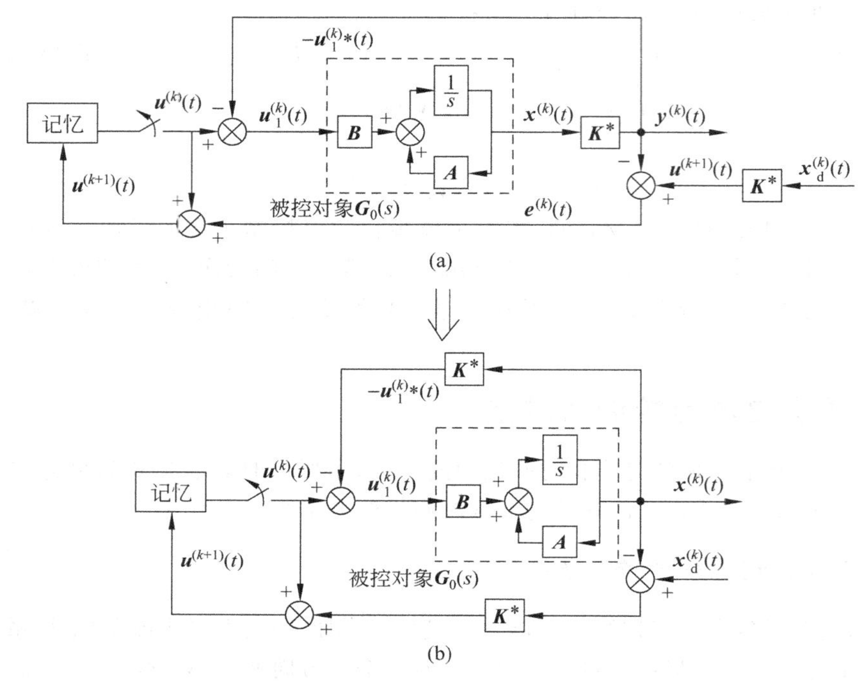

图 5.14 学习因子选择的一个充分条件

显然,若将状态 $\boldsymbol{x}^{(k)}(t)$看成输出,则图 5.14(a)可等价地变换为图 5.14(b)所示的形式。这时,最优状态反馈矩阵 $\boldsymbol{K}^*$ 实际上是异步自学习控制的学习因子。以下将证明,由这样得到的学习因子组成的异步自学习控制系统满足定理 5.1 的 L_2 稳定。

定理 5.3 对式(5-10)系统,使状态反馈

$$\boldsymbol{u}_1^{(k)}(t)=-\boldsymbol{K}\boldsymbol{x}^{(k)}(t)$$

成为式(5-11)二次型性能指标的最优控制的充要条件为:

(1) 反馈闭环系统$\dot{\boldsymbol{x}}^{(k)}(t)=(\boldsymbol{A}-\boldsymbol{B}\boldsymbol{K})\boldsymbol{x}^{(k)}(t)$渐近稳定。

(2) $\boldsymbol{D}^{\mathrm{H}}(\mathrm{j}\omega)\boldsymbol{R}\boldsymbol{D}(\mathrm{j}\omega)\geqslant\boldsymbol{R}$,对 $\forall\omega$。这里,$\boldsymbol{D}(s)=\boldsymbol{I}_m+\boldsymbol{G}(s)$为回差矩阵。

Kalman 证明了定理 5.3 的单输入输出情况(川村等,1985),并表明了最优调节等价于使灵敏度的绝对值减小。B. D. O. Anderson、Cruz 和 Perkins 分别证明了定理 5.3 的多输入多输出情况(B. D. O. Anderson 和 J. B. Moore,1971;川村等,1985)。在有关的证明中,回差矩阵的逆被用来定义为灵敏度矩阵

$$\widetilde{\boldsymbol{S}}(s)=\boldsymbol{D}^{-1}(s)$$

这样,定理 5.3 中充要条件(2)可写为

$$\boldsymbol{R}-\widetilde{\boldsymbol{S}}^{\mathrm{H}}(\mathrm{j}\omega)\boldsymbol{R}\widetilde{\boldsymbol{S}}(\mathrm{j}\omega)\geqslant 0 \quad 对\ \forall\omega \tag{5-12}$$

这表明，最优调节就是使灵敏度减小。反之，使灵敏度减小的渐近稳定的状态反馈就是使式(5-11)极小的最优调节。

定理 5.4 对式(5-10)系统，使如图5.14(b)所示的异步自学习控制系统具有 L_2 稳定的学习因子选择的充分条件为

$$\boldsymbol{K}=\boldsymbol{K}^*$$

式中 $\boldsymbol{K}^*$ 为选取加权矩阵 $\boldsymbol{Q}\geqslant 0$ 且 $\boldsymbol{R}=\boldsymbol{I}_m$ 的 $m\times m$ 最优状态反馈矩阵。

证明 若选取 $\boldsymbol{Q}\geqslant 0$ 且 $\boldsymbol{R}=\boldsymbol{I}_m$，则式(5-12)变为

$$1-\widetilde{\boldsymbol{S}}^{\mathrm{H}}(\mathrm{j}\omega)\widetilde{\boldsymbol{S}}(\mathrm{j}\omega)\geqslant 0 \quad 对\ \forall\omega$$

考虑图5.14(a)所示的系统，由式(5-8)可知，其误差传递矩阵为

$$\begin{aligned}\boldsymbol{S}(s)&=\boldsymbol{I}_m-\boldsymbol{H}(s)=\boldsymbol{I}_m-[\boldsymbol{I}_m+\boldsymbol{G}(s)]^{-1}\boldsymbol{G}(s)\\&=[\boldsymbol{I}_m+\boldsymbol{G}(s)]^{-1}[\boldsymbol{I}_m+\boldsymbol{G}(s)]-[\boldsymbol{I}_m+\boldsymbol{G}(s)]^{-1}\boldsymbol{G}(s)\\&=[\boldsymbol{I}_m+\boldsymbol{G}(s)]^{-1}=\boldsymbol{D}^{-1}(s)=\widetilde{\boldsymbol{S}}(s)\end{aligned}$$

即误差传递矩阵等于灵敏度矩阵。于是式(5-12)进一步可改写为

$$1-\boldsymbol{S}^{\mathrm{H}}(\mathrm{j}\omega)\boldsymbol{S}(\mathrm{j}\omega)\geqslant 0 \quad 对\ \forall\omega \tag{5-13}$$

由于式(5-13)的学习稳定条件与式(5-12)的最优调节的构成条件完全相同，因而由定理5.1可知，在式(5-11)的性能指标中选取适当的加权矩阵 $\boldsymbol{Q}\geqslant 0$ 且 $\boldsymbol{R}=\boldsymbol{J}_m$，并求出最优状态反馈增益 $\boldsymbol{K}^*$ 后，则图5.14(a)所示的最优反馈系统就成为图5.14(b)所示的学习因子为 $\boldsymbol{K}^*$，而且具有 L_2 稳定的异步自学习控制系统，即有

$$\boldsymbol{x}^{(k)}(t)\rightarrow\boldsymbol{x}_{\mathrm{d}}^{(k)}(t)\quad k\rightarrow\infty$$

2. PID型异步自学习控制及其收敛性

在式(5-2)中，若将学习算子 T_{L} 取为PID控制律形式，就成为一种PID型异步自学习控制系统(见图5.15)，其异步自学习控制律为

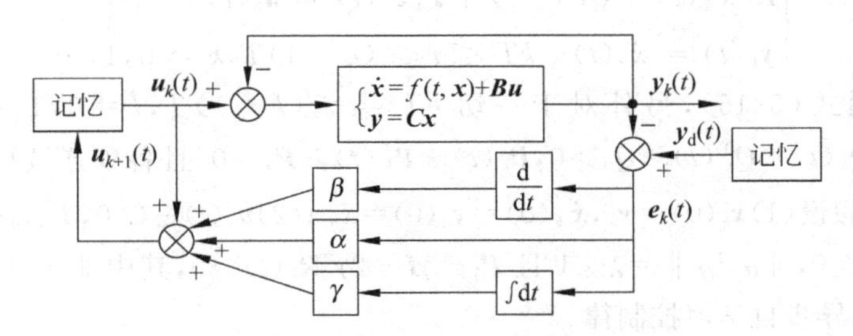

图 5.15 PID型异步自学习控制系统

$$\boldsymbol{u}_{k+1}(t)=\boldsymbol{u}_k(t)+\left[\alpha+\beta\frac{\mathrm{d}}{\mathrm{d}t}+\gamma\int\mathrm{d}t\right]\boldsymbol{e}_k(t) \tag{5-14}$$

式中，α、β、γ 分别为比例、微分、积分"学习因子"；$kT\leqslant t\leqslant(k+1)T(k=0,1,\cdots)$，$T$ 为学习周期。同样 $\boldsymbol{e}_k(t)=\boldsymbol{y}_{\mathrm{d}}(t)-\boldsymbol{y}_k(t)$，且 $\boldsymbol{e}_k(0)=0$，初始输入 $u_0(t)$ 应使闭环系统保持稳定，期望输出 $\boldsymbol{y}_{\mathrm{d}}(t)$ 应满足周期为 T 的不变性。

在图5.5中,若有$\beta=\gamma=0$,即采用"P"型异步自学习控制时,图5.15就成为图5.14(b)所示的形式。因此,对于一类广泛的线性定常系统,定理5.4实际上已给出了"P"型学习控制律L_2稳定的充分条件。下面列出进一步研究PID型异步自学习控制渐近稳定性的主要结论,这些结论是针对3类特定系统展开的。

1) 线性定常系统

考虑以下线性定常系统

$$\begin{cases}\boldsymbol{R}\ddot{\boldsymbol{x}}_k(t)+\boldsymbol{Q}\dot{\boldsymbol{x}}_k(t)+\boldsymbol{P}\boldsymbol{x}_k(t)=\boldsymbol{u}_k(t)\\ \boldsymbol{y}_k(t)=\dot{\boldsymbol{x}}_k(t)\quad kT\leqslant t\leqslant(k+1)T,\quad k=0,1,\cdots\end{cases}\tag{5-15}$$

式中,n维实向量$\boldsymbol{u}$、$\boldsymbol{x}$、$\boldsymbol{y}$分别为输入、状态、输出向量;$\boldsymbol{R}$、$\boldsymbol{Q}$、$\boldsymbol{P}$为$n\times n$对称正定实矩阵。

定理5.5 假设(1) $\boldsymbol{x}_k(0)=\boldsymbol{x}_0$, $\dot{\boldsymbol{x}}_k(0)=\boldsymbol{y}_{\mathrm{d}}(0)=\dot{\boldsymbol{x}}_0$;(2) $\boldsymbol{u}_0(t)\in C[0,T]$, $\boldsymbol{y}_{\mathrm{d}}(t)\in C^1[kT,(k+1)T]$;(3) $\alpha>0$且$2\boldsymbol{Q}>\alpha\boldsymbol{I}>0$(即$2\boldsymbol{Q}-\alpha\boldsymbol{I}$正定),则以下"P"型异步自学习控制律

$$\boldsymbol{u}_{k+1}(t)=\boldsymbol{u}_k(t)+\alpha\boldsymbol{e}_k(t)$$

关于$\boldsymbol{y}_{\mathrm{d}}(t)$为$L_2$学习稳定,即当$k\rightarrow\infty$时,有

$$\boldsymbol{e}_k(t)\in L_2,\quad kT\leqslant t\leqslant(k+1)T,\quad k=0,1,\cdots\tag{5-16}$$

定理5.5只能保证速度误差$\boldsymbol{e}_k(t)=\boldsymbol{y}_{\mathrm{d}}(t)-\boldsymbol{y}_k(t)=\dot{\boldsymbol{x}}_{\mathrm{d}}(t)-\dot{\boldsymbol{x}}_k(t)$的$L_2$收敛,而一致收敛性的结论可由下面的推论给出。

推论5.1 在与定理5.5相同的条件下,式(5-16)的"P"型异步自学习控制律关于$\boldsymbol{x}_{\mathrm{d}}(t)$渐近稳定,即

$$\boldsymbol{x}_k(t)\xrightarrow{\text{一致地}}\boldsymbol{x}_{\mathrm{d}}(t)\quad t\in[kT,(k+1)T]$$

其中

$$\boldsymbol{x}_{\mathrm{d}}(t)=\boldsymbol{x}_0+\int_{kT}^{t}\boldsymbol{y}_{\mathrm{d}}(\tau)\mathrm{d}\tau$$

2) 线性周期性时变系统

考虑线性周期性时变系统

$$\begin{cases}\boldsymbol{R}_k\ddot{\boldsymbol{x}}_k(t)+\boldsymbol{Q}_k\dot{\boldsymbol{x}}_k(t)+\boldsymbol{P}_k\boldsymbol{x}_k(t)=\boldsymbol{u}_k(t)\\ \boldsymbol{y}_k(t)=\dot{\boldsymbol{x}}_k(t)\quad kT\leqslant t\leqslant(k+1)T,k=0,1,\cdots\end{cases}$$

式中符号含义同式(5-15),另外对于一切$kT\leqslant t\leqslant(k+1)T,k=0,1,\cdots$都有$\boldsymbol{R}_k(t)=\boldsymbol{R}_k^{\mathrm{T}}(t)\geqslant\boldsymbol{R}_0>0$,$\boldsymbol{Q}_k(t)+\boldsymbol{Q}_k^{\mathrm{T}}(t)\geqslant\boldsymbol{Q}_0>0$,$\boldsymbol{P}_k(t)+\boldsymbol{P}_k^{\mathrm{T}}(t)\geqslant\boldsymbol{P}_0>0$,且各项连续可微。

定理5.6 假设(1)$\boldsymbol{x}_k(0)=\boldsymbol{x}_0$,$\dot{\boldsymbol{x}}_k(0)=\boldsymbol{y}_{\mathrm{d}}(0)=\dot{\boldsymbol{x}}_0$;(2)$\boldsymbol{u}_0(t)\in C[0,T]\boldsymbol{y}_{\mathrm{d}}(t)\in C^1[kT,(k+1)T]$;(3)$\alpha>0,\gamma>0,\|\alpha^{-1}\gamma\|=\lambda\ll1$且$\boldsymbol{P}_0-\gamma\boldsymbol{I}-2\gamma^2\boldsymbol{R}_k(t)>0$,其中$\|\cdot\|$表示矩阵的谱半径,则以下"PI"型异步自学习控制律

$$\boldsymbol{u}_{k+1}(t)=\boldsymbol{u}_k(t)+\left[\alpha+\gamma\int\mathrm{d}t\right]\boldsymbol{e}_k(t)\tag{5-17}$$

关于$\boldsymbol{y}_{\mathrm{d}}(t)$为$L_2$学习收敛。

推论5.2 在与定理5.6相同的条件下,式(5-17)的"PI"型异步自学习控制律关于$\boldsymbol{x}_{\mathrm{d}}(t)$渐近稳定。

3) 非线性系统

考虑一种特殊的二阶非线性微分方程(Cartwright-littlewood)。

$$\ddot{x}(t)+\mu f(\boldsymbol{x})\dot{x}(t)+g(\boldsymbol{x})=\mu \boldsymbol{u}(t) \tag{5-18}$$

假定$\mu>0$；f和g为连续函数；g对所有$\boldsymbol{x}$满足Lipschitz条件；存在正数a、b使得对于$\boldsymbol{x}\geqslant a$，$g(\boldsymbol{x})\geqslant b>0$，而对于$\boldsymbol{x}\leqslant -a$，$g(\boldsymbol{x})\leqslant -b$。若令$E(t)=\int_0^t u(\tau)\mathrm{d}\tau$，$F(\boldsymbol{x})=\int_0^x f(\tau)\mathrm{d}\tau$，$G(\boldsymbol{x})=\int_x^0 g(\tau)\mathrm{d}\tau$，则式(5-18)可表示为以下非线性状态方程

$$\begin{cases}\dot{x}_1=x_2-[F(x_1)-E(t)]\\ \dot{x}_2=-g(x_1)\end{cases}$$

输出方程可为

$$\boldsymbol{y}(t)=\boldsymbol{x}(t)$$

定理5.7 假设(1) $\boldsymbol{x}_k(0)=\boldsymbol{y}_\mathrm{d}(0)=\boldsymbol{x}_0$，$\dot{\boldsymbol{x}}_k(0)=\dot{\boldsymbol{x}}_0$；(2) $\boldsymbol{u}_0(t)\in C[0,T]$，$\boldsymbol{y}_\mathrm{d}(t)\in C^1[kT,(k+1)T]$；(3) $\mathrm{d}g(x_1)/\mathrm{d}x_1$在$(-\infty,\infty)$上有界；(4) $\beta>0$，$2f(\boldsymbol{x}_1)-\beta>0$且$\int_{kt}^t \mathrm{d}_k(\tau)\int_{kt}^{\tau_1}\frac{\mathrm{d}g(x_1)}{\mathrm{d}x_1}d_k(\tau_1)\mathrm{d}\tau_1\mathrm{d}\tau\geqslant 0$，其中$d_k(t)=\boldsymbol{e}_k(t)-\boldsymbol{e}_{k+1}(t)$，则如下"D"型异步自学习控制律

$$\boldsymbol{u}_{k+1}(t)=\boldsymbol{u}_k(t)+\beta\frac{\mathrm{d}}{\mathrm{d}t}\boldsymbol{e}_k(t)$$

关于$\boldsymbol{y}_\mathrm{d}(t)$为$L_2$学习稳定。

3. 其他研究结论

由上可知，PID型异步自学习控制不需要被控系统的精确模型，它只需要被控系统的定性知识，即满足稳定性的某个大致范围。另外，当非线性对系统的影响较弱且可等价地视为一个外加干扰时，则只需要这些干扰使实际输出$y_k(t)$具有重复性，那么就可避开困难的非线性学习控制问题，而直接利用线性的异步自学习控制方法。

在前述研究内容的基础上，通过引入L_2空间范数指标，还可将PID型异步自学习控制发展为一种具有加权矩阵的最优异步自学习控制，使控制系统更加平滑地跟踪期望输出。另外，还将异步自学习控制推广到范围更大的一类线性系统。

由于异步自学习控制系统实质上是在闭环回路上加入学习回路构成的，因而闭环系统本身的负反馈可部分抑制系统内部的不确定性，但对量测噪声仍然无能为力。而如果量测噪声使学习过程不再具有重复性时，就会由于噪声在重复学习过程中积累、放大而使实际输出愈加偏离期望输出。要解决这一问题，可在学习修正时对输出误差或计算出的修正输入施加滤波器，以便减小量测噪声的影响，并使学习稳定条件放宽。为此，根据随机逼近理论，可通过引入一种随机泛函指标，从而使确定性的异步自学习控制推进到随机问题的形式。

5.3.4 异步自学习控制频域法

异步自学习控制频域法是指在频率域内的研究。由于只采用一般的传递函数，因而被控对象通常仅限于线性定常连续系统。

在图5.13中，设被控对象和控制器的传递函数矩阵分别为$\boldsymbol{G}_\mathrm{p}(s)\in R_-^{m\times m}$、$\boldsymbol{G}_\mathrm{c}(s)\in R_-^{m\times m}$，这里$R_-^{m\times m}$表示$m\times m$阶稳定真有理传递函数矩阵空间，为了简单起见，就采用单位反馈。如果：①按照重复控制器的思想，将实现l步异步自学习的记忆系统考虑为一个非

线性的纯时延环节 e^{-lTs} $(l \geqslant 1)$；②设学习因子为 $\boldsymbol{L}(s) \in R^{m \times m}$，并称为学习矩阵，那么图5.13可等价变换为如图5.16所示的频域形式。

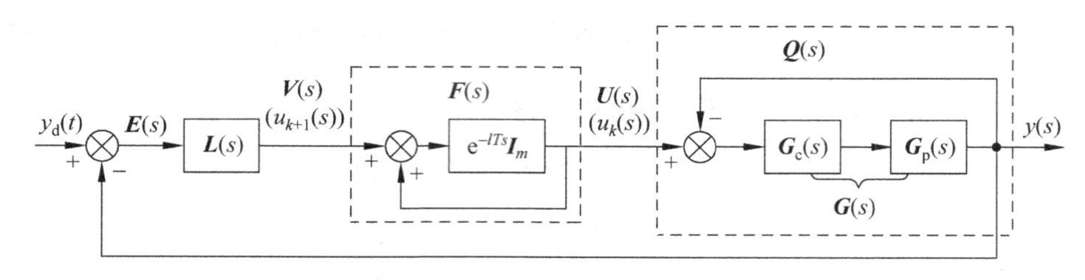

图5.16 异步自学习控制频域法(1)

不失一般性，若只考虑 $l=1$，即一步自学习的情况，则由图5.16可看出

$$\boldsymbol{F}(s)=e^{-Ts}\boldsymbol{I}_m/(1-e^{-Ts})$$

$$\boldsymbol{G}(s)=\boldsymbol{G}_p(s)\boldsymbol{G}_c(s)$$

且

$$\boldsymbol{Q}(s)=[\boldsymbol{I}_m+\boldsymbol{G}(s)]^{-1}\boldsymbol{G}(s)$$

这时显然有 $\boldsymbol{G}(s)$、$\boldsymbol{Q}(s) \in R^{m \times m}$。从而式(5-2)算子形式的异步自学习控制律可写成频域形式

$$\boldsymbol{U}_{k+1}(s)=\boldsymbol{U}_k(s)+\boldsymbol{L}(s)\boldsymbol{E}_k(s) \tag{5-19}$$

其中

$$\boldsymbol{U}_k(s)=e^{-Ts}\boldsymbol{U}_{k+1}(s) \tag{5-20}$$

上式表明，第 $k+1$ 次迭代与第 k 次迭代的给定输入之间具有明确的非线性关系，这是与时域法不同之处。由于第 $k+1$ 次的诸量可由式(5-20)折算为第 k 次进行，以下将以无下标的 $\boldsymbol{V}(s)$ 和 $\boldsymbol{U}(s)$ 记法分别代替 $\boldsymbol{U}_{k+1}(s)$ 和 $\boldsymbol{U}_k(s)$。应当指出，上述结论只对"连续学习"的异步自学习控制系统而言，对于"间断学习"的情况，记忆系统不可能用 e^{-Ts} 来简单表示，只能用存储的方法实现记忆。

1. 稳定性分析

1) 一般情形

定理5.8 对于图5.16所示的系统，取 $l=1$(下同)，如果(1)$\boldsymbol{Q}(s) \in R_-$，$R_-$ 表示稳定的真有理传递函数矩阵空间；(2)$\|\boldsymbol{I}_m-\boldsymbol{Q}(s)\boldsymbol{L}(s)\|_\infty<1$，$\|\cdot\|_\infty=\sup\limits_{\omega}\bar{\sigma}(\cdot)$，而 $\bar{\sigma}(\cdot)$ 表示矩阵的最大奇异值，那么对于有界连续周期信号 $y_d(t)$ 就有

$$e(t)=\boldsymbol{L}^{-1}[\boldsymbol{E}(s)] \in L_2 \tag{5-21}$$

即有 L_2 学习稳定成立。

证明：由图5.16可知

$$\boldsymbol{E}(s)=\boldsymbol{Y}_d(s)-\boldsymbol{Y}(s)$$

$$\boldsymbol{Y}(s)=\boldsymbol{Q}(s)\boldsymbol{U}(s)$$

$$\boldsymbol{U}(s)=e^{-Ts}[\boldsymbol{I}_m-\boldsymbol{Q}(s)\boldsymbol{U}(s)]\boldsymbol{E}(s)+\boldsymbol{Y}_{d0}(s) \tag{5-22}$$

从而可得，

$$\boldsymbol{E}(s)=e^{-Ts}[\boldsymbol{I}_m-\boldsymbol{Q}(s)\boldsymbol{U}(s)]\boldsymbol{E}(s)+\boldsymbol{Y}_{d0}(s)$$

其中，

$$\boldsymbol{Y}_{\mathrm{d0}}(s)=(1-\mathrm{e}^{-Ts})\boldsymbol{Y}_{\mathrm{d}}(s) \tag{5-23}$$

于是可作出其等价系统如图 5.17(a)所示。

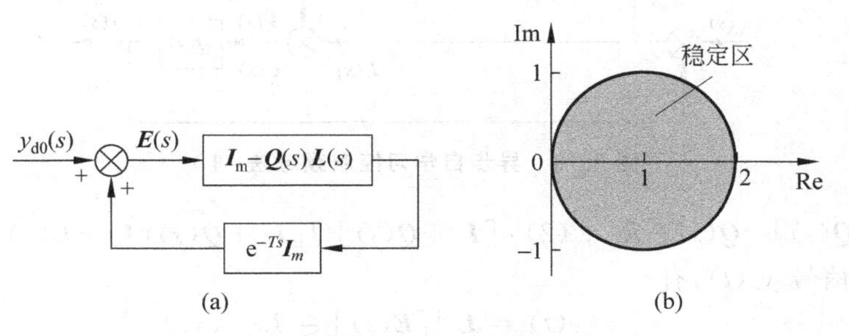

图 5.17　与图 5.16 等价的系统和稳定域

为了给出异步自学习控制系统的误差收敛条件或稳定条件，现考虑图 5.17(a)所示的等价系统的有界输入与有界输出稳定性。若对式(5-22)两边求 Laplace 逆变换，则得

$$y_{\mathrm{d0}}(t)=y_{\mathrm{d}}(t)-y_{\mathrm{d}}(t-T)$$

易知，若期望输出 $y_{\mathrm{d}}(t)$ 为周期是 T 的有界连续周期函数($t\geqslant 0$)，则由上式可知

$$\boldsymbol{y}_{\mathrm{d0}}(t)=\begin{cases}\boldsymbol{y}_{\mathrm{d}}(t) & 0\leqslant t\leqslant T\\ 0 & t\geqslant T\end{cases}$$

从而 $y_{\mathrm{d}}(t)$ 为 L_2 函数即 $y_{\mathrm{d0}}(t)\in L_2$。又由于 $\boldsymbol{Q}(s)\in R_-$ 和 $\boldsymbol{L}(s)\in R$，因而 $\boldsymbol{I}_m-\boldsymbol{Q}(s)\boldsymbol{L}(s)\in R_-$，又注意到 $\|\mathrm{e}^{-Ts}\boldsymbol{I}_m\|_\infty=1$，则由小增益定理可知，对于图 5.17(a)所示的等价系统，如果其闭环回路的增益小于 1，即

$$\|[\boldsymbol{I}_m-\boldsymbol{Q}(s)\boldsymbol{L}(s)]\mathrm{e}^{-Ts}\boldsymbol{I}_m\|_\infty<1$$

或

$$\|\boldsymbol{I}_m-\boldsymbol{Q}(s)\boldsymbol{L}(s)\|_\infty<1 \tag{5-24}$$

则必有式(5-21)成立。　　　　　　　　　　　　　　　　　　　　　　　　　　　　(证毕)

在式(5-24)中，若令 $\boldsymbol{Q}'(s)=\boldsymbol{Q}(s)\boldsymbol{L}(s)$，则相应的条件变为

$$\|\boldsymbol{I}_m-\boldsymbol{Q}'(s)\|_\infty<1$$

对于单输入单输出系统，上式成为

$$|1-q'(s)|<1$$

这表明 $q'(s)$ 的 Nyquist 轨迹必须位于 s 平面以(1,0)为圆心的单位圆内，如图 5.17(b)所示，方能保证其学习控制律的 L_2 稳定。

2) 增加直接通道的情形

显然，上述稳定性条件过于保守，其原因实质上是此类“连续”学习方法不再满足对于 $\forall k=1,2,\cdots,e_k(0)=0$，的假设，即不再具每一学习周期初始“重定位”造成的。为此可设想增加时域法中的“D”型异步自学习，即通过引入以 $E(s)$ 到 $U(s)$ 的直接通道来扩大稳定域范围。这时式(5-19)的异步自学习控制律成为

$$\boldsymbol{U}_{k+1}(s)=\boldsymbol{U}_k(s)+\boldsymbol{L}(s)\boldsymbol{E}_k(s)+\boldsymbol{E}_{k+1}(s)$$

相应的系统框图如图 5.18 所示。

定理 5.9　考虑增加直接通道的异步自学习控制系统(见图 5.18，其中暂令 $f(s)=1$)，

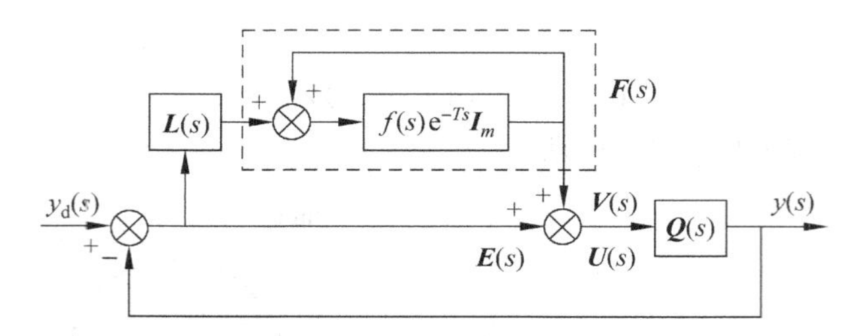

图5.18 异步自学习控制频域法(Ⅱ)

如果(1)$[\boldsymbol{I}_m+\boldsymbol{Q}(s)]^{-1}\boldsymbol{Q}(s)\in R_-$;(2)$\|[\boldsymbol{I}_m+\boldsymbol{Q}(s)]^{-1}[\boldsymbol{I}_m+\boldsymbol{Q}(s)(\boldsymbol{I}_m-\boldsymbol{L}(s))]\|_\infty<1$,则对有界连续周期信号 $y_d(t)$,有

$$e(t)=\boldsymbol{L}^{-1}[\boldsymbol{E}(s)]\in L_2$$

这里,$\boldsymbol{Q}(s)=[\boldsymbol{I}_m+\boldsymbol{G}(s)]^{-1}\boldsymbol{G}(s)\in R_-$ 且 $\boldsymbol{L}(s)\in R_-$。

证明 由图5.18易知

$$\begin{aligned}\boldsymbol{E}(s)&=\boldsymbol{Y}_d(s)-\boldsymbol{Y}(s)\\ \boldsymbol{Y}(s)&=\boldsymbol{Q}(s)\boldsymbol{U}(s)\\ \boldsymbol{U}(s)&=\boldsymbol{E}(s)+\boldsymbol{V}(s)\\ \boldsymbol{V}(s)&=e^{-Ts}[\boldsymbol{V}(s)+\boldsymbol{L}(s)\boldsymbol{E}(s)]\end{aligned}$$

从而可得

$$\boldsymbol{E}(s)=e^{-Ts}[\boldsymbol{I}_m+\boldsymbol{Q}(s)]^{-1}[\boldsymbol{I}_m+\boldsymbol{Q}(s)(\boldsymbol{I}_m-\boldsymbol{L}(s))]\boldsymbol{E}(s)+[\boldsymbol{I}_m+\boldsymbol{Q}(s)]^{-1}\boldsymbol{Y}_{d0}(s)$$

其中 $Y_{d0}(s)$的表示与式(5-23)相同,因而可作出其等价系统,如图5.19(a)所示。

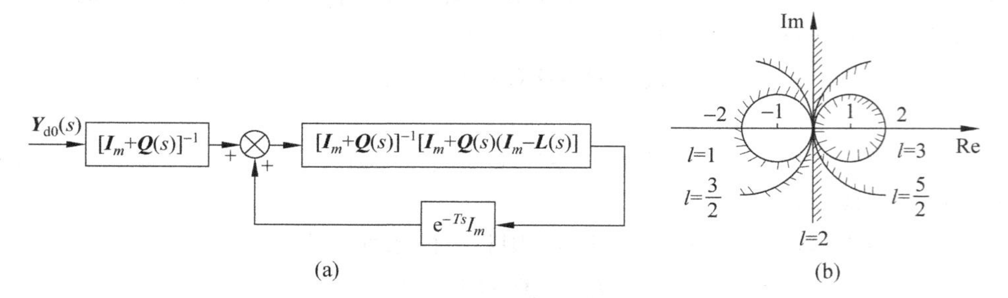

图5.19 与图5.18等价的系统和稳定域

由于

$$[\boldsymbol{I}_m+\boldsymbol{Q}(s)]^{-1}=[\boldsymbol{I}_m\boldsymbol{Q}(s)]^{-1}[\boldsymbol{I}_m+\boldsymbol{Q}(s)-\boldsymbol{Q}(s)]=\boldsymbol{I}_m-[\boldsymbol{I}_m+\boldsymbol{Q}(s)]^{-1}\boldsymbol{Q}(s)$$

由定理的条件(1)可知$[\boldsymbol{I}_m+\boldsymbol{Q}(s)]^{-1}\in R_-$,又 $\boldsymbol{L}(s)\in R_-$,$\boldsymbol{Q}(s)\in R_-$,从而

$$[\boldsymbol{I}_m+\boldsymbol{Q}(s)]^{-1}[\boldsymbol{I}_m+\boldsymbol{Q}(s)(\boldsymbol{I}_m-\boldsymbol{L}(s))]\in R_-$$

这样由小增益定理,对于 $y_d(t)\in L_2$,必有 $e(t)\in L_2$。(证毕)

从这里可以看出,上述定理中的条件(1)相当于要求由直接通道与被控系统 $\boldsymbol{Q}(s)$组成的闭环系统稳定,而条件(2)对单输入单输出系统也有以下的几何解释。

若令 $q(j\omega)+q^*(j\omega)+[2-\boldsymbol{l}(s)]q^*(j\omega)q(j\omega)>0$,其中 $0\leqslant\omega\leqslant\infty$,则相应可作出其稳定域如图5.19(b)所示。这时 $q(j\omega)$的 Nyquist 轨迹必须位于图中的阴影部分,方能保证其异步自学习控制的 L_2 稳定。特别地,当 $\boldsymbol{l}(s)$为实常数且 $\boldsymbol{l}=1$ 时,上述稳定性条件实际上相当于最优调节或 Kalman 滤波的最优条件。

3）增加直接通道和低通滤波器的情形

应该指出上述定理也有不足之处：一是它只能保证 L_2 有界输入有界输出稳定，而实际中更需知道 $e(t)$ 是否趋近于0；二是定理中条件(2)只有对直接通道，即相对阶为0的系统才能严格满足，否则当 $\omega\to\infty$ 时，由于 $\boldsymbol{Q}(\mathrm{j}\omega)\to 0$，条件(2)将不再成立。

出现上述问题的原因主要是因为要求异步自学习控制系统跟踪任意周期信号的想法不切实际。事实上，对任意高频分量的精确跟踪是不可能的。为此，可以通过对 e^{-Ts} 引入一个低通滤波器，即减少记忆系统的高频分量来放宽其稳定条件。

定理5.10 考虑图5.18中增加低通滤波器 $f(s)$ 的异步自学习控制系统，如果：(1) $[\boldsymbol{I}_m+\boldsymbol{Q}(s)]^{-1}\boldsymbol{G}(s)\in R_-$；(2) $\| f(s)[\boldsymbol{I}_m+\boldsymbol{Q}(s)\|^{-1}[\boldsymbol{I}_m+\boldsymbol{Q}(s)(\boldsymbol{I}_m-\boldsymbol{L}(s)]_\infty<1$，其中 $f(s)\in R_-^{l\times l}$（对 $\forall\omega, f(\mathrm{j}\omega)\neq 0$），$\boldsymbol{Q}(s)=[\boldsymbol{I}_m+\boldsymbol{G}(s)]^{-1}\boldsymbol{G}(s)\in R_-$ 且 $\boldsymbol{L}(s)\in R_-$，则相应具有最小实现的系统为学习指数稳定，并且 $e(t)$ 对任意周期性期望输出 $y_\mathrm{d}(t)$ 有界。特别地，当 $\boldsymbol{L}(s)=\boldsymbol{I}_m$ 时，必有 $\lim\limits_{t\to\infty}e(t)=0$。

推论5.3 图5.18中 $\boldsymbol{L}(s)=\boldsymbol{I}_m$ 的异步自学习控制系统渐近稳定的充分条件为：(1) $[\boldsymbol{I}_m+2\boldsymbol{G}(s)]^{-1}\boldsymbol{G}(s)\in R_-$；(2) $\| f(s)[\boldsymbol{I}_m+2\boldsymbol{G}(s)]^{-1}[\boldsymbol{I}_m+\boldsymbol{G}(s)]\|_\infty<1$。

定理5.10的证明与定理5.9基本类似，推论的证明也较容易，此处从略。

2. 其他研究结论

考虑图5.16中 $\boldsymbol{L}(s)\neq\boldsymbol{I}_m$ 时的异步自学习控制系统，前已指出，它可理解为在一般的 $m\times m$ 阶闭环控制系统之上增加如图5.18中虚线所示的异步自学习控制器构成的。这时闭环系统的传递函数矩阵为 $\boldsymbol{H}(s)=[\boldsymbol{I}_m+\boldsymbol{Q}(s)]^{-1}\boldsymbol{Q}(s)$，而由定理5.10可得以下推论：在与定理5.10相同的条件下，条件(2)可重写为 $\| f(s)[\boldsymbol{I}_m-\boldsymbol{H}(s)\boldsymbol{L}(s)]\|_\infty<1$。但这一条件一般只能得出 L_2 稳定的结论，为了研究渐近稳定，可以DNA法（直接乃氏阵列法）（H. H. Rosenbrock，1974）的角度考虑，导出一种使稳定域变窄的渐近稳定条件。

前面介绍的频域方法都有一定的局限性：一是仅适于周期性有界连续期望输出；二是稳定性条件比较保守（仅限于线性定常系统）。其中的原因实际上是在于"连续"学习的局限性，特别是这种"连续"学习由于缺乏每一学习周期中的初始重定位所造成的，为此，可将记忆环节 $f(s)\mathrm{e}^{-Ts}\boldsymbol{I}_m$ 代之以存储式渐消记忆，从而使相应得到的"间断"学习频域方法既具有"连续"学习中带低通滤波器的渐消记忆，又具有"间断"学习中的递阶离线计算，或者说，作为前述方法的一个有效综合，它不但可使稳定域较宽，在线计算量小，而且具有物理意义明确的优点。

最后，作为一种统一理论的频域方法，本节给出的结果参考了重复自学习控制方法的研究，又从迭代自学习控制理论的多步迭代，"D"型学习和渐消记忆等方法中得到了启示。可以看出，由于异步自学习控制的理论方法使时域与频域中的学习概念趋于一致，两类方法相互渗透，这才使频域法的研究得到了新的结果。进一步研究的问题还应包括：多步异步学习（涉及高阶学习动态模型的建立）、学习动态特性（稳定条件和速度的进一步改善）、线性周期性时变系统的研究（利用广义传递函数矩阵的概念）等。

5.4 联结主义学习控制

所谓控制设计问题，实质上就是为开环系统选择一个控制律函数，使系统达到某个性能目标。为此，自然地要牵涉从受控对象的实际输出和期望输出到控制作用之间的映射关系，以及其他有关的映射关系。因而,从根本的意义上看,控制设计问题也就是确定合适的函数映射的问题。而学习系统的功能在于它可用来在线地综合所涉及的各种函数映射,使系统表现出一定的智能。联结主义的机制是实现学习功能、形成学习控制系统总体结构的一种有效方法。联结主义学习控制的研究主要基于人工神经网络等技术,它代表了学习控制问题研究实践中一类重要的理论观点。

5.4.1 基本思想

1. 控制设计问题中的函数映射

从联结主义的机制看,“学习”是在某种输入刺激与期望的输出作用之间自动地生成一种“联结(Association)”关系。如果用严密的数学方式来解释这种联结关系,“学习”就可以看作是一种自动综合多变量函数映射的过程,这一过程基于某种优化原则以及在时间上逐步获得的经验信息。

在一个控制系统中,表现为“输入刺激”与“期望输出作用”之间“联结”关系的有以下几种函数映射。

(1) 控制器映射[见图5.20(a)],即从受控对象的实际输出 $\boldsymbol{y}_{\mathrm{m}}$ 和期望输出 $\boldsymbol{y}_{\mathrm{d}}$ 到一个合适的控制作用集 $\boldsymbol{u}$ 的映射:

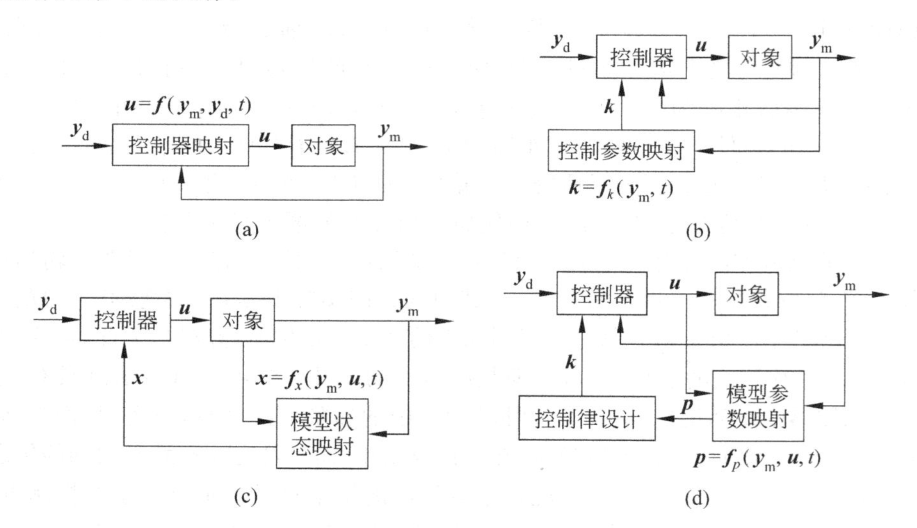

图5.20 控制设计问题中的函数映射

$$\boldsymbol{u}=\boldsymbol{f}(\boldsymbol{y}_{\mathrm{m}},\boldsymbol{y}_{\mathrm{d}},t)$$

(2) 控制参数映射[见图5.20(b)],即从受控对象的实际输出 $\boldsymbol{y}_{\mathrm{m}}$ 到控制器某些参数 $\boldsymbol{k}$(如增益等)的映射:

$$\boldsymbol{k}=\boldsymbol{f}_k(\boldsymbol{y}_{\mathrm{m}},t)$$

(3) 模型状态(估计器)映射[见图5.20(c)],即从受控对象的实际输出 $\boldsymbol{y}_{\mathrm{m}}$ 和控制作用 $\boldsymbol{u}$ 到系统状态的估计 $\boldsymbol{x}$ 的映射:

$$\boldsymbol{x}=\boldsymbol{f}_x(\boldsymbol{y}_{\mathrm{m}},\boldsymbol{u},t)$$

(4) 模型参数映射[见图5.20(d)],即从包括受控对象实际输出 $\boldsymbol{y}_{\mathrm{m}}$ 和控制作用 $\boldsymbol{u}$ 的系

统运行条件到精确的模型参数集 $\boldsymbol{p}$ 的映射：

$$\boldsymbol{p}=\boldsymbol{f}_p(\boldsymbol{y}_{\mathrm{m}},\boldsymbol{u},t)$$

上述映射关系一般应表示为动态函数(涉及瞬时的微分或积分)。当这些映射关系由于先验不确定性(如建模误差等)的存在而不能预先完全确定时,就需要学习。在典型的学习控制应用中,所期望的映射关系是静态的,亦即并不显式地依赖于时间,因而可以隐含地表示为一种目标函数,它既涉及受控对象的输出,又涉及学习系统的输出。这种目标函数为学习系统提供了性能反馈,学习系统通过性能反馈来指定映射关系中的可调整元素。系统中的各种映射关系是存放在存储单元中的,经过逐步修正和积累而形成改进系统性能的"经验"。

2. 学习系统的表示结构

一个学习系统必须能够积累和操作经验信息,存储和检索经过编辑的知识,并且修正所储存的知识以便提供新的经验。因此,学习系统需要一种有效的表示结构来保持经验知识。而且,学习系统的组织结构和运行属性需要用定量和定性的先验设计知识来确定,其中包括可以在线度量的经验信息的预期特性等。

一种简单的方法是利用离散输入-模拟输出的函数映射作为学习系统的表示结构。如图5.21(a)所示,将系统的输入空间分割成许多互不相交的区域。这样,当前输出的确定问题就是"查找"与当前输入区域关联的模拟输出。尽管这种表示结构的输出是连续的模拟量,但总的映射关系是不连续的。许多早期的学习控制系统实际上就是这种结构(如基于模式识别的学习控制)。假定这种学习系统的输出直接用于控制作用,那么这样得到的就是一种非线性的控制律,因为通过对每一输入区域"学习"其合适输出,其结果只能是对真实的期望控制律的一种"阶梯式"近似。这种方法的缺点是,当输入空间的维数增加或每个维度的区域分割数增加时,学习系统所需要的区域数就会出现"组合爆炸"问题。

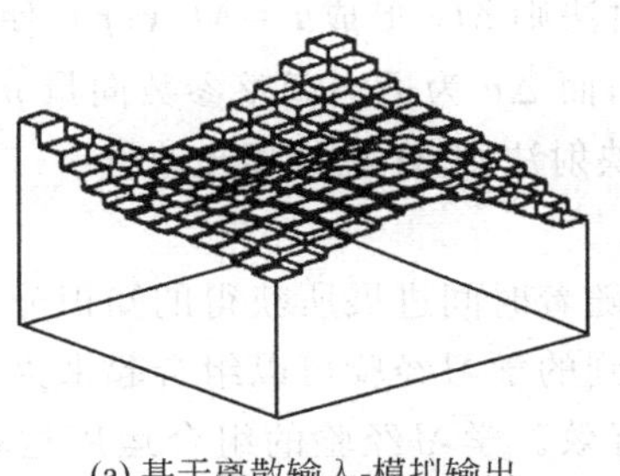

(a) 基于离散输入-模拟输出映射的"阶梯式"近似

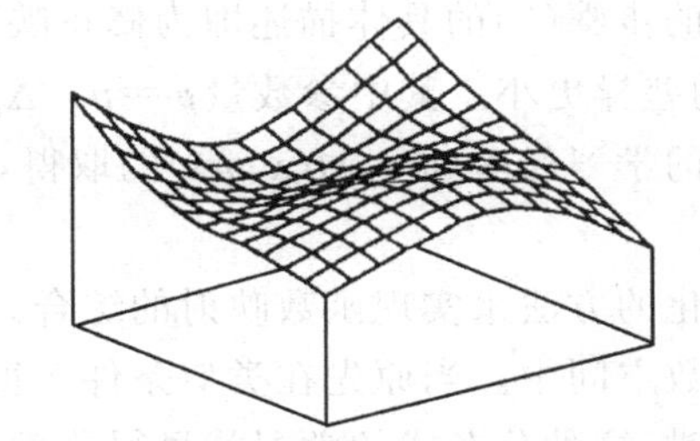

(b) 基于连续映射结构的平滑近似

图5.21　一种学习系统的表示

较为完善、精细的学习系统可以借助于一种连续函数簇的数学表示结构来加以实现,如图5.21(b)所示。这种结构可以是固定的,也可以是可变的,它还能包含大量的自由参数。在人工神经网络等新型的学习系统中一般都采用这种结构。基于这种结构的学习过程就是自动地调整连续函数中的参数或函数本身的形式,从而达到期望的输入-

输出映射。比较前述那种“查找”表的方法，连续函数簇的结构具有很重要的优点：首先，它可以有效地利用自由参数的个数来近似某种平滑的映射；而且它能自动地提供学习经验的局部泛化作用。

5.4.2 联结主义学习系统的实现原理

1. 函数映射的综合

1）学习过程的基本步骤

定义 M 为学习系统的记忆器，同时又表示一种函数映射的法则；定义 D 为记忆器 M 的工作辖域。设有“局势”$\boldsymbol{x}\in D$，则表达式 $\boldsymbol{u}=M(\boldsymbol{x})$ 表示从记忆器中“调用”一个“响应”$\boldsymbol{u}$。特别地，通过学习在记忆器 M 中存放的期望映射可以表示为 $M^*(\boldsymbol{x})$。

在学习控制系统中，$\boldsymbol{x}$ 实际上可表示受控对象的状态或输出，甚至更为一般的控制局势；$\boldsymbol{u}$ 可以直接表示控制作用，也可表示控制系统或受控对象模型的参数。不失一般性，在以下的讨论中，假设 $\boldsymbol{x}$ 就表示受控对象的状态(即状态空间中的一个点)，或者对象状态的一个小集合(即状态空间中的一个小闭域)；而假设 $\boldsymbol{u}$ 就相应于控制作用。

如果期望映射是显式已知的，那么学习过程的基本步骤如下：

(1) 给定 $\boldsymbol{x}$，利用当前的映射 M 产生 $\boldsymbol{u}=M(\boldsymbol{x})$。

(2) 比较 $\boldsymbol{u}$ 与 $\boldsymbol{u}^*$ 的差异，其中 $\boldsymbol{u}^*$ 为期望控制作用，它可通过期望映射得到，即 $\boldsymbol{u}^*=M^*(\boldsymbol{x})$。

(3) 修正映射法则 M，以便减小 $\boldsymbol{u}$ 与 $\boldsymbol{u}^*$ 的差异。

如果期望映射 M^* 未知，那么上述步骤(2)可近似实现，即通过对映射 M 的期望值的估计直接得到 $\boldsymbol{u}^*$，或者通过对映射 M 的目标函数的梯度的估计来间接地求取 $\boldsymbol{u}^*$。

对于一类广泛而重要的学习控制系统来说，期望映射 M^* 预先就已知或者可假定为连续函数。因此，只要能把 M 近似为 M^*，就也能把 M 同样表示为一种连续函数。于是通过参数化，映射 M 就可进一步表示为 $M=M(\boldsymbol{x};\boldsymbol{p})$，式中 $\boldsymbol{p}$ 为参数向量。利用参数化方法，上述学习过程的步骤(3)的具体描述即为修正映射法则 M，形成$\bar{\boldsymbol{u}}=M(\boldsymbol{x};\boldsymbol{p})$，使得$\bar{\boldsymbol{u}}$ 比 $\boldsymbol{u}$ 与期望响应 $\boldsymbol{u}^*$ 的差异更小。其中参数量$\bar{\boldsymbol{p}}=\boldsymbol{p}+\Delta\boldsymbol{p}$，而 $\Delta\boldsymbol{p}$ 为适当调整参数向量 $\boldsymbol{p}$ 的待定变量。这样随着新的学习经验($\bar{\boldsymbol{u}}=M(\boldsymbol{x};\boldsymbol{p})$)的取得，映射法则 M 就能逐步改善。

2）泛化

用参数化的方法来实现函数映射的综合。随着时间进展所获得的知识分布式地存储在记忆器的参数空间中。当原先在类似条件下得到的学习经验可以组合起来为当前局势提供合适的响应时，这种分布式的学习就显得非常有效。学习经验的组合运用过程扩展了每一个学习经验的范围和影响，这个过程称之为“泛化”。

泛化过程具有以下特点。首先它消除了记忆器中的“空白点”(未发生学习的特殊点)；其次它限制了可能的输入-输出映射的集合，因为在大多数情况下相邻的输入局势将产生类似的输出(映射可成为平滑的或分段平滑的函数)；最后，泛化造成了学习过程的复杂化，因为根据学习经验来调整映射关系不再是一种独立的、逐步进行的过程。

泛化是基于参数化连续映射函数综合方法的内在特征。在有限参数可调的情况下，每个可调参数都将影响非零量测区域上的映射。即如参数 $\boldsymbol{p}_j\in\boldsymbol{p}$，$\boldsymbol{p}=(p_1,p_2,\cdots,p_m)^{\mathrm{T}}$ 得到

调整，那么至少有一个$M_j \in \boldsymbol{M}, \boldsymbol{M}=(M_1, M_2, \cdots, M_n)^{\mathrm{T}}$，在参数$p_i$的整个作用区域上受到影响。这个作用区域可以用偏微分$\partial M_i / \partial p_j$（输入局势$\boldsymbol{x}$的函数）来确定。这样，一条学习经验的效果将被自动地泛化，扩展到映射法则中任何$\partial M_i / \partial p_j$为非零的部分。$|\partial M_i / \partial p_j|$最大，则泛化效果最大，而$|\partial M_i / \partial p_j|$很小或为零，则泛化效果很小或无效。称$\partial M_i / \partial p_j$为"敏感函数"。

3）梯度学习算法

对于参数化函数综合方法，还需要研究合适确定待定参数变量$\Delta \boldsymbol{p}$的算法。如果映射法则是连续可微的，那么可以设定一个目标函数（代价函数），通过J的极小化来构造$\Delta \boldsymbol{p}$。这里可采用一种梯度学习算法

$$\Delta \boldsymbol{p} = -\boldsymbol{W} \frac{\partial J}{\partial \boldsymbol{p}} \tag{5-25}$$

式中，$\partial J / \partial \boldsymbol{p}$为目标函数$J$关于可调参数$\boldsymbol{p}$的梯度向量（行向量）；$\boldsymbol{W}$为加权矩阵（正定），它确定了学习的速率。设用二阶 Taylor 级数在当前参数$\boldsymbol{p}$处展开J，那么与二次目标函数J极小化相应的"最优学习速率"即为

$$\boldsymbol{W}^* = \boldsymbol{H}^{-1} = \left[\frac{\partial^2 J}{\partial \boldsymbol{p} \partial \boldsymbol{p}^{\mathrm{T}}}\right]^{-1}$$

式中$\boldsymbol{H}$表示J的 Hessian 矩阵。上式成立的条件是矩阵$\boldsymbol{H}$为正定。在线求逆$\boldsymbol{H}$是困难的，通常选取$\boldsymbol{W}$为一速率系数α，即$\boldsymbol{W}=\alpha \boldsymbol{I}$。

梯度学习算法还可以进一步表示为

$$\Delta \boldsymbol{p} = -\boldsymbol{W} \frac{\partial \boldsymbol{u}^{\mathrm{T}}}{\partial \boldsymbol{p}} \frac{\partial J}{\partial \boldsymbol{u}} \tag{5-26}$$

式中，目标函数J对于映射输出$\boldsymbol{u}$的梯度$\partial J / \partial \boldsymbol{u}$取决于目标函数$J$的具体设定，及映射输出$\boldsymbol{u}$影响目标函数的方式（进而取决于控制系统结构中运用学习系统的方式）；而映射输出$\boldsymbol{u}$对可调参数$\boldsymbol{p}$的 Jacobian 矩阵$\partial \boldsymbol{u}^{\mathrm{T}} / \partial \boldsymbol{p}$则完全取决于映射$M$的近似结构，因而是输入局势$\boldsymbol{x}$的先验函数。应该指出，输出梯度$\partial J / \partial \boldsymbol{u}$实际上就是提供给学习系统的性能反馈信息。$\partial J / \partial \boldsymbol{p}$所包含的信息量远大于目标函数$J$本身，它既表明了$\Delta \boldsymbol{p}$的方向，又表明了$\Delta \boldsymbol{p}$的大小（由于$\partial \boldsymbol{u}^{\mathrm{T}} / \partial \boldsymbol{p}$为先验已知）。

4）举例

设有二次目标函数

$$J = \frac{1}{2} \sum_{E} \boldsymbol{e}_i^{\mathrm{T}} \boldsymbol{e}_i \tag{5-27}$$

式中，J表示在一个有限求值点集$\boldsymbol{x}_i \in E = \{\boldsymbol{x}_1, \boldsymbol{x}_2, \cdots, \boldsymbol{x}_r\}$上极小化的代价；输出误差$\boldsymbol{e}_i = \boldsymbol{u}_i^* - \boldsymbol{u}_i = M^*(\boldsymbol{x}_i) - M(\boldsymbol{x}_i)$假定为已知。若$\boldsymbol{W}=\alpha \boldsymbol{I}$，则由梯度学习算法式(5-26)可得到规则

$$\Delta \boldsymbol{p} = \alpha \sum_{E} \frac{\partial \boldsymbol{u}_i^{\mathrm{T}}}{\partial \boldsymbol{p}} \boldsymbol{e}_i$$

如果J是$\boldsymbol{p}$的一个严格凸函数，那么上述规则就能确定使J极小化的最优参数向量$\boldsymbol{p}^*$。但在实际问题中，期望输出$\boldsymbol{u}_i^*$往往不是显式已知的，这等价于输出误差$\boldsymbol{e}$不能量测；另外，J可能是动态函数而非简单的静态函数；再有，定义在有限求值点集上的目标函数[式(5-27)]通常不能直接用于在线学习控制。总之目标函数J实际上非常复杂。

如果J不是$\boldsymbol{p}$的单峰函数，那与所有基于梯度的优化技术类似，对于上述目标函数也

有可能收敛于一个局部极小值,但必须解决两个问题:首先,学习控制系统的结构应该能够确定或者精确估计梯度$\partial J/\partial \boldsymbol{u}$;其次,目标函数应该是可调参数 $\boldsymbol{p}$ 的凸函数。

2. 联结主义学习系统

典型的联结主义学习系统具有网络结构的形式(如人工神经网络),它由结点及结点间的联结弧组成。每个结点可以看作一个简单的处理单元,其中包含若干可调参数(对于结点的输入-输出关系不一定是线性的)。在这类联结主义学习系统中,常用的有"多层S形网络"和"径向基函数网络"等。这些网络形式简单,适合于梯度学习方法,并能用并行计算的硬件来实现。例如,在多层S形网络中,所谓"误差反向传播"就能有效地实现梯度算法,根据网络输出的误差平方来修改可调整网络参数。

在很多联结主义学习系统中都具有一种"通用近似性质",即只要网络足够大,就能按给定精度近似任何连续函数。这种性质非常重要,但是并不能用来作为区分各种不同的近似结构的依据。从学习控制的目的看,更重要的是学习发生于其中的环境。例如,为了选用合适的学习方法,必须认真考察学习系统运行过程中所能得到的信息内容以及信息的量和质,因为这种环境因素对于系统的性能具有重要的影响。

学习系统中可采用两种不同的学习策略:被动学习策略——学习的发生是机遇式的,在闭环系统正常运行过程中遇到什么信息就利用什么信息;主动学习策略——学习系统不仅试图沿着期望轨迹来推进受控对象的输出,而且要显式地设法改进学习系统所维持的函数映射的精度。为了实现这种策略,可以引入一种"探测"信号,它能把受控对象导向状态空间中那些学习不够充分的区域。对于被动学习策略,学习系统必须能够在闭环系统正常运行过程中进行在线量测和性能反馈。

3. 递增式学习

考虑受控对象的离散时间动态模型

$$\begin{cases} \boldsymbol{x}_{k+1} = \boldsymbol{f}(\boldsymbol{x}_k, \boldsymbol{u}_k) \\ \boldsymbol{y}_k = \boldsymbol{h}(\boldsymbol{x}_k, \boldsymbol{u}_k) \end{cases}$$

式中 $\boldsymbol{f}(*,*)$和 $\boldsymbol{h}(*,*)$为连续函数。对于这类系统,如果要求在线学习,那么式(5-27)给出的目标函数是不能直接利用的。主要问题在于学习系统所维持的映射的可能输入集不再是离散点的有限集,因此不容易选择一个典型求值点 z_i 的有限集 E,$z_i \in E$,而且也不可能保证任何 z_i 都可访问。一般地,学习系统的输入 z 是由连续集$\{\boldsymbol{x},\boldsymbol{u},\boldsymbol{y}\}$的量测值或估计值组成的。在实际中,可采用其他目标函数来近似式(5-27)。例如,可允许集合 E 在线扩充,以便包括所有遇到的 z_i,即

$$E_k = \{\boldsymbol{z}_1, \boldsymbol{z}_2, \cdots, \boldsymbol{z}_k\} \tag{5-28}$$

如果可调参数 $\boldsymbol{p}$ 是线性地出现于$\partial J/\partial \boldsymbol{p}$,其中 J 由式(5-27)给定,E 由式(5-28)给定,那么利用递归线性估计技术(如RLS)就可求得最优参数向量 $\boldsymbol{p}^*$(相应于特定集合 E)。但是在大多数联结主义网络中,总有某些(甚至全部)可调参数在$\partial J/\partial \boldsymbol{p}$ 中是非线性的,从而不能利用线性优化方法。而且,形如式(5-28)的求值集也难以用于非线性方法。

为能在线学习,学习控制系统中常用的目标函数是一种"点积函数"

$$J = \frac{1}{2}\boldsymbol{e}^{\mathrm{T}}\boldsymbol{e} \tag{5-29}$$

式(5-29)可看作式(5-27)的特例,即求值集 E 在每一个采样时刻只包含一个点。这种以点积目标函数取代定义在连续集上的目标函数,通过极小化点积目标函数进行学习的算法被称为"递增式梯度学习算法",它实际上与一类随机梯度算法有关。这种算法的要点是根据式(5-29),利用梯度的瞬时估计来近似式(5-27)中 J 的实际梯度$\partial J/\partial \boldsymbol{p}$。

最小均方算法(LMS)是一种广泛使用的随机梯度算法。LMS 的参数调整律可表示为

$$\Delta \boldsymbol{p} = -\alpha \frac{\partial J}{\partial \boldsymbol{p}}$$

式中 J 由式(5-29)给定。假设梯度$\partial J/\partial \boldsymbol{p}$ 是线性的和静态的,而且是 Gaussian 分布的随机变量情况,那么可以证明,LMS 算法可以按均值或均方值收敛,即

$$\lim_{k\to\infty} E(\boldsymbol{p}_k) = \boldsymbol{p}^* \quad 或 \quad \lim_{k\to\infty} E(J_k) = J_{次优} > J_{极小} \tag{5-30}$$

这里收敛的条件是学习速率系数 α(常量)满足有关 $\boldsymbol{z}$ 的相关矩阵特征值的某些要求,如 α 不能太大等(S. Haykin, 1991)。式(5-30)中第一个极限式表明,当学习经验的个数 $k\to\infty$时,参数向量的期望值接近最优参数向量 $\boldsymbol{p}^*$;而第二个极限式表明,当 $k\to\infty$时,代价函数的期望值(均方误差)也接近一个极限,但不是最优的极小值。这时,如果学习速率系数 α 能以一个特定比率(如 $\alpha_k \propto 1/k$)逐步减小,那么参数向量本身(而非其期望值)也能收敛于它的最优值(A. Gelb,1974),即有

$$\lim_{k\to\infty} \boldsymbol{p}_k = \boldsymbol{p}^*$$

尽管 LMS 算法的稳定性和收敛性条件只适用于一定假设下的线性网络,但 LMS 算法所体现的基本策略也能形成一种非线性网络的简单学习算法。在这种情况下参数调整律变为

$$\Delta \boldsymbol{p} = \alpha \frac{\partial \boldsymbol{u}^{\mathrm{T}}}{\partial \boldsymbol{p}} \boldsymbol{e} \tag{5-31}$$

式中涉及的 J 由式(5-29)给出,$\boldsymbol{e} = \boldsymbol{u}^* - \boldsymbol{u}$,而提供给网络的性能反馈信号为$\partial J/\partial \boldsymbol{u} = -\boldsymbol{e}$。式(5-31)表示了在线学习控制的标准的递增式梯度算法,它等价于递增式的"误差反向传播"(D. Rumelhart 等,1986)。

4. 空间局域化学习

1) 问题的提出

在闭环系统在线运行过程中进行学习是受限制的,这些限制将影响学习系统的网络结构、学习算法及训练过程。例如,在一个基于被动学习策略的系统中,由于对象状态(及输出)受制于系统的动态特性,因而学习经验(训练样本)并不能自由选取,另外,期望的对象输出也受制于具体的控制设计而并不取决于学习。在这些限制条件下,系统的状态只是限于状态空间中的一个小区域(如工作点附近),这就意味着递增式学习所用的量测值 $\boldsymbol{z}$ 也只能处于映射的输入辖域的一个小区域内,形成一种"固定"态势。如果基于递增式学习算法的参数调整对于学习系统维持的映射具有一种非局部化的效应,那么上述那种"固定"态势将导致并不期望的副作用。

举例来说,如果反复调整一个参数,以便对输入辖域中某个特定小区域内的映射函数进行改进,而这个参数具有非局部化效应,这就会造成其他区域中映射的变质,甚至可能"擦

除”原先发生过的学习。出现这种副作用的原因在于,由递增式学习算法决定的参数调整是按单一求值点的原则进行的,而没有考虑映射的其他部分。递增式学习算法一般还存在一种共同的问题:对于可调整参数可能形成一些冲突要求,如使目标函数 J[式(5-29)]在某个输入点 $\boldsymbol{z}_i$ 上极小化的 p_i^* 一般不同于在另外某个 $\boldsymbol{z}_j$ 上使 J 极小化的 p_j^*。被动学习控制系统中的上述特异性就是所谓空间局域化学习要研究的问题。

2) 空间局域化学习的性质

空间局域化学习的基本思想是,如果在一个可调整元素子集与空间中某个局域区域之间能得出清晰的联结关系,那么学习就比较方便,可通过对基于递增式梯度学习算法的学习系统明确一些期望品质来解决特异性问题。具体作法是利用“敏感函数”$\partial M_i/\partial \boldsymbol{p}_j$(见本节有关泛化的讨论)。在映射的输入辖域中每个点 $\boldsymbol{z}$ 上,希望能具有以下性质。

(1)“有效区”性质。对于每一个 M_i 至少存在一个 $\boldsymbol{p}_j$,使得在 $\boldsymbol{x}$ 的邻域中 $|\partial M_i/\partial \boldsymbol{p}_j|$ 相对较大。

(2)“局域化”性质。对于所有的 M_i 和 $\boldsymbol{p}_j$,如果 $|\partial M_i/\partial \boldsymbol{p}_j|$ 在 $\boldsymbol{x}$ 的邻域中都相对较大,那么 $|\partial M_i/\partial \boldsymbol{p}_j|$ 必须在其他区域中都相对较小。

明确上述性质后,递增式梯度学习算法仍然可以在映射的整个输入辖域上得到支持,但是效果将限于每个学习点的邻域这样一个局部区域内。从而在某个局部区域内的学习经验及后续的学习,对于已经在映射其他部分形成的知识的依赖性是有限界的。而且由此还可减少对于可调参数的冲突要求问题。

有些学习系统一般都具备上述空间局域化学习的性质,如 BOXES(D. Michie 和 Chambers, 1968)、CMAC(J. Albus, 1975)、“径向基函数网络”(T. Poggio 和 F. Girosi, 1990)、“局域基准-影响函数网络”(W. Baker 和 J. Farrell, 1990)等,而像“随遇 S 形(感知器)网络”就不具备这种性质。为解决非局域化学习和冲突参数修正存在的问题,对于各种 S 形网络也可采取一些简单措施,包括局部分批学习、降低学习速率、分布式输入序列及随机化输入缓冲器等(可见 L. Baird 和 W. Baker, 1990)。

3) 举例

下面以“线性-Gaussian 网络”(一种“局域基准-影响函数网络”)为例来说明空间局部化学习。这种网络依靠“局域基准函数”和“影响函数”的组合结点单元,在量化学习系统的空间局域化学习性质之间实现一种折中。完整的网络映射是由“基准函数”$f_i(\boldsymbol{x})$ 的集合构成的,$f_i(\boldsymbol{x})$ 仅运用输入空间的空间局部化区域;“影响函数”$\gamma_i(\boldsymbol{x})$ 与“基准函数”$f_i(\boldsymbol{x})$ 一对一地相结合,用于描述每一个局域基准函数 $f_i(\boldsymbol{x})$ 在输入空间的辖域(又称“影响域”)。即相对于输入空间的某个点 $\boldsymbol{x}^0$,每一个影响函数 $\gamma_i(\boldsymbol{x})$ 都定义为非负函数,它们在 $\boldsymbol{x}^0$ 处有最大值,而在远离 $\boldsymbol{x}^0$ 的所有点 $\boldsymbol{x}$ 处都趋于零。总的输入-输出关系可表示为

$$y(\boldsymbol{x}) = \sum_{i=1}^{n} \boldsymbol{\Gamma}_i(\boldsymbol{x}) \boldsymbol{f}_i(\boldsymbol{x})$$

式中 $\boldsymbol{\Gamma}_i(\boldsymbol{x})$ 为规范化影响函数,定义为

$$\boldsymbol{\Gamma}_i(\boldsymbol{x}) = \frac{\gamma_i(\boldsymbol{x})}{\sum_{i=1}^{n} \gamma_i(\boldsymbol{x})} \quad 0 \leqslant \boldsymbol{\Gamma}_i(\boldsymbol{x}) \leqslant 1 \quad \sum_{i=1}^{n} \boldsymbol{\Gamma}_i(\boldsymbol{x}) = 1$$

这样,网络中每一个可调参数对于总的映射的影响就仅限于规范化影响函数 $\boldsymbol{\Gamma}_i(\boldsymbol{x})$ 所规定

的输入区域，因而前面提到的“固定”态势问题也就避免了。但要指出，(局部)泛化是网络的固有属性，标准的递增式梯度学习算法仍然是可用的。

为了进一步说明上述基本概念，假定“局域基函数”为带有偏置的线性函数，而“影响函数”为Gaussian函数。在这种“线性-Gaussian网络”中，就有

$$\boldsymbol{f}_i(\boldsymbol{x}) = \boldsymbol{M}_i(\boldsymbol{x} - \boldsymbol{x}_i^0) + \boldsymbol{b}_i$$

$$\gamma_i(\boldsymbol{x}) = C_i \exp\{-(\boldsymbol{x} - \boldsymbol{x}_i^0)^{\mathrm{T}} \boldsymbol{Q}_i (\boldsymbol{x} - \boldsymbol{x}_i^0)\}$$

其中对网络中每个结点对 i，矩阵 $\boldsymbol{M}_i$ 和 $\boldsymbol{Q}_i$(正定)，$\boldsymbol{x}_i^0$ 向量和 $\boldsymbol{b}_i$ 及标量 C_i 都是可调整的。向量 $\boldsymbol{f}_i(\boldsymbol{x})$ 表示线性-Gaussian对可用的局域，即总的映射在 $\boldsymbol{x}_i^0$ 的邻域中被近似为 $\boldsymbol{f}_i(\boldsymbol{x})$。由于这种结构上的唯一性，很容易为每一个参数以及网络总体结构赋予物理含义。因而在这种网络中很容易结合利用先验知识和问题的局部解(如相应于 $\boldsymbol{f}_i(\boldsymbol{x})$ 的线性控制点的设计)。实际上，之所以选用线性函数作为局域基单元，就是因为它比较简单，而且对惯用的增益调度映射是兼容的(如果能先验已知期望映射的局域函数结构，就还可选取更合适的局域基单元)。另外，由于这种结构，网络还允许采用在线的变结构学习方式，即通过把结点对单元加入或移出网络来实现更精确、更有效的学习。

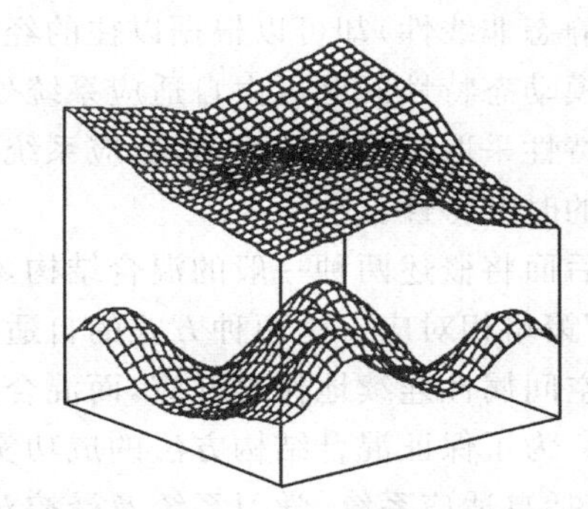

图5.22 线性-Gaussian网络映射($\boldsymbol{R}^2 \to \boldsymbol{R}$)

图5.22表示了一个简单的“线性-Gaussian函数网络”。其中有5个局域基单元-影响函数结点对，图中下部是影响函数，它与图中上部的线性局部函数是分开画的，这样在总的输入-输出映射中就能清晰可见。

4) 局域化方式

空间局域化网络的学习算法使用局域化技术的方式及其优点有以下两个方面。其一，空间局域化意味着在每个时刻仅有结点单元的一个小子集(因而有可调参数的一个小子集)对网络的映射产生大的效果。这样，网络输出的计算及网络参数的修改都更具有效性(其他作用效果不大的结点单元可以忽略)。例如，“线性-Gaussian网络”中可仅用那些规范化影响函数值较大的结点单元，这些单元的影响函数值等于或超过某个预定的阈值(如0.95)。这是一种“稀疏”计算问题的方法，它在串行计算硬件实现网络的情况下可以极大地增加网络的吞吐量。其二，由于系统状态可以一直限于状态空间中的特定区域，因而近似误差将不会一致地趋于零，这正是所希望的；否则，在学习发生量最大之处误差就最小，这样将产生对学习速率的冲突要求问题。即在近似误差较小的区域内，噪声的滤波效果应该比较小，而在近似误差大的区域内进行快速学习时，这种滤波效果应该比较大。学习速率的空间局域化方法就是解决这种冲突要求问题的有效途径，即对每一个(空间局域化)的可调参数维持个别的学习速率系统，而根据局部学习条件的不同加以修正。在这种情况下，加权矩阵 $\boldsymbol{W}$(见式(5-25))将随时间而异。

空间局域化网络对于计算方面的存储需要介于非局部化联结主义网络与离散输入-模拟输出映射结构之间。由于只要求每个参数对总的映射局部生效，因此应该多增加一些参数，使它在精度方面能与非局域化方法相比拟。尽管如此，在学习控制系统中，训练速度和近似精度方面的要求应该优先于存储的需要，因为比起不精确、不合适的控制作用来说，存

储要求的代价一般是比较低的。

5.4.3 联结主义学习控制系统的结构

兼具自适应性能和学习功能的混合控制结构可形成一种重要的联结主义学习控制系统。在这种方案中,一个自适应系统与一个联结主义学习系统相配合,对新控制局势和缓慢的时变动态特性提供自适应性能,自适应过程与学习过程相结合,调节系统的稳态的或准稳态的状态空间属性(如无记忆的非线性)。自适应系统的特点是对受控对象的期望行为与实际行为之间的差异作出反应,从而维持所要求的闭环系统性能。出现这些差异可能是由于时变的动态特性、干扰或者未建模动态特性。实际中,对于时变动态特性和干扰很难有什么预定的办法,在自适应系统中通常利用反馈来解决。相反,某些未建模动态特性的影响(特别是静态非线性)却可以根据以往的经验来预示,这就是学习系统的任务。开始时,所有的未建模动态特性问题可由自适应系统处理,而最终,学习系统就能对有过经验的,起初未建模的特性采取措施。这样,自适应系统可以专注于新的控制局势(未经学习或学习很少)及缓慢的时变特性。

后面将概述两种一般的混合结构,它们分别与传统的"直接自适应控制"和"间接自适应控制"策略相对应。这两种方式的自适应控制器都要对于受控对象的动态特性中可预示的状态空间属性连续地作出反应,而混合结构中的学习系统就用于减轻自适应控制器的这种负担。为了保证混合结构方法的成功实现,必须考虑全面的技术问题。例如,要保证闭环系统(包括自适应系统、学习系统及受控对象)的稳定性和鲁棒性就必须考虑能控性和能观测性的问题。另外,还有噪声效应、干扰、模型阶次误差以及其他不确定性的问题;参数收敛性、激励的充分性及非稳态的问题;计算需求、时延、运算精度效应的问题等。

1. 直接自适应-学习结构

在图5.23所示的结构中包括了典型的直接自适应控制方法。产生每一个控制作用 $\boldsymbol{u}$ 的依据是对象输出的实际量测值 $\boldsymbol{y}_m$ 和期望值 $\boldsymbol{y}_d$,控制器的内部状态及适当的控制律参数的估计值 $\boldsymbol{k}$。控制律参数的估计值在每一个时间步都要根据对象输出 $\boldsymbol{y}_m$ 与参考系统的输出 $\boldsymbol{y}_r$ 的误差 $\boldsymbol{e}$ 来加以修正。当然所选择的参考系统的性能要保证对象实际上是能达到的。直接自适应控制并不依赖于显式的对象模型,因而可避免进行在线的系统辨识。

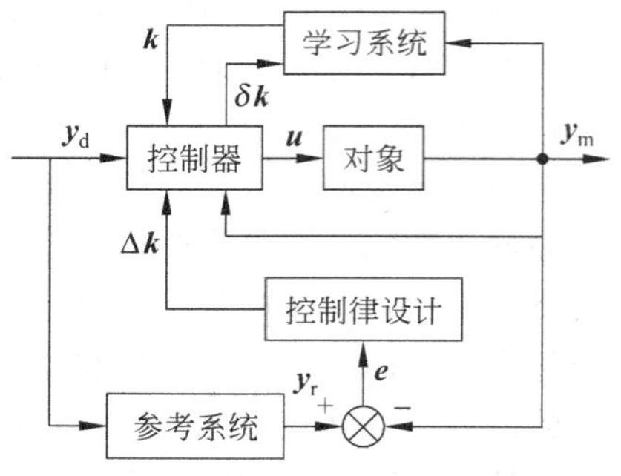

图5.23 直接自适应-学习结构

在图5.23中,如果学习系统未被实现,控制器也能产生正常的自适应操作。参考系统表示了控制器及对象的总的期望特性,而自适应机制则用于把参考误差 $\boldsymbol{e}$ 直接转换为当前的控制系统参数的修正值 $\Delta\boldsymbol{k}$。自适应算法可以由多种不同方式来实现,如梯度法、基于Lyapunov的方法等。学习系统可以把所需要的控制系统参数作为对象运行状况的函数而加以存储和记忆。学习系统也可以用来把合适的控制作用作为实际的和期望的对象输出的函数而加以存储和记忆。图5.23所示为前一种情况。

当学习系统用于存储控制系统参数时,自适应系统将为学习系统产生的控制参数 $\boldsymbol{k}$ 提

供任何需要的扰动 $\delta\boldsymbol{k}$，它与原先出现过的运行状况相关联。这种关联过程即为递增式学习过程，其作用就是把自适应系统产生的估计与针对原先状况已经学习得到的控制参数加以结合。在每一个采样时刻，学习系统都产生一个与当时状况相关联的估计 $\boldsymbol{k}$，然后把它传送给控制器。在控制器中，由自适应系统保持的扰动参数估计值与 $\boldsymbol{k}$ 相结合，可用来产生控制作用 $\boldsymbol{u}$。如果学习是完全的，且没有噪声、干扰和时变动态特性的影响，那么学习系统总能提供正确的参数值。于是，自适应系统产生的扰动 $\delta\boldsymbol{k}$ 和纠正量 $\Delta\boldsymbol{k}$ 将变为零，系统结构则类似于增益调度法的情况。

当学习系统用于存储控制作用时，自适应系统将为学习系统产生的控制作用提供任何所需要的扰动。但要注意，如果期望有一种动态的反馈律，那么就必须由学习系统来综合一种动态的映射。比起前面介绍的那种方法，这里介绍的学习方法可以学习更为一般的控制规律，但是它的缺点是需要增加存储量，学习问题也变得更为困难。

2. 间接自适应-学习结构

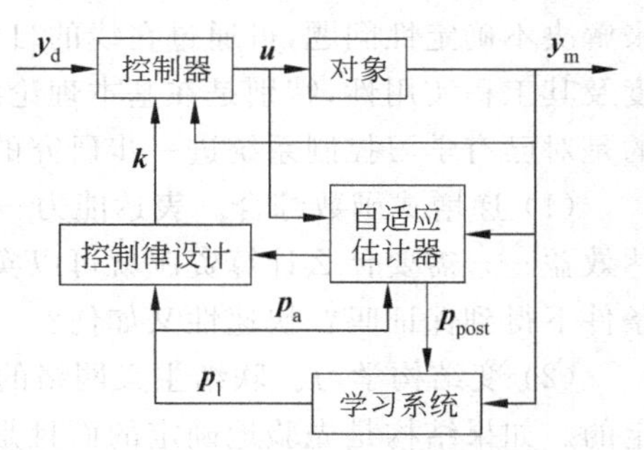

图 5.24 间接自适应-学习结构

图 5.24 所示的结构与典型的间接自适应控制方法相对应。其中每个控制作用 $\boldsymbol{u}$ 的产生依据是对象的实际量测输出 $\boldsymbol{y}_{\mathrm{m}}$ 和期望输出 $\boldsymbol{y}_{\mathrm{d}}$、控制器的内部状态及一个局部对象模型的估计参数 $\boldsymbol{p}_{\mathrm{a}}$。$\boldsymbol{k}$ 为一种局部控制律的参数，是根据观测到的对象特性在线地显式设计出来的。如果对象特性有变化（如由于非线性），自适应估计器就尽快地自动修改它的对象模型，依据的是从输出的量测值（一般有噪声）得到的信息。间接自适应方式的重要优点是具有很丰富的设计方法（包括最优控制技术），且有可能在线运用这些方法。但要注意间接自适应所需的计算量常常很大，因为模型辨识和控制律设计都是在线完成的。

如图 5.24 中的学习系统未被实现，这种结构就表示了传统的间接自适应控制系统。信号 $\boldsymbol{p}_{\mathrm{a}}$ 是对象模型参数的自适应估计，它用于计算控制律参数 $\boldsymbol{k}$。在这种结构中加入学习系统后，就可把对象模型参数作为对象运行状况的函数进行学习。学习系统产生的模型参数可以使原先经历过的对象特性得到预示。在这种情况下，学习系统的输出 $\boldsymbol{p}_{\mathrm{l}}$ 是一种与当前运行状况相关联的模型参数的先验估计，而估计器所产生（涉及滤波和后验平滑操作）的后验参数估计 $\boldsymbol{p}_{\mathrm{post}}$ 则用于修改学习系统中存储的映射。整个系统利用学习系统和自适应系统产生的估计值来执行控制律设计，并确定合适的控制律参数。如果设计过程比较复杂、费时，那控制律参数也可作为对象运行状况的函数而被存储记忆，但这要借助学习系统中另外的映射。这样控制律的设计可以较低的速率完成，为此要求学习系统维持的控制律参数映射能有足够的精度，否则仍要快速设计才能提供合理的控制作用。

3. 小结

在上述两种混合结构中，学习系统仅包含根据设计模型导出的知识。在闭环运行之初，自适应系统用于解决先验设计知识不充分的问题。其后随着对实际对象的经验逐步积累，学习系统就用来预示合适的控制参数或模型参数，把它们作为当前对象运行状况的函数。

而自适应系统则主动地处理新的控制局势,处理学习系统的局限性问题(精度有限等)。如果无噪声、无干扰,对象没有时变特性,且学习是完全的,那么自适应系统的作用最终将变为“零”;而如果存在噪声和干扰,那么自适应系统的贡献虽然不是“非零”,但是会变得很小。总之,在一般的情况下,混合结构的功能比两个系统单独作用都好。正如前面指出的,自适应与学习是互补的,它们可以协作的方式同时使用。

5.4.4 研究课题

作为智能控制的重要类型,学习控制的主要特点是它可以通过与实际对象的在线交互来解决不确定性问题,可通过在线的自优化来改进系统的效率和性能。对于已有成果的力度及其工程实用性,特别是在基本理论的发展等方面,学习控制还有待继续研究。以下提出的是对已有学习控制系统进一步研究的课题。

(1) 递增式函数综合。表达能力——需要多大的网络就可以充分表示期望的映射?表达效益——需要什么计算资源就可以实现这种方法?可调参数的稳定性和收敛性能在任何条件下得到保证吗?快速性又如何?

(2) 变结构学习。联结主义网络的表达能力和计算需求在很大程度上是由它的结构决定的。如果结构是先验地确定的而且是固定的,那么实际设计时很容易导致“过度”的保守设计,造成资源的无效使用。于是,就有可能分配了过少的资源去近似期望映射的复杂部分,从而限制了近似精度;也可能分配了过多的资源去近似映射的相对简单的部分,从而出现计算供需的过剩。变结构学习方式的确是走出这种困境的一条途径,但是对于何时、何处,如何改变学习结构的问题仍然有待研究一些有效的规则。

(3) 自适应与学习的配合。在混合结构中,或者必须将自适应系统和学习系统得到的控制系统参数加以结合(直接式),或者要求模型参数估计值的结合先于在线的控制律设计。是否存在某种最优方式来完成这种“融合”?如果考虑像 Kalman 滤波这类最优线性估计技术,那么很自然地会想到:自适应估计和学习估计的任何合理混合都取决于对两种估计的“品质”(如误差的协方差)的量测。那么如何来表达并维护与学习系统当前状态相关联的这种“品质”呢?

(4) 高级学习。要对整个运行系统都能完成的实际目标函数事先加以详细说明,这是一个难题。因此可以研究的是:在线调整目标函数,以便在可能之处增强系统的性能,而在必要之处则减轻系统的负担。还可以研究把规划技术和探测技术用于实现控制和学习的双重任务,这样就能保证在整个运行期间都能得到充分的训练。而这类高级学习将会牵涉更为复杂的优化问题。

第6章 分层递阶智能控制

6.1 一般结构原理

为了实现规划、决策、学习等智能功能，智能控制所实现控制的含义要比常规控制广泛得多。广义的控制可以定义为：驱使系统实现要求功能的过程。为了实现广义的控制功能，智能控制需要将认知系统研究的结果与常规的系统控制方法加以有机地结合。

认知系统传统上是作为人工智能的一部分，它主要实现类似于人的一些行为功能，如声音识别和分析、图像和景物分析、数据库组织、学习和高层决策等。这些功能主要是基于从简单的逻辑操作到高级的推理方法来实现的。这方面已经取得了很大的进展，如模式识别、语言学及启发式方法等已经作为认知系统的一部分广泛地用于声音、图像及其他传感信息的分析和分类。系统控制方面也已经建立起许多成熟的理论和方法。它们可用来进行运动控制和轨迹跟踪、动态规划及优化控制等。

G. N. Saridis 等提出了一种分层递阶智能控制系统理论，它将计算机的高层决策、系统理论中的先进的数学建模和综合方法以及处理不精确和不完全信息的语言学方法结合在一起，形成了一种适合于工程需要的统一方法。该理论可认为是 3 个主要学科领域的交叉：人工智能、运筹学和控制理论。本章主要介绍这方面的内容。

分层递阶智能控制系统的结构如图 6.1 所示。它由组织级、协调级和执行级 3 个层次组成，并按照自上而下精确程度渐增、智能程度逐减的原则进行功能的分配。图 6.2 所示为一个典型的智能机器人的分层递阶结构。

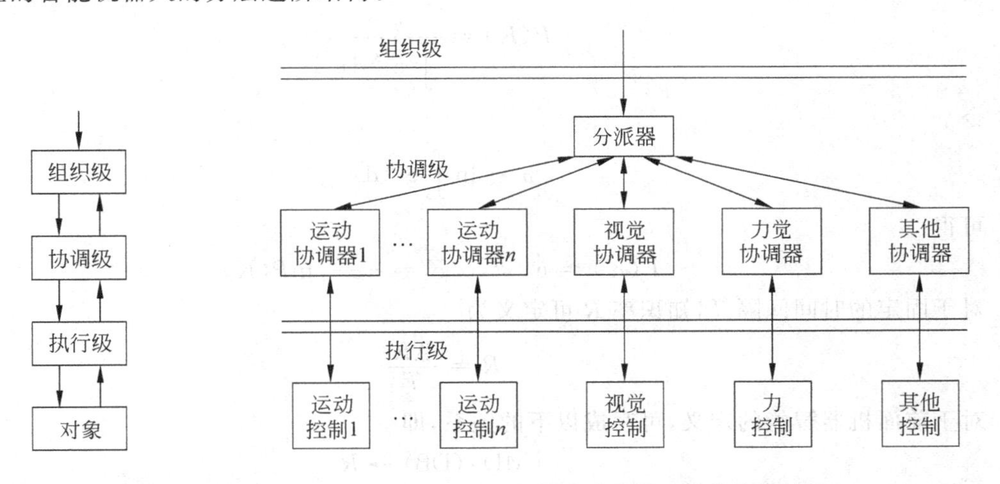

图 6.1 典型的分层递阶结构

图 6.2 机器人分层递阶智能控制系统

智能控制系统上层的作用主要是模仿人的行为功能，因而主要是基于知识的系统。它所实现的规划、决策、学习、数据的存取、任务的协调等主要是对知识进行处理。智能控制系统下层的作用是执行具体的控制任务。它主要是对数值进行操作和运算。

在组织级，Moed 和 Saridis 提出了一种用 Boltzmann 机神经元网络来实现推理、规划和决策的方法。在协调级，Wang 和 Saridis 提出了 Petri 网转换器方法来实现语言决策的功能。在执行级，Saridis 提出了一种对于系统控制问题用熵进行测试的方法，从而为智能控制系统提供了一种统一的用熵函数来表示的性能测度。因而可以用数学规划的方法来设计和求解智能控制系统的最优操作和控制问题。

分层递阶智能控制的理论可以表述为：对于自上而下按照精度渐增、智能逐减的原则所建立的分层递阶结构的系统，智能控制器的设计问题可以认为是这样的数学问题：寻求正确的决策和控制序列，以使整个系统的总熵最小。

为了对智能控制系统进行分析，有必要对其中常用的名词术语，如知识、智能、精确等作进一步的解释和说明。

机器知识(Machine knowledge)定义为用来消除智能机执行任务的不确定性所需的结构性信息。

由于知识在机器内是逐渐增长的累积量，所以不适于用作执行任务的一个变量。而下面要定义的机器知识(传输)率则是一个比较合适的变量。

机器知识率(Rate of machine knowledge)定义为通过智能机的知识流量。一般情况下定义智能为获取和应用知识的能力，而对于机器智能可进行以下定义。

机器智能(Machine Intelligence，MI)定义为行动或规则的集合，它们作用于事件数据库(Data Base，DB)而产生知识流。

另一方面，关于精确和不精确可作以下的定义。

不精确(Imprecision)是智能机执行各种任务的不确定性。而**精确**(Precision)则是不精确的补，它代表了过程的复杂性。

下面进一步分析上述各量的关系。设 $P(K)$ 为知识的概率密度函数，则根据概率的性质(取值 0～1 之间，概率之和为 1)，可设

$$P(K)=\frac{\mathrm{e}^{-K}}{\int_x \mathrm{e}^{-K}\,\mathrm{d}x}$$

令

$$\alpha=\ln\int_x \mathrm{e}^{-K}\,\mathrm{d}x$$

可得

$$P(K)=\mathrm{e}^{-\alpha-K},\quad K=-\alpha-\ln P(K)$$

对于固定的时间间隔 T，知识率 R 可定义为

$$R=\frac{\Delta K}{T}$$

对于前面机器智能的定义，可写成以下的关系，即

$$(\mathrm{MI}):(\mathrm{DB})\rightarrow R$$

它表示机器智能作用于数据库产生知识率。上式也说明较高的智能作用于较小的数据库，

或者较低的智能作用于较大的数据库可产生相同的知识率。它也进一步说明了精度渐增、智能逐减的原理。

6.2　组织级

组织级是分层递阶智能控制系统的最上面一层。它的作用是对于给定的外部命令和任务，设法找到能够完成该任务的子任务(或动作)组合。再将这些子任务要求送到协调级，通过协调处理，最后将具体的动作要求送至执行级完成所要求的任务。最后对任务执行的结果进行性能评价，并将评价结果逐级向上反馈，同时对以前存储的知识信息加以修改，从而起到学习的作用。

由此可见，组织级的作用主要是进行任务规划，它是典型的人工智能中的问题求解，已有很多 AI 专家在这方面做了大量工作。这里介绍一种由 Moed 和 Saridis 所提出的 Boltzmann 机神经网络(以下简称 BM 网络或 BM)来实现组织级功能的方法。

为了便于对问题进行描述，需要定义一组基元事件的集合 $E=\{e_1,e_2,\cdots,e_n\}$，e_i 可以表示基本动作、动作对象和动作结果等，它们是最基本的事件。这些基元的组合既可以表示外部的任务输入要求，也可表示子任务的组合。在 BM 中，e_i 表示了神经网络的结点。BM 网络由以下 3 部分结点组成。

(1) 输入结点。它用来表示要求的目标或子目标。在这里外部输入命令即是要求的目标。

(2) 输出结点。它由基元事件组成。这些基元事件的适当组合可实现要求的目标。

(3) 隐结点。它主要用来实现输入和输出结点之间复杂的连接关系。

对于每个结点都用一个二进制随机变量 $x_i=\{0,1\}$ 来表示，并令 $P(x_i=1)=P_i$，$P(x_i=0)=1-P_i$。其中 1 表示神经元结点处于激发状态，0 表示结点处于闲置状态。网络的状态向量 $\boldsymbol{x}=(x_1,x_2,\cdots,x_i,\cdots,x_n)$ 表示了一组 0 和 1 的有序组合，它描述了 BM 网络的状态。对于给定的输入，当 BM 网络到达稳定状态时，抽取相应输出结点的状态便可获得最优的执行特定任务的基元事件的有序组合。

标准的 BM 网络应用能量作为代价函数，通过使其极小来找到最优的状态。如果将能量与知识联系起来，那么这里能量的含义是表示缺乏知识的程度，即能量的减少表示知识的增加。换一种说法，这里能量是与不确定性的程度相对应的。即能量减少，不确定性的程度也减少，可由它表示在给定任务要求下所得到的基元事件组合的概率，并可进一步计算出熵函数。

Boltzmann 机事先必须进行学习和训练。学习时必须给出一组样本，每一个样本包括以下 3 部分内容：输入的任务要求，它由输入结点的状态来表示；输出的基元事件组合，它由输出结点的状态表示；该输入输出对的概率，它实际上反映了在这组约束条件下 BM 网络的能量。

BM 中的各个神经元之间互相连接，其中单个神经元的特性可用图 6.3 所示来描述。

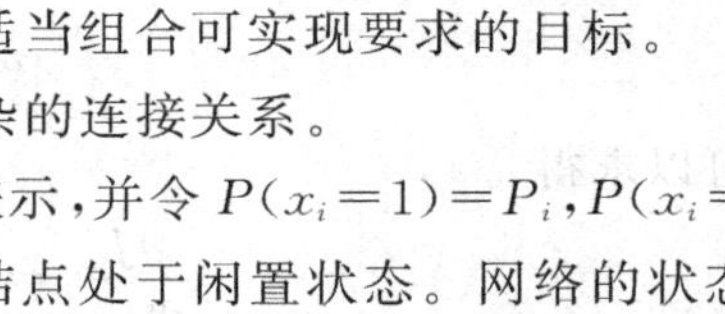

图 6.3　BM 中的一个神经元

对于第 i 个神经元,其输入总和为

$$s_i = \sum_j w_{ij} x_j$$

神经元的输出为 x_i,x_i 只能取 1 或 0,x_i 取 1 的概率由下式决定,即

$$P_i = \frac{1}{1 + \mathrm{e}^{-s_i/T}}$$

定义 BM 的能量函数为

$$K(\boldsymbol{x}) = \frac{1}{2} \sum_i \sum_j w_{ij} x_j x_i$$

输出基元事件组合是正确的概率为

$$P[K(\boldsymbol{x})] = \mathrm{e}^{-\alpha - K(\boldsymbol{x})}$$

式中,w_{ij} 是结点 i 和 j 之间的连接权系数,且 $w_{ij} = w_{ji}$,$w_{ii} = 0$;α 是归一化因子。

对于已知的样本,其输入和输出结点受到约束,设其状态为 $\boldsymbol{x}_s$,相应的概率 $\mathrm{P}_s(\boldsymbol{x}_s)$ 也是已知的,那么要求的能量应为

$$K_s(\boldsymbol{x}_s) = -\alpha - \ln P_s(\boldsymbol{x}_s)$$

取代价函数为

$$J = \sum_s [K(\boldsymbol{x}_s) - K_s(\boldsymbol{x}_s)]^2 + \alpha \sum_i \sum_j w_{ij}^2$$

式中,$K(\boldsymbol{x}_s)$ 是 BM 网络的能量函数;s 是样本数。J 中第二项主要用来限制 w_{ij} 不要太大。

可以证明,J 只有一个全局极小值,且取得极小值时必有 $K(\boldsymbol{x}_s) = K_s(\boldsymbol{x}_s)$,这正是所希望的。这里可以采用简单的一阶梯度寻优算法来寻求最优的连接权系数 w_{ij} 以使 J 极小。

$$w_{ij}(k+1) = w_{ij}(k) - \boldsymbol{\varepsilon} \frac{\partial J}{\partial w_{ij}}$$

可以求得

$$\frac{\partial J}{\partial w_{ij}} = 2 \sum_s [K(\boldsymbol{x}_s) - K_s(\boldsymbol{x}_s)] x_i^s x_j^s + 2\alpha w_{ij}$$

在 BM 网学习好后,便可用来进行任务规划。具体是这样实现的:首先将要求的任务转换为一定的基元组合,将它们作为 BM 网络的输入约束向量,然后对 BM 网络进行搜索计算,以找出能量函数的最小点,设这时网络状态为 $\boldsymbol{x}^*$,这时的输出结点状态即为要求的子任务输出。根据这时的能量函数 $K(\boldsymbol{x}^*)$,可进一步算出该输入输出对的概率 $P[K(\boldsymbol{x}^*)]$,显然这是最大概率。也就是说,搜索的结果求得了一组最大可能完成任务的子任务组合。从熵的观点,这时的信息熵

$$H[K(\boldsymbol{x}^*)] = -P[K(\boldsymbol{x}^*)] \ln\{P[K(\boldsymbol{x}^*)]\} - \{1 - P[K(\boldsymbol{x}^*)]\} \ln\{1 - P[K(\boldsymbol{x}^*)]\}$$

是最小的,也就是不确定性程度最小,所以组织级的作用可看成是寻求一组子任务的动作组合,以使得信息传输的熵最小,也就是使所规划的结果的不确定性最低。

在进行任务规划时,寻优计算目标函数仍是能量函数或熵函数。被寻优的参数是网络的状态 $\boldsymbol{x}$(其中一部分相应于输入结点的状态是受约束的),而连接权系数是不变的。注意这时所进行的规划寻优计算与学习时的寻优计算不同,前者改变的是网络的结点状态,后者改变的是网络的连接权系数。对于规划寻优计算,能量函数 $K(\boldsymbol{x})$ 一般可能有多个极值点,因而采用一般的寻优算法常常陷入局部极值点而不能到达全局的极小点。下面介绍两种可以收敛到全局极值点的寻优算法。

1. 模拟退火算法

本书第3章在介绍基于神经网络的路径规划时曾经讨论过模拟退火算法。这里的模拟退火步骤与前面类似,即开始用较高的"温度"T,然后逐渐减小T。这里冷却的规律采用下式,即

$$\frac{T(t)}{T_0}=\frac{1}{\lg(10+t)}$$

式中,T_0为初始"温度";$T(t)$为t时刻的"温度"。

具体寻优的方法是:当迭代计算到第k步,其状态为$\boldsymbol{x}_k=(x_1\quad x_2\quad\cdots\quad x_n)$,将其随机变化到$\boldsymbol{x}'_k$,$\boldsymbol{x}'_k$与$\boldsymbol{x}_k$的海明距离为1。计算熵的变化$\Delta H=H(\boldsymbol{x}'_k)-H(\boldsymbol{x}_k)$。如果$\Delta H\leqslant 0$,取$\boldsymbol{x}_{k+1}=\boldsymbol{x}_k$;若$\Delta H>0$,则按以下的概率接受新状态:

$$P(\boldsymbol{x}_{k+1}=\boldsymbol{x}'_k)=\mathrm{e}^{-\Delta H/K_{\mathrm{P}}T}$$

式中,K_{B}是Boltzmann常数;T是"温度",它由前面的式子确定。另一种方法是将上式替换为下式,即

$$P(\boldsymbol{x}_{k+1}=\boldsymbol{x}'_k)=\frac{1}{1+\mathrm{e}^{\Delta H/T}}$$

上面两个式子都提供了跳出局部极小值的可能,加之采用模拟退火的步骤,从而使该算法可以收敛到全局的极小值。

2. 扩展子区间随机搜索

这时采用以下的迭代步骤

$$\boldsymbol{x}_{k+1}=\begin{cases}\boldsymbol{x}'_k, & H(\boldsymbol{x}'_k)-H(\boldsymbol{x}_k)\leqslant 2\mu\\ \boldsymbol{x}_k, & H(\boldsymbol{x}'_k)-H(\boldsymbol{x}_k)>2\mu\end{cases}$$

式中μ是预先设定的常数,可以证明,利用该算法有

$$\lim\mathrm{Prob}[(H(X_k)-H_{\min})<\delta]=1$$

其中$H_{\min}$是全局最小的熵函数。

以上介绍了利用了Boltzmann机进行任务规划的方法。在一次任务执行完成后,需要对任务执行的结果进行评价,并据此性能评价最终来修改Boltzmann机的连接权系数。这是一个机器学习的过程。

开始讲到,BM网络首先需要根据测试样本进行学习。每个测试样本都赋予一个概率,如果所执行的任务就是测试样本中的一个,那么现在需要根据实际运行的结果来修改先前的概率。如果所执行的任务不在原来的测试样本中,则可将本次BM网络的输入输出对加入到新的样本中,同时根据任务执行的结果来修改先前计算得到的概率,具体修改采用以下随机逼近学习算法,即

$$P(k+1)=P(k)+\beta(k+1)[\xi-P(k)]$$

式中ξ是性能评价因子,$\xi\in\{0,1\}$。若对本次执行结果的性能满意,则取$\xi=1$;否则取$\xi=0$。$\beta(k)$的选取需满足以下Dvoretzky条件,即

$$\begin{cases}\lim\limits_{k\to\infty}\beta(k)=0\\ \lim\limits_{k\to\infty}\sum\limits_{i}^{k}\beta(i)=\infty\\ \lim\limits_{k\to\infty}\sum\limits_{i}^{k}\beta^2(i)<\infty\end{cases}$$

一般可取 $\beta(k)=1/k$，它能满足上述条件。

在一次任务执行完成后，按照上述学习算法修改相应的样本概率，并相应的修改长效记忆存储器中的内容。同时根据新的样本概率重新对 Boltzmann 机进行学习和训练，学习的结果是获得一组修改了的连接权系数 w_{ij}。当下次接收到外部任务输入命令时，BM 网络将按照新的参数结构进行任务规划。

6.3 协调级

协调级是分层递阶智能控制结构的中间层，它接受从组织级传来的命令，经过实时信息处理，产生一系列可供执行级执行的具体动作的序列。

协调级的具体实现方法有很多种，这里介绍 Wang 和 Saridis 所提出的一种用 Petri 网转换器实现的语言决策方法来对协调过程进行分析和建模。利用 Petri 网为工具，可以提供分层次的模块化设计方法，并可提供像活性、死锁、有界、平均执行时间、系统可用性等性能的分析。

6.3.1 协调级的原理结构

协调级可采用如图 6.4 所示的树形结构。其中 D 是根结点，称为分派器(Dispatcher)，C 是子结点的有限集合，称为协调器(Coordinator)，每个协调器与分派器之间均存在双向联系，而在协调器之间没有直接的联系。

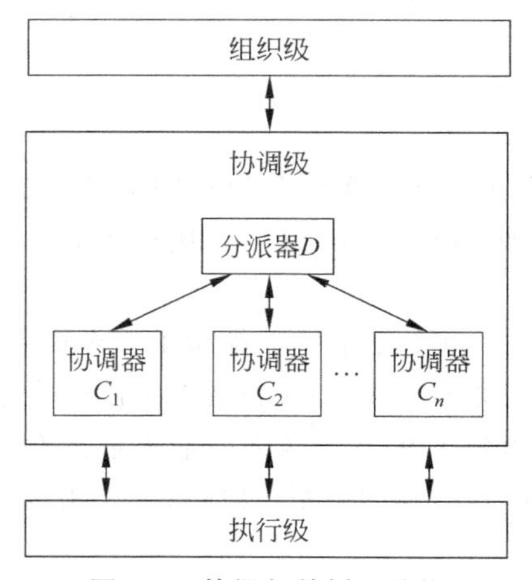

图 6.4 协调级的树形结构

组织级来的命令首先传送到协调级中的分派器，这些命令表示为基元事件的组合。分派器负责对各协调器的控制和通信。它根据当前工作状态将组织级送来的基元事件序列转换为面向协调器的控制行动，然后在合适的时候将它们送至相应的协调器。在任务执行完毕后，分派器还负责向组织级传送反馈信息。为了完成上述任务，分派器需具备以下功能。

(1) 通信功能。它能够向上层的组织级和下面的协调级发送和接收信息。

(2) 数据处理功能。它能对组织级来的命令信息和从协调器来的反馈信息进行描述，并可为分派器的决策单元提供信息和对它进行修改。

(3) 任务处理功能。它能对要执行的任务进行识别，为相应的协调器选择合适的控制步骤，以及为组织级产生必要的反馈信息。

(4) 学习能力。它能够根据任务不断执行所取得的经验来逐渐减小决策过程的不确定性，以达到不断改进任务执行的能力。

每个协调器均与一定的装置相联系，并将对这些装置进行操作和数据传输。协调器可看成是在特定领域实现具体功能的一个专家。为了完成同一个任务，分派器所发出的指令中可能包含好几种不同的方法，协调器能够根据机器人的工作状态和时间要求从中选择出一种适合的方法。它将面向协调器的控制行动序列转换为面向执行级的实时操作序列，并连同相关的数据一起送至具体的装置。在任务执行完成后，它还负责向分派器报告执行的结果。协调器与分派器具有完全相同的结构形式，只不过是在一个较低和较具体的水平上实现与分派器相同的功能。

图6.5说明任务分派器和协调器之间的具体翻译过程。这些不同层次的任务是用语言来描述的。由于分派器和协调器处在树形结构的不同层次上，因而它们进行这种语言翻译的时间尺度也是不相同的。分派器的一步可以变为协调器的许多步，所有协调器必须在分派器的统一管理下协同工作。

上面已经说到，分派器和协调器具有完全相同的结构形式，只不过它们处于不同的层次以实现各自的功能。图6.6表示了它们的统一结构形式。它们分别由数据处理器、任务处理器及学习处理器组成。

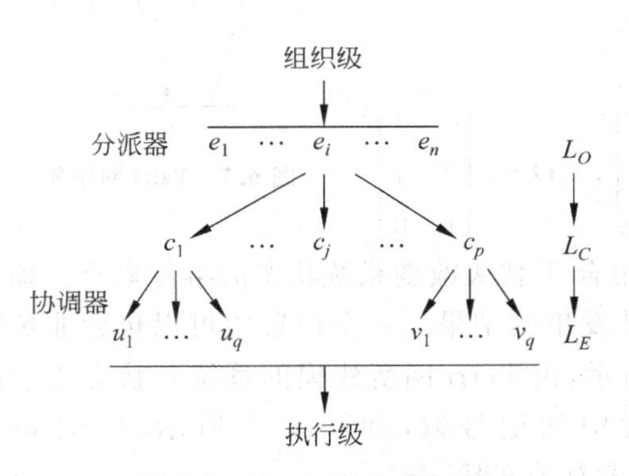

图6.5 协调级的语言翻译

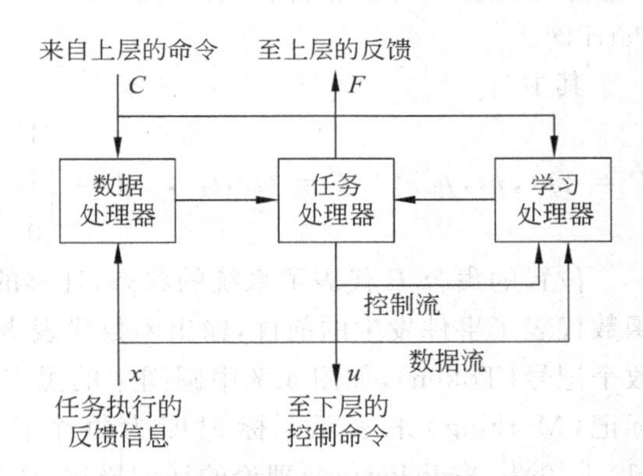

图6.6 分派器和协调器的统一结构

数据处理器的功能是提供需要执行的任务信息及当前系统的状态。它分为以下3个层次的描述：任务描述、状态描述及数据描述。在任务描述中，它给出来自上层的需要执行的任务清单，状态描述按一种比较抽象的形式给出每次任务执行的前件和后件以及系统的状态。数据描述则给出状态描述的具体数值。这样的信息结构形式对于任务处理器中的分层决策是非常有用的。数据处理器中还包括一个监控器，它根据上层来的指令信息和下层的反馈信息对上述3个层次的描述进行维护和修改。该监控器还负责数据处理器与任务处理器之间的连接。

任务处理器的功能是为下层单元提供控制命令的准确描述。它采用分层决策的步骤，具体说来分以下3步：任务调度(Scheduling)、任务翻译(Translation)和任务的准确描述(Formulation)。任务调度是通过检查任务描述及其前件和后件来识别要执行的任务，在这一步并不需要用到状态的实际数值。如果没有满足条件的子任务可以执行，任务调度必须先进行一些内部操作以使得某些任务的前件得以满足。根据当前状态，任务翻译以合适的方式将任务或者内部操作分解为控制作用,最后通过搜索数据库中的数据描述给控制作用赋予实际的数值,从而实现任务的准确描述,并将该完整的控制命令送至低层单元。这样的分层决策方法可以使得任务的处理层次清晰、处理快速。在所有的任务完成后,通过监控器来组织反馈信息,并以某种特定方式送至上层,该监控器也负责任务处理器与学习处理器之间的连接。

学习处理器的功能是用来改善任务处理器的性能及减小决策和信息处理的不确定性。为了实现这个功能,可以采用各种各样的学习机制。比较常用的是采用线性随机学习算法。

6.3.2 Petri网转换器

根据上面的讨论,协调级的基本功能可以看成是将组织级所发出的高级命令语言转换成低层装置可以执行的操作语言。利用Petri网转换器(Transducer)可以实现上述功能。

Petri网是一个以下的四元组

$$N = (P, T, \boldsymbol{I}, \boldsymbol{O})$$

式中,P是位置(Place)的集合;T是迁移(Transition)的集合;$\boldsymbol{I}$是输入函数;$\boldsymbol{O}$是输出函数。图6.7示出了一个典型的Patri网。

其中

$$P = \{p_1, p_2, p_3\}, \quad T = \{t_1, t_2\}, \quad \boldsymbol{I} = \begin{bmatrix} 1 & 0 \\ 1 & 0 \\ 0 & 1 \end{bmatrix}, \quad \boldsymbol{O} = \begin{bmatrix} 0 & 1 \\ 0 & 1 \\ 1 & 0 \end{bmatrix}$$

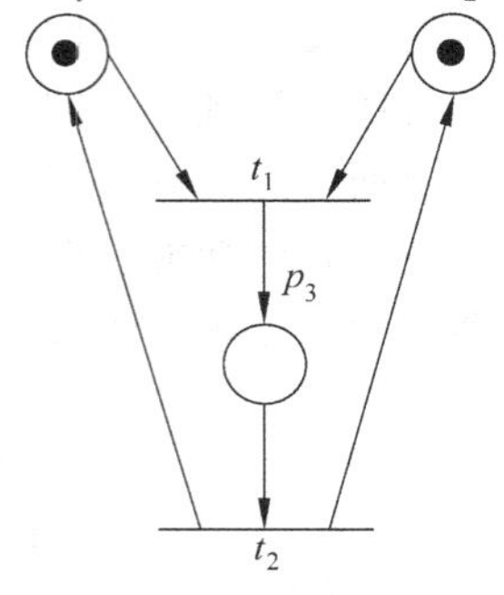

图6.7 Petri网举例

位置的集合P代表了系统的状态,迁移的集合T代表改变系统状态的事件集合。输入函数代表了事件发生的前件,输出函数代表事件发生的结果。一个位置中可以包含非负整数个记号(Token),如图6.7中圆圈中的黑点所示,由Petri网所建模的系统总状态用它的标记(Marking)来表示。标记即为每个位置中的记号数,如图6.7所示,标记$\boldsymbol{m}=(1\ \ 1\ \ 0)^{\mathrm{T}}$,关于Petri网理论的详细描述,请参考有关文献。

下面给出几个常用的符号和术语,它们是后面要用到的。

$\delta(\mu,t)$表示在标记为μ时激发迁移t后产生的新的状态。$R(N,\mu)$或简写为$R(\mu)$,表示初始状态为μ时能够达到的标记集。如果$I(t_1)+I(t_2)\leqslant\mu$,则称$t_1$和$t_2$是并发(Parallet)的,即$t_1$和$t_2$可以同时激发(Fire)。若$I(t_1)\leqslant\mu$和$I(t_2)\leqslant\mu$,但$I(t_1)+I(t_2)>\mu$,则称$t_1$和$t_2$是冲突的(Conflict),即激发其中任何一个将使另一个不能激发。如果对于在$R(\mu)$中的任何一个标记,Petri网中的任何一个迁移总有可能被激发,则称该Petri网是活的(Live),Petri网的活性确保了不会存在死锁现象。如果对于$R(\mu)$中的任何标记,每一个位置中的记号数均不会超过有限数K,则称该Petri网是有界(Bounded)的。当$K=1$时,称该网是安全的(Safe)。

Petri网转换器(下面有时简写为PNT)是以Petri网为工具的语言转换器,它定义为以下的6元组

$$M = (N, \Sigma, \Delta, \sigma, \mu, F)$$

式中$N=(P,T,\boldsymbol{I},\boldsymbol{O})$是具有初始标记为$\mu$的Petri网;$\Sigma$是有限输入字符集;$\Delta$是有限输出

字符集；σ 是从 $T\times(\Sigma\cup\{\lambda\})$ 到 Δ^* 的有限集的转换映射；$F\subset R(\mu)$ 是终了标记集合。其中 Δ^* 表示由 Δ 中字符组成的字符串集，λ 表示空字符串。

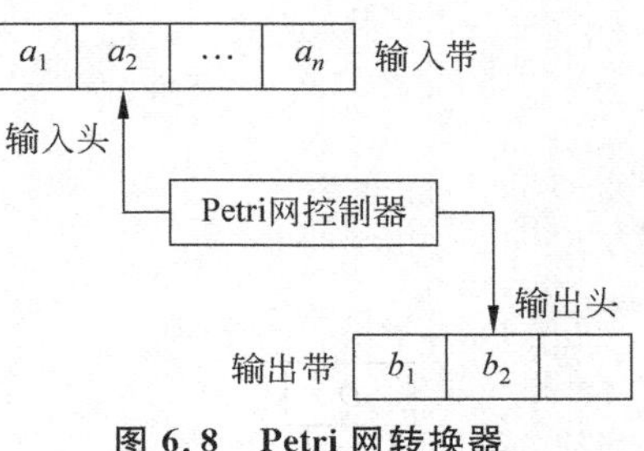

图 6.8　Petri 网转换器

PNT 由 3 部分组成：输入带、Petri 网控制器和输出带，如图 6.8 所示。Petri 网转换器 M 的结构可定义为三元组$(\boldsymbol{m},x,y)$。其中 $\boldsymbol{m}\in R(\mu)$ 是 N 的当前标记，$x\in\Sigma^*$ 是输入带中剩余部分的字符串，$y\in\Delta^*$ 是已经转换得到的字符串。用$\Rightarrow$表示 $\boldsymbol{m}$ 的移动(Move)关系。例如，若 $\boldsymbol{m}\in R(\mu)$，$t\in T$，$a\in\Sigma\cup\{\lambda\}$，$x\in\Sigma^*$，$y\in\Delta^*$，$\delta(\boldsymbol{m},t)$有定义，$z\in\Delta^*$ 包含在 $\sigma(t,a)$中，则可写为

$$(\boldsymbol{m},ax,y)\Rightarrow(\delta(\boldsymbol{m},t),x,yz)$$

多重移动可以用符号$\Rightarrow^*$来表示。PNT 的语言关系并不是一一对应的。即同一个输入语言可以映射为多个输出语言，或者多个输入语言可以映射为同一个输出语言。定义 $\tau(M)=\{(x,y)\mid(\mu,x,\lambda)\Rightarrow^*(\boldsymbol{m},\lambda,y),\boldsymbol{m}\in F\}$ 为 M 的语言转换集合，$a(M)=\{x\mid(x,y)\in\tau(M),y\in\Delta^*\}$为输入语言的集合，$\omega(M)=\{y\mid(x,y)\in\tau(M),x\in\Sigma^*\}$为输出语言的集合。

若两个 Petri 网转换器 $M_i=(N_i,\Sigma_i,\Delta_i,\sigma_i,\mu_i,F_i)(i=1,2)$组合在一起，可构成一个同步组合结构(Synchronous composition)的 PNT，并记为 $M=M_1\parallel M_2$，其移动关系定义为

$$((m_1,m_2),ax,y)\Rightarrow\begin{cases}((\delta(m_1,t_1),m_2),x,yz_1), & a\in\Sigma_1-\Sigma_2\\((m_1,\delta(m_2,t_2)),x,yz_2), & a\in\Sigma_2-\Sigma_1\\(\delta(m_1,t_1),\delta(m_2,t_2),x,yz_1z_2\quad\text{or}\quad yz_2z_1), & a\in\Sigma_1\cap\Sigma_2\end{cases}$$

其中 $z_1\in\sigma_1(t_1,a)$和 $z_2\in\sigma_2(t_2,a)$。上式表明，只属于其中一个网的输入符号仍只由那个网单独转换，对于同时属于两个网的输入符号则由两个网按任意的次序同时转换。对于输入字符串 x，如果

$$((\mu_1,\mu_2),x,\lambda)\Rightarrow^*((m_1,m_2),\lambda,y),m_1\in F_1,m_2\in F_2$$

则称 y 为经 $M=M_1\parallel M_2$ 转换得到的输出字符串。

6.3.3　协调级的 Petri 网结构

用 Petri 网实现的协调级结构 CS 可以表示为以下的 7 元组：

$$\mathrm{CS}=(D,C,F,R_{\mathrm{D}},S_{\mathrm{D}},R_{\mathrm{C}},S_{\mathrm{C}})$$

式中，$D=(N_{\mathrm{d}},\Sigma_{\mathrm{o}},\Delta_{\mathrm{o}},\sigma_{\mathrm{d}},\mu_{\mathrm{d}},F_{\mathrm{d}})$是分派器的 Petri 网转换器，$N_{\mathrm{d}}=(P_{\mathrm{d}},T_{\mathrm{d}},I_{\mathrm{d}},O_{\mathrm{d}})$；$C=(C_1,C_2,\cdots,C_n)$是协调器的集合，$n\geqslant1$。每个协调器也是一个 Petri 网转换器，$C_i=(N_{\mathrm{c}}^i,\Sigma_{\mathrm{c}}^i,\Delta_{\mathrm{c}}^i,\sigma_{\mathrm{c}}^i,\mu_{\mathrm{c}}^i,F_{\mathrm{c}}^i)$，$N_{\mathrm{c}}^i=(P_{\mathrm{c}}^i,T_{\mathrm{c}}^i,I_{\mathrm{c}}^i,O_{\mathrm{c}}^i)$。$T_{\mathrm{c}}=\bigcup_{i=1}^{n}T_{\mathrm{c}}^i$，$P_{\mathrm{c}}=\bigcup_{i=1}^{n}P_{\mathrm{c}}^i$。$F=\bigcup_{i=1}^{n}\{f_{\mathrm{I}}^i,f_{\mathrm{SI}}^i,f_{\mathrm{O}}^i,f_{\mathrm{SO}}^i\}$是连接点的集合：$f_{\mathrm{I}}^i$、$f_{\mathrm{SI}}^i$、$f_{\mathrm{O}}^i$ 和 f_{SO}^i分别称为 C_i 的输入点、输入号志(Semapore)、输出点和输出号志。R_{D} 和 R_{D} 分别是分派器从 T_{c} 到 F 的接收映射和发送映射。图 6.9 表示了协调级的结构框图，图 6.10 表示了一个简单的例子。

由图 6.9 可以看出，每个协调器 C_i 均与分派器 D 有双向联系。只有在相应的输入号志中有记号时，分派器才能向协调器发送任务命令；同样也只有在相应的输出号志中有记号时，协调器才能向分派器报告执行结果。

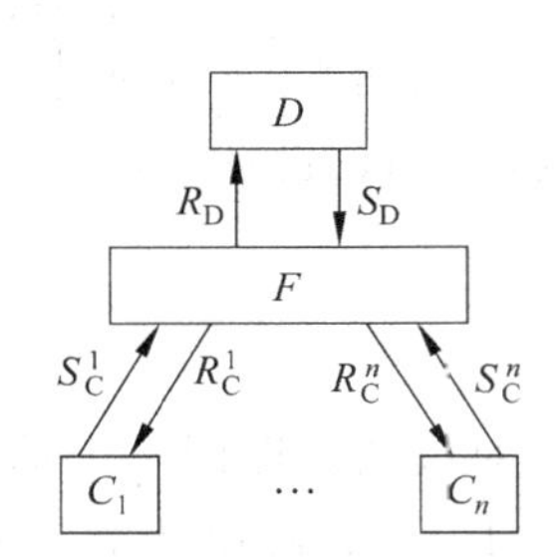

图6.9 协调级结构框图

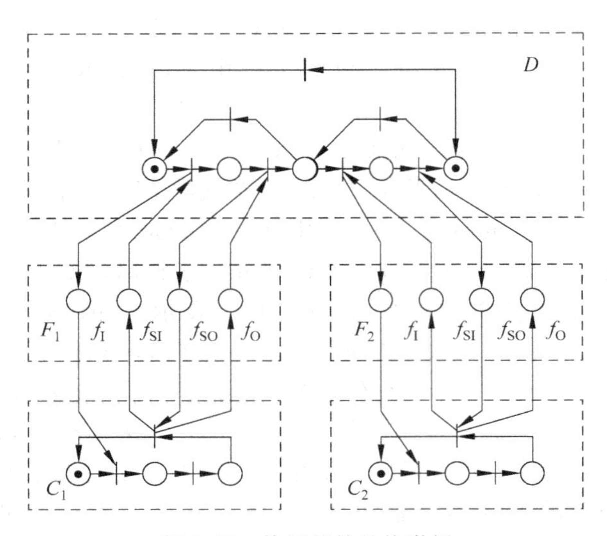

图6.10 协调级的结构举例

通过设计不同的接收和发送映射可以在分派器和协调器之间产生各种复杂的连接模式。其中一种最简单的连接模式为：C_i 仅能与它自己的连接点发生联系；在 C_i 中开始只有一个迁移处于能激发状态，并可从输入点处接收输入；C_i 中只有一个迁移能够向它的输出点发送信息。具有上述连接模式的结构称为简单协调级结构。图6.10即为这种简单结构的例子。

整个协调级结构的工作可以用以下的总的Petri网来描述：

$$N=(P,T,\boldsymbol{I},\boldsymbol{O})$$

其中

$$P=P_d\cup P_c\cup F,\quad T=T_d\cup T_e$$

$$\boldsymbol{I}(t)=\begin{cases}I_d(t)\cup\{f\mid(t,f)\in R_D\}, & t\in T_d\\ I_c^i(t)\cup\{f\mid(t,f)\in R_C\}, & t\in T_c^i\end{cases}$$

$$\boldsymbol{O}(t)=\begin{cases}O_d(t)\cup\{f\mid(t,f)\in S_D\}, & t\in T_d\\ O_c^i(t)\cup\{f\mid(t,f)\in S_C\}, & t\in T_c^i\end{cases}$$

N 的起始标记为

$$\mu(P)=\begin{cases}\mu_d(P)\text{ 或 }\mu_c^i(P), & P\in P_d\text{ 或 }P\in P_c^i\\ 1, & P=f_{SI}^i\text{ 或 }f_{SO}^i\\ 0, & \text{其他}\end{cases}$$

开始工作时，CS从组织级接收一个字符串(即规划的任务)，将该字符串放到分派器 D 的输入带上，并开始进行转换，也即进行任务分派。一旦 D 中的一个迁移 t 激发，Petri网便执行一条基元事件 a，设 $f_I^{i1},\cdots,f_I^{is}$ 是 t 的输出位置，也就意味着所选择的控制串 $z\in\sigma_d(t,a)$ 送到了协调器 $C_{i1},\cdots,C_{is}$，并激发同步组合 $C_{i1}\parallel\cdots\parallel C_{is}$，当协调器 C_j 完成任务后，它将移送一个记号到 f_O^j，即相当于送回一个反馈信号。如果满足激发条件，分派器取走该反馈信息，并继续下面的进程，这时 C_j 将变为空闲状态。一旦分派器到达它的终了标记状态，各个协调器也到达各自的终了标记状态或有的仍处于初始标记状态(说明该协调器未参与该次任务的工作)，即说明已成功地完成了任务。

显然，同步结构网络为分派器同步和协调各协调器的工作提供了工具。总的 Petri 网 N 为整个协调级(包括分派器和协调器)工作确定了相互之间的约束关系。组织级所发出的字符串为分派器网 N_d 确定运行路径，分派器 D 转换得到的字符串为各协调器网 N_c^i 确定运行路径。

利用 Petri 网作为工具，可以帮助研究协调级的许多性质，如活性、有界性、可逆性、一致性和重复性等。

6.3.4 协调级结构的决策和学习

协调级的决策过程是通过任务调度和任务转换这两个步骤来实现的。对于要求的作业，任务调度的作用在于识别出可以执行的合适的任务。当确定好一个任务后，通过转换将该任务分解为子任务序列。当赋予这些子任务以实时信息后，即可将它们送至相应的单元加以执行。若采用 Petri 网转换器的术语，任务调度和任务转换的问题可描述为：对于给定的任务 a 找到一个可以激发的迁移 t 以使 $\sigma(t,a)$ 有定义，进而根据 $\sigma(t,a)$ 找到正确的转换串。

基于 Petri 网的执行规则可以设计出一种简单而统一的调度步骤。例如，如果设 $M=(N,\Sigma,\Delta,\sigma,\mu,f)$ 表示分派器或一个协调器，对于任何 $a\in\Sigma$，定义 $T(a)=\{t|\sigma(t,a)$ 有定义$\}$；定义 $T_\lambda=T(\lambda)=\{t|\sigma(t,\lambda)$ 有定义$\}$，它相当于内部操作的集合。设置 Q_T 和 Q_D 两个队列，Q_T 存储未被执行的任务，Q_D 存储那些暂时条件不具备而需要推迟执行的任务。定义函数 $F(Q)$ 为取出 Q 的第一个元素，$I(Q,a)$ 为插入元素 a 到 Q 的末尾，$U(Q_1,Q_2)$ 为置 Q_2 于 Q_1 的末尾，$N(Q)$ 为使 Q 为空，令 $v=a_1a_2\cdots a_s\in\Delta^*$ 为要执行的任务串，则 M 的调度步骤如下：

(1) $Q_T:=\{a_1,a_2,\cdots,a_s\}$，$Q_D=\varnothing$(空集)。

(2) 如果 Q_T 为空，则退出。

(3) $u:=F(Q_T)$。

(4) 如果存在一个 $t\in T(u)$ 且 t 处于使能激发状态，那么激发 t，并转(7)。

(5) 如果存在一个内部操作序列 $e\in T_\lambda^*$，以使得激发 e 后 $t\in T(u)$ 处于使能激发状态，则激发 e，转(7)。

(6) $I(Q_D,u)$，如果 Q_T 为空，则 $Q_T:=Q_D$ 且 $N(Q_D)$，转(2)。

(7) 若 Q_D 不为空，则 $Q_T:=u(Q_D,Q_T)$ 并 $N(Q_D)$，转(2)。

按照上述步骤，首先对字符串 v 中所代表的任务依次进行检验，若任务能执行，则立即执行；若不能，则设法找到一个内部操作序列以使得依次轮到的任务能够执行。若这一点也不能实现，则将此任务移送到等待队列 Q_D 中，一旦 M 的状态发生了变化，再将 Q_D 按原次序送返 Q_T 中，并依次进行检验。这样可做到尽可能按 v 中原来的次序执行任务。对于比较复杂的 PNT，寻找内部操作序列是一件很困难的工作，这时可考虑使用启发式的搜索算法。对于一般的 PNT，则沿当前标记为起点的可达树，采用一般的宽度优先的搜索算法。由于假定所发出的任务串是相容且完全的，因此上述的调度步骤一定能在有限步完成调度任务。

任务转换可采用主动和被动两种方式。主动方式是基于知识库来进行任务的转换。该知识库由一组规则和描述相关环境及系统状态信息的数据库所组成；被动方式则是预先指定了一组转换,然后按照当前的局势(Situation)来选择其中的一个。下面考虑被动方式,并采用学习机制来帮助进行这种选择。

设 t 为 PNT $M=(N,\Sigma,\Delta,\sigma,\mu,F)$ 的一个迁移,其转换总数设为 $M_t=\Sigma|\sigma(t,a)|$,x_t 表示系统状态信息及关于 t 的输入位置的限制条件,$u_t\in U_t\triangleq\{a\in\Sigma\cup\{\lambda\}|\sigma(t,a)$有定义$\}$表示要由 t 来转换的一个任务。x_t 和 u_t 的组合(x_t,u_t)定义为一种局势。设关于 t 的局势总数为 N_t,则关于 t 的可能的转换总共为 $M_t\times N_t$ 个。

当给定一种局势(x_t,u_t)时,则总共可能有 M_t 种不同的转换,设选择转换输出 S_i 的概率为 P_{ij},$i=1,2,\cdots,M_t$,$j=1,2,\cdots,N_t$。显然 P_{ij} 应满足

$$\sum_{i=1}^{M_t}P_{ij}=1$$

因此在进行任务转换时,采用上述的概率模型进行随机决策,即当出现局势(x_t,u_t)时,按概率 P_{ij} 选择转换输出 S_i。

这里 P_{ij} 为主观概率,它将根据任务的执行情况不断加以修正。修改 P_{ij} 的原则是:若按这样的选择执行任务后性能满意,则将此概率 P_{ij} 增加,否则 P_{ij} 减小。为此,需要首先对性能进行估计。下面给出一种估计性能的方法,即

$$\hat{J}_{ij}(k_{ij}+1)=\hat{J}_{ij}+\beta(k_{ij}+1)[J_o(k_{ij}+1)-\hat{J}_{ij}(k_{ij})]$$

式中,J_o 是观测到的性能值;$\hat{J}$ 是性能估计;k_{ij} 是事件$[(x_t,\mu_t),S_i]$发生的次数。在有了对性能的估计后,进一步采用以下的算法对概率 P_{ij} 进行修正:

$$P_{ij}(k+1)=P_{ij}(k)+\gamma(k+1)[\xi_{ij}(k)-P_{ij}(k)]$$

其中

$$\xi_{ij}(k)=\begin{cases}1 & \hat{J}_{ij}=\min\limits_{l}\hat{J}_{lj}\\ 0 & \text{其他}\end{cases}$$

当 $\beta(k_{ij})$ 和 $\gamma(k)$ 满足 Dvoretsky 条件时,上述修正算法一定收敛,且

$$\text{Prob}\{\lim_{k\to\infty}[\hat{J}_{ij}(k)-\bar{J}_{ij}]=0\}=1$$

$$\begin{cases}\text{Prob}\{\lim\limits_{k\to\infty}P_{ij}(k)=1\}=1, \bar{J}_{ij}=\min\limits_{l}\hat{J}_{lj}\\ \text{Prob}\{\lim\limits_{k\to\infty}P_{ij}(k)=0\}=1, \text{其他}\end{cases}$$

式中 $\bar{J}_{ij}$ 表示 J_{ij} 的期望值。

上述的学习过程可以用熵来测量。因为熵是不确定性程度的度量。所以对于一个 PNT M,其转换的不确定性可以用以下的熵函数来表示,即

$$\begin{aligned}H(M)&=\sum_{t\in T}H(t)=\sum_{t\in T}\{H[(u_t,x_t)]+H[t/(u_t,x_t)]\}\\&=-\sum_{t\in T}\sum_{j}P_j\ln P_j-\sum_{t\in T}\sum_{j}P_j\sum_{i}P_{ij}\ln P_{ij}\end{aligned}$$

式中 P_j 表示局势(u_t,x_t)发生的概率。定义

$$H(E)=-\sum_{t\in T}\sum_{j}P_j\ln P_j$$

$$H(T/E)=-\sum_{t\in T}\sum_{j}P_j\sum_{i}P_{ij}\ln P_{ij}$$

则

$$H(M)=H(E)+H(T/E)$$

上式表明，转换的不确定性 $H(M)$ 可表示为两部分：一部分是环境的不确定性 $H(E)$；另一部分是在给定环境下纯粹的转换不确定性 $H(T/E)$。显然，只有第二项，即纯粹的转换的不确定性可以通过学习来减小。

对于整个协调级结构 CS 的不确定性可表示为以下的熵函数，即

$$H(\mathrm{CS})=H(E_{\mathrm{CS}})+H(T_{\mathrm{CS}}/E_{\mathrm{CS}})$$

其中

$$H(E_{\mathrm{CS}})=H(E_{\mathrm{D}})+\sum_{i=1}^{n}H(E_{\mathrm{C}i})$$

$$H(T_{\mathrm{CS}}/E_{\mathrm{CS}})=H(T_{\mathrm{D}}/E_{\mathrm{D}})+\sum_{i=1}^{n}H(T_{\mathrm{C}i}/E_{\mathrm{C}i})$$

对于协调级，设计的目标就是要使得 $H(\mathrm{CS})$ 最小，即分派和协调任务的不确定性程度降至最小。

图 6.11 表示了一个简单的智能机械手系统协调级结构的例子，该系统由一个 6 自由度的机械手、一个视觉系统及一个传感器系统组成。视觉系统用来识别物体并对这些物体定位，传感器系统提供各种传感信息。协调级由一个分派器、一个运动协调器、一个视觉协调器和一个传感器协调器组成。图中将分派器和各协调器的连接处集中画在了一起，仅仅是为了简化画图。

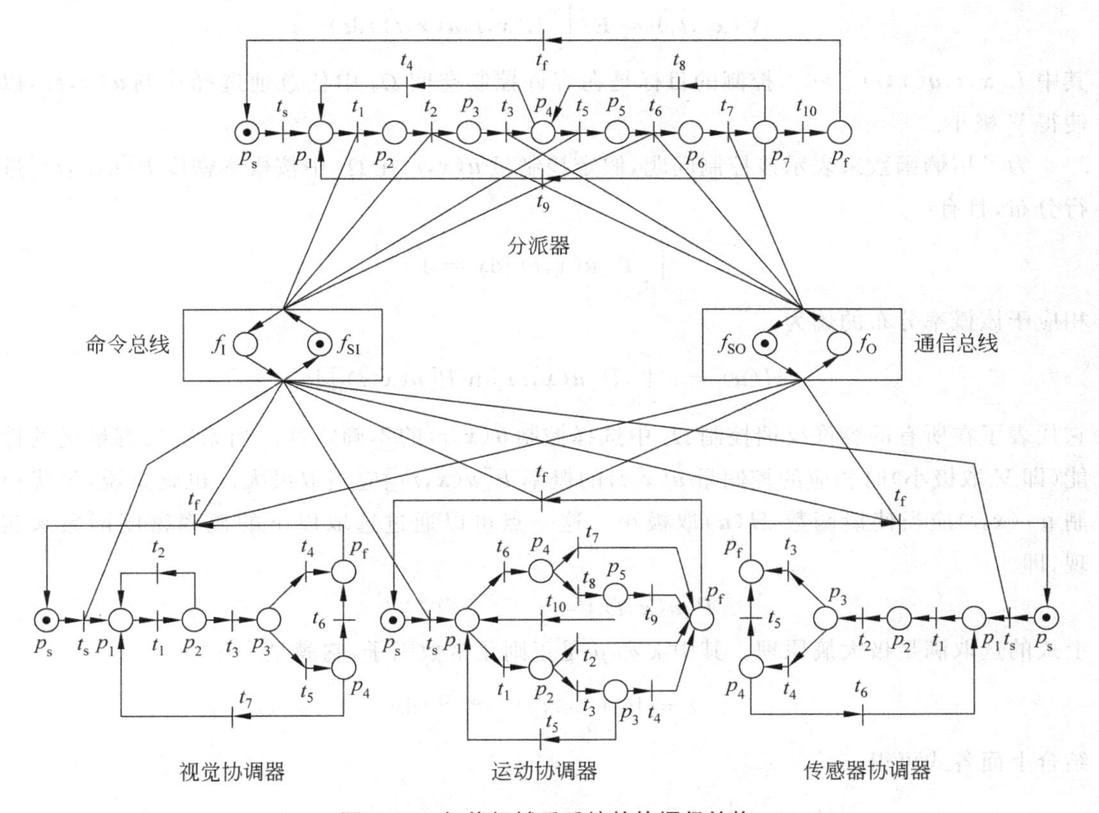

图 6.11　智能机械手系统的协调级结构

6.4 执行级

执行级即为常规硬件控制级,对于系统的上层两级,即组织级和协调级,它们主要是基于知识的概念,采用信息理论,通过建立概率模型用信息熵作为系统性能的度量。对于控制级,通常采用系统理论中的指标函数来衡量系统的性能。这样对于智能控制系统便很难有一个统一的性能测试。下面介绍 Saridis 提出的一种方法,它将执行级的控制性能也表示为熵函数的形式,该熵函数可以用来测量执行任务时选择控制作用的不确定性。这样便将控制问题与高层的信息论的分析方法统一起来,从而可将熵作为整个智能控制系统统一的性能测试。

若控制级采用最优控制理论的设计方法。设系统的状态方程和输出方程分别为

$$\frac{\mathrm{d}\boldsymbol{x}}{\mathrm{d}t}=\boldsymbol{f}(\boldsymbol{x},\boldsymbol{u}(\boldsymbol{x},t),\boldsymbol{w},t),\boldsymbol{x}(t_0)=\boldsymbol{x}_0$$

$$\boldsymbol{y}=\boldsymbol{g}(\boldsymbol{x},v,t)\quad \boldsymbol{x}(t_f)\in M_f$$

式中,$\boldsymbol{x}$ 是状态量;$\boldsymbol{u}$ 是控制量;$\boldsymbol{y}$ 是输出量;$\boldsymbol{w}$ 是随机干扰;v 是随机测量噪声;$\boldsymbol{x}_0$ 是初态,它也是随机变量;$\boldsymbol{x}(t_0)$是末态;M_f 是状态空间 Ω_x 中的一个子集。定义以下广义能量函数作为系统性能的测量,即

$$V(\boldsymbol{x}_0,t_0)=\boldsymbol{E}\left\{\int_{t_0}^{t_f}L(\boldsymbol{x},t,\boldsymbol{u}(\boldsymbol{x},t))\mathrm{d}t\right\}$$

其中 $L[\boldsymbol{x},t,\boldsymbol{u}(x,t)]>0$。控制的目标是在容许控制空间 Ω_u 中任意地选择控制 $\boldsymbol{u}(\boldsymbol{x},t)$,以使得 V 极小。

为了用熵函数来表示该控制问题,假定控制量 $\boldsymbol{u}(\boldsymbol{x},t)$在 Ω_u 中按概率密度 $P[\boldsymbol{u}(\boldsymbol{x},t)]$进行分布,且有

$$\int_{\Omega_u}P[\boldsymbol{u}(\boldsymbol{x},t)]\mathrm{d}\boldsymbol{x}=1$$

相应于该概率分布的熵为

$$H(\boldsymbol{u})=-\int_{\Omega_u}P[\boldsymbol{u}(\boldsymbol{x},t)]\ln P[\boldsymbol{u}(\boldsymbol{x},t)]\mathrm{d}\boldsymbol{x}$$

它代表了在所有的容许反馈控制 Ω_u 中选择控制 $\boldsymbol{u}(\boldsymbol{x},t)$的不确定性。当系统具有最优的性能(即 V 取极小)时相应的控制量 $\boldsymbol{u}(\boldsymbol{x},t)$的概率 $P[\boldsymbol{u}(\boldsymbol{x},t)]$应当取最大。也就是说,最优控制 $\boldsymbol{u}^*(\boldsymbol{x},t)$应当使熵函数 $H(\boldsymbol{u})$取极小。这一点可以通过选取以下的概率密度函数来实现,即

$$P[\boldsymbol{u}(\boldsymbol{x},t)]=\mathrm{e}^{-\lambda-\mu V[\boldsymbol{x}_0,t_0,\boldsymbol{u}(\boldsymbol{x},t)]}$$

上式的选取满足极大熵原理。其中 λ 和 μ 是正则化常数因子,它满足

$$\lambda=\ln\int_{\Omega_u}\mathrm{e}^{-\mu V[\boldsymbol{x}_0,t_0,\boldsymbol{u}(x,t)]}\mathrm{d}\boldsymbol{x}$$

结合上面各式可得

$$H(\boldsymbol{u})=\int_{\Omega_u}P[\boldsymbol{u}(\boldsymbol{x},t)]\{\lambda+\mu V[\boldsymbol{x}_0,t_0,\boldsymbol{u}(\boldsymbol{x},t)]\}\mathrm{d}\boldsymbol{x}$$

$$= \lambda + \mu \int_{\Omega_u} P[\boldsymbol{u}(\boldsymbol{x},t)] V[\boldsymbol{x}_0, t_0, \boldsymbol{u}(\boldsymbol{x},t)] \mathrm{d}\boldsymbol{x}$$

$$= \lambda + \mu \mathrm{E}\{V[\boldsymbol{x}_0, t_0, \boldsymbol{u}(\boldsymbol{x},t)]\}$$

该式表明，寻求最优控制 $\boldsymbol{u}^*(\boldsymbol{x},t)$ 使 $V[\boldsymbol{x}_0, t_0, \boldsymbol{u}(\boldsymbol{x},t)]$ 极小就相当于使熵函数取极小，也相当于使 $P[\boldsymbol{u}(\boldsymbol{x},t)]$ 取极大。这样就在信息理论与最优控制问题之间建立了等价的测度关系，从而为分层递阶智能控制系统采用熵函数作为统一的性能测度提供了理论基础。

第 7 章 智能优化方法

7.1 概述

智能优化方法通常包括进化计算(Evolutionary Computation,EC)和群智能(Swarm Intelligence,SI)等两大类方法,是一种典型的元启发式随机优化方法。作为计算智能的重要分支,现代智能优化方法已广泛应用于智能控制、组合优化、模式识别、机器学习、网络安全、故障检测与诊断等诸多领域之中。

EC包括遗传算法、进化规划、进化策略和遗传规划,是一类主要受生物进化启发的基于种群的有向随机搜索方法,可随种群的发育或迭代的进行而逐渐获得问题的全局最优解。在向全局最优解的搜索过程中,种群中的全部个体将在问题空间中并行地进行选择、交叉、变异或重组等进化算子操作。早在20世纪50年代,人们就开始研究如何在各种问题求解中应用达尔文进化原理。但直到60年代,才先后出现进化规划(Evolutionary programming)、进化策略(Evolution strategies)、遗传算法(Genetic algorithm)和遗传规划(Genetic programming)等4种主要的EC方法。本质上,这些方法是从不同的角度对上述达尔文进化原理进行了不同的运用和阐述。遗传算法与进化规划首先由美国的Holland和Fogel各自独立提出。而在德国,Rechenberg和Schwefel则合作提出了所谓进化策略。这3种方法各自发展了大约15年。从90年代早期开始,它们被统一归纳为EC的3种主要的方法。几乎在同一时期,遗传规划作为EC的第四种方法开始出现。从算法层面上讲,进化算法则是指受生物进化机制(如适者生存、自然选择、交叉、变异和重组)启发的实现技术。此时,种群中的个体代表了候选的可行解,待优化的代价函数以适配函数的形式表达了这些解对环境的综合生存能力。显然,整个种群将随着上述遗传算子的重复应用而不断进化。在此过程中,变异/重组创造了多样性与新的个体,而选择则担当起有效提高个体质量的作用,这两种主要的力量构成了进化系统的基础。这样一种进化过程的许多方面实际都是随机的。变异/重组算子是随机发生的。选择算子虽然可以是确定性的,但更多是随机进行的。在随机情况下,具有更高适配值的个体将有更多机会被选择。但也正是由于选择的这种概率性,因此即使是适配值低的个体,也有机会存活下来,它可能是潜在的"绩优股"。

另一方面,除进化计算之外,还包括粒子群优化算法(PSO)、蚁群优化算法(ACO)和人工免疫系统(AIS)等在内的SI方法,在过去10多年的时间之内,获得了迅速的发展。这些方法从社会性动物或其他生物体的群体行为机制中获得灵感与源泉,如鸟群、蚁群、鱼群、蜂群、蛙群、狼群、羊群、猴群乃至人群,以及淋巴细胞群、内分泌系统等,表现出令人惊奇的全局智能优化能力,为智能优化方法注入了新的活力。仿生或由生物启发的SI首先由G. Beni等于1989年提出。它是一种由群体中无智能或具有简单智能的个体通过任何形式的相互作用与分布式协同而涌现出的全局集体智能行为，其中的个体遵循简单的自然规则，个体之间存在直接或间接的通信，且其相互作用存在一定的随机性。SI 计算目前已成为智能计算与智能控制的研究热点，具有极大的发展空间。已有的理论与应用研究结果表明，SI 优化方法对问题的依赖性小，能够有效求解各种复杂的、大规模非线性全局优化问题，且具有内在的分布性与并行性。然而，由于 SI 方法本质上是源于对社会性生物群体智能行为的模拟，因此普遍缺乏严格的数学基础支持与理论分析，算法中各种参数的设置通常需要根据问题的不同依经验确定。

总体上，SI 与 EC 既有相同之处也有明显的区别。首先，EC 与 SI 都是受自然现象启发基于抽取出的简单自然规则而发展出的计算模型。其次，两者又都是基于种群的方法，且种群中的个体之间、个体与环境之间存在着相互作用。最后，EC 与 SI 优化方法还都是一种元启发式随机搜索方法。不同之处是，EC 方法强调种群的达尔文主义的进化模拟，而 SI 优化方法则注重对群体中个体之间的相互作用与分布式协同的模拟。

本章将重点介绍智能优化方法中的几种具有代表性的方法，并举例说明其应用。7.2 节将详细阐述 EC 中的遗传算法。7.3～7.5 节将分别给出 SI 中的粒子群优化算法、蚁群优化算法和人工免疫算法，包括基本算法、改进型算法和一般性框架等。7.6 节将进一步给出 EC 中的分布估计算法。

7.2 遗传算法

7.2.1 引言

遗传算法(Genetic Algorithm，GA)作为一种重要的现代优化算法，构成了各种进化计算方法的基础。从 20 世纪 60 年代开始，美国密执根大学的 Hollstien、Bagley 和 Rosenberg 等的博士论文就已涉及遗传算法的思想。而 John H. Holland 教授于 1975 年出版的《Adaptation in Natural and Artificial Systems》一书是通常认为是遗传算法的经典之作，因为该书给出了遗传算法的基本定理，并给出了大量的数学理论证明。David E. Goldberg 教授于 1989 年出版的《Genetic Algorithms》一书是对遗传算法的方法、理论及应用的全面、系统的总结。从 1985 年起，国际上开始定期举行遗传算法的国际会议，以后则更名为进化计算的国际会议，参加的人数及收录文章的数量、广度和深度逐次扩大。遗传算法已经成为人们用来解决高度复杂问题的一个新思路和新方法。目前遗传算法已被广泛应用于许多领域中的实际问题，如函数优化、自动控制、图像识别、机器学习、人工神经网络、计算生物学、优化调度等。

遗传算法是基于自然选择和基因遗传学原理的搜索算法。它将"适者生存"这一基本的达尔文进化原理引入串结构，并且在串之间进行有组织但又随机的信息交换。伴随着算法的运行，优良的品质被逐渐保留并加以组合，从而不断产生出更佳的个体。此过程就如生物进化一样，好的特征被不断地继承下来，坏的特性被逐渐淘汰。新一代个体中包含着上一代个体的大量信息，新一代的个体不断地在总体特性上胜过旧的一代，从而使整个群体向前进化发展。对于遗传算法，也就是不断地接近于最优解。研究遗传算法的目的主要有两个：一是通过它的研究来进一步解释自然界的适应过程；二是为了将自然生物系统的重要机理运用到人工系统的设计中。

遗传算法的中心问题是鲁棒性(Robustness),所谓鲁棒性是指能在许多不同的环境中通过效率及功能之间的协调平衡以求生存的能力。人工系统很难达到如生物系统那样的鲁棒性。遗传算法正是吸取了自然生物系统"适者生存"的进化原理,从而使它能够提供一个在复杂空间中进行鲁棒搜索的方法。遗传算法具有计算简单及功能强的特点,它对于搜索空间基本上不需要什么限制性的假设(如连续、导数存在及单峰等)。

常规的寻优方法主要有3种类型:解析法、枚举法和随机法。下面分别来讨论它们的鲁棒性能。

解析法寻优是研究最多的一种,它一般又可分为间接法和直接法。间接法是通过让目标函数的梯度为零,进而求解一组非线性方程来寻求局部极值。直接法是按照梯度信息按最陡的方向逐次运动来寻求局部极值,它即为通常所称的爬山法。上述两种方法的主要缺点是:一是它们只能寻找局部极值而非全局的极值;二是它们要求目标函数是连续光滑的,并且需要导数信息。这两个缺点,使得解析寻优方法的鲁棒性能较差。

枚举法可以克服上述解析法的两个缺点,即它可以寻找到全局的极值,而且也不需要目标函数是连续光滑的。它的最大缺点是计算效率太低,对于一个实际问题,常常由于太大的搜索空间而不可能将所有的情况都搜索到。即使很著名的动态规划方法(它本质上也属于枚举法)也遇到"指数爆炸"的问题,它对于中等规模和适度复杂性的问题,也常常无能为力。

鉴于上述两种寻优方法有严重缺陷,随机搜索算法受到人们的青睐。随机搜索通过在搜索空间中随机地漫游并随时记录下所取得的最好结果。出于效率的考虑,搜索到一定程度便终止。然而所得结果一般尚不是最优值。本质上随机搜索仍然是一种枚举法。

遗传算法虽然也用到了随机技术,但它不同于上述的随机搜索。它通过对参数空间编码并用随机选择作为工具来引导搜索过程向着更高效的方向发展。目前流行的另外一种称为"模拟退火"算法也具有类似的特点,它也借助于随机技术来帮助引导搜索过程至能量的极小状态。因此,随机地搜索并不一定意味着是一种无序的搜索。

总的说来,遗传算法比其他寻优算法的优点是鲁棒性能比较好。其主要的本质差别可以归纳为以下几点。

(1) 遗传算法是对参数的编码进行操作,而不是对参数本身。

(2) 遗传算法是从许多初始点开始并行操作,而不是从一个点开始。因而可以有效地防止搜索过程收敛于局部最优解,而且有较大的可能求得全部最优解。

(3) 遗传算法通过目标函数来计算适配值,而不需要其他的推导和附属信息,从而对问题的依赖性较小。

(4) 遗传算法使用概率的转变规则,而不是确定性的规则。

(5) 遗传算法在解空间内不是盲目地穷举或完全随机测试,而是一种启发式搜索,其搜索效率往往优于其他方法。

(6) 遗传算法对于待寻优的函数基本无限制,它既不要求函数连续,更不要求可微;既可是数学解析式所表达的显函数,又可是映射矩阵甚至是神经网络等隐函数,因而应用范围较广。

(7) 遗传算法具有并行计算的特点,因而可通过大规模并行计算来提高计算速度。

(8) 遗传算法更适合大规模复杂问题的优化。

在详细讨论遗传算法的机理和功能之前，必须首先明确，当谈到优化一个函数或一个过程时，目标到底是什么？传统的优化定义包括两个方面的含义：一是寻求性能的改进；二是最终寻求到优化点（或极值点）。这两个方面实际上一个是过程，另一个是目的。然而，通常只注意一个算法是否能收敛，即能否达到极值，而忽视了中间过程。这种观点实际上是受到微积分中优化概念的影响。然而对于实际问题，往往事先并不知道其优化点，在此情况下，用是否收敛至极值点来判断一个优化算法显然是不可行的。这时只能通过与其他方法的比较来判断某一优化算法的性能。因此，对于更广泛的优化问题来说，定义优化问题应更强调性能改进，也就是能否更快地达到令人满意的性能，而获得最优值比寻求性能改进要次要一些。这一点对于复杂系统更为明显。

7.2.2 遗传算法的工作原理及操作步骤

本节通过一个简单的例子详细描述遗传算法的基本操作过程，并给出原理分析。目的在于清晰地展现遗传算法的特点。

1. 遗传算法的基本操作

设需要求解的优化问题为寻找 $f(x)=x^2$ 当自变量 x 在 0～31 之间取整数值时函数的最大值。枚举的方法是将 x 取尽所有可能值，观察是否得到最高的目标函数值。尽管对如此简单的问题该法是可靠的，但这是一种效率很低的方法。下面运用遗传算法来求解这个问题。

遗传算法的第一步是将 x 编码为有限长度的串。编码的方法很多，这里仅举一种简单易行的方法。针对本例中自变量的定义域，可以考虑采用二进制数来对其编码，这里恰好可用 5 位数来表示，如 01010 对应 $x=10$，11111 对应 $x=31$，许多其他的优化方法是从定义域空间的某个单个点出发来求解问题，并且根据某些规则，它相当于按照一定的路线，进行点到点的顺序搜索，这对于多峰值问题的求解很容易陷入局部极值。而遗传算法则是从一个种群（由若干个串组成，每个串对应一个自变量值）开始，不断地产生和测试新一代的种群。这种方法一开始便扩大了搜索的范围，因而可期望较快地完成问题的求解。初始种群的生成往往是随机产生的。对于本例，若设种群大小为 4，即含有 4 个个体，则需按位随机生成 4 个 5 位二进制串，如可以通过掷硬币的方法来生成随机的串。若用计算机，可考虑首先产生 0～1 之间均匀分布的随机数，然后规定产生的随机数在 0～0.5 之间代表 0，0.5～1 之间的随机数代表 1。若用上述方法，随机生成以下 4 个串：01101；11000；01000；10011。

这样便完成了遗传算法的准备工作。下面来介绍遗传算法的 3 个基本操作步骤：选择、交叉和变异。

1）选择

选择过程是个体串按照它们的适配值进行选择复制。本例中目标函数值即可用作适配值。直观地看，可以将目标函数考虑成为利润、功效等的量度。其值越大，越符合需要。按照适配值进行串选择的含义是值越大的串，在下一代中将有更多的机会提供一个或多个子孙。这个操作步骤主要是模仿自然选择现象，将达尔文的适者生存理论运用于串的选择。此时，适配值相当于自然界中的一个生物为了生存所具备的各项能力的大小，它决定了该串是被选择还是被淘汰。

选择操作可以通过随机方法来实现。若用计算机程序来实现,可考虑首先产生0～1之间均匀分布的随机数,若某串的选择概率为40%,则当产生的随机数在0～0.4之间时该串被选择,否则该串被淘汰。另一种直观的方法的是使用轮盘赌的转盘。群体中的每个当前串按照其适配值的比例占据盘面上的成比例的一块区域。对应于本例,依照表7.1可以绘制出轮盘赌转盘如图7.1所示。

表 7.1 种群的初始串及对应的适配值

标号	串	适配值	占整体的百分数
1	01101	169	14.4%
2	11000	576	49.2%
3	01000	64	5.5%
4	10011	361	30.9%
总计(初始种群整体)		1170	100.0%

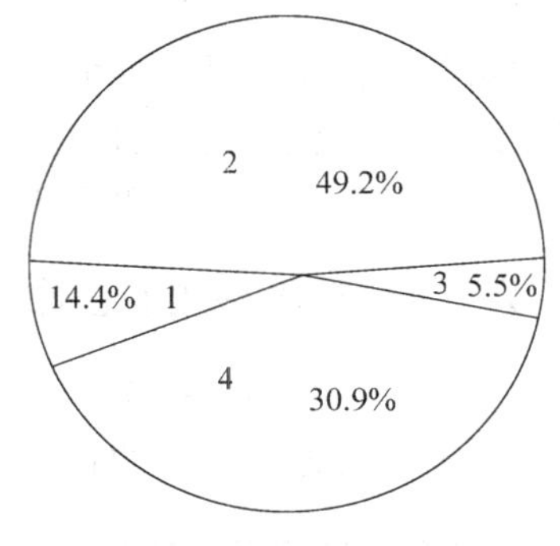

图 7.1 按适配值所占比例划分的轮盘

选择过程即是4次旋转这个经划分的轮盘,从而产生4个下一代的种群。例如,对于该例,串1所占轮盘的比例为14.4%。因此每转动一次轮盘,结果落入串1所占区域的概率就是0.144。可见对应大的适配值的串在下一代中将有较多的子孙。旋转4次轮盘即产生出4个串。这4个串是上一代种群的选择复制,有的串可能被选择一次或多次,有的可能被淘汰。本例中,经选择复制后的新种群为:01101;11000;11000;10011。

可见这里串1被选择了一次,串2被选择了两次,串3被淘汰了,串4也被选择了一次。表7.2给出了选择操作之前的各项数据。

表 7.2 选择操作之前的各项数据

串号	随机生成的初始种群	x 值	$f(x)=x^2$	选择的概率 $f_i\Big/\sum f_i$	期望的选择数 $f_i/\bar{f}_i$	实际得到的选择数
1	01101	13	169	0.14	0.58	1
2	11000	24	576	0.49	1.97	2
3	01000	8	64	0.06	0.22	0
4	10011	19	361	0.31	1.23	1
总计			1170	1.00	4.00	4
平均			293	0.25	1.00	1
最大值			576	0.49	1.97	2

2) 交叉

交叉操作可以分为以下两个步骤:第一步是将选择产生的匹配池中的成员随机两两匹配;第二步是进行交叉繁殖。具体过程如下。

设串的长度为l,则串的l个数字位之间的空隙标记为$1,2,\cdots,l-1$。随机地从$[1,l-1]$中选取一整数位置k,则将两个父母串中从位置k到串末尾的子串互相交换,而形成两个新

串。例如，本例中初始种群的两个个体为

$$A_1 = 0110 \vdots 1$$

$$A_2 = 1100 \vdots 0$$

假定从 1～4 间选取随机数，得到 $k=4$，那么经过交叉操作之后将得到以下两个新串，即

$$A_1' = 01100$$

$$A_2' = 11001$$

式中，新串 A_1' 和 A_2' 是由老串 A_1 和 A_2 将第 5 位进行交换得到的结果。

下面举一个现实中的例子来说明上述选择和交叉的过程如何能获得性能的改进。假设一个工厂为生产某种产品需要经过好几道工序，厂方向职工征集各道工序的方案。这相当于征求待优化问题的解，而每一道工序则相当于待优化问题的一个参数。每名职工都提出各自的整体生产方案，其中包括各道具体工序的设想。这样便形成了种群的初始代。全体职工在商讨会上互相交流，总体效果好的方案受到较多关注，效果差的方案可能被当场否定。各个方案之间互相取长补短，从而使全体职工提出的方案从整体上达到一个更高的水平。遗传算法中的选择过程类似于将好的方案不断推广，以供更多职工参考借鉴，同时也淘汰较差的方案。交叉过程则类似于职工们互相取长补短，以期望找出最佳的生产方案。

表 7.3 归纳了该例进行选择操作之后的结果。

表 7.3　选择操作之后的各项数据

新串号	选择操作后的匹配池	匹配对象（随机选取）	交叉点（随机选取）	新种群	x 值	$f(x)=x^2$
1	01101	2	4	01100	12	144
2	11000	1	4	11001	25	625
3	11000	4	2	11011	27	729
4	10011	3	2	10000	16	256
总计						1754
平均						439
最大值						729

从表 7.3 可以看出交叉操作的具体步骤。首先随机地将匹配池中的个体配对，结果串 1 和串 2 配对，串 3 和串 4 配对。此外，随机选取的交叉点的位置也如表 7.3 所示。结果串 1(01101) 和串 2(11000) 的交叉点为 4，二者只交换最后一位，从而生成两个新串 01100 和 11001。剩下的两个串在位置 2 交叉，结果生成两个新串 11011 和 10000。

3) 变异

变异是以很小的概率随机地改变一个串位的值。例如，对于二进制串，即是将随机选取的串位由 1 变为 0 或由 0 变为 1。变异的概率通常是很小的，一般只有千分之几。这个操作相对于选择和交叉操作而言，是处于相对次要的地位，其目的是为了防止丢失一些有用的遗传因子，特别是当种群中的个体经遗传运算可能使某些串位的值失去多样性，从而将失去检验有用遗传因子的机会时，变异操作可以起到恢复串位多样性的作用。对于该例，变异概

率设取为0.001,则对于该种群总共有$20\times0.001=0.02$个串位的变异可能性,所以本例中无串位值的改变。

从表7.2和表7.3可以看出,在经过一次选择、交叉和变异操作后,最优的和平均的目标函数值均有所提高。种群的平均适配值从293增至439,最大的适配值从576增至729。可见每经过这样的一次遗传算法步骤,问题的解便朝着最优解方向前进了一步。可见,只要这个过程一直进行下去,它将最终走向全局最优解,而每一步的操作是非常简单的,而且对问题的依赖性很小。

2. 遗传算法的模式理论

前面通过一个简单的例子说明了按照遗传算法的操作步骤使得待寻优问题朝着不断改进的方向发展。本节将进一步分析遗传算法的工作机理。

在上面的例子中可以发现,样本串的第1位的"1"使得适配值比较大,对于本例的函数及x的编码方式很容易验证这一点。它说明某些子串模式(Schemata)在遗传算法行中起着关键的作用。首位为"1"的子串可以表示成这样的模式:1****,其中*是通配符,它既可代表"1",也可代表"0"。该模式在遗传算法的一代一代地运行过程中保留了下来,而且数量不断增加。正是这种适配值高的模式不断增加,才使得问题的性能不断改进。

一般地,对于二进制串,在{0,1}字符串中间加入通配符"*"即可生成所有的可能模式。因此用{0,1,*}可以构造出任意一种模式。我们称一个模式与一个特定的串相匹配是指:该模式中的1与串中的1相匹配,模式中的0与串中的0相匹配,模式中的*可以匹配串中的0或1。例如,模式00*00匹配两个串:{00100,00000},模式*11*0匹配4个串:{01100,01110,11100,11110}。可以看出,定义模式的好处是可以容易地描述串的相似性。

对于前面例子中的5位字串,由于模式的每一位可取0、1或*,因此总共有$3^5=243$种模式。对于一般问题,若串的基为k,长度为l,则总共有$(k+1)^l$种模式。可见模式的数量要大于串的数量k^l。一般地,一个串中包含2^l种模式。例如,串11111是25个模式的成员,因为它可以与每个串位是1或*的任一模式相匹配。因此,对于大小为n的种群则包含有2^l到$n\times2^l$种模式。

为论述方便,首先定义一些名词术语。不失一般性,下面只考虑二进制串。设一个7位二进制串可以用以下的符号来表示,即

$$A=a_1a_2a_3a_4a_5a_6a_7$$

这里每个a_i代表一个二值取值的串位(也称a_i为基因)。研究的对象是在时间t或第t代种群$A(t)$中的个体串$A_j(j=1,2,\cdots,n)$。任一模式H是由3个字母集合{0,1,*}生成的,其中*是通配符。模式之间仍有一些明显差别。例如,模式011*1**比模式*****0*包含更加确定的特性,模式1****1*比模式1*1****跨越的长度要长。为此引入两个模式的属性定义:模式次数和定义长度。一个模式H的次数用$O(H)$表示,它等于模式中确定位置(对于二进制,即0或1所在的位置)的个数。如模式$H=011*1**$,其次数为4,记为$O(H)=4$,若$H=***1***$,则$O(H)=1$。模式H的长度定义为第一个和最后一个确定位置之间的距离,它用符号$\delta(H)$表示。例如,模式$H=011*1**$,其中第一个确定位置是1,最后一个确定位置是5,所以$\delta(H)=5-1=4$。若模式$H=*****0$,则$\delta(H)=0$。

下面就来分析遗传算法的几个重要操作对模式的影响。

1）选择对模式的影响

设在给定的时间 t，种群 $A(t)$ 包含有 m 个特定模式 H，记为

$$m = m(H,t)$$

在选择复制过程中，$A(t)$ 中的任何一个串 A_j 以概率 $f_i \Big/ \sum f_i$ 被选中进行复制。因此可以期望在选择复制完成后，在 $t+1$ 时刻，特定模式 H 的数量将变为

$$m(H,t+1) = m(H,t)nf(H) \Big/ \sum f_i = m(H,t)f(H)/\bar{f}$$

或写成

$$\frac{m(H,t+1)}{m(H,t)} = \frac{f(H)}{\bar{f}}$$

式中，$f(H)$ 表示在时刻 t 时对应于模式 H 的串的平均适配值；$\bar{f} = \sum f_i \Big/ n$ 是整个种群的平均适配值。

可见，经过选择操作后，特定模式的数量将按照该模式的平均适配值与整个种群平均适配值的比值成比例地改变。换言之，适配值高于种群平均适配值的模式在下一代中的数量将增加，而低于平均适配值的模式在下一代中的数量将减少。另外，种群 A 的所有模式 H 的处理是并行进行的，即所有模式经选择操作后，均同时按照其平均适配值占总体平均适配值的比例进行增减。所以可以概括地说，选择操作对模式的影响是使得高于平均适配值的模式数量增加，低于平均值的模式数量减少。

为了进一步分析高于平均适配值的模式数量增长，设

$$f(H) = (1+c)\bar{f} \quad c > 0$$

则上面的方程可改写为以下的差分方程

$$m(H,t+1) = m(H,t)(1+c)$$

假定 c 为常数时可得

$$m(H,t) = m(H,0)(1+c)^t$$

可见，对于高于平均适配值的模式，数量将呈指数级增长。

从对选择过程的分析可以看到，虽然选择过程成功地以并行方式控制着模式量以指数形式增减，但由于选择只是将某些高适配值个体全盘选择复制，或是丢弃某些低适配值个体，而绝不会产生新的模式结构，因而性能的改进是有限的。

2）交叉对模式的影响

交叉过程是串之间的有组织的而又是随机的信息交换，它在创建新结构的同时，最低限度地破坏选择过程所选择的高适配值模式。为了观察交叉对模式的影响，下面考察一个 $l=7$ 的串以及此串所包含的两个代表模式，即

$$A = 0111000$$

$$H_1 = *1****0$$

$$H_2 = ***10**$$

首先回顾一下简单的交叉过程，先随机地选择一个匹配伙伴，再随机选取一个交叉点，然后互换相对应的片段。假定对上面给定的串，随机选取的交叉点为3，则很容易看出它对两个模式 H_1 和 H_2 的影响。下面用分隔符“|”标记交叉点，即

$$A = 011 \mid 1000$$

$$H_1 = *1* \mid ***0$$
$$H_2 = *** \mid 10**$$

除非串 A 的匹配伙伴在模式的固定位置与 A 相同(忽略这种可能),模式 H_1 将被破坏,因为在位置2的"1"和在位置7的"0"将被分配至不同的后代个体中(这两个固定位置被代表交叉点的分隔符分隔在两边)。同样可以明显地看出,模式 H_2 将继续存在,因为位置4的"1"和位置5的"0"原封不动地进入到下一代的个体。虽然该例中的交叉点是随机选取的,但不难看出,模式 H_1 比模式 H_2 更易被破坏。因为平均看来,交叉点更容易落在两个头尾确定点之间。若定量地分析,模式 H_1 的定义长度为5,如果交叉点始终是随机地从 $l-1=7-1=6$ 个可能的位置选取,那么很显然模式 H_1 被破坏的概率为

$$p_d = \delta(H_1)/(l-1) = 5/6$$

它存活的概率为

$$p_s = 1 - p_d = 1/6$$

类似地,模式 H_2 的定义长度为 $\delta(H_2)=1$,它被破坏的概率为 $p_d=1/6$,存活的概率为 $p_s=1-p_d=5/6$。推广到一般情况,可以计算出任何模式的交叉存活概率的下限为

$$p_s \geqslant 1 - \frac{\delta(H)}{l-1}$$

其中"大于"号表示当交叉点落入定义长度内时也存在模式不被破坏的可能性。

在前面的讨论中均假设交叉的概率为1,一般情况若设交叉的概率为 p_c,则上式变为

$$p_s \geqslant 1 - p_c \frac{\delta(H)}{l-1}$$

若综合考虑选择和交叉的影响,特定模式 H 在下一代中的数量可用下式来估计,即

$$m(H,t+1) \geqslant m(H,t)\frac{f(H)}{\bar{f}}\left[1 - p_c\frac{\delta(H)}{l-1}\right]$$

可见,对于那些高于平均适配值且具有短的定义长度的模式将更多地出现在下一代中。

3) 变异对模式的影响

变异是对串中的单个位置以概率 p_m 进行随机替换,因而它可能破坏特定的模式。一个模式 H 要存活意味着它所有的确定位置都存活。因此,由于单个位置的基因值存活的概率为 $(1-p_m)$,而且由于每个变异的发生是统计独立的,所以一个特定模式仅当它的 $O(H)$ 个确定位置都存在时才存活,从而得到经变异后,特定模式的存活率为

$$(1-p_m)^{O(H)}$$

由于 $p_m \ll 1$,所以上式可近似表示为

$$(1-p_m)^{O(H)} \approx 1 - O(H)p_m$$

综合考虑上述选择、交叉及变异操作,可得特定模式 H 的数量改变为

$$m(H,t+1) \geqslant m(H,t)\frac{f(H)}{\bar{f}}\left[1 - p_c\frac{\delta(H)}{l-1}\right](1-O(H)p_m)$$

上式也可近似表示为

$$m(H,t+1) \geqslant m(H,t)\frac{f(H)}{\bar{f}}\left[1 - p_c\frac{\delta(H)}{l-1} - O(H)p_m\right]$$

其中忽略了一项较小的交叉相乘项。

综合考虑选择、交叉和变异的影响,可以得到以下一个较为完整的结论为:对于那些短

定义长度、低次数、高于平均适配值的模式将在后代中呈指数级地增长。通常称这个结论为遗传算法的模式理论。

根据模式理论，随着遗传算法的一代一代地进行，那些短的、低次数、高适配值的模式将越来越多，最后得到的串即这些模式的组合，因而可期望性能越来越得到改善，并最终趋向全局的最优点。

7.2.3 遗传算法的实现及改进

1. 遗传算法的实现

1）问题的表示

对于一个实际的待优化的问题，首先需要将其表示为适于遗传算法进行操作的二进制字串。它一般包括以下几个步骤。

(1) 根据具体问题确定待寻优的参数。

(2) 对每一个参数确定它的变化范围，并用一个二进制数来表示。例如，若参数 a 的变化范围为$[a_{\min}, a_{\max}]$，用 m 位二进制数 b 来表示，则二者之间满足

$$a = a_{\min} + \frac{b}{2^m - 1}(a_{\max} - a_{\min})$$

这时参数范围的确定应覆盖全部的寻优空间，字长 m 的确定应在满足精度要求的情况下，尽量取小的 m，以尽量减小遗传算法计算的复杂性。

(3) 将所有表示参数的二进制数串接起来组成一个长的二进制字串。该字串的每一位只有0或1两种取值。该字串即为遗传算法可以操作的对象。

借用生物学的术语，上述二进制字串也称为染色体，每个串位称为基因。上面介绍的是二进制编码，它是最常用的编码方式。实际上也可采用其他编码方式。

2）初始种群的产生

产生初始种群的方法通常有两种。一种是完全随机的方法产生，如可用掷硬币或用随机数发生器来产生。设要操作的二进制字串总共 p 位，则最多可以有 2^p 种选择，设初始种群取 n 个样本($n \ll 2^p$)。若用掷硬币的方法可这样进行：连续掷 p 次硬币，若出现正面表示1，出现背面表示0，则得到一个 p 位的二进制字串，也即得到一个样本。如此重复 n 次即得到 n 个样本。若用随机数发生器来产生，可在 $0 \sim 2^p$ 之间随机地产生 n 个整数，则该 n 个整数所对应的二进制表示即为要求的 n 个初始样本。

上述随机产生样本的方法适于对问题的解无任何先验知识的情况。对于具有某些先验知识的情况，可首先将这些先验知识转变为必须满足的一组要求，然后在满足这些要求的解中再随机地选取样本。这样选择初始种群可使遗传算法更快地达到最优解。

3）遗传算法的操作

图7.2给出了标准遗传算法的操作流程图。

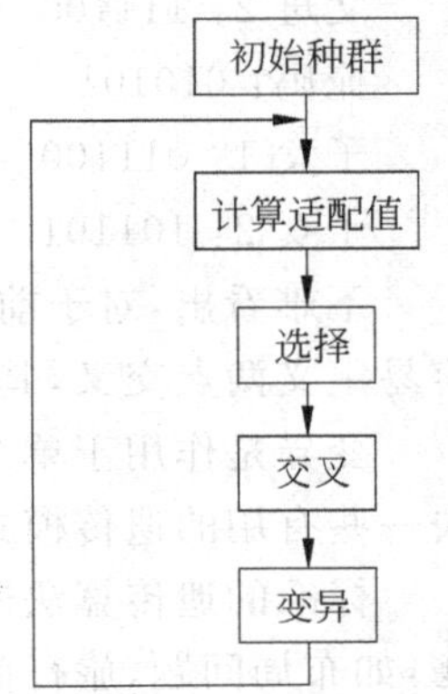

图7.2 标准遗传算法的操作流程图

计算适配值可以看成是遗传算法与优化问题之间的一个接口。遗传算法评价一个解的好坏，不是取决于它的解的结构，而是取决于

相应于该解的适配值。适配值的计算可能很复杂也可能很简单,它完全取决于实际问题本身。对于有些问题,适配值可以通过一个数学解析公式计算出来;而对于有些问题,则可能不存在这样的数学解析式,它可能要通过一系列基于规则的步骤才能求得,或者在某些情况是上述两种方法的结合。当某些限制条件非常重要时,可在设计问题表示时预先排除这些情况,也可以在适配值中对它们赋予特定的罚函数。

选择操作的目的是产生更多的高适配值的个体,它对尽快收敛到优化解具有很大的影响。但是为了到达全局的最优解,必须防止过早的收敛。因此在选择过程中也要尽量保持样本的多样性。前面所介绍的转轮盘的选择方法是选择复制概率正比于目标函数值(这时目标函数值等于适配值),因此也称之为比例选择法或随机选择法,这种方法可使收敛得比较快;但当个体适配值相差很大时,有可能损失样本的多样性而出现过早收敛的问题。针对此问题,提出了另外一种方法,该方法按目标函数值的大小排序,重新计算适配值,再按适配值的大小比例选择复制概率,因此它又称基于排序的选择法。例如,若算得 n 个样本的目标函数值 J_i,并将它们按大小排序:$J_1<J_2<\cdots J_n$,然后按下式计算适配值,即

$$f_i = kr_i/n \quad i = 1,2,\cdots,n$$

式中,r_i 是次序号;k 是用来控制适配值之间差别的常数。若 J_i 表示代价函数,即 J_i 越小性能越好,则可取适配值

$$f_i = k(n - r_i)/n \quad i = 1,2,\cdots,n$$

以上的选取是使适配值按序号数线性变化,若要求按某种非线性关系变化,也可取某适配值为序号数的某种非线性关系,如 $f_i=\exp(kr_i/n)$ 或 $f_i=\exp[k(n-r_i)/n]$。可见,这第二种选择方法是基于目标函数的排序而不是目标函数本身的大小,因而避免了适配值差别太大而导致样本的多样性损失太多。

对于交叉操作,前面介绍了最简单的一种方法即单点交叉,交叉点是随机选取的。此外,也还有其他一些交叉的方法。下面介绍一种掩码交叉的方法。这里掩码是指长度与被操作的个体串相等的二进制位串,其每一位的0或1代表着特殊的含义。若某位为0,则进行交叉的父母串的对应位的值不变,即不进行交换。而当某位为1时,则父母串的对应位进行交换。如下面的例子:

父母1:001111

父母2:111100

掩码:010101

子女1:011100

子女2:101101

不难看出,对于前面描述过的单点交叉操作,相当于掩码为0…01…1;类似地,可以很容易定义两点交叉,其对应的掩码为0…01…10…0。

变异是作用于单个串,它以很小的概率随机地改变一个串位的值,其目的是为了防止丢失一些有用的遗传模式,增加样本的多样性。

标准的遗传算法通常包含上述3个基本操作:选择、交叉和变异。但对于某些优化问题,如布局问题、旅行商问题等,有时还引入附加的反转(Inversion)操作。它也作用于单个串,在串中随机地选择两个点,然后将这两个点之间子串加以反转,如下例:

老串:10 ┇ 1100 ┇ 11101

新串：10┆0011┆11101

4）遗传算法中的参数选择

在具体实现遗传算法的过程中，尚有一些参数需要事先选择，它们包括初始种群的大小n、交叉概率p_c、变异概率p_m，有时还包括反转概率p_i。这些参数对遗传算法的性能都有很重要的影响。一般说来，选择较大数目的初始种群可以同时处理更多的解，因而容易找到全局的最优解，其缺点是增加了每次迭代所需要的时间。

交叉概率的选择决定了交叉操作的频率。频率越高，可以越快地收敛到最有希望的最优解区域；但是太高的频率也可能导致过早收敛于一个解。

变异概率通常只取较小的数值，一般为0.001～0.1。若选取高的变异概率，一方面可以增加样本模式的多样性，另一方面可能引起不稳定。但是若选取太小的变异概率，则可能难以找到全局的最优解。

自从遗传算法产生以来，研究人员从未停止过对遗传算法进行改进的探索，下面除介绍一些典型的改进思路外，还重点介绍一种改进的遗传算法。

2. 遗传算法的改进

1）自适应变异

如果双亲的基因非常相近，那么所产生的后代相对于双亲也必然比较接近。这样所期待的性能改善也必然较小。这种现象类似于"近亲繁殖"。所以，群体基因模式的单一性不仅减慢进化历程，而且可能导致进化停滞，过早地收敛于局部的极值解。Darrel Wnitly提出了一种自适应变异的方法：在交叉之前，以海明(Hamming)距离测定双亲基因码的差异，根据测定值决定后代的变异概率p_m。若双亲的差异较小，则选取较大的变异概率p_m。通过这种方法，当群体中的个体过于趋于一致时，可以通过变异的增加来提高群体的多样性，也即增强了算法维持全局搜索的能力；反之，当群体已具备较强的多样性时，则减小变异概率，从而不致破坏优良的个体。

2）部分替换法

设P_G为上一代进化到下一代时被替换的个体的比例，则按此比例，部分个体被新的个体所取代，而其余部分的个体则直接进入下一代。P_G越大进化得越快，但算法的稳定性和收敛性将受到影响；而P_G越小算法的稳定性越好，但进化速度将变慢。可见，应该寻求运行速度与稳定性、收敛性之间的协调平衡。

3）优秀个体保护法

这种方法是对于每代中一定数量的最优个体，使之直接进入下一代。这样可以防止优秀个体由于选择、交叉或变异中的偶然因素而被破坏掉。这是增强算法稳定性和收敛性的有效方法。但同时也可能使遗传算法陷入局部的极值范围。

4）移民法

移民算法是为了加速淘汰差的个体以及引入个体多样性的目的而提出的。所需的其他步骤是用交叉产生出的个体替换上一代中适配值低的个体，继而按移民的比例，引入新的外来个体来替换新一代中适配值低的个体。这种方法的主要特点是不断地促进每一代的平均适配值的提高。但由于低适配值的个体很难被保存至下一代，而这些低适配值的个体中也可能包含着一些重要的基因模式块，所以这种方法在引入移民增加个体多样性的同时，由于抛弃低适配值的个体又减少了个体的多样性。所以,这里也需要适当的协调平衡。

5) 分布式遗传算法

该方法将一个总的群体分成若干子群,各子群将具有略微不同的基因模式,它们各自的遗传过程具有相对的独立性和封闭性,因而进化的方向也略有差异,从而保证了搜索的充分性及收敛结果的全局最优性。另外,在各子群之间又以一定的比例定期地进行优良个体的迁移,即每个子群将其中最优的几个个体轮流送到其他子群中,这样做的目的是期望使各子群能共享优良的基因模式以防止某些子群向局部最优方向收敛。

分布式遗传算法模拟了生物进化过程中的基因隔离和基因迁移,即各子群之间既有相关的封闭性,又有必要的交流和沟通。研究表明,在总的种群个数相同的情况下,分布式遗传算法可以得到比单一种群遗传算法更好的效果。不难看出,这里的分布式遗传算法与前面的移民法具有类似的特点。

3. 改进的遗传算法举例

前面介绍了许多关于遗传算法的改进思路,下面具体介绍一个我们提出的改进的遗传算法。它是在两个高低不同的层次上都使用了遗传算法。

1) 生物模型

首先来考察该改进的遗传算法的生物模型。遗传算法是对一个群体进行操作,该群体相当于自然界中的一群人。第一步的选择是以现实世界中的优胜劣汰现象为背景的。第二步的交叉则相当于人类的结婚和生育。第三步的变异则与自然界中偶然发生的变异是一致的,人类偶尔出现的返祖现象便是一种变异。由于包含着对模式的操作,遗传算法不断地产生出更加优良的个体,正如人类不断向前进化一样。

上面分析了标准遗传算法中的几个典型操作均可与生物(尤其是人类)的进化过程相对应。如果再仔细研究遗传算法的操作对象(种群),就会发现它实际上对应的是一群人,而不是整个人类。一群人随着时间的推移而不断地进化,并具备越来越多的优良品质。然而由于他们的生长、演变、环境和原始祖先的局限性,经过相当长一段时间后,他们将逐渐进化到某些特征相对优势的状态(如中国人都是黄皮肤、黑眼睛以及特有的文化和社会传统习惯等),定义这种状态为平衡态。当一个种群进化到这种状态,这个种群的特性便不再有很大的变化。一个标准的遗传算法,从某一初始代开始,并且各项参数都设定(如采用什么样的选择和交叉操作,以及采用多大的交叉概率和变异概率等),也会达到平衡态。此时,结果群体中的优良个体仅包含某些类的优良模式,因为该遗传算法的设置特性(它包括初始种群的特性及遗传参数)使得这些优良模式的各个串位未能得到平等的竞争机会。

现实世界中有许多民族,每个民族都有各自的优缺点。为了能产生出各方面都十分杰出的人,应该使各民族之间定期地大量移民和通婚,这样就可以打破各个民族的平衡态而推动他们达到更高层的平衡态,也即使整个人类向前进化。现实生活中的例子可在生物学家的实验室中找到,他们为了改良动植物的品种,常常采用杂交、嫁接等措施,即是为了这个目的。而在人类中这样的现象却是不多见的。然而,人类历史上连绵不断的种族战争,可以将其看成为改进的遗传算法的一部分现实模型。战争猛烈地打破了民族的平衡态。其结果是征服者赶走了失败者并通过移民占领了原属于被征服者的领土,实现了民族之间的移民和通婚。虽然战争是令人憎恶的,但它却在客观上促进了整个人类的进化。当然,绝不能因此来美化战争，人类完全可以有目的地通过和平的方式来进行各民族的移民和通婚，从而达到人类进化的目的。

2）改进的遗传算法

依照上述的生物模型，可构造以下的改进遗传算法。对于一个问题，首先随机地生成 $N\times n$ 个样本（$N\geqslant 2,n\geqslant 2$）。然后将它们分成 N 个子种群，每个子种群包含 n 个样本。对每个子种群独立运行各自的遗传算法，记它们为 $GA_i(i=1,2,\cdots,N)$。这 N 个遗传算法最好在设置特性方面有较大的差异，这样可以为将来的高层遗传算法产生出更多种类的优良模式。

在每个子种群的遗传算法运行到一定次数后，将 N 个遗传算法的结果种群记录到二维数组 $R[1\cdots N,1\cdots n]$ 中，则 $R[i,j](i\in 1\cdots N,j\in 1\cdots n)$ 表示 GA_i 的结果种群的第 j 个个体。同时，将 N 个结果种群的平均适配值记录到数组 $A[1\cdots N]$ 中，则 $A[i](i\in 1\cdots N)$ 表示 GA_i 的结果种群的平均适配值。

高层遗传算法与普通的遗传算法操作相类似，也分成以下 3 个步骤。

(1) 选择

基于数组 $A[1\cdots N]$，即 N 个遗传算法的平均适配值，对数组 R 进行选择操作，结果一些 $R[p,1\cdots n](1\leqslant p\leqslant N)$ 被选择，而一些 $R[q,1\cdots n](1\leqslant q\leqslant N)$ 被淘汰。也就是说，一些结果种群（GA_p）由于它们的种群平均适配值高而被选择，甚至选择多次；另一些结果种群（GA_q）则可能由于其平均适配值低而被淘汰。

(2) 交叉

如果 $R[\theta,1\cdots n]$ 和 $R[\phi,1\cdots n]$ 被随机地匹配到一起，而且从位置 x 进行交叉（$1\leqslant\theta,\phi\leqslant N,1\leqslant x\leqslant n-1$），则 $R[\theta,x+1\cdots n]$ 和 $R[\phi,x+1\cdots n]$ 互相交换相应的部分。这一步骤相当于交换 GA_θ 和 GA_ϕ 中的结果种群的 $n-x$ 个个体。

(3) 变异

以很小的概率将少量的随机生成的新个体替换 $R[1\cdots N,1\cdots n]$ 中随机抽取的个体。

至此，高层遗传算法的第一轮运行结束。N 个遗传算法 $GA_i(i=1,2,\cdots,N)$ 现在可以从更新后的新的 $R[1\cdots N,1\cdots n]$ 的种群继续各自的操作。

在 N 个 GA_i 再次各自运算到一定次数后，再次更新数组 $R[1\cdots N,1\cdots n]$ 和 $A[1\cdots N]$，并开始高层遗传算法的第二轮运行。如此继续循环操作，直至得到满意的结果。图 7.3 示出了该改进的遗传算法的操作流程图。

根据本章前面所述模式理论，模式在遗传算法中起着十分关键的作用。在改进的遗传算法中，N 个遗传算法中的每一个在经过一段时间后均可以获得位于个体串上一些特定位置的优良模式。通过高层遗传算法的操作，$GA_i(i=1,2,\cdots,N)$ 可以获得包含不同种类的优良模式的新个体，从而为它们提供了更加平等的竞争机会。该改进的遗传算法与并行或分布式遗传算法相比，在上一层上的个体交换是一个突破，它不需要人为地控制应交流什么样的个体，也不需要人为地指定处理器将传送出的个体送往哪一个处理器，或者从哪一个处理器接收个体。这样，改进的遗传算法不但在每个处理器上运行着遗传算法，同时对各处理器不断生成的新种群进行着高一层的遗传算法的运算和控制。

3）试验举例

下面通过一个具体的例子来将该改进的遗传算法与标准算法进行比较。由于遗传算法对问题的依赖性很小，所以为使描述简便起见，这里给出一个函数优化的简单例子。

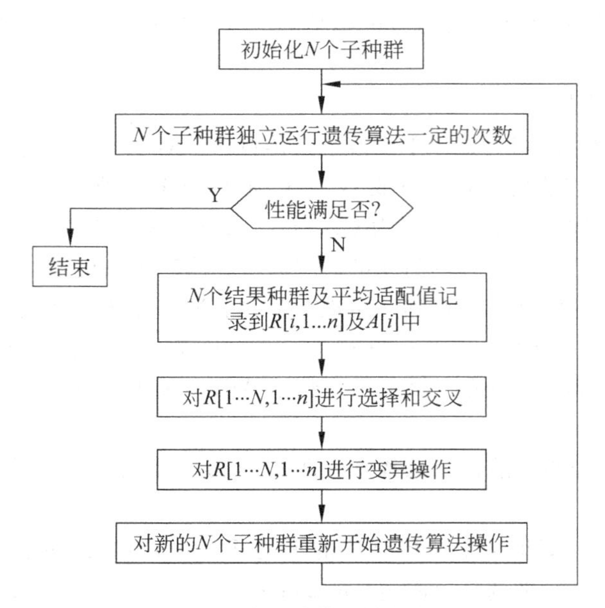

图 7.3 改进的遗传算法的操作流程图

设待求解的问题是找到函数 $y=x^{30}$ ($x\in[0,1]$)的最大值。自变量 x 的作用域被转化成28位的二进制串。$x=0$ 表示为"0000000000000000000000000000",$x=1$ 表示为"1111111111111111111111111111"。被比较的标准遗传算法的初始种群包含100个随机生成的个体,取交叉概率 $p_c=0.3$,变异概率 $p_m=0.005$。

下面将100个个体分为10组,每组各自独立运行遗传算法。它们除了种群大小与被比较的标准遗传算法不同外,p_c 和 p_m 的设置也略有不同。表7.4给出了具体的设置参数,其中SGA表示操作对象为100个个体的标准遗传算法,GA_i($i=1,2,\cdots,10$)表示操作对象均为10个个体的遗传算法。

表 7.4 举例问题的参数设置

	SGA	GA_1	GA_2	GA_3	GA_4	GA_5	GA_6	GA_7	GA_8	GA_9	GA_{10}
p_c	0.3	0.1	0.2	0.3	0.4	0.5	0.6	0.7	0.8	0.3	0.9
p_m	0.005	0.005	0.002	0.005	0.004	0.005	0.006	0.005	0.008	0.005	0.01

10个子种群的遗传算法每运行10次,进行一次高层遗传算法的操作,结果高层遗传算法仅运行2或3次后,这10个遗传算法的结果种群的平均适配值即超出被比较的标准遗传算法的结果平均适配值很多(在相同运算量下的比较)。这种结果一直保持到最后。此改进遗传算法在高层遗传算法的第8次操作后的10个遗传算法运行10次后找到最优解 $x=1$,这相当于9000次计算适配值的计算量。而被比较的标准遗传算法则是在第250代才找到最优解 $x=1$,它相当于25000次计算适配值的计算量。此外,在相同的运算量下,无论从整个结果种群的平均适配值,还是从得到的最优个体的适配值来看,改进的遗传算法始终优于被比较的标准遗传算法。图7.4和图7.5形象地给出了两者比较的结果。其中SGA表示标准遗传算法,MGA表示改进的遗传算法。

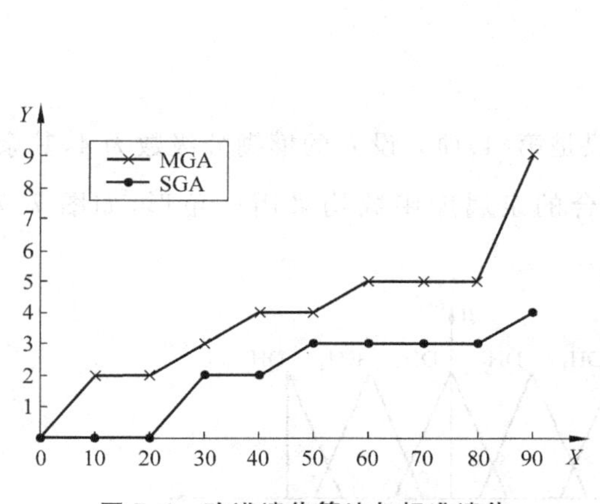

图 7.4　改进遗传算法与标准遗传算法个体适配值的比较

X—标准遗传算法运行的代数；

Y—最优个体适配值在小数点后 9 的个数

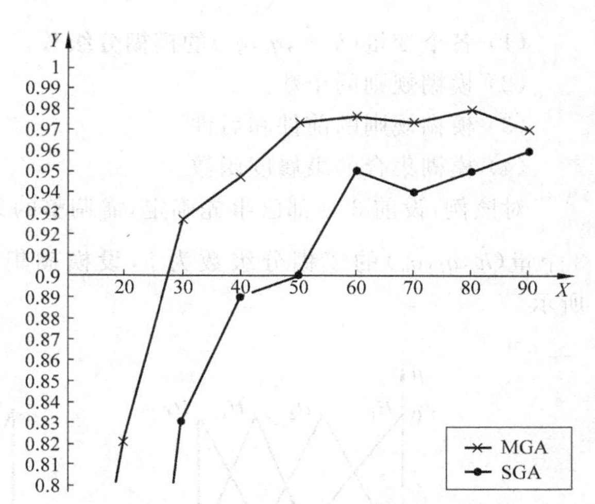

图 7.5　改进的遗传算法与标准的遗传算法平均适配值的比较

X—标准遗传算法运行的代数；

Y—整个种群的平均适配值

7.2.4　遗传算法应用举例

遗传算法由于其对问题的依赖性较小、可以求得全局最优解等特点，吸引了各方面人士的兴趣，并已在许多领域中获得了应用。本节着重介绍它在与智能控制有关的几个方面的应用。

1. 遗传算法在模糊控制中的应用

前面第 2 章详细介绍了模糊控制，该控制方法比较类似于人的控制方式，因此可借鉴操作人员或专家的经验来帮助选择控制器的结构和参数。然而，由于一个模糊控制器所要确定的参数很多，专家的经验只能起到一个指导作用，很难根据它准确地定出各项参数，因而实际上还要靠不断地反复试凑。这实质上是一个寻优的过程。遗传算法可以应用于该寻优过程，较有效地确定出模糊控制器的结构和参数。

利用遗传算法来解决具体应用问题的关键是以下两点：问题表示，即如何将实际问题表示为遗传算法所能处理的形式；确定目标函数，它是计算每个样本适配值的基础。下面通过具体例子来说明这个过程。

1）液位系统的模糊控制

图 7.6 所示为液罐的示意图。问题是要求控制罐内的液面维持在一定的高度 h，控制量有两个：流入的流量 q_i 和流出的流量 q_o，它的最大允许范围为 $0 \sim 200\text{m}^3/\text{s}$，但每次调整只允许改变 $20\text{m}^3/\text{s}$。影响控制量的因素主要有两个：液面高度 h 及高度的变化率 $\dot{h} = \text{d}h/\text{d}t$。

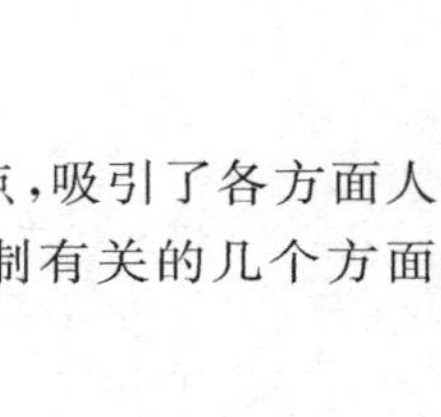

图 7.6　液罐示意图

对于该问题，若采用模糊控制的方法，需要确定以下几方面的参数。

(1) 各个变量($h,\dot{h},q_i,q_o$)的模糊分级数。

(2) 模糊规则的个数。

(3) 模糊规则的前件和后件。

(4) 模糊集合的隶属度函数。

对该例,设前3项都已事先确定,需调整的只是第(4)项。设 h 的模糊分级数为4,其余3个量($\dot{h},q_i,q_o$)的模糊分级数为5,设模糊集合的隶属度函数均采用三角形,如图7.7所示。

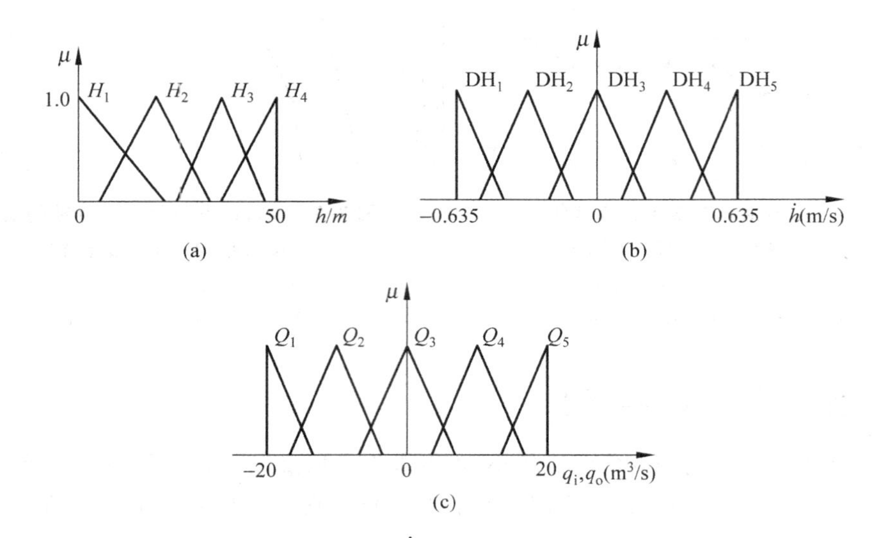

图7.7 描述 h、$\dot{h}$、q_i 和 q_o 的隶属度函数

设两端的隶属度函数均为直角三角形,每个隶属度函数只有一个参数(斜边与横轴交点)需要调整。中间的隶属度函数均为等腰三角形,每个隶属度函数有两个参数(与横轴的两个交点)需要调整。这样 h 的隶属度函数有6个参数,$\dot{h}$ 的隶属度函数有8个参数,设 q_i 和 q_o 的隶属度函数形状完全一样,所以它们的隶属度函数也是8个参数。这样总共需要调整的参数为22个。若每个参数均用6位二进制数表示,则每个样本可用一个132位的二进制字符串来表示。

上面描述了问题的表示,即将待寻优的参数表示为一个长的二进制位串。第二个关键问题是如何定义目标函数。在该例中,目标函数定义为

$$J=\sum_{i=1}^{4}\sum_{j=0}^{20}(25-h_{ij})^2$$

式中,$h=25$ 是期望的高度;h_{ij} 表示对于第 i 次仿真情况的第 jT 时刻实际液面高度。这里采用周期 T 取为1s,4种仿真情况分别如下。

(1) $h(0)=0$, $\dot{h}(0)=0.6366$。

(2) $h(0)=50$, $\dot{h}(0)=-0.6366$。

(3) $h(0)=10$, $\dot{h}(0)=-0.3183$。

(4) $h(0)=40$, $\dot{h}(0)=0.3183$。

仿真计算时，控制对象的计算模型为

$$h(k+1)=h(k)+\frac{q_i-q_o}{S}T$$

式中 S 为液罐的横截面积。对于模糊控制器，其模糊规则具有以下的形式

R_j：若 h 是 H_j and $\dot{h}$ 是 DH_j，则 q_i 是 Q_j^i and q_o 是 Q_j^o　$j=1,2,\cdots,N$。

对于该例，$N=20$。因此对于每一个样本(132位的字串)，就相当于给定了所有的隶属度函数的形状。从而可对相应于该组参数的系统进行仿真计算。

在用遗传算法进行寻优计算时，样本大小取为500，取交叉概率 $p_c=0.8$，变异概率 $p_m=0.01$，最大计算到第80代。经遗传算法求得的参数所组成的模糊控制器取得了满意的控制效果。图7.8显示两种初始条件下的仿真结果，从图中可以看出，用遗传算法设计的模糊控制器(GA-FLC)的性能优于常规设计的模糊控制器(常规FLC)，且所设初始条件并不是计算目标函数时所用到的情况。

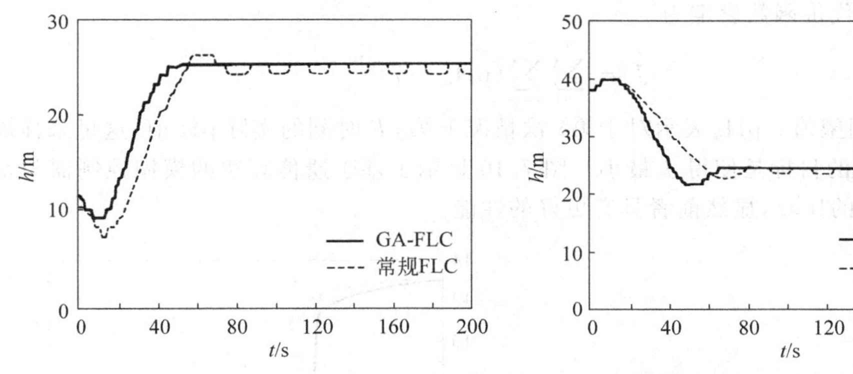

图7.8 基于遗传算法的模糊控制器与常规模糊控制器性能的比较

2) pH值控制

由于上面的例子问题比较简单，容易建立模糊控制规则，一般情况下，也可以利用遗传算法来帮助设计模糊控制规则库，这里以pH值控制为例加以说明。

在该例中，首先设定语言变量值的隶属度函数，然后利用遗传算法来设计模糊规则，最后固定这些模糊规则，再用遗传算法来调整隶属度函数。

该pH值控制问题类似于上面的液位控制系统。具体装置仍为如图7.6所示的圆柱形罐，这里需要控制的不是其中的液面高度，而是其中溶液的pH值。该容器有两个输入口，一个输入基本的溶液，另一个输入酸性溶液。控制的目标是通过调整两个入口阀门，以使得容器中的溶液为中性(pH=7)。当pH值控制到设定点时将两个入口阀门均关闭，以维持容器内的pH值为定值。

该模糊控制器有4个输入量：溶液的pH值、pH值随时间的变化率以及两个入口阀门的当前位置，每个输入变量用3个模糊集合来表示。模糊控制器有两个输出量：两个入口流量阀门的位置，这两个控制变量总共用7个模糊集合来表示。

该模糊控制器最多可以有81条规则。也就是说，这些规则的前件是控制器输入变量的所有可能的组合，但对设计者来说，要准确地定出所有规则的后件是比较困难的。当然，对于某些极限情况是很容易写出规则后件的，如若pH值很低且注入酸性溶液的阀门设置为

全开以及注入基本溶液的阀门设置为全关闭，则应停止注入酸性溶液并启动注入基本溶液。但在很多情况下设计者很难确定合适的后件，这时可应用遗传算法来帮助确定。

由于模糊规则的后件共有7种可能的选择，因此可用一个3位二进制串来表示。如果81条规则的后件都要求确定，则可用一个243位长的字串来表示任何一个可能的模糊规则库。若排除掉那些可以明显确定的规则外，在该例中实际上只有16条规则的后件需要确定，也即总共的字串长度为48位。

在利用遗传算法确定规则库后，剩下的问题是进一步调整隶属度函数。该例中共有4个变量：pH值、pH值变化率及两个入口阀门的位置，每个变量用如图7.9所示的3个模糊集合来表示。设隶属度函数为对称分布的三角形，则每个变量的隶属度函数只需2个参数来表示，总共需8个参数。若每个参数用一个6位二进制位串来编码，则总长为48位的字串可用来完整地描述隶属度参数。从而可再利用遗传算法来确定出这些参数。

该例的控制目标是驱动系统到设定点：pH=7，其余3个变量均为0，其后维持系统在该设定点。为此代价函数设定为

$$J=\sum_{i=1}^{2}\sum_{j=0}^{50}(\mathrm{pH}_{ij}-7)^2$$

其中pH=7是期望值。pH_{ij}表示对于第i次情况下第jT时刻的实际pH值，这里采样周期T取为1s。优化的目标是使得J最小。图7.10显示了基于遗传算法的模糊控制器与常规模糊控制器性能的比较，显然前者具有更好的性能。

图7.9 对称的三角形隶属度函数

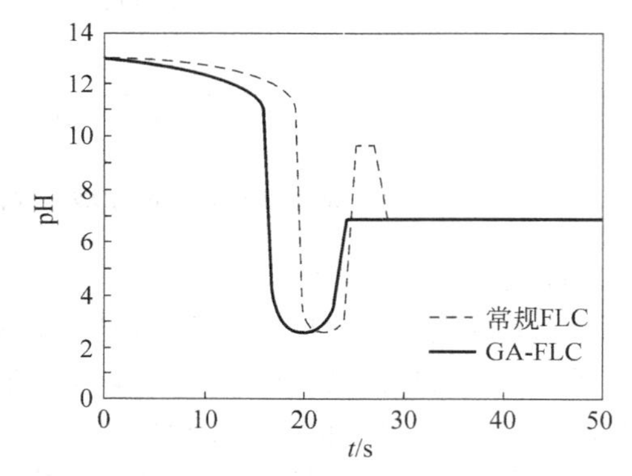

图7.10 基于遗传算法的模糊控制器与常规模糊控制器性能的比较

2. 遗传算法在神经网络控制中的应用

在神经网络用于系统建模和控制时，它要利用神经网络的函数估计及分类功能。设计神经网络的关键是如何确定神经网络的结构及连接权系数。它实质上也是一个优化问题，其优化的目标是使得所设计的神经网络具有尽可能好的函数估计及分类功能。对于应用最为广泛的BP网络，网络的结构(网络层数和隐层的结点数)主要靠经验和试凑来确定，而连接权系数则通过BP学习算法来确定。BP学习算法本质上是一种梯度寻优方法，因而容易陷入局部极值，它取决于初始权值的选择。这是BP学习算法的一个主要缺点。

前面介绍了遗传算法可用于优化计算，因而它也可用于神经网络的设计，这里以多层前馈网为例来说明。遗传算法与神经网络的结合可在不同的层次进行。低层的结合是若神经

网络的结构已定,利用遗传算法来确定连接权系数,高层的结合是利用遗传算法来设计神经网络的结构。完全的应用则是上述两者的结合。下面介绍一个用遗传算法来确定神经网络控制器的例子。在该例中,遗传算法主要用来确定连接权系数。

1) 改进的遗传算法

前面介绍的最基本的遗传算法虽具有实现简单及鲁棒性好的特点,但是它也有以下几方面的局限性。第一,当问题的规模很大时,遗传算法的性能将变差;第二,当样本串中缺乏重要的特征基因时,遗传算法可能出现过早收敛而不能达到最优解。其原因是遗传算法过分依赖于交叉的步骤,而变异概率通常比较小,不足以跳出局部的搜索空间,当样本比较小时更容易出现这样的情况。为了避免这种情况的发生,前面给出了几种改进遗传算法的思路。本例采取了适配值修正和变异概率修正的改进措施。

适配值采用以下的方法来进行修正。设 f 为按通常方法算得的适配值,$\bar{f}$ 为平均的适配值,则修正的适配值取为

$$f' = \begin{cases} k\bar{f} & f \geqslant k\bar{f} \\ f & f < k\bar{f} \end{cases}$$

这里 $k>1$。该修正的作用在于降低那些适配值太大的串的影响,以防过早地收敛。或者说它的作用是减慢收敛速度而扩大搜索空间。按照模式理论,随着遗传算法的逐代演化,平均适配值将越来越大,问题将逐渐朝着优化的方向发展。

变异概率采用以下方法进行修正

$$p_{\mathrm{m}}(i+1) = \begin{cases} p_{\mathrm{mh}} & \text{当连续 } N \text{ 代的最高适配值均相同} \\ p_{\mathrm{m}}(i) & \text{当 } k_1 p_{\mathrm{m}}(i) \leqslant p_{\mathrm{ml}} \\ k_1 p_{\mathrm{m}}(i) & \text{其他} \end{cases}$$

式中,i 表示遗传算法演化的代数;p_{mh} 和 p_{ml} 表示变异概率的高限和低限;k_1 是小于 1 的常数。上面的修正方法可以使得当出现过早收敛时自动加大变异概率,以便扩大搜索空间。同时在每次迭代演化时保留最好的样本,以防止由于较高的变异概率而破坏获得的最好结果。根据经验,通常取

$$p_{\mathrm{mh}} \in [0.5,1], \quad p_{\mathrm{ml}} \in [0,0.1], \quad k \in [1,10], \quad k_1 \in [0.8,1], \quad N \in [1,100]$$

若将上述改进的遗传算法(MGA)应用于多层前馈神经网络的连接权参数的确定,这些参数可以如前面介绍的那样采用二进制编码,也可以为了减小串的长度而直接用十进制数来表示。对于用十进制来表示的字串,变异操作则采用对一个数位附加一个随机数的方法来实现。

2) 倒立摆的神经网络控制

设控制对象为如图 7.11 所示的单倒立摆系统。其动力学方程为

$$\ddot{\theta} = \frac{(M+m)g\sin\theta - \cos\theta[u + ml\dot{\theta}^2\sin\theta]}{(4/3)(M+m)l - ml(\cos\theta)^2}$$

$$\ddot{x} = \frac{u + ml[\dot{\theta}^2\sin\theta - \ddot{\theta}\cos\theta]}{M+m}$$

式中,$M=1.0\mathrm{kg}$ 是小车的质量;$m=0.1\mathrm{kg}$ 是杆的质量;$l=0.5\mathrm{m}$ 是杆的一半长度;θ 是摆角;x 是小车偏离中心位置的距离。

控制系统采用如图 7.12 所示的结构。其中 NNC 表示神经网络控制器,该控制器的输入为 4 个量即 θ、$\dot{\theta}$、x、$\dot{x}$,输出为控制量 u。设控制器采用多层前馈网络来实现。这里由于不能获得期望的控制输出,因此不能直接应用 BP 学习算法。从而本例中采用上面给出的 MGA 来帮助确定神经网络的连接权。

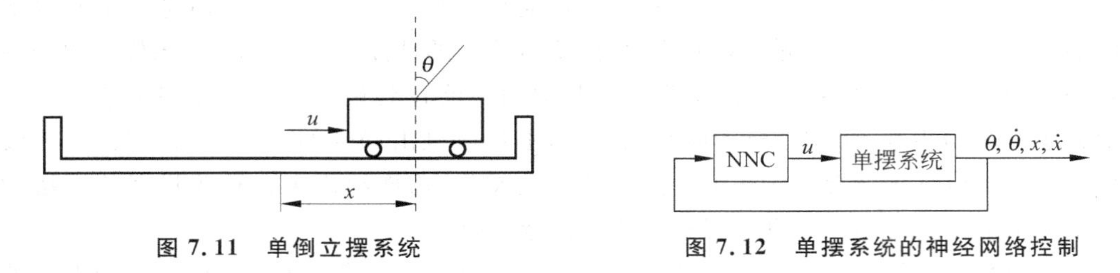

图 7.11　单倒立摆系统　　　图 7.12　单摆系统的神经网络控制

此处的神经网络采用 3 层的前馈网络,其输入层有 4 个结点,它们分别对应于 4 个输入:θ、$\dot{\theta}$、x、$\dot{x}$,输出层一个结点,对应于控制量 u,隐层设有 10 个结点。隐层结点的非线性激发函数采用

$$f_1(x)=\frac{2}{1+\mathrm{e}^{-x}}-1$$

输出层结点的激发函数为

$$f_2(x)=10\left(\frac{2}{1+\mathrm{e}^{-x}}-1\right)$$

以使得输出量能在 $-10N\sim+10N$ 之间连续变化。

这里将所有的连接权及阈值参数均采用十进制编码,每个参数均在 $-10\sim10$ 之间变化。网络的样本取为 100,MGA 的其他参数取为:$p_c=0.8$,$p_{mh}=0.5$,$p_{ml}=0.03$,$N=5$,$k=2.5$,$k_1=0.9$。

该网络的适配值取为该倒立摆系统能够处于正常运行状态的仿真时间。所谓正常运行是指摆角 $\theta\leqslant\pm15°$。

利用上述 MGA,当迭代演化到第 200 代时,所获得的神经网络控制器可以使系统正常运行 100000 时间拍而不出现失败的情况。从而获得了一个较好的神经网络控制器。

3) 机器人控制

设控制对象为如图 7.13 所示的单臂机械手系统,其动力学方程为

$$\tau=\frac{ml^2}{3}\ddot{\theta}+\frac{mgl}{2}\cos\theta$$

式中,$m=10\mathrm{kg}$ 为杆的重量;$l=1.0\mathrm{m}$ 是杆的长度;τ 是控制力矩;g 是重力加速度;θ 是关节角。

控制系统采用如图 7.14 所示的结构。其中 NNC 表示神经网络控制器。该控制器的输入量为两个:$\tilde{\theta}=\theta_d-\theta$ 和 $\dot{\tilde{\theta}}=\dot{\theta}_d-\dot{\theta}$,输出为控制量 τ。

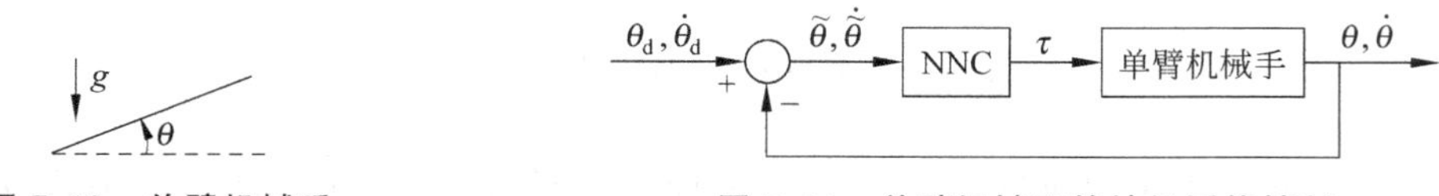

图 7.13　单臂机械手　　　图 7.14　单臂机械手的神经网络控制

此处的神经网络采用 3 层前馈网，其输入层有 2 个结点，分别对应于两个输入：$\tilde{\theta}$ 和 $\dot{\tilde{\theta}}$，输出层有 1 个结点，对应于控制量 τ，隐层设有 4 个结点。

该网络的适配值取为

$$f=\frac{1}{\int_0^1(\tilde{\theta}^2+\dot{\tilde{\theta}}^2)\mathrm{d}t}$$

期望的运动轨迹取为

$$\theta_{\mathrm{d}}(t)=6t^5-15t^4+10t^3-\pi/2 \quad t\in[0,1]$$

它满足初始及终了速度均为 0 的约束条件。

同样利用上面的 MGA 来训练该神经网络，所有的参数设置均与前面倒立摆系统的例子相同。图 7.15 显示了所设计的神经网络控制器的仿真结果，其中所有误差的初始条件均取为 0。从图中可见，该神经网络控制器具有满意的控制性能。

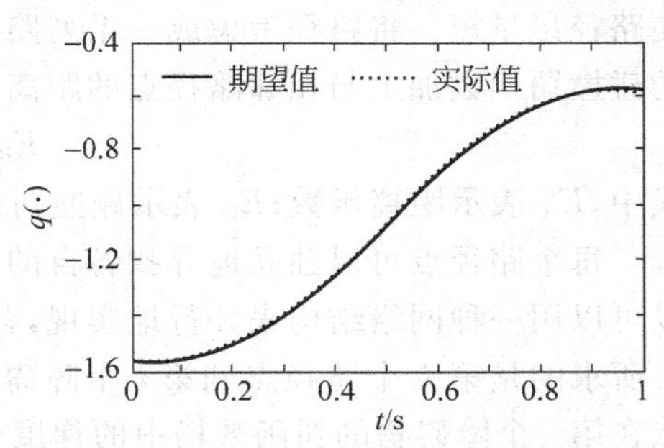

图 7.15 单臂机械手系统仿真结果

在用遗传算法训练多层前馈神经网络时，有时会碰到结构冗余性问题，即存在许多功能等效而结构不同的网络。也就是说，对于一组最优的连接权和阈值参数，它们可能以不同的次序出现在许多不同的网络结构中。理论上对于一个有 N 个隐层结点的多层前馈网，则对于一个特定的映射总共有 $2^N N!$ 个冗余网络。因此有可能出现这样的情况：两个性能良好的父母样本经交叉操作后，可能产生两个很差的子女样本。因此若能在每次进行交叉操作之前，先进行再排序，则可避免这样的情况发生，从而进一步改善遗传算法的性能。

采用遗传算法有可能获得全局的最优点，这是它的最大优点，但是由于受编码字长的限制，它的分辨率往往不高。因此在用它训练多层前馈神经网络时，可以将它与常规的 BP 学习算法相结合，利用遗传算法获得大致的全局最优点，再由 BP 学习算法对其进行精心的调整。

前面只是介绍了利用遗传算法来选择神经网络参数。同样可以利用遗传算法来帮助确定神经网络的拓扑结构，这里将不再对此作详细讨论。

3. 用遗传算法进行路径规划

无碰撞路径规划问题就是寻找一条从起点到终点的能够避开障碍物的最短路径。在结构化的空间中可采用第 3 章所介绍的以下一种算法：将路径考虑成一系列的路径点，用人工势场法进行规划，用网络结构并行实现。在实时性方面，这种算法具有很大的优势。然而，这种算法对于全局最优解的寻找却无能为力。因此可引入遗传算法来帮助寻找全局的最优解。以往也有一些方法引入遗传算法进行路径规划，这些方法是将规划空间离散化，然后进行编码，按照常规的遗传算法进行寻优。这种方法对于非常大的规划空间，要么以粗粒度离散化，使寻优结果不够精确；要么以细粒度离散化，但计算量大大增加。下面介绍的算法则是直接对连续的规划空间进行寻优，同时在将遗传算法引入并行路径规划算法时，考虑了不降低原算法的并行程度，并使算法的实现尽量简单，寻优的效率较高。

1）基于网络结构的并行路径规划算法

本算法的基本思想是构造规划空间的势函数，然后利用一阶梯度寻优来求得无碰撞的极短路径。势函数由碰撞罚函数和路径距离函数两部分组成。规划空间中每个点的罚函数是点到障碍物的距离的函数，此函数可表示为

$$E_{\mathrm{C}} = \frac{1}{1+\mathrm{e}^{-D/T}}$$

式中，D 表示规划空间中点到障碍物的距离；T 表示温度，是罚函数形状的一个重要参数。当温度高时，罚函数比较平缓；当温度低时，罚函数比较陡峭。根据这个特性，一般在开始时选择较高的温度以使路径尽快地避开障碍物，然后逐渐降低温度，使路径紧贴障碍物，从而使路径尽量短。将路径考虑成一系列路径点的连线，每个路径点的势函数由该点到障碍物的碰撞罚函数加上与相邻路径点的距离函数所构成，即

$$E_{\mathrm{R}} = E_{\mathrm{A}} + \beta E_{\mathrm{C}}$$

式中，E_{A} 表示距离函数；E_{C} 表示碰撞罚函数；β 是加权系数。

每个路径点可以独立地寻找各自的最低势能位置。由于路径点之间的相互独立性，所以可以用一种网络结构来并行地实现，各个路径点寻优使用人工势场法。算法为3层，最低层所求的是第 k 个路径点到第 i 个障碍物的第 j 条边的距离；中间层所求的是第 k 个路径点在第 i 个障碍物的罚函数场中的梯度值；最上层计算出每个路径点在规划空间中势能函数的梯度，这一层包括罚函数梯度和距离函数梯度两部分的计算。

经过上述3个层次的计算，可以得到各个路径点在势场中的梯度值，沿负梯度方向以一定的步长移动路径点，最终可得到一个躲避了障碍物的局部极值解。

2）用遗传算法进行路径规划

上述路径规则方法只能获得局部最优解，为此引入遗传算法以获得全局的最优解，下面具体介绍如何应用遗传算法来解决路径规划中的局部极值问题。

(1) 初始路径集的产生。利用前面所介绍的基于网络结构的并行路径规划算法，由不同的初始路径点序列产生一系列的路径。初始路径点是这样选择的：第一条路径的初始路径点序列选择从起点到终点所连的直线上的均匀分布的点列作为初始路径点序列。其他路径的初始路径点序列选择规划空间内随机分布的路径点集作为初始路径点序列。用基于网络结构并行路径规划算法使初始路径点序列收敛为不同的避障路径，由此产生一组路径集。

令PPP(Parallel Path Planning)代表前面所介绍的并行路径规划算法，r_i^1 表示第一代第 i 个初始路径点序列集，即

$$r_i^1 = \{(\bar{x}_{i1}^1, \bar{y}_{i1}^1), (\bar{x}_{i2}^1, \bar{y}_{i2}^1), \cdots, (\bar{x}_{in}^1, \bar{y}_{in}^1)\}$$

R_i^1 表示第一代第 i 条避障路径，即

$$R_i^1 = \{(x_{i1}^1, y_{i1}^1), (x_{i2}^1, y_{i2}^1), \cdots, (x_{in}^1, y_{in}^1)\}$$

从而有 r_i^1 和 R_i^1 的关系为

$$r_i^1 \overset{\mathrm{PPP}}{\Longrightarrow} R_i^1 \quad i = 1,2,\cdots,N$$

令 $\psi^1 = \{R_1^1, R_2^1, \cdots, R_N^1\}$ 表示第一代路径集。

(2) 计算路径集中每一条路径的长度

$$L_i^1 = \| R_i^1 \| = \sum_{j=1}^{n-1} \sqrt{(x_{i(j+1)}^1 - x_{ij}^1)^2 + (y_{i(j+1)}^1 - y_{ij}^1)^2} \quad i = 1,2,\cdots,N$$

再计算这组路径中的最短路径，即

$$L_{\min}^1 = \min_{i=1}^{N}(L_i^1)$$

(3) 对初始路径点序列进行选择操作。具体步骤为：首先根据路径长度确定各条路径的适配值，这里取

$$f_i^1 = 1/L_i^1$$

其次根据适配值按概率

$$p_i^j = f_i^1 / \sum_{j=1}^{N} f_j^1$$

选择复制出 $2m$ 条路径，这里 $2m<N$。

(4) 对选择后的路径进行交叉重组操作。交叉重组操作是将交叉区中两个路径进行部分互换产生两个新的初始路径点序列，然后用势场法使新的序列收敛成避障路径并计算其长度。路径相匹配的方法是对交叉区中的路径根据路径间距离按概率相配对。具体方法为，首先在交叉区中任选一条路径，设为 $R_{i_0}^1$，求出它与交叉区中别的路径的距离

$$D_{i_0 i}^1 = \sum_{j=1}^{n} \sqrt{(x_{i_0 j}^1 - x_{ij}^1)^2 + (y_{i_0 j}^1 - y_{ij}^1)^2} \quad i = 1,2,\cdots,N$$

则第 i 条路径被选中的概率为

$$q_{i_0 i}^1 = D_{i_0 i}^1 \Big/ \sum_{j=1}^{N} D_{i_0 j}^1$$

可以看出，当两条路径的距离较远时，它们进行交叉重组的可能性便较大。这样做的目的主要是为了扩大搜索空间，避免过早收敛。

在完成了一条路径的匹配操作后，对交叉区中的剩余路径进行与上面类似的匹配操作，最后得到 m 对路径。在完成了全部匹配过程后，随机产生 m 个小于 n(n 为路径中路径点的个数)的随机正整数，然后将这 m 对路径以这些随机正整数为交叉点进行交叉重组，这样就可以得到 $2m$ 个路径点序列 $r_k^2(k=1,2,\cdots,2m)$。对这 $2m$ 个路径点序列运用势场法，从而得到 $2m$ 个新路径 $\bar{R}_k^2$ 即

$$r_k^2 \overset{\text{PPP}}{\Longrightarrow} \bar{R}_k^2 \quad k = 1,2,\cdots,m$$

(5) 交叉重组之后获得 $2m$ 条新的路径，再将上一代中路径较短的 $N-2m$ 条路径直接传至下一代，即获得新的一代 N 条路径集。具体步骤为：设 $R_{i_j}^1\ (j=1,2,\cdots,N-2m)$ 为 $\psi^1=\{R_1^1,R_2^1,\cdots,R_N^1\}$ 中较短的 $N-2m$ 条路径，则

$$\psi^2 = \{R_1^2,R_2^2,\cdots,R_N^2\} = \{R_{i_1}^1,R_{i_2}^1,\cdots,R_{i_{N-2m}}^1,\bar{R}_1^2,\bar{R}_2^2,\cdots,\bar{R}_{2m}^2\}$$

对新一代的路径集重复(2)～(5)步的操作，直至最短路径符合要求或连续几代最短路径不再改变。

为了更好地寻找全局最短路径，在算法中也可小概率引入"变异"和"移民"。在本算法中，变异的实现是将路径点序列中的某几个点移动至规划空间内随机的位置上，然后用人工势场法来进行规划。"变异"的结果，可能仍收敛到原来的路径上，也可能成功地产生新的路径。在本算法中，"移民"就是将随机产生的路径点序列作为初始路径点序列，用人工势场法产生的路径加入到路径集中进行选择和交叉重组。

3) 仿真结果

下面给出初始路径集中路径的数目为6时的仿真结果。

初始路径点序列分两种情况：其中一条为起点到终点所连直线上均匀分布的点列，其余的路径点序列是随机分布的。6个路径点序列设为：$r_k^1(k=1,2,\cdots,6)$。由初始路径点序列可收敛成初始路径，设为$R_k^1(k=1,2,\cdots,6)$。图7.16和图7.17表示了其中的R_2^1和R_4^1两条路径。

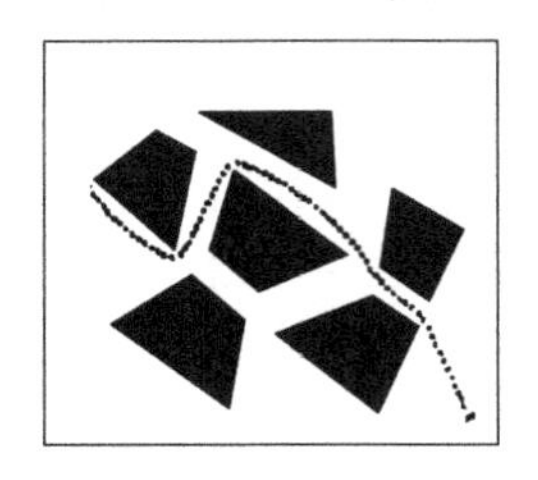

图7.16 初始路径 R_2^1

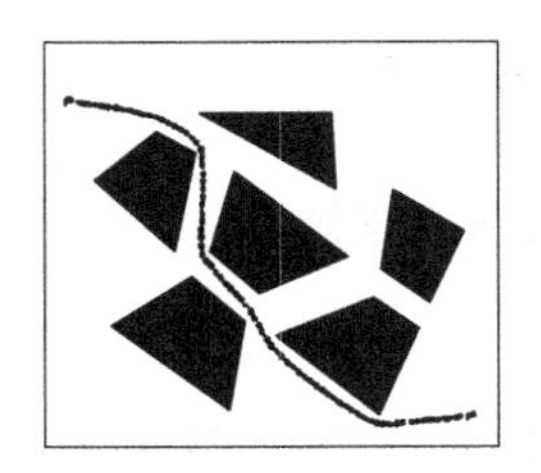

图7.17 初始路径 R_4^1

至此，求得了第一代路径集：$\psi^1=\{R_1^1,R_2^1,R_3^1,R_4^1,R_5^1,R_6^1\}$。计算各条路径长度，其结果如表7.5所示。进而求得$L_{\min}^1=739.66$。然后选择匹配，这里R_2^1与R_4^1、R_1^1与R_5^1相匹配，对它们进行交叉重组后得路径点序列r_1^2,r_2^2,r_3^2和r_4^2。图7.18和图7.19表示了其中的两条路径：r_1^2和r_2^2。该路径点序列运用势场法得到4条新路径，即$r_k^2\overset{\text{PPP}}{\Longrightarrow}\overline{R}_k^2,k=1,2,3,4$。图7.20和图7.21表示了其中的两条：$\overline{R}_1^2$和$\overline{R}_2^2$。

表7.5 第一代路径集及其交叉重组后的各种径长度

R_1^1	R_2^1	R_3^1	R_4^1	R_5^1	R_6^1	$\overline{R}_1^2$	$\overline{R}_2^2$	$\overline{R}_3^2$	$\overline{R}_4^2$
795.28	851.44	739.66	773.34	911.51	761.70	703.26	738.89	738.89	703.31

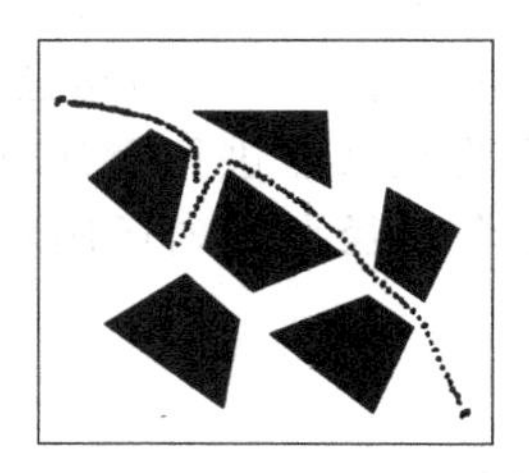

图7.18 R_2^1与R_4^1交叉重组后得到的一个新路径点序列r_1^2

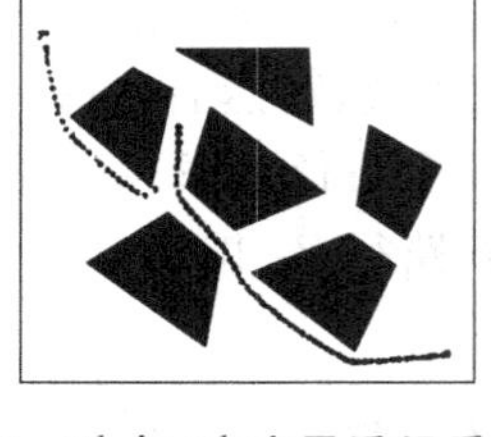

图7.19 R_2^1与R_4^1交叉重组后得到的另一个新路径点序列r_2^2

图7.20 r_1^2经用势场法后得到的新路径$\overline{R}_1^2$

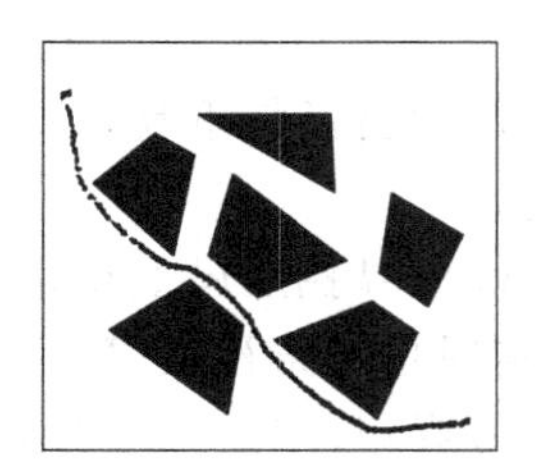

图7.21 r_2^2经用势场法后得到的新路径$\overline{R}_2^2$

至此，可以得到第二代路径集

$$\psi^2=\{R_1^2,R_2^2,R_3^2,R_4^2,R_5^2,R_6^2\}=\{R_3^1,R_6^1,\bar{R}_1^2,\bar{R}_2^2,\bar{R}_3^2,\bar{R}_4^2\},$$

并由表7.5可得$L_{\min}^2=703.26$。

将ψ^1和ψ^2相比较可得，其最短长度由739.66变为703.26，平均长度由805.49变为730.85，这正是优胜劣汰机制的引入所导致的结果。由选择和交叉重组不断地产生新路径，由于在该算法中直接保护了上一代的最短路径，因而确保了最短路径的长度是一个非增的序列。“变异”和“移民”的产生概率较小，这里就不列举了。

以上是进行一次交叉重组后的情况。对于该例实际上已找到的最短路径。一般情况下，也许要进行多次交叉重组，如果连续几次的结果没有改变，则认为寻优结束；否则，每经过一次迭代，其结果都有所改进，因而也能很快找到最优解。

7.2.5 遗传算法中的联结关系

通常的遗传算法适用于：问题规模不大，变量数一般为几个、十几个或几十个；离线和非实时，问题求解允许足够长的时间；问题不复杂。一句话，通常的遗传算法很难求解大规模的复杂问题。对于这类问题，随着问题规模的增大，遗传算法需要指数级的计算量和指数级的群体规模。

前面介绍了遗传算法的模式理论，它是遗传算法寻优的理论基础。但随着人们对遗传算法的深入认识，模式理论的局限性也逐渐显现。遗传算法通过染色体编码表示一个解向量，问题变量对应于染色体中的基因。根据模式理论，选择操作使适应值高的模式呈指数级增长，而交叉操作和变异操作则对模式有破坏作用。交叉操作的破坏作用与问题的结构及编码方式有非常直接的关系。为此需要研究问题的结构对算法性能的影响。很多大规模复杂问题难以求解的一个主要问题就是变量之间的联结关系。

变量之间的联结关系是问题的本质属性，它决定了遗传算法求解问题的难度。遗传算法中的联结关系是目前遗传算法理论研究的热点和难点问题，它也是下面要介绍的内容。这部分内容主要取自周树德的博士论文。

考虑两个变量x和y，如果x的赋值对函数值f的影响与y的赋值有关系，则称x和y之间存在联结关系。例如，$f_1(x,y)=x+y$，x和y之间无联结关系，这时x和y可分别进行优化；若$f_2(x,y)=xy$，则x和y之间存在联结关系，这时必须同时考虑x和y两个变量进行优化。

1. 遗传算法与联结学习

联结关系的复杂程度直接影响问题的求解难度。在遗传算法中，传统的交叉操作并没有考虑联结关系，因而使性能受到影响。如果在遗传算法编码中，具有联结关系的变量基因位置比较靠近，称为紧致编码，那么遗传算法就很容易求得问题的最优解。如果具有联结关系的变量基因位置很分散，称为松散编码，那么交叉操作则很容易造成基因流失和早熟收敛。图7.22表示了单点交叉与基因位置的关系。由图中可以看出，当紧致编码时，交叉操作后很容易保持原来的基因组特性；当松散编码时，交叉操作将以很大的概率破坏掉原来的基因组特性。

下面举例说明编码方式对遗传算法性能的影响。该例采用3阶欺骗问题作为测试问

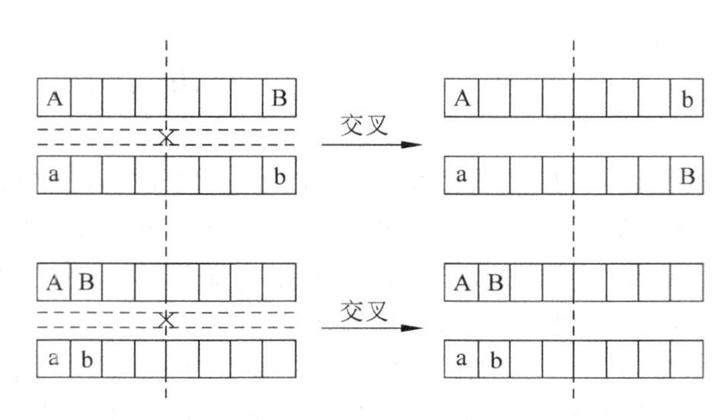

图 7.22 编码方式对交叉操作的影响

题,维数为30,由10个3阶欺骗问题相加组成,每个变量的取值为0或1。设其中一个3阶欺骗问题为

$$f_{\text{deceptive}}^{3}(x_i,x_j,x_k)=\begin{cases}0.9, & x_i+x_j+x_k=0\\ 0.8, & x_i+x_j+x_k=1\\ 0.0, & x_i+x_j+x_k=2\\ 1.0, & x_i+x_j+x_k=3\end{cases}$$

假定变量的分布是随机的,例如

$$f(x)=f_{\text{deceptive}}^{3}(x_0,x_3,x_{10})+f_{\text{deceptive}}^{3}(x_{25},x_6,x_{11})+f_{\text{deceptive}}^{3}(x_5,x_8,x_{20})+\cdots$$

如果不知道 f 的问题结构,很难求得最优解,它往往收敛到局部极值解000…000,显然该问题的全局极值解应为111…111。

对上面的寻优问题分别采用紧致编码、松散编码和随机编码3种编码方式,最后求得如图7.23所示的优化结果。

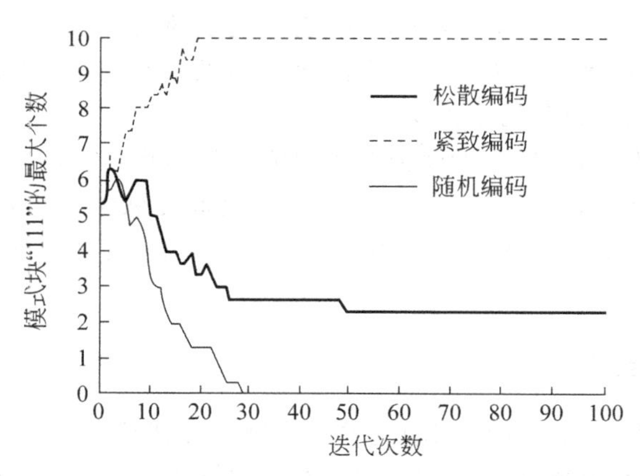

图 7.23 遗传算法编码方式对解决3阶欺骗问题性能的影响

由图7.23看见,遗传算法在解决3阶欺骗时非常依赖于编码方式。这是由于紧致编码使得低阶的模式块容易通过交叉操作构成高阶的模式块,而松散编码使得交叉操作很容易破坏掉有用的模式块。

可见,遗传算法的编码方式对算法的性能有着很重要的影响。对于一些简单问题,遗传算法可以搜索到较好的解,但对于一些复杂问题,必须利用问题结构的先验知识才能有效地对问题求解。

一般情况下,具有联结关系的变量越多,问题的最优解越难找到。具有联结关系的变量集合称为联结集合或联结块。对于联结块 S,当且仅当不存在变量 $x_i \notin S$ 使 $S \cup \{x_i\}$ 仍是联结块时,称 S 为最大联结块。如果问题至多有 k 个变量相互关联,k 称为问题的阶数,并称问题的联结集合是 k 阶限定的。例如,若 $f(x_3, x_2, x_1, x_0) = x_3x_2 + x_2x_1 + x_0 + x_1$,则 $\{x_3, x_2\}$,$\{x_2, x_1\}$,$\{x_0\}$是联结块,且都是最大联结块,该问题的阶数为 2,并称问题是 2 阶限定的。注意这里$\{x_3, x_2\}$和$\{x_2, x_1\}$存在交叠。

问题的联结关系及联结块之间的交叠反映了问题的结构。因此,需要学习问题的结构,找出变量之间的联结关系并设计有效的编码方式,才能利用遗传算法容易求得问题的最优解。

2. 二值编码的联结关系检测

设每一个基因位表示一个变量,并设每个变量均为离散取值。本节首先考虑离散取值仅为 0 或 1 的二值取值的简单情况,然后再推广到多值取值的一般情况。

对于给定二进制编码的黑箱问题,问题是如何检测哪些变量之间存在联结关系。下面介绍两种检测算法。

1) 近似检测算法

考虑一个待优化的函数 $f(x_0, x_1, \cdots, x_{L-1})$,每个变量的取值为 0 或 1 的二值编码。设二进制字符串 $\boldsymbol{x} = x_0x_1\cdots x_{L-1}$,选择两个变量 x_i 和 x_j,通过扰动两个变量的赋值来观测函数 f 的变化,进而判断 x_i 和 x_j 是否关联。设

$$\Delta f_i = f(\cdots \bar{x}_i \cdots) - f(\cdots x_i \cdots)$$
$$\Delta f_j = f(\cdots \bar{x}_j \cdots) - f(\cdots x_j \cdots)$$
$$\Delta f_{ij} = f(\cdots \bar{x}_i \cdots \bar{x}_j \cdots) - f(\cdots x_i \cdots x_j \cdots)$$

其中 $\bar{x}_i = 1 - x_i$,$\bar{x}_j = 1 - x_j$。

如果 $\Delta f_{ij} = \Delta f_i + \Delta f_j$,即 x_i 和 x_j 对 f 的影响是线性叠加关系,则认为 x_i 和 x_j 不存在联结关系。如果 $\Delta f_{ij} \neq \Delta f_i + \Delta f_j$,则认为 x_i 和 x_j 存在联结关系。该算法的计算复杂度为 $O(L^2)$。

该算法的主要特点是比较直观,容易理解,它每次对两个变量进行联结检测,对于联结关系无交叠或交叠简单的问题很有效。它的缺点是不精确,尤其是对于联结关系有交叠的复杂情况很难处理。例如,图 7.24 所示的联结关系,采用上述近似检测算法可能得出如图 7.25 所示的错误结果,其中虚线所示为误判的联结关系。

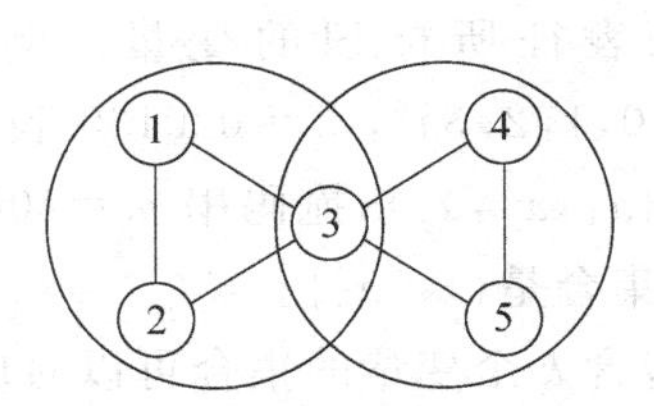

图 7.24 真实的联结关系

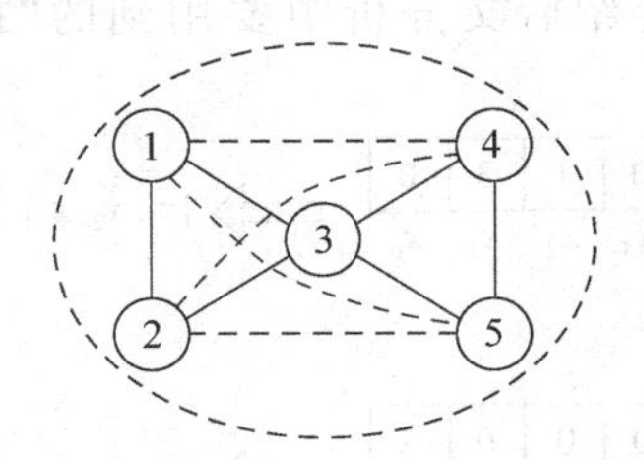

图 7.25 误判的联结关系(虚线所示)

2）精确检测算法

针对上述近似检测算法所存在的不足，Heckendorn等提出了以沃尔什变换为工具的二进制编码联结关系检测算法。该检测算法具有严格的理论基础，因而它是一种精确的检测算法。

任意给定函数 $f(\boldsymbol{x})$，$\boldsymbol{x}$ 为二进制变量，通过沃尔什变换，$f(\boldsymbol{x})$ 可以表示为以下的线性组合

$$f(\boldsymbol{x}) = \sum_{i=0}^{2^L-1} \omega_i \psi_i(\boldsymbol{x})$$

式中 $\psi_i(\boldsymbol{x})$ 是 $f(\boldsymbol{x})$ 的沃尔什基函数，它定义为

$$\psi_i(\boldsymbol{x}) = (-1)^{\| i \wedge x \|}$$

式中，$\| i \wedge \boldsymbol{x} \|$ 表示 $(i \wedge \boldsymbol{x})$ 中1的个数。ω_i 是 $f(\boldsymbol{x})$ 的沃尔什系数，它可通过下式计算，即

$$\omega_i = \frac{1}{2^L} \sum_x f(\boldsymbol{x}) \psi_i(\boldsymbol{x})$$

可以证明，沃尔什系数 ω_i 可以用来判断变量的联结关系。准确地说，沃尔什系数 ω_i 的非0位说明了相应位的变量具有联结关系。

例如，若

$$\begin{aligned} f(x_1,x_2,x_3,x_4) = & w_{0000}\psi_{0000}(x_1,x_2,x_3,x_4) + w_{0001}\psi_{0001}(x_1,x_2,x_3,x_4) \\ & + w_{0010}\psi_{0010}(x_1,x_2,x_3,x_4) + w_{0011}\psi_{0011}(x_1,x_2,x_3,x_4) \\ & + \cdots + w_{1111}\psi_{1111}(x_1,x_2,x_3,x_4) \end{aligned}$$

其中 $w_{0000} \neq 0, w_{0001} \neq 0, w_{0010} \neq 0, w_{0011} \neq 0, w_{1000} \neq 0, w_{0100} \neq 0, w_{1100} \neq 0$。说明 x_1 和 x_2 之间具有联结关系，x_3 和 x_4 之间具有联结关系，即 $\{x_1,x_2\}$ 和 $\{x_3,x_4\}$ 是最大联结块。因而也说明函数 f 一定可以分解为

$$f(x_1,x_2,x_3,x_4) = g_1(x_1,x_2) + g_2(x_3,x_4)$$

3. 一般离散编码的联结关系检测

上面讨论了变量二值编码时联结关系的检测方法，由于这时变量只能取0或1两个值，因此这种情况有很大的局限性。因此，下面讨论一般离散编码情况，即变量可以多值编码时联结关系的检测方法。

假定待优化问题的每个变量的定义域是有限集合 $\boldsymbol{Z}_M = \{0,1,\cdots,M-1\}$，$L$ 维问题的定义域表示为 $\boldsymbol{Z}_M^L$。对于一般的离散问题 $f(\boldsymbol{x}): \boldsymbol{Z}_M^L \to R$，问题是如何分析和检测 L 维向量 $\boldsymbol{x}$ 的分量 $x_0, x_1, \cdots, x_{L-1}$ 之间的联结关系。

下面介绍后文分析中要用到的“掩码串”的概念。设 $m \in Z_M^L$ 表示一个掩码串，它的非0元素可用来表征所标识的变量。例如，在图7.26中，$m \in \{0,1,2,3\}^6$，$m=020130$ 表示所对应的变量集合是 $\{x_1,x_2,x_4\}$；掩码串 $m=100002$ 表示所对应的变量集合是 $\{x_0,x_5\}$。

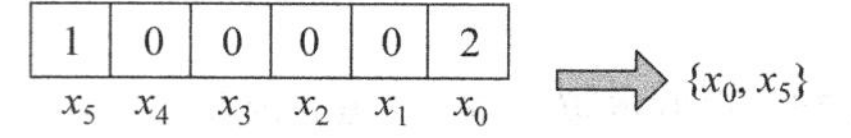

图7.26　用掩码串表示变量集合

可以看出，包含 k 个变量的集合可以对应 $(M-1)^k$ 个不同的掩码串。如果掩码串中非0数字的个数为 k，则称其为 k 阶掩码串，如01102为3阶掩

码串。

1）基于傅里叶变换的联结结构分析

这里基于傅里叶变换对多值编码的联结结构分析，可以看成是前面基于沃尔什变换对二值编码的联结结构分析的推广。

设给定多值编码的函数 $f(\boldsymbol{x})$：$\boldsymbol{Z}_M^L \to R$，通过傅里叶变换，可将其分解为 M^L 个正交子空间中傅里叶基函数的加权和。

$$f(\boldsymbol{x}) = \sum_{j \in \boldsymbol{Z}_M^L} \omega_j \psi_j^{(M)}(\boldsymbol{x})$$

式中 $\psi_j^{(M)}(\boldsymbol{x})$ 是 $f(\boldsymbol{x})$ 的傅里叶基函数，它定义为

$$\psi_j^{(M)}(\boldsymbol{x}) = \mathrm{e}^{\frac{2\pi i}{M}(\boldsymbol{x}\cdot \boldsymbol{j})}$$

其中 $\boldsymbol{x},\boldsymbol{j} \in \boldsymbol{Z}_M^L$。这里点乘运算定义为 $\boldsymbol{x}\cdot\boldsymbol{y} = \bigoplus_i (x_i \otimes y_i)$，二元运算$\oplus$定义为 $\boldsymbol{x}\oplus\boldsymbol{y} = (x_0 + y_0 \bmod M, x_1 + y_1 \bmod M, \cdots, x_{L-1} + y_{L-1} \bmod M)$，二元运算$\otimes$定义为 $\boldsymbol{x}\otimes\boldsymbol{y} = (x_0 y_0 \bmod M, x_1 y_1 \bmod M, \cdots, x_{L-1} y_{L-1} \bmod M)$。例如，$L=3$，$M=3$，$\boldsymbol{j}=012$，$\boldsymbol{x}=121$，则

$$\psi_j^{(M)}(\boldsymbol{x}) = \mathrm{e}^{\frac{2\pi i}{M}((0\oplus 2\oplus 2) \bmod 3)} = -\frac{1}{2} + i\frac{\sqrt{3}}{2}$$

在空间 $\boldsymbol{Z}_M^L$ 中共有 M^L 个这样的正交基函数。值得注意的是，每个基函数的值仅仅依赖于在 $\boldsymbol{j}$ 中非 0 的那些变量。例如，$M=3$，$L=5$，$\boldsymbol{j}=12001$，则傅里叶基函数 $\psi_j^{(M)}(\boldsymbol{x})$ 仅仅依赖于 $\boldsymbol{x}$ 中的 x_0，x_3，x_4。

傅里叶表达式中的 ω_j 是基函数 $\psi_j^{(M)}(\boldsymbol{x})$ 的傅里叶系数，共有 M^L 个，每一个字串 $\boldsymbol{j}$ 对应一个 ω_j，它可由下式进行计算，即

$$\omega_j = \frac{1}{M^L} \sum_{x \in \boldsymbol{Z}_M^L} f(\boldsymbol{x}) \bar{\psi}_j^{(M)}(\boldsymbol{x})$$

其中

$$\bar{\psi}_j^{(M)}(\boldsymbol{x}) = \mathrm{e}^{-\frac{2\pi i}{M}(\boldsymbol{x}\cdot \boldsymbol{j})}$$

类似二值编码情况下沃尔什系数 ω_i 与变量联结结构有严格的对应关系，这里傅里叶系数 ω_j 也与变量联结结构有严格的对应关系。

可以证明，对任意给定函数 $f(\boldsymbol{x})$：$\boldsymbol{Z}_M^L \to R$，ω_j 表示它的傅里叶系数，$\boldsymbol{j} \in \boldsymbol{Z}_M^L$，则 $\omega_j \neq 0$ 当且仅当掩码串 $\boldsymbol{j}$ 所标识的变量之间存在联结关系。例如，$\omega_{001121} \neq 0$，当且仅当变量 x_0，x_1，x_2，x_3 之间存在联结关系。

下面通过一个具体例子来说明上面的结论。

考虑函数 $f(x_0,x_1,x_2,x_3) = x_0 x_1 + x_1 x_2 + x_3$，其中$\{x_0,x_1,x_2,x_3\} \in \{0,1,2\}^4$，显见，$f$ 的联结集合为$\varnothing$，$\{x_0\}$，$\{x_1\}$，$\{x_2\}$，$\{x_3\}$，$\{x_0,x_1\}$，$\{x_1,x_2\}$，计算得到它的傅里叶系数 ω_j 如表 7.6 所示，表中未列出的掩码串的 ω_j 均等于 0。ω_j 非 0 的掩码串反映了该问题的联结结构。例如，$\omega_{0011} \neq 0$，则说明 0011 所标识的变量 x_0 和 x_1 之间存在联结关系；$\omega_{0210} \neq 0$，则说明 0210 所对应的变量集$\{x_1,x_2\}$是联结集合。

根据上面的分析，可以通过计算适应度函数的傅里叶系数来确定变量之间的联结关系。但是值得注意的是，按照上面的公式来计算傅里叶系数 ω_j 需要遍历整个定义域空间，显然这个计算工作量很大。下面将在上述分析的基础上，进一步介绍有效的联结关系检测算法。

表 7.6 函数 $f(x_0,x_1,x_2,x_3)=x_0x_1+x_1x_2+x_3$ 的傅里叶系数 ω_j 与联结结构的关系

掩码串	傅里叶系数 ω_j	联结集合
0000	3	$\varnothing$
0001 0002	−0.5000+0.2887i −0.5000−0.2887i	$\{x_0\}$
0010 0020	−1.0000+0.5774i −1.0000−0.5774i	$\{x_1\}$
0011 0012 0021 0022	0.1667−0.2887i 0.3333 0.3333 0.1667+0.2887i	$\{x_0,x_1\}$
0100 0200	−0.5000+0.2887i −0.5000−0.2887i	$\{x_2\}$
0110 0120 0210 0220	0.1667−0.2887i 0.3333 0.3333 0.1667+0.2887i	$\{x_1,x_2\}$
1000 2000	−0.5000+0.2887i −0.5000−0.2887i	$\{x_3\}$

需要注意的是,在一般离散域中,一个联结集合可能对应多个不同的掩码串(其傅里叶系数非0)。例如,在表7.6中,联结集合$\{x_1,x_2\}$对应4个掩码串0110、0120、0210、0220。只要其中有一个掩码串的傅里叶系数非0,就可以说明x_1和x_2存在联结关系。在空间$\boldsymbol{Z}_M^L$中,一个k阶联结集合至少对应一个、至多对应$(M-1)^k$个傅里叶系数非0的掩码串。这与二值编码的情况是不同的,二值编码情况的联结块与掩码串是一一对应的。

2) 联结关系检测的确定性算法

假定问题是k阶限定的,也即最多有k个变量是相互关联的。在这种假设下,根据前面的结论,显然当$\|\boldsymbol{j}\|>k$时,傅里叶系数$\omega_j=0$。其中$\|\boldsymbol{j}\|$表示字符串$\boldsymbol{j}$中非0位置的个数,如$\boldsymbol{j}=01020021$,$\|\boldsymbol{j}\|=4$。

对于给定函数$f(\boldsymbol{x}):\boldsymbol{Z}_M^L\to R$,若$k\ll L$,由于$\|\boldsymbol{j}\|>k$时,傅里叶系数$\omega_j=0$,则可大大减少计算$\omega_j$的工作量。

根据前面计算ω_j的一般公式及这里问题k阶限定的假设,可以推得

$$\omega_i=\begin{cases}\dfrac{1}{\|S(\boldsymbol{i})\|}\sum\limits_{x\in S(i)}f(\boldsymbol{x})\bar{\psi}_i^{(M)}(\boldsymbol{x}) & \|\boldsymbol{i}\|=k\\ \dfrac{\sum\limits_{x\in S(i)}f(\boldsymbol{x})\bar{\psi}_i^{(M)}(\boldsymbol{x})-\sum\limits_{j:j\supseteq i\,\&\,\|j\|>\|i\|}\omega_j\sum\limits_{x\in S(i)}\psi_j^{(M)}(\boldsymbol{x})\bar{\psi}_i^{(M)}(\boldsymbol{x})}{\sum\limits_{x\in S(i)}\psi_i^{(M)}(\boldsymbol{x})\bar{\psi}_i^{(M)}(\boldsymbol{x})} & \|\boldsymbol{i}\|<k\\ 0 & \|\boldsymbol{i}\|>k\end{cases}$$

其中$S(\boldsymbol{i})$是$\boldsymbol{i}$的模板集,它是将$\boldsymbol{i}$的非0位置变为通配符"*"后的字符串集合。例如,若$\boldsymbol{i}=01020\in\boldsymbol{Z}_3^5$,则$\boldsymbol{i}$的模板集为$S(\boldsymbol{i})=0*0*0$,其中*遍历0、1、2,即

$$S(\boldsymbol{i})=0*0*0=\{00000,00010,00020,01000,01010,01020,02000,02010,02020\}$$

$\|S(\boldsymbol{i})\|$表示$S(\boldsymbol{i})$中字符串的个数,如上例中$\|S(\boldsymbol{i})\|=9$。式中的$\boldsymbol{j}\supseteq\boldsymbol{i}$表示当且仅当$\forall j_l$,如果$i_l\neq0$则必有$j_l=i_l$,如$\boldsymbol{i}=01020$,$\boldsymbol{j}=01021$,则$\boldsymbol{j}\supseteq\boldsymbol{i}$。

首先根据上式中的第一个式子计算$\|\boldsymbol{i}\|=k$时的ω_i,它需要遍历$\boldsymbol{i}$的模板集$S(\boldsymbol{i})$,而在前面的一般计算公式中,计算ω_i需要遍历整个定义域空间$\boldsymbol{Z}_M^L$。当若$k\ll L$时,将大大减小计算ω_i的工作量。然后根据上式中的第二个式子计算$\|\boldsymbol{i}\|=k-1$时的ω_i,这时式中需要的$f(\boldsymbol{x})$和ω_j都是前面已经计算过的,无须重新计算。然后依次计算$\|\boldsymbol{i}\|=k-1,k-2,\cdots$,

0 时的 ω_i。这样就将所有傅里叶系数 ω_i 计算出来了。

在上面的计算中，如果注意到 $\omega_{\bar{i}}=\bar{\omega}_i$ 的事实，还可以进一步提高计算效率。其中 $\bar{i}$ 是 $\boldsymbol{i}$ 的逆元，它满足 $\bar{i}\oplus\boldsymbol{i}=0$。

可以证明，该算法所需要的适应值函数计算次数的上限为 $\sum_{i=0}^{k}(M-1)^i\binom{L}{i}$。

下面通过一个具体例子来说明该算法的计算工作量。设问题为

$$f(\boldsymbol{x})=g(x_0,x_1,x_2)+g(x_2,x_3,x_4)+g(x_4,x_5,x_6)+g(x_6,x_7,x_8)$$

其中

$$g(x_i,x_j,x_k)=\begin{cases}100, & x_i=\alpha_i,x_j=\alpha_j,x_k=\alpha_k\\ x_ix_jx_k, & \text{其他}\end{cases}$$

显然，该问题的联结集合为 $\{x_0,x_1,x_2\},\{x_2,x_3,x_4\},\{x_4,x_5,x_6\},\{x_6,x_7,x_8\}$。

对于该例，若采用前面的一般计算公式，计算傅里叶系数需要计算 $3^9=19683$ 次函数评价，而利用该算法仅需计算 1512 次函数评价。显然，利用该算法可大大减少计算工作量。

3）联结关系检测的随机算法

上面介绍的确定性算法具有严格的理论基础，并给出了最坏情况下的复杂度估计，而且可以准确地给出联结关系的检测结果，这些是该算法的优点。它的不足是需要先验知识 k，当 k 较大时计算工作量仍然较大。

为了提高算法的效率，下面将给出一种随机算法。该算法的基本思想是，基于傅里叶分析定义“探针”算子，该探针的值反映了联结关系，进而给出一种自低价到高价的检测算法。该随机算法比确定算法效率更高，且不需要先验知识 k。

定义离散域探针为

$$P(f,\boldsymbol{m},\boldsymbol{e})=\frac{1}{M^{\|\boldsymbol{m}\|}}\sum_{i\in S(\boldsymbol{m})}\bar{\psi}_{\boldsymbol{m}}^{(M)}(\boldsymbol{i})f(\boldsymbol{i}\oplus\boldsymbol{c})$$

式中，$\boldsymbol{m}$ 是掩模串；$S(\boldsymbol{m})$ 是 $\boldsymbol{m}$ 的模板集；$\boldsymbol{c}\in B(\boldsymbol{m})$，$B(\boldsymbol{m})$ 是 $\boldsymbol{m}$ 的背景集，它是将 $\boldsymbol{m}$ 的非 0 位置变为 0 及将 $\boldsymbol{m}$ 的 0 位置变为通配符“*”后的字符串集合。如 $\boldsymbol{m}=01201$，则 $\boldsymbol{m}$ 的模板集 $S(\boldsymbol{m})=0{*}{*}0{*}$，$\boldsymbol{m}$ 的背景集 $B(\boldsymbol{m})={*}00{*}0$。

可以证明，探针 $P(f,\boldsymbol{m},\boldsymbol{c})$ 具有以下性质。

性质 7.1 任意给定函数 $f(\boldsymbol{x})$：$\boldsymbol{Z}_M^L\to R$，如果 $\omega_{\boldsymbol{m}}$ 是它的一个极大非 0 傅里叶系数，那么对任意的背景串 $\boldsymbol{c}\in B(\boldsymbol{a})$，均有 $P(f,\boldsymbol{m},\boldsymbol{c})=\omega_{\boldsymbol{m}}$。

性质 7.2 任意给定函数 $f(\boldsymbol{x})$：$\boldsymbol{Z}_M^L\to R$，$\omega_{\boldsymbol{m}}$ 是一个极大非 0 傅里叶系数，对于任何 $\boldsymbol{m}$ 的子串 $\boldsymbol{a}(\boldsymbol{m}\supseteq\boldsymbol{a})$ 都存在背景串 $\boldsymbol{c}\in B(\boldsymbol{a})$ 使得 $P(f,\boldsymbol{m},\boldsymbol{c})\neq 0$。

下面通过一个例子来说明性质 7.2。如图 7.27 所示，对于任意函数 f：$\{0,1,2\}^5\to R$，如果 ω_{01201} 是极大非 0 傅里叶系数，那么掩码串 01201 的任何子串，都必然存在背景串 $\boldsymbol{c}$，使得它的探针值非 0。例如，一定存在背景串 $\boldsymbol{c}_1$ 使得二阶子串 01200 的探针值 $P(f,01200,\boldsymbol{c}_1)\neq 0$，一定存在背景串 $\boldsymbol{c}_2$ 使得一阶子串 00001 的探针值 $P(f,00001,\boldsymbol{c}_2)\neq 0$。

性质 7.3 任意给定函数 $f(\boldsymbol{x})$：$\boldsymbol{Z}_M^L\to R$，掩模串 $\boldsymbol{m}\in\boldsymbol{Z}_M^L$ 所标识的变量之间存在联结关系，当且仅当存在 $\boldsymbol{c}\in B(\boldsymbol{m})$ 使得 $P(f,\boldsymbol{m},\boldsymbol{c})\neq 0$。

根据性质 7.3，需要遍历所有 $\boldsymbol{c}\in B(\boldsymbol{m})$ 来计算 $P(f,\boldsymbol{m},\boldsymbol{c})$，才能判断是否存在 $\boldsymbol{c}\in B(\boldsymbol{m})$ 使得 $P(f,\boldsymbol{m},\boldsymbol{c})\neq 0$。这个计算工作量是很大的。实际计算时，是随机选择背景串

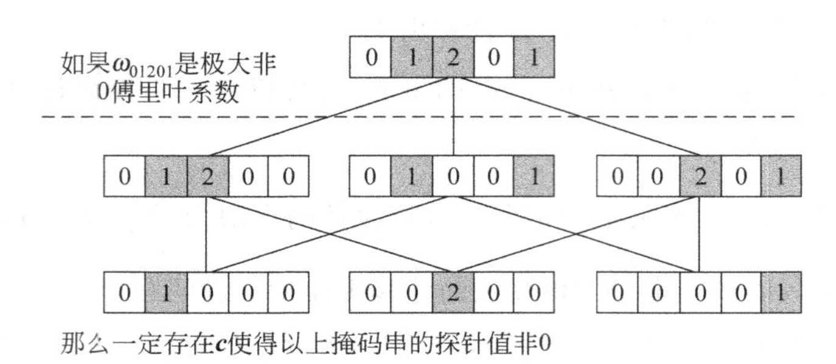

图 7.27 探针性质 7.2 的直观解释

$c \in B(m)$,计算它的探针值 $P(f,m,c)$,如果探针值 $P(f,m,c)\neq 0$,则表明存在 $c \in B(m)$ 使得$P(f,m,c)\neq 0$;否则继续随机选择背景串 c 来计算探针值,至多进行 N_p 次,如果 N_p 次的探针值都为0,则认为不存在 c 使得该掩码串的探针值非0。这里 N_p 是需要设定的参数,它表示对掩码串 m 进行随机探测的次数。显然 N_p 越大,成功检测的概率便越大。下面的性质可以帮助估计这个概率。

性质 7.4 设 $f(x)$: $Z_M^L \to R$ 是 k 阶限定问题,$m \in Z_M^L$ 且 $\| m \| = j, j \leqslant k$,如果 $c \in B(m)$ 是随机选择的背景串,那么 $P(f,m,c)\neq 0$ 的概率至少是 M^{j-k}。

根据以上探针性质,可以给出自低阶到高阶的联结关系检测的随机算法。下面通过一个例子来说明该算法的执行过程。

考虑函数 $f(x_0,x_1,x_2)=g_1(x_0,x_1)+g_2(x_2)$,其中$(x_0,x_1,x_2)\in\{0,1,2\}^3$,有两个极大联结集合$\{x_0,x_1\}$和$\{x_2\}$,该函数以下的傅里叶系数非0:$\omega_{000}$,$\omega_{100}$,$\omega_{200}$,$\omega_{010}$,$\omega_{020}$,$\omega_{001}$,$\omega_{002}$,$\omega_{011}$,$\omega_{022}$,其他的傅里叶系数都等于0。如图7.28所示,按照自低阶到高阶的步骤,首先检测空掩码串000,得到非0的探针值。然后检测1阶掩码串,以001为例进行说明:因为001所有子串(此情况下只有一个0阶子串000)均有不为0的探针值,所以需要计算001的探针值,计算后得到非0的探针值。当所有1阶掩码串都被检测后,开始考虑2阶掩码串。以011为例,它有两个1阶子掩码串010和001,它们均有不为0的探针值,因此需要计算011的探针值,计算后得到非0的探针值,图7.28中用下画实线表示。图7.28中下画虚线的掩码串,表示它的探针值为0。当所有2阶掩码串都被检测后,进而考虑3阶掩码串。由于对任意的3阶掩码串,都存在探针值为0的2阶子掩码串,根据性质7.2可以推断,所

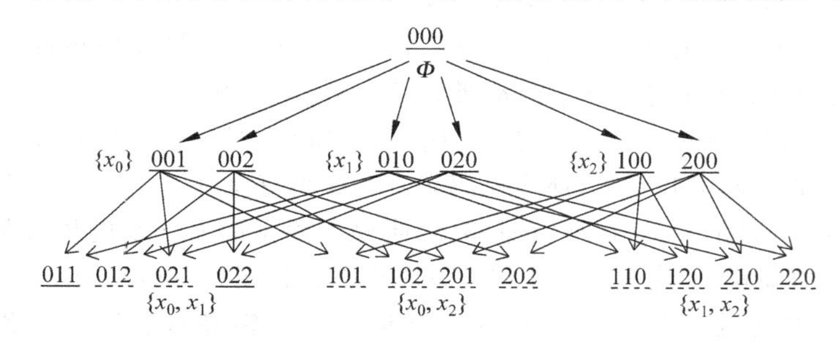

图 7.28 自低阶到高阶的联结关系检测的随机算法

有 3 阶掩码串的探针值一定为 0。根据最后计算得到的探针值不为 0 的掩码串(000,001,002,010,020,100,200,011,022),运用上面的探针性质 7.3 就可以判断出变量之间的联结关系。显然这里可以判断出该问题存在两个极大联结集合$\{x_0, x_1\}$和$\{x_2\}$。

可以证明,该随机算法所需要的函数评价次数的理论估计为$O(L^2\ln L)$。

下面再给出一个标准测试问题来验证该算法的有效性。设给定 5 阶陷阱问题

$$f_{5\text{trap}}(\boldsymbol{x}) = \sum_{i=0}^{\frac{L}{5}-1} f(x_{5i}, x_{5i+1}, x_{5i+2}, x_{5i+3}, x_{5i+4})$$

其中

$$f(x_{5i}, x_{5i+1}, x_{5i+2}, x_{5i+3}, x_{5i+4}) = \begin{cases} 9 - \sum_{k=0}^{4} x_{5i+k}, & \sum_{k=0}^{4} x_{5i+k} < 9 \\ 10, & \sum_{k=0}^{4} x_{5i+k} = 10 \end{cases}$$

变量的定义域为$\{0,1,2\}^L$,问题的维数设定为$L=100$。该函数中每个子函数f有两个峰值 9 和 10,函数值除了在 22222 处取得最优值外,在其他空间使得函数值趋向 9 这个局部极小值。每个子函数的 5 个变量之间都存在联结关系。

在计算中分别设定随机探测的次数$N_p=10,25,35$,每种情况运行算法 20 次,考察算法检测 2 阶联结集合的成功率。实验结果如表 7.7 所示。

表 7.7　不同探针操作次数 N_p 下检测 5 阶陷阱问题的 2 阶联结集合

探针次数 N_p	成功率/%	函数评价次数	探针次数 N_p	成功率/%	函数评价次数
10	77.5	1748025	35	100.0	6032286
25	98.0	4321269			

表 7.7 表明,对于 100 维的 5 阶陷阱问题,设置$N_p=35$,可以以 100%的成功率检测到 2 阶联结关系。因此,在该问题的随机算法中,对于 2、3、4 阶联结关系,设置探针次数为 35,对于 5 阶联结关系,根据探针性质 7.1,设置探针次数为 1 即可。问题维数分别设为 50、100、150 和 200。试验结果表明,该随机算法能正确地检测出 5 阶陷阱问题的所有极大联结关系。算法所需要的函数评价次数如图 7.29 所示。可以看出,所需函数评价次数随着维数的增大几乎线性增长。试验结果所体现的计算复杂度比理论结果$O(L^2\ln L)$还要好。

与前面介绍的确定性算法相比,这里介绍的随机算法不需要预先假定问题是k阶限定的,而且需要的计算工作量也比确定性算法少。其缺点是需要设置探针次数N_p,而且一般不能保证 100%的成功率。

前面介绍了几种检测联结关系的算法,一旦利用前面任何一种算法检测出问题的联结结构,在进行遗传算法染色体编码时,可有目的地将有联结关系的变量编排在一起,而获得紧致编码,这样便可有效地解决传统遗传算法难以解决大规模复杂优化问题的难题。

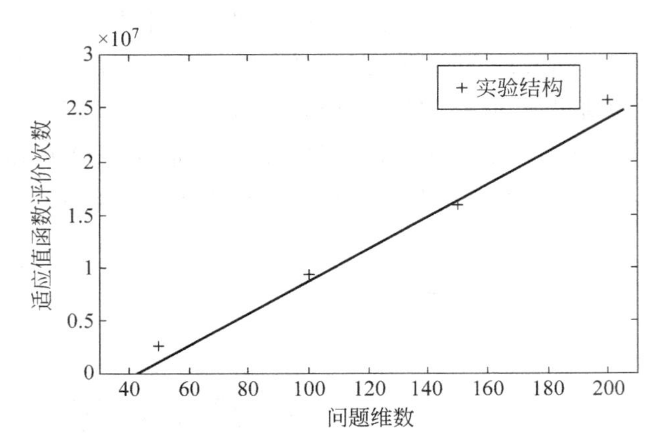

图 7.29 随机算法检测 5 阶陷阱问题所需函数评价次数随维数的变化关系

7.3 粒子群优化算法

7.3.1 引言

粒子群优化算法(Particle Swarm Optimization, PSO),作为群智能(Swarm intelligence)领域中的一种重要方法,源于生物社会学家对鸟群、鱼群或昆虫捕食行为的研究。它将社会学中有关相互作用或信息交换的概念引入到问题求解方法之中。该法由 J. Kennedy 和 R. Eberhart 于 1995 年首先提出,目前已发展出各种改进算法,并已广泛应用于各种优化问题中,如函数优化、神经网络训练等。

粒子群优化算法是一种实现简单、全局搜索能力强且性能优越的启发式搜索技术。为了确定搜索与优化方向,该法中的 n 个粒子既能利用各自积累的个体历史经验,又能有效地利用粒子群中的全局社会知识。

7.3.2 粒子群优化算法简介

本节首先通过一个简单的例子,详细阐述粒子群优化算法的基本原理。

1. 鸟群捕食与 PSO 的信息拓扑结构

粒子群优化算法(PSO)实际是从鸟群捕食的社会行为中得到启发而提出的。如图 7.30 所示,可将鸟群视为粒子群,将食物视为误差超曲面的全局最优解,将鸟群捕获该食物的过程等价于粒子群寻找全局最优解的过程。鸟群或粒子群实际就是一个简单的社会。在初始时期,n 只鸟(粒子)分散地位于误差超曲面的各处。在捕获食物的过程中,每只鸟的实际飞行方向或每个粒子的实际搜索方向将取决于以下 3 个方面的启发式知识,即是以下 3 个分量的矢量和:鸟(粒子)本身的飞行惯性;鸟(粒子)的个体迄今最优飞行方向;鸟群(粒子群)的迄今最优飞行方向。

要获取粒子群或粒子的某个邻域的迄今最优解,这不仅需要性能评价,而且需要粒子之间进行全局或局部的信息交流。如图 7.31 所示,PSO 算法通常具有以下 3 种基本的信息

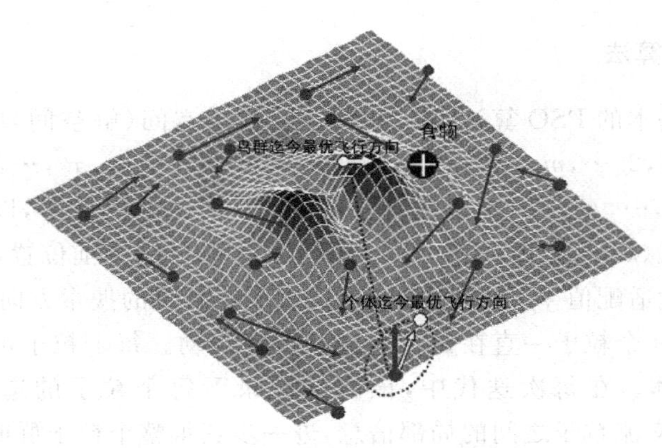

图 7.30　鸟群捕食示意图

拓扑结构：环形拓扑(2-邻域)；星形拓扑(全邻域)；分簇拓扑。在环形拓扑结构中，任意一个粒子仅与其邻域中的两个粒子交流信息。在星形拓扑结构中，中心粒子与其他所有粒子之间具有双向信息交流。此时，除中心粒子之外，其他粒子之间只能通过中心粒子进行间接的信息交流。而对分簇拓扑结构，粒子之间的信息交流须通过簇头粒子进行。其他也有诸如小世界的信息拓扑结构等。不同的信息拓扑结构具有不同的邻域定义，体现了不同效率的信息共享能力与社会组织协作机制。它通过邻域规模、邻域算子和邻域中的迄今最优解，影响 PSO 算法的性能。

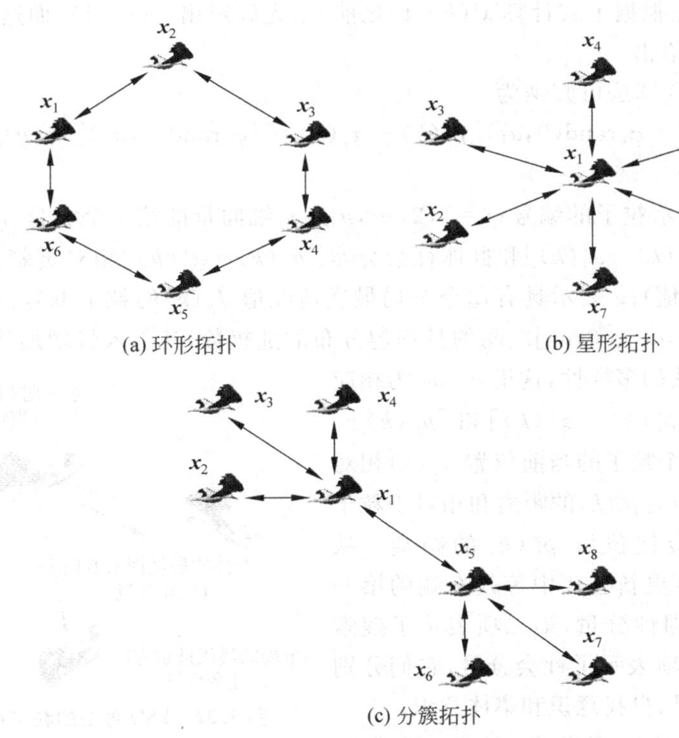

(a) 环形拓扑　(b) 星形拓扑

(c) 分簇拓扑

图 7.31　PSO 算法的信息拓扑结构

2. 基本的PSO算法

下面具体介绍基本的PSO算法。在n维连续搜索空间(解空间)中,对粒子群中的第i个粒子或个体($i=1,2,\cdots,m$),定义n维位置向量$\boldsymbol{x}^i(k)=[x_1^i,x_2^i,\cdots,x_n^i]^{\mathrm{T}}$、$n$维最优位置向量$\boldsymbol{p}^i(k)=[p_1^i,p_2^i,\cdots,p_n^i]^{\mathrm{T}}$、$n$维速度向量$\boldsymbol{v}^i(k)=[v_1^i,v_2^i,\cdots,v_n^i]^{\mathrm{T}}$,以及相应的$\boldsymbol{x}$-适配值$f_x^i(k)$与$\boldsymbol{p}$-适配值$f_p^i(k)$。这里$\boldsymbol{x}^i(k)$表示搜索空间中粒子的当前位置,$\boldsymbol{p}^i(k)$表示该粒子迄今所获得的具有最优适配值$f_p^i(k)$的位置,$\boldsymbol{v}^i(k)$表示该粒子的搜索方向。

PSO算法中的m个粒子一直在并行地进行搜索运动。每个粒子可认为是一个在搜索空间中飞行的智能体。在每次迭代中,该算法记录下每个粒子的迄今最优位置$\boldsymbol{p}^i(k)$($i\neq g$),并同时相互交流粒子之间的局部信息,进一步获得整个粒子群或邻域的迄今最优位置$\boldsymbol{p}^g(k)$。

因此,问题首先归结为每个粒子在n维连续解空间中如何从一个位置运动到下一个位置。而这可通过将$\boldsymbol{x}^i(k)$简单地加上$\boldsymbol{v}^i(k+1)\Delta t$得到。若令$\Delta t=1$(单位时间),则有以下位置更新公式为

$$\boldsymbol{x}^i(k+1)=\boldsymbol{x}^i(k)+\boldsymbol{v}^i(k+1)$$

这里,$i=1,2,\cdots,m$。对第i个粒子,在计算出$\boldsymbol{x}^i(k+1)$后,应对其进行评价,即须计算出相应的适配值$f_x^i(k+1)$。如果$f_x^i(k+1)\geqslant f_p^i(k+1)$,则有$\boldsymbol{p}^i(k+1)=\boldsymbol{x}^i(k+1)$,$f_p^i(k+1)=f_x^i(k+1)$。

其次,PSO算法在根据上式计算$\boldsymbol{x}^i(k+1)$之前,须先确定出$\boldsymbol{v}^i(k+1)$,而这可由PSO算法中的速度更新公式给出。

因此,基本的PSO算法可归纳为

$$v_j^i(k+1)=v_j^i(k)+\varphi_1\mathrm{rand}(0,a_1)[p_j^i(k)-x_j^i(k)]+\varphi_2\mathrm{rand}(0,a_2)[p_j^g(k)-x_j^i(k)]$$
$$x_j^i(k+1)=x_j^i(k)+v_j^i(k+1)$$

式中,$i=1,2,\cdots,m$表示粒子的编号;$j=1,2,\cdots,n$为n维向量的第j个分量;φ_1、φ_2分别为控制个体认知分量$[p_j^i(k)-x_j^i(k)]$和群体社会分量$[p_j^g(k)-x_j^i(k)]$相对贡献的学习率(或称加速常数,均为非负值);g表示具有迄今全局最优适配值$f_p(k)$的粒子编号;$\mathrm{rand}(0,a_1)$与$\mathrm{rand}(0,a_2)$分别产生$[0,a_1]$、$[0,a_2]$之间的具均匀分布的随机数,其引入将增加认知和社会搜索方向的随机性和算法的多样性,这里a_1、a_2为相应的控制参数。显然,$[p_j^i(k)-x_j^i(k)]$和$[p_j^g(k)-x_j^i(k)]$分别给出了第i个粒子的当前位置$x_j^i(k)$相对于该粒子的迄今最优位置$p_j^i(k)$的距离和相对于粒子群(或邻域)的迄今最优位置$p_j^g(k)$的距离。从图7.32可以看出,速度更新公式中等式右端的第一项表示了搜索方向的惯性分量,第二项表示了搜索方向的认知分量,第三项表示了社会分量,它们分别反映了粒子的历史记录、自我意识和集体意识。

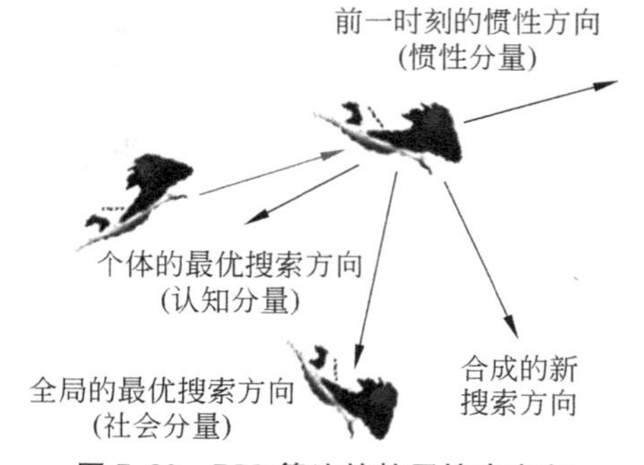

图7.32 PSO算法的粒子搜索方向

第i个粒子的初始速度向量$\boldsymbol{v}^i(0)$,通常在$[-\boldsymbol{V}_{\max},\boldsymbol{V}_{\max}]$范围内随机产生,这里$\boldsymbol{V}_{\max}$为对任意$v_j^i(k)$设定的速度最大值。显然,当$\boldsymbol{V}_{\max}$

取值较大时，粒子的飞行速度较快，可增强算法的全局搜索能力，但有可能飞过最优解，或者说在最优解附近振荡而不能迅速稳定下来。当 $\boldsymbol{V}_{max}$ 取值较小时，粒子可有较好的局部搜索精度，但易陷入局部极值点。

3. 改进的 PSO 算法

对于前述的基本的 PSO 算法，有

$$v_j^i(k+1) = v_j^i(k) + \varphi_1 \text{rand}(0,a_1)[p_j^i(k) - x_j^i(k)] + \varphi_2 \text{rand}(0,a_2)[p_j^g(k) - x_j^i(k)]$$

$$x_j^i(k+1) = x_j^i(k) + v_j^i(k+1)$$

其中，$i=1,2,\cdots,m, j=1,2,\cdots,n$。

基于学习率 φ_1 和 φ_2，Kennedy 给出了以下 4 种类型的 PSO 模型：

(1) 若 $\varphi_1,\varphi_2>0$，则称该算法为 PSO 全模型。

(2) 若 $\varphi_1>0$ 且 $\varphi_2=0$，则称该算法为 PSO 认知模型。

(3) 若 $\varphi_1=0$ 且 $\varphi_2>0$，则称该算法为 PSO 社会模型。

(4) 若 $\varphi_1=0,\varphi_2>0$ 且 $g\neq i$，则称该算法为 PSO 无私模型。

近 10 多年以来，基于上述基本的 PSO 算法，已涌现出大量的改进算法，这一过程目前仍在继续中。PSO 算法的改进涉及各种控制参数的选择，位置/速度更新公式的更合理修改以及与其他群智能优化方法的结合等。但基本的出发点都是力图在扩大全局搜索能力（增加多样性，避免早熟收敛或过早陷入局部极值，使其更有可能获得全局最优解）和提高局部搜索精度（加快收敛速度，增加最优解的质量）之间取得平衡，或者说是在探索度（Exploration）和利用度（Exploitation）之间进行合理的权衡。具体包括速度的控制（即 $\boldsymbol{V}_{max}$ 最优值的确定）、粒子群规模（粒子数 m）的选择、邻域大小的影响、学习率 φ_1 和 φ_2 的鲁棒设定、粒子群拓扑结构的设计、n 维位置向量 $\boldsymbol{x}^i(k)$ 与 n 维速度向量 $\boldsymbol{v}^i(k)$ 的更新以及实现各种混合 PSO 算法等。

下面就目前的主要结果予以简要介绍。

1) 具有速度控制的改进型 PSO 算法

PSO 算法在迭代过程中，速度值有可能变得非常大，因此 $\boldsymbol{V}_{max}$ 必须合理设定，否则将导致 PSO 算法的性能降低。

为了控制速度的增加，通常可采取以下两个措施：一是通过增加惯性权重（Shi 和 Eberhart，1998），动态调整速度更新公式中的惯性分量；二是在该公式中加入收缩系数（Clerc，1999）。

(1) 具有惯性权重的 PSO 算法

若使用惯性权重 $w(k)$，此时速度更新公式变为

$$v_j^i(k+1) = w(k)v_j^i(k) + \varphi_1 \text{rand}(0,a_1)[p_j^i(k) - x_j^i(k)] + \varphi_2 \text{rand}(0,a_2)[p_j^g(k) - x_j^i(k)]$$

其中，惯性权重 $w(k)$ 初始时取 0.9～1.2 之间的值，以扩大算法的全局搜索能力，然后随着迭代的进行线性递减，以加强迭代后期的局部搜索精度。也有通过设计模糊规则来自适应动态调整惯性权重 $w(k)$ 的改进 PSO 算法。一般说来，较大的 $w(k)$ 将增强算法的全局搜索

能力,较小的 $w(k)$ 则可提高局部搜索能力。

(2) 具有收缩系数的 PSO 算法

Clerc 于 1999 年提出了一种具有收缩系数的 PSO 算法,即

$$v_j^i(k+1)=K\{v_j^i(k)+\varphi_1\text{rand}(0,a_1)[p_j^i(k)-x_j^i(k)]+\varphi_2\text{rand}(0,a_2)[p_j^g(k)-x_j^i(k)]\}$$

其中,收缩系数定义为

$$K=2/\left|\varphi-2+\sqrt{\varphi^2-4\varphi}\right|,$$

这里 $\varphi=\varphi_1+\varphi_2$ 且 $\varphi>4$;否则,若 $0\leqslant\varphi\leqslant4$,则取收缩系数 $K=1$,即采用基本的 PSO 算法。实验结果表明,具有收缩系数的 PSO 算法较之具有惯性权重的 PSO 算法,其性能通常更好,而后者又比基本的 PSO 算法性能优越。

2) 具有邻域算子的 PSO 算法

与其他进化计算方法一样,PSO 算法的粒子群规模或粒子数 m 的选择,也需要在求解质量与计算量之间进行折中,这里的计算量主要涉及粒子适配函数的计算。为了避免 PSO 算法的早熟,可增加粒子群的规模,但这也将大大降低搜索速度。

与遗传算法类似,也可将基本 PSO 算法中的整个粒子群的迄今最优解 $p_j^g(k)$,扩展为考虑粒子邻域的迄今最优解。将粒子的邻域定义为围绕该粒子的子种群。邻域的大小实际描述了信息共享或社会相互作用的范围,也给出了通信的代价。它可以大至整个粒子群(全邻域),小至环形拓扑结构中的 2-邻域,如图 7.31 所示,甚至为粒子本身。

Kennedy 等(1999)较为深入地研究了邻域拓扑对 PSO 算法性能的影响,指出邻域算子能保持粒子群的多样性,因而能提高算法的性能。但就计算复杂性而言,采用全邻域似乎更好,因其算法性能与基于环形拓扑结构的 PSO 算法相差不大。

相对于其他进化计算方法,PSO 不能随着迭代的进行完成最优解的精细局部搜索,因此其最优解的质量通常较差。Suganthan(1999)通过引入一个可变邻域算子,来改进基本 PSO 算法的性能。在优化的初始阶段,PSO 算法中的邻域就是单个粒子本身。随着迭代次数的增加,邻域将逐渐扩大直至包括整个粒子群。换句话说,邻域中的迄今最优解 $p_j^l(k)$,将随着邻域规模的增加,逐渐取代整个粒子群的迄今最优解 $p_j^g(k)$。相应地,PSO 算法中的收缩系数或惯性权重也将逐步调整,以便在优化的最后阶段能完成精细的搜索。

由于具有邻域算子的改进型 PSO 算法,迭代初始时各个粒子的邻域被定义为粒子本身,若采用如图 7.31(a)所示的环形拓扑结构,则邻域的大小 q 将随着迭代的进行,以偶数的方式逐渐递增,直至扩大为整个粒子群,即 $q=2,4,\cdots,m$(假设 m 为偶数)。

相应的速度与位置更新公式为

$$\begin{aligned}v_j^i(k+1)&=w(k)v_j^i(k)+\varphi_1(k)\text{rand}(0,a_1)[p_j^i(k)-x_j^i(k)]\\&\quad+\varphi_2(k)\text{rand}(0,a_2)[p_j^l(k)-x_j^i(k)]\\x_j^i(k+1)&=x_j^i(k)+v_j^i(k+1)\end{aligned}$$

这里,与基本 PSO 算法唯一不同的是,原来的粒子群迄今最优位置 $p_j^g(k)$ 已被邻域中的迄今最优位置 $p_j^l(k)$ 取代。$p_j^l(k)$ 的计算与 $p_j^g(k)$ 相同,均是通过比较每个粒子的迄今最优位置 $p_j^i(k)$ 及其适配值完成的,区别是 $p_j^l(k)$ 仅对邻域进行。

同时,使用以下公式调整控制参数,即

$$\begin{aligned}w(k)&=w^{\infty}+(w^0-w^{\infty})(1-k/NC_{\max})\\\varphi_1(k)&=\varphi_1^{\infty}+(\varphi_1^0-\varphi_1^{\infty})(1-k/NC_{\max})\\\varphi_2(k)&=\varphi_2^{\infty}+(\varphi_2^0-\varphi_2^{\infty})(1-k/NC_{\max})\end{aligned}$$

式中，NC_{max}为最大迭代次数；上标0和∞分别表示迭代开始和结束时的参数值。

3）离散PSO算法

PSO算法最初是针对连续问题空间提出的。1997年Kennedy和Eberhart首先将其扩展为离散二进制PSO算法，使其能求解诸如TSP之类的组合优化问题。之后Clerc较为系统地阐述了离散PSO算法及其工程应用。

在PSO的离散版本中，速度更新公式在形式上保持不变，即

$$v_j^i(k+1)=w(k)v_j^i(k)+\varphi_1\mathrm{rand}(0,a_1)[p_j^i(k)-x_j^i(k)] \\ +\varphi_2\mathrm{rand}(0,a_2)[p_j^g(k)-x_j^i(k)]$$

其中，$i=1,2,\cdots,m$；$j=1,2,\cdots,n$，定义在二进制问题空间中的第i个粒子的第j位（bit）$x_j^i(k)$以及相应的$p_j^i(k)$、$p_j^g(k)$取值为1或0。此时，每个粒子均对应一个长度为n的二进制串，如同遗传算法一样，它表示了问题的一个解。进一步地，粒子的当前速度分量$v_j^i(k)$被定义为二进制位$x_j^i(k)$取值为1或0的概率，因此必须将概率$v_j^i(k)$限制在[0，1]之间。为此，该算法引入了Sigmoid函数进行变换。

相应的位置更新公式为

$$x_j^i(k)=\begin{cases}1 & 假如\ \mathrm{rand}()<S(v_j^i(k)) \\ 0 & 其他\end{cases}$$

式中，$S(v_j^i(k))=1/(1+\exp(-v_j^i(k)))$为Sigmoid函数，rand()为满足[0，1]之间均匀分布的随机数。显然，$S(v_j^i(k))$相当于概率的阈值，也就是二进制位$x_j^i(k)$取1的概率为$S(v_j^i(k))$，取0的概率为$1-S(v_j^i(k))$。由于Sigmoid函数的单调性，因此当$v_j^i(k)$越大时，$x_j^i(k)$取1的概率就越大。

事实上，在二进制搜索空间中，粒子的移动表现为二进制位的翻转，粒子的速度则描述了二进制位发生变化的程度（海明距离）。此外，在连续空间的PSO算法中，$\boldsymbol{V}_{max}$作为算法的一个十分重要的控制参数，限制了速度$v_j^i(k)$的大小。PSO算法的离散版本保留了这一做法，此时的$\boldsymbol{V}_{max}$则限制了二进制位$x_j^i(k)$取1或0的最大概率。但是，与连续版本的情况相反，较小的$\boldsymbol{V}_{max}$将获得较高的变异率，相应可增加算法的全局搜索能力。

4）混合PSO算法

将PSO算法的基本思想与各种进化计算方法相结合，发展各种混合PSO算法，已成为目前的研究热点之一。例如，在PSO算法的粒子群中引入遗传算法中的自然选择原理，又如与人工免疫算法结合的免疫PSO算法等。还有与量子计算、混沌方法、耗散结构等相结合的方法，也层出不穷。

4. 讨论

作为一种鲁棒的随机优化技术，PSO算法的最大优点是实现简单，全局搜索能力强，应用广泛。主要缺点是尽管需调整的参数相对较少，但仍需对问题的搜索空间具有一定的了解，以便能人为地选择这些控制参数，避免算法早熟并确保其收敛速度。目前PSO算法已广泛地应用于非线性、不可微、多极值、高维函数优化问题，以及代替BP算法训练神经网络的连接权等，其应用领域十分广泛。

PSO算法与遗传算法存在一定的相似之处。例如，两者都是基于种群的方法，每个粒子（个体）代表问题的一个潜在解，也同样是利用启发式知识在解空间中进行并行搜索，并采用适配值对个体进行性能评价。又如种群的随机初始化过程也非常类似。两者的不同之处

是,PSO算法中的粒子具有记忆功能,它利用的是粒子的位置与速度,不会被进化论中的适者生存所淘汰。在基本的PSO算法中,也没有遗传算法中的选择算子和交叉算子。

7.3.3 粒子群优化算法应用举例

考虑以下的Schwefel函数:

$$f(x)=\sum_{i=1}^{n}(-x_i)\cdot\sin(\sqrt{|x_i|})$$

其中$-500\leqslant x_i\leqslant 500$。

已知该函数的全局最大值为$f(x)=n\cdot 418.9829$,$x_i=-420.9687$,$i=1,2,\cdots,n$。若$n=2$,则当$x_1=x_2=-420.9687$时,$f(x)=837.9658$为其最大值,如图7.33所示。试利用粒子群优化算法计算Schwefel函数的近似全局最优解。

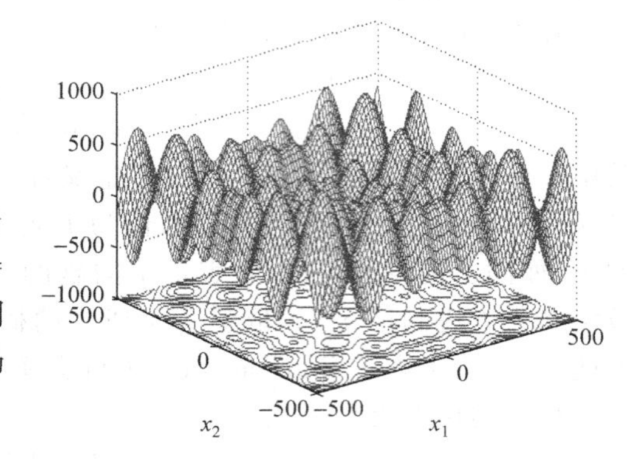

图7.33 二维Schwefel函数的极值分布

PSO算法的参数选择如下:

粒子个数$n=40$,学习率取为$\varphi_1=\varphi_2=2.1$。惯性权重$w(k)$的初始值取为1.0,并使其随迭代次数线性递减,即将其在第100步时递减为0.6。

搜索过程如图7.34所示。

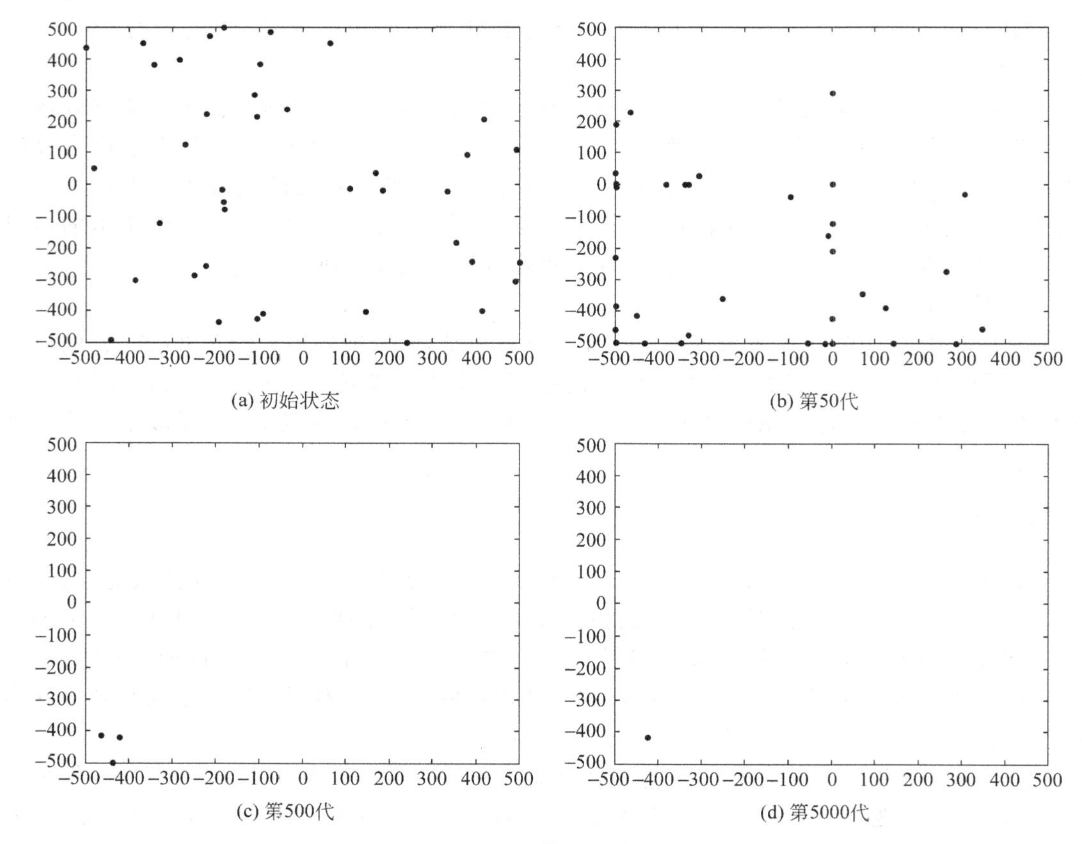

图7.34 PSO算法的搜索过程

PSO算法的平均适配值曲线如图7.35所示，搜索结果如表7.8所示。

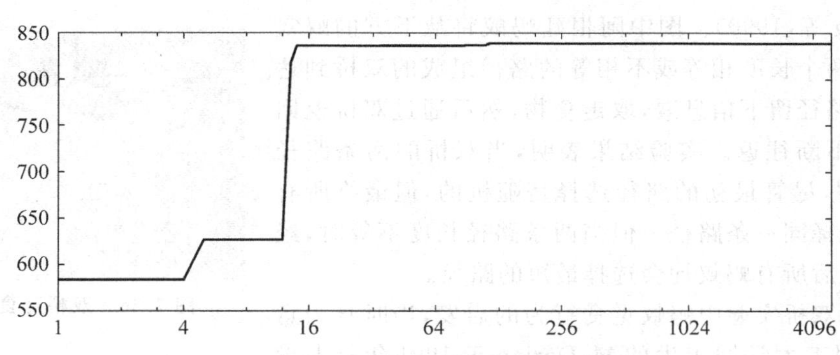

图7.35 PSO算法的平均适配值曲线

表7.8 PSO算法的搜索结果

迭代次数	0	5	10	20	100	5000	最优解
搜索结果	416.245599	515.748796	759.404006	834.813763	837.911535	837.965771	837.9658

7.4 蚁群优化算法

7.4.1 引言

在现存社会性昆虫中，蚂蚁的数量十分庞大，种类极其繁多。蚂蚁的祖先可追溯至一亿多年前的恐龙时代。据社会生物学家统计，蚂蚁共有21亚科283属，已命名的超过9000多种(国内约500多种)。蚂蚁的身体分为头、胸、腹3个部分，长有6足。就功能和形态而言，可将蚂蚁划分为蚁后、雄蚁、工蚁与兵蚁等4种类型。蚁群是典型的母系社会，蚁后、工蚁与兵蚁均为雌性。工蚁与兵蚁的数量占蚁群的绝大多数，几乎无视觉系统，且天生无生育能力。蚁后创建蚁群大家族并成为一家之主，它专司繁殖。蚁后一生能产下几万、几十万乃至更多的卵，可存活15年至几十年。雄蚁寿命极短，与蚁后交配之后不久即死去。工蚁形态最小，数量最多，要承担筑巢、觅食、伺喂幼蚁与蚁后等辛勤工作，最长可活3～7年。兵蚁头大，其发达的上颚即作为攻击其他动物的武器。蚂蚁能拖走超过自身1700倍重的食物，还能举起比自身体重大400倍的物体，是动物世界中当之无愧的大力士。

蚂蚁在8000万年之前就建立了自己的社会，其社会形态相当发达。相较于人类社会1000多万人口的超级大城市，许多蚂蚁城市的“蚁民”规模可高达5000万以上，且并未出现“城市病”。研究表明，蚂蚁主要通过分泌或嗅闻出一些带有家族性气味的化学物质，即所谓的信息素(Pheromone)来进行化学通信，以此完成高度分工协作的自组织行为。作为一个分布式系统，真实蚂蚁的个体行为十分简单、能力有限，但整个蚁群系统的集体行为却表现出高度的复杂性和超强的能力。其典型的社会性群体行为主要包括觅食(Foraging)、劳动分配、孵化分类和合作运输。

图7.36示出了利用阿根廷蚂蚁完成的著名的双桥觅食实验(Goss等,1989;Deneubourg等,1990)。图中阿根廷蚂蚁将从下方的蚁穴出发,通过两个长度相等或不相等的路径组成的双桥到达食物源,沿路径留下信息素,取走食物,然后通过双桥返回蚁穴,如此不断往返。实验结果表明,当双桥的两条路径长度相等时,尽管最初的路径选择是随机的,但最终所有蚂蚁都会选择同一条路径。但当两条路径长度不等时,经过一段时间后所有蚂蚁均会选择最短的路径。

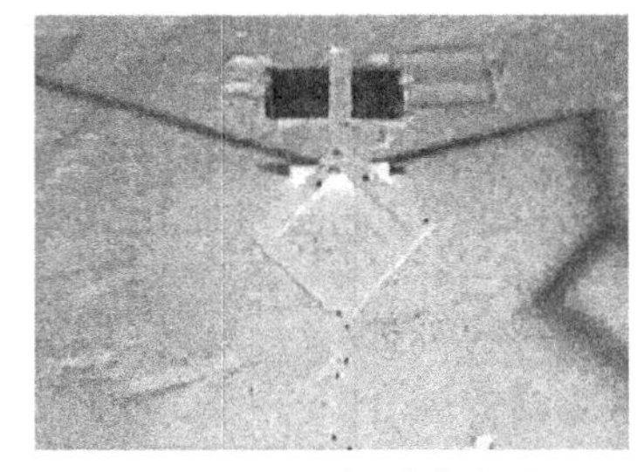

图7.36 双桥觅食实验

受上述双桥实验中蚂蚁觅食行为的启发,当时身为意大利米兰理工大学博士生的M. Dorigo于1991年首先设计了第一个蚁群优化(Ant Colony Optimization,ACO)算法,即所谓的蚂蚁系统(Ant System,AS)。1992年,Dorigo在他的博士论文中较为系统地阐述了AS系统,并将其应用于TSP问题的求解中(Dorigo,1992;Dorigo,Maniezzo与Colorni,1991,1996)。现在看来,利用AS求解TSP问题的性能并不理想,但它却构成了各种ACO算法的基础。目前许多ACO算法都被认为是AS的直接变形,包括精英AS(elitist AS)(Dorigo,1992;Dorigo,Maniezzo,Colorni,1991,1996),按序AS(rank-based AS)(Bullnheimer,Hartl,Strauss,1997,1999),最大-最小AS(MAX-MIN AS,简称MMAS)(Stützle,Hoos,1996,2000;Stützle,1999)等。它们均利用了与AS相同的解的构造过程与信息素的挥发机制,最大的不同之处是具有不同的信息素更新公式。除此类算法之外,另一类ACO算法则对AS进行了较大的扩展,如蚂蚁-Q算法(Gambardella,Dorigo,1995;Dorigo,Gambardella,1996)、蚁群系统(Ant Colony System,ACS)(Dorigo,Gambardella,1997)、ANTS算法(Maniezzo,1999)以及ACO的超立方体框架(Blum,Roli,Dorigo,2001;Blum,Dorigo,2004)等。而近期发展的ACO算法,则主要是指各种增强了局部搜索能力的混合式ACO系统(Dorigo等,2004)。迄今ACO算法已广泛应用于TSP问题、网络路由问题、分配问题、调度问题和机器学习问题等,获得了较大的成功。不过ACO算法的理论分析较为困难,原因是该算法实际是基于人工蚂蚁的一系列随机决策构造的,而这种决策概率在每次迭代时均会发生变化。因此,有关一般ACO算法的收敛性和收敛速度的证明较为困难。目前ACO算法的发展趋势是将其应用于诸如动态、随机和多目标等更加复杂的组合优化问题中。同时扩展ACO的高效并行算法,进一步研究与其他群体智能优化算法的结合,以及发展更抽象的理论框架,以便对各种ACO算法的收敛性、收敛速度与在问题求解时的群体行为进行统一的分析与证明。此外,研究除受觅食行为启发之外的其他人工蚂蚁算法,如受劳动分配、孵化分类和合作运输启发的模型,也得到越来越多的重视。

7.4.2 蚁群优化算法简介

作为又一种典型的群智能方法,本小节首先描述ACO系统的基本概念,然后具体给出若干典型的ACO算法。

1. ACO的基本概念

真实蚂蚁的觅食过程如图7.37所示。蚁群中的m只生物蚂蚁首先从左边的蚁穴出发，经过一段时间的探寻，发现到达右边食物源的最短路径（见图7.37中的第一个图）。之后，突然在该最短路径上增加一个障碍物，并有意使其两侧路径的长度不等。实验结果表明，此时蚂蚁将开始重新探索绕过障碍物的最短路径，并最终获得成功。前已指出，真实蚂蚁从蚁穴出发寻觅食物源的过程并非如人类一样使用视觉感知，而是利用信息素痕迹（Pheromone trail）来发现最短路径。一开始每只蚂蚁仅为随机运动，并在途经的路径上留下信息素。后面的蚂蚁通过检测信息素发现前行蚂蚁的路径，并倾向选择该条路径，同时在该路径上留下更多的信息素。而增加的信息素浓度势必加大后行蚂蚁对该路径的选择概率。实际上，生物蚂蚁赖以进行化学通信的生物信息素将随时间挥发，只不过挥发速度缓慢。从算法的角度讲，一般会人为地加大人工信息素的挥发速度，以便增强人工蚂蚁的路径探索能力。

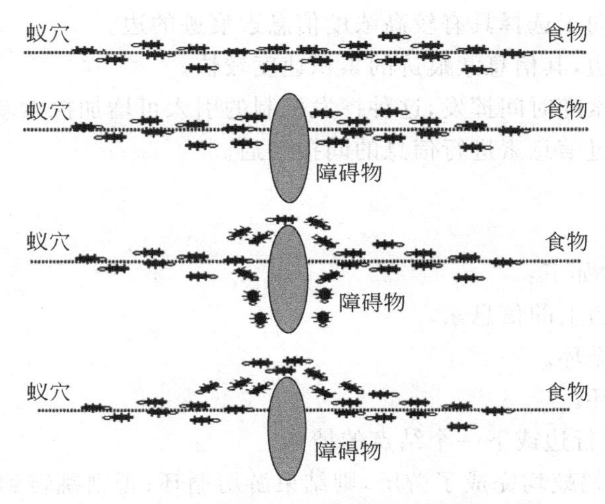

图7.37 真实蚂蚁绕过障碍物的觅食运动

如图7.38所示，在ACO系统中，人工蚂蚁的觅食过程可由结点和边组成的图来抽象描述。此处的边相当于前面所述的路径。人工信息素沿边累积。m只人工蚂蚁或个体（Individual）首先随机选择出发结点，然后根据该出发结点所面临的各边的信息素浓度来随机选择穿越的边。这里信息素浓度高的边将具有更高的选择概率。完成边的选择后，人工

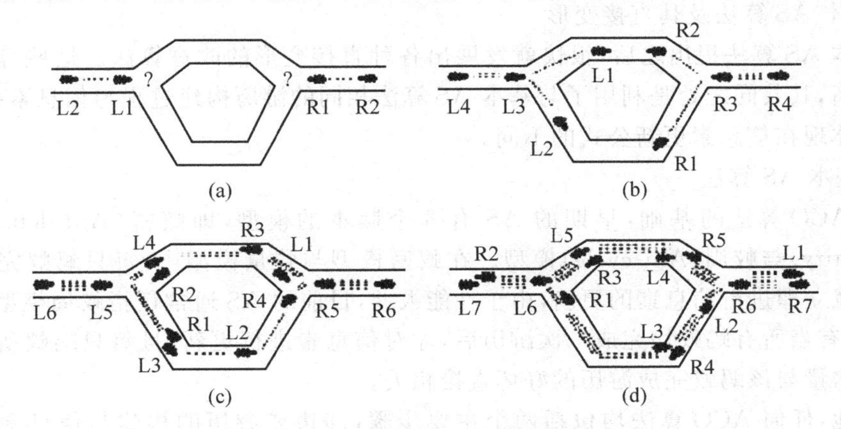

图7.38 人工蚂蚁按信息素浓度选择路径

蚂蚁到达下一个结点,并进一步选择下一条边,直到返回出发结点,从而完成一次游历(Tour)。一次游历就对应于问题的一个解。由于有 m 只蚂蚁组成的蚁群同时在进行游历构建,因此 ACO 系统也被视为是一种元启发式群体搜索与优化技术。

之后将对每条完成的游历进行优化分析。基本原则是信息素浓度的更新须有利于趋向更优的解。一般地,一个更优的解将具有更多的信息素痕迹,一个较差的解则对应于较少的信息素痕迹。性能更优的游历或者说问题的更优解,其所包含的所有边将具有更高的平均选择概率。总之,当全部 m 只人工蚂蚁均完成了各自的游历后,可开始执行一个新的循环,直到大多数人工蚂蚁在每次循环中都选择了相同的游历,此时则可以认为是收敛到了问题的全局最优解。

上述 ACO 算法具有以下 4 个主要特点。

(1) 人工蚂蚁倾向于选择具有较高浓度信息素痕迹的边。

(2) 对于较短的边,其信息素痕迹的累积速度较快。

(3) 边上的信息素随时间挥发,这种挥发机制的引入可增加探索新边的能力。

(4) 人工蚂蚁通过信息素进行信息的间接沟通。

2. ACO 算法

ACO 算法可归纳如下:

(1) 初始化所有边上的信息素。

(2) 开始迭代主循环。

(3) 开始游历循环。

(4) 游历构建,进行边或下一个结点的搜索。

(5) 若 m 只人工蚂蚁均完成了游历,则结束游历循环;否则跳转到第(3)步。

(6) 分析全部 m 个游历的优化指标(如游历长度)。

(7) 进行全局信息素更新。

(8) 若满足优化停止条件,则结束迭代主循环;否则跳转到第(2)步。

显然,ACO 算法的核心问题是如何选择不同的搜索控制策略和使用不同的信息素更新公式。下面介绍若干有代表性的结果。

1) 基本 AS 算法及其直接变形

在基本 AS 算法提出之后,很快就发展出各种直接变形的改进算法。这些算法的性能均有所提高,其共同之处是利用了与基本 AS 算法相同的游历构建过程与信息素挥发机制,差别主要体现在信息素更新公式的不同。

(1) 基本 AS 算法

作为 ACO 算法的基础,早期的 AS 有 3 个版本的模型,即蚁密(Ant-density)、蚁量(Ant-quantity)与蚁周(Ant-cycle)模型。在蚁密模型与蚁量模型中,每只蚂蚁完成一次结点转移后就立即进行信息素的更新,由于性能太差,目前的 AS 通常仅指蚁周模型。在蚁周模型中,只有当所有蚂蚁均完成一次游历后,才对信息素进行更新,且每只蚂蚁所释放的信息素痕迹增量与该蚂蚁完成游历的好坏直接相关。

一般地,任何 ACO 算法均包括两个主要步骤,即边或游历的构建与信息素痕迹的更新。以后将主要围绕这两个方面进行展开。

在设置AS算法的初始值时，m只人工蚂蚁首先被随机地分别放置在n个不同的结点上，然后并行地搜寻m个与问题最优解相对应的游历。

① 游历构建。第k只人工蚂蚁在结点i处选择结点j作为下一个结点的概率为

$$P_{ij}^k = \frac{(\tau_{ij})^\alpha (\eta_{ij})^\beta}{\sum\limits_{l \in U_i^k} (\tau_{il})^\alpha (\eta_{il})^\beta} \quad 如果\ j \in U_i^k$$

式中，τ_{ij}为信息素痕迹的浓度；η_{ij}为问题的启发式信息值(如在TSP问题求解中，可设定为边(i,j)的长度或距离d_{ij}的倒数，即$\eta_{ij}=1/d_{ij}$)；α与β分别为信息素浓度τ_{ij}与启发式信息值η_{ij}对应的相对影响因子；U_i^k表示第k只人工蚂蚁在结点i处可以直接到达的下一个结点的集合，也就是所有还没有被第k只人工蚂蚁访问过的结点的集合，且$i=1,2,\cdots,n$。

上述边或下一个结点的选择概率也称之为随机比例规则。该式意味着选择某一条边(i,j)的概率P_{ij}^k，将由该边所累积的信息素浓度τ_{ij}，连同该边的启发式信息值η_{ij}加权决定。显然，当$\alpha \to 0$时，启发式信息值η_{ij}起主要作用，此时距离d_{ij}最短的结点j将被选择，这相当于一种随机贪婪法；当$\beta \to 0$时，信息素浓度τ_{ij}发挥决定性作用，此时AS算法没有利用启发式信息，而仅使用了信息素导向，这将导致算法的性能大大下降。特别地，若$\beta \to 0$且$\alpha > 1$，则信息素的作用将进一步放大，AS算法将很快出现所谓停滞(Stagnation)现象，即由于一条边上的信息素增长过快，导致所有人工蚂蚁都搜索到同一条游历，过早地陷入问题的局部最优解。

利用基本AS算法求解TSP问题时，通常可取$m=n$，$\alpha=1$，$\beta=2\sim5$，$\rho=0.5$，且初始信息素浓度$\tau_0=m/L^{nn}$，这里L^{nn}为基于最近邻方法构造的游历长度。

此外，ACO算法的实现可以采用并行与串行两种方式。当采用并行方式时，所有人工蚂蚁都从当前结点按概率转移至下一个结点。在采用串行方式时，则只有当一只蚂蚁从出发结点完整地实现了一次游历后，另一只蚂蚁才能开始它的一次游历过程。对于基本AS算法，并行与串行实现方法是完全等价的，但对其他ACO算法，如后面将介绍的ACS算法，两者就不再等价。

② 信息素更新。当m只人工蚂蚁均完成了各自的游历，即进行了一次所谓游历迭代后，所有边上的信息素痕迹将完成一次更新。这主要分为以下两步：首先各个边上的信息素痕迹均会随迭代次数呈指数级挥发。挥发机制的引入，既可以避免积累的信息素无限增长，又可以增强算法的探索能力。然后仅在m只人工蚂蚁穿越过的那些边上增加信息素痕迹。离线进行的全局信息素痕迹浓度的更新公式为

$$\tau_{ij}^{\text{new}} = (1-\rho)\tau_{ij}^{\text{old}} + \sum_{k=1}^{m} \Delta\tau_{ij}^k$$

式中，$0<\rho\leqslant 1$为信息素痕迹的挥发率；$1-\rho$为信息素痕迹的残存率；$\Delta\tau_{ij}^k$为第k只人工蚂蚁穿越边(i,j)时释放的信息素增量，且

$$\Delta\tau_{ij}^k = \begin{cases} \dfrac{Q}{L^k} & \forall (i,j) \in T^k \\ 0 & 其他 \end{cases} \quad (蚁周模型)$$

或

$$\Delta\tau_{ij}^k = \begin{cases} Q & \forall (i,j) \in T^k \\ 0 & 其他 \end{cases} \quad (蚁密模型)$$

$$\Delta\tau_{ij}^{k}=\begin{cases}\dfrac{Q}{d_{ij}}, & \forall(i,j)\in T^{k}\\ 0, & \text{其他}\end{cases}\quad\text{(蚁量模型)}$$

式中,Q 为常数;T^k 为第 k 只人工蚂蚁所完成的游历,且其长度记为 L^k;L^k 被定义为 T^k 所包含的全部边的总长。显然,上述蚁密模型和蚁量模型缺乏对游历或问题解的质量评价,性能极差,迄今已很少使用。

从上述信息素更新公式可以看出,若一条边没有再被任何蚂蚁选择,则此条边上的信息素将以指数级的速度进行挥发。注意这里的信息素挥发是针对所有边而言,即每次游历迭代完成后,所有的边均要进行挥发。此外,蚁周模型表明,若一条边被更多蚂蚁选择且该边位于长度较短的游历中,则该边将获得更多的信息素,从而导致在下一次游历迭代中,这条边将更有可能被更多的蚂蚁选择,这本质上构成了一种正反馈或自催化机制。

下面给出了基本 AS 算法(蚁周模型)的伪代码程序。

1° 初始化:

  $t\leftarrow 0$;　　　　　　* /t 为时间计数

  $NC\leftarrow 0$;　　　　　　* /NC 为循环计数

  对每条边 (i,j),令信息素痕迹的初始值 $\tau_{ij}(t)=C$(常数)且 $\Delta\tau_{ij}=0$;

  将 m 只人工蚂蚁随机放置于 n 个结点上

2° $s\leftarrow 1$;　　　　　　* /s 为禁忌列表索引

 For k=1 to m do

  在禁忌列表 $tabu_k(s)$ 中记下第 k 只人工蚂蚁的出发结点;

3° 重复直到禁忌列表填满,　　　　　　* /此步将重复 n-1 次

 $s\leftarrow s+1$;

 For k=1 to m do

  以概率 $P_{ij}^{k}(t)$,选择下一个结点 j;

  将第 k 只人工蚂蚁移至结点 j;

  在禁忌列表 $tabu_k(s)$ 中插入节点 j

4° For k=1 to m do

  将第 k 只人工蚂蚁从禁忌列表 $tabu_k(n)$ 移至 $tabu_k(1)$;

  计算由第 k 只人工蚂蚁构建的游历长度 L^k;

  更新求得的最短游历;

 对每条边 (i,j),

 For k=1 to m do

$$\Delta\tau_{ij}^{k}=\begin{cases}\dfrac{Q}{L^{k}} & \text{若}\ \forall(i,j)\in T^{k}\\ 0 & \text{其他}\end{cases}$$

  $\Delta\tau_{ij}\leftarrow\Delta\tau_{ij}+\Delta\tau_{ij}^{k}$

 其中 T^k 为由 $tabu_k$ 描述的游历

5° 对每条边 (i,j),进行以下信息素更新:

  $\tau_{ij}(t+n)=(1-\rho)\tau_{ij}(t)+\Delta\tau_{ij}$;

  $t\leftarrow t+n$;

  $NC\leftarrow NC+1$;

  对每条边 (i,j),置 $\Delta\tau_{ij}\leftarrow 0$

```
6°  If(NC< NCmax)且(未出现停滞行为)then
      清空全部禁忌列表;
      goto第2°步
    else
      打印最短游历
      停止
```

基本AS算法是伴随着对TSP问题的求解而提出的。但随着待求解问题规模的增大，算法的性能下降严重。因此后续发展了大量的其他ACO算法，其中一些是基本AS算法的直接变形，只是对信息素更新公式做了较少的修改，而另一些则是对基本AS算法的较大幅度的扩展。实际上，基本AS算法的重要性主要体现在它为所有ACO算法提供了重要的算法基础。

(2) 精英AS(Elitist AS)

精英AS算法是对基本AS算法的第一次改进。基本思想是引入了所谓的精英蚂蚁e，即具有迄今最优游历T^e(Best-so-far tour)的人工蚂蚁，然后在信息素更新中对精英蚂蚁穿越过的所有边再额外释放信息素，以对该条迄今最优游历T^e予以加强。相较于基本AS算法，精英AS算法具有不同的信息素更新公式，即

$$\tau_{ij}^{\text{new}} = (1-\rho)\tau_{ij}^{\text{old}} + \sum_{k=1}^{m}\Delta\tau_{ij}^{k} + \Delta\tau_{ij}^{e}$$

式中$\Delta\tau_{ij}^{e}$为精英蚂蚁e穿越边(i,j)时释放的固定的信息素增量，即

$$\Delta\tau_{ij}^{e} = \begin{cases} w\dfrac{Q}{L^e} & \forall (i,j)\in T^e \\ 0 & \text{其他} \end{cases}$$

式中，Q为常数；w为一权重参数；L^e为精英蚂蚁e所完成的迄今最优游历T^e的长度。因此精英蚂蚁寻找得到的是问题的迄今最优解。注意，在信息素更新公式中，挥发方式未做任何改变，只是增加了一只虚拟的精英蚂蚁(迄今最优的精英蚂蚁不一定出现在当前的迭代蚂蚁中)，使其在穿越的边上额外释放信息素。比较研究表明，通过选择合适的w值，该法较之基本AS算法，不仅具有更优的解，而且迭代次数更少。

(3) 按序AS(Rank-based AS)

按序AS算法是对精英AS算法的进一步改进。基本思想是m只人工蚂蚁根据相应游历的长度按递增次序进行排列，然后在信息素更新公式中，将蚂蚁释放的信息素大小按此次序逐次减少。同时要求在每次游历迭代中，只有精英蚂蚁和排在最前面的$w-1$只蚂蚁才被允许释放信息素($w\leqslant m$)。

设r为蚂蚁的排列次序，则信息素更新公式为

$$\tau_{ij}^{\text{new}} = (1-\rho)\tau_{ij}^{\text{old}} + \sum_{r=1}^{w-1}\Delta\tau_{ij}^{r} + \Delta\tau_{ij}^{e}$$

式中$\Delta\tau_{ij}^{e}$为精英蚂蚁e的信息素增量，且

$$\Delta\tau_{ij}^{r} = \begin{cases} (w-r)\dfrac{Q}{L^r} & \forall (i,j)\in T^r \\ 0 & \text{其他} \end{cases}$$

$$\Delta\tau_{ij}^{e}=\begin{cases} w\dfrac{Q}{L^{e}} & \forall(i,j)\in T^{e} \\ 0 & \text{其他} \end{cases}$$

式中，Q为常数；L^{r}为第r只蚂蚁所完成的游历长度。

上述公式表明，精英蚂蚁释放的信息素以最大的权重w获得最大的加强，排在第一位的蚂蚁具有本次迭代中的最短游历长度，权重为$w-1$，排名为r的蚂蚁则将以$\max\{0,w-r\}$的权重释放信息素增量，即蚂蚁按序逐渐减少信息素的释放。Bullnheimer(1999)的实验结果表明，按序AS的性能略优于精英AS，但明显优于基本AS。

(4) 最大-最小蚂蚁系统(MMAS)

最大-最小蚂蚁系统对AS算法进行了较大的改进，主要包括以下4个方面：①只有具有迄今最优游历T^{e}(也记为T^{bs})(Best-so-far tour)的精英蚂蚁，或者具有迭代最优游历T^{ib}(Iteration-best tour)的蚂蚁，也就是在当前迭代中构建出最优游历的蚂蚁，才被允许释放信息素；②为了防止停滞现象的出现，将信息素的取值范围限制为$[\tau_{\min},\tau_{\max}]$；③信息素的初始值$\tau_0$被设定为$\tau_{\max}$，并与一个较大的信息素挥发率$\rho$相结合，以使算法在迭代初期具有更多的探索性；④在出现停滞现象或可能出现局部最优解时，所有边上的信息素值将被重新初始化。

此时，信息素更新公式为

$$\tau_{ij}^{\text{new}}=(1-\rho)\tau_{ij}^{\text{old}}+\Delta\tau_{ij}^{e}\quad(\text{对精英蚂蚁})$$

或

$$\tau_{ij}^{\text{new}}=(1-\rho)\tau_{ij}^{\text{old}}+\Delta\tau_{ij}^{\text{ib}}\quad(\text{对迭代最优蚂蚁})$$

其中，$\tau_{ij}\in[\tau_{\min},\tau_{\max}]$，且

$$\Delta\tau_{ij}^{e}=\begin{cases} w\dfrac{Q}{L^{e}} & \forall(i,j)\in T^{e} \\ 0 & \text{其他} \end{cases}$$

$$\Delta\tau_{ij}^{\text{ib}}=\begin{cases} w\dfrac{Q}{L^{\text{ib}}} & \forall(i,j)\in T^{\text{ib}} \\ 0 & \text{其他} \end{cases}$$

式中，Q为常数；w为权重参数；L^{e}与L^{ib}分别为精英蚂蚁与迭代最优蚂蚁所完成的游历长度。

一般地，当前迭代最优蚂蚁并不一定是精英蚂蚁。精英蚂蚁策略强调对历史经验的利用度(Exploitation)，而迭代最优蚂蚁策略则侧重于增加算法的探索度(Exploration)。在最大-最小蚂蚁系统中，通常按一定频率轮流使用迭代最优蚂蚁或精英蚂蚁释放信息素，以同时增强算法的利用度和探索度。相关研究结果表明，对于规模较小的问题，可使用迭代最优蚂蚁策略，但随着问题规模的增加，则应更多强调对精英蚂蚁策略的使用。

最大-最小蚂蚁系统的游历选择概率，仍然使用与基本AS算法相同的随机比例规则。为了避免算法陷入停滞状态，这里将所有边的信息素限制在区间$[\tau_{\min},\tau_{\max}]$中。相应地，游历选择概率$P_{ij}^{k}$也被限制在区间$[P_{\min},P_{\max}]$内，这里$0<P_{\min}\leqslant P_{ij}^{k}\leqslant P_{\max}\leqslant 1$。一般说来，信息素初始值$\tau_0$的选择对ACO算法的性能具有重要的影响。Stützle等的研究工作表明，τ_0可被设定为区间$[\tau_{\min},\tau_{\max}]$上界$\tau_{\max}$的估计值，即$\tau_0=\tau_{\max}=Q/(1-\rho)L^{e}$。实际上，这也是任意一条边上含有的信息素的上界估计。进一步地，取$\tau_{\min}=\tau_{\max}/a$，其中$a$是

一个参数。研究结果表明，为了防止算法出现停滞现象，$\tau_{\min}$ 发挥了比 $\tau_{\max}$ 更重要的作用。此外，$\tau_0=Q/(1-\rho)L^e$ 还意味着当信息素挥发率 $0\leqslant\rho<1$ 取值接近 1 时，各条边上的信息素初始值相同且较大，其差异将随着迭代的进行缓慢增加，这无疑会增强该法在初始阶段的探索性。

最大-最小蚂蚁系统的另外一个改进就是增加了信息素的重新初始化机制。该机制的引入，目的同样是为了克服算法陷入停滞状态而过早出现局部极值。这里停滞现象的判断可通过计算各条边信息素大小的统计量来进行。另外，重新初始化机制也可在达到最大迭代次数后判断其仍未构建出全局最优游历来自动启动。

最大-最小蚂蚁系统是性能优越，应用较为成功的 ACO 算法之一。目前已有更加深入的研究，如使用与蚂蚁-Q 算法相同的伪随机比例选择概率。又如精英蚂蚁被定义为重新初始化后的迄今最优蚂蚁等。

2) 扩展的 AS 算法

前面介绍了基本 AS 算法及几种主要在全局信息素更新公式上进行了少量修改的直接变形算法，其中最大-最小蚂蚁系统改进最大，性能也最好。下面将进一步给出几种具有更大幅度扩展的 AS 算法，包括蚂蚁-Q 算法、蚁群系统、ANTS 算法等。这些扩展的 AS 算法，在解决 TSP 或其他组合优化问题时，性能均有显著的提高。

(1) 蚂蚁-Q 与蚁群系统(ACS)

蚂蚁-Q 算法与后期提出的蚁群系统(ACS)基本相同，唯一的差别仅在于对信息素初始值 τ_0 的取值不同。这两种算法对 AS 算法进行了 3 个方面的较大扩展：采用了与 AS 算法不同的伪随机比例游历选择概率；不仅信息素释放，而且包括信息素挥发，均只对精英蚂蚁执行；增加了局部信息素更新。

- 游历构建：

与 AS 算法的随机比例规则不同，这里采用了所谓伪随机比例选择规则，即第 k 只人工蚂蚁在结点 i 处选择结点 j 作为下一个结点的计算公式为

$$j=\begin{cases}\arg\max\limits_{l\in U_i^k}[(\tau_{il})^{\alpha}(\eta_{il})^{\beta}] & q\leqslant q_0\\ j_{\mathrm{AS}} & q>q_0\end{cases}$$

式中，q 为满足[0,1]均匀分布的随机数；$0\leqslant q_0\leqslant 1$ 为一预先给定的常数；j_{AS} 为根据 AS 算法的随机比例规则选择的下一个结点；τ_{il} 为信息素浓度；$\eta_{il}=1/d_{il}$ 为启发式信息值；α 与 β 分别为 τ_{il} 与 η_{il} 对应的相对影响因子(通常取 $\alpha=1$)；U_i^k 表示第 k 只人工蚂蚁在结点 i 处可以直接到达的下一个结点的集合，也就是所有还没有被第 k 只人工蚂蚁访问过的结点的集合，且 $i=1,2,\cdots,n$。

在结点 i 处的第 k 只人工蚂蚁在选择出结点 j 后，相应的边或下一个结点的选择概率为

$$P_{ij}^k=\frac{(\tau_{ij})^{\alpha}(\eta_{ij})^{\beta}}{\sum\limits_{l\in U_i^k}(\tau_{il})^{\alpha}(\eta_{il})^{\beta}}$$

其中可取 $\alpha=1$。

显然，这里的 q_0 相当于蚂蚁选择当前最优转移方式的概率，它充分利用了已有的信息素积累值和启发式信息值。同时，蚂蚁以 $1-q_0$ 的概率探索新边。因此，通过设置合理的参

数 q_0 就可以使算法在利用度和探索度之间进行权衡。

• 全局信息素更新(离线更新):

与AS算法所有边均进行信息素挥发不同,蚂蚁-Q与蚁群系统只有一只蚂蚁,即仅有精英蚂蚁进行信息素挥发和信息素释放,即

$$\tau_{ij}^{\text{new}} = (1-\rho)\tau_{ij}^{\text{old}} + \rho\Delta\tau_{ij}^{e} \quad \text{仅对}\ \forall (i,j) \in T^{e}$$

式中,$0 \leqslant \rho < 1$ 为信息素痕迹的挥发速率;$\Delta\tau_{ij}^{e}$ 为精英蚂蚁 e 的信息素增量,且

$$\Delta\tau_{ij}^{e} = \begin{cases} w\dfrac{Q}{L^{e}} & \forall (i,j) \in T^{e} \\ 0 & \text{其他} \end{cases}$$

对TSP问题的求解,上述信息素更新算法不仅使计算复杂度从 $O(n^2)$ 减少到 $O(n)$,而且由于在 $\Delta\tau_{ij}^{e}$ 前乘上了一个系数 ρ,使更新后的信息素 τ_{ij}^{new} 介于当前信息素 τ_{ij}^{old} 与新释放的信息素增量 $\Delta\tau_{ij}^{e}$ 之间。

• 局部信息素更新(在线更新):

除上述全局信息素更新算法之外,蚂蚁-Q与蚁群系统还采用了在线计算的局部信息素更新策略,即在游历构建过程中,人工蚂蚁每穿越一条边 (i,j),均要立即对这条边上的信息素进行挥发更新,即

$$\tau_{ij}^{\text{new}} = (1-\xi)\tau_{ij}^{\text{old}} + \xi\tau_0$$

式中,$0 < \xi < 1$ 为信息素痕迹的局部挥发率;τ_0 为信息素的初始值。上式表明,蚂蚁每次穿越边 (i,j) 后,该边上的信息素 τ_{ij}^{new} 就会减少。相应地,其他蚂蚁选择该边的概率也会有所降低,从而增加了探索其他边的可能性,减少了算法陷入停滞状态的风险。需要特别指出的是,正是由于局部信息素更新算法的出现,导致在蚂蚁-Q与蚁群系统的实现中,并行与串行方法不再等价。

• 蚂蚁-Q与蚁群系统的区别:

蚂蚁-Q算法与蚁群系统(ACS)在上述3个方面均完全相同,差别仅在于两种算法对信息素初始值 τ_0 的定义不同。对蚂蚁-Q算法,τ_0 被定义为 $\tau_0 = \gamma \max_{j \in U_i^k}\{\tau_{ij}\}$,这里 γ 为一个参数,U_i^k 为第 k 只人工蚂蚁在结点 i 处可以直接到达的下一个结点的集合,也就是所有还没有被第 k 只人工蚂蚁访问过的结点的集合。这意味着,第 k 只蚂蚁每次都选择可行集合 U_i^k 中具有最大信息素的边并将该最大信息素的值作为 τ_0。这是一种类似于再励学习中Q-学习算法(Watkins等,1992)的思想。

事实上,在蚁群系统中将 τ_0 直接取值为一个小的常数,不仅计算量大为减少,而且其性能与具有上述取值的蚂蚁-Q算法差别不大。因此蚂蚁-Q算法目前已很少使用。

蚁群系统连同最大-最小蚂蚁系统,已成为ACO算法中最流行与最鲁棒的算法之一。原因是两者的主要算法特征比较接近,如都使用精英蚂蚁进行信息素释放,都取类似大小的信息素初值 τ_0,而且也都限制了信息素 τ_{ij} 的取值范围(对蚁群系统,可推出 $\tau_0 \leqslant \tau_{ij} \leqslant 1/L^{e}$)。

研究结果表明,利用蚁群系统求解TSP问题时,若取值 $\xi = 0.10$,$\tau_0 = 1/nL^{nn}$(常数),则该算法可有较好的性能,这里 L^{nn} 为基于最近邻方法构造的游历长度。

(2) ANTS算法

ANTS算法在3个方面对AS算法进行了较大的修改,包括使用了更为简单的选择概

率公式,同时在全局信息素更新中,取消了显式的信息素挥发机制,增加了对最优解下界(LB)的估计与运用等。

• 游历构建:

第 k 只人工蚂蚁在结点 i 处选择结点 j 作为下一个结点的概率计算公式为

$$P_{ij}^k = \frac{\lambda\tau_{ij} + (1-\lambda)\eta_{ij}}{\sum\limits_{l \in U_i^k} [\lambda\tau_{il} + (1-\lambda)\eta_{il}]} \quad 如果\ j \in U_i^k$$

其中,除参数 $0 \leqslant \lambda \leqslant 1$ 外,其他变量的定义与前述算法相同。ANTS 算法的上述游历构建规则与大部分 ACO 算法均有较大的不同,不仅只用了一个参数 λ,而且将 τ_{ij} 项与 η_{ij} 项的相乘变成了相加,从而可使相应的计算量大大降低。

• 全局信息素更新:

在 ANTS 算法的信息素更新公式中,取消了显式的信息素挥发项,即

$$\tau_{ij}^{\text{new}} = \tau_{ij}^{\text{old}} + \sum_{k=1}^{m} \Delta\tau_{ij}^k$$

且第 k 只蚂蚁在边 (i,j) 上释放的信息素增量为

$$\Delta\tau_{ij}^k = \begin{cases} \tau_0\left(1 - \dfrac{L^k - \text{LB}}{L_{\text{avg}} - \text{LB}}\right) & \forall (i,j) \in T^k \\ 0 & 其他 \end{cases}$$

式中,τ_0 为信息素的初始值;LB 表示在每次迭代前就已计算好的最优解的下界,且 $\text{LB} \leqslant L^e$,这里 L^e 为精英蚂蚁的游历长度;L^k 为第 k 只蚂蚁的游历长度;L_{avg} 表示算法最近构建的 s 条游历的平均长度(这里 s 是一个参数)。因此,如果第 k 只蚂蚁的游历长度比最近的平均长度要长(解较差),即 $L^k > L_{\text{avg}}$,则这只蚂蚁穿越过的所有边上的信息素增量 $\Delta\tau_{ij}^k$ 都将减少。反之,若第 k 只蚂蚁构建的解比最近的平均长度要短(解更优),即 $L^k < L_{\text{avg}}$,则相应的 $\Delta\tau_{ij}^k$ 将会增加。这反映了一种正反馈或自催化机制。此外,LB 还被用作选择概率 P_{ij}^k 中启发式信息值 η_{ij} 的估计。

目前 ANTS 算法主要应用于二次分配问题,获得了很好的结果。但该法的一个明显的缺点是,LB 的计算增加了每次迭代时的计算复杂度。

3. 讨论

作为一种典型的分布式群体智能优化方法,ACO 算法可有效求解诸如 TSP 问题、二次分配问题、图着色问题、车间调度问题、最短公共串问题、约束满足问题、机器学习以及网络路由问题等 NP-难问题。经过大幅度扩展后的蚁群系统(ACS)等 ACO 算法,对 TSP 问题的求解十分有效。随着问题规模的增加,相对于其他全局优化方法,如遗传算法、模拟退火算法等,利用 ACO 算法求解 TSP 问题,不仅算法简单,而且性能可得到显著的改善。

与遗传算法相比,大多数性能优异的 ACO 算法,均使用了具有迄今最优游历的精英蚂蚁,从而保留了整个蚁群长期积累的历史经验和记忆,而遗传算法仅具有上一代的信息。ACO 算法受初始条件的影响很小,可以应用于动态变化的环境,特别适合于求解约束条件下的离散问题。但由于随机决策序列的非独立性,造成选择概率随时间变化,ACO 算法的理论分析较为困难,因此通常更偏重于算法的设计与实际运用,也就是在设计出性能较好的

ACO算法后,再对其进行专门的、深入的理论分析。一般可保证ACO算法的收敛性,但其收敛时间则不确定。为此必须针对实际的问题,对收敛性和收敛速度进行合理的折中。例如,在NP-难问题中,若需要较快地计算出高质量的解,则重点是关注解的质量。在动态网络路由问题中,若需要获得条件发生变化时的解,则应关注算法对其他新游历的有效评价。最后必须指出,各种高效的ACO算法,实际上利用了待优化问题的不同的特征作为启发式信息。因此启发式信息的设计与充分利用,对有效提高ACO算法的性能尤为重要。

7.4.3 蚁群优化算法应用举例

为了便于比较,使用了与7.3.3小节相同的例子,即考虑以下的二维Schwefel函数,即

$$f(x_1,x_2)=-x_1\sin(\sqrt{|x_1|})-x_2\sin(\sqrt{|x_2|})$$

其中,$x_1\in[-500,500]$,$x_2\in[-500,500]$。

已知当$x_1=x_2=-420.9687$时,该函数的全局最大值为$f(x_1,x_2)=837.9658$,如图7.33所示。试利用最大-最小蚂蚁系统(MMAS)计算上述二维Schwefel函数的近似最优解。

蚁群优化算法通常应用于求解离散组合优化问题。在利用该法求解连续空间的最优化问题时,首先需要将连续的解空间进行离散化,然后对MMAS算法进行适当的修改。

不失一般性,对x_1和x_2在区间$[-500,500]$内以1为步长分别将其离散化为1001个点。因此求解二维Schwefel函数最大值问题,就相当于在1001×1001个二维点中,寻找使二维Schwefel函数值最大的点。

此时的MMAS算法给出如下:

(1) 首先初始化解空间每个位置的信息素大小,同时随机生成m只蚂蚁的初始位置$(x_1^0,x_2^0)^k(k=1,2,\cdots,m)$。

(2) 根据信息素大小和启发式信息值,计算每个位置的状态转移概率或随机比例规则$P_{x_1,x_2}^k=(\tau_{x_1,x_2})^\alpha(\eta_{x_1,x_2})^\beta\Big/\sum(\tau_{r_1,r_2})^\alpha(\eta_{r_1,r_2})^\beta$。

(3) 对每只蚂蚁,利用轮盘赌的方式,按照状态转移概率选择该蚂蚁的下一个位置。

(4) 计算每只蚂蚁所在新位置的函数值(适配值),若当前蚂蚁的函数值大于迄今最优值,则利用该蚂蚁的函数值更新迄今最优值,并记录该精英蚂蚁的位置。

(5) 对每个位置更新信息素大小和启发式信息值,其中$\tau_{x_1,x_2}^{\text{new}}=(1-\rho)\tau_{x_1,x_2}^{\text{old}}+\Delta\tau_{x_1,x_2}^e$,$\Delta\tau_{x_1,x_2}^e=f(x_1,x_2)wQ$,$\tau_{\min}\leqslant\tau_{x_1,x_2}\leqslant\tau_{\max}$,且若$|(x_1,x_2)-(x_1,x_2)^e|=0$,则$\eta_{x_1,x_2}=1.5$,否则$\eta_{x_1,x_2}=1/|(x_1,x_2)-(x_1,x_2)^e|$。

(6) 如果迭代次数达到设定的最大值,则停止;否则,重复步骤(2)至步骤(6)。

该算法的参数选择如下:

蚁群规模(人工蚂蚁的个数)$m=50$,初始信息素浓度$\tau_0=1.0$,信息素挥发率$\rho=0.1$,信息素浓度影响因子$\alpha=1.0$,启发式信息值影响因子$\beta=2.2$。取常数$Q=1$,权重参数$w=50$。同时设$[\tau_{\min},\tau_{\max}]=[0,2.0]$。

MMAS算法的平均适配值曲线如图7.39所示,搜索结果如表7.9所示。

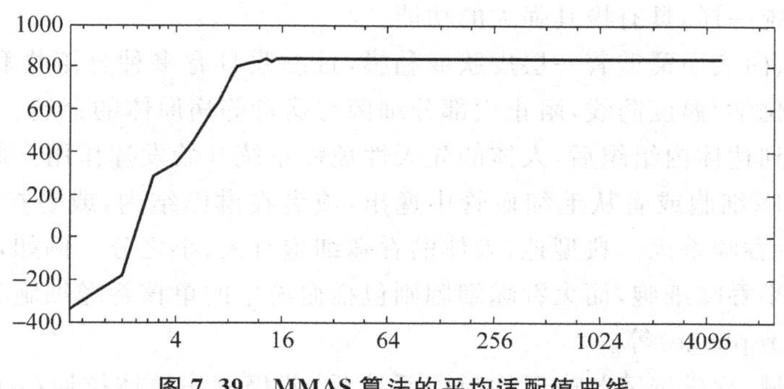

图 7.39 MMAS 算法的平均适配值曲线

表 7.9 MMAS 算法的搜索结果

迭代次数		0	5	10	20	100	5000	最优解
搜索结果	平均值	−54.8307	627.9808	776.1866	837.7623	837.9655	837.9655	837.9658
	最小值	−831.7549	509.7896	−600.5376	828.7811	837.9655	837.9655	
	最大值	836.9885	670.9208	817.3942	837.9655	837.9655	837.9655	

7.5 人工免疫算法

7.5.1 引言

人工免疫系统(Artificial Immune Systems,AIS)是受理论免疫学以及观察到的免疫功能、原理和模型启发的计算系统,可用于问题求解 (de Castro 和 Timmis, 2002)。AIS 不同于计算免疫学(Computational immunology)或免疫信息学(Immunoinformatics),后者作为自然免疫系统的一种理论模型,通常被免疫学家用来对各种免疫现象进行解释、实验和预测。换句话说,两者的研究目的是完全不同的,即 AIS 侧重于对自然免疫系统进行抽象,以期得到可用的计算方法,而计算免疫学或免疫信息学则强调对自然免疫系统的建模与分析,以检验各种免疫学说。

为了便于理解 AIS,下面对生物免疫系统中的基本原理予以简要的介绍。

1. 生物免疫系统

生物免疫系统是生物体自身所固有的能区分出自体与非自体物质(后者一般是指各种外源性病原体)并能将入侵之病原体杀灭的一个天然防御系统。生物免疫系统包括两种,即非特异性的先天性免疫(Innate immunity)和具有特异性的适应式免疫(也称为获得性免疫或后天性免疫)。所有植物与动物都具有先天性免疫系统。脊椎动物还具有适应式免疫系统。为了避免病原体(如细菌和病毒)的入侵或感染,人体的免疫系统既含有先天性免疫和适应性免疫等生物性屏障,也包括皮肤、黏液等物理化学屏障。一般地,人体的生物免疫系统由免疫器官(骨髓、胸腺、淋巴结、脾脏、扁桃体等)、免疫细胞(淋巴细胞、巨噬细胞、各种粒细胞等),以及免疫分子(补体、免疫球蛋白、干扰素等)组成。人体的免疫系统,如同其神经系统和内分泌系统一样，具有极其强大的功能。

由于人体外、内表面覆盖着一层皮肤或黏膜，且黏膜具有多种分泌物和附件，因此可作为第一道机械与化学/温度防线，阻止大部分细菌与病毒等病原体的穿越。当余下的病原体穿过皮肤或黏膜到达体内组织后，人体的先天性免疫系统开始发挥作用。此时，具有非特异性防御能力的吞噬细胞或者从毛细血管中逸出，或者在淋巴结内，或者在血液与其他脏器中，对病原体进行吞噬杀灭。典型地，人体的吞噬细胞有大、小之分。例如，外周血液内的中性粒细胞是一种小吞噬细胞，而大吞噬细胞则包括血液中的单核吞噬细胞和肝、脾或骨髓中的巨噬细胞(Macrophage)等。

经过上述机械、化学屏障与先天性免疫系统后，若仍有病原体抗原(Antigen，简称 Ag)穿越且已开始复制，则具有特异性防御能力的适应式免疫系统开始发挥作用。适应式免疫系统的核心是经血液和淋巴器官循环的淋巴细胞(Lymphocyte)。经过生物体的长期进化和个体发育，淋巴细胞能自适应地识别特定的抗原，且具有记忆能力以加速未来的免疫应答反应。淋巴细胞包括 B 细胞及其抗体(Antibody，简称 Ab)、T 细胞及其淋巴因子、自然杀伤细胞(NK)及自然杀伤 T 细胞(NKT)。前体 B 细胞产生并成熟于骨髓，前体 T 细胞产生于骨髓，但在胸腺中分化和成熟。成熟 T 细胞和 B 细胞经血液循环固定于淋巴结、脾脏和扁桃体等免疫器官，对细菌与病毒等抗原物质的入侵产生一系列特异性免疫应答。

如图 7.40 所示，人体免疫系统的工作原理可大致描述如下：(a)当细菌或病毒等病原体微生物在经过前述的两层物理与化学屏障后，若仍有“漏网之鱼”侵入人体内部，此时先天性免疫系统中的巨噬细胞将发起进攻，对病原体进行吞噬杀灭；(b)吞噬到“肚子”里的病原体微生物，在酶的作用下被分解为多肽，并由巨噬细胞膜内本身的 MHC(主要组织相容性

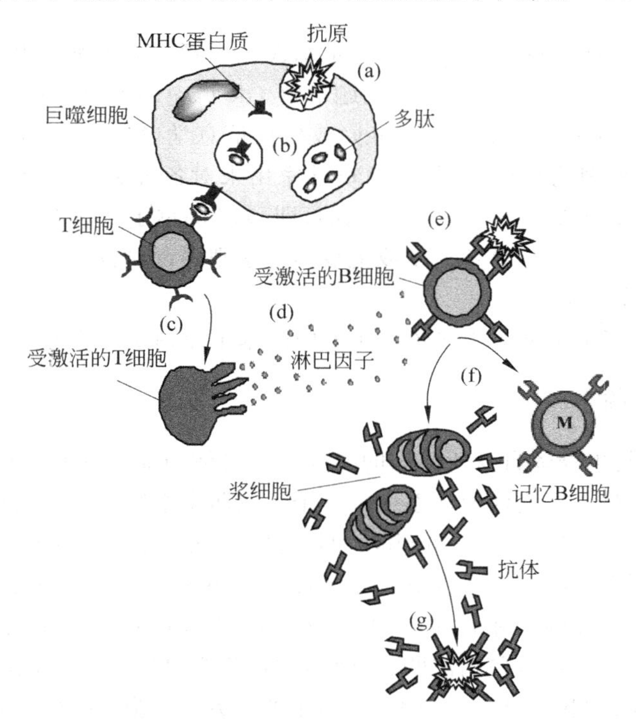

图 7.40 人体免疫系统的工作原理示意图

复合体)蛋白质分子将其黏附携带后递呈于巨噬细胞表面,形成非自体MHC-肽复合体抗原,以向T细胞($CD4^+$)进行信号传导;(c)适应式免疫系统中的$CD4^+$ T细胞识别出巨噬细胞表面的MHC-肽复合体抗原,并与之结合,从而向T细胞($CD8^+$)进行信号传导;(d)受激活的$CD8^+$ T细胞立即反应,释放出一种称之为淋巴因子的物质,进一步向B细胞进行信号传导,同时直接识别并摧毁被感染的靶细胞;(e)由淋巴因子唤醒的B细胞,识别剩余的病原体抗原刺激;(f)若成功识别,则受激活的B细胞将进行克隆、增殖与分化,释放大量浆细胞和记忆B细胞,并由浆细胞分泌出更大数量的抗体,这也被称为克隆选择过程;(g)这些抗体将包围其他剩余的抗原,并与之结合形成抗原复合体,最终将全部抗原灭活及清除。

上述免疫反应与免疫信号传导过程,也称为免疫应答。一般说来,免疫应答是指T细胞与B细胞等淋巴细胞识别抗原,产生激活、增殖与分化等应答,并将抗原灭活及清除的全过程。如上所述,免疫应答具有特异性和记忆性。通常涉及抗原识别,淋巴细胞激活、增殖与分化,以及抗原清除等3个阶段。免疫应答又可分为T细胞介导的细胞免疫和B细胞介导的体液免疫。按递呈的抗原是否为初次刺激等,免疫系统又将产生不同的应答效果。如图7.41所示,免疫应答通常可分为初次应答(Primary response)、二次应答(Secondary response)和交叉反应应答(Cross reactive response)。它们分别对应于递呈未知抗原,未知或已知抗原,以及未知加已知抗原等3种不同的情况。显然,免疫应答系统经过对抗原的识别与记忆后,将可加速未来的免疫应答反应。

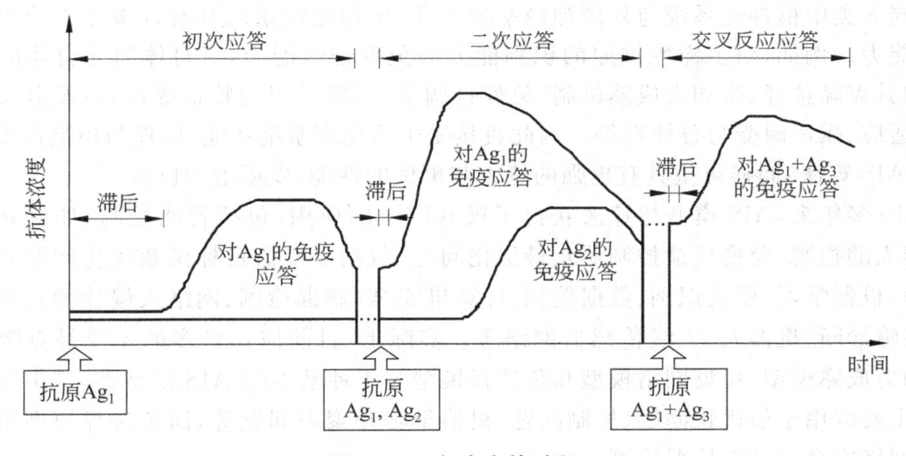

图7.41 免疫应答过程

总之,免疫系统是一个精细、复杂和完备的防御系统,具有多样性、分布性、适应性、鲁棒性,以及免疫记忆、免疫自调节和进化特性等特点。免疫系统中的免疫细胞和免疫分子,分布式地遍布于全身各处,一直在不断地产生、识别、激活、增殖、分化、记忆与循环。免疫系统具有高度的鉴别能力,能通过MHC-肽复合体自体/非自体标签,精确地识别出自体与非自体细胞。同时还能接收、传导、增强和记忆各种免疫信息,进行一系列正或负的免疫应答,并不断地调整其应答速度与效率。免疫系统中的免疫自调节机制,可通过抗原与抗体、抗体与抗体之间的刺激与抑制来维持不同种类抗体的浓度平衡。

2. 人工免疫算法的发展历史

1973年Jerne提出的独特型(Idiotypic)免疫网络学说,认为人体免疫系统维持了一种由B细胞相互连接的网络,这被普遍视为是理论免疫学的基础。受上述免疫网络学说的启发,Farmer等于1986年首先给出了免疫系统的动态模型,开始了人工免疫系统(AIS)的研究。1990年Bersini等提出了一种人工免疫网络算法,并首先将其应用于问题求解。与此同时,Ishida率先将免疫算法应用于故障诊断。Forrest等于1994年面向计算机安全提出了负选择算法。Hunt等于1995年提出了免疫网络算法,并应用于机器学习中。Timmis等继续进行了这方面的研究工作,并对免疫网络算法进行了改进。但直到90年代中、后期,AIS才逐渐成为一个主流的研究方向。例如,1996年12月在日本召开的相关国际专题研讨会上,AIS的概念才被正式提出并予确认。又如,直到1998年才出现了第一本有关AIS的著作(Ishida等)。但该书由于以日文出版,在相当程度上限制了其影响。1999年早期,Dasgupta主编并出版了《人工免疫系统及其应用》一书,汇集了有关理论免疫学与AIS的论文。2002年,de Castro等与Nicosia等各自提出了有关克隆选择算法,引起了许多研究者的兴趣。de Castro与Von Zuben还发展了一系列人工免疫网络算法(aiNet)等,先后应用于数据分析与最优化问题等。之后进一步涌现出各种将AIS思想与其他群智能计算方法或进化计算相结合的混合免疫算法,以及考虑了疫苗接种的AIS算法等。此后,AIS开始走向成熟。

如同人类中枢神经系统与外周神经系统一样,生物免疫系统具有许多令人惊叹的神奇特性与能力。例如,对多样性抗原的识别能力与免疫记忆能力,对自体与非自体的鉴别能力,又如其克隆选择、亲和力成熟机制、免疫自调节、再励学习与特征提取,以及分布、多层、动态自适应、噪声耐受与鲁棒性等。因此直接受生物免疫系统功能、原理与模型启发而提出的各种AIS算法,同样可望具有更强的能力与更优的性能,发展潜力巨大。

近10多年来,AIS模型与算法获得了极其广泛的应用,包括智能控制(如倒立摆的控制、机器人的控制、免疫反馈控制器)、最优化问题(包括多峰值目标函数优化问题和组合优化问题)、机器学习、模式识别、数据挖掘、计算机安全(病毒检测、网络入侵检测)、异常情况检测、故障诊断、机器人、无线传感器网络等。实际上,目前应用最多的主要是克隆选择模型、亲和力成熟模型、免疫网络模型和负选择模型等4种基本的AIS模型类,其中前面3种模型类主要应用于最优化问题、控制问题、机器学习和聚类问题等,而负选择模型则更多地应用于网络安全与异常情况检测。

7.5.2 人工免疫系统(AIS)

1. AIS的基本概念与一般框架

前面已经介绍了生物免疫学中的基本原理,揭示了先天性免疫系统与哺乳类动物适应式免疫系统的功能与行为等。由于各种AIS模型与算法都是受特定免疫学说的启发而产生的,因此在具体介绍AIS模型与算法之前,首先简单地总结一下理论免疫学中的有关概念,给出它们在AIS算法中的对应关系,然后给出AIS的一般框架和基本模型,最后再给出几种典型的AIS算法。

以下首先给出生物免疫系统中的若干基本术语。

病原体(Pathogen)：任何对身体有害的非自体物质，通常是指病毒、细菌、真菌等外源性微生物。

抗原(Antigen)：是指任何能够刺激与诱导免疫系统产生免疫应答，并能与抗体发生特异性结合的物质。通常指病原体、非自体血细胞与移植器官细胞等膜外的致病蛋白质。抗原表面的致病部分或者说与抗体的结合或互补部位，称为抗原决定基(Epitope)。一个抗原可能具有多个不同的决定基，这意味着不同的抗体可以识别同一个抗原。

抗体(Antibody)：在抗原刺激下，免疫系统中由B细胞分化成的浆细胞所产生的、可与抗原发生特异性结合的Y型免疫球蛋白。作为免疫应答的产物，抗体也称为受体(Receptor)。抗体与抗原的结合或互补部位，则称为抗体结合基(Paratope)。抗体表面含有抗体结合基和独特型基(Idiotope)，抗体结合基用于识别抗原决定基，而独特型基则用于与自身其他抗体之间的相互识别。

亲和力(Affinity)：指抗体结合基与抗原决定基之间的结合强度。通常，抗体结合基与抗原决定基在形状结构上越互补，结合的强度也就越大。

胸腺：位于上胸中部胸骨之后的重要淋巴器官。T细胞在胸腺中分化、增殖与成熟。

T细胞：即胸腺依赖性淋巴细胞，也称胸腺细胞。作为一种重要的免疫细胞，主要包括辅助性T细胞(Th，即$CD4^+$)、细胞毒性T细胞(Tc，即$CD8^+$)和抑制性T细胞(Ts)等。T细胞的表面受体可识别抗原，在正常情况下，还能区分自体与非自体物质。

B细胞：即骨髓依赖性淋巴细胞。作为一种重要的免疫细胞，受抗原刺激分化增殖为浆细胞，产生大量的抗体并进入血液循环，从而通过抗体完成体液免疫的功能。B细胞具有单一类型的受体。

免疫应答：是指T细胞与B细胞等淋巴细胞识别抗原，产生激活、增殖与分化等一系列免疫应答，并将抗原灭活及清除的全过程。

免疫识别：基于抗体结合基与抗原决定基之间的互补，即抗原与特异的免疫抗体之间产生的结合。一般具有识别阈值。

免疫记忆：T细胞和B细胞等免疫淋巴细胞均具有对抗原的记忆能力。免疫记忆将让免疫系统做出更快速有效的免疫应答反应。

免疫自调节：通过抗原与抗体之间的刺激、抗体与抗体之间的抑制来维持机体中不同种类抗体的浓度平衡。

由于AIS模型与算法受生物免疫系统的启发而产生，下面将简要地归纳一下有关概念的对应关系。

在AIS算法中，问题被抽象成抗原递呈或抗原识别。类似于GA算法中的染色体，这里种群中的个体(Individual)是抗体，通常也由定长二进制串表示。在由m个抗体组成的抗体群中，抗体与抗原之间的亲和力被定义为抗体的适配值，用以表示抗体对抗原的识别程度或匹配程度。亲和力一般可使用欧氏距离、哈明(Hamming)距离或曼哈顿(Manhattan)距离等来具体描述。每个抗体对应于问题的一个解。由于有m个抗体在解空间中并行地搜索，因此AIS优化算法同样是一种元启发式搜索与优化技术。与GA算法不同之处主要有两点：一是AIS算法存在一个记忆细胞群，需要不断更新；二是AIS算法还利用了抗体与抗体之间的亲和力，用以表示两两抗体之间的相似程度，并给出了抗体浓度的定义，以模拟生物免疫系统中的免疫自调节机制。

图7.42给出了AIS的一般框架。对于一个需要利用AIS求解的具体问题,必须首先明确其所属应用领域。例如,这是一个最优化问题,还是一个分类问题,或是一个计算机病毒检测问题等。然后就要将问题利用抗原进行表达或递呈。例如,对于最优化问题,通常可将目标函数与各种约束条件视为AIS的抗原递呈。进一步就要据此定义抗体与抗原之间的亲和力,也即各个抗体或个体的适配值。一般说来,抗体与抗原的亲和力与距离相关。例如,可定义为欧氏距离,也可选择哈明距离和曼哈顿距离等距离测度,并进一步给出此抗原亲和力的阈值。在此之后,则可根据问题的性质选择克隆选择模型、亲和力成熟模型、免疫网络模型和负选择模型等基本的AIS模型类,并最终选择相应的AIS算法。

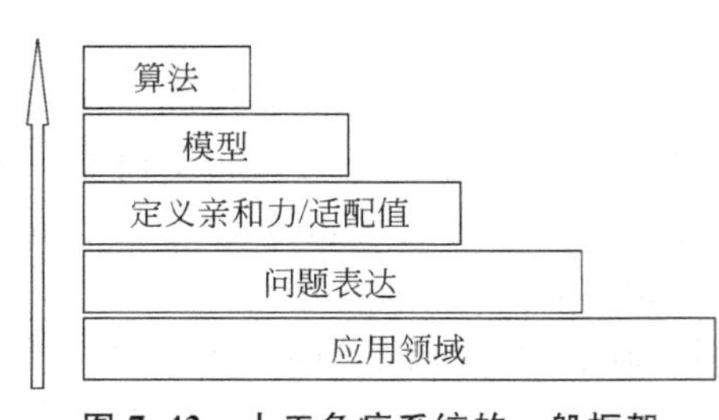

图7.42 人工免疫系统的一般框架

下面对AIS算法中利用最多的4种基本AIS模型类予以简要介绍。

(1) 负选择模型。该思想源于胸腺中T-细胞受体的负选择机制。受T细胞在胸腺中分化和成熟期间所出现的正与负选择过程(即所谓T细胞对自体的免疫耐受性)所启发,而提出的一类基本AIS模型。负选择指的是对自体反应T细胞的识别与清除。所谓自体反应T细胞是指可能选择与攻击自体组织的T细胞。换言之,只有那些对自体不敏感的T细胞才能允许离开胸腺,进入全身免疫循环。负选择模型典型地应用于计算机安全与模式识别问题中。例如,对自体/异体的检测与识别问题,该模型会预先准备一组标准的基于自体训练的模式检测器,然后再将其应用于建模与检测异体或异常变化。

(2) 克隆选择模型。受适应式免疫系统中细胞克隆选择学说的启发,而提出的一类基本AIS模型。Burnet的细胞克隆选择学说解释了B细胞/T细胞如何随时间不断改善针对抗原刺激的免疫应答反应。此类模型强调免疫的进化特性,与GA算法类似,其选择性依赖于抗原-抗体结合的亲和力,复制相当于细胞分裂或细胞克隆,变异对应于体细胞的高频变异(Hypermutation)。与此同时,该类模型还考虑了特定记忆细胞群的维护,未受刺激的抗体的凋亡,自体免疫抑制,抗体之间亲和力相似程度的再选择,以及多样性的产生与维护等。克隆选择模型一般应用于机器学习、最优化与模式识别问题中,其中部分模型类似于再励学习方法、并行爬山法和无重组算子的遗传算法。

(3) 亲和力成熟模型。受免疫应答中亲和力成熟现象的启发,而提出的一类基本AIS模型。在T细胞介导的细胞免疫应答中,所谓亲和力成熟过程主要由体细胞的高频变异和受体编辑组成。高频变异是指在抗原的刺激下,受激活的B细胞将以极高的频率进行克隆增殖,且部分细胞的抗体在此克隆选择过程中发生随机的点变异,从而导致出现具有较高亲和力抗体的可能。注意这种变异仅针对个别的免疫细胞进行,不会遗传到下一代,且变异率与亲和力大小呈指数下降关系。与此同时,克隆选择过程中的B细胞还将经历受体编辑过程,也即那些具有较低亲和力的抗体及其B细胞将被去除,并代之以随机产生的新抗体,以增加多样性。受体编辑通常可避免免疫应答陷入由高频变异引起的局部停滞。总体上,相较于初次免疫应答,多次免疫应答后的抗体群将具有更大的多样性和更高的平均亲和力,也就是亲和力走向了成熟。较之于GA算法,此类模型中的变异与选择机制,相当于机体内部的微观进化操作，已被广泛应用于各种 AIS 算法中。

(4) 免疫网络模型。受免疫网络学说启发，而提出的一类基本 AIS 模型。独特型免疫网络学说(Jerne，1973)认为生物免疫系统通过 B 细胞抗体的所谓独特型基与抗体结合基的相互作用来维持一个 B 细胞抗体网络，以实现免疫学习、免疫记忆与免疫自调节。与人工神经网络类似，此类模型以图结构的形式描述，其中结点代表了抗体或分泌抗体的细胞，结点之间的边代表了两两抗体之间的亲和力或相似程度，其权值大小可基于相应的训练算法进行更新。免疫网络模型已被应用于聚类、数据可视化、智能控制与最优化问题等。

一般地，负选择模型主要应用于计算机病毒检测与网络入侵检测等计算机安全与异常检测问题中。限于本书的目的，将主要介绍可用于智能优化问题的基于克隆选择模型、亲和力成熟模型和免疫网络模型的 AIS 算法。

2. AIS 算法

基本 AIS 模型类主要描述了生物免疫系统对抗原刺激的识别多样性和各种多样性免疫细胞的产生与维持机制，涉及自然免疫过程的各个阶段与各种免疫原理，包括骨髓中前体 T 细胞受体与前体 B 细胞受体编码自基因库中基因的随机串接(骨髓模型)，胸腺中 T 细胞受体的负选择机制(负选择模型)，受抗原激活 B 细胞的克隆选择机制(克隆选择模型)，增加抗体群多样性和平均亲和力大小的高频变异与受体编辑(亲和力成熟模型)，以及描述了免疫自调节机制的由独特型基建立的 B 细胞网络(免疫网络模型)等。

如上所述，在根据问题求解的性质选择了不同的基本 AIS 模型类后，需要继续选择相应的 AIS 算法。目前针对克隆选择模型、亲和力成熟模型和免疫网络模型等，已发展出了若干具有代表性的 AIS 优化算法。在这类 AIS 算法中，通常将待求解的问题作为抗原递呈，将抗体作为种群中的个体或问题的可行解。与此同时，抗体与抗原之间的亲和力表达了抗体对抗原的识别程度或匹配程度，其大小对应于个体的适配值，即待求解问题的目标函数值。而抗体与抗体之间的亲和力则表达了抗体之间的相似程度或称抗体浓度。基本思想是模拟克隆选择、亲和力成熟机制、免疫记忆、免疫自调节与疫苗接种等。例如，在算法中引入了克隆扩增与记忆抗体群。又如，通过模拟体细胞高频变异，仅对具有高抗原亲和力的抗体进行克隆增殖，并对抗体进行随机点变异，同时仿生受体编辑的选择机制以增加抗体群的多样性等。再如，在刺激与抗原具有高亲和力抗体的同时，抑制高浓度抗体，以模拟免疫自调节功能。类似地，为了加快算法的收敛速度，通常也将有关待求解问题的先验知识转化为抗体的某些特征。因此这类 AIS 优化算法较适合于求解多峰值目标函数的优化问题。

下面将介绍 4 种最基本的 AIS 优化算法。

1) 克隆选择算法(CLONALG)

根据克隆选择模型，de Castro 等于 2002 年提出了一种克隆选择算法(CLONALG 算法)。该算法考虑了记忆抗体群的维护，与抗原具有最高亲和力抗体的克隆增殖，未受抗原刺激的抗体的凋亡，亲和力成熟机制与再选择，以及多样性的产生与维护等。

CLONALG 算法的实现步骤如下：

(1) 随机生成初始抗体群。随机生成 m 个初始抗体或称个体，共同构成初始抗体群。

(2) 抗原递呈。从待识别的抗原群中随机地选择一个抗原，并将其递呈给初始抗体群中的所有抗体。对于最优化问题，该算法将目标函数作为抗原，将每个抗体的目标函数值定义为该抗体的抗原亲和力或适配值,而每个抗体则对应于目标函数满足约束条件下的一个可行解。进一步地,初始记忆抗体群被设定为初始抗体群。

(3) 计算抗原与抗体亲和力。计算抗体群中每个抗体与给定抗原之间的亲和力,并将其作为该抗体的适配值,以表达此抗体对抗原的识别程度或匹配程度。

(4) 生成精英抗体群。在抗体群中选择 n 个与抗原具有最高亲和力的抗体($n < m$),建构一个新的具有最高抗原亲和力的精英抗体群。

(5) 克隆选择与扩增。对上述精英抗体群中的每个抗体,按照其抗原亲和力的大小成正比地进行克隆,以产生另一个克隆抗体群。此时,亲和力越高,产生的克隆个数就越多。

(6) 高频变异。该克隆抗体群在克隆过程中将发生随机点变异,且变异概率与其抗原亲和力成反比,即克隆抗体群中与抗原亲和力越高的克隆抗体,其发生变异的概率也越低。如此将产生一个变异克隆抗体群。

(7) 重新计算抗原与抗体亲和力。对上述变异克隆抗体群中的每个克隆抗体,重新计算其与给定抗原的亲和力。

(8) 记忆抗体群更新。从变异克隆抗体群中重新选择 n 个与抗原具有最高亲和力的克隆抗体,建构一个新的具有最高抗原亲和力的精英变异克隆抗体群,并将其作为更新记忆抗体群的候选。如果在记忆抗体群中存在亲和力更低的抗体,则代之以此处的精英变异克隆抗体。

(9) 受体编辑。随机生成 d 个全新的抗体,替换此时抗体群中 d 个具有最低亲和力的抗体,以模拟生物免疫系统中的受体编辑过程,增加抗体群的多样性。如此一来,算法即产生了下一代的抗体群或记忆抗体群。

(10) 重复第(3)步到第(9)步,直到满足停止条件。这里的停止条件为最大迭代次数或抗体群的平均抗原亲和力或平均适配值达到一个稳定值。

上述克隆选择算法体现了一种再励学习策略,通常被应用于机器学习、模式识别与最优化问题中。

2) 免疫网络算法(opt-aiNet)

de Castro 与 Von Zuben 于 2001 年首先针对数据压缩与聚类问题提出了一种离散型的人工免疫网络(aiNet)算法。该算法还被进一步应用于计算生物学甚至是简单免疫应答的建模。为了能够适用于最优化问题,de Castro 与 Timmis 于 2002 年提出了 aiNet 算法的最优版本,即 opt-aiNet 算法。目前 aiNet 已发展成一个系列算法。该法本质上是将 CLONALG 算法与前述的 Jerne 免疫网络模型相结合,较为完整地模拟了生物免疫网络对抗原刺激的免疫应答过程,主要包括抗原识别、克隆选择、亲和力成熟与免疫自调节等。相对于 CLONALG 算法,这里增加了对 B 细胞网络中抗体之间相互作用或免疫自调节功能的模拟。其好处之一是通过计算抗体之间的相似程度,可以动态地平衡抗体群中抗体的个数。在 opt-aiNet 算法中,网络结点对应于抗体,抗原亲和力和抗体浓度被定义为结点的状态,抗体被认为是待优化目标函数的可行解。该法通过不断进化抗体网络与记忆抗体群来逐渐寻找目标函数的全局最优解。opt-aiNet 算法的特点是:直接使用欧氏形状空间中的实值向量而非二进制编码,适配值被定义为目标函数值,抗体-抗体亲和力被定义为两两抗体之间的欧氏距离;抗体群规模可动态调整;同时具有对搜索空间的利用和探索能力;可确定多个极值点的位置。

如图7.43所示，opt-aiNet免疫网络算法的实现步骤如下。

(1) 抗原递呈。输入待求解的目标函数和各种约束条件作为该算法的抗原。

(2) 随机生成初始抗体群。首先利用随机方法产生初始抗体群，其中可根据问题的先验知识将问题的初始解当作初始抗体。初始抗体群由 m 个随机产生的抗体组成，这里每个抗体都对应一个实值向量，代表了问题的一个可行解。

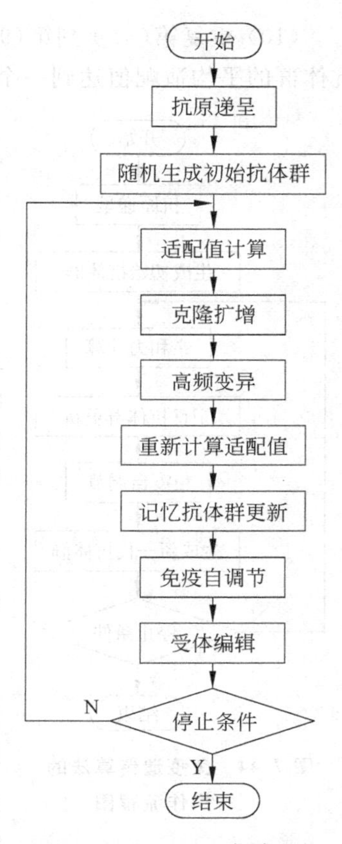

图7.43 opt-aiNet免疫网络算法的操作流程图

(3) 适配值计算。计算抗体群中每个抗体与给定抗原之间的亲和力，即进行目标函数值计算，并将其作为该抗体的适配值，同时将适配值向量归一化。

(4) 克隆扩增。对上述抗体群中的每个抗体，分别产生 m_c 个克隆。此时共扩增了 $m\times m_c$ 个克隆抗体。

(5) 高频变异。每个克隆均要经历体细胞的高频变异，即每个克隆都要根据父抗体的适配值进行随机点变异。克隆抗体的高频变异可由下式给出，即

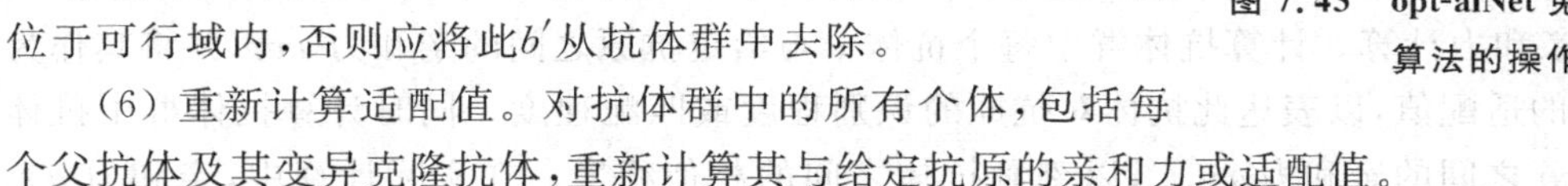

$$b' = b + \alpha N(0,1)$$

式中，变异率 $\alpha=(1/\beta)\exp(-f^*)$，$\beta$ 为指数衰减函数的控制参数，f^* 为父抗体 b 在进行[0,1]归一化后的适配值；b 为父抗体；b' 为 b 的变异克隆抗体；$N(0,1)$ 为均值为0标准离差为1的高斯随机变量。由于 b' 代表了一个可行解，因此它必须位于可行域内，否则应将此 b' 从抗体群中去除。

(6) 重新计算适配值。对抗体群中的所有个体，包括每个父抗体及其变异克隆抗体，重新计算其与给定抗原的亲和力或适配值。

(7) 记忆抗体群更新。从每个父抗体及其克隆中，选择具有最高适配值的变异克隆抗体，共同组成 m 个新的具有最高抗原亲和力的精英变异克隆抗体群，并将其作为更新记忆抗体群的候选。如果在记忆抗体群中存在适配值更低的抗体，则代之以此处的精英变异克隆抗体。之后再计算记忆抗体群的平均适配值。

(8) 免疫自调节。计算上述抗体群或B细胞网络中所有抗体之间的亲和力。除再选择抗体-抗体亲和力小于 σ_S 且具有最高适配值的抗体之外，其他所有抗体均被抑制或去除，这里 σ_S 为预先设定的抑制阈值。因此此处免疫自调节抑制掉的抗体，既包括任何亲和力大于 σ_S 的相似抗体与未受刺激的抗体，也包括亲和力低于 σ_S 但适配值较低的抗体。显然，去除相似抗体将有利于防止抗体过早集聚在单个峰值上。

应该注意的是，对opt-aiNet算法，B细胞网络中抗体之间的相互作用仅考虑了抑制，这与Jerne的免疫网络模型有所不同，因为后者认为B细胞之间除了具有抗体抑制之外，还存在着抗体促进(刺激)的相互作用。

(9) 受体编辑。随机生成 d 个全新的抗体，替换此时抗体群中 d 个具有最低亲和力的抗体，以模拟生物免疫系统中的受体编辑过程，增加抗体群的多样性。如此一来，算法即产生了下一代的抗体群或记忆抗体群。

(10) 重复第(3)步到第(9)步,直到满足停止条件。这里的停止条件为最大迭代次数或抗体群的平均适配值达到一个稳定值。

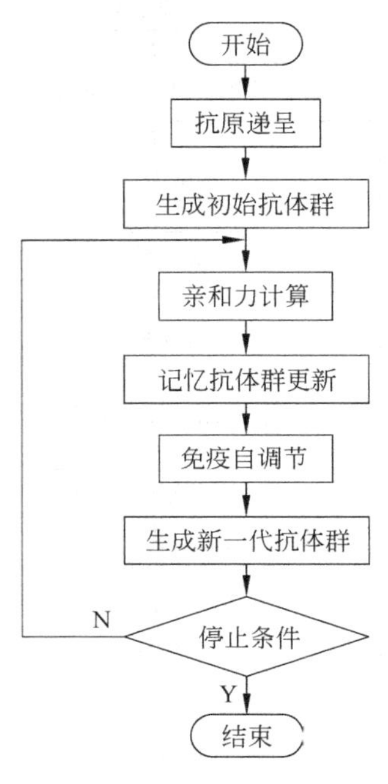

图 7.44 免疫遗传算法的操作流程图

上述 opt-aiNet 免疫网络算法已被应用于多个典型的多峰值目标函数的优化问题中。除此之外,另一个较有影响的免疫网络算法,则是由 Timmis 等提出的所谓资源受限的人工免疫系统,这里不再介绍。

3) 免疫遗传算法

生物免疫系统具有多时间尺度的进化特性,将上述克隆选择算法与免疫网络算法等基本免疫算法与遗传算法(GA)结合是一件十分自然的事情。免疫遗传算法实现了基本免疫算法与遗传算法的有效结合,进一步改进了基本免疫算法的性能。

如图 7.44 所示,免疫遗传算法的实现步骤如下。

(1) 抗原递呈。输入待求解的目标函数和各种约束条件作为免疫遗传算法的抗原。

(2) 随机生成初始抗体群。与 GA 类似,将待优化的各个参数编码为二进制串,之后将这些二进制串合并成一个长串并作为抗体。同样,初始抗体群通常是在解空间或搜索空间中以随机方式产生的。为了提高算法的收敛速度,若已有记忆抗体群,则可通过直接引入其记忆抗体以融入问题的先验知识。

(3) 亲和力计算。计算抗体群中每个抗体 v 与给定抗原之间的亲和力 ax_v,并将其作为该抗体 v 的适配值,以表达此抗体对抗原的识别程度或匹配程度。同时计算抗体群中抗体 v 和抗体 w 之间的亲和力 $ay_{v,w}$,以刻画抗体之间的相似程度。在实际计算中,亲和力 ax_v 与亲和力 $ay_{v,w}$ 可使用欧氏距离、哈明距离或曼哈顿距离等来具体刻画。

(4) 记忆抗体群更新。将抗体群中各抗体的适配值按降序进行排列,并将高适配值的抗体加入到记忆抗体群中。为了保持记忆抗体群的规模不变,新加入的抗体将取代记忆抗体群中最相似或与其亲和力最高的原有抗体。

(5) 免疫自调节。根据两两抗体之间的亲和力 $ay_{v,w}$,计算抗体 v 的浓度 c_v,并模拟免疫自调节机制,即在促进适配值高抗体的同时,抑制高浓度的抗体,以增加抗体的多样性。

抗体浓度 c_v 的计算公式为

$$c_v = \frac{1}{m}\sum_{w=1}^{m} ac_{v,w}$$

其中,

$$ac_{v,w} = \begin{cases} 1 & ay_{v,w} \geqslant T_c \\ 0 & \text{其他} \end{cases}$$

式中 T_c 为预先设定的抗体相似阈值。

(6) 生成新一代抗体群。对抗体群中经过受体编辑选择的抗体,进行与 GA 算法相同的交叉和变异操作,得到新的抗体群,并进一步与更新后的记忆精英抗体群,共同组成新一代的抗体群。同样地，这些新的抗体对应于问题的一个新解。若满足停止条件，则算法终止；否则转向第(3)步，如此一直循环下去。

免疫遗传算法一般应用于人工神经网络的训练与TSP问题的求解，也适合于求解多峰值目标函数的全局优化问题等。

4) 免疫规划算法

为了进一步导入待求解问题的先验知识与经验，加快算法的全局收敛能力，下面再介绍一种免疫规划算法。该算法的特点是引入了接种疫苗(Vaccine)与免疫选择这两种免疫算子，有效地模拟了人工疫苗这一加强生物免疫系统的手段和生物免疫系统本身的适应性。

如图7.45所示，免疫规划算法的实现步骤如下。

(1) 抗原递呈。输入待求解的目标函数和各种约束条件作为免疫规划算法的抗原。

(2) 随机生成初始抗体群。利用随机方法产生初始抗体群。这里每个抗体均表示问题的一个可行解。

(3) 抽取疫苗。利用问题的先验知识，抽取抗体(个体)基因或其分量的先验特征。

(4) 适配值计算。计算抗体群中每个抗体与抗原之间的亲和力，并将其作为该抗体的适配值，以表达此抗体对抗原的识别程度或匹配程度。

(5) 交叉变异。利用GA算法中的交叉变异算子，通过预先设定好的交叉概率 P_c 和变异概率 P_m，对抗体进行类似的交叉操作和变异操作。

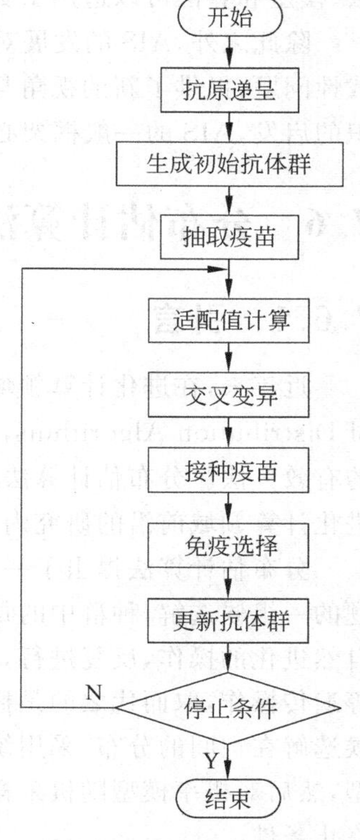

图7.45 免疫规划算法的操作流程图

(6) 接种疫苗。实际就是根据问题的先验知识修改抗体某些基因位上的基因或其分量，以提高抗体的适配值。

(7) 免疫选择。免疫选择的目的是为了防止抗体群出现退化现象，包括免疫检测与退火选择两个步骤。第一步为免疫检测，对接种了疫苗的抗体进行检测，若它的适配值还不如父代，则说明在进化过程中出现了退化现象。此时父代抗体将会取代此检测抗体；第二步，如果适配值高于父代，则进行退火选择，即在生成的抗体群中以某一概率选择抗体。

(8) 更新抗体群。经过上述操作就可产生下一代的抗体群，其中每个抗体对应于问题的一个新解。若满足停止条件，则算法终止，否则转向第(4)步，如此一直循环下去。

免疫规划算法采用接种疫苗的方法，加入了问题的先验知识，可以有效地加快算法的收敛速度并提高解的质量。基于免疫检测与退火选择的免疫选择方式可以防止早熟现象，同时又可保证寻优过程向全局最优方向进行。免疫规划算法可以应用于TSP问题的求解中，也可应用于典型多峰值目标函数的优化问题中。

3. 讨论

以上给出了若干典型的人工免疫算法，可以看出AIS的原理是相当复杂的。事实上，生物免疫系统因其复杂性和多样性，仍有大量的问题有待研究。但挑战本身无疑会进一步推动AIS理论体系的建立与发展。相较于人工神经网络与遗传算法,迄今提出的AIS方法、模型和算法可以适用于更多不同的应用领域。

除此之外,AIS的发展对解决诸如智能控制、组合优化、内容搜索与计算机安全中的挑战性问题,提供了新的视角与研究思路。随着生物免疫系统研究的不断深入,受更多深入认识的启发,AIS的一般框架必将得到细化和扩展,AIS的理论分析也必将获得深入的发展。

7.6 分布估计算法

7.6.1 引言

近年来,在进化计算领域提出了一类新型的优化算法,称为分布估计算法(Estimation of Distribution Algorithms,EDA),并迅速成为进化计算领域的研究热点和解决工程问题的有效方法。分布估计算法的概念最初在1996年提出,在2000年前后迅速发展,成为当前进化计算领域前沿的研究内容。

分布估计算法提出了一种全新的进化模式。在传统的遗传算法中,用种群表示优化问题的一组候选解,种群中的每个个体都有相应的适应值,然后进行选择、交叉和变异等模拟自然进化的操作,反复进行,对问题进行求解。而在分布估计算法中,没有传统的交叉、变异等遗传操作,取而代之的是概率模型的学习和采样。分布估计算法通过一个概率模型描述候选解在空间的分布,采用统计学习手段从群体宏观的角度建立一个描述解分布的概率模型,然后对概率模型随机采样产生新的种群,反复进行建立概率模型和随机采样,直到满足终止条件。

根据概率模型的复杂程度及不同的采样方法,分布估计算法发展了很多不同的具体实现方法,但所有这些都可以归纳为下面两个主要步骤。

(1) 构建描述解空间的概率模型。通过对群体的评估,选择优秀的个体集合,然后采用统计学习等手段构造一个描述当前解集的概率模型。

(2) 由概率模型随机采样产生新的种群。一般采用蒙特卡罗方法,由概率模型采样得到新的种群。

分布估计算法作为一种新型的进化算法,它的价值主要可以归纳为以下几个方面。首先,从生物进化的数学模型上来看,分布估计算法与传统进化算法不同:传统进化算法是基于对种群中的各个个体进行进化操作(交叉、变异等)来实现群体的进化,是对生物进化"微观"层面上的数学建模;而分布估计算法则是基于对整个群体建立数学模型,直接描述整个群体的进化趋势,是对生物进化"宏观"层面上的数学建模。其次,分布估计算法给人类解决复杂的优化问题提供了新的工具,它通过概率模型可以描述变量之间的相互关系,从而使它对解决非线性和变量耦合的优化问题更加有效。试验表明,分布估计算法能更加有效地解决高维问题,降低计算的复杂性。例如,贝叶斯优化算法(分布估计算法的一种)可以通过与问题规模成多项式数量级的采样就能求得一类GA难问题的最优解。最后,分布估计算法是一种新的启发式搜索策略,是统计学习理论与随机优化算法的结合。将它与其他智能优化算法相结合,将极大丰富混合优化算法的研究内容,给优化问题的研究提供了新的思路。

7.6.2 一个简单的分布估计算法

下面通过一个简单的EDA算例，介绍该方法独特的进化操作，使得对EDA方法有一个直观的认识。

假设用分布估计算法求函数 $f(x)=\sum_{i=1}^{n}x_i$ 的最大值，$x\in\{0,1\}^n$，$n=3$。在这个例子中，描述解空间的概率模型使用简单的概率向量 $\boldsymbol{p}=(p_1,p_2,\cdots,p_n)$，$\boldsymbol{p}$ 表示群体的概率分布，$p_i\in[0,1]$ 表示基因位置 i 取1的概率，$1-p_i$ 表示基因位置 i 取0的概率。

第一步，初始化群体 B_0。初始群体在解空间按照均匀分布随机产生，概率向量 $\boldsymbol{p}=(0.5,0.5,0.5)$。群体大小为8，通过适应值函数 $f(x)=\sum_{i=1}^{n}x_i$ 计算各个个体适应值，均匀分布在解空间内随机产生得到的初始群体 B_0 如表7.10所示。

表7.10 按照均匀分布在解空间内随机产生得到的初始群体 B_0

	x_1	x_2	x_3	f		x_1	x_2	x_3	f
1	0	0	1	1	5	0	1	0	1
2	1	1	0	2	6	1	0	0	1
3	0	0	0	0	7	1	0	1	2
4	0	1	1	2	8	1	1	1	3

第二步，更新概率向量 $\boldsymbol{p}$。从 B_0 中选择适应值较高的4个个体组成优势群体 X_S，如表7.11所示。概率向量 $\boldsymbol{p}$ 通过式 $p_i=P(x_i=1|X_S)$ 进行更新，如 $p_1=P(x_1=1|X_S)=0.75$，这样得到更新后的概率向量 $\boldsymbol{p}=(0.75,0.75,0.75)$。

表7.11 选择操作后的优势群体 X_S

	x_1	x_2	x_3	f		x_1	x_2	x_3	f
2	1	1	0	2	7	1	0	1	2
4	0	1	1	2	8	1	1	1	3

第三步，由概率向量 $\boldsymbol{p}$ 产生新一代群体。概率向量描述了各个可能解在空间的分布情况，产生任意解 $\boldsymbol{b}=(b_1,b_2,\cdots,b_n)$ 的概率是

$$p(\boldsymbol{b})=p(x_1=b_1,x_2=b_2,\cdots,x_n=b_n)=\prod_{i=1}^{n}p(x_i=b_i)=\prod_{i=1}^{n}|1-b_i-p_i|$$

例如，$\boldsymbol{b}=(1,1,0)$，则 $p(1,1,0)=0.75\times0.75\times0.25=0.14$。可以通过采样的方法随机产生新的群体，如表7.12所示。可以发现新产生的群体中个体适应值有了显著的提高。

表7.12 经过一代EDA操作之后产生的新群体

	x_1	x_2	x_3	f		x_1	x_2	x_3	f
1	1	1	1	3	5	1	1	0	2
2	1	1	0	2	6	1	0	1	2
3	1	1	0	2	7	1	1	1	3
4	0	1	1	2	8	1	0	0	1

至此,分布估计算法完成了一个循环周期。然后返回第二步,从表7.12当前群体中选择最优秀的4个个体,建立新的概率模型 $\boldsymbol{p}=(1.00,0.75,0.75)$,然后再对概率模型随机采样产生新一代群体。本例中,最优解为(1,1,1),可以发现随着分布估计算法的进行,(1,1,1)的概率由最初的 $0.075\times(0.5\times0.5\times0.5)$ 变为 $0.42\times(0.75\times0.75\times0.75)$,然后为 $0.56\times(1.00\times0.75\times0.75)$,适应值高的个体的出现概率越来越大。按照上面的步骤,改变个体在解空间的概率分布,使适应值高的个体分布概率变大,适应值低的个体分布概率变小,如此反复进化,最终将产生问题的最优解。

通过上述简单例子,可以了解分布估计算法的基本过程。图7.46归纳了一般分布估计算法的过程,并与遗传算法进行了对比。在分布估计算法中,没有遗传算法中的交叉和变异等操作,而是通过学习概率模型和采样操作使群体的分布朝着优秀个体的方向进化。从生物进化角度看,遗传算法模拟了个体之间微观的变化,而分布估计算法则是对生物群体整体分布的建模和模拟。

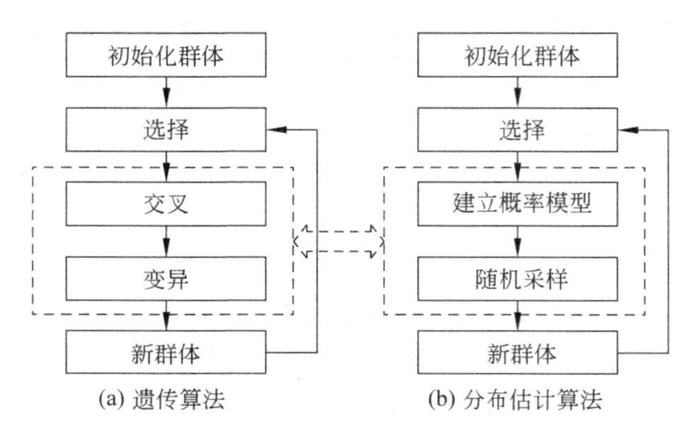

图7.46 分布估计算法和遗传算法的对比

上面通过简单算例,可以对分布估计算法有一个直观的认识。在分布估计算法的研究领域,有各种各样的具体实现,下面将对各种分布估计算法进行较为详细的介绍。

7.6.3 基于不同概率图模型的分布估计算法

分布估计算法是一种基于概率模型的进化算法,它可以用概率模型描述变量之间的相互关系,因此可以解决传统遗传算法难以解决的问题,特别是对于那些具有复杂联结结构的高维问题,表现出了很好的性能。根据优化问题的复杂性,人们设计了很多种不同的概率模型表示变量之间的关系,下面分别介绍变量无关、双变量相关和多变量相关3种情况下的分布估计算法。

1. 变量无关的分布估计算法

在EDA领域的研究中,最简单的情况是变量之间无关。在这种情况下,一般可以通过一个简单的概率向量表示解的分布。设定待解决问题为 n 维问题,每个变量均为二进制表示。变量无关性使得任意解的概率可表示为

$$p(x_1,x_2,\cdots,x_n)=\prod_{i=1}^{n}p(x_i)$$

EDA 领域最早的算法就是针对变量无关问题而提出的，比较有代表性的算法包括 PBIL (Population-Based Incremental Learning) 算法和 cGA (compact Genetic Algorithm) 算法等。

PBIL 算法是用来解决二进制编码的优化，它被公认为是分布估计算法的最早模型。在 PBIL 算法中，表示解空间分布的概率模型是一个概率向量 $\boldsymbol{p}(\boldsymbol{x})=(p(x_1),p(x_2),\cdots,p(x_n))$，其中 $p(x_i)$表示第 i 个基因位置上取值为 1 的概率。PBIL 算法的过程如下，在每一代中，通过概率向量 $\boldsymbol{p}(\boldsymbol{x})$随机产生 M 个个体，然后计算 M 个个体的适应值，并选择最优的 N 个个体用来更新概率向量 $\boldsymbol{p}(\boldsymbol{x})$，$N\leqslant M$。更新概率向量的规则，采用了机器学习中的 Heb 规则，即若用 $\boldsymbol{p}_l(\boldsymbol{x})$表示第 l 代的概率向量，$\boldsymbol{x}^1,\boldsymbol{x}^2,\cdots,\boldsymbol{x}^N$ 表示第 l 代选择的 N 个个体，则更新过程为

$$p_{l+1}(x_i)=(1-\alpha)p_l(x_i)+\alpha\frac{1}{N}\sum_{k=1}^{N}x_i^k \quad i=1,2,\cdots,n$$

式中 α 表示学习速率。上面所举的简单例子便是 PBIL 算法中当 $\alpha=1$ 时的一个特例。

cGA 算法与 PBIL 算法的不同之处不仅在于概率模型的更新算法，而且 cGA 算法的群体规模很小，只需要很小的存储空间。cGA 算法中，每次仅由概率向量随机产生两个个体，然后两个个体进行比较，按照一定的策略对概率向量更新。具体的算法步骤如下。

(1) 初始化概率向量 $\boldsymbol{p}_0(\boldsymbol{x})=(p_0(x_1),p_0(x_2),\cdots,p_0(x_n))=(0.5,0.5,\cdots,0.5)$，$l=0$。

(2) 按概率向量 $\boldsymbol{p}_l(\boldsymbol{x})$进行随机采样，产生两个个体，并计算它们的适应值，较优秀的个体写作 $\boldsymbol{x}^{l_1}$，较差的个体记为 $\boldsymbol{x}^{l_2}$。

(3) 更新概率向量 $\boldsymbol{p}_l(\boldsymbol{x})$使其朝着 $\boldsymbol{x}^{l_1}$ 的方向改变。对概率向量中的每一个值，如果 $x_i^{l_1}\neq x_i^{l_2}$，按照下面策略进行更新：取 $\alpha\in(0,1)$，一般取作 $\alpha=1/2K$，K 为正整数。如果 $x_i^{l_1}=1$，则 $p_{l+1}(x_i)=p_l(x_i)+\alpha$；如果 $x_i^{l_1}=0$，则 $p_{l+1}(x_i)=p_l(x_i)-\alpha$。

(4) $l\leftarrow l+1$，检测概率向量 $\boldsymbol{p}_l(\boldsymbol{x})$，对任意 $i\in\{1,\cdots,n\}$，如果 $p_l(x_i)>1$，则 $p_l(x_i)=1$；如果 $p_l(x_i)<0$，则 $p_l(x_i)=0$。

(5) 如果 $\boldsymbol{p}_l(\boldsymbol{x})$中，对任意 $i\in\{1,\cdots,n\}$，$p_l(x_i)=1$ 或 0，则算法终止，$\boldsymbol{p}_l(\boldsymbol{x})$就是最终解；否则转(2)。

cGA 实现更加简单，是一种适合于硬件实现的分布估计算法。

2. 双变量相关的分布估计算法

PBIL 和 cGA 算法没有考虑变量之间的相互关系，算法中任意解向量的联合概率密度可以通过各个独立分量的单个概率密度相乘得到。而在实际问题中，变量并不是完全独立的，在分布估计算法研究领域，最先考虑变量相关性的算法是假设最多有两个变量相关。这类算法比较有代表性的是 MIMIC(Mutual Information Maximization for Input Clustering) 算法和 COMIT(Combining Optimizers with Mutual Information Trees)算法等。在这类分布估计算法中，概率模型可以表示至多两个变量之间的关系。

MIMIC 算法是一种启发式算法。该算法假设变量之间的相互关系是一种链式关系，结构如图 7.47 所示，描述解空间的概率模型写作

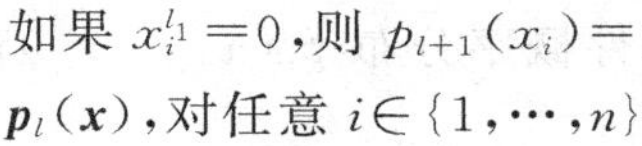

图 7.47 MIMIC 算法中双变量相关的链式结构的概率图模型

$$p_l^{\pi}(\boldsymbol{x}) = p_l(x_{i_1} \mid x_{i_2}) p_l(x_{i_2} \mid x_{i_3}) p_l(x_{i_3} \mid x_{i_4}) \cdots p_l(x_{i_{n-1}} \mid x_{i_n}) p_l(x_{i_n})$$

式中,$\pi=(i_1,i_2,\cdots,i_n)$表示变量$(x_1,x_2,\cdots,x_n)$的一种排列,$p_l(x_{i_j}|x_{i_{j+1}})$表示第i_{j+1}个变量取值为$x_{i_{j+1}}$的条件下第i_j个变量取值为x_{i_j}的条件概率。在MIMIC算法中构建概率模型时,期望得到最优的排列,使得p_l^{π}与试验中得到的每代的优势群体的概率分布$\boldsymbol{p}_l(\boldsymbol{x})$最接近。

衡量两个概率分布之间的距离,可以采用K-L距离(Kullback-Leiber divergence),定义如下:

$$H_l^{\pi}(\boldsymbol{x}) = h_l(X_{i_n}) + \sum_{j=1}^{n-1} h_l(X_{i_j} \mid X_{i_{j+1}})$$

其中,$h(X) = -\sum_x p(X=x)\lg p(X=x)$,$h(X \mid Y) = -\sum_y p(X \mid Y=y)p(Y=y)$,$h(X \mid Y=y) = -\sum_x p(X=x \mid Y=y)\lg p(X=x \mid Y=y)$。MIMIC算法在每一代中要根据选择后的优势群体构造最优的概率图模型$p_l^{\pi}(\boldsymbol{x})$,也就是搜索最优的排列$\pi^*$使K-L距离$H_l^{\pi}(\boldsymbol{x})$最小化。为了避免穷举所有$n!$个可能排列,文献[192]提出了一种贪心算法来搜索变量的近似最优排列。

在MIMIC算法中,每一次循环都要根据选择的优势群体构造概率模型p_l^{π},然后由p_l^{π}采样产生新的群体。由于模型的复杂化,采样方法与变量无关的分布估计算法不同。其基本思想是按照π^*的逆序,对第$i_n,i_{n-1},i_{n-2},\cdots,i_1$依次采样,构造一个完整的解向量。描述如下:

(1) $j=n$,根据第i_j个变量的概率分布$p_l(x_{i_j})$,随机采样产生第i_j个变量。

(2) 根据第i_{j-1}个变量的条件概率分布$p_l(x_{i_{j-1}}|x_{i_j})$,随机采样产生第i_{j-1}个变量。

(3) $j\leftarrow j-1$,如果$j=1$,则一个完整的解向量构造完成;否则转(2)。

COMIT算法与MIMIC算法的最大不同之处在于COMIT的概率模型是树状结构,如图7.48所示。首先随机产生一个初始的群体,从中选择比较优秀的个体集作为构造概率模型的样本集,概率模型的构造方法采用机器学习领域中的Chow和Liu提出的方法,然后按照MIMIC介绍的采样方法对概率树由上到下遍历,反复采样构造新的种群。

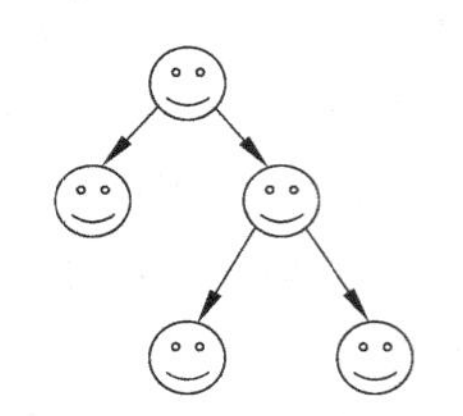

图7.48 COMIT算法中树状结构的概率图模型

3. 多变量相关的分布估计算法

近来研究更多的是多变量相关的分布估计算法。在这种算法中,变量之间的关系更加复杂,需要更加复杂的概率模型来描述问题的解空间,因此需要更加复杂的学习算法来构造相应的概率模型。这类算法中,比较有代表性的是FDA(Factorized Distribution Algorithms)算法、ECGA(Extended Compact Genetic Algorithm)算法和贝叶斯优化算法或简称BOA(Bayesian Optimization Algorithm)算法等。

FDA算法可以解决多变量耦合的优化问题,它用一个固定结构的概率图模型表示变量之间的关系,这里的概率图模型也就是后面所说的贝叶斯网络。贝叶斯网络包括网络拓扑结构和网络概率参数两部分。贝叶斯网络拓扑结构由一个有向无环图表示，结点对应变量，结点之间的边表示条件依赖关系。网络概率参数由一组条件概率表示，表示父结点取某值条件下子结点的取值概率。相对应地，贝叶斯网络学习也可分为结构学习和参数学习两部分。FDA 算法是针对变量联结关系已知的情况，它相当于贝叶斯网络拓扑结构是已知的，因此进化过程中仅需要对网络概率参数进行学习，即根据当前群体更新概率模型的参数。这种算法的不足在于需要事先给出变量之间的关系。对于数学形式已知的优化问题，可以预先得到描述变量关系的概率图结构，然后采用 FDA 算法，反复进行参数学习和随机采样，对问题进行求解。但是对于很多数学形式复杂或者黑箱的优化问题，则不能直接采用 FDA 算法进行求解。

ECGA 算法是 cGA 的扩展，在该算法中，将变量分成若干组，每一组变量都与其他组变量无关。如果用 $P(S_i)$ 表示第 i 组变量的联合概率分布，由于任何两组变量之间无关，那么所有变量的联合概率分布可以表示为 $P(X)=\prod_{i=1}^{k}P(S_i)$，其中 k 表示变量的分组数，并且 $\bigcup_{i=1}^{k}S_i=X$，X 是所有变量组成的集合，$\forall i,j\in\{1,\cdots,k\}$，$i\neq j$，$S_i\cap S_j=0$。这种算法对于解决变量组之间“无交叠”的问题很有效，但是对于变量组有交叠的问题则性能较差。

贝叶斯优化算法由选择后的优势群体作为样本集构造贝叶斯网络，然后对贝叶斯模型采样产生新一代群体，反复进行。贝叶斯网络是一个有向无环图，可以表示随机变量之间的相互关系。通过贝叶斯网络可以求得联合概率密度 $p(\boldsymbol{X})=\prod_{i=1}^{n}p(X_i\mid\Pi_{X_i})$，其中 $\boldsymbol{X}=(X_1,X_2,\cdots,X_n)$ 表示问题的一个解向量，Π_{X_i} 表示贝叶斯网络中 X_i 的父结点集合，$p(X_i\mid\Pi_{X_i})$ 表示给定 X_i 父结点的条件下 X_i 的概率。贝叶斯优化算法可以简单描述如下：

(1) 随机产生初始群体 $P(0)$，$t=0$。

(2) 计算 $P(t)$ 中各个个体的适应值，并选择优势群体 $S(t)$。

(3) 由 $S(t)$ 作为样本集构造贝叶斯网络 B。

(4) 贝叶斯网络可以表示解的概率分布，对贝叶斯网络反复采样产生新的个体，部分或者全部替换 $P(t)$，生成新的群体 $P(t+1)$。

(5) $t\leftarrow t+1$，如果终止条件不满足，转(2)；否则算法结束。

贝叶斯优化算法中最重要的是学习算法和采样算法。贝叶斯网络的学习，包括结构的学习和参数的学习。结构的学习是指学习网络的拓扑结构，参数的学习是指给定拓扑结构后学习网络中各个结点的条件分布概率。贝叶斯网络的结构学习是一个 NP 难问题，在统计学习领域有广泛深入的研究，文献[197]中采用的是贪心算法，时间复杂度为 $O(n^2N+n^3)$，其中 n 是问题维数，N 是样本个数。贝叶斯网络的采样，按照先父结点到子结点的顺序依次随机生成，时间复杂度为 $O(n)$。

7.6.4　基于联结关系检测的分布估计算法

前面介绍的 PBIL 算法和 cGA 算法没有考虑变量之间的相互关系，MIMIC 算法和 COMIT 算法只考虑了至多两个变量有联结关系的情况，它们都具有很大的局限性。FDA 算法可以解决多变量耦合的优化问题，它的不足在于需要事先给出变量之间的联结关系。ECGA 算法对于变量组有交叠的问题性能较差。BOA 算法也存在一定的局限性，在该算法中变量的联结关系是通过贝叶斯网络结构来表示的，但是通过样本集用统计学习的方法来构造贝叶斯网络是 NP 难问题，计算量较大。

7.2 节介绍的联结关系检测算法可以求得问题的联结结构，因此可以将它与上面介绍的分布估计算法相结合，形成如图 7.49 所示的基于联结关系检测的分布估计算法(LD-EDA)。

前面已经介绍了联结关系检测算法和 FDA 算法。当由联结关系检测算法得到黑箱问题的联结结构后，采用最大生成树方法就可以构造出连接树，即对应的贝叶斯网络结构。例如，图 7.50(a)所示的联结结构，通过最大生成树算法得到连接树，如图 7.50(b)所示，这样贝叶斯网络所表示的概率分布可写为

$$P(x_0,x_1,x_2,x_3,x_4,x_5)=P(x_0,x_1,x_2)P(x_3\mid x_1,x_2)P(x_4,x_5\mid x_3)$$

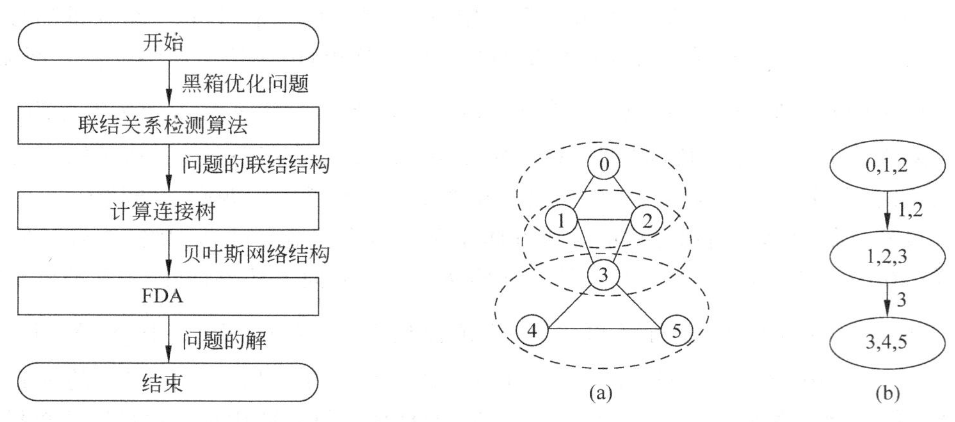

图 7.49 基于联结关系检测的分布估计算法流程

图 7.50 联结结构图和连接树

下面通过一个例子来说明该算法求解大规模复杂优化问题的有效性。设给定 5 阶陷阱问题

$$f_{5\text{trap}}(\boldsymbol{x})=\sum_{i=0}^{\frac{L}{5}-1}f(x_{5i},x_{5i+1},x_{5i+2},x_{5i+3},x_{5i+4})$$

其中

$$f(x_{5i},x_{5i+1},x_{5i+2},x_{5i+3},x_{5i+4})=\begin{cases}0.9-0.1\sum\limits_{k=0}^{4}x_{5i+k} & \sum\limits_{k=0}^{4}x_{5i+k}<4\\ 0.0 & \sum\limits_{k=0}^{4}x_{5i+k}=4\\ 1.0 & \sum\limits_{k=0}^{4}x_{5i+k}=5\end{cases}$$

变量的定义域为$\{0,1\}^L$，问题的维数 L 设定为 5 的倍数。该函数中每个子函数 f 有两个峰值 0.9 和 1.0，函数值除了在 11111 处取得最优值外，在其他空间使得函数值趋向 0.9 这个局部极小值。每个子函数的 5 个变量之间都存在联结关系。对该问题设定不同的维数 L，采用 BOA 和 LD-EDA 算法进行优化。其中 BOA 每代种群选择 30%的优秀个体用于构造贝叶斯网络，每次迭代父辈中 50%的最优秀个体保存下来传到子代种群中(保存最优个体策略)，也就是说，BOA 中每代从概率模型中新产生的种群只占种群规模的一半。测试实

验的结果如表7.13所示。

表7.13 LD-EDA和BOA算法解决5阶陷阱问题的性能比较

问题维数	算法	种群规模	平均进化代数	平均函数评价次数	成功率
50	LD-EDA	350	6	49984	100%
	BOA	3500	7	28000	100%
100	LD-EDA	500	10	164456	100%
	BOA	8000	10	88000	100%
150	LD-EDA	650	13	276515	100%
	BOA	12000	13	178000	80%
200	LD-EDA	800	15	396693	100%
	BOA	16000	17	288000	70%
300	LD-EDA	1200	19	619233	100%
	BOA	30000	25	750000	0%
1000	LD-EDA	4200	37	2252414	100%
	BOA	100000	—	—	0%

从实验结果可以看出，LD-EDA算法在解决高维问题时更加有效。在解决低维问题时，如当维数为50时，甚至BOA可以用较少的函数评价次数就可以得到问题的最优解。但是随着维数的增大，LD-EDA算法的优势越来越明显。例如，当维数为300和1000时，BOA很难收敛到全局最优解，而LD-EDA算法仍能求得最优解。虽然BOA算法在求解一些有联结关系的困难问题时表现出了比传统遗传算法好很多的性能，但是在优化高维问题时仍然遇到了困难。主要原因在于，在BOA算法中，采用统计学习的方法构造贝叶斯网络，随着维数的增大，不但所需样本数量会增大，而且所得到的贝叶斯网络的质量会变差。如果贝叶斯网络中不能正确表达联结信息，则很难克服联结关系带来的求解困难，而容易陷入局部极小值。而在LD-EDA中，贝叶斯网络的结构是通过联结关系检测算法计算得到，因此能得到正确的联结关系，只要设定合适的种群规模，就能保证算法收敛到全局最优解。

7.6.5 连续域的分布估计算法

前面介绍的分布估计算法都是针对二进制编码问题的优化算法。在实际工程和科学问题中，研究定义域为实数的优化算法有着重要的意义。遗传算法最初是二进制编码的算法，后来发展了实数编码的算法；分布估计算法的发展和遗传算法相似，随着二进制编码领域研究的发展，人们开始研究具有更普遍意义的解决连续域问题的分布估计算法。连续EDA是在离散EDA的基础上发展起来的，因此很多算法的思想借鉴或来源于离散EDA。由于连续空间概率模型的复杂性给设计有效的分布估计算法增加了难度，因此连续EDA的发展相对比较缓慢。

连续域分布估计算法的主要难点在于如何选择和建立概率模型。迄今研究较多的主要是基于高斯分布的估计算法，然而对于具有多个局部极值的复杂优化问题，高斯模型的单峰性很难反映实际问题的概率分布，而容易导致收敛到局部的极值。下面介绍丁楠等提出的一种基于直方图模型的连续域分布估计算法，它可以较好地克服上述高斯模型的不足。

基于直方图模型的连续域分布估计算法简称HEDA（Histogram-based Estimation of

Distribution Algorithm)算法,它的计算步骤如下。

(1) 置迭代次数 $t:=1$。

(2) 将搜索空间的每个变量均匀地划分成一定数量互不重叠的栅格。

(3) 假设开始时每个变量的直方图模型是均匀分布的,即每个栅格的直方图高度相同,且所有高度之和等于 1。

(4) 根据直方图概率模型分布采样产生样本群体 $p(t)$,具体采样方法将在后面介绍。

(5) 对 $p(t)$进行评价和排序,保留最优个体。

(6) 用累计学习策略更新直方图概率模型;具体累计学习策略将在后面介绍。

(7) $t:=t+1$。

(8) 如未到达终止条件,转(4)。

(9) 计算结束,$p(t)$便是所求解。

1. HEDA 的学习方法

这里采用累计学习策略来更新直方图模型。直方图模型的更新是基于历史信息和当前信息的综合。在每一代中,对于每个变量 i,根据采样得到的样本可以构建出当前的直方图模型概率分布 H_{C}^{i},设历史的直方图模型概率分布为 H_{H}^{i},则对于第 i 个变量的第 j 个栅格的直方图高度采用以下式子进行更新:

$$H^{i}(j)=\alpha H_{\mathrm{H}}^{i}(j)+(1-\alpha)H_{\mathrm{C}}^{i}(j)$$

式中 $\alpha(0\leqslant\alpha\leqslant1)$ 称为累计系数,它反映了旧模型在新模型中的影响。由于已假定 $\sum_{j}H_{\mathrm{C}}^{i}(j)=1$,显然一定有 $\sum_{j}H^{i}(j)=1$。

在根据当前样本构建 H_{C}^{i} 时,首先在样本群中选择 N 个最好的个体,这 N 个个体中的每个个体对直方图高度的贡献与该个体的评价函数值有关。这里是按个体评价函数值的排序来更新相应栅格的直方图高度,具体为

$$\Delta h_{k}^{i}=\frac{N-k+1}{\sum_{i=1}^{N}l}=\frac{2(N-k+1)}{N(N+1)}$$

$$H_{\mathrm{C}}^{i}(j)=\sum_{k=1}^{N}\Delta h_{k}^{i}\delta_{jk}^{i}$$

$$\delta_{jk}^{i}=\begin{cases}1 & k\in\{1,2,\cdots,N\}\wedge \min_{j}^{i}\leqslant v_{k}^{i}<\max_{j}^{i}\\0 & \text{其他}\end{cases}$$

式中,$k(k\leqslant N)$表示第 k 个最好个体的序号;v_{k}^{i} 表示第 k 个最好个体中变量 j 的取值;$\min_{j}^{i}$ 和 $\max_{j}^{i}$ 分别表示变量 i 在栅格 j 中的最小和最大取值。上式表明,较好的个体将对相应栅格的直方图高度有较大的贡献。这种基于排序的直方图概率模型 H_{C}^{i} 的更新方法有助于改善 HEDA 算法的收敛性。

2. HEDA 的采样方法

首先根据直方图概率模型 $H^{i}(j)$选择栅格 j,然后在栅格 j 中按均匀分布的概率随机产生一个个体。为了增强样本的多样性以防止过早收敛于局部极值,在采样过程中还加入了

变异操作,其含义是按一定的概率 p_m 在搜索空间按均匀分布的概率随机产生个体的每个变量。如果按变异概率 p_m 随机产生个体,那么将按 $1-p_m$ 的概率按前面介绍的直方图概率模型产生其余的个体。

3. 计算举例

为了验证 HEDA 的性能,采用了如表 7.14 所示的几个著名的连续域函数作为测试对象。

表 7.14　几个连续域测试函数

函数名	函数表达式	定义域	最优解
Schwefel	$\sum_{i=2}^{5}((x_1-x_i^2)^2-(x_i-1)^2)$	$[-2,2]^5$	$[1,1,\cdots,1]$
Rastrigin	$200+\sum_{i=1}^{20}(x_i^2-10\cos(2\pi x_i))$	$[-5,5]^{20}$	$[0,0,\cdots,0]$
Griewank	$\sum_{i=1}^{10}\frac{x_i^2}{40000}-\prod_1^{10}\cos\left(\frac{x_i}{\sqrt{i}}\right)+1$	$[-5,5]^{10}$	$[0,0,\cdots,0]$
双峰	$100-\sum_{i=1}^{20}f_i$	$[0,12]^{20}$	$[1,1,\cdots,1]$

其中双峰函数中的 f_i 具有如图 7.51 所示的双峰形式。

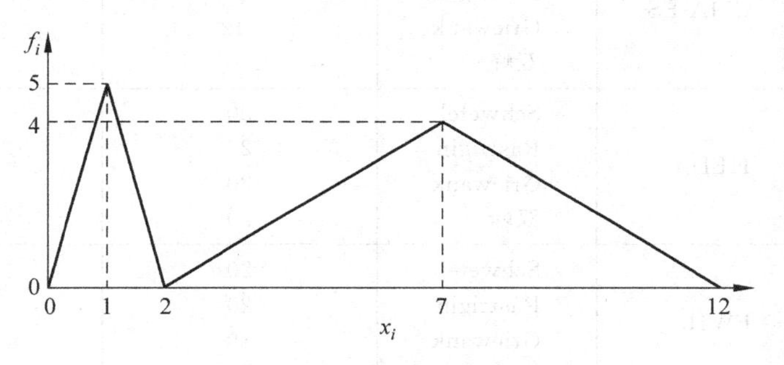

图 7.51　双峰函数中的 f_i

为了比较,除了采用 HEDA 算法外,还采用了 FWH、UMDA-G、SGA 和 CMA-ES 几种算法对上述几个连续域测试函数进行了优化计算。FWH 是最早提出的基于直方图模型的连续域 EDA,UMDA-G 是基于高斯模型的连续域 EDA,SGA 是标准的简单遗传算法,CMA-ES 是具有协方差阵适应功能的高级进化策略算法。

利用上述算法对几个测试函数分别独立运行 20 次进行优化计算,其中每种算法所采用的具体参数详见文献[200]。表 7.15 给出了它们的收敛性能的比较。表中"—"表示 20 次独立运行均未能找到最优解。

首先比较 HEDA 和 FWH,两者均是基于直方图概率模型。从表 7.15 中可以看出,前面介绍的 HEDA 算法明显优于 FWH 算法,如当种群数=100 时,HEDA 算法对所有测试函数每次均能找到最优解,而 FWH 算法只对 Schwefel 函数有较好性能。

表 7.15 各种算法收敛性能的比较

样本种群数	算法	测试函数	求得最优解的次数	计算评价值的平均次数
100	HEDA	Schwefel	20	2607.5
		Rastrigin	20	23756.0
		Griewank	20	6164.3
		双峰	20	15422.7
	FWH	Schwefel	16	1342.6
		Rastrigin	1	3478.0
		Griewank	2	2779.0
		双峰	1	2562.0
	UMDA-G	Schwefel	18	1460.0
		Rastrigin	0	—
		Griewank	20	1840.5
		双峰	0	—
	SGA	Schwefel	4	2375.6
		Rastrigin	0	—
		Griewank	0	—
		双峰	0	—
	CMA-ES	Schwefel	20	1205.6
		Rastrigin	0	—
		Griewank	12	3860.0
		双峰	0	—
800	HEDA	Schwefel	20	5426.7
		Rastrigin	20	16397.5
		Griewank	20	10081.2
		双峰	20	12112.3
	FWH	Schwefel	20	7597.9
		Rastrigin	20	24113.5
		Griewank	19	22502.3
		双峰	20	18537.9
	UMDA-G	Schwefel	5	8056.0
		Rastrigin	14	68572.4
		Griewank	20	13349.8
		双峰	4	9680.0
	SGA	Schwefel	20	10142.5
		Rastrigin	6	50467.3
		Griewank	6	44612.5
		双峰	7	93672.4
	CMA-ES	Schwefel	20	5352.2
		Rastrigin	7	75220.3
		Griewank	20	22450.6
		双峰	0	—

然后将 HEDA 与 UMDA-G、SGA 和 CMA-ES 几种算法进行比较。从表 7.15 中可以看出,CMA-ES 对 Schwefel 函数有很好的性能,UMDA-G 对 Griewank 函数有很好的性能,

但是它们在求解其他测试函数时性能较差，而HEDA算法对所有测试函数均具有良好性能。从表7.15中可以看出，HEDA在所有情况下均全面优于SGA。

为了验证HEDA算法的维数扩展性能，用HEDA算法对不同维数的双峰函数进行了优化计算，维数n分别取10，20，…，100，对于每一个维数n均独立运行20次。图7.52表示了评价值的平均计算次数与问题规模的关系。由图可见，用HEDA算法求解双峰函数极值的计算复杂度大致与问题规模成线性关系。

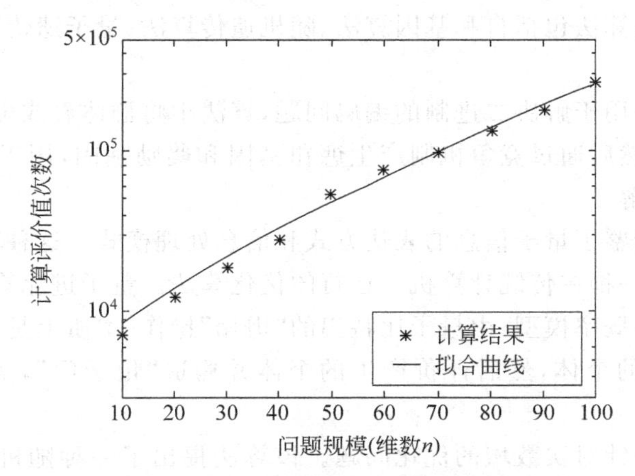

图7.52 评价值的平均计算次数与问题规模的关系

上面介绍的HEDA算法存在的一个问题是很难选择栅格的大小。若栅格选择太小，将需要很多的样本才能保证尽量多的子空间能被采样到，从而导致太大的计算工作量。若栅格选择太大，则很难保证最后的最优解的精度。为此，丁楠等在已有工作的基础上提出了以下两条改进措施：一是将样本个体对所在栅格直方图高度的贡献扩展到周边的栅格，该项措施在一定程度上可以解决原有算法需要很多样本才能保证尽量多的子空间能被采样到的难题；二是对有可能是最优值所在的栅格做进一步的细划分，从而可提高最优解的精度。关于这两个措施的详细算法步骤详见文献[203]。

HEDA及其改进算法的一个共同的缺点是，它们都没有考虑变量之间的联结关系。所以它们仍不能有效地求解具有强联结结构的大规模复杂问题。

考虑变量联结关系的EDA算法主要有以下工作。在EMNA(Estimation of Multivariate Normal Algorithm)算法中，采用多变量的高斯分布表示解的概率分布，在进化过程中的每一代采用最大似然估计方法，估计多变量高斯分布的均值向量和协方差矩阵。这种方法构造概率模型比较简单，但是很难对这样的概率模型采样。EGNA(Estimation of Gaussian Networks Algorithm)算法是一种基于高斯图的分布估计算法，高斯图中的有向边表示变量之间的关系，每个变量都由一个高斯分布表示其概率密度。在进化过程中，需要根据当前群体构造高斯网络。EMNA和EGNA中，都是采用了单峰的概率模型，对于形状复杂的优化问题，单峰的高斯分布模型难以有效地描述解在空间的分布。

连续域EDA算法的设计还面临很大困难。主要原因在于：对每一个连续变量都有无限的取值，这使得优化过程中搜索空间很大；其次，通过尽可能少的样本构造连续空间的概率模型是一个很难的问题，特别是随着维数的增加，构造连续的概率模型将变得更难；通过样本集,构造概率图模型表示连续变量之间的联结关系,仍然需要进一步研究。

7.6.6 基于概率模型的其他相关算法

近年来,在进化计算领域涌现出了很多基于概率模型的进化算法,这些算法的共同特点是通过一个概率模型表示解的分布,然后通过采样产生新的解。这类算法中除了上述介绍的EDA算法外,还有很多其他的算法也是通过将统计学习和进化机制相结合而产生的有效的搜索算法。这类算法包括自私基因算法、随机遗传算法、量子遗传算法和解析模型的梯度算法等。

自私基因算法是用于解决二进制的编码问题,算法中将群体看成虚拟群体,虚拟群体由一个概率向量产生,然后通过竞争机制产生惩罚基因和奖励基因,用于更新概率向量,反复进行,直到产生满意解。

量子进化算法借鉴了量子信息的表达方式和信息处理模式。这种算法与量子计算机上的量子算法不同,是一种在传统计算机上运行的优化算法。量子进化算法中,用量子比特串来表征描述解空间的概率模型,由量子比特串的“坍塌”操作(本质上是对量子比特串随机采样)产生传统意义上的个体,然后评价产生的个体并构造“量子门”,实现对量子比特串的更新。

随机遗传算法是针对实数域的优化问题。该算法提出了一种随机编码策略,使得传统遗传算法中“点到点”的搜索变为“区域到区域”的搜索过程。高斯分布函数用于表示“区域”,区域内的个体通过随机采样产生。

随机梯度算法是一种连续域的优化算法。在该算法中首先将目标函数转化为最大化问题,然后假定归一化后的目标函数是期望的概率密度分布,使用随机梯度算法使概率模型逐渐逼近目标函数的形状。

7.6.7 分布估计算法进一步需要研究的问题

分布估计算法的研究在算法设计、理论研究和实际应用方面仍有很多工作要做。作为一种新型的优化技术,分布估计算法的核心是解空间的概率模型。针对特定的优化问题,需要综合考虑搜索空间的结构、概率模型的学习算法及样本产生的算法等。选择合适的概率模型,是发挥分布估计算法性能的关键所在。分布估计算法的本质是统计学习与进化算法的结合。通过统计学习手段对群体中的数据进行分析和建模,以挖掘搜索空间结构的相关知识,更好地提高搜索效率。实际上,在进化计算领域,采用机器学习的方法分析数据指导搜索已经成为设计新算法的趋势。但是值得注意的是,统计学习的引入给进化计算带来了新的时间和空间开销,因此必须平衡统计学习和进化搜索的关系。设计算法的目的是更精确和更快速地求解问题。

下面分别介绍分布估计算法研究领域存在的不足和进一步需要研究的问题。

1. 分布估计算法与其他搜索技术的结合

混合智能算法是当前智能优化的一个发展趋势,它可以融合多种优化算法的优点,提高算法的性能。目前已经出现了多种基于分布估计算法的混合算法,如ICA(Independent Component Analysis)与EDA的结合、DE(Differential Evolution)算法与EDA的结合、GA

算法和 EDA 的结合、再励学习加强 EDA 算法的搜索能力、爬山算法加强 EDA 的局部寻优能力、基于最大熵理论的 EDA 及采用集成学习方法增强 EDA 性能等。其他智能手段与分布估计算法的混合，也可以提高 EDA 算法的搜索能力，更好的平衡算法的收敛性和群体多样性。

2. 分布估计算法的理论研究

分布估计算法的理论研究相对比较薄弱，并且目前的研究工作仅仅局限于二进制编码分布估计算法；目前的研究大都对 EDA 算法进行了假设，如算法迭代无限次、种群规模无穷大、概率模型精确反映问题结构，而在实际中这种假设是不成立的。理论研究的热点包括 EDA 算法的收敛性分析、时空复杂性分析等。探讨 EDA 算法与传统遗传算法之间的关系、深入了解 EDA 算法适合解决哪类问题(即问题结构与概率模型的关系)也是值得研究的问题。EDA 算法理论基础方面仍需要做很多的工作，以更好地分析和挖掘这种算法的潜力。

3. 针对多目标优化和多模态优化的分布估计算法的研究

多目标优化算法是当前进化计算领域的研究热点。随着分布估计算法的发展，以及该算法在解决问题上所表现的优越性能，人们开始着手设计解决多目标优化问题的分布估计算法。多目标 EDA 算法的基本思想是，将多目标进化算法(MOEA)中处理多目标优化的策略引入到 EDA 算法中，并结合 EDA 算法的特点设计求解 Parato 解集更有效的算子。

4. 强化分布估计算法的研究

分布估计算法的核心是概率图模型。随着概率图模型的复杂化和待解决问题的复杂化，分布估计算法中概率模型的学习占用了大部分的时间和空间开销，这必将成为分布估计算法发展的瓶颈。因此，强化和改进分布估计算法是该领域研究的难点和热点。这方面的发展趋势主要包括分布估计算法的并行化、稀疏的概率模型学习策略、针对问题的专家知识的引入和辅助建模等。

分布估计算法的并行化可以分为以下几种：概率模型学习的并行化，这部分研究主要集中在概率模型比较复杂的贝叶斯优化算法(BOA)方面，因为贝叶斯网络结构的学习是一个 NP 难问题；采样过程的并行化，群体中的个体是由概率模型随机采样产生的，一般地，个体之间是相互独立的，因此群体的产生可以并行进行。除此之外，进化计算领域广泛研究的基于多种群的并行化策略、模型的并行化以及适应值函数的并行化计算等都可以引入到分布估计算法的研究领域。

稀疏的概率模型学习策略的基本思想是，在 BOA 算法中，贝叶斯网络的结构每隔若干代更新一次，贝叶斯网络的参数每一代都更新，这样由于参数学习的时间复杂度远远低于结构学习，稀疏建模将提高分布估计算法的效率。

将先验知识引入分布估计算法的概率模型学习，可以强化和改进分布估计算法。例如，将专家知识引入到分布估计算法中，可以减少概率模型学习带来的时间开销；通过问题联结关系的检测算法，得到变量之间的相互关系，这样就得到了概率模型的结构，在后续的进化过程中仅仅需要学习概率模型的参数。

5. 分布估计算法在非二进制编码领域的研究

EDA算法源于对二进制编码的遗传算法的研究，因此大部分研究成果针对二进制编码的优化问题。实际上，大量的优化问题是多值离散的组合优化问题、排列优化问题和连续优化问题，特别是在排列优化和连续优化问题上，EDA算法的研究进展相对缓慢。连续域EDA算法研究的难点在于，对于复杂的多峰的、强耦合的和非线性连续优化问题，需要复杂的连续域概率图模型表示解空间分布，目前所采用的简单高斯分布和线性关系的高斯图分布仍有不足，但是复杂的概率图模型也将增加算法的时间复杂性。

6. 分布估计算法的应用

试验分析表明，分布估计算法在求解问题时表现出了比一般遗传算法更好的性能，应用分布估计算法解决工程和科学中的复杂优化问题具有很大的潜力。目前，分布估计算法已经在众多领域得到了成功的应用。例如，基于EDA算法的汽车齿轮机械结构的优化设计、采用贝叶斯优化算法进行特征选择、不精确图形的模式匹配、基于EDA算法的软件测试、EDA算法在癌症分类中的应用、生物信息学中的特征提取和天线的优化设计等。分布估计算法的应用已经渗透到了模式识别、运筹学、工程优化、机器学习和生物信息等众多领域的优化问题。毋庸置疑，使用分布估计算法解决在科学研究和工程应用中碰到的优化问题将是未来的研究热点方向。

参 考 文 献

[1] Kosko B. Neural Networks and Fuzzy System-A Dynamical Systems Approach to Machine Intelligence. Prentice-Hall, 1992.

[2] Saridis G N. Knowledge Implementation: Structure of Intelligent Control Systems. IEEE International Symposium on Intelligent Control, 1987.

[3] Saridis G N. Self-Organizing Control of Stochastic Systems, Marcel Dekker, Inc. , 1977.

[4] Mendel J M. Application of Artificial Intelligence Techniques to a Spacecraft Control Problem. In Self-Organizating Control Systems, Rept. DAC-59328 Douglas Aircraft Co. , 1966,5.

[5] Fu K S. Learning Control Systems and Intelligent Control Systems: An Intersection of Artificial Intelligence and Automatic Control. IEEE Tranc. on AC, Feb. 1971.

[6] Saridis G N. Toward the Realization of Intelligent Controls. Proc. of the IEEE, 1979, 67(8).

[7] Saridis G N, Graham J H. Linguistic Decision Schemata for Intelligent Robots, Automatica, 1984, 20(1).

[8] Saridis G N. Intelligent Robotic Control. IEEE Trans. on Automatic Control, 1983,28(5).

[9] Valavanis K P, Saridis G N. Information Theoretic Modeling of Intelligent Robot Systems. IEEE Trans, on System, Man,and Cybernetics, 1988,18(6).

[10] Saridis G N. Entropy Formulation of Optimal and Adaptive Control. IEEE Trans. on Automatic Control, 1988,33(8).

[11] Wang F Y, Saridis G N. A Coordination Theory for Intelligent Machines. Automatica, 1990,26(5).

[12] Åström K J,Anton J J, Arzen K E. Expert Control. Automatica, 1986,22(3).

[13] Zhou Q J, Bai J K. An Intelligent Controller of Novel Design. Proc. of Multinational Instrumentation Conference, 1983.

[14] White D A, Sofge D A ed. Handbook of Intelligent Control. Van Nostrand Reinhold, 1992.

[15] 孙增圻,张再兴. 智能控制的理论与技术. 控制与决策,1996,11(1).

[16] 张再兴,孙增圻. 关于专家控制. 信息与控制,1995,24(3).

[17] Lee C C. Fuzzy Logic in Control Systems: Fuzzy Logic Controller IEEE Trans, on SMC, 1990,20(2).

[18] [日]水本雅晴著,模糊数学及其应用. 刘凤璞,等编译. 北京:科学出版社,1988.

[19] 王学慧,田成方. 微机模糊控制理论及其应用. 北京:电子工业出版社,1987.

[20] 李友善,李军. 模糊控制理论及其在过程控制中的应用. 北京:国防工业出版社,1993.

[21] 李士勇,夏承光. 模糊控制和智能控制理论与应用. 哈尔滨:哈尔滨工业大学出版社,1990.

[22] Wang Peng. Analysis and Synthesis is of Fuzzy Intelligent Control Systems. Ph. D Thesis, Hong Kong Polytechnic, 1993.

[23] Harris C J, Moore C G, Brown M. Intelligent Control-Aspects of Fuzzy Logic and Neural Nets. World Scientific, 1993.

[24] Tanaka K, Sugeno M. Stability Analysis and Design of Fuzzy Control Systems. Fuzzy Sets and Systems,1992,45.

[25] Shao S. Fuzzy Self-Organizing Controller and Its Application for Dynamic Processes. Fuzzy Sets and Systems,1988,26.

[26] Tanaka K. Stability and Stabilizability of Fuzzy-Neural-Linear Control Systems. IEEE Tran. on

Fuzzy Systems. 1995,3(4).
[27] Feng G, Cao S G. *et al*. Design of Fuzzy Control Systems with Guaranteed Stability. Fuzzy Sets and Systems 85, 1997, 1~10.
[28] Xiao-Jun Ma, Zeng-Qi Sun. Analysis and Design of Fuzzy Controller and Fuzzy Observer. IEEE Trans. on Fuzzy Systems, 6(1) 1998, 41~51.
[29] Gang Feng. A Survey on Analysis and Design of Model-Based Fuzzy Control Systems. IEEE Trans. on Fuzzy Systems, 4(5) 2006, 676~697.
[30] Fantuzzi C., Rovatti R.. On the Approximation Capabilities of the Homogeneous Takagi-Sugeno Model. in Proc. 5th IEEE Int. Conf. Fuzzy Systems, New Orleans, LA, 1996, pp. 1067~1072.
[31] Tanaka K., Wang H. O.. Fuzzy Control Systems Design and Analysis: A LMI Approach. New York: Wiley, 2001.
[32] 孙增圻. 基于模糊状态模型的连续系统控制器设计和稳定性分析. 自动化学报 24(2), 1998, 212~216.
[33] Mark F. Bear, Barry W. Connors, Michael A. Paradiso, Neuroscience: Exploring the Brain,王建军,等译. 北京:高等教育出版社,2004.
[34] Peter Dayan, Larry Abbott. Theoretical Neuroscience: Computational and Mathematical Modeling of Neural Systems, MIT Press, 2001.
[35] Wulfram Gerstner, Werner M. Kistler. Spiking neuron models: single neurons, populations, plasticity. Cambridge University Press, 2002.
[36] Mclulloch W, Pitts W. A Logical Calculus of the Ideas Immanent in Nervous Activity. Bulletin of Mathematical Biophysis, 1943,7.
[37] Hebb D. Organization of Behavior. New York, John Wiley & Sons, 1949.
[38] Rosenblatt F. The Perceptron: A Probabilistic Model for Information Storage and Organization in the Brain. Psychological Review, 65, 1958.
[39] Mindhy M, Papert S. Perceptrons. Cambridge: MIT Press, 1969.
[40] Hopfield J. Neural Networks and Phydical Systems with Emergent Collective Computational Abilities. Proceedings of the National Academy of Science, 1982,79.
[41] Hopfield J. Neurons with Graded Response Have Collectibe Computational Properties Like Those of Two-State Neurons. Proceedings of the National Academy of Science, 1984,81.
[42] Rumelhart D, Meclelland J. Parallel Distributed Processing: Explorations in the Microstructure of Cognition. Cambridge, Bradford Books, MIT Press, 1986.
[43] Simpson P K. Artificial Neural Systems. Pergamon Press, 1990.
[44] 杨行峻,郑君里. 人工神经网络. 北京:高等教育出版社,1992.
[45] 张立明. 人工神经网络的模型及其应用. 上海:复旦大学出版社,1993.
[46] Hammerstrom D. Working with Neural Networks. IEEE Spectrum, July, 1993.
[47] 邓志东,孙增圻. 利用线性再励的自适应变步长快速BP算法. 模式识别与人工智能,1993,6(4).
[48] Lin C T, Lee C S G. Neural-Network-Based Fuzzy Lagic Control and Decision System. IEEE Trans. on Computers, 1991,40(12).
[49] Albus J S. A New Approach to Manipulator Control: The Cerebellar Model Articulation Controller (CMAC). Trans. ASME, J. Dyn. Syst. Meas. Control, 1995,97.
[50] Page G F, Gomm J B, Williams D. Application of Neural Networks to Modelling and Control. Chapman and Hall, 1993.
[51] Lane S H, Handelman D A, Gelfand J J. Higher-Order CMAC Neural Networks-Theory and

Practice. Boston：Americam Control Conference，1991.

[52] Jin Y，Pip A G，Winfield A. Neural Networks for Manipulator Control：Methodology，Stability and Simulations. World Congress on Neural Networks，1994.

[53] 孙增圻，邓志东. 一种类似CMAC模糊神经网络及其在控制中的应用. 第二届全国智能控制专家讨论会，1994.

[54] Lee S，Bekey G A. Application of Neural Networks to Robotics. Control and Dynamic Systems，1991，39.

[55] 吴晓涛，孙增圻，邓志东. 基于网络结构的并行路径规划算法. 清华大学学报(自然科学版)，36(5)，67～71，1996.

[56] Pham D T，Liu X. Neural Networks for Identification，Prediction and Control. Springer-Verlag London Limited，London，1995.

[57] Harris C J，Moore C G，Brown M. Intelligent Control：Aspects of Fuzzy Logic and Neural Nets. World Scientific Publishing Co. Pte. Ltd.，Singapore，1993.

[58] Hunt K J. ，*et al*. Neural Networks for Control Systems-A Survey. Automatica，1992，28(6).

[59] Narendra K S. *et al*. Identification and Control of Dynamical Systems Using Neural Networks. IEEE Trans. Neural Networks，1990，1(1).

[60] Miller T W *et al*. (eds.). Neural Networks for Control. MIT Press，Cambridge，MA，1990.

[61] Antsaklis P J Ed. Special Issue on Neural Networks in Control Systems Magazine，1990，10(3).

[62] Cotter N E. The Stone-Weierstrass Theorem and Its Application to Neural Networks. IEEE Trans. Neural Networks，1990，1(1).

[63] 张恭庆，林源渠. 泛函分析讲义. 北京：北京大学出版社，1987.

[64] 柯罗夫金. 线性算子与逼近论. 北京：人民教育出版社，1960.

[65] Deng Z D，Zhang Z X，Jia P F. A Neural-Fuzzy BOXES Control System with Reinforcement Learning and Its Applications to Inverted Pendulum. Proc 1995 IEEE International Conference on SMC，Vancouver，Canada，Oct. 22～25，1995.

[66] Sun Z Q，Deng Z D. A Control Method Based on a Fuzzy CMAC Neural Network. Proc International Symp. of Young Investigators on Control，1994.

[67] 邓志东，孙增圻，刘建伟. 神经网络异步自学习控制系统. 自动化学报，1995，21(5).

[68] 邓志东，孙增圻，张再兴. 一种模糊CMAC神经网络. 自动化学报，1995，21(3).

[69] 邓志东，孙增圻. 异步自学习控制的频域稳定性分析. 信息与控制，1994，23(1).

[70] 邓志东，孙增圻. 神经网络控制的研究现状与展望. 中国计算机报，1994年5月3日，第17期(总第503期).

[71] 汪云九. 神经信息学. 北京：高等教育出版社，2006.

[72] 李速，齐翔林，胡宏，等. 功能柱结构神经网络模型中的同步振荡现象，中国科学C辑. 生命科学，34(4)：385～394，2004.

[73] Jaeger H. In Advances in Neural Information Processing Systems 15，S. Becker，S. Thrun，K. Obermayer，Eds. (MIT Press，Cambridge，MA，2003) pp. 593～600.

[74] Jaeger H. Short term memory in echo state networks GMD-Report 152，German National Research Institute for Computer Science 2002.

[75] Jaeger H，Haas H. Harnessing nonlinearity：Predicting chaotic systems and saving energy in wireless communication，Science，vol. 304，pp. 78～80，2004.

[76] Deng Z D，Zhang Y. Collective Behavior of a Small-World Recurrent Neural System With Scale-Free Distribution. Neural Networks，IEEE Transactions on Volume 18，Issue 5，Sept. 2007 Page(s)：

1364～1375.
[77] Medina A, Matta I, Byers J. On the origin of power laws in internet topologies, ACMSIGCOMM Comput. Commun. Rev., vol. 30, pp. 18～28, 2000.
[78] Barr A, Feigenbaum E A. Handbook of Articial Intelligence, William Kaufmann, Inc., 1981,1.
[79] Barr A, Feigenbaum E A. Handbook of Artificial Intelligence, William Kaufmann, Inc., 1982,2.
[80] Cohen P R, Feigenbaum E A. Handbook of Artificial Intelligence, William Kaufmann, Inc.,1982,3.
[81] 唐纳德·沃特曼(美). 专家系统指南. 周洪泽,谢学堂,李玉峰译. 沈阳：东北林业大学出版社,1989.
[82] 林尧瑞,马少平. 人工智能导论. 北京：清华大学出版社,1989.
[83] Moor R L, *et al*. A real-time expent system for process control, Proc. First Conf. on Artificial Intelligence Applications, 1984.
[84] Gallanti M, Guida G. Intelligence decision aids for process environments: an expert system approach. NATO ASI Series, Edited by Hollnagel E, *et al*, 1986,F21.
[85] Trankle T L, Markosian L Z. An expert system for control system design. Proc. IEEE Int. Conf. Control, Cambridge, UK, 1985.
[86] Bristol E H. Pattern recognition: an alternative to parameter identification in adaptive control. Automatica, 1977.
[87] Porter B, *et al*. Real-time expert tuners for PI controllers. IEEE Proc,1987.
[88] 郭晨. 智能控制器与锅炉专家控制系统的研究,大连海事大学博士学位论文,1991.
[89] 王建华,刘鸿强,潘日芳. 专家控制系统在精馏塔控制中的应用,CAAI'87. 1987.
[90] 周其鉴,李祖枢,陈民岫. 智能控制及其展望,信息与控制,1987.
[91] Åström K J. Implementation of an auto-tuner using expert system ideas. Report CODEN: LUTFD2/TFRT-7256. Lund, Institute of Technology, Lund, Sweden, 1983.
[92] Åström K J, Anton J J, Arize'n K -E. Expert Control. Automatica, 1986.
[93] Årizen K -E. An architecture for expert system based feedback control. Automatica, 1989.
[94] Erman L D, *et al*. The Hearsay-Ⅱ speech understanding knowledge to resolve uncertainty. Computing Surveys, 1980.
[95] Cannon H I. Flavors: a non-hierarchical approach to object-oriented programming, 1982.
[96] Allen E M. YAPS: yet another production system. TR-1146, Department of Computer Science, University of Maryland, 1983.
[97] Åström K J, Hägglund T. Automatic tuning of simple regulators with specifications on phase and amplitude margins. Automatica, 1984.
[98] Åström K J, Hägglund T. A new auto-tuning design. Technical report TFRT-7368, Department of Automatic Control, Lund Institute of Technology, Lund, Sweden, 1987.
[99] Chantler M J. Real-time aspects of expert system in process control. Colloquium on Expert System in Process Control, IEE, Savoy Place, London, UK, 1988.
[100] 关守平,柴天佑. 实时专家系统的现状及展望. 第二届全国智能控制研讨会论文集,1994.
[101] Gensym. G2 User's Manual. Gensym Corp. Cambridge, Massachusetts, 1987.
[102] Murayame T, *et al*. An inference Mechanism suited for real-time control, 2nd Int. Conf. Application of AI&ES,1989.
[103] CCL. Muse product description. Cambridge Consultants Limited, Cambridge, UK,1987.
[104] Wright M L, *et al*. An expert system for real-time control. IEEE Software, March,1986.

[105] 孙昌龄,王京平. 专家系统的浅层知识与深层知识. 第一届全球华人智能控制与智能自动化大会论文集,1993.

[106] 张明廉,何卫东,沈程智. 归约规则法仿人控制. 第一届全球华人智能控制与智能自动化大会论文集,1993.

[107] Gertler J, Chang H-S. An instability indicator for expert control. IEEE Control; System Magazine, August, 1986.

[108] Russel G T, Malcolm M. Stability index. Proc. IEE, 1976.

[109] Nesler C G. American Control Conf. Bosten, MA, 1985.

[110] 李祖枢,秦安松. 智能控制系统的稳定性监控. 第一届全球华人智能控制与智能自动化大会论文集,1993.

[111] Aracil J, *et al*. Stability indices for the global analysis of expert control systems. IEEE Trans. on SMC, 1989.

[112] 李祖枢,徐鸣,周其鉴. 一种新型的仿人智能控制器(SHIC). 自动化学报,1990.

[113] 李祖枢. 智能控制理论研究. 信息与控制,1991.

[114] Fu K S. Learning Control System and Intelligent Control Systems: An Intersection of Artificial Intelligence and Automatic Control, IEEE Trans. Automatic Control, 1971.

[115] Fu K S. Learning Control Systems—Review and Outlook, IEEE Trans. Automatic Control, 1970.

[116] 维纳 N. 控制论. 北京:科学出版社,1962.

[117] Glorioso R M. Engineering Cybernetics, Prentice-Hall, Inc., 1975.

[118] Tsypkin Y Z. Adaptation, Learning and Self-learning in Automatic Control Systems, Proc. 1966 IFAC Cong., London, England, 1966.

[119] Saridis G N. Self-organizing Control of Stochastic Systems, Marcel Dekber, New York and Basel, Inc., 1977.

[120] Baker W L, Farrell J A. An Introdution to Connectionist Learning Control Systems, in Handbook of Intelligent Control. White D A, Sofge D A, Eds. New York: VNR, 1992.

[121] Sklansky J. Learning Systems for Automatic Control. IEEE Trans. Automatic Control, 1966.

[122] 涂序彦,郭荣江. 智能控制及其应用. 自动化,1977,1.

[123] 杨忠祥. 机器学习的发展现状与动向. 信息与控制,1987.

[124] Narendra K S, Streeter D N. A Self-Organizing Control System Based on Correlation Techniques and Selective Reinforcement, Cruft Lab., Harvard Uniu., Cambridge, Mass.,Tech., 1962.

[125] Smith F W. Contact Control by Adaptive Pattern-Recognition Techniques, Stanford, Calif., Tech., 1964.

[126] Smith F B, Jr *et al*. Trainable Flight Control System Investigation, Wright- Patterson Air Force Base, Dayton, Ohio, Tech., 1964.

[127] Butz A R. Learning Bang-Bang Regulators, Proc. 1968 Hawaii Intern. Conf. Sys. Sci., Hawaii, 1968.

[128] Mendel J M, Zapalac J J. The Application of Techniques of Artificial Intelligence to Control System Design, in Advance in Control Systems. Lecondes C T., ed., New York: Academic Press, 1968.

[129] Waltz M D, Fu K S. A Heuristic Approach to Reinforcement Learning Control Systems, IEEE Trans. Automatic Control, 1965.

[130] Mendel J M. Applications of Artificial Intelligence Techniques to a Spacecraft Control Problem, Douglas Aircraft, Sanfa Monica, Calif., Tech., 1966.

[131] Fu K S. A Class of Learning Control Systems Using Statistical Decision Functions, Proc. 1965

IFAC Symp. of Theory on Self-Adaptive Control Sys., Teddington, England, 1965.

[132] Tsypkin Y Z. Self-Learning—What is it? IEEE Trans. Automatic Control, 1968.

[133] Riordon J S. An Adaptive Automation Controller for Discrete-time Markov Processes, Proc. 1969 JACC, Boulder, Colo., 1969.

[134] Arimoto S, Kawamura S, *et al*. Bettering Operation of Robots by Learning, Robotics Systems, 1984.

[135] Hara S, Yamamoto Y. Stability of Repetitive Control Systems, Proc. 24th CDC, 1985.

[136] 邓志东.自学习控制理论与应用.哈尔滨工业大学博士学位论文,1991.

[137] Wee W G, Fu K S. A Formulation of Fuzzy Automata and its Application as Model of Learning Systems, IEEE Trans. Sys. Sci. and Cyb., 1969,25.

[138] Graham J H, Saridis G N. Linguistic Decision Structures for Hierarchical Systems, IEEE Trans. Syst., Man, Cybern., 1982,12(3).

[139] Anderson B D O, Moore J B. Linear Optimal Control. Prentice-Hall, 1971.

[140] Haykin S. Adaptive Filter Theory. 2nd ed., Prentice-Hall, 1991.

[141] Michie D, Chambers. BOXES: An Experiment in Adaptive Control, in Dale E, Michie D, eds., Machine Intelligence. Oliver and Boyd, 1968,2.

[142] Albus J. A New Approach to Manipulator Control: The Cerebellar Model Articulation Controller (CMAC), ASME Journal of Dynamic Systems, Measurement and Control, September, 1975.

[143] Poggio T, Girosi F. Networks for Approximation and Learning. Proc. IEI, September, 1990.

[144] Baker W L, Farrell J A. Connectionist Learning Systems for Control. Proc. SPIEOE, Boston'90, November, 1990.

[145] Baird L, Baker W L. A Connectionist Learning System for Nonlinear Control, Proc. 1990 AIAA Conf. on Guidance, Navigation and Control, 1990.

[146] Saridis G N. On the Revise Theory of Intelligent Machines. CIRSSE Report #58. RPI, USA, 1990.

[147] Moed M C, Saridis G N. A Boltzmann Machine for the Organization of Intelligent Machines. IEEE Trans. on SMC, 1990,20(5).

[148] Moed M C. A Connectionist/Symblic Model for Planning Robotic Tasks. CIRSSE Report #78. RPI, USA, 1990.

[149] Wang F Y. A Coodinatory Theory for Intelligent Machines. CIRSSE Report #59. RPI, USA, 1990.

[150] Saridis G N. Entropy Formulation of Optimal and Adaptive Control. IEEE Trans. on AC, 1988,33(8).

[151] Goldberg D E. Genetic Algorithms on Search, Optimization and Machine Learning. Addisen-Wesley, 1989.

[152] 万骞.遗传算法的研究.清华大学计算机系学士论文,1995.

[153] Sun Zengqi, Wan Qian. A Modified Genetic Algorithm: Meta-Leval Control of Migration in a Distributed GA. Proc. of IEEE International Conference on Evolutionary Computation. 1995.

[154] Karr C. Applying Genetics to Fuzzy Logic. AI Expert, March 1991.

[155] Jenog Ⅱ K *et al*. A Modified Genetic Algorithm for Neurocontrollers. Proc. of IEEE International Conference on Evolutionary Computation, 1995.

[156] 吴晓涛,孙增圻.用遗传算法进行路径规划.清华大学学报,1995,35(5).

[157] 孙增圻,万骞.遗传算法及其在智能控制中的应用.第二届全国智能控制专家讨论会,北京,1994.

[158] 周树德.遗传算法中联结关系检测的理论和方法研究.清华大学计算机系博士论文,2007.

[159] Goldberg D. E. The Design of Innovation: Lessons from and for Competent Genetic Algorithms. Boston: Kluwer Academic Publishers, 2002.

[160] Heckendorn R. B. Embedded Landscapes. Evolutionary Computation, 2002, 10(4):345～369.

[161] Kennedy, J., Eberhart, R.. Particle swarm optimization, In: Proceedings of the 1995 IEEE International Conference on Neural Networks. IEEE Press, 1995, pp. 1942～1948.

[162] Kennedy, J., Eberhart, R.. A discrete binary version of the particle swarm algorithm. In: Proceedings of the IEEE Conference on Systems Man and Cybernetics. IEEE Press, 1997.

[163] Shi, Y. H., Eberhart, R. C.. A Modified Particle Swarm Optimizer, In: Proceedings of the IEEE International Conference on Evolutionary Computation, Anchorage, Alaska, 1998.

[164] Shi, Y. H., Eberhart, R. C.. Parameter Selection in Particle Swarm Optimization, In: Proceedings of the 7th Annual Conference on Evolutionary Programming, San Diego, USA, 1998.

[165] Maurice Clerc, The Swarm and the Queen, Towards a Deterministic and Adaptive Particle Swarm Optimization, In: Proceedings of the 1999 Congress on Evolutionary computation, Washington DC, 1999, pp 1951～1957.

[166] Suganthan P N. Particle swarm optimiser with neighbourhood operator, In: Proceedings of the 1999 Congress on Evolutionary Computation, 1999.

[167] Lazinica A (Ed.). Particle Swarm Optimization. InTech Education and Publishing, 2009.

[168] Eberhart R C, Shi Y(2000). Comparing Inertia Weights and Constriction Factors in Particle Swarm Optimization, In: Proceedings of the 2000 Congress on Evolutionary Computing, 2000, pp. 84～88.

[169] Kennedy J, Eberhart R, Shi Y. Swarm Intelligence. Academic Press, Inc., 2001.

[170] Carlisle A, Dozier G. An off-the-shelf PSO, In: Proceedings of the 2001 Workshop on Particle Swarm Optimization, Indianapolis, 2001, pp. 1～6.

[171] Dorigo M, Maniezzo V, Colorni A. Ant system: optimization by a colony of cooperating agents. IEEE Transactions on Systems, Man, and Cybernetics -Part B, 1996, 26(1): 29～41.

[172] http://iridia.ulb.ac.be/～mdorigo/homepagedorigo/.

[173] Dorigo M, Gambardella L M. Ant colonies for the traveling salesman problem. BioSystems, 1997, 43: 73～81.

[174] Dorigo M, Caro G D, Gambardella, L M. Ant algorithms for discrete optimization. Artificial Life, 1999, 5(2): 137～172.

[175] Dorigo M, Gambardella L M, Middendorf M. Guest editorial. IEEE Transactions on Evolutionary Computation, 2002, 6(4): 317～320.

[176] Dorigo M, Stützle T. Ant Colony Optimization. Cambridge, MA: The MIT Press, 2004.

[177] Dorigo M, Stützle T 著. 蚁群优化. 张军,胡晓敏,罗旭耀,等译. 北京: 清华大学出版社,2007.

[178] de Castro L N, Timmis J. An Introduction to Artificial Immune Systems: A New Computational Intelligence Paradigm, Springer-Verlag, 2002.

[179] Timmis J, *et al*. An overview of artificial immune systems. In: Paton R, et al., ed. Computation in cell and tissues: perspectives and tools for thought, Natural Computation Series, Springer, Nov. 2004. pp. 51～86.

[180] Jerne N. The immune system. Scientific American, 1973, 229(1), pp. 52～64.

[181] Ada G L, Nossal G J V. The Clonal Selection Theory, Scientific American, 1987, 257(2), pp. 50～57.

[182] Farmer J D, Packard N H, Perelson A S. The immune system, adaptation, and machine learning.

Physica D, 1986, 22(1-3), pp. 187～204.

[183] de Castro L N, Von Zuben F J. Learning and optimization using the clonal selection principle, IEEE Trans. on Evol. Comp., Special Issue on Artificial Immune Systems, 2001.

[184] de Castro L N, Von Zuben F J. aiNet: an artificial immune network for data analysis, in Data Mining: A Heuristic Approach, H. A. Abbass, R. A. Sarker, and C. S. Newton (Eds.), Idea Group Publishing, Hershey, PA, USA, Chapter XII, 2001, pp. 231～259.

[185] de Castro L N, Timmis J. An artificial immune network for multimodal function optimization, Proc of IEEE Congress on Evolutionary Computation (CEC'02), Hawaii, USA, May 2002, vol. 1, pp. 699～674.

[186] Jiao L C, Wang L. A novel genetic algorithm based on immunity. IEEE Trans. Systems, Man and Cybernetics. 2000, 30(5), pp. 552～561.

[187] 王磊,潘进,焦李成.免疫算法. 电子学报,2000, 28(7), pp. 74～78.

[188] 周树德,孙增圻.分布估计算法综述.自动化学报,2007, Vol. 33(2), p. 113～124.

[189] Larrañaga P, Lozano J A. Estimation of Distribution Algorithms. A new Tool for Evolutionary Computation. Kluwer Academic Publishers, 2002.

[190] Baluja S. Population-Based Incremental Learning: A method for Integrating Genetic Search Based Function Optimization and Competitive Learning, Technical report CMU-CS-94-163, Carnegie Mellon University, 1994.

[191] Harik G R, Lobo F G, Goldberg D E. The compact genetic algorithm. In: Proceedings of the IEEE Conference on Evolutionary Computation, 523～528, 1998.

[192] De Bonet J S, Isbell C L, Viola. P. MIMIC: Finding optima by estimating probability densities. Advances in Neural Information Processing Systems, 9, MIT Press, Cambridge, 1997.

[193] Baluja S, Davies S. Using optimal dependency-trees for combinatorial optimization: Learning the structure of thesearch space. In: Proceedings of the 14th International Conference on Machine Learning, Morgan Kaufmann, 30～38, 1997.

[194] Pelikan M, Goldberg D E, Lobo F. A survey of optimization by building and using probabilistic models, IlliGAL Report No. 99018, University of Illinois at Urbana-Champaign, Illinois Genetic Algorithms Laboratory, Urbana, Illinois, 1999.

[195] Mühlenbein H, Mahnig T. Convergence theory and applications of the factorized distribution algorithm. Journal of Computing and Information Technology, 7(1), 1998, 19～32.

[196] Baluja S. Population-Based Incremental Learning: A method for Integrating Genetic Search Based Function Optimization and Competitive Learning, Technical report CMU-CS-94-163, Carnegie Mellon University, 1994.

[197] Pelikan M, Goldberg D E, Cantú-Paz E. BOA: The Bayesian optimization algorithm. In: Proceedings of the Genetic and Evolutionary Computation Conference GECCO-99, volume I, Orlando, FL, 1999, 525～532.

[198] Jensen F V, Jensen F. Optimal Junction Trees. Proceedings of Proceedings of 10th Conf. on Uncertainty in Artificial Intelligence, 1994. 360～366.

[199] Larraaga P, Etxeberria R, Lozano J A, Peña J M. Optimization in Continuous Domains by Learning and Simulation of Gaussian networks. In: Proceedings of the Genetic and Evolutionary Computation Conference. Las Vegas, Nevada ,2000.

[200] Ding N, Zhou S D, Sun Z Q, Optimizing Continuous Problems Using Estimation of Distribution Algorithm Based on Histogram Model. Lecture Notes in Computer Science, Volume 4247, 545～

552, 2006.

[201] Tsutsui S, Pelikan M, Goldberg D E. Evolutionary Algorithm Using Marginal Histogram Models in Continuous Domain. IlliGAL Report No. 2001019, UIUC, 2001.

[202] Hansen N, Mueller S D, Koumoutsakos P. Reducing the Time Complexity of the Derandomized Evolution Strategy with Covariance Matrix Adaptation (CMA-ES). EvolutionaryComputation, Vol. 11. 1～18,2003.

[203] Ding N, Zhou S D,Sun Z Q, Histogram-based estimation of distribution algorithm: a competent method for continuous optimization. Journal of Computer Science and Technology 23(1): 35～43, 2008.

[204] Larrañaga P, Etxeberria R, Lozano J A, Peña J M. Optimization in continuous domains by learning and simulation of Gaussian networks. In: Proceedings of the Genetic and Evolutionary Computation Conference, Las Vegas, Nevada, July 2000.

[205] Larrañaga P, Lozano J A, Bengoetxea, E. Estimation of Distribution Algorithms based on multivariate normal and Gaussian networks. Technical report KZZA-IK-1-01, Department of Computer Science and Artificial Intelligence, University of the Basque Country, 2001.

[206] Corno F, Sonza M Reorda, Squillero G. The Selfish Gene Algorithm: a new Evolutionary Optimization Strategy. In: Proceedings of the ACM Symposium on Applied Computation (SAC' 98), 1998.

[207] Zhenguo T, Yong L. A Robust Stochastic Genetic Algorithm (StGA) for Global Numerical Optimization, IEEE Tran. Evolutionary Computation, 8, No. 5, 2004, 456～470.

[208] Kuk-Hyun Han K H, Jong-Hwan Kim J H. Quantum-inspired Evolutionary Algorithms with a New Termination Criterion, Hε Gate, and Two Phase Scheme. IEEE Transactions on Evolutionary Computation, 8, 2, April 2004, 156～169.

[209] Marcus,G, Marcus F. Population-Based Continuous Optimization, Probabilistic Modelling and Mean Shift. Evolutionary Computation, Vol. 13, 1, Spring 2005, 29～42.

[210] Jianyong Sun J Y, Qingfu Zhang Q F, Edward P K. Tsang. DE/EDA: A new evolutionary algorithm for global optimization. Information Sciences 169, 2005, 249～262.

[211] Cho D Y, Byoung-Tak Zhang B T. Evolutionary Continuous Optimization by Distribution Estimation with Variational Bayesian Independent Component Analyzers Mixture Model. Lecture Notes in Computer Science, 3242, 2004, 212～221.

[212] Peña J M, Robles V, Larrañaga P, *et al*. GA-EDA: Hybrid Evolutionary Algorithm Using Genetic and Estimation of Distribution Algorithms. Lecture Notes in Artificial Intelligence, 3029, 2004, 361～371.

[213] Topon K P, Hitoshi I. Reinforcement Learning Estimation of Distribution Algorithm. GECCO 2003, Lecture Notes in Computer Science, 2724, 2003, 1259～1270.

[214] Laurent Grosset, Rodolphe Le Riche, Raphael T. Haftka. A Study of the Effects of Dimensionality on Stochastic Hill Climbers and Estimation of Distribution Algorithms. EA 2003, Lecture Notes in Computer Science, 2936, 2004, 27～38.

[215] Alden Wright, Riccardo Poli, Chris Stephens,*et al*. An Estimation of Distribution Algorithm Based on Maximum Entropy. In: Proceedings of the Genetic and Evolutionary Computation Conference, Lecture Notes in Computer Science 3103, 2004, 343～354.

[216] Hohfeld M, *et al*. Towards a theory of population based incremental learning. In: Proceedings of the 4th international conference on evolutionary computation, IEEE Press, 1997, 1～5.